Norbert Roß, 23.01.2009

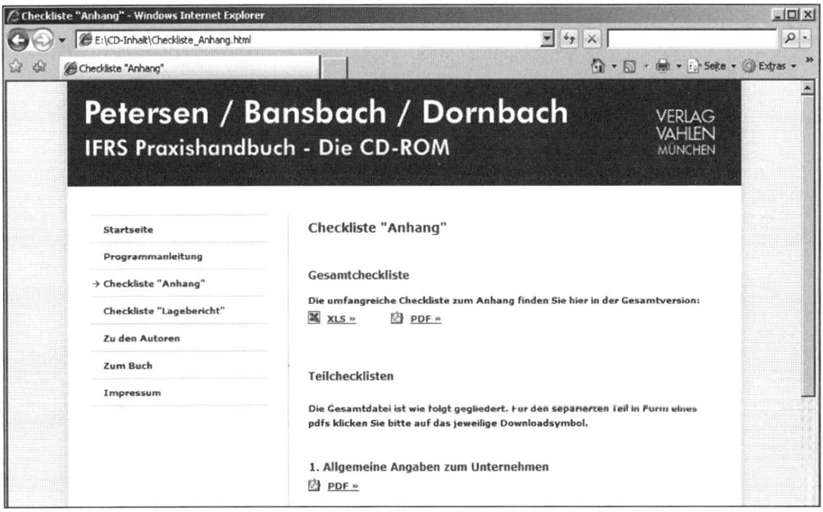

Auf der beiliegenden CD-ROM finden Sie als Tools aktuelle Checklisten zum

- Anhang nach IFRS
- Lagebericht

Möchten Sie die Checklisten bei der täglichen Arbeit verwenden, stehen Ihnen die Checklisten für Microsoft® Excel zur Verfügung. In der vertrauten Excel-Umgebung werden Sie bei der Navigation unterstützt, Sie können Anmerkungen anbringen und Ausdrucke für Ihre Unterlagen fertigen.

Für einen schnellen Überblick oder „einfach nur" zum Ausdrucken sind die Dateien zudem im pdf-Format beigefügt.

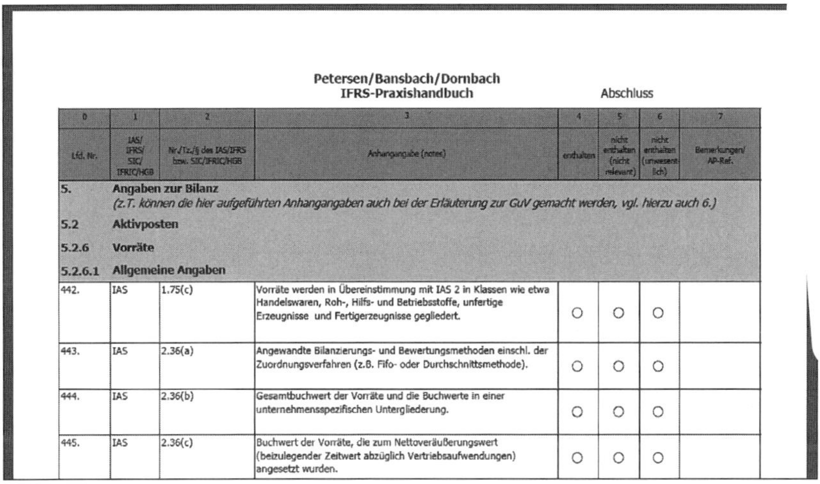

Petersen/Bansbach/Dornbach
IFRS-Praxishandbuch Abschluss

0	1	2	3	4	5	6	7
Lfd. Nr.	IAS/ IFRS/ SIC/ IFRIC/HGB	Nr./Tz./§ des IAS/IFRS bzw. SIC/IFRIC/HGB	Anhangangabe (notes)	enthalten	nicht enthalten (nicht relevant)	nicht enthalten (unwesentlich)	Bemerkungen/ AP-Ref.
5.	**Angaben zur Bilanz** *(z.T. können die hier aufgeführten Anhangangaben auch bei der Erläuterung zur GuV gemacht werden, vgl. hierzu auch 6.)*						
5.2	**Aktivposten**						
5.2.6	**Vorräte**						
5.2.6.1	**Allgemeine Angaben**						
442.	IAS	1.75(c)	Vorräte werden in Übereinstimmung mit IAS 2 in Klassen wie etwa Handelswaren, Roh-, Hilfs- und Betriebsstoffe, unfertige Erzeugnisse und Fertigerzeugnisse gegliedert.	○	○	○	
443.	IAS	2.36(a)	Angewandte Bilanzierungs- und Bewertungsmethoden einschl. der Zuordnungsverfahren (z.B. Fifo- oder Durchschnittsmethode).	○	○	○	
444.	IAS	2.36(b)	Gesamtbuchwert der Vorräte und die Buchwerte in einer unternehmensspezifischen Untergliederung.	○	○	○	
445.	IAS	2.36(c)	Buchwert der Vorräte, die zum Nettoveräußerungswert (beizulegender Zeitwert abzüglich Vertriebsaufwendungen) angesetzt wurden.	○	○	○	

pdf

D1859270

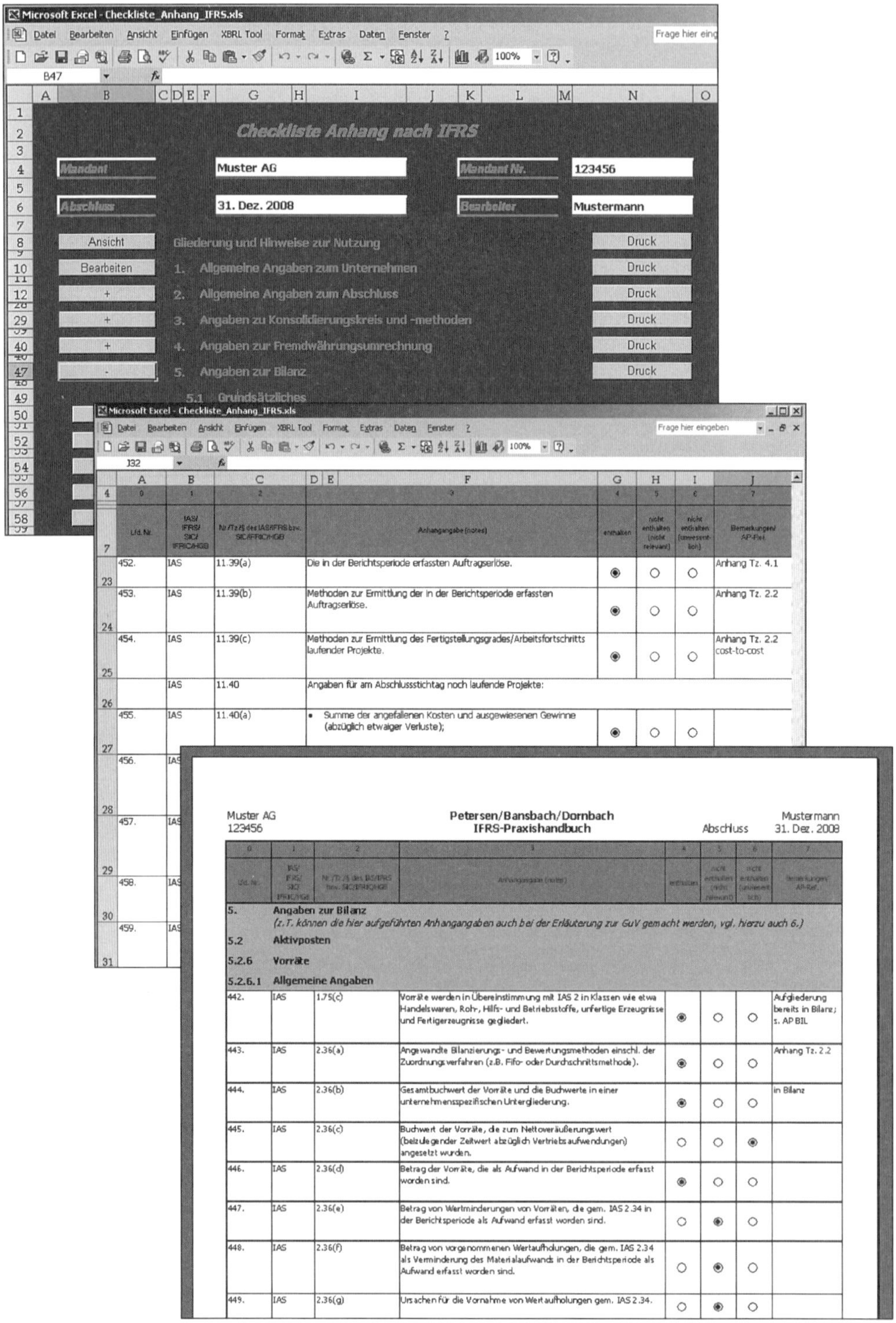
Microsoft Excel - Checkliste_Anhang_IFRS.xls
Datei Bearbeiten Ansicht Einfügen XBRL Tool Format Extras Daten Fenster ?
Checkliste Anhang nach IFRS
Mandant
Muster AG
Mandant Nr.
123456
Abschluss
31. Dez. 2008
Bearbeiter
Mustermann
Ansicht
Bearbeiten
Gliederung und Hinweise zur Nutzung
1. Allgemeine Angaben zum Unternehmen
2. Allgemeine Angaben zum Abschluss
3. Angaben zu Konsolidierungskreis und -methoden
4. Angaben zur Fremdwährungsumrechnung
5. Angaben zur Bilanz
5.1 Grundsätzliches
Druck
Frage hier eingeben
452. IAS 11.39(a) Die in der Berichtsperiode erfassten Auftragserlöse. Anhang Tz. 4.1
453. IAS 11.39(b) Methoden zur Ermittlung der in der Berichtsperiode erfassten Auftragserlöse. Anhang Tz. 2.2
454. IAS 11.39(c) Methoden zur Ermittlung des Fertigstellungsgrades/Arbeitsfortschritts laufender Projekte. Anhang Tz. 2.2 cost-to-cost
IAS 11.40 Angaben für am Abschlussstichtag noch laufende Projekte:
455. IAS 11.40(a) Summe der angefallenen Kosten und ausgewiesenen Gewinne (abzüglich etwaiger Verluste);
Muster AG
123456
Petersen/Bansbach/Dornbach
IFRS-Praxishandbuch
Abschluss
Mustermann
31. Dez. 2008
5. Angaben zur Bilanz
(z.T. können die hier aufgeführten Anhangangaben auch bei der Erläuterung zur GuV gemacht werden, vgl. hierzu auch 6.)
5.2 Aktivposten
5.2.6 Vorräte
5.2.6.1 Allgemeine Angaben
442. IAS 1.75(c) Vorräte werden in Übereinstimmung mit IAS 2 in Klassen wie etwa Handelswaren, Roh-, Hilfs- und Betriebsstoffe, unfertige Erzeugnisse und Fertigerzeugnisse gegliedert. Aufgliederung bereits in Bilanz; s. AP BIL
443. IAS 2.36(a) Angewandte Bilanzierungs- und Bewertungsmethoden einschl. der Zuordnungsverfahren (z.B. Fifo- oder Durchschnittsmethode). Anhang Tz. 2.2
444. IAS 2.36(b) Gesamtbuchwert der Vorräte und die Buchwerte in einer unternehmensspezifischen Untergliederung. in Bilanz
445. IAS 2.36(c) Buchwert der Vorräte, die zum Nettoveräußerungswert (beizulegender Zeitwert abzüglich Vertriebsaufwendungen) angesetzt wurden.
446. IAS 2.36(d) Betrag der Vorräte, die als Aufwand in der Berichtsperiode erfasst worden sind.
447. IAS 2.36(e) Betrag von Wertminderungen von Vorräten, die gem. IAS 2.34 in der Berichtsperiode als Aufwand erfasst worden sind.
448. IAS 2.36(f) Betrag von vorgenommenen Wertaufholungen, die gem. IAS 2.34 als Verminderung des Materialaufwands in der Berichtsperiode als Aufwand erfasst worden sind.
449. IAS 2.36(g) Ursachen für die Vornahme von Wertaufholungen gem. IAS 2.34.

Excel

Petersen/Bansbach/Dornbach

IFRS Praxishandbuch

Zuordnung der Standards zu den Abschnitten im IFRS Praxishandbuch

IFRS Nr.	Titel	Abschnitt
1	Erstmalige Anwendung der International Financial Reporting Standards	B.
2	Aktienbasierte Vergütung	C.IV.6.
3	Unternehmenszusammenschlüsse	D.III.1., IV.
4	Versicherungsverträge	./.
5	Zur Veräußerung gehaltene langfristige Vermögenswerte und aufgegebene Geschäftsbereiche	C.IV.4.
6	Exploration und Evaluierung von mineralischen Ressourcen	C.II.1.6.3
7	Finanzinstrumente: Angaben	C.II.4.3
8	Geschäftssegmente	E.VI.

IAS Nr.	Titel	Abschnitt
1	Darstellung des Abschlusses	E.I., II., III., V.
2	Vorräte	C.II.6.
7	Kapitalflussrechnung	E.IV.
8	Bilanzierungs- und Bewertungsmethoden, Änderungen von Schätzungen und Fehler	C.I.4.
10	Ereignisse nach dem Bilanzstichtag	*CD* 9.7
11	Fertigungsaufträge	C.II.5.
12	Ertragsteuern	C.IV.1.
14	Segmentberichterstattung	E.VI.
16	Sachanlagen	C.II.2.
17	Leasingverhältnisse	C.IV.3.
18	Erträge	C.I.3.
19	Leistungen an Arbeitnehmer	C.III.3.
20	Bilanzierung und Darstellung von Zuwendungen der öffentlichen Hand	C.II.1.
21	Auswirkungen von Änderungen der Wechselkurse	C.II.4., D.I.5.5
23	Fremdkapitalkosten	C.I.1.
24	Angaben über Beziehungen zu nahe stehenden Unternehmen und Personen	E.VIII.
26	Bilanzierung und Berichterstattung von Altersversorgungsplänen	./.
27	Konzern- und separate Einzelabschlüsse nach IFRS	C.II.4., D.I.5., II.2., III.
28	Anteile an assoziierten Unternehmen	D.I.5., II.3., III.
29	Rechnungslegung in Hochinflationsländern	D.I.5.5
31	Anteile an Joint Ventures	D.I.5., II.3., III.
32	Finanzinstrumente: Darstellung	C.II.4., III.1.4
33	Ergebnis je Aktie	E.VII.
34	Zwischenberichterstattung	E.X.
36	Wertminderung von Vermögenswerten	C.I.1.
37	Rückstellungen, Eventualschulden und Eventualforderungen	C.III.2.
38	Immaterielle Vermögenswerte	C.II.1.
39	Finanzinstrumente: Ansatz und Bewertung	C.II.4., III.4, IV.5
40	Als Finanzinvestition gehaltene Immobilien	C.II.3.
41	Landwirtschaft	*CD* 9.8

IFRIC Nr.	Titel	Abschnitt
1	Änderungen bestehender Rückstellungen für Entsorgungs-, Wiederherstellungs- und ähnliche Verpflichtungen	C.III.2.3.4.1
2	Geschäftsanteile an Genossenschaften und ähnliche Instrumente	C.III.1.
3	Emissionsrechte (zurückgenommen)	C.II.1.6.4
4	Feststellung, ob eine Vereinbarung ein Leasingverhältnis enthält	C.IV.3.3.4
5	Rechte und Anteile an Fonds für Entsorgung, Wiederherstellung und Umweltsanierung	*CD* 5.3.3
6	Verbindlichkeiten die sich aus einer Teilnahme an einem spezifischen Markt ergeben – Elektro- und Elektronik-Altgeräte	C.III.2.3.4.2
7	Anwendung des Anpassungsansatzes unter IAS 29 – Rechnungslegung in Hochinflationsländern	D.I.5.5
8	Anwendungsbereich von IFRS 2	*CD* 9.6
9	Neubeurteilung eingebetteter Derivate	C.II.4.1.3.4
10	Zwischenberichterstattung und Wertminderung	E.X.3.1.2
11	IFRS 2 – Geschäfte mit eigenen Aktien und Aktien von Konzernunternehmen	C.IV.6.
12	Dienstleistungskonzessionsvereinbarungen	C.II.1.6.2
13	Kundentreueprogramme	C.I.3.2
14	IAS 19 – Begrenzung eines leistungsorientierten Vermögenswertes, Mindestfinanzierungsvoraussetzungen und ihre Wechselwirkung	C.III.3.3.2.3.2
15	Vereinbarungen über die Errichtung von Immobilien	C.I.3.3.2
16	Absicherungen einer Nettoinvestition in einen ausländischen Geschäftsbetrieb	C.IV.5.2.3

IFRS Praxishandbuch

Ein Leitfaden für die Rechnungslegung mit Fallbeispielen

von

WP/StB Karl Petersen

Dr. Kleeberg & Partner GmbH, München
Wirtschaftsprüfungsgesellschaft Steuerberatungsgesellschaft

Dipl.-Betriebswirt (FH) Florian Bansbach

Bansbach Schübel Brösztl & Partner GmbH, Stuttgart
Wirtschaftsprüfungsgesellschaft Steuerberatungsgesellschaft

und

WP/StB/RA Dr. Eike Dornbach

Dr. Dornbach & Partner GmbH, Koblenz
Wirtschaftsprüfungsgesellschaft Steuerberatungsgesellschaft

in Kooperation mit

KLS Kessler Leinen Strickmann

Partnerschaftsgesellschaft für Beratung und Schulung
in der Rechnungslegung, Köln

4., aktualisierte und erweiterte Auflage

VERLAG
VAHLEN
MÜNCHEN
www.vahlen.de

ISBN 978-3-8006-3604-4

© 2009 Verlag Franz Vahlen GmbH
Wilhelmstraße 9, 80801 München
Satz: Fotosatz H. Buck
84036 Kumhausen
Druck und Bindung: Druckhaus „Thomas Müntzer" GmbH
Neustädter Str. 1–4, 99947 Bad Langensalza

Gedruckt auf säurefreiem, alterungsbeständigem Papier
(hergestellt aus chlorfrei gebleichtem Zellstoff)

Vorwort

Ziel dieses Buches ist es, dem fachkundigen Leser die komplexe Materie der internationalen Rechnungslegung möglichst praxisnah und leicht verständlich näher zu bringen. Gestützt auf die erfreulichen Erfahrungen beim Einsatz der Vorauflagen halten wir dieses Handbuch aufgrund seiner Praxisorientierung für eine wertvolle Hilfe bei der täglichen Arbeit mit IFRS.

Mit diesem Werk werden die verantwortlichen Entscheidungsträger in den Unternehmen bei der Umstellung auf die IFRS unterstützt. Zugleich stellt dieses Handbuch auch die Grundlage für die Erstellung einer unternehmensindividuellen Konzernbilanzierungsrichtlinie dar, indem jeweils verschiedene Bilanzierungsalternativen zur Auswahl gekennzeichnet sind. Durchgängiges Konzept dieses Buches ist die Aufarbeitung der Materie mit Hilfe von Fallbeispielen und Graphiken. Checklisten zur Erstellung von Anhang und Lagebericht unterstützen den Praxisbezug des Handbuchs.

In die Überarbeitung und Aktualisierung der Vorauflage sind wertvolle Hinweise unserer Leser und Rezensenten eingeflossen. Die Herausgeber und Autoren bedanken sich dafür und erbitten auch im Hinblick auf die 4. Auflage fachkundige Kritik.

Gegenüber der Vorauflage ist das Handbuch neu gegliedert. Bilanzierungs- und Bewertungsfragen, Konsolidierungsmaßnahmen sowie die Darstellung des sich daraus ergebenden Zahlenwerks mit den dazu gehörigen Angaben in Finanzberichten sind zum besseren Verständnis der einzelnen Aspekte in getrennten Kapiteln beschrieben. Zudem wurde ein abschließendes Kapitel zu aktuellen Entwicklungen aufgenommen, das es dem Leser erleichtern soll, Regeländerungen in der Rechnungslegung – insbesondere durch das Bilanzrechtsmodernisierungsgesetz – sowie die allenthalben verlautbarten „IFRS-News" in den Gesamtkontext einzuordnen.

Die Abschnitte zu Unternehmenszusammenschlüssen und zur Darstellung des Abschlusses wurden an den geänderten Stand der Normsetzung des IASB angepasst. Prof. Dr. Dirk Hachmeister von der Universität Hohenheim hat wie in der Vorauflage das Problemfeld der IFRS-Anwendung bei Personengesellschaften übernommen. Seine Ausführungen betreffen die Bilanzierung des Eigenkapitals, die Ermittlung latenter Steuern sowie die Bilanzierung von Anteilen an Personengesellschaften.

Der vorliegende Text beinhaltet alle wesentlichen bis zum Oktober 2008 durch die EU-Kommission übernommenen sowie die vom IASB beschlossenen IFRS-Standards. Die Autoren haben zudem alle aktuellen, für das Handbuch wichtigen Interpretationen des IFRIC berücksichtigt.

Die Herausgeber bedanken sich bei allen Autoren für die angenehme Zusammenarbeit und das große Engagement bei der Erstellung dieses Gemeinschaftswerks.

Darüber hinaus gilt ein besonderer Dank Herrn WP/StB/CPA Tobias Geiler sowie Frau Dipl.-Betriebswirtin (FH) Jennifer Krötz für die fachliche Mitarbeit.

München,
Stuttgart,
Koblenz, im Oktober 2008

Hinweise zur Anwendung dieses Handbuchs

Das Handbuch stellt mögliche Handlungsalternativen jeweils separat dar. Diese sind durch Umrahmung hervorgehoben. Bei der Erstellung einer individuellen Konzernbilanzierungsrichtlinie haben die Entscheidungsträger im Unternehmen festzulegen, welche Alternative für die Unternehmensgruppe maßgebend ist, indem die übrigen dargestellten Alternativen eliminiert werden. So wird im Handbuch beispielsweise die Gliederung der Gewinn- und Verlustrechnung nach dem Umsatzkostenverfahren und dem Gesamtkostenverfahren dargestellt, bei der Erstellung der Konzernbilanzrichtlinie ist lediglich die gewünschte Alternative zu übernehmen.

Hinweis zur Anwendung der Anhangcheckliste: Die auf der CD-ROM enthaltene Checkliste darf für Geschäftsjahre, die nach dem 1. Januar 2008 beginnen, angewandt werden.

Inhaltsübersicht

Abbildungssverzeichnis

Teil D Konsolidierung nach IFRS

Teil E Finanzberichterstattung nach IFRS

Teil F Aktuelle Entwicklungen

Abkürzungsverzeichnis

a.a.O.	am angegebenen Ort
a.F.	alte Fassung
Abb.	Abbildung
Abs.	Absatz
AfS	available-for-sale Rücklage
AG	Aktiengesellschaft
AG	application guidance
AK	Anschaffungskosten
AktG	Aktiengesetz
allg.	allgemein
Anzahlg.	Anzahlung
App..	Appendix
Art..	Artikel
BB.	Betriebsberater
BetrVG	Betriebsverfassungsgesetz
BFH	Bundesfinanzhof
BG	Bemessungsgrundlage
BGA.	Betriebs- und Geschäftsausstattung
BGB	Bürgerliches Gesetzbuch
BGH.	Bundesgerichtshof
BilReG	Bilanzrechtsreformgesetz
BörsG.	Börsengesetz
BörsZulV. ...	Börsenzulassungsverordnung
bspw.	beispielsweise
bzw.	beziehungsweise
CDAX	Composite DAX
cif	cost insurance freight
c.p.	ceteris paribus
corp.	corporate
DAX.	Deutscher Aktienindex
d.h.	das heißt
DIN	Deutsche Industrie-Norm
DRS	Deutscher Rechnungslegungsstandard
DRSC.	Deutsches Rechnungslegungsstandard Comittee
DVFA/SG...	Deutsche Vereinigung für Finanzanalyse und Asset Management/Schmalenbach-Gesellschaft
EFRAG	European Financial Reporting Advisory Group
EG	Europäische Gemeinschaft
EGHGB.....	Einführungsgesetz zum Handelsgesetzbuch
EigVO	Eigenbetriebsverordnung
einschl.	einschließlich
EK	Eigenkapital

EStR	Einkommensteuerrichtlinien
EU	Europäische Union
europ.	europäische
EWG	Europäische Wirtschaftsgemeinschaft
F & E	Forschung und Entwicklung
F.	Framework
f.	folgende
FA.	Fertigungsauftrag
FASB	Financial Accounting Standards Board
ff.	fortfolgend
Fifo	First in first out
FIN.	Interpretations of Statements of Financial Accounting
fob	free-on-board
FV	Finanzielle Vermögenswerte
FW	Fremdwährung
gem.	gemäß
ggf.	gegebenenfalls
GJ	Geschäftsjahr
GKV	Gesamtkostenverfahren
GO	Gemeindeordnung
GoB	Grundsätze ordnungsmäßiger Buchführung
GuV	Gewinn- und Verlustrechnung
GV	Geschäftsvorfall
h.M.	herrschende Meinung
HB	Handelsbilanz
HFA	Hauptfachausschuss des Instituts der Wirtschaftsprüfer
HGB	Handelsgesetzbuch
HK	Herstellungskosten
I	Impairment
i.d.F.	in der Fassung
i.d.R.	in der Regel
i.S.d.	im Sinne des/der
ISO	International Organization for Standardization
i.S.v.	im Sinne von
IAS	International Accounting Standards
IASB	International Accounting Standards Board
IASC	International Accounting Standards Committee
IASCF	IASC-Foundation
IDW	Institut der Wirtschaftsprüfer
IFRIC	International Financial Reporting Interpretations Committee
IFRS	International Financial Reporting Standards
IG	Implementation Guide
IN	Introduction
inkl.	inklusive
insb.	insbesondere
InsO	Insolvenzordnung
IT	Informationstechnologie
iVm	in Verbindung mit

i.V.m. ...... in Verbindung mit
JA.......... Jahresabschluss
KGV........ Kurs-Gewinn-Verhältnis
KLB........ Konzernlagebericht
KStG....... Körperschaftsteuergesetz
LB.......... Lagebericht
LG......... Leasinggeber
Lifo........ Last in first out
LKW....... Lastkraftwagen
L+L........ Lieferungen und Leistungen
LN......... Leasingnehmer
lt........... laut
M & A...... Mergers & Acquisitions
MDAX...... Midcap-Index
MU......... Mutterunternehmen
MIN........ Minimum
Mio. .... Million
N.......... Neubewertung
N/A........ nicht anwendbar
Nr.......... Nummer
NW........ Nordrhein-Westfalen
OCI........ Other Comprehensive Income
od.......... oder
o.g. .... oben genannt
p.a. .... per annum
PKW....... Personenkraftwagen
PoC........ Percentage of Completion
RAP........ Rechnungsabgrenzungsposten
RBF........ Rentenbarwertfaktor
resp. .... respektive
RIC......... Rechnungslegungs Interpretations Committee
RL.......... Richtlinie
RLZ........ Restlaufzeit
RS.......... Rechnungslegungsstandard
Rz.......... Randziffer
S. .... Seite
s.u. .... siehe unten
SAR........ share appreciation rights
SDAX....... Small-Cap Index
SGE........ strategische Geschäftseinheit
SIC......... Standing Interpretations Committee
SFAS....... Statement of Financial Accounting Standards
sog. .... so genannt
SPE......... special purpose entity
TAB........ tax amortisation benefit
TU......... Tochterunternehmen
Tz.......... Teilziffer
u.Ä. .... und Ähnliches

u.U.	unter Umständen
UKV	Umsatzkostenverfahren
US-GAAP	United States Generally Accepted Accounting Principles
usw.	und so weiter
v.a.	vor allem
VFE-Lage	Vermögens-, Finanz- und Ertragslage
vgl.	vergleiche
VJ	Vorjahr
VO	Verordnung
vs.	versus
WBK	Wiederbeschaffungskosten
WHK	Wiederherstellungskosten
WpHG	Wertpapierhandelsgesetz
z.B.	zum Beispiel
ZGE	Zahlungsmittel generierende Einheit(en)
ZLB	zusammengefasster Lagebericht
ZPMM	Zero profit margin-Methode

A.
Grundlagen der IFRS-Rechnungslegung

I. Aufbau, Ziele und Konzeption der IAS/IFRS

Gliederung:

1. Entwicklung der IFRS

Im Jahr 1973 wurde das *International Accounting Standards Committee* (**IASC**) gegründet. Dessen *Board* erließ bis zum Jahre 2001 die für das gesamte Normensystem namengebenden *International Accounting Standards* (**IAS**), Interpretationen zu den IAS durch das *Standing Interpretations Committee* (**SIC**) sowie ein theoretisches Rahmenkonzept (***Framework***). 2001 erfolgte im Zuge einer strategischen und organisatorischen Neuausrichtung die Umbenennung des *Board* in *International Accounting Standards Board* (**IASB**). Dabei wurde beschlossen, die künftigen Standards und damit auch das gesamte Normensystem als *International Financial Reporting Standards* (**IFRS**) zu bezeichnen. Dies soll den umfassenden Regelungsanspruch über die Bilanzierungsregeln und die gesamte Finanzberichterstattung zum Ausdruck bringen. Demzufolge wird auch das Interpretationskomitee nunmehr als *International Financial Reporting Interpretations Committee* (**IFRIC**) bezeichnet. Weiterhin bleiben die bisherigen IAS und SIC sowie das *Framework* bis auf Weiteres gültig. Daher wird das Normensystem heute synonym als IAS, IFRS oder als IAS/IFRS bezeichnet. Im folgenden wird der Ausdruck IFRS verwandt.

Die IFRS sind **Fachnormen zur externen Rechnungslegung**, die von einer internationalen Organisation (IASC/IASB) verantwortet und heute bereits mit zunehmender Tendenz weltweit angewendet werden. **§ 315a HGB**

Ab 2005 erfolgt die Anwendung der IFRS auch auf gesetzlicher Grundlage. Nach der am 11. September 2002 im Amtsblatt der EU veröffentlichten **IFRS-Verordnung** müssen die meisten kapitalmarktorientierten Unternehmen EU-weit seit 2005 ihre Konzernabschlüsse nach IFRS aufstellen. Für nur mit Fremdkapitaltiteln am

Markt vertretene Unternehmen und bestimmte an einem Kapitalmarkt außerhalb der EU notierte Unternehmen sah die Verordnung eine Übergangsfrist bis 2007 als Mitgliedstaatenwahlrecht vor.

2. Das System der IFRS

2.1 Vorbemerkung

Das Normensystem besteht im Grunde aus den Standards (IAS/IFRS), den Interpretationen zu den Standards (SIC/IFRIC) sowie dem theoretischen Rahmenkonzept (*Framework*). Das Vorwort zu den IFRS (*Preface*) zählt nicht zu den so genannten *verbindlichen* Veröffentlichungen (*authoritative pronouncements*). Obwohl das *Board* zwischenzeitlich die Übersetzung der Standards in zahlreiche Sprachen genehmigt hat, ist der englische Originaltext gemäß Paragraph 33 der Satzung der *IASC-Foundation* (IASCF) in Zweifelsfällen maßgeblich.

2.2 Systematik der Standards

Die **Normen mit der höchsten Priorität** sind die Standards (IAS/IFRS) und die korrespondierenden Interpretationen. Jeder Standard behandelt ein bestimmtes Bilanzierungsproblem. Die Standards sind nicht sachlich geordnet, sondern – ebenso wie die Interpretationen – in der zeitlichen Reihenfolge ihrer Verabschiedung **durchnummeriert**. Die Nummern zurückgezogener IAS oder SIC bleiben frei.

Inhaltlich sind die Standards regelmäßig wie folgt **gegliedert**:

- Zielsetzung (*objective*);
- Anwendungsbereich (*scope*);
- Definitionen (*definitions*);
- Einzelregeln (fett oder kursiv oder normal gesetzt) und ggf. Anwendungsrichtlinien (*guidance*);
- Angaben und ggf. Darstellung (*disclosures and presentation*);
- ggf. Übergangsvorschriften (*transitional provisions*);
- Zeitpunkt des Inkrafttretens (*effective date*);
- ggf. Anhänge (*appendices*).

Aus der **Formatierung** des Standardtextes ergibt sich keine Gewichtung. Allerdings sind fett gesetzte Passagen im Kontext der jeweiligen Hintergrundmaterialien (*basis for conclusion*) anzuwenden.

2.3 Stellenwert der Interpretationen

IAS 1.11 Die Interpretationen (SIC/IFRIC) stehen mit den Standards auf der gleichen Verbindlichkeitsstufe. Die **Nichtbeachtung** der einschlägigen Interpretationen steht somit im Widerspruch zu einer Erklärung, dass die IFRS uneingeschränkt beachtet worden sind.

2.4 Stellenwert des Framework

Die Regelungen des *Framework* sind grundsätzlich **unverbindlich**. Wenn sie mit einem Standard in Konflikt stehen, geht der Standard dem *Framework* vor. F.2f.

Zwingend zu beachten ist das *Framework* nur dann,

- wenn ein Standard hierauf verweist oder
- wenn keine Regelung für eine Bilanzierungsfrage aus einem Standard oder einer Interpretation ableitbar ist oder IAS 8.11
- um zu überprüfen, ob Branchenpraktiken oder Normen verwandter Standardsetter im Rahmen einer IFRS-Bilanzierung anwendbar sind.

Andererseits fungieren die im *Framework* formulierten **Zielsetzungen einer Finanzberichterstattung** nach IFRS als Messlatte, mit der entschieden werden muss, ob ein *true and fair view override* (→ A.I.2.6) geboten ist. IAS 1.13–.22

2.5 Stellenwert anderer Veröffentlichungen des IASC/IASB

Andere Veröffentlichungen des IASB wie das *Preface* oder Entwürfe (*exposure drafts*) zu Standards oder Interpretationen sind ebenso **unverbindliche** Verlautbarungen wie Auffassungen in der kommentierenden Literatur.

Folglich dürfen **Regelungslücken** nicht durch (noch unverbindliche und nicht einmal auf freiwilliger Basis durch das IASB oder das IFRIC zur Anwendung empfohlene) *exposure drafts* geschlossen werden. Vielmehr gehen diesen das *Framework*, die von verwandten Standardsettern entwickelten oder in der jeweiligen Branche üblichen Lösungen sowie „Literaturmeinungen" vor. IAS 8.10–.12

2.6 True and fair view override principle

IAS 1 schließt nicht aus, dass in äußerst seltenen Fällen, die nicht näher erläutert werden, die Beachtung eines Standards oder einer Interpretation dem gewünschten Einblick in die Vermögens-, Finanz- und Ertragslage entgegen stehen könnte. In diesen Situationen verlangt IAS 1.17 ein Abweichen von der betreffenden Vorschrift in Verbindung mit weit reichenden Hinweis- und Erläuterungspflichten. Bislang sind indes noch **keine Anwendungsfälle** dieses *true and fair view override* bekannt geworden. IAS 1.13–.22

2.7 Bilanzierungs- und Bewertungsmethoden

Die angewandten Bilanzierungs- und Bewertungsmethoden müssen für die Adressaten **entscheidungsrelevant** (*decision useful*) und **verlässlich** (*reliable*) sein. IAS 8.10

Verlässlichkeit setzt voraus, dass

- die Vermögens-, Finanz- und Ertragslage sowie die Cashflows den tatsächlichen Verhältnissen entsprechen (*faithful representation*),
- nach wirtschaftlicher Betrachtungsweise bilanziert wird (*substance over (legal) form*),
- Informationen unverzerrt wiedergegeben werden (*neutral*),

- im Rahmen von Ermessensentscheidungen vorsichtig bilanziert wird (*prudent*) und
- die Informationen in allen wesentlichen Punkten vollständig sind (*material completeness*).

IAS 1.23–.35 Weitere **Fundamentalprinzipien** der IFRS sind die Grundsätze:

- Unternehmensfortführung (*going concern*);
- Periodenabgrenzung (*accrual basis of accounting* bzw. *accrual principle*);
- Darstellungsstetigkeit (*consistency of presentation*);
- Saldierungsverbot (*offsetting prohibition*);
- Aggregation (Aufspaltung) unwesentlicher (wesentlicher) Posten (*materiality and (dis)aggregation*).

Im Übrigen sind die nachfolgend beschriebenen Grundsätze des *Framework* zu beachten.

3. Inhalt des Framework

F.1 Mit dem Erlass des *Framework* werden unter anderem folgende **Ziele** verfolgt:

- Unterstützung bei der Ableitung neuer Normen;
- Unterstützung bei der weltweiten Harmonisierung der Rechnungslegung;
- Unterstützung von nationalen Standardsettern bei der Entwicklung nationaler Standards;
- Unterstützung von Rechnungslegern bei der Anwendung der IFRS;
- Unterstützung von Adressaten bei der Interpretation von IFRS-Abschlüssen;
- Unterstützung von Abschlussprüfern bei der Beurteilung der IFRS-Konformität von Abschlüssen.

Daher enthält das *Framework* grundlegende Informationen zu folgenden Bereichen:

F.12–.14
- **Zielsetzung der Rechnungslegung**
  Gewährung eines zutreffenden Einblicks in die Vermögens-, Finanz- und Ertragslage, um einem möglichst großen Adressatenkreis Unterstützung zu bieten in Bezug auf
  - die zu treffenden wirtschaftlichen Entscheidungen und
  - die Beurteilung des Managements.

IAS 1.22–.26
- **Qualitative Charakteristika der Rechnungslegung**
  Das Fundament der Rechnungslegung nach IFRS bilden die Basisannahmen der **periodengerechten Gewinnermittlung** (*accrual principle*) sowie der **Unter-**
  F.43–.45 **nehmensfortführung** (*going concern*). Weiterhin sind die Nebenbedingungen der **Zeitnähe** (*timeliness*), **der Ausgewogenheit von Kosten und Nutzen** (*balance between benefit and cost*) sowie der **Ausgewogenheit** zwischen den nachstehenden qualitativen Charakteristiken (*balance between qualitative characteristics*) zu beachten:

  F.25
  - **Verständlichkeit** (*understandability*) in Bezug auf sachkundige Adressaten, die bereit sind, Informationen sorgfältig zu prüfen. Insoweit steht das Verständ-

lichkeitsprinzip nicht im Konflikt mit der Veröffentlichung komplexer und schwieriger Sachverhalte.

- **Relevanz** (*relevance*), die aus der Art der Information und ihrer **Wesentlichkeit** (*materiality*) resultiert. Wesentliche entscheidungsrelevante Informationen zeichnen sich dadurch aus, dass ihre (Nicht-)Offenlegung eine andere Beurteilung von vergangenen, gegenwärtigen oder zukünftigen Ereignissen nach sich ziehen kann. Eine Quantifizierung des zentralen Bilanzierungsprinzips der Wesentlichkeit (*quantitative thresholds*) wird seitens des IASB beharrlich abgelehnt. **F.26–.30**
- **Verlässlichkeit** (*reliability*), d.h. es sind keine wesentlichen Fehler enthalten und die Informationen sind frei von verzerrenden Einflüssen. Der Primärgrundsatz der Verlässlichkeit lässt sich in die folgenden Sekundärgrundsätze unterteilen:
  - glaubwürdige Darstellung (*faithful representation*),
  - wirtschaftliche Betrachtungsweise (*substance over from*), sodass der wirtschaftliche Gehalt der rechtlichen Gestaltung vorgeht,
  - Neutralität (*neutrality*), d.h. Informationen werden unverzerrt wiedergegeben,
  - Vorsicht (*prudence*), wonach ein gewisses Maß an Sorgfalt bei der Ermessensausübung erforderlich ist,
  - Vollständigkeit (*completeness*) in den Grenzen der Wesentlichkeit und der Kosten.
- **Vergleichbarkeit** (*comparability*), aus der folgt, dass
  - Informationen über (geänderte) Rechnungslegungspolitiken offen zu legen sind, **F.40**
  - Bilanzierungs-, Bewertungs- und Ausweispraktiken im Gesamtunternehmen einheitlich sein müssen und im Zeitablauf beizubehalten sind und **F.39**
  - über (vergleichsrelevante) Vorperioden berichtet werden muss. **F.42**

- Definitionen, Ansatz und Bewertung von **Jahresabschlusspositionen** **F.47–.101**
- **Kapital- und Kapitalerhaltungskonzepte**, deren Darlegung mit folgendem Hinweis abschließt: „Derzeit hat das Board … nicht die Absicht, ein bestimmtes Modell vorzuschreiben" (F.110). **F.102–.110**

Die qualitativen Charakteristiken lassen sich wie folgt zusammenfassen:

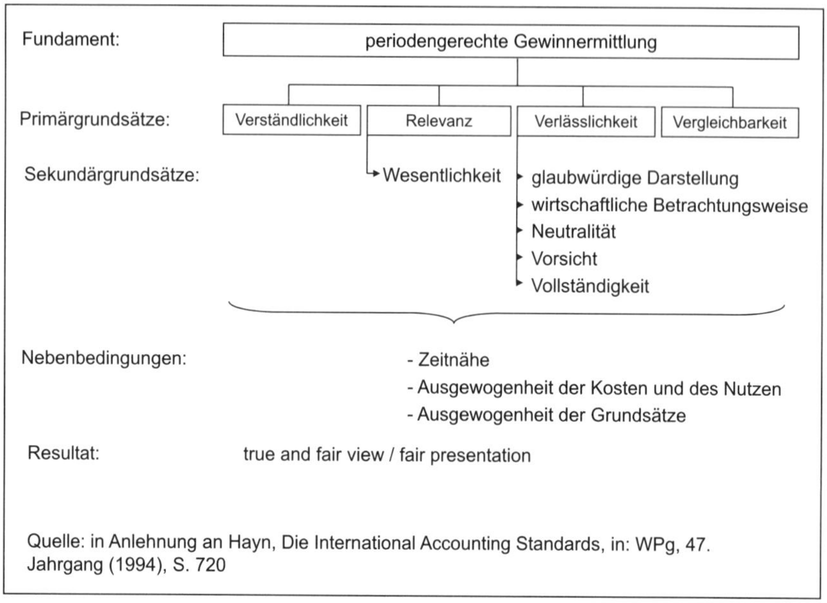

Abbildung 1: Qualitative Charakteristika der Rechnungslegung

4. Wesentliche Unterschiede zwischen HGB und IFRS

Wesentliche Unterschiede zwischen HGB und IFRS sind nachfolgend in Abbildung 1 dargestellt.

	HGB	IFRS
Charakter der Vorschriften	Historisch gewachsene gesetzliche Regelungen	verb. EU-Recht
Träger der Auslegung und der Entwicklung von Bilanznormen	Die Auslegung und Rechtsfortbildung der GoB wird im Wesentlichen vom BFH und BGH und mit Abstrichen vom DRSC und den Berufsverbänden getragen	Normengeber und Normenausleger ist das IASB Rechtlich bindende Wirkung nach Übernahme duch die EU-Kommission
Adressaten und Zwecke der Rechnungslegung	Bilanzierender, Gesellschafter und Gläubiger Ziel: Kapitalerhaltung und Gläubigerschutz	Kapitalanleger und andere interessierte Kreise Ziel: Schutz der Investoren
Übergeordnetes Ziel der Rechnungslegung	vorsichtige Ermittlung des ausschüttbaren Gewinns	*Fair Presentation:* Vermittlung von entscheidungsrelevanten Informationen
Dominierende Grundsätze bei der Gewinnermittlung	Vorsichtsprinzip, Objektivierungsprinzip Fundamentale Ausprägung des dominierenden Vorsichtsprinzips: Unrealisierte Gewinne dürfen nicht, unrealisierte Verluste müssen dagegen ausgewiesen werden	*Accrual Principle:* periodengerechte Gewinnermittlung Angesichts der Nachrangigkeit des Vorsichtsprinzips: Es besteht keine einheitliche Regelung zur Behandlung von unrealisierten Gewinnen bzw. Verlusten

	HGB	IFRS
Möglichkeit der Bildung stiller Reserven*	Aufgrund des dominierenden Vorsichtsprinzips sowie der Bilanzierungs- und Bewertungswahlrechte bestehen weit reichende Möglichkeiten zur Bildung stiller Reserven	Deutlich eingeschränkte Möglichkeiten zur Bildung stiller Reserven
Bestandteile der Rechnungslegung	• Bilanz • GuV • Kapitalflussrechnung • Eigenkapitalveränderungsrechnung • Segmentberichterstattung • Anhang • Lagebericht einschließlich Risikobericht	• Bilanz • GuV • Kapitalflussrechnung • Eigenkapitalveränderungsrechnung • Anhang inkl. Segmentberichterstattung • Lagebericht einschließlich Risikobericht
Steuerliche Einflüsse*	Übernahme von steuerlichen Wertansätzen aufgrund der „umgekehrten Maßgeblichkeit" zulässig	keine Einflüsse
Bilanzwahrheit/ Generalnorm	Darstellung der Vermögens-, Finanz- und Ertragslage nur im Rahmen der GoB unter Beachtung des Vorsichtsprinzips Ggf. zusätzliche Angaben im Anhang zur Darstellung eines den tatsächlichen Verhältnissen entsprechenden Bildes der wirtschaftlichen Lage	*Fair Presentation* im Rahmen der Rechnungslegungsvorschriften *Overriding principle* des *True and Fair View* nur unter sehr restriktiven Voraussetzungen
Bewertungsstetigkeit	Grundprinzip der Rechnungslegung Änderungen bedürfen unter Umständen lediglich der verbalen Erläuterung im Anhang	Änderungen sind zu erläutern und der GuV-Effekt ist offenzulegen
Wesentlichkeit	Der Jahresabschluss hat ein den tatsächlichen Verhältnissen entsprechendes Bild der VFE-Lage zu vermitteln	Der Jahresabschluss umfasst alle entscheidungsrelevanten Informationen
Rechtsgrundlagen	Stark kodifiziertes Bilanzrecht §§290ff. HGB (sowie §§238ff. HGB) §315a HGB: befreiender Konzernabschluss durch einen nach internationalen Rechnungslegungsgrundsätzen aufgestellten Konzernabschluss Verlautbarungen des DRSC	• *Framework for Preparation and Presentation of Financial Statements* und zahlreiche Einzelregelungen in Form von IFRS sowie SIC/ IFRIC soweit durch die EU-Kommission übernommen • kein vollständiges, systematisch strukturiertes Regelsystem
Bedeutung des Konzernabschlusses	Einzelabschluss dominiert angesichts der eingeschränkten Funktion des Konzernabschlusses	Konzernabschluss dominiert angesichts der fehlenden Zahlungsbemessungsfunktion des Einzelabschlusses
Funktion des Konzernabschlusses	• Informationsfunktion • keine Grundlage für Gewinnverwendung • grundsätzlich keine Steuerbemessungsgrundlage	Im Grundsatz wie HGB

* Zur Zeit liegt ein Regierungsentwurf zum Bilanzrechtsmodernisierungsgesetz (BilMoG) vor. Es ist vorgesehen zahlreiche Bilanzierungs- und Bewertungswahlrechte sowie die umgekehrte Maßgeblichkeit ab 2009 abzuschaffen (→ F.II).

Abbildung 2: Rechnungslegung nach HGB und IFRS im Vergleich

II. Grundlagen der Anwendung der IFRS in Deutschland

Gliederung:

1. Rechtliche Grundlagen der Anwendung

Nach der am 11. September 2002 im Amtsblatt der EU veröffentlichten IFRS-Verordnung 1606/2002 müssen die meisten kapitalmarktorientierten Unternehmen EU-weit ab 2005 ihre Konzernabschlüsse nach IFRS aufstellen. Für nur mit Fremdkapitaltiteln am Markt vertretene Unternehmen und bestimmte an einem Kapitalmarkt außerhalb der EU notierte Unternehmen sah die Verordnung eine Übergangsfrist bis 2007 als Mitgliedstaatenwahlrecht vor.

Diese Mitgliedstaatenwahlrechte wurden im Rahmen des Bilanzrechtsreformgesetzes (BilReG) durch den deutschen Gesetzgeber wie folgt ausgestaltet (Art. 57 EGHGB):

- zwingende Anwendung der IFRS im Konzernabschluss kapitalmarktorientierter Mutterunternehmen
- Wahlrecht der Anwendung der IFRS oder des HGB auf den Konzernabschluss der übrigen Mutterunternehmen
- § 325 Abs. 2a HGB — Für Publizitätszwecke im elektronischen Bundesanzeiger können große Kapitalgesellschaften bzw. § 264a – HGB Gesellschaften (z.B. GmbH & Co. KG) statt eines HGB-Abschlusses einen IFRS-Einzelabschluss offen legen.

	Tochterunternehmen	**Mutterunternehmen nimmt organisierten Kapitalmarkt nicht in Anspruch**	**Mutterunternehmen ist kapitalmarktorientiert**
Konzernabschluss	N/A	HGB oder IFRS	IFRS
Jahresabschluss großer Gesellschaften zwecks Offenlegung	HGB oder IFRS	HGB oder IFRS	HGB oder IFRS
Jahresabschluss	HGB	HGB	HGB

Abbildung 3: Wahlrechte zur IFRS-Anwendung

Zur Ermittlung der ertragssteuerlichen Bemessungsgrundlage ist weiterhin ein um steuerliche Vorschriften modifizierter HGB-Jahresabschluss aufzustellen.

1.1 Konzernabschluss

Der Zeitpunkt der Verpflichtung für kapitalmarktorientierte Unternehmen erstmalig einen IFRS-Konzernabschluss aufzustellen, wurde wie folgt geregelt:

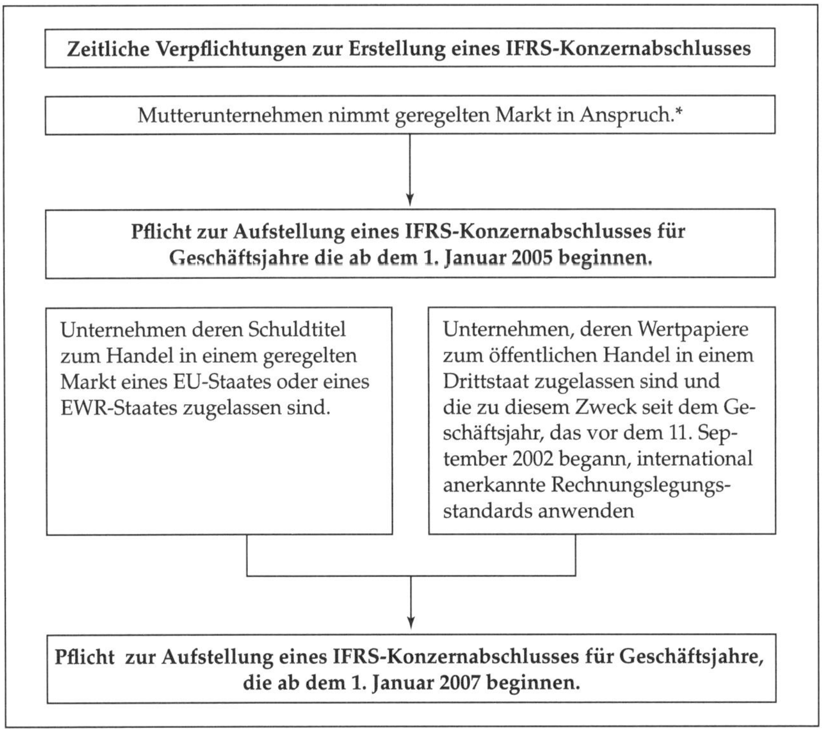

* Der Begriff des geregelten Marktes lt. der IAS-Verordnung ist deckungsgleich mit dem Begriff des organisierten Marktes im Sinne des § 2 Abs. 5 WpHG.

Abbildung 4: Zeitliche Verpflichtung zur Erstellung eines IFRS-Konzernabschlusses

Als organisierter Markt im Sinne des §2 Abs. 5 WpHG gilt der regulierte Markt, nicht dagegen der so genannte Freiverkehr

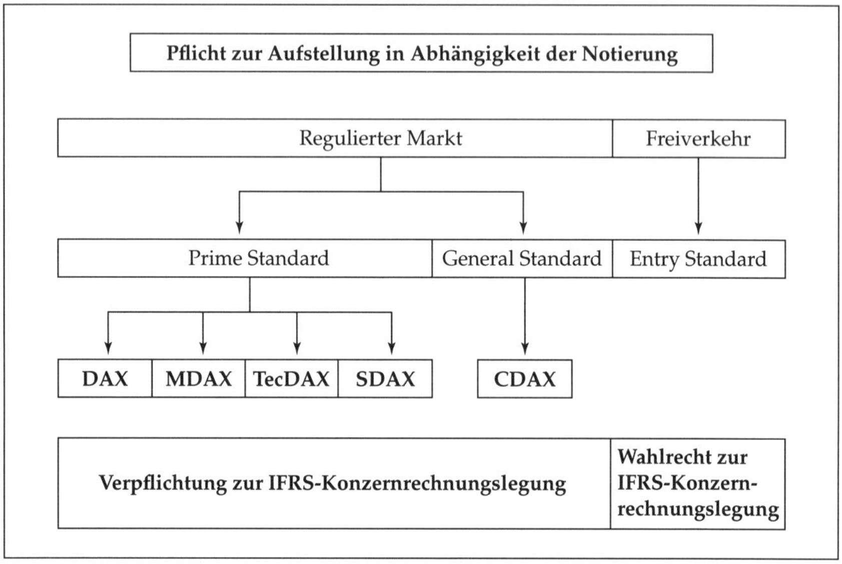

Abbildung 5: Pflicht zur Aufstellung für börsennotierte Unternehmen

Hinsichtlich des Zeitpunkts der Verpflichtung vgl. Abb. 5. Ferner sind alle Mutterunternehmen, die bis zum Bilanzstichtag einen Antrag auf Zulassung zum amtlichen oder geregelten Markt gestellt haben, verpflichtet einen IFRS-Konzernabschluss aufzustellen.

Durch die Einführung des §315a HGB haben nun auch **nicht kapitalmarktorientierte** Mutterunternehmen das Wahlrecht, ihren Konzernabschluss entweder nach den Vorschriften der IFRS oder des HGB aufzustellen. Der IFRS-Konzernabschluss besitzt für diese Unternehmen befreiende Wirkung in Bezug auf Aufstellung und Offenlegung nach HGB-Grundsätzen.

Alle Unternehmen, die nach dem 31. Dezember 2004 einen IFRS-Konzernabschluss aufstellen, sind nach Wegfall des §292a HGB und Einführung des §315a HGB verpflichtet, dies auf Basis der durch die EU-Kommission übernommenen IFRS (endorsed IFRS) zu tun, nachfolgend (europ.) IFRS genannt.

Die durch die EU-Kommission verabschiedeten IAS/IFRS werden im EU-Amtsblatt veröffentlicht.

Nach Meinung der EU-Kommission bilden die IFRS grundsätzlich ein abgeschlossenes Regelwerk, das die an die Unternehmen zu stellenden Transparenzanforderungen umfassend beschreibt. Dieser Grundsatz wird aber für Bereiche, die durch die IFRS nicht abgedeckt werden, durchbrochen.

Diese betreffen im Wesentlichen:

- die Vorschriften darüber, welche Unternehmen zur Aufstellung eines Konzernabschlusses verpflichtet sind **(die Abgrenzung des Konsolidierungskreises bestimmt sich demgegenüber nach den IFRS)**;

- bestimmte Angaben im Anhang zum Konzernabschluss;
- den Konzernlagebericht;
- die Prüfung des Konzernabschlusses und des Konzernlageberichts;
- die Offenlegung des Konzernabschlusses, des Konzernlageberichts und ergänzender Unterlagen.

Demnach sind betreffend eines IFRS-Konzernabschlusses auch folgende HGB-Vorschriften zu beachten: § 315a Abs. 1 HGB

- Aufstellung in deutscher Sprache — § 244 HGB
- Unterzeichnung des Konzernabschlusses — § 245 HGB
- Mitwirkungspflichten der Tochterunternehmen bei der Aufstellung des Konzernabschlusses — § 294 Abs. 3 HGB
- Angaben zum Beteiligungsbesitz — § 313 Abs. 2 bis 4 HGB
- Durchschnittliche Zahl der Arbeitnehmer und Personalaufwand — § 314 Abs. 1 Nr. 4 HGB
- Organbezüge — § 314 Abs. 1 Nr. 6 HGB
- Entsprechenserklärung zum Corporate Governance Kodex gem. § 161 AktG — § 314 Abs. 1 Nr. 8 HGB
- Honorar für den Abschlussprüfer (nur für kapitalmarktorientierte Mutterunternehmen) — § 314 Abs. 1 Nr. 9 HGB
- Konzernlagebericht — § 315 HGB
- Offenlegung — § 325–329 HGB
- Prüfung — § 316–324a HGB

Die Regelungen des § 315a HGB sind erstmals für Geschäftsjahre anzuwenden, die nach dem 31. Dezember 2004 beginnen.

Nicht kapitalmarktorientierte Mutterunternehmen, die vom Wahlrecht zur Aufstellung eines IFRS-Konzernabschlusses Gebrauch machen, können im Unterschied zu Pflichtanwendern von der Erleichterungsvorschrift des § 313 Abs. 3 Satz 1 HGB Gebrauch machen.

Nicht kapitalmarktorientierte Unternehmen, die durch die Überschreitung der Größenkriterien des § 293 HGB zur Aufstellung eines Konzernabschlusses verpflichtet sind, haben unabhängig davon, ob sie von dem Wahlrecht einen befreienden Konzernabschluss nach IFRS aufzustellen und offen zulegen Gebrauch machen, zu beachten, dass sich die Größenkriterien infolge des BilReG vom 9. Dezember 2004 geändert haben und durch das BilMoG nochmals ändern werden.

Durch die Erhöhung der Schwellenwerte hat sich der Kreis der zur Konzernrechnungslegung verpflichteten Unternehmen verkleinert. Maßgeblich für die Beurteilung der Verpflichtung zur Konzernrechnungslegung sind die HGB-Werte und nicht die IFRS-Werte. Eine weitere Erhöhung der Schwellenwerte ist durch das BilMoG vorgesehen.

1.2 Einzelabschluss

Durch die Gesetzesänderungen infolge des Bilanzrechtsreformgesetz (BilReG) vom 9. Dezember 2004 besteht nun für große Kapitalgesellschaften sowie für (§ 325 Abs. 2a HGB)

§ 264a HGB-Gesellschaften im Sinne des § 267 Abs. 3 HGB ein Wahlrecht, den für Publizitätszwecke im Bundesanzeiger zu veröffentlichenden Einzelabschluss nach durch die EU-Kommission übernommenen IFRS aufzustellen. Dieses Wahlrecht kann für jeden Einzelabschluss separat ausgeübt werden.

Zusätzlich zu diesem, im Hinblick auf die Publizitätsanforderungen befreienden, IFRS-Abschluss, ist weiterhin für Zwecke der Offenlegung ein HGB-Jahresabschluss im elektronischen Bundesanzeiger zu veröffentlichen. Die Aufstellung des HGB-Abschlusses ist ferner zwingend für Zwecke der Ausschüttungsbemessung und unter Berücksichtigung steuerrechtlicher Vorschriften zur Ermittlung der Besteuerungsgrundlagen notwendig.

§ 325 Abs. 2a Satz 3 HGB Neben den (europ.) IFRS-Regelungen sind ferner folgende HGB-Vorschriften bei der Erstellung eines IFRS-Einzelabschlusses zu beachten:

- **§ 243 Abs. 2 HGB** Grundsatz der Klarheit und Verständlichkeit
- **§ 244 HGB** Aufstellung in deutscher Sprache und in Euro
- **§ 245 HGB** Unterzeichnung des Jahresabschlusses
- **§ 257 HGB** Aufbewahrung von Unterlagen, Aufbewahrungsfristen
- **§ 285 Satz 1 Nr. 7 HGB; § 285 Satz 1 Nr. 8 b HGB; § 285 Satz 1 Nr. 9 und 10 HGB** Zahl der beschäftigten Arbeitnehmer
- Personalaufwand des Geschäftsjahres
- Angaben zu den Organmitgliedern, zu deren Bezügen und zu diesen gewährten Vorschüssen und Krediten. (Teilweise analog IAS 24.16)
- **§ 285 Satz 1 Nr. 11 und 11a HGB** Angaben über Unternehmen, an denen das bilanzierende Unternehmen zu 20 % oder mehr beteiligt ist oder deren unbeschränkt haftender Gesellschafter es ist (Teilweise analog zu IAS 27.4)
- **§ 285 Satz 1 Nr. 14 HGB** Angaben zu einem Konzern, dem das bilanzierende Unternehmen angehört. (Teilweise analog IAS 1.126c)
- **§ 285 Satz 1 Nr. 15 HGB** Angaben zu den persönlich haftenden Gesellschaftern bei Gesellschaften im Sinne des § 264a Abs. 1 HGB
- **§ 285 Satz 1 Nr. 16 HGB** Entsprechenserklärung zum Corporate Governance Kodex gem. § 161 AktG
- **§ 285 Satz 1 Nr. 17 HGB** Angaben zum Honorar des Abschlussprüfers (nur kapitalmarktorientierte Unternehmen) für folgende Leistungen
  - die Abschlussprüfung
  - sonstige Bestätigungs- oder Bewertungsleistungen
  - Steuerberatungsleistungen
  - sonstige Leistungen
- **§ 286 Abs. 1 HGB** Unterlassen von Angaben sofern dies für das Wohl der Bundesrepublik Deutschland erforderlich ist
- **§ 286 Abs. 3 HGB** Einschränkung der Angabepflichten zum Anteilsbesitz und zur Beteiligung als persönlich haftender Gesellschafter
- **§ 286 Abs. 5 HGB** Angaben zu Tätigkeitsvergütungen von Vorständen, Aufsichtsräten, Beiräten u. ä. Personengruppen können unterbleiben, wenn die Hauptversammlung dies beschlossen hat
- **§ 287 HGB** Besondere Aufstellung für den Anteilsbesitz
- **§ 289 HGB** Aufstellung des Lageberichts, der in dem erforderlichen Umfang auf den IFRS-Abschluss Bezug nehmen muss.

Nach §325 Abs. 2a Satz 2 HGB kann ein Unternehmen das Wahlrecht zur Aufstellung eines IFRS-Einzelabschlusses nur dann in Anspruch nehmen, wenn alle (europ.) IFRS-Vorschriften befolgt werden. Wird ein IFRS-Abschluss unter Anwendung von §286 Abs. 1 HGB erstellt und werden somit nicht alle (europ.) IFRS befolgt, erlangt der IFRS-Abschluss keine befreiende Wirkung. Folglich ist in diesem Fall ein HGB-Abschluss zu erstellen.

Nach §324a Abs. 1 Satz 1 HGB sind die Vorschriften der §§316–324 HGB, die sich auf die Prüfung des Jahresabschlusses beziehen, auch auf den IFRS-Einzelabschluss anzuwenden.

§325 Abs. 2b HGB

Zusätzlich zur Erstellung eines IFRS-Einzelabschlusses ist die Befreiung von der Pflicht zur Veröffentlichung des HGB-Jahresabschlusses im Bundesanzeiger an folgende weitere Voraussetzungen geknüpft:

- Statt des vom Abschlussprüfer zum HGB-Jahresabschluss erteilten Bestätigungsvermerks oder des Vermerks über dessen Versagung wird der entsprechende Vermerk zum IFRS-Einzelabschluss in die Pflichtveröffentlichung miteinbezogen.
- Der Vorschlag für die Verwendung des Ergebnisses und gegebenenfalls der Beschluss über seine Verwendung unter Angabe des Jahresüberschusses oder Jahresfehlbetrages auf Basis des HGB-Jahresabschlusses ist in die Offenlegung mit einzubeziehen.
- Der HGB-Abschluss und der dazugehörige Bestätigungsvermerk sind im elektronischen Bundesanzeiger offen zu legen.

Diese Regelungen sind nach Art. 58 Abs. 3 Satz 1 EGHGB für Geschäftsjahre, die nach dem 31. Dezember 2004 beginnen, anzuwenden. Ferner ist zu beachten, dass der zur Prüfung des HGB-Jahresabschlusses bestellte Wirtschaftsprüfer zugleich auch der Abschlussprüfer des IFRS-Einzelabschlusses ist. Der Prüfungsbericht für den HGB-Abschluss und für den IFRS-Einzelabschluss kann zusammengefasst werden.

2. Normenauslegung und Lückenausfüllung

In der Praxis der europ. IFRS lassen sich folgende Kategorien von Regelungslücken unterscheiden:

- Regelungslücken infolge der Nichtübernahme eines Standards durch die EU-Kommission.
- Sachverhalte, die bislang nicht durch einen IAS/IFRS geregelt sind.

Ferner lassen sich folgende Kategorien von Auslegungserfordernissen unterscheiden:

- Auslegungsbedarf auf Grund der unvollständigen Übernahme eines Standards durch die EU.
- Nationale Besonderheiten, die bei einer Anwendung der vorhandenen Standards zu keiner sachgemäßen Darstellung des Sachverhalts führen würden.

2.1 Anwendung von IFRS, die vollständig durch die EU-Kommission übernommen wurden

Im Rahmen der Übernahme eines Standards durch die EU-Kommission wird die zugehörige Entscheidungsbegründung (*Basis for conclusions*) und der Anwendungshinweis (*Implementation guidance*), sofern vorhanden, grundsätzlich nicht durch die EU übernommen, da sie nicht Bestandteil des Standards sind.

Folglich sind diese Bestandteile der Standards kein geltendes Europarecht. Dennoch sind diese Bestandteile der Standards, sowie das Rahmenkonzept der IFRS, welches ebenfalls nicht übernommen wurde, nach Auffassung der EU-Kommission zum Zweck einer angemessenen und konsistenten Anwendung der IFRS, zu berücksichtigen.

2.2 Anwendung von IFRS, die unvollständig oder bisher nicht durch die EU-Kommission übernommen wurden

Wenn ein vom IASB veröffentlichter Standard nicht durch die EU übernommen wurde, so ist in einem ersten Schritt zu prüfen, ob dieser Standard im Widerspruch zu bereits durch die EU übernommenen Standards steht. Ist dies nicht der Fall, so ist in einem zweiten Schritt zu prüfen, ob die Anforderungen der IAS 8.10 und IAS 8.11 erfüllt sind. Ist dies der Fall, so darf und muss dieser Standard nach IFRS zur korrekten und sinnlogischen Ausgestaltung der Regelungslücke der europ. IFRS herangezogen werden. In allen anderen Fällen, darf er nicht herangezogen werden.

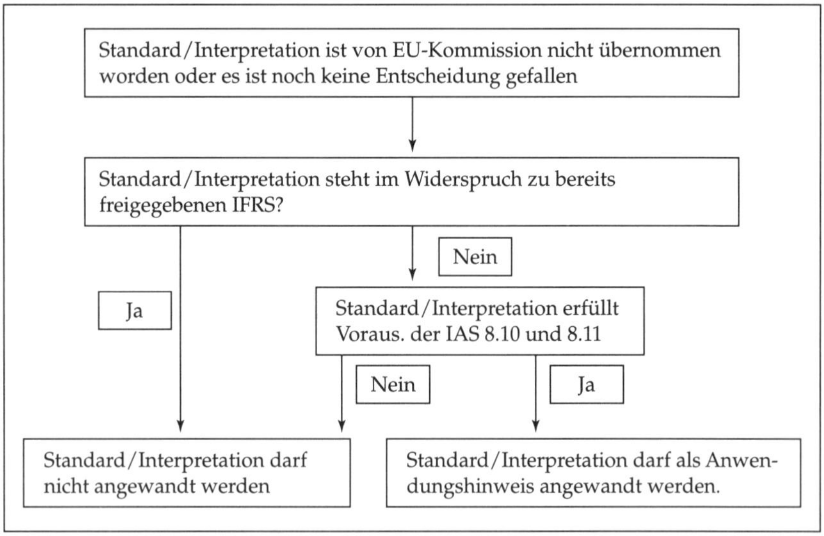

Abbildung 6: Anwendung von nicht übernommenen IFRS (In Anlehnung an Buchheim/Gröner/Kühne, BB 2004 1783 (1787))

Bei Nichtanwendung eines noch nicht durch die EU übernommenen IFRS liegt unseres Erachtens nach kein Verstoß gegen das Vollständigkeitsgebot des IAS 1.14

vor, da sich der Vollständigkeitsgrundsatz des ins EU-Recht übernommenen IAS 1.14 nur auf europ. IFRS beschränkt.

Somit kann bei Nichtanwendung von nicht oder noch nicht durch die EU übernommenen Standards und Interpretationen durch den Abschlussprüfer dennoch eine Bestätigung der Erstellung des Jahresabschlusses in Übereinstimmung mit den geltenden EU-IFRS ausgestellt werden.

2.3 Anwendung von anderen Quellen zur Ausgestaltung von Regelungslücken der europ. IFRS und der Ableitung von konsistenten Auslegungen

Die durch die EU-Kommission übernommenen IAS 8.11 und 8.12 sehen folgende Vorgehensweise zur Ausgestaltung von Regelungslücken vor:

- Regelungen in Standards und Interpretationen, die ähnliche und vergleichbare Themen behandeln, sowie Anhänge und Implementierungsrichtlinien zu diesen Standards,
- Definitionen, Bilanzkriterien und Bewertungskonzepte des Rahmenkonzeptes und
- Veröffentlichungen anderer Standardsetter, die ein ähnliches Rahmenkonzept für die Entwicklung von Rechnungslegungsstandards verwenden, andere Rechnungslegungsliteratur und akzeptierte Branchenlösungen, soweit diese mit den europ. IFRS vereinbar sind.

Hierbei ist allerdings zu beachten, dass die Rechnungslegungsstandards anderer Standardsetter, die zur Ausgestaltung von Regelungslücken der europ. IFRS herangezogen werden, nicht die gleichen Regelungen enthalten dürfen, die zur Nichtübernahme des entsprechenden Standards durch die EU-Kommission geführt haben.

B. Umstellung der Rechnungslegung auf die IFRS

B. Umstellung der Rechnungslegung auf die IFRS

Gliederung:

1. Umstellungsplanung und -strategie

1.1 Umstellung

Im Folgenden wird ein beispielhafter Ablauf eines Umstellungsprozesses dargestellt. Dieser basiert auf unseren in der Praxis erworbenen Erfahrungen mit erfolgreichen Umstellungsprojekten. Allerdings können zeitliche, wie auch unternehmensspezifische Faktoren zu einer Anpassung des Ablaufschemas führen

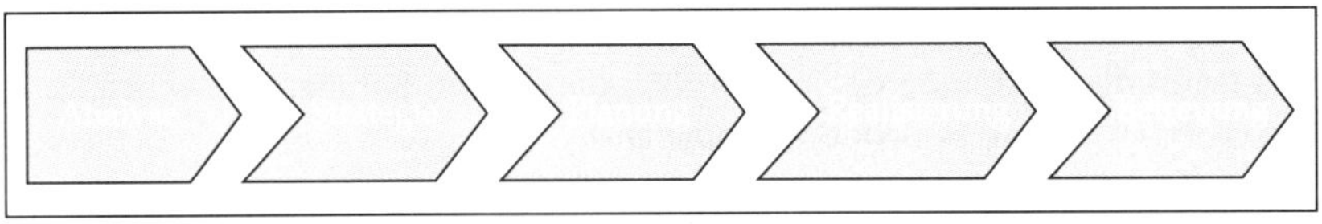

Abbildung 1: Umstellungsprozess

B

1.2 Analyse

Im Rahmen dieser Phase des Umstellungsprojekts sind die einzelnen vorhandenen Rechnungswesensysteme und Prozesse in Bezug auf ihren Ist-Zustand zu analysieren und zu dokumentieren. Dabei muss eine Analyse immer unter dem Aspekt der Umstellung durchgeführt werden. Dies bedeutet, dass alle Prozesse umfassend abzubilden und zu dokumentieren sind.

Erfahrungsgemäß wird in der Analysephase der Grundstein für ein erfolgreiches Umstellungsprojekt gelegt. In dieser Phase gilt es, die kritischen Problemfelder, die den Umstellungserfolg determinieren, zu ermitteln. Zumeist wird dieser Bereich in der Praxis vernachlässigt, da sich hierbei keine sofort sichtbaren Resultate zeigen. In der Praxis wird die in dieser Phase notwendige Informationsbeschaffung, Auswertung und Analyse meist nur unzureichend durchgeführt. Hieraus resultieren dann Ineffizienzen im weiteren Projektablauf, da sie zu Verzögerungen und damit zu Kostensteigerungen führen. Daher sollten mindestens 10 % bis 15 % der gesamten Projektdauer für die Analysephase eingeplant werden.

Neben der zeitlichen ist aber auch die fachliche Komponente von entscheidender Bedeutung für den Erfolg der Analysephase. In dieser Phase gilt es, die geschäfts- und branchenspezifischen Besonderheiten des Unternehmens zu identifizieren und die sich daraus ergebenden Auswirkungen auf die Erstellung des IFRS-Konzernabschlusses zu ermitteln. Falls das Unternehmen nicht über entsprechende IFRS-Praxiskenntnisse oder fachliches Know-how verfügt, sind zur Sicherung des Umstellungserfolgs externe IFRS-Fachleute mit in das Umstellungsprojekt zu integrieren. Im Rahmen der Analysephase sollten neben den Daten aus dem betrieblichen Rechnungswesen auch das Geschäftsmodell und die rechtlichen Rahmenbedingungen bei der Analysephase in die Betrachtung mit einbezogen werden.

1.3 Strategie

Ausgehend von den aus der Ist-Analyse der bestehenden Geschäftsprozesse und Rechnungswesensysteme gewonnenen Erkenntnissen und unter Würdigung der

Faktoren Zeit, Kosten, Notwendigkeit und Wesentlichkeit ist eine Umstellungsstrategie zu entwickeln. Wesentlich hierfür ist eine Stärken/Schwächen-Analyse des Rechnungswesens. Dabei sind v.a. die Faktoren zu ermitteln, die den Umstellungsgrad und die Umstellungstiefe bestimmen. Hierbei ist zwischen internen und externen Einflussgrößen zu unterscheiden. Interne Einflussfaktoren können die Synchronisation von internem und externem Rechnungswesen oder aber die Erstellung eines einheitlichen Berichtspakets sein.

Beispiele für externe Einflussgrößen sind die Absicht zur Verbesserung des Bank-Ratings, die Berichterstattung an internationale Investoren oder die Steigerung der Eigenkapitalquote. Alle diese Faktoren bestimmen wesentlich die Strategie und somit die Ausübung der Wahlrechte, die sich im Rahmen der Umstellung des HGB/US-GAAP-Abschlusses anbieten.

Auf Basis der aus der Ist-Analyse gewonnenen Erkenntnisse sind in Abhängigkeit von der Geschäftstätigkeit eventuelle Schwächen der bisherigen Prozesse in Bezug auf die IFRS-Umstellung zu identifizieren. Dies kann z.B. für Unternehmen mit Langfristfertigung die verpflichtende Einrichtung eines umfassenden Projektcontrollings zur Ermittlung und Darstellung der Teilgewinnrealisierung bei Anwendung der *percentage-of-completion*-Methode bedeuten.

Für Unternehmen mit umfassenden Eigenentwicklungen auf dem Gebiet der immateriellen Vermögenswerte kann die Einrichtung oder Erweiterung des Forschungs- und Entwicklungscontrollings zur Quantifizierung und Abgrenzung der aktivierbaren Kosten notwendig sein.

Ferner muss bei der Verwendung von Sicherungsgeschäften ein Finanzcontrolling bestehen, um die Effektivität von Sicherungsbeziehungen beurteilen zu können. Weiterhin ist aufgrund der in IFRS 1 fixierten Wahlrechte eventuell eine Neubeurteilung von vergangenen Geschäftsvorfällen notwendig.

Die vorbezeichneten, beispielhaft genannten Faktoren sind ebenso bei der Festlegung der Umstellungsstrategie zu berücksichtigen wie die Ziele des Unternehmens, die mit der Umstellung verfolgt werden. Die Strategie bestimmt dabei den Umstellungsgrad und damit auch den Umstellungsaufwand.

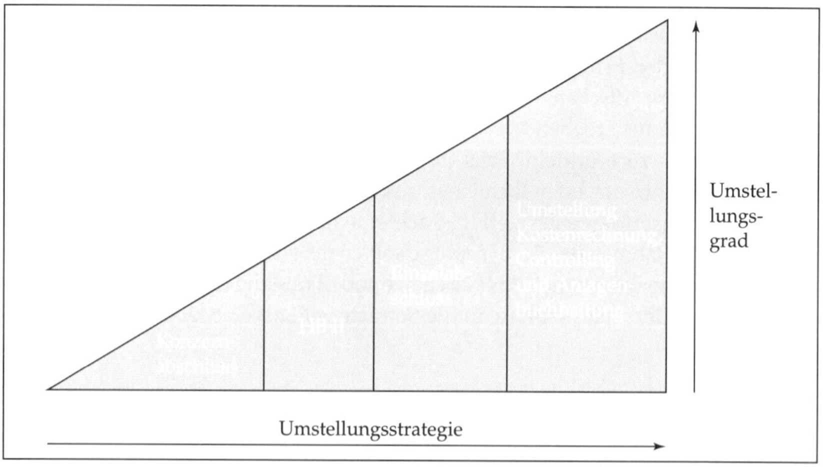

Abbildung 2: Determinierung des Umstellungsgrades durch die Umstellungsstrategie

Die Praxis der Umstellung auf die Konzernrechnungslegung nach den Vorschriften der IFRS wird durch folgende zwei Umstellungsmethoden dominiert:

a) Umstellung des Konzernabschlusses auf Basis von Einzelabschlüssen, die nach den jeweiligen nationalen bzw. bislang akzeptierten Rechnungslegungsvorschriften der Tochterunternehmen erstellt werden.

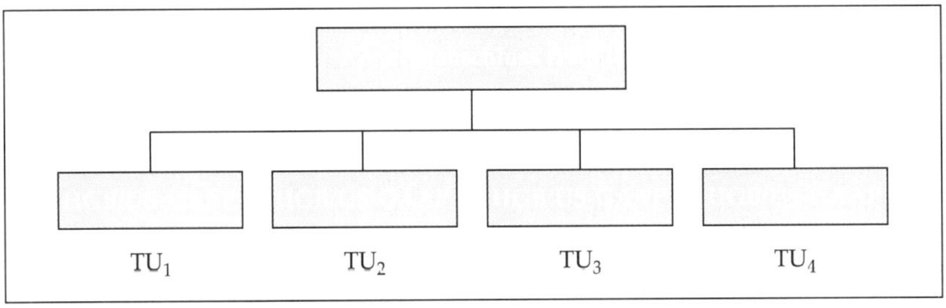

Abbildung 3: Umstellung auf Ebene des Mutterunternehmens

b) Konzerneinheitliche Erstellung der verschiedenen Einzelabschlüsse der Tochterunternehmen nach IFRS.

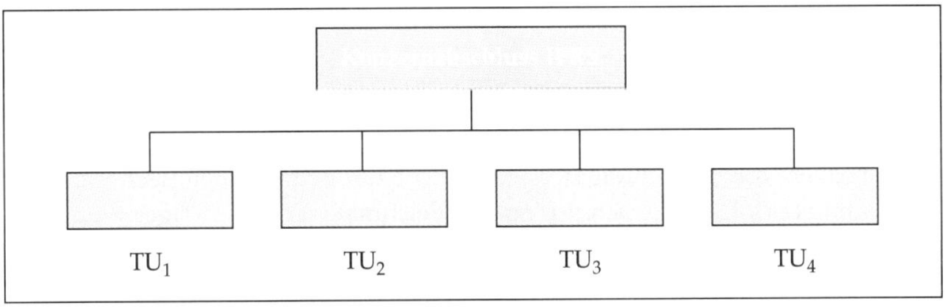

Abbildung 4: Erstellung des Konzernabschlusses auf Basis von IFRS-Einzelabschlüssen

Jede der beiden oben genannten Alternativen hat ihre Vorteile; so bietet die erste Alternative für kleinere, einfach strukturierte Unternehmen ohne branchenspezifische Besonderheiten die Möglichkeit, die IFRS-Umstellung schnell und kostengünstig vorzunehmen.

Die zweite Alternative eignet sich eher für große, komplexe Unternehmen oder solche, die branchenspezifische Besonderheiten aufweisen. Diese Alternative hat den Vorteil, dass sich aufgrund der Umstellung auf unterster Ebene das interne und das externe Konzernberichtswesen vereinheitlichen lassen. Daraus ergibt sich, dass das Berichts- und Rechnungswesen vereinheitlicht wird und dadurch das Management-Informationssystem wirtschaftlicher wird. Eine bessere Information des Managements und eine Kosteneinsparung aufgrund des effizienteren Reportingsystems sind die Folge. Allerdings sind v.a. – wenn branchenspezifische Besonderheiten berücksichtigt werden müssen – neue Controlling- und Reportingprozesse zu implementieren.

Die Vorteilhaftigkeit beider Systeme ist abhängig von der Größe, der Struktur und der Branche des betrachteten Unternehmens wie auch von der Zielsetzung der Umstellung.

Die Umstellungspraxis wird eindeutig durch die zweite Alternative aufgrund der Praktikabilität und der geringeren Komplexität in den Folgejahren dominiert.

1.4 Planung

Im Rahmen der Planungsphase gilt es, in einem ersten Schritt mittels einer Abweichungsanalyse die wesentlichen Änderungen, die sich im Rahmen der Umstellung aufgrund der gewählten Umstellungsstrategie für das Unternehmen ergeben, zu identifizieren. Hierbei sind v.a. die kritischen Erfolgsgrößen zu identifizieren, die ausschlaggebend für den Erfolg des Umstellungsprojektes sind. Ausgehend von den auf der ersten Stufe der Planung ermittelten Daten, ist dann eine Detailplanung zu erarbeiten. Diese Planung muss v.a. die benötigten personellen Ressourcen und die zeitliche Gesamtplanung für das Projekt zum Ziel haben. Ferner ist, falls die Umstellung auf unterster Ebene erfolgt, die Bildung von Projektteams und die Bestimmung von Projektverantwortlichen notwendig.

1.5 Realisierung

In der Umsetzungsphase erfolgt die Realisierung der in der Planungsphase entworfenen Detailplanung.

Es müssen die Projektteams und die Projektleiter individuell – je nach den von ihnen jeweils verantworteten Bereichen – geschult werden. In allen Tochterunternehmen sollte die Umstellung der Teilbereiche des betrieblichen Rechnungswesens parallel erfolgen, da sich nur so ein gleichmäßiger und stetiger Fortschritt des Umstellungsprojektes gewährleisten lässt und bei eventuell auftretenden Problemen sich diese zeitgleich und verbindlich für den gesamten Unternehmenskreis regeln lassen.

Um diesen Umstellungsprozess effizient durchzuführen, wird vorab die Erstellung einer Konzernbilanzierungsrichtlinie empfohlen, welche für sämtliche Konzernunternehmen verpflichtend ist. Als Basis für die Erstellung eines solchen Handbuches dienen die Ausführungen in diesem Buch (siehe Teile B bis D).

Ferner bietet es sich an, die Unterlagen für die Prüfung des Abschlusses durch den Abschlussprüfer bereits bei der Umstellungsphase vorzubereiten. Des Weiteren gilt es zu beachten, dass im Rahmen der Umstellungsphase nicht nur zusätzliche Berichtsformate (Eigenkapitalveränderungsrechnung, Cash-Flow-Statement) zu erstellen sind, sondern auch das Berichtswesen an die gesteigerten Angabepflichten anzupassen ist (→ E.III.). Als Abschluss der Realisationsphase ist die Eröffnungsbilanz zu erstellen.

1.6 Betreuung

Die Umstellung ist mit der Erstellung der Vergleichs- und der Eröffnungsbilanz abgeschlossen; allerdings werden sich in der Folgezeit immer wieder Fragestellungen ergeben, die am besten mit erfahrenen externen Beratern abgesprochen werden. Dazu ist die Einrichtung einer fachlichen Hotline sinnvoll. Diese sollte z.B. die kontinuierliche Unterstützung bei künftigen Anpassungen an neue Regelungen enthalten. Ferner sollten in regelmäßigen Abständen Schulungen des Fachpersonals zur Ergänzung des Fachwissens und Anpassung an die laufenden Änderungen stattfinden. Des Weiteren sollte ein Ansprechpartner bei fachlichen Fragestellungen sowie für die Anpassung der Bilanzierungsrichtlinien an Veränderungen der Rechnungslegung nach den IFRS vorhanden sein.

2. Anwendungsbereich von IFRS 1

2.1 Zeitliche Abgrenzung

IFRS 1 ist für IFRS-Erstanwender verbindlich, die in einem Geschäftsjahr, das nach dem 31. Dezember 2003 beginnt, erstmals einen IFRS-Abschluss vorlegen, dessen Vereinbarkeit mit den IFRS ausdrücklich und uneingeschränkt bestätigt wird. Erfolgt die Umstellung auf IFRS zu einem früheren Zeitpunkt, wird die Anwendung von IFRS 1 empfohlen. **IFRS 1.47 iVm IFRS 1.3**

2.2 Sachliche Abgrenzung

IFRS 1 ist anzuwenden auf **IFRS 1.2**
- den erstmalig nach IFRS aufgestellten Abschluss (**IFRS-Erstabschluss**);
- jeden ggf. nach IAS 34 erstellten Zwischenabschluss für Zeiträume, die vom IFRS-Erstabschluss abgedeckt werden.

Als IFRS-Erstabschluss gilt der Jahres- oder Konzernabschluss, in dem das Unternehmen die IFRS **erstmalig anwendet** und **dessen Vereinbarkeit mit den IFRS ausdrücklich und uneingeschränkt bestätigt** wird. Fehlt nur eine dieser Bedingungen, gilt der Abschluss nicht als IFRS-Erstabschluss. **IFRS 1.3–1.5**

Stellt sich zu einem späteren Zeitpunkt heraus, dass der Abschluss in einem oder mehreren Punkten fehlerhaft war, berührt das nicht seine Eigenschaft als IFRS-Erstabschluss. Der bzw. die Fehler sind nach IAS 8 (→ C.I.4.) zu behandeln.

IFRS 1 findet ebenfalls keine Anwendung, wenn in einem späteren Abschluss Bilanzierungs- und Bewertungsmethoden geändert werden. Auch insoweit kommt IAS 8 zum Tragen. Geht die Anpassung der Rechnungslegung auf einen geänderten oder neu verabschiedeten Standard zurück, sind die entsprechenden Übergangsvorschriften zu beachten.

3. Grundlagen der Rechnungslegungsumstellung

Die Umstellung der Rechnungslegung von HGB/US-GAAP auf IFRS ist ein komplexer Vorgang, der regelmäßig mehrere Geschäftsjahre umfasst.

In einem ersten Schritt ist zu entscheiden, zu welchem Stichtag der IFRS-Erstabschluss erstellt werden soll. Dieser Zeitpunkt wird als Berichtszeitpunkt oder *„reporting date"* bezeichnet (→ Abbildung 5).

B

Um den Anforderungen nach IAS 1 gerecht zu werden, muss der IFRS-Erstabschluss mindestens die Vergleichszahlen des Vorjahres beinhalten. Das macht es erforderlich, auch für das der Berichtsperiode vorangehende Geschäftsjahr einen IFRS-Abschluss (IFRS-Vorjahresabschluss) aufzustellen. Die Grundlage hierzu bildet eine Eröffnungsbilanz nach IFRS zum Tag des Übergangs *(date of transition)*. Sie ist als ein rein internes Rechenwerk nicht zu veröffentlichen. In der schematischen Darstellung in Abbildung 5 ist die IFRS-Eröffnungsbilanz auf den 1. Januar 02 durch Überleitung der HGB/US-GAAP-Bilanz zum 31. Dezember 01 aufzustellen. Zu diesem Zweck sind sämtliche am 31. Dezember 01 noch schwebenden Geschäftsvorfälle nach den einschlägigen IFRS neu zu beurteilen. Die Fortschreibung dieser Wertansätze nach den anzuwendenden IFRS-Normen ergibt sodann die Abschlusswerte zum 31. Dezember 02 bzw. zum 31. Dezember 03.

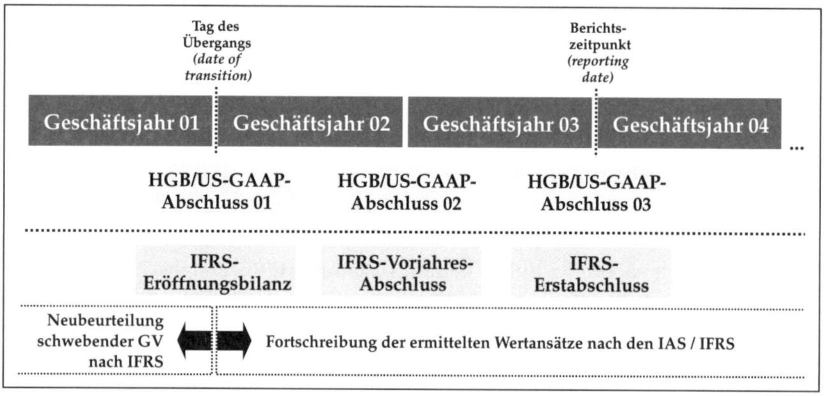

Abbildung 5: Schematische Darstellung der Überleitung der Rechnungslegung von HGB/US-GAAP auf IFRS

IFRS 1 enthält Vorgaben, die bei der Aufstellung der IFRS-Eröffnungsbilanz, des IFRS-Vorjahresabschlusses und des IFRS-Erstabschlusses zu beachten sind. Es handelt sich um

- Regelungen zu den anzuwendenden Rechnungslegungsmethoden (*accounting policies* → B.4.1.);
- die Erstanwendung erleichternde Ausnahmen von diesen Methoden *(exemptions)*, wobei zu unterscheiden ist zwischen
  - Wahlrechten, die aus Vereinfachungsgründen ein Abweichen von anderen IAS/IFRS erlauben (→ B.4.2.), und
  - zwingenden Abweichungen von den grundsätzlich vorgeschriebenen Rechnungslegungsmethoden (→ B.4.3.);
- Erläuterungspflichten zur Umstellung der Rechnungslegung auf IFRS (→ B.4.4.).

Anhang B von IFRS 1 enthält ergänzende Bestimmungen für die Darstellung von Unternehmenszusammenschlüssen (*business combinations* → B.5.).

4. Allgemeine Regelungen zur Umstellung auf IFRS

4.1 Grundsatz der retrospektiven Anwendung

So weit keine Ausnahmetatbestände vorliegen, sind in der IFRS-Eröffnungsbilanz sowie in allen zusammen mit dem IFRS-Erstabschluss veröffentlichten Abschlüssen die gleichen Rechnungslegungsmethoden anzuwenden. Etwaige Wahlrechte sind danach im Einzel- und Konzernabschluss sowie in Zwischenabschlüssen einheitlich und stetig auszuüben. **IFRS 1.7**

Die gewählten Rechnungslegungsmethoden müssen zudem vereinbar sein mit jenen Standards des IASB, die zum Berichtszeitpunkt gültig sind.

Standards, die erst zu einem späteren Zeitpunkt verpflichtend anzuwenden sind, **finden keine Beachtung.** **IFRS 1.8**

> **Alternative:** **IFRS 1.8**
>
> Standards, die erst zu einem späteren Zeitpunkt verpflichtend anzuwenden sind, **werden angewendet, soweit der jeweilige Standard dies erlaubt.**

Die in den anzuwendenden Standards enthaltenen Übergangsvorschriften gelten grundsätzlich nicht für Erstanwender der IFRS. **IFRS 1.9**

Die Umstellung der Rechnungslegung folgt dem **Grundsatz der retrospektiven Anwendung der IFRS**. Danach hat die Neubeurteilung der zum Stichtag der IFRS-Eröffnungsbilanz noch schwebenden Geschäftsvorfälle so zu erfolgen, als ob das Unternehmen schon immer die IFRS angewendet hätte. Mit anderen Worten: In der IFRS-Eröffnungsbilanz sind jene Werte anzusetzen, die sich ergeben hätten, wenn die an ihrem Stichtag *(date of transition)* noch schwebenden Geschäftsvorfälle von Anfang an nach den im Berichtszeitpunkt gültigen IFRS abgebildet worden wären. **IFRS 1.10**

Die Neubeurteilung auf Basis der gewählten Rechnungslegungsmethoden kann folgende Anpassungsnotwendigkeiten auslösen:

- zusätzliche Erfassung von Vermögenswerten und Schulden, die unter HGB nicht in die Bilanz aufzunehmen waren und nicht aufgenommen worden sind;
- Ausbuchung von unter HGB/US-GAAP erfassten Vermögenswerten und Schulden, die nach den IFRS nicht bilanzierungsfähig sind;
- Neubewertung von Vermögenswerten und Schulden entsprechend der von HGB abweichenden Bestimmungen der IFRS;
- Umgliederung von Vermögenswerten, Schulden oder Eigenkapitalkomponenten, für die die IFRS abweichende Ausweisbestimmungen vorsehen.

Die Auswirkungen der Bilanzierungs- und Bewertungsanpassungen auf die Höhe des Reinvermögens sind in der IFRS-Eröffnungsbilanz unmittelbar in den Gewinnrücklagen bzw. dem Gewinnvortrag zu erfassen. Ggf. sind latente Steuern abzugrenzen.

Beispiele

Fall 1: Die in die IFRS-Eröffnungsbilanz überzuleitende HGB-Bilanz enthält Aufwandsrückstellungen nach § 249 Abs. 2 HGB in Höhe von 300. Aufgrund des Ansatzverbots für Aufwandsrückstellungen nach IAS 37 (→ C.III.2.) sind die Rückstellungen aufzulösen. Das geschieht mit dem Buchungssatz

Sonstige Rückstellungen	300
an	
Gewinnrücklagen	300

Latente Steuern sind nicht abzugrenzen, da gemäß § 249 Abs. 2 HGB gebildete Aufwandsrückstellungen steuerlich nicht anerkannt werden.

Fall 2: Unter HGB wurden selbsterstellte immaterielle Vermögensgegenstände des Anlagevermögens nicht aktiviert. Wäre IAS 38 von Anfang an angewendet worden, hätte sich für das (langfristige) immaterielle Vermögen als Folge des bedingten Aktivierungsgebots für Entwicklungskosten (→ C.II.1.) zum Stichtag der Eröffnungsbilanz ein um 500 höherer Wertansatz ergeben. Die nachträgliche Erfassung dieser Vermögenswerte erfolgt durch den Buchungssatz

Immaterielles Vermögen	500
an	
Gewinnrücklagen	500

Zusätzlich sind – ebenfalls erfolgsneutral – passivische latente Steuern abzugrenzen. Auf Basis eines Steuersatzes von 30 % lautet die Buchung

Gewinnrücklagen	150
an	
Passivische latente Steuern	150

Fall 3: Das am 1. Januar 01 zum Preis von 1.000 angeschaffte Betriebsgebäude wurde nach HGB und Steuerrecht über 25 Jahre linear abgeschrieben und hat zum 31. Dezember 10 einen Restbuchwert von 600. Bei Anwendung von IAS 16 hätte eine wirtschaftliche Nutzungsdauer von 50 Jahren zugrunde gelegt werden müssen.

Die Anpassung der Bewertung und die Abgrenzung latenter Steuern auf Basis eines Steuersatzes von 30 % erfordern die Buchungen

Gebäude	200
an	
Gewinnrücklagen	200
Gewinnrücklagen	60
an	
Passivische latente Steuern	60

4.2 Erleichterungsvorschriften der retrospektiven Anwendung

4.2.1 Überblick IFRS 1.13

IFRS 1 sieht folgende Erleichterungen von der retrospektiven Anwendung der IFRS in der Eröffnungsbilanz vor:

- Erleichterungen bei Anwendung von IFRS 3 auf Unternehmenszusammenschlüsse (→ B.5.); IFRS 1.15
- Möglichkeit des Ansatzes von beizulegenden Zeitwerten *(fair values)* oder von Ergebnissen einer Neubewertung als fiktive Anschaffungs- oder Herstellungskosten bei bestimmten Vermögenswerten (→ B.4.2.2); IFRS 1.16–19
- Verzicht auf die Ermittlung versicherungsmathematischer Gewinne und Verluste für die Zeit vor dem Übergangsstichtag bei der Bewertung von Pensionsverpflichtungen (→ B.4.2.3); IFRS 1.20
- Verzicht auf die Ermittlung von Fremdwährungsumrechnungsdifferenzen aus der Umrechnung von Fremdwährungsabschlüssen für die Zeit vor dem Übergangsstichtag (→ B.4.2.4); IFRS 1.21–22
- vereinfachte Eigenkapitaldarstellung bei bestimmten zusammengesetzten Finanzinstrumenten (→ B.4.2.5); IFRS 1.23
- Ansatz und Bewertung von Vermögenswerten sowie Schulden von Tochterunternehmen, Gemeinschaftsunternehmen und assoziierten Unternehmen (→ B.4.2.6); IFRS 1.24–25
- Verzicht auf Anpassung der Vorjahreszahlen für Finanzinstrumente gemäß den Regelungen der IAS 32/39 (→ B.4.2.7); IFRS 1.36A
- Wahlrecht bei der Zuordnung von Finanzinstrumenten (→ B.4.2.8); IFRS 1.25A
- Verzicht auf die vollständige retrospektive Anwendung der Regelungen des IFRS 2 (→ B.4.2.9); IFRS 1.25B
- Verzicht auf die retrospektive Anpassung der Vorjahreszahlen im Zusammenhang mit abgeschlossenen Versicherungsverträgen (gilt nur für Versicherungsunternehmen) (→ B.4.2.10); IFRS 1.36A
- Befreiung von der Verpflichtung zur Angabe von Vorjahresangaben nach IFRS 6 (→ B.4.2.11); IFRS 1.36B
- Verzicht auf Angabe von Vergleichsangaben für Schulden, auf die IFRS 2 angewendet wird, soweit sich diese Informationen auf eine Berichtsperiode oder einen Zeitpunkt vor dem 7. November 2002 beziehen; IFRS 1.25C
- Anwendung der Erleichterungsvorschrift für Versicherungsverträge (→ B.4.2.12) IFRS 1.25D
- Veränderungen von bestehenden Entsorgungsverpflichtungen, die Bestandteil der Anschaffungskosten von Sachanlagen sind (→ B.4.2.13); IFRS 1.25E
- Anwendung von IFRIC 4 (Entscheidungshilfe ob eine Vereinbarung ein Leasing beinhaltet) (→ B.4.2.14); IFRS 1.25F
- Bewertung von finanziellen Vermögenswerten oder finanziellen Verbindlichkeiten beim erstmaligen Ansatz zum beizulegenden Zeitwert (→ B.4.2.15). IFRS 1.25G
- Anwendung von IFRIC 12 (Dienstleistungslizenzen (→ C.II.1.6.2) IFRS 1.25H

4.2.2 Ansatz von beizulegenden Zeitwerten (fair values) und Ergebnissen einer Neubewertung

IFRS 1.16 Das Unternehmen bewertet **alle** Vermögenswerte des Sachanlagevermögens, sein *investment property* (= Immobilien, die der Kapitalanlage dienen) und **alle** nach IFRS anzusetzenden immateriellen Vermögenswerte in der IFRS-Eröffnungsbilanz zu **fortgeführten Anschaffungs- oder Herstellungskosten** nach IAS 16, IAS 40 bzw. IAS 38.

IFRS 1.17–18 **Alternative 1:**

Das Unternehmen macht von der Möglichkeit Gebrauch, **einzelne** Vermögenswerte in der IFRS-Eröffnungsbilanz anstelle ihrer fortgeführten Anschaffungs- oder Herstellungskosten zum beizulegenden Zeitwert *(fair value)* zu bewerten. Dieser Ersatzbewertungsmaßstab kommt wahlweise bei folgendenVermögens-
IFRS 1.19 werten zur Anwendung:

- Sachanlagevermögen
- als Finanzinvestition gehaltene Immobilie (*Investment property*)
- Immaterielle Vermögenswerte

IFRS 1.19 **Alternative 2** (ggf. zusätzlich zu Alternative 1):

Das Unternehmen bestimmt die im Zuge der Neubewertung des Vermögens anlässlich z.B. der Privatisierung einer öffentlichen Einrichtung in der Vergangenheit ermittelten Wertansätze als **fiktive Anschaffungs- und Herstellungskosten nach IFRS im Zeitpunkt der Neubewertung.** Dieser Ersatzbewertungsmaßstab kommt wahlweise bei folgenden Vermögenswerten zur Anwendung:

- Sachanlagevermögen
- als Finanzinvestition gehaltene Immobilie (*Investment property*)
- Immaterielle Vermögenswerte.

Es ist sicherzustellen, dass die im Zuge der Neubewertung ermittelten Wertansätze zumindest annähernd den in diesem Zeitpunkt geltenden Zeitwerten oder den fortgeführten und auf Basis eines allgemeinen oder speziellen Preisindexes hochgerechneten Anschaffungs- oder Herstellungskosten entsprechen.

4.2.3 Bewertung von Pensionsverpflichtungen

IFRS 1.20 Unabhängig von der nach IAS 19 gewählten Methode der Bemessung von Pensionsverpflichtungen (→ C.III.3.) **verzichtet** das Unternehmen darauf, **für Zwecke der Erstbewertung** der Pensionsrückstellung in der IFRS-Eröffnungsbilanz, **unrealisierte versicherungsmathematische Gewinne oder Verluste vorzutragen**. Die Rückstellung wird mit dem **vollen Verpflichtungsbetrag zum Übergangsstichtag** angesetzt.

Alternative: IFRS 1.20

Die Bewertung der Pensionsrückstellungen zum Übergangsstichtag erfolgt in **strenger retrospektiver Anwendung von IAS 19** von dem Zeitpunkt an, zu dem der jeweilige Versorgungsplan aufgelegt worden ist. Zu diesem Zweck ist **zum Ende eines jeden der Auflage des Versorgungsplans folgenden Geschäftsjahrs der Betrag der unrealisierten versicherungsmathematischen Gewinne und Verluste nach den Regelungen des IAS 19** (→ C.III.3.) **zu ermitteln und der kumulierte Betrag ggf. zu amortisieren.**

Die vorstehend beschriebene Vorgehensweise ist für jeden Versorgungsplan gesondert zu praktizieren.

B

4.2.4 Kumulierte Währungsumrechnungsdifferenzen

Kumulierte Währungsumrechnungsdifferenzen aus der Umrechnung von Fremdwährungsabschlüssen **aller** ausländischer Gesellschaften werden zum Stichtag der IFRS-Eröffnungsbilanz **auf Null gesetzt**. Das hat zur Folge, dass beim (Teil-) Abgang eines solchen Unternehmens **keine** Währungsumrechnungsdifferenzen in das Jahresergebnis zu übernehmen sind, die vor dem Stichtag der IFRS-Eröffnungsbilanz entstanden sind. IFRS 1.22

Alternative: IFRS 1.21

Das Unternehmen ermittelt die kumulierten Differenzen aus der Umrechnung von Abschlüssen ausländischer Unternehmen in die Berichtswährung des Konzerns zum Stichtag der IFRS-Eröffnungsbilanz **streng retrospektiv nach IAS 21** (→ D.I.5.5). Die sich ergebenden Umrechnungsdifferenzen sind als **gesonderter Posten des Eigenkapitals** (→ C.III.1.) zu erfassen und fortzuführen.

Im Falle eines (Teil-)Abgangs eines ausländischen Geschäftsbetriebes ist die im Eigenkapital enthaltene kumulierte Umrechnungsdifferenz **(anteilig)** in das Ergebnis der Periode zu übernehmen.

4.2.5 Zusammengesetzte Finanzinstrumente

Zusammengesetzte Finanzinstrumente wie Wandelschuldverschreibungen und Optionsanleihen sind für Zwecke der Rechnungslegung nach IFRS in einen Fremdkapitalanteil (Anleihe) und in zwei Eigenkapitalbestandteile zu zerlegen. IFRS 1.23

Als Eigenkapitalbestandteile sind zum einen der ursprüngliche Eigenkapitalbestandteil zum Zeitpunkt der Emission des zusammengesetzten Finanzinstruments und zum anderen die kumulierten Zinsen auf den Fremdkapitalbestandteil seit dem Emissionszeitpunkt zu erfassen. Der ursprüngliche Eigenkapitalbestandteil (das Agio) ist in die Kapitalrücklage einzustellen, wohingegen die kumulierten Zinsen auf den Fremdkapitalanteil mit den Gewinnrücklagen zu verrechnen sind.

Im Rahmen der Umstellung wird auf eine separate Ermittlung der beiden Eigenkapitalbestandteile verzichtet, da der Fremdkapitalanteil zwischenzeitlich untergegangen ist.

IFRS 1.23

Alternative:

Im Rahmen der Umstellung wird auf eine separate retrospektive Ermittlung der beiden Eigenkapitalbestandteile nicht verzichtet, obwohl der Fremdkapitalanteil, zwischenzeitlich bis zum Zeitpunkt der Umstellung untergegangen ist.

4.2.6 Vermögenswerte und Schulden von Tochterunternehmen, Gemeinschaftsunternehmen und assoziierten Unternehmen

IFRS 1.24(a) Sofern ein Tochter-, Gemeinschafts- oder assoziiertes Unternehmen seine Rechnungslegung zu einem **späteren** Zeitpunkt als das Mutterunternehmen auf IFRS umstellt, kann es für die Bewertung von Vermögenswerten und Schulden entsprechend den Regelungen des IFRS 1 die Buchwerte zum Zeitpunkt des Übergangs *(transition date)* des Mutterunternehmens ansetzen. Hierfür können zum Beispiel die Wertansätze herangezogen werden, die ein Tochter-, Gemeinschafts- oder assoziiertes Unternehmen **im Rahmen der erstmaligen Erstellung des IFRS-Abschlusses des Mutterunternehmens** an dieses gemeldet hat.

Konsolidierungseffekte und Anpassungen in Folge des Unternehmenszusammenschlusses sind hierbei nicht zu berücksichtigen. Im Einzelnen bedeutet dies:

- Ausgangspunkt für die Fortschreibung der Buchwerte bilden jene Wertansätze, die sich in einer auf den Tag des Übergangs des Mutterunternehmens erstellten IFRS-Eröffnungsbilanz ergeben hätten;
- maßgebend für die Ermittlung der Eröffnungsbilanzwerte und deren Fortschreibung sind die im Konzernabschluss gewählten Rechnungslegungsmethoden;
- bei der Feststellung des Mengengerüsts und der Wertansätze sind weder Anpassungen aufgrund eines abweichenden Erwerbspreises für die Vermögenswerte und Schulden aus Konzernsicht zu berücksichtigen noch Auswirkungen aus Konsolidierungsmaßnahmen.

IFRS 1.24(b)

Alternative:

Tochter-, Gemeinschafts- oder assoziierte Unternehmen, die ihre Rechnungslegung zu einem **späteren** Zeitpunkt als das Mutterunternehmen auf IFRS umstellen, bewerten ihre Vermögenswerte und Schulden zu fortgeführten Buchwerten, die sich – ausgehend vom Übergangsstichtag des Tochterunternehmens – gemäß IFRS 1 ergeben.

IFRS 1.25 Haben Tochter-, Gemeinschafts- oder assoziierte Unternehmen ihre Rechnungslegung **früher** als das Mutterunternehmen auf IFRS umgestellt, bilden die fortgeführten Buchwerte der betreffenden Unternehmen die Grundlage für die Bilanzierung und Bewertung der Vermögenswerte und Schulden im Konzernabschluss. Anpassungen sind vorzunehmen, um

- den Konsolidierungsvorschriften Rechnung zu tragen;
- die Wertansätze entsprechend der Equity-Methode fortzuschreiben;
- Auswirkungen des Unternehmenszusammenschlusses auf die Bilanzierung und Bewertung zu berücksichtigen.

4.2.7 *Verzicht auf die Angabe von Vorjahreszahlen für Finanzinstrumente gemäß den Regelungen des IAS 32/39*

Unternehmen, die ihren ersten IFRS-Abschluss vor dem 1. Januar 2006 erstellen, sind von der Verpflichtung befreit, ihre Vorjahreswerte gemäß den Vorschriften der IAS 32/39 anzupassen. **IFRS 1.36A**

Unternehmen, die von diesem Wahlrecht Gebrauch machen und Vorjahreswerte veröffentlichen, die nicht mit den Regelungen der IAS 32/39 übereinstimmen, müssen:

- für Finanzinstrumente Vorjahreswerte veröffentlichen, die im Einklang mit den bisher angewendeten Rechnungslegungsvorschriften erstellt wurden. **IFRS 1.36A(a)**
- die Anwendung des Wahlrechts zusammen mit der Information, auf welcher Rechnungslegungsvorschrift die Vorjahreszahlen beruhen, angeben. **IFRS 1.36A(b)**
- eine Angabe machen, welche Arten von Anpassungen notwendig sind, um die nach bisher angewendeten Rechnungslegungsvorschriften ermittelten Vorjahreswerte auf die Wertansätze, die sich bei Anwendung der Vorschriften der IAS 32/39 ergeben hätten, überleiten zu können. Es müssen hierbei keine quantitativen Angaben gemacht werden. Unterschiede zwischen den Vorjahreswerten, die gemäß den bisher angewendeten Rechnungslegungsvorschriften ermittelt sind, und den Wertansätzen des ersten veröffentlichten IFRS-Abschlusses, die in Übereinstimmung mit den Regelungen der IAS 32/39 ermittelt sind, sind gemäß den Vorschriften des IAS 8 (→ C.I.4.) zu behandeln. **IFRS 1.36A(c)**

4.2.8 *Wahlrecht bei der Zuordnung von Finanzinstrumenten*

Unternehmen können im Umstellungszeitpunkt *(date of transition)* finanzielle Vermögenswerte und Verbindlichkeiten in eine der folgenden Kategorien einordnen: **IFRS 1.25A**

- Erfolgswirksam zum beizulegenden Wert bewertete finanzielle Vermögenswerte oder Verbindlichkeiten *(financial asset* oder *financial liability at fair value through profit or loss)*
- als zur Veräußerung verfügbare finanzielle Vermögenswerte bzw. Verbindlichkeiten

Zu den Unterschieden zwischen den beiden Klassen (→ C.II.4.1.3).

4.2.9 *Verzicht auf die vollständige retrospektive Anwendung der Regelungen des IFRS 2*

4.2.9.1 Vergütungen durch die Gewährung von Eigenkapitalinstrumenten *(equity settled share based payments)*

Fall 1: Unter der Bedingung, dass der beizulegende Zeitwert bzw. Marktwert der Aktienoptionen bereits in den Vorperioden angegeben wurde, werden die Regelungen des IFRS 2 auf Vergütungen durch Eigenkapitalinstrumente, die **vor** dem 7. November 2002 gewährt wurden, **retrospektiv** angewendet. **IFRS 1.25B**

Alternative:

Fall 1: Unter der Bedingung, dass der beizulegende Zeitwert bzw. Marktwert der Aktienoptionen bereits in den Vorperioden angegeben wurde, werden die Regelungen des IFRS 2 auf Vergütungen durch Eigenkapitalinstrumente, die vor dem 7. November 2002 gewährt wurden, **nicht retrospektiv** angewendet.

Fall 2: Unter der Bedingung, dass der beizulegende Zeitwert bzw. Marktwert der Aktienoptionen bereits in den Vorperioden angegeben wurde, werden die Regelungen des IFRS 2 auf Vergütungen durch Eigenkapitalinstrumente, die **nach** dem 7. November 2002 gewährt wurden und zum späteren der beiden folgenden Zeitpunkte

- der Umstellung *(date of transition)* bzw.
- dem 1. Januar 2005

verfallen sind, **retrospektiv** angewendet.

Alternative:

Fall 2: Unter der Bedingung, dass der beizulegende Zeitwert bzw. Marktwert der Aktienoptionen bereits in den Vorperioden angegeben wurde, werden die Regelungen des IFRS 2 auf Vergütungen durch Eigenkapitalinstrumente, die **nach** dem 7. November 2002 gewährt wurden und zum späteren der beiden folgenden Zeitpunkte

- der Umstellung *(date of transition)* bzw.
- dem 1. Januar 2005

verfallen sind, **nicht retrospektiv** angewendet.

Fall 3: Die Regelungen des IFRS 2 sind **retrospektiv** auf alle Vergütungen durch Eigenkapitalinstrumente, die **nach** dem 7. November 2002 gewährt wurden und zum späteren der beiden folgenden Zeitpunkte

- der Umstellung *(date of transition)* bzw.
- dem 1. Januar 2005

noch nicht verfallen sind, anzuwenden.

Für alle anderen **Vergütungen durch die Gewährung von Eigenkapitalinstrumenten** sind entsprechende Anhangsangaben zu machen (→ CD-Checkliste).

4.2.9.2 Vergütungen durch die Gewährung von virtuellen Eigenkapitalinstrumenten *(cash settled share based payments)*

IFRS 2.60 Verbindlichkeiten, die aus der Gewährung von virtuellen Eigenkapitalinstrumenten vor dem späteren der beiden folgenden Zeitpunkte

- Umstellungszeitpunkt *(date of transition)* bzw.
- 1. Januar 2005

resultieren, sind an die Regelungen des IFRS 2 anzupassen.

Alternative:

Verbindlichkeiten, die aus der Gewährung von virtuellen Eigenkapitalinstrumenten vor dem späteren der beiden folgenden Zeitpunkte

- Umstellungszeitpunkt *(date of transition)* bzw.
- 1. Januar 2005

resultieren, sind **nicht** an die Regelungen des IFRS 2 anzupassen.

Ein Unternehmen muss bei retrospektiver Anpassung der Vergleichsangaben zu Verbindlichkeiten, für die IFRS 2 zur Anwendung kommt, nur Informationen ab dem 7. November 2002 berücksichtigen.

B

4.2.10 Verzicht auf die retrospektive Anpassung der Vorjahreszahlen im Zusammenhang mit abgeschlossenen Versicherungsverträgen (gilt nur für Versicherungsunternehmen)

Unternehmen, die ihren ersten IFRS-Abschluss vor dem 1. Januar 2006 erstellen, passen ihre Vorjahreswerte gemäß den Vorschriften der IAS 32, 39 und IFRS 4 an. **IFRS 1.36A**

Alternative:

Unternehmen, die ihren ersten IFRS-Abschluss vor dem 1. Januar 2006 erstellen, passen ihre Vorjahreswerte **nicht** gemäß den Vorschriften der IAS 32, 39 und IFRS 4 an.

In diesem Fall:

- sind für Versicherungsverträge Vorjahreswerte zu veröffentlichen, die im Einklang mit den bisher angewendeten Rechnungslegungsvorschriften ermittelt wurden. **IFRS 1.36A(a)**
- ist die Anwendung des Wahlrechts zusammen mit der Information, auf welcher Rechnungslegungsvorschrift die Vorjahreszahlen beruhen, anzugeben. **IFRS 1.36A(b)**
- ist eine Angabe zu machen, welche Arten von Anpassungen notwendig sind, um die nach bisher angewendeten Rechnungslegungsvorschriften ermittelten Vorjahreswerte auf die Wertansätze, die sich bei Anwendung der Vorschriften des IFRS 4 ergeben hätten, überleiten zu können. Es müssen hierbei keine quantitativen Angaben erfolgen. Unterschiede zwischen den Vorjahreswerten, die gemäß den bisher angewendeten Rechnungslegungsvorschriften ermittelt sind, und den Wertansätzen des ersten veröffentlichten IFRS-Abschlusses, die in Übereinstimmung mit den Regelungen des IFRS 4 ermittelt sind, sind gemäß den Vorschriften des IAS 8 (→ C.I.4.) zu behandeln. **IFRS 1.36A(c)**

4.2.11 Befreiung von der Verpflichtung zur Angabe von Vorjahresangaben nach IFRS 6

Unternehmen die IFRS 6 vor dem 1. Januar 2006 anwenden, geben die von IFRS 6 geforderten Angaben zu Vorjahren an. **IFRS 1.36B**

> **Alternative:**
>
> Unternehmen die IFRS 6 vor dem 1. Januar 2006 anwenden, geben die von IFRS 6 geforderten Angaben zu Vorjahren **nicht** an.

4.2.12 Anwendung der Erleichterungsvorschriften für Versicherungsverträge

IFRS 1.25D Das Unternehmen macht von den Übergangsvorschriften des IFRS 4 Gebrauch.

> **Alternative:**
>
> Das Unternehmen macht von den Übergangsvorschriften des IFRS 4 **keinen** Gebrauch.

4.2.13 Änderungen bestehender Rückstellungen für Entsorgungs-, Wiederherstellungs- und ähnliche Verpflichtungen

IFRS 1.25E Das Unternehmen hat bei rückstellungspflichtigen Abbruch- und Wiederherstellungsverpflichtungen, die Bestandteil der AK/HK der betreffenden Sachanlage sind, auch spätere Schätzungsänderungen bzgl. des zu erwartenden Erfüllungsbetrags (Kosten- und Zinssatzänderungen) korrespondierend im Wertansatz der Sachanlage zu berücksichtigen.

> **Alternative:**
>
> Das Unternehmen ermittelt den Buchwert der Sachanlage zum *transition date*, in dem der zu diesem Zeitpunkt ermittelte Rückstellungsbetrag auf den Zeitpunkt der Verpflichtungsentstehung diskontiert und mit den übrigen historischen AK/HK planmäßig bis zum *transition date* abgeschrieben wird.

4.2.14 Anwendung von IFRIC 4 (Beurteilung, ob eine Vereinbarung ein Leasingverhältnis enthält)

IFRS 1.25F Das Unternehmen berücksichtigt bei der Prüfung, ob eine vertragliche Vereinbarung ein Leasingverhältnis i.S. IAS 17 darstellt oder beinhaltet, auch vor dem 1. Januar 2005 bestehende Verhältnisse.

> **Alternative:**
>
> Das Unternehmen berücksichtigt bei der Prüfung, ob eine vertragliche Vereinbarung ein Leasingverhältnis i.S. IAS 17 darstellt oder beinhaltet, nur nach dem 1. Januar 2005 bestehende Verhältnisse.

4.2.15 Bewertung von finanziellen Vermögenswerten oder finanziellen Verbindlichkeiten beim erstmaligen Ansatz zum beizulegenden Zeitwert

IFRS 1.25G Unbeschadet der Bestimmungen in IFRS 1.7 und 1.9 muss das Unternehmen beim erstmaligen Ansatz den Transaktionspreis als besten Nachweis des beizulegenden

Zeitwerts verwenden, es sei denn, der beizulegende Zeitwert dieses Finanzinstruments wird durch einen Vergleich mit anderen beobachtbaren aktuellen Markttransaktionen desselben Instruments nachgewiesen oder beruht auf einer Bewertungsmethode, deren Variablen nur Daten von beobachtbaren Märkten umfassen.

Ferner muss das Unternehmen die Folgebewertung von finanziellen Vermögenswerten, Schulden und die Erfassung von Gewinnen und Verlusten in Übereinstimmung mit den Regelungen des IAS 39 vornehmen. Die Anwendung der im vorherigen Absatz beschriebenen Regelung kann dazu führen, dass beim erstmaligen Ansatz eines finanziellen Vermögenswertes bzw. einer finanziellen Schuld kein Gewinn bzw. Verlust zu erfassen ist. In diesem Fall schreibt IAS 39 vor, dass nach dem erstmaligen Ansatz, ein Gewinn bzw. ein Verlust nur unter der Voraussetzung zu erfassen ist, dass er durch die Änderung eines Faktors (einschließlich Zeitablauf) entstanden ist, den Marktteilnehmer bei der Preisbildung berücksichtigen würden.

Diese Regelungen sind prospektiv anzuwenden auf Transaktionen, die nach dem 25. Oktober 2002 abgeschlossen wurden.

Alternative:

Diese Regelungen sind prospektiv anzuwenden auf Transaktionen, die nach dem 1. Januar 2004 abgeschlossen wurden.

4.3 Verbot der retrospektiven Anwendung der IFRS

4.3.1 Überblick

IFRS 1 verbietet in den folgenden Fällen die retrospektive Anwendung eines IFRS: **IFRS 1.27–1.34B**

- Ausbuchung finanzieller Vermögenswerte und Schulden (→ B.4.3.2);
- Hedge-Geschäfte (→ B.4.3.3);
- Schätzungen (→ B.4.3.4);
- zum Verkauf stehende langfristige Vermögenswerte und die Aufgabe von Geschäftsbereichen (→ B.4.3.5).

4.3.2 Ausbuchung finanzieller Vermögenswerte und Schulden

Hat ein Unternehmen unter HGB finanzielle Vermögenswerte oder finanzielle Schulden in einem Geschäftsjahr, das vor dem 1. Januar 2004 begonnen hat, ausgebucht, die es nach den Bestimmungen von IAS 39 nicht hätte ausbuchen dürfen, so ist der Abgang für Zwecke der IFRS-Eröffnungsbilanz nicht rückgängig zu machen. **IFRS 1.27**

Finanzinstrumente, die im Zuge der Ausbuchung eines finanziellen Vermögenswerts oder einer finanziellen Schuld zurückbehalten wurden und am Stichtag des Übergangs auf IFRS noch vorhanden sind, müssen bilanziert werden.

Beispiele:

- Wurde dem Käufer einer Forderungsgesamtheit eine Entschädigung für Forderungsausfälle zugesichert, ist diese Verpflichtung nach den Grundsätzen von IAS 39 (→ C.III.4.) als finanzielle Schuld in den Abschluss aufzunehmen.
- Das Recht, verkaufte Forderungen gegen eine Gebühr einzuziehen, die höher ist als die Kosten der Einziehung, ist als finanzieller Vermögenswert zu aktivieren.

Gehören die unter HGB ausgebuchten finanziellen Vermögenswerte oder Schulden am Stichtag der IFRS-Eröffnungsbilanz zum Vermögen einer Zweckgesellschaft (*special purpose entity* (SPE)), über die das Unternehmen die Kontrolle ausübt (→ D.II.2.2), ist diese SPE zu konsolidieren.

4.3.3 Sicherungsgeschäfte

IFRS 1.28–1.30 Im Zeitpunkt des Übergangs auf IFRS hat ein Unternehmen alle derivativen Finanzinstrumente zu ihrem beizulegenden Zeitwert zu bewerten und alle aus derivativen Finanzinstrumenten entstandenen abgegrenzten Verluste und Gewinne, die nach vorherigen Rechnungslegungsgrundsätzen als Vermögenswerte oder Schulden ausgewiesen wurden, auszubuchen.

Eine Sicherungsbeziehung, die nicht die Voraussetzungen für Sicherungsbeziehungen nach IAS 39 erfüllt, darf in der IFRS-Eröffnungsbilanz nicht angesetzt werden. Falls ein Unternehmen nach den bislang angewandten Rechnungslegungsgrundsätzen eine Nettoposition als ein Grundgeschäft angesetzt hat, so darf es bis spätestens zum Zeitpunkt des Übergangs auf IFRS innerhalb dieser Nettoposition einen Einzelposten als ein Grundgeschäft einstufen.

IAS 39.91
IAS 39.101 Für jede Transaktion, die bis zum Zeitpunkt des Übergangs auf IFRS als Sicherungsinstrument bestimmt wurde, jedoch nicht die Bilanzierungsvoraussetzungen für Sicherungsbeziehungen nach IAS 39 erfüllt, hat das Unternehmen die Bilanzierung des Sicherungsinstruments unter Beachtung der Vorschriften des IAS 39 einzustellen.

Vor dem Übergangszeitpunkt eingegangene Transaktionen dürfen nicht retrospektiv als Sicherungsgeschäfte umgewidmet werden.

4.3.4 Schätzungen

IFRS 1.31f.
IFRS 1.34 Für Zwecke der Rechnungslegung nach HGB vorgenommene Schätzungen sind beim Übergang auf IFRS zu respektieren. Unzulässig ist danach insbesondere eine Anpassung von Schätzungen aufgrund zwischenzeitlich gewonnener besserer Erkenntnisse. Das gilt sowohl für Schätzungen, die sich auf den Stichtag der Eröffnungsbilanz als auch auf den Stichtag eines dem IFRS-Erstabschluss beigefügten Vergleichsabschlusses beziehen.

Abweichend von dieser Grundregel sind solche Schätzungen zu korrigieren, die im Zeitpunkt ihrer Vornahme offenkundig falsch waren. Hierbei handelt es sich um Schätzungen, die unter Berücksichtigung der seinerzeit verfügbaren Informationen objektiv nicht vertretbar waren.

Beispiele:

Fall 1: Zum 31. Dezember 01 wurde auf Basis eines Kostenvoranschlags eine Rückstellung wegen ausstehender Rechnung in Höhe von 200 passiviert. Die nach Aufstellung des HGB-Abschlusses eingegangene Rechnung lautet über 210.

Lösung: Die Schätzung des Erfüllungsbetrags der Verpflichtung unter HGB ist mit Blick auf die seinerzeit verfügbaren Informationen nicht zu beanstanden. In die IFRS-Eröffnungsbilanz sind daher ebenfalls 200 einzustellen. Der Ausweis erfolgt als Verbindlichkeit (→ C.III.4.).

Fall 2: Zum 31. Dezember 01 wurde eine Forderung gegen einen Kunden aus Bonitätsgründen um 50 % einzelwertberichtigt. Nach der Aufstellung des HGB-Abschlusses stellt sich heraus, dass bei der Bewertung der Forderung eine Aufrechnungsmöglichkeit mit einer Verbindlichkeit gegenüber dem gleichen Kunden übersehen worden ist. Infolgedessen erleidet das Unternehmen keinen Forderungsausfall.

Lösung: Die Schätzung des beizulegenden Werts der Forderung war offenkundig unzutreffend. Bei der Aufstellung der IFRS-Eröffnungsbilanz ist die Forderung mit ihren Anschaffungskosten anzusetzen.

B

Eine Anpassung von Schätzungen ist ferner dann geboten, wenn diese durch abweichende Rechnungslegungsvorschriften beeinflusst wird.

Beispiel:

Die HGB-Bilanz zum 31. Dezember 01 enthält eine Rückstellung für Schadenersatz. Die Rückstellung wurde auf Grund der Klage eines Wettbewerbers mit dem von diesem geltend gemachten Betrag angesetzt. Es spricht vieles dafür, dass die tatsächliche Schadensersatzleistung deutlich geringer ausfallen wird.

Lösung: Die Schätzung des Rückstellungsbetrags ist für Zwecke der IFRS-Eröffnungsbilanz nach unten anzupassen, da nach IAS 37 bei der Bewertung von Rückstellungen dem Vorsichtsprinzip nur untergeordnete Bedeutung zukommt (→ C.III.2.).

Eine etwaige Anpassung der unter HGB vorgenommenen Schätzungen nach den **IFRS 1.33**
vorstehenden Grundsätzen hat im Einklang mit IAS 10 zu erfolgen. Danach hat die Neuschätzung für die Rechnungslegung nach IFRS jene Verhältnisse widerzuspiegeln, die am Stichtag vorherrschen, auf den sich die Schätzung bezieht. Ausdruck dieser Verhältnisse sind z.B. Marktpreise, Zinssätze oder Wechselkurse.

4.3.5 Zum Verkauf stehende langfristige Vermögenswerte und die Aufgabe von Geschäftsbereichen

Unternehmen, die IFRS 5 vor dem 1. Januar 2005 erstmals anwenden, dürfen keine **IFRS 1.34A**
Anpassung ihrer Vergleichszahlen für langfristige Vermögenswerte, die nach den **IFRS 1.34B**
Voraussetzungen des IFRS 5 schon früher als zum Verkauf stehend zu klassifizieren waren, vornehmen. Allerdings sind die Vergleichszahlen in der Gewinn- und

Verlustrechnung für nach dem 1. Januar 2005 eingestellte Geschäftsbereiche gemäß den Regelungen des IFRS 5 anzupassen. Eine frühere Anwendung ist nur in den Fällen erlaubt, in denen die notwendigen Informationen für frühere Perioden vorhanden sind.

Unternehmen, die ihre Rechnungslegung vor dem 1. Januar 2005 auf IFRS umstellen, müssen die Übergangsvorschriften des IFRS 5 anwenden.

4.4 Erläuterung der Rechnungslegungsumstellung

4.4.1 Überleitungsrechnungen

IFRS 1.38f. Die Auswirkungen aus der Umstellung der Rechnungslegung auf die Bilanz, die Gewinn- und Verlustrechnung und die Kapitalflussrechnung sind zu erläutern. Dazu sind folgende Überleitungsrechnungen zu erstellen:

- Überleitung des Eigenkapitals von HGB/US-GAAP auf IFRS in der IFRS-Eröffnungsbilanz;
- Überleitung des Eigenkapitals von HGB/US-GAAP auf IFRS zum Ende des letzten Geschäftsjahrs, für das nach HGB/US-GAAP Rechnung gelegt wurde;
- Überleitung des Jahresergebnisses von HGB/US-GAAP auf IFRS für das letzte Geschäftsjahr, zu dem ein HGB/US-GAAP-Abschluss vorliegt.

Die Überleitungsrechnungen müssen so beschaffen sein, dass sie die wesentlichen Anpassungen erkennen lassen.

IFRS 1.41 Werden bei der Aufstellung der IFRS-Abschlüsse in den HGB/US-GAAP-Abschlüssen enthaltene Bilanzierungsfehler korrigiert, ist dies in den Überleitungsrechnungen gesondert zu vermerken.

IFRS 1.40 Zu berichten ist ferner über wesentliche Anpassungen der Kapitalflussrechnung im Übergang von HGB/US-GAAP auf IFRS.

4.4.2 Bestimmung als finanzielle Vermögenswerte und finanzielle Verbindlichkeiten

Sofern ein Unternehmen einen angesetzten finanziellen Vermögenswert oder eine finanzielle Verbindlichkeit als zum beizulegenden Zeitwert bewertet oder als zur Veräußerung verfügbar ansetzt, so hat es den beizulegenden Zeitwert der in jede Kategorie eingestuften finanziellen Vermögenswerte und Verbindlichkeiten, deren Klassifizierung und den Buchwert nach den früher angewendeten Rechnungslegungsvorschriften anzugeben.

4.4.3 Beizulegender Wert als Ersatz für Anschaffungs- und Herstellungskosten

IFRS 1.44 Soweit in der IFRS-Eröffnungsbilanz für Güter des Sachanlagevermögens, für *investment property* oder für immaterielle Vermögenswerte *fair values* als fiktive Anschaffungs- oder Herstellungskosten angesetzt werden (→ B.IV.2.2), ist anzugeben

- der kumulierte Betrag der beizulegenden Zeitwerte *(fair values)*;
- die kumulierte Anpassung der Buchwerte nach HGB/US-GAAP.

4.4.4 *Zwischenberichterstattung*

Das Unternehmen unterliegt **keiner Verpflichtung** zur Zwischenberichterstattung (→ E.X.1.)

Alternative 1: IFRS 1.45(a)

Zwischenberichte sind **beginnend mit** dem **Geschäftsjahr des IFRS-Erstabschlusses nach IAS 34** aufzustellen. Ergänzend zu den Berichtspflichten dieses Standards (→ E.X.) sind in die Zwischenberichte des Geschäftsjahrs, das im IFRS-Erstabschluss abgebildet wird, folgende Überleitungsrechnungen aufzunehmen:

- Überleitung des Eigenkapitals von HGB/US-GAAP auf IFRS zum Ende der jeweiligen Zwischenberichtsperiode;
- Überleitung des Ergebnisses der Zwischenberichtsperiode und des kumulierten Ergebnisses des Geschäftsjahres bis zum Ende der jeweiligen Zwischenberichtsperiode *(year to date)* von HGB/US-GAAP auf IFRS.

Der erste Zwischenbericht für das Geschäftsjahr des IFRS-Erstabschlusses hat zudem die in → B.4.4.1 aufgeführten Überleitungsrechnungen und ergänzenden Angaben zu enthalten. Alternativ genügt ein Hinweis auf ihre Veröffentlichung an anderer Stelle. IFRS 1.45(b)

Ergänzend sind die nationalen gesetzlichen (z.B. §37w ff. WpHG) und privatrechtlichen (z.B. Anforderungen der Deutschen Börse AG) Regelungen zur Zwischenberichterstattung, zu beachten.

B

5. Abbildung von Unternehmenszusammenschlüssen

5.1 Retrospektive Anwendung von IFRS 3

IFRS 3 ist auf Unternehmenszusammenschlüsse, die **vor** dem Tag des Übergangs auf IFRS erfolgt sind, **nicht retrospektiv anzuwenden**. Stattdessen ist ihre bisherige Behandlung unter HGB/US-GAAP beizubehalten. Das betrifft die gewählte Methode der Einbeziehung in den Konzernabschluss. Zu den notwendigen Anpassungen → B.5.2. IFRS 1.B1f. iVm IFRS 1.B3

Die Ausnahmen von der retrospektiven Anwendung der Vorschriften für Unternehmenszusammenschlüsse gelten auch für erworbene assoziierte Unternehmen und Gemeinschaftsunternehmen.

Alternative 1: IFRS 1.B1f. iVm IFRS 1.B3

Unternehmenszusammenschlüsse vor dem Stichtag der IFRS-Eröffnungsbilanz sind **in retrospektiver Anwendung von IFRS 3 neu zu beurteilen** (Wahlrecht ab gewähltem Zeitpunkt).

Für alle zuvor erfolgten Unternehmenszusammenschlüsse ist die unter HGB/US-GAAP praktizierte Darstellungsform beizubehalten. Das betrifft die gewählte Methode der Einbeziehung in den Konzernabschluss. Zu den notwendigen Anpassungen → B.5.2.

Die vorstehende Regelung für Unternehmenszusammenschlüsse gilt sinngemäß für Beteiligungen an assoziierten Unternehmen und für Gemeinschaftsunternehmen. Auch diese Erwerbe sind (nur) insoweit in retrospektiver Anwendung der einschlägigen IFRS neu zu beurteilen, als diese nach einem vom Unternehmen zu bestimmenden Stichtag erfolgt sind.

IFRS 1.B1f.

Alternative 2:

Alle **bis zum** Stichtag der IFRS-Eröffnungsbilanz vollzogenen Unternehmenszusammenschlüsse sind **in retrospektiver Anwendung von IFRS 3 neu zu beurteilen.**

Entsprechendes gilt für bis zum Stichtag der IFRS-Eröffnungsbilanz erworbene Beteiligungen an assoziierten Unternehmen und an Gemeinschaftsunternehmen.

5.2 Anpassungen von Vermögenswerten und Schulden bei nicht nach IFRS 3 neu zu beurteilenden Unternehmenszusammenschlüssen

[entfällt, so weit Alternative 2 gemäß → B.5.1 zur Anwendung gelangt]

5.2.1 Erfassung bislang nicht berücksichtigter Vermögenswerte und Schulden

IFRS 1.B2(b) In den Konzernabschluss sind alle Vermögenswerte und Schulden, die im Zuge eines Unternehmenszusammenschlusses erworben bzw. übernommen worden sind, aufzunehmen. Ausgenommen von diesem Vollständigkeitsgebot sind

- finanzielle Vermögenswerte und Schulden, die unter HGB ausgebucht wurden, aber nach IAS 39 nicht hätten ausgebucht werden dürfen (→ B.5.3.2);
- sonstige Vermögenswerte (einschließlich eines Goodwill) und Verbindlichkeiten, die nach HGB nicht erfasst worden sind und nach IFRS im Einzelabschluss der Tochterunternehmen nicht angesetzt werden dürften.

IFRS 1.B2(f) i.V.m. IFRS 1.B2(b) Im Rahmen eines Unternehmenszusammenschlusses erworbene Vermögenswerte und Schulden, die nach HGB/US-GAAP nicht angesetzt wurden, sind in der IFRS-Eröffnungsbilanz des Konzerns mit dem Betrag anzusetzen und zu bewerten, zu dem sie auch nach IFRS im Einzelabschluss des betreffenden Tochterunternehmens anzusetzen und zu bewerten wären. In Höhe des aktivierten Betrags sind die Gewinnrücklagen zu erhöhen. Etwas anderes gilt nur dann, wenn es sich bei dem nachträglich zu erfassenden Vermögenswert um einen immateriellen Vermögenswert handelt, der unter HGB als Teil des Geschäfts- oder Firmenwerts erfasst war (→ B.5.3.2).

Beispiel:

Ein Tochterunternehmen verfügte im Zeitpunkt des Beteiligungserwerbs durch das Mutterunternehmen über selbst erstellte immaterielle Vermögensgegenstände. Bei der Aufstellung des Konzernabschlusses wurde dieses Immaterialgut nicht separat angesetzt, sondern ging im Geschäfts- oder Firmenwert auf.

Soweit der immaterielle Vermögenswert im Zeitpunkt des Unternehmenszusammenschlusses die Ansatzvoraussetzungen nach IAS 38 (→ C.II.1.) erfüllte, ist er in der IFRS-Eröffnungsbilanz des Konzerns unter Beachtung von IAS 12 (→ C.IV.1.) zu berücksichtigen. Die Bewertung erfolgt mit dem Betrag, den das Tochterunternehmen in seinem Einzelabschluss nach IFRS ansetzen müsste.

Hätte das Tochterunternehmen den immateriellen Vermögenswert im Zeitpunkt des Unternehmenszusammenschlusses mangels Vorliegen der Aktivierungsvoraussetzungen nach IAS 38 nicht aktivieren dürfen, ist der Vermögenswert auch im Konzernabschluss nicht separat zu erfassen.

B

5.2.2 *Eliminierung von Bilanzposten, die keine Vermögenswerte oder Schulden darstellen*

Nach HGB im Konzernabschluss bilanzierte Aktiva und Passiva sind aus der IFRS-Eröffnungsbilanz zu eliminieren, wenn sie nicht die Ansatzvoraussetzungen der IFRS erfüllen. Die Gegenbuchung erfolgt in den Gewinnrücklagen, es sei denn, bei dem auszubuchenden Bilanzposten handelt es sich um einen immateriellen Vermögenswert, der nicht die Ansatzvoraussetzungen nach IAS 38 erfüllt. In diesem Fall ist der Goodwill entsprechend zu erhöhen (→ B.5.3.).

Beispiel:

Hauptanwendungsfälle für derartige Anpassungen dürften Bilanzierungshilfen und Aufwandsrückstellungen darstellen. So sind beispielsweise im Konzernabschluss angesetzte Aufwendungen für die Ingangsetzung oder Erweiterung des Geschäftsbetriebs mit den Gewinnrücklagen zu verrechnen, und zwar unabhängig davon, ob sie für das Mutter- oder Tochterunternehmen angesetzt worden sind. Mit den betreffenden Posten sind zugleich etwaige für sie angesetzte latente Steuern zu eliminieren.

5.2.3 *Bewertungsanpassungen*

Bei der Bewertung der im Zuge eines Unternehmenszusammenschlusses erworbenen Aktiva und Passiva im Konzernabschluss ist danach zu unterscheiden, ob die betreffenden Vermögenswerte und Schulden nach den einschlägigen IFRS **IFRS 1.B2(d)f.**

- zu fortgeführten Anschaffungs- oder Herstellungskosten bzw.
- nach einem abweichenden Maßstab wie dem *fair value*

zu bewerten sind.

Bei den nach dem Anschaffungswertprinzip zu bewertenden Vermögenswerten und Schulden bestimmen sich die Zugangswerte nach den Anschaffungskosten, **IFRS 1.B2(e)** die unter HGB unmittelbar im Anschluss an den Unternehmenszusammenschluss ermittelt worden sind. Diese Werte sind in der Folgezeit nach den einschlägigen IFRS fortzuführen.

> **Beispiel:**
>
> Zum Vermögen eines Tochterunternehmens gehört ein Betriebsgebäude. Diesem Gebäude wurden aus Konzernsicht im Zugangszeitpunkt (Übergang der Beherrschungsmöglichkeit) Anschaffungskosten von 1.000 beigemessen. Bei der Aufstellung der IFRS-Eröffnungsbilanz ist das Gebäude mit dem Betrag anzusetzen, der sich in Fortführung dieser Anschaffungskosten nach planmäßigen Abschreibungen gemäß IAS 16 und etwaigen Wertminderungen sowie Wertaufholungen nach IAS 36 zum Tag des Übergangs ergibt.

Etwaige Bewertungsabweichungen im Vergleich zu HGB führen zu einer Anpassung der Gewinnrücklagen. Latente Steuern sind zu berücksichtigen. Zudem ist ein etwaiger Minderheitenposten anzupassen.

IFRS 1.B2(d) iVm IFRS 1.B2(k) Die Wertansätze erworbener Vermögenswerte und Schulden, für die das Anschaffungswertprinzip nach IFRS nicht gilt, sind zum Stichtag der IFRS-Eröffnungsbilanz anzupassen. Die Gegenbuchung erfolgt in den Gewinnrücklagen.

> **Beispiel:**
>
> Am 1. Januar 01 erwarb MU 100% der Anteile an TU. Zum Vermögen von TU gehörten unter anderem langfristige Gläubigerpapiere, die nach IFRS der Kategorie *available for sale* zuzurechnen sind. Ihr *fair value* belief sich zum Zeitpunkt des Unternehmenszusammenschlusses auf 150. Mit diesem Betrag sind sie im HGB-Konzernabschluss auch zum Stichtag der IFRS-Eröffnungsbilanz bewertet. Ihr *fair value* beträgt zu diesem Zeitpunkt 180.
>
> In der IFRS-Eröffnungsbilanz sind die Wertpapiere mit 180 anzusetzen. Die Bewertungsanpassung schlägt sich in einer Erhöhung der Gewinnrücklagen um 30 nieder. Bei einem Steuersatz von 30% sind passivische latente Steuern in Höhe von 9 anzusetzen. Der Buchungssatz lautet:
>
> | | |
> |---|---|
> | Anteile | 30 |
> | an | |
> | Gewinnrücklagen | 30 |
> | Gewinnrücklagen | 9 |
> | an | |
> | Passivische latente Steuern | 9 |
>
> Ist das Mutterunternehmen mit weniger als 100% am Tochterunternehmen beteiligt, zieht die Anpassung der Gewinnrücklagen zugleich eine Adjustierung des Minderheitenpostens nach sich.

5.3 Behandlung des Goodwill bei nicht nach IFRS 3 neu zu beurteilenden Unternehmenszusammenschlüssen

5.3.1 *Grundsatz*

In die IFRS-Eröffnungsbilanz ist der zu diesem Stichtag ermittelte Buchwert des unter HGB/US-GAAP angesetzten Geschäfts- oder Firmenwerts zu übernehmen, soweit sich nicht aufgrund der nachfolgend erläuterten Tatbestände eine Anpassungsnotwendigkeit ergibt. Liegt keiner dieser Sachverhalte vor, darf der Buchwert des unter HGB/US-GAAP ermittelten Geschäfts- oder Firmenwerts nicht korrigiert werden. Unzulässig ist **IFRS 1.B2(g) iVm IFRS 1.B2(h)f.**

- eine Änderung der unter HGB/US-GAAP berücksichtigten Abschreibung;
- die Rückgängigmachung von Anpassungen des Geschäfts- oder Firmenwerts als Folge einer Anpassung der Buchwerte von Vermögensgegenständen und Schulden, die nach IFRS 3 nicht zulässig gewesen wäre;
- die Reaktivierung eines unter HGB mit den Rücklagen verrechneten Geschäfts- oder Firmenwerts.

Im letzten Fall sind auch keine Aufwendungen für den verrechneten Geschäfts- oder Firmenwert in der Gewinn- und Verlustrechnung zu berücksichtigen, wenn das Tochterunternehmen abgeht oder das Investment eine Wertminderung erleidet.

B

5.3.2 *Anpassungen bei der Bilanzierung immaterieller Vermögensgegenstände bzw. -werte*

Soweit gemäß IFRS 1.B2(c) unter HGB angesetzte immaterielle Vermögenswerte aus der IFRS-Eröffnungsbilanz eliminiert wurden, weil sich diese nach IAS 38 nicht für einen Ansatz qualifizieren (→ B.5.2.2), ist der Buchwert des Goodwill um den betreffenden Betrag zu erhöhen. Korrekturen dieser Art dürften aufgrund der restriktiven Ansatzvoraussetzungen des HGB für immaterielle Vermögensgegenstände allenfalls in Ausnahmefällen in Betracht kommen. **IFRS 1.B2(g)(i) iVm IFRS 1.B2(c)(i)**

Umgekehrt ist der Goodwill um den Wertansatz neu in die IFRS-Eröffnungsbilanz aufzunehmender immaterieller Vermögenswerte zu vermindern.

Die vorstehenden Grundsätze gelten nicht, wenn der Geschäfts- oder Firmenwert unter HGB mit den Rücklagen verrechnet wurde. In diesem Fall ist die Gegenbuchung zur Eliminierung des immateriellen Vermögensgegenstands in den Gewinnrücklagen vorzunehmen.

Als Folge obiger Anpassungen können latente Steuern zu bilden sowie der Minderheitenposten zu adjustieren sein.

5.3.3 *Kaufpreisunsicherheiten*

Hat sich am Stichtag der IFRS-Eröffnungsbilanz eine ursprünglich vereinbarte nachträgliche Kaufpreiserhöhung so weit konkretisiert, dass sie wahrscheinlich und ihr Betrag verlässlich schätzbar ist, muss der Goodwill um den Betrag dieser Verbindlichkeit erhöht werden. In gleichem Zug ist die Schuld zu passivieren. **IFRS 1.B2(g)(ii) iVm IFRS 1.B2(i)(ii)**

Umgekehrt ist der Buchwert des Goodwill um den Betrag einer zuvor erfassten unsicheren Kaufpreiserhöhung zu reduzieren, wenn die Nachzahlung am Stichtag der IFRS-Eröffnungsbilanz nicht mehr wahrscheinlich oder nicht mehr verlässlich ermittelbar ist.

Hat das Mutterunternehmen den Geschäfts- oder Firmenwert unter HGB mit den Rücklagen verrechnet, sind etwaige Anpassungen des Kaufpreises ausnahmsweise gegen die Gewinnrücklagen zu buchen.

Die Anpassung der Kaufpreisverbindlichkeit kann die Bildung latenter Steuern erfordern.

5.3.4 *Impairment test*

IFRS 1.B2(g)(iii) Unabhängig davon, ob am Stichtag der IFRS-Eröffnungsbilanz Hinweise auf eine Wertminderung des Goodwill vorliegen, ist dieser einem *impairment test* nach IAS 36 zu unterziehen (→ C.I.1.).

5.4 Behandlung bislang nicht in den Konzernabschluss einbezogener Tochter-, Gemeinschafts- und assoziierter Unternehmen

IFRS 1.B2(j) iVm IFRS 1.B3 Tochterunternehmen, die unter HGB nicht konsolidiert wurden, nach den Bestimmungen der IFRS jedoch hätten konsolidiert werden müssen, sind in die IFRS-Eröffnungsbilanz einzubeziehen. Zu diesem Zweck sind die Vermögenswerte und Schulden des Tochterunternehmens zum Tag des Übergangs mit dem Betrag anzusetzen, mit dem sie im Einzelabschluss des Unternehmens nach den einschlägigen IFRS anzusetzen wären.

Der Goodwill aus diesem Unternehmenszusammenschluss ermittelt sich damit als Differenz zwischen

- dem Anteil des Mutterunternehmens am Eigenkapital des Tochterunternehmens nach Vornahme der vorstehend erwähnten Korrekturen und
- den Anschaffungskosten der Beteiligung laut Einzelabschluss des Mutterunternehmens.

Entsprechendes gilt für Beteiligungen an Gemeinschaftsunternehmen und assoziierten Unternehmen, die unter HGB nicht in den Konzernabschluss einbezogen worden sind.

C.
Bilanzierung und Bewertung nach IFRS

I. Allgemeine Regelungen und Prinzipien

Gliederung:

1. Bilanzierung und Bewertung der Aktiva

1.1 Bilanzierungsgrundsätze

Die **Bilanz** enthält die mit der Ermittlung der Vermögens- und Finanzlage *(financial position)* verbundenen Posten **Vermögenswerte** *(assets)*, **Schulden** *(liabilities)* und **Eigenkapital** *(equity)*. **F.47**

Die weitere Untergliederung richtet sich nach den jeweiligen Gliederungsvorschriften und nach dem Wesentlichkeitsprinzip (→ E.I.). **IAS 1.51–.77** **IAS 1.29**

Da Rechnungsabgrenzungsposten unerwähnt bleiben, sind **aktive Rechnungsabgrenzungsposten** unter den Vermögenswerten auszuweisen. Ein nach HGB unter den Rechnungsabgrenzungsposten ausweisbares Disagio ist nach IFRS deshalb nicht existent, weil Forderungen und Verbindlichkeiten aus Fremdkapitalbeschaffung oder -vergabe zwingend nach der Effektivzinsmethode bilanziert werden müssen (→ C.IV.2.). **F.49**

1.2 Bilanzierung dem Grunde nach

1.2.1 *Prüfungsschema*

Nach IFRS enthält die Aktivseite der Bilanz ausschließlich Vermögenswerte *(assets)*. Ähnlich wie nach HGB verläuft die Prüfung, ob ein Aktivposten anzusetzen ist, zweistufig: In einem ersten Schritt ist zu prüfen, ob ein Vermögenswert vorliegt. Ist diese Frage zu bejahen, sind zusätzlich die ergänzenden Aktivierungskriterien *(recognition criteria)* zu prüfen. Sind diese erfüllt, ist der Vermögenswert – vorbehaltlich seiner Wesentlichkeit für die Darstellung der Vermögens-, Finanz- und Ertragslage sowie der Cashflows – in die Bilanz aufzunehmen (→ Abbildung 1).

1.2.2 *Vorliegen eines Vermögenswerts (asset)*

Zur Erfassung eines Vermögenswertes *(asset)* im Abschluss ist im ersten Schritt zu prüfen, ob die *asset*-Definition im Sinne der IFRS erfüllt ist. Das *Framework* definiert ein *asset* als eine Ressource, **F.49a**

- welche aus einem Ereignis der Vergangenheit resultiert,
- über die das Unternehmen verfügen kann und
- die einen künftigen wirtschaftlichen Vorteil repräsentiert.

Die Frage des Vorliegens eines Vermögenswertes stellt sich in der praktischen Anwendung der IFRS nur in Ausnahmefällen und dann vorwiegend im Sinne einer Abgrenzung immaterieller Vermögenswerte von den Geschäftswert bildenden Faktoren. Bei materiellen Gegenständen ist dagegen regelmäßig vom Vorliegen eines Vermögenswerts auszugehen.

Aus diesem Grund enthält IAS 38 für den Problembereich der immateriellen Vermögensgegenstände *(intangibles)* weitergehende Konkretisierungen zu den Merkmalen eines Vermögenswerts, die aufgrund der in IAS 8 festgelegten Normenhierarchie den Bestimmungen des *Framework* vorgehen. **IAS 38**

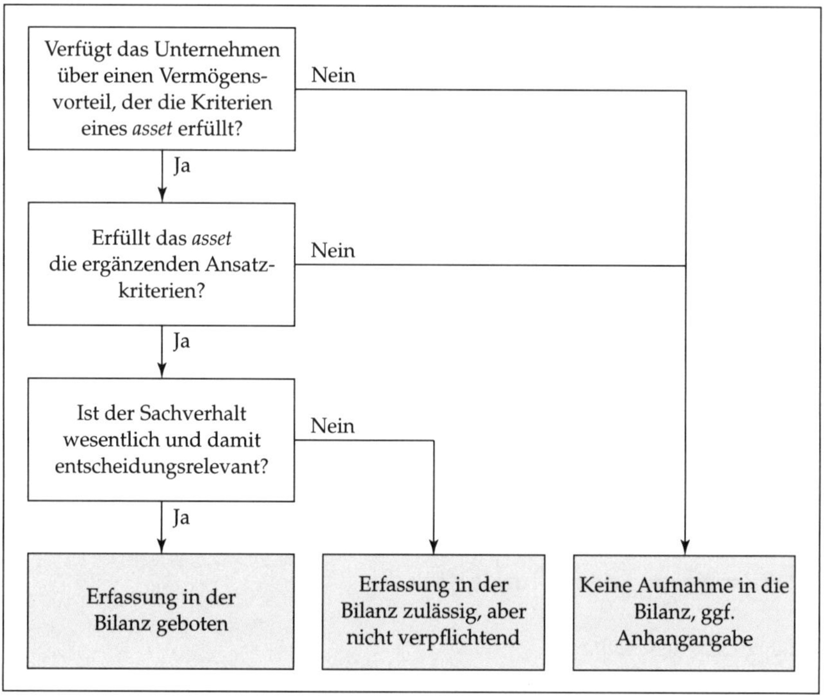

Abbildung 1: Ablauf der Aktivierungsentscheidung

1.2.3 Ergänzende Ansatzkriterien

F.89 Damit ein Vermögenswert als Aktivposten in die Bilanz aufzunehmen ist, muss er neben der allgemeinen *asset*-Definition im zweiten Schritt auch die ergänzenden Ansatzkriterien erfüllen. Ein *asset* **muss** aktiviert werden, wenn

- der künftige **Nutzenzufluss wahrscheinlich** ist *und*
- die Höhe der Aufwendungen für den *asset* **verlässlich bestimmbar** ist.

Im Vergleich mit dem HGB zeigt sich, dass in den meisten Fällen die Unterschiede zwischen einem Vermögensgegenstand (HGB) und einem *asset* (IFRS) auf der Ebene der konkreten Aktivierungsfähigkeit gegenstandslos werden.

Beispiel:

Während **Werbeaufwendungen** geeignet sind, künftig Mittelzuflüsse zu generieren und daher der *asset*-Eigenschaft nach IFRS genügen, repräsentieren sie nach HGB mangels Einzelveräußerbarkeit keinen Vermögensgegenstand.

Da das Ertragspotenzial der Werbeaufwendungen indes nicht verlässlich schätzbar ist, dürfen sie weder im HGB- noch im IFRS-Abschluss aktiviert werden.

Diese Regelungen des *Framework* gelten aufgrund der Normenhierarchie der IFRS subsidiär zu Bestimmungen der einzelnen Standards, d.h. abweichende Bestimmungen in einzelnen Standards gehen den Regelungen im *Framework* vor.

Die Ansatzkriterien der Standards für **materielle Vermögenswerte** (IAS 16) und **immaterielle Vermögenswerte** (IAS 38) entsprechen den Regelungen des *Framework*. Aufgrund der inhärenten Unsicherheiten bei der Bilanzierung immaterieller Vermögensgegenstände und der Problematik der Abgrenzung vom (nicht aktivierungsfähigen) originären Goodwill enthält IAS 38 zusätzliche Erläuterungen und Hinweise, die es dem Bilanzierenden erleichtern sollen, das Vorliegen der Kriterien bei immateriellen Vermögensgegenständen im Einzelfall zu überprüfen (→ C.II.1.). **IAS 16.7** **IAS 38.18ff** **IAS 40.16**

Für **finanzielle Vermögenswerte** gelten die für materielle und immaterielle Vermögenswerte formulierten Aktivierungskriterien allenfalls subsidiär über das *Framework*. IAS 39 macht ihren Ansatz nicht vom Nachweis der entsprechenden Voraussetzungen abhängig. Dies ist Ausdruck einer (widerlegbaren) Vermutung, dass bei diesen Vermögenswerten von einem künftigen Nutzenzufluss auszugehen ist und die Zugangsbewertung aufgrund ihres Charakters als Nominalgüter keine Probleme bereitet.

Die Kriterien gelten unabhängig vom Zeitpunkt des Anfalls der Aufwendungen. Dementsprechend beurteilt sich nicht nur die Aktivierung von Kosten für den erstmaligen Erwerb bzw. die erstmalige Herstellung eines Vermögenswerts nach den beiden Voraussetzungen. Auch für **nachträgliche Aufwendungen** ist auf dieser Grundlage zu entscheiden, ob sie unmittelbar als Aufwand oder als Teil der Anschaffungs- oder Herstellungskosten zu behandeln sind (→ C.II.1.4, C.II.2.3.4). **IAS 16.12ff.** **IAS 38.18ff.**

Obwohl es bei der Aktivierung auf die **Wahrscheinlichkeit** eines Nutzenzuflusses ankommt, bleiben die Wahrscheinlichkeitsmaße undefiniert.

Im Allgemeinen ist von einer **asymmetrischen Interpretation des Wahrscheinlichkeitskriteriums** auszugehen, d.h. Vermögenswerte sind ertragswirksam bzw. eigenkapitalmehrend zu erfassen, wenn die Wahrscheinlichkeit des künftigen Nutzenzuflusses quasi sicher ist. Schulden sind dagegen bereits aufwandswirksam bzw. eigenkapitalmindernd zu erfassen, wenn mehr für als gegen den Eintritt des Nutzenabflusses spricht.

Bei der Aktivierung von Vermögenswerten kann von einem quasi sicheren Nutzenzufluss ausgegangen werden, wenn die Eintrittswahrscheinlichkeit z.B. 80 % überschreitet.

1.2.4 *Eventualforderungen*

Eine Eventualforderung im Sinne der IFRS ist ein **möglicher Vermögenswert**, der aus **vergangenen Ereignissen** resultiert und dessen Existenz durch das Eintreten oder Nichteintreten eines oder mehrerer **unsicherer zukünftiger Ereignisse** erst noch bestätigt wird, die nicht vollständig unter der Kontrolle des Unternehmens stehen. **IAS 37.10**

Eine Eventualforderung darf **nicht** aktiviert werden. **IAS 37.31**

Sofern der mögliche Nutzenzufluss wahrscheinlich ist, hat eine kurze Beschreibung der Art der Forderung sowie – wenn praktikabel – eine Abschätzung der finanziellen Auswirkungen im Anhang zu erfolgen. **IAS 37.34 iVm** **IAS 37.89**

Eventualforderungen sind laufend zu beurteilen, um eine angemessene Berücksichtigung im Jahresabschluss sicherzustellen. Tritt eine Änderung ein, die einen Nutzenzufluss quasi sicher macht, so wird in der Periode der Änderung ein Vermögenswert und ein entsprechender Ertrag erfasst. **IAS 37.35**

1.2.5 Wesentlichkeit

IAS 8.8; F.30 Die Rechnungslegungsgrundsätze der IFRS müssen keine Beachtung finden, wenn ihre Anwendung nur unwesentliche Auswirkungen auf den Abschluss hat. Insoweit schränkt der Wesentlichkeitsgrundsatz den Grundsatz der Vollständigkeit ein.

Die IFRS enthalten keine quantitativen Grenzwerte für die Wesentlichkeit von Bilanzierungsobjekten. Die Beurteilung hat sich unter anderem am Zugangswert des jeweiligen Vermögenswerts zu orientieren. Allgemein gilt ein Posten als wesentlich, wenn seine Aufnahme in die Bilanz oder sein Weglassen geeignet sein könnte, ökonomische Entscheidungen eines Abschlusslesers zu beeinflussen.

In Anwendung des Wesentlichkeitsgrundsatzes kann auf die Aktivierung von Vermögenswerten verzichtet werden, deren Anschaffungs- oder Herstellungskosten einen bestimmten Schwellenwert (z.B. 500 €) nicht übersteigen.

Des Weiteren wird es nicht zu beanstanden sein, wenn aus steuerlichen Gründen angewandte Bilanzierungsmaßnahmen (z.B. GWG, Sammelposten) Eingang in die Bilanz nach IFRS finden, soweit dadurch kein verzerrtes Bild der Vermögenslage gezeichnet wird.

1.3 Bewertung

1.3.1 Überblick

Die IFRS unterscheiden – analog zum HGB – zwischen der erstmaligen Bewertung eines Vermögenswerts (Zugangsbewertung) und der Fortführung dieses Bewertungsansatzes (Folgebewertung).

Den Zugangswert erworbener Vermögenswerte bilden die Anschaffungskosten (→ C.I.1.3.2.1), vom Berichtsunternehmen hergestellte Vermögenswerte sind mit ihren Herstellungskosten (→ C.I.1.3.2.2) einzubuchen. Die IFRS differenzieren zwischen beiden Wertmaßstäben vielfach nicht, sondern sprechen übergreifend von *cost* im Sinne der historischen Zugangswerte.

Im Gegensatz zum HGB kennen die IFRS kein geschlossenes Bewertungskonzept für die Folgebewertung. Statt dessen enthalten die einzelnen Standards unterschiedliche Bewertungsmodelle, wobei teilweise zwischen verschiedenen Modellen gewählt werden kann.

Die größte praktische Bedeutung kommt dem (nach HGB ausschließlich zulässigen) **Anschaffungskostenmodell** (*cost model*) zu. Nach diesem Modell bilden die Zugangswerte die Obergrenze der Bewertung. Sie sind bei abnutzbaren Vermögenswerten im Wege der planmäßigen Abschreibung über die Nutzungsdauer als Aufwand zu erfassen. Etwaigen Wertminderungen eines Vermögenswerts ist zudem durch außerplanmäßige Abschreibungen Rechnung zu tragen. Fällt der Grund für eine Wertminderung weg, sehen die entsprechenden Standards grundsätzlich eine Zuschreibungspflicht vor.

Mit dem Anschaffungskostenmodell konkurriert das **Neubewertungsmodell** (*revaluation model*). Es sieht einen Ansatz der betreffenden Vermögenswerte zum (fortgeführten) *fair value* vor.

Das Neubewertungsmodell ist innerhalb der einzelnen Standards in unterschiedlichen Ausprägungen verwirklicht. Bei bestimmten finanziellen Vermögenswerten, die IAS 39.46

- zu Handelszwecken gehalten werden (*financial assets held for trading*) oder
- zur Veräußerung verfügbar sind (*available for sale financial assets*),

stellt die *fair value*-Bewertung die Regelbewertung dar, von der nur unter restriktiven Voraussetzungen abgewichen werden darf.

In anderen Fällen wird das Neubewertungsmodell hingegen lediglich als Alternative zum Anschaffungskostenmodell angeboten. Diesen Weg geht das IASB bei IAS 16.31ff., IAS 40.27ff. IAS 38.75ff. IAS 39.9

- Sachanlagen (→ C.II.2.),
- als Finanzinvestition gehaltene Immobilien (→ IAS 40),
- – unter einschränkenden Voraussetzungen – bei immateriellen Vermögenswerten (→ C.II.1.) und
- bestimmten finanziellen Vermögenswerten (→ C.II.4.), die vom Bilanzierenden – abweichend von der Regelbewertung – der Kategorie *financial assets at fair value through profit or loss* zugewiesen werden, wie
  - bis zur Endfälligkeit zu haltende finanzielle Vermögenswerte (*held to maturity investments*) und
  - Forderungen, die nicht für Handelszwecke gehalten werden (*loans and receivables originated by the enterprise*).

Zu differenzieren ist ferner danach, ob die (regelmäßige) Fortschreibung des *fair value* erfolgswirksam oder erfolgsneutral erfolgt. Die erfolgsneutrale Variante der Neubewertungsmethode sieht sich bei Sachanlagen, immateriellen Vermögenswerten und bei den zur Veräußerung verfügbaren finanziellen Vermögenswerten verwirklicht. Bei ihr schlägt sich die Änderung des *fair value* der betreffenden Vermögenswerte üblicherweise im Eigenkapital nieder.

Demgegenüber sind Schwankungen des *fair value* bei den zu Handelszwecken gehaltenen finanziellen Vermögenswerten sowie im *investment property* ausnahmslos erfolgswirksam zu erfassen.

C.I

1.3.2 *Zugangsbewertung*

1.3.2.1 Anschaffungskosten

Eine einheitliche Definition der Anschaffungskosten findet sich in den IFRS nicht. Der Wertmaßstab wird vielmehr in unterschiedlichen Vorschriften adressiert und konkretisiert. Im Zuge des so genannten *improvements project* hat das IASB immerhin die einzelnen Definitionen weitgehend vereinheitlicht. Danach umfassen die Anschaffungskosten die in Abbildung 2 aufgeführten Bestandteile.

Der **Anschaffungspreis** ermittelt sich üblicherweise als Betrag der hingegebenen Zahlungsmittel oder Zahlungsmitteläquivalente. Im Falle einer die üblichen Zahlungsfristen übersteigenden Stundung der Gegenleistung, ist der Anschaffungspreis mit dem Barwert der Gegenleistung anzusetzen. **Die Differenz ist als Zinsaufwand zu erfassen.** IAS 2.18 IAS 16.23 IAS 38.27

Bestandteile der Anschaffungskosten nach IFRS	
	Anschaffungspreis (einschließlich Einfuhrzölle und nicht erstattungsfähige Erwerbsteuern)
–	Anschaffungspreisminderungen (Rabatte, Skonti und ähnliche Minderungen)
+	direkt zurechenbare Erwerbsnebenkosten
+	direkt zurechenbare Betriebsbereitschaftskosten
+	Abriss- und Entfernungskosten sowie Wiederherstellungskosten für den Boden
+	nachträgliche Anschaffungskosten
+	aktivierte Fremdkapitalzinsen gemäß IAS 23

Abbildung 2: Bestandteile der Anschaffungskosten

Alternative:

Der **Anschaffungspreis** ermittelt sich üblicherweise als Betrag der hingegebenen Zahlungsmittel oder Zahlungsmitteläquivalente. Im Falle einer die üblichen Zahlungsfristen übersteigenden Stundung der Gegenleistung ist der Anschaffungspreis mit dem Barwert der Gegenleistung anzusetzen. Die Differenz ist bei *qualifying assets* nach IAS 23 **als Teil der Anschaffungskosten zu aktivieren** (→ C.I.1.), ansonsten als Zinsaufwand in der GuV zu erfassen.

Als üblich sind nach den Verhältnissen beim Unternehmen Zahlungsziele von bis zu z.B. sechs Monaten anzusehen. Innerhalb dieser Zeitspanne ist keine Abzinsung des Kaufpreises vorzunehmen.

Rabatte und in Anspruch genommene **Skonti** sind vom Kaufpreis abzuziehen. Nicht in Anspruch genommene Skontobeträge bilden im Regelfall einen Bestandteil des zu aktivierenden Kaufpreises. Überschreitet die Skontofrist ausnahmsweise die übliche Zahlungsfrist des Unternehmens, ist der betreffende Betrag als Zinsaufwand in der GuV zu berücksichtigen.

IAS 2.11, IAS 16.17 IAS 38.28f. Zu den **direkt zurechenbaren Erwerbs- oder Betriebsbereitschaftskosten** rechnen:

- Löhne und Gehälter, die unmittelbar auf den Beschaffungsvorgang entfallen;
- Kosten der Standortvorbereitung;
- Kosten der erstmaligen Lieferung und Verbringung an den Standort;
- Kosten für die Einrichtung und Montage des Vermögenswerts;
- Kosten für Test- und Probeläufe (nach Abzug der Nettoerlöse für die bis zur Betriebsbereitschaft hergestellten Produkte);
- Honorare für Berater, Ingenieure, Architekten.

IAS 16.20 IAS 38.30 Nach Herstellung der Betriebsbereitschaft anfallende Kosten sind nicht zu aktivieren. Das gilt etwa für Kosten der (späteren) tatsächlichen Ingebrauchnahme eines zuvor betriebsbereiten Anlageguts oder einer Standortänderung.

IAS 16.19 IAS 38.30 Nicht als Teil der Anschaffungskosten aktivierungsfähig sind

- Kosten für die Ingangsetzung und Erweiterung des Geschäftsbetriebs,
- Kosten für die Ausdehnung der Geschäftstätigkeit auf andere Gebiete oder neue Kundengruppen,
- Verwaltungs- und andere allgemeine Kosten.

Kosten, die in Folge einer Verpflichtung zum **Abriss** oder zur **Entfernung** eines Vermögenswerts bzw. zur **Wiederherstellung** des Standorts nach Beendigung der Nutzung anfallen, sind in Höhe des Zugangswerts der für sie nach IAS 37 zu bildenden Rückstellung (→ C.III.2.) als Teil der Anschaffungskosten zu aktivieren. **IAS 16.16**

Die Aktivierung nachträglicher Anschaffungskosten richtet sich nach den allgemeinen Ansatzkriterien (→ C.I.1.2.3).

Zur Behandlung von Fremdkapitalkosten (→ C.I.1.3.2.3.2).

1.3.2.2 Herstellungskosten

IAS 16.22 iVm IAS 2, IAS 38.65ff. IAS 40.22

Die Herstellungskosten eines vom Unternehmen selbst erstellten Vermögenswerts sind – ebenso wie die Anschaffungskosten – auf Basis der Vollkosten zu ermitteln. Die entsprechenden Bestimmungen hierzu finden sich in IAS 2.12ff. Sie gelten auch für die Bewertung von Sachanlagen, *investment properties* und – jedenfalls im Grundsatz – für immaterielle Vermögenswerte. Für Letztere sind zusätzlich die ergänzenden Regelungen gemäß IAS 38.65ff. zu beachten. Einen Überblick über die aktivierungspflichtigen und nicht aktivierungsfähigen Komponenten der Herstellungskosten liefert Abbildung 3.

Sieht man von dem bis Ende 2008 noch bestehenden, gewichteten Wahlrecht zur Behandlung der Fremdkapitalkosten ab (→ C.I.1.3.2.3.2), enthalten die IFRS

C.I

Komponenten der Herstellungskosten nach HGB und IFRS im Vergleich

Kostenart	HGB [§ 255 Abs. 2, 3 HGB]	IFRS [IAS 2.10ff.]
Materialeinzelkosten	Pflicht	Pflicht
Fertigungseinzelkosten	Pflicht	Pflicht
Sondereinzelkosten der Fertigung	Pflicht	Pflicht
Materialgemeinkosten	Wahlrecht	Pflicht[1]
Fertigungsgemeinkosten	Wahlrecht	Pflicht[1]
Wertverzehr des Anlagevermögens	Wahlrecht	Pflicht[1]
Zurechenbare Fremdkapitalkosten	Wahlrecht	Wahlrecht[2]
Kosten der allgemeinen Verwaltung	Wahlrecht	anteilige Pflicht[1]
Aufwendungen für soziale Einrichtungen	Wahlrecht	anteilige Pflicht[1]
Aufwendungen für freiwillige soziale Leistungen	Wahlrecht	anteilige Pflicht[1]
Aufwendungen für betriebliche Altersversorgung	Wahlrecht	anteilige Pflicht[1]
Vertriebskosten	Verbot	Verbot

1 Soweit produktionsbezogen

2 *Benchmark*-Methode: Aufwand; *allowed alternative*-Methode: Teil der Herstellungskosten (nur bei *qualifiying assets*) – Pflicht ab 1.1.2009

Abbildung 3: Bestandteile der Herstellungskosten

kein Wahlrecht bei der Ermittlung der Herstellungskosten. Es sind grundsätzlich sämtliche **produktionsbezogenen Kosten** anzusetzen, unabhängig davon, ob es sich um Einzel- oder um (fixe oder variable) Gemeinkosten handelt. Insoweit liegt der Wertansatz nach IFRS deutlich über der Wertuntergrenze der Herstellungskosten nach HGB.

Im Regelfall wird der Aktivierungsumfang auch die steuerrechtliche Wertuntergrenze gemäß R 33 EStR übersteigen. Der Grund liegt darin, dass allgemeine Verwaltungskosten und Kosten des sozialen Bereichs nach IFRS ansatzpflichtig sind, so weit sie dem Produktionsbereich zurechenbar sind.

Nicht ausdrücklich geregelt in den IFRS ist die Einbeziehung von **Steuern** in die Herstellungskosten. Sie richtet sich nach den allgemeinen Grundsätzen. Danach sind Ertragsteuern mangels ihres Kostencharakters nicht aktivierungsfähig. Für Substanzsteuern, die einen Produktionsbezug aufweisen, besteht dagegen Aktivierungspflicht. Das gilt etwa für die Grundsteuer, die auf das dem Produktionsbereich zurechenbare Grundvermögen entfällt.

IAS 38.57ff. Die Frage der Aktivierungsfähigkeit von Forschungs- und Entwicklungskosten beurteilt sich nach IAS 38. Für **Forschungskosten** besteht demnach ein generelles Aktivierungsverbot. **Entwicklungskosten** sind dagegen in die Herstellungskosten der selbst erstellten Vermögenswerte einzubeziehen, so weit sie die Anforderungen nach IAS 38.57ff. erfüllen.

Neben den produktionsbezogenen Vollkosten rechnen solche Aufwendungen zu den Herstellungskosten, die der Bilanzierende in Kauf nimmt, um die selbst erstellten Vermögenswerte an ihren derzeitigen Ort zu bringen oder in den gegenwärtigen Zustand zu versetzen. Hierzu gehören beispielsweise Kosten der Produktentwicklung für einen speziellen Kunden oder sonstige Gemeinkosten ohne Fertigungsbezug.

IAS 2.13 Die **Zurechnung fixer Gemeinkosten** hat auf Basis der Istbeschäftigung zu erfolgen, solange diese nicht wesentlich von der normalen Produktionsauslastung abweicht. Die Normalauslastung bezeichnet jene Auslastung, die unter Berücksichtigung von Wartungszeiten und unter gewöhnlichen Verhältnissen durchschnittlich über einen längeren Zeitraum zu erwarten ist.

Im Falle einer deutlichen Unterauslastung der Kapazitäten sind die fixen Gemeinkosten den erstellten Vermögenswerten auf Basis der Normalbeschäftigung zuzurechnen. Das verhindert die Aktivierung so genannter Leerkosten.

Die Grundsätze gelten auch für **variable Gemeinkosten**, die aus wirtschaftlichen Gründen geschlüsselt werden.

IAS 2.16 Neben den Leerkosten sind folgende Aufwendungen nicht in die Herstellungskosten einzubeziehen:

- Kosten wegen unüblich hoher Materialabfälle, Fertigungslöhne oder anderer Produktionskosten;
- Lagerkosten, die nicht innerhalb des Produktionsprozesses bis zur Weiterverarbeitung des Vermögenswerts in der nächsten Produktionsstufe anfallen;
- Verwaltungsgemeinkosten, die nicht angefallen sind, um die erzeugten Vermögenswerte an ihren derzeitigen Ort zu verbringen oder in ihren derzeitigen

Zustand zu versetzen (z.B. Aufwendungen für das Personalbüro, für das Rechnungswesen oder den Werkschutz);
- Vertriebskosten.

1.3.2.3 Sonderfragen

1.3.2.3.1 Investitionszuschüsse

IAS 20 regelt u.a. die bilanzielle Behandlung von Zuwendungen der öffentlichen Hand für den Erwerb von Vermögenswerten. **IAS 20**

Derartige Zuwendungen sind zu erfassen, wenn so gut wie sicher feststeht, dass **IAS 20.7**

- das Unternehmen die Bedingungen für die Gewährung der Zuwendung erfüllt hat oder erfüllen wird *und*
- die Zuwendung tatsächlich gewährt wird.

Das Berichtsunternehmen erfasst derartige Zuwendungen in einem **passivischen Sonderposten**, der über die Nutzungsdauer des geförderten Vermögenswerts nach einem der gewählten Abschreibungsmethode entsprechenden Verfahren erfolgswirksam aufzulösen ist. **IAS 20.24**

> **Alternative:**
> Das Berichtsunternehmen setzt derartige Zuwendungen **vom Buchwert des geförderten Vermögenswerts ab.**

IAS 20.24

Wird eine Zuwendung rückzahlungspflichtig, ist zu Lasten des passivischen Abgrenzungspostens eine Verbindlichkeit zu bilden. Die Differenz zu dem ggf. höheren Rückzahlungsbetrag ist der Verbindlichkeit erfolgswirksam zuzuführen. **IAS 20.32**

> **Alternative:**
> Wird eine Zuwendung rückzahlungspflichtig, ist für sie eine Verbindlichkeit zu bilden und in gleicher Höhe eine Zuschreibung zu dem begünstigten Vermögenswert vorzunehmen. Die kumulative Abschreibung, die bis zum betreffenden Stichtag ohne Erhalt der Zuwendung vorzunehmen gewesen wäre, ist unmittelbar erfolgswirksam zu erfassen.

Die IFRS enthalten bislang keine Regelungen zur bilanziellen Behandlung **privater Zuwendungen**. IAS 8 sieht für diesen Fall primär einen Rückgriff auf Regelungen zu ähnlichen und verwandten Sachverhalten vor. Das rechtfertigt es, IAS 20 sinngemäß auch auf private Zuwendungen anzuwenden. **IAS 8.11**

Allerdings liegt seit dem 17. Januar 2008 der Interpretationsentwurf IFRIC D24 „Kundenbeiträge" („Customer Contributions") vor. Der Interpretationsentwurf enthält Regelungen zur Bilanzierung von erhaltenen Zuwendungen von Kunden in Form von Barmitteln oder Anlagegegenständen. Im Unterschied zu öffentlichen Investitionszuschüssen, liegt solchen privaten Zuwendungen eine erwartete Gegenleistung zugrunde und zwar in Form künftiger Vorteile aus dem Bezug von Gütern oder Dienstleistungen (z.B. Zuschüsse an Energieunternehmen oder Wasserwerke). **IFRIC D24**

IAS 16, IAS 17, IFRIC 4 Das den Kundenbeitrag empfangende Unternehmen hat zunächst zu prüfen, ob es den zur Verfügung gestellten Vermögensgegenstand nach Maßgabe der allgemeinen Vorgaben (Kontrolle, Nutzen) (→ C.I.1.2.2) bilanzieren kann. Dabei ist auch zu prüfen, ob in der Vertragsbeziehung ein Leasingverhältnis zu sehen ist. Ist der Ansatz zu bejahen, so ist der Vermögensgegenstand zum *fair value* als Anlage zu aktivieren. Als Gegenbuchung ist die Verpflichtung zur Leistungserbringung zu passivieren und in Abhängigkeit von der Gewährung des Zugriffs auf die Leistungsverpflichtung ertragswirksam aufzulösen.

1.3.2.3.2 Fremdkapitalkosten

IAS 23.7ff. Fremdkapitalkosten, die direkt der Anschaffung oder Herstellung eines **qualifizierten Vermögenswertes** *(qualifying asset)* zugerechnet werden können, sind **als Bestandteil der Anschaffungs- oder Herstellungskosten** des betreffenden Vermögenswertes zu aktivieren.

Nicht direkt zurechenbare, mit der Aufnahme von Fremdkapital anfallende Kosten sind im Zeitpunkt ihres Anfalls als Aufwand zu erfassen.

Für Geschäftsjahre, die vor dem 1. Januar 2009 beginnen, ist hingegen noch die vor Überarbeitung von IAS 23 vorgesehene Benchmark-Mathode anwendbar, nach der Fremdkapitalkosten sofort aufwandswirksam erfasst werden können. Eine frühere Anwendung des neuen IAS 23 ist jedoch zulässig. Für Geschäftsjahre, die am oder nach dem 1. Januar 2009 beginnen, ist dieses Wahlrecht nunmehr abgeschafft. Die noch ausstehende Anerkennung durch die EU wird für Ende 2008 erwartet.

IAS 23.4,.6 **Qualifizierte Vermögenswerte** zeichnen sich dadurch aus, dass ihre Versetzung in den beabsichtigten gebrauchs- oder verkaufsfähigen Zustand einen erheblichen Zeitraum umfasst. Sie können materieller oder immaterieller Natur sein. Vermögenswerte, die routinemäßig gefertigt oder anderweitig in größeren Stückzahlen produziert werden, fallen nicht darunter. Gleiches gilt für Güter, die bereits im Zeitpunkt ihres Erwerbs gebrauchs- oder verkaufsfähig sind.

Das Berichtsunternehmen behandelt nur solche Vermögenswerte als qualifizierte Vermögenswerte, bei denen der Zeitraum für das Versetzen in einen gebrauchs- oder verkaufsfähigen Zustand mehr als z.B. sechs Monate beträgt.

IAS 23.13–.17 Zu aktivieren sind jene Fremdkapitalkosten, die vermieden worden wären, wenn das Unternehmen den betreffenden Vermögenswert nicht angeschafft oder hergestellt hätte.

Im Falle einer gezielten Mittelaufnahme für die Beschaffung bzw. Herstellung eines Vermögenswerts (Projektfinanzierung) sind die der Finanzierungsmaßnahme unmittelbar zurechenbaren Fremdkapitalkosten zu aktivieren. Etwaige Erträge aus der Zwischenanlage der Mittel sind vom Aktivierungsbetrag in Abzug zu bringen.

IAS 23.17 Fehlt es an einer Projektfinanzierung, sind die zu aktivierenden Fremdkapitalkosten durch Anwendung eines Finanzierungskostensatzes auf die jeweilige Mittelbindung im qualifizierten Vermögenswert zu ermitteln. Der Finanzierungskostensatz ergibt sich als gewogener Durchschnittssatz der Fremdkapitalkosten für Kredite des Unternehmens, die während der Periode bestanden haben und nicht in einem unmittelbaren Zusammenhang mit der Beschaffung eines qualifizierten Vermögenswerts stehen.

Die auf diese Weise berechneten Aktivierungsbeträge für qualifizierte Vermögenswerte dürfen die in der Periode angefallenen Fremdkapitalkosten nicht übersteigen.

Aktivierungspflichtige Fremdkapitalkosten sind erstmals zu berücksichtigen, wenn **IAS 23.20–.28**

- Ausgaben für den Vermögenswert anfallen,
- Fremdkapitalkosten anfallen *und*
- das Unternehmen begonnen hat, den qualifizierten Vermögenswert für seinen beabsichtigten Gebrauch oder Verkauf herzurichten.

Die Aktivierung endet, wenn im Wesentlichen alle auf die Herstellung des gebrauchs- oder verkaufsfähigen Zustands gerichteten Arbeiten abgeschlossen sind.

Besteht der qualifizierte Vermögenswert aus mehreren Bestandteilen (z.B. Anlagen der einzelnen Fertigungsstufen eines Stahlwerks), die jeweils für sich gesondert nutzbar sind, ist der Aktivierungszeitraum für die Fremdkapitalkosten für die einzelnen Bestandteile gesondert nach den vorstehenden Kriterien festzulegen.

Wird die aktive Entwicklung des Vermögenswerts für einen längeren Zeitraum unterbrochen, ist die Aktivierung der Fremdkapitalkosten auszusetzen. Das setzt voraus, dass während dieser Zeit keine Aktivitäten erfolgen, um den Vermögenswert für den betrieblichen Einsatz oder den Verkauf herzurichten. Fremdkapitalkosten sind dagegen weiterhin zu aktivieren, wenn

- während einer Phase der Fertigungsunterbrechung wesentliche technische oder verwaltungsmäßige Arbeiten ausgeführt werden,
- die endgültige Fertigstellung des Vermögenswerts naturgemäß einen längeren Reifeprozess erfordert (z.B. bei bestimmten Vorräten wie Whiskey) oder
- die Unterbrechung auf Naturereignissen beruht, mit denen in der geographischen Region, in der der Vermögenswert gefertigt wird, erfahrungsgemäß zu rechnen ist (z.B. Hochwasser).

Beispiel:
Das Berichtsunternehmen hat im Jahr 01 Aufwendungen für die Herstellung eines qualifizierten Vermögenswerts in Höhe von 400 getätigt. Der Zeitraum der Fertigung erstreckte sich vom 1. April bis zum 31. Dezember 01. Die Fremdkapitalkosten des laufenden Jahres resultieren aus folgenden Mittelaufnahmen:

Finanzierungsmaßnahme	Volumen [Ø]	Zinsen in 01
Anleihe	1.000,0	60,0
Darlehen 1	80,0	5,2
Darlehen 2	110,0	6,5
Kontokorrentkredit	20,0	2,0
Summe	1.210,0	73,7
Gewichteter Finanzierungskostensatz	–	**6,09 %**

Berechnung des Finanzierungskostensatzes

Lösung:

Bei Annahme eines gleichmäßig verteilten Anfalls der Aufwendungen im Fertigungszeitraum beträgt die durchschnittliche Mittelbindung im qualifizierten Vermögenswert 200 [= 400/2]. Diese Mittelbindung ist auf Basis des durchschnittlichen Finanzierungskostensatzes von 6,09 % p.a. für neun Monate zu verzinsen. Das ergibt aktivierungspflichtige Fremdkapitalkosten in Höhe von 9,135 [= 6,09 % von 200 für 9 Monate].

1.3.2.3.3 Tauschgeschäfte

IAS 16.24 IAS 38.45 IAS 40.27 Tauschgeschäfte sind dadurch charakterisiert, dass ein nicht monetärer Vermögenswert oder eine Sachgesamtheit gegen Hingabe

- eines anderen nicht monetären Vermögenswerts bzw. einer anderen Sachgesamtheit *oder*
- einer Gesamtheit aus monetären und nicht monetären Vermögenswerten

erlangt wird.

Vermögenswerte, die auf diese Weise zugehen, sind zum beizulegenden Zeitwert einzubuchen, es sei denn

- dem Austauschgeschäft fehlt es an der wirtschaftlichen Substanz *oder*
- der beizulegende Zeitwert ist weder für den hingegebenen noch für den erhaltenen Vermögenswert verlässlich ermittelbar.

IAS 16.25 IAS 38.46a IAS 40.28 Ob ein Austauschgeschäft eine wirtschaftliche Substanz aufweist, hängt davon ab, in welchem Umfang die Transaktion die künftigen Cashflows des Unternehmens beeinflusst. Ein Umsatzvorgang, der eine *fair value*-Bewertung des erhaltenen Vermögenswerts erfordert, liegt demnach vor, wenn sich

- Höhe, Grad der Unsicherheit und zeitlicher Anfall der Cashflows aus dem erhaltenen Vermögenswert von denen des hingegebenen Vermögenswerts unterscheiden *oder*
- der unternehmensspezifische Wert des Teils der Aktivitäten, die von dem Tauschvorgang betroffen sind, geändert hat,

wobei die jeweilige Differenz im Vergleich zum *fair value* der ausgetauschten Vermögenswerte oder Sachgesamtheiten wesentlich ist.

IAS 16.26 IAS 38.46b IAS 40.29 Der *fair value* des erhaltenen Vermögenswerts bzw. der erlangten Sachgesamtheit ist immer dann verlässlich ermittelbar, wenn

- sich vergleichbare Markttransaktionen feststellen lassen *oder*
- die Abweichungen innerhalb der Bandbreite der in Betracht kommenden *fair values* gering sind *oder*
- die Wahrscheinlichkeiten für die verschiedenen Schätzungen innerhalb der Bandbreite vernünftig eingeschätzt und für die Ableitung des *fair value* herangezogen werden können.

IAS 16.26 IAS 38.46b IAS 40.29 Liegt ein Austauschgeschäft mit wirtschaftlicher Substanz vor und kann das Unternehmen die *fair values* sowohl der hingegebenen als auch der erlangten Vermögenswerte verlässlich ermitteln, sind die erworbenen Vermögenswerte auf Basis der beizulegenden Zeitwerte der hingegebenen Vermögenswerte zu ermitteln, es sei denn, ihre Bewertung zum eigenen *fair value* liefert klarere Ergebnisse.

Ein besonderes Bewertungsproblem stellt sich für Sachdividenden an die Unternehmenseigner. Mangels Gegenleistung liegt kein Tausch vor. Seit dem 17. Januar 2008 liegt mit IFRIC D23 ein Interpretationsentwurf für diese Bilanzierungsfrage vor. Danach sind Verpflichtungen, Sachdividenden an die Unternehmenseigner auszukehren mit dem *fair value* der herauszugebenden Vermögensgegenstände zu bewerten. Dem Entwurf zufolge soll der Unterschiedsbetrag zwischen dem Buchwert der auszukehrenden Vermögensgegenstände und dem *fair value* der Dividendenverpflichtung erfolgswirksam erfasst werden. **IFRIC D23**

1.3.3 *Folgebewertung auf Basis historischer Anschaffungs- oder Herstellungskosten*

1.3.3.1 Planmäßige Abschreibung

Vermögenswerte, die einem laufenden Wertverzehr unterliegen und infolgedessen eine begrenzte Nutzungsdauer aufweisen, sind planmäßig abzuschreiben. **IAS 16.43–.47**

Anders als nach HGB erfolgt die planmäßige Abschreibung nicht zwingend einheitlich für jeden Vermögenswert. Stattdessen sind nach dem so genannten **Komponentenansatz** solche unselbständigen Bestandteile eines Vermögenswerts gesondert abzuschreiben,

- auf die ein signifikanter Teil der Anschaffungs- oder Herstellungskosten entfällt und
- die – verglichen mit dem Vermögenswert als Ganzes – eine abweichende Nutzungsdauer aufweisen oder eine abweichende Abschreibungsmethode erfordern.

C.I

Das **Abschreibungsvolumen** ergibt sich als Differenz zwischen dem Zugangswert des Vermögenswerts und seinem erwarteten Restwert zum Zeitpunkt des Abgangs. Den Zugangswert bilden die Anschaffungskosten (→ C.I.1.3.2.1) oder Herstellungskosten (→ C.I.1.3.2.2). **IAS 16.6** **IAS 38.8**

Ein **Restwert** ist zu berücksichtigen, wenn er wesentlich ist. Unter dieser Voraussetzung ist er in Höhe des Betrags anzusetzen, den das Unternehmen nach den heutigen Verhältnissen für den Vermögenswert voraussichtlich erzielen könnte, wenn dieser Alter und Zustand erreichen würde wie zum Ende der betriebsgewöhnlichen Nutzungsdauer erwartet. **IAS 16.6** **IAS 38.100**

Bei immateriellen Vermögenswerten ist die Berücksichtigung eines Restwerts an weitergehende Voraussetzungen geknüpft (→ C.II.1.).

Die Höhe eines bei der Bemessung der planmäßigen Abschreibung berücksichtigten Restwerts ist zu jedem Bilanzstichtag zu überprüfen. Schätzungsänderungen erfordern eine erfolgswirksame prospektive Anpassung der planmäßigen Abschreibung. **IAS 16.51, IAS 38.100 iVm IAS 8.32ff.**

Abschreibungsbeginn ist jener Zeitpunkt, zu dem der Vermögenswert erstmals für den beabsichtigten Gebrauch im Unternehmen zur Verfügung steht (*available for use*). Im Zugangsjahr erfolgt die Abschreibung **anteilig auf Monatsbasis** für den Zeitraum ab Vorliegen der Betriebsbereitschaft. **IAS 16.55** **IAS 38.97**

Beispiel:

Für ein Anlagegut liegen folgende Daten vor:

Anschaffungskosten:	1.000
Betriebsgewöhnliche Nutzungsdauer:	10 Jahre
Abschreibungsmethode:	linear
Ursprünglich geschätzter Restwert:	100
Restwertschätzung nach fünf Jahren:	130

Lösung:

Die Jahresabschreibung beläuft sich zunächst auf 90 [(1.000–100)/10].

Am Ende von Jahr 05 beträgt der Restbuchwert des Anlageguts 550 [1.000–90 · 5].

Infolge der geänderten Restwertschätzung ermittelt sich für die verbleibende Nutzungsdauer von fünf Jahren ein Abschreibungsvolumen von nur noch 420, anstatt 450. Dementsprechend reduziert sich die planmäßige Abschreibung auf 84 p.a.

Die Abschreibung endet im Zeitpunkt des Abgangs des Vermögenswerts oder nach (früherer) vollständiger Verrechnung des Abschreibungsvolumens. Wird ein Restwert berücksichtigt, bildet dieser die Untergrenze der Bewertung.

IAS 16.55 Die Stilllegung eines Anlageguts oder eine vorübergehende Außerbetriebnahme rechtfertigt kein Aussetzen der Abschreibung.

IAS 16.56f. Die **Abschreibungsdauer** eines Vermögenswerts bestimmt sich nach dem Zeitraum, für den er im Unternehmen eingesetzt werden soll (betriebsgewöhnliche Nutzungsdauer, *useful life*). Die Obergrenze der Abschreibungsdauer bildet die wirtschaftliche Nutzungsdauer (*economic life*) eines Vermögenswerts. Das ist der Zeitraum, währenddessen ein Vermögenswert durch ein oder mehrere Unternehmen genutzt werden kann. Um aus ihr die betriebsgewöhnliche Nutzungsdauer abzuleiten, sind u.a. folgende Faktoren zu berücksichtigen:

- erwartete Nutzung des Vermögenswerts durch das Unternehmen;
- erwarteter Verschleiß des Vermögenswerts in Abhängigkeit von den Einsatzbedingungen (z.B. Anzahl der Schichten, Wartung und Pflege, Stillstandszeiten);
- technische oder wirtschaftliche Veralterung in Folge von Innovationen bei der Fertigung oder von Nachfrageverschiebungen bei den erzeugten Produkten;
- rechtliche oder anderweitige zeitliche Nutzungsbeschränkungen;
- Investitionspolitik des Unternehmens unter Berücksichtigung der Erfahrungen der Vergangenheit.

IAS 38.90 Bei den ihrer Natur nach besonders unsicheren immateriellen Vermögenswerten sind bei der Schätzung der Abschreibungsdauer weitere Aspekte in Betracht zu ziehen, wie etwa die Veränderungsdynamik in der jeweiligen Branche und die zu erwartenden Handlungen von aktuellen oder potenziellen Wettbewerbern.

IAS 16.60,.62 Die **Abschreibungsmethode** ist individuell für jeden Vermögenswert festzulegen.
IAS 38.97f. Zur Auswahl stehen die lineare, die degressive und die leistungsabhängige Ab-

schreibung. Die Wahl der Methode hat sich am Verbrauch des vom Vermögenswert verkörperten wirtschaftlichen Nutzens durch das Unternehmen zu orientieren.

Bei immateriellen Vermögenswerten, besteht die Vermutung, dass die lineare Abschreibung die erwartete wirtschaftliche Nutzenabgabe am ehesten zutreffend widerspiegelt. **IAS 38.98**

Abschreibungsmethode und Abschreibungsdauer sind mindestens zum Ende eines jeden Geschäftsjahrs zu überprüfen. Etwaige Korrekturen sind nach den allgemeinen Grundsätzen für Schätzungsänderungen gemäß IAS 8 durch eine prospektiv erfolgswirksame Anpassung des Abschreibungsplans zu berücksichtigen. **IAS 16.51,.61** **IAS 38.104**

Beispiel:

Für ein Anlagegut liegen folgende Daten vor:

Anschaffungskosten:	1.000
Ursprüngliche Nutzungsdauerschätzung:	10 Jahre
Abschreibungsmethode:	linear

Am Ende von Jahr 08 entscheidet das Management, das Anlagegut zwei Jahre länger im Betrieb einzusetzen.

Lösung:

Die Jahresabschreibung beläuft sich zunächst auf 100 [1.000/10].

Am Ende von Jahr 08 beträgt der Restbuchwert des Anlageguts 200 [1.000–100 · 8].

In Folge der verlängerten Einsatzdauer ist der Restbuchwert auf die neue Restnutzungsdauer von vier Jahren zu verteilen. Dementsprechend reduziert sich die planmäßige Abschreibung von 100 auf 50 p.a.

1.3.3.2 Außerplanmäßige Abschreibung *(impairment test)*

1.3.3.2.1 Überblick

Erleiden Vermögenswerte eines Unternehmens eine Wertminderung, sind diese außerplanmäßig abzuschreiben. Eine Wertminderung (*impairment loss*) liegt vor, wenn das von einem Vermögenswert verkörperte bewertete Nutzenpotenzial hinter seinem Buchwert am Bilanzstichtag zurückbleibt. **IAS 36.2–.5**

IAS 36 enthält übergreifende Vorschriften zur Ermittlung und bilanziellen Erfassung von Wertminderungen (*impairment test*). Der Standard gilt für alle Vermögenswerte mit Ausnahme von

- Vorräten (→ C.II.6.),
- Vermögenswerten, die aus Fertigungsaufträgen hervorgegangen sind (→ C.II.5.),
- latenten Steueransprüchen (→ C.IV.1.),
- Vermögenswerten, die aus Leistungen an Arbeitnehmer resultieren (→ C.III.3.),
- finanziellen Vermögenswerten, die in den Anwendungsbereich von IAS 39 fallen (→ C.II.4.),
- als Finanzinvestition gehaltene Immoblien, die zum *fair value* bewertet werden (→ C.II.3.).

- biologischen Vermögenswerten aus landwirtschaftlicher Tätigkeit, die zum Nettoveräußerungspreis bewertet werden (→ IAS 41),
- abgegrenzten Anschaffungskosten und immateriellen Vermögenswerten aus Versicherungsverträgen in Bilanzen von Versicherungsunternehmen (→ IFRS 4) und
- zur Veräußerung bestimmten langfristigen Vermögenswerten und Abgangsgruppen (→ C.IV.4.).

Als Hauptanwendungsgebiete für IAS 36 verbleiben damit

- Vermögenswerte des Sachanlagevermögens (→ C.II.2.),
- immaterielle Anlagewerte (→ C.II.1.),
- Goodwills aus Unternehmenszusammenschlüssen (→ C.I.1.3.3.2.5),
- Anteile an assoziierten Unternehmen, die im Konzernabschluss *at equity* bewertet werden, und
- Anteile an Tochterunternehmen, Gemeinschaftsunternehmen und assoziierten Unternehmen, die in einem zusätzlich zum Konzernabschluss aufgestellten

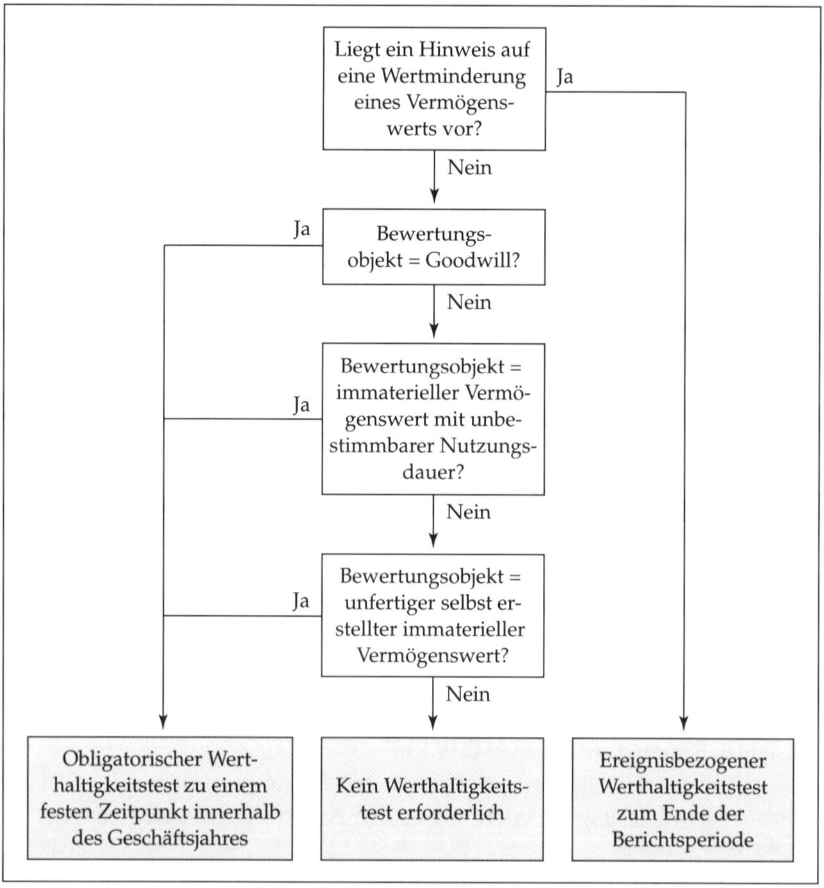

Abbildung 4: Ereignisbezogener versus obligatorischer impairment test

Einzelabschluss nach der Anschaffungskostenmethode oder *at equity* bewertet werden.

IAS 36 unterscheidet zwischen einem ereignisbezogenen und einem obligatorischen *impairment test* (→ Abbildung 4).

Der **ereignisbezogene *impairment test*** ist zweistufig aufgebaut (→ Abbildung 5). **IAS 36.7–.14**
Er sieht auf der ersten Stufe eine qualitative Prüfung von Vermögenswerten auf eine mögliche Wertminderung vor. Zu diesem Zweck enthält der Standard eine nicht abschließende Aufzählung von Anhaltspunkten für eine mögliche unvorhergesehene Verminderung des Nutzenpotenzials (→ C.I.1.3.3.2.2).

Die zweite Stufe des *impairment tests*, die quantitative Ermittlung eines möglichen **IAS 36.15–.57**
Abschreibungsbedarfs (→ C.I.1.3.3.2.3), verlangt einen Vergleich zwischen dem **iVm IAS 36.5**
Buchwert des Vermögenswerts und seinem **erzielbaren Betrag** *(recoverable amount)*. Letzterer ist definiert als das Maximum aus Nettoveräußerungspreis (*fair value less costs to sell*) und Nutzungswert (*value in use*). Der Nutzungswert ermittelt sich als Barwert der Cashflows, die aus der fortgesetzten Nutzung eines Vermögenswerts und seinem Abgang am Ende der Nutzungsdauer zu erwarten sind. Die Werthaltigkeitsprüfung ist zum Ende der Berichtsperiode vorzunehmen, in der ein Hinweis auf eine mögliche Wertminderung eines Vermögenswerts aufgetreten ist.

In der Praxis wird der *impairment test* nur in Ausnahmefällen für einzelne Vermögenswerte anwendbar sein, da für sie kein isolierter Nutzungswert ermittelbar ist. In diesem Fall ist der Einzelbewertungsgrundsatz aufzugeben und der erzielbare

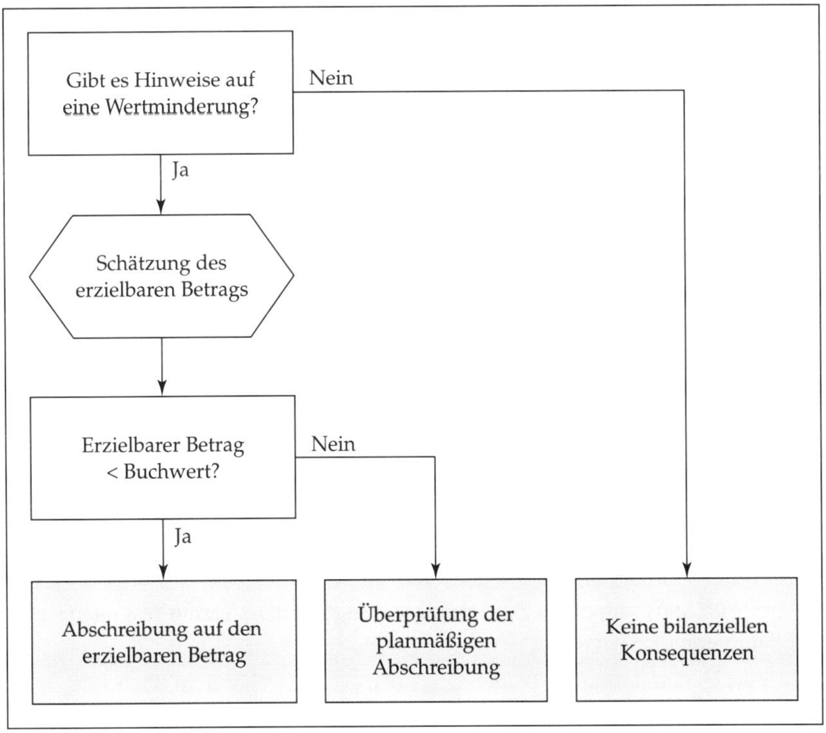

Abbildung 5: Grundstruktur des impairment tests

C.I

Betrag für eine **Zahlungsmittel generierende Einheit** (ZGE) (*cash generating unit*) zu bestimmen. Hierunter versteht man die jeweils kleinste identifizierbare Gruppe von Vermögenswerten, die Mittelzuflüsse aus der fortgesetzten Nutzung erzeugen, wobei diese Mittelzuflüsse weitestgehend unabhängig von den Mittelzuflüssen anderer Vermögenswerte oder Gruppen von Vermögenswerten sind.

IAS 36.17 Liegt ein Anhaltspunkt für eine Wertminderung vor, hat das Unternehmen – unabhängig davon, ob eine außerplanmäßige Abschreibung geboten ist oder nicht – bei abnutzbaren Vermögenswerten die Methode, Restnutzungsdauer und Restwertschätzung für die planmäßige Abschreibung zu überprüfen.

IAS 36.10
IAS 38.108 Bei bestimmten immateriellen Vermögenswerten sehen die IFRS eine jährliche Werthaltigkeitsprüfung auch ohne entsprechende Hinweise auf eine Wertminderung vor. Diesem **obligatorischen *impairment test*** unterliegen

- Goodwills aus Unternehmenszusammenschlüssen,
- (andere) immaterielle Vermögenswerte mit einer unbestimmbaren Nutzungsdauer und
- immaterielle Vermögenswerte, die am Bilanzstichtag noch nicht zum Gebrauch zur Verfügung stehen.

Die Werthaltigkeitsprüfung ist bei diesen Vermögenswerten stets zum gleichen Zeitpunkt innerhalb eines Geschäftsjahrs vorzunehmen. Diesen Zeitpunkt (z.B. Beginn des vierten Quartals) kann das Unternehmen frei wählen.

IAS 36.90 Ergeben sich während einer Berichtsperiode Hinweise auf eine Wertminderung der angeführten immateriellen Vermögenswerte, ist zusätzlich zum obligatorischen *impairment test* bei Auftreten dieser Anhaltspunkte ein ereignisbezogener *impairment test* durchzuführen.

IAS 36.97f. Liegen zum Zeitpunkt der Durchführung des obligatorischen *impairment tests* Hinweise auf eine Wertminderung eines Vermögenswerts vor, der isoliert oder als Teil einer kleineren ZGE auf Werthaltigkeit zu überprüfen ist, so ist dieser ereignisbezogene *impairment test* **vor** dem obligatorischen Werthaltigkeitstest durchzuführen. Das hat zur Folge, dass der vermeintlich im Wert geminderte Vermögenswert und ggf. die weiteren mit ihm in die kleinere ZGE einbezogenen Vermögenswerte in den obligatorischen *impairment test* mit ihren abgeschriebenen Buchwerten einzubeziehen sind.

IAS 36.24 Ist der Eintritt einer Wertminderung so gut wie ausgeschlossen, darf das Unternehmen zur Überprüfung der Werthaltigkeit des betreffenden immateriellen Vermögenswerts auf die jüngsten ausführlichen Berechnungen des erzielbaren Betrags zurückgreifen. Dieser Verzicht auf eine Aktualisierung der Planungen ist nur zulässig, wenn die folgenden drei Voraussetzungen erfüllt sind:

- Wird der immaterielle Vermögenswert als Teil einer ZGE auf Werthaltigkeit überprüft, darf sich deren Zusammensetzung seit dem letzten Test nicht signifikant verändert haben.
- Der erzielbare Betrag lag beim letzten Test deutlich über dem Buchwert.
- Nach dem Geschehensverlauf seit dem letzten Test ist die Wahrscheinlichkeit, dass der erzielbare Betrag unter dem Buchwert liegt, äußerst gering.

1.3.3.2.2 *Qualitative Werthaltigkeitsprüfung*

IAS 36 unterscheidet zwischen externen und internen Indikatoren einer Wertminderung (→ Abbildung 6). Diese gelten sinngemäß für ZGE. Die Aufzählung ist nur beispielhaft zu verstehen. Zusätzliche Kriterien finden sich in anderen Standards. So kann eine quantitative Werthaltigkeitsprüfung auch dann erforderlich sein, wenn **IAS 36.12–.17** **IAS 37.65, .69** **IAS 38.83**

- das Unternehmen künftige betriebliche Verluste erwartet,
- ein belastender Vertrag abgeschlossen worden ist oder
- ein aktiver Markt für einen neu bewerteten immateriellen Vermögenswert wegfällt.

Trotz Vorliegen eines Anhaltspunkts für eine Wertminderung ist eine erneute Schätzung des erzielbaren Betrags eines Vermögenswerts nicht geboten, wenn das Unternehmen plausibel darlegen kann, dass der Buchwert voraussichtlich nicht über diesem liegt. Ein solcher Nachweis lässt sich beispielsweise unter Hinweis auf eine in der jüngeren Vergangenheit durchgeführte quantitative Werthaltigkeitsprüfung erbringen. Zu denken ist ferner an den Fall, dass der erzielbare Betrag auf bestimmte Änderungen im Bedingungsumfeld nicht sensibel reagiert (z.B. Sinken der kurzfristigen Zinsen bei langer Restnutzungsdauer des Vermögenswerts). **IAS 36.15**

Qualitative Indikatoren einer Wertminderung	
Externe Indikatoren	**Interne Indikatoren**
• Wesentlich stärkerer Rückgang des Marktwerts als erwartet. • Eingetretene oder erwartete signifikant nachteilige Veränderungen im technischen, marktbezogenen, ökonomischen oder gesetzlichen Umfeld des Unternehmens oder in Bezug auf den Markt, für den der Vermögenswert bestimmt ist. • Gestiegene Marktzinssätze oder andere Marktrenditen mit Auswirkung auf den Abzinsungssatz. • Buchwert des Reinvermögens des Unternehmens ist größer als die Marktkapitalisierung.	• Substanzielle Hinweise auf Überalterung oder physische Beschädigung des *asset*. • Eingetretene oder erwartete signifikant nachteilige Veränderung hinsichtlich Umfang oder Art und Weise des Einsatzes des *asset* (z.B. Planung von Einstellung oder Restrukturierung des betroffenen Bereichs, vorzeitiger Abgang). • Substanzielle Hinweise auf eine verminderte Ertragskraft des *asset*, z.B. – Ausgaben für Kauf/Unterhaltung des *asset* größer als ursprünglich geplant, – Einzahlungen/Gewinne aus der Nutzung des *asset* geringer als ursprünglich erwartet, – Rückgang der geplanten Netto-Cashflows oder der betrieblichen Ergebnisse, – erwartete betriebliche Verluste oder Nettomittelabflüsse.

Abbildung 6: Indikatoren einer Wertminderung

1.3.3.2.3 *Quantitative Werthaltigkeitsprüfung*

Um eine mögliche Wertminderung für einen Vermögenswert zu ermitteln, ist in einem ersten Schritt der erzielbare Betrag für das Bewertungsobjekt als der höhere Wert aus Nettoveräußerungspreis und Nutzungswert zu bestimmen. Er dient als Vergleichswert zum Buchwert. **IAS 36.18–.23**

Hinter diesem Bewertungskonzept steht die Überlegung, dass sich das Unternehmen den von einem Vermögenswert verkörperten Nutzen auf zwei Wegen aneignen kann: zum einen durch dessen Veräußerung, zum anderen durch den fortgesetzten Einsatz des Vermögenswerts im Geschäftsbetrieb. Der Standard unterstellt, dass sich das Unternehmen für jene Alternative entscheiden wird, die den höheren Nutzenzufluss verspricht, und legt diese der Ermittlung des Vergleichswerts zum Buchwert zugrunde.

Nicht in allen Fällen bedarf es der Ermittlung beider Wertmaßstäbe. Oftmals genügt es, den in der Regel einfacher zu bestimmenden Nettoveräußerungspreis zu schätzen. Das gilt insbesondere dann, wenn der Nettoveräußerungspreis

- über dem Buchwert liegt (dann ist der Vermögenswert nicht im Wert gemindert) oder
- den Nutzungswert zumindest nicht wesentlich unterschreitet (dann kann er mit dem erzielbaren Betrag gleich gesetzt werden).

Ist der Nettoveräußerungspreis nicht ermittelbar – z.B. weil es keinen Markt für den Vermögenswert gibt – ist der Nutzungswert als der erzielbare Betrag anzusehen. Kann auch der Nutzungswert mangels abgrenzbarer Cashflows aus der fortgesetzten Nutzung des Vermögenswerts nicht bestimmt werden, ist der quantitative Werthaltigkeitstest auf Ebene der (kleinsten) ZGE vorzunehmen, zu der der Vermögenswert gehört (→ C.I.1.3.3.2.4).

1.3.3.2.3.1 Nettoveräußerungspreis (fair value less costs to sell)

IAS 36.25–.27 Der **Nettoveräußerungspreis** kann unter Rückgriff auf folgende Preise ermittelt werden:

- Preis, der in einem bindenden Absatzgeschäft mit einem Dritten vereinbart wurde,
- Preis an einem aktiven Markt,
- Preis, der in einer jüngeren Transaktion für einen identischen Vermögenswert unter gleichen wirtschaftlichen Verhältnissen erzielt worden ist,
- Preis, der in einer jüngeren Transaktion für einen ähnlichen Vermögenswert innerhalb der Branche erzielt worden ist.

Die aufgeführten Ermittlungsmöglichkeiten sind nicht gleichwertig, sondern in der angegebenen Reihenfolge zu prüfen.

Im Falle eines bindenden Absatzgeschäftes ist jedoch vorrangig die Anwendung von IFRS 5 zu prüfen (→ C.IV.4.).

IAS 36.27 iVm IAS 36.BCZ11, .BCZ32 IDW RS HFA 16 Tz. 82 IDW RS HFA 16 Tz. 38 Führt die Anwendung des marktpreisorientierten Verfahrens nicht zur Ermittlung des Nettoveräußerungswertes, kann dieser auch durch ein kapitalwertorientiertes Verfahren *(discounted cash flows)* bestimmt werden. Kostenorientierte Verfahren (Bewertung zu Wiederbeschaffungskosten) sind nicht zulässig. Für die Bestimmung des Nettoveräußerungspreises mittels kapitalwertorientierten Verfahrens liefert der Standard – im Gegensatz zur Bestimmung des Nutzungswerts – keine spezifischen Restriktionen. Bei Anwendung eines kapitalwertorientierten Verfahrens ist der abschreibungsbedingte Steuervorteil des Vermögenswertes zu berücksichtigen.

Als Veräußerungskosten abzuziehen sind in erster Linie erwartete Transaktionskosten (z.B. Gerichts- und Anwaltskosten, Transaktionssteuern, Versandkosten) und dem Vermögenswert direkt zurechenbare Aufwendungen zur Herstellung der Verkaufsbereitschaft (z.B. Demontagekosten, Verpackungskosten). **IAS 36.28**

1.3.3.2.3.2 Nutzungswert (value in use)

Der **Nutzungswert** ist als Barwert der erwarteten künftigen Cashflows aus der fortgesetzten Nutzung des Vermögenswerts und seinem Abgang am Ende der Nutzungsdauer zu ermitteln. In seiner Berechnung müssen sich folgende Faktoren niederschlagen (vgl. Abbildung 7): **IAS 36.30–.32**

- Mittelzuflüsse, die das Management aus der fortgesetzten Nutzung des Vermögenswerts zu erzielen hofft;
- Erwartungen über mögliche Abweichungen hinsichtlich der Höhe und des zeitlichen Anfalls der künftigen Cashflows;
- der Zeitwert des Geldes, ausgedrückt im aktuellen risikolosen Zinssatz;
- ein Risikozuschlag, um der Unsicherheit der mit dem Vermögenswert verbundenen Cashflows Rechnung zu tragen;
- andere Einflussfaktoren wie mangelnde Liquidität, die andere Marktteilnehmer bei der Bewertung der zukünftigen, aus der fortgesetzten Nutzung des Vermögenswerts erwarteten Cashflows einpreisen würden.

Den unter Aufzählungszeichen zwei, vier und fünf aufgeführten Einflussfaktoren kann entweder bei der Cashflow-Schätzung *(„Erwarteter Cashflow" Ansatz)* oder bei der Ableitung des Diskontierungssatzes *(traditioneller Ansatz)* Rechnung getragen werden. So lässt sich etwa das Risiko negativer Abweichungen bei der Höhe der künftigen Cashflows durch mehrwertige Planungen berücksichtigen, bei denen einzelne Szenarien mit Wahrscheinlichkeiten gewichtet werden. Dieses Vorgehen entspricht der Sicherheitsäquivalenzmethode; im anderen Fall der Anpassung des Zinssatzes der (in der Praxis vorherrschenden) Risikozuschlagsmethode. **IAS 36.A2ff.**

Die **Cashflow-Prognosen** sind aus den aktuellen Budgetplanungen des Managements abzuleiten, in die vernünftige und vertretbare Annahmen über die relevanten ökonomischen Rahmenbedingungen eingeflossen sind. Der Detailplanungshorziont beträgt üblicherweise nicht mehr als fünf Jahre. Zur Ermittlung des nachhaltigen Ergebnisses für den verbleibenden Betrachtungszeitraum (*terminal* **IAS 36.33**

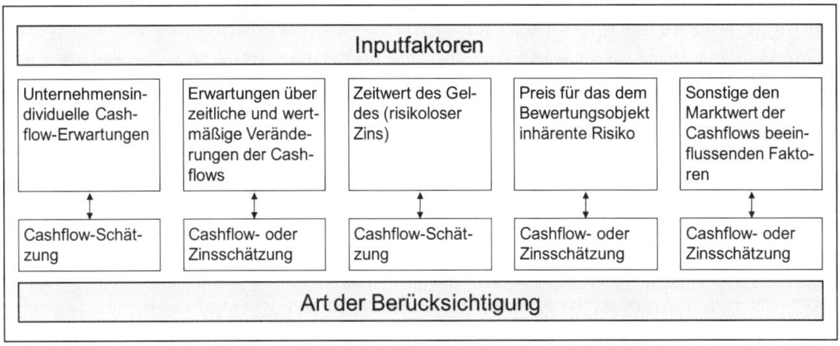

Abbildung 7: Einflussfaktoren des Nutzungswerts

value) sind die Prognosen des Unternehmens im Regelfall unter Berücksichtigung einer (maximal) gleich bleibenden oder sinkenden Wachstumsrate fortzuschreiben. Die Wachstumsrate ist z.B. aus den Istzahlen des laufenden Geschäftsjahres und den Prognosen für die ersten beiden Geschäftsjahre oder aus der prognostizierten Entwicklung im Detailplanungszeitraum abzuleiten. Sie wird nach oben durch die erwartete durchschnittliche Wachstumsrate in der Branche und für das jeweilige Land insgesamt begrenzt.

Die Cashflow-Schätzung muss insgesamt schlüssig und plausibel sein. Zur Beurteilung der ihr zugrunde liegenden Annahmen kommt den Abweichungen der aktuellen Cashflows gegenüber den vom Management ursprünglich erwarteten Cashflows besondere Bedeutung zu.

In Ausnahmefällen kann in einzelnen Punkten eine abweichende Verfahrensweise bei der Schätzung der künftigen Cashflows gerechtfertigt sein. Hierfür sind nachvollziehbare Gründe zu benennen.

IAS 36.39 Die Cashflow-Prognosen müssen folgende Einflussfaktoren des Nutzungswerts berücksichtigen:

- Mittelzuflüsse aus der fortgesetzten Nutzung des Vermögenswerts,
- erwartete Mittelabflüsse, die notwendigerweise entstehen werden, um die Mittelzuflüsse aus der Nutzung des Vermögenswerts zu erzielen,
- erwarteter (positiver oder negativer) Nettocashflow aus dem Abgang des Vermögenswerts am Ende seiner Nutzungsdauer.

IAS 36.40,.43,.50 Die Cashflow-Schätzungen sind auf Basis einer Vorsteuerbetrachtung unter Berücksichtigung der Auswirkungen der allgemeinen Inflation vorzunehmen. Der relevante Betrachtungshorizont wird durch die Restnutzungsdauer des auf Werthaltigkeit zu prüfenden Vermögenswert bestimmt. Mittelzu- und -abflüsse aus Finanzierungstätigkeiten sind zu vernachlässigen, da sie in keinem Zusammenhang mit dem Nutzungswert des Vermögenswertes stehen. Gleiches gilt für Mittelzuflüsse aus der Remonetisierung anderer Vermögenswerte (z.B. Forderungen) und für Mittelabflüsse für die Tilgung passivierter Schulden.

IAS 36.39–.53 Die Schätzung der Mittelzu- und -abflüsse ist für den Vermögenswert in seinem gegenwärtigen Zustand vorzunehmen. Zu berücksichtigen sind danach alle dem Vermögenswert direkt oder mittels vernünftiger Annahmen indirekt zurechenbare künftigen Ausgaben, die erforderlich sind, um diesen in seinem Zustand zu erhalten. Geplante Ausgaben zur Erweiterung des Nutzenpotenzials eines Vermögenswerts dürfen – anders als Erhaltungsaufwendungen – ebenso wenig Berücksichtigung finden wie künftige Kosteneinsparungen, die aufgrund einer künftigen Restrukturierung erwartet werden, zu der das Unternehmen noch nicht verpflichtet ist. Im Gegensatz hierzu sind jedoch Ausgaben zur Vorbereitung eines Vermögenswerts für seine Nutzung in das Kalkül mit einzubeziehen.

Abbildung 8 fasst die inhaltlichen Vorgaben des IAS 36 für die Cashflow-Schätzung zur Bestimmung des Nutzungswerts zusammen.

IAS 36.55f., 36.A15ff. Nach dem Wortlaut des Standards sind die geschätzten Cashflows mit einem Zinssatz vor Steuern abzuzinsen. Das bereitet in der Praxis Probleme, da – wie noch darzustellen ist – der Diskontierungssatz regelmäßig aus den gewichteten durchschnittlichen Kapitalkosten des Unternehmens abzuleiten ist. In die Be-

Art der Cashflows	Relevanter Zeitraum	Restriktionen	
• Mittelzuflüsse aus der fortgesetzten Nutzung • Mittelabflüsse für die fortgesetzte Nutzung • Mittelzu- / -abflüsse aus dem Abgang	Cashflows während der Restnutzungsdauer des Bewertungsobjekts	• Keine Berücksichtigung von Mittelzu-/ abflüssen aus der Finanzierung • Keine Berücksichtigung von Ertragsteuerzahlungen	• Maßgeblichkeit des gegenwärtigen Zustands des Bewertungsobjekts • Keine Berücksichtigung von – Auswirkungen aus nicht verpflichtenden Restrukturierungen – Erweiterungsinvestitionen

Abbildung 8: Anforderungen an die Cashflow-Schätzung zur Bestimmung des Nutzungswerts

stimmung dieser Kapitalkosten fließen allerdings mit dem risikolosen Zins, der Marktrisikoprämie sowie der Fremdkapitalkosten Parameter ein, die nur auf einer Nachsteuerbasis beobachtbar sind. Aus diesem Grund führt die Praxis den Impairment-Test regelmäßig auf Basis von Nachsteuer-Cashflows und Nachsteuerzinssätzen durch. Der im Anhang anzugebende Vorsteuerzinssatz wird sodann im Wege des ‚grossing up' oder mittels eines iterativen Verfahrens bestimmt, das zum Ziel hat, das gleiche Bewertungsergebnis durch Abzinsung von Vorsteuer-Cashflows mit einem Vorsteuerzinssatz zu ermitteln.

Unabhängig von der Frage der Vorsteuer- oder Nachsteuerbetrachtung soll der Diskontierungszins die erwartete Rendite von Investoren für eine Finanzinvestition widerspiegeln, die betragsmäßig, zeitlich und unter Risikogesichtspunkten vergleichbare Cashflows erwarten lässt wie der auf Werthaltigkeit zu testende Vermögenswert. Den Ausgangspunkt zur Ermittlung dieses Zinssatzes bildet beim Unternehmen ein risikoloser Zinssatz (Basiszinssatz) entsprechend der Fristigkeit der abzuzinsenden Cashflows. Er trägt dem Zeitwert des Geldes Rechnung. Der laufzeitäquivalente Basiszinssatz kann aus Zinsstrukturkurven abgeleitet werden. Entsprechende Daten zur Schätzung von täglichen Zinsstrukturkurven veröffentlicht u.a. die Deutsche Bundesbank (z.B. für börsennotierte Bundeswertpapiere). Der Basiszinssatz ist sodann um einen Risikozuschlag zu erhöhen. Er trägt der Tatsache Rechnung, dass die prognostizierten Zahlungsmittelzu- und -abflüsse gerade nicht sicher, sondern mit spezifischen Risiken verbunden sind, für die ein Kreditgeber eine entsprechende Prämie berücksichtigen würde. Mittels eines Risikozuschlags soll mithin ein Diskontierungssatz ermittelt werden, den Investoren bei einer alternativen Anlage verlangen würden, die hinsichtlich Wahrscheinlichkeit des Anfalls, Höhe und zeitlicher Verteilung der Cashflows mit der Investition in den betrachteten Vermögenswert vergleichbar ist. Der Risikozuschlag soll grundsätzlich aus aktuellen Markttransaktionen abgeleitet werden. Da diese in der Regel nicht beobachtbar sind, kann auf das Konzept der gewichteten durchschnittlichen Kapitalkosten *(Weighted Average Cost of Capital – WACC)* auf Basis eines Kapitalmarktpreisbildungsmodells *(Capital Asset Pricing Modell – CAPM)* zurückgegriffen werden.

Im Falle einer Anpassung des Basiszinssatzes ist darauf zu achten, dass bewertungsrelevante Risiken nicht doppelt (bei der Cashflow-Schätzung und der Ableitung des Abzinsungssatzes) berücksichtigt oder gänzlich vernachlässigt werden.

IAS 36.54 **Cashflows in fremder Währung** sind in der Währung zu schätzen, in der sie generiert werden. Zur Barwertermittlung ist ein für die betreffende Währung angemessener Zinssatz heranzuziehen. Der auf diese Weise ermittelte Nutzungswert ist zum Stichtagskurs in die Berichtswährung umzurechnen.

1.3.3.2.4 Besonderheiten bei ZGE

IDW RS HFA 16 Tz. 80 Beim *impairment* test sind folgende Konstellationen zu unterscheiden:

- einzelner Vermögenswert
- ZGE ohne zugeordneten Goodwill
- ZGE mit zugeordnetem Goodwill
- Gruppen von Zahlungsmittel generierenden Einheiten

IAS 36.66 Die Vornahme eines *impairment tests* für einzelne Vermögenswerte wird häufig daran scheitern, dass diesem keine Cashflows zugerechnet werden können, die von den Cashflows anderer Vermögenswerte weitgehend unabhängig sind. Damit lässt sich der Nutzungswert als die im Regelfall entscheidende Ausprägung des erzielbaren Betrags nicht bestimmen.

Für diesen Fall sieht IAS 36 die Vornahme des *impairment tests* auf Ebene einer ZGE vor, die den (vermeintlich) im Wert geminderten Vermögenswert umfasst.

IAS 36.68 Die Grundlage für die Identifizierung der relevanten ZGE als der kleinsten Sachgesamtheit, die abgrenzbare und von anderen Bewertungseinheiten unabhängige Mittelzuflüsse aus der fortgesetzten Nutzung erzeugt, bildet das interne Reporting und Controlling des Berichtsunternehmens. ZGE sind danach entsprechend der Untergliederung des Unternehmens z.B. in Produktlinien, Geschäftsfelder, Standorte oder andere regional abgegrenzte Einheiten festzulegen.

IAS 36.72 Die Abgrenzung der ZGE unterliegt dem Stetigkeitsgrundsatz. Eine Änderung in der Abgrenzung ist nur zulässig, soweit die geänderten tatsächlichen Verhältnisse dies rechtfertigen. Sie zieht besondere Angabepflichten im Anhang (→ E.III.) nach sich.

IAS 36.69f. Als ZGE kommen nur solche Unternehmensteilbereiche in Betracht, die Mittelzuflüsse von nicht zum Konzern gehörenden Parteien aufweisen. Etwas anderes gilt dann, wenn für die von einer Sachgesamtheit produzierten Erzeugnisse oder erstellten Dienstleistungen ein aktiver Markt (zum Begriff → C.I.1.3.4.1) besteht. In diesem Fall liegt eine ZGE auch dann vor, wenn die Erzeugnisse oder Dienstleistungen ganz oder teilweise innerhalb des Unternehmens bzw. Konzerns abgesetzt werden. Zur Ermittlung der Mittelzuflüsse aus der fortgesetzten Nutzung der Einheit ist dabei – losgelöst von der tatsächlichen Verwendung der Erzeugnisse und Dienstleistungen – auf deren Marktpreise abzustellen. Entsprechendes gilt für die Schätzung der Mittelabflüsse jener Teileinheiten, die Erzeugnisse oder Dienstleistungen von der betreffenden ZGE beziehen.

IAS 36.74 Der erzielbare Betrag einer ZGE ist in sinngemäßer Anwendung der Grundsätze für einzelne Vermögenswerte (→ C.I.1.3.3.2.3) als Maximum aus dem Nettoveräußerungspreis der Einheit und ihrem Nutzungswert zu ermitteln.

IAS 36.75–.78 Der mit dem erzielbaren Betrag zu vergleichende Buchwert der ZGE ist konsistent zu ihrem erzielbaren Betrag zu bestimmen (Äquivalenzprinzip). Er umfasst die Buchwerte aller Vermögenswerte, die der Bewertungseinheit direkt oder auf einer vernünftigen, stetigen Basis zurechenbar sind. Schulden sind zu berücksichtigen, wenn sich der erzielbare Betrag der Einheit nicht ohne jene Mittelabflüsse ermitteln lässt, die bei der künftigen Erfüllung einer Schuld anfallen werden. In diesem Fall ist der Betrag der Schuld für Zwecke der quantitativen Werthaltigkeitsprüfung sowohl bei der Bestimmung des Buchwerts als auch des erzielbaren Betrags abzuziehen.

Beispiel:

Das Unternehmen verfügt über ein Grundstück, aus dem im Wege des Tagebaus Bodenschätze gewonnen werden. Nach Beendigung der Abbaumaßnahmen ist das Grundstück zu verfüllen und neu zu bepflanzen. Hierfür wurde eine Rückstellung in Höhe von 300 gebildet. Um den gleichen Betrag hat das Unternehmen die Anschaffungskosten des Bodenschatzes erhöht.

Im Zuge der Überprüfung der Werthaltigkeit des Grundstücks einschließlich des Bodenschatzes hat das Unternehmen

- den Nettoveräußerungspreis unter Berücksichtigung der vom Erwerber zu tragenden Rekultivierungskosten mit 600,
- den Nutzungswert ohne die Rekultivierungskosten mit 1.000

geschätzt. Die Summe der Buchwerte des Grundstücks und des Bodenschatzes beträgt 950.

Lösung:

Um einen Vergleich der Wertmaßstäbe vornehmen zu können, sind vom Nutzungswert sowie vom Buchwert die Rekultivierungskosten von 300 abzuziehen (der Nettoveräußerungspreis ist bereits unter dieser Prämisse ermittelt). Es ergibt sich folgendes Ergebnis:

- Nettoveräußerungspreis: 600,
- Nutzungswert: 700,
- Buchwert: 650.

Da der Nutzungswert als relevante Ausprägung des erzielbaren Betrags über dem Buchwert liegt, ergibt sich kein Abwertungsbedarf.

C.I

Aus Gründen der Praktikabilität erlaubt der Standard, in den Buchwert der ZGE auch solche Vermögenswerte und Schulden einzubeziehen, die nicht Teil der ZGE sind. Das kann in solchen Fällen hilfreich sein, in denen sich der erzielbare Betrag einer Sachgesamtheit einfacher unter Einbeziehung der betreffenden ZGE-fremden Bestandteile ermitteln lässt. **IAS 36.79**

Zur Zuordnung eines etwaigen Abschreibungsbedarfs auf die einzelnen Vermögenswerte der ZGE (→ C.I.1.3.3.2.7).

1.3.3.2.5 Sonderproblem 1: Goodwill

IAS 36 ist auch auf einen Goodwill anzuwenden, der im Zuge eines Unternehmenszusammenschlusses erworben worden ist. Ein Goodwill kann stets nur als Teil einer ZGE auf Werthaltigkeit überprüft werden. Aus diesem Grund sieht IAS 36 vor, dass ein im Zuge eines Unternehmenszusammenschlusses entgelt- **IAS 36.80** lich erworbener Goodwill vom Übernahmetag an jenen ZGE bzw. Gruppen von ZGE zuzurechnen ist, die nach Ansicht des Management von den Synergien des Zusammenschlusses voraussichtlich profitieren werden. Die Zurechnungsentscheidung ist unabhängig davon zu treffen, ob die betreffende Einheit weitere Vermögenswerte oder Schulden des Akquisitionsobjekts aufnimmt oder nicht.

Die Grundlage für diese Allokation des Goodwill liefert das interne Berichts- und Steuerungssystem des Unternehmens. Seine Zuordnung hat auf der niedrigsten Ebene innerhalb des Unternehmens zu erfolgen, auf der das Management den Goodwill überwacht. Die Einheit, der ein Goodwill ganz oder teilweise zugerechnet wird, darf allerdings nicht größer sein als ein operatives Segment im Sinne von IFRS 8. Kann diese Restriktion nicht eingehalten werden, ist eine Verfeinerung des implementierten internen Berichtssystems unumgänglich.

IAS 36.80–.83 Den Zusammenhang zwischen Goodwill-Allokation und internem Berichtssystem bringt das in → Abbildung 9 dargestellte Prüfschema zum Ausdruck.

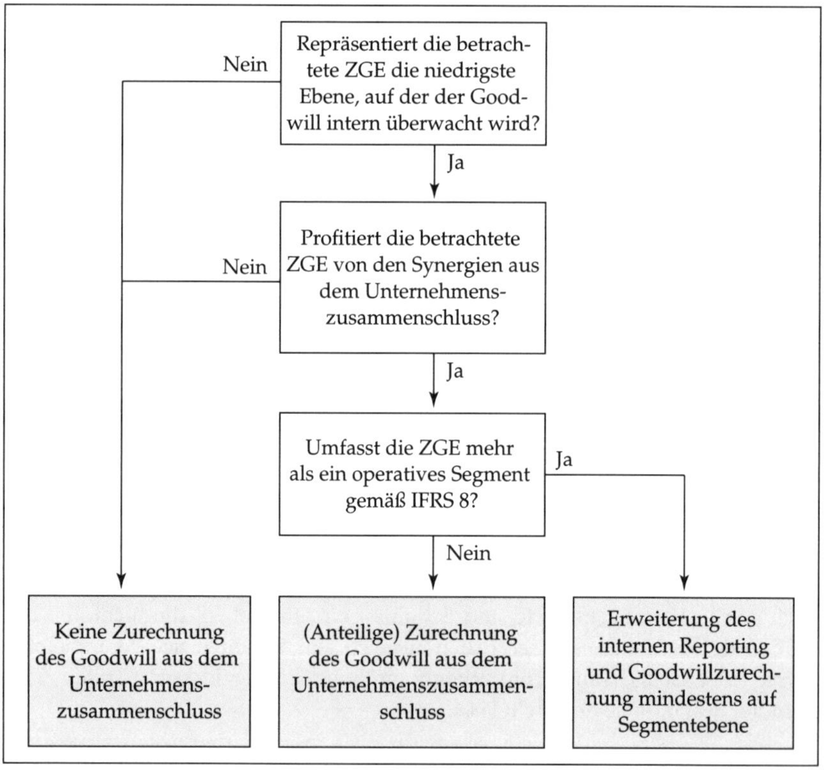

Abbildung 9: Beurteilungsschema für die Goodwill-Allokation nach IAS 36

IAS 36.84 f. IAS 36 sieht die Möglichkeit vor, dass die Zurechnung des Goodwill nicht vor Ende der Berichtsperiode erfolgen kann, in der der Unternehmenszusammenschluss zustande gekommen ist. Das ist insbesondere bei sich kurzfristig vor dem Abschlussstichtag vollziehenden Unternehmenszusammenschlüssen denkbar. In diesem Fall besteht keine Verpflichtung zur unmittelbaren Goodwill-Allokation.

Es genügt vielmehr, wenn die Zuordnung vor Ende der ersten Geschäftsjahre erfolgt, die nach dem Erwerbsdatum (Control-Übergang) beginnt. Nach IAS 36.133 ist das Mutterunternehmen allerdings verpflichtet, im Anhang den Betrag des nicht auf ZGE verteilten Goodwill anzugeben und die Gründe für die unterlassene Zurechnung zu benennen.

Beispiel:

Ein Mutterunternehmen hat am 30. September 01 die Beherrschungsmacht über ein Tochterunternehmen erlangt. Es wurde ein Goodwill von 400 angesetzt, der ausschließlich auf die Gesellschafter des Mutterunternehmens entfällt. Geschäftsjahr des Konzerns ist das Kalenderjahr. Das Mutterunternehmen sieht sich außer Stande, bereits für den Konzernabschluss zum 31. Dezember 01 die Goodwill-Allokation vorzunehmen.

Die Goodwill-Zurechnung muss spätestens zum 31. Dezember 02 abgeschlossen sein. Zum 31. Dezember 01 berichtet das Mutterunternehmen im Konzernabschluss, dass ein Goodwill von 400 aus einem kurzfristig vor dem Abschlussstichtag erfolgten Unternehmenszusammenschluss nicht mehr innerhalb des Aufstellungszeitraums auf die ZGE verteilt werden konnte, die von dem Zusammenschluss profitieren.

C.I

Die Abgrenzung von ZGE unterliegt dem Stetigkeitsgrundsatz. Eine geänderte Abgrenzung ist nur zulässig, wenn sie mit sachlichen Gründen gerechtfertigt werden kann. **IAS 36.72, .87**

Anlass zu einer abweichenden Abgrenzung von ZGE im Zeitablauf kann die Reorganisation der internen Berichtsstruktur geben. Führt sie dazu, dass sich die Zusammensetzung einer oder mehrerer Goodwill-tragender ZGE ändert, bedarf es einer Reallokation des Goodwill. Sie hat sich üblicherweise daran zu orientieren, in welchem Wertverhältnis Teile der ursprünglichen ZGE nach der Änderung der Berichtsstruktur in anderen ZGE aufgehen. Kann das Unternehmen darlegen, dass eine andere Methode die Höhe des mit den reorganisierten Einheiten verbundenen Goodwills besser widerspiegelt, ist diese anzuwenden.

Geht eine ZGE durch Veräußerung ab, ist der ihr zugeordnete Goodwill in die Ermittlung des Abgangserfolgs einzubeziehen. Das gilt unabhängig davon, ob der Goodwill mit den Vermögenswerten und Schulden dieser ZGE oder beim Erwerb einer anderen ZGE zugegangen ist. **IAS 36.86**

Entsprechend ist bei einem Teilabgang der ZGE zu verfahren. In diesem Fall vermutet IAS 36, dass der Goodwill anteilig entsprechend dem relativen Wertverhältnis des veräußerten und zurückbehaltenden Anteils an der ZGE abgeht. Diese Vermutung ist durch den Nachweis widerlegbar, dass eine andere Aufteilung den abgehenden Goodwill genauer ermittelt.

Eine Besonderheit ergibt sich bei der Prüfung der Werthaltigkeit von Goodwills, die aus Unternehmenszusammenschlüssen unter Beteiligung von Minderheiten resultieren. **IAS 36.C4–C9**

In diesem Fall ist danach zu unterscheiden, ob das Mutterunternehmen den Minderheitenanteil im Erwerbszeitpunkt nach IFRS 3.19 in Höhe der Beteiligung dieser Gesellschafter am Nettovermögen des Akquisitionsobjekts oder zum *fair value* angesetzt hat.

Bildet der zugegangene Geschäftsbetrieb zugleich die maßgebliche ZGE für die Prüfung des Goodwill auf Werthaltigkeit, umfasst diese neben dem Nettovermögen der Einheit den auf die Gesellschafter des Mutterunternehmens entfallenden entgeltlich erworbenen Goodwill. Für die Minderheitsgesellschafter ist demgegenüber kein Goodwillanteil im Buchwert der ZGE enthalten.

In dieser Konstellation ist ein einfacher Vergleich von Buchwert und erzielbarem Betrag der ZGE nicht möglich. In die Schätzung des erzielbaren Betrags für die ZGE geht nämlich – sei es in Gestalt des Nettoveräußerungspreises oder des Nutzungswerts – das gesamte Cashflow-Potenzial der Einheit ein. Das umfasst nicht nur das Nettovermögen der Einheit zuzüglich des von den Gesellschaftern des Mutterunternehmens bezahlten Goodwill, sondern auch die vom Erwerber im Kaufpreis nicht vergüteten Nettoeinzahlungserwartungen.

Zur Auflösung dieser Inkompatibilität der beiden Vergleichsgrößen sehen die IFRS folgende Verfahrensweise vor:

- Hochrechnung des Goodwill auf 100 % durch Multiplikation mit dem Kehrwert der Beteiligungsquote des Mutterunternehmens;
- Einbeziehung des hochgerechneten Goodwills in den Buchwert der ZGE und Abgleich mit dem erzielbaren Betrag;
- Verteilung eines etwaigen Wertminderungsaufwands auf Goodwill und die übrigen Vermögenswerte der ZGE nach den allgemeinen Grundsätzen (→ C.I.1.3.3.2.7);
- Herunterschleusen des Goodwills auf die Beteiligungsquote des Mutterunternehmens;
- Erfassung eines etwaigen Wertminderungsaufwands für den Goodwill in Höhe der Differenz zwischen seinem bisherigen und dem neuen Buchwert, jeweils auf Basis der Beteiligungsquote des Mutterunternehmens. Der Wertminderungsaufwand ist vollständig den Gesellschaftern des Mutterunternehmens zuzurechnen.

Variante 2 des Fallbeispiels zum *impairment test* illustriert diese Verfahrensweise (C.I.1.3.3.2.8).

Entscheidet sich das Mutterunternehmen dafür, den Minderheitenposten im Erwerbszeitpunkt mit seinem *fair value* anzusetzen, bedarf es keiner Hochrechnung des Goodwill. Sofern das Tochterunternehmen oder ein Teil des Tochterunternehmens selbst die relevante ZGE für den Werthaltigkeitstest bildet, ist eine etwaige Wertminderung des Goodwill auf die Gesellschafter des Mutterunternehmens und die Minderheitsgesellschafter in dem Verhältnis zu verteilen, in dem diesen Gewinne und Verluste der Einheit zustehen. Entsprechendes gilt für Wertminderungen der identifizierbaren Vermögenswerte der ZGE.

Vgl. zu dieser Konstellation Variante 3 des Fallbeispiels zum *impairment test* (C.I.1.3.3.2.8).

Geht das Tochterunternehmen oder ein Teil des Tochterunternehmens dagegen in einer größeren ZGE auf, ist ein Wertminderungsaufwand auf jene Teile der ZGE zu allokieren, an denen Minderheiten beteiligt sind bzw. nicht beteiligt sind. Für diese Verteilung formuliert IAS 36.C7 folgende Grundsätze:

1. Ein für den Goodwill zu erfassender Wertminderungsaufwand ist den beiden Teilen der ZGE im Verhältnis der Goodwills vor dem *impairment test* zuzurechnen.
2. Eine darüber hinausgehende Wertminderung identifizierbarer Vermögenswerte entfällt auf die beiden Teile der ZGE im relativen Verhältnis ihres Nettovermögens ohne Goodwill. Innerhalb der beiden Teile der ZGE ist der zugewiesene Wertminderungsaufwand auf die einzelnen Vermögenswerte im Verhältnis ihrer Buchwerte zu verteilen.

Soweit an Teilen der ZGE Minderheiten beteiligt sind, ist der Wertminderungsaufwand auf die Gesellschaftergruppen im gleichen Verhältnis aufzuteilen, das für die Zurechnung von Gewinnen und Verlusten maßgeblich ist.

Vgl. zu dieser Konstellation Variante 4 des Fallbeispiels zum *impairment test* (C.I.1.3.3.2.8).

1.3.3.2.6 Sonderproblem 2: Gemeinschaftliche Vermögenswerte

Gemeinschaftliche Vermögenswerte (*corporate assets*) sind Vermögenswerte (außer dem Goodwill), die keine Mittelzuflüsse erzeugen, welche von den Mittelzuflüssen anderer Vermögenswerte oder ZGE unabhängig sind. Da sie zu den künftigen Cashflows mehrerer ZGE beitragen, sind sie nicht einer einzigen ZGE zurechenbar. Beispiele für gemeinschaftliche Vermögenswerte sind das Verwaltungsgebäude, die EDV-Abteilung oder der Bereich Forschung und Entwicklung. **IAS 36.6** **IAS 36.100ff.**

Wertminderungen können bei gemeinschaftlichen Vermögenswerten in zwei Fällen zu berücksichtigen sein:

- Fall 1: Es liegt ein Anzeichen für eine Wertminderung eines gemeinschaftlichen Vermögenswerts vor (z.B. deutliche Unterauslastung eines Verwaltungsgebäudes). Unter diesen Vorzeichen ist ein *impairment test* für die kleinste ZGE vorzunehmen, denen der betreffende gemeinschaftliche Vermögenswert zurechenbar ist.
- Fall 2: Es liegt ein Hinweis auf Wertminderung für einen anderen Vermögenswert vor, der nur als Teil einer ZGE auf Werthaltigkeit überprüft werden kann. Bei der Abgrenzung dieser ZGE sind auch gemeinschaftliche Vermögenswerte ganz oder teilweise zu berücksichtigen, die mit dieser Einheit in Beziehung stehen.

Für den zweiten Fall hat das Unternehmen zu beurteilen, ob die zum Mittelzufluss beitragenden gemeinschaftlichen Vermögenswerte der ZGE auf vernünftiger und stetiger Basis zurechenbar sind oder nicht. Ist diese Voraussetzung erfüllt, sind im Zuge der Werthaltigkeitsprüfung die Buchwerte der ZGE einschließlich der (anteiligen) Buchwerte der gemeinschaftlichen Vermögenswerte mit dem erzielbaren Betrag der ZGE zu vergleichen (*bottom up*-Test). Ein sich ergebender Abschreibungsbedarf ist sodann den einzelnen Vermögenswerten der ZGE einschließlich des *corporate asset* nach den allgemeinen Grundsätzen zuzurechnen (→ C.I.1.3.3.2.7). **IAS 36.102**

Lässt sich der gemeinschaftliche Vermögenswert der zu überprüfenden ZGE nicht auf einer vernünftigen und stetigen Basis zurechnen, ist in der ersten Stufe der *bottom up*-Test ohne Berücksichtigung des auf die ZGE entfallenden (anteiligen) *corporate asset* durchzuführen und ein sich ergebender Abschreibungsbedarf den einzelnen Vermögenswerten zuzurechnen. Die auf diese Weise wertberichtigten Vermögenswerte der ZGE sind sodann in einem zweiten Schritt mit weiteren Vermögenswerten zu der kleinsten, umfassenderen ZGE zusammenzufassen, der der Buchwert des *corporate asset* (ganz oder teilweise) auf vernünftiger Basis zurechenbar ist (*top down*-Test). Durch Vergleich mit dem erzielbaren Betrag dieser ZGE ist gegebenenfalls ein zusätzlicher Wertberichtigungsbedarf zu ermitteln (→ Abbildung 10).

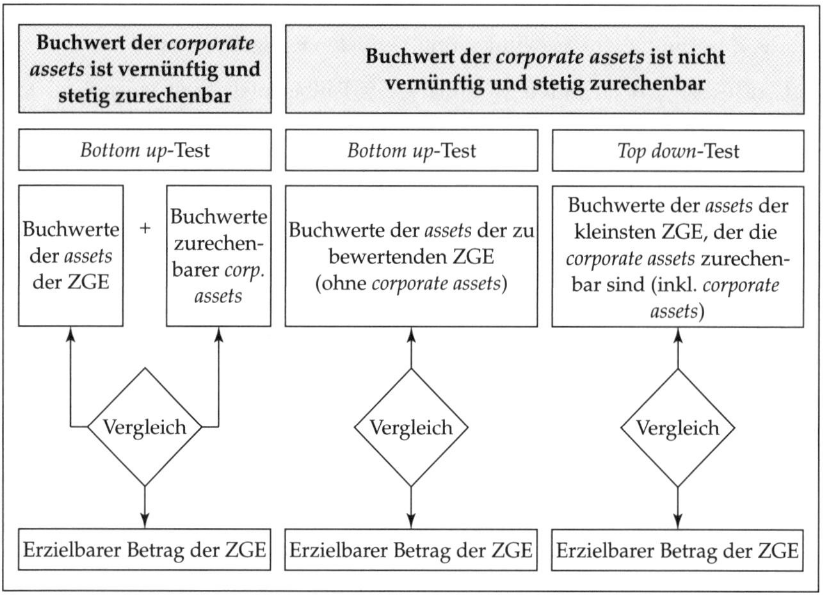

Abbildung 10: Bottom up- und top down-Test für corporate assets

1.3.3.2.7 Erfassung eines Wertminderungsaufwands

IAS 36.58ff., .104ff. Die bilanzielle Erfassung einer festgestellten Wertminderung ist abhängig von der Abgrenzung des Bewertungsobjekts (→ Abbildung 11).

IAS 36.58ff. Hat die Überprüfung der Werthaltigkeit eines **einzelnen Vermögenswerts** ergeben, dass sein Buchwert über dem erzielbaren Betrag liegt, ist in Höhe der Differenz in der Gewinn- und Verlustrechnung ein außerplanmäßiger Abschreibungsaufwand zu Lasten des Buchwerts zu erfassen. Abweichend hiervon sind Wertminderungen bei den dem Neubewertungsmodell unterliegenden Vermögenswerten nach den allgemeinen Regeln zur Abbildung eines gesunkenen *fair value* darzustellen (→ C.I.1.3.4.2.1).

Die planmäßige Abschreibung für die (gegebenenfalls neu zu schätzende) Restnutzungsdauer eines abnutzbaren Vermögenswerts ist zu überprüfen und bei Bedarf anzupassen.

Bewertungsobjekt sind/ist ...		
... einzelne *assets*	**... eine ZGE ohne Goodwill**	**... eine ZGE mit Goodwill**
• Herabsetzung des Buchwerts • Erfassung der Wertminderung als Aufwand der Periode • Anpassung der planmäßigen Abschreibung • Ggf. Ansatz einer Schuld nach IAS 37	• Verteilung des Wertminderungsbetrags auf die einzelnen *assets* im Verhältnis ihrer Buchwerte • Anpassung der Verteilung, sofern bei einzelnen *assets* – der Nettoveräußerungspreis, – der Nutzungswert oder – der Betrag von Null unterschritten wird • Anpassung der planmäßigen Abschreibung • Ggf. Ansatz einer Schuld nach IAS 37	Analog zur Verteilung eines Wertminderungsaufwands bei einer ZGE ohne Goodwill, jedoch vorrangige Abschreibung des Goodwills

Abbildung 11: Erfassung von Wertminderungen in Abhängigkeit vom Bewertungsobjekt

C.I

Ein negativer erzielbarer Betrag führt nur dann zum Ansatz eines Passivpostens, wenn die Voraussetzungen für die Bildung einer Rückstellung erfüllt sind (→ C.III.2.).

Wurde ein Wertminderungsaufwand für eine **ZGE** ermittelt, ist dieser zunächst **IAS 36.104ff.** durch außerplanmäßige Abschreibung des der ZGE gegebenenfalls zugerechneten Goodwills zu erfassen. Ein nach der Vollabschreibung des Goodwills verbleibender Wertminderungsaufwand ist den einzelnen Vermögenswerten der ZGE im Verhältnis ihrer Buchwerte zuzurechnen. Diese Verteilung darf nicht zu einer Herabsetzung des Buchwerts eines Vermögenswert unter

- seinen Nettoveräußerungspreis (sofern bestimmbar),
- seinen Nutzungswert (sofern bestimmbar) oder
- den Betrag von Null

führen. Der Betrag, um den diese Wertuntergrenzen bei einer buchwertproportionalen Verteilung der Wertminderung unterschritten würden, ist den anderen Vermögenswerten der ZGE wiederum im Verhältnis ihrer Buchwerte zuzuordnen.

Wurde die Wertminderung ganz oder zum Teil auf abnutzbare Vermögenswerte zugeordnet, ist deren planmäßige Abschreibung für die (gegebenenfalls neu zu schätzende) Restnutzungsdauer zu überprüfen und bei Bedarf anzupassen.

Für einen nach den vorstehenden Grundsätzen nicht zurechenbaren Wertminderungsaufwand ist ein Passivposten nur bei Vorliegen der Voraussetzungen für die Bildung einer Rückstellung anzusetzen (→ C.III.2.).

1.3.3.2.8 *Beispiel zum impairment test*

Beispiel:

Die M AG ist das Mutterunternehmen (MU) des auf dem Gebiet der Datenverarbeitung tätigen M-Konzerns. Zum M-Konzern gehört unter anderem das Tochterunternehmen TU_1 mit seinen beiden strategischen Geschäftseinheiten SGE_1 und SGE_2, die zugleich ZGE i.S.v. IAS 36 darstellen. SGE_1 umfasst die Aktivitäten des TU im Bereich Serversysteme und Netzwerke. SGE_2 repräsentiert das Geschäftsfeld Home Office. Zum 01. Januar 01 hat die M AG von einem Handelskonzern die Kommunikationssparte und dessen Internetplattform com-discount übernommen. Diese Aktivitäten sind rechtlich in TU_4 angesiedelt. Die Abbildung zeigt den relevanten Ausschnitt aus dem Organigramm des M-Konzerns.

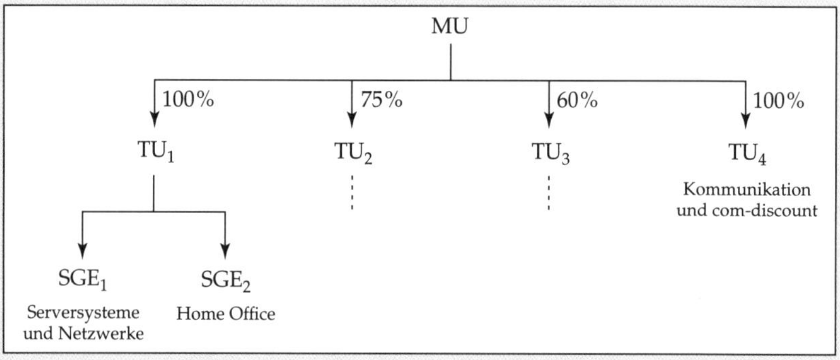

Auszug aus dem Organigramm des M-Konzerns

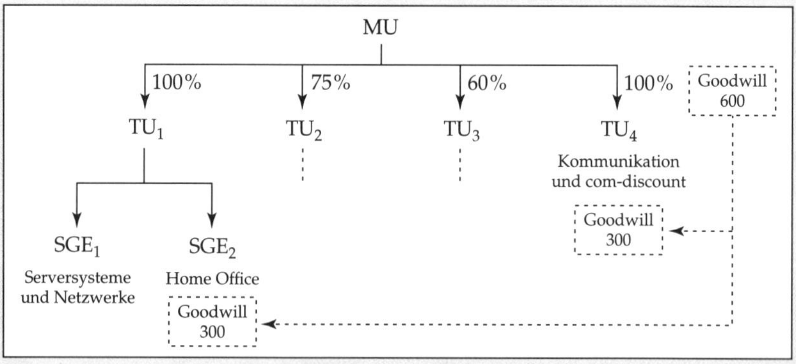

Goodwill-Allokation im M-Konzern

Beim Erwerb des TU_4 hat das MU einen Goodwill von 600 bezahlt. Das Management geht davon aus, dass die Internetplattform zu einer deutlichen Umsatzsteigerung im Bereich Home Office führen wird. Aus diesem Grund sollten nach seiner Einschätzung die Kommunikationssparte und die SGE_2 in gleicher Weise von den Synergien des neuen Zusammenschlusses profitieren. Da die Unternehmensleitung den Goodwill auf der Ebene der SGE steuert und überwacht, hat sie den das Nettovermögen von TU_4 übersteigenden Kaufpreisanteil für Zwecke der Werthaltigkeitsprüfung hälftig der SGE_2 zugerechnet.

Drei Jahre nach dem Erwerb von TU_4 zeigt sich, dass die an die Internetplattform geknüpften Umsatzsteigerungen im Home Office-Bereich ausgeblieben sind. Im Gegenteil hat die hohe Transparenz des Internet zu einem starken Preiswettbewerb mit deutlichen Margenverlusten geführt. Als Grundlage für den *impairment test* zum 31. Dezember 03 ermittelt das Management folgende Daten:

Impairment test zum 31. Dezember 03 Ausgangsfall	**SGE_2**				
	Grundstück	**Gebäude**	**Technische Anlagen**	**anteiliger Goodwill**	**SGE insgesamt**
Buchwert	300	200	800	300	1.600
Nettoveräußerungspreis	400	180	100	–	900
Nutzungswert	–	–	–	–	1.000
Erzielbarer Betrag	–	–	–	–	1.000

Ausgangsdaten für den impairment test

Beurteilung:

Zur Ermittlung der Höhe der Wertminderung ist in einem ersten Schritt der kumulierte Buchwert des SGE_2 mit dem erzielbaren Betrag als dem Maximum aus Nettoveräußerungspreis und Nutzungswert der SGE zu vergleichen. Das ergibt einen Abschreibungsbedarf von –600.

Impairment test zum 31. Dezember 03 Ausgangsfall	**SGE_2**	**Vergleichswerte**
Buchwert *assets*	1.300	
Buchwert Goodwill (anteilig)	300	
Summe Buchwerte	1.600	
Nettoveräußerungspreis		900
Nutzungswert		1.000
Erzielbarer Betrag		1.000
Wertminderung (–)	–600	

Ergebnis des impairment test für SGE_2

Nach den dargestellten Grundsätzen (→ C.I.1.3.3.2.7) führt die Wertminderung zunächst zu einer außerplanmäßigen Abschreibung des Goodwill auf Null. Der verbleibende Verlust ist buchwertproportional auf die einzelnen Vermögenswerte der SGE zu verteilen. Da der Einzelveräußerungspreis des Grundstücks über dessen Buchwert liegt und damit eine Abschreibung von vornherein ausgeschlossen ist, erfolgte die Zurechnung ausschließlich auf das Gebäude und die Technischen Anlagen.

Impairment test zum 31. Dezember 03 Ausgangsfall	SGE$_2$				
	Grundstück	Gebäude	Technische Anlagen	Goodwill	ZGE gesamt
Buchwert	300	200	800	300	1.600
anteilige Wertminderung	0	–60	–240	–300	–600
Korrigierte Buchwerte I	300	140	560	0	1.000
Nettoveräußerungspreis	400	180	100	–	900
Unterschiedsbetrag (–)	0	–40	460	–	–

Verteilung der Wertminderung – Stufe 1

Eine Überprüfung der neuen Buchwerte ergibt, dass das Gebäude um 40 unter seinem Nettoveräußerungspreis angesetzt ist. Demgegenüber ist das mögliche Abschreibungspotenzial bei den Technischen Anlagen bei weitem noch nicht ausgenutzt. Um die Wertuntergrenze für das Gebäude einzuhalten, ist folglich die überhöhte Abschreibung (–40) den Technischen Anlagen zuzurechnen. Damit ergeben sich die endgültigen neuen Buchwerte der Vermögenswerte gemäß folgender Tabelle.

Impairment test zum 31. Dezember 03 Ausgangsfall	SGE$_2$				
	Grundstück	Gebäude	Technische Anlagen	Goodwill	ZGE gesamt
Korrigierte Buchwerte vorläufig	300	140	560	0	1.000
Umverteilung	0	40	–40	0	0
Korrigierter Buchwert endgültig	300	180	520	0	1.000

Verteilung der Wertminderung – Stufe 2

Variante 1:

Das Management der M AG überwacht und steuert den Goodwill nicht auf Ebene der einzelnen SGE, sondern auf der höher aggregierten Ebene der Segmente, die von den TU repräsentiert wird. Für die beiden SGE des TU$_1$ liegen der Unternehmensleitung folgende Daten vor:

Impairment test zum 31. Dezember 03 Variante 1	SGE$_1$	Vergleichswerte	SGE$_2$	Vergleichswerte
Buchwert *assets*	2.800		1.300	
Buchwert Goodwill (anteilig)	0		0	
Summe Buchwerte	2.800		1.300	
Nettoveräußerungspreis		3.100		900
Nutzungswert		3.250		1.000
Erielbarer Betrag		3.250		1.000
Wertminderung (–)	0		–300	

Ausgangsdaten für den impairment test – Variante 1

Beurteilung:

Für die SGE$_1$ liegen keine Hinweise auf eine Wertminderung vor. Da das Management der M AG den Goodwill (ausschließlich) auf Ebene der Segmente überwacht, ist dieser ZGE kein Goodwill zugerechnet. Damit kommt für sie ein obligatorischer Werthaltigkeitstest nicht in Betracht. Unabhängig davon bestätigt der Vergleich der Buchwerte der SGE$_1$ mit dem erzielbaren Betrag die Werthaltigkeit der in dieser ZGE zusammengefassten Vermögenswerte.

Für die SGE$_2$ führt der wegen des zunehmenden Margendrucks notwendige ereignisbezogene *impairment test* nunmehr zu einem Abschreibungsbedarf von 300. Dieser ist unmittelbar bei den Vermögenswerten der ZGE zu berücksichtigen. Die Vorgehensweise entspricht jener des Ausgangsfalls mit dem einzigen Unterschied, dass die Goodwillabschreibung von 300 entfällt.

Impairment test zum 31. Dezember 03 Variante 1	SGE$_2$				
	Grundstück	Gebäude	Technische Anlagen	Goodwill	ZGE gesamt
Buchwerte	300	200	800	0	1.300
anteilige Wertminderung	0	–60	–240	0	–300
Korrigierte Buchwerte I	300	140	560	0	1.000
Nettoveräußerungspreis	400	180	100	–	900
Unterschiedsbetrag (–)	0	–40	460	–	–

Verteilung der Wertminderung – Stufe 1 (Variante 1)

Die Verteilung dieser Wertminderung auf die einzelnen Vermögenswerte der ZGE führt zum gleichen Ergebnis wie im Grundfall.

C.I

Impairment test zum 31. Dezember 03 Variante 1	SGE_2				
	Grund-stück	Gebäude	Technische Anlagen	Goodwill	ZGE gesamt
Korrigierte Buchwerte I	300	140	560	0	1.000
Umverteilung	0	40	–40	0	0
Korrigierte Buchwerte II	300	180	520	0	1.000

Verteilung der Wertminderung – Stufe 2 (Variante 2)

Zusätzlich zu diesem ereignisbezogenen *impairment test* ist auf Ebene des Segments (TU_1) ein obligatorischer Goodwill *impairment test* durchzuführen. In diesen gehen die Vermögenswerte der SGE_2 mit ihren verminderten Buchwerten ein. Die bewertungsrelevanten Daten enthält folgende Tabelle. Bei der Ableitung der Wertgrößen für das Segment ist unterstellt, dass sich aus der Zusammenfassung der beiden SGE keine zusätzlichen Synergiepotenziale ergeben und dementsprechend der Nettoveräußerungspreis für das TU sich als Summe aus den Nettoveräußerungspreisen der SGE ermittelt.

Impairment test zum 31. Dezember 03 Variante 1	SGE_1	SGE_2	Goodwill	TU_1
Ursprünglicher Buchwert	2.800	1.300	300	4.400
Ergebnis *impairment test* SGE_2	0	–300	0	–300
Korrigierter Buchwert	2.800	1.000	300	4.100
Nettoveräußerungspreis	3.100	900	–	4.000
Nutzungswert	3.250	1.000	–	4.250
Erzielbarer Betrag	3.250	1.000	–	4.250
Wertminderung (–)	–	–	–	0

Obligatorischer impairment test auf Segmentebene

Die Berechnung zeigt, dass in der gegebenen Konstellation keine Goodwill-Abschreibung erforderlich ist. Dieses vom Ausgangsfall abweichende Ergebnis ist damit zu begründen, dass bei der Werthaltigkeitsprüfung auf der aggregierten Ebene des Segments der originäre Goodwill der SGE_1 den Wertverlust des mit TU_4 entgeltlich erworbenen, anteilig dem TU_1 zugeordneten Goodwill überkompensiert.

Variante 2:

Es gelten die Daten des Ausgangsfalls mit den folgenden Modifikationen:

- Die SGE_2 ist eine rechtlich selbständige Einheit, an der das TU_1 vor einigen Jahren eine 80 %ige Beteiligung erworben hat. Bei der Erstkonsolidierung der SGE_2 ist ein Goodwill ausschließlich für das TU_1 angesetzt worden, der nicht auf andere ZGE im Konzern zugerechnet worden ist.

- Der erzielbare Betrag der SGE_2 beläuft sich zum Bewertungsstichtag auf 1.400.

Impairment test zum 31. Dezember 03 Variante 2	SGE_2				
	Buchwerte der *assets*	Goodwill	Summe	Erzielbarer Betrag	Delta
Ausgangssituation	1.300	300	1.600	1.400	–200

Ausgangsdaten des impairment tests – Variante 2

Beurteilung:

Bei vordergründiger Betrachtung ist im vorliegenden Fall ein Wertminderungsaufwand von 200 (Differenz zwischen der Summe der Buchwerte aller Vermögenswerte einschließlich Goodwill und dem erzielbaren Betrag der SGE_2) zu erfassen.

Diese Betrachtung übersieht jedoch, dass der Goodwill nur in Höhe des auf die Gesellschafter des TU_1 entfallenden Anteils in der Summe der Buchwerte enthalten ist. Der den Minderheiten zuzurechnende Goodwill ist darin nicht erfasst. Demgegenüber wird der erzielbare Betrag als Barwert aller künftigen Cashflows ermittelt. In ihn geht das gesamte Ertragspotenzial der ZGE ein. Um die beiden Größen Buchwert und erzielbarer Betrag vergleichbar zu machen, fordert daher IAS 36.C4 vor Bestimmung der Wertminderung eine Hochrechnung des Goodwill auf 100 %. Das ergibt im Beispielsfall einen Goodwill von 375 (300 ÷ 0,8).

Auf dieser Basis ermittelt sich eine Wertminderung von 275 (1.400 – 1.675). Sie erfordert eine Abschreibung des Goodwills auf 100. Da der Goodwill im Konzernabschluss nur zu 80 % erfasst ist, muss der abgeschriebene Buchwert anschließend wieder auf den Anteil der Gesellschafter von TU_1 heruntergeschleust werden. Das führt zu einem Wert von 80 (100 · 0,8). Die zu erfassende Goodwill-Abschreibung beläuft sich damit auf –220 (80 – 300).

Impairment test zum 31. Dezember 03 Variante 2	SGE_2				
	Buchwerte der assets	Goodwill	Summe	Erzielbarer Betrag	Delta
Ausgangssituation	1.300	300	1.600	1.400	–200
Hochrechnung des Goodwill	1.300	375	1.675	1.400	–275
Abschreibung des Goodwill	1.300	100	1.400	1.400	0
Herunterrechnen des Goodwill	1.300	80	1.380	1.400	–
Ermittlung der Wertminderung	1.300	–220	1.080	1.400	–

Ergebnis des impairment tests – Variante 2

C.I

Variante 3:

Es gelten die Daten der Variante 2 mit folgenden Modifikationen:

- Bei der Erstkonsolidierung der SGE_2 ist ein Goodwill von 350 angesetzt worden. Dieser wurde wie folgt ermittelt:

	Kaufpreis des TU_1 für die 80%ige Beteiligung an SGE_2	2.300
+	Minderheitenposten	550
–	Nettovermögen der SGE_2 zum Erwerbsstichtag	2.500
=	Goodwill	350

- Der Goodwill ist vollständig der SGE_2 zuzurechnen und wird vom Management auf dieser Ebene überwacht.
- Der erzielbare Betrag der SGE_2 beläuft sich zum Bewertungsstichtag auf 3.150.

Impairment test zum 31. Dezember 03 Variante 3	SGE_2				
	Buchwerte der assets	Goodwill	Summe	Erzielbarer Betrag	Delta
Ausgangssituation	3.000	350	3.350	3.150	–200

Beurteilung:

Da im Erwerbszeitpunkt der SGE_2 für die Minderheitsgesellschafter ein Goodwill aufgedeckt worden ist, kann der erzielbare Betrag für Zwecke der Werthaltigkeitsprüfung des Goodwill unmittelbar mit dem Gesamtbuchwert der SGE_2 am 31. Dezember 03 verglichen werden. Es ermittelt sich ein Wertminderungsaufwand von 200, der eine entsprechende Abschreibung des Goodwill erforderlich macht. Dieser ist nach IAS 36.C6 auf die Gesellschafter des Mutterunternehmens und die Minderheitsgesellschafter im gleichen Verhältnis aufzuteilen, nach dem der Jahreserfolg der SGE_2 verteilt wird. Im Beispiel entfällt danach auf die Gesellschafter des Mutterunternehmens (das zu 100 % an TU_1 beteiligt ist) ein Aufwand von 160 (80 % von 200) und auf die an der SGE_2 beteiligten Minderheitsgesellschafter ein Aufwand von 40 (20 % von 200).

Variante 4:

Es gelten die Daten der Variante 3 mit folgenden Modifikationen:

- Das Management des Mutterunternehmens überwacht den Goodwill nicht auf der Ebene der SGE_2, sondern auf der Ebene des TU_1.
- TU_1 hat vor mehreren Jahren 100% der Anteile an der SGE_1 erworben. Für den aus dem Erwerb resultierenden Goodwill von 700 wurde bislang noch kein Wertminderungsaufwand erfasst. Er ist vollständig TU_1 zugeordnet.
- Der erzielbare Betrag für die ZGE TU_1 beläuft sich zum Bewertungsstichtag auf 3.150.

Impairment test zum 31. Dezember 03 Variante 4	TU_1				
	Buchwerte der *assets*	Goodwill	Summe	Erzielbarer Betrag	Delta
Ausgangssituation	10.000	1.050	11.050	10.600	–450

Beurteilung:

Auch in dieser Konstellation erfordert der Impairment-Test keine Hochrechnung des Goodwill, da der Minderheitenanteil entsprechend den Prämissen zur Variante 3 bei der Erstkonsolidierung der SGE_2 zum *fair value* angesetzt worden ist. Demnach ermittelt sich ein Wertberichtigungsbedarf von 450, der eine Abwertung des Goodwill auf 600 erforderlich macht.

Der Wertminderungsaufwand ist nach IAS 36.C7 zunächst auf die beiden Teile der ZGE, die SGE_1 und die SGE_2, aufzuteilen. Anschließend hat auf der Ebene der SGE2 eine Verteilung des zugerechneten Wertminderungsaufwands auf die an dieser Einheit beteiligten Gesellschaftergruppen zu erfolgen.

Die Aufteilung des Wertminderungsaufwands auf die beiden SGE erfolgt im Verhältnis der Buchwerte der Goodwill vor Durchführung des *impairment test*. Der Aufwand von 450 ist damit zu zwei Drittel (700/1.050) der SGE_1 zuzurechnen und zu einem Drittel (350/1.050) der SGE_2. In absoluten Beträgen sind das 300 (SGE_1) und 150 (SGE_2). Im zweiten Schritt ist sodann der auf die SGE2 entfallende Wertminderungsaufwand von 150 den an ihr beteiligten Gesellschaftergruppen im Verhältnis ihrer Beteiligung am Gewinn und Verlust zuzuweisen. Für die Gesellschafter des TU_1 (und damit des Mutterunternehmens) ermittelt sich nach diesem Aufteilungsschlüssen ein Verlust von 120 (80 % von 150), für die Minderheitsgesellschafter von 30 (20 % von 150).

C.I

1.3.3.3 Wertaufholung

1.3.3.3.1 Grundlagen

Besteht eine in einem früheren Geschäftsjahr erfasste Wertminderung ganz oder zum Teil nicht mehr, ist eine Wertaufholung geboten. Die zu ihrer Feststellung vorzunehmende Prüfung entspricht im Wesentlichen dem *impairment test* mit umgekehrten Vorzeichen (→ Abbildung 12).

In einem ersten Schritt (**qualitative Wertaufholungsprüfung**) ist anhand externer oder interner Indikatoren zu prüfen, ob die bei einem Vermögenswert bzw. einer ZGE erfasste Wertminderung weggefallen sein könnte. Beispiele für solche Anhaltspunkte enthält → Abbildung 13. **IAS 36.109–.125**

IAS 36.110, .114–.116

Bei positivem Befund hat das Unternehmen den erzielbaren Betrag für den Vermögenswert bzw. die ZGE zu ermitteln und dem Buchwert gegenüberzustellen (**quantitative Wertaufholungsprüfung**). Liegt der erzielbare Betrag als Folge einer Schätzungsänderung über dem Buchwert, ist eine Zuschreibung erforderlich.

Keine Wertaufholung kommt dagegen in Betracht, wenn der erzielbare Betrag bei unveränderten Schätzungen für die Cashflows, den Abzinsungssatz oder den Nettoveräußerungspreis allein aus finanzmathematischen Gründen (z.B. zeitliches Näherrücken der künftigen Mittelzuflüsse) angestiegen ist.

Die Höhe und Erfassung einer gebotenen Zuschreibung hängt – analog zur Berücksichtigung einer Wertminderung – von der Abgrenzung des Bewertungsobjekts ab.

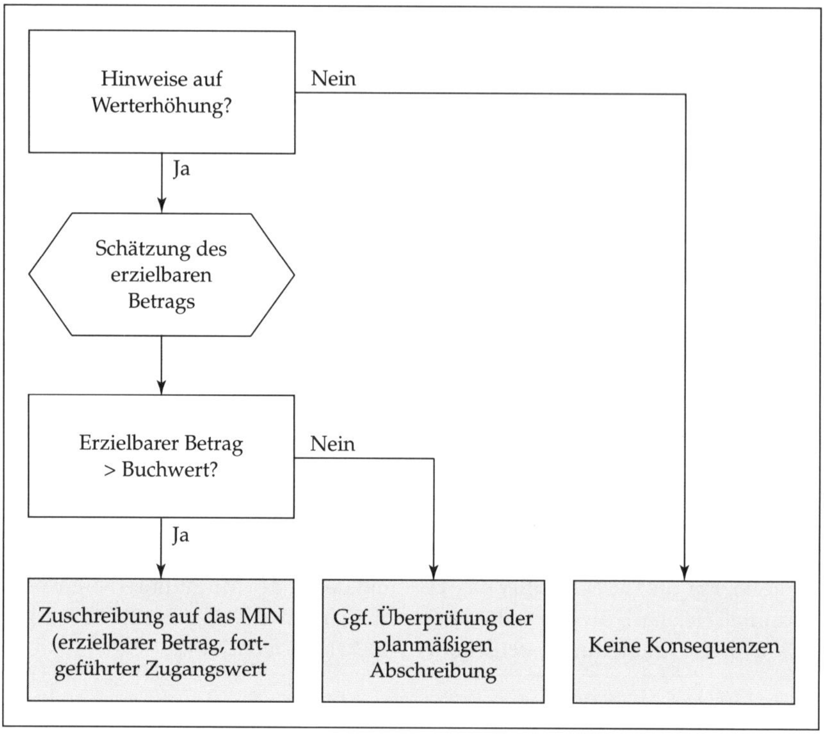

Abbildung 12: Grundstruktur des Wertaufholungstests

IAS 36.111f.

Qualitative Indikatoren des Wegfalls einer Wertminderung	
Externe Indikatoren	**Interne Indikatoren**
• Marktwert eines *asset* ist während der Berichtsperiode signifikant gestiegen. • Eingetretene oder erwartete signifikant vorteilhafte Veränderungen im technischen, marktbezogenen, ökonomischen oder gesetzlichen Umfeld des Unternehmens oder in Bezug auf den Markt, auf den der Vermögenswert abzielt. • Gesunkene Marktzinssätze oder andere Marktrenditen mit Auswirkung auf den Abzinsungssatz.	• Eingetretene oder erwartete signifikant günstige Veränderung hinsichtlich Umfang oder Art und Weise des Einsatzes des *asset*. Diese Veränderung geht u.a. zurück auf Investitionen in der Berichtsperiode zur Steigerung der Leistungsfähigkeit des *asset* oder auf eine Verpflichtung zur Einstellung oder Restrukturierung des Betriebs, zu dem das *asset* gehört. • Das interne Berichtswesen liefert substanzielle Hinweise darauf, dass die wirtschaftliche Ertragskraft des *asset* besser ist oder sein wird als erwartet.

Abbildung 13: Indikatoren für den Wegfall einer Wertminderung

IAS 36.117–.121 Eine Wertaufholung bei einem **einzelnen Vermögenswert** wird nach oben begrenzt

- durch den fortgeführten Zugangswert, der sich ohne Vornahme einer außerplanmäßigen Abschreibung ergeben hätte, *und*
- den erzielbaren Betrag des Vermögenswerts.

Bewertungsobjekt sind/ist ...		
... einzelne *assets*	**... eine ZGE ohne Goodwill**	**... eine ZGE mit Goodwill**
• Erhöhung des Buchwerts des *asset* • Erfassung der Zuschreibung als Ertrag der Periode • Anpassung der planmäßigen Abschreibung	• Verteilung des Wertaufholungsbetrags auf die einzelnen *assets* im Verhältnis ihrer Buchwerte • Anpassung der Verteilung, sofern bei einzelnen *assets* – der erzielbare Betrag oder – die fortgeführten AK/HK überschritten werden • Anpassung der planmäßigen Abschreibung	• Zuschreibungsgebot für die übrigen *assets* analog zum Fall der ZGE ohne Goodwill • Zuschreibungsverbot für den Goodwill

Abbildung 14: Erfassung von Wertminderungen in Abhängigkeit vom Bewertungsobjekt

Etwas anderes gilt für Vermögenswerte, die nach dem Neubewertungsmodell bewertet werden. Bei diesen ist eine weitergehende Erhöhung des Buchwerts bis zum *fair value* zulässig. Der Mehrbetrag ist nach den Grundsätzen für Neubewertungen (→ C.I.1.3.4.2) zu erfassen.

Bei **ZGE** ist der Betrag der Wertaufholung buchwertproportional den einzelnen Vermögenswerten der ZGE mit Ausnahme eines Goodwill zuzuweisen. Die Zuschreibung darf nicht dazu führen, dass **IAS 36.122f.**

- der erzielbare Betrag (sofern bestimmbar) oder
- der ohne Berücksichtigung der früheren Wertminderung fortgeführte Zugangswert des Vermögenswerts

überschritten wird.

Der Betrag, um den diese Wertobergrenzen bei einer buchwertproportionalen Verteilung der Zuschreibung überschritten würden, ist den anderen Vermögenswerten der ZGE wiederum im Verhältnis ihrer Buchwerte zuzuordnen.

Beim Goodwill kommt eine Wertaufholung nicht in Betracht. **IAS 36.124f.**

Ein Indiz für den (teilweisen) Wegfall einer früher erfassten Wertminderung ist bei abnutzbaren Vermögenswerten Anlass, die Restnutzungsdauer, die Abschreibungsmethode und den Restwert zu überprüfen. Das gilt auch dann, wenn kein Wertminderungsaufwand rückgängig gemacht worden ist. **IAS 36.121**

1.3.3.3.2 Beispiel zur Wertaufholung

Beispiel:

Es gelten die Ausgangsdaten des Beispiels zum *impairment test* (Ausgangsfall → C.I.1.3.3.2.8). Zum Ende des zweiten Geschäftsjahrs nach Erfassung der Wertminderung haben sich die Buchwerte der Vermögenswerte der SGE_2 unter Berücksichtigung der planmäßigen Abschreibung nach der linearen Methode über zehn (Gebäude) bzw. fünf (Technische Anlagen) Jahre wie folgt entwickelt.

Wertaufholung zum 31. Dezember 05	SGE$_2$				
	Grund-stück	Gebäude	Technische Anlagen	anteiliger Goodwill	Zwischen-Summe
Buchwert nach Wertminderung 31. Dez. 03	300	180	520	0	1.000
Planmäßige Abschreibung 04–05	0	–36	–208	–	–244
Buchwert 31. Dez. 05 vor Wertaufholung	300	144	312	–	756
Nettoveräußerungspreis	500	170	380	–	1.050
Nutzungswert	–	–	–	–	1.350
Erzielbarer Betrag	–	–	–	–	1.350

Ausgangsdaten des Beispiels zur Wertaufholung

Durch die Neugestaltung des Webauftritts, eine Straffung der Produktpalette, ein aggressiveres Marketing und die gezielte Platzierung von Sonderangeboten über Auktionshäuser ist es dem Management gelungen, den Absatz über die Internetplattform com-discount deutlich zu beleben. Aufgrund der zwischenzeitlichen Marktbereinigung als Folge des harten Preiswettbewerbs sind zudem die erzielbaren Margen merklich angestiegen. Das Management ist der Auffassung, dass angesichts dieser Entwicklung der Grund für die vor zwei Jahren erfasste Wertminderung zumindest teilweise weggefallen ist. Die aktualisierte Schätzung des erzielbaren Betrags für die ZGE belegt diese Einschätzung.

Beurteilung:

Die externen Hinweise auf den (teilweisen) Wegfall der Wertminderung erfordern eine Prüfung, inwieweit eine erfolgswirksame Zuschreibung bei den einzelnen Vermögenswerten der ZGE geboten ist. Der Betrag der Wertaufholung wird in zweifacher Weise beschränkt. Bezogen auf die ZGE als Einheit ist er begrenzt auf die Differenz zwischen den – unter Berücksichtigung der Wertminderung – fortgeführten Buchwerten (756) und dem erzielbaren Betrag (1.350) der Einheit. Das sich danach für die ZGE ergebende, maximale Zuschreibungspotenzial von 594 (1.350 – 756) wird sodann auf Ebene der einzelnen Vermögenswerte durch die planmäßig fortgeführten Anschaffungs- oder Herstellungskosten limitiert. Dabei ist zu beachten, dass der Goodwill einem generellen Zuschreibungsverbot unterliegt. Unter Berücksichtigung dieser Restriktionen ermittelt sich eine Zuschreibung von 184. Die sich danach zum 31. Dezember 05 ergebenden Wertansätze enthält folgende Tabelle.

	SGE$_2$				
	Grund-stück	Gebäude	Technische Anlagen	Goodwill	Summe
Buchwert vor Wertminderung 31. Dezember 03	300	200	800	300	1.600
Planmäßige Abschreibung 04–05	0	–40	–320	–	–360
Fortgeführte AHK per 31. Dezember 05	300	160	480	300	1.240
Buchwert vor Wertaufaufholung per 31. Dezember 05	300	144	312	–	756
Maximales Wertaufholungspotenzial	0	16	168	0	184

Ermittlung des maximalen Zuschreibungspotenzials für die Vermögenswerte der SGE$_2$

	SGE$_2$				
	Grund-stück	Gebäude	Technische Anlagen	Goodwill	Summe
Buchwert 31. Dezember 05 vor Wertaufholung	300	144	312	–	756
Wertaufholung	0	16	168	0	184
Buchwerte 31. Dezember 05 nach Wertaufholung	300	160	480	0	940

Ermittlung der Buchwerte für die Vermögenswerte der SGE$_2$ zum 31. Dezember 05

C.I

1.3.4 Folgebewertung nach der Neubewertungsmethode

1.3.4.1 Grundlagen

Alternativ zu einer Bewertung der Vermögenswerte zu fortgeführten historischen Anschaffungs- oder Herstellungskosten sehen die IFRS im Sachanlagevermögen und für immaterielle Vermögenswerte die Möglichkeit einer regelmäßigen Neubewertung vor. Im Gegensatz zur *fair value*-Bewertung beim Übergang auf die Rechnungslegung nach IFRS (→ B.4.) ist die Neubewertungsmethode stets auf alle Vermögenswerte, die sich durch eine ähnliche Art und ähnliche Verwendung im Unternehmen auszeichnen und damit eine eigenständige Klasse bilden, anzuwenden. Beispiele für Klassen von Vermögenswerten sind **IAS 16.36f.** **IAS 38.75f.**

- Grundstücke,
- Grundstücke und Gebäude,
- Technische Anlagen,

- Betriebsausstattung,
- Geschäftsausstattung.

IAS 16.31 **IAS 38.76** Ausgeschlossen von der Neubewertungsmethode sind solche Vermögenswerte, deren *fair value* nicht verlässlich ermittelbar ist. Die Prüfung dieser Voraussetzung hat sich bei Sachanlagegütern an jenen Kriterien zu orientieren, die für Tauschgeschäfte gelten (→ C.I.1.3.2.3.3). Bei immateriellen Vermögenswerten ist die Neubewertungsmethode nur anwendbar, wenn sich der *fair value* unter Rückgriff auf einen aktiven Markt ermitteln lässt. Ein **aktiver Markt** ist dadurch gekennzeichnet, dass

- die auf dem Markt gehandelten Produkte homogen sind,
- vertragswillige Käufer und Verkäufer jederzeit gefunden werden können *und*
- die Preise der Produkte öffentlich bekannt sind.

Vermögenswerte, auf die die Neubewertungsmethode nicht anwendbar ist, sind nach dem *cost model* (→ C.I.1.3.1) zu bewerten.

IAS 16.31 **IAS 38.75** Neubewertungen sind in regelmäßigen Abständen vorzunehmen. Ihre Häufigkeit hat sich an den erwarteten Schwankungen der *fair values* der Vermögenswerte zu orientieren.

IAS 16.36,.38 **IAS 38.75f.** Um innerhalb einer Klasse von Vermögenswerten eine einheitliche Bewertungsbasis zu gewährleisten, sind die betreffenden Vermögenswerte jeweils zum gleichen Zeitpunkt neu zu bewerten. Bei großen Sachgesamtheiten kommt alternativ eine Bewertung auf rollierender Basis in Betracht. Dabei ist sicherzustellen, dass die Neubewertung innerhalb einer kurzen Zeit vollendet und regelmäßig aktualisiert wird.

IAS 16.32f. Der *fair value* eines neu zu bewertenden Vermögenswertes ist im Regelfall durch Schätzung seines Marktwerts zu ermitteln. Sie sollte bei Grundstücken und Gebäuden durch hauptamtliche Gutachter erfolgen. Bei technischen Anlagen und Maschinen sind gegebenenfalls sonstige sachverständige Personen heranzuziehen. Lässt sich aufgrund der Spezifikation des Anlageguts und der Seltenheit von Verkaufstransaktionen kein Marktwert feststellen, kann hilfsweise auf die aktuellen Wiederbeschaffungszeitwerte zurückgegriffen werden. Zu ihrer Bestimmung bietet sich die Hochrechnung des Zugangswerts mit einem geeigneten Index unter Berücksichtigung des bis zum Bewertungsstichtag eingetretenen Wertverlusts an.

1.3.4.2 Bilanzielle Darstellung der Neubewertung

1.3.4.2.1 Allgemeine Grundsätze

IAS 16.39f. Als Ergebnis der Neubewertung ist der Vermögenswert mit dem festgestellten *fair value* anzusetzen. So weit der *fair value* über den fortgeführten Anschaffungs- oder Herstellungskosten liegt, ist die Differenz erfolgsneutral in einer Neubewertungsrücklage im Eigenkapital zu erfassen. Fällt der *fair value* unter die fortgeführten Anschaffungs- oder Herstellungskosten, ist zunächst die Neubewertungsrücklage aufzulösen. Der darüber hinausgehende Wertverlust stellt einen Aufwand der Periode dar, der in der Gewinn- und Verlustrechnung zu erfassen ist.

Steigt der *fair value* in der Folgezeit wieder über die fortgeführten Anschaffungs- oder Herstellungskosten, ist die Aufwertung in dem Maße erfolgswirksam wie sie eine in der Vergangenheit in der Gewinn- und Verlustrechnung erfasste Wertminderung als Folge einer Neubewertung rückgängig macht.

Eine Verrechnung von erfolgsneutral zu erfassenden *fair value*-Erhöhungen und erfolgswirksam zu berücksichtigenden *fair value*-Minderungen ist aufgrund des Einzelbewertungsgrundsatzes unzulässig. Stattdessen ist die Neubewertungsrücklage für jeden Vermögenswert gesondert fortzuführen.

Die in der Neubewertungsrücklage erfassten Beträge sind spätestens mit Ausbuchung des Vermögenswerts in den Gewinnvortrag bzw. in die Gewinnrücklagen umzubuchen. Zu Einzelheiten für nicht abnutzbare Vermögenswerte → C.I.1.3.4.2.2 bzw. für abnutzbare Vermögenswerte → C.I.1.3.4.2.3. Eine erfolgswirksame Auflösung der Neubewertungsrücklage ist nicht zulässig. **IAS 16.41**

Für temporäre Differenzen zwischen dem Wertansatz des Vermögenswerts nach IFRS und seinem Steuerwert sind latente Steuern abzugrenzen. Liegt der *fair value* über den fortgeführten Anschaffungs- oder Herstellungskosten, erfolgt die Bildung und Auflösung der latenten Steuern erfolgsneutral gegen die Neubewertungsrücklage. In dem Maße wie die *fair value*-Anpassung erfolgswirksam vorzunehmen ist, sind auch die latenten Steuern erfolgswirksam zu berücksichtigen. **IAS 16.42**

1.3.4.2.2 Neubewertung nicht abnutzbarer Vermögenswerte

Werden Vermögenswerte des Sach- oder immateriellen Anlagevermögens nach dem *fair value*-Modell bewertet, gelten für ihre Folgebewertung im Übrigen die allgemeinen Grundsätze. Nicht abnutzbare Vermögenswerte sind danach gemäß IAS 36 regelmäßig bei Vorliegen entsprechender Anhaltspunkte, spätestens jedoch nach einem Jahr, auf eine Wertminderung hin zu überprüfen (→ C.I.1.3.3.2). Umgekehrt kann nach Vornahme einer Abschreibung eine Zuschreibung in Betracht kommen (dies gilt nicht für den Goodwill) (→ C.I.1.3.3.3). **IAS 16.31, IAS 36.6**

Erfolgt die Neubewertung unter Rückgriff auf den Marktwert des Vermögenswerts, wird sich die Prüfung einer Wertminderung regelmäßig erübrigen. In diesem Fall liegt der Nettoveräußerungspreis (als Untergrenze des erzielbaren Betrags) nur dann unter dem Buchwert des Vermögenswerts, wenn die Veräußerungskosten erheblich sind. Unter dieser Voraussetzung ist IAS 36 zu beachten; andernfalls kann auf die Schätzung des erzielbaren Betrags verzichtet werden. **IAS 36.6**

Der erzielbare Betrag kann ferner dann unter dem Buchwert liegen, wenn die Neubewertung auf einer anderen Grundlage als dem Marktwert des Vermögenswerts erfolgt. Auch in diesem Fall ist bei Vorliegen der entsprechenden Voraussetzungen eine etwaige Werthaltigkeitsprüfung nach IAS 36 vorzunehmen.

Die bilanziellen Konsequenzen der Neubewertung nicht abnutzbarer Vermögenswerte erläutert das nachfolgende **Beispiel**.

Beispiel:

Das Berichtsunternehmen hat zu Beginn des Jahres 01 ein unbebautes Grundstück zum Preis von 10.000 erworben. In seinen nach IFRS aufgestellten Abschlüssen bewertet es das Sachanlagevermögen nach dem Neubewertungsmodell gemäß IAS 16.31ff. Die alle zwei Jahre erfolgende Neubewertung liefert die nachfolgenden Ergebnisse.

Anschaffungskosten 01:	10.000
Neubewertung 03:	12.000
Neubewertung 05:	10.800
Neubewertung 07:	9.000
Neubewertung 09:	11.000

Zu Beginn des Geschäftsjahrs 10 verkauft das Berichtsunternehmen das Grundstück zu 10.500.

Der Ertragsteuersatz des Unternehmens beträgt 30 %. In der Steuerbilanz ist das Grundstück während des gesamten Betrachtungszeitraums mit seinen Anschaffungskosten bilanziert.

Lösung:

Wie folgende Tabelle verdeutlicht, ist die Neubewertung solange erfolgsneutral, wie der beizulegende Wert über den Anschaffungskosten liegt (bis Ende Geschäftsjahr 05). Infolge der Verpflichtung zur Abgrenzung passivischer latenter Steuern auf die Bewertungsdifferenz zur Steuerbilanz, ist die Eigenkapitalwirkung der Neubewertung auf den Nachsteuereffekt begrenzt. Sinkt der *fair value* unter die Anschaffungskosten (Geschäftsjahr 07), ist ein Aufwand in der Gewinn- und Verlustrechnung zu erfassen, der indes ebenfalls durch die Berücksichtigung latenter Steuern gedämpft wird. Steigt der *fair value* wieder über die Anschaffungskosten des Grundstücks (Geschäftsjahr 09), kehrt sich dieser (Netto-)Aufwand wieder um.

Wertentwicklung		Bilanzielle Konsequenzen				
	Preis/	Buchwert	Passivische latente Steuern	Aktivische latente Steuern	Neubewertungsrücklage	Erfolg der Periode
Kauf in 01	10.000	10.000	0	0	0	–
Neubewertung Ende 03	–	+2.000	+600	0	+1.400	0
Bilanzansatz 31.12.03	12.000	12.000	600	0	1.400	–
Neubewertung Ende 05	–	–1.200	–360	0	–840	0
Bilanzansatz 31.12.05	10.800	10.800	240	0	560	–
Neubewertung Ende 07	–	–1.800	–240	+400	–560	–700
Bilanzansatz 31.12.07	9.000	9.000	0	400	0	–
Neubewertung Ende 09	–	+2.000	+300	–400	+700	+700
Bilanzansatz 31.12.09	11.000	11.000	300	0	+700	–

Lösung des Beispiels zur Anwendung der Neubewertungsmethode bei nicht abnutzbaren Vermögenswerten

Für das Jahr 07 ergibt sich beispielsweise folgender Buchungssatz:

Abschreibung:	1.000		
Neubewertungsrücklage:	560		
Passive latente Steuern:	240	an Grundstück:	1.800
Aktive latente Steuern:	300	an Ertragsteuern:	300

Wird das Grundstück zu Beginn des Geschäftsjahrs 10 zum Preis von 10.500 verkauft, zeigt das Berichtsunternehmen in der Gewinn- und Verlustrechnung einen Verlust von 500. Zugleich ist die Neubewertungsrücklage bei gleichzeitiger erfolgsneutraler Auflösung der passivischen latenten Steuern in die Gewinnrücklagen umzubuchen.

1.3.4.2.3 Neubewertung abnutzbarer Vermögenswerte

Die bilanzielle Darstellung der Neubewertung abnutzbarer Vermögenswerte ist abhängig davon, ob ihr *fair value* – gegebenenfalls unter Verwendung geeigneter Indizes – als fortgeführte Wiederbeschaffungskosten ermittelt oder aus dem Marktwert des Vermögenswerts abgeleitet wird. **IAS 16.35a** **IAS 38.80a**

Im ersten Fall sind die kumulierten Abschreibungen im gleichen Verhältnis anzupassen wie der Bruttobuchwert als Folge der Neubewertung (**Bruttoverfahren**). Der *fair value* des Vermögenswerts ermittelt sich in diesem Fall als Saldo aus dem Bruttobuchwert und den (neu bewerteten) kumulierten Abschreibungen.

Wird der *fair value* eines abnutzbaren Vermögenswerts aus seinem Marktwert abgeleitet, bietet sich das **Nettoverfahren** an. Hierbei werden die aufgelaufenen Abschreibungen mit dem Bruttobuchwert verrechnet. Anschließend ist der sich ergebende Nettobuchwert an den *fair value* anzupassen. **IAS 16.35b** **IAS 38.80b**

C.I

Bei den nach dem Neubewertungsmodell bewerteten abnutzbaren Vermögenswerten sind in der Folgebewertung neben außerplanmäßigen Abschreibungen und Zuschreibungen auch planmäßige Abschreibungen zu berücksichtigen. Die planmäßigen Abschreibungen bemessen sich nach dem jeweils aktuellen Bruttobuchwert bzw. *fair value* des Vermögenswerts. Der (erfolgsneutrale) Ansatz eines höheren *fair value* führt danach in der Folgezeit zu höheren Abschreibungen in der Gewinn- und Verlustrechnung.

Die Neubewertungsrücklage ist **jährlich** unter Berücksichtigung latenter Steuern anteilig in Höhe des Differenzbetrags zwischen der planmäßigen Abschreibung auf Basis des historischen Zugangswerts und der aktuellen Bemessungsgrundlage aufzulösen. Die Auflösung erfolgt durch Umbuchung des Betrags in die Gewinnrücklagen. **IAS 16.41f.**

Alternative: **IAS 16.40f.**

In der Neubewertungsrücklage erfasste Beträge sind mit **Ausbuchung des betreffenden Vermögenswerts** in die Gewinnrücklagen umzubuchen.

Das nachfolgende **Beispiel** verdeutlicht die bilanzielle Umsetzung der Neubewertung bei abnutzbaren Vermögenswerten.

Beispiel:

Das Berichtsunternehmen hat zu Beginn des Jahres 01 ein Gebäude mit Anschaffungskosten von 5.000 erworben, das sowohl nach IFRS als auch in der Steuerbilanz linear über 25 Jahre abgeschrieben wird. Das Gebäude soll alle fünf Jahre unter Heranziehung eines Baukostenindexes für gewerbliche Immobilien neu bewertet werden. In der Zeit vom 1. Januar bis zum 31. Dezember 05 ist der Index von 100 % auf 120 % gestiegen.

Zum 31. Dezember 07 führt das Berichtsunternehmen einen *impairment test* durch, weil das Gebäude infolge einer Restrukturierung nur noch zur Hälfte genutzt wird. Dabei schätzt es den Nettoveräußerungspreis als Untergrenze des erzielbaren Betrags nach Abzug von Veräußerungskosten in Höhe von 300 auf 3.700.

Der Ertragsteuersatz des Unternehmens beträgt 30 %.

Lösung:

Folgende Tabelle verdeutlicht die Entwicklung des Wertansatzes des Gebäudes und die bilanziellen Implikationen der Neubewertungsmethode.

In den Jahren 01 bis 05 wird das Gebäude entsprechend den Prämissen nach der linearen Methode abgeschrieben.

Die Neubewertung (N) im Jahr 05 nach dem Bruttoverfahren führt zu einer Anhebung der Bemessungsgrundlage (BG) für die Abschreibung, der kumulierten Abschreibungen und damit auch des Restbuchwerts entsprechend der Entwicklung des Baukostenindexes um 20 %. Unter Berücksichtigung der zu bildenden passivischen latenten Steuern nimmt die Neubewertungsrücklage die Nettovermögenserhöhung von 480 auf.

In den Jahren 06 und 07 ist die Abschreibung auf Basis der erhöhten Bemessungsgrundlage von 6.000 zu berechnen. Sie erhöht sich damit um 40 p.a. [= 800/20]. Als Folge der ratierlichen erfolgswirksamen Auflösung der passivischen latenten Steuern um 12 p.a. beläuft sich der GuV-Effekt auf 228. In Ausübung des Wahlrechts gemäß IAS 16.41 wird die Neubewertungsrücklage in voller Höhe fortgeführt.

Der *impairment test (I)* zum Ende des Jahres 07 ist zugleich Anlass für eine erneute Neubewertung des Gebäudes. Da der Zeitwert des Gebäudes aus dem Marktwert abgeleitet wird, erfolgt die Umsetzung der Wertanpassung nach dem Nettoverfahren. Hierzu sind in einem ersten Schritt die kumulierten Abschreibungen [1.680] mit dem Bruttobuchwert [6.000] zu verrechnen. Sodann ist der sich ergebende Nettobuchwert [4.320] auf den Neubewertungsbetrag herabzusetzen. Dabei ist zu beachten, dass nach IAS 36.59 Wertminderungsaufwendungen wie Neubewertungsabnahmen zu behandeln sind. Dementsprechend ist das Gebäude im vorliegenden Fall mit dem Nettoveräußerungspreis [3.700] und nicht zum *fair value* [4.000] anzusetzen.

Da der Nettoveräußerungspreis um 100 über den fortgeführten historischen Anschaffungskosten liegt, ist – unter Berücksichtigung latenter Steuern in Höhe von 30 – die Neubewertungsrücklage auf einen Betrag von 70 zu reduzieren. Der Vorgang ist damit insgesamt erfolgsneutral.

In den Folgejahren ist der Restbuchwert [3.700] im Wege der planmäßigen Abschreibung auf die Restnutzungsdauer [18 Jahre] zu verteilen. In dem Umfang, wie sich bedingt durch die höhere Abschreibung nach IFRS die temporäre Differenz zur Steuerbilanz auflöst, sind die gebildeten latenten Steuern aufzulösen. Die **Höhe der Neubewertungsrücklage bleibt bis zum Abgang des Gebäudes oder einer erneuten Wertminderung unverändert.**

Jahr	BG-Abschreibung	Abschreibung	kumulierte Abschreibung	Restbuchwert	Steuerwert	Latente Steuern	Neubewertungsrücklage	GuV-Wirkung
	[1]	[2]	[3]	[4]	[5]	[6]	[7]	[8]
1	5.000,0	200,0	200,0	4.800,0	4.800,0	0,0	0,0	– 200,0
2	5.000,0	200,0	400,0	4.600,0	4.600,0	0,0	0,0	– 200,0
3	5.000,0	200,0	600,0	4.400,0	4.400,0	0,0	0,0	– 200,0
4	5.000,0	200,0	800,0	4.200,0	4.200,0	0,0	0,0	– 200,0
5	5.000,0	200,0	1.000,0	4.000,0	4.000,0	0,0	0,0	– 200,0
N	**6.000,0**	**–**	**1.200,0**	**4.800,0**	**4.000,0**	**240,0**	**560,0**	**–**
6	6.000,0	240,0	1.440,0	4.560,0	3.800,0	228,0	560,0	– 228,0
7	6.000,0	240,0	1.680,0	4.320,0	3.600,0	216,0	560,0	– 228,0
N/I	**3.700,0**	**0,0**	**0,0**	**3.700,0**	**3.600,0**	**30,0**	**70,0**	**0,0**
8	3.700,0	205,6	205,6	3.494,4	3.400,0	28,32	70,0	– 203,9
9	3.700,0	205,6	411,1	3.288,9	3.200,0	26,67	70,0	– 203,9
10	…	…	…	…	…	…	…	…

Lösung des Beispiels zur Anwendung der Neubewertungsmethode bei abnutzbaren Vermögenswerten

Lösung:

Die folgende Tabelle verdeutlicht die Entwicklung des Wertansatzes des Gebäudes und die bilanziellen Implikationen der Neubewertungsmethode.

Da der Nettoveräußerungspreis um 100 über den fortgeführten historischen Anschaffungskosten liegt, ist – unter Berücksichtigung latenter Steuern in Höhe von 30 – die Neubewertungsrücklage auf einen Betrag von 70 zu reduzieren. Der Vorgang ist damit insgesamt erfolgsneutral.

In den Folgejahren ist der Restbuchwert [3.700] im Wege der planmäßigen Abschreibung auf die Restnutzungsdauer [18 Jahre] zu verteilen. In dem Umfang, wie sich bedingt durch die höhere Abschreibung nach IFRS die temporäre Differenz zur Steuerbilanz auflöst, sind die gebildeten latenten Steuern aufzulösen. Zudem ist **jährlich der realisierte Betrag der Neubewertungsrücklage in die Gewinnrücklagen umzubuchen.**

Jahr	BG-Abschreibung	Abschreibung	kumulierte Abschreibung	Restbuchwert	Steuerwert	Latente Steuern	Neubewertungsrücklage	GuV-Wirkung
	[1]	[2]	[3]	[4]	[5]	[6]	]7]	[8]
1	5.000,0	200,0	200,0	4.800,0	4.800,0	0,0	0,0	– 200,0
2	5.000,0	200,0	400,0	4.600,0	4.600,0	0,0	0,0	– 200,0
3	5.000,0	200,0	600,0	4.400,0	4.400,0	0,0	0,0	– 200,0
4	5.000,0	200,0	800,0	4.200,0	4.200,0	0,0	0,0	– 200,0
5	5.000,0	200,0	1.000,0	4.000,0	4.000,0	0,0	0,0	– 200,0
N	**6.000,0**	**–**	**1.200,0**	**4.800,0**	**4.000,0**	**240,0**	**560,0**	**–**
6	6.000,0	240,0	1.440,0	4.560,0	3.800,0	228,0	532,0	– 228,0
7	6.000,0	240,0	1.680,0	4.320,0	3.600,0	216,0	504,0	– 228,0
N/I	**3.700,0**	**0,0**	**0,0**	**3.700,0**	**3.600,0**	**30,0**	**70,0**	**0,0**
8	3.700,0	205,6	205,6	3.494,4	3.400,0	28,32	66,1	– 203,9
9	3.700,0	205,6	411,1	3.288,9	3.200,0	26,67	62,2	– 203,9
10	…	…	…	…	…	…	58,3	…

Lösung des Beispiels zur Anwendung der Neubewertungsmethode bei abnutzbaren Vermögenswerten (Variante)

2. Bilanzierung und Bewertung der Passiva

2.1 Bilanzierungsgrundsätze

F.47 Die **Bilanz** enthält die mit der Ermittlung der Vermögens- und Finanzlage *(financial position)* verbundenen Posten **Vermögenswerte** *(assets)*, **Schulden** *(liabilities)* und **Eigenkapital** *(equity)*.

IAS 1.51–.77 Die weitere Untergliederung richtet sich nach den jeweiligen Gliederungsvor-
IAS 1.29 schriften und nach dem Wesentlichkeitsprinzip (→ E.I.).

F.49 Da Rechnungsabgrenzungsposten unerwähnt bleiben, sind **passive Rechnungsabgrenzungsposten** unter den Schulden auszuweisen.

2.2 Bilanzierung dem Grunde nach

2.2.1 Prüfungsschema

Nach IFRS enthält die Passivseite der Bilanz ausschließlich Eigenkapital *(equity)* und Schulden *(liabilities)*. Ähnlich wie nach HGB verläuft die Prüfung, ob ein Schuldposten anzusetzen ist, zweistufig (→ Abbildung 15): In einem ersten Schritt ist zu prüfen, ob eine Schuld vorliegt. Ist diese Frage zu bejahen, sind zusätzlich die ergänzenden Passivierungskriterien *(recognition criteria)* zu prüfen. Sind die-

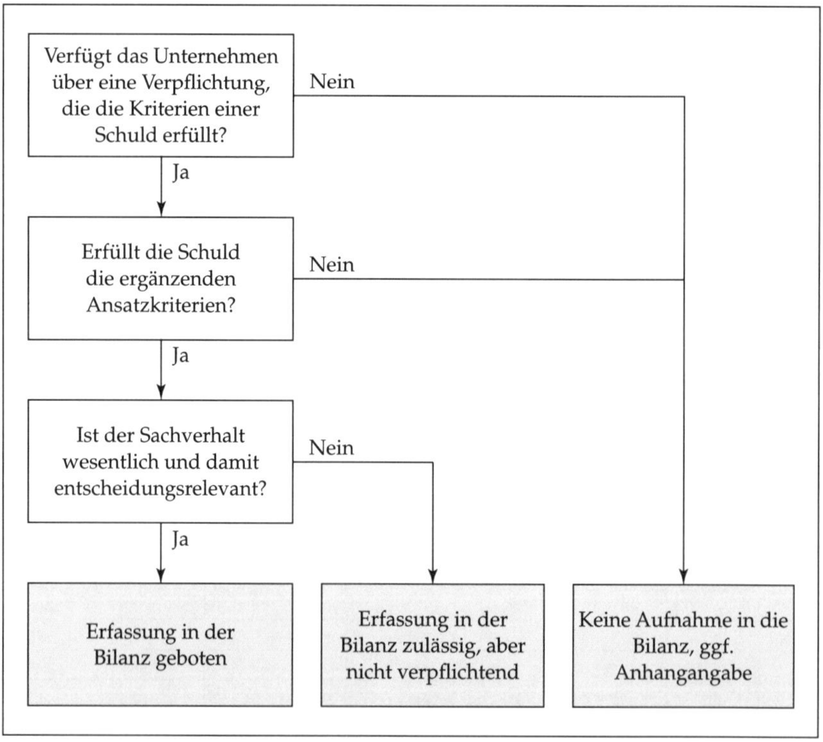

Abbildung 15: Ablauf der Passivierungsentscheidung

se erfüllt, ist die Schuld – vorbehaltlich ihrer Wesentlichkeit für die Darstellung der Vermögens-, Finanz- und Ertragslage sowie der Cashflows – in die Bilanz aufzunehmen.

2.2.2 *Vorliegen einer Schuld (liability)*

Zur Erfassung im Abschluss ist im ersten Schritt zu prüfen, ob eine Schuld im Sinne der IFRS vorliegt. Das *Framework* definiert eine *liability* als eine gegenwärtige Außenverpflichtung des Unternehmens, deren Erfüllung einen Ressourcenabfluss bewirken wird. **F.49b**

Im Vergleich mit dem HGB ergeben sich Unterschiede in den abstrakten Passivierungskriterien. Während z.B. **Aufwandsrückstellungen** nach HGB passivierungsfähig sind, handelt es sich nach IFRS nicht um Schuldposten, da zum Bilanzstichtag keine Außenverpflichtung besteht.

2.2.3 *Ergänzende Ansatzkriterien*

Damit eine Schuld als Passivposten in die Bilanz aufzunehmen ist, muss sie neben der allgemeinen *liability*-Definition im zweiten Schritt auch die ergänzenden Ansatzkriterien erfüllen. Eine *liability* muss passiviert werden, wenn **F.83ff.**

- der künftige Nutzenabfluss wahrscheinlich ist **und**
- sie verlässlich bewertet werden kann.

C.I

Diese Regelungen des *Framework* gelten aufgrund der Normenhierarchie der IFRS subsidiär zu Bestimmungen der einzelnen Standards, d.h., abweichende Bestimmungen in einzelnen Standards gehen den Regelungen im *Framework* vor. **IAS 39.27ff.**

Für **finanzielle Schulden** gelten die Ansatzkriterien des *Framework* nur mit Einschränkungen. IAS 39 macht ihren Ansatz nicht vom Nachweis der entsprechenden Voraussetzungen abhängig. Dies ist Ausdruck einer (widerlegbaren) Vermutung, dass bei diesen Schulden von einem künftigen Nutzenabfluss auszugehen ist.

Obwohl bei der Passivierung der Frage der **Wahrscheinlichkeit** eines Nutzenabflusses eine bedeutende Rolle zukommt, bleiben die Wahrscheinlichkeitsmaße in den IFRS undefiniert.

Im Allgemeinen ist von einer **asymmetrischen Interpretation des Wahrscheinlichkeitskriteriums** auszugehen, d.h., Schulden sind aufwandswirksam bzw. eigenkapitalmindernd zu erfassen, wenn mehr für als gegen den Eintritt des Nutzenabflusses spricht. Vermögenswerte sind dagegen erst ertragswirksam bzw. eigenkapitalmehrend zu erfassen, wenn die Wahrscheinlichkeit des künftigen Nutzenzuflusses quasi sicher ist.

Eine Schuld ist demzufolge zu passivieren, wenn die Wahrscheinlichkeit des Nutzenabflusses 50 % überschreitet.

2.2.4 *Eventualschulden*

Eventualschulden im Sinne der IFRS sind:

(a) **mögliche Verpflichtungen**, die aus **vergangenen Ereignissen** resultieren und deren Existenz durch das Eintreten oder Nichteintreten eines oder mehrerer **IAS 37.10(a)**

unsicherer künftiger Ereignisse erst noch bestätigt wird, die nicht vollständig unter der Kontrolle des Unternehmens stehen oder

IAS 37.10(b) (b) eine **gegenwärtige Verpflichtung**, die auf **vergangenen Ereignissen** beruht, jedoch nicht erfasst wird, weil ein Abfluss von Ressourcen zur Erfüllung dieser Verpflichtung **nicht wahrscheinlich** ist oder die Höhe der Verpflichtung **nicht ausreichend verlässlich** geschätzt werden kann.

IAS 37.27 Eventualschulden dürfen – sofern nicht im Rahmen eines Unternehmenszusammenschlusses übernommen – **nicht** angesetzt werden.

IAS 37.34 iVm IAS 37.89 Sofern ein Ressourcenabfluss aus einer Eventualschuld nicht sehr unwahrscheinlich *(remote)* ist, so hat für jede Gruppe von Eventualschulden eine kurze Beschreibung der Art der Schuld sowie – wenn praktikabel – eine Abschätzung der finanziellen Auswirkungen im Anhang zu erfolgen. Davon ist auszugehen, wenn die Eintrittswahrscheinlichkeit z.B. 10 % überschreitet, aber noch unter der Grenze zur Passivierungspflicht (z.B. 50 %) liegt.

IAS 37.30 Eventualschulden sind laufend zu beurteilen, um eine angemessene Berücksichtigung im Jahresabschluss sicherzustellen. Tritt eine Änderung ein, die einen Ressourcenabfluss wahrscheinlich bzw. eine verlässliche Schätzung möglich macht, so wird in der Periode der Änderung eine Schuld und ein entsprechender Aufwand erfasst.

Wenn Eventualschulden im Rahmen eines Unternehmenszusammenschlusses übernommen wurden, sind diese nach Maßgabe von IFRS 3 für Unternehmenszusammenschlüsse im Rahmen der Kaufpreisallokation zu berücksichtigen (→ D.III.1.1.2.4).

2.2.5 Wesentlichkeit

IAS 8.8; F.30 Die Rechnungslegungsgrundsätze der IFRS müssen keine Beachtung finden, wenn ihre Anwendung nur unwesentliche Auswirkungen auf den Abschluss hat. Insoweit schränkt der Wesentlichkeitsgrundsatz den Grundsatz der Vollständigkeit ein.

Die IFRS enthalten keine quantitativen Grenzwerte für die Wesentlichkeit von Bilanzierungsobjekten. Die Beurteilung hat sich unter anderem am Wert der jeweiligen Schuld zu orientieren. Allgemein gilt ein Posten als wesentlich, wenn seine Aufnahme oder sein Weglassen in die Bilanz geeignet sein könnte, ökonomische Entscheidungen eines Abschlusslesers zu beeinflussen.

2.3 Bewertung

2.3.1 Überblick

Die IFRS unterscheiden – analog zum HGB – zwischen der erstmaligen Bewertung einer Verpflichtung (Zugangsbewertung) und der Fortführung dieses Bewertungsansatzes (Folgebewertung).

Der Begriff „Schulden" beinhaltet nach den IFRS Rückstellungen, Verpflichtungen sowie den passiven Rechnungsabgrenzungsposten.

2.3.2 *Zugangsbewertung von Rückstellungen*

Rückstellungen und Verbindlichkeiten sind zu passivieren. Für Eventualschulden hingegen, die eine mögliche Verpflichtung darstellen, die am Bilanzstichtag nicht hinreichend konkretisiert ist, besteht ein Ansatzverbot. Im Anhang sind Eventualschulden allerdings anzugeben.

Ferner ist je nach Abgrenzbarkeit der Verpflichtung zwischen *accruals* und *provisions* zu unterscheiden (→ C.III.2.).

Die Bewertung erfolgt mit dem geschätzten Betrag, der bei vernünftiger Betrachtung zur Erfüllung der Verpflichtung notwendig wäre. Dieser Wert wird als bester Schätzwert (*best estimate*) bezeichnet.

Bei möglichen unterschiedlichen Verpflichtungsszenarien mit unterschiedlichen Eintrittswahrscheinlichkeiten, die zu anderen Schätzwerten führen, ist grundsätzlich der Betrag des wahrscheinlichsten Szenarios anzusetzen.

Liegen den verschiedenen Verpflichtungsszenarien gleiche Eintrittswahrscheinlichkeiten zugrunde, so ist der Mittelwert der verschiedenen Verpflichtungen zu passivieren (→ C.III.2.).

Ausgehend von dem Betrag, der bei vernünftiger Beurteilung zur Erfüllung der Verpflichtung notwendig wäre, ist im nächsten Schritt eine Abzinsung des geschätzten Erfüllungsbetrages zur Berücksichtigung der zukünftigen Kostensteigerungen zu prüfen.

Hierbei ist eine Abzinsung immer dann geboten, wenn sich ein wesentlicher Effekt **IAS 37.45**
aus der Abzinsung ergeben würde.

In der Praxis werden Rückstellungen bei Erwartung der Zahlung/Auflösung innerhalb eines Jahres nicht abgezinst.

Alle Rückstellungen, deren Inanspruchnahme erst nach einem Jahr erwartet wird, sind abzuzinsen.

Es können jedoch unter Beachtung des Wesentlichkeitsgrundsatzes unternehmensspezifische, von den oben angegebenen Größen- und Laufzeitkriterien abweichende Größen- und Laufzeitkriterien bestimmt werden, ab deren Überschreitung eine Abzinsung geboten ist.

Für die Abzinsung ist der aktuelle Marktzins maßgebend. Die Berechnung hat jährlich unter Berücksichtigung des aktuellen Marktzinses zu erfolgen.

2.3.3 *Folgebewertung von Rückstellungen* **IAS 37.59**

Zu jedem Bilanzstichtag hat eine Überprüfung des Ansatzes und der Bewertung der Rückstellungen zu erfolgen.

Änderungen des Wertansatzes auf Grund neuerer Erkenntnisse sind mit Ausnahme von Anpassungen von Restrukturierungs-/Entsorgungsrückstellungen stets erfolgswirksam durchzuführen.

Bei Restrukturierungs-/Entsorgungsrückstellungen erfolgt die Anpassung erfolgsneutral durch Anpassung des Buchwertes des korrespondierenden Vermögenswertes (→ C.II.2.).

Ergebnisauswirkungen, die sich auf Grund einer Zinsänderung des Marktzinssatzes oder aus der Aufzinsung von langfristigen Rückstellungen ergeben, sind unter der GuV-Position „Finanzierungsaufwand" zu erfassen.

IAS 37.61f. Die Inanspruchnahme von Rückstellungen darf nur für die Tatbestände erfolgen, für die die Rückstellungen ursprünglich gebildet wurden.

IAS 37.59 Falls der Grund, der zur Bildung einer Rückstellung geführt hat, entfallen ist, ist die Rückstellung aufzulösen.

2.3.4 Zugangsbewertung von Verbindlichkeiten

Finanzielle Verbindlichkeiten sind nach den Vorschriften des IAS 39 im Zugangszeitpunkt mit dem beizulegenden Wert zu bewerten, d.h. dem Wert der erhaltenen Gegenleistung. Es gilt somit die Maßgeblichkeit des Rückzahlungsbetrags für den Wertansatz von Verbindlichkeiten.

2.3.5 Folgebewertung von Verbindlichkeiten

Verbindlichkeiten werden entsprechend ihrer Laufzeit in zwei unterschiedliche Kategorien eingeteilt:

- langfristige Verbindlichkeiten: Laufzeit über ein Jahr
- kurzfristige Verbindlichkeiten: Laufzeit bis zu einem Jahr

Verbindlichkeiten sind grundsätzlich mit dem Marktzinssatz ähnlicher Verbindlichkeiten abzuzinsen. Bei der Bestimmung des Zinses aus einem konkreten Geschäft ist die Effektivzinsmethode anzuwenden (→ C.III.4.).

Da bei kurzfristigen Verbindlichkeiten eine Abzinsung nur einen unwesentlichen Effekt hätte, wird in der Praxis regelmäßig auf eine Abzinsung verzichtet. Maßgeblich hier ist somit der undiskontierte Wert zur Begleichung der Verbindlichkeit (*settlement value*).

Langfristige **Verbindlichkeiten** werden in der Praxis hingegen regelmäßig abgezinst, d.h., die Verbindlichkeit ist mit dem abgezinsten Betrag der künftigen Auszahlung (*present value*) zu bewerten.

2.4 Anhangangaben *(notes)*

→ CD Anhangcheckliste 5.

3. Erlösrealisation – allgemeine Grundsätze

3.1 Überblick und Abgrenzung

F.92 Der Problemkreis der Gewinnrealisierung betrifft die Fragen, wann und in welcher Höhe Erträge in der Gewinn- und Verlustrechnung zu erfassen und welche Aufwendungen diesen gegenüberzustellen sind. Im Rahmenkonzept heißt es zum ersten Aspekt allgemein, Erträge seien zu erfassen, wenn

- es beim Unternehmen zu einer Zunahme des künftigen wirtschaftlichen Nutzens gekommen ist und
- diese Zunahme verlässlich ermittelt werden kann.

IAS 18 konkretisiert diese allgemeinen Kriterien der Ertragsrealisation für drei verschiedene Arten von Geschäftsvorfällen, nämlich für **IAS 18.1, IAS 11**

- den Verkauf selbst erstellter oder für den Weiterverkauf erworbener Güter,
- die Erbringung von Dienstleistungen und für
- die Nutzung bestimmter Vermögenswerte des Unternehmens durch Dritte gegen Zinsen, Nutzungsentgelte oder Dividenden.

Darüber hinaus finden sich in IAS 11 spezielle Vorschriften für den Problemkreis der Auftragsfertigung. Er bleibt in diesem Kapitel ausgeklammert und ist unter → C.II.5. gesondert behandelt.

Zur Verdeutlichung der sehr allgemein gehaltenen und daher eher abstrakten Regelungen zur Ertragsrealisation enthält IAS 18 einen ausführlichen Anhang mit zahlreichen Anwendungsbeispielen. Dieser Anhang dient der Veranschaulichung, ist aber nicht Teil des Standards. Formal kommt ihm daher in der Hierarchie der IFRS (→ A.I.) nur eine nachrangige Bedeutung zu. In der praktischen Anwendung dürfte sich diese geringere Autorität nicht auswirken.

Umfasst ein Austauschgeschäft mehrere Leistungen, für die unterschiedliche Realisierungskriterien gelten (z.B. Verkauf eines Produkts mit gleichzeitigem Abschluss eines Servicevertrags), ist das Geschäft – und damit auch die ggf. einheitliche Gegenleistung – für bilanzielle Zwecke entsprechend aufzuteilen. Umgekehrt können wirtschaftlich miteinander verknüpfte Vorgänge als einheitliches Geschäft zu beurteilen sein (z.B. Verkauf von Gütern mit Rückkaufsvereinbarung). **IAS 18.13**

C.I

Beispiel: Produktverkauf mit Service 1

Ein Maschinenbauunternehmen verkauft spezielle Werkzeugmaschinen, die in Fertigungsstraßen eingesetzt werden. Das Unternehmen bietet neben dem Verkauf der Maschine auch den technisch anspruchsvollen Einbau in die Fertigungsstraße an. In den ersten zwei Jahren nach Inbetriebnahme ist das Maschinenbauunternehmen verpflichtet, monatliche Wartungen vor Ort durchzuführen. Ebenfalls im Kaufpreis enthalten ist eine einmalige Schulung der Mitarbeiter des Kunden. Der Preis für die Maschine, Wartung und Schulung beträgt 100, wobei 70 auf die Maschine entfallen, 24 auf die Wartung und 6 auf die Schulung. Die Beträge sind anhand der Kalkulation des Maschinenbauunternehmens sowie anhand von marktüblichen Stundensätzen für die Serviceleistungen belegbar. Wird zusätzlich der Einbau in die Fertigungsstraße bestellt, beträgt der Paketpreis 150.

Lösung – ohne Einbau in die Fertigungsstraße

Mit Lieferung und Abnahme der Maschine ist eine Forderung von 100 zu bilanzieren. Die Umsatzerlöse belaufen sich auf 70. In Höhe von 30 sind die noch nicht erbrachten Serviceleistungen passivisch abzugrenzen. Der Erlös von 6 als Gegenleistung für die Schulung wird nach Beendigung der Schulungsmaßnahme vereinnahmt. Die Erlöse aus der Wartung werden über einen Zeitraum von 24 Monaten mit jeweils 1 pro Monat vereinnahmt.

Lösung – mit zusätzlichem Einbau in die Fertigungsstraße

Erst nach Beendigung des Einbaus der Maschine in die Fertigungsstraße und Abnahme durch den Kunden sind Umsatzerlöse in Höhe von 120 (70 + 50) zu buchen. Die Lieferung der Maschine an den Kunden genügt alleine nicht zur Umsatzrealisation, da der Einbau technisch anspruchsvoll ist, und das Maschinenbauunternehmen die insoweit einheitliche vertragliche Leistung noch nicht erbracht hat.

Beispiel: Produktverkauf mit Service 2

Ein Maschinenbauunternehmen verkauft spezielle Werkzeugmaschinen, die in Fertigungsstraßen eingesetzt werden. Das Unternehmen bietet neben dem Verkauf von Maschinen auch den technisch anspruchsvollen Einbau von Werkzeugmaschinen in Fertigungsstraßen an. Der Einzelpreis für die Maschine beträgt 70 und der Einzelpreis für den Einbau einer vergleichbaren Maschine auf der Grundlage der internen Kalkulation des Maschinenbauunternehmens (Manntage, Material) beträgt 30. Als Paketpreis für Maschine und Einbau werden 80 angesetzt.

Lösung:

Die beiden Transaktionskomponenten „Maschinenlieferung" und „Einbau" sind dem Grunde und der Höhe nach trennbar. Die relativen Werte der Komponenten belaufen sich auf 56 für die Maschine (70 x 80 %) und 24 für den Einbau (30 x 80 %).

Beispiel: Komplementäre Produkte

Ein Unternehmen produziert Groß-Wasserzähler, die an unterirdischen Verteilerpunkten des Wasserleitungsnetzes eingebaut werden und mit einem batteriebetriebenen Funkmodul zur Datenfernablesung ausgestattet sind. Ein Versorgungsunternehmen bestellt 100 neue Wasserzähler mit Funkmodul und zusätzlich 1.000 Funkmodule, die Mitarbeiter des Wasserzählerherstellers an bereits vorhandenen Zählern zur Erleichterung der Ablesung anbringen sollen. Der Einzelpreis für einen Wasserzähler mit Funkmodul beträgt 50. Der ausgehandelte Paketpreis für das Versorgungsunternehmen ist 12.000. Da der Wasserzählerhersteller normalerweise keine einzelnen Funkmodule verkauft und auch nicht montiert, liegen für die Auftragserweiterung keine Kalkulationsdaten vor. Marktpreise liegen auch nicht vor. Die Montage der Funkmodule an den Alt-Zählern findet im Jahr 01 statt, die Lieferung der 100 neuen Wasserzähler in 02.

Lösung:

Es ist nur der Wert der Leistung bekannt, die am Ende des Jahres 01 noch nicht erbracht ist, also die Lieferung von 100 neuen Wasserzählern für insgesamt 5.000. Der Wert der bereits erbrachten Leistungen kann somit residual ermittelt werden, indem vom Paketpreis der Wert der ausstehenden Teiltransaktion abgezogen wird. Somit sind in 01 Umsätze in Höhe von 7.000 aus der Lieferung und Montage von 1.000 Funkmodulen realisiert worden.

Hinweis: Ein eventuell vorhandener (hier nicht bekannter) Paketabschlag geht hier in voller Höhe zulasten des Umsatzes in 01. Hiergegen ist im Hinblick auf die gebotene Vorsicht (F.37) nichts einzuwenden. Problematisch könnte hingegen die Anwendung der Residualmethode in den Fällen sein, in denen nur der Einzelwert der erbrachten Leistung bekannt ist, also eine Verlagerung des Paketabschlags in zukünftige Perioden erfolgt.

Beispiel: Rückkaufvereinbarung

Ein Maschinenbauunternehmen bietet seine Produkte in der Form an, dass es seinen Kunden ein vertragliches Recht auf Rückgabe nach 5 Jahren Nutzung einräumt. Als Rückkaufpreis wird der zukünftige Zeitwert der Maschinen vereinbart (Abwandlung: Es wird ein fester Rückkaufpreis vereinbart). Die wirtschaftliche Nutzungsdauer der Maschinen beträgt 10 Jahre. Nach 5 Jahren Normalnutzung beläuft sich der Zeitwert durchschnittlich auf 25 % des Neuwertes. Erfahrungswerte zeigen, dass 80 % der Kunden von dem Rückgaberecht Gebrauch machen. Am 1. Januar 01 wurden 100 Maschinen zu einem Stückpreis von 100 verkauft.

Lösung:

Als Umsatzerlöse des Geschäftsjahres sind 8.000 auszuweisen. Bei 20 Maschinen ist davon auszugehen, dass Chancen und Risiken mit Lieferung und Abnahme definitiv auf die Kunden übergegangen sind (Umsatz 2.000). 80 Maschinen wurden hingegen, wirtschaftlich betrachtet, nur „auf Zeit“ veräußert. Allerdings sind auch in diesem Fall die Risiken des Wiederverkaufs auf die Kunden übergegangen, da der vereinbarte zukünftige Rückkaufpreis variabel gehalten wurde. Auf den Zeitraum, in dem die Maschinen in der Verfügungsmacht der Kunden stehen, entfallen durchschnittlich 75 % ihres Wertes zum Zeitpunkt der Veräußerung. Die 80 Transaktionen führen also zu einem Umsatz in Höhe von 6.000 (10.000 x 80 % x 75 %). In der Bilanz ist in Höhe der Umsatzkorrektur von 2.000 eine Verbindlichkeit zur Abdeckung der Rückkaufverpflichtung zu bilden.

		S	H
Buchungssatz:	Forderung	10.000	
	Umsatz „endgültig“		2.000
	Umsatz „Rückgabe“		6.000
	Verbindlichkeit „Rückgabe“		2.000
		10.000	**10.000**

Abwandlung:

Wenn das Wiederverkaufsrisiko beim Maschinenbauunternehmen liegt, da ein fester Rücknahmepreis in Höhe von 25 pro Maschine vereinbart wurde, sind die 80 zivilrechtlichen Veräußerungsgeschäfte wirtschaftlich gesehen in Nutzungsüberlassungen umzuqualifizieren. Pro Maschine wird für den Fünfjahreszeitraum eine Nutzungsvergütung in Höhe von 75 gezahlt, also 15 pro Jahr. Die Umsatzerlöse sind passivisch abzugrenzen und zeitanteilig zu vereinnahmen. Im ersten Jahr sind demnach Umsatzerlöse in Höhe von 3.200

C.I

zu zeigen (2.000 + 15 x 80). Am Ende des Jahres 01 weist die Bilanz somit eine Verbindlichkeit in Höhe von 6.800 aus.

IAS 18.6 **Anmerkung:** Vorrangig gegenüber der hier dargestellten Erlösabgrenzung ist zu prüfen, ob die Transaktion ein Leasingverhältnis beinhaltet. Dies ist in der Beispielskonstellation nicht der Fall (→ C.IV.3.).

IAS 18 behandelt ausschließlich die Erfassung von Erträgen mit Erlöscharakter. Erträge aus Wertänderungen (z.B. *fair value*-Änderungen von Finanzinstrumenten oder biologischen Vermögenswerten, Fortschreibung von Anteilen nach der Equity-Methode) fallen nicht in den Anwendungsbereich des Standards. Insoweit erweist sich der Ertragsbegriff nach IFRS enger als nach HGB. Andererseits behandelt IAS 18 nicht nur Erlöse aus dem für die gewöhnliche Geschäftstätigkeit des Unternehmens typischen Leistungsangebot, sondern auch solche, die nach HGB unter die sonstigen betrieblichen Erträge zu subsumieren sind.

Nicht anzuwenden ist IAS 18 auf

- Leasingverhältnisse (→ C.IV.3.),
- Versicherungsverträge,
- den Abbau von Bodenschätzen.

IAS 18 regelt nicht nur den Zeitpunkt der Ertragsrealisation. Der Standard enthält zusätzlich Anweisungen zur Bemessung der auszuweisenden Erträge. Nicht thematisiert wird die Frage, welche Aufwendungen den zu erfassenden Erlösen gegenüberzustellen sind. Sie ist nach den einschlägigen Regelungen in den diversen Standards (z.B. IAS 16.43 ff.: Abschreibung des Sachanlagevermögens; IAS 2.34 ff.: Erfassung der Buchwerte von Vorratsgütern als Aufwand) oder subsidiär nach den Bestimmungen des Rahmenkonzepts (→ F.78 ff., .94 ff.) zu beantworten.

IAS 18.7f. Ertrag ist der aus der gewöhnlichen Geschäftstätigkeit resultierende Bruttozufluss während der Berichtsperiode. Er umfasst nur solche Erträge, die das Unternehmen für eigene Rechnung erhalten hat oder beanspruchen kann. Nicht Teil dieses Bruttozuflusses sind Beträge, die für Dritte erhoben und an diese weiterzureichen sind (z.B. Umsatzsteuer und andere Verkehrssteuern; Verkaufserlöse aus Vermittlungsgeschäften, die für Rechnung des Auftraggebers eingezogen werden).

IAS 18.9, .11 Sind die Kriterien für eine Gewinnrealisierung erfüllt, bemisst sich die Höhe der zu erfassenden Erträge nach dem beizulegenden Zeitwert der erhaltenen oder noch ausstehenden Gegenleistung. Etwaige Erlösschmälerungen sind in Abzug zu bringen. Finanzielle Gegenleistungen sind mit ihrem Nennwert anzusetzen. Etwas anderes gilt dann, wenn diese (formal) unverzinslich gestundet werden. In diesem Fall ist der Ertrag aus dem Umsatzgeschäft in Höhe des Barwerts der künftigen Einzahlungen zu erfassen. Als Abzinsungssatz ist der verlässliche bestimmbare Zinssatz aus

- dem Zinssatz für eine vergleichbare Finanzierung bei vergleichbarer Bonität des Schuldners *oder*
- dem Zinssatz, der den Nominalbetrag der Einzahlungen auf den gegenwärtigen Barzahlungspreis für die Erzeugnisse, Waren oder Dienstleistungen diskontiert,

zu wählen.

Ist eine nicht monetäre Gegenleistung vereinbart, richtet sich die Behandlung des Geschäfts nach den Grundsätzen für Tauschgeschäfte (→ C.I.1.3.2.3.3).

3.2 Erlösrealisierung beim Verkauf von Gütern

3.2.1 Realisationskriterien

IAS 18.14 knüpft die Erfassung von Erlösen aus dem Verkauf von Gütern an zwei allgemeine und drei spezifische Bedingungen. Grundvoraussetzungen für eine Gewinnrealisierung sind – wie bei allen anderen Arten von Geschäften – **IAS 18.14**

- die Wahrscheinlichkeit des Nutzenzuflusses und
- die verlässliche Quantifizierbarkeit der Erlöse.

Ergänzend müssen beim Verkauf von Gütern folgende Bedingungen erfüllt sein:

- Übergang der mit dem Eigentum an den Gütern verbundenen wesentlichen Chancen und Risiken auf den Erwerber;
- Aufgabe der rechtlichen oder tatsächlichen Verfügungsmacht über die Güter;
- verlässliche Bestimmbarkeit der mit dem Verkauf angefallenen oder noch anfallenden Aufwendungen.

Der sich nach diesen Kriterien ergebende Zeitpunkt der Erlösrealisierung stimmt im Regelfall mit dem nach HGB überein. Abweichungen ergeben sich im Hinblick auf die allgemeinen Realisationskriterien, wenn bereits im Lieferzeitpunkt erhebliche Zweifel am Erhalt der Gegenleistung bestehen. Das ist etwa der Fall, wenn **IAS 18.18**

- ein Absatzgeschäft trotz bekannter Zahlungsschwierigkeiten des Kunden aus höherrangigen betrieblichen Erwägungen (z.B. aus Interesse am wirtschaftlichen Fortbestehen des Abnehmers oder einer fehlenden anderweitigen Verwertbarkeit des Kaufgegenstands) durchgeführt wird oder
- die Überweisung des Kaufpreises durch einen im Ausland ansässigen Käufer von der Zustimmung einer Behörde abhängt, die im Zeitpunkt der Ausführung des Geschäfts zweifelhaft ist.

Beispiel: Lieferungen von Steinen

Ein Unternehmen liefert speziell beschichtete Steine, die zum Bau eines Abflusskanals für ätzende Chemikalien verwendet werden sollen. Das bestellende Chemieunternehmen hat ein drittes Ingenieurbüro mit der Bauplanung und Ausführung beauftragt. Bei Abnahme des Kanals stellt sich heraus, das Chemikalien austreten und der Kanal somit nicht genutzt werden kann. Das Ingenieurbüro legt ein Sachverständigengutachten vor, das die Ursache für das Austreten der Flüssigkeit in der Fehlerhaftigkeit der Steine sieht. Der Steinehersteller kann ein Gegengutachten vorweisen, aus dem hervorgeht, dass die Bauplanung die Steine nicht sachgerecht eingesetzt hat. Das Chemieunternehmen verweigert die Zahlung an den Steinelieferanten und an das Ingenieurbüro. Ein Gutachter des Chemieunternehmens schätzt, dass die unzureichende Beschichtung zu 60 % ursächlich für den Austritt der Flüssigkeit war.

Lösung:

Vor dem Hintergrund der zweifelhaften und aus Sicht des Steineherstellers ungünstigen Indizienlage ist kein Umsatz aus der Steinelieferung auszuweisen, da es nicht wahrscheinlich ist, dass das Chemieunternehmen eine Gegenleistung erbringen wird. Der Unwahrscheinlichkeit des Nutzenzuflusses kann nicht durch die Bildung einer Wertberichtigung auf eine offene Forderung Rechnung getragen werden, obwohl dies zum selben Ergebniseffekt führen würde.

IAS 18.17 Nach den spezifischen Realisationskriterien setzt eine Erlösrealisierung den Übergang des wirtschaftlichen Eigentums an der Kaufsache auf den Erwerber voraus. Auf die Übertragung des zivilrechtlichen Eigentums kommt es – wie nach HGB – nicht an.

IAS 18.16 f. Von einem Übergang des wirtschaftlichen Eigentums ist auszugehen, wenn beim Veräußerer allenfalls unmaßgebliche Eigentumsrisiken und -lasten verbleiben. Diese können sich beispielsweise ergeben aus

- geschäftsüblichen Gewährleistungsrisiken,
- einem den Käufern eingeräumten Rücktrittsrecht, soweit die Wahrscheinlichkeit seiner Ausübung verlässlich schätzbar ist,
- latenten Bonitätsrisiken des Käufers.

IAS 18.16 Wesentliche Eigentumsrisiken (und ggf. Chancen) bleiben dagegen beim Veräußerer, wenn

- das Unternehmen über geschäftsübliche Garantien hinaus für eine Schlechterfüllung einzustehen hat,
- der Anspruch auf die Gegenleistung unter dem Vorbehalt eines Weiterverkaufs der Waren durch den Käufer steht,
- Nebenleistungen wie Montage, Aufstellung oder Installation noch zu erbringen sind, die einen zentralen Vertragsbestandteil darstellen.

Solange diese Risiken nicht abgebaut sind, kommt eine Erlösrealisierung nicht in Betracht.

Die Beurteilung, zu welchem Zeitpunkt die wesentlichen Chancen und Risiken auf den Erwerber übergegangen sind, erfordert jeweils eine genaue Analyse der vertraglichen Regeln und ggf. des gesetzlichen Gefahrenübergangs. Besondere Bedeutung kommt dem Übergang der Preisgefahr zu. Die nachfolgenden Einzelfälle erläutern die Realisierungskriterien nach IAS 18.14 anhand praktischer Anwendungsfälle.

3.2.2 Praktische Anwendungsfälle

Annahmeverzug: Ist der Käufer in Annahmeverzug (→ § 326 Abs. 2 BGB), geht die Preisgefahr auf ihn über. Dieser Umstand rechtfertigt eine Realisierung des vertraglich vereinbarten Erlöses allerdings nur, wenn der Verzug ausnahmsweise unstreitig vorliegt. Ist das nicht der Fall, kann aufgrund der Streitrisiken nicht von einem wahrscheinlichen Nutzenzufluss ausgegangen werden.

IAS 18 App. 3f. **Anzahlungen:** An- oder Vorauszahlungen des Käufers führen nicht zu einem Übergang der wesentlichen mit dem Eigentum an der Kaufsache verbundenen

Chancen und Risiken. Sie liefern damit keine Grundlage für eine Erlösrealisierung. Die Erlösrealisierung gilt, wenn

- der Käufer eine maßgebliche Anzahlung geleistet hat,
- nach den Erfahrungen der Vergangenheit von einer planmäßigen Abwicklung des Geschäfts auszugehen ist und
- die Ware lieferbereit im Lager des Unternehmens für den Kunden bereitgehalten wird.

Franchiseverträge: Werden Waren an einen Franchisenehmer verkauft, ist eine Erlösrealisation im Zeitpunkt der Auslieferung auch dann geboten, wenn der Franchisegeber typische mit einem Franchisevertrag verbundene Verfügungs- und Kontrollrechte zurückbehält. Wirtschaftlich stehen diese Rechte dem Eigentumsvorbehalt bei üblichen Verkäufen gleich.

Immobilienverkauf: Der Erlös aus dem Verkauf einer Immobilie ist im Zeitpunkt ihrer Übergabe (→ §446 BGB) zu erfassen. Auf die Eintragung der Auflassungsvormerkung oder des Eigentumsübergangs in das Grundbuch kommt es nicht an. **IAS 18 App. 9**

Sollten nach Übertragung des wirtschaftlichen Eigentums maßgebliche Leistungspflichten beim Veräußerer verbleiben (z.B. Abriss des auf dem veräußerten Grundstück befindlichen Gebäudes), so ist der Erlös erst nach Erbringung der Leistungen zu erfassen. (→ Bauwerk C.I.3.3.2)

Enthält die Vereinbarung eine Rückkaufsvereinbarung oder -option, ist zu prüfen, ob diese einem Übergang der wesentlichen Chancen und Risiken an der Immobilie entgegensteht. Entsprechendes gilt, wenn der Veräußerer dem Erwerber bedeutende Miet- oder Belegungsgarantien einräumt.

Kauf auf Probe: Eine Erlösrealisierung ist erst dann geboten, wenn der Käufer die Billigung des Kaufgegenstands erklärt hat (→ §454 BGB) oder die Billigungsfrist abgelaufen ist (→ §455 BGB). Ansonsten kommt eine Erlösrealisierung mangels Übergangs der wesentlichen Chancen und Risiken nicht in Betracht.

Kommissions- und kommissionsähnliche Geschäfte: Durch die Lieferung von Waren an einen Kommissionär werden keine Erlöse realisiert. Hierzu kommt es erst, nachdem der Kommissionär die Waren auf Rechnung des Kommittenten an Dritte weiterveräußert hat. **IAS 18 App. 2(c)**

Kundenbindungsprogramme: Wenn ein Unternehmen Treuepunkte an Kunden ausgibt, kommt es bei späterer Einlösung der Prämienansprüche zu einer Belastung des Unternehmens. Um die Erlösrealisierung sachgerecht abzubilden, können je nach den Umständen des Einzelfalls Hauptleistung und Prämienanspruch als abgrenzbare Bestandteile eines Geschäftsvorfalls im Sinne des IAS 18.13 interpretiert werden. Ein Teil der vom Unternehmen empfangenen Gegenleistung zum Zeitpunkt der Erbringung der Hauptleistung ist dann umsatzmindernd passivisch abzugrenzen und bei späterer Einlösung der Prämie durch den Kunden ertragswirksam aufzulösen. Die Aufteilung des Ertrags erfolgt gemäß der relativen beizulegenden Zeitwerte der Komponenten. Bei der Ermittlung des Zeitwerts der Treuepunkte sind außerhalb des Kundenbindungsprogramms gewährte Preisnachlässe und die voraussichtliche Einlösungsquote der Punkteempfänger zu berücksichtigen. Der so ermittelte Wert der Treuepunkte ist zudem **IAS 18.13** **IFRIC 13**

abzuzinsen, soweit die Einlösung über einen längeren Zeitraum möglich ist. Dieses Vorgehen setzt voraus, dass die Werte verlässlich und mit vertretbarem Aufwand ermittelbar sind.

IAS 18 App. 2(d) **Nachnahmelieferungen:** Der Erlös ist zu erfassen, sobald die Ware ausgeliefert ist und das Unternehmen oder ein Erfüllungsgehilfe das Entgelt erhalten hat.

IAS 18 App. 2b iVm IAS 18.17 **Rückgaberecht:** Der Zeitpunkt der Erlösrealisierung aus Kaufverträgen mit Rückgaberecht des Käufers richtet sich danach, ob die Wahrscheinlichkeit der Ausübung dieses Rechts verlässlich geschätzt werden kann. Besteht in dieser Frage Unsicherheit, ist der Erlös mit der Anerkennung der Ware durch den Käufer, spätestens jedoch mit Ablauf der Rückgabefrist zu erfassen. Davon ist bei singulären Geschäften auszugehen. Ist dagegen – wie im Versandhandel – eine Vielzahl gleichartiger Geschäfte zu beurteilen, sollten sich im Regelfall aufgrund von Erfahrungswerten statistische Rückgabequoten ermitteln lassen. In diesem Fall ist der Erlös aus den Geschäften mit Auslieferung der Waren zu erfassen. Die Erlöse aus den voraussichtlich rückabzuwickelnden Geschäften sind durch Bildung einer Verbindlichkeitsrückstellung zu stornieren.

Sukzessivlieferungsverträge: Erlöse aus Verträgen, bei denen eine festgelegte Gesamtleistungsmenge in einzelnen Lieferungen nach Bedarf des Käufers oder auf Abruf erfolgt, sind anteilig mit jeder Teillieferung zu erfassen.

IAS 18 App. 8 **Teilzahlungsgeschäfte:** Der Erlös ist bei Auslieferung der Ware in Höhe des Barzahlungsäquivalents zu erfassen. Hierzu ist der nominelle Verkaufspreis mit dem kalkulierten Zinssatz auf den Umsatzzeitpunkt zu diskontieren.

Übliche Kaufverträge: Nach §446 BGB geht die Preisgefahr mit der Übergabe der Sache an den Käufer über. Damit sind regelmäßig die Bedingungen für eine Erlösrealisation erfüllt. Besonderheiten gelten bei

- Kaufverträgen mit Rücktrittsrecht (→ Rückgaberecht),
- Zweifel an der Zahlungsfähigkeit des Kunden (→ IAS 18.18),
- noch zu erbringenden wesentlichen Nebenleistungen (→ unerfüllte Nebenleistungen).

IAS 18 App. 1 Die Übergabe der Ware kann durch ein Besitzmittlungsverhältnis nach §930 BGB ersetzt werden. In diesem Fall ist der Erlös mit Übergang des rechtlichen Eigentums auf den Erwerber zu vereinnahmen, vorausgesetzt, die Ware wird für den Käufer bereitgehalten, ihre spätere Auslieferung ist wahrscheinlich und die üblichen Zahlungsbedingungen gelangen zur Anwendung (so genannte *bill-and-hold*-Verkäufe).

Unerfüllte Nebenleistungen: Schuldet der Veräußerer neben der Auslieferung einer Ware noch weitere Nebenleistungen (z.B. Installation, Endkontrolle), ist der Erlös nach Abschluss aller Maßnahmen zu erfassen. Sofern nicht

- der Aufwand für diese Leistungen gering und das von ihnen ausgehende Risiko für den ordnungsgemäßen Gebrauch der Kaufsache vernachlässigbar ist oder
- die Endkontrolle – wie bei Rohstofflieferungen – lediglich der endgültigen Vertragspreisbestimmung dient.

Versendungskauf: Nach §447 Abs. 1 BGB geht die Preisgefahr beim Versendungskauf mit der Übergabe des Kaufgegenstands an die mit der Ausführung der

Versendung betraute Person über. Damit ist die Voraussetzung für eine Erlösrealisation erfüllt.

Etwas anderes gilt dann, wenn das Unternehmen bis zur Auslieferung der Ware weiter über diese verfügen kann. Das ist etwa bei Ausstellung eines Konnossements der Fall. Hier tritt die Erlösrealisation erst mit der Aufgabe der Verfügungsmacht über das Konnossement ein.

3.3 Erlösrealisierung bei Erbringung von Dienstleistungen

3.3.1 Realisationskriterien

Bei Dienstleistungsgeschäften erfolgt die Erlöserfassung im Regelfall nach der *percentage-of-completion*-Methode. Zu erfassen ist danach der dem Fertigstellungsgrad am Bilanzstichtag entsprechende Teil des erwarteten Gesamtertrags. **IAS 18.20**

Als Dienstleistungsgeschäfte im Sinne von IAS 18.20 gelten nicht nur Dienstverträge nach § 611 BGB. Auch Werkverträge gemäß § 631 BGB fallen unter diese Regelung. Aufgrund der geforderten Erlöserfassung nach Maßgabe des Fertigstellungsgrads ergeben sich insbesondere bei Letzteren vielfach Abweichungen zur Rechtslage nach HGB.

Die Anwendung der *percentage-of-completion*-Methode setzt voraus, dass

- wie bei allen anderen Geschäften die Höhe der Erträge ermittelbar und der Zufluss des wirtschaftlichen Nutzens aus dem Geschäft wahrscheinlich ist und
- eine verlässliche Schätzbarkeit des Ergebnisses aus dem Dienstleistungsgeschäft möglich ist.

Ergänzend verlangt IAS 18.20, dass

- der Fertigstellungsgrad am Bilanzstichtag und
- die für das Geschäft angefallenen sowie die bis zu seiner vollständigen Abwicklung noch anfallenden Kosten

verlässlich ermittelt werden können.

Die Anforderungen entsprechen jenen, die IAS 11 an eine Erlöserfassung aus Fertigungsaufträgen knüpft. Zu Einzelheiten sei daher auf die Darstellung in → C.II.5. verwiesen. **IAS 18.21**

Ist das Ergebnis eines Dienstleistungsgeschäfts – insbesondere in einem frühen Stadium – nicht verlässlich ermittelbar, sind Erlöse in Höhe der angefallenen und erstattungsfähigen Aufwendungen zu erfassen. Bestehen Zweifel an der Erstattung von Aufwendungen, dürfen insoweit keine Erlöse berücksichtigt werden. **IAS 18.26, .28**

Fallen die Unsicherheiten, die einer Erlöserfassung nach dem Fertigstellungsgrad zunächst entgegenstanden, während der Abwicklung des Geschäfts weg, ist auf die *percentage-of-completion*-Methode überzugehen. **IAS 18.28**

Die nachfolgenden Anwendungsbeispiele erläutern die Grundsätze der Erlösrealisation bei Dienstleistungsgeschäften.

3.3.2 *Praktische Anwendungsfälle*

IAS 11, IAS 18.13, IFRIC 15 **Bauwerke:** Wenn der Kunde die Möglichkeit hat, die wesentlichen Merkmale des zu errichtenden Bauwerks selbst zu bestimmen, ist von einem Fertigungsauftrag auszugehen, der gemäß IAS 11 zu bilanzieren ist (sukzessive Umsatzrealisierung). Die bloße Möglichkeit einer Auswahl aus vorgegebenen Alternativen erfüllt diese Bedingung nicht, so dass eine Umsatzrealisation erst bei Fertigstellung möglich ist. Bei noch vorzunehmenden, unwesentlichen Nacharbeiten an einem bereits abgenommenen Bauwerk ist eine Rückstellung nach IAS 37 zu bilden. Soweit diese Nacharbeiten jedoch als eigenständige Dienstleistungen zu qualifizieren sind, liegt ein Mehrkomponentengeschäft vor, das eine entsprechende Aufteilung des Gesamtumsatzes erforderlich macht.

IAS 18 App. 14 **Finanzdienstleistungen:** Die Erfassung von Entgelten für Serviceleistungen im Zusammenhang mit der Vergabe von Krediten richtet sich danach, ob es sich um eine zusätzliche Vergütung für die Kapitalüberlassung handelt oder ob mit diesen eigenständige Leistungen honoriert werden.

- Entgelte mit Zinscharakter sind als Bestandteil der Effektivverzinsung über die Laufzeit des Kredits zu realisieren. Dazu gehören z.B. Gebühren für die Kreditbearbeitung und Bereitstellungsprovisionen.
- Entgelte für zeitbestimmte Leistungen jenseits der Kapitalüberlassung (z.B. Gebühren für die Kontoführung, für kreditbegleitende Bearbeitungs- und Abwicklungsleistungen) sind nach Maßgabe der Leistungserbringung, d.h. zeitanteilig zu vereinnahmen.
- Entgelte für einmalige Leistungen sind zu erfassen, wenn die Tätigkeit abgeschlossen ist (z.B. Vermittlungsentgelte für die Anbahnung eines Kreditgeschäfts).

IAS 18 App. 18 **Franchiseverträge:** Die Erlöserfassung richtet sich nach der Zweckbestimmung der Entgelte. Im Einzelnen gelten folgende Grundsätze:

- Entgelte für dem Franchisenehmer überlassene Einrichtungs- und Ausrüstungsgegenstände sind im Zeitpunkt der Auslieferung der Güter zu erfassen.
- *Up-front fees* bzw. *initial fees* (Einstandszahlungen), denen keine künftigen Leistungen des Franchisegebers gegenüberstehen, sind mit Abschluss des Vertrags zu vereinnahmen. Wenn die laufenden Franchisegebühren (speziell in den Anfangsjahren) die Aufwendungen des Franchisegebers für die von ihm zu erbringenden Dienstleistungen einschließlich eines angemessenen Gewinnaufschlags nicht decken, ist zum Ausgleich des Fehlbetrags ein entsprechender Teil der Einstandsgebühr abzugrenzen.
- Fortlaufende Franchiseentgelte sind in dem Maße als Ertrag zu erfassen, wie der Franchisenehmer von einem eingeräumten Nutzungsrecht Gebrauch macht bzw. der Franchisegeber zusätzliche Leistungen erbringt.

IFRIC D24 **Kundenbeiträge:** Passivische Abgrenzung und Vereinnahmung über den Zeitraum der Leistungsverpflichtung (→ C.I.1.3.2.3.1).

IAS 18 App. 17 **Mitgliedsbeiträge:** Gebühren, die von einer anderen Partei zu Beginn einer Vertragsbeziehung geleistet werden, sind sofort zu vereinnahmen, wenn mit diesen Zahlungen keine nachfolgenden Vorteile (z.B. verbilligter Bezug von Leistungen) verbunden sind. Im umgekehrten Fall sind sie nach Maßgabe der eingeräumten Vorteile ertragswirksam zu erfassen.

Provisionen: Vermittlungsprovisionen eines Versicherungsvertreters, für die dieser keine weiteren Leistungen schuldet, sind zu Beginn des Versicherungszeitraums oder bei Erneuerung der betreffenden Police als Erlös zu erfassen. **IAS 18 App. 12f.**

Für Handelsvertreterprovisionen enthält IAS 18 keine Regelung. Entsteht der Anspruch mit der Ausführung des Geschäfts durch den Unternehmer, hat er die Provision in diesem Zeitpunkt zu vereinnahmen. Ist die Entstehung der Provision an die Zahlung durch den Dritten geknüpft, kommt es auf den Zeitpunkt an, zu dem der Zufluss des wirtschaftlichen Nutzens wahrscheinlich ist. Bei einer Mehrzahl von Vermittlungsgeschäften ist der Erlös nach Ausführung des Geschäfts unter Berücksichtigung einer erfahrungsgemäßen Storno- und Forderungsausfallquote zu vereinnahmen.

Serviceleistungen: Enthält der Verkaufspreis von Waren einen Teilbetrag für nachträgliche Serviceleistungen (z.B. Nachbetreuungsleistungen bei Optikern, Updates bei Software), ist dieser Entgeltanteil aus dem Verkaufserlös herauszurechnen und über den Zeitraum der Leistungserbringung als Ertrag zu erfassen. Die Ertragsrealisation hat in einer Weise zu erfolgen, dass die um einen angemessenen Gewinnaufschlag erhöhten Kosten der nachträglichen Leistungen gedeckt werden.

Werbeentgelte: Entgelte für die Verbreitung von Werbung sind nach Veröffentlichung der Werbung als Erlös zu erfassen. Vergütungen für die Erstellung einer Werbeleistung werden nach der *percentage-of-completion*-Methode entsprechend dem Fertigungsfortschritt als Ertrag erfasst.

Zeitabhängige Vergütungen: Bei Dienstleistungen und Werkleistungen, für die ein zeitabhängiges Honorar vereinbart ist, erfolgt die Erlöserfassung nach Maßgabe der Leistungserbringung pro rata temporis.

3.4 Erlösrealisierung aus der Nutzung bestimmter Vermögenswerte des Unternehmens durch Dritte

Die Erfassung von **Zinsen, Nutzungsentgelten** und **Dividenden** knüpft IAS 18.29 lediglich an die allgemeinen Realisierungskriterien. Ergänzend hierzu formuliert der Standard für die drei Sachverhalte separate Erfassungsregeln. **IAS 18.29**

Zinsen für die Überlassung von Kapital sind nach der Effektivzinsmethode zu erfassen. **IAS 18.30(a)**

Die Realisation von **Nutzungsentgelten** richtet sich nach den Bestimmungen des zugrunde liegenden Vertrags. Entscheidend sind nicht die Zahlungsmodalitäten, sondern das Verhältnis von Leistung und Gegenleistung. Sind die Vereinbarungen der Parteien unangemessen, hat die Erlösrealisation auf einer abweichenden, systematischen und sinnvollen Grundlage zu erfolgen. **IAS 18.30 (b), .33**

Hängt der Zufluss des Nutzungsentgelts vom Eintritt eines künftigen Ereignisses ab (z.B. bei erfolgsabhängigen Vergütungen für Filmlizenzen), ist der Erlös regelmäßig erst mit Eintritt der Bedingung zu erfassen. **IAS 18 App. 20**

Im Einzelfall kann fraglich sein, ob ein Dauerschuldverhältnis oder ein Rechtskauf vorliegt. Typische Beispiele hierfür sind Lizenzverträge, z.B. über Software. **IAS 18 App. 20**

Erlangt der Nutzer gegen Zahlung einer fixen Vergütung unkündbar ein unbeschränktes Nutzungsrecht, mit dem keine weiteren Verpflichtungen des Lizenzgebers korrespondieren, liegt ein Kaufvertrag vor, der nach den oben dargestellten Regeln zu behandeln ist.

IAS 18.30(c) Dividenden sind **im Zeitpunkt ihres rechtlichen Entstehens** zu erfassen. Das ist der Tag der Beschlussfassung der Haupt- bzw. Gesellschafterversammlung. Eine phasenkongruente Vereinnahmung von **Dividenden** scheidet damit aus.

IAS 18.30(c) iVm IDW RS HFA 2, Rz. 22

> **Alternative:**
>
> Dividenden sind grundsätzlich im **Zeitpunkt ihres rechtlichen Entstehens** zu erfassen. Das ist der Tag der Beschlussfassung der Haupt- bzw. Gesellschafterversammlung. Soweit die Voraussetzungen des BGH-Urteils vom 12.1.1998 (II ZR 82/93) vorliegen, sind Dividenden unter Berufung auf den Rechnungslegungsstandard 2 des IDW **phasenkongruent zu vereinnahmen**.

3.5 Ausweis

Zu beachten sind allerdings die Ausweisregelungen für Forderungen (→ C.II.4.) bzw. Langfristfertigung (→ C.II.5.). Ferner gilt ein Ausweisverbot für außerordentliche Erträge und Aufwendungen. Desweiteren sind die allgemeinen Regelungen zur Gewinn- und Verlustrechnung zu befolgen (→ E.II.2.).

3.6 Anhangangaben *(notes)*

→ CD Anhangcheckliste 6.

4. Änderungen von Schätzungen, Korrektur von Fehlern und Methodenänderungen

4.1 Abgrenzung

4.1.1 Änderungen von Schätzungen

IAS 8.32 Als Ergebnis bestehender Unsicherheiten bei der Beurteilung von Geschäftsaktivitäten sind Schätzungen ein grundlegender Bestandteil der Rechnungslegung. Eine Vielzahl relevanter Sachverhalte kann nicht eindeutig beurteilt bzw. gemessen werden, sondern muss vielmehr durch eine bestmögliche Schätzung bewertet werden. Dies gilt beispielsweise für die voraussichtliche Nutzungsdauer von Anlagegütern, die Wertberichtigung zweifelhafter Forderungen im Hinblick auf zu erwartende Geldeingänge, die Abwertung des Vorratsbestandes oder auch die möglichen Kosten eines anhängigen Rechtsstreits bzw. aus Gewährleistungsrisiken.

Eine Änderung von Schätzungen kommt in folgenden Fällen in Betracht:

- Veränderungen der Rahmenbedingungen, auf denen die ursprüngliche Schätzung basierte. **Beispiel**: Eine Maschine wurde in 02 unter der Annahme gekauft, dass sie im 3-Schicht-Betrieb eingesetzt wird. Tatsächlich war ein Nachfragerückgang zu verzeichnen und die Maschine kommt nur noch in einer Schicht zum Einsatz. Die ursprünglich geschätzte Nutzungsdauer ist zu verlängern.
- Besserer Informationsstand als in Vorperioden.
- Bessere Erfahrungswerte als in Vorperioden.

Eine Änderung von Schätzungen nach den genannten Kriterien stellt keine Fehlerkorrektur dar und hat daher keinen Einfluss auf die Darstellung der Vorjahreszahlen.

Sofern die Abgrenzung einer Änderung von Schätzungen gegenüber einer Änderung von Bilanzierungs- und Bewertungsmethoden (→ C.I.4.1.3) problematisch erscheint, ist die Änderung als Schätzungsänderung zu behandeln. Dies gilt analog für die Abgrenzung zu Fehlerkorrekturen (→ C.I.4.1.2). **IAS 8.35**

4.1.2 *Korrektur von Fehlern*

In Betracht kommen Fehler hinsichtlich der Beurteilung von Sachverhalten, der Anwendung von Bilanzierungs- und Bewertungsmethoden sowie Rechenfehler. **IAS 8.41**

C.I

> **Beispiel Sachverhaltsfehler:**
>
> Die Wertberichtigung einer Forderung gegenüber einer Tochtergesellschaft wurde nicht vorgenommen, obwohl der Muttergesellschaft bekannt war, dass die Werthaltigkeit der Forderung eingeschränkt ist. Sofern bei der Bilanzaufstellung im Vorjahr nicht bekannt war, dass die Werthaltigkeit gegenüber der Tochtergesellschaft eingeschränkt war, handelt es sich nicht um die Korrektur eines Fehlers, sondern die Änderung einer Schätzung aufgrund eines gesteigerten Informationsstandes.

> **Beispiel Methodenfehler:**
>
> Im Vorjahr wurde ein bebautes Grundstück erworben. Die Abschreibung erfolgte auf die gesamten Anschaffungskosten. Eine Aufteilung in Boden und Gebäude wurde nicht vorgenommen.

Die Vorschrift des IAS 8.41 betrifft einerseits grundlegende Fehler. Ein grundlegender Fehler liegt vor, wenn er die Wesentlichkeitsgrenzen überschreitet. Andererseits sind auch unwesentliche Fehler zu korrigieren, sofern sie bewusst getätigt wurden, um eine gewünschte Darstellung der Vermögens-, Finanz- und Ertragslage zu erreichen.

4.1.3 *Änderung der Bilanzierungs- und Bewertungsmethoden*

Grundsätzlich sind die Bilanzierungs- und Bewertungsmethoden stetig anzuwenden, um eine Vergleichbarkeit im Zeitablauf sicherzustellen. Die Änderung einer Methode ist nur vorzunehmen, sofern **F.41** **IAS 1.27**

IAS 8.14f.
- die Änderung durch einen Standard oder eine verbindliche Regel verlangt wird, oder
- die Änderung einen besseren Einblick in die Vermögens-, Finanz- und Ertragslage ermöglicht.

IAS 8.16 Keine Änderung von Bilanzierungs- und Bewertungsmethoden stellt die erstmalige Auswahl einer Methode für erstmals eintretende Ereignisse oder Geschäftsvorfälle dar.

IAS 8.17f. Die erstmalige Inanspruchnahme der Möglichkeit zur Neubewertung von Sachanlagen und immateriellen Vermögenswerten erfolgt entsprechend den Vorschriften des IAS 16 (→ C.II.2.) bzw. IAS 38 (→ C.II.1.) und fällt nicht in den Anwendungsbereich von IAS 8.

IAS 8.20 Die freiwillige frühzeitige Anwendung eines neu verabschiedeten Standards bzw. einer verbindlichen Regelung innerhalb eines Übergangszeitraumes stellt keine Änderung von Bilanzierungs- und Bewertungsmethoden dar.

4.2 Korrekturmethode

4.2.1 Änderungen von Schätzungen

IAS 8.36
IAS 8.38 Anpassungen aufgrund der Änderungen von Schätzungen sind erfolgswirksam in der Periode zu erfassen, in der die abweichende Beurteilung bekannt wurde. Sofern auch zukünftige Perioden von der Änderung betroffen sind, ist der Aufwand bzw. Ertrag auf den relevanten Zeitraum zu verteilen.

IAS 8.37 Soweit Vermögenswerte, Schulden oder das Eigenkapital von der Änderung betroffen sind, sind die Buchwerte der entsprechenden Positionen korrespondierend anzupassen.

4.2.2 Korrektur von Fehlern

IAS 8.43ff. Die Korrektur von Fehlern erfolgt retrospektiv durch Anpassung der für Vergleichszwecke dargestellten Vorjahreswerte. Sofern der Fehler im Vorjahr aufgetreten ist, erfolgt die Anpassung sowohl in der Gewinn- und Verlustrechnung als auch in der Bilanz. Resultiert der Fehler aus einer noch früheren Periode und hat dieser Fehler keine Folgewirkung auf die Gewinn- und Verlustrechnung des Vorjahres, so sind lediglich die Bilanzzahlen anzupassen. Die Gewinn- und Verlustrechnung der Vorperiode ist nicht betroffen. Die Darstellung erfolgt also in der Art und Weise, als ob der Fehler in der Vergangenheit nicht angefallen wäre.

Beispiel für Fehler mit Folgewirkung:

Bei der Erstellung des Jahresabschlusses 03 fällt auf, dass aufgrund einer unzulässigen Abschreibung von Grund und Boden (Anschaffungskosten 1. Januar 01: 2.000) in den Jahren 01 und 02 von jeweils 50, die Vorjahreswerte zu korrigieren sind.

In den Jahresabschlüssen 01 und 02 wurden bislang folgende Beträge verbucht:

	01	02
Erträge	1.000	1.000
Aufwendungen	400	400
Ergebnis vor Steuern	600	600
Ertragsteuer (30 %)	180	180
Jahresüberschuss	420	420
Gewinnvortrag	0	420

Es ergibt sich folgende korrekte Verteilung der Aufwendungen

	01	02
Erträge	1.000	1.000
Aufwendungen	350	350
Ergebnis vor Steuern	650	650
Ertragsteuer (30 %)	195	195
Jahresüberschuss	455	455
Gewinnvortrag	0	455

Im Jahresabschluss 03 sind folgende Anpassungen vorzunehmen:

a) Bilanz	03	02 (berichtigt)	02 (bisher)	Auswirkung Korrektur
Anlagevermögen	2.000	2.000	1.900	100
Gewinnvortrag	910	455	420	35
Jahresüberschuss	455	455	420	35
Steuerrückstellung				
Korrektur Vorjahr	30	30	0	30

Die Bilanzsumme erhöht sich um 100. Die Steuerrückstellung betrifft die Ertragsteuern der Jahre 01 und 02 von jeweils 15. Die Änderung des Jahresüberschuss bzw. des Gewinnvortrags resultiert jeweils aus der Minderabschreibung von 50 und der damit korrespondierenden Steuerbelastung von 15. Die Zahlung der Steuer für 01 und 02 erfolgt in 04.

b) Gewinn- und Verlustrechnung	03	02 (berichtigt)	02 (bisher)	Auswirkung Korrektur
Erträge	1.000	1.000	1.000	0
Aufwendungen	350	350	400	−50
Ergebnis vor Steuern	650	650	600	50
Ertragsteuer (30 %)	195	195	180	15
Jahresüberschuss	455	455	420	35
Gewinnvortrag	910	455	420	35

Beispiel für Fehler ohne Folgewirkung:

In 01 wird eine Forderungsabwertung unterlassen, obwohl bereits bekannt war, dass die Werthaltigkeit eingeschränkt war. In 03 wird der Fehler korrigiert. In diesem Fall ist eine Anpassung der Gewinn- und Verlustrechnung 02 nicht erforderlich. Lediglich der Gewinnvortrag und die Bewertung der Forderung sind in der Bilanz 02 zu korrigieren.

Sofern die periodengerechte Zuordnung von erfolgswirksamen Fehlerkorrekturen nicht möglich ist, so sind die Werte zu korrigieren, die erstmalig korrekt ermittelbar sind. Es kann sich hierbei durchaus um die laufende Periode handeln.

4.2.3 Änderung der Bilanzierungs- und Bewertungsmethoden

Sind die Voraussetzungen für die Änderung einer Bilanzierungs- bzw. Bewertungsmethode gegeben, so sind die Vorperioden rückwirkend ebenfalls zu ändern. Wird lediglich das Vorjahr als Vergleichszahl dargestellt, so ist der Gewinnvortrag des Vorjahres sowie die betroffene Gewinn- und Verlustrechnung der Vorperiode anzupassen. Die Darstellung erfolgt also in der Art und Weise, als ob schon immer die nunmehr maßgebende Bilanzierungs- und Bewertungsmethode angewendet wurde. Die retrospektive Änderung erfolgt entsprechend der Änderung von fehlerhaften Jahresabschlüssen (→ Beispiel unter C.I.4.2.2).

Sofern die periodengerechte Zuordnung der Auswirkung einer Methodenänderung nicht möglich ist, so sind die Werte zu korrigieren, die erstmalig korrekt ermittelbar sind. Es kann sich hierbei durchaus um die laufende Periode handeln.

4.3 Anhangangaben *(notes)*

→ CD Anhangcheckliste 2.5

→ CD Anhangcheckliste 2.6

II. Aktiva

Gliederung:

1. Immaterielle Vermögenswerte

1.1 Begriff und Abgrenzung

Die IFRS enthalten mit IAS 38 eine umfassende Regelung zu immateriellen Vermö- **IAS 38.8**
genswerten (*intangible assets*). Immaterielle Vermögenswerte sind darin definiert als identifizierbare, nicht monetäre Vermögenswerte ohne physische Substanz.

Treffen – wie etwa bei einer auf einem Datenträger gespeicherten Software – **IAS 38.4**
physische Substanz und immaterieller Vorteil zusammen, richtet sich die Einordnung des Vermögenswerts nach dem wesentlicheren Element. Das entspricht der Auffassung der deutschen Finanzrechtsprechung, die sich bei der Abgrenzung daran orientiert, ob für den Bilanzierenden der geistige Gehalt oder die physische Substanz im Vordergrund steht.

Der zweite Teil der Definition deutet bereits an, dass IAS 38 ausschließlich solche **IAS 38.3**
immateriellen Vermögenswerte behandelt, die im Sinne der Vermögenskategorien des HGB dem Anlagevermögen zuzurechnen wären. Immaterielle Vermögenswerte, die zum Verkauf im Rahmen der gewöhnlichen Geschäftstätigkeit bestimmt sind, fallen dementsprechend nicht in den Anwendungsbereich des Standards. Sie sind auch nicht Gegenstand dieses Abschnitts. Ihre Bilanzierung richtet sich nach den Vorschriften für Vorräte (→ C.II.6.) oder für Fertigungsaufträge (→ C.II.5.).

Nicht in IAS 38 geregelt sind folgende branchenspezifische Ausnahmen: **IAS 38.7**

- Vermögenswerte aus Exploration und Evaluierung (→ C.II.1.6.3) und Ausgaben für die Förderung und den Abbau von Mineralien, Öl, Erdgas und ähnlichen nicht regenerativen Ressourcen,
- immaterielle Vermögenswerte, die bei Versicherungsunternehmen aus Verträgen mit Policeinhabern entstehen (→ IFRS 4).

Bei immateriellen Vermögenswerten, die Gegenstand eines Leasingverhältnisses sind, regelt IAS 17 die Zurechnung zum Leasinggeber oder Leasingnehmer sowie die Zugangsbewertung. Die Folgebewertung richtet sich nach IAS 38.

Ausgenommen von IAS 17 sind Lizenzvereinbarungen über Filme, Videoaufnah- **IAS 38.6**
men, Theaterstücke, Manuskripte und Patente. Die betreffenden Vermögenswerte sind stets beim Lizenzgeber nach IAS 38 zu erfassen.

Bei Unternehmenszusammenschlüssen wird IAS 38 ergänzt durch IFRS 3. Er schränkt die Aktivierungsfähigkeit erworbener immaterieller Vermögenswerte in bestimmten Fällen ein und regelt zudem die bilanzielle Behandlung eines Goodwill.

1.2 Ansatz (*recognition*)

1.2.1 Vorbemerkung

Immaterielle Vermögenswerte im Sinne von IAS 38 liegen vor und sind anzuset- **IAS 38.18**
zen, wenn der betreffende Posten **iVm**
IAS 38.51f.

- die Definitionsmerkmale eines (immateriellen) Vermögenswerts aufweist (→ C.II.1.2.2),
- die Ansatzkriterien erfüllt (→ C.II.1.2.3) und er
- keinem expliziten Aktivierungsverbot unterliegt (→ C.II.1.2.4).

Die Definitionsmerkmale und die Ansatzkriterien entsprechen im Wesentlichen den allgemeinen Aktivierungsvoraussetzungen des Rahmenkonzepts (→ C.I.1.). Sie gelten für alle Aufwendungen, die das Unternehmen für immaterielle Vermögenswerte tätigt, unabhängig davon, ob sie

- dem Erwerb oder der Entwicklung eines solchen Vermögenswerts dienen,
- auf den Erwerb bzw. die Entwicklung eines immateriellen Vermögenswerts oder auf seine Erweiterung, Änderung oder Erhaltung gerichtet sind.

Aufgrund des teilweise fließenden Übergangs zwischen immateriellen Vermögenswerten und dem nicht bilanzierungsfähigen originären Goodwill sind die Kriterien in IAS 38 durch zahlreiche Anwendungsleitlinien erläutert. Bei selbst geschaffenen immateriellen Vermögenswerten tritt die ergänzende Beschränkung hinzu, nur Vermögenswerte zu aktivieren, die aus Entwicklungstätigkeiten des Unternehmens hervorgegangen sind (→ C.II.1.2.3.4).

1.2.2 Definitionsmerkmale eines immateriellen Vermögenswerts

1.2.2.1 Überblick

IAS 38.8ff. Die Definitionsmerkmale für einen immateriellen Vermögenswert sind erfüllt, wenn

- dieser identifizierbar und damit eindeutig vom Goodwill abgrenzbar ist (→ C.II.1.2.2.2),
- das Unternehmen die Verfügungsmacht über den Vorteil hat (→ C.II.1.2.2.3) und dieser
- einen künftigen wirtschaftlichen Nutzen verkörpert (→ C.II.1.2.2.4).

1.2.2.2 Identifizierbarkeit

IAS 38.12 IAS 38 definiert exakt, wann ein immaterieller Vorteil als identifizierbar gilt. Das ist der Fall, wenn das Unternehmen in der Lage ist, den dem Vorteil zurechenbaren wirtschaftlichen Nutzen isoliert von oder zusammen mit demjenigen anderer *assets* zu verwerten, sei es durch Verkauf des Vermögenswerts, durch seine Überlassung an Dritte oder durch Tausch.

IAS 38.12 Diese **Einzelverwertbarkeit** ist allerdings nicht notwendig, um das Identifizierbarkeitskriterium zu erfüllen. Ein **Beleg** für die Abgrenzbarkeit des Vorteils gegenüber dem Goodwill liegt vor, wenn der Vorteil rechtlich abgesichert ist. Falls kein Rechtsanspruch besteht, so ist gemäß IAS 38 die Identifizierbarkeit nur erfüllt, wenn der Vermögenswert einer gesonderten Verwertung zugänglich ist, sei es isoliert oder zusammen mit anderen Vermögenswerten.

Selbst wenn sich für das Unternehmen ein wirtschaftlicher Nutzen nur aus der Kombination des Vorteils mit anderen Vermögenswerten ergibt, kann ausnahmsweise ein *asset* vorliegen, sofern der dem Vorteil zuzurechnende wirtschaftliche Nutzen identifizierbar ist.

Beispiele:

- Erworbene Lizenzen stellen regelmäßig immaterielle Vermögenswerte dar, auch wenn ihre Übertragung auf Dritte vertraglich ausgeschlossen ist.
- Vorteilen, die das Unternehmen durch Werbeaufwendungen, Gründungs- bzw. Reorganisationskosten oder durch Ingangsetzungs- und Erweiterungsaufwendungen erlangt hat, fehlt die Eigenschaft eines *asset*, da sich die betreffenden Vorteile vom Goodwill nicht abgrenzen lassen.

Im Ergebnis läuft diese Umschreibung der Identifizierbarkeit auf das von der Rechtsprechung entwickelte **Greifbarkeitskriterium** hinaus. Entscheidend ist danach, dass der Vorteil bei einer Veräußerung des Unternehmens als Einzelheit ins Gewicht fallen würde.

1.2.2.3 Verfügungsmacht

Die Verfügungsmacht über den Vorteil setzt voraus, dass das Unternehmen sich den von ihm verkörperten wirtschaftlichen Nutzen aneignen und den Zugriff Dritter auf diesen Nutzen ausschließen kann. Indiz hierfür ist wiederum das **Innehaben eines Rechts**. **IAS 38.13f.**

Bei wirtschaftlichen Werten, die keinen Rechtsschutz genießen (z.B. technisches Know-how), kann der Nachweis der Verfügungsmacht dadurch geführt werden, dass Vorkehrungen getroffen wurden, um eine Aneignung des Wissens durch Dritte zu verhindern (z.B. Abschluss einer Vertraulichkeitsvereinbarung mit den Mitarbeitern).

Der Vorteil, über ein Team von qualifizierten Fachkräften zu verfügen, erfüllt ebenso wie die Qualität des Managements regelmäßig nicht die an einen Vermögenswert zu stellenden Anforderungen. Gleiches gilt für den Kundenstamm. Etwas anderes gilt nur dann, wenn dem Unternehmen gegenüber den betreffenden Personen Rechtsansprüche zustehen, die eine Kontrolle des jeweiligen Vorteils erlauben. Dazu gehören beispielsweise vertragliche Liefervereinbarungen wie Abonnementsverträge über Zeitschriften. **IAS 38.15f.**

1.2.2.4 Künftiger wirtschaftlicher Nutzen

Das Merkmal des künftigen wirtschaftlichen Nutzens bildet keine nennenswerte Aktivierungshürde. Es ist erfüllt, wenn das Unternehmen aufgrund des Innehabens des immateriellen Vermögenswerts Erlöse, Kosteneinsparungen oder anderweitige Vorteile erwarten kann.

1.2.3 Ansatzkriterien

1.2.3.1 Überblick

Immaterielle Vermögenswerte, die die Definitionsmerkmale gemäß → C.II.1.2.2 erfüllen, sind nur anzusetzen, wenn **IAS 38.21**

- dem Unternehmen der künftige wirtschaftliche Nutzen aus dem Vermögenswert wahrscheinlich zufließen wird (→ C.II.1.2.3.2) und
- die Anschaffungs- oder Herstellungskosten des Vermögenswerts zuverlässig ermittelbar sind (→ C.II.1.2.3.3).

Selbst geschaffene immaterielle Vermögenswerte müssen neben diesen allgemeinen Aktivierungserfordernissen weitere Bedingungen erfüllen, die sich an ihrem Erstellungsprozess, namentlich an der Abgrenzung von Forschungs- und Entwicklungsphase, orientieren (→ C.II.1.2.3.4).

1.2.3.2 Wahrscheinlicher Nutzenzufluss

IAS 38.22f. iVm IAS 38.57 Nach IAS 38.22 soll das Unternehmen die Wahrscheinlichkeit des künftigen Nutzenzuflusses anhand vernünftiger und begründeter Annahmen dokumentieren. An diesen Nachweis sind keine übertriebenen Anforderungen zu stellen.

Bei erworbenen immateriellen Vermögenswerten wird man einen Nutzenzufluss grundsätzlich vermuten müssen. Diese Vermutung kann z.B. durch den Nachweis einer Fehlmaßnahme widerlegt werden.

Schwieriger gestaltet sich der Nachweis bei selbst erstellten immateriellen Vermögenswerten. Bei diesen ist zudem darzulegen, wie der künftige Nutzen voraussichtlich erzielt werden wird (→ C.II.1.2.3.4).

1.2.3.3 Zuverlässige Zugangsbewertung

Was den Nachweis der zuverlässigen Zugangsbewertung von immateriellen Vermögenswerten angeht, differenziert IAS 38 zwischen folgenden Erwerbs- bzw. Zugangsformen:

- entgeltlicher Einzelerwerb;
- Erwerb im Zuge eines Unternehmenszusammenschlusses;
- Erwerb durch eine Zuwendung der öffentlichen Hand;
- Erwerb durch Tausch gegen einen anderen materiellen oder immateriellen Vermögenswert;
- Herstellung.

IAS 38.26 Im Falle eines **entgeltlichen Einzelerwerbs** wird man die Aktivierungsvoraussetzung der zuverlässigen Zugangsbewertung im Allgemeinen als erfüllt ansehen müssen.

Lassen sich die Anschaffungskosten eines immateriellen Vermögenswerts nicht zuverlässig ermitteln, muss seine selbständige Aktivierung unterbleiben. Das kann beispielsweise bei Software der Fall sein, die zusammen mit der Hardware ohne gesonderte Berechnung erworben wird. Lassen sich ihre Anschaffungskosten nicht anderweitig ermitteln (z.B. durch Rückgriff auf einen Marktpreis), ist die Software als Teil der Hardware zu aktivieren.

IAS 38.35–.41 Geht ein immaterieller Vermögenswert im Zuge eines **Unternehmenszusammenschlusses** zu, darf dieser ausnahmsweise nicht gesondert aktiviert werden, wenn sein *fair value* (= Anschaffungskosten aus Konzernsicht) durch keines der nachfolgenden Verfahren verlässlich ermittelt werden kann:

- Rückgriff auf einen Preis auf einem aktiven Markt für das *asset*;
- Ableitung aus dem Preis, der in einer vergleichbaren Transaktion unter vergleichbaren Rahmenbedingungen vereinbart wurde;
- Schätzung des fiktiven Einzelerwerbspreises zum Zeitpunkt des Unternehmenszusammenschlusses unter Beachtung der Konditionen jüngerer Transaktionen, die ähnliche Vermögenswerte zum Gegenstand hatten;

- indirekte Schätzung des *fair value* durch Anwendung branchenüblicher Bewertungsverfahren (z.B. Multiplikatorenverfahren, Barwertmodelle).

Liegt ein solcher Ausnahmefall vor, ist der erlangte Vorteil in einen bezahlten Goodwill einzubeziehen. Weitere Erläuterungen zur Kaufpreisallokation → D.III.1.1.2.4.

Immaterielle Vermögenswerte, die dem Unternehmen **von der öffentlichen Hand zugewendet** wurden (z.B. Flughafenlanderechte, Rundfunklizenzen, Förderquoten, UMTS-Lizenzen in bestimmten Ländern), sind aktivierungsfähig. Zur Bewertung → C.II.1.3.2.2. **IAS 38.44 iVm IAS 20.23**

Auch im Falle des Erwerbs eines immateriellen Vermögenswerts im **Tausch** gegen einen anderen Vermögenswert geht IAS 38 von einer Aktivierungsfähigkeit aus. **IAS 38.45**

Bei **selbst geschaffenen** immateriellen Vermögenswerten erweist sich der Nachweis der zuverlässigen Bewertbarkeit vielfach als schwierig. Aus diesem Grund hat das IASB für sie zusätzliche Anwendungsleitlinien entwickelt, die zur Überprüfung der Ansatzkriterien heranzuziehen sind. **IAS 38.48f.**

1.2.3.4 Konkretisierung der Ansatzkriterien für selbst erstellte immaterielle Vermögenswerte

Die Aktivierungsfähigkeit selbst erstellter immaterieller Vermögenswerte ist in Abhängigkeit von der Phase ihres Erstellungsprozesses differenziert zu beantworten. Zu unterscheiden ist zwischen **IAS 38.52**

- Forschungsphase und
- Entwicklungsphase.

Die **Forschungsphase** ist gekennzeichnet durch die Suche nach neuen wissenschaftlichen oder technischen Erkenntnissen (z.B. über Materialien, Vorrichtungen, Verfahren, Prozesse) und Anwendungsmöglichkeiten für diese Erkenntnisse. Ihr fehlt der unmittelbare Bezug zu einem konkreten Vorhaben, das verwirklicht werden soll. **IAS 38.8 iVm IAS 38.54f.**

Die **Entwicklungsphase** ist demgegenüber gekennzeichnet durch die planvolle Umsetzung von Forschungsergebnissen oder anderem Wissen in neue oder beträchtlich verbesserte Materialien, Vorrichtungen, Produkte, Verfahren, Systeme oder Dienstleistungen. Sie endet mit der Aufnahme der kommerziellen Produktion oder Nutzung. **IAS 38.8 iVm IAS 38.57f.**

Vermögensvorteile, die in der Forschungsphase geschaffen werden, gelten als nicht aktivierungsfähig. Für sie wird unwiderlegbar angenommen, dass der Nachweis eines wirtschaftlichen Zukunftsnutzens nicht zu führen ist. Entsprechendes gilt, wenn sich die Entwicklungsphase nicht klar von der Forschungsphase unterscheiden lässt. **IAS 38.54f.**

In der Entwicklungsphase geschaffene Vermögensvorteile sind unter sechs kumulativ zu erfüllenden Voraussetzungen zu aktivieren (→ Abbildung 16). Bei der Beurteilung, ob die einzelnen Kriterien vorliegen, eröffnen sich erhebliche Ermessensspielräume. Relativ problemlos nachzuweisen sein sollte die Absicht, Fähigkeit und die Verfügbarkeit technischer, finanzieller und sonstiger Ressourcen zur Fertigstellung oder Nutzung des *asset* (Kriterien 2, 3 und 5). An der zuverlässigen Bewertbarkeit des Vermögenswerts im Sinne der Zurechenbarkeit von Ausgaben (Kriterium 6) muss dem Management schon aus Gründen der internen **IAS 38.57f.**

Steuerung gelegen sein. Als problematisch erweisen sich dagegen die Kriterien 1 und 4, nämlich der Nachweis der technischen Realisierbarkeit des Entwicklungsvorhabens und der Art des Nutzenzuflusses.

IAS 38.60 iVm IAS 36 An das letztgenannte Merkmal sind keine allzu hohen Anforderungen zu stellen. Aufgrund des Verweises auf die Methode zur Schätzung des Nutzungswerts gemäß IAS 36 genügt es, wenn das Management überzeugend darlegen kann, dass der immaterielle Vermögenswert – ggf. im Verbund mit anderen Vermögenswerten des Unternehmens – dazu beitragen wird, höhere Nettoeinzahlungen zu erzeugen. Dieser Nachweis sollte beispielsweise auch bei einer in der Entwicklung befindlichen Software möglich sein, die zum Einsatz im Unternehmen bestimmt ist.

Der Nachweis der technischen Realisierbarkeit ist demgegenüber regelmäßig nur dann zu führen, wenn die Nutzung bzw. die externe Verwertung des Vermögenswerts nicht unter dem Vorbehalt der Zustimmung Dritter steht, wie dies beispielsweise in der Medikamentenforschung der Fall ist. Gerade dann aber ist die Beurteilung der Machbarkeit weitestgehend in das Ermessen des Managements gestellt.

Aktivierungsvoraussetzungen für Entwicklungskosten nach IAS 38.57	
Geforderte Nachweise	**Praktische Umsetzung**
1. Technische Realisierbarkeit der Fertigstellung des *asset* zur internen Nutzung oder zum Verkauf	Keine Vorgaben
2. Absicht zur Fertigstellung und Nutzung bzw. Verkauf des *asset*	Keine Vorgaben
3. Fähigkeit, den immateriellen Vermögenswert zu nutzen oder zu veräußern	Keine Vorgaben
4. Nachweis des voraussichtlichen künftigen Nutzenzuflusses	Existenz eines Marktes, Nachweis des internen Nutzens gemäß IAS 36
5. Verfügbarkeit von Ressourcen für die Entwicklung und Nutzung bzw. Verkauf des *asset*	Unternehmensplan, Absichtserklärungen von Fremdkapitalgebern
6. Bewertbarkeit während der Entwicklung (zurechenbare Ausgaben)	Geeignetes Kostenrechnungssystem

Abbildung 16: Aktivierungsvoraussetzungen für Entwicklungskosten

1.2.4 Aktivierungsverbote

IAS 38.63f. Ohne Einschränkung nicht aktivierungsfähig sind selbst geschaffene Markennamen, Drucktitel, Verlagsrechte, Kundenlisten sowie ihrem Wesen nach ähnliche Sachverhalte.

IAS 38.65–67 Gleiches gilt für Vorteile, die durch die nachfolgenden Ausgaben geschaffen werden:

- Gründungskosten und Ingangsetzungs- bzw. Erweiterungsaufwendungen;
- Ausgaben für die Aus- und Weiterbildung;
- Ausgaben für Werbekampagnen und Maßnahmen der Verkaufsförderung;
- Ausgaben für die Verlegung oder Reorganisation von Unternehmensteilen.

1.3 Bewertung (*measurement*)

1.3.1 Bewertungsmodell

Immaterielle Vermögenswerte sind im Zeitpunkt des Zugangs mit ihren Anschaffungs- oder Herstellungskosten (→ C.II.1.3.2) anzusetzen. **Die Folgebewertung (→ C.II.1.3.3) sieht die Vornahme planmäßiger und ggf. außerplanmäßiger Abschreibungen sowie von Zuschreibungen unter Beachtung des Anschaffungswertprinzips vor.** IAS 38.74

Alternative: IAS 38.75

Immaterielle Vermögenswerte sind im Zeitpunkt des Zugangs mit ihren Anschaffungs- oder Herstellungskosten (→ C.II.1.3.2) anzusetzen. **Die Folgebewertung** (→ C.II.1.3.3) **sieht eine regelmäßige Neubewertung bestimmter immaterieller Vermögenswerte und im Übrigen die Vornahme planmäßiger und ggf. außerplanmäßiger Abschreibungen sowie von Zuschreibungen vor.** Aufgrund der Anwendungsvoraussetzung eines aktiven Marktes ist diese Methode praktisch bedeutungslos. Da sie sich zudem nicht von der Neubewertungsmethode nach IAS 16 unterscheidet, wird hierauf verwiesen.

1.3.2 Zugangsbewertung

1.3.2.1 Vorbemerkung

Die Ermittlung der Anschaffungs- oder Herstellungskosten immaterieller Vermögenswerte folgt im Wesentlichen den in → C.I.1. dargestellten allgemeinen Grundsätzen. Nachfolgend sind die nach IAS 38 zu beachtenden Besonderheiten erläutert.

1.3.2.2 Besonderheiten bei der Anschaffungskostenermittlung

Für **einzeln erworbene** immaterielle Vermögenswerte bestehen keine Besonderheiten bei der Anschaffungskostenermittlung. Das gilt auch für Tauschvorgänge. IAS 38.25–30

Im Zuge eines **Unternehmenszusammenschlusses** zugegangene immaterielle Vermögenswerte sind nur anzusetzen, wenn ihr Zugangswert verlässlich ermittelbar ist (→ C.II.1.2.3.3). Ihr Ansatz erfolgt grundsätzlich zum *fair value*. Bei immateriellen Vermögenswerten, für die kein aktiver Markt existiert, wird der *fair value* anhand des Kaufpreises bestimmt, den das Unternehmen zum Übernahmezeitpunkt für den übernommenen immateriellen Vermögenswert bezahlt hätte. IAS 38.40

Für die Ermittlung des Kaufpreises ist der Handel mit einem fachkundigen, verkaufsbereiten Dritten zugrunde zu legen. Ferner sind bei der Ermittlung des *fair value* Erfahrungswerte aus ähnlichen Transaktionen zu berücksichtigen.

Immaterielle Vermögenswerte, die unentgeltlich oder zu einem unter ihrem *fair value* liegenden Preis von der **öffentlichen Hand** zugewendet wurden, sind im IAS 38.44 iVm IAS 20.23

Zugangszeitpunkt mit **dem Nominalwert der Gegenleistung zuzüglich etwaiger Anschaffungsnebenkosten anzusetzen**. Die Zuwendung ist in Höhe des Nominalwerts der Gegenleistung abzugrenzen und über die voraussichtliche Nutzungsdauer des Vermögenswerts aufzulösen.

IAS 38.44 iVm IAS 20.23

Alternative:

Immaterielle Vermögenswerte, die unentgeltlich oder zu einem unter ihrem *fair value* liegenden Preis von der öffentlichen Hand zugewendet wurden, sind im Zugangszeitpunkt mit **ihrem *fair value* anzusetzen**. Ihnen ist in gleicher Höhe ein passivischer Abgrenzungsposten für die erhaltene Zuwendung gegenüberzustellen.

1.3.2.3 Besonderheiten bei der Herstellungskostenermittlung

IAS 38.66 iVm IAS 38.71 Als Herstellungskosten sind nur solche Aufwendungen anzusetzen, die ab dem Zeitpunkt anfallen, an dem der immaterielle Vermögenswert erstmals die Voraussetzungen für eine Aktivierung (→ C.II.1.2, insbesondere C.II.1.2.3.4) erfüllt. Eine Nachaktivierung der zuvor erfolgswirksam behandelten Entwicklungskosten ist unzulässig.

IAS 38.65f. In sachlicher Hinsicht zählen dazu alle Aufwendungen, die der Schaffung, Herstellung und Vorbereitung des immateriellen Vermögenswerts auf seinen beabsichtigten Gebrauch direkt zugerechnet oder auf vernünftiger und stetiger Basis indirekt zugeordnet werden können (produktionsbezogene Vollkosten → C.I.1.3.2.2).

IAS 38.66 Zu den Herstellungskosten gehören unter anderem auch

- Gebühren für die Sicherung eines Rechtsanspruchs (z.B. Patentanmeldegebühren),
- Abschreibungen auf Patente und Lizenzen, die zur Entwicklung des Vermögenswerts genutzt werden.

IAS 38.66 iVm IAS 23.7 Fremdkapitalkosten sind **als Bestandteil der Herstellungskosten** zu berücksichtigen, wenn es sich bei dem Vermögenswert um ein ***qualifying asset*** (→ C.I.1.3.2.3.2) handelt.

Alternative:

Für Geschäftsjahre, die vor dem 1. Januar 2009 beginnen, ist hingegen noch die vorherige Regelung in IAS 23 anwendbar, nach der Fremdkapitalkosten sofort als Aufwand erfasst werden können. Für Geschäftsjahre, die am oder nach dem 1. Januar 2009 beginnen, ist dieses Wahlrecht nunmehr abgeschafft.

1.3.3 Folgebewertung

1.3.3.1 Vorbemerkung

Die Folgebewertung von immateriellen Vermögenswerten ist abhängig von der Zuordnung zu den folgenden Kategorien:

1. Immaterielle Vermögenswerte mit unbestimmter Nutzungsdauer bzw. Leistungsabgabe

2. Immaterielle Vermögenswerte mit endlicher, begrenzter Nutzungsdauer bzw. Leistungsabgabe

Die Folgebewertung von immateriellen Vermögenswerten mit begrenzter Nutzungsdauer basiert im Wesentlichen auf den in → C.I.1. dargestellten Grundsätzen.

1.3.3.2 Besonderheiten bei der planmäßigen Abschreibung

Bestimmbare Nutzungsdauer

Die planmäßige Abschreibung immaterieller Vermögenswerte erfolgt nach der **linearen Methode**. Sie beginnt, sobald der Vermögenswert verwendet werden kann. Sie endet mit dem Abgang des Vermögenswerts (→ C.II.1.5), nicht dagegen bereits mit seinem (früheren) Ausscheiden aus dem aktiven Gebrauch. **IAS 38.97f.**

Alternative:

Die **Methode** der planmäßigen Abschreibung immaterieller Vermögenswerte ist individuell nach **dem erwarteten Nutzenverbrauch** im Zeitablauf festzulegen. Kann der Verlauf nicht bestimmt werden, kommt die lineare Methode zur Anwendung. Die Abschreibung beginnt, sobald der Vermögenswert verwendet werden kann. **IAS 38.98**

Im Zugangsjahr ist der Abschreibungsbetrag **anteilig nach Monaten** zu ermitteln.

Bemessungsgrundlage für die planmäßige Abschreibung sind die **(fortgeführten) Anschaffungs- oder Herstellungskosten**. Ein Restwert ist nur zu berücksichtigen, wenn **IAS 38.100**

- sich eine dritte Partei verpflichtet hat, den Vermögenswert am Ende seiner Nutzungsdauer zu einem vorher bestimmten Preis zu erwerben, oder
- ein Restwert unter Rückgriff auf einen aktiven Markt ermittelt werden kann und es wahrscheinlich ist, dass ein solcher Markt auch am Ende der Nutzungsdauer des Vermögenswerts bestehen wird.

Alternative (Neubewertungsmethode): **IAS 38.75**

Bemessungsgrundlage für die planmäßige Abschreibung ist der **jeweils jüngste (fortgeführte) Neubewertungsbetrag** des immateriellen Vermögenswerts. Ein Restwert ist nur zu berücksichtigen, wenn

- sich eine dritte Partei verpflichtet hat, den Vermögenswert am Ende seiner Nutzungsdauer zu einem vorher bestimmten Preis zu erwerben, oder
- ein Restwert unter Rückgriff auf den aktiven Markt ermittelt werden kann und es wahrscheinlich ist, dass dieser Markt auch am Ende der Nutzungsdauer des Vermögenswerts bestehen wird.

Der **Abschreibungszeitraum** hat sich an der erwarteten Nutzungsdauer des immateriellen Vermögenswerts zu orientieren. **IAS 38.94**

Der Abschreibungszeitraum darf die Geltungsdauer eines etwaigen Rechtsanspruchs nicht überschreiten, kann aber abhängig von der geplanten Nutzungsdauer auch kürzer sein. Etwas anderes gilt nur dann, wenn der Rechtsanspruch erneuerbar und die Erneuerung so gut wie sicher ist, d.h., der Gesellschaft im Falle der Verlängerung lediglich unwesentliche Kosten entstehen.

Unbestimmte Nutzungsdauer

IAS 38.88 Ein immaterieller Vermögenswert hat eine unbestimmte Nutzungsdauer sofern keine zeitliche Befristung der aus dem immateriellen Vermögenswert dem Unternehmen zufließenden Netto-Cashflows absehbar ist (z.B. bei der Taxifahrerlizenz in New York, die vererbbar ist bzw. bei erworbenen Markenrechten).

IAS 38.107 In diesem Fall hat keine planmäßige Abschreibung zu erfolgen.

IAS 38.108 Entsprechend den Regelungen des IAS 36 ist eine Gesellschaft dazu verpflichtet einen immateriellen Vermögenswert mit unbestimmter Nutzungsdauer

- zumindest einmal jährlich oder
- beim Vorliegen von Indikatoren, die auf eine Wertminderung schließen lassen sofort

einem Werthaltigkeitstest (*impairment test*) zu unterziehen (→ C.I.1.3.3.2).

IAS 38.109f. Die Einschätzungen betreffend der unbestimmten Nutzungsdauer sind in jedem Berichtszeitraum erneut zu überprüfen. Falls sich die Annahme einer unbestimmten Nutzungsdauer nicht länger stützen lässt, sind die sich hieraus ergebenden Änderungen als Änderung von Schätzungen im Sinne des IAS 8 zu erfassen.

IAS 38.104 iVm IAS 8 **Abschreibungsmethode** und **Abschreibungszeitraum** sind zumindest zum Ende eines jeden Geschäftsjahrs zu überprüfen. Eine ggf. notwendige **Anpassung** der Abschreibungsmethode oder der Nutzungsdauer stellt eine Änderung von Schätzungen i.S.v. IAS 8 dar. Sie ist nach den in → C.I.4. dargelegten Grundsätzen zu behandeln.

Neben obig beschriebenem Fall des Übergangs von unbestimmter Nutzungsdauer zu einer bestimmbaren und damit begrenzten Nutzungsdauer, ist auch der umgekehrte Fall denkbar. In diesem Fall ist unseres Erachtens nach die jährliche planmäßige Abschreibung einzustellen. Auch dieser Übergang ist folgelogisch dann als Änderung von Schätzungen nach IAS 8 auszuweisen (→ C.I.4.).

1.3.3.3 Besonderheiten bei der außerplanmäßigen Abschreibung

IAS 38.111 Die Notwendigkeit einer außerplanmäßigen Abschreibung immaterieller Vermögenswerte beurteilt sich nach IAS 36 (→ C.I.1.3.3.2).

Immaterielle Vermögenswerte, die über einen Zeitraum von mehr als 20 Jahren planmäßig abgeschrieben werden, müssen infolge des *business combinations*-Projekts nicht mehr jährlich einem Werthaltigkeitstest unterzogen werden, sondern werden nur noch bei Vorliegen von Wertminderungsindikatoren einem Werthaltigkeitstest (*impairment test*) unterzogen.

Für folgende immaterielle Vermögenswerte ist ein **jährlicher Werthaltigkeitstest** durchzuführen:

- immaterielle Vermögenswerte mit einer **unbestimmten Nutzungsdauer**, unabhängig davon, ob Indikatoren darauf hindeuten, dass eine **Wertminderung** vorliegt;
- immaterielle Vermögenswerte, die **noch nicht genutzt werden** oder **zur Nutzung zur Verfügung stehen**;
- **Goodwill, der im Rahmen eines Unternehmenserwerbes zugegangen ist.**

1.3.3.4 Besonderheiten bei der Neubewertung

Die Neubewertungsmethode ist auf alle (aktivierten) immateriellen Vermögenswerte anzuwenden, die hinsichtlich Art und Verwendung im Unternehmen ähnlich sind und für die ein aktiver Markt existiert. Vermögenswerte, die diese Bedingung nicht erfüllen, sind mit ihren um planmäßige (→ C.II.1.3.3.2) und außerplanmäßige Abschreibungen (→ C.II.1.3.3.3) fortgeführten Anschaffungs- oder Herstellungskosten zu bewerten. **IAS 38.75f., 76(a)** **IAS 38.75, .81**

Hinsichtlich der Durchführung und der bilanziellen Umsetzung von Neubewertungen gelten die allgemeinen Grundsätze (→ C.I.1.). Das gilt insbesondere für **IAS 38.75**

- die Häufigkeit von Neubewertungen,
- die Behandlung der kumulierten Abschreibungen,
- die Bildung und Auflösung einer Neubewertungsrücklage.

Bei selbst erstellten immateriellen Vermögenswerten ist die Neubewertung auf den Vermögenswert als Ganzes anzuwenden. Das gilt auch dann, wenn in der Herstellungsphase als Folge der zunächst nicht erfüllten Ansatzkriterien (→ C.II.1.2.3, siehe insbesondere → C.II.1.2.3.4) nur ein Teil der Entwicklungskosten aktiviert worden ist.

Fällt die Möglichkeit einer Neubewertung unter Bezugnahme auf einen aktiven Markt weg, ist die Folgebewertung auf Basis des jüngsten Neubewertungsbetrags fortzuführen. Zudem ist eine Werthaltigkeitsprüfung nach IAS 36 (→ C.I.1.) vorzunehmen. **IAS 38.83**

Im Falle eines späteren Wiederauflebens des aktiven Markts ist erneut auf die Neubewertungsmethode überzugehen. **IAS 38.84**

1.4 Nachträgliche Ausgaben *(subsequent expenditure)*

Nach den allgemeinen Aktivierungskriterien (→ C.II.1.2.3) sind nachträgliche Ausgaben für einen immateriellen Vermögenswert nur dann anzusetzen, wenn die Ausgaben **IAS 38.68–.70**

- wahrscheinlich einen künftigen wirtschaftlichen (Zusatz-)Nutzen schaffen und
- zuverlässig ermittelt und dem Vermögenswert unmittelbar zugeordnet werden können.

Im Regelfall dienen nachträgliche Ausgaben dazu, den von einem immateriellen Vermögenswert verkörperten wirtschaftlichen Nutzen zu erhalten (z.B. Aufwendungen für die Anpassung des Berechnungsalgorithmus einer kaufmännischen Software an einen veränderten Mehrwertsteuersatz). Zudem lassen sich die nachträglichen Ausgaben des Unternehmens für das immaterielle Vermögen vielfach **IAS 38.30** nicht einzelnen *assets*, sondern nur der Geschäftstätigkeit als Ganzes zurechnen. Aus diesem Grund kommt eine Aktivierung der Ausgaben für vom Unternehmen gehaltene immaterielle Vermögenswerte nur in seltenen Ausnahmefällen in Betracht.

Generell von einer Aktivierung ausgeschlossen sind nachträgliche Ausgaben für selbst geschaffene Markennamen, Drucktitel, Verlagsrechte, Kundenlisten sowie ihrem Wesen nach ähnliche Sachverhalte.

1.5 Abgang (*retirements and disposals*)

IAS 38.112f. Immaterielle Vermögenswerte sind auszubuchen, wenn sie tatsächlich abgehen (z.B. durch Verkauf) oder wenn kein wirtschaftlicher Nutzen aus ihrer Verwendung mehr zu erwarten ist.

Die Differenz zwischen dem Buchwert und einem etwaigen Nettoveräußerungserlös ist in der Gewinn- und Verlustrechnung z.B. unter der Position sonstige betriebliche Erträge bzw. sonstige betriebliche Aufwendungen zu erfassen.

IAS 38.114f. Der Abgangszeitpunkt ist nach den Kriterien für die Erlösrealisation beim Verkauf von Gütern zu bestimmen. Werden einzelne Bestandteile eines immateriellen Vermögenswerts ausgetauscht, kann es erforderlich sein, den anteiligen Restbuchwert der ersetzten Teile auszubuchen. Zu Einzelheiten sei auf die allgemeinen Darlegungen in → C.I.1. verwiesen.

1.6 Sonderprobleme

1.6.1 Selbst erstellte Webseite

SIC 32.7 –.9 Eine vom Unternehmen selbst erstellte und genutzte Website fällt unter den Anwendungsbereich von IAS 38. Die für die Erstellung der Website angefallenen Kosten sind zu aktivieren, wenn die Website

- die Definitionsmerkmale eines *asset* (→ C.II.1.2.2) und
- die ergänzenden Ansatzkriterien (→ C.II.1.2.3) für die Aktivierung von Entwicklungskosten (→ C.II.1.2.3.4) erfüllt.

Eine wesentliche Voraussetzung für die Aktivierung der angefallenen Aufwendungen ist demnach der Nachweis eines wirtschaftlichen Nutzenzuflusses aus der Website. Er kann nur erbracht werden, wenn die Aufgabe der Website sich nicht allein darin erschöpft, für Produkte und Dienste des Unternehmens zu werben. Das ist etwa der Fall, wenn Kunden auf der Website Bestellungen aufgeben können.

Erfüllt die Website die Definitionsmerkmale eines Vermögenswerts, sind die zu ihrer Erstellung aufgewendeten Entwicklungskosten zu aktivieren, soweit sie die oben erläuterten Voraussetzungen erfüllen. Für eine Aktivierung können sich vor allem folgende Aufwendungen qualifizieren:

- Entwicklung der IT-Infrastruktur,
- Entwicklung des graphischen Designs der Website,
- Entwicklung des inhaltlichen Angebots (z.B. Informationen zu Produkten, die zum Kauf angeboten werden).

Nach (erstmaliger) Fertigstellung der Website anfallende Aufwendungen sind nach den unter → C.II.1.4 dargestellten Grundsätzen zu behandeln. **SIC 32.9d**

Für die Folgebewertung gelten die allgemeinen Bestimmungen des IAS 38. Die Nutzungsdauer sollte eher kurz geschätzt werden. **SIC 32.10**

1.6.2 Dienstleistungslizenzen

Die Bilanzierung des Betriebs von öffentlicher Infrastruktur im Rahmen von sogenannten öffentlich-privaten Partnerschaften (*public-private-partnerships*) durch private Unternehmen als Lizenznehmer der öffentlichen Hand wird vom IASB wie folgt interpretiert. **IFRIC 12**

Zunächst ist zu prüfen, ob eine Dienstleistungslizenz im Sinne der IASB Interpretation vorliegt. Dazu müssen folgende Eigenschaften kumulativ erfüllt sein:

- der Lizenzgeber überträgt an den Lizenznehmer eine öffentliche Dienstleistungsverpflichtung;
- der Lizenzgeber bestimmt die Leistungen, Empfänger und Preise;
- dem Lizenzgeber fällt der Restwert nach Vertragsablauf zu;
- die Infrastruktur wird vom Betreiber angeschafft, hergestellt oder vom Lizenzgeber zum Betrieb überlassen.

Wenn demnach eine Dienstleistungslizenz vorliegt, sind hinsichtlich der Bilanzierung beim privaten Lizenznehmer festzustellen, inwieweit

- der Lizenznehmer von den Nutzern der Infrastruktur vergütet wird und er somit Chancen und Risiken aus der Nutzung trägt („*Intangible asset model*"), **IFRIC 12.17**
- der Lizenznehmer einen vertraglichen Anspruch gegen den Lizenzgeber auf eine bestimmbare Vergütung (oder Anspruch auf einen Differenzausgleich zwischen den von den Nutzern erhaltenen Vergütungen und einem bestimmbaren Vergütungsbetrag) hat („*Financial asset model*"). **IFRIC 12.16**

Soweit der private Lizenznehmer von den Nutzern der Infrastruktur vergütet wird, bilanziert der Lizenznehmer einen immateriellen Vermögenswert gemäß IAS 38. Der immaterielle Vermögenswert stellt das Recht dar, mit Hilfe der Infrastruktur Erträge zu erwirtschaften. Die Zugangsbewertung des immateriellen Vermögenswertes erfolgt mit seinem *fair value*. Dieser kann durch einen dem Projekt angemessenen Gewinnaufschlag auf die Anschaffungs- bzw. Herstellungskosten der Infrastruktur bestimmt werden.

Eine Aktivierung der Infrastruktur als Sachanlagen mit einer korrespondierenden Rückstellung für die Rückgabeverpflichtung ist nach (umstrittener) Meinung des IASB nicht vorzunehmen, da im Rahmen einer solchen Dienstleistungslizenz keine hinreichende Verfügungsmacht des Lizenznehmers über die Infrastruktur gegeben ist. **IFRIC 12.11**

Die Ertragsrealisation bei der Herstellung der Infrastruktur richtet sich nach IAS 11 (→ C.II.5.). Die Erfassung von Erträgen und Aufwendungen aus der Leistungserbringung erfolgt nach den Vorgaben von IAS 11 bzw. IAS 18. Für Instandhaltungs- und Sachleistungsverpflichtungen aus dem Lizenzvertrag sind ggf. Rückstellungen gemäß IAS 37 zu bilden. Im Falle einer Paketvergütung sind die Ertragsbestandteile, wenn möglich, nach dem Verhältnis ihrer *fair values* aufzuteilen. **IFRIC 12.13**

C.II

Soweit der private Lizenznehmer in bestimmbarem Ausmaß vom Lizenzgeber vergütet wird, erfolgt die Bilanzierung nicht als immaterieller Vermögenswert, sondern als finanzieller Vermögenswert gemäß IAS 39. Die Gegenleistung für die Anschaffung bzw. Herstellung oder die Betriebsübernahme der Infrastruktur ist in diesem Fall der Barwert der Netto-Cashflows vom Lizenzgeber an den Lizenznehmer aus dem Vertrag. Die Bewertung des finanziellen Vermögenswerts erfolgt in den Folgejahren zu fortgeführten Anschaffungskosten (→ C.II.4.1.6.3). Die Ertragsrealisation richtet sich nach IAS 11 (→ C.II.5.).

IFRIC 12.IE27ff. Wenn eine Dienstleistungslizenzvereinbarung für den Lizenznehmer sowohl eine bestimmbare als auch eine nutzungsabhängige Vergütung vorsieht, ist sowohl ein immaterieller als auch ein finanzieller Vermögenswert zu bilanzieren. Die Aufteilung der Anschaffungs- bzw. Herstellungskosten bei der Zugangsbewertung der beiden Assets richtet sich nach den jeweiligen *fair values*: Der finanzielle Vermögenswert ist der Barwert der bestimmbaren Netto-Cashflows vom Lizenzgeber, der immaterielle Vermögenswert ist dann als Unterschiedsbetrag zu berechnen. Er ergibt sich als Differenz aus den mit einem Gewinnaufschlag versehenen gesamten Ausgaben zur Bereitstellung der Infrastruktur abzüglich des Werts des zuvor ermittelten finanziellen Vermögenswerts aus den bestimmbaren Netto-Cashflows.

Beispiel zur Bilanzierung von Dienstleistungslizenzen (aus IFRIC 12 IE)

Gemäß den Vertragsbedingungen zum Bau und Betrieb eines Autobahnabschnitts ist der Lizenznehmer zu folgenden Leistungen verpflichtet:

- Fertigstellung des Baus innerhalb von 2 Jahren,
- Aufrechterhaltung des Betriebs für 8 Jahre nach Fertigstellung,
- Erneuerung der Fahrbahndecke bei Feststellung von im Vertrag spezifizierten Abnutzungserscheinungen.

Der Lizenznehmer schätzt, dass nach 6 Jahren Nutzung eine Erneuerung der Fahrbahndecke erforderlich wird. Nach Ablauf von 10 Jahren ab Baubeginn endet die Lizenz und der Autobahnabschnitt geht auf die öffentliche Hand über.

Es wird unterstellt, dass der Lizenznehmer seine Kosten ausschließlich mit Fremdmitteln finanziert, die aus Einnahmenüberschüssen getilgt werden. Der Zinssatz soll sich auf 6,7 % p.a. bezogen auf den ausstehenden Betrag belaufen.

Der Lizenznehmer rechnet mit folgenden Kosten im Rahmen der Erbringung der vertraglichen Pflichten:

Übersicht Kosten	Jahr	Kosten
Herstellungskosten Baumaßnahmen	1 2	500 500
Betriebskosten pro Jahr	3–10	10
Erneuerung der Fahrbahndecke	8	100

Somit ist von folgendem Cashflow auszugehen:

Cashflow	**01**	**02**	**03**	**04**	**05**	**06**	**07**	**08**	**09**	**10**	**Summe**
Einnahmen	0	0	200	200	200	200	200	200	200	200	1.600
Ausgaben											
gemäß Vertrag	–500	–500	–10	–10	–10	–10	–10	–110	–10	–10	–1.180
Zinsaufwand	0	–34	–69	–61	–53	–43	–33	–23	–19	–7	- 342
Cashflow	**–500**	**–534**	**121**	**129**	**137**	**147**	**157**	**67**	**171**	**183**	**78**

Fall 1: *Intangible Asset* Modell IFRIC 12.IE14

Gemäß den Vertragsbedingungen wird der Lizenznehmer von den Autobahnnutzern vergütet, indem er Mautgebühren erhebt. Es wird mit Einnahmen in Höhe von 200 in den Jahren 3–10 gerechnet. Alle Zahlungen werden vereinfachend am Jahresende angenommen.

Der Lizenznehmer erwirbt im Austausch gegen seine Bauleistung das Recht, von den Autobahnnutzern Mautgebühren einzunehmen. Gemäß IAS 38 wird dieses Recht als immaterieller Vermögenswert mit seinem fair value bewertet. Dieser wird angenommen als Herstellungskosten plus 5 % Gewinnzuschlag. Fremdkapitalkosten werden hinzuaktiviert:

Bewertung des erworbenen Rechts	**Kosten**
Herstellungskosten Jahr 1 plus 5 % Gewinnmarge	525
Bilanzwert zum 31.12.01	525
Aktivierung von Fremdkapitalkosten	34
Herstellungskosten Jahr 2 plus 5 % Gewinnmarge	525
Bilanzwert zum 31.12.02	1.084

Der immaterielle Vermögenswert wird in den Jahren 3–10 linear mit jeweils 135 abgeschrieben.

Die Ermittlung der Beträge für die Gewinn- und Verlustrechnung setzt sich aus mehreren Komponenten zusammen:

- Bezüglich der Baumaßnahmen wird IAS 11 (Fertigungsaufträge) angewendet mit der Folge, dass in den Jahren 1 und 2 jeweils Gewinne in Höhe von 25 anfallen (Leistungen 525 minus Kosten 500).
- Die Mauteinnahmen führen bei Zahlung zu Umsatzerlösen.
- Für die Verpflichtung zur Erneuerung der Fahrbahndecke wird gemäß IAS 37 eine Rückstellung angesammelt und über die Laufzeit aufgezinst (Aufzinsungssatz 6 %).

Gewinn- und Verlustrechnung	**01**	**02**	**03**	**04**	**05**	**06**	**07**	**08**	**09**	**10**	**Summe**
Umsatzerlöse	525	525	200	200	200	200	200	200	200	200	2.650
Abschreibung	0	0	–135	–135	–136	–136	–136	–136	–135	–135	–1.084
Aufwand für Fahrbahn-erneuerung	0	0	–12	–14	–15	–17	–20	–22	0	0	–100
Andere Umsatz-kosten	–500	–500	–10	–10	–10	–10	–10	–10	–10	–10	–1.080
Zinsaufwand	0	0	–69	–61	–53	–43	–33	–23	–19	–7	–308
Gewinn	**25**	**25**	**–26**	**–20**	**–14**	**–6**	**1**	**9**	**36**	**48**	**78**

Die Bilanzpositionen entwickeln sich demgemäß wie folgt:

Bilanz	**01**	**02**	**03**	**04**	**05**	**06**	**07**	**08**	**09**	**10**
Immaterieller Vermögenswert	525	1.084	949	814	678	542	406	270	135	0
Bankguthaben (+) bzw. Schulden (–)	–500	–1.034	–913	–784	–647	–500	–343	–276	–105	78
Rückstellung	0	0	–12	–26	–41	–58	–78	0	0	0
Eigenkapital	**25**	**50**	**24**	**4**	**–10**	**–16**	**–15**	**–6**	**30**	**78**

IFRIC 12.IE1 Fall 2: *Financial Asset* Modell

Im Unterschied zum Intangible Asset Modell sehen die Vertragsbedingungen vor, dass der Lizenznehmer vom Lizenzgeber jährliche Vergütungen als Gegenleistung zur Verfügungstellung des Autobahnabschnitts Zahlungen in Höhe von 200 in den Jahren 3 bis10 erhält. Alle Zahlungen werden vereinfachend am Jahresende angenommen.

Der Lizenznehmer bilanziert eine Forderung gegen den Lizenzgeber gemäß IAS 39. Die Erlösrealisation wird gemäß der Vorgaben in IAS 11 und IAS 18 in der Gewinn- und Verlustrechnung abgebildet. Die Anfangsbewertung der Forderung im Jahr 01 erfolgt zum fair value. In den Folgejahren wird die Forderung um fällige Zinsen erhöht und um erhaltene Tilgungen vermindert. Zur Anfangsbewertung werden folgende Annahmen bezüglich der Gewinnmarge in Bezug auf die jeweiligen Kosten der einzelnen vertraglichen Leistungen getroffen:

Bewertung der Forderung	**Marge**
	%
Baumaßnahmen	5
Laufender Betrieb	20
Erneuerung der Fahrbahndecke	10
Effektiver Zinssatz 6,18 %	

Angenommen, die erwarteten Cashflows stellen sich tatsächlich ein, entwickelt sich die Forderung bei Anwendung eines Effektivzinssatzes von 6,18 % in den Jahren 01–03 wie folgt:

Entwicklung der Forderung in 01–03	
Leistung aus Baumaßnahmen in 01 (500 x (1 + 5 %))	525
Forderung am 31.12.01	525
Verzinsung der Forderung aus 01 (525 x 6,18 %)	32
Leistung aus Baumaßnahmen in 02	525
Forderung am 31.12.02	1.082
Verzinsung der Forderung aus 02 (1.082 x 6,18 %)	67
Leistung aus dem Betrieb in 03 (10 x (1 + 20 %))	12
Erhaltene Zahlungen vom Lizenzgeber	–200
Forderung am 31.12.03	961

In die Gewinn- und Verlustrechnung gehen folgende Beträge ein:

Gewinn- und Verlustrechnung	**01**	**02**	**03**	**04**	**05**	**06**	**07**	**08**	**09**	**10**	**Summe**
Umsatzerlöse	525	525	12	12	12	12	12	122	12	12	1.256
Umsatzkosten	–500	–500	–10	–10	–10	–10	–10	–110	–10	–10	–1.180
Zinsertrag (6,18 % p.a.)	0	32	67	59	51	43	34	25	22	11	344
Zinsaufwand (6,70 % p.a.)	0	–34	–69	–61	–53	–43	–33	–23	–19	–7	–342
Gewinn	**25**	**23**	**0**	**0**	**0**	**2**	**3**	**14**	**5**	**6**	**78**

Die Bilanz zeigt folgendes Bild:

Bilanz	**01**	**02**	**03**	**04**	**05**	**06**	**07**	**08**	**09**	**10**
Forderung gegen Lizenzgeber	525	1.082	961	832	695	550	396	343	177	0
Bankguthaben (+) bzw. Schulden (-)	–500	–1.034	–913	–784	–647	–500	–343	–276	–105	78
Eigenkapital	**25**	**48**	**48**	**48**	**48**	**50**	**53**	**67**	**72**	**78**

1.6.3 Exploration und Evaluierung von mineralischen Rohstoffen

Soweit Unternehmen als Geschäftsmodell die Gewinnung von Bodenschätzen betreiben, haben sie bei der Bilanzierung einen für diesen Industriezweig gesonderten Standard, nämlich IFRS 6, zu beachten. Die Entwicklung des Standards wurde von den international tätigen Erdöl- und Erdgasunternehmen beeinflusst. Die Gewinnung von Bodenschätzen betrifft jedoch auch andere Unternehmen, so z.B. Betriebe der Steine-, Tone- und Mineralwasserindustrie.

Nach der Vorstellung des IASB lassen sich die Aktivitäten im Zusammenhang mit der Exploration und Evaluierung von mineralischen Rohstoffen in zeitlicher Reihenfolge in drei Phasen unterteilen:

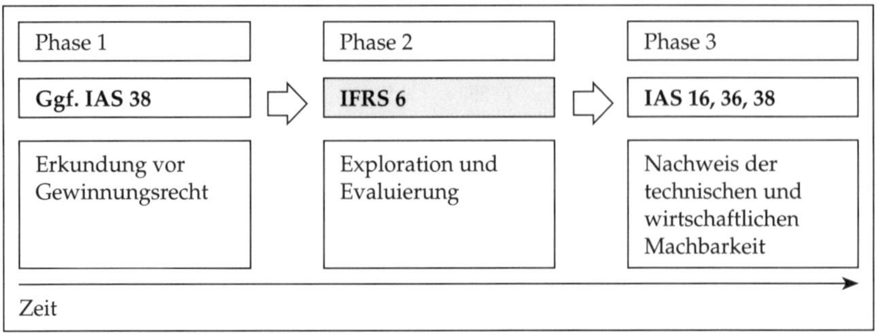

Abbildung 17: Bilanzierung bei Exploration und Evaluierung von Bodenschätzen IFRS 6

IFRS 38.27 **IFRS 6.BC13** **IFRS 6.BC27** IFRS 6 ist nur auf die mittlere Phase anzuwenden. Kosten, die in Phase 1 entstehen, sind unter den Voraussetzungen des IAS 38 als Anschaffungsnebenkosten für die spätere Genehmigung zur Rohstoffgewinnung aktivierbar (→ C.I.1.3.2). Baumaßnahmen führen in dieser Phase zu Sachanlagen. Kosten, die in Phase 3 entstehen, sind unter den Voraussetzungen des IAS 38 als Entwicklungskosten des Rohstoffvorkommens zu aktivieren (→ C.II.1.2.3.4).

IFRS 6.9 Als nicht abschließend zu verstehende Kosten, die in Phase 2 zu einer Aktivierung führen können, führt der Standard auf:

- Erwerb von Rechten zur Exploration
- Topographische, geologische, geochemische und geophysikalische Studien
- Probebohrungen
- Erdbewegungen
- Probenentnahmen
- Tätigkeiten in Zusammenhang mit der Beurteilung der technischen Durchführbarkeit und wirtschaftlichen Rentabilität

IFRS 6.11 **IFRS 6.12** Für Rückbauverpflichtungen sind gemäß IAS 37 Rückstellungen zu bilden und den Anschaffungs- und Herstellungskosten hinzuzurechnen (→ C.III.2.). Nach dem erstmaligen Ansatz zu Anschaffungs- oder Herstellungskosten sind die Vermögenswerte aus Exploration und Evaluierung entweder nach dem Anschaffungskostenmodell oder nach dem Neubewertungsmodell zu bewerten (→ C.II.1.3.3; → C.II.2.3.3).

IFRS 6.18–.20 Hinsichtlich der Feststellung einer Wertminderung werden Vermögenswerte aus Exploration und Evaluierung gegenüber anderen Vermögenswerten privilegiert. Danach sind nur dann die Regelungen des IAS 36 (→ C.I.1.3.3.2) anzuwenden, wenn eine oder mehrere bzw. ähnliche der folgenden Tatsachen oder Umstände vorliegen:

- Das Recht zur Exploration und Evaluierung ist abgelaufen oder läuft bald ab und wird voraussichtlich nicht verlängert.
- Für das Explorationsvorhaben sind in der Unternehmensplanung keine wesentlichen Ressourcen mehr budgetiert.
- Eine wirtschaftlich rentable Ausbeutung der gefundenen Rohstoffe erscheint nicht möglich, so dass das Unternehmen die Einstellung weitere Aktivitäten für dieses Explorationsprojekt beschlossen hat.

- Trotz wahrscheinlicher Fortsetzung der Exploration wird offenbar, dass die spätere Förderung der Rohstoffe oder der Verkauf des Vorkommens die Projektkosten nicht decken werden.

Der Ausweis der Vermögenswerte richtet sich nach ihrer Art, entweder als immaterielle Vermögenswerte (z.B. Bohrrechte) oder als Sachanlagen (z.B. Förderanlagen). **IFRS 6.15**

Mit Eintritt in Phase 3, endet der Anwendungsbereich des IFRS 6 mit der Folge, dass die Vermögenswerte fortan den allgemeinen Bilanzierungsvorschriften bezüglich immateriellen Vermögenswerten und Sachanlagen gemäß IAS 16, IAS 36 und IAS 38 unterliegen. **IFRS 6.17**

1.6.4 Emissionsrechte

1.6.4.1 Grundlagen

Im Kyoto-Protokoll vom 11. Dezember 1997 haben sich fast alle Mitgliedstaaten der Vereinten Nationen verpflichtet, einen Betrag zur kosteneffizienten Reduzierung von Emissionen, die für die Entstehung des Treibhauseffektes verantwortlich sind, zu leisten.

Zur Umsetzung dieses Protokolls hat die europäische Kommission mit der EU-Emissionshandelsrichtlinie 2003/87/EG vom 25. Januar 2003 ihre Mitgliedsstaaten zur Reduzierung der Emissionen an Treibhausgasen bis 2012 um 8 % des Niveaus von 1990 verpflichtet. Da CO_2-Emissionen den größten Anteil an der Entstehung des Treibhauseffektes haben, richtet sich die EU-Richtlinie in der ersten Phase an Unternehmen, die in CO_2-intensiven Branchen tätig sind. Dies betrifft Unternehmen aus den Branchen: Energieerzeugung, Metallverarbeitung, Keramik, Baustoffe, Glas und Papier. In der zweiten Phase sollen die Bestimmungen der EU-Richtlinie auch für Unternehmen gelten, die Emittenten anderer Gase sind, die auch für die Entstehung des Treibhauseffektes verantwortlich gemacht werden.

Zur Verringerung der Emissionen sieht die EU-Richtlinie die Ausgabe von frei handel- und übertragbaren Emissionszertifikaten vor. Ein Zertifikat verbrieft hierbei die Erlaubnis zur Emission von einer Tonne CO_2. Der Handel mit den Emissionszertifikaten begann am 1. Januar 2005.

Die EU-Richtlinie wurde durch den Gesetzgeber durch das Treibhaus-Emissionshandelsgesetz (TEHG) und das Gesetz über den nationalen Zuteilungsplan für Emissionsberechtigungen in der Zuteilungsperiode 2005–2007 (Zuteilungsgesetz 2007-ZuG 2007) sowie zuletzt durch das Zuteilungsgesetz 2012 (ZuG 2012) in nationales Recht transferiert.

Das TEHG sieht in den Zuteilungsperioden von 2005–2007 bzw. 2008–2012 vor, den Unternehmen jeweils am 28. Februar eines jeden Jahres kostenlos Emissionszertifikate zuzuteilen.

Bis zum 31. März eines jeden Jahres haben die Unternehmen einen Bericht über die im vergangenen Jahr abgegebenen CO_2-Emissionen beim Umweltministerium einzureichen.

Unterschreitet ein Unternehmen das vorgegebene Emissionsvolumen, so kann es die überschüssigen Emissionszertifikate verkaufen. Falls ein Unternehmen nicht über eine seinen Emissionen entsprechende Anzahl von Emissionsrechten verfügt, so muss es diese nachkaufen. Am 30. April eines jeden Jahres werden beim Emissionshandelsregister entsprechend dem im Emissionsbericht angegebenen Emissionsvolumen, Emissionsrechte vom Konto des Unternehmens gelöscht. Kauft ein Unternehmen im Falle einer Unterdeckung nicht nach, so muss es für jede Tonne an CO_2-Gasen, die ausgestoßen wird und für die es über keine Emissionsrechte verfügt, eine Strafe in Höhe von 40 €/t zahlen. Die Abgabeverpflichtung für die nicht vorhandenen Emissionsrechte erlischt durch die Strafzahlung nicht.

Wegen einer möglichen Verzerrung in der Darstellung der Vermögens- und Ertragslage der Unternehmen hat das EFRAG (European Financial Reporting Advisory Group) die Übernahme des IFRIC 3 durch die EU-Kommission im Rahmen des Endorsement-Verfahrens nicht empfohlen. Aufgrund dieser Empfehlung hat sich das IASB in seiner Sitzung am 22. und 23. Juni 2005 entschlossen, den IFRIC 3 zurückzuziehen. Der IASB stimmt dem Einwand des EFRAG somit zu.

Die Anwendung der Regelungen des IFRIC 3 würde unabhängig vom gewählten Bewertungsmodel (*cost-model* oder *revaluation-model*) zu einer verfälschten Darstellung der Vermögens- und Ertragslage von Unternehmen führen. Diese verzerrte Darstellung ist vor allem bei Anwendung des *cost-model* auf die Unterschiede in der Bewertung der Emissionsrechte und der Bewertung der Rückstellungen zurückzuführen.

So sind die Emissionsrechte bei Anwendung des *cost-model* mit den Anschaffungskosten zu bewerten, die Rückstellungen hingegen sind mit dem beizulegenden Wert (*fair value*) zu jedem Stichtag zu bewerten. Aufgrund der unterschiedlichen Bewertung ist die Rückstellung erfolgswirksam auf- oder abzustocken, auch wenn die Emissionsrechte zur Erfüllung der Abgabeverpflichtung ausreichen.

Infolge dessen ist unserer Auffassung nach eine Anwendung von IFRIC 3 nicht mehr zulässig. Die Ausgestaltung der Regelungslücke in Anlehnung an die Vorschriften des IDW RS HFA 15 ermöglicht unseres Erachtens eine bessere Darstellung der Vermögens- und Ertragslage des Unternehmens und wird daher nachfolgend dargestellt.

1.6.4.2 Ansatz und Ausweis

Handelsrechtlich betrachtet ist ein Emissionsrecht aufgrund seiner Handelbarkeit selbstständig verwertbar und ist somit ein Vermögensgegenstand nach § 246 Abs. 1 HGB. Emissionsrechte gehören zu den immateriellen Vermögensgegenständen und sind unabhängig davon, ob sie für eigene Emissionen benötigt werden oder zu Handelszwecken gehalten werden, als Umlaufvermögen auszuweisen.

Unentgeltlich erworbene Emissionsrechte sind ab dem Zeitpunkt der Eintragung in das Emissionshandelsregister zu aktivieren.

Emissionsrechte, die zur Deckung der CO_2-Emissionen des Produktionsprozesses dienen, sind im Vorratsvermögen auszuweisen, sofern der Betrag der Emissionszertifikate wesentlich ist. Emissionsrechte, die zu Handelszwecken gehalten werden, sind als sonstige Vermögensgegenstände auszuweisen.

1.6.4.3 Bewertung der Emissionsrechte

Die Zugangsbewertung von Emissionszertifikaten wird durch die Form ihres Erwerbs bestimmt.

Werden Emissionsrechte im Rahmen des Emissionsrechtehandels entgeltlich erworben, so sind sie im Zugangszeitpunkt mit ihren Anschaffungskosten zu bewerten (§ 255 Abs. 1 HGB).

Für unentgeltlich erworbene Vermögensgegenstände besteht ein Wahlrecht, diese mit dem vorsichtig geschätzten Zeitwert oder mit dem Erinnerungswert anzusetzen. In der Praxis wird zumeist im Sinne einer transparenten Darstellung der Vermögens- und Finanzlage der Ansatz zum Zeitwert präferiert.

Die kostenlose Ausgabe der Emissionszertifikate an die Unternehmen erfolgt mit dem Ziel, die Unternehmen von der zukünftigen wirtschaftlichen Belastung infolge ihrer Emissionen freizustellen.

Aus diesem Grund ist eine periodenkongruente, erfolgswirksame Erfassung zusammen mit den Aufwendungen, die durch die Emissionen begründet sind, geboten. Eine erfolgswirksame Erfassung der Emissionszertifikate im Zeitpunkt ihrer Gewährung scheidet somit aus. Vielmehr ist ein passiver Sonderposten zu bilden, der zwischen Eigenkapital und Rückstellungen auszuweisen ist. Als Bezeichnung für diesen Sonderposten wird „Sonderposten für unentgeltlich ausgegebene Schadstoffemissionsrechte" vorgeschlagen.

Werden Emissionsrechte, die zu ihrem Zeitwert angesetzt wurden, veräußert, so sind die Erträge bzw. Verluste ergebniswirksam zu berücksichtigen. Der Erfolgsausweis hat unter den sonstigen betrieblichen Erträgen bzw. Aufwendungen zu erfolgen.

Wurde hingegen im Zeitpunkt der Zuteilung vom Wahlrecht zur Bewertung mit dem Erinnerungswert Gebrauch gemacht, so ist die Ergebniswirkung durch die Bildung eines Sonderpostens für unentgeltlich ausgegebene Schadstoffemissionsrechte bis zur Höhe des Zeitwerts der Emissionsrechte, zu neutralisieren. Ein etwaiger Ertrag kann somit nur in Höhe des übersteigenden Betrags realisiert werden.

Vorabverträge über noch nicht im Emissionsregister eingetragene Emissionsrechte sind schwebende Verträge. Eventuell bereits geleistete Zahlungen sind daher als An-/Vorauszahlungen zu erfassen.

Da für die Emissionszertifikate als Teil des Umlaufvermögens das strenge Niederstwertprinzip gilt, ist sofern der Marktpreis zum Stichtag unter den Buchwert der Emissionszertifikate gefallen ist, eine Abschreibung auf diesen niedrigeren Wert vorzunehmen.

1.6.4.4 Bewertung der Verpflichtung zur Abgabe von Emissionsrechten

Jedes Unternehmen, das unter die Regelungen des TEHG fällt, ist verpflichtet zum 31. März eines jeden Jahres einen zertifizierten Emissionsbericht über die im vergangenen Jahr vorgenommenen Emissionen an CO_2 vorzulegen. Entsprechend den im Emissionsbericht angegebenen Mengen an ausgestoßenem CO_2 sind zum 30. April Emissionsrechte abzugeben. Aufgrund dieser Verpflichtung zur Abgabe ist nach § 249 Abs. 1 Satz 1 HGB eine Rückstellung für ungewisse Verbindlichkeiten zu bilden.

Bei der Bemessung der zu bildenden Rückstellung sind die Grundsätze für die Bewertung von Sachleistungsverpflichtungen zu berücksichtigen. Bei der Bildung der Rückstellung ist auf den Wert der zur Deckung der Abgabeverpflichtung notwendigen Emissionszertifikate abzustellen. Hierbei sind bereits im Besitz des Unternehmens befindliche Emissionszertifikate mit ihrem Buch- bzw. Erinnerungswert anzusetzen. Zusätzlich ist eine Anpassung der Rückstellung in Höhe des Werts der zur Erfüllung der Abgabeverpflichtung erforderlichen Emissionszertifikate, die sich zum Bilanzstichtag noch nicht im Besitz des Unternehmens befinden, notwendig.

Verfügt ein Unternehmen am 30. April eines Jahres nicht über ausreichend Emissionszertifikate um die Abgabeverpflichtung zu erfüllen, so entsteht eine Verpflichtung zur Zahlung eines Emissionsentgelts in Höhe von 40 €/t. Da diese Sanktionszahlung wirtschaftlich erst am 30. April des Folgejahres entsteht, ist die Berücksichtigung im Rahmen der Rückstellungsbildung nicht zulässig. Die Sanktionszahlung entbindet die Unternehmen nicht von ihrer Abgabeverpflichtung, fehlende Emissionsrechte sind im Folgejahr nachzureichen.

1.6.4.5 Handelsrechtliche Erfassung der Abgabe der Emissionsrechte zum 30. April eines jeden Jahres

Den Erträgen aus der Auflösung des passivierten Sonderpostens sind die durch die Rückstellungsbildung veranlassten Aufwendungen gegenüberzustellen. Im Idealfall, in dem die Anzahl der unentgeltlich erhaltenen Emissionszertifkate den zur Erfüllung der Abgabeverpflichtung benötigten entspricht, ist der Vorgang erfolgsneutral.

Bei der Erstellung von Zwischenabschlüssen oder im Falle eines abweichenden Wirtschaftsjahres sind der Sonderposten und die Rückstellung zeitanteilig aufzulösen bzw. zu bilden. Erfolgt die Emission aufgrund von Produktionsschwankungen nicht ratierlich, so sind die Rückstellung bzw. der Sonderposten entsprechend dem jeweiligen Emissionsvolumen zu bilden bzw. aufzulösen.

Wurden im Rahmen der Neutralisierung der Gewinne aus der Veräußerung von unentgeltlich ausgegebenen Emissionsrechten Beträge im Sonderposten erfasst, so sind diese Beträge ebenfalls im Verhältnis der Auflösung des Sonderpostens als Ertrag zu erfassen.

Die Erträge aus der Auflösung des Sonderpostens werden mit den Aufwendungen aufgrund der Abschreibung der Emissionszertifikate bzw. der Dotierung der Rückstellung verrechnet.

Beispiel:

Die M-AG ist ein metallverarbeitendes Unternehmen, für das die Bestimmungen des Treibhausgas-Emissionshandelsgesetzes gelten. Entsprechend dem bisherigen durchschnittlichen Emissionsvolumen von 30.000 Tonnen CO_2 wurden dem Unternehmen durch das Bundesumweltamt am 28. Februar 05 Emissionsrechte zugeteilt. Das Unternehmen hat zum 31. März 05 einen zertifizierten Emissionbericht vorzulegen. Entsprechend diesem Bericht werden am 30. April 05 Emissionsrechte vom Konto des Unternehmens beim Emissionshandelsregister gelöscht. Der Marktpreis je Emissionsrecht betrug am 28. Februar 05 12 €.

Die M AG erstellt Quartalsberichte mit folgenden Informationen:

Aufgabe: Wie sind die dargestellten Sachverhalte in Anlehnung an die Regelungen des IDW RS HFA 15 zu erfassen?

Lösung:

Im vorliegenden Beispiel wird, im Unterschied zur Rückstellungsbewertung nach IFRIC 3, die Verpflichtung zur Abgabe der Emissionsrechte lediglich mit dem Buchwert der vorhandenen aktivierten Zertifikate bewertet. Emissionsrechte, die zum Zwecke einer über die vorhandenen Zertifikate hinausgehenden Verpflichtung erworben werden, sind bei der Bemessung der Rückstellungshöhe jeweils mit den Anschaffungskosten zu bewerten.

Bilanzielle Erfassung der Zugangsbewertung und der Folgebewertung zum 31. März 05:

Die gewährten Emssionsrechte sind zu AK in Höhe von 360.000 (12 x 30.000) einzubuchen. Um eine Ertragsrealsierung zu vermeiden, ist in gleicher Höhe ein SoPo zu bilden. Im Rahmen der Folgebewertung sind die erworbenen Emissionsrechte anzusetzen 24.000 (12 x 2.000). Da die Emissionen 6.000 t im Quartal betragen, ist der SoPo entsprechend um 72.000 anzupassen (12 x 6.000). Die Rückstellung in Höhe von 72.000 entspricht der Höhe der Auflösung des SoPo (12 x 6.000). Die hinzuerworbenen Emissionsrechte sind bei der Rückstellungsbemessung nicht zu berücksichtigen, da die zugeteilten Emissionsrechte zur Deckung der im Quartal erfolgten Emissionen ausreichen.

Bilanzielle Erfassung der Folgebewertung zum 30. Juni 05:

Von den im ersten Quartal erworbenen Emissionsrechten wurden 1.500 verkauft, hieraus resultiert der Gewinn in Höhe von 6.000 (1.500 x (16–12)). Der SoPo wird in Höhe des Buchwertes der Emissionsrechte 36.000 (12 x 3.000), die zur Deckung der im Quartal getätigten Emissionen benötigt werden, vermindert. In gleicher Höhe ist die Rückstellung zu bilden.

Bilanzielle Erfassung der Folgebewertung zum 30. September 05:

Für die im dritten Quartal getätigten Emissionen, ist eine Rückstellung in Höhe des Buchwerts der benötigten Emissionsrechte zu bilden (96.000 = 8.000 x 12). Ferner ist der Sonderposten in korrespondierender Höhe aufzulösen. Die im Quartal erworbenen Emissionsrechte erhöhen den Wertansatz der Emissionsrechte um 7.000 (500 x 14).

Bilanzielle Erfassung der Folgebewertung zum 31. Dezember 05:

Der Verkauf der Emissionsrechte führt zu einem Abgang in Höhe von 13.000, sodass die Gesellschaft zum 31. Dezember 05 Emissionsrechte von 360.000 aktiviert. Der Wert entspricht dem Wert der zugeteilten Rechte, da die im Jahr 05 erworbenen Emissionsrechte (2000 + 500) den verkauften Emissionsrechten (1.500 + 1000) entsprechen.

Da zu Beginn des letzten Quartals Emissionsrechte in Höhe von 1.000 veräußert werden, ergibt sich ein Gewinn in Höhe von 2.000 (1000 Stück x 15 Veräußerungspreis abzüglich 1000 Stück x 13 durchschnittliche Anschaffungskosten). Dabei wurden unter Berücksichtigung der Lifo-Methode zunächst die im 3. Quartal erworbenen Emissionsrechte (500 bewertet mit 14) sowie die im 1. Quartal erworbenen Emissionsrechte (500 bewertet mit 12) bei der Berechnung des Veräußerungsertrags als Anschaffungskosten berücksichtigt.

Da entgegen der Erwartung des Managements mehr als die erwarteten 30.000 t an Emissionen angefallen sind und das Unternehmen keine Emissionsrechte für diese Mehremissionen von 2000 t (Gesamtemissionen 1. bis 4. Quartal: 32.000 t) zum Stichtag besitzt, ist die Rückstellung zusätzlich zum Buchwert der vorhandenen Emissionsrechte (vgl. Bestand SoPo per 30. September 05) in Höhe von 156.000 (13.000 x 12) um den Zeitwert der zusätzlich benötigten Emissionsrechte in Höhe von 32.000 (2000 x 16) anzupassen.

Insgesamt ergibt sich für die Periode 05 ein Aufwand von 24.000 (2. Quartal: 6.000; 4. Quartal – 30.000). Dieser setzt sich wie folgt zusammen:

Veräußerungsgewinn 2. Quartal	6.000
Veräußerungsgewinn 4. Quartal	2.000
Unterdeckung Emissionsrechte	– 32.000
	– 24.000

Im Gegensatz zu den zurückgezogenen Regelungen des IFRIC 3 ist, sofern die Anzahl der erhaltenen Emissionsrechte der zur Erfüllung der Abgabeverpflichtung benötigten entspricht und aus dem Handel mit Emissionsrechten kein Gewinn bzw. Verlust entsteht, die Bilanzierung von Emissionsrechten nach den Regelungen des IDW RS HFA 15 erfolgsneutral. Dies ist in der unterschiedlichen Bewertung der Rückstellung zum jeweiligen Bilanzstichtag begründet. Nach den Regelungen des IFRIC 3 sind die Rückstellungen zu jedem Bilanzstichtag jeweils mit dem beizulegenden Wert zu bewerten, wohingegen nach IDW RS HFA 15 nur der Teil der Rückstellung, der zusätzlich erworben wurde, mit dem beizulegenden Wert zum Bilanzstichtag zu bewerten ist. Es kommt daher zu keiner Verzerrung der Darstellung der Vermögens- und Ertragslage des Unternehmens. Durch die im Beispiel beschriebene Methode wird unseres Erachtens eine zutreffende Abbildung der Vermögens- und Ertragslage des Unternehmens gewährleistet, die mit den Regelungen der IFRS übereinstimmt.

1.7 Ausweis

IAS 1.54 Immaterielle Vermögenswerte sind als gesonderter Posten auf der Aktivseite der Bilanz auszuweisen. Das Berichtsunternehmen untergliedert diesen Posten wie folgt:

- z.B. Konzessionen, gewerbliche Schutzrechte und ähnliche Rechte und Werte sowie Lizenzen an solchen Rechten und Werten
- z.B. Geschäfts- oder Firmenwert.

1.8 Anhangangaben (*notes*)

→ CD Anhangcheckliste 5.2.2

2. Sachanlagen

2.1 Begriff und Anwendungsbereich von IAS 16

IAS 16 regelt die Bilanzierung von Sachanlagen. Hierunter fallen materielle Vermögenswerte, die das Berichtsunternehmen **IAS 16.6**

- für Zwecke der Herstellung oder Lieferung von Gütern und Dienstleistungen, zur Vermietung an Dritte oder für Verwaltungszwecke hält *und*
- erwartungsgemäß länger als eine Periode nutzt.

Vermögenswerte, die die vorstehenden Merkmale erfüllen, unterliegen auch dann den Vorschriften des IAS 16, wenn sie nach anderen Standards zu aktivieren sind. Das gilt für dem Berichtsunternehmen nach IAS 17 zuzurechnende Leasinggegenstände (→ C.IV.3.). **IAS 16.4**

Als Finanzinvestitionen gehaltene Immobilien sind nach IAS 40 zu behandeln. Während der Entwicklungs- bzw. Errichtungsphase gelten sie als Sachanlagen, sodass auf sie die Vorschriften von IAS 16 anzuwenden sind. **IAS 16.5**

IAS 16 findet keine Anwendung auf **IAS 16.3**

- aus landwirtschaftlichen Aktivitäten hervorgegangene biologische Vermögenswerte (→ IAS 41),
- Abbau- und Schürfrechte sowie Rohstoffvorräte wie Öl, Gas und ähnliche nichtregenerative Vorkommen.

Vermögenswerte, die dazu dienen, vorgenannte Vermögenswerte zu gewinnen oder zu halten, können dagegen als Sachanlagen zu behandeln sein.

C.II

2.2 Ansatz und Abgrenzung

2.2.1 *Allgemeine Grundsätze*

Aufwendungen für Sachanlagen sind zu aktivieren, wenn **IAS 16.6**

- es wahrscheinlich ist, dass ein mit dem Gegenstand verbundener wirtschaftlicher Zukunftsnutzen dem Unternehmen zufließen wird, *und*
- die Anschaffungs- oder Herstellungskosten des Gutes verlässlich ermittelbar sind.

Die beiden Ansatzkriterien sind für alle mit dem Sachanlagevermögen im Zusammenhang stehenden Aufwendungen unabhängig vom Zeitpunkt ihres Anfalls gesondert zu prüfen. D.h., die Aktivierungsfähigkeit von Aufwendungen für den Erwerb bzw. die Herstellung eines Sachanlageguts und dessen spätere Modifikation (→ C.II.2.3.4) richtet sich nach den gleichen Erwägungen. **IAS 16.10**

IAS 16 enthält keine verbindlichen Vorgaben zur Abgrenzung des jeweiligen Bilanzierungsobjekts. Diese muss vielmehr den spezifischen Verhältnissen beim **IAS 16.9**

Berichtsunternehmen Rechnung tragen. Im Regelfall ergeben sich keine Unterschiede zum HGB.

IAS 16.58 Danach ist im **unbeweglichen Vermögen** etwa zu unterscheiden zwischen

- Grund und Boden,
- Gebäuden und
- Gebäudeteilen, die in einem von der Gebäudenutzung verschiedenen, besonderen Nutzungs- und Funktionszusammenhang stehen wie Außenanlagen, Hof- und Platzbefestigungen, Straßen und Kühltürme.

Nicht zum Gebäude gehören Anlagen und Maschinen, die in erster Linie der Ausübung des Geschäftsbetriebs des Kaufmanns dienen, selbst wenn diese zivilrechtlich durch eine feste Verbindung mit dem Bauwerk wesentlicher Bestandteil des Gebäudes geworden sind. Derartige Gegenstände stellen als **Betriebsvorrichtungen** selbständig zu bilanzierende Vermögenswerte dar. Beispiele hierfür sind Lastenaufzüge, Hebebühnen, Hochregallager, Waschstraßen u.Ä.

Ob einzelne technische Anlagen und Maschinen als selbständige Vermögenswerte zu behandeln oder zu einer Bewertungseinheit zusammenzufassen sind, beurteilt sich danach, ob diese nach der **allgemeinen Verkehrsanschauung** einer selbständigen Bewertung zugänglich sind oder nicht. Im Zweifel ist bei dieser Prüfung abzustellen

- auf die Festigkeit einer etwaigen Verbindung zwischen den einzelnen Gegenständen,
- auf die Dauer, auf die diese Verbindung angelegt ist, und
- ob das Fehlen des einen Gegenstands dem anderen ein negatives Gepräge verleiht oder nicht.

Nach diesen Grundsätzen ist beispielsweise das Chassis eines LKW und der darauf montierte Tiefkühlkofferaufbau als einheitliches Wirtschaftsgut zu beurteilen. Umgekehrt sind ein der Aufbewahrung von Holzspänen dienendes Silo und ein Brennkessel, in dem die Holzspäne zur Beheizung eines Fabrikgebäudes verbrannt werden, zwei eigenständige Wirtschaftsgüter.

IAS 16.9 Einzelne, für das Unternehmen **unbedeutende Gegenstände**, z.B. kleinere Werkzeuge, können für Zwecke der Aktivierungsprüfung als Einheit beurteilt werden.

IAS 16.8 **Ersatzteile** und **Wartungsgeräte** sind üblicherweise den Vorräten (→ C.II.6.) zuzurechnen. In diesem Fall gehen ihre Anschaffungs- oder Herstellungskosten im Zeitpunkt des Verbrauchs in den Aufwand der Periode ein.

Bedeutende Ersatzteile und Bereitschaftsausrüstungen, die erwartungsgemäß länger als eine Periode genutzt werden, gehören zum Sachanlagevermögen. Gleiches gilt für Spezialersatzteile und Wartungseinrichtungen, die nur in Verbindung mit einer bestimmten Anlage zu nutzen sind.

2.2.2 *Sonderfall: Der Sicherheit oder dem Umweltschutz dienende Vermögenswerte*

IAS 16.11 iVm IAS 36 Schafft das Berichtsunternehmen Anlagegüter aus Gründen der Sicherheit oder des Umweltschutzes an (z.B. Schallschutzwände, Abluftfilter, Auffangbecken für umweltgefährdende Flüssigkeiten, Alarmanlagen), sind diese Vermögenswerte auch dann mit ihren Anschaffungs- oder Herstellungskosten zu aktivieren, wenn sie für sich genommen keinen zusätzlichen Nutzenzufluss erwarten lassen, ihre Anschaffung jedoch erforderlich war, um andere Vermögenswerte (z.B. eine Schadstoff emittierende oder Lärm verursachende Produktionsanlage) weiterhin oder erstmalig zu nutzen.

Um eine Überbewertung des Vermögens auszuschließen, ist in diesem Fall jedoch das dem Umweltschutz oder der Sicherheit dienende Anlagegut zusammen mit dem zugehörigen Vermögenswert nach IAS 36 (→ C.I.1.3.3.2) auf eine Wertminderung zu überprüfen.

2.3 Bewertung (*measurement*)

2.3.1 Bewertungsmodell

Sachanlagen sind im Zeitpunkt des Zugangs mit ihren Anschaffungs- oder Herstellungskosten (→ C.I.1.3.2) anzusetzen. Die Folgebewertung basiert auf dem **Anschaffungskostenmodell (*cost model*)** gemäß IAS 16.30 (→ C.I.1.3.3). Sie sieht die **Vornahme planmäßiger und ggf. außerplanmäßiger** Abschreibungen sowie von Zuschreibungen unter Beachtung des Anschaffungswertprinzips vor. **IAS 16.15 iVm IAS 16.30**

Alternative:

Sachanlagen sind im Zeitpunkt des Zugangs mit ihren Anschaffungs- oder Herstellungskosten (→ C.I.1.3.2) anzusetzen. Die Folgebewertung orientiert sich im Regelfall am Anschaffungskostenmodell (*cost model*) gemäß IAS 16.30 (→ C.I.1.3.3). Abweichend hiervon wendet das Berichtsunternehmen für folgende Gruppen von Vermögenswerten das **Neubewertungsmodell** (*revaluation model*) gemäß IAS 16.31 (→ C.I.1.3.4) an: **IAS 16.31**

- z.B. Grundstücke,
- z.B. Gebäude.

Vermögenswerte, die einer dieser Gruppen angehören, sind in regelmäßigen Abständen neu zu bewerten. Ist ihr *fair value* nicht verlässlich ermittelbar, folgt die Bewertung dem Anschaffungskostenmodell.

C.II

2.3.2 Zugangsbewertung

2.3.2.1 Vorbemerkung

Sachanlagen sind bei erstmaliger Bilanzierung mit den Anschaffungs- oder Herstellungskosten anzusetzen. Für die Ermittlung dieser Zugangswerte gelten die in → C.I.1.3.2 dargestellten allgemeinen Grundsätze. Nachfolgend sind die nach IAS 16 zu beachtenden Besonderheiten erläutert. **IAS 16.15**

2.3.2.2 Zugangsbewertung von Sachanlagen

2.3.2.2.1 Geringwertige Vermögenswerte

Die in IAS 16 enthaltenen Bewertungsgrundsätze müssen keine Beachtung finden, wenn ihre Anwendung nur unwesentliche Auswirkungen auf den Abschluss hat. In Anwendung dieses Wesentlichkeitsgrundsatzes ist es zulässig, geringwertige **IAS 16 iVm IAS 8.8 u. F.30**

Vermögenswerte in der Periode ihres Zugangs sofort als Aufwand zu behandeln.

Die IFRS enthalten keine quantitativen Grenzwerte für die Wesentlichkeit von Bilanzierungsobjekten. Die Beurteilung hat sich unter anderem am Zugangswert des jeweiligen Vermögenswerts zu orientieren. Allgemein gilt ein Posten als wesentlich, wenn seine Aufnahme in die Bilanz oder sein Weglassen geeignet sein könnte, ökonomische Entscheidungen eines Abschlusslesers zu beeinflussen.

Die relevanten Grenzen im Steuerrecht können allenfalls einen Anhaltspunkt für die Wesentlichkeit oder Unwesentlichkeit eines Vermögenswerts liefern.

In Anwendung des Wesentlichkeitsgrundsatzes sind die Anschaffungs- oder Herstellungskosten von Sachanlagen im Jahr des Zugangs als Aufwand zu behandeln, so weit diese einen Betrag von z.B. 410 € nicht überschreiten.

2.3.2.2.2 Abbruch-, Entfernungs- und Wiederherstellungskosten

IAS 16.16c, .18 Zusätzlich zu den allgemeinen Bestandteilen der Anschaffungs- oder Herstellungskosten (→ C.I.1.3.2) können bei Sachanlagen die geschätzten Kosten für den späteren Abbruch, die Entfernung oder die Wiederherstellung des Standortes (mit dem Barwert) zu aktivieren sein.

Derartige Kosten sind dem Anlagegut zuzurechnen, wenn sie

- durch seine Anschaffung oder Herstellung verursacht sind (z.B. Abrisskosten eines auf fremdem Grund und Boden errichteten Gebäudes),
- im Zuge der Nutzung des Vermögenswerts für andere Zwecke als für die Herstellung von Vorräten entstehen (z.B. Dekontaminierungskosten, die durch das in Betrieb nehmen eines Kernkraftwerks ausgelöst werden).

IAS 16.18 iVm IAS 37 Die Höhe der zu aktivierenden Abbruch-, Entfernungs- und Wiederherstellungskosten bemisst sich nach dem Betrag der für sie anzusetzenden Verbindlichkeitsrückstellung (→ C.III.2.).

IFRIC 1 regelt, wie sich

- Änderungen des ursprünglich geschätzten Erfüllungsbetrags,
- Zinssatzänderungen mit Folgen für die Rückstellungsbewertung oder
- beim Erwerb des Anlagegutes nicht absehbare Kosten (z.B. aufgrund von Gesetzesänderungen)

auf die Bewertung des Anlageguts auswirken.

2.3.3 Folgebewertung

2.3.3.1 Vorbemerkung

Für die Folgebewertung gelten die in → C.I.1.3.3 dargestellten allgemeinen Grundsätze. Nachfolgend sind die nach IAS 16 zu beachtenden Besonderheiten erläutert.

2.3.3.2 Planmäßige Abschreibung

2.3.3.2.1 Abschreibungsmethode und Abschreibungszeitraum

Die planmäßige Abschreibung von Sachanlagen erfolgt nach der **linearen Methode**. Sie beginnt, sobald der Vermögenswert zum bestimmungsgemäßen Gebrauch zur Verfügung steht. Sie endet spätestens mit dem Abgang des Vermögenswerts (→ C.II.2.3.5). Im Übrigen sei auf die Ausführungen in → C.I.1.3.3.1 verwiesen. **IAS 16.50, .55**

Alternative:

Die **Methode** der planmäßigen Abschreibung von Sachanlagen ist individuell nach dem **erwarteten Nutzenverbrauch im Zeitablauf** (linear, degressiv, variabel) festzulegen. Kann der Verlauf nicht bestimmt werden, kommt die lineare Methode zur Anwendung. Die Abschreibung beginnt, sobald der Vermögenswert zum bestimmungsgemäßen Gebrauch zur Verfügung steht. Sie endet spätestens mit dem Abgang des Vermögenswerts (→ C.II.2.3.5). Im Übrigen sei auf die Ausführungen in → C.I.1.3.3.1 verwiesen. **IAS 16.50, .56**

Im Zugangsjahr ist der Abschreibungsbetrag **anteilig nach Monaten** zu ermitteln.

Alternative:

Im Zugangsjahr ist der Abschreibungsbetrag unter Anwendung der **Halbjahresregel** zu ermitteln. Latente Steuern sind in diesem Fall abzugrenzen.

2.3.3.2.2 Komponentenansatz

Besteht ein Anlagegut aus mehreren unselbstständigen Bestandteilen, kann es erforderlich sein, das Anlagegut für Zwecke der planmäßigen Abschreibung in mehrere kalkulatorische Bewertungsobjekte aufzuteilen (so genannter **Komponentenansatz**). **IAS 16.43–.47**

Eine solche Aufteilung ist immer dann geboten, wenn

- einzelne unselbständige Bestandteile eine kürzere Nutzungsdauer als das Anlagegut insgesamt haben oder eine abweichende Abschreibungsmethode erfordern *und*
- ihr Anteil an den Anschaffungs- oder Herstellungskosten bedeutend ist.

Für die Auslegung des Begriffs „bedeutend" wird keine quantitative Wertgrenze vorgegeben; es ist von der in der Bilanzierungsrichtlinie festgelegten unternehmensspezifischen Wesentlichkeitsgrenze auszugehen. Eine einzelne Komponente, auf die weniger als 5% der Anschaffungskosten des Anlagegutes entfallen, ist dabei in keinem Fall als bedeutend im Sinne des Standards anzusehen.

Komponenten müssen nicht zwingend körperliche Bestandteile sein. Eine in regelmäßigen Abständen durchzuführende Generalüberholung kann ebenfalls als eigenständige Komponente zu behandeln sein.

Die einzelnen Komponenten des Anlageguts sind nach den allgemeinen Grundsätzen (→ C.I.1.3.3) unter Berücksichtigung ihrer individuellen Nutzungsdauer und Nutzenabgabe im Zeitablauf gesondert abzuschreiben. Bestandteile, für die von einer übereinstimmenden Nutzungsdauer auszugehen ist und die nach der gleichen Methode abzuschreiben sind, behandelt das Berichtsunternehmen als einheitliche Komponente.

Zur Ermittlung des den einzelnen Komponenten zuzurechnenden Anteils an den Anschaffungs- oder Herstellungskosten ist im Zweifel auf den Betrag abzustellen, der für ihren Austausch aufgewendet werden müsste.

Beispiel:

Die X AG hat am 30. September 01 eine Hochleistungsdruckmaschine zum Preis von 500 erworben. Nach den Herstellerangaben ist die Druckwalze nach jeweils 3 Mio. Blatt zu erneuern. Die X AG rechnet mit einem monatlichen Ausstoß von 100.000 Blatt. Die Kosten für den Austausch der Druckwalze belaufen sich zum Zeitpunkt des Erwerbs auf 100. Die betriebsgewöhnliche Nutzungsdauer der Druckmaschine beträgt 10 Jahre.

Lösung:

Die Hochleistungsdruckmaschine ist für Zwecke der planmäßigen Abschreibung in zwei kalkulatorische Einheiten aufzuteilen, nämlich in

- die Druckwalze mit Anschaffungskosten von 100 und
- die Restkomponente (Druckmaschine ohne Druckwalze) mit Anschaffungskosten von 400.

Die Druckwalze ist über 30 Monate (3 Mio./100.000), die Restkomponente über 10 Jahre abzuschreiben. Im Falle eines Austauschs der Druckwalze ist ein etwaiger Restbuchwert auszubuchen und die neue Druckwalze mit ihren Anschaffungskosten zu aktivieren.

In der praktischen Umsetzung kann der Komponentenansatz speziell in anlageintensiven Branchen zu erheblichem Umstellungs- und nachfolgendem Pflegeaufwand führen. Der Nutzen der durch den Komponentenansatz generierten Zusatz-Informationen ist daher den Kosten, die daraus resultieren, gegenüber zu stellen (vgl. Framework F.44).

Dabei ist zu berücksichtigen, dass die Abschreibungsbemessung ohnehin ein stark vom Ermessen abhängiger und damit mit Unsicherheiten behafteter Vorgang ist. Eine extensive Auslegung des Komponentenansatzes sollte vermieden werden.

2.3.3.2.3 Abschreibung von Grundstücken in Ausnahmefällen

IAS 16.58f. Grundstücke haben regelmäßig eine unbegrenzte Nutzungsdauer, sodass eine planmäßige Abschreibung ausscheidet. Etwas anderes gilt beispielsweise für Steinbrüche. Bei diesen orientiert sich die planmäßige Abschreibung an der voraussichtlichen Dauer und der Intensität des Abbaus im Zeitablauf.

Wurden Abbruch-, Entfernungs- oder Wiederherstellungskosten als Teil der Anschaffungs- oder Herstellungskosten eines Grundstücks aktiviert, ist dieser Teil des Zugangswerts über den Zeitraum abzuschreiben, während dessen dem Unternehmen ein Nutzen aus diesen Aufwendungen erwächst. Das betrifft etwa die nach → IAS 37 rückstellungspflichtigen Kosten für das Wiederaufbringen des Mutterbodens und die Bepflanzung eines Grundstücks, das für Zwecke der Förderung eines Bodenschatzes (z.B. Kies) aufgeschlossen wird.

2.3.3.3 Außerplanmäßige Abschreibung

Wertminderungen sind nach IAS 36 (→ C.I.1.3.3.2) zu erfassen. **IAS 16.63f.**

Besondere Regelungen bestehen für Wertminderungen, die bis zum Ende des auf einen Unternehmenszusammenschluss folgenden Geschäftsjahres erkannt werden (→ D.III.1.1.1).

Erhält das Unternehmen für eine Wertminderung oder den Untergang eines Sachanlageguts eine Entschädigung von dritter Seite, hat dies keine Auswirkungen auf die Behandlung des Vermögenswerts. Das heißt, **IAS 16.65f.**

- der Vermögenswert ist nach IAS 36 außerplanmäßig abzuschreiben oder im Falle eines Abgangs (→ C.II.2.3.5) auszubuchen,
- die Entschädigung stellt einen Ertrag der Periode dar, in der der Anspruch wirtschaftlich entstanden ist,
- ein als Ersatz angeschafftes Sachanlagegut ist nach den allgemeinen Regelungen gemäß IAS 16 zu behandeln.

C.II

2.3.3.4 Zuschreibung

Für die Vornahme von Zuschreibungen gelten die Regelungen nach IAS 36 (→ C.I.1.3.3.3). Besonderheiten bestehen insoweit für Sachanlagen nicht.

2.3.3.5 Folgebewertung bei Anwendung der Neubewertungsmethode

Die Neubewertungsmethode ist einheitlich auf alle Vermögenswerte einer Gruppe von Vermögenswerten anzuwenden. Zu den Gruppen, welche nach der Neubewertungsmethode zu bewerten sind → C.II.2.3.1. **IAS 16.36**

Hinsichtlich der Durchführung und der bilanziellen Umsetzung von Neubewertungen gelten die allgemeinen Grundsätze (→ C.I.1.3.4). Das gilt insbesondere für **IAS 16.31ff.**

- die Behandlung der kumulierten Abschreibungen,
- die Bildung und Auflösung einer Neubewertungsrücklage.

Eine Neubewertung der Vermögenswerte einer Gruppe sollte mindestens in folgenden Zeitabständen vorgenommen werden:

- z.B. Grundstücke: 5 Jahre
- z.B. Gebäude: 3 Jahre

Falls es Anzeichen für größere Schwankungen in den Zeitwerten der Vermögenswerte gibt, sind die Intervalle zu verkürzen und es ist ggf. jährlich eine Neubewertung durchzuführen. Von größeren Schwankungen ist auszugehen, wenn der Zeitwert eines Vermögenswertes voraussichtlich um z.B. mehr als 5 % von seinem Buchwert abweicht.

Wenn ein Vermögenswert einer Neubewertung unterzogen wird, dann sind alle weiteren Vermögenswerte der gleichen Gruppe ebenfalls neu zu bewerten. **IAS 16.36**

IAS 16.38 Eine rollierende Neubewertung der Vermögenswerte einer Gruppe ist zulässig, solange das sich insgesamt ergebende Bewertungsintervall angemessen ist.

In den Zeiträumen zwischen den Neubewertungen sind abnutzbare Vermögensgegenstände einer planmäßigen Abschreibung zu unterziehen. Diese ist nach den allgemeinen Grundsätzen für planmäßige Abschreibungen von Sachanlagen vorzunehmen (→ C.II.2.3.3.2).

Alternative:

Die Neubewertungsmethode wird im Bereich des Sachanlagevermögens **nicht** angewandt.

2.3.4 *Nachträgliche Aufwendungen*

IAS 16.12 iVm IAS 16.7 Aufwendungen, die für einen Gegenstand des Sachanlagevermögens nach dessen erstmaliger Betriebsbereitschaft anfallen, sind zu aktivieren, so weit sie die Ansatzvoraussetzungen nach IAS 16.7 erfüllen. Das bedeutet, die nachträglichen Aufwendungen müssen

- einen künftigen Nutzenzufluss erwarten lassen, der im aktuellen Buchwert des Vermögenswerts nicht zum Ausdruck kommt *und*
- der Höhe nach verlässlich ermittelbar sein.

Ob durch nachträgliche Aufwendungen ein zusätzliches Nutzenpotenzial geschaffen worden ist, bestimmt sich nicht durch einen Vergleich mit dem ursprünglichen Zustand des Vermögenswerts, sondern mit dessen Zustand unmittelbar vor Durchführung der Maßnahme. Dieser Beurteilungsansatz hat zur Folge, dass nachträgliche Aufwendungen unter IAS 16 in größerem Umfang zu aktivieren sind als nach HGB.

IAS 16.13 Von einer Aktivierungspflicht ist dann auszugehen, wenn eine Maßnahme dazu dient, einzelne Bestandteile eines Vermögenswerts zu erneuern oder diesem neue Bestandteile hinzuzufügen. Anders als nach HGB kommt es nicht darauf an, ob die Aufwendungen einer Modernisierung des Vermögenswerts oder seiner Erweiterung bzw. wesentlichen Verbesserung dienen. Auch Modernisierungsmaßnahmen (z.B. Austausch einer Heizungsanlage in einem Gebäude) führen zu einem aktivierungspflichtigen Tatbestand, wenn mit ihnen voraussichtlich ein zusätzlicher Nutzenzufluss in der Zukunft verbunden ist. Dies gilt auch dann, wenn einzelne Bestandteile einer Sachanlage während ihrer Nutzungsdauer in regelmäßigen Zeitabständen zu erneuern sind. Beispiele hierfür sind Aufzüge in Gebäuden oder die Innenausstattung eines Flugzeugs.

IAS 16.14 Um Doppelaktivierungen zu vermeiden ist im Falle der Erneuerung von unselbständigen Bestandteilen eines Vermögenswerts der (anteilige) Restbuchwert des ausgetauschten Teils auszubuchen. Diese Vorgehensweise ist auch dann zwingend, wenn das Anlagegut als einheitlicher Vermögenswert aktiviert und abgeschrieben wird. Die Frage der Aktivierung nachträglicher Aufwendungen ist somit losgelöst vom Komponentenansatz zu beantworten.

Beispiel:

Das Unternehmen hat am 1. Januar 01 einen LKW mit Anschaffungskosten von 300 erworben. Die Abschreibung erfolgt nach der linearen Methode über die betriebsgewöhnliche Nutzungsdauer von acht Jahren. Am 31. Dezember 04 wird der Motor zum Preis von 55 ausgetauscht. Die Wiederbeschaffungskosten zum 31. Dezember 04 betragen für den LKW 330.

Lösung:

Die Aufwendungen für den Austausch des Motors sind zu aktivieren, da

- mit ihnen ein zusätzliches Nutzenpotenzial geschaffen worden ist, das dem Unternehmen durch die fortgesetzte Nutzung des LKW zu Gute kommen wird, und
- ihre Höhe verlässlich ermittelbar ist.

Um eine Doppelaktivierung auszuschließen, ist zum 31. Dezember 04 der auf den ausgetauschten Motor entfallende anteilige Restbuchwert auszubuchen. Zu diesem Zweck kann hilfsweise auf die Kosten für den Austausch des Motors [55] in Relation zu den aktuellen Wiederbeschaffungskosten abgestellt werden. Demzufolge entfallen 16,7% (55/330) des Buchwertes des LKW auf den auszutauschenden Motor. Zum 31. Dezember 04 beträgt der Buchwert des LKW 150 (300 x 4/8). Es ergibt sich ein auszubuchender Restbuchwert des zu ersetzenden Motors von 25.

C.II

Erfordert der fortgesetzte Einsatz eines Anlageguts in regelmäßigen Abständen Sicherheitsinspektionen oder Generalüberholungen, sind nach dem Komponentenansatz (→ C.II.2.3.3.2.2) die Anschaffungs- oder Herstellungskosten des Anlageguts im Zeitpunkt seines Zugangs aufzuteilen in **IAS 16.14**

- den Betrag, der dem Nutzenvorrat entspricht, welcher durch die Inspektionen bzw. Überholungen wiederkehrend zu erneuern ist, und
- den Betrag, der den verbleibenden, sich über die gesamte Nutzungsdauer verbrauchenden Nutzenvorrat verkörpert.

Wird die Sicherheitsinspektion oder Generalüberholung durchgeführt, sind bei Vorliegen der Ansatzkriterien die hierfür anfallenden Aufwendungen zu aktivieren. Dabei ist es unerheblich, ob durch diese Maßnahme Teile des Anlageguts ausgetauscht werden oder nicht.

Auch in diesem Fall ist zur Vermeidung einer Doppelaktivierung der Restbuchwert der aus den ursprünglichen Anschaffungs- oder Herstellungskosten herausgerechneten Komponente auszubuchen.

Beispiel:

Die X AG hat am 30. Juni 01 eine Fahrzeughebebühne zum Preis von 500 erworben. Nach den geltenden Sicherheitsbestimmungen ist die Hebebühne spätestens nach jeweils 30 Monaten einer umfassenden Inspektion zu unterziehen, deren Kosten auf 100 geschätzt werden. Die betriebsgewöhnliche Nutzungsdauer der Hebebühne beträgt 10 Jahre.

Zum 30. Juni 03 lässt das Unternehmen eine Sicherheitsinspektion zum Preis von 120 durchführen, durch die ein zusätzlicher Nutzenvorrat geschaffen wird.

Lösung:

Die Fahrzeughebebühne ist nach dem Komponentenansatz in zwei kalkulatorische Bestandteile aufzuteilen, die gesondert abzuschreiben sind, nämlich

- den Nutzenvorrat, der nach 30 Monaten verbraucht ist und durch die Sicherheitsinspektion erneuert wird, sowie
- den Nutzenvorrat, den die Fahrzeughebebühne darüber hinaus verkörpert.

Mit Blick auf die Kosten einer Sicherheitsinspektion ist der ersten Komponente ein Anteil an den Anschaffungskosten von 100 zuzurechnen. Für die eigentliche Fahrzeughebebühne verbleiben 400.

Wird die Sicherheitsinspektion bereits nach 24 Monaten zum Preis von 120 durchgeführt, sind die Aufwendungen zu aktivieren. Gleichzeitig ist der Restbuchwert der Komponente [20] auszubuchen.

IAS 16.12 Aufwendungen für kleinere Reparaturen und für Wartung sind nicht als nachträgliche Herstellungskosten zu aktivieren, sondern sofort in das Ergebnis der Periode einzubeziehen. Zu diesen laufenden Instandhaltungsaufwendungen rechnen vor allem Aufwendungen für Löhne und Verbrauchsgüter sowie für Kleinteile.

2.3.5 *Abgang von Sachanlagen*

IAS 16.67 Gegenstände des Sachanlagevermögens sind auszubuchen, wenn

- sie aus dem Betriebsvermögen ausscheiden *oder* wenn
- aus ihrem betrieblichen Einsatz bzw. aus der Veräußerung kein Nutzenzufluss mehr zu erwarten ist.

IAS 16.69 Der **Zeitpunkt des Ausscheidens** eines Vermögenswerts aus dem Betriebsvermögen bestimmt sich im Regelfall nach den Realisationskriterien für den Verkauf
IAS 18.14 von Gütern. Diese erfordern

- den Übergang der mit dem Eigentum an den Gütern verbundenen wesentlichen Chancen und Risiken auf einen Dritten,
- den Abbau von Verfügungs- und Kontrollrechten in Bezug auf das Sachanlagegut,
- die verlässliche Quantifizierbarkeit der erhaltenen Gegenleistung,
- die Wahrscheinlichkeit des Nutzenzuflusses und
- die verlässliche Bestimmbarkeit der im Zuge des Abgangs angefallenen oder noch anfallenden Aufwendungen.

IAS 16.69 Bei Sachanlagen, die Gegenstand eines *sale and lease back*-Geschäfts sind, ist nach den Kriterien des IAS 17 (→ C.IV.3.) zu prüfen, ob ein Abgang zu buchen ist.

IAS 16.70 Wird ein unselbständiger Bestandteil eines Anlageguts während seiner Nutzungsdauer ersetzt, und sind die hierfür angefallenen Aufwendungen als nachträgliche Herstellungskosten zu aktivieren (→ C.II.2.3.4), so ist ein auf den ausgetauschten

Bestandteil entfallender anteiliger Restbuchwert auszubuchen. Das gilt insbesondere auch dann, wenn das betreffende Teil nicht als eigenständige Komponente abgeschrieben worden ist (→ C.II.2.3.3.2.2).

Ist der anteilige Restbuchwert nicht bestimmbar, kann hilfsweise angenommen werden, dass die Kosten für den Austausch des Bestandteils dessen Anteil an den ursprünglichen Anschaffungs- oder Herstellungskosten widerspiegeln. Aus der planmäßigen Fortschreibung dieses Betrags ist sodann der auszubuchende Restwert zu gewinnen.

2.4 Ausweis

Zum Ausweis des Sachanlagevermögens in der Bilanz sowie der damit in Verbindung stehenden Aufwendungen und Erträge → E.I. bzw. E.II.1.3.

Zur Darstellung der Entwicklung des Sachanlagevermögens im Anlagespiegel → E.III.3.

2.5 Anhangangaben (*notes*)

→ CD Anhangcheckliste 5.2.3

3. Als Finanzinvestition gehaltene Immobilien

3.1 Begriff und Abgrenzung

Immobilien sind als Finanzinvestition zu klassifizieren, wenn sie **zur Erzielung von Mieteinnahmen und/oder zum Zwecke der Wertsteigerung** gehalten werden („Renditeimmobilien"). Es kann sich dabei um Immobilien handeln, die im Eigentum des Unternehmens stehen oder im Rahmen von Finanzierungsleasingverhältnissen (→ C.IV.3.) bilanziert werden. **IAS 40.5**

Beispiele für solche Immobilien sind: **IAS 40.8**

- Grundstücke, die langfristig zum Zwecke der Wertsteigerung und nicht kurzfristig zum Verkauf im Rahmen der gewöhnlichen Geschäftstätigkeit gehalten werden
- Grundstücke, deren künftige Nutzung unbestimmt ist
- Gebäude, welche im Rahmen von Operating-Leasingverhältnissen vermietet werden
- leer stehende Gebäude, welche zur Vermietung im Rahmen von Operating-Leasingverhältnissen gehalten werden

Nicht als Finanzinvestition einzustufen sind selbst genutzte Immobilien, die im betrieblichen Leistungserstellungsprozess genutzt werden (z.B. Produktions- oder Verwaltungsgebäude) und Immobilien, die zum Verkauf im Rahmen der gewöhnlichen Geschäftstätigkeit des Unternehmens gehalten werden. **IAS 40.5**

IAS 40.9 Darunter fallen:

- Immobilien, die mit kurzfristiger Verkaufsabsicht erworben oder erstellt wurden (fallen unter IAS 2 – Vorräte → C.II.6.)
- für Dritte erstellte Immobilien (fallen unter IAS 11 – Fertigungsaufträge → C.II.5.)
- vom Eigentümer selbst genutzte Immobilien, auch wenn eine Weiterveräußerung geplant ist (fallen unter IAS 16 – Sachanlagen → C.II.2.)
- Immobilien, die zur Eigennutzung vorgesehen sind (fallen unter IAS 16 – Sachanlagen → C.II.2.)
- von Arbeitnehmern genutzte Immobilien, unabhängig vom vereinbarten Mietzins (fallen unter IAS 16 – Sachanlagen → C.II.2.)
- Gebäude, welche im Rahmen von Finanzierungsleasingverhältnissen vermietet werden (werden beim Leasingnehmer bilanziell erfasst → C.IV.3.)

IAS 40.6 Für Immobilien, die im Rahmen von **Operating-Leasingverhältnissen** genutzt werden, kommt eine Klassifizierung als Finanzinvestition nicht in Betracht.

IAS 40.6 **Alternative (bei Anwendung des *fair value model*):**

Für Immobilien, die im Rahmen von Operating-Leasingverhältnissen genutzt werden und zur Erzielung von Mieteinnahmen und/oder zum Zwecke der Wertsteigerung genutzt werden, besteht das Wahlrecht, diese als Finanzinvestition zu klassifizieren. Das Wahlrecht kann für jede Immobilie einzeln ausgeübt werden. Wird eine solche Immobilie als Finanzinvestition klassifiziert, ist sie – abweichend von den Kriterien des IAS 17.8 ff. – wie ein Finanzierungsleasing zu behandeln (→ C.IV.3.5.2.2).

IAS 40.9d **Im Bau befindliche Immobilien,** die zukünftig als Finanzinvestition genutzt werden sollen, sind bislang bis zu ihrer Fertigstellung nach IAS 16 und ab Fertigstellung nach IAS 40 zu bewerten. Der IASB hat jedoch am 11. Oktober 2007 einen Entwurf zur Überarbeitung diverser Standards veröffentlicht. Danach sollen auch Immobilien, die noch entwickelt werden, um später als Finanzinvestitionen gehalten zu werden, bereits während der Entwicklung nach IAS 40 bilanziert werden.

IAS 40.10 **Gemischt genutzte Immobilien,** die teilweise zu eigenbetrieblichen Zwecken und teilweise als Renditeimmobilie genutzt werden, sind getrennt zu bilanzieren, wenn diese Gebäudeteile gesondert verkauft oder im Rahmen von Finanzierungsleasing gesondert vermietet werden können. Ist dies nicht der Fall, ist die Immobilie nur dann als Finanzinvestition einzustufen, wenn der Anteil eigenbetrieblicher Nutzung unbedeutend ist. Dies ist anzunehmen, wenn die eigengenutzte Fläche nicht mehr als i.d.R. 5 %–15 % der Gesamtfläche ausmacht.

IAS 40.11ff. **Nebenleistungen,** die den Mietern von Immobilien angeboten werden, haben keine Auswirkungen auf die Einstufung als Renditeimmobilien, wenn sie für die Vereinbarung insgesamt unbedeutend sind. Typische Beispiele sind Sicherheits-, Reinigungs- und Verwaltungsdienstleistungen.

Sollten die Nebenleistungen für die Vereinbarung wesentlich sein, ist die Immobilie als selbst genutzt und damit nicht als Finanzinvestition zu klassifizieren. Die Behandlung richtet sich in diesem Fall nach IAS 16 – Sachanlagen (→ C.II.2.). Von einer Wesentlichkeit der Nebenleistungen für die Gesamtvereinbarung ist auszugehen, wenn die Erlöse aus den Nebenleistungen mehr als i.d.R. 15%–25% der Gesamterlöse aus der Vereinbarung betragen.

3.2 Ansatz

Die Kriterien, die für den Ansatz einer Renditeimmobile als Vermögenswert erfüllt sein müssen, entsprechen den allgemeinen Ansatzkriterien (→ C.I.1.2.2).

D.h. es ist insbesondere erforderlich, dass **IAS 40.16**

- ein zukünftiger Nutzenzufluss wahrscheinlich ist und
- die Anschaffungs- oder Herstellungskosten zuverlässig ermittelbar sind.

3.3 Bewertung (*measurement*)

3.3.1 *Bewertungsgrundlagen*

Renditeimmobilien sind bei Zugang mit ihren Anschaffungs- oder Herstellungskosten zu bewerten. Die Folgebewertung erfolgt für alle Renditeimmobilien einheitlich nach dem **Anschaffungskostenmodell** gemäß IAS 16 (→ C.I.1.3.3). Der Marktwert der Renditeimmobilien ist im Anhang anzugeben. **IAS 40.20** **IAS 40.30** **IAS 40.56** **IAS 40.79e**

> **Alternative:**
>
> Renditeimmobilien sind bei Zugang mit ihren Anschaffungs- oder Herstellungskosten zu bewerten. Die Folgebewertung erfolgt für alle Renditeimmobilien einheitlich nach dem Modell des beizulegenden Zeitwerts ***(fair value model)***. **IAS 40.20** **IAS 40.30** **IAS 40.33**

C.II

3.3.2 *Zugangsbewertung*

Die Ermittlung der Anschaffungs- oder Herstellungskosten als Zugangswerte für Renditeimmobilien richtet sich nach den allgemeinen Grundsätzen für Anschaffungs- und Herstellungskosten erworbener oder selbst erstellter Immobilien (→ C.I.1.3.2) und bei Finanzierungsleasing (→ C.IV.3.4.2). Im Folgenden werden die für Renditeimmobilien zu beachtenden Besonderheiten erläutert.

Die **Anschaffungskosten erworbener Objekte** umfassen i.d.R. den Kaufpreis zuzüglich direkt zurechenbarer Nebenkosten. Typische Anschaffungsnebenkosten von Immobilien sind z.B.: **IAS 40.21**

- Transaktionskosten wie Notariatskosten für die Beurkundung und Gerichtskosten für die Grundbucheintragung
- Anfallende Steuern durch die Übertragung (Grunderwerbsteuer)
- Honorare und Gebühren für Rechtsberatung
- Makler- und Vermittlungsgebühren

Bei der **Selbsterstellung** von Renditeimmobilien ist das Objekt bis zur Fertigstellung nach IAS 16 zu bewerten. Der Umfang der Herstellungskosten bestimmt sich somit nach IAS 16.22 (→ C.I.1.3.2.2).

Rückbauverpflichtungen sind Teil der Anschaffungs- oder Herstellungskosten (→ C.II.2.3.2.2.2).

Nachträgliche Aufwendungen sind zu aktivieren, wenn aus ihnen ein zusätzlicher Nutzenzufluss erwartet wird (→ C.II.2.3.4).

IAS 40.24 Bei **langfristigen Zahlungszielen** ist der Barwert des Zahlungsbetrages als Anschaffungs- oder Herstellungskosten anzusetzen. Die Differenz zwischen Barwert und Zahlungsbetrag ist über den Zeitraum des Zahlungsziels als Zinsaufwand zu erfassen (→ C.I.1.3.2.1).

IAS 40.23 Die Anschaffungs- oder Herstellungskosten werden **nicht** erhöht durch:

- Anlaufkosten
- anfängliche Betriebsverluste
- ungewöhnlich hohe Materialabfälle oder Personalkosten

IAS 40.25 Die Zugangsbewertung von **Finanzierungsleasingobjekten** und von Operating-Leasing-Objekten, die als Renditeimmobilien eingestuft wurden, ergibt sich aus dem niedrigeren von *fair value* zum Zugangszeitpunkt und Barwert der Mindestleasingzahlungen. In gleicher Höhe ist eine Schuld anzusetzen (→ C.IV.3.4.2.2.1).

IAS 40.29 Bei **Tauschvorgängen** bemessen sich die Anschaffungskosten der erhaltenen Immobilie nach dem *fair value* des hingegebenen Vermögenswertes, sofern der *fair value* des erhaltenen Vermögenswertes nicht klarer bestimmbar ist (→ C.I.1.3.2.3.3).

3.3.3 Folgebewertung

3.3.3.1 Folgebewertung nach dem Anschaffungskostenmodell

IAS 40.56 Die Folgebewertung nach dem **Anschaffungskostenmodell** richtet sich nach den Vorschriften des IAS 16. D.h. der Bilanzansatz in den Folgeperioden ergibt sich aus den Anschaffungskosten abzüglich planmäßiger und ggf. außerplanmäßiger Abschreibungen. Die Anschaffungskosten bilden die Obergrenze des Bilanzansatzes, auch bei steigenden Marktwerten (→ C.II.2.3.3). Sollte die Immobilie zur Veräußerung vorgesehen sein, ist diese u.U. nach IFRS 5 zu bilanzieren (→ C.IV.4.).

3.3.3.2 Alternative: Folgebewertung nach dem Modell des beizulegenden Zeitwertes *(fair value model)*

3.3.3.2.1 Grundsystematik

IAS 40.33ff. Bei Anwendung des **Modells des beizulegenden Zeitwertes** sind die Renditeimmobilien zu jedem Bilanzstichtag mit ihrem *fair value* zu bewerten. Der *fair value* entspricht dem Preis, den ein sachverständiger und unabhängiger Geschäftspartner nach den Verhältnissen am Bilanzstichtag zu zahlen bereit wäre (Marktpreis). Transaktionskosten sind dabei nicht zu berücksichtigen. Im Marktpreis werden individuelle Verhältnisse des Eigentümers (z.B. besondere steuerliche Gestaltungen) nicht berücksichtigt.

IAS 40.35 Änderungen im *fair value* sind erfolgswirksam in der Gewinn- und Verlustrechnung zu erfassen. Planmäßige oder außerplanmäßige Abschreibungen werden nicht vorgenommen.

Beispiel:

Das Unternehmen erwirbt am 1. Januar 01 zwei benachbarte bebaute Grundstücke für jeweils 1.000. Der Anteil von Grund und Boden beträgt jeweils 40 %. Ein Grundstück wird zu eigenbetrieblichen Zwecken genutzt, das andere Grundstück wird zu Wertsteigerungszwecken gehalten und vermietet. Die geschätzte Nutzungsdauer für die Gebäude beträgt 30 Jahre.

Ende 01 beträgt der Marktwert der Grundstücke jeweils 1.100. In 02 werden Pläne der Stadt bekannt, in direkter Nähe der Grundstücke eine Kläranlage zu errichten. Der Marktwert der Grundstücke sinkt daraufhin auf jeweils 600 (Anteil Grund und Boden unverändert 40 %). In 03 werden die Pläne verworfen. Der Marktwert der Grundstücke steigt daraufhin bis zum 31. Dezember 03 auf 1.200.

Das Unternehmen bewertet Renditeimmobilien nach dem *fair value*-Modell des IAS 40 und Sachanlagen zu fortgeführten Anschaffungskosten nach IAS 16.

Lösung:

Gemäß der gewählten Bewertungsmodelle wird die Renditeimmobilie zu jedem Bilanzstichtag erfolgswirksam zum *fair value* bewertet. Die eigengenutzte Immobilie wird planmäßig und ggf. außerplanmäßig abgeschrieben. Die Bilanzansätze entwickeln sich demnach wie folgt:

		Eigennutzung IAS 16	
	Rendite-Immobilie IAS 40	Grund und Boden	Gebäude
Zugang 1. Januar 01	**1.000**	**400**	**600**
planmäßige Abschreibung 01			–20
erfolgswirksame Anpassung auf *fair value*	100		
Bilanzansatz 31. Dezember 01	**1.100**	**400**	**580**
planmäßige Abschreibung 02			–20
außerplanmäßige Abschreibung 02		–160	–200
erfolgswirksame Anpassung auf *fair value*	–500		
Bilanzansatz 31. Dezember 02	**600**	**240**	**360**
planmäßige Abschreibung 03			–13
Wertaufholung 03		160	193
erfolgswirksame Anpassung auf *fair value*	600		
Bilanzansatz 31. Dezember 03	**1.200**	**400**	**540**

C.II

3.3.3.2.2 Ermittlung des beizulegenden Zeitwertes (fair value)

IAS 40.36f. **IAS 40.42** Der *fair value* entspricht dem Preis, den ein sachverständiger und unabhängiger Geschäftspartner nach den Verhältnissen am Bilanzstichtag zu zahlen bereit wäre **(Marktpreis)**. Wertverzerrungen durch untypische Nebenbedingungen, z.B. gewährte Vergünstigungen oder Finanzierungen, sind nicht zu berücksichtigen. Ebenfalls auszuklammern sind Wertbeeinflussungen durch Zwangslagen und individuelle Verhältnisse des Eigentümers oder hypothetischen Käufers. Transaktionskosten bleiben außer Ansatz.

IAS 40.49 Der *fair value* unterscheidet sich damit vom Nutzungswert *(value in use)* des IAS 36 (→ C.I.1.3.3.2). Dieser berücksichtigt insbesondere die wertbeeinflussenden individuellen, nicht übertragbaren Verhältnisse des Eigentümers (z.B. Synergieeffekte mit anderen Vermögenswerten, steuerliche Verhältnisse, besondere vertragliche Konstellationen usw.) und die Veräußerungskosten.

IAS 40.38 **IAS 40.51** Der *fair value* ist unter **Zugrundelegung der Marktbedingungen am Bilanzstichtag** zu ermitteln. Zukünftige Ausgaben zur Verbesserung oder Wertsteigerung und die daraus resultierende Nutzensteigerung dürfen nicht berücksichtigt werden.

IAS 40.32 Zur Ermittlung des *fair value* ist die **Einschaltung von externen Sachverständigen empfohlen,** jedoch nicht zwingend vorgeschrieben.

IAS 40 definiert eine **Hierarchie** hinsichtlich der Methoden zur Ermittlung des *fair value:*

IAS 40.45 1. Die **besten Anhaltspunkte** für den *fair value* bieten **aktuelle Preise** für **ähnliche Immobilien,** die auf **aktiven Märkten** erzielt wurden. „Ähnlich" bedeutet insbesondere gleiche Art, örtliche Lage, gleicher Zustand und vergleichbare vertragliche Verhältnisse (z.B. Leerstand).

IAS 40.46 2. Sofern solche Anhaltspunkte nicht vorliegen, sind folgende Informationsquellen heranzuziehen:
   (a) **aktuelle Preise** eines **aktiven Marktes** von **Immobilien abweichender Art,** Zustand oder Lage, die angepasst wurden, um die Abweichungen widerzuspiegeln
   (b) **aktuelle Preise,** die auf einem **wenig aktiven Markt** für **ähnliche Immobilien** erzielt wurden
   (c) **diskontierte Cashflow-Prognosen** auf Basis bestehender Mietverhältnisse, marktüblicher Mieten für vergleichbare Objekte und marktüblicher Diskontierungssätzen

IAS 40.47 I.d.R. werden sich aus den verschiedenen Informationsquellen abweichende Werte ergeben. Aus der Bandbreite der Werte ist unter Berücksichtigung der Ursachen der Abweichungen ein vernünftiger Schätzwert abzuleiten.

Das Vergleichswertverfahren nach den §§ 13 und 14 sowie das Ertragswertverfahren nach dem §§ 15 bis 20 der Wertermittlungsverordnung 1988 (WertV) sind i.d.R. geeignete Verfahren, um entsprechende Schätzwerte zu erhalten.

IAS 40.53 Ist in **Ausnahmefällen** aufgrund einer großen Bandbreite möglicher Werte oder aufgrund fehlender Anhaltspunkte für eine Immobilie ein *fair value* nicht fortwährend verlässlich ermittelbar, ist diese **einzelne** Immobilie nach dem **Anschaffungskostenmodell** des IAS 16 zu bewerten. Dieser Ausnahmefall ist nur gegeben, wenn Vergleichs-Markttransaktionen und andere verlässliche Schätzungen (wie diskontierte Cashflow-Analysen) nicht verfügbar sind. Der Restwert der Immobilie ist mit Null anzusetzen. Die übrigen Renditeimmobilien sind unverändert zum *fair value* zu bewerten.

Eine für ein Objekt einmal angewandte **Bewertungsmethode** ist in den Folgeperioden **fortzuführen**. D.h. eine einmal zum *fair value* bewertete Renditeimmobilie ist in den Folgeperioden weiter zum *fair value* zu bewerten, auch wenn z.B. Markttransaktionen seltener werden. In dem Ausnahmefall, dass eine Renditeimmobilie zu fortgeführten Anschaffungskosten nach IAS 16 bewertet wird, ist diese Bewertungsmethode ebenfalls bis zum Abgang des Objektes beizubehalten. **IAS 40.52** **IAS 40.55**

3.3.4 *Übertragungen*

Übertragungen in oder aus dem Bestand von Renditeimmobilien sind nur dann vorzunehmen, wenn eine **Nutzungsänderung** vorliegt. Bis zum Zeitpunkt der Nutzungsänderung ist die betroffene Immobilie nach dem bis dahin anzuwendenen Standard zu bewerten. Folgende Fälle kommen in Betracht: **IAS 40.57**

(a) Eine Renditeimmobilie wird zukünftig selbst genutzt

Es erfolgt eine Übertragung aus dem Bestand an Renditeimmobilien in den Bestand an Sachanlagen. Die Bewertung erfolgt nicht mehr nach IAS 40, sondern nach IAS 16. **IAS 40.57a**

Auswirkungen auf den Buchwert oder die Anschaffungs- oder Herstellungskosten ergeben sich daraus im Zeitpunkt der Nutzungsänderung nicht. **IAS 40.59**

Alternative (bei Anwendung des *fair value model*):

Der *fair value* zum Zeitpunkt der Nutzungsänderung gilt als Anschaffungskosten für die Folgebewertung nach IAS 16. **IAS 40.60**

Betrifft die Nutzungsänderung Immobilien, die im Rahmen von Operating-Leasingverhältnissen genutzt werden und als Renditeimmobilien klassifiziert wurden, so sind diese auch nach der Nutzungsänderung unverändert wie ein Finanzierungsleasing zu bilanzieren. **IAS 17.19a**

(b) Eine Renditeimmobilie wird zum Zwecke der Veräußerung aus- und umgebaut

Es erfolgt eine Übertragung aus dem Bestand an Renditeimmobilien in den Bestand an Vorräten. Die Bewertung erfolgt nicht mehr nach IAS 40, sondern nach IAS 2. **IAS 40.57b**

Auswirkungen auf den Buchwert oder die Anschaffungs- oder Herstellungskosten ergeben sich daraus im Zeitpunkt der Nutzungsänderung nicht. **IAS 40.59**

Alternative (bei Anwendung des *fair value model*):

Der *fair value* zum Zeitpunkt der Nutzungsänderung gilt als Anschaffungskosten für die Folgebewertung nach IAS 2.

(c) Ende der Selbstnutzung einer Immobilie

IAS 40.57c Es erfolgt eine Übertragung aus dem Bestand an Sachanlagen in den Bestand an Renditeimmobilien. Die Bewertung erfolgt nicht mehr nach IAS 16, sondern nach IAS 40.

IAS 40.59 Auswirkungen auf den Buchwert oder die Anschaffungs- oder Herstellungskosten ergeben sich daraus im Zeitpunkt der Nutzungsänderung nicht.

Alternative (bei Anwendung des *fair value model*):

IAS 40.61f. Ein Unterschiedsbetrag zwischen dem Buchwert nach IAS 16 und dem *fair value* im Zeitpunkt der Nutzungsänderung ist wie folgt zu behandeln:

Eine Minderung des Buchwerts ist zuerst erfolgsneutral mit einer ggf. vorhandenen Neubewertungsrücklage zu verrechnen. Darüber hinausgehende Minderungen sind erfolgswirksam zu erfassen.

Eine Erhöhung des Buchwertes ist erfolgswirksam zu erfassen, so weit dadurch vorangegangene, erfolgswirksam erfasste außerplanmäßige Wertminderungen rückgängig gemacht werden. Die erfolgswirksame Wertaufholung ist bis zur Höhe des Buchwerts, der sich bei planmäßiger Abschreibung ohne außerplanmäßige Abschreibung ergeben würde, begrenzt. Eine darüber hinausgehende Erhöhung des Buchwertes ist erfolgsneutral in die Neubewertungsrücklage einzustellen. Die Neubewertungsrücklage ist bei Abgang der Immobilie erfolgsneutral in die Gewinnrücklagen umzubuchen.

(d) Fertigstellung einer selbst erstellten Renditeimmobilie

IAS 40.57e Es erfolgt eine Übertragung aus dem Bestand an Sachanlagen in den Bestand an Renditeimmobilien. Die Bewertung erfolgt nicht mehr nach IAS 16, sondern nach IAS 40.

IAS 40.59 Auswirkungen auf den Buchwert oder die Anschaffungs- oder Herstellungskosten ergeben sich daraus im Zeitpunkt der Nutzungsänderung nicht.

Alternative (bei Anwendung des *fair value model*):

IAS 40.65 Ein Unterschiedsbetrag zwischen dem Buchwert der Immobilie nach IAS 16 und dem fair value im Zeitpunkt der Fertigstellung ist erfolgswirksam zu erfassen.

(e) Beginn eines Operating-Leasingverhältnisses mit einer anderen Partei

IAS 40.57d Es erfolgt eine Übertragung aus dem Bestand an Vorräten in den Bestand an Renditeimmobilien. Die Bewertung erfolgt nicht mehr nach IAS 2, sondern nach IAS 40.

IAS 40.59 Auswirkungen auf den Buchwert oder die Anschaffungs- oder Herstellungskosten ergeben sich daraus im Zeitpunkt der Nutzungsänderung nicht.

Alternative (bei Anwendung des *fair value model*): IAS 40.63

Ein Unterschiedsbetrag zwischen dem Buchwert der Immobilie nach IAS 2 und dem *fair value* im Zeitpunkt der Fertigstellung ist erfolgswirksam zu erfassen.

In allen Fällen ist die betroffene Immobilie bis zum Zeitpunkt der Nutzungsänderung noch nach dem bis dahin anzuwendenden Standard zu bewerten.

3.4 Abgänge

Ein Abgang einer Renditeimmobilie ist zu erfassen, wenn IAS 40.66f.

- die Immobilie verkauft wurde,
- die Immobilie im Rahmen eines Finanzierungsleasings vermietet wird oder
- die Immobilie dauerhaft nicht mehr genutzt werden soll und ein zukünftiger Nutzen aus einer Veräußerung nicht mehr zu erwarten ist

Gewinne oder Verluste aus dem Abgang einer Renditeimmobilie ergeben sich aus der Differenz zwischen Nettoveräußerungserlös und Buchwert des Objekts. Der Gewinn oder Verlust ist erfolgswirksam zu erfassen, es sei denn, es handelt sich um eine *Sale-and-lease-back*-Transaktion (vgl. dazu → C.IV.3.5). IAS 40.69

C.II

3.5 Ausweis in Bilanz und GuV

Renditeimmobilien sind in einem eigenen Posten innerhalb der langfristigen Vermögenswerte in der Bilanz gesondert auszuweisen. IAS 1.68

Der Ausweis der erfolgswirksamen Beträge in der GuV richtet sich bei Anwendung des Anschaffungskostenmodells nach den Vorschriften für Sachanlagen (→ E.I. und → II.).

Alternative 1 (bei Anwendung des *fair value model*):

Der Ausweis der erfolgswirksam zu erfassenden Anpassungen an den *fair value* erfolgt netto (Erträge und Aufwendungen saldiert) in einem gesonderten Posten innerhalb des Finanzergebnisses.

Alternative 2 (bei Anwendung des *fair value model* und sofern Geschäfte mit Renditeimmobilien zur originären Geschäftstätigkeit gehören):

Der Ausweis der erfolgswirksam zu erfassenden Anpassungen an den *fair value* erfolgt brutto (Erträge und Aufwendungen getrennt) in gesonderten Posten innerhalb des operativen Ergebnisses.

3.6 Anhangangaben (*notes*)

→ CD Anhangcheckliste 5.2.5

4. Finanzielle Vermögenswerte

4.1 Grundlagen

4.1.1 Grundgedanken, Neuregelungen

IAS 39.1 IAS 32.2 IFRS 7.2 IAS 39 regelt Ansatz und Bewertung sämtlicher Finanzinstrumente. IAS 32 enthält die Anforderungen an den Ausweis von Finanzinstrumenten. Die Angabenpflichten zu Finanzinstrumten ergeben sich aus IFRS 7. Wesentlicher Grundgedanke der IAS-Regelungen zur Bilanzierung von Finanzinstrumenten ist die Einführung einer Marktbewertung zum beizulegenden Zeitwert. Angesichts der Besorgnis, dass extern induzierte Schwankungen der Kapitalmärkte bei einer konsequenten Marktbewertung der Finanzinstrumente Verzerrungen des Periodenergebnisses und des Eigenkapitals des bilanzierenden Unternehmens zur Folge haben können, stellen die verabschiedeten Regelungen letztlich einen in mehreren Schritten verwirklichten Kompromiss dar.

IAS 39 hat im Laufe der letzten Jahre eine fortschreitende Überarbeitung erfahren. Ein Beispiel ist die Änderung der sog. *Fair Value* Option durch das IASB, der generellen Möglichkeit, alle Finanzinstrumente mit verlässlich messbaren beizulegenden Zeitwerten erfolgswirksam zu diesen Werten anzusetzen. Die vom IASB am 31. März 2004 verabschiedete Fassung des IAS 39 wurde von der EU-Kommission lediglich mit Ausnahme der Bestimmungen zur *Fair Value* Option und einiger Regelungen im Bereich der Bilanzierung von Sicherungsbeziehungen übernommen (sog. *carved-out version* of IAS 39). Dieses partielle *Endorsement* wurde von der EU-Kommission am 19. November 2004 bekannt gegeben. Die seitens der EU abgeänderte Version des IAS 39 wurde am 10. Dezember 2004 im Amtsblatt der EU veröffentlicht und war innerhalb der EU ab dem 1. Januar 2005 verbindlich. Nachdem das IASB nun seinerseits am 16. Juni 2005 eine im Hinblick auf eine Einschränkung der *Fair Value* Option überarbeitete Regelung für den IAS 39 einschließlich erforderlicher Folgeänderungen in IAS 32 und IFRS 1 verabschiedet hat, erfolgte am 15. November 2005 die Übernahme durch die EU-Kommission für Abschlüsse mit Stichtag ab dem 1. Januar 2006. Eine rückwirkende Anwendung wird empfohlen.

Das *Endorsement* der Neuregelungen zum *Cash Flow Hedge Accounting* ist am 21. Dezember 2005 erfolgt. Eine entsprechende Anpassung in IAS 39 wurde am 14. April 2005 vom IASB verabschiedet *(Cash Flow Hedge Accounting of Forecast Intergroup Transactions)*.

Hiernach kann ein Konzern eine erwartete externe Transaktion, die in der funktionalen Währung eines mit der Transaktion verbundenen Unternehmens nominiert ist, unter bestimmten Voraussetzungen anteilig als Grundgeschäft zur Absicherung gegen Währungsrisiken im Rahmen des *Cash Flow Hedges* designieren.

Es verbleibt somit eine Abweichung im Bereich der Bilanzierung von Sicherungsbeziehungen. Sichteinlagen und bestimmte andere Einlagen *(core deposits)* dürfen nach der von der EU-Kommission gebilligten Fassung entgegen den Regelungen des IAS 39 in das *Hedge-Accounting* einbezogen werden.

Übereinstimmung besteht hingegen in Bezug auf die inzwischen von der EU anerkannten Regelungen zu Versicherungsverträgen *(Insurance Contracts)* in IFRS

4 und hinsichtlich der sich aus IFRS 4 ergebenden Änderungen des IAS 39 zur Bilanzierung von Finanzgarantien. Hiernach fallen Finanzgarantien zukünftig in den Anwendungsbereich von IAS 39. Bereits mit dem vollständigen *Endorsement* von IFRS 4 sind auch die entsprechenden Änderungen des IAS 39 in der EU verbindlich geworden. Gleiches gilt für den im März 2006 verabschiedeten und am 8. September 2006 in europäisches Recht übernommenen IFRIC 9 zur Neubeurteilung eingebetteter Derivate *(Reassessment of Embedded Derivatives)*.

Ausstehend von einer Übernahme durch die EU-Kommission (Stand August 2008) ist der im Juli 2008 veröffentlichte IFRIC 16 zur Absicherung einer Nettoinvestition in einen ausländischen Geschäftsbetrieb *(Hedges of a Net Investment in a Foreign Operation)* sowie die ebenfalls im Juli 2008 verabschiedete Änderung des IAS 39 zur Klarstellung zulässiger Grundgeschäfte in bestimmten Situationen bei der Bilanzierung von Sicherungsbeziehungen *(Eligible Hedged Items)*.

Allein diese Beispiele verdeutlichen die rasante Fortentwicklung des IAS 39.

Im Zuge des Entwicklungsprozesses ist zudem festzustellen, dass sich die Regelungen durch eine zunehmende Komplexität auszeichnen. So besteht beispielsweise IAS 39 neben dem eigentlichen Standardtext, den Anwendungsleitlinien *(application guidance)* und erläuternden Beispielen *(illustrative examples)* insbesondere aus der Zusammenfassung der wesentlichen Änderungen *(introduction)*, der tabellarischen Gegenüberstellung neuer und alter Vorschriften *(table of concordance)* sowie der Darstellung der Änderungen, die sich aus der Überarbeitung von IAS 39 für andere Standards ergeben. Nur der Standardtext und die Anwendungsrichtlinien stellen dabei das verbindlich zu beachtende Regelwerk dar. Ohne dass auch die dargestellten Beispiele Bestandteil des Regelwerks wären, sind gleichwohl die dort enthaltenen Hinweise im Rahmen der Bilanzierung zu beachten.

Daneben hat im Februar 2008 das IASB Änderungen zu IAS 32 und IAS 1 für kündbare Finanzinstrumente und bei Liquidation entstehende Verpflichtungen *(Puttable Financial Instruments and Obligations Arising on Liquidation)* veröffentlicht. Wesentlicher Inhalt der Änderungen ist der Ausweis von bestimmten kündbaren Finanzinstrumenten, die gleichzeitig Gesellschaftsanteile darstellen. Nach bisheriger Definition in IAS 32 waren diese Finanzinstrumente als finanzielle Verbindlichkeiten auszuweisen. Mit der Änderung wird der Ausweis als Eigenkapital vorgesehen, sofern bestimmte Voraussetzungen erfüllt werden. Diese Neuregelung betrifft in Deutschland insbesondere den Ausweis des Eigenkapitals von Personengesellschaften. Eine Übernahme des Standards in europäisches Recht steht aus (Stand August 2008).

Zuletzt ergaben sich im Oktober 2008 infolge der Finanzmarktkrise Änderungen an IAS 39 und an IFRS 7, die der IASB kurzfristig – unter Aussetzung seines *due process* – beschlossen hat. Die Änderungen wurden unmittelbar von der EU übernommen und bereits am 16. Oktober 2008 im EU-Amtsblatt veröffentlicht. Die geänderten Regelungen betreffen insbesondere die Umklassifizierung finanzieller Vermögenswerte, die bisher der Kategorie der erfolgswirksam zum *fair value* bewerteten Finanzinstrumente zugeordnet waren. Die Änderungen konnten zunächst rückwirkend zum 1. Juli 2008 angewendet werden, bei nach dem 31. Oktober 2008 vorgenommenen Umklassifizierungen aber erst zum Datum der Umklassifizierung.

IAS 32.11 4.1.2 *Finanzielle Vermögenswerte als Teil der Finanzinstrumente*

Der vorliegende Abschnitt behandelt mit den finanziellen Vermögenswerten den auf der Aktivseite der Bilanz auszuweisenden Teil der Finanzinstrumente im Sinne von IAS 32 und IAS 39 (→ Abbildung 18).

Finanzinstrumente

Verträge, die gleichzeitig bei einer Partei zu einem finanziellen Vermögenswert und bei der anderen Partei zu einer finanziellen Schuld oder zu einem Eigenkapitalinstrument führen

Aktivische Finanzinstrumente	**Passivische Finanzinstrumente**	
Finanzielle Vermögenswerte	**Finanzielle Verbindlichkeiten**	**Eigenkapitalinstrumente**
• Flüssige Mittel • An anderen Unternehmen gehaltene Eigenkapitalinstrumente • Vertragliche Ansprüche – auf Erhalt flüssiger Mittel oder anderer finanzieller Vermögenswerte oder – auf Austausch finanzieller Vermögenswerte oder finanzieller Schulden unter potenziell vorteilhaften Bedingungen • Bestimmte Vereinbarungen, die durch Lieferung von Eigenkapitalinstrumenten des Unternehmens durch Dritte erfüllt werden (können)	• Vertragliche Verpflichtungen – flüssige Mittel oder andere finanzielle Vermögenswerte zu liefern oder – zum Austausch finanzieller Vermögenswerte oder finanzieller Schulden unter potenziell nachteiligen Bedingungen • Bestimmte Vereinbarungen, die durch Lieferung von Eigenkapitalinstrumenten des Unternehmens an Dritte erfüllt werden (können)	• Verträge, die einen Residualanspruch am Vermögen des Unternehmens nach Begleichung aller Schulden begründen • Kündbare Finanzinstrumente, die grundsätzlich finanzielle Verbindlichkeiten darstellen, aber als Ausnahme die Bedingungen des IAS 32.16A–.16D erfüllen

Abbildung 18: Einteilung der Finanzinstrumente nach IAS 32.11

Die Definition der finanziellen Vermögenswerte verdeutlicht, dass diese Kategorie weit abgegrenzt ist. Sie umfasst neben den liquiden Mitteln vor allem

- unverbriefte Forderungen wie
  - Forderungen aus Lieferungen und Leistungen,
  - Darlehensforderungen,
  - Ausleihungen;
- verbriefte Forderungen wie
  - Schecks,
  - Wechsel,
  - Schuldverschreibungen;
- verbriefte oder unverbriefte Mitgliedschaftsrechte wie
  - (eigene und fremde) Aktien,
  - (eigene und fremde) GmbH-Anteile;
- derivative Finanzinstrumente, die einen künftigen Nutzenzufluss erwarten lassen; Derivate zeichnen sich dadurch aus, dass
  (1) ihr Wert von einer bestimmten Variablen *(underlying)* wie einem Zinssatz, einem Wertpapierkurs oder einem Rohstoffpreis abhängt,

(2) sie im Vergleich zu anders gearteten Verträgen, die ähnlich auf Änderungen der Marktbedingungen reagieren, keine oder nur eine geringe anfängliche Nettoinvestition erfordern und
(3) sie zu einem späteren Zeitpunkt beglichen werden.
Dazu gehören etwa
- Futures,
- Forwards,
- Swaps,
- Optionen.

Da finanzielle Vermögenswerte definitionsgemäß eine vertragliche Grundlage haben müssen, rechnen auf hoheitlichem Akt beruhende Forderungen wie **Steueransprüche** nicht dazu. Letztere unterliegen den Bestimmungen von IAS 12. **Anzahlungen** stellen ebenfalls keine finanziellen Vermögenswerte dar, da sie nicht auf den Erhalt finanzieller Vermögenswerte, sondern auf den Bezug von Gütern oder Dienstleistungen gerichtet sind. **IAS 32.13**

Explizit ausgenommen aus dem Anwendungsbereich von IAS 32, IAS 39 bzw. IFRS 7 sind u.a. folgende finanzielle Vermögenswerte: **IAS 32.4, IAS 39.2, IFRS 7.3**

- Im Konzernabschluss: Anteile an Tochterunternehmen, Gemeinschaftsunternehmen und assoziierten Unternehmen, die nach IAS 27, IAS 31 bzw. IAS 28 in den Konzernabschluss einbezogen werden;
- Vermögenswerte aus Altersversorgungsplänen gemäß IAS 19 (→ C.III.3.);
- Ansprüche aus Leasingverhältnissen, die sich noch nicht zu Forderungen des Leasinggebers verdichtet haben (IAS 17 bzw. → C.IV.3.);
- Rechte aus Versicherungsverträgen (IFRS 4).

4.1.3 Kategorien finanzieller Vermögenswerte

4.1.3.1 Überblick

IAS 39 unterscheidet **vier Kategorien** finanzieller Vermögenswerte. Die Unterscheidung ist weniger für den Bilanzausweis als vielmehr für die Frage der Bewertung von Bedeutung. Die Zuweisung eines finanziellen Vermögenswerts zu einer bestimmten Kategorie entscheidet zugleich über das maßgebliche Bewertungskonzept. Aus diesem Grund erfordert die Kategorisierung eindeutige Zurechnungskriterien und eine für Dritte nachvollziehbare Dokumentation.

Bei den vier Kategorien finanzieller Vermögenswerte handelt es sich um:

1. bis zur Endfälligkeit gehaltene finanzielle Vermögenswerte *(held to maturity investments* – kurz: *held to maturity),* **IAS 39.9**
2. Kredite und Forderungen *(loans and receivables),*
3. finanzielle Vermögenswerte, die erfolgswirksam zum *fair value* zu bewerten sind *(at fair value through profit or loss),* mit den Unterkategorien
   a) zu Handelszwecken gehaltene finanzielle Vermögenswerte *(financial assets held for trading* – kurz: *trading)* und
   b) finanzielle Vermögenswerte, die nach dem im Zeitpunkt ihrer bilanziellen Erfassung dokumentierten Willen des Bilanzierenden erfolgswirksam zum fair value zu bewerten sind *(financial assets designated by the entity as at fair value through profit or loss)*

4. zur Veräußerung verfügbare finanzielle Vermögenswerte *(available for sale financial assets* – kurz: *available for sale).*

4.1.3.2 Bis zur Endfälligkeit gehaltene finanzielle Vermögenswerte *(held to maturity)*

Die bis zur Endfälligkeit gehaltenen finanziellen Vermögenswerte zeichnen sich durch **drei Merkmale** aus, nämlich

- feste oder bestimmbare Zahlungen,
- eine feste Laufzeit und
- die Absicht sowie Fähigkeit des Unternehmens, die Vermögenswerte tatsächlich bis zur Endfälligkeit zu halten.

Nicht zu dieser Kategorie zählen Kredite und Forderungen sowie finanzielle Vermögenswerte, die das Unternehmen durch subjektive Widmung den Kategorien *at fair value through profit or loss* oder *available for sale* zugewiesen hat.

IAS 39.9, IAS 39.AG16–25 Eine Verletzung der oben genannten dritten Voraussetzung zieht **einschneidende Sanktionen** nach sich. Veräußert das Unternehmen einen nicht unwesentlichen Teil der als *held to maturity investments* klassifizierten Vermögenswerte vor ihrer Endfälligkeit, hat dies zur Folge, dass

- sämtliche in diese Kategorie eingestuften finanziellen Vermögenswerte in *available for sale financial assets* umzuwidmen sind *und*
- das Unternehmen bis zum Ende des zweiten auf das Verkaufsjahr folgenden Geschäftsjahrs keine *held to maturity investments* in seinem Abschluss ausweisen darf.

Ausgenommen hiervon sind Verkäufe,

- die so nahe am Endfälligkeitstag erfolgen (i.d.R. innerhalb der letzten drei Monate der Laufzeit), dass sich Marktzinsänderungen allenfalls unwesentlich auf den *fair value* des Vermögenswerts auswirken,
- wenn die ursprüngliche Investitionssumme im Wesentlichen (zu rund 90 % oder mehr) durch planmäßige Zahlungen zurückgeflossen ist oder
- die auf ein singuläres, nicht wiederkehrendes und nicht vorhersehbares Ereignis zurückgehen, das dem Einfluss des Unternehmens entzogen ist (z.B. finanzielle Schieflage des Emittenten des Vermögenswerts).

Finanzinstrumente, die dieser Kategorie zugeordnet werden, sind nach ihrem Zugang mit den **fortgeführten Anschaffungskosten** zu bewerten (→ C.II.4.1.6.3).

4.1.3.3 Kredite und Forderungen

IAS 39.9 IAS 39.AG26 Bei den Krediten und Forderungen handelt es sich um originäre oder erworbene Darlehen und Forderungen mit feststehenden oder bestimmbaren Zahlungen, die nicht auf einem aktiven Markt notiert sind. Sie werden üblicherweise durch **Bereitstellung von Bargeld,** durch **Lieferung von Waren** oder die **Erbringung von Dienstleistungen** begründet.

Nicht zu dieser Kategorie zählen Kredite und Forderungen,

- die in naher Zukunft veräußert werden sollen. Diese sind der Kategorie *trading* zuzurechnen;

- die das Unternehmen durch subjektive Widmung den Kategorien *at fair value through profit or loss* oder *available for sale* zugewiesen hat.

Finanzinstrumente, die dieser Kategorie zugeordnet werden, sind nach ihrem Zugang mit den **fortgeführten Anschaffungskosten** zu bewerten (→ C.II.4.1.6.3).

4.1.3.4 Erfolgswirksam zum *fair value* bewertete finanzielle Vermögenswerte

Die Kategorie der erfolgswirksam zum *fair value* bewerteten finanziellen Vermögenswerte ***(at fair value through profit or loss)*** umfasst zum einen die dem Handelsbestand zuzurechnenden finanziellen Vermögenswerte ***(trading)***. **IAS 39.9**

Dieser beinhaltet **IAS 39.AG14**

- finanzielle Vermögenswerte, die in naher Zukunft verkauft werden sollen,
- finanzielle Vermögenswerte, die bei erstmaligem Ansatz Teil eines Portfolios sind, für das substanzielle Hinweise auf eine Folge von kurzfristigen Gewinnmitnahmen aus der jüngeren Vergangenheit vorliegen, d.h. die zur Erzielung von kurzfristigen Gewinnen gehalten werden und
- Derivate mit Ausnahme jener, die Teil einer effektiven Sicherungsbeziehung sind.

Zum anderen gehören dieser Kategorie alle finanziellen Vermögenswerte an, die ohne die vorstehenden Voraussetzungen zu erfüllen aufgrund einer **subjektiven Widmung** des Managements im Zugangszeitpunkt erfolgswirksam zum *fair value* bewertet werden sollen. Es besteht hier folglich ein im Zugangszeitpunkt grundsätzlich einmalig ausübbares **Wahlrecht**. Dieses als *Fair-Value*-Option bezeichnete generelle Wahlrecht wurde jedoch durch die im Juni 2005 verabschiedete diesbezüglich überarbeitete Regelung eingeschränkt. Die Anwendung der *Fair Value* Option ist nur noch in solchen Fällen zulässig, in denen dies zu relevanteren Informationen führt, da eine Ansatz- und Bewertungsinkonsistenz entweder beseitigt oder erheblich reduziert wird oder in denen eine Gruppe von finanziellen Vermögenswerten oder Verbindlichkeiten oder beide gemeinsam im Rahmen eines nachweislichen Risikomanagements oder einer nachweislichen Anlagestrategie gehandhabt werden. **IAS 39.50**

Darüber hinaus gestattet es die überarbeitete *Fair Value* Option, dass ein gesamter kombinierter Kontrakt, der ein oder mehrere eingebettete Derivate enthält, als ein finanzieller Vermögenswert oder eine finanzielle Verbindlichkeit erfolgswirksam zum *Fair Value* bewertet werden kann. Dies scheidet jedoch aus, wenn das eingebettete Derivat bzw. die eingebetteten Derivate die ansonsten aus dem Vertrag anfallenden Zahlungsströme nur unerheblich verändern oder wenn es bei erstmaliger Beurteilung eines vergleichbaren Instruments leicht ersichtlich ist, dass eine Abspaltung des oder der eingebetteten Derivate unzulässig ist. IFRIC 9 widmet sich ausführlicher den Kriterien zur Abspaltung eingebetteter Derivate im Zeitpunkt des Vertragsabschlusses sowie einer eventuell gebotenen Neubeurteilung der Abspaltungsnotwendigkeit während der Vertragslaufzeit des jeweiligen Finanzinstruments.

Umklassifizierung nach dem Zugangszeitpunkt in die bzw. aus der Kategorie *at fair value through profit or loss* sind nicht zulässig. Eine Änderung der Zuordnung kommt jedoch dann in Betracht, wenn **IAS 39.50A**

- ein bislang als Sicherungsinstrument eingesetztes Derivat im Rahmen eines zuvor effektiven *Cash Flow Hedge* oder der Absicherung einer Nettoinvestition in einen ausländischen Geschäftsbetrieb *(Net Investment Hedge)* die Anforderungen an ein Sicherungsinstrument nicht mehr erfüllt,
- ein bestehendes Derivat erstmalig als Sicherungsinstrument im Rahmen eines effektiven *Cash Flow Hedge* oder eines *Net Investment Hedge* eingesetzt wird,
- ein Versicherungsunternehmen das Wahlrecht des IFRS 4.45 in Anspruch nimmt, bei der erstmaligen Anwendung des IFRS 4 oder bei einem Wechsel der Bilanzierungs- und Bewertungsmethoden für Versicherungsverbindlichkeiten nach IFRS 4.22 einige oder alle seiner finanziellen Vermögenswerte als *at fair value through profit or loss* einzustufen.

Finanzinstrumente, die der Kategorie ***at fair value through profit or loss*** zugeordnet werden, sind nach ihrer Zuordnung **erfolgswirksam mit ihrem *fair value*** zu bewerten (→ C.II.4.1.6.5). In dem Ausnahmefall, dass der fair value eines Eigenkapitalinstruments dieser Kategorie nicht verlässlich ermittelbar ist, ist die Bewertung zu fortgeführten Anschaffungskosten (→ C.II.4.1.6.3) vorzunehmen.

4.1.3.5 Zur Veräußerung verfügbare finanzielle Vermögenswerte *(available for sale)*

Die Kategorie der zur Veräußerung verfügbaren finanziellen Vermögenswerte stellt einen **Auffangposten** dar. Sie nimmt alle finanziellen Vermögenswerte (Gläubiger- und Anteilspapiere) auf, die

- keiner der anderen drei Kategorien zuzurechnen sind oder
- aufgrund einer subjektiven Widmung des Unternehmens als zur Veräußerung verfügbare finanzielle Vermögenswerte gelten.

Die zweite Möglichkeit kommt insbesondere für Forderungen und Kredite in Betracht.

4.1.4 Ansatz finanzieller Vermögenswerte

IAS 39.14
IAS 39.AG34f.
Finanzielle Vermögenswerte sind in der Bilanz anzusetzen, wenn das Unternehmen Partei eines Vertrags über diesen Vermögenswert wird.

Nach dieser Regelung sind im Bereich der finanziellen Vermögenswerte auch **schwebende Geschäfte** zu bilanzieren. Praktische Bedeutung hat das insbesondere bei Derivaten, die unabhängig von ihrem Wert bereits bei **Vertragsschluss** in die Bilanz aufzunehmen sind.

Demgegenüber sind Forderungen aufgrund von Sach- oder Dienstleistungen nicht bereits mit Vertragsschluss, sondern erst nach Erbringung der Leistung in die Bilanz aufzunehmen (→ C.I.3.).

IAS 39.38,
IAS 39.AG53–56
Marktübliche Käufe von finanziellen Vermögenswerten werden generell zum **Handelstag** bilanziert, d.h. die Aktivierung erfolgt zu dem Tag, an dem das Unternehmen die Verpflichtung zum Kauf eingegangen ist. Mit der Aufnahme des finanziellen Vermögenswerts ist zugleich der Betrag der für seinen Erwerb zu zahlenden Verbindlichkeit zu passivieren.

Alternative 1:

Marktübliche Käufe von finanziellen Vermögenswerten werden generell zum **Erfüllungstag** bilanziert, d.h. die Aktivierung erfolgt zu dem Tag, an dem der finanzielle Vermögenswert an das Unternehmen geliefert wird. Zu diesem Zeitpunkt ist zugleich die aus dem Erwerb resultierende Verbindlichkeit einzubuchen. Liegt zwischen dem Abschluss des Verpflichtungsgeschäfts (Handelstag) und dem Erfüllungstag ein Bilanzstichtag, sind etwaige Wertänderungen des finanziellen Vermögenswerts seit dem Handelstag entsprechend dem anzuwendenden Bewertungskonzept (→ C.II.4.1.6.1) im Abschluss zu erfassen.

IAS 39.38, IAS 39.AG53–56

Alternative 2:

Marktübliche Käufe von finanziellen Vermögenswerten werden für folgende Kategorien zum **Handelstag** bilanziert:

IAS 39.38, IAS 39.AG53–56

- z.B. Handelsbestand;
- z.B. bis zur Endfälligkeit gehaltene finanzielle Vermögenswerte.

Alle marktüblichen Käufe anderer finanzieller Vermögenswerte sind zum **Erfüllungstag** zu bilanzieren.

Im Falle einer Aktivierung zum **Handelstag** sind der finanzielle Vermögenswert und die aus seinem Erwerb resultierende Verbindlichkeit zu dem Tag einzubuchen, an dem das Unternehmen die Verpflichtung zum Kauf eingegangen ist.

Bei einer Aktivierung zum **Erfüllungstag** ist das Erwerbsgeschäft erst zu dem Tag bilanziell zu erfassen, an dem der finanzielle Vermögenswert an das Unternehmen geliefert wird. Liegt zwischen Handels- und Erfüllungstag ein Bilanzstichtag, sind etwaige Wertänderungen des finanziellen Vermögenswerts seit dem Handelstag entsprechend dem anzuwendenden Bewertungskonzept (→ C.II.4.1.6.1) im Abschluss zu erfassen.

Als **marktübliche Käufe** gelten Transaktionen, bei denen zwischen Eingehen der Verpflichtung und deren Erfüllung nur ein kurzer, marktüblicher Zeitraum liegt. Beispiele sind Wertpapiertransaktionen an Börsen, bei denen zwischen Kaufauftrag (Orderausführung) und handelsüblicher Abrechnung *(Clearing)* i.d.R. ein bis zwei Arbeitstage liegen oder auch der Erwerb von GmbH-Anteilen, bei dem zwischen Abschluss des Kaufvertrags und Erlangung des Eigentums an den Anteilen mehrere Wochen liegen können.

4.1.5 *Zugangsbewertung*

IAS 39.43

Finanzielle Vermögenswerte sind im Zeitpunkt der erstmaligen Erfassung mit ihrem *fair value* anzusetzen. Dieser ermittelt sich als Summe aus **Anschaffungspreis und direkt zurechenbaren Anschaffungsnebenkosten** (Transaktionskosten). Ausnahme: Bei den erfolgswirksam zum *fair value* bewerteten finanziellen Vermögenswerten sind etwaige Anschaffungsnebenkosten als Aufwand der Periode zu behandeln. Diese Aufwendungen werden z.B. im Posten „sonstige betriebliche Aufwendungen" erfasst.

IAS 39.AG13 Als **Transaktionskosten** sind nur Einzelkosten zu berücksichtigen. Hierzu gehören beispielsweise Gebühren, Provisionen, Courtage und Steuern, die an den Erwerbsvorgang anknüpfen. Nicht zu den Transaktionskosten rechnen Finanzierungskosten, interne Verwaltungskosten, Aufbewahrungskosten sowie Agien und Disagien.

IAS 39.AG64 Stellt das geleistete Entgelt nicht nur eine Gegenleistung für den Erwerb des finanziellen Vermögenswerts dar, ist für Zwecke der Zugangsbewertung der *fair value* mittels der genannten Methoden zu bestimmen. Das über den *fair value* hinaus gezahlte Entgelt ist als Aufwand zu erfassen, soweit darin nicht Anschaffungskosten für einen anderen Vermögenswert zu sehen sind.

Beispiel 1:

Das Unternehmen gewährt einem Abnehmer einen unverzinslichen Kredit in Höhe von 10.000 mit einer Laufzeit von fünf Jahren. Der Abnehmer verpflichtet sich im Gegenzug, während der Laufzeit des Kredits jährlich Waren zu einem Gesamtpreis von mindestens 3.000 abzunehmen. Der angemessene (Markt-)Zins für einen derartigen Kredit beträgt 8 % p.a.

Beurteilung:

Die Zahlung von 10.000 durch das Unternehmen dient nicht allein der Begründung einer Kreditforderung, sondern zusätzlich dem Erwerb eines Lieferrechts. Aus diesem Grund ist die Forderung mit ihrem *fair value* anzusetzen. Das ist der Barwert des Rückzahlungsanspruchs. Er beträgt im Beispiel 6.806. Die Differenz 3.194, ist als Anschaffungskosten eines immateriellen Vermögenswerts „Lieferrecht" zu aktivieren.

Beispiel 2:

Das Unternehmen gewährt Mitarbeitern mit einer Betriebszugehörigkeit von mindestens zehn Jahren ein unverzinsliches Darlehen in Höhe von 3.000 mit einer Laufzeit von drei Jahren. Neben der Rückzahlung des Darlehens ergibt sich aus dem Vertrag für die Mitarbeiter keine Verpflichtung. Der übliche Zinssatz für ein Darlehen mit gleicher Laufzeit und gleichem Bonitätsrisiko des Schuldners beträgt 7 %.

Beurteilung:

Das Darlehen ist mit seinem Barwert von 2.449 anzusetzen. Anders als im Beispiel 1 ist die Leistung des Unternehmens nicht an eine (über die nach dem Arbeitsvertrag geschuldete Leistung hinausgehende) Gegenleistung des Darlehensempfängers geknüpft, die als immaterieller Vermögenswert aktiviert werden könnte. Die Differenz zum Nennwert des Darlehens, 551, ist daher im Jahre der Darlehensgewährung als Aufwand zu behandeln.

Kategorien finanzieller Vermögenswerte			
Bis zur Endfälligkeit gehaltene finanzielle Vermögenswerte	Kredite und Forderungen	Zur Veräußerung verfügbare finanzielle Vermögenswerte	Erfolgswirksam zum *fair value* bewertete finanzielle Vermögenswerte
Bewertung zu fortgeführten Anschaffungskosten		Erfolgsneutrale *fair-value*-Bewertung*	Erfolgswirksame *fair-value*-Bewertung
Bewertungskonzepte für finanzielle Vermögenswerte			

* Ausnahme: EK-Instrumente, deren *fair value* nicht verlässlich ermittelbar ist, sind zu (fortgeführten) Anschaffungskosten zu bewerten

Abbildung 19: Bewertungskonzepte für finanzielle Vermögenswerte nach IAS 39

4.1.6 *Folgebewertung*

4.1.6.1 Bewertungskonzepte

Für die Folgebewertung finanzieller Vermögenswerte sieht IAS 39 in Abhängigkeit ihrer Kategorisierung verschiedene Bewertungskonzepte vor (→ Abbildung 19). **IAS 39.45**

Das vom IASB grundsätzlich favorisierte Konzept für die Folgebewertung ist die fair value-Bewertung ohne Berücksichtigung möglicher Kosten der Veräußerung. Ausgenommen von diesem Bewertungskonzept sind: **IAS 39.46**

- sämtliche finanzielle Vermögenswerte, die den Kategorien *held to maturity* und *loans and receivables* angehören. Für sie sieht der Standard eine Bewertung zu fortgeführten Anschaffungskosten nach Maßgabe der Effektivzinsmethode vor (→ C.II.4.1.6.3).
- Eigenkapitalinstrumente und damit verbundene Derivate, bei denen eine *fair-value*-Bewertung ausgeschlossen ist, da für sie kein notierter Preis auf einem aktiven Markt existiert und deren *fair value* auch nicht anderweitig verlässlich ermittelbar ist. Diese sind – vorbehaltlich etwaiger außerplanmäßiger Abschreibungen – mit ihren Anschaffungskosten anzusetzen.

Das Fehlen eines aktiven Marktes für ein Eigenkapitalinstrument oder ein auf einem solchen Eigenkapitalinstrument basierendes Derivat bedeutet nicht zwangsläufig, dass eine *fair-value*-Bewertung ausscheidet. Hinzukommen muss außerdem, dass **IAS 39.AG80f.**

- sich die möglichen Wertansätze innerhalb der Bandbreite vertretbarer *fair values* deutlich unterscheiden und
- für die denkbaren *fair values* keine verlässlichen Wahrscheinlichkeitsschätzungen angegeben werden können.

Dieser Fall stellt nach Ansicht des IASB eher die Ausnahme dar.

Bei allen finanziellen Vermögenswerten mit Ausnahme derer, die erfolgswirksam zum *fair value* bewertet werden, sind ergänzend die Vorschriften über **Wertminderungen** (→ C.II.4.1.6.6) und **Wertaufholungen** (→ C.II.4.1.6.7) zu beachten. **IAS 39.46**

4.1.6.2 Ermittlung des *fair value*

IAS 39.AG71 Die Ermittlung des *fair value* richtet sich danach, ob für das Finanzinstrument ein aktiver Markt existiert oder nicht. Im ersten Fall ergibt sich der *fair value* aus einem veröffentlichten Angebotskurs. Ist ein solcher Kurs nicht feststellbar, kann auf den Preis der jüngsten Transaktion zurückgegriffen werden, vorausgesetzt, die wirtschaftlichen Rahmenbedingungen haben sich seit dieser Transaktion nicht signifikant verändert. Veränderten Rahmenbedingungen muss der *fair value* Rechnung tragen. Zu diesem Zweck kann sich ein Vergleich mit Preisen oder Kursen ähnlicher Finanzinstrumente anbieten. Entsprechendes gilt, wenn der letzte Transaktionskurs nicht als Ausdruck des *fair value* des Finanzinstruments anzusehen ist, weil er z.B. aus einem Notverkauf resultierte.

Existiert kein aktiver Markt für das Finanzinstrument als Ganzes, jedoch für seine Komponenten, kann der *fair value* schließlich aus den Marktpreisen der einzelnen Komponenten abgeleitet werden.

IAS 39.AG74f. Besteht infolge des Fehlens eines aktiven Markts keine Möglichkeit, den *fair value* eines Finanzinstruments nach den vorstehenden Grundsätzen zu ermitteln, ist dieser anhand von Bewertungsmethoden abzuleiten. Hierbei besteht das Ziel darin, einen potenziellen Marktpreis zu ermitteln, der sich am Bewertungsstichtag zwischen unabhängigen Parteien bei Vorliegen üblicher Geschäftsbedingungen ergeben hätte. Zu diesem Zweck kann in Erwägung gezogen werden, den *fair value*

- aus Markttransaktionen zwischen verständigen, tauschwilligen Personen,
- aus *fair values* anderer, im Wesentlichen identischer Finanzinstrumente,
- durch Anwendung von Barwertverfahren oder
- über Optionspreismodelle

zu gewinnen. Soweit eine dieser Methoden von den Marktteilnehmern üblicherweise zur Bestimmung des *fair value* herangezogen wird, ist diese zu verwenden, wenn sie zu verlässlichen Ergebnissen führt.

4.1.6.3 Bewertung zu fortgeführten Anschaffungskosten

IAS 39.9, .56 Die planmäßige Fortschreibung der Anschaffungskosten eines finanziellen Vermögenswerts berücksichtigt

- Kapitalrückzahlungen des Emittenten bzw. Schuldners und
- die Amortisation eines etwaigen Unterschiedsbetrags zwischen den Anschaffungskosten und dem bei Fälligkeit zu erwartenden Zahlungseingang, berechnet nach der Effektivzinsmethode.

Das Wesen der **Effektivzinsmethode** besteht darin, den gesamten (effektiven) Zinsertrag aus einem finanziellen Vermögenswert in einer Weise über die Laufzeit zu erfassen, dass sich für jede Periode eine konstante Verzinsung des eingesetzten Kapitals ergibt.

Der in der Fortschreibung der Anschaffungskosten zu berücksichtigende Zinsertrag ergibt sich aus der Nominalverzinsung, den Transaktionskosten, einem etwaigen Agio oder Disagio und allen sonstigen zwischen den Parteien vereinbarten Entgelten und Gebühren, die Zinscharakter haben. Aus diesen Bestandteilen des Zinsertrags ist der effektive Zins der Finanzinvestition zu gewinnen. Hierbei handelt es sich um den internen Zinsfuß, also jenen Zinssatz, bei dem der Barwert der künftigen Zahlungen den Anschaffungskosten der Investition entspricht.

In Höhe der Differenz zwischen dem nominellen Zinsertrag und dem effektiven Zinsertrag ist ein etwaiger Unterschiedsbetrag zwischen den Anschaffungskosten des finanziellen Vermögenswerts und dem bei Fälligkeit zu erwartenden Rückfluss fortzuschreiben.

Das Beispiel geht davon aus, dass der Unterschiedsbetrag zwischen den Anschaffungskosten und dem bei Fälligkeit erwarteten Rückfluss in voller Höhe Zinscharakter hat und über die Laufzeit des Finanzinstruments zu amortisieren ist. Das ist der Regelfall. Ein erhobenes Agio oder Disagio ist ebenfalls bei der Ableitung des effektiven Zinssatzes zu berücksichtigen, da dieses Zinscharakter hat. **IAS 39.AG5f.**

Sollten sich einzelne Komponenten des Unterschiedsbetrages auf eine kürzere Amortisationsperiode als die Gesamtlaufzeit beziehen (z.B. Disagio bei einer Anleihe mit variabler Zinsausstattung), dann ist bei der Ermittlung des Effektivzinses für diese Komponente die kürzere Amortisationsperiode zugrunde zu legen.

Beispiel:

Das Unternehmen erwirbt zum 01. Januar 01 ein festverzinsliches Wertpapier zu folgenden Konditionen:

- Nennwert: 10.000
- Kurswert: 103 %
- Rückzahlung: 100 % am 31. Dezember 10
- Nominalzins: 8 %
- Zinszahlung: nachschüssig jeweils zum 31. Dezember
- Transaktionskosten: 60

Problematik: Zugangsbewertung des Wertpapiers und Folgebewertung nach der Effektivzinsmethode.

Lösung:

Zum 01. Januar 01 ist das Wertpapier mit seinen Anschaffungskosten von 10.360 zu aktivieren. Der Zugangswert ermittelt sich als Summe aus Anschaffungspreis [Kurswert: 10.300] und Anschaffungsnebenkosten [Transaktionskosten: 60].

Für die Folgebewertung nach der Effektivzinsmethode ist zunächst der effektive Zinssatz des Wertpapiers zu ermitteln. Das ist jener Diskontierungssatz, der den Barwert der erwarteten künftigen Zahlungen bis zur Endfälligkeit den Anschaffungskosten des finanziellen Vermögenswerts gleich werden lässt. Er liegt im Beispiel bei 7,476 %.

Die Anwendung des effektiven Zinssatzes auf den Buchwert des Wertpapiers zu Beginn der Periode ergibt den in der Gewinn- und Verlustrechnung zu er- fassenden Zinsertrag. Er beläuft sich im Jahr 01 auf 774,52 [7,476 % von 10.360]. Da das Unternehmen nominelle Zinsen in Höhe von 800 erhält, ist der Buchwert des Wertpapiers zum 31. Dezember 01 um den Tilgungsanteil der nominellen Zinszahlung in Höhe von 25,48 [800,00–774,52] zu reduzieren. Der neue Buchwert bildet die Grundlage zur Berechnung des effektiven Zinsertrags der Folgeperiode:

Jahr	Auszahlung	Einzahlung	Zinsertrag	Tilgung	Buchwert
01.01.01	10.360,00				10.360,00
31.12.01		800,00	774,52	25,48	10.334,52
31.12.02		800,00	772,62	27,38	10.307,14
31.12.03		800,00	770,57	29,43	10.277,72
31.12.04		800,00	768,37	31,63	10.246,09
31.12.05		800,00	766,01	33,99	10.212,10
31.12.06		800,00	763,47	36,53	10.175,56
31.12.07		800,00	760,74	39,26	10.136,30
31.12.08		800,00	757,80	42,20	10.094,10
31.12.09		800,00	754,65	45,35	10.048,75
31.12.10		10.800,00	751,25	10.048,75	0,00

Anwendung der Effektivzinsmethode (Buchwertfortführung)

Spiegelt der Unterschiedsbetrag ganz oder teilweise einen erwarteten Ausfall wider, wodurch der finanzielle Vermögenswert mit einem erheblichen Abschlag erworben wird, dann ist dieser Abschlag wegen des Bonitätsrisikos nicht in die Ermittlung des effektiven Zinssatzes einzubeziehen.

4.1.6.4 Erfolgsneutrale *fair-value*-Bewertung

IAS 39.46 Finanzielle Vermögenswerte der Kategorie „Zur Veräußerung verfügbare finanzielle Vermögenswerte" *(available for sale)* sind zu jedem Bilanzstichtag mit ihrem aktuellen *fair value* anzusetzen. Transaktionskosten, die sich im Falle einer Veräußerung oder eines anderweitigen Abgangs ergäben, sind als Aufwand der Periode zu berücksichtigen.

IAS 39.55b Die resultierenden Änderungen des Buchwertes sind erfolgsneutral in einer gesondert bezeichneten Rücklage innerhalb des Eigenkapitals zu erfassen (z.B. *Available for Sale*-Rücklage, AfS-Rücklage). Ausgenommen hiervon sind

- Erfolge aus der Währungsumrechnung bei monetären finanziellen Vermögenswerten (z.B. Forderungen, Gläubigerpapiere). Diese sind erfolgswirksam zu erfassen (→ C.II.4.1.6.7),
- Wertminderungen (→ C.II.4.1.6.6),
- Zuschreibungen bei Fremdkapitalinstrumenten (→ C.II.4.1.6.7).

Die Rücklage ist bei Abgang des finanziellen Vermögenswerts erfolgswirksam z.B. über die Posten „andere Finanzerträge" bzw. „andere Finanzaufwendungen" aufzulösen.

IAS 39.55b Werden **verzinsliche finanzielle Vermögenswerte** zum *fair value* bewertet, ist der jährliche, nach der Effektivzinsmethode zu erfassende Zinsertrag in der Gewinn- und Verlustrechnung zu erfassen. Das schließt die Amortisation eines etwaigen Unterschiedsbetrags zwischen den Anschaffungskosten und dem bei Fälligkeit erwarteten Mittelrückfluss ein.

Beispiel:

Das Unternehmen erwirbt am 1. Januar 01 ein festverzinsliches Wertpapier zu folgenden Konditionen:

- Nennwert: 10.000
- Kurswert: 105 %
- Rückzahlung: 100 % am 31. Dezember 03
- Nominalzins: 6 %
- Zinszahlung: nachschüssig jeweils zum 31. Dezember
- Transaktionskosten: 110

Am 31. Dezember 01 ist der *fair value* des Wertpapiers als Folge eines gesunkenen Marktzinses auf 10.700 gestiegen.

Das Wertpapier wurde der Kategorie *available for sale* zugeordnet. Der Ertragsteuersatz des Unternehmens beläuft sich auf 30 %.

Lösung:

Der Effektivzins des Wertpapiers beträgt 3,81 %. Im Geschäftsjahr 01 ist damit ein Zinsertrag von 404,24 [3,81 % von 10.610] zu vereinnahmen. Die nominelle Zinszahlung in Höhe von 600 enthält folglich einen Tilgungsanteil von 195,76 [600,00–404,24], der den Buchwert reduziert. Der nach der Effektivzinsmethode fortgeführte Buchwert beträgt zum 31. Dezember 01 somit 10.414,24. Das Wertpapier ist zum 31. Dezember 01 mit seinem *fair value* von 10.700 anzusetzen. In Höhe der Differenz von 285,76 zu dem nach der Effektivzinsmethode fortgeführten Buchwert ist die AfS-Rücklage im Eigenkapital zu dotieren.

In der Steuerbilanz wird das Wertpapier zum 31. Dezember 01 zu den Anschaffungskosten von 10.610 bewertet. Dadurch sind zusätzlich latente Steuern für die temporäre Differenz in Höhe von 90 [10.700–10.610] abzugrenzen. Das ergibt bei einem Ertragsteuersatz von 30 % passivische latente Steuern in Höhe von 27.

Bei ihrer Einbuchung ist zu berücksichtigen, dass sich die Bewertungsdifferenz zur Steuerbilanz aus zwei unterschiedlichen Effekten ergibt, nämlich der erfolgswirksamen Amortisation des Agios einschließlich der Anschaffungsnebenkosten [–195,76] und der erfolgsneutralen *fair value*-Bewertung [285,76]. Die folgende Tabelle fasst die Buchungen im Geschäftsjahr 01 in den wesentlichen Positionen zusammen:

C.II

	Buchwert der Wertpapiere	**AfS-Rücklage**	**Rückstellung für passive latente Steuern**	**Zinsertrag**	**Steueraufwand**
Zugang der Wertpapiere	10.610,00				
Zinszahlung	–195,76			404,24	
Bewertung der Wertpapiere zum *fair value*	285,76	285,76			
Erfassung der fälligen Steuerbelastung					180,00
Berücksichtigung der latenten Steuerbelastung		–85,73	27,00		–58,73
Stand per 31.12.01	**10.700,00**	**200,03**	**27,00**		
Ergebnis im Geschäftsjahr 01				**404,24**	**121,27**

Der Zusammenhang zwischen steuerlichem und IFRS-Ergebnis sowie den daraus resultierenden Steuerbuchungen lässt sich folgendermaßen verdeutlichen:

Steuerlich erzielt das Unternehmen im Geschäftsjahr 01 einen Gewinn vor Steuern in Höhe der nominellen Zinszahlung von 600. Die daraus entstehende fällige Steuerbelastung beträgt 180.

Im IFRS-Abschluss beläuft sich der realisierte Vorsteuer-Ertrag auf 404,24. Daraus resultiert ein Steueraufwand von 121,27 [30 % von 404,24]. Er ergibt sich als Saldo des tatsächlichen Steueraufwands [180,00] und des latenten Steuerertrags [58,73].

Geht der finanzielle Vermögenswert ab, ist die Rücklage – unter Berücksichtigung latenter Steuern – erfolgswirksam aufzulösen. Realisierte Gewinne werden z.B. im Posten „andere Finanzerträge“ und realisierte Verluste z.B. im Posten „andere Finanzaufwendungen“ ausgewiesen.

Beispiel:

In Fortsetzung des vorstehenden Beispiels verkauft das Unternehmen am 31. Dezember 02 das Wertpapier zu einem Kurs von 106 % abzüglich Transaktionskosten von 115.

Lösung:

Für das Geschäftsjahr 02 ist zunächst der effektive Zinsertrag von 396,76 zu erfassen. Er ergibt sich nach der Effektivzinsmethode aus dem effektiven Zins satz von 3,81 % auf den nach der Effektivzinsmethode fortgeführten Buchwert per 31. Dezember 01 in Höhe von 10.414,22. Der Tilgungsanteil der nominellen Zinszahlung beträgt somit 203,24 [600–396,76]. Damit ermittelt sich zum 31. Dezember 02 für das Wertpapier ein bilanzierter Buchwert von 10.496,76 [10.700,00–203,24].

Durch den Verkauf des Wertpapiers zu 10.485,00 [10.600,00–115,00] realisiert das Unternehmen in einem ersten Schritt einen Verlust von –11,76 [10.485,00–10.496,76].

Die steuerliche Betrachtung des Geschäftsvorfalls liefert folgendes Ergebnis: Im Geschäftsjahr 02 ermittelt das Berichtsunternehmen einen steuerlichen Gewinn von 475 als Differenz aus dem nominellen Zinsertrag [600] und dem steuerlichen Veräußerungsverlust von 125 [10.485–10.610]. Darauf sind fällige Steuern in Höhe von 142,50 [30 % von 475] zu zahlen.

Mit dem Verkauf der Wertpapiere kehren sich die temporären Differenzen zur IFRS-Bilanz um, sodass die latenten Steuerabgrenzungen per 01. Januar 02 aufzulösen sind. Hierbei ist spiegelbildlich zur Bildung der Steuerabgrenzung wieder der erfolgsneutrale, auf die AfS-Rücklage entfallende Teil und der erfolgswirksame Teil zu unterscheiden. Die Buchung lautet wie folgt:

Rückstellung für passive latente Steuern	27,00
Steuern vom Einkommen und Ertrag	58,73
an	
AfS-Rücklage	85,73

Nach dieser Buchung enthält die AfS-Rücklage den zu realisierenden (Brutto-)Ertrag von 285,76. Er ist mit der Buchung

AfS-Rücklage	285,76
an	
Sonstige Finanzerträge	285,76

in die Gewinn- und Verlustrechnung zu übernehmen und kompensiert den im ersten Schritt erfassten Veräußerungsverlust.

Die folgende Tabelle fasst die Buchungen im Geschäftsjahr 02 in den wesentlichen Positionen zusammen:

	Buchwert der Wertpapiere	AfS-Rücklage	Rückstellung für passive latente Steuern	Erträge	Steueraufwand
Stand per 01.01.02	**10.700,00**	**200,03**	**27,00**		
Zinszahlung	–203,24			396,76	
Stand vor Verkauf der Wertpapiere	10.496,76	200,03	27,00		
Verkauf der Wertpapiere	–10.496,76			–11,76	
Erfassung der fälligen Steuerbelastung					142,50
Umkehr der latenten Steuerbelastung		85,73	–27,00		58,73
Auflösung der AfS-Rücklage		–285,76		285,76	
Stand per 31.12.02	**0,00**	**0,00**	**0,00**		
Ergebnis im Geschäftsjahr 02				**670,76**	**201,23**

Der Zusammenhang zwischen steuerlichem und IFRS-Ergebnis sowie den daraus resultierenden Steuerbuchungen lässt sich wiederum wie folgt darstellen: Im IFRS-Abschluss ergibt sich als Summe aus dem effektiven Zinsertrag von 396,76 und dem Veräußerungsgewinn von 274,02 ein Gesamtertrag von 670,78. Damit korrespondiert ein Steueraufwand von 201,23. Er setzt sich zusammen aus dem tatsächlichen Steueraufwand [142,50] und dem latenten Steueraufwand der im Geschäftsjahr 01 gebildeten Steuerabgrenzung [58,73], die seinerzeit mit der erfolgsneutral gebildeten passivischen latenten Steuer auf die *fair-value*-Zuschreibung verrechnet worden ist.

4.1.6.5 Erfolgswirksame *fair-value*-Bewertung

IAS 39.46 Finanzielle Vermögenswerte der Kategorie *at fair value through profit or loss* sind zu jedem Bilanzstichtag mit ihrem aktuellen *fair value* anzusetzen. Transaktionskosten, die sich im Falle einer Veräußerung oder eines anderweitigen Abgangs ergäben, bleiben unberücksichtigt.

IAS 39.55a Die resultierenden Änderungen des Buchwertes sind alle als Aufwand oder Ertrag in der Gewinn- und Verlustrechnung zu erfassen. Das Berichtsunternehmen erfasst Erträge aus der *fair value*-Bewertung z.B. im Posten „andere Finanzerträge" und Aufwendungen aus der *fair value*-Bewertung z.B. im Posten „andere Finanzaufwendungen".

4.1.6.6 Wertminderungen

4.1.6.6.1 Feststellung eines Abschreibungsbedarfs

Analog zum allgemeinen Wertminderungstest gemäß IAS 36 (→ C.I.1.3.3.2) erfolgt auch die Prüfung einer etwaigen Wertminderung finanzieller Vermögenswerte zweistufig: In einem ersten Schritt sind etwaige objektive substanzielle Hinweise zu ermitteln, die auf einen möglichen Abschreibungsbedarf für einen einzelnen Vermögenswert oder für eine Gruppe finanzieller Vermögenswerte mit ähnlichen Ausfallrisiken hindeuten. Diese **qualitative Werthaltigkeitsprüfung** ist zu jedem Bilanzstichtag bzw. Stichtag eines Zwischenabschlusses vorzunehmen. Liegen derartige Hinweise vor, ist der erzielbare Betrag bzw. *fair value* des Vermögenswerts zu bestimmen und durch Vergleich mit dem Buchwert der zu erfassende Wertminderungsaufwand festzustellen. Diese quantitative Werthaltigkeitsprüfung ist für die einzelnen Kategorien finanzieller Vermögenswerte differenziert geregelt. **IAS 39.58 iVm IAS 39.AG87**

Als Indikatoren eines zu erfassenden Verlusts kommen nur Ereignisse in Betracht, die nach dem Zugang des Vermögenswerts eingetreten sind und die einen verlässlich schätzbaren (negativen) Einfluss auf die künftigen Cashflows aus einem einzelnen finanziellen Vermögenswert oder aus einer Gruppe von finanziellen Vermögenswerten haben (so genannte Verlustereignisse).

Objektive substanzielle Hinweise auf Wertminderung bzw. Uneinbringlichkeit finanzieller Vermögenswerte sind: **IAS 39.59**

- erhebliche finanzielle Schwierigkeiten des Schuldners aus einem Finanzinstrument,
- Vertragsverletzungen des Schuldners, z.B. Nichtzahlung oder Zahlungsverzug,
- Zugeständnisse gegenüber dem Schuldner, die in dessen finanziellen Schwierigkeiten begründet liegen,
- Anzeichen für bevorstehenden Konkurs/Sanierungsfall des Schuldners,
- Notwendigkeit von Abschreibungen in Vorjahren,
- Wegfall eines aktiven Marktes für einen finanziellen Vermögenswert, beruhend auf finanziellen Schwierigkeiten des Schuldners,
- beobachtbare Informationen, die auf eine bewertbare Verringerung der geschätzten Cashflows für ein Portfolio von finanziellen Vermögenswerten schließen lassen, z.B.
  - nachteilige Veränderung des Zahlungsverhaltens von Schuldnern,
  - nationale oder lokale wirtschaftliche Bedingungen, die mit den Ausfällen von finanziellen Vermögenswerten in dem Portfolio korrelieren (z.B. konjunkturelle Schwäche in Branchen, von denen die Schuldner im Portfolio betroffen sind).

Bei **Eigenkapitalinstrumenten** kann eine Wertminderung auch angezeigt werden durch **IAS 39.61**

- signifikant negative Veränderungen im technologischen, ökonomischen oder rechtlichen Umfeld, in dem das Unternehmen des Emittenten tätig ist, die darauf hindeuten, dass die Anschaffungskosten nicht mehr erzielbar sind,

- einen signifikanten oder andauernden Rückgang des *fair value* des Finanzinstruments.

IAS 39.59f. Keine objektiven substanziellen Hinweise auf eine Wertminderung sind für sich genommen

- die Herabstufung des Bonitätsratings des Schuldners,
- der Wegfall eines aktiven Markts für die finanziellen Vermögenswerte wegen der Einstellung des Handels.

Im Verbund mit anderen Entwicklungen und Ereignissen können diese Sachverhalte die Vermutung einer Wertminderung jedoch erhärten.

Für die Zukunft erwartete Entwicklungen sind in keinem Fall geeignet, eine potenzielle Wertminderung zu indizieren.

4.1.6.6.2 Bestimmung der Höhe der Abschreibung

Ist aufgrund des Vorliegens eines oder mehrerer Verlustereignisse eine Wertminderung anzunehmen, ist deren Höhe zu bestimmen.

IAS 39.63 Bei finanziellen Vermögenswerten, die zu **fortgeführten Anschaffungskosten** bewertet werden (bis zur Endfälligkeit gehaltene finanzielle Vermögenswerte, Kredite und Forderungen); ermittelt sich der Verlust als Differenz zwischen dem Buchwert und dem Barwert der erwarteten künftigen *Cashflows.* Zur Barwertberechnung ist der ursprüngliche effektive Zinssatz des Finanzinstruments heranzuziehen.

Das Unternehmen erfasst Wertminderungen durch entsprechende Herabsetzung des Buchwerts. In der Gewinn- und Verlustrechnung ist der Aufwand z.B. im Posten „andere Finanzaufwendungen" auszuweisen.

IAS 39.64 Wesentliche Posten (z.B. Forderungen gegen einen Großkunden) sind zunächst einzeln auf eine etwaige Wertminderung hin zu überprüfen **(Einzelwertberichtigung)**. Ergibt diese Beurteilung keinen Abschreibungsbedarf, sind die Posten zusammen mit den nicht wesentlichen Einzelposten, die sich durch ein ähnliches Kreditrisiko auszeichnen (z.B. Forderungen aus Lieferungen und Leistungen) zu einer Bewertungseinheit zusammenzufassen. Ergeben sich für diese Bewertungseinheit substanzielle Hinweise auf eine Wertminderung (z.B. aus Erfahrungen mit dem Forderungseinzug in der Vergangenheit), ist eine entsprechende Abwertung der Gesamtheit geboten **(pauschalierte Einzelwertberichtigung)**.

IAS 39.66 Bei nicht notierten Eigenkapitalinstrumenten, die infolge eines nicht verlässlich ermittelbaren *fair value* mit ihren **Anschaffungskosten** anzusetzen sind, ermittelt sich eine Wertminderung als Differenz zwischen dem Buchwert des Vermögenswerts und dem Barwert der geschätzten künftigen, mittels der aktuellen Marktrendite eines vergleichbaren Finanzinstruments abgezinsten *Cashflows.*

Die Höhe der Wertminderung bei den **zur Veräußerung verfügbaren finanziellen Vermögenswerten** *(available for sale)* ermittelt sich als Differenz zwischen den um Tilgungen und Amortisationen fortgeführten Anschaffungskosten und dem *fair value* abzüglich etwaiger zuvor bereits in der Gewinn- und Verlustrechnung er- fasster Wertminderungen. Wurde die Minderung des *fair value* bereits in der AfS-Rücklage erfasst, ist diese erfolgswirksam z.B. über den Posten „andere Finanzaufwendungen" aufzulösen. Bei nichtmonetären Vermögenswerten ist zudem der kumulierte Währungsverlust in der Gewinn- und Verlustrechnung zu erfassen (z.B. Aktien in Fremdwährung).

Beispiel:

Am Abschlussstichtag des Jahres 01 liegen für die nachfolgenden finanziellen Vermögenswerte, die als *available for sale* eingestuft wurden, objektive substanzielle Hinweise auf eine Wertminderung vor.

Buchwerte (ohne Berücksichtigung latenter Steuern)	Aktie A	Schuldverschreibung B	IAS 39-Rücklage
Anschaffung	1.000	10.500	
In Vorjahren erfolgswirksam erfasste Wertminderungen	–375		
In Vorjahren erfolgsneutral erfasste Wertminderungen	–175		–175
In Vorjahren erfolgsneutral erfasste Wertsteigerungen		300	300
Tilgungsanteil der nominalen Zinszahlungen		–200	
Stand 31.12.01 vor Wertminderung	**450**	**10.600**	**125**
***fair value* zum 31.12.01**	**440**	**9.000**	

Bei der Aktie A handelt es sich um ein Anteilspapier, dessen Kurs seit dem Erwerbszeitpunkt kontinuierlich gesunken ist. Seit mehreren Monaten verharrt das Wertpapier auf einem Kursniveau von 300 bis 340.

Die Schuldverschreibung B wurde zu einem Kurs über pari erworben und ist infolge eines Zinsanstiegs am Kapitalmarkt zunächst im Wert angestiegen. Aufgrund einer Verschlechterung der Bonität des Emittenten ist der Kurs im Jahr 01 eingebrochen.

Beurteilung (ohne Berücksichtigung latenter Steuern):

Die Höhe der Wertminderung der Aktie A [185] ermittelt sich als Differenz zwischen den Anschaffungskosten [1.000] und dem *fair value* zum 31. Dezember 01 [440] abzüglich der bereits erfolgswirksam erfassten Wertminderung [–375]. Die Wertminderung von 185 führt zur erfolgswirksamen Auflösung der negativen AfS-Rücklage [175]. Zusätzlich ist die Aktie erfolgswirksam um 10 auf ihren *fair value* abzuschreiben.

Für die Schuldverschreibung B ermittelt sich eine Wertminderung von 1.300 als Differenz zwischen den um Amortisationen fortgeführten Anschaffungskosten [10.300] und dem *fair value* zum 31. Dezember 01 [9.000]. Zu ihrer Erfassung ist die positive AfS-Rücklage von 300 aufzulösen und der Buchwert der Schuldverschreibung um 1.600 auf den *fair value* herabzusetzen.

C.II

Buchwerte (ohne Berücksichtigung latenter Steuern)	Aktie A	Schuldverschreibung B	AfS-Rücklage	Aufwand
Stand 31.12.01 vor Wertminderung	**450**	**10.600**	**125**	
Wertminderung der Aktie A				
– Auflösung der AfS-Rücklage			175	175
– Buchwertminderung	–10			10
Wertminderung der Schuldverschreibung B				
– Auflösung der AfS-Rücklage		–300	–300	
– Wertminderung		–1.300		1.300
Stand 31.12.01 nach Wertminderung	**440**	**9.000**	0	
Aufwand des Geschäftsjahres 01				**1.485**

4.1.6.7 Wertaufholung

Ebenso wie die Erfassung von Wertminderungen ist auch die Frage der Wertaufholung unterschiedlich für die einzelnen Kategorien finanzieller Vermögenswerte geregelt.

IAS 39.65 Für finanzielle Vermögenswerte, die zu **fortgeführten Anschaffungskosten** zu bewerten sind, besteht ein Wertaufholungsgebot. Eine Zuschreibung ist vorzunehmen, wenn

- sich die Wertminderung des Vermögenswerts nach Vornahme der Abschreibung reduziert hat und
- die Werterhöhung auf ein nach der Erfassung der Wertminderung eingetretenes Ereignis (z.B. ein verbessertes Bonitätsrating) zurückzuführen ist.

Die Wertaufholung ist nach oben begrenzt durch die fortgeführten Anschaffungskosten des Vermögenswerts, die sich ohne Vornahme einer Wertminderung ergeben hätten. In Höhe der Zuschreibung erfasst das Unternehmen einen Ertrag z.B. im Posten „andere Finanzerträge".

IAS 39.66 Für die **zu Anschaffungskosten zu bewertenden Eigenkapitalinstrumente,** deren *fair value* nicht verlässlich ermittelbar ist, gilt ein **Wertaufholungsverbot**. Zuschrei-
IAS 39.69f. bungen sind demnach weder erfolgswirksam noch erfolgsneutral zulässig. Bei den finanziellen Vermögenswerten der Kategorie ***available for sale*** ist wie folgt zu differenzieren:

- **Eigenkapitalinstrumente:** Zuschreibungen sind im Falle eines *fair value*-Anstiegs nur erfolgsneutral durch Dotierung einer AfS-Rücklage zulässig. Aufgrund der gebotenen *fair value*-Bewertung besteht keine Wertobergrenze.

- **Fremdkapitalinstrumente:** Erfolgswirksame Zuschreibungen sind vorzunehmen, soweit der Wiederanstieg des *fair value* des Finanzinstruments objektiv auf ein Ereignis nach Vornahme der Abschreibung zurückzuführen ist. Werterhöhungen, die den Umfang der zuvor erfassten Wertminderung übersteigen, sind erfolgsneutral in der AfS-Rücklage zu erfassen.

Beispiel:

Es gelten die Daten des Beispiels unter → C.II.4.1.6.6.2

Buchwerte (ohne Berücksichtigung latenter Steuern)	Aktie A	Schuldverschreibung B	IAS 39-Rücklage
Stand 31.12.02 nach Wertminderung	**440**	**9.000**	**0**
***fair value* zum 31.12.02**	**545**	**9.800**	

Der *fair value* der Aktie A ist zum 31. Dezember 02 aus nicht identifizierbaren Gründen von 440 auf 545 angestiegen. Beim Emittenten der Schuldverschreibung B hat die Muttergesellschaft überraschend eine Kapitalerhöhung zur Stärkung der Finanzkraft des Tochterunternehmens durchgeführt. Daraufhin hat sich der Börsenkurs der Anleihe bis zum Abschlussstichtag auf 9.800 erhöht.

Beurteilung (ohne Berücksichtigung latenter Steuern):

Der Anstieg des *fair value* von Aktie A um 105 erfordert eine entsprechende Erhöhung des Buchwerts bei gleichzeitiger Dotierung der AfS-Rücklage. Der Grund für den *fair-value*-Anstieg ist unbeachtlich. Eine erfolgswirksame Zuschreibung kommt unter keinen Umständen in Betracht.

Bei der Schuldverschreibung B liegt die Voraussetzung für eine erfolgswirksame Zuschreibung (*fair-value*-Anstieg, der objektiv auf ein nach der Wertminderung eingetretenes Ereignis zurückzuführen ist) vor. Da der *fair value*-Anstieg hinter dem Betrag des ursprünglichen Wertminderungsaufwands zurückbleibt, ist keine AfS-Rücklage zu dotieren.

4.1.7 Ausbuchung von finanziellen Vermögenswerten

IAS 39 unterscheidet zwischen der Ausbuchung

- eines finanziellen Vermögenswerts als Ganzes und
- eines Teils eines finanziellen Vermögenswerts.

Der zweite Tatbestand betrifft beispielsweise den Verkauf der Zinszahlungen einer Schuldverschreibung oder die Veräußerung eines bestimmten Anteils der künftigen Cashflows aus einem finanziellen Vermögenswert. Da diese Gestaltungen in der Praxis seltener sind, konzentrieren sich die Ausführungen auf den Fall der Ausbuchung eines finanziellen Vermögenswerts als Ganzes. **IAS 39.16**

IAS 39.17–.20 Finanzielle Vermögenswerte sind auszubuchen, wenn

- die vertraglichen Rechte an den Cashflows aus dem Vermögenswert auslaufen (z.B. bei Rückzahlung einer Schuldverschreibung) oder
- das Unternehmen den finanziellen Vermögenswert auf einen Dritten in einer Weise überträgt, dass im Wesentlichen alle Chancen und Risiken übergehen.

IAS 39.18f. Problematisch kann die Frage des Abgangs im zweiten Fall sein. Eine **Übertragung** im Sinne des Standards liegt nur vor, wenn entweder das vertraglich eingeräumte Recht auf Empfang der künftigen Cashflows übertragen wird oder – bei Fortbestehen dieses Rechts beim Übertragenden – das Unternehmen eine vertragliche Verpflichtung zur Zahlung der Cashflows an einen oder mehrere Dritte(n) eingeht. Ein Beispiel für die zweite Gestaltung (so genanntes *pass-through-arrangement*) ist das Factoring mit Verbleib des Debitorenmanagements beim Factor. Zu beachten ist jedoch, dass an das Vorliegen eines *pass-through-arrangement* strenge Anforderungen zu stellen sind.

IAS 39.20 Hinsichtlich des Übergangs von Chancen und Risiken differenziert IAS 39 wie folgt:

- die Chancen und Risiken aus dem Vermögenswert gehen im Wesentlichen auf den Erwerber über → Ausbuchung des finanziellen Vermögenswerts;
- die Chancen und Risiken aus dem Vermögenswert verbleiben im Wesentlichen beim Veräußerer → weiterhin Ansatz des finanziellen Vermögenswerts in der Bilanz des Übertragenden; Ausweis des erhaltenen Kaufpreises als Verbindlichkeit;
- das Unternehmen überträgt im Wesentlichen weder die Chancen und Risiken aus dem Vermögenswert noch behält es sie zurück → Erfassung des Vermögenswerts in dem Umfang, in dem das Unternehmen weiterhin die Verfügungsmacht über diesen ausübt *(continuing involvement)*.

IAS 39.20(a), (b) iVm IAS 39.AG39f. Ob die **Chancen und Risiken** aus einem Vermögenswert **im Wesentlichen übertragen** wurden, ist durch einen Vergleich der Risiken, denen das Unternehmen vor und nach der Übertragung ausgesetzt ist, festzustellen. Ein Übergang ist dann zu bejahen, wenn das Risiko des Unternehmens hinsichtlich der Schwankungen des Barwerts der künftigen Cashflows aus dem Vermögenswert im Verhältnis zu den Schwankungen dieses Barwerts insgesamt nicht mehr wesentlich ist. Die *application guidance* nennt Beispiele, wann das der Fall ist (z.B. bei einem unbedingten Verkauf finanzieller Vermögenswerte oder bei einem Verkauf mit Rückkaufsoption) bzw. nicht der Fall ist (z.B. bei echten Pensionsgeschäften oder beim unechten Factoring).

IAS 39.20(c), .30 iVm IAS 39.AG42–.AG44 Die Frage der **Verfügungsmacht** beurteilt sich nach der tatsächlichen Fähigkeit des Empfängers bzw. Erwerbers, den finanziellen Vermögenswert als Ganzes an einen Dritten zu verkaufen. Ist dieser hierzu einseitig in der Lage, hat der Veräußerer die Verfügungsmacht verloren und diesen Vermögenswert folglich auszubuchen. In allen anderen Fällen verbleibt die Verfügungsmacht beim Veräußerer, sodass eine (vollständige) Ausbuchung nicht in Betracht kommt. Stattdessen hat der Veräußerer den Vermögenswert insoweit zu bilanzieren, wie er dessen Wertschwankungen weiterhin ausgesetzt ist.

4.1.8 Sonderproblem: Fremdwährungsforderungen

4.1.8.1 Vorbemerkung

Die Umrechnung von Fremdwährungsforderungen eines Unternehmens in seine Berichtswährung richtet sich nach den Vorschriften von IAS 21 für monetäre Posten.

Bei der Bilanzierung von Fremdwährungsforderungen, die Teil eines Sicherungsgeschäfts sind, sind zudem die entsprechenden Regelungen des IAS 39 zu beachten. **IAS 21**

4.1.8.2 Zugangsbewertung

Die Zugangsbewertung einer Fremdwährungsforderung hat mit dem zum Zeitpunkt des Geschäftsvorfalls gültigen Kassakurs (= Devisenmittelkurs) zu erfolgen. **IAS 21.21**

Vereinfachend kann ein aus dem Durchschnittskurs einer Woche oder eines Monats gebildeter Näherungswert für die Umrechnung einer Fremdwährungsforderung zu Grunde gelegt werden, wenn der Wechselkurs keinen starken Schwankungen unterliegt. Dieser Näherungswert ist dann für alle Geschäftsvorfälle der Durchschnittsperiode anzuwenden. **IAS 21.22**

4.1.8.3 Folgebewertung

In der Folgebewertung sind Fremdwährungsforderungen zum Stichtagskurs umzurechnen. Wie bei der Zugangsbewertung ist der Kassakurs maßgeblich. Umrechnungsdifferenzen sind sofort als Aufwand oder Ertrag zu verrechnen. Eine imparitätische Behandlung von Gewinnen und Verlusten, wie sie das HGB vorsieht, ist den IFRS fremd. **IAS 21.23, .28**

Das gilt auch für Umrechnungsdifferenzen bei langfristigen Forderungen gegen wirtschaftlich selbständige ausländische Teileinheiten (Tochterunternehmen, Joint Ventures, assoziierte Unternehmen), die als Teil der Nettoinvestition in diese Einheit anzusehen sind. **IAS 21.32f.**

In den Konzernabschluss sind diese Aufwendungen und Erträge nicht zu übernehmen, sondern durch eine Umbuchung in das Eigenkapital zu neutralisieren. Etwas anderes gilt für die Aufwendungen und Erträge aus Posten, welche nicht als Teil der Nettoinvestition in einen ausländischen Geschäftsbetrieb zu betrachten sind. Obwohl es sich um Ergebnisauswirkungen aus konzerninternen Transaktionen handelt, werden diese in den Konzernabschluss übernommen und dort somit ergebniswirksam behandelt (→ D.I.5.5.5.1).

4.1.9 Ausweis finanzieller Vermögenswerte

Nach IAS 1 sind folgende Arten von finanziellen Vermögenswerten gesondert in der Bilanz auszuweisen:

- Investments, die nach der Equity-Methode bilanziert werden, **IAS 1.68**
- Forderungen aus Lieferungen und Leistungen sowie sonstige Forderungen,
- Zahlungsmittel und Zahlungsmitteläquivalente sowie **IAS 1.51, .59**
- (sonstige) finanzielle Vermögenswerte.

Die Vermögenswerte sind hinsichtlich ihrer Fristigkeit in langfristig *(non-current)* und kurzfristig *(current)* zu untergliedern.

Die Untergliederung ist dabei unabhängig von der Bewertungskategorie, der der Vermögenswert zugeordnet wurde.

Investments, die nach der Equity-Methode bilanziert werden, rechnen üblicherweise zum langfristigen Vermögen.

IAS 1.75(b) Die Forderungsposition ist entweder in der Bilanz oder im Anhang nach Beträgen aufzugliedern, die von Handelskunden, anderen Konzernunternehmen oder nahe stehenden Unternehmen und Personen geschuldet werden. Gesondert zu zeigen sind ferner Vorauszahlungen und sonstige Beträge.

IAS 32.42 Eine Saldierung finanzieller Vermögenswerte und finanzieller Schulden ist grundsätzlich unzulässig. Abweichend hiervon sieht IAS 32 einen Nettoausweis zwingend vor, wenn die folgenden beiden Bedingungen erfüllt sind:

- Es besteht ein Rechtsanspruch auf Aufrechnung und
- das Unternehmen beabsichtigt entweder den Ausgleich auf Nettobasis vorzunehmen oder gleichzeitig mit der Verwertung der betreffenden Forderung die korrespondierende Verbindlichkeit abzulösen.

4.2 Ansatz und Bewertung einzelner finanzieller Vermögenswerte

4.2.1 Unternehmensanteile

Anteile an anderen Unternehmen sind finanzielle Vermögenswerte und fallen somit grundsätzlich in den Regelungsbereich des IAS 39.

IAS 39.2a IAS 27.37 IAS 28.1 Die Bilanzierung von Anteilen an Tochterunternehmen, Joint Ventures und assoziierten Unternehmen ist jedoch aufgrund spezieller Vorschriften dem Anwendungsbereich von IAS 39 entzogen. Für deren Bilanzierung sind IAS 27, IAS 28 und IAS 31 maßgeblich. IAS 27 enthält wiederum Regelungen, nach denen unter bestimmten Voraussetzungen die Anteile zum *fair value* nach Maßgabe von IAS 39 zu erfassen sind. IAS 28 verweist für bestimmte Anteile an assoziierten Unternehmen und IAS 31 für Anteile an Gemeinschaftsunternehmen bestimmter Anteilseigner auf die Anwendung von IAS 39.

Bei der Bilanzierung von Anteilen an Tochterunternehmen, Joint Ventures und assoziierten Unternehmen ist zwischen Konzernabschluss und **Einzelabschluss** zu unterscheiden. Im Folgenden wird auf die Bilanzierung im Einzelabschluss eingegangen. Für die Bilanzierung im Konzernabschluss → D.II.; D.III.1.

Der **Ansatzzeitpunkt** für Unternehmensanteile bestimmt sich nach den allgemeinen Grundsätzen (→ C.II.4.1.3). Dies gilt auch für den gewählten Ansatzzeitpunkt bei marktüblichen Käufen.

Die **Zugangsbewertung** erfolgt ebenfalls nach den allgemeinen Kriterien (→ C.II.4.1.5) in Höhe der Anschaffungskosten.

Die **Folgebewertung** erfolgt für Anteile an Unternehmen, die ***keine* Tochterunternehmen, *Joint Ventures* oder assoziierten Unternehmen** sind, grundsätzlich zum ***fair value***. Da Anteile an Unternehmen keine feste Laufzeit besitzen, kommt eine

Zuordnung zur Kategorie *held to maturity* und damit eine Bewertung zu fortgeführten Anschaffungskosten nicht in Betracht.

Wird neben dem Einzelabschluss ein Konzernabschluss aufgestellt und werden in diesem Konzernabschluss Anteile an Tochterunternehmen, Joint Ventures oder assoziierten Unternehmen aufgrund eines Konsolidierungswahlrechts oder -verbots nicht in die Konsolidierung einbezogen und folglich nach IAS 39 bewertet, so ist das im Konzernabschluss gewählte Bewertungskonzept auch im Einzelabschluss zu verwenden. **IAS 27.37**

Ansonsten erfolgt die Folgebewertung für Anteile an Tochterunternehmen, Joint Ventures und assoziierten Unternehmen zu fortgeführten Anschaffungskosten (→ C.II.4.1.6.3). **IAS 27.37**

Alternative 1:

Ansonsten erfolgt die Folgebewertung für Anteile an Tochterunternehmen, Joint Ventures und assoziierten Unternehmen zum *fair value*.

Alternative 2:

Ansonsten erfolgt die Folgebewertung für Anteile an

- z.B. Tochterunternehmen
- z.B. Joint Ventures

zu fortgeführten Anschaffungskosten (→ C.II.4.1.6.3). Alle anderen Anteile an Unternehmen sind zum *fair value* zu bewerten.

Die Zuordnung der zum *fair value* zu bewertenden Anteile zu den Kategorien *available for sale, at fair value through profit or loss* oder *trading* ist anhand der allgemeinen Abgrenzungskriterien (→ C.II.4.1.3) vorzunehmen. Durch die Zuordnung wird bestimmt, ob die *fair value*-Folgebewertung erfolgswirksam oder erfolgsneutral vorzunehmen ist.

Ist der *fair value* von Anteilen nicht verlässlich bestimmbar, dann hat die Folgebewertung zu fortgeführten Anschaffungskosten zu erfolgen (→ C.II.4.1.6.3).

Dividenden sind mit der Entstehung des Rechtsanspruchs auf Zahlung erfolgswirksam zu erfassen. Dieses stellt in der Regel der Zeitpunkt der Beschlussfassung dar. Im Falle der Beschlussfassung zwischen Bilanzstichtag und Freigabe des Abschlusses zur Veröffentlichung (dies erfolgt i.d.R. durch Unterzeichnung des Jahresabschlusses durch den Vorstand bzw. die Geschäftsführung) ist der Rechtsanspruch bzw. die Verpflichtung des ausschüttenden Unternehmens jedoch noch nicht entstanden. **IAS 18.30c, IAS 10.13**

Wertminderungen sind nach den allgemeinen Grundsätzen (→ C.II.4.1.6.6) erfolgswirksam zu berücksichtigen.

Wertaufholungen (→ C.II.4.1.6.7) sind wie folgt zu berücksichtigen:

- Anteile, die zu fortgeführten Anschaffungskosten bewertet werden, weil der *fair value* nicht verlässlich ermittelbar ist, unterliegen einem Wertaufholungsverbot. **IAS 39.66**

IAS 39.69f.
- Bei Anteilen der Kategorie *available for sale* ist eine erfolgsneutrale Wertaufholung vorzunehmen.
- Bei Anteilen der Kategorien *at fair value through profit or loss* und *trading* erfolgt eine Wertaufholung innerhalb der zu jedem Bilanzstichtag erfolgswirksam vorzunehmenden Korrektur des Buchwertes auf den aktuellen *fair value*.

Die **Ausbuchung** von Anteilen richtet sich nach den allgemeinen Grundsätzen (→ C.II.4.1.7).

Für den **Ausweis** von Anteilen ist eine Zuordnung zu den langfristigen oder kurzfristigen Vermögenswerten nach den allgemeinen Kriterien vorzunehmen (→ E.I.; C.II.4.1.9).

4.2.2 Beteiligungen an Personengesellschaften (Exkurs)

4.2.2.1 Bilanzierung der Beteiligung im Einzelabschluss oder bei fehlender Beherrschung

4.2.2.1.1 Eigenkapital- oder Schuldtitel?

Im Rahmen der Bilanzierung von Anteilen an Personengesellschaften ist zu klären, ob der Gesellschafter in seiner Bilanz anstatt einer Beteiligung eine Forderung auszuweisen hat. Weiter stellt sich die Frage, ob anstatt einer Kapitalkonsolidierung eine Schuldenkonsolidierung im Konzernabschluss vorgenommen werden muss.

Für den Ausweis einer Forderung spricht das Vorgehen von IAS 32, der bei der Personengesellschaft nur unter engen Bedingungen einen Ausweis von Eigenkapital zulässt. Der Gesellschafter könnte mithin keine Beteiligung ausweisen, da die entsprechende Gegenposition auf der Seite des Beteiligungsunternehmens nicht vorhanden ist. Demnach müsste bei der Mutter eine Forderung in Höhe des Abfindungsanspruches entstehen. Dieser Interpretation wird jedoch nicht gefolgt, da die mit der Personengesellschaft verbundenen Rechte eindeutige Eigentumsrechte definieren und keine schuldrechtlichen Ansprüche eines Fremdkapitaltitels.

IAS 39.46 iVm 39.55(b) Für die Bilanzierung der Anteile an Personengesellschaften als Beteiligungstitel ergeben sich dadurch zunächst keine Besonderheiten. Die Anteile werden im Regelfall als zur Veräußerung verfügbarer finanzieller Vermögenswert klassifiziert und erfolgsneutral mit dem *fair value* bilanziert. Haben der bilanzierende Gesellschafter und seine Personengesellschaft identische Geschäftsjahre, kann der Wertansatz mit Hilfe der Anhangsangabe der Gesellschaft bestimmt werden. Wenn die Gesellschaft den *fair value* der finanziellen Verbindlichkeit zuverlässig ermitteln kann, kann der Gesellschafter auf diesen Wert zurückgreifen, weil er spiegelbildlich den (anteiligen) Wert der Beteiligung darstellt.

IAS 27.37 Sollte der Gesellschafter die Beherrschung über die Personengesellschaft ausüben und mithin eine Mutter-Tochter-Beziehung entstanden sein, die Anforderungen an ein Joint Venture erfüllt sein oder ein maßgeblicher Einfluss bestehen, können nach IAS 27.37 Beteiligungen an Tochterunternehmen, gemeinsam geführten und assoziierten Unternehmen, wenn diese nicht zu Handelszwecken gehalten oder unter die Regelungen des IFRS 5 fallen, im separaten Einzelabschluss entweder zu Anschaffungskosten oder gemäß den Regelungen des IAS 39, d.h. zum *fair value* bilanziert werden.

4.2.2.1.2 *Besonderheiten der Ergebnisvereinnahmung*

Um Beteiligungserträge zu erfassen, muss der rechtliche Anspruch in der Vergangenheit entstanden sein, außerdem muss die Vereinnahmung wahrscheinlich sowie die Höhe der Entnahme hinreichend bestimmbar sein. Die Regelungen des IAS 18.29, die eine Realisation der Erträge zu dem Zeitpunkt verlangen, zu dem ein Nutzenzufluss wahrscheinlich sowie die Höhe der Erträge verlässlich bestimmbar ist, lassen jedoch an einer phasengleichen Gewinnvereinnahmung zweifeln. Es ist vielmehr auf den Zeitpunkt der Gewinnfeststellung durch die Gesellschafter abzustellen, um eine Konkretisierung des Anspruchs zu erreichen (vgl. Meyer u.a., KoR 2005, S. 289 f.; Hachmeister, HdJ, Abt. II/3 Rn. 401). Sollten Gewinne in eine Gesamthandsrücklage eingestellt werden, wird analog zum HGB eine ertragswirksame Vereinnahmung verneint. **IAS 18.30** **IAS 18.29**

Für den separaten Einzelabschluss nach IFRS wird dies durch IAS 27.38A konkretisiert. **IAS 27.38A**

Verluste einer Personengesellschaft, die keine Leistungspflicht der Gesellschafter gegen die Gesellschaft begründen, werden erst dann bilanziell beim Gesellschafter erfasst, wenn die Voraussetzungen für einen *impairment loss* erfüllt sind. Da keine gesetzliche Nachschusspflicht besteht, müssen die Gesellschafter diesen erst dann erfassen, wenn sie sich zur Verlustübernahme erklärt haben oder die Satzung eine entsprechende Regelung enthält.

4.2.2.2 Kapitalkonsolidierung vs. Schuldenkonsolidierung im Konzernabschluss

Wird mit dem Erwerb der Anteile an einer Personengesellschaft eine Mutter-Tochter-Beziehung geschaffen, sind die Anteile nach IAS 27 in einem Konzernabschluss zu konsolidieren. Wie bei der Konsolidierung mit der Umqualifizierung des gesellschaftlichen Eigenkapitals umgegangen werden muss, ergibt sich aus der Funktion der Kapitalkonsolidierung. In der Konzernbilanz muss die Beteiligung durch die hinter ihr stehenden Vermögenswerte und Schulden ersetzt werden. Aus dieser Grundidee heraus sind die Kapitalkonten der Gesellschafter unabhängig von ihrer Qualifikation als Fremd- oder Eigenkapital in der Bilanz des Tochterunternehmens in der Neubewertungsbilanz als Eigenkapital zu behandeln und gegen den Beteiligungsbuchwert zu verrechnen. Alternativ denkbar wäre in der Konzernbilanz eine Verbindlichkeit des Konzerns gegen sich selbst auszuweisen und diese im Rahmen einer „Schuldenkonsolidierung" gegen die Anteile zu verrechnen. Wegen einer möglichen Minderheitenproblematik oder einer gezahlten Prämie über den Betrag des Nominalkapitals ist diese Vorgehensweise aber nicht sinnvoll. Für eine Kapitalkonsolidierung sprechen auch die Vorgaben des *framework* (F.12), nach denen Informationen über die Vermögens-, Finanz- und Ertragslage bereitgestellt werden sollen. Aus diesem Grund ist die Übernahme von Vermögenswerten und Schulden in die Konzernbilanz unumgänglich. **IAS 27.24**

Aus Sicht des Konzerns haben Anteile ohne beherrschenden Einfluss an einer Personengesellschaft Fremdkapitalcharakter nach den Abgrenzungskriterien des IAS 32.18(b). Damit wird ein Vorrang des IAS 32 vor dem in IAS 27 umgesetzten Gedanken der Einheitstheorie (*economic unit concept*) und der Erwerbsmethode **IAS 32.AG29A** gem. IFRS 3 gesehen (Vgl. Küting/Wirth/Dürr, WPg 2004, S. 347). Änderungen des Minderheitenanteils sind mithin erfolgswirksam zu erfassen.

4.2.3 Ausleihungen

Der Begriff der Ausleihungen ist weit gefasst und umfasst alle nicht verbrieften originär gewährten oder derivativ erworbenen Darlehen und Forderungen.

IAS 39.14 iVm IAS 39.AG35b Der **Ansatz** erfolgt bei originär gewährten Forderungen für Lieferungen und Leistungen zum Zeitpunkt der Leistungserbringung. Im Übrigen bestimmt sich der Ansatzzeitpunkt nach den allgemeinen Kriterien (→ C.II.4.1.3). In der Regel wird ein Ansatz zum Erfüllungszeitpunkt geboten sein.

Die **Zugangsbewertung** hat gemäß der allgemeinen Kriterien (→ C.II.4.1.5) zum ***fair value***, der in der Regel den Anschaffungskosten entsprechen wird, zu erfolgen.

Für die **Folgebewertung** sind die Ausleihungen einer Bewertungskategorie zuzuordnen. Sofern keine Verkaufsabsicht vorliegt, wird dies in der Regel die Kategorie „Forderungen und Kredite" sein. In diesem Fall sind die Ausleihungen zu fortgeführten Anschaffungskosten (→ C.II.4.1.6.3) unter Anwendung der Effektivzinsmethode zu bewerten. Im Fall einer kurzfristigen Verkaufsabsicht ist der Vermögenswert der Kategorie *trading* zuzuordnen. Durch subjektive Widmung ist auch eine Zuordnung zu den Kategorien *at fair value through profit or loss* oder *available for sale* möglich. In diesen Fällen ist eine erfolgswirksame bzw. -neutrale *fair value*-Bewertung vorzunehmen (→ C.II.4.1.6.4; C.II.4.1.6.5). **Wertminderungen** sind nach den allgemeinen Grundsätzen (→ C.II.4.1.6.6) erfolgswirksam zu berücksichtigen.

Wertaufholungen (→ C.II.4.1.6.7) sind wie folgt zu berücksichtigen:

- **IAS 39.65** Bei Bewertung zu fortgeführten Anschaffungskosten besteht ein Wertaufholungsgebot bis zur Höhe der ursprünglichen Anschaffungskosten.
- **IAS 39.67ff.** Bei Bewertung in der Kategorie *available for sale* sind unter bestimmten Bedingungen Zuschreibungen bis zur Höhe der Anschaffungskosten erfolgswirksam vorzunehmen. Über die Anschaffungskosten hinausgehende Werterhöhungen sind erfolgsneutral vorzunehmen.
- Bei Anteilen der Kategorien *at fair value through profit or loss* und *trading* erfolgt eine Wertaufholung innerhalb der zu jedem Bilanzstichtag erfolgswirksam vorzunehmenden Korrektur des Buchwertes auf den aktuellen *fair value*.

Die **Ausbuchung** und der **Ausweis** von Ausleihungen richten sich nach den allgemeinen Grundsätzen (→ C.II.4.1.7; E.I.; C.II.4.1.9).

4.2.4 Schuldrechtliche Wertpapiere

Der Begriff der schuldrechtlichen Wertpapiere umfasst verbriefte Forderungen wie festverzinsliche Wertpapiere, Inhaberschuldverschreibungen oder Wechselforderungen.

Der **Ansatz** erfolgt nach den allgemeinen Kriterien (→ C.II.4.1.3). Dies gilt auch für den gewählten Ansatzzeitpunkt bei markübliche Käufen.

Die **Zugangsbewertung** hat gemäß der allgemeinen Kriterien (→ C.II.4.1.5) zum ***fair value***, der in der Regel den Anschaffungskosten entsprechen wird, zu erfolgen.

Für die **Folgebewertung** sind die Vermögenswerte einer Bewertungskategorie zuzuordnen (→ C.II.4.1.6.1). Sofern keine Verkaufsabsicht vorliegt, wird dies in der Regel die Kategorie *held to maturity* sein. Der Vermögenswert wird dann zu fortgeführten Anschaffungskosten (→ C.II.4.1.6.3) unter Anwendung der Effektivzinsmethode bewertet. Insbesondere im Fall von börsennotierten Wertpapieren kommt aber auch die Einordnung als *available for sale* oder *trading* in Betracht. Durch subjektive Widmung ist auch eine Einordnung als *at fair value through profit or loss* möglich. In diesen Fällen ist eine erfolgswirksame bzw. -neutrale *fair value*-Bewertung vorzunehmen (→ C.II.4.1.6.4; C.II.4.1.6.5).

Wertminderungen und **Wertaufholungen** sind in gleicher Weise wie bei Ausleihungen zu berücksichtigen (→ C.II.4.2.3).

Die **Ausbuchung** und der **Ausweis** von Ausleihungen richten sich nach den allgemeinen Grundsätzen (→ C.II.4.1.7; E.I.; C.II.4.1.9).

4.2.5 Forderungen aus Lieferungen und Leistungen

Unter Forderungen aus Lieferungen und Leistungen werden **vertraglich entstandene Forderungen** verstanden. Dabei ist es unbeachtlich, ob die Forderungen originär im Unternehmen z.B. durch Lieferungen entstanden sind oder derivativ erworben wurden. Die Forderungen aus Lieferungen und Leistungen sind im Prinzip ein Teil der begrifflich weiter gefassten Ausleihungen.

Forderungen ohne vertragliche Grundlage (Steuererstattungsansprüche, Zuwendungen der öffentlichen Hand oder Schadenersatzansprüche) sind keine Forderungen aus Lieferungen und Leistungen und unterliegen nicht den Regelungen des IAS 39.

Ebenfalls keine Finanzinstrumente sind geleistete Anzahlungen. Diese sind im Fall von Anzahlungen für laufende Aufträge nach den Bilanzierungsvorschriften für Fertigungsaufträge (→ C.II.5.) oder als sonstige Forderung auszuweisen.

Der **Ansatz** einer originären Forderung aus Lieferungen und Leistungen erfolgt **IAS 39.AG35b** im Zeitpunkt der Leistungserbringung, also zu dem Zeitpunkt, in dem ein unbedingter Anspruch auf das vereinbarte Entgelt entsteht. Der Zeitpunkt der Leistungserbringung ist abhängig vom Vertragstyp (Kaufvertrag, Dienstvertrag) und den darin vereinbarten Bedingungen (cif, fob).

Der Ansatzzeitpunkt für erworbene Forderungen bestimmt sich nach den allgemeinen Kriterien (→ C.II.4.1.3). In der Regel wird der Ansatz zum Erfüllungszeitpunkt geboten sein.

Die **Zugangsbewertung** erfolgt zum *fair value*. Bei originär durch Lieferungen oder Leistungen des Unternehmens entstandenen Forderungen entspricht der *fair value* dem vereinbarten Netto-Entgelt. Bei erworbenen Forderungen ermittelt sich der *fair value* aus den Anschaffungskosten, ggf. zuzüglich Nebenkosten. Längerfristige, unverzinsliche Forderungen sind mit dem Barwert anzusetzen. Für die **Folgebewertung** sind die Forderungen einer Bewertungskategorie zuzuordnen. Für originäre Forderungen aus Lieferungen und Leistungen wird regelmäßig die Kategorie „Kredite und Forderungen" zutreffend sein. Die Forderungen sind dann zu fortgeführten Anschaffungskosten zu bewerten (→ C.II.4.1.6.3). Bei Handelsabsicht ist die Einstufung als *trading* angezeigt. Bei Unsicherheiten bietet sich eine Einstufung in die „Restkategorie" *available for sale* an. Durch subjektive Widmung ist auch eine Einordnung als *at fair value through profit or loss* möglich. In diesen Fällen ist eine erfolgswirksame bzw. -neutrale *fair value*-Bewertung vorzunehmen (→ C.II.4.1.6.4; C.II.4.1.6.5).

IAS 21.21 IAS 21.23 IAS 21.28 **Fremdwährungsforderungen** sind bei Zugang sowie bei jeder Folgebewertung mit dem jeweiligen Stichtagskurs umzurechnen. Entstehende Wertänderungen sind erfolgswirksam zu erfassen.

Für die Frage der **Wertminderungen** ist insbesondere die Berücksichtigung von Bonitäts- und Ausfallrisiken von Bedeutung.

IAS 39.63 **Einzelwertberichtigungen** werden nach den allgemeinen Grundsätzen vorgenommen: Gibt es Hinweise für eine Wertminderung, ist deren Höhe auf Grundlage der noch zu erwartenden Zahlungseingänge zu ermitteln und erfolgswirksam zu erfassen. Bei längeren Zahlungsverzögerungen ist der Barwert anzusetzen.

Ausgehend von Erfahrungssätzen der Vergangenheit – welche betriebsindividuell nachzuweisen sind – ist je nach Alter der Forderung folgende Abwertung erforderlich:

Überfällig seit	**Abschlag auf Nettoforderung**
z.B. 3–6 Monaten	z.B. 25 %
z.B. 6–12 Monaten	z.B. 50 %
z.B. über 12 Monaten	z.B. 75 %
Insolvenzverfahren	100 %

Die individuelle Beurteilung der Bonität des Kunden ist der pauschalen Beurteilung vorzuziehen.

IAS 39.64 Darüber hinaus kann eine **pauschale Wertberichtigung auf Portfoliobasis** vorgenommen werden. Dazu sind die nicht einzelwertberichtigten Forderungen anhand der Bonitätsrisiken in Gruppen zu unterteilen. Auf diese Gruppen wird ein **pauschaler Wertminderungsabschlag** angewandt, der sich an Erfahrungswerten bezüglich der Ausfallraten orientieren sollte.

Wertaufholungen sind wie folgt zu berücksichtigen (→ C.II.4.1.6.7):

- IAS 39.65 Bei Bewertung zu fortgeführten Anschaffungskosten besteht ein Wertaufholungsgebot bis zur Höhe der ursprünglichen Anschaffungskosten.
- IAS 39.67ff. Bei Bewertung in der Kategorie *available for sale* sind Zuschreibungen vorzunehmen, wenn sich die Wertsteigerung objektiv auf einen nach der Wertminderung aufgetretenen Sachverhalt zurückführen lässt. Es ist dabei unbeachtlich, ob der Grund für die Wertminderung entfallen ist oder ein anderes Ereignis den Grund für die Wertminderung kompensiert. Bis zur Höhe der ursprünglichen Anschaffungskosten sind Wertaufholungen erfolgswirksam zu erfassen. Über

die Anschaffungskosten hinausgehende Werterhöhungen sind erfolgsneutral vorzunehmen.

- Bei Anteilen der Kategorien *at fair value through profit or loss* und *trading* erfolgt eine Wertaufholung innerhalb der zu jedem Bilanzstichtag erfolgswirksam vorzunehmenden Korrektur des Buchwertes auf den aktuellen *fair value*.

Die **Ausbuchung** richtet sich nach den allgemeinen Grundsätzen (→ C.II.4.1.7). Die **Abtretung** einer Forderung als Sicherheit führt nicht zur Ausbuchung der Forderung.

Bei **Factoring** ist die Forderung auszubuchen, wenn alle wesentlichen Rechte und Risiken auf den Erwerber übertragen wurden. Die Ausbuchung ist auch vorzunehmen, wenn der Factor das Debitorenmanagement übernimmt und verpflichtet ist, die Gelder nach Zahlungseingang unverzüglich an den Erwerber weiter zu transferieren. Weiterhin ist die Forderung auch auszubuchen, wenn der Factor die Werthaltigkeit garantiert. In diesem Fall ist neben der Ausbuchung der Forderung zusätzlich eine Schuld zur Abdeckung der Garantieansprüche zu bilden. **IAS 39.17f.** **IAS 39.25**

Der **Ausweis** von Forderungen aus Lieferungen und Leistungen hat in der Bilanz als eigene Position zu erfolgen. **IAS 1.51** **IAS 1.59**

4.2.6 Zahlungsmittel und Zahlungsmitteläquivalente

Zahlungsmittel und Zahlungsmitteläquivalente umfassen im Wesentlichen Barbestände, Bankguthaben und Schecks. Gold und Edelmetalle gelten nicht als Zahlungsmitteläquivalent und sind als Waren auszuweisen.

Der **Ansatz** erfolgt bei Erhalt der Zahlungsmittel.

Die **Zugangsbewertung** erfolgt zum Nominalwert, da dieser dem ***fair value*** entspricht.

Zur **Folgebewertung** ist die zutreffende Kategorie dieser finanziellen Vermögenswerte zu bestimmen. Es wird sich in den meisten Fällen um die Kategorie *available for sale* handeln. In diesem Fall sind die Zahlungsmittel erfolgsneutral mit ihrem *fair value* zu bewerten. Etwas anderes kann gelten, wenn Fremdwährungsbestände zu Handelszwecken gehalten werden. Dann ist eine Zuordnung zur Kategorie *trading* angezeigt und die Folgebewertung hat **erfolgswirksam** zum *fair value* zu erfolgen.

Fremdwährungsbestände sind bei Zugang sowie bei jeder Folgebewertung mit dem jeweiligen Stichtagskurs umzurechnen. Entstehende Wertänderungen sind erfolgswirksam zu erfassen. **IAS 21.21** **IAS 21.23** **IAS 21.28**

Die **Ausbuchung** von Zahlungsmitteln hat in der Regel bei Abfluss der Zahlungsmittel an Dritte zu erfolgen.

Der **Ausweis** von Zahlungsmitteln und Zahlungsmitteläquivalenten hat in der Bilanz als eigene Position unter den kurzfristigen Vermögenswerten zu erfolgen. Falls Bankguthaben für längere Zeit nicht disponibel sind, ist eine Einordnung bei den langfristigen Vermögenswerten zu prüfen. **IAS 1.51./.59**

4.3 Anhangangaben (*notes*)

IFRS 7 regelt umfassend die Angabepflichten von Finanzinstrumenten im Anhang.

→ CD Anhangcheckliste 5.4

5. Fertigungsaufträge

5.1 Begriff und Abgrenzung

IAS 11.3–.5 Ein Fertigungsauftrag im Sinne von IAS 11 ist ein Vertrag über die **kundenspezifische Fertigung** einzelner oder einer Mehrzahl von Gegenständen, die hinsichtlich Design, Technologie und Funktion oder hinsichtlich ihrer Verwendung aufeinander abgestimmt bzw. voneinander abhängig sind. Hierzu gehören beispielsweise

- Verträge über den Bau, die Veränderung oder den Rückbau von Gebäuden, Brücken, Straßen, Schiffen, Flugzeugen o.Ä.,
- Verträge über den Bau, die Veränderung oder den Rückbau von komplexen technischen Anlagen wie Raffinerien od. Kraftwerken,
- Dienstleistungsverträge z.B. mit Architekten oder Projektleitern, die in unmittelbarem Zusammenhang mit der Fertigung eines Vermögenswerts stehen.

Verträge über Produkte, die für den anonymen Markt gefertigt werden oder aus einem standardisierten Herstellungsprozess hervorgehen, fallen selbst dann nicht unter IAS 11, wenn sie (wie beispielsweise ein individuell ausgestatteter PKW) nach kundenspezifischen Vorgaben gefertigt werden.

Die **Abwicklungsdauer** ist kein prägendes Merkmal eines Fertigungsauftrags. Beginn und Ende des Auftrags müssen allerdings unterschiedliche Berichtsperioden berühren. Bei einer Verpflichtung zur Zwischenberichterstattung können das zwei Quartale sein. Mit Blick auf die Grundsätze der Wesentlichkeit und Wirtschaftlichkeit sind beispielsweise nur Aufträge mit einer Abwicklungsdauer von mehr als einem Jahr nach IAS 11 zu behandeln. Etwas anderes kann gelten, wenn die geschätzten Auftragserlöse (zum Begriff → C.II.5.2.3.1) aus dem Vertrag einen unternehmensindividuell festgelegten Betrag übersteigen. In diesem Fall ist die bilanzielle Behandlung des Geschäfts mit einem Verantwortlichen im Unternehmen abzustimmen.

IAS 11.9 Die **Abgrenzung** eines Fertigungsauftrags erfolgt nach wirtschaftlicher Betrachtung. Sie kann es erfordern, mehrere zivilrechtlich eigenständige Verträge mit einem oder mehreren Kunden für bilanzielle Zwecke als **Bewertungseinheit** zu behandeln. Das ist der Fall, wenn

- die Verträge als einheitliches Paket verhandelt wurden,
- die einzelnen Leistungen so eng miteinander verbunden sind, dass sie Teil eines einheitlichen Geschäfts mit einer kalkulierten Gesamtgewinnspanne sind *und*
- die Verträge gleichzeitig oder unmittelbar nacheinander abgearbeitet werden.

Umgekehrt kann ein einzelner Vertrag in mehrere bilanziell separat abzurechnende Fertigungsaufträge über einzelne Leistungen aufzuteilen sein. Eine solche **Segmentierung** setzt kumulativ voraus, dass IAS 11.8

- für die betreffenden Einzelleistungen außerhalb des Gesamtvertragswerks separate Angebote unterbreitet wurden,
- diese Leistungen Gegenstand gesonderter Verhandlungen waren und für beide Parteien hinsichtlich jeder Leistung Vertragsabschlussfreiheit bestand,
- Kosten und Erlöse der Leistungen getrennt ermittelbar sind.

Liegen die Voraussetzungen für eine Zusammenfassung oder Segmentierung von Fertigungsaufträgen nicht vor, ist jeder Vertrag gesondert nach IAS 11 abzubilden. Gleiches gilt für **Folgeaufträge**, die IAS 11.10

- sich hinsichtlich Design, Technologie oder Funktion wesentlich von dem ursprünglichen Vertrag unterscheiden *oder*
- separat verhandelt worden sind.

Liegt keine dieser Voraussetzungen vor, ist der Folgeauftrag bei Vorliegen der Voraussetzungen gemäß IAS 11.9 mit dem ursprünglichen Vertrag zusammen zu fassen, ansonsten als Änderung des ursprünglichen Vertrags zu behandeln.

5.2 Gewinnrealisierung bei Fertigungsaufträgen

5.2.1 Abrechnungsmethoden (Überblick)

IAS 11 sieht in Abhängigkeit von der Schätzbarkeit des Ergebnisses eines Fertigungsauftrags und des erwarteten Erfolgs aus einem solchen Geschäft unterschiedliche bilanzielle Abrechnungsmethoden vor (→ Abbildung 40): IAS 11.22

Fertigungsaufträge, deren Ergebnis verlässlich schätzbar ist, sind nach der *percentage-of-completion*-Methode abzubilden. Sie sieht für den Regelfall eines mindestens kostendeckenden Auftrags vor, dass die aus dem Vertrag zu erwartenden Auftragserlöse und Auftragskosten entsprechend dem Leistungsfortschritt am Bilanzstichtag als Erträge und Aufwendungen in der Gewinn- und Verlustrechnung erfasst werden. Auf die kalkulatorische Abrechenbarkeit oder gar die Abnahme von Teilleistungen kommt es insoweit nicht an.

Zum Ausweis in Bilanz und GuV → C.II.5.3.

Im Falle eines nicht verlässlich ermittelbaren Ergebnisses aus einem Fertigungsauftrag sind IAS 11.32

- die in der Periode angefallenen Auftragskosten als Aufwand und
- Erlöse in Höhe der wahrscheinlich einbringbaren Auftragskosten

zu erfassen. Im Falle eines (mindestens) kostendeckenden Auftrags entsprechen die nach dieser Abrechnungsmethode auszuweisenden Erlöse den in der gleichen Berichtsperiode angefallenen Auftragskosten (*zero profit margin*-Methode)

Droht aus dem Fertigungsauftrag ein Verlust, ist dieser unabhängig von der Abrechnungsmethode und vom Fertigungsfortschritt sofort als Aufwand zu berücksichtigen (zum Ausweis in der Gewinn- und Verlustrechnung → C.II.5.3.1). Sein Ausweis in der Bilanz erfolgt nicht als Rückstellung oder Wertberichtigung. Statt

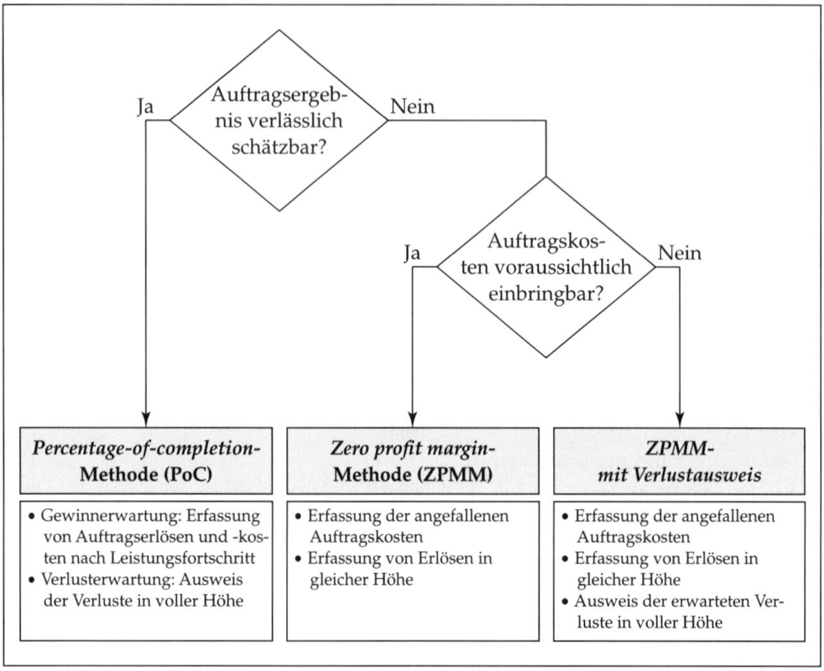

Abbildung 20: Abrechnungsmethoden für Fertigungsaufträge nach IAS 11

dessen ist dieser mit dem Sammelposten aus der Abrechnung von Fertigungsaufträgen zu verrechnen (→ C.II.5.3.2).

Eine Verrechnung des Verlusts mit Gewinnen aus anderen Fertigungsaufträgen ist nicht zulässig.

5.2.2 Voraussetzungen der percentage-of-completion-Methode

IAS 11.23 iVm IAS 11.3 IAS 11 präzisiert die Voraussetzungen für eine verlässliche Schätzbarkeit des Ergebnisses aus einem Fertigungsvertrag für verschiedene Vertragstypen (→ Abbildung 21).

IAS 18.20 Bei **Festpreisverträgen** müssen die nachfolgenden vier Voraussetzungen kumulativ vorliegen:

1. Verlässliche Ermittelbarkeit der Auftragserlöse (zum Begriff → C.II.5.2.3.1).
2. Wahrscheinlichkeit des künftigen Nutzenzuflusses aus dem Vertrag.
3. Verlässliche Ermittelbarkeit der bis zur vollständigen Abwicklung des Auftrags noch anfallenden Kosten und des jeweiligen Fertigstellungsgrads.
4. Eindeutige Bestimmbarkeit und verlässliche Ermittelbarkeit der dem Vertrag insgesamt zurechenbaren Auftragskosten (zum Begriff → C.II.5.2.3.2).

Festpreisverträge zeichnen sich dadurch aus, dass für die zu erbringende Leistung ein Gesamtpreis oder ein Preis pro Outputeinheit fest vereinbart ist, der sich allenfalls dann erhöht oder vermindert, wenn eine in den Vertrag aufgenommene Preisgleitklausel greift.

Voraussetzungen für die verlässliche Schätzbarkeit des Ergebnisses eines Fertigungsauftrags	**Festpreisverträge** Vergütung = insgesamt oder pro Outputeinheit festgelegter Preis, der an eine Preisgleitklausel gekoppelt sein kann	**Mischformen** Vergütung enthält Elemente von Festpreis- und *cost plus*-Verträgen (z.B. *cost plus*-Vertrag mit vereinbartem Höchstpreis)	***Cost plus*-Verträge** Vergütung = abrechenbare oder anderweitig festgelegte Kosten plus prozentualer oder absoluter Gewinnaufschlag
Auftragserlöse sind verlässlich ermittelbar	✖	✖	
Nutzenzufluss ist wahrscheinlich	✖	✖	✖
Noch anfallende Kosten und Fertigstellungsgrad sind verlässlich ermittelbar	✖	✖	
Dem Vertrag zurechenbare Kosten sind bestimmbar verlässlich ermittelbar und mit früheren Schätzungen vergleichbar*	✖	✖	✖

* Bei *cost-plus*-Verträgen und Mischformen unabhängig von der Abrechenbarkeit

Abbildung 21: Anwendungsvoraussetzungen für die percentage-of-completion-Methode

Bei ***cost plus*-Verträgen** (Kostenzuschlagsverträgen) ist von einer verlässlichen Schätzbarkeit des Ergebnisses bereits auszugehen, wenn die Voraussetzungen 2 und 4 vorliegen, wobei die Auftragskosten unabhängig von ihrer Abrechenbarkeit bestimmbar und schätzbar sein müssen. Bei diesem Vertragstypus richtet sich das Entgelt nach der Höhe der abrechenbaren oder anderweitig festgelegten Kosten zuzüglich eines vereinbarten Gewinnaufschlags. **IAS 11.24 iVm IAS 11.3**

Verträge, die Elemente aus beiden Vertragstypen beinhalten, sind nach den Kriterien für Festpreisverträge zu beurteilen. **IAS 11.6**

Die Möglichkeit, verlässliche Schätzungen vorzunehmen, wird widerlegbar vermutet, wenn (kumulativ) **IAS 11.29**

- der abgeschlossene Vertrag
  - jeder Vertragspartei durchsetzbare Ansprüche und Leistungspflichten zuweist,
  - die zu erbringende Gegenleistung festlegt *und*
  - Art und Bedingungen der Erfüllung bestimmt sowie
- das Berichtsunternehmen über ein funktionierendes internes Budgetierungs- und Berichtssystem verfügt und auf dieser Grundlage die Schätzung der Auftragserlöse und Auftragskosten regelmäßig überprüft.

Auch bei Vorliegen der vorstehenden Voraussetzungen lässt sich in der frühen Phase eines Fertigungsauftrags das Auftragsergebnis häufig nicht verlässlich schätzen. Dem trägt das Berichtsunternehmen dadurch Rechnung, dass es die *percentage-of-completion*-Methode erst ab einem Fertigstellungsgrad von z.B. 30 % anwendet. **IAS 11.33**

Fertigungsaufträge, die diesen Schwellenwert am Bilanzstichtag nicht erreichen, sind nach der *zero profit margin*-Methode darzustellen, wobei etwaige erwartete Verluste in voller Höhe auszuweisen sind (siehe hierzu auch das Beispiel unter → C.II.5.5).

IAS 11.35 Besteht die anfängliche Unsicherheit hinsichtlich der Ergebnisschätzung nicht mehr, ist von der *zero profit margin*-Methode auf die *percentage-of-completion*-Methode überzugehen. Die damit einhergehenden Ergebnisauswirkungen sind nach der *cumulative catch up*-Methode vollständig in der Periode des Übergangs zu erfassen (→ C.II.5.2.4).

5.2.3 Ermittlung von Auftragserlösen, Auftragskosten und Fertigstellungsgrad

5.2.3.1 Auftragserlöse

IAS 11.11–.15 Die Auftragserlöse umfassen (→ Abbildung 22)

1. das ursprünglich im Vertrag vereinbarte Entgelt, ggf. erhöht oder vermindert in Abhängigkeit späterer Entwicklungen (z.B. Greifen von Preisgleitklauseln, Erhöhung aufgrund gestiegener Auftragskosten bei *cost plus*-Verträgen),
2. Mehr- oder Minderzahlungen wegen vom Kunden gewünschter Abweichungen im Gesamtwerk (*variations*),
3. Nachforderungen für dem Auftragnehmer entstandene Aufwendungen, die nicht im Vertragspreis enthalten sind (*claims*),
4. Prämien (*incentive payments*) für das Erreichen oder Überschreiten bestimmter Leistungsanforderungen sowie
5. – als Erlösminderungen – Vertragsstrafen (*penalties*), die wegen der Verletzung vertraglicher Pflichten zu leisten sind.

Die unter Punkt 2 bis 4 aufgeführten Erlöskomponenten sind nur zu berücksichtigen, so weit

- der Eintritt des erwarteten Mehr- oder Mindererlöses wahrscheinlich ist *und*
- die Höhe des Mehr- oder Mindererlöses verlässlich ermittelt werden kann.

Die Höhe der einzelnen Erlöskomponenten ist zu jedem Stichtag zu überprüfen und ggf. nach IAS 8 (→ C.I.4.) anzupassen. Zur Berücksichtigung der Erfolgswirkungen aus der Schätzungsänderung → C.II.5.2.4.

Das Berichtsunternehmen bezieht die unter Punkt 2 bis 5 aufgeführten Erlöskomponenten in die bilanzielle Auftragsabrechnung nur und insoweit mit ein, als die folgenden Voraussetzungen vorliegen:

- *Variations*: Es liegt ein schriftlicher Auftrag des Kunden vor, aus dem die Änderung des ursprünglich im Vertrag festgelegten Leistungsumfangs hervorgeht.
- *Claims:* Es liegt eine schriftliche Bestätigung des Kunden vor, in der dieser die Nachforderung ganz oder teilweise akzeptiert.
- *Incentive payments:* Das Projekt ist so weit fortgeschritten, dass mit dem Anspruch auf die Prämien so gut wie sicher zu rechnen ist.
- *Penalties:* Bis zum Bilanzstichtag sind sanktionsbewehrte Leistungspflichten verletzt worden oder deren künftige Verletzung ist durch das Unternehmen so gut wie nicht mehr abzuwenden.

(Mögliche) Bestandteile				
Vertraglich vereinbarter Preis *(basic contract price)*	Zahlungen für vom Kunden angewiesene Änderungen des Leistungsumfangs *(variations)*	Zahlungen für vom Kunden verursachten Mehraufwand *(claims)*	Prämien für das Erreichen oder Überschreiten bestimmter Leistungsanforderungen *(incentives)*	Vertragsstrafen wegen Nichteinhaltung von Vereinbarungen *(penalties)*
Besondere Ansatzvoraussetzungen				
–	• Akzeptanz des Kunden ist wahrscheinlich • Erlös ist verlässlich ermittelbar	• Akzeptanz des Kunden ist wahrscheinlich • Durchsetzbarer Betrag ist verlässlich ermittelbar (hohe Anforderungen)	• Anspruch ist aufgrund des Projektfortschritts wahrscheinlich • Prämie ist verlässlich ermittelbar	• Verpflichtung ist wahrscheinlich • Strafe ist verlässlich ermittelbar
Jährliche Überprüfung der Wahrscheinlichkeit ihrer Realisation ggf. Anpassung oder Schätzung				

Abbildung 22: Bestandteile der Auftragserlöse

5.2.3.2 Auftragskosten

Die Auftragskosten setzen sich zusammen aus (→ Abbildung 23) **IAS 11.16–.21**

Bestandteile				Negativabgrenzung
Dem Vertrag direkt zurechenbare Kosten, z.B. • Einzelkosten der Herstellung • Kosten für Nachbesserung und Gewährleistung • Abzugsposten: Verwertungserlöse für Material, Anlagen usw.	Dem Vertrag indirekt und allgemein zurechenbare Kosten, z.B. planmäßig und sachgerecht zugerechnete • Versicherungsprämien • fixe und variable Fertigungs- sowie Materialgemeinkosten	Vertragsgemäß gesondert abrechenbare Kosten, z.B. • Kosten der allgemeinen Verwaltung • Entwicklungskosten	Identifizierbare und verlässlich ermittelbare Kosten der Erlangung eines wahrscheinlichen Auftrags	Generell: • Vertriebskosten • planmäßige Abschreibung auf ungenutzte Anlagen und Maschinen, die nicht für die Auftragsabwicklung genutzt werden Soweit nicht gesondert abrechenbar: • Kosten der allgemeinen Verwaltung • F & E-Kosten
Ermittlungsgrundsätze				
Gesamtkosten:	entstandene Kosten plus noch anfallende Kosten			
Zeitliche Abgrenzung:	Kosten ab dem Tag der Auftragserteilung bis zur Erfüllung des Vertrags			
Bewertungsbasis:	Preis- und Kostenniveau im Erfüllungszeitpunkt			

Abbildung 23: Bestandteile der Auftragskosten

1. den dem Vertrag direkt zurechenbaren (Einzel-)Kosten,
2. den dem Vertrag nur indirekt oder allgemein zurechenbaren Kosten,
3. den sonstigen gegenüber dem Kunden abrechenbaren Kosten und

4. den einzeln identifizierbaren Auftragserlangungskosten, die zu einem Zeitpunkt anfallen, zu dem der Erhalt des Auftrags wahrscheinlich ist.

IAS 11.17f. Die dem Vertrag **direkt und indirekt zurechenbaren Kosten** entsprechen den produktionsbezogenen Herstellungskosten gemäß IAS 2 (→ C.II.6.). Als typische, einem Fertigungsauftrag **direkt** zurechenbare Kosten erwähnt IAS 11

- Fertigungslöhne einschließlich Löhne bzw. Gehälter für die Überwachung des Projekts,
- Aufwendungen für Fertigungsmaterial,
- planmäßige Abschreibungen der eingesetzten Maschinen,
- Transportkosten für Maschinen, Ausrüstung und Material,
- Kosten aus der Anmietung eingesetzter Maschinen und Anlagen,
- Kosten für den Entwurf und die technische Umsetzung des Projekts,
- Kosten für Nachbesserungen und Garantieleistungen inkl. Gewährleistungsaufwand,
- Ansprüche Dritter (z.B. Entgelt für Subunternehmer).

IAS 11.18 Zu den in die Auftragskosten einzurechnenden **indirekten Kosten** gehören

- Sachversicherungsprämien für die Fertigungsanlagen,
- nicht in direktem Zusammenhang mit dem Auftrag stehende Kosten für den Entwurf und die technische Umsetzung des Projekts,
- sonstige Fertigungsgemeinkosten (z.B. für die Auftragsüberwachung, die Qualitätskontrolle oder die Lohnabrechnung)
- nach IAS 23 aktivierte Finanzierungskosten.

Für ihre Zurechnung zum Auftrag gelten die allgemeinen Grundsätze der Herstellungskostenermittlung (→ C.I.1.3.2.2).

IAS 11.19f. **Nicht Bestandteil der Auftragskosten** sind

- Vertriebskosten mit Ausnahme bestimmter Auftragserlangungskosten (→ siehe oben) und
- planmäßige Abschreibungen auf ungenutzte Anlagen und Maschinen, die nicht für die Abwicklung des Auftrags verwendet werden.

Entsprechendes gilt für

- Kosten der allgemeinen Verwaltung sowie für
- Forschungs- und Entwicklungskosten,

sofern für sie auf der Grundlage des abgeschlossenen Vertrags keine Erstattung erlangt werden kann.

5.2.3.3 Fertigstellungsgrad

IAS 11.30 Der Fertigstellungsgrad kann nach verschiedenen Methoden ermittelt werden. Man unterscheidet input- und outputorientierte Ermittlungsmethoden. Erstere stellen auf den Einsatz ab, den der Auftragnehmer zur Erfüllung seiner Verpflichtung aus dem Vertrag bereits geleistet hat. Zu diesen gehören

- die *cost to cost*-Methode und
- die *effort expended*-Methode.

Inputorientierte Verfahren	Outputorientierte Verfahren
• *Cost to cost*-Methode → Verhältnis der bis zum Stichtag angefallenen (die erbrachte Leistung widerspiegelnden) Kosten zu den geschätzten Gesamtkosten • *Effort expended*-Methode → Verhältnis der bis zum Stichtag erbrachten Leistung zur Gesamtleistung, jeweils gemessen in Größen wie Arbeitszeit, Maschinenstunden usw.	• *Milestones*-Methode → Erreichen vereinbarter Zwischenstufen auf dem Weg zum Endprodukt • *Value added*-Methode → Vollendung einzelner physischer Teile der Gesamtleistung, z.B. einzelne Stockwerke eines Hochhauses • *Units of delivery*-Methode/*units of work performed*-Methode → Anteil der gelieferten Teile oder des fertig gestellten Anteils an der insgesamt geschuldeten Leistung, z.B. Teilstück einer Autobahn

Abbildung 24: Methoden der Auftragskostenermittlung

Die ***cost to cost*-Methode** ermittelt den Fertigstellungsgrad als Verhältnis der bis zum Stichtag angefallenen Kosten zu den am Stichtag geschätzten Gesamtkosten (siehe hierzu das Beispiel unter → C.II.5.5).

Die ***effort expended*-Methode** stellt zur Ermittlung des Input nicht auf den bewerteten Faktorverbrauch ab, sondern orientiert sich an technischen Größen wie den aufgewendeten Maschinen- oder Arbeitsstunden.

C.II

Bei den outputorientierten Methoden wird der Fertigstellungsgrad über den Anteil der bereits erbrachten Leistung zur geschuldeten Gesamtleistung gemessen. Die ***milestones*-Methode** orientiert sich zu diesem Zweck an vertraglich definierten Zwischenstufen in der Abwicklung des Vertrags, die jeweils einen bestimmten Fertigstellungsgrad des Gesamtwerks repräsentieren. Ist der Teil der erbrachten Leistung physisch messbar, kann der Fertigstellungsgrad nach der ***units of delivery*-Methode** bzw. der ***units of work performed*-Methode** als Verhältnis der gelieferten Teile oder des fertig gestellten Teils zu der insgesamt geschuldeten Leistung ermittelt werden. Die ***value added*-Methode** orientiert sich schließlich an der Anzahl der vollendeten abgrenzbaren Teileinheiten des Gesamtwerks.

Das Berichtsunternehmen ermittelt den Fertigstellungsgrad regelmäßig auf Basis der *cost to cost*-Methode. Die Anwendung einer abweichenden Methode ist mit einer verantwortlichen Person des Unternehmens abzusprechen.

5.2.4 Schätzungsänderungen

Die Anwendung der *percentage-of-completion*-Methode erfordert eine Schätzung der gesamten Auftragskosten und ggf. des Fertigstellungsgrads sowie der Auftragserlöse. **IAS 11.38**

Grundlage für die bilanzielle Abrechnung eines Auftrags sind die jeweils aktuellen Schätzwerte dieser Parameter zum Berichtszeitpunkt. Haben sich diese im Vergleich zur Vorperiode verändert, ist der sich hieraus ergebende Effekt nach IAS 8 zu berücksichtigen. Im Einzelnen bedeutet dies:

- Die Höhe der aus einem Fertigungsauftrag zu einem Stichtag kumuliert zu erfassenden Auftragserlöse und Auftragskosten bestimmt sich nach den aktualisierten Schätzungen zum Ende der Berichtsperiode.
- Der Betrag der in der laufenden Periode auszuweisenden Auftragserlöse und Auftragskosten ergibt sich als Differenz zwischen dieser kumulierten Betrachtung und den in der Vergangenheit bereits erfassten Beträgen.

IAS 8 Diese Verfahrensweise führt dazu, dass die Auswirkungen von Schätzungsänderungen für die Vergangenheit jeweils in voller Höhe korrigiert werden (*cumulative catch up*-Methode). Eine Verteilung der Ergebnisauswirkung auf die Folgejahre entsprechend der *reallocation*-Methode ist nicht zulässig.

5.3 Ausweis in Bilanz und GuV

5.3.1 *GuV-Ausweis*

Die in der Berichtsperiode nach der *percentage-of-completion*-Methode bzw. *zero profit margin*-Methode zu erfassenden (anteiligen) Auftragserlöse sind unter den Umsatzerlösen zu zeigen.

Ihnen sind gegenüberzustellen

- die in der Berichtsperiode angefallenen Auftragskosten,
- die in der Berichtsperiode zusätzlich für den Auftrag angefallenen Aufwendungen, die nicht Teil der Auftragskosten sind, und
- ein etwaiger nach IAS 11.36 auszuweisender Verlust.

Die Aufwendungen sind gemäß der Gliederung der GuV nach dem **Umsatzkostenverfahren** als **Funktionskosten** (Herstellungskosten, Vertriebskosten, Verwaltungskosten, sonstige betriebliche Aufwendungen) auszuweisen.

Alternative:

Die Aufwendungen sind gemäß der Gliederung der GuV nach dem **Gesamtkostenverfahren** unter den entsprechenden **primären Aufwandsposten** (Materialaufwand, Personalaufwand, Abschreibungen, sonstige betriebliche Aufwendungen usw.) auszuweisen.

Für den Fall, dass der Fertigstellungsgrad ausnahmsweise nicht nach der *cost to cost*-Methode ermittelt wird, kann es zum Ausweis eines dem Fertigungsfortschritt entsprechenden anteiligen Gewinns erforderlich sein, die **Auftragserlöse** entsprechend anzupassen. Das geschieht in der Weise, dass

- die **tatsächlich angefallenen Auftragskosten** als Aufwand gezeigt werden und
- **Umsatzerlöse** in einer Höhe berücksichtigt werden, **dass ein dem Fertigstellungsgrad entsprechender Gewinnanteil zum Ausweis gelangt**.

Beispiel:

Gegeben sind folgende Ausgangsdaten:

	Jahr 01
Geschätzte Gesamterlöse	28,0
Insgesamt angefallene Auftragskosten	10,0
Geschätzte Auftragskosten bis zur Fertigstellung	15,0
Geschätzte/tatsächliche Auftragskosten total	25,0
Geschätzter/tatsächlicher Bruttogewinn	3,0
Fertigstellungsgrad (*cost to cost*)	40 %
Fertigstellungsgrad (*milestones*)	50 %

Bei Ermittlung des Fertigstellungsgrads nach der *cost to cost*-Methode hat das Berichtsunternehmen zum Ende von Jahr 01

- die angefallenen Auftragskosten von 10,0 als Aufwand und
- anteilige Umsatzerlöse von 11,2 (40 % von 28,0)

auszuweisen. Als Differenz ergibt sich ein Gewinn von 1,2. Das sind exakt 40 % des erwarteten Gesamtgewinns.

Wendet das Berichtsunternehmen die *milestones*-Methode zur Bestimmung des Fertigstellungsgrads an und beträgt dieser zum Stichtag annahmegemäß 50 %, so sind zum Ausweis des anteiligen Gewinns von 1,5 (50 % von 3,0) Umsatzerlöse in Höhe von 11,5 zu zeigen.

Eine Erfassung von Umsatzerlösen in Höhe des rechnerischen Fertigstellungsgrads (50 % von 28,0 = 14,0) führte demgegenüber zum Ausweis eines Gewinns von 4 [14,0–10,0]. Da dieser den dem Fertigstellungsgrad entsprechenden Gewinn [1,5] um 2,5 übersteigt, verstößt sein Ausweis gegen IAS 11.

Alternative:

Für den Fall, dass der Fertigstellungsgrad ausnahmsweise nicht nach der *cost to cost*-Methode ermittelt wird, kann es zum Ausweis eines dem Fertigungsfortschritt entsprechenden anteiligen Gewinns erforderlich sein, die Auftragskosten entsprechend anzupassen. Das geschieht in der Weise, dass

- als Umsatzerlöse **ein dem Fertigstellungsgrad entsprechender Anteil der Auftragserlöse** berücksichtigt wird und diesem
- **Auftragskosten** in einer Höhe gegenübergestellt werden, **die zum Ausweis eines dem Fertigstellungsgrad entsprechenden Gewinns führen**.

Beispiel:

Gegeben sind folgende Ausgangsdaten:

	Jahr 01
Geschätzte Gesamterlöse	28,0
Insgesamt angefallene Auftragskosten	10,0
Geschätzte Auftragskosten bis zur Fertigstellung	15,0
Geschätzte/tatsächliche Auftragskosten total	25,0
Geschätzter/tatsächlicher Bruttogewinn	3,0
Fertigstellungsgrad (*cost to cost*)	40 %
Fertigstellungsgrad (*milestones*)	50 %

Bei Ermittlung des Fertigstellungsgrads nach der *cost to cost*-Methode sind zum Ende von Jahr 01

- die angefallenen Auftragskosten von 10,0 als Aufwand und
- anteilige Umsatzerlöse von 11,2 (40 % von 28,0)

auszuweisen. Als Differenz ergibt sich ein Gewinn von 1,2. Das sind exakt 40 % des erwarteten Gesamtgewinns.

Wendet das Berichtsunternehmen die *milestones*-Methode zur Bestimmung des Fertigstellungsgrads an und beträgt dieser zum Stichtag annahmegemäß 50 %, so bedeutet dies, dass

- anteilige Umsatzerlöse von 14 (50 % von 28,0) und
- ein anteiliger Gewinn von 1,5 (50 % von 3,0)

auszuweisen sind. Das macht es erforderlich, neben den tatsächlich angefallenen Auftragskosten [10,0] zusätzliche Aufwendungen von 2,5 in der GuV zu berücksichtigen. Letztere sind in der Bilanz in einen passivischen Abgrenzungsposten einzustellen, der im Zeitpunkt des tatsächlichen Anfalls der Aufwendungen erfolgswirksam aufzulösen ist.

IAS 11.41–.44, IDW RS HFA 2, Tz. 17

5.3.2 Bilanzausweis

Fertigungsaufträge sind in der Bilanz in Abhängigkeit ihres Saldos aus Sicht des Berichtsunternehmens entweder als Teil der Forderungen oder der Verbindlichkeiten gesondert unter der Bezeichnung „Künftige Forderungen aus Fertigungsaufträgen" bzw. „Verpflichtungen aus Fertigungsaufträgen" auszuweisen.

Der Saldo aus einem Fertigungsauftrag ermittelt sich als Nettobetrag aus

- den angefallenen Auftragskosten (einschließlich etwaiger Vorauskosten gemäß IAS 11.27) zuzüglich des zu vereinnahmenden Gewinns und
- der Summe aus gestellten Teilabrechnungen und den kumulierten ausweispflichtigen Verlusten.

Teilabrechnungen umfassen jene Beträge, die das Berichtsunternehmen für bis zum Stichtag erbrachte Leistungen in Rechnung gestellt hat.

Aufträge mit aktivischem bzw. passivischem Saldo sind für Zwecke des Bilanzausweises jeweils zusammenzufassen. Bei Fertigungsaufträgen mit unterschiedlichen Salden greift das Verrechnungsverbot.

Anzahlungen des Kunden (= Zahlungen, die über das anteilige Entgelt für die bereits erbrachte Leistung hinausgehen), sind als Teil des **Postens „Künftige Forderungen aus Fertigungsaufträgen"** bzw. **„Verpflichtungen aus Fertigungsaufträgen"** auszuweisen. **IAS 11.41**

Alternative:

Anzahlungen des Kunden (= Zahlungen, die über das anteilige Entgelt für die bereits erbrachte Leistung hinausgehen), sind **nicht** in den **Posten „Künftige Forderungen aus Fertigungsaufträgen"** bzw. **„Verpflichtungen aus Fertigungsaufträgen"** einzubeziehen, **sondern** als **Teil der Verbindlichkeiten gesondert auszuweisen.** **IAS 11.41**

5.4 Anhangangaben (*notes*)

→ CD Anhangcheckliste 5.2.6

5.5 Beispiel

Beispiel:

Das Berichtsunternehmen hat den Auftrag erhalten, ein mehrgeschossiges Wohnhaus zu einem fest vereinbarten Preis von 30 zu errichten. Die Erstellung des Gebäudes erstreckt sich über fünf Perioden. Folgende Informationen liegen zu diesem Fertigungsauftrag vor.

	Kalkulationsdaten für die Projektabrechnung (Vermögensebene)		Periode 01	Periode 02	Periode 03	Periode 04	Periode 05
1	Geschätzte/tatsächliche Gesamterlöse		30,0	30,0	30,0	30,0	30,0
2	Auftragskosten der Periode (Ist)		– 4,0	– 4,0	– 7,0	– 10,0	– 6,0
3	Insgesamt angefallene Auftragskosten (Ist)		– 4,0	– 8,0	– 15,0	– 25,0	– 31,0
4	Geschätzte Auftragskosten bis zur Fertigstellung (Soll)		– 22,0	– 18,0	– 13,0	– 5,5	0,0
5	Geschätzte/tatsächliche Auftragskosten total	3 + 4	– 26,0	– 26,0	– 28,0	– 30,5	– 31,0
6	Nicht abrechenbare Kosten pro Periode (Ist)		– 0,5	– 0,2	– 0,2	– 0,2	– 0,1
7	Nicht abrechenbare Kosten gesamt (Soll/Ist)		– 1,0	– 1,1	– 1,1	– 1,2	– 1,2
8	Geschätzter/tatsächl. Bruttogewinn insgesamt	1 + 5 + 7	+ 3,0	+ 2,9	+ 0,9	– 1,7	– 2,2
9	Fertigstellungsgrad (*cost to cost*)	2/4	15,4 %	30,8 %	53,6 %	82,0 %	100,0 %

	Tatsächliche Projektabrechnung (Zahlungsebene)		Periode 01	Periode 02	Periode 03	Periode 04	Periode 05
10	Neu in Rechnung gestellte Beträge		0,0	8,0	11,0	4,0	7,0
11	In Rechnung gestellte Beträge kumuliert		0,0	8,0	19,0	23,0	30,0
12	Zahlungseingang der Periode		0,0	6,0	13,0	6,0	3,0
13	Zahlungseingang kumuliert		0,0	6,0	19,0	25,0	28,0
14	Noch auszugleichende Ansprüche	10 – 12	0,0	2,0	– 2,0	– 2,0	4,0

Informationen zum Fertigungsauftrag

C.II

Ergänzend gelten folgende Annahmen:

- In Periode 01 sieht sich das Berichtsunternehmen noch nicht in der Lage, das Ergebnis des Fertigungsauftrags verlässlich zu schätzen. Allerdings geht man davon aus, dass die angefallenen Auftragskosten voraussichtlich einbringbar sein werden.
- Ab der zweiten Periode ist von einer verlässlichen Schätzbarkeit des Auftragsergebnisses auszugehen.
- In Periode 04 zeigen sich erhebliche Baumängel, die Nachbesserungen erfordern. Als Folge dieser nicht kalkulierten Aufwendungen erwartet das Berichtsunternehmen insgesamt einen Verlust aus dem Auftrag.
- Sämtliche anfallenden Aufwendungen sind zahlungswirksam.
- Die noch offene Forderung aus 05 geht in 06 ein.

Lösung:

In **Periode 01** ist der Fertigungsauftrag bilanziell nach der *zero profit margin*-Methode abzubilden. Da von der Einbringbarkeit der Kosten auszugehen ist, sind Auftragserlöse in Höhe der angefallenen Auftragskosten zu erfassen. Die nicht abrechenbaren Kosten in Höhe von –0,5 belasten das Jahresergebnis. Bilanz und GuV stellen sich wie folgt dar:

IFRS-Bilanz zum 31.12.01

Aktiva			Passiva	
...			Jahresüberschuss	– 0,5
Künftige Forderungen				
aus FA		4,0		
Anspruch	4,0			
-Teilabrechnung	0,0			

IFRS-GuV 01

Soll		Haben	
Diverse Aufwendungen	4,5	Umsatzerlöse	4,0
Jahresüberschuss	– 0,5		

In **Periode 02** erfolgt der Übergang auf die *percentage-of-completion*-Methode. Nach der *cumulative catch up*-Methode ist damit der dem Fertigstellungsgrad von 30,8 % entsprechende (erwartete) Erfolg in voller Höhe auszuweisen [1,2]. Nach Abzug der nicht abrechenbaren Aufwendungen [–0,2] verbleibt ein Beitrag zum Jahreserfolg von 1,0.

In der Bilanz ergibt sich der Posten „Künftige Forderungen aus Fertigungsaufträgen" als Differenz zwischen dem anteiligen Anspruch [30,8 % von 30 = 9,2] und den in Rechnung gestellten Beträgen [8,0]. Der vom Kunden noch nicht geleistete Teilbetrag [2,0] ist als Forderung zu bilanzieren.

In der GuV ermittelt sich das Ergebnis von 1,0 als Differenz zwischen den in dieser Periode realisierten Umsatzerlösen [9,2–4,0 = 5,2] und den mit diesen Erträgen korrespondierenden Aufwendungen (Auftragskosten [–4,0] + nicht abrechenbare Kosten [–0,2] = -4,2).

IFRS-Bilanz zum 31.12.02

Aktiva			Passiva		
...			Ergebnisvortrag 01	– 0,5	
Künftige Forderungen			Jahresüberschuss	1,0	
aus FA		1,2	Ergebnisvortrag 02		0,5
Anspruch	9,2				
-Teilabrechnung	– 8,0				
Forderungen		2,0			

IFRS-GuV 02

Soll		Haben	
Diverse Aufwendungen	4,2	Umsatzerlöse	5,2
Jahresüberschuss	1,0		

In **Periode 03** führt der Anstieg des Fertigstellungsgrads von 30,8 % auf 53,6 % zu zusätzlichen Umsatzerlösen von 6,9. Diesen sind die Auftragskosten [–7,0] und die nicht abrechenbaren Kosten [–0,2] gegenüberzustellen. Das ergibt einen negativen Erfolgsbeitrag von –0,3.

In der Bilanz ist der Auftrag nunmehr auf der Passivseite auszuweisen. Grund hierfür sind die vom Kunden geleisteten Anzahlungen. Sie ermitteln sich als Differenz zwischen dem Anspruch des Berichtsunternehmens entsprechend dem erreichten Fertigstellungsgrad [53,6 % von 30 = 16,1] und der Zahlung des Kunden [19,0]. Die Höhe dieser Anzahlungen [2,9] ist nach IAS 11.40 im Anhang anzugeben.

Aktiva	IFRS-Bilanz zum 31.12.03				Passiva
…			Ergebnisvortrag 02	0,5	
Künftige Forderungen			Jahresüberschuss	– 0,3	
aus FA		0,0	Ergebnisvortrag 03		0,2
Forderungen		0,0	Verpflichtungen aus FA		2,9
			Teilabrechnung/		
			Anzahlg.	19,0	
			-Anspruch	–16,1	

Soll	IFRS-GuV 03		Haben
Diverse Aufwendungen	7,2	Umsatzerlöse	6,9
Jahresüberschuss	– 0,3		

Aufgrund der in **Periode 04** entdeckten Baumängel und der zu ihrer Behebung erforderlichen Mehraufwendungen ermittelt sich zum 31. Dezember 04 aus dem Fertigungsauftrag insgesamt ein Verlust von –0,5 (Gesamterlös [30,0] – Auftragskosten gesamt [–30,5]). Dieser Verlust ist nach IAS 11.36 als Aufwand der Periode zu erfassen. Zusätzlich ist zu berücksichtigen, dass bis zum Ende des Vorjahres aus dem Fertigungsauftrag ein kumulierter Gewinn von 0,2 ausgewiesen worden ist. Dieser muss aufgrund der Neubeurteilung des Vertrags storniert werden.

Insgesamt ermitteln sich damit die Aufwendungen der Periode mit –10,9 (Auftragskosten [–10,0], nicht abrechenbare Aufwendungen [–0,2], Stornierung der in der Vergangenheit ausgewiesenen Gewinne [–0,2], erwarteter Verlust [–0,5]). Diesen sind die dem Fertigungsfortschritt entsprechenden Umsatzerlöse in Höhe von 8,5 gegenüberzustellen. Der Beitrag des Fertigungsauftrags zum Jahresergebnis beläuft sich somit per Saldo auf –2,4.

Da der wirtschaftlich entstandene Anspruch aus dem Vertrag [24,6] den Betrag der Teilabrechnungen [23,0] zuzüglich des berücksichtigten Verlusts [0,7] übersteigt, ist der Fertigungsauftrag erneut auf der Aktivseite auszuweisen.

Aktiva	IFRS-Bilanz zum 31.12.04				Passiva
…			Ergebnisvortrag 03	0,2	
Künftige Forderungen			Jahresüberschuss	– 2,4	
aus FA		0,9	Ergebnisvortrag 04		– 2,2
Anspruch	24,6				
-Teilabrechnung	– 23,0				
-Verlust	– 0,7				
Forderungen		– 2,0			

Soll	IFRS-GuV 04		Haben
Diverse Aufwendungen	10,9	Umsatzerlöse	8,5
Jahresüberschuss	– 2,4		

In **Periode 05** sind erneut die angefallenen Auftragskosten [–6,0] sowie die nicht abrechenbaren Kosten [–0,1] als Aufwand in der GuV zu berücksichtigen. Sie werden teilweise kompensiert durch den bereits in der Periode 04 erfassten Verlust von –0,7, sodass sich ein Gesamtaufwand von 5,4 ermittelt. Da sich die zum Ende der Periode 04 geschätzten Kosten des Fertigungsauftrags nicht verändert haben, ermittelt sich für die Periode 5 das zu erwartende Ergebnis von 0.

In der Bilanz erscheint nach Fertigstellung und Abnahme des Projekts lediglich noch die offene Kundenforderung von 2,0, die annahmegemäß im Folgejahr beglichen wird.

IFRS-Bilanz zum 31.12.05

Aktiva			Passiva		
…			Ergebnisvortrag 04	– 2,2	
Künftige Forderungen			Jahresüberschuss	0,0	
aus FA		0,0	Ergebnisvortrag 05		– 2,2
Anspruch	0,0				
-Teilabrechnung	0,0				
Forderungen		2,0			

IFRS-GuV 05

Soll		Haben	
Diverse Aufwendungen	5,4	Umsatzerlöse	5,4
Jahresüberschuss	0,0		

	Abbildung in der Bilanz		Periode 01	Periode 02	Periode 03	Periode 04	Periode 05
1	Geschätzte/tatsächliche Gesamterlöse		30,0	30,0	30,0	30,0	30,0
2	Fertigstellungsgrad (*cost to cost*)		15,4 %	30,8 %	53,6 %	82,0 %	100,0 %
3	Anteiliger Anspruch	1 • 2	4,0	9,2	16,1	24,6	30,0
4	Veränderung zum Vorjahr		4,0	5,2	6,9	8,5	5,4
5	Teilabrechnungen (kumuliert)		0,0	8,0	19,0	23,0	30,0
6	Erwarteter/tatsächlicher Verlust gemäß IAS 11.16		0,0	0,0	0,0	0,5	0,0
7	Auszuweisender Verlust		0,0	0,0	0,0	– 0,7	0,0
8	Anzahlungen	Max. /5–3; 0)	0,0	0,0	2,9	0,0	0,0
9	Forderungen aus FA (+ = aktivisch; – = passivisch)	3 – 5 + 7	4,0	1,2	– 2,9	0,9	0,0
10	Veränderung der Forderungen aus Fertigungsaufträgen		4,0	– 2,8	– 4,1	3,8	– 0,9
11	Veränderung der Zahlungsmittel		– 4,5	1,8	5,8	– 4,2	– 3,1
12	Veränderung der sonstigen Forderungen		0,0	2,0	– 2,0	– 2,0	4,0
13	Veränder. des Reinvermögens in der Periode	10+11+12	– 0,5	1,0	– 0,3	– 2,4	0,0
14	Veränderung des Reinvermögens kumuliert		– 0,5	0,5	0,2	– 2,2	– 2,2

	Abbildung in der GuV		Periode 01	Periode 02	Periode 03	Periode 04	Periode 05
10	Umsatzerlöse der Periode	4	4,0	5,2	6,9	8,5	5,4
11	Auftragskosten der Periode lt. Ausgangsdaten		– 4,0	– 4,0	– 7,0	– 10,0	– 6,0
12	Nicht abrechenbare Kosten (Ist) lt. Ausgangsdaten		– 0,5	– 0,2	– 0,2	– 0,2	– 0,1
13	Auswirkung der Verlusterfassung nach IAS 11.36	6	0,0	0,0	0,0	– 0,7	0,7
14	Beitrag zum Jahresergebnis	10+11+12+13	– 0,5	1,0	– 0,3	– 2,4	0,0

Bilanzielle Abrechnung des Fertigungsauftrags

6. Vorräte

6.1 Begriff, Abgrenzung und Ausweis

Vorräte im Sinne von IAS 2 sind Vermögenswerte, **IAS 2.6**

- die zum Verkauf im gewöhnlichen Geschäftsbetrieb gehalten werden,
- die sich im Herstellungsprozess für einen solchen Verkauf befinden oder
- die als Roh-, Hilfs- und Betriebsstoffe dazu bestimmt sind, bei der Herstellung von Erzeugnissen oder der Erbringung von Dienstleistungen verbraucht zu werden.

Erbrachte Dienstleistungen, für die mangels Vorliegen der Voraussetzungen nach IAS 18 (→ C.I.3.) noch keine Erlöse erfasst worden sind, rechnen ebenfalls zu den Vorräten. **IAS 2.8**

Nicht zum Vorratsvermögen gehören Betriebsstoffe, die keinen Bezug zur Produktion aufweisen (z.B. Büromaterial, Werbematerial, Treibstoffe, Kantinenprodukte). Sie sind bei Wesentlichkeit unter den sonstigen Vermögenswerten auszuweisen.

In Ausführung eines kundenspezifischen Fertigungsauftrags erbrachte Leistungen sind unter den Forderungen aus Lieferungen und Leistungen (Unterposition „künftige Forderungen aus Fertigungsaufträgen" zu zeigen. Ihre Bilanzierung und Bewertung richtet sich nach IAS 11 (→ C.II.5.3.2). Hierunter fallen beispielsweise Aufträge über den Bau von Brücken, Straßen, Gebäuden oder komplexen technischen Anlagen. Produkte, die in einer standardisierten Fertigung entstehen, sind als Vorräte nach IAS 2 zu behandeln. Das gilt auch dann, wenn bei ihrer Erstellung kundenspezifische Vorgaben zu beachten sind (z.B. individuelle Zusammenstellung einer Schrankwand aus unterschiedlichen standardisierten Komponenten). **IAS 11**

C.II

Ausgeschlossen von den Bewertungsbestimmungen des IAS 2 sind bestimmte Vorräte von Erzeugern land- und forstwirtschaftlicher Produkte sowie mineralischer Produkte, so weit diese Vorräte nach einer eingeführten Praxis in diesen Wirtschaftszweigen zum Nettoveräußerungspreis bewertet werden. Entsprechendes gilt für zum Nettoveräußerungspreis angesetzte Warenbestände von Börsenhändlern, die diese Güter für Dritte auf eigene Rechnung an- und verkaufen. **IAS 2.3–.5**

Für Zwecke des Bilanzausweises ist das Vorratsvermögen wie folgt zu untergliedern: **IAS 2 iVm IAS 1.75c**

- Roh-, Hilfs- und Betriebsstoffe;
- Unfertige Erzeugnisse, unfertige Leistungen;
- Fertige Erzeugnisse und Waren;
- **Geleistete Anzahlungen**.

Alternative:

Das Vorratsvermögen ist für Zwecke des Bilanzausweises wie folgt zu untergliedern:

- Roh-, Hilfs- und Betriebsstoffe;
- Unfertige Erzeugnisse, unfertige Leistungen;
- Fertige Erzeugnisse und Waren.

Geleistete Anzahlungen auf Vorräte sind als **Teil der Forderungen** auszuweisen.

Erhaltene Anzahlungen sind gesondert unter den Verbindlichkeiten (→ C.III.4.) auszuweisen.

6.2 Ansatz (*recognition*)

F.49a, .82ff. Vorräte sind ansatzpflichtig, wenn sie

- die Definitionsmerkmale eines Vermögenswerts und
- die zusätzlichen Ansatzkriterien

erfüllen (→ C.I.1.).

Diese Voraussetzungen liegen unabhängig von der Art des Zugangs (entgeltlicher oder unentgeltlicher Erwerb von Dritten, Herstellung durch das Unternehmen) im Allgemeinen vor.

6.3 Bewertung (*measurement*)

6.3.1 Bewertungsgrundsätze

IAS 2.9ff. Die Bewertung von Vorräten folgt dem Anschaffungswertprinzip. Von Dritten erworbene Vorratsgüter sind mit den Anschaffungskosten, vom Unternehmen selbst erstellte Güter mit den Herstellungskosten als Zugangswert anzusetzen. Abschreibungen sind vorzunehmen, wenn der Nettoveräußerungswert oder der an seine Stelle tretende Näherungswert (→ C.II.6.3.3.2) unter den Anschaffungs- oder Herstellungskosten liegt. Fällt der Grund für die Abschreibung in der Folgezeit weg, muss eine Zuschreibung erfolgen, wobei die Zugangswerte die Obergrenze der Bewertung bilden.

Die Bestandteile der Anschaffungs- und Herstellungskosten sind in → C.I.1. erläutert. Nachfolgend sind die Besonderheiten der Zugangs- und Folgebewertung im Vorratsvermögen dargestellt. Sie betreffen zum einen die vom Unternehmen anzuwendenden Verfahren zur Bestimmung der Zugangswerte (→ C.II.6.3.2), zum anderen die Bemessung von Abschreibungen und Zuschreibungen (→ C.II.6.3.3).

6.3.2 Ermittlung der Zugangswerte

6.3.2.1 Anschaffungskosten

IAS 2.10f. Die Anschaffungskosten **sämtlicher** von Dritten erworbener Vorratsgüter sind nach der **progressiven Methode** als Summe aus Anschaffungspreis, Anschaffungsnebenkosten und sonstigen der Anschaffung dienenden Kosten abzüglich etwaiger Anschaffungskostenminderungen zu ermitteln.

Alternative:

IAS 2.7, .21f. Die Anschaffungskosten der von Dritten erworbenen Vorratsgüter sind nach der **progressiven Methode** als Summe aus Anschaffungspreis, Anschaffungs nebenkosten und sonstigen der Anschaffung dienenden Kosten abzüglich etwaiger Anschaffungskostenminderungen zu ermitteln. **Ausgenommen** hiervon sind **Waren.** Bei diesen findet die **retrograde Methode** Anwendung. Sie ermittelt die Anschaffungskosten durch Abzug der durchschnittlichen Handelsspanne vom kalkulierten Verkaufspreis der Güter. Die Handelsspanne ist definiert als

1 – Anschaffungskosten/kalkulierter Verkaufswert *(gross profit)*.

Um die tatsächlichen Anschaffungskosten zu approximieren, ist die Handelsspanne für jede Warengruppe gesondert zu ermitteln. Nachträgliche Anpassungen der Verkaufspreise nach oben oder nach unten sind zu berücksichtigen.

Beispiel:

Ausgangssituation: Von Ware A wurden im laufenden Geschäftsjahr zusätzlich zum Anfangsbestand von 15.000 weitere Mengen zum Preis von 75.000 zugekauft. Das Unternehmen kalkuliert das Produkt mit einer Handelsspanne von 40 %. Die Umsatzerlöse für die Ware A belaufen sich auf 100.000. Gesucht sind die Anschaffungskosten des Stichtagsbestands.

Lösung: Der kalkulierte Verkaufswert des Gesamtbestands der Ware beträgt 150.000 [(15.000 + 75.000)/(1–0,4)]. Im Geschäftsjahr wurden zwei Drittel dieses Bestands veräußert [100.000]. Der Verkaufswert des Restbestands beträgt somit 50.000. Das entspricht bei einer Handelsspanne von 40 % einem Zugangswert von 30.000 [50.000 · (1–0,4)].

Variante: Abweichend vom Ausgangsfall hat das Unternehmen im Zuge einer Sonderpreisaktion einen Teil des Bestands der Ware A herabgezeichnet. Der Preisnachlass beträgt insgesamt 30.000. Die Umsatzerlöse belaufen sich wie im Ausgangsfall auf 100.000.

Lösung: Als Folge der Preisherabsetzung ermittelt sich eine geringere Handelsspanne für den Gesamtbestand von 25 % [1 – 90.000/(150.000–30.000)]. Ausgehend vom Verkaufswert des Restbestands von 20.000 [150.000–30.000–100.000] ermitteln sich die Anschaffungskosten mit 15.000 [20.000 · (1–0,25)].

Die Anschaffungskosten sind niedriger als im Ausgangsfall, da bei gleichen Umsatzerlösen und reduzierter Handelsspanne relativ mehr Waren verkauft worden sind.

6.3.2.2 Herstellungskosten

Die produktionsbezogenen Vollkosten der vom Unternehmen hergestellten Vorräte (zu den Komponenten → C.I.1.3.2.2) sind auf Basis der **Istkosten** zu ermitteln, solange die Istbeschäftigung nicht wesentlich unter der Normalbeschäftigung liegt, d.h., einen Prozentsatz von z.B. 85 % nicht unterschreitet. Im Falle einer Unterauslastung sind die fixen Gemeinkosten den selbst erstellten Vorräten auf Basis der Normalbeschäftigung zuzurechnen. Diese Verfahrensweise dient dazu, die Aktivierung von Leerkosten zu vermeiden. Gleichfalls sind Einzelkosten und variable Produktionsgemeinkosten stets nach Maßgabe des tatsächlichen Einsatzes der Produktionsmittel in die Herstellungskosten einzurechnen, sofern die Istkosten den normalerweise erwarteten Kosten im Wesentlichen entsprechen. **IAS 2.10, .13f.**

Alternative:

IAS 2.21 Die produktionsbezogenen Vollkosten der vom Unternehmen hergestellten Vorräte (zu den Komponenten → C.I.1.3.2.2) sind auf Basis eines **budgetierten Normalverbrauchs** zu ermitteln (**Standardkostenmethode**). Grundlage der Budgetierung sind Annahmen bezüglich eines normalen Betriebsablaufs und Schätzungen zur Höhe der bei den einzelnen Verrichtungen anfallenden Aufwendungen. Die Obergrenze der Aktivierung bilden die tatsächlich angefallenen Kosten (Istkosten).

Die Standardkosten sind in Abhängigkeit von Branche und unternehmensspezifischen Besonderheiten in regelmäßigen Zeitabständen zu überprüfen und gegebenenfalls anzupassen. Es ist darauf zu achten, dass die Standardkosten nicht wesentlich von den tatsächlichen Herstellungskosten abweichen.

6.3.2.3 Einzelbewertung versus Bewertungsvereinfachungsverfahren

IAS 2.23f. Nicht austauschbare Vorratsgüter und Vermögenswerte, die für spezielle Projekte (Projektgeschäft) angeschafft wurden, sind einzeln zu bewerten. Für Vorratsgüter, die im Laufe eines Geschäftsjahres in großer Zahl beschafft und/oder verarbeitet werden (Massengeschäft), wendet das Unternehmen die nachfolgenden Bewertungsvereinfachungen an.

IAS 2.25–.27 Die Zugangswerte der nachfolgend aufgeführten Vorratsgüter sind nach der **Durchschnittsmethode** zu ermitteln:

- z.B. Rohstoffe;
- z.B. Waren.

Die Zugangswerte des Vorratsbestands sind **jeweils zum Jahresende** als gewogener Durchschnittswert aus dem **Bilanzwert des Anfangsbestands** und den **Preisen der Zugänge** zu ermitteln (**periodisches** Durchschnittsverfahren).

Alternative:

Die Zugangswerte der Vorräte sind **nach jedem Zugang** als gewogener Durchschnittswert aus dem **Wert des Altbestands** und dem **Preis des Zugangs** zu ermitteln (**permanentes** Durchschnittsverfahren).

IAS 2.25–.27 **Alternative** zur Durchschnittsmethode (ggf. auch zusätzlich):

Die Zugangswerte der nachfolgend aufgeführten Vorratsgüter sind nach der Fifo-Methode *(First-in-first-out)* zu ermitteln:

- z.B. Rohstoffe;
- z.B. Waren.

Der Fifo-Bestandswert ist **jeweils zum Jahresende** aus den **Preisen der jüngsten Zugänge** zu ermitteln (**periodisches** Fifo-Verfahren).

> **Alternative:**
>
> Der Fifo-Bestandswert ist **nach jedem Abgang bzw. Verbrauch** von Vorräten neu zu ermitteln. Zu diesem Zweck ist der jeweilige **Abgang mit den Preisen der jüngsten Zugänge** zu bewerten (**permanentes** Fifo-Verfahren).

> **Alternative:**
>
> Vorratsgüter, deren Gesamtwert für das Unternehmen von untergeordneter Bedeutung ist, sind unter Berufung auf den Wesentlichkeitsgrundsatz mit einem **Festwert** anzusetzen.
>
> Die Höhe des Festwerts und das Vorliegen der Voraussetzungen für die Anwendung des Bewertungsvereinfachungsverfahrens sind regelmäßig zu überprüfen.

Bei der Bewertung der Vorräte ist der Stetigkeitsgrundsatz zu beachten. Vermögenswerte von ähnlicher Beschaffenheit und Verwendung für das Unternehmen sind nach dem gleichen Verfahren zu bewerten. Eine Änderung der Bewertungsmethode oder ein Übergang zu einer anderen Variante der gleichen Methode ist grundsätzlich ausgeschlossen. **IAS 2.25f.**

Die Tatsache, dass Vorräte in unterschiedlichen Regionen lagern, für die ggf. abweichende Besteuerungsregeln gelten, rechtfertigt für sich genommen keine Anwendung unterschiedlicher Bewertungsverfahren.

6.3.3 Besonderheiten bei der Folgebewertung

6.3.3.1 Nettoveräußerungswert als relevanter Vergleichsmaßstab

Abschreibungen sind vorzunehmen, wenn der Stichtagswert eines Vorratsguts oder einer Gruppe von Vorratsgütern unter den Anschaffungs- oder Herstellungskosten liegt. Der relevante Vergleichswert ist mit Blick auf die jeweilige Verwertungsmöglichkeit bzw. die beabsichtigte Verwertung des Vorratsguts zu ermitteln. Entscheidend ist danach der Nutzen, der sich bei ihrem Verkauf oder Gebrauch voraussichtlich realisieren lassen wird. Im Regelfall äußert sich dieser Nutzen im Nettoveräußerungswert der Vorräte. Hierbei handelt es sich um den im normalen Geschäftsgang voraussichtlich erzielbaren Verkaufserlös abzüglich noch anfallender Fertigungs- und Vertriebskosten. **IAS 2.28**

Eine Abschreibung wegen gesunkener Wiederbeschaffungs- oder Wiederherstellungskosten sieht IAS 2 grundsätzlich nicht vor.

Ebenfalls unzulässig sind:

- Abschreibungen auf einen nahen Zukunftswert im Sinne von § 253 Abs. 3 Satz 3 HGB;
- Steuerrechtliche Mehrabschreibungen gemäß § 254 HGB.

Möglichkeiten zur Ermittlung des Nettoveräußerungspreises:

- Ausgangspunkt für die Ermittlung des Stichtagswerts von Vorräten, die bereits an Dritte verkauft worden sind und am Bilanzstichtag lediglich noch auszuliefern sind, bildet der im Vertrag vereinbarte Verkaufspreis.

- Bei marktgängigen Vorräten, die noch nicht an Dritte veräußert wurden, sind die Anschaffungs- oder Herstellungskosten mit dem im normalen Geschäftsgang erzielbaren Marktpreis zu vergleichen.
- Ein Rückgang des Marktpreises für ein marktbestimmtes Vorratsgut nach dem Bilanzstichtag ist grundsätzlich unbeachtlich. Etwas anderes gilt ausnahmsweise dann, wenn der Rückgang eine Folge von Ereignissen in der Berichtsperiode ist und damit werterhellenden Charakter hat. Das ist etwa der Fall, wenn noch im alten Geschäftsjahr ein verbessertes Folgeprodukt angekündigt wurde und infolgedessen der Restbestand des Vorratsguts nur noch zu reduzierten Preisen absetzbar ist.

6.3.3.2 Ermittlung des Abschreibungsbedarfs

IAS 2.28–.32 Der Nettoveräußerungswert eines Vorratsguts ermittelt sich als Differenz zwischen seinem geschätzten Verkaufspreis am Bewertungsstichtag abzüglich aller bis zum Absatz noch anfallender Kosten und etwaiger Erlösschmälerungen. Im Einzelnen bedeutet dies:

- Waren und fertige Erzeugnisse sind abzuschreiben, wenn der um Preisnachlässe und noch anfallende Vertriebskosten gekürzte Veräußerungspreis die Anschaffungs- oder Herstellungskosten nicht deckt.
- Bei unfertigen Erzeugnissen sind vom erwarteten Verkaufspreis zusätzlich die bis zur Absatzreife noch anfallenden Herstellungskosten abzusetzen. Änderungen dieser Kosten, die sich am Abschlussstichtag bereits abzeichnen, sind zu antizipieren.
- Eine Abwertung von Roh-, Hilfs- und Betriebsstoffen kommt nur dann in Betracht, wenn für die Fertigerzeugnisse, in die sie eingehen oder bei deren Produktion sie verbraucht werden, keine die Herstellungskosten mindestens deckenden Preise erzielbar sind. In diesem Fall sind die betreffenden Vorratsgüter ggf. auf die niedrigeren Wiederbeschaffungskosten als Näherungsgröße für die regelmäßig nicht ermittelbaren Nettoveräußerungswerte abzuschreiben. Werden Roh-, Hilfs- und Betriebsstoffe für die Herstellung unterschiedlicher Vorratsgüter verwendet, die teils mit Gewinn, teils mit Verlust verkauft werden, ist der Gesamtbestand für Zwecke der Niederstbewertung anhand plausibler Annahmen (z.B. auf Basis von Produktionsplänen) den einzelnen Fertigerzeugnissen zuzurechnen.

Beispiel:

Ausgangssituation: Gegeben sind die nachfolgenden Informationen zur Bewertung des Vorratsvermögens. Der Rohstoff E wird zur Herstellung des Erzeugnisses A verwendet.

Vorratsgut	aktivierte AK/HK	aktuelle (volle) WBK/WHK	Kalkulierter Verkaufspreis	Bis zum Verkauf noch anfallende …	
				HK	Vertriebskosten
Fertige Erzeugnisse A	110	100	140	0	5
Fertige Erzeugnisse B	40	45	43	0	5
Unfertige Erzeugnisse C	210	190	260	40	10
Waren D	45	40	42	0	0
Rohstoffe E	9	8	–	–	–

Zu ermitteln sind die Wertansätze der einzelnen Vorratsgüter zum Abschlussstichtag nach IAS 2.

Lösung: Der Betrag der Abschreibungen und die Buchwerte der einzelnen Vorratsgüter sind der folgenden Übersicht zu entnehmen:

Vorratsgut	aktivierte AK/HK	Relevanter Vergleichswert	Abschreibung	Buchwert
Fertige Erzeugnisse A	110	135	0	110
Fertige Erzeugnisse B	40	38	2	38
Unfertige Erzeugnisse C	210	210	0	210
Waren D	45	42	3	42
Rohstoff E	9	–	–	–

Variante: Der Rohstoff E wird zur Herstellung des Erzeugnisses B verwendet.

Lösung: Da es sich bei Erzeugnis B um ein Verlustprodukt handelt, ist eine Abschreibung des Rohstoffs zu erwägen. Da der Nettoveräußerungswert für dieses Vorratsgut regelmäßig nicht ermittelbar sein wird, ist ggf. auf die niedrigeren Wiederbeschaffungskosten abzuschreiben.

C.II

Die Folgebewertung ist für jede Art von Vorratsgütern gesondert vorzunehmen. **IAS 2.29** In Ausnahmefällen ist es zulässig, bestimmte Vorratsgüter zu einer Bewertungsgruppe zusammenzufassen. Daran ist etwa zu denken, wenn eine strenge Einzelbewertung nicht möglich ist, weil die Vorratsgüter der gleichen Produktlinie angehören, einen ähnlichen Verwendungszweck haben und in der gleichen Region produziert bzw. vermarktet werden. Ein Anwendungsfall für eine derartige **Gruppenbewertung** liegt vor, wenn unterschiedliche Vorratsgüter nur als Set angeboten werden (z.B. diverse Gartenmöbel).

Die Ermittlung des Nettoveräußerungswerts unterstellt eine uneingeschränkte Gängigkeit der Vorratsgüter. Ist das nicht der Fall, weil einzelne Artikel z.B. beschädigt oder technisch nicht mehr auf dem neuesten Stand sind, ist dem durch individuelle oder pauschale **Gängigkeitsabschläge** Rechnung zu tragen. Allein wegen einer erwarteten langen Lagerdauer dürfen keine Abschreibungen vorgenommen werden.

Ausgehend von Erfahrungssätzen der Vergangenheit – welche betriebsindividuell nachzuweisen sind – ist je nach Alter der Vorräte folgende Abwertung erforderlich:

Position	Alter bzw. Reichweite (in Monaten)	Abschlag
z.B. Rohstoffe	6–12	z.B. 25 %
z.B. Rohstoffe	12–24	z.B. 50 %
z.B. Rohstoffe	über 24	z.B. 75 %
usw.		

Der Altersabschlag bezieht sich auf die Zeitspanne zwischen Erwerbszeitpunkt (Roh-, Hilfs- und Betriebsstoffe und Waren) bzw. dem Datum der Herstellung (Unfertige und Fertige Erzeugnisse) und dem Bilanzstichtag.

Alternative:

Der Reichweitenabschlag berechnet sich auf Basis der verkauften Artikel im Verhältnis zum Bestand am Bilanzstichtag.

6.3.3.3 Wertaufholung

IAS 2.33 Vorräte, die in einer früheren Periode auf den Nettoveräußerungswert abgeschrieben wurden, sind zu jedem folgenden Bewertungsstichtag auf einen Zuschreibungsbedarf hin zu überprüfen. Ist der Nettoveräußerungswert angestiegen, ist der Buchwert entsprechend zu erhöhen, wobei die Anschaffungs- oder Herstellungskosten nicht überschritten werden dürfen.

6.3.3.4 Ausweisfragen

IAS 2.34 Abschreibungen auf Vorratsgüter sind in der nach dem **Umsatzkostenverfahren** aufgestellten Gewinn- und Verlustrechung im Posten ‚Herstellungskosten der zur Erzielung der Umsatzerlöse erbrachten Leistungen' zu erfassen.

Erträge aus Zuschreibungen kürzen die ‚Herstellungskosten der zur Erzielung der Umsatzerlöse erbrachten Leistungen'.

Alternative (Gesamtkostenverfahren):

IAS 2.34 Abschreibungen auf Vorratsgüter sind in der nach dem **Gesamtkostenverfahren** aufgestellten Gewinn- und Verlustrechung in den folgenden Posten zu erfassen:

- Fertige Erzeugnisse, unfertige Erzeugnisse und Waren: Bestandsveränderungen;
- Roh-, Hilfs- und Betriebsstoffe: Materialaufwand.

Erträge aus Zuschreibungen sind in der Gewinn- und Verlustrechnung im gleichen Posten zu erfassen, in dem der Abschreibungsaufwand gebucht worden ist.

6.4 Latente Steuern

Die nach IAS 2 ermittelten Zugangswerte der Vorräte, insbesondere die sich nach Vornahme notwendiger Abschreibungen ergebenden Wertansätze können von den steuerlichen Wertansätzen abweichen. So weit die Wertansätze nach IFRS diejenigen nach Steuerrecht übersteigen, sind passivische latente Steuern abzugrenzen. Bleiben die IFRS-Wertansätze ausnahmsweise hinter denen nach Steuerrecht zurück, erfordert das die Bildung aktivischer latenter Steuern. Zu Einzelheiten → C.IV.1. **IAS 12**

6.5 Anhangangaben (*notes*)

→ CD Anhangcheckliste 5.2.6

III. Passiva

Gliederung:

1. Eigenkapital

1.1 Abgrenzung Eigenkapital vs. Fremdkapital

1.1.1 Abgrenzungsgrundsatz

IAS 32.11 Das Eigenkapital eines Unternehmens ermittelt sich als Residualgröße aus Vermögenswerten abzüglich Schulden. Es stellt die bilanzielle Abbildung eines Vertrages zwischen dem Emittenten eines Eigenkapitalinstruments und dem Inhaber desselben beim emittierenden Unternehmen dar, in dem der Anspruch des Inhabers auf die Residualgröße Eigenkapital verkörpert wird.

IAS 32.15 Die notwendige Abgrenzung zwischen Eigenkapital (Eigenkapitalinstrument) und Schulden (Fremdkapitalinstrument) hat sich am wirtschaftlichen Gehalt und an den in IAS 32 enthaltenen Definitionsmerkmalen für Eigen- und Fremdkapitalinstrumente auszurichten und nicht an der rechtlichen Ausgestaltung der zu beurteilenden Finanzinstrumente.

Für die Qualifizierung des überlassenen Kapitals als Schulden oder Eigenkapital ist letztlich entscheidend, ob eine Rückzahlungsverpflichtung für das überlassene Kapital besteht. Ist dies der Fall, so stellt das überlassene Kapital Fremdkapital dar.

Die für die handelsrechtliche Abgrenzung maßgebliche Haftungsfunktion hat für die Bilanzierung nach IFRS keine Relevanz.

1.1.2 *Definitionsmerkmale eines Eigenkapitalinstruments*

Ein Finanzinstrument ist nur dann ein Eigenkapitalinstrument und damit bei seinem Emittenten als Eigenkapital zu bilanzieren, wenn folgende Voraussetzungen kumulativ erfüllt sind: **IAS 32.16**

- Das Finanzinstrument beinhaltet keine vertragliche Verpflichtung des Emittenten
  - zur Lieferung von liquiden Mitteln oder von anderen finanziellen Vermögenswerten oder
  - zum Tausch von finanziellen Vermögenswerten oder Schulden mit einem anderen Unternehmen zu Konditionen, die für das emittierende Unternehmen potenziell unvorteilhaft sind.
- Wenn die vertragliche Verpflichtung aus dem Finanzinstrument durch Eigenkapitalinstrumente des emittierenden Unternehmens beglichen wird oder beglichen werden kann,
  - darf diese, sofern es sich bei ihr nicht um ein Derivat handelt, keine Lieferung einer variablen Menge von Eigenkapitalinstrumenten des Emittenten beinhalten;
  - muss, sofern es sich bei ihr um ein Derivat handelt, dessen Glattstellung durch den Austausch eines festgelegten Geldbetrags oder anderer finanzieller Vermögenswerte für eine feststehende Anzahl seiner Eigenkapitalinstrumente erfolgen. In den Austausch dürfen nicht solche Eigenkapitalinstrumente einbezogen werden, die ihrerseits die vertragliche Verpflichtung beinhalten, zukünftig Eigenkapitalinstrumente des Emittenten zu liefern oder zu empfangen.

C.III

Im Umkehrschluss ist ein Finanzinstrument beim Emittenten dann als Verbindlichkeit zu bilanzieren, **IAS 32.11**

- wenn die vertragliche Verpflichtung besteht, Geldmittel oder andere finanzielle Vermögenswerte an ein anderes Unternehmen zu leisten oder
- finanzielle Vermögenswerte oder finanzielle Schulden mit einem anderen Unternehmen zu potenziell ungünstigen Konditionen zu tauschen.

Fremdkapital ist auch dann gegeben, wenn die vertragliche Verpflichtung aus dem Finanzinstrument mit Eigenkapitalinstrumenten des Emittenten beglichen wird oder beglichen werden kann und Folgendes gilt:

- Falls das Finanzinstrument kein Derivat ist, hat der Emittent eine variable Anzahl eigener Eigenkapitalinstrumente zu liefern.
- Falls das Finanzinstrument ein Derivat ist, hat der Emittent keinen festgelegten Betrag an finanziellen Vermögenswerten gegen eine feststehende Zahl an eigenen Eigenkapitalinstrumenten zu tauschen.

Weitere Erläuterungen zur Abgrenzung von Eigen- und Fremdkapital → C.III.4.1.

1.1.3 *Bilanzielle Konsequenzen der Eigenkapitaldefinition nach IAS*

Die Eigenkapitaldefinition nach IAS 32 kann beispielsweise in den folgenden Fällen zu einer anderen Klassifizierung des überlassenen Kapitals führen als nach HGB:

- **Genussrechtskapital**
  Genussrechte, deren Vergütung sich ausschließlich nach dem Gewinn des emittierenden Unternehmens bemisst, und die im Falle der Insolvenz nur nachrangig bedient werden, sind im Falle längerfristiger Kapitalüberlassung nach HGB als Eigenkapital zu behandeln, auch wenn eine feste Rückzahlungsverpflichtung besteht. Aufgrund dieser Rückzahlungsverpflichtung sind sie nach IFRS als Fremdkapital zu klassifizieren.
- **Eigenkapital von Personengesellschaften** (→ C.III.1.1.5)
  Die Eigenkapitaldefinition nach IAS 32 hat zur Folge, dass viele Personengesellschaften nach IFRS kein Eigenkapital mehr in ihrer Bilanz ausweisen werden, da die Gesellschafter das Recht haben, ihre getätigte Kapitaleinlage wieder zu entnehmen. Die auf dieses Kapital entfallenden Gewinnanteile sind in der Gewinn- und Verlustrechnung als Aufwand zu behandeln. Die Gesellschaften haben die Möglichkeit, die als Fremdkapital zu klassifizierenden Kapitaleinlagen
  IAS 32.18 ihrer Gesellschafter in der Bilanz bspw. als **„Den Gesellschaftern zustehendes Reinvermögen"** zu bezeichnen.
- **Eigenkapital von Kapitalgesellschaften**
  Bei der GmbH können einzelne gesellschaftsvertragliche Regelungen nach IFRS ebenfalls zu einer Klassifizierung als Fremdkapital führen. So können Kündigungsrechte von Gesellschaftern mit einem Abfindungsrecht gegenüber der Gesellschaft vereinbart werden. Aufgrund der Kapitalerhaltungsvorschriften des GmbHG kann jedoch das Stammkapital nicht zur Auszahlung gelangen, es ist daher auch nach IFRS als Eigenkapital zu qualifizieren.
  Bei der AG sind regelmäßig Vorzugsaktien mit einem Rückgaberecht des Aktionärs ausgestattet. Dies führt zur Einordnung als Fremdkapital.
- **Ewige Anleihen, „Perpetuals"**
  Als Folge der Eigenkapitaldefinition des IAS 32 hat sich im Wesentlichen seit 2005 eine neue Klasse von Finanzierungsinstrumenten am Kapitalmarkt herausgebildet, so genannte „Ewige Anleihen" oder „Perpetuals". Diesen sind die folgenden Charakteristika gemeinsam, welche dazu führen, dass sie als Eigenkapital nach IFRS einzuordnen sind:
  - Keine vertragliche Begrenzung der Laufzeit.
  - Kein Kündigungsrecht für den Inhaber der Anleihe.
  - Einseitiges Kündigungsrecht beim Emittenten der Anleihe, d.h. beim bilanzierenden Unternehmen, welches erstmals nach einer zu definierenden Mindestlaufzeit ausgeübt werden kann.
  - Rückzahlung bei Kündigung erfolgt zum Nennwert. Keine Beteiligung an stillen Reserven.
  - Fixe Vergütung während der Mindestlaufzeit.
  - Variable Vergütung (i.d.R. EURIBOR plus Marge) nach Ablauf der Mindestlaufzeit (sog. Step-up).
  - Auszahlung der Vergütung nur in Abhängigkeit von einem Beschluss der Gesellschafterversammlung bzw. Kopplung der Auszahlung an einen Dividendenbeschluss.
  - Kein Verfall, sondern lediglich Stundung von Vergütungen, welche mangels Gesellschafter- bzw. Dividendenbeschluss in einzelnen Jahren nicht ausbezahlt werden.

Durch den Ausschluss des Kündigungsrechts des Inhabers verfügt der Emittent über das uneingeschränkte Recht, sich in Bezug auf den Kapitalbetrag der Abgabe von flüssigen Mitteln zu entziehen. Dies wird für die Vergütung durch die Anknüpfung der Auszahlung an einen Beschluss der Unternehmensorgane ebenfalls erreicht. Eine Bezugnahme auf das Jahresergebnis oder ähnliche Kenngrößen ist nicht ausreichend, da diese außerhalb der Kontrolle des bilanzierenden Unternehmens liegen. **IAS 32.25**

1.1.4 Bilanzierung von Genossenschaftsanteilen und ähnlichen Instrumenten

Anteile an Genossenschaften sind als Eigenkapital im Sinne des IAS 32 auszuweisen, wenn die Genossenschaft das Recht hat, die Rücknahme des Anteils zu verweigern. Die rechtliche Grundlage hierfür können nationale Gesetze, Vorschriften oder die Satzung des Unternehmens bilden. **IFRIC 2.7**

Entscheidend für die Klassifizierung von Genossenschaftsanteilen als Eigenkapital ist, dass das Verbot zur Rücknahme von Genossenschaftsanteilen uneingeschränkt ist, d. h. an keine Bedingungen geknüpft ist oder Ausnahmen kennt. **IFRIC 2.5–8**

In der Unternehmenspraxis kann sich die Anzahl der Anteile oder die Höhe des eingezahlten Kapitals, die von einem Rückzahlungsverbot betroffen sind bzw. ist, von Zeit zu Zeit ändern. Eine solche Änderung ist mittels einer Umbuchung zwischen finanziellen Verbindlichkeiten und Eigenkapital abzubilden. **IFRIC 2.9**

Im Zugangszeitpunkt hat das Unternehmen seine als finanzielle Verbindlichkeiten klassifizierten Geschäftsanteile zum beizulegenden Zeitwert zu bewerten. **IFRIC 2.10**

Im Fall von uneingeschränkt rückgabefähigen Geschäftsanteilen darf der beizulegende Zeitwert dieser Anteile nicht geringer sein als der aufgrund satzungsgemäßer oder entsprechend der gesetzlichen Vorschriften bestimmte Barwert der maximalen Rückzahlungsverpflichtung. Die Abzinsung der Rückzahlungsverpflichtung hat vom frühestmöglichen Fälligkeitszeitpunkt aus zu erfolgen. **IFRIC 2.10**

Zahlungen an die Genossen – wie Dividenden oder Zinsen – sind entsprechend der Einordnung der Anteile als Fremd- oder Eigenkapital wie folgt zu behandeln: **IFRIC 2.11**

Zahlungen, die auf Anteile entfallen, die als Fremdkapital einzuordnen sind, sind als Zinsaufwand der Periode, in der die Zahlung erfolgt, zu erfassen.

Zahlungen, die auf Anteile entfallen, die als Eigenkapital einzuordnen sind, sind vom Eigenkapital abzusetzen.

1.1.5 Bilanzierung des Eigenkapitals von Personengesellschaften (Exkurs)

1.1.5.1 Abgrenzung von Eigen- und Fremdkapital nach IAS 32: Allgemeine Regeln

Die Eigenkapitaldefinition im *framework* und in IAS 32.11 stellt auf den Residualcharakter des Eigenkapitals ab. **F. 49(c)** Allerdings ist darüber hinaus bei der Klassifikation eines Eigenkapitalinstruments explizit die Negativabgrenzung zu einer **IAS 32.16(a)** finanziellen Verbindlichkeit zu beachten, die das eigentliche Abgrenzungskriterium darstellt. Danach darf ein emittiertes Finanzinstrument beim Emittent nur

C.III

dann als Eigenkapital bilanziert werden, wenn keine vertragliche Verpflichtung vorschreibt,

- Zahlungsmittel oder finanzielle Vermögenswerte an ein anderes Unternehmen abgeben zu müssen oder
- finanzielle Vermögenswerte oder finanzielle Verbindlichkeiten mit einem anderen Unternehmen unter potenziell nachteiligen Bedingungen für den Emittenten auszutauschen.

IAS 32.16(b) Sollten Zahlungen in eigenen Eigenkapitalinstrumenten erfolgen, gelten noch weitere Anforderungen, auf die an dieser Stelle nicht eingegangen werden muss.

Entscheidend für die Abgrenzung von Eigen- und Fremdkapital ist mithin weniger der Residualcharakter, sondern die vertragliche Verpflichtung zu einer (Rück-)Zahlung. Besteht eine (Rück-)Zahlungsverpflichtung, handelt es sich um eine finanzielle Verbindlichkeit; fehlt eine solche Verpflichtung, handelt es sich
IAS 32.17 um ein Eigenkapitalinstrument. Bei der Abgrenzung ist nicht nur die rechtliche
IAS 32.18 Ausgestaltung, sondern auch der wirtschaftliche Gehalt zu berücksichtigen.

1.1.5.2 Besondere Regeln zur Abgrenzung von Eigen- und Fremdkapital bei sog. *puttable instruments*

1.1.5.2.1 Definition eines puttable Instruments

Mit der im Februar 2008 erfolgten Neufassung des IAS 32 bleiben die Prinzipien zur Abgrenzung von Eigen- und Fremdkapital grundsätzlich unverändert, aller-
IAS 32.16A, dings werden mit der Neufassung zwei „gewillkürte" Eigenkapitalpositionen
IAS 32.16B geschaffen: zum einen sog. *puttable instruments*, zum anderen bestimmte Verpflich-
IAS 32.16C, tungen im Rahmen der Liquidation.

IAS 32.16D Da Einlagen bei Personengesellschaften wegen des gesetzlichen Kündigungsrechts als *puttable instruments* verstanden werden, wird auf diese besonders eingegangen. Nach der alten Regelung des IAS 32 wurde die Möglichkeit der Kündigung zum K.o.-Kriterium: Für Gesellschafter einer Personengesellschaft gilt gem. § 131 HGB ein nicht ausschließbares, ordentliches Kündigungsrecht. Der Abfindungsanspruch richtet sich dabei gegen das Gesellschaftsvermögen und nicht primär gegen die Gesellschafter. Ein vollständiger Ausschluss des Kündigungsrechts ist unzulässig (§ 723 Abs. 3 BGB). Damit wurden die Einlagen der Gesellschafter von Personengesellschaften zum Fremdkapital nach IAS 32.

Mit der Neufassung des IAS 32 wird zunächst der Begriff der Kündbarkeit neu gefasst: Es fallen nicht nur klassische Formen wie das Kündigungsrecht eines Gesellschafters darunter, sondern auch Umstände und Ereignisse, die quasi automatisch zur Rückgabe von Gesellschaftsanteilen führen. Darunter fallen auch Konstellationen, in denen die Gesellschaft bei Tod eines Gesellschafters nicht durch die Erben fortgeführt wird und diese stattdessen bei Fortbestand der Gesellschaft abgefunden werden oder eine veränderte Gesellschafterstellung – beispielsweise als Kommanditist – einnehmen. Durch diese Neufassung werden auch viele praxisrelevante Sachverhalte unter den Begriff der Kündbarkeit fallen (Schmidt, BB 2008, S. 435). Um das gesellschaftsrechtliche Eigenkapital als Eigenkapitalinstrument klassifizieren zu können, werden an das Finanzinstrument folgende kumulativ zu
ED IAS 32.16A erfüllende Forderungen gestellt:

- Im Fall der Liquidation muss der Inhaber des Finanzinstruments einen beteiligungsproportionalen Anspruch am Nettovermögen des Unternehmens nach Bedienung aller anderen Ansprüche haben.
- Das kündbare Finanzinstrument muss der nachrangigsten Klasse von Finanzinstrumenten angehören, d.h. es dürfen keine Vorzugsrechte bestehen, die andere Finanzinstrumente der nachrangigsten Klasse nicht haben.
- Alle Finanzinstrumente dieser nachrangigsten Klasse müssen gleich ausgestattet sein, d.h. das Kündigungsrecht muss sich auf alle Instrumente beziehen und die Ermittlung des Rücknahmepreise bzw. der Abfindung muss für alle identisch sein.
- Das Instrument darf keine anderen Zahlungsverpflichtungen aufweisen.
- Der erwartete Zahlungsstrom des jeweiligen kündbaren Finanzinstruments basiert im Wesentlichen auf dem Jahresergebnis, der Änderung des Nettovermögens oder der Änderung des Unternehmenswertes.

Als weitere „Missbrauchsvorschrift" verlangt IAS 32.16B, dass keine anderen Finanzinstrumente oder Verträge bestehen, die ähnliche Vertragsbedingungen aufweisen. Verträge mit nicht nahe stehenden Personen und zu geschäftsüblichen Bedingungen dürften im Allgemeinen unschädlich sein.

C.III

1.1.5.2.2 Bedeutung für die Abgrenzung von Einlagen bei Personengesellschaften

Im Gegensatz zur Regelung des *exposure draft* sind die endgültigen Regelungen für die Personengesellschaften nach HGB, insbesondere die Kommanditgesellschaft deutlich weiter gefasst:

Durch die Bindung des **beteiligungsproportionalen Liquidationsanspruchs** an das Nettovermögen (*net assets*), sind Konstellationen, bei denen das Gesellschaftsvermögen zur Deckung aller Ansprüche der Gläubiger nicht ausreicht, vom Wortlaut des IAS 32 nicht erfasst. In dieser Konstellation wäre ein beteiligungsproportionaler „Liquidationsanspruch", der – wie im Wortlaut des *exposure draft* – auf das Residuum bezogen wäre, durch die asymmetrischen Haftungsregeln der Kommanditgesellschaft verletzt, da die Haftung des Komplementärs unbeschränkt und für den Kommanditisten beschränkt ist. Zudem wird gemäß IAS 32.AG14G die persönliche Haftung des Komplementärs von seiner Einlage getrennt und quasi als eigenes Finanzinstrument verstanden. Allerdings ist die Formulierung in den *application guidance* nicht vollständig mit der Regelung des HGB kompatibel, da die Rede davon ist, dass die Komplementäre (*general partner*) eine Erklärung zur Übernahme der Haftung gegenüber dem Unternehmen abgeben. Zum einen besteht nach HGB die Haftungsübernahme im Außenverhältnis und nicht gegenüber der Gesellschaft, zum anderen ist sie nicht freiwillig, sondern in der gesetzlichen Stellung des Komplementärs begründet. Da jedoch im Endergebnis die Haftungsfunktion des Komplementärs beschrieben wird, ergeben sich aus wirtschaftlicher Sicht keine Unterschiede (Schmidt, BB 2008), S. 435.

Probleme könnten sich bei der Forderung der **gleichen Ausstattung der nachrangigsten Klassen in Verbindung mit anderen Verpflichtungen** ergeben: Während eine Verteilung des Jahresergebnisses im Verhältnis der Einlagen durch den Wortlaut und eine Verteilung des Jahresergebnisses nach der erbrachten Leistung unproblematisch sind, ergeben sich Problemfelder aufgrund der Regelungen nach § 121 **IAS 32.AG14H**
Abs. 1 HGB (Verzinsungspflicht) und § 122 Abs. 1 HGB (Entnahmerecht), da hier

spezifische Unterschiede in der Ausstattung der nachrangigsten Klasse bestehen könnten. Allerdings sind diese Regelungen gem. § 109 HGB dispositiv.

Ausstattungsunterschiede könnten ebenfalls hinsichtlich des Abfindungsanspruchs bestehen. In Gesellschaftsverträgen vereinbarte Buchwertklauseln oder Mischverfahren wie das Stuttgarter Verfahren stellen für die in der Personengesellschaft verbliebenen Gesellschafter einen Vermögensvorteil dar, da ihnen die Differenz zwischen dem Abfindungsbetrag und dem anteiligen Unternehmenswert zuwächst. Allerdings könnte hier entgegen gehalten werden, dass ex ante jeder Gesellschafter über die gleichen Rechte und gleichen Ansprüche verfügt (Schmidt, BB 2008, S. 436). In jedem Fall sollten aber Abfindungsregeln in Höhe der buchmäßigen Beteiligung oder nach definierten Formeln überdacht werden; nicht nur weil sie im Abfindungsfall als sittenwidrig angesehen werden könnten.

Als problematisch für die Eigenkapitalqualifizierung könnten sich die unterschiedliche gesellschaftsrechtliche Stellung des Komplementärs und des Kommanditisten erweisen. Während dem Komplementär gem. § 114 HGB die Geschäftsführungsbefugnis zusteht, verfügt der Kommanditist nur über ein Widerspruchsrecht (§ 164 HGB). Allerdings beziehen sich die Beispiele für die Ausstattungsmerkmale nach dem Wortlaut des IAS 32 allein auf finanzielle Merkmale. Zudem könnte analog IAS 32.AG14F argumentiert werden, dass Einlage und Geschäftsführungsfunktion getrennt sind (Schmidt, BB 2008, S. 436).

Die Orientierung des **erwarteten Zahlungsstroms** des jeweiligen kündbaren Finanzinstruments am Jahresergebnis, der Änderung des Nettovermögens oder der Änderung des Unternehmenswertes dürfte keine Hürde darstellen, da auch im Fall der Abfindung diese Bedingung erfüllt sein dürfte. Orientiert sich die Abfindung am anteiligen Unternehmenswert, ist sie direkt durch den Wortlaut gedeckt. Im Fall einer Orientierung an der buchhalterischen Performance (Jahresergebnis bzw. Änderung des Nettovermögens) wird die Abfindung durch das Kapitalkonto oder eine anteilige gesamthändisch gebundene Rücklage bestimmt und damit indirekt über das thesaurierte Jahresergebnis bzw. die thesaurierte Nettovermögensänderung. Allerdings wird die buchhalterische Performance explizit nach
IAS 32.AG14E den IFRS bestimmt. Regelungen, die auf Ergebnis oder Vermögensgrößen nach HGB basieren, erfüllen mithin die Anforderungen nicht. Insoweit ergeben sich möglicherweise Anpassung des Gesellschaftsvertrags oder der Satzung. Für die Bestimmung des Jahresergebnisses und der Abfindung, die sich an buchhalterischen Größen orientiert, bedarf es mithin eines IFRS-Abschlusses.

1.1.5.2.3 Angabepflichten

IAS 1.136A Die Änderungen im Standard IAS 32 ziehen auch Änderungen der Anhangangaben in IAS 1 nach sich. Folgende Informationen sollen im Anhang gegeben werden:

- Der Gesamtbetrag der als Eigenkapital klassifizierten Instrumente;
- die Regelungen zur Bestimmung des Abfindungsbetrags einschließlich der Veränderungen gegenüber dem Vorjahr, wenn das Kündigungsrecht ausgeübt wird;
- der erwartete Rückzahlungsbetrag und wie dieser ermittelt wird.

1.1.5.2.4 Klassifizierung im Konzernabschluss

Minderheitenanteile im Konzernabschluss werden nach der Auffassung des IASB so behandelt als seien sie Fremdkapital. D.h., die Anteile ohne beherrschenden Einfluss (Minderheiten) sind unabhängig von den obigen Regelungen als finanzielle Verbindlichkeit zu klassifizieren und zählen nicht zur nachrangigsten Finanzierungsklasse. Begründet wird diese Sichtweise dadurch, dass bei einer Liquidation die Minderheiten zuerst abgefunden werden und erst dann die Belange des Mehrheitsgesellschafters berücksichtigt werden. Das IASB sieht damit einen Vorrang des IAS 32 vor der Einheitstheorie. Problematisch ist diese Ansicht im Hinblick auf die Folgebilanzierung im Konzern, da eine Bewertung des Minderheitenanteils am Tochterunternehmen durchzuführen wäre, wobei Änderungen erfolgswirksam zu erfassen sind. **IAS 32.AG29A** **IAS 32.BC68**

1.2 Ausweis des Eigenkapitals

Für den Ausweis des Eigenkapitals stellt IAS 1 kein detailliertes Gliederungsschema zur Verfügung. In der Bilanz wird lediglich eine Trennung zwischen eingezahltem Kapital (*issued capital*) und erwirtschaftetem Kapital (*reserves attributable to equity holders*) gefordert. Im Konzernabschluss ist der Minderheitenanteil am Kapital gesondert im Konzerneigenkapital zu zeigen. **IAS 1.54**

Es bietet sich an, die handelsrechtliche Eigenkapitalgliederung im IFRS-Abschluss beizubehalten.

Die IFRS kennen besondere Eigenkapitalbestandteile, deren gesonderter Ausweis in der Bilanz indes nicht gefordert ist:

- Währungsumrechnungsdifferenzen (→ D.I.5.5)
  Differenzen aus der Währungsumrechnung von ausländischen Tochterunternehmen, die nach der Stichtagskursmethode umgerechnet werden, sind nach IAS 21.32 als gesonderter Eigenkapitalposten zu erfassen.
- Neubewertungsrücklage (→ C.I.1.)
  Vermögenswerte des Anlagevermögens können nach IFRS statt zu fortgeführten Anschaffungskosten auch mit ihren beizulegenden Zeitwerten (*fair value*) angesetzt werden. **IAS 16.31 ff.; IAS 38.75 ff.; IAS 40.33 ff.**
- Andere nicht in die Gewinn- und Verlustrechnung aufzunehmende Reinvermögensänderungen (→ C.II.4.).
  Beispielsweise die erfolgsneutrale Marktbewertung von Finanzinstrumenten, die der Kategorie *available for sale financial assets* angehören.

Für diese Eigenkapitalkomponenten ist es ausreichend, wenn sie im Eigenkapitalspiegel (→ E.V.) aufgeführt und im Anhang erläutert werden.

1.3 Behandlung eigener Anteile

Erwirbt ein Unternehmen eigene Anteile, so stellen diese keine finanziellen Vermögenswerte dar. Der Grund des Erwerbs ist für diese Wertung unerheblich. Dem Erwerb durch das Unternehmen selbst wird der Erwerb durch ein anderes konsolidiertes Unternehmen gleich gestellt. **IAS 32.33** **IAS 32.AG36**

Die Anschaffungskosten der eigenen Anteile sind vom Eigenkapital abzusetzen. Sie sind entweder in der Bilanz oder im Anhang anzugeben.

Die gesamten Anschaffungskosten der eigenen Anteile werden in einer Zeile vom Eigenkapital in Abzug gebracht.

Alternative:

Der (rechnerische) Nominalbetrag der eigenen Anteile wird vom gezeichneten Kapital, die restlichen Anschaffungskosten werden gegen die Kapitalrücklage verrechnet.

Alternative:

Verteilung der Anschaffungskosten auf jede Kategorie des Eigenkapitals. D.h. der Nominalbetrag wird gegen das gezeichnete Kapital, das den Anteilen zurechenbare Agio gegen die Kapitalrücklage und der verbleibende Betrag gegen die Gewinnrücklagen verrechnet.

IAS 32.37 Aus dem Erwerb eigener Anteile darf ebenso wenig ein Gewinn oder Verlust resultieren wie aus dem Verkauf, der Ausgabe oder der Einziehung eigener Eigenkapitalinstrumente.

1.4 Kapitalbeschaffungs- oder erhöhungskosten

Kosten, die bei Ausgabe oder Erwerb von Eigenkapitalinstrumenten entstehen, sind direkt von diesen abzuziehen und nicht als Aufwand zu verbuchen.

2. Rückstellungen

2.1 Abgrenzung

Der Abschnitt erläutert die allgemeinen Bestimmungen zur Bilanzierung von Rückstellungen für ungewisse Verbindlichkeiten (Verbindlichkeitsrückstellungen) und für belastende Verträge (Drohverlustrückstellungen) nach IAS 37. Thematisiert wird zudem die Abgrenzung der Rückstellungen von den nicht bilanzierungsfähigen Eventualschulden.

Nicht Gegenstand dieses Abschnitts sind

- Rückstellungen für Personalverpflichtungen (→ C.III.3.)
- Steuerrückstellungen

2.2 Definitionen (*definitions*)

Eine **Rückstellung** (*provision*) ist eine Schuld, die der Höhe oder der Fälligkeit nach ungewiss ist und im Übrigen die Ansatzvoraussetzungen nach IAS 37.14 erfüllt. Die Unsicherheit der Höhe nach schließt eine etwaige Ungewissheit des Bestehens der Verpflichtung mit ein. Nicht zu den Rückstellungen rechnen so genannte **ab-**

gegrenzte Schulden (*accruals*). Hierbei handelt es sich um Schulden für erhaltene Güter und bezogene Leistungen (einschließlich Arbeitsleistungen), die noch nicht in Rechnung gestellt wurden und über deren Höhe keine abschließende Vereinbarung vorliegt. Sie sind auch dann unter den Verbindlichkeiten auszuweisen, wenn ihre Fälligkeit und/oder Höhe nur geschätzt werden kann (→ C.III.2.5).

Eine **Eventualschuld** (*contingent liability*) ist eine ungewisse Schuld, die nicht die Voraussetzungen einer Rückstellung erfüllt, weil

- am Abschlussstichtag noch keine gegenwärtige Verpflichtung (→ C.III.2.3.2.2) vorliegt oder
- der Abfluss wirtschaftlicher Ressourcen zur Erfüllung der Verpflichtung nicht wahrscheinlich ist (→ C.III.2.3.2.3) oder
- die Höhe der Verpflichtung nicht hinreichend zuverlässig schätzbar ist (→ C.III.2.3.2.4).

Ein **belastender Vertrag** (*onerous contract*) ist ein Vertrag, bei dem die unvermeidbaren Erfüllungskosten der eingegangenen Verpflichtungen den erwarteten wirtschaftlichen Nutzen aus dem Geschäft übersteigen.

2.3 Ansatz (*recognition*)

2.3.1 Rückstellungsarten – Überblick

Die IFRS kennen im Gegensatz zum HGB nur Rückstellungen für Verpflichtungen gegenüber Dritten. **Aufwandsrückstellungen** als Ausdruck reiner Innenverpflichtungen des Unternehmens sind ausnahmslos unzulässig (→ Abbildung 47). Zu beachten ist indes, dass die nach IAS 37 passivierungspflichtigen faktischen Verpflichtungen in Grenzfällen den Charakter von Aufwandsrückstellungen im Sinne des HGB haben. Das gilt insbesondere für Restrukturierungsrückstellungen (→ C.III.2.3.4.3).

Rückstellungswahlrechte kennen die IFRS nicht. Es bestehen ausschließlich die in Abbildung 47 aufgeführten Ansatzgebote. Für alle anderweitigen Vermögensbelastungen besteht ein Ansatzverbot. Als Folge von Ermessensspielräumen bei der Beurteilung der Ansatzvoraussetzungen und des allgemeinen Wesentlichkeitsprinzips (→ C.I.2.2.5) können sich im Einzelfall allerdings faktische Wahlrechte ergeben.

2.3.2 Ansatzvoraussetzungen für Verbindlichkeitsrückstellungen

2.3.2.1 Überblick und Prüfungsschema

IAS 37 regelt in allgemeiner Form die Voraussetzungen, unter denen Rückstellungen zu bilden sind. Für Leistungen an Arbeitnehmer finden sich ergänzende Ansatzregelungen in IAS 19 (→ C.III.2.3.4.3). Diese betreffen

- kurzfristig fällige Leistungen in Gestalt von **IAS 19.8–.23**
  - Abwesenheitsvergütungen (z.B. Urlaubsverpflichtungen, Lohnfortzahlung wegen Krankheit oder vorübergehender Arbeitsunfähigkeit, Leistungen nach dem Mutterschutzgesetz),
  - Gewinn- und Erfolgsbeteiligungen,

Rückstellungskategorien nach HGB und IFRS im Vergleich		
Rückstellungskategorie	**HGB**	**IFRS**
Schuldrückstellungen		
Verbindlichkeitsrückstellungen		
• Bürgerlich-rechtliche Verpflichtungen	Pflicht	Pflicht
• Öffentlich-rechtliche Verpflichtungen	Pflicht	Pflicht
• Faktische Verpflichtungen	(enge) Pflicht	(weite) Pflicht
• Sonderfälle: Pensionszusagen vor 1987, mittelbare Verpflichtungen	Wahlrecht	Pflicht
Drohverlustrückstellungen		
• Beschaffungsgeschäfte	(weite) Pflicht	(enge) Pflicht
• Absatzgeschäfte	Pflicht	Pflicht
Aufwandsrückstellungen		
Aufwendungen für unterlassene Instandhaltung		
• Nachholung innerhalb der ersten drei Monate des Folgejahres	Pflicht	Verbot
• Nachholung innerhalb der restlichen Zeit des Folgejahres	Wahlrecht	Verbot
Aufwendungen für bestimmte konkretisierte Zukunftsausgaben	Wahlrecht	Verbot
Sonstige Vermögensbelastungen oder Verluste	Verbot	Verbot

Abbildung 25: Rückstellungsarten nach HGB und IFRS im Vergleich

IAS 19.24–.125 • Leistungen nach Beendigung des Arbeitsverhältnisses,
IAS 19.126–.131 • andere langfristig fällige Leistungen an Arbeitnehmer sowie
IAS 19.132–.143 • Leistungen aus Anlass der Beendigung des Arbeitsverhältnisses.

IAS 37.14 Nach IAS 37 ist eine Verbindlichkeitsrückstellung zu bilden, wenn folgende Voraussetzungen kumulativ erfüllt sind:

- Als Folge eines vergangenen Ereignisses besteht am Abschlussstichtag eine gegenwärtige Verpflichtung (*present obligation*).
- Die Inanspruchnahme aus der Verpflichtung ist wahrscheinlich und führt zum Abfluss wirtschaftlicher Ressourcen (*probable outflow of resources*).
- Die Höhe der Verpflichtung ist zuverlässig schätzbar (*reliable estimate*).

Liegt mindestens eine Voraussetzung nicht vor, kann im Anhang über eine Eventualschuld (→ CD-Anhangcheckliste 9.3) zu berichten sein.

Ob eine Verpflichtung des Unternehmens als Rückstellung in der Bilanz zu berücksichtigen, als Eventualschuld im Anhang anzugeben oder unter bilanziellen Gesichtspunkten unbeachtlich ist, beurteilt sich nach dem in Abbildung 26 dargestellten Schema.

2.3.2.2 Gegenwärtige Verpflichtung

IAS 37.15f. iVm IAS 37.10 Eine gegenwärtige Verpflichtung ist eine Verpflichtung, die durch ein Ereignis der Vergangenheit begründet worden ist und der sich das Unternehmen realistischerweise nicht entziehen kann. Darunter fallen sowohl rechtliche als auch faktische Verpflichtungen.

IAS 37.22 **Rechtsverpflichtungen** (*legal obligations*) haben ihre Grundlage in einem Vertrag oder in einer gesetzlichen Bestimmung. Auch ein bloßes Gesetzesvorhaben kann

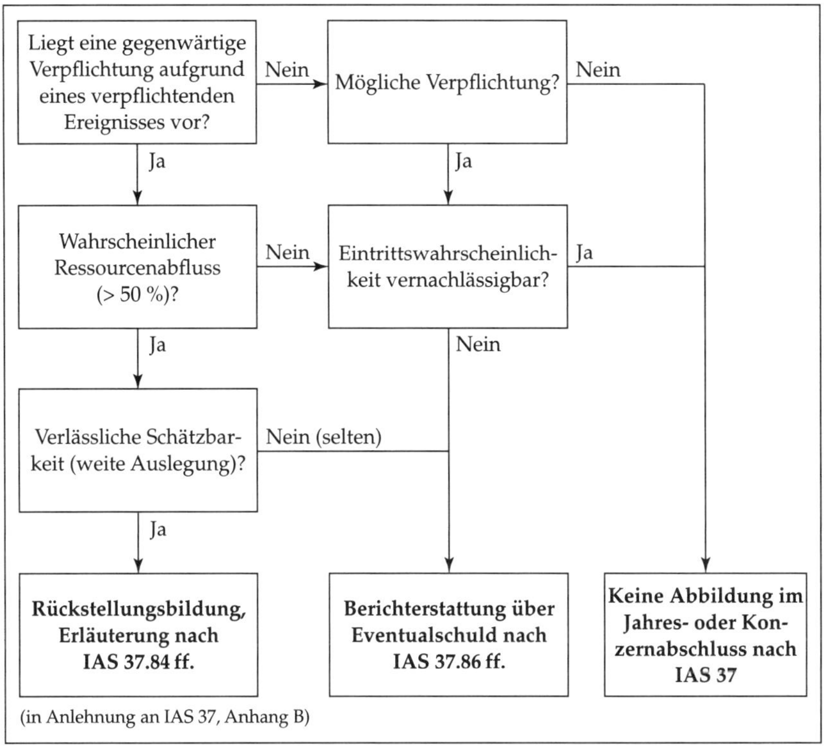

Abbildung 26: Schema zur Identifikation von Verbindlichkeitsrückstellungen und Eventualschulden

Anlass für eine Rückstellungsbildung sein, wenn seine Verabschiedung am Abschlussstichtag so gut wie sicher ist.

Faktische Verpflichtungen *(constructive obligations)* entstehen, wenn das Unternehmen **IAS 37.10**

- die Verantwortung für bestimmte Umstände übernommen hat, sei es
  - durch ein verfestigtes Geschäftsgebaren,
  - durch öffentlich bekannt gemachte Unternehmensgrundsätze oder
  - durch eine ausreichend konkrete aktuelle Äußerung und
- auf diese Weise bei Dritten die gerechtfertigte Erwartung geweckt hat, dieser Verantwortung zu entsprechen. **IAS 37.20**

Beispiele:

Eine faktische Verpflichtung liegt vor, wenn bestimmte Arten von Produktmängeln in ständiger Übung jenseits der Gewährleistungsfrist kostenlos oder zu einem unter den Selbstkosten liegenden Preis behoben werden (Kulanz) und durch dieses (öffentlich bekannte) Verhalten eine entsprechende Erwartungshaltung bei den Kunden begründet wurde. Ein lediglich interner Beschluss zur Erbringung von Kulanzleistungen genügt nicht. **IAS 37.20**

Ebenso begründet die öffentliche Erklärung über die beabsichtigte Beseitigung von Umweltschäden ohne Bestehen einer Rechtsverpflichtung einen rückstellungspflichtigen Tatbestand, soweit die weiteren Ansatzvoraussetzungen erfüllt sind.

Schließlich können Restrukturierungsmaßnahmen unter bestimmten Voraussetzungen (→ C.III.2.3.4.3) eine faktische Verpflichtung auslösen.

IAS 37.16 Ist unklar, ob zum Abschlussstichtag eine gegenwärtige Verpflichtung begründet worden ist, kommt eine Rückstellung nur in Betracht, wenn nach Abwägung aller Umstände (einschließlich werterhellender Umstände) mehr Gründe für als gegen das Bestehen einer Verpflichtung sprechen. Andernfalls liegt eine angabepflichtige Eventualschuld vor, sofern die Wahrscheinlichkeit der Inanspruchnahme nicht vernachlässigbar ist.

Beispiel:

Für von dritter Seite geltend gemachte Schadensersatzansprüche wegen Verletzung von Schutzrechten ist eine Rückstellung dann zu bilden, wenn die rechtliche Würdigung des Sachverhalts durch Sachverständige eine überwiegende Wahrscheinlichkeit für das Bestehen des Anspruchs ergibt. Ist der Ausgang der Angelegenheit völlig offen, berichtet das Unternehmen über eine Eventualschuld. Keine Angaben sind erforderlich, wenn der Anspruch bei objektiver Betrachtung ohne Grundlage ist.

IAS 37.19 „Gegenwärtige" Verpflichtungen bestehen stets unabhängig von der **künftigen Geschäftstätigkeit**. Verpflichtungen, die sich durch die Gestaltung der unternehmerischen Aktivitäten abwenden lassen, sind nicht rückstellungsfähig. Das Merkmal der Unabwendbarkeit ist eng auszulegen. Danach begründen selbst Maßnahmen, die zur Fortführung der Geschäftstätigkeit erforderlich sind (z.B. Anpassungsmaßnahmen im Rahmen des Umweltschutzes wie der Einbau eines Abluftfilters, Sicherheitsinspektionen bei Fluggeräten), keine Rückstellung, da die Aufwendungen durch Einstellung der betreffenden Aktivitäten vermeidbar wären.

Realistischerweise nicht abwenden lassen sich etwa Entfernungsverpflichtungen (→ C.III.2.3.4.1) oder Strafgelder wegen eines nicht ordnungsgemäßen Betriebs von Anlagen in der Vergangenheit.

2.3.2.3 Wahrscheinlichkeit der Inanspruchnahme

IAS 37.23 Die Inanspruchnahme aus einer gegenwärtigen Verpflichtung ist wahrscheinlich, wenn mehr Gründe dafür als dagegen sprechen. Ob dies der Fall ist, hängt zum einen von der Wahrscheinlichkeit des Bestehens der Schuld, zum anderen von der Wahrscheinlichkeit der Geltendmachung des Anspruchs durch den Gläubiger ab. Bei der Prüfung dieser Ansatzvoraussetzungen ist zwischen singulären und kollektiven Verpflichtungen zu unterscheiden.

Das Bestehen oder Nichtbestehen einer **singulären Verpflichtung** am Abschlussstichtag ist anhand aller bis zur endgültigen Erstellung des Jahresabschlusses erlangten Informationen zu beurteilen. Von einer Geltendmachung des Anspruchs ist auszugehen, wenn der Gläubiger seine Rechte kennt. Hat dieser keine Kenntnis und liegen keine Anhaltspunkte für eine unmittelbar bevorstehende Kenntnisnahme vor, ist eine Inanspruchnahme nicht wahrscheinlich. **IAS 10.8f. iVm IAS 10.2**

Bei **kollektiven Verpflichtungen** (z.B. Pensionsverpflichtungen, Gratifikationen, Gewährleistungsverpflichtungen) ist die Wahrscheinlichkeit der Inanspruchnahme nicht für einzelne Verpflichtungen, sondern für die Gesamtheit zu beurteilen. **IAS 37.24**

Scheitert die Bildung einer Verbindlichkeitsrückstellung am Merkmal der wahrscheinlichen Inanspruchnahme, ist eine Eventualschuld im Anhang anzugeben. Das gilt nicht, wenn ein Ressourcenabfluss unwahrscheinlich und damit vernachlässigbar ist. **IAS 37.28**

Eventualschulden sind laufend auf eine veränderte Inanspruchnahmewahrscheinlichkeit hin zu überprüfen. Wird die Inanspruchnahme aus einer angegebenen Eventualschuld wahrscheinlich, ist (bei gegebener Schätzbarkeit des Verpflichtungsbetrags) eine Rückstellung anzusetzen. **IAS 37.30**

C.III

2.3.2.4 Zuverlässige Schätzbarkeit des Verpflichtungsbetrags

Diese Ansatzvoraussetzung ist erfüllt, wenn das Unternehmen in der Lage ist, eine Bandbreite wahrscheinlicher Erfüllungsbeträge für die gegenwärtige Verpflichtung anzugeben. **IAS 37.25**

Nur in äußerst seltenen Fällen scheitert der Ansatz einer Rückstellung an der nicht zuverlässigen Schätzbarkeit des Verpflichtungsbetrags. Die Informationen müssten so wenig verlässlich sein, dass die Bildung der Rückstellung möglicherweise irreführend wäre. **IAS 37.26 iVm F.31f.**

2.3.3 *Ansatzvoraussetzungen für Drohverlustrückstellungen*

Die Bildung einer Drohverlustrückstellung setzt einen belastenden Vertrag (*onerous contract*) am Abschlussstichtag voraus. Nach der wirtschaftlichen Betrachtungsweise genügt die Abgabe eines Vertragsangebots, wenn dessen Annahme wahrscheinlich ist. **IAS 37.66 iVm F.31f.**

Sonstige künftige betriebliche Verluste rechtfertigen nicht die Bildung einer Rückstellung. Sie können jedoch Anlass sein, die mittelbar mit ihnen in Verbindung stehenden Vermögenswerte nach IAS 36 auf eine Wertminderung hin zu überprüfen. **IAS 37.63–.65**

Ein Vertrag gilt als belastend, wenn die unvermeidbaren Kosten zur Erfüllung der vertraglichen Verpflichtungen den erwarteten wirtschaftlichen Nutzen übersteigen. Die unvermeidbaren Kosten sind mit dem niedrigeren Betrag aus **IAS 37.66f.**

- Erfüllungskosten und
- Ausstiegskosten (Entschädigungen, Strafgelder)

anzusetzen.

Verträge, die ohne Zahlung einer Entschädigung storniert werden können, gelten nicht als belastend.

Der aus einem Vertrag resultierende wirtschaftliche Nutzen richtet sich nach der Art des Anspruchs. Zu unterscheiden sind insb. Beschaffungs- und Absatzgeschäfte.

2.3.4 *Bedeutende Einzelfälle*

2.3.4.1 Entsorgungsverpflichtungen bzw. Rückbauverpflichtungen

Die nachfolgenden Regelungen betreffen die Behandlung von nachträglichen Veränderungen der Höhe von Entsorgungs- bzw. Rückbauverpflichtungen.

Die Höhe einer Entsorgungs- bzw. Rückbauverpflichtung kann sich aufgrund folgender Sachverhalte ändern:

IFRIC 1.3a
IFRIC 1.3b
- Änderung des geschätzten Ressourcenabflusses für die Erfüllung der Verpflichtung aufgrund besserer Erkenntnis

IFRIC 1.3c
- Änderung des Abzinsungssatzes infolge einer Änderung des Marktzinssatzes

IFRIC 1.5
- Änderung infolge der Aufzinsung

Ändert sich im Zeitablauf die Höhe einer Entsorgungs- bzw. Rückbauverpflichtung **aufgrund eines der obigen Sachverhalte**, so ist der Buchwert des korrespondierenden Anlageguts, das nach dem **Anschaffungskostenmodell** bewertet wird, in entsprechender Weise anzupassen.

Sofern die Verpflichtung abnimmt, ist der Buchwert des korrespondierenden Vermögenswertes maximal vollständig abzuwerten. Eine über den Betrag des Vermögenswertes hinausgehende Verminderung der Entsorgungsverpflichtung ist sofort ertragswirksam zu erfassen.

Sollte es im umgekehrten Fall zu einer Erhöhung der Rückstellung und damit des Buchwertes des korrespondierenden Vermögenswertes kommen, so ist in einem ersten Schritt der Buchwert zu erhöhen und im zweiten Schritt ein Werthaltigkeitstest durchzuführen. Ein Werthaltigkeitstest ist notwendig, da die Erhöhung der Entsorgungsverpflichtung in der Regel nicht auf die mit dem korrespondierenden Vermögenswert erstellten Leistungen verrechnet werden kann und somit kein zusätzlicher zukünftiger Nutzen erzielt werden kann.

Beispiel:

Die Atom AG hat am 1. Januar 01 ein Atomkraftwerk (AKW) zu 5.000 angeschafft. Im Zeitpunkt der Anschaffung geht die Gesellschaft von Entsorgungsverpflichtungen in Höhe von 6.000 aus; der Barwert der Entsorgungsverpflichtung liegt bei 204 und wurde als Teil der Anschaffungskosten aktiviert, so dass sich ein Buchwert des AKW zum 1. Januar 01 in Höhe von 5.204 ergab. Die Anlage verfügt über eine geschätzte Nutzungsdauer von 50 Jahren. Der Marktzinssatz beträgt 7 %.

Buchung zum 1. Januar 01

AKW 5.204	an	Entsorgungsrückstellung	204
		Verbindlichkeit	5.000

Buchung zum 31. Dezember 01

Abschreibung (5.204/50)	104	an	AKW	104
Zinsaufwand	14,25	an	Entsorgungsrückstellung	14,25

Zum 31. Dezember 10 ist die Anlage seit 10 Jahren im Betrieb. Aufgrund besserer Erkenntnis ist nun von Entsorgungskosten von 7.000 auszugehen. Der Diskontierungszinssatz ist unverändert.

Die Erhöhung der Entsorgungsverpflichtung ist korrespondierend als Buchwerterhöhung des AKW zu erfassen.

Buchung zum 31. Dezember 10

Abschreibung	104	an	AKW	104
Zinsaufwand	26,21	an	Entsorgungsrückstellung	92,99
AKW	66,78			

Alternative: Neubewertungsmethode IFRIC 1.6

C.III

Vermindert sich eine Rückstellung für eine Entsorgungsverpflichtung eines Vermögenswertes, der gemäß der **Neubewertungsmethode** bewertet wird aufgrund eines der oben genannten Sachverhalte, so ist die Neubewertungsrücklage zu erhöhen. Diese Bewertungsanpassung hat erfolgsneutral zu erfolgen, es sei denn durch die Erhöhung der Neubewertungsrücklage würde eine zuvor erfolgswirksam erfasste Wertminderung des Vermögenswertes rückgängig gemacht. In diesem Fall muss in Höhe der zuvor erfassten Abschreibung eine erfolgswirksame Zuschreibung erfolgen.

Übersteigt die Abnahme der Rückstellung den Buchwert des Vermögenswertes, der sich bei Anwendung des Anschaffungskostenmodells ergeben hätte, so ist dieser Betrag sofort ergebniswirksam zu erfassen.

Erhöht sich eine Rückstellung für eine Entsorgungsverpflichtung, so ist eine korrespondierende Minderung der Neubewertungsrücklage (NBRL) zu erfassen. Falls der Erhöhungsbetrag die Neubewertungsrücklage übersteigt, ist die Differenz sofort erfolgswirksam zu erfassen.

Eine Änderung der Entsorgungsrückstellung ist bei Anwendung der Neubewertungsmethode für den zu entsorgenden Vermögenswert immer ein Indiz, dass der Vermögenswert neu bewertet werden muss.

Diese Überprüfung ist notwendig um sicher zustellen, dass der Wert eines neubewerteten Vermögenswertes infolge einer Änderung der Rückstellung nicht wesentlich vom aktuellen Marktwert des Vermögenswertes abweicht. Ist eine Neubewertung erforderlich, so ist diese für alle Vermögenswerte der Klasse des Vermögenswertes durchzuführen.

Der Betrag der Neubewertungsrücklage, der aus einer Änderung der Entsorgungsverpflichtung resultiert, ist im Rahmen der Eigenkapitalveränderungsrechnung gesondert auszuweisen.

Das um die Entsorgungsverpflichtung angepasste Abschreibungsvolumen des Vermögenswertes wird planmäßig über die Nutzungsdauer des Vermögenswertes abgeschrieben. IFRIC 1.7

Alle Änderungen der Rückstellung die nach dem Abschreibungszeitraum erfolgen sind unmittelbar im Zeitpunkt ihrer Entstehung erfolgswirksam zu erfassen.

IFRIC 1.8 Dies gilt sowohl bei Anwendung des Anschaffungskostenprinzips als auch bei Anwendung der Neubewertungsmethode.

Änderungen, die aufgrund der Aufzinsung der Rückstellung entstehen, sind unmittelbar als Zinsaufwand zu erfassen. Der Wertansatz des korrespondierenden Vermögenswertes wird durch sie nicht beeinflusst.

Beispiel (Neubewertungsmethode): Die Atom AG hat am 1. Januar 01 ein AKW zu 5.000 angeschafft. Im Zeitpunkt der Anschaffung geht die Gesellschaft von Entsorgungsverpflichtungen in Höhe von 6.000 aus, der Marktwert des AKW liegt am 31. Dezember 01 bei 6.500 und der Barwert der Entsorgungsverpflichtung liegt bei 204 und wurde als Teil der Anschaffungskosten aktiviert, so dass sich ein Buchwert des AKW zum 1. Januar 01 in Höhe von 5.204 ergab. Die Anlage verfügt über eine geschätzte Nutzungsdauer von 50 Jahren. Der Marktzinssatz beträgt 7%.

Buchung zum 1. Januar 01

AKW 5.204		an	Entsorgungsrückstellung	204
			Verbindlichkeit	5.000

Buchung zum 31. Dezember 01

AKW	1.500	an	NBRL	1.500
Abschreibung (6.500/50)	130	an	AKW	130
Zinsaufwand	14,25	an	Entsorgungsrückstellung	14,25

Zum 31. Dezember 10 ist die Anlage seit 10 Jahren in Betrieb. Aufgrund besserer Erkenntnis ist nun von Entsorgungskosten von 7.000 auszugehen. Der Diskontierungszinssatz und der Marktwert des AKW sind unverändert.

Die Erhöhung der Entsorgungsverpflichtung ist korrespondierend als Verringerung der Neubewertungsrücklage des AKW zu zeigen.

Buchung zum 31. Dezember 10

Abschreibung	130	an	AKW	130
Zinsaufwand	26,21	an	Entsorgungsrückstellung	92,99
NBRL	66,78			

2.3.4.2 Rücknahmeverpflichtung von Altgeräten

Hersteller von Elektro- und Elektronikgeräten sind seit der Umsetzung der EU-Richtlinie 2002/96/EG über Elektroschrott sowie der EU-Richtlinie 2002/95/EG zur Beschränkung der Verwendung bestimmter gefährlicher Stoffe in Elektro- und Elektronikgeräten, durch das Elektro- und Elektronikgerätegesetz (ElektroG) vom 16. März 2005, das am 24. März 2005 in Kraft getreten ist, verpflichtet, Altgeräte zurückzunehmen und zu entsorgen.

Altgeräte sind alle vor dem 24. November 2005 in den Verkehr gebrachten Geräte einschließlich ihrer Bestandteile (z.B. Baugruppen, Unterbaugruppen), deren sich der Eigentümer entledigen möchte oder muss.

Folgende Gerätegruppen fallen gemäß § 2 ElektroG und Anhang I zum ElektroG unter die Vorschriften des Elektro- und Elektronikgesetzes:

- Haushaltsgroßgeräte (z.B. große Kühlgeräte, Kühlschränke, Gefrierschränke)
- Haushaltskleingeräte (z.B. Staubsauger, Friteusen, Toaster)
- Geräte der Informations- und Telekommunikationstechnik (z.B. Laptops, Notebooks, Drucker)
- Geräte der Unterhaltungselektronik (z.B. Radiogeräte, Fernsehgeräte, Videokameras)
- Beleuchtungskörper (z.B. Stabförmige Leuchtstofflampen, Kompaktleuchtstofflampen)
- Elektrische und elektronische Werkzeuge mit Ausnahme ortsfester industrieller Großwerkzeuge (z.B. Bohrmaschinen, Sägen, Nähmaschinen)
- Spielzeug sowie Sport- und Freizeitgeräte (z.B. Videospiele, Geldspielautomaten, elektrische Eisenbahnen)
- Medizinprodukte mit Ausnahme implantierter und infektiöser Produkte
- Überwachungs- und Kontrollinstrumente (z.B. Rauchmelder, Heizregler)
- Automatische Ausgabegeräte (z.B. Heißgetränkeautomaten, Geldautomaten)

Alle Geräte die einer der oben genanten Gerätegruppen angehören und nach dem 24. November 2005 durch den Hersteller in einem Mitgliedstaat der Europäischen Union in Verkehr gebracht werden, müssen durch den Hersteller gekennzeichnet sein. Durch die Kennzeichnung muss der Hersteller eindeutig und dauerhaft zu identifizieren sein.

Hersteller im Sinne des ElektroG ist jeder der unabhängig von der Verkaufsmethode gewerbsmäßig

- Elektro- und Elektronikgeräte unter seinem Markennamen herstellt und in Deutschland in Verkehr bringt,
- Geräte anderer Anbieter unter seinem Markennamen in Deutschland weiterverkauft, wobei der Weiterverkäufer nicht als Herstellers anzusehen ist, sofern der Markenname des Hersteller auf dem Gerät erscheint und
- Elektro- oder Elektronikgeräte nach Deuschland einführt oder in einen anderen Mitgliedstaat der europäischen Union ausführt und unmittelbar an einen Nutzer abgibt.

Ferner gilt jeder Vertreiber der schuldhaft neue Elektro- und Elektronikgeräte nicht registrierter Hersteller zum Verkauf anbietet als Hersteller.

Altgeräte aus privaten Haushalten können auf Sammelstellen, die durch die öffentlich-rechtlichen Entsorgungsträger einzurichten sind, durch die Haushalte selbst oder den Vertreiber abgegeben werden. Zur Sammlung müssen die Hersteller den öffentlich-rechtlichen Entsorgungsträgern abdeckbare Behältnisse zur Verfügung stellen. Die öffentlich-rechtlichen Entsorgungsträger übernehmen unentgeltlich die Sammlung der Altgeräte und wenden sich an die gemeinsame Stelle oder die Hersteller, sobald eine bestimmte Menge in einer Altgerätegruppe angesammelt wurde und die Behältnisse abgeholt werden sollen.

Im Zuge der sogenannten „Beleihung" wurde die Stiftung Elektro-Altgeräte Register [EAR] vom Umweltbundesamt mit den Aufgaben der im Elektrogesetz erwähnten „Gemeinsamen Stelle" aller betroffenen Hersteller betraut. Die Stiftung bündelt die Funktionen, die von staatlicher Seite zur Umsetzung des Elektrogesetzes durchgeführt werden müssen, wie z.B.

- Registrierung der Hersteller, Importeure und Wiederverkäufer sowie der Geräte,
- Überprüfung der Garantiesicherheiten für solche Geräte, die auch Endverbrauchern angeboten werden könnten,
- Koordinierung der Bereitstellung von geeigneten Behältnissen und der Abholung von entsorgten Geräten,
- Kontrolle der Umsetzung des Gesetzes und bei Verstoß, Verhängen von Sanktionen,
- Erheben der Gebühren und Verwarnungsgelder.

Der öffentlich-rechtliche Entsorgungsträger meldet der Stiftung Elektro-Altgeräteregister die vollen Behälter, der bei folgenden Gruppen mindestens 30 Kubikmeter enthält:

- Haushaltsgroßgeräte, automatische Ausgabegeräte
- Kühlgeräte
- Informations- und Telekommunikationsgeräte, Geräte der Unterhaltungselektronik
- Haushaltskleingeräte, Beleuchtungskörper, elektrische und elektronische Werkzeuge, Spielzeuge, Sport- und Freizeitgeräte, Medizinprodukte, Überwachungs- und Kontrollinstrumente

oder bei der Gruppe der Gasentladungslampen mindestens drei Kubikmeter enthält.

Die Kosten für die Abholung und Entsorgung bzw. Wiederverwertung tragen die Hersteller.

Die Stiftung bestimmt nach einem bestimmten mathematischen Algorithmus denjenigen Hersteller, der mit der Abholung an der Reihe ist. Dieser muss dafür sorgen, dass der Container umgehend durch ein durch ihn beauftragtes Logistikunternehmen abgeholt und anschließend von einem zertifizierten Entsorgungsunternehmen verwertet wird.

Bis zur Abholanordnung ist dem Hersteller der Ort der Sammelstelle nicht bekannt. Die Zusammensetzung des Elektroschrotts im Container kann nur entlang der jeweiligen Sammelgruppe eingegrenzt werden. Der exakte Inhalt und sein Gewicht hängt von der zufälligen Entsorgung von Produkten der verschiedenen Hersteller in der gleichen Sammelgruppe ab.

Im Unterschied zu IFRIC 6 enthält das Elektro- und Elektronikgerätegesetz (ElektroG) aufgrund der Übergangsvorschrift des § 24 ElektroG eine andere zeitliche Grenze für die Unterscheidung von Altgeräten in historische Altgeräte und jüngere Altgeräte. Während IFRIC 6 entsprechend den EU-Richtlinien den 13. August 2005 als zeitliche Grenze für die Unterscheidung zwischen älteren Altgeräten und neueren Altgeräten vorsieht, bildet nach den Regelungen des ElektroG der 24. November 2005 die zeitliche Grenze, da an diesem Tag die Pflicht zur Registrierung und zum Nachweis der Garantie für die Hersteller begann. Grundsätzlich lassen sich gemäß IFRIC 6 die folgenden vier verschiedenen Fälle von Rücknahmeverpflichtungen unterscheiden:

1. Historische Altgeräte von privaten Nutzern
   Dies sind alle Geräte, die durch die Hersteller vor dem 13. August 2005 in Verkehr gebracht und durch private Haushalte genutzt werden.
2. Historische Altgeräte von kommerziellen Nutzern
   Dies sind alle Geräte, die durch die Hersteller vor dem 13. August 2005 in Verkehr gebracht und duch kommerzielle Nutzer betrieben werden.
3. Jüngere Altgeräte von privaten Nutzern
   Dies sind alle Geräte, die durch die Hersteller nach dem 13. August 2005 in Verkehr gebracht und durch private Haushalte genutzt werden.
4. Jüngere Altgeräte von kommerziellen Nutzern
   Dies sind alle Geräte, die durch die Hersteller nach dem 13. August 2005 in Verkehr gebracht und durch kommerzielle Nutzer betrieben werden.

Von den oben angegebenen Fällen fällt nur der erste Fall in den Anwendungsbereich des IFRIC 6.

Der Hersteller von Elektro- und Elektronikgeräten hat nachträglich keine Rückstellung für die Entsorgung von vor dem 24. November 2005 verkauften Geräten zu bilden. Das die Verpflichtung begründende Ereignis ist die Teilnahme des Unternehmens am Markt während der Periode in der die Rücknahme erfolgt.

Das Unternehmen hat für jeden Berechnungszeitraum eine Rückstellung in Höhe der im Berechnungszeitraum entstandenen Entsorgungsverpflichtungen für historische Altgeräte zu bilden.

Die Höhe der Rückstellung bemisst sich entsprechend dem Marktanteil des Unternehmens im Berechnungszeitraum (**Umlageverfahren**). Die Rückstellung ist um die Menge an Altgeräten, die das Unternehmen direkt zurückgenommen und entsorgt hat oder von den öffentlichen Entsorgungsträgern abgeholt und entsorgt hat, zu kürzen. Entscheidend für die Verpflichtung zur Bildung der Rückstellung ist die Markteilnahme nach dem 24. November 2005. **IFRIC 6.9, IAS 37.14(a)**

Aufgrund dieses Verfahrens ist ein Unternehmen das im Berechnungszeitraum Marktteilnehmer ist stets durch das ElektroG zur Entsorgung verpflichtet.

Für die Verpflichtung zur Bildung einer Rückstellung ist dabei unbeachtlich, ob das Unternehmen vor dem 24. November 2005 selbst Marktteilnehmer war.

Im Umkehrschluss sind Unternehmen die vor dem 24. November 2005 Marktteilnehmer waren und im Berechnungszeitraum keine Marktteilnehmer mehr sind nicht zur Entsorgung von Elektro- und Elektronikgeräten verpflichtet.

Entsprechend der Regelungen des ElektroG ist der kommerzielle Nutzer für die Entsorgung der Elektro- und Elektronik-Altgeräte selbst verantwortlich. Somit braucht der Hersteller keine Rückstellung zu bilden, falls nicht die Entsorgungsverpflichtung vertraglich auf den Hersteller übertragen wurde. **RIC 2.14**

Kommerzielle Nutzer, die auf Grund der Regelung des ElektroG erstmalig zur Entsorgung der von ihnen genutzten Altgeräte verpflichtet sind, haben zum Zeitpunkt des Inkrafttretens am 13. August 2005 prospektiv eine Rückstellung für diese Verpflichtung zu passivieren und in gleicher Höhe die Anschaffungskosten zu erhöhen. Unserer Auffassung nach ist, obwohl es sich um eine Nachaktivierung handelt, die sich so nicht aus den Vorschriften des IAS 16 ergibt, der Buchwert **RIC 2.15** der genutzten Altgeräte entsprechend zu erhöhen, da diese Ausgestaltung der Regelungslücke der Intention des IAS 16 sowie des IFRIC 1 Rechnung trägt.

In einem solchen Fall muss ein *Impairment test* erfolgen, da nicht sichergestellt ist, dass mit der Hinzuaktivierung – auch in gleicher Höhe – ein wirtschaftlicher Nutzengewinn infolge von z. B. einer Preisanpassung des Endprodukts verbunden ist.

Da dieser Fall nicht in den Anwendungsbereich des IFRIC 6 fällt, ist die Rückstellung gemäß den allgemeinen Regelungen des IAS 37 zu bilden und zu bewerten.

RIC 2.16f. Dass die Erfüllung der Entsorgungspflicht bis zum 23. März 2006 ausgesetzt war, berührt den Zeitpunkt der Rückstellungspflicht der kommerziellen Nutzer nicht. Verpflichtet sich ein Hersteller oder ein Dritter, die Entsorgungskosten eines kommerziellen Nutzers zu übernehmen, entfällt die Rückstellungspflicht beim kommerziellen Nutzer erst zum Zeitpunkt des verbindlichen Vertragsabschlusses. In diesem Fall hat der Nutzer eine bereits gebildete Rückstellung erfolgswirksam aufzulösen sowie den nachaktivierten Betrag entsprechend zu reduzieren. Korrespondierend hat der Hersteller bzw. der Dritte ab dem Zeitpunkt des verbindlichen Vertragsabschlusses eine Rückstellung für die Entsorgungskosten zu bilden.

RIC 2.24 Wendet der Hersteller nach den Regelungen des ElektroG die **Vorwärtsfinanzierung** an, wird in diesem Fall durch das In-Verkehr-Bringen der Elektro- und Elektronikgeräte die Verpflichtung zur Bildung der Entsorgungsrückstellung begründet. Somit ist bereits im Zeitpunkt des In-Verkehr-Bringens der Geräte eine Rückstellung zu bilden.

Bei Anwendung der Vorwärtsfinanzierung erlischt bei einem Marktaustritt die Entsorgungsverpflichtung des Herstellers. Da aber in diesem Fall der Garantiefall eintritt, wird der Hersteller trotzdem mit den Entsorgungskosten belastet, so dass bereits mit dem In-Verkehr-Bringen von Elektro- bzw. Elektronikgeräten eine Entsorgungsverpflichtung entsteht, der sich der Hersteller nicht mehr entziehen kann.

RIC 6.7

Alternative 1:

Wendet der Hersteller nach den Regelungen des ElektroG das **Umlageverfahren** an, sind in diesem Fall die Regelungen des IFRIC 6 betreffend der Bilanzierung von Entsorgungsverpflichtungen für historische Altgeräte von privaten Haushalten gemäß IAS 8.10–.12 analog anzuwenden.

Da das die Verpflichtung begründende Ereignis in der Teilnahme des Unternehmens am Markt während der Periode, in der die Rücknahme erfolgt, zu sehen ist, hat der Hersteller von Elektro- und Elektronikgeräten nicht nachträglich für die Entsorgung von vor dem 24. November 2005 verkauften Geräten eine Rückstellung zu bilden.

Das Unternehmen hat für jeden Berechnungszeitraum eine Rückstellung in Höhe der im Berechnungszeitraum entstandenen Entsorgungsverpflichtungen für Altgeräte zu bilden.

Die Höhe der Rückstellung bemisst sich entsprechend dem Marktanteil des Unternehmens im Berechnungszeitraum (Umlageverfahren). Die Rückstellung ist um die Menge an Altgeräten, die das Unternehmen direkt zurückgenommen und entsorgt hat oder von den öffentlichen Entsorgungsträgern abgeholt und entsorgt hat, zu kürzen. Somit ist die Marktteilnahme entscheidend für die Verpflichtung zur Bildung der Rückstellung.

Alternative 2: RIC 2.25

Rückstellungsbildung bei Anwendung des **Umlageverfahrens mit individuellem Garantienachweis.**

Für einen Hersteller, der das Umlageverfahren mit individuellem Garantienachweis anwendet, begründet das In-Verkehr-Bringen von jüngeren Altgeräten keine Rückstellungspflicht. Das Entstehen der Entsorgungsverpflichtung und somit die Passivierung einer entsprechenden Rückstellung ist in diesem Fall an die Marktteilnahme des Herstellers in der Periode geknüpft, die von der Stiftung „Elektro-Altgeräte Register" für die Entsorgungsverpflichtung zugrunde gelegt wird (Bemessungszeitraum). Insoweit entspricht die Rückstellungsbildung der Vorgehensweise bei den historischen Altgeräten von privaten Haushalten.

Alternative 3: RIC 2.28f.

Rückstellungsbildung bei Anwendung des **Umlageverfahrens mit Garantienachweis durch die Teilnahme an einem kollektiven System**

Für einen Hersteller, der das Umlageverfahren mit Garantienachweis durch die Teilnahme an einem kollektiven System anwendet, begründet das In-Verkehr-Bringen von jüngeren Altgeräten vorbehaltlich anderslautender vertraglicher Vereinbarungen keine Rückstellungspflicht, da sich der Hersteller durch Marktaustritt seiner Verpflichtung zur Finanzierung der Entsorgung von Altgeräten entziehen kann. Dies ist nicht der Fall, wenn zwischen den Mitgliedern eines kollektiven Systems vertragliche Vereinbarungen bestehen, die vorsehen, dass sich ein Hersteller im Falle des Austritts aus dem kollektiven System bzw. seinem Marktaustritt unter bestimmten Voraussetzungen seiner Verpflichtung zur Finanzierung der Entsorgung von Altgeräten nicht oder nur partiell entziehen kann. Beim Vorliegen solcher Vereinbarungen ist im Einzelfall zu prüfen, ob bereits zum Zeitpunkt des In-Verkehr-Bringens von Geräten, von den betroffenen Herstellern eine Rückstellung für Entsorgungsverpflichtungen anzusetzen ist.

Geben sich die in einem kollektiven System zusammengeschlossenen Hersteller gegenseitig Garantien, bspw. zur Absicherung des Risikos, dass durch Marktaustritte einzelner Mitglieder die von den verbliebenen, dem kollektiven System angehörenden, Herstellern zu tragenden Entsorgungskosten steigen, sind diese Garantien gemäß IAS 39 zu bilanzieren. Inwieweit aus solchen vertraglichen Vereinbarungen resultierende Verpflichtungen zum Ansatz einer Rückstellung führen und ob bzw. zu welchem Zeitpunkt diese Rückstellung zu bilanzieren ist, muss im Einzelfall entschieden werden.

RIC 2.31f. Im Fall des Wechsels vom Umlageverfahren zur prospektiven Anwendung der Vorwärtsfinanzierung wird die Entsorgungsverpflichtung für alle vor dem Wechsel in Verkehr gebrachten jüngeren Altgeräten weiterhin nach dem Umlageverfahren berechnet. Für Entsorgungsverpflichtungen, die nach dem Wechsel in Verkehr gebrachte Geräte betreffen, ist zum Zeitpunkt des In-Verkehr-Bringens der Geräte eine Rückstellung zu bilden. Wird die Vorwärtsfinanzierung retrospektiv angewendet, so ist zum Zeitpunkt des Methodenwechsels eine Rückstellung für die Entsorgungsverpflichtungen für sämtliche vor dem Wechsel in Verkehr gebrachten und zum Zeitpunkt des Wechsels noch im Verkehr befindlichen neuen Altgeräten anzusetzen.

Im Fall des Wechsels von der Vorwärtsfinanzierung zum Umlageverfahren gelten, sofern sich aus der vormaligen Anwendung der Vorwärtsfinanzierung keine Entsorgungs- bzw. Finanzierungsverpflichtungen ergeben, die obigen Ausführungen betreffend der Rückstellungsbildung entsprechend.

Die Bilanzierung der Rücknahmeverpflichtung für Neugeräte von gewerblichen Nutzern fällt ebenfalls nicht in den Anwendungsbereich des IFRIC 6.

Nach den Regelungen des ElektroG liegt in diesem Fall die Entsorgungsverpflichtung beim Hersteller, sofern nicht eine vertragliche Übertragung der Entsorgungsverpflichtung auf den kommerziellen Nutzer erfolgt ist.

RIC 2.34 Hersteller, die zur Entsorgung von Altgeräten verpflichtet sind, haben zum Zeitpunkt des In-Verkehr-Bringens der Geräte eine Rückstellung für diese Verpflichtung zu passivieren.

RIC 23.5 iVm RIC 2.17 Verpflichtet sich ein Hersteller oder ein Dritter, die Entsorgungskosten eines kommerziellen Nutzers zu übernehmen, so entfällt die Rückstellungspflicht beim kommerziellen Nutzer erst zum Zeitpunkt des verbindlichen Vertragsschlusses. In diesem Fall ist eine seitens des Nutzers bereits gebildete Rückstellung aufzulösen, sowie die korrespondierende Erhöhung der Buchwerte des Anlagevermögens zu reduzieren.

2.3.4.3 ABC der Rückstellungen

IAS 16.16c **Abbruch- und Entfernungsverpflichtungen**, die sich aus einem Vertrag ergeben, sind rückstellungspflichtig, soweit sie nicht abgewendet werden können. Bei öffentlich-rechtlichen Verpflichtungen kann die Wahrscheinlichkeit der Inanspruchnahme fraglich sein. Die Kosten für den Abbruch und die Beseitigung des Vermögenswerts sowie für die Wiederherstellung des Standorts sind als Teil der Anschaffungs- oder Herstellungskosten zu aktivieren und gleichzeitig mit dem Barwert als Rückstellung zu passivieren.

Altersteilzeit: → C.III.3.4.2

Altgeräte: → C.III.2.3.4.2

Ausstehende Rechnungsbeträge sind unter den Verbindlichkeiten auszuweisen (→ C.III.4.).

Berufsgenossenschaftsbeiträge sind zu passivieren, soweit sie das abgelaufene Geschäftsjahr betreffen. Bei ungewisser Höhe und/oder Fälligkeit der Beiträge ist grundsätzlich eine Verbindlichkeit zu bilden.

Bonuszahlungen bilden eine gegenwärtige Verpflichtung, soweit der Kunde einen Rechtsanspruch hat. Sie sind auch dann zu passivieren, wenn das Unternehmen durch sein Verhalten in der Vergangenheit eine entsprechende Erwartungshaltung beim Begünstigten geweckt hat. Sie sind in der Regel als Verbindlichkeit auszuweisen.

Bürgschaftsverpflichtungen führen als gegenwärtige Verpflichtungen nur dann zur Bildung einer Rückstellung, wenn eine Inanspruchnahme des Bürgen am Abschlussstichtag wahrscheinlich ist. Das richtet sich vor allem nach der wirtschaftlichen Situation des Hauptschuldners. In allen übrigen Fällen bedarf es der Angabe einer Eventualschuld, es sei denn, die Wahrscheinlichkeit der Inanspruchnahme ist vernachlässigbar.

Emissionsrechte: → C.II.1.6.4.4

Entsorgungsverpflichtungen: → C.III.2.3.4.1

Erneuerungsverpflichtung: Für die Verpflichtung zur Erneuerung von Pachtgegenständen ist eine Rückstellung zu bilden, wenn ihr Ersatz unabwendbar ist. Alternativ kommt eine Rückstellung für eine (niedrigere) Ausgleichszahlung in Betracht.

C.III

Gewährleistung: Wegen der Verpflichtung zu kostenlosen Nacharbeiten, Reparaturen, Ersatzlieferungen oder zur Rücknahme mangelhafter Güter bzw. zur Minderung des Kaufpreises sind Rückstellungen zu bilden, soweit bis zum Abschlussstichtag Ansprüche geltend gemacht wurden (Einzelrückstellung) oder erfahrungsgemäß mit Inanspruchnahmen zu rechnen ist (Pauschalrückstellung).

Gewinn- und Erfolgsbeteiligungen führen nur dann zum Ansatz einer Verbindlichkeit, wenn das Unternehmen am Abschlussstichtag Leistungen schuldet und aus rechtlichen oder faktischen Gründen keine realistische Alternative zur Zahlung hat. Zudem muss der Betrag der Verpflichtung verlässlich schätzbar sein. Das setzt einen Plan zur Bestimmung der Leistungshöhe und die Ermittlung der zu zahlenden Beträge voraus. Im Falle faktischer Verpflichtungen muss die Höhe der Schuld aufgrund früherer Praktiken bestimmbar sein.

IAS 19.17–.20
IAS 19.126–.130

Handelsvertreterausgleich: Die Ausgleichsverpflichtung nach § 89b HGB ist nach IFRS nicht rückstellungsfähig. Indem sie an wirtschaftliche Vorteile des Geschäftsherrn nach der Beendigung des Vertragsverhältnisses anknüpft, steht sie im Zusammenhang mit der künftigen Geschäftstätigkeit.

Jahresabschluss: Für die gesetzliche Verpflichtung zur Aufstellung, Prüfung und Offenlegung des Jahresabschlusses und ggf. des Lageberichts ist eine Verbindlichkeit zu bilden. Gleiches gilt für die Verpflichtung zur Erstellung der die Betriebsteuern des abgelaufenen Geschäftsjahrs betreffenden Steuererklärungen. Bei Nichterfüllung der Offenlegungspflichten hängt die Zulässigkeit einer Rückstellung von der Wahrscheinlichkeit ab, dass Dritte die Publizität erzwingen.

Miet- und Pachtverträge führen zu echten Verbindlichkeiten (oder Verbindlichkeitsrückstellungen), soweit sich eine Partei am Abschlussstichtag in einem Erfüllungsrückstand befindet (z.B. → Erneuerungsverpflichtung). Eine Drohverlustrückstellung kommt beim Nutzungsberechtigten in Betracht, wenn für die Miet- oder Pachtsache keine betriebliche Verwendung mehr besteht, das Nutzungsentgelt jedoch weiterhin zu zahlen ist.

Provisionsverpflichtungen sind regelmäßig im Zeitpunkt ihrer rechtlichen Entstehung durch Bildung einer Verbindlichkeit zu erfassen. Das ist nach § 87a Abs. 1 Satz 1 HGB der Fall bei Ausführung des vermittelten Geschäfts. Eine Regelung, die den Anspruch erst nach der Ausführung des Geschäfts entstehen lässt, ändert daran nichts. Im Falle eines vertraglich vereinbarten früheren Entstehungszeitpunkts bestimmt dieser den Zeitpunkt der Passivierung.

Prozessrisiken: Bei Aktivprozessen sind die bis zum Bilanzstichtag noch nicht abgerechneten Rechtsverfolgungskosten zurückzustellen. Prozesskosten sind nur insoweit rückstellungsfähig, als dass der Kläger einerseits einen Beschluss zur Klageerhebung nachweisen kann und andererseits davon ausgehen muss, Teile der Verfahrenskosten zu tragen. Bei Passivprozessen sind Prozesskosten erst bei Anhängigkeit der Klage bzw. bei weiteren Rechtsmittelinstanzen rückstellungsfähig. Rückstellungen für den Erfüllungsbetrag sind hingegen nach den allgemeinen Kriterien bereits vorher rückstellungsfähig.

IAS 37.70f. **Restrukturierungsrückstellungen (*restructuring provisions*)**: Aufgrund von geplanten **Restrukturierungsmaßnahmen** (z.B. Aufgabe von Geschäftsbereichen, Stilllegung von Standorten oder Streichung von Managementebenen) dürfen Rückstellungen gebildet werden. Zu beachten sind die allgemeinen Ansatzkriterien für Rückstellungen sowie deren Präzisierung im Rahmen von IAS 37. Ansatzvoraussetzungen sind

IAS 37.72
- das Vorliegen eines beschlossenen detaillierten Plans mit Mindestinhalten,
- das Wecken einer berechtigten Erwartung bei den Betroffenen durch Planveröffentlichung und Planumsetzung:

IAS 37.73–.77
  - Vor Beginn der Umsetzung kommt eine Rückstellungsbildung nur in Betracht, wenn die Planverwirklichung zum frühest möglichen Zeitpunkt geplant wird und der Abwicklungszeitraum eng gewählt wird.

IAS 37.78f.
  - Verpflichtungen aus einem beabsichtigten Verkauf dürfen erst Berücksichtigung finden, wenn ein bindender Kaufvertrag geschlossen bzw. ein Käufer identifiziert wurde.

IAS 37.80–.83 Bei der Bewertung von Restrukturierungsrückstellungen sind nur die zusätzlich entstehenden Aufwendungen aus dem Plan wie die Personalkosten für die mit der Schließung von Anlagen betrauten Personen und die abzufindenden Mitarbeiter zu berücksichtigen. Ausgeschlossen sind Aufwendungen aus der künftigen Geschäftstätigkeit, erwartete identifizierbare Verluste sowie Erträge aus der geplanten Veräußerung von Vermögenswerten.

Rückbauverpflichtungen: → C.III.2.3.4.1

Schadensersatz: Ob für Schadensersatzverpflichtungen Rückstellungen zu bilden sind, richtet sich danach, ob bis zum Abschlussstichtag mit überwiegender Wahrscheinlichkeit ein Schaden verursacht worden ist und ob mehr Gründe für als gegen die Inanspruchnahme des Schädigers sprechen. Beide Aspekte sind nach den Verhältnissen des Einzelfalls zu würdigen. Soweit mindestens eine Ansatzvoraussetzung nicht erfüllt ist, kommt die Angabe einer Eventualschuld in Betracht.

Software: Für Kosten, die anfallen, um die ursprüngliche Funktionalität einer bestehenden Software zu erhalten oder zu sichern, dürfen keine Rückstellungen gebildet werden.

Umweltschutz: Aufwendungen für den Umweltschutz führen zum Ansatz einer Rückstellung, soweit sie in Erfüllung einer am Abschlussstichtag bestehenden rechtlichen oder faktischen Verpflichtung erbracht werden und der Ressourcenabfluss am Stichtag wahrscheinlich ist. Letzteres setzt insb. die voraussichtliche Durchsetzung des Anspruchs durch den Gläubiger bzw. die zuständige Behörde voraus (→ C.III.2.3.2.3). Typische Anwendungsfälle für Umweltschutzrückstellungen sind Altlastensanierungen, Entsorgungen, Rekultivierungen, Rückbaumaßnahmen, Wiederaufforstungen. Nicht passivierungsfähig sind Aufwendungen, die mit der künftigen Geschäftstätigkeit in Verbindung stehen, z.B. Anpassungsmaßnahmen (→ C.III.2.3.2.2).

Urlaub: → C.III.3.2.

Wechselobligo: Wegen des Risikos einer Haftung aus weitergegebenen, noch nicht eingelösten Wechseln sind Rückstellungen zu bilden, soweit die Inanspruchnahme wahrscheinlich ist. Diese Beurteilung ist bei einer Vielzahl von Verpflichtungen im Wege einer Gesamtbetrachtung vorzunehmen. Wurden nur einzelne Wechsel weitergegeben, aus denen kein konkretes Risiko der Inanspruchnahme droht, ist eine Eventualschuld anzugeben.

2.4 Bewertungsgrundsätze

2.4.1 Verbindlichkeitsrückstellungen (constructive or legal obligation)

2.4.1.1 Bestmögliche Schätzung

Der Erfüllungsbetrag einer gegenwärtigen Verpflichtung ist zunächst vor Steuern bestmöglich zu schätzen. IAS 37.36 IAS 37.41

Es ist auf den Betrag abzustellen, zu dem die Schuld abgelöst (Ablösungsbetrag) oder auf einen Dritten übertragen (Übertragungsbetrag) werden könnte. Der niedrigere Wert ist anzusetzen. IAS 37.37 iVm.42

Die Ermittlung des Schätzbetrags sollte auf Erfahrungswerte oder Gutachten gestützt werden. IAS 37.38

Die **Bewertung eines einzelnen Risikos** erfolgt grundsätzlich mit dem **wahrscheinlichsten** Wert. IAS 37.40

Erscheinen alle Werte innerhalb eines Intervalls (*continuous range of possible outcomes*) gleich wahrscheinlich, bildet der Mittelwert den relevanten Schätzwert. IAS 37.39

Lassen sich den Risiken diskrete Werte und Wahrscheinlichkeiten zuordnen, ist der wahrscheinlichste Wert in Ansatz zu bringen, sofern die anderen möglichen Ergebnisse nicht größtenteils höher oder niedriger liegen. IAS 37.40

Im folgenden **Beispiel** ist 30 zu wählen.

Erfüllungsbetrag	10	15	30	35	40	100
Wahrscheinlichkeit (%)	10	30	25	15	10	10
kumuliert	10	40	65	80	90	100

IAS 37.39 **Kollektive Risiken**, z.B. Garantieleistungen bei standardisierten Erzeugnissen oder Pensionsleistungen, werden mit ihrem Erwartungswert bewertet. Im obigen Beispiel liegt die Summe der mit ihren Wahrscheinlichkeiten gewichteten Erfüllungsbeträge bei 32,25.

IAS 2.12–.18 Die Bewertung von **Sachleistungsverpflichtungen** ergibt sich aus der Herstellungskostennorm (→ C.I.1.3.2.2). Ansatzpflichtig sind die produktionsbezogenen Herstellungskosten.

IAS 37.42 Bei der bestmöglichen Schätzung einer Rückstellung sind die unvermeidbar mit vielen Ereignissen und Umständen verbundenen Risiken und Unsicherheiten zu berücksichtigen. Eine bestmögliche Schätzung schließt die vorsätzliche Überbewertung von Rückstellungen aus. Risiken dürfen nicht doppelt erfasst werden, z.B. im Rahmen der Schätzung von

IAS 37.43 • Erfüllungsbetrag und zugehöriger Wahrscheinlichkeit oder
IAS 37.47 • Zahlungsmittelabfluss und Zinssatz.

2.4.1.2 Barwert

IAS 37.45–.47 Rückstellungen sind abzuzinsen, wenn der Zinseffekt wesentlich ist. Dies gilt nicht nur für Geldleistungsverpflichtungen mit Zinsanteil, sondern auch für Sachleistungsverpflichtungen.

IAS 37.47 Es ist ein marktgerechter und risikoadäquater Zinssatz vor Steuern heranzuziehen.

IAS 37.84e Aus der Diskontierung resultieren im Rahmen der Folgebewertung Angabepflichten zu Aufzinsungseffekten (→ E.III.).

2.4.1.3 Künftige Ereignisse

IAS 37.48 Wenn künftige Ereignisse den Erfüllungsbetrag beeinflussen können, sind sie im allgemeinen zu berücksichtigen, wenn es ausreichende substanzielle Hinweise auf deren Eintritt gibt.

Beispiele:

IAS 37.49
- Einsatz neuer Technologien bei Entsorgungsverpflichtungen
- Preissteigerungen

IAS 37.50 Sofern es sich bei den künftigen Ereignissen um Gesetzesänderungen handelt, muss die Verabschiedung des Gesetzes so gut wie sicher sein (*virtually certain*).

2.4.1.4 Erwarteter Abgang von Vermögenswerten

IAS 37.51 Erwartete Abgangserfolge von Vermögenswerten sind für die Dotierung der
IAS 18 Rückstellungen unbeachtlich. Sie sind nach IAS 18 zu erfassen (→ C.I.3.).

2.4.1.5 Erstattungsansprüche

IAS 37.53 Mit der Rückstellungspassivierung verbundene Erstattungsansprüche sind maximal in Höhe des Rückstellungsbetrags zu aktivieren (Brutto-Ausweis).

Der **Brutto-Ausweis** wird in der Gewinn- und Verlustrechnung beibehalten. IAS 37.54

Alternative:

In der Gewinn- und Verlustrechnung werden Aufwendungen für Rückstellungen und Erträge aus Erstattungsansprüchen **saldiert ausgewiesen**. IAS 37.54

Weder eine Rückstellung noch ein Rückgriffsanspruch dürfen berücksichtigt werden, wenn die Schuld nur in der Weiterleitung des aus dem Rückgriffsanspruch resultierenden Betrags an den Anspruchsberechtigten besteht. IAS 37.57

2.4.1.6 Anpassung von Rückstellungen

Rückstellungsgründe und -beträge sind jährlich unter Berücksichtigung wertaufhellender Entwicklungen zu überprüfen. IAS 37.59; IAS 10

Aufzinsungsbeträge sind in der Gewinn- und Verlustrechnung als Zinsaufwand zu erfassen. IAS 37.60

Notwendige Revisionen sind als grundlegende Fehler oder Änderungen von Bilanzierungs- und Bewertungsmethoden oder Schätzungen zu klassifizieren (→ C.I.4.). IAS 8

C.III

2.4.2 *Drohverlustrückstellungen*

Für **belastende Verträge** (*onerous contracts*) sind **Drohverlustrückstellungen** zu bilanzieren (→ C.III.2.3.3). Dabei muss eine gegenwärtige vertragliche Verpflichtung vorliegen und zuvor ein Wertminderungsbedarf nach IAS 36 für mit dem Vertrag verbundene Vermögenswerte geprüft werden. Insoweit geht das Niederstwertprinzip der Rückstellungsbildung vor. IAS 37.66; IAS 37.3

Die Bewertung erfolgt mit dem niedrigsten Überschuss der Aufwendungen über den erwarteten wirtschaftlichen Nutzen. IAS 37.68

Beispiel:

Aus einem schwebenden Geschäft ergibt sich eine Leistungspflicht in Höhe von 100. Der Wert des Gegenleistungsanspruchs beträgt 80. Der Vertrag sieht für den Fall der Stornierung Entschädigungszahlungen vor.

- Belaufen sich die Entschädigungszahlungen auf 10, ist eine Verbindlichkeit von 10 auch dann zu passivieren, wenn der Vertrag erfüllt werden soll.
- Ist für den Fall der Stornierung eine Entschädigung in Höhe von 30 vereinbart, ist die Drohverlustrückstellung mit 20 zu dotieren.

Der Wert der Leistungsverpflichtung ergibt sich bei **Absatzgeschäften** über selbst erstellte Produkte aus der Herstellungskostennorm. Anzusetzen sind die produktionsbezogenen Vollkosten. Eine Ermittlung auf Teilkostenbasis – wie sie nach HGB zum Teil als zulässig angesehen wird – ist nach IFRS unzulässig. IAS 2.12–.18; IAS 11.16–.21

Zur Prüfung eines Verpflichtungsüberschusses ist bei schwebenden **Beschaffungsgeschäften** die Absatzorientierung des Niederstwertprinzips beachtlich. Nur wenn aus der Abwicklung eines Geschäfts am Absatzmarkt ein Verlust entsteht, kommt für die hierzu benötigten Roh-, Hilfs- und Betriebsstoffe die Bildung von Drohverlustrückstellungen in Betracht.

Die absatzmarktorientierte Sichtweise ist ebenfalls auf schwebende Geschäfte mit Handelswaren sowie auf Dauerbeschaffungsgeschäfte (wie nicht mehr benötigte Mietverhältnisse) anzuwenden.

2.4.3 Verbrauch von Rückstellungen

IAS 37.61 f. Die Rückstellungen dürfen nur für die Sachverhalte verwendet werden, für die sie gebildet wurden.

2.4.4 Auflösung von Rückstellungen

IAS 37.61 Die Inanspruchnahme von Rückstellungen ist erfolgsneutral und die Auflösung nicht mehr benötigter Rückstellungen erfolgswirksam zu behandeln.

2.5 Ausweis

Der **bilanzielle Ausweis von Rückstellungen** ergibt sich aus dem gewählten Gliederungsformat (→ E.I.) sowie aus dem allgemeinen Wesentlichkeitsprinzip (→ C.I.2.5). Wesentliche Rückstellungsarten sind in der Bilanz oder im Anhang gesondert zu zeigen.

In Übereinstimmung mit der Gliederung der 4. EG-Richtlinie sind Rückstellungen zwischen dem Eigenkapital und den Verbindlichkeiten auszuweisen.

In Übereinstimmung mit der Gliederung nach Fristigkeit ist zwischen kurz- und langfristigen Rückstellungen zu unterscheiden.

IAS 37.11 Nicht als Rückstellungen, sondern als gesonderte Kategorie der Verbindlichkeiten (*accruals*) sind auszuweisen, Verpflichtungen aufgrund nicht beanspruchter Urlaubstage, aufgrund von Überstunden sowie aufgrund ausstehender Rechnungen.

Die **Bildung** von Rückstellungen ist in der Gewinn- und Verlustrechnung unter Beachtung des gewählten Gliederungsformats durch Belastung der Konten der zugehörigen Aufwandsarten zu dotieren. Dabei sind das allgemeine Saldierungsverbot (→ E.II) und das allgemeine Wesentlichkeitsprinzip zu beachten.

Die Bildung von Garantierückstellungen kann bei Anwendung des **Umsatzkostenverfahrens** die Höhe der **Herstellungskosten** der zur Erzielung der Umsatzerlöse erbrachten Leistungen und den sonstigen betrieblichen Aufwand beeinflussen.

Alternative:

Die Bildung von Garantierückstellungen kann bei Anwendung des **Gesamtkostenverfahrens** die Höhe des **Personal-**, des **Material-** und – bei fehlender Zuordenbarkeit – des sonstigen betrieblichen Aufwands beeinflussen.

IAS 37.54 **Nicht zu saldieren** sind insbesondere auch Aufwendungen für Rückstellungen und Erträge aus Erstattungsansprüchen.

Alternative:
Aufwendungen für Rückstellungen und Erträge aus Erstattungsansprüchen **sind zu saldieren.** IAS 37.54

Erhöhungen von Rückstellungsbeträgen durch Aufzinsung sind als Zinsaufwand zu erfassen. IAS 37.60

2.6 Anhangangaben *(notes)*

→ CD-Anhangcheckliste 5.3.3

3. Personalverpflichtungen

3.1 Vorbemerkungen

Zu den Leistungen an Arbeitnehmer (*employee benefits*) gehören alle Arten der Vergütung, die ein Arbeitnehmer von seinem Arbeitgeber mittelbar oder unmittelbar als Gegenleistung für die von ihm erbrachte Arbeitsleistung erhält. Form und Rechtsgrund der Leistungserbringung des Arbeitgebers sind dabei unerheblich. Leistungen an ehemalige Mitarbeiter (z.B. ausgeschiedene Anwärter oder Rentner) sind ebenfalls als Leistungen an Arbeitnehmer einzustufen, da sie aus dem ursprünglichen arbeitsrechtlichen Verhältnis resultieren. IAS 19.7 IDW RS HFA Tz. 71ff.

C.III

Leistungen an Personen, die nicht Arbeitnehmer im Sinne von IAS 19 sind, dürfen im Rahmen der Berichterstattung nach IAS weder als Leistungen an Arbeitnehmer bezeichnet noch ohne spezielle Erläuterungen im Zusammenhang mit diesen ausgewiesen werden.

3.2 Kurzfristige Leistungen

3.2.1 Grundlagen

Kurzfristig fällige Leistungen an Arbeitnehmer (*short-term employee benefits*) sind Leistungen des Arbeitgebers, deren Erfüllung innerhalb von zwölf Monaten nach Leistungserbringung des Arbeitnehmers erwartet wird (→ C.III.3.2.2). Ausgenommen sind Leistungen aus Anlass der Beendigung des Arbeitsverhältnisses (*termination benefits*) sowie Kapitalbeteiligungsleistungen (*equity compensation benefits*) (→ C.III.3.4). IAS 19.7

Typische Beispiele für kurzfristig fällige Leistungen an Arbeitnehmer sind Löhne und Gehälter einschließlich der hierauf entfallenden Sozialversicherungsbeiträge, Urlaubs- und Krankengeld, Tantieme- oder Bonuszahlen (soweit die Auszahlung innerhalb von 12 Monaten nach Leistungserbringung erfolgt) sowie geldwerte Vorteile an Mitarbeiter (z.B. Dienstwagen, Deputate usw.). IAS 19.8

Kurzfristig fällige Leistungen an Arbeitnehmer sind mit dem (künftigen) Auszahlungsbetrag anzusetzen. Aufgrund der Kurzfristigkeit und der hohen Auszah- IAS 19.9

lungswahrscheinlichkeit bedarf es im Gegensatz zur Bilanzierung der langfristigen Versorgungsleistungen keiner Kostenprojektion in die Zukunft mit Abzinsung oder versicherungsmathematischer Berechnungen.

IAS 19.10 Der nach Abzug von Leistungen des Arbeitgebers verbleibende Anspruch des Arbeitnehmers ist zu passivieren; Leistungsüberschüsse des Arbeitgebers (Überzahlungen) sind zu aktivieren.

IAS 37.11 Der Ausweis erfolgt grundsätzlich unter den sonstigen (kurzfristigen) Forderungen oder den sonstigen (kurzfristigen) Verbindlichkeiten. Im Gegensatz zur Bilanzierung nach HGB dürfen kurzfristige Arbeitnehmeransprüche nicht unter den Rückstellungen ausgewiesen werden.

IAS 19.23 IAS 19 sieht keine Angabepflichten zu den kurzfristigen Mitarbeitervergütungen vor. Angaben können sich jedoch aus anderen Standards ergeben (z.B. Vergütungen an Gesellschaftergeschäftsführer gemäß IAS 24).

3.2.2 *Kurzfristig fällige Abwesenheitsvergütungen*

IAS 19.12 Vergütungen für Abwesenheit sind zu differenzieren in ansammelbare Ansprüche (*accumulating compensated absences*) und nicht ansammelbare Ansprüche (*non-accumulating compensated absences*).

IAS 19.13 Ansammelbare Ansprüche für vergütete Abwesenheit (z.B. Zeitkontenmodelle) sind Ansprüche, die in die Zukunft vorgetragen und in späteren Perioden genutzt werden können, sofern die die Berichtsperiode betreffenden Ansprüche nicht vollständig genutzt wurden. Die Ansprüche können entweder unverfallbar (d.h. Arbeitnehmer haben bei ihrem Ausscheiden einen Anspruch auf Barausgleich) oder verfallbar sein.

IAS 19.16 Nicht ansammelbare Ansprüche auf vergütete Abwesenheit (z.B. Krankengeld oder Erziehungsurlaub) können nicht vorgetragen werden; sie verfallen, soweit die Ansprüche in der Berichtsperiode nicht vollständig genutzt werden, und berechtigen Arbeitnehmer auch nicht zum Erhalt eines Barausgleichs für ungenutzte Ansprüche bei Ausscheiden aus dem Unternehmen.

IAS 19.11 Ansammelbare Ansprüche sind in dem Zeitpunkt, in dem der Mitarbeiter seinen Rechtsanspruch erwirbt, zu passivieren. Nicht ansammelbare Ansprüche führen über den Zeitraum der Freistellung zu einer Auszahlung und sind entsprechend zu buchen. Vor der Abwesenheit wird weder eine Schuld noch ein Aufwand erfasst, da die Arbeitsleistung der Arbeitnehmer den Wert des Leistungsanspruches nicht erhöht.

IAS 19.14 Ansammelbare Ansprüche sind unter Berücksichtigung von erwarteten künftigen Lohnsteigerungen mit dem Erfüllungsbetrag zu passivieren. IAS 19 regelt nicht explizit, welche Einzelbestandteile bei der Ermittlung des Erfüllungsbetrages der ansammelbaren Ansprüche zu berücksichtigen sind. Aus der allgemeinen definitorischen Abgrenzung des Schuldpostens wird abgeleitet, dass auch aperiodisch anfallende Entgeltbestandteile (z.B. Tantiemen) und Nebenverpflichtungen des Arbeitgebers (z.B. Urlaubsgeld oder Pensionen) in die Bewertung einzubeziehen sind.

3.2.3 Kurzfristige Gewinn- und Erfolgsbeteiligungspläne

Verpflichtungen aus Gewinn- und Erfolgsbeteiligungsplänen dürfen nur dann erfasst werden, wenn:

- das Unternehmen auf Grund von Ereignissen der Vergangenheit gegenwärtig eine rechtliche oder faktische Verpflichtung zur Gewährung solcher Leistungen hat und **IAS 19.17**
- die Höhe der Verpflichtung verlässlich geschätzt werden kann.

Ist die Realisierung des Anspruchs an bestimmte künftige Ereignisse gebunden (z.B. Verbleibenszeit im Unternehmen), die auch im vorhinein Gegenstand des Gewinn- und Erfolgsbeteiligungsplanes waren, so sind diese künftigen Ereignisse bei Bewertung der Verpflichtung zu berücksichtigen. Dagegen ist es nicht sachgerecht, die Passivierung erst bei Eintritt des Ereignisses vorzunehmen. **IAS 19.18**

Eine verlässliche Schätzung der rechtlichen oder faktischen Verpflichtung eines Unternehmens hinsichtlich eines Gewinn- und Erfolgsbeteiligungsplanes und damit eine Passivierung ist nur dann möglich, wenn **IAS 19.20**

- die formellen Regelungen des Planes eine Formel zur Bestimmung der Leistungshöhe enthalten;
- das Unternehmen die zu zahlenden Beträge festlegt, bevor der Abschluss zur Veröffentlichung freigegeben wurde; oder
- auf Grund früherer Praktiken die Höhe der faktischen Verpflichtung eindeutig bestimmt ist.

C.III

3.3 Langfristige Versorgungsleistungen

3.3.1 Arten langfristiger Versorgungsverpflichtungen

IAS 19 unterteilt die langfristigen Versorgungsverpflichtungen in Pensionsverpflichtungen und andere langfristig fällige Leistungen an Arbeitnehmer. **IAS 19.4**

Die Pensionsverpflichtungen umfassen künftige Leistungsverpflichtungen des bilanzierenden Unternehmens im Rahmen einer betrieblichen Altersversorgung seiner Mitarbeiter. Zur betrieblichen Altersversorgung gehören dabei sämtliche Leistungen der Alters-, Invaliditäts- oder Hinterbliebenenversorgung nach Beendigung des Arbeitsverhältnisses (*post-employment benefits*), die mittelbar oder unmittelbar an (ehemalige) Mitarbeiter zu erbringen sind. Die Leistungsverpflichtung kann dabei aus formellen Plänen oder anderen formellen Vereinbarungen, aus gesetzlichen Bestimmungen, tariflichen Vereinbarungen oder aus betrieblicher Übung hervorgehen.

Zu den anderen langfristig fälligen Leistungen an Arbeitnehmer gehören u.a.: **IAS 19.126**

- Langfristig fällige vergütete Abwesenheitszeiten wie Sonderurlaub nach langjähriger Dienstzeit oder andere vergütete Dienstfreistellungen;
- Jubiläumsgelder oder andere Leistungen für lange Dienstzeit;
- langfristige Erwerbsunfähigkeitsleistungen;
- Gewinn- und Erfolgsbeteiligungen, die zwölf oder mehr Monate nach Ende der Periode, in der die entsprechende Arbeitsleistung erbracht wurde, fällig sind; und

- aufgeschobene Vergütungen, sofern diese zwölf oder mehr Monate nach Ende der Periode, in der sie erdient wurden, ausgezahlt werden.

IAS 19.127 Für die Bilanzierung von anderen langfristig fälligen Leistungen, schreibt IAS 19 – gegenüber der Bilanzierung von Pensionsverpflichtungen – vereinfachte Bilanzierungsmethoden vor (→ C.III.3.3.3).

3.3.2 Versorgungsleistungen in der Form von Pensionsplänen

3.3.2.1 Vorbemerkung

IAS 19.25 Ausschlaggebend für die bilanzielle Behandlung von Pensionsplänen ist die konkrete Ausgestaltung des betreffenden Plans bzw. der jeweiligen Pensionsvereinbarung. Dabei werden beitrags- (*defined contribution plans*) und leistungsorientierte Pläne (*defined benefit plans*) unterschieden. Ein Pensionsplan, der nicht zweifelsfrei beitragsorientiert ist, gilt als leistungsorientiert.

3.3.2.2 Beitragsorientierte Pensionspläne

3.3.2.2.1 Abgrenzung

IAS 19.25
IAS 19.39 Beitragsorientierte Pensionspläne (*defined contribution plans*) sind dadurch gekennzeichnet, dass bestimmte, eindeutig festgelegte Beiträge an einen externen Versorgungsträger zu entrichten sind. Über die Erbringung dieser Beiträge hinaus besteht keine weitergehende Zahlungsverpflichtung gegenüber der externen Versorgungsinstitution, selbst dann nicht, wenn diese nicht über ausreichende Mittel verfügt, um die zugesagten Pensionsleistungen an die begünstigten (ehemaligen) Mitarbeiter zu erbringen. D.h., eine schlechte wirtschaftliche Entwicklung der Versorgungseinrichtung darf zu keiner erweiterten (Subsidiär-)Haftung oder Nachschusspflicht des Arbeitgebers führen.

Zu den beitragsorientierten Versorgungsträgern zählen Versicherungsunternehmen **(Direktversicherungen), Pensionskassen** und **Pensionsfonds**.

3.3.2.2.2 Bilanzierung

IAS 19.25 Da neben der Verpflichtung zur Zahlung der festgelegten Beiträge an die externe Versorgungseinrichtung keine weitere Leistungspflicht des Arbeitgebers besteht, resultiert aus beitragsorientierten Pensionsplänen weder eine Bewertungsproblematik noch ein (Subsidiär-)Haftungsrisiko.

IAS 19.44b Die regelmäßig an den externen Versorgungsträger zu leistenden Zahlungen werden als Aufwand in der betreffenden Berichtsperiode erfasst, sofern eine Einbeziehung der Beiträge als Anschaffungs- oder Herstellungskosten eines Vermögenswertes nach anderen Vorschriften der IFRS ausgeschlossen ist.

IAS 19.44a Steht den bislang durch den jeweiligen Arbeitnehmer erbrachten Arbeitsleistungen zum Abschlussstichtag ein zu hohes oder zu niedriges Beitragsvolumen gegenüber, hat eine periodengerechte Aufwandsabgrenzung des Unterschiedsbetrags zu erfolgen. Im Falle einer bislang zu hohen Beitragsleistung im Vergleich zur erbrachten Arbeitsleistung ist ein Vermögenswert aktivisch abzugrenzen; stehen dagegen noch Beiträge für bereits erbrachte Arbeitsleistungen aus, ist der abzugrenzende Aufwand der Berichtsperiode als Schuld zu erfassen.

Beitragsrückstände von mehr als zwölf Monaten nach Erbringung der Arbeitsleistung durch den/die entsprechenden Arbeitnehmer sind auf den Abschlussstichtag abzuzinsen. **IAS 19.45** **IAS 19.78**

3.3.2.3 Leistungsorientierte Pensionspläne

3.3.2.3.1 Abgrenzung

Leistungsorientierte Pensionspläne (*defined benefit plans*) sind dadurch gekennzeichnet, dass die Verpflichtung des Arbeitgebers in der Gewährung einer bestimmten fest zugesagten (Pensions-)Leistung an aktive oder frühere Mitarbeiter besteht. Als Durchführungswege stehen dem Arbeitgeber dabei die Ansammlung von Mitteln im eigenen Unternehmen und die (zusätzliche) Finanzierung über einen externen Versorgungsträger offen. Infolgedessen sieht sich der Arbeitgeber dem Risiko gegenüber, dass die zugesagten zukünftigen Pensionsleistungen höher als erwartet ausfallen und/oder die angesammelten Mittel eine schlechtere Anlagerendite als erwartet erwirtschaften. **IAS 19.27**

Zu den leistungsorientierten Pensionsplänen zählen Direktzusagen, bei denen eine unmittelbare Leistungspflicht des Arbeitgebers gegenüber den Versorgungsberechtigten begründet wird. Dazu zählen des Weiteren Pensionszusagen, die über eine Unterstützungskasse abgewickelt werden, da den Arbeitgeber in diesem Fall eine Subsidiärhaftung für die externe Versorgungseinrichtung trifft.

3.3.2.3.2 Bilanzierung

Für die aus den zugesagten künftigen Pensionsleistungen resultierende Verpflichtung des bilanzierenden Unternehmens (*pension obligation*) besteht eine Passivierungspflicht. Diese Pflicht beschränkt sich nicht nur auf die aus dem formalen Regelungswerk resultierenden rechtlichen Verpflichtungen, sondern besteht auch für alle faktischen Verpflichtungen, die aus betrieblicher Übung begründet sind. **IAS 19.52**

Der als Schuld zu erfassende Betrag setzt sich dabei aus den folgenden Komponenten zusammen:

	Barwert der leistungsorientierten Pensionsverpflichtung zum Abschlussstichtag
+/–	versicherungsmathematische Gewinne/Verluste
–	bislang noch nicht verrechneter Dienstzeitaufwand
–	beizulegender Wert des Planvermögens am Abschlussstichtag (sofern zu Finanzierungszwecken ausgelagert), mit dem die Verpflichtungen unmittelbar abzugelten sind
=	Pensionsverpflichtung (pension obligation)

Abbildung 27: Berechnung des Barwerts einer leistungsorientierten Pensionsverpflichtung zum Abschlussstichtag

Der Barwert der leistungsorientierten Pensionsverpflichtung sowie ein ggf. zu berücksichtigender Zeitwert des Planvermögens (im Falle der Auslagerung auf einen externen Versorgungsträger) sind regelmäßig zu überprüfen. Aufgrund **IAS 19.56** **IAS 19.57** der Komplexität der Bewertung der Leistungsverpflichtung wird empfohlen, die Bewertung durch einen anerkannten Versicherungsmathematiker durchführen zu lassen.

IAS 19.57 Wurde die Finanzierung der Pensionsleistungen über eine externe Versorgungseinrichtung (Pensionsfonds) gewählt, ist zu prüfen, ob die Tatbestandsmerkmale des Planvermögens erfüllt sind. Planvermögen sind demnach:

(1) Vermögenswerte, die durch einen langfristig ausgelegten Fonds zur Erfüllung von Leistungen an Arbeitnehmer gehalten werden. Dabei müssen folgende Kriterien kumulativ erfüllt sein:

- der Fonds ist rechtlich unabhängig vom Unternehmen und besteht ausschließlich, um die Leistungen an die Arbeitnehmer zu zahlen oder zu finanzieren,
- das Fondsvermögen darf ausschließlich zur Zahlung oder Finanzierung der Pensionsverpflichtungen verwendet werden,
- das Fondsvermögen ist insolvenzgeschützt, d.h. die Gläubiger des Unternehmens dürfen darauf im Insolvenzfall nicht zurückgreifen können, und
- eine Rückerstattung an das Unternehmen darf nur bei Überdeckung des Fonds sowie zur Erstattung vom Arbeitgeber bereits geleisteter Zahlungen erfolgen.

(2) qualifizierte Versicherungspolicen. Als „qualifiziert" gelten Versicherungspolicen, wenn sie:

- ausschließlich zur Zahlung oder Finanzierung der Pensionsleistungen verwendet werden können,
- auch im Fall der Insolvenz nicht den Gläubigern des Unternehmens zur Verfügung stehen,
- eine Rückerstattung an das Unternehmen nur im Fall einer überdotierten Police sowie zur Erstattung vom Arbeitgeber bereits geleisteter Zahlungen möglich ist.

Ein Beispiel für eine qualifizierte Versicherungspolice sind Rückdeckungsversicherungen mit Verpfändung der Ansprüche an den Versorgungsberechtigten.

Sind diese Kriterien erfüllt, ist die Leistungsverpflichtung mit dem Zeitwert des Planvermögens zu saldieren (Nettoausweis). Vom Trägerunternehmen in den Pensionsfonds eingebrachte Vermögenswerte, die nicht als Planvermögen zu qualifizieren sind, bleiben wirtschaftliches Eigentum des Trägerunternehmens.

Die Regelungen zur Absetzung des Planvermögens von der Versorgungsverpflichtung des Trägerunternehmens und die Zuordnung sonstiger Vermögenswerte eines Pensionsfonds zum wirtschaftlichen Eigentum des Trägerunternehmens führen dazu, dass eine Konsolidierungspflicht nach IAS 27 nicht besteht. Davon unberührt bleibt jedoch eine etwaige Konsolidierungspflicht für Beteiligungsunternehmen des Pensionsfonds, die vom Trägerunternehmen nach IAS 27 beherrscht werden.

IAS 19.58 iVm IAS 19.59 Übersteigt der Zeitwert des Planvermögens die leistungsorientierte Pensionsverpflichtung, so ist ein sonstiger Vermögenswert auszuweisen. Dieser bestimmt sich nach Maßgabe des niedrigeren der beiden folgenden Beträge:

- dem oben genannten Saldo aus Leistungsverpflichtung und Zeitwert des Planvermögens und
- der Summe aus

- allen kumulierten, nicht erfassten, saldierten versicherungsmathematischen Verlusten und nachzuverrechnendem Dienstzeitaufwand, sowie
- dem Barwert eines wirtschaftlichen Nutzens in Form von Rückerstattungen aus dem Pensionsplan oder Minderungen künftiger Beitragszahlungen an den Pensionsplan. Der Barwert dieses wirtschaftlichen Nutzens ist unter Verwendung des maßgebenden Zinssatzes auf den Abschlussstichtag abzuzinsen. **IAS 19.78**

Die Anwendung von IAS 19.58 darf jedoch nicht dazu führen, dass ein Gewinn lediglich als Resultat eines während der Berichtsperiode anfallenden versicherungsmathematischen Verlusts oder nachzuverrechnenden Dienstzeitaufwandes sowie ein Verlust lediglich als Resultat eines innerhalb der Berichtsperiode anfallenden versicherungsmathematischen Gewinns erfasst werden. IFRIC 14 widmet sich ausführlicher Sonderfragen des Ansatzes wie bspw. der Wirkung von Mindestfinanzierungsvorschriften für das Funding der jeweiligen Pensionspläne. **IAS 19.58A** **IFRIC 14**

Sind die o.g. Kriterien des Planvermögens nicht erfüllt, sind Erstattungsansprüche mit dem Zeitwert zu aktivieren. Dazu gehört bspw. ein Rückdeckungsversicherungsanspruch, welcher nicht an die Arbeitnehmer verpfändet ist. **IAS 19.104A**

C.III

3.3.2.3.3 *Bewertung der künftigen Leistungsverpflichtungen*

3.3.2.3.3.1 *Bewertungsverfahren*

Bei einem leistungsorientierten Pensionsplan müssen zunächst die künftigen Leistungsansprüche der Arbeitnehmer zum Abschlussstichtag bewertet werden. **IAS 19.50a, b** **IAS 19.63**

Als Bewertungsverfahren, d.h. als Methode zur Verteilung der Finanzmittelansammlung über die Aktivitätszeit des Versorgungsberechtigten kommt dabei das Anwartschaftsbarwertverfahren (*projected unit credit method*) zur Anwendung. Dieses ermittelt die Leistungsverpflichtung als Barwert der zum Bewertungsstichtag durch den Arbeitnehmer in der Vergangenheit erdienten Pensionsansprüche. Das heißt, der volle bei Erreichen der vorgesehenen Altersgrenze erreichbare Barwert der Versorgungsleistungen wird entsprechend der bislang vom Versorgungsberechtigten geleisteten Dienstzeit quotal angesammelt. **IAS 19.67** **IAS 19.68**

Als Rechnungsgrundlagen zur Bewertung der Leistungsverpflichtung werden dabei versicherungsmathematische Annahmen zu Grunde gelegt.

Des Weiteren hat eine Zuordnung der Leistungen zu den Dienstjahren der Versorgungsberechtigten zu erfolgen. Ferner sind etwaige versicherungsmathematische Gewinne oder Verluste zu berücksichtigen.

3.3.2.3.3.2 *Versicherungsmathematische Annahmen*

Soweit die Leistungsverpflichtung in der Zukunft liegt und von unterschiedlichen Faktoren abhängig ist, müssen bei der Ermittlung des Barwerts der künftigen Leistungsverpflichtung bestimmte versicherungsmathematische Annahmen getroffen werden.

In die Bewertung sind allgemeine biometrische Wahrscheinlichkeiten für Invalidität, Sterblichkeit und Hinterbliebenensituation – ggf. unternehmensspezifisch modifiziert – einzubeziehen. Darüber hinaus ist die Mitarbeiterfluktuation angemessen zu berücksichtigen. In die Bewertung mit einzubeziehen sind auch künf- **IAS 19.73** tige wahrscheinliche Veränderungen von Renten und Gehältern (Gehalts- und Rententrends) sowie Gehalts- und Rentenanpassungen, die durch die persönliche Entwicklung des Arbeitnehmers voraussichtlich entstehen werden (Karrieretrends).

IAS 19.78ff. Da es sich bei der zu bilanzierenden Schuld um einen Barwert am Bilanzstichtag handelt, muss ein geeigneter Zinssatz festgelegt werden. Dieser Rechnungszinssatz hat sich am langfristigen Zinssatz für erstklassige festverzinsliche Industrieanleihen zum Bewertungsstichtag zu orientieren.

Dabei ist zu beachten, dass Währung und Fristigkeit der Anleihen möglichst konsistent mit der Währung und der geschätzten Fristigkeit der erdienten Pensionsansprüche der Versorgungsberechtigten sind.

3.3.2.3.4 Ermittlung des Aufwands bzw. Ertrags der Berichtsperiode aus dem Pensionsplan

IAS 19.63ff. Der Betrag, der aus einem Pensionsplan in der betreffenden Berichtsperiode als Aufwand bzw. (unter Beachtung der Wertobergrenze von IAS 19.58B) als Ertrag auszuweisen ist, ermittelt sich nach folgendem Schema:

	Dienstzeitaufwand der Periode
+	Zinsaufwand
–	erwarteter Ertrag aus ggf. vorhandenem Planvermögen und Erstattungsansprüchen
+/–	versicherungsmathematische Verluste/Gewinne
+	nach zu verrechnender Dienstzeitaufwand
+/–	Verluste/Gewinne aus Plankürzungen und Abgeltungen
=	Aufwand/Ertrag der Periode

Abbildung 28: Berechnung des Periodenerfolgs/-aufwands aus dem Pensionsplan

3.3.2.3.4.1 Dienstzeitaufwand der Periode

IAS 19.82 Der laufende Dienstzeitaufwand (*current service cost*) bezeichnet den Anstieg des Barwerts der leistungsorientierten Verpflichtung, der auf die von den Arbeitnehmern in der Berichtsperiode erbrachte Arbeitsleistung entfällt.

3.3.2.3.4.2 Zinsaufwand

Der Zinsaufwand (*interest cost*) – bezogen auf den Barwert zu Beginn der Berichtsperiode – bezeichnet den der Berichtsperiode zuzuordnenden Anstieg des Barwerts der leistungsorientierten Verpflichtung, der darauf beruht, dass der Zeitpunkt der Leistungserfüllung eine Periode näher gerückt ist. Der Barwert der Leistungsverpflichtung ist zusammen mit dem ermittelten laufenden Dienstzeitaufwand der Berichtsperiode aufzuzinsen. Als Aufzinsungsfaktor ist der nach IAS 19.78 spezifizierte Zinssatz anzuwenden.

Der Zinsaufwand ist vom laufenden Dienstzeitaufwand getrennt als Finanzierungsaufwand im Finanzergebnis auszuweisen.

> **Alternative:**
>
> Der Zinsaufwand ist zusammen mit dem laufenden Dienstzeitaufwand im operativen Ergebnis auszuweisen. **IAS 19.82** **IAS 19.120A**

3.3.2.3.4.3 Erwartete Erträge aus vorhandenem Planvermögen

Wird die zugesagte Pensionsleistungsverpflichtung über eine externe Versorgungseinrichtung finanziert, mindert das angesammelte Planvermögen die Pensionsverpflichtung. Demzufolge mindert der auf die Berichtsperiode entfallende erwartete Ertrag aus dem Planvermögen den laufenden Aufwand der Berichtsperiode aus dem Pensionsplan.

Der erwartete Ertrag aus dem betreffenden Planvermögen ist zu schätzen. Er basiert auf den zu Beginn der Berichtsperiode herrschenden Erwartungen des Marktes in Bezug auf die Anlageerträge im gesamten verbleibenden Zeitraum, in dem die zugehörige Pensionsverpflichtung besteht. In die Schätzung mit einzubeziehen sind dabei die Änderungen des beizulegenden Wertes des Planvermögens, die sich aus Beitragszahlungen an den Versorgungsträger und Leistungsauszahlungen durch den Versorgungsträger ergeben. **IAS 19.106**

3.3.2.3.4.4 Versicherungsmathematische Gewinne und Verluste

Versicherungsmathematische Gewinne oder Verluste können sich aus Änderungen der versicherungsmathematischen Rechnungsgrundlagen zur Bestimmung des Barwerts der leistungsorientierten Verpflichtung und/oder des beizulegenden Zeitwerts des Planvermögens ergeben. **IAS 19.94**

Zu den versicherungsmathematischen Gewinnen bzw. Verlusten gehören Erhöhungen oder Verminderungen insbesondere der biometrischen Wahrscheinlichkeiten und trendbedingten Wertänderungen wie z.B. das Auftreten unerwartet vieler Todesfälle oder ein unerwartet niedriger Anstieg des Gehaltsniveaus. Weiterhin zählen dazu Abweichungen zwischen dem tatsächlichen und dem erwarteten Ertrag aus einem ggf. vorhandenen Planvermögen sowie die Auswirkungen aus Änderungen des Abzinsungssatzes.

Nicht zu den versicherungsmathematischen Gewinnen und Verlusten zählen dagegen Planänderungen, die als Verbesserung auf Grund einer veränderten Zusage zu qualifizieren und als nachzuverrechnender Dienstzeitaufwand zu behandeln sind. **IAS 19.97**

Die versicherungsmathematischen Gewinne und Verluste sind zu saldieren und in einer Nebenrechnung festzuhalten. Sie sind in der betreffenden Berichtsperiode **nur dann ergebniswirksam** zu berücksichtigen, wenn ihr Saldo zum Ende der vorherigen Berichtsperiode den höheren der beiden folgenden Beträge überstieg: **IAS 19.92**

- 10 % des Barwerts der Brutto-Pensionsverpflichtung zum vorherigen Bilanzstichtag;
- 10 % des beizulegenden Zeitwerts des etwaigen Planvermögens.

Als Aufwand bzw. Ertrag wird dann nur der diesen 10 %-Korridor übersteigende Betrag erfasst.

Alternative 1:

IAS 19.93 IAS 19.95 Die versicherungsmathematischen Gewinne und Verluste sind zu saldieren und in der Berichtsperiode sofort ergebniswirksam zu erfassen.

Alternative 2:

IAS 19.93 A–D IAS 1.96 IAS 19.48 BC ff. Die versicherungsmathematischen Gewinne und Verluste werden in der Periode, in der sie anfallen, außerhalb des Periodenergebnisses erfolgsneutral erfasst. Sie werden in der Aufstellung der Veränderungen des Eigenkapitals mit der Überschrift „Aufstellung der erfassten Erträge und Aufwendungen" dargestellt, die nur die folgenden Posten beinhaltet:

- Periodenergebnis,
- Ertrags-, Aufwands-, Gewinn- und Verlustposten die direkt im Eigenkapital erfasst werden
- Summe der vorgenannten Posten
- Auswirkungen von gemäß IAS 8 erfassten Änderungen der Bilanzierungs- und Bewertungsmethoden sowie Fehlerberichtigungen.

Eine Erfassung erfolgt direkt in den Gewinnrücklagen. Die erfolgsneutrale Behandlung muss für alle leistungsorientierten Pläne und alle versicherungsmathematischen Gewinne und Verluste einheitlich durchgeführt werden. Bei Erstanwendung ist eine retrospektive Anpassung gemäß IAS 8 erforderlich.

IAS 19.93 Die als Aufwand oder Ertrag zu berücksichtigenden Beträge sind über die erwartete, durchschnittliche Restlebensarbeitszeit der vom Plan erfassten Arbeitnehmer linear zu verteilen.

Alternative 1:

IAS 19.93 Die als Aufwand oder Ertrag zu berücksichtigenden Beträge sind über einen individuell festzulegenden Zeitraum, der nicht länger sein darf, als die durchschnittliche Restlebensarbeitszeit, in einer systematischen Weise (z.B. linear, degressiv) zu verteilen.

Alternative 2:

IAS 19.93 Die als Aufwand oder Ertrag zu berücksichtigenden Beträge sind in der laufenden Berichtsperiode unmittelbar ergebniswirksam zu erfassen.

DP IAS 19 Im Rahmen der ersten Phase eines Projekts zur Überarbeitung von IAS 19 hat der IASB im März 2008 ein Diskussionspapier zu IAS 19 veröffentlicht, in dem als einer der Kernpunkte die Abschaffung des „Korridorverfahrens" vorgesehen ist.

3.3.2.3.4.5 Nachzuverrechnender Dienstzeitaufwand

IAS 19.97 Die Neueinführung eines Leistungsplans sowie Änderungen bereits getroffener Zusagen aus einem leistungsorientierten Pensionsplan führen zu nachzuverrechnendem Dienstzeitaufwand (*past service cost*). Derartige (Plan-)Änderungen betreffen eine Gegenleistung für Arbeitsleistungen der Arbeitnehmer, die bis zum Zeitpunkt des Eintritts der Unverfallbarkeit ihrer Ansprüche erbracht werden.

Der nachzuverrechnende Dienstzeitaufwand ist über den durchschnittlichen Zeitraum bis zum Eintritt der Unverfallbarkeit der Pensionsanwartschaften linear zu verteilen. Sind sämtliche Anwartschaften bereits unverfallbar, ist der Aufwand in der Berichtsperiode in vollem Umfang ergebnismindernd zu berücksichtigen. **IAS 19.96**

Dies gilt analog für den umgekehrten Fall einer Leistungskürzung. Die aus der Reduktion der zugesagten Leistungen resultierende Verminderung der Schuld (negativer nachzuverrechnender Dienstzeitaufwand) ist über den durchschnittlichen Zeitraum bis zum Eintritt der Unverfallbarkeit der Pensionsanwartschaften linear zu verteilen. Sind sämtliche Anwartschaften bereits unverfallbar, ist der Ertrag in der Berichtsperiode in vollem Umfang ergebniserhöhend zu berücksichtigen.

Gleichzeitige Planerhöhungen und Plankürzungen, die dieselben Arbeitnehmer betreffen, sind als eine Planänderung zu berücksichtigen. **IAS 19.101**

3.3.2.3.4.6 Gewinne und Verluste aus Plankürzungen und Abgeltungen

Gewinne oder Verluste aus der Kürzung (*curtailment*) oder der Abgeltung (*settlement*) eines leistungsorientierten Pensionsplans sind zum Zeitpunkt der Kürzung oder der Abgeltung voll ergebniswirksam zu erfassen. **IAS 19.109**

Vor Bestimmung der Auswirkungen einer Plankürzung oder Abgeltung ist eine Neubewertung der verbleibenden leistungsorientierten Verpflichtungen sowie des vorhandenen Planvermögens durchzuführen. **IAS 19.110**

Eine Plankürzung liegt dann vor, wenn: **IAS 19.111**

- eine Verpflichtung besteht, die Anzahl der vom Pensionsplan erfassten Arbeitnehmer zu reduzieren, oder
- Änderungen des bestehenden Pensionsplans zu einer erheblichen Reduktion der Versorgungsleistungen führen.

Als Beispiel für Plankürzungen ist der Wegfall künftiger versorgungsfähiger Dienstjahre aufgrund von Betriebsveräußerungen oder Vorruhestandsregelungen zu nennen.

Eine Abgeltung von Versorgungsansprüchen liegt dann vor, wenn eine Vereinbarung getroffen wird, wonach alle weiteren rechtlichen oder faktischen Verpflichtungen für einen Teil oder die Gesamtheit der im Rahmen des Pensionsplans zugesagten Leistungen eliminiert werden. Hierzu zählen z.B. die vorzeitige Abfindung von Versorgungsberechtigten und die schuldbefreiende Übertragung auf einen neuen Arbeitgeber oder eine Versicherungsgesellschaft. **IAS 19.112**

Sofern sich eine Maßnahme, die zu einer Reduktion von Versorgungsleistungen und einem niedrigeren Barwert der leistungsorientierten Verpflichtung führt, auf zurückliegende Dienstjahre bezieht, liegt eine negativer nachzuverrechnender Dienstzeitaufwand vor. Bezieht sich diese Maßnahme auf künftige Dienstjahre, handelt es sich dagegen um die Plankürzung. **IAS 19.97, IAS 19.111**

3.3.3 Andere langfristige Leistungen

Andere langfristige Mitarbeitervergütungen (*other long-term employee benefits*) sind alle Leistungen des Arbeitgebers, deren Erfüllung nicht innerhalb eines **IAS 19.7 IAS 19.126**

Zeitraums von zwölf Monaten nach dem Zeitpunkt der Leistungserbringung des Arbeitnehmers erwartet wird. Der Standard listet exemplarisch langfristig fällige Sonderurlaube, Jubiläumszahlungen, langfristig fällige Erwerbsunfähigkeitsleistungen, langfristig fällige Gewinn- oder Erfolgsbeteiligungen oder aufgeschobene Lohn- und Gehaltszahlungen auf.

IAS 19.128 Für sonstige längerfristige Verpflichtungen, die nicht im Rahmen von Pensions-
IAS 19.127 plänen bewertet werden, ist der Barwert der den abgelaufenen Wirtschaftsjahren zuzurechnenden Teilansprüche zurückzustellen. Dabei gelten für die Berechnungsmethoden und -annahmen die gleichen Regelungen wie bei Pensionsplänen. Da keine Verteilungswahlrechte vorgesehen sind, können sich deutlich schwankende Rückstellungswerte ergeben. Auch für diese Arten von langfristigen Verpflichtungen kann Planvermögen bereitgestellt werden.

Jubiläumsverpflichtungen sollen nach dem Anwartschaftsbarwertverfahren bzw. der *projected unit credit method* bewertet werden, d.h. unter Anwendung eines aktuellen Rechnungszinses und unter differenzierter Berücksichtigung der Fluktuation und gegebenenfalls des Gehaltstrends.

IAS 19.88ff. International sind **Beihilfen zu Krankenversicherungsbeiträgen oder Krankheitskosten** verbreitet. In Deutschland sind solche Verpflichtungen im Regelfall nur bei ehemals öffentlichen Unternehmen anzutreffen. Als Bewertungsmaßstab gilt der Barwert der voraussichtlichen Auszahlungen. Dabei ist der aktuelle Marktzinssatz anzuwenden und erwartete Kostensteigerungen bei den Beihilfen sind zu berücksichtigen. Für aktive Mitarbeiter ist darüber hinaus das Anwartschaftsbarwertverfahren (*projected unit credit method*) anzuwenden.

Bei Arbeitszeitkontenmodellen erwirbt sich der Arbeitnehmer einen entsprechenden Freistellungsanspruch gegen den Arbeitgeber, indem er Überstunden oder Sonderzahlungen in ein Arbeitszeitkonto einstellt. Arbeitszeitkonten werden im Gegensatz zu Urlaubsrückständen meistens in Geld und nicht in Zeit geführt.

Der Erfüllungsrückstand des Arbeitgebers ist nach IAS 19 mit dem Barwert der abgelaufenen Geschäftsjahre zuzurechnenden Teilansprüche zu bilanzieren. In Bezug auf Berechungsmethoden und -annahmen (z.B. Zins und Dynamisierung) gelten die Regelungen für Pensionszusagen entsprechend. Verteilungswahlrechte für außerordentliche Schwankungen des Verpflichtungsumfangs oder für den Wert des zugehörigen Planvermögens bestehen nicht.

3.3.4 Beispiel zur Bilanzierung von Pensionsverpflichtungen

Die Fair AG hat am 31. Dezember 01 die gerade 62 gewordene Luisa Glück eingestellt. Luisa Glück wird zugesagt, dass sie in den ersten 10 Jahren nach ihrer Pensionierung mit 65 Jahren eine Jahresrente in Höhe von 8 % ihres letzen Gehaltes bekommen wird. Die Fair AG rechnet mit einem Endgehalt von Luisa Glück in Höhe von 30.570,38 jährlich. Die jeweils am Jahresende gezahlte Rente beträgt damit jährlich 2.445,63. Erstklassige Industrieanleihen mit vergleichbarer Restlaufzeit notieren derzeit bei 5,5 %. Latente Steuern werden in der Folge vernachlässigt, sind aber in der Praxis insbesondere aufgrund abweichender steuerlicher Kapitalisierungszinssätze zu erwarten. Für die Bilanzierung wählt die Fair AG den Korridor-Ansatz.

Zunächst ist der Barwert der Rentenverpflichtung zum Pensionseintrittstermin zu berechnen. Dies erfolgt im Beispiel mittels des Rentenbarwertfaktors:

$$\frac{(1+i)^n - 1}{i \cdot (1+i)^n} = \frac{(1 + 5{,}5\ \%)^{10} - 1}{5{,}5\ \% \cdot (1 + 5{,}5\ \%)^{10}} = 7{,}54.$$

Jahr **Alter am Jahresende**	**02** **63**	**03** **64**	**04** **65**
Barwert der Pensionsverpflichtung bei Pensionseintritt			18.434
Anteiliger Barwert der Pensionsverpflichtung bei Pensionseintritt	6.145	6.145	6.145
Anteiliger Barwert der Pensionsverpflichtung zum jeweiligen Periodenende	5.521	5.824	6.145
Verpflichtung zu Beginn der Periode	0	5.521	11.649
Verzinsung des Anfangsbestandes (Zinsaufwand)	0	304	641
Laufender Dienstzeitaufwand	5.521	5.824	6.145
Verpflichtung am Ende der Periode	5.521	11.649	18.434

Der Barwert der Pensionsverpflichtung bei Pensionseintritt beträgt damit 2.445,63 · 7,54 = 18.434. Im nächsten Schritt wird dieser Barwert linear auf die Jahre bis zum Pensionseintritt verteilt und auf das Ende des jeweiligen Dienstjahres abgezinst.

Am Ende des ersten Dienstjahres hat sich Luisa Glück ein Drittel des Pensionsanspruchs erdient. Der Barwert der Pensionsverpflichtung beträgt zum 31. Dezember 02: 5.521. Im Verlauf des Jahres 03 wird die zu Periodenbeginn vorhandene Verpflichtung mit 5,5 % aufgezinst. Zusätzlich wird dieser Periode ein laufender Dienstzeitaufwand von 5.824 zugeordnet. Dieser Prozess setzt sich im Folgejahr fort. Zum Ende des Jahres 04 entspricht die bilanzierte Verpflichtung dem Barwert der Pensionsverpflichtung bei Pensionseintritt.

Die Fair AG finanziert die Pension von Luisa Glück durch Einschaltung eines Pensionsfonds. Diesem wird in jedem Jahr ein Betrag genau in Höhe des jeweiligen Dienstzeitaufwandes zugeführt. Der Fondsmanager erwartet eine Rendite von 5,5 % auf das Planvermögen.

Jahr **Alter am Jahresende**	**02** **62**	**03** **63**	**04** **64**
Planvermögen zu Beginn der Periode	0	5.521	11.649
Wertzuwachs in der Periode (5,5 %)	0	304	641
Zuführung am Ende der Periode	5.521	5.824	6.145
Planvermögen am Ende der Periode	5.521	11.649	18.434

Entspricht der tatsächliche Verlauf den Erwartungen des Fondsmanagers kann somit der am Ende der dreijährigen Dienstzeit vorliegende Anspruch durch den Gegenwert des im Pensionsfonds angesammelten Planvermögens gedeckt werden.

Der Pensionsaufwand ergibt sich damit wie folgt:

Jahr **Alter am Jahresende**	**02** **62**	**03** **63**	**04** **64**
Laufender Dienstzeitaufwand	5.521	5.824	6.145
Zinsaufwand	0	–304	–641
Erfolg aus dem Planvermögen	0	304	641
Pensionsaufwand	**5.521**	**5.824**	**6.145**

Unter den vereinfachenden Annahmen des Beispiels entspricht der Pensionsaufwand genau dem laufenden Dienstzeitaufwand.

Modifikation 1:

Abweichend von den bisherigen Erwartungen wird nun gegen Ende des Jahres 02 davon ausgegangen, dass das Endgehalt von Luisa Glück 39.186,38 beträgt. Die Jahresrente steigt damit auf 3.134,91 und der Barwert der Pensionsverpflichtung auf 23.630. Dieser Barwert ist wiederum wie im Ausgangsbeispiel den einzelnen Dienstjahren zuzuordnen. Die sich ergebende Differenz im laufenden Dienstzeitaufwand des ersten Dienstjahres wird als versicherungsmathematischer Verlust aus der leistungsorientierten Verpflichtung bezeichnet.

Der anteilige Barwert für die einzelnen Dienstjahre beträgt 7.877. Der Barwert für das Jahr 02 beträgt damit 7.077. Der versicherungsmathematischer Verlust aus der leistungsorientierten Verpflichtung beträgt somit:

7.077 – 5.521 = 1.556.

Im Jahr 03 vergleicht die Fair AG entsprechend dem Korridor-Ansatz, die Summe der versicherungsmathematischen Verluste mit den entsprechenden Schwellenwerten auf Basis der Werte zum Ende des Jahres 02:

- 10 % des Barwertes der Verpflichtung (10 % von 7.077) = 708
- 10 % des Planvermögens (10 % von 5.521) = 552

Der übersteigende Betrag von 848 ist über die Jahre 03 und 04 zu verteilen.

Modifikation 2:

Entgegen den ursprünglichen Verzinsungen erzielt der Fondsmanager im Jahr 03 einen Verlust von 20 %. Die nachfolgende Tabelle vergleicht die erwarteten Erträge mit der tatsächlichen Wertentwicklung für die Jahre 02 und 03:

Jahr **Alter am Jahresende**	**02** **62**	**03** **63**
Erwartetes Planvermögen (Periodenende)	5.521	11.649
Tatsächliches Planvermögen (Periodenbeginn)	0	5.521
Tatsächlicher Wertzuwachs in der Periode	0	–1.104
Zuführung am Ende der Periode	5.521	5.824
Tatsächliches Planvermögen (Periodenende)	5.521	10.241
Versicherungsmathematischer Verlust aus Planvermögen	0	1.408

> Der versicherungsmathematische Verlust resultiert aus der nicht vorhandenen planmäßigen Verzinsung von 304 und dem Wertverlust der Periode von 1.104.
>
> Die Verteilung des Verlusts erfolgt analog zur Modifikation 1.

3.4 Leistungen bei Beendigung des Arbeitsverhältnisses

3.4.1 Grundlagen

Leistungen bei Beendigung des Arbeitsverhältnisses (*termination benefits*), sind Zahlungen, die anlässlich einer (arbeitgeberseitig gewünschten) Beendigung des Arbeitsverhältnisses entrichtet werden. Solche Zahlungen können Einmalzahlungen, periodische Zahlungen oder zusätzliche Verbesserungen der Betriebsrente sein. Zahlungen, die unabhängig vom Grund des Ausscheidens des Arbeitnehmers geleistet werden, gelten nicht als Leistungen bei Beendigung des Arbeitsverhältnisses sondern als Pensionsverpflichtungen oder sonstige längerfristige Verpflichtungen. Gewährt der Arbeitgeber bei arbeitgeberseitig veranlasstem Ausscheiden höhere Leistungen als bei freiwilligem Ausscheiden des Arbeitnehmers, so gilt nur die Differenz als Leistung bei Beendigung des Arbeitsverhältnisses. **IAS 19.132**

Nach IAS 19 ist die gesamte ausstehende Verpflichtung zu passivieren, wenn der Arbeitgeber hierzu unausweichlich verpflichtet ist oder wenn er aufgrund eines Angebotes an die Arbeitnehmer diese zum freiwilligen Ausscheiden ermutigen will. **IAS 19.133**

Ein Unternehmen ist zur Beendigung eines Arbeitsverhältnisses verpflichtet, wenn es für die Beendigung des Arbeitsverhältnisses einen detaillierten Plan besitzt und keine realistische Möglichkeit hat, sich diesem zu entziehen. Der detaillierte Plan muss mindestens die folgenden Angaben enthalten: **IAS 19.134**

- Standort, Funktion und ungefähre Anzahl der Arbeitnehmer, deren Arbeitsverhältnis beendet werden soll;
- die Leistungen aus Anlass der Beendigung des Arbeitsverhältnisses, die für jede Arbeitsplatzkategorie vorgesehen sind; und
- den Zeitpunkt der Umsetzung des Planes.

Eine zeitnahe Umsetzung des Planes muss dabei zumindest fest geplant sein. Die Zeitspanne bis zur vollständig erfolgten Umsetzung ist so zu bemessen, dass wesentliche Planänderungen unwahrscheinlich sind.

Die Leistungen zur Beendigung eines Arbeitsverhältnisses sind, sofern sie mehr als zwölf Monate nach dem Bilanzstichtag fällig sind, auf den Bilanzstichtag abzuzinsen. Der Abzinsungssatz bestimmt sich nach den gleichen Regelungen wie im Rahmen der Ermittlung der versicherungsmathematischen Verpflichtung bei leistungsorientierten Alterversorgungsplänen; dabei handelt es sich grundsätzlich um einen fristenkongruenten Kapitalmarktzins für erstklassige Industrieanleihen. **IAS 19.139 iVm IAS 19.78**

Im Falle eines Angebotes zur Förderung des freiwilligen und vorzeitigen Ausscheidens sind die Leistungen aus Anlass der Beendigung von Arbeitsverhältnissen auf der Basis der Anzahl von Arbeitnehmern, die das Angebot voraussichtlich annehmen werden, zu bewerten. **IAS 19.140**

Die Aufwendungen aus Anlass der Beendigung des Arbeitsverhältnisses sind anzugeben, soweit sie wesentlich sind. **IAS 19.142**

3.4.2 Verpflichtungen aus Altersteilzeitvereinbarungen

Im Rahmen von Altersteilzeitprogrammen besteht die Möglichkeit, mit Arbeitnehmern Altersteilzeitverhältnisse zu vereinbaren, die von der Bundesanstalt für Arbeit über höchstens fünf Jahre finanziell gefördert werden. In einer vertraglichen Vereinbarung (Tarifvertrag, Betriebsvereinbarung oder Einzelvereinbarung) kann festgelegt werden, dass der Arbeitnehmer in einem Teilzeitarbeitsverhältnis mit regelmäßig halbierter durchschnittlicher Arbeitszeit beschäftigt wird und neben dem entsprechend geminderten Arbeitsentgelt vom Arbeitgeber einen Aufstockungsbetrag erhält, so dass das Arbeitsentgelt nicht proportional zur Arbeitszeit reduziert wird. Der Aufstockungsbetrag beinhaltet dabei den Unterschiedsbetrag zwischen dem arbeitszeitproportional reduzierten Arbeitsentgelt bei Halbtagsbeschäftigung (50 % des Vollzeitlohns) und dem vereinbarten Arbeitsentgelt (z.B. 80 % des Vollzeitlohns).

IDW RS HFA 3, Tz. 1 Der Arbeitgeber erhält den Aufstockungsbetrag unter den folgenden kumulativ zu erfüllenden Voraussetzungen von der Bundesanstalt für Arbeit erstattet:

- Der Arbeitgeber stockt das Teilzeitentgelt um einen Zuschuss von mindestens 20 % auf 70 % des letzten Nettoeinkommens auf
- Der Arbeitgeber entrichtet zusätzlich für den Arbeitnehmer Beiträge in die gesetzliche Rentenversicherung
- Der Arbeitgeber beschäftigt auf dem frei gewordenen Arbeitsplatz versicherungspflichtig einen bislang arbeitslos gemeldeten, einen Arbeitnehmer nach Abschluss der Ausbildung oder einen Auszubildenden.

Zu unterscheiden ist grundsätzlich zwischen zwei Altersteilzeitmodellen:

- Teilzeitmodell: Es wird vereinbart, dass der Arbeitnehmer während des gesamten Altersteilzeitraumes bis zur Pensionierung mit einer reduzierten täglichen Arbeitszeit tätig ist.
- Blockmodell: Der Arbeitnehmer bleibt in der ersten Phase des Altersteilzeitraumes (Beschäftigungsphase) weiterhin im ursprünglich vereinbarten Umfang tätig und ist während der sich anschließenden zweiten Phase (Freistellungsphase) vollständig von seiner Arbeitspflicht freigestellt.

IDW RS HFA 3 Nach der IDW Stellungnahme zur Rechnungslegung: Bilanzierung von Verpflichtungen aus Altersteilzeitregelungen nach IAS und nach handelsrechtlichen Vorschriften haben die **Aufstockungsbeträge** Abfindungscharakter. Sie fördern die Bereitschaft des Arbeitnehmers zum Verzicht auf die bisherige Vollzeitbeschäftigung. Dies qualifiziert den Aufstockungsbetrag als Leistung aus Anlass der Beendigung des Arbeitsverhältnisses *(termination benefit)*. Folglich ist eine Verbindlichkeit für die diskontierten Aufstockungsbeträge zu passivieren. Haben Arbeitnehmer tarifvertraglich oder betriebsvereinbarungsbedingt die Wahl zum Abschluss einer Altersteilzeitvereinbarung, der sich der Arbeitgeber nicht entziehen kann, so ist bei der Bewertung der Verbindlichkeit auch die potenzielle zukünftige Inanspruchnahme der Altersteilzeitvereinbarung zu berücksichtigen. Dabei ist vom Grad der wahrscheinlichen Inanspruchnahme durch die Arbeitnehmer auszugehen.

Erstattungsbeiträge der Bundesanstalt für Arbeit sind nur dann zu aktivieren, wenn faktisch sicher ist, dass diese dem Bilanzierenden zufließen. Eine Aktivierung von Erstattungsansprüchen ist daher nur bei Erfüllung aller o.g. Voraussetzungen vorzunehmen. Eine vorherige rückstellungsmindernde Berücksichtigung der Erstattungsbeiträge kommt nicht in Betracht.

Wird das Altersteilzeitmodell als **Blockmodell** ausgestaltet, erbringt der Arbeitnehmer in der Beschäftigungsphase die volle Arbeitsleistung, wird jedoch nur entsprechend der Teilzeitvereinbarung entlohnt. Insoweit baut sich in der Beschäftigungsphase in Höhe des nicht entlohnten Anteils der Arbeitsleistung ein Erfüllungsrückstand auf, für den – zusätzlich zu der Einmalrückstellung (die Aufstockungsbeträge betreffend) – in jeder Periode der Beschäftigungsphase eine Verbindlichkeit für **Erfüllungsrückstand** in Höhe des Barwerts des in der Freistellungsphase nachzuleistenden Lohns (**50** % des Vollzeitarbeitsentgelts) anzusammeln ist.

Alle Komponenten der Altersteilzeitrückstellung sind unter Rückgriff auf den für die Diskontierung von Pensionsrückstellungen maßgeblichen Zinssatz (vorzugsweise: Rendite erstrangiger Industrieobligationen) mit ihrem Barwert anzusetzen und in Folgeperioden aufzuzinsen.

4. Finanzielle Verbindlichkeiten

4.1 Finanzielle Verbindlichkeiten als Teil der Finanzinstrumente

Der vorliegende Abschnitt befasst sich mit den auf der Passivseite der Bilanz auszuweisenden finanziellen Schulden im Sinne von IAS 32 und IAS 39 (→ Abbildung 29).

Finanzinstrumente		
Verträge, die gleichzeitig bei einer Partei zu einem finanziellen Vermögenswert und bei der anderen Partei zu einer finanziellen Schuld oder zu einem Eigenkapitalinstrument führen		
Aktivische Finanzinstrumente	**Passivische Finanzinstrumente**	
Finanzielle Vermögenswerte • Flüssige Mittel • An anderen Unternehmen gehaltene Eigenkapitalinstrumente • Vertragliche Ansprüche – auf Erhalt flüssiger Mittel oder anderer finanzieller Vermögenswerte oder – auf Austausch finanzieller Vermögenswerte oder finanzieller Schulden unter potenziell vorteilhaften Bedingungen • Bestimmte Vereinbarungen, die durch Lieferung von Eigenkapitalinstrumenten des Unternehmens durch Dritte erfüllt werden (können)	**Finanzielle Verbindlichkeiten** • Vertragliche Verpflichtungen – flüssige Mittel oder andere finanzielle Vermögenswerte zu liefern oder – zum Austausch finanzieller Vermögenswerte oder finanzieller Schulden unter potenziell nachteiligen Bedingungen • Bestimmte Vereinbarungen, die durch Lieferung von Eigenkapitalinstrumenten des Unternehmens an Dritte erfüllt werden (können)	**Eigenkapitalinstrumente** • Verträge, die einen Residualanspruch am Vermögen des Unternehmens nach Begleichung aller Schulden begründen • Kündbare Finanzinstrumente, die grundsätzlich finanzielle Verbindlichkeiten darstellen, aber als Ausnahme die Bedingungen des IAS 32.16A–.16D erfüllen

Abbildung 29: Einteilung der Finanzinstrumente nach IAS 32.11

Exkurs: Abgrenzung von Eigen- und Fremdkapital

IAS 32.15 IAS 32.18 IFRIC 2 Bei erstmaligem Ansatz sind Finanzinstrumente als finanzielle Verbindlichkeit bzw. finanzieller Vermögenswert oder als Eigenkapitalinstrument zu qualifizieren. Dabei erfolgt eine Klassifizierung nicht allein anhand der rechtlichen Ausgestaltung, sondern insbesondere auf Basis des wirtschaftlichen Gehalts des Instruments. Maßgeblich für die Abgrenzung von Eigen- und Fremdkapitalinstrumenten sind dabei die Regelungen des IAS 32 und ergänzend die Regelungen von IFRIC 2 betreffend der Bilanzierung von Genossenschaftsanteilen. Nach Auffassung des Rechnungslegungs Interpretations Committe (RIC) des DRSC ist allerdings durch das IFRIC weiterhin zu klären, ob IAS 32 und 39 bei der Beurteilung der Grundsatzfrage „finanzielle Schuld vs. Eigenkapitalinstrument" jeweils zu symmetrischen Auslegungen beim Emittenten sowie Inhaber des Finanzinstruments führen müssen oder ob der Inhaber eine eigenständige Beurteilung des jeweiligen Finanzinstruments und seiner Charakteristika auf der Grundlage von IAS 39 vorzunehmen hat (vgl. Stellungnahme v. 21. August 2007).

IAS 32.11 Finanzielle Verbindlichkeiten werden definiert als vertragliche Verpflichtungen,

- Zahlungsmittel oder andere finanzielle Vermögenswerte an ein anderes Unternehmen zu leisten oder
- finanzielle Vermögenswerte oder finanzielle Verbindlichkeiten mit einem anderen Unternehmen zu potenziell ungünstigen Konditionen zu tauschen.

Ferner liegen finanzielle Verbindlichkeiten vor, wenn der Vertrag in eigenen Eigenkapitalinstrumenten zu erfüllen ist oder erfüllt werden kann und

- ein nicht derivatives Finanzinstrument (Kassa-Finanzinstrument) vorliegt, durch das das emittierende Unternehmen vertraglich verpflichtet werden kann, eine variable Anzahl an eigenen Eigenkapitalinstrumenten abzugeben oder
- eine Verpflichtung aus einem derivativen Finanzinstrument vorliegt, die nicht durch Austausch eines festen Betrags an flüssigen Mitteln oder an anderen finanziellen Vermögenswerten gegen eine feste Anzahl von eigenen Eigenkapitalinstrumenten des Unternehmens erfüllt werden kann.

IAS 32.11 Eigenkapitalinstrumente werden als Verträge definiert, die einen Residualanspruch an den Vermögenswerten eines Unternehmens nach Abzug der dazugehörigen Schulden begründen.

Im einzelnen folgt die Abgrenzung von Eigen- und Fremdkapitalinstrumenten grundsätzlich den folgenden Kriterien:

- IAS 32.16 IAS 32.17 IAS 32.25 Verpflichtung zur Rückzahlung: Es liegt eine finanzielle Verbindlichkeit vor, wenn ein Unternehmen nicht über ein uneingeschränktes Recht verfügt, sich bei der Erfüllung der vertraglichen Verpflichtung der Abgabe von flüssigen Mitteln oder anderer finanzieller Vermögenswerte zu entziehen. Dies sind z.B. Finanzinstrumente mit obligatorischem Rückkauf oder vereinbarter Tilgung bzw. vereinbarter Laufzeit. Darüber hinaus liegt eine finanzielle Verbindlichkeit grundsätzlich dann vor, wenn die Art der Erfüllung vom Eintritt unsicherer zukünftiger Ereignisse abhängt, die außerhalb der Kontrolle sowohl des Emittenten als auch des Inhabers des Instruments liegen.
- IAS 32.18b IFRIC 2.5ff. Inhaberkündigungsrecht: Es liegt eine finanzielle Verbindlichkeit vor, wenn das Finanzinstrument den Inhaber zur Rückgabe an den Emittenten gegen flüssige

Mittel oder andere finanzielle Vermögenswerte berechtigt. Eine Klassifizierung als Eigenkapitalinstrument kommt in diesen Fällen nur dann in Betracht, wenn das emittierende Unternehmen ein uneingeschränktes Recht hat, die Rücknahme abzulehnen oder ein uneingeschränktes Verbot der Rückzahlung in Gesetz oder Satzung geregelt ist. Darüber hinaus liegt eine finanzielle Verbindlichkeit grundsätzlich dann vor, wenn das Kündigungsrecht vom Eintritt unsicherer zukünftiger Ereignisse abhängt, die außerhalb der Kontrolle sowohl des Emittenten als auch des Inhabers des Instruments liegen. **IAS 32.25** **IAS 32.17**

- Verpflichtung zur Zahlung von Zinsen: Fest vereinbarte Vergütungen führen grundsätzlich zu einer Klassifizierung als Fremdkapital. Dagegen stellt die Partizipation des Inhabers an Dividenden oder anderen Gewinnausschüttungen keine Zahlungsverpflichtung dar, wenn die Ausschüttungen im freien Ermessen der Gesellschaftsorgane liegen und die Übertragung von flüssigen Mitteln oder anderen Vermögenswerten nicht vorgeschrieben werden kann.

Für derivative Kontrakte gilt folgendes:

- Das Derivat wird als finanzieller Vermögenswert oder als finanzielle Verbindlichkeit bilanziert, wenn die Erfüllung der Verpflichtung durch Zahlungsmittel oder durch Hingabe einer variablen Anzahl von eigenen Eigenkapitalinstrumenten erfolgt. Gleiches gilt, wenn das Derivat einer Vertragspartei ein Wahlrecht für die Art der Erfüllung einräumt und nicht alle Erfüllungsalternativen zu einer Klassifizierung als Eigenkapitalinstrument führen. **IAS 32.AG 27** **IAS 32.26**
- Das Derivat wird als Eigenkapitalinstrument bilanziert, wenn im Emissionszeitpunkt des Finanzinstruments die zu liefernde Anzahl von eigenen Eigenkapitalinstrumenten und der Betrag der Gegenleistung in Form von flüssigen Mitteln oder anderen finanziellen Vermögenswerten feststehen. **IAS 32.16b, ii**

Zusammengesetzte Finanzinstrumente verfügen sowohl über eine Eigenkapital- als auch über eine Fremdkapitalkomponente. Diese Komponenten des Instruments sind ggf. zu trennen, als finanzielle Verbindlichkeiten, finanzielle Vermögenswerte oder Eigenkapitalinstrumente zu klassifizieren und für die Zwecke der Bilanzierung gesondert zu betrachten. (IFRIC 9 diskutiert zudem ausführlich Beurteilungskriterien für die Abspaltungspflicht bei sog. eingebetteten Derivaten). Dabei setzt z.B. die Klassifizierung eines Wandlungsrechts als Eigenkapital voraus, dass im Emissionszeitpunkt die zu liefernde Anzahl eigener Eigenkapitalinstrumente und der Betrag der Gegenleistung feststehen. Dennoch können etwa Kapitalverwässerungsschutzklauseln zu einer Klassifizierung als finanzielle Verbindlichkeit führen, wenn die Anpassung des Wandlungsverhältnisses bei Nichteinhaltung einer vorgegebenen Eigenkapitalquote – und damit in Abhängigkeit vom Eintritt unsicherer zukünftiger Ereignisse – erfolgt. **IAS 32.28** **IAS 32.25,** **IAS 32.16b, ii**

Die vorstehenden Kriterien haben dazu geführt, dass Einlagen in deutsche **Personenhandelsgesellschaften** regelmäßig als Fremdkapital zu bilanzieren waren. Die Gesellschafter haben hier ein gesetzliches Kündigungsrecht, das gesellschaftsvertraglich nicht ausgeschlossen werden kann und bei Ausübung zu einem Abfindungsanspruch des Ausscheidenden gegen die Gesellschaft und die übrigen Gesellschafter führt. Für Zwecke der Bilanzierung nach den IFRS ist das gesetzliche Kündigungsrecht wie ein vertragliches Kündigungsrecht (Inhaberkündigungsrecht) zu beurteilen. Dies hat auf verschiedenen Seiten, insbesondere Deutschland,

C.III

zu erheblicher Kritik geführt. Das IASB hat vor diesem Hintergrund im Rahmen der im Februar 2008 veröffentlichten überarbeiteten Fassung des IAS 32 eine Ausnahmeregelung von den zuvor beschriebenen Grundsätzen eingeführt. Danach sind Anteile, die vom Inhaber an den Emittenten zurückgegeben werden können (*puttable intruments*) trotz ihrer Eigenschaft als finanzieller Verbindlichkeit dann als Eigenkapital auszuweisen, wenn sie

- einen entsprechend der Anteilsquote bestehenden Anspruch am Liquidationserlös gewähren,
- nachrangig zu allen anderen Kapitalformen sind,
- identische Eigenschaften/Ausgestaltungen aufweisen und
- einen die Unternehmensentwicklung nachbildenden Zahlungsanspruch enthalten.

Gewinne bei Personenhandelsgesellschaften werden unmittelbar den Gesellschaftern zugerechnet und können entnommen werden. Insofern erfolgt hier eine Klassifizierung als Fremdkapital. (→ C.III.1.1.5).

Das gesellschaftsrechtliche Eigenkapital deutscher **Kapitalgesellschaften** erfüllt regelmäßig die Voraussetzungen für eine Klassifikation als Eigenkapital (→ C.III.1.1.3). So besteht grundsätzlich kein Kündigungsrecht der Gesellschafter und die Dividendenzahlung liegt im Ermessen der Gesellschaftsorgane. Dennoch können gesonderte vertragliche Vereinbarungen, z.B. Gesellschafterkündigungsrechte bei der GmbH zu einer Klassifizierung als finanzielle Verbindlichkeit führen, wenn die Bedingungen für das Vorliegen der Ausnahme eines rückgabefähigen Finanzinstruments (*puttable intruments*) nicht erfüllt sind.

Entsprechend der vorstehenden Definition beinhalten ferner folgende handelsrechtliche Bilanzposten (§266 Abs. 3 C. HGB) finanzielle Verbindlichkeiten i. S. v.

- Anleihen;
- Verbindlichkeiten gegenüber Kreditinstituten;
- Verbindlichkeiten aus Lieferungen und Leistungen;
- Verbindlichkeiten aus der Annahme gezogener Wechsel und der Ausstellung eigener Wechsel;
- Verbindlichkeiten gegenüber verbundenen Unternehmen.

Erhaltene Anzahlungen stellen dagegen keine finanziellen Verbindlichkeiten dar, da sie durch den Abgang von Vermögenswerten bzw. durch die Erbringung von Dienstleistungen beglichen werden.

IAS 39.2 Ausgenommen vom Regelungsbereich des IAS 39 sind:

- Verbindlichkeiten aus Altersversorgungsplänen gemäß IAS 19;
- Verbindlichkeiten aus Leasingverhältnissen. Diese werden durch IAS 17 geregelt;
- Verbindlichkeiten aus Versicherungsverträgen. Hier ist IFRS 4 maßgeblich.

4.2 Kategorien finanzieller Verbindlichkeiten

Finanzielle Verbindlichkeiten sind analog der Vorgehensweise bei finanziellen Vermögenswerten einer Kategorie zuzuordnen. Aus dieser Zuordnung bestimmt sich das anzuwendende Bewertungskonzept. Im Gegensatz zu den finanziellen

Vermögenswerten kommen bei den finanziellen Verbindlichkeiten jedoch nur **zwei Kategorien** in Betracht:

In die Kategorie **finanzielle Verbindlichkeiten, die erfolgswirksam zum *fair value* zu bewerten sind** (*at fair value through profit or loss*) fallen Verbindlichkeiten, die **IAS 39.9**

- zu Handelszwecken gehalten werden (*financial liabilities held for trading* – kurz: *trading*) oder
- **die nach dem im Zeitpunkt ihrer bilanziellen Erfassung dokumentierten Willen des Bilanzierenden erfolgswirksam zum *fair value* zu bewerten sind** (*financial assets designated by the entity as at fair value through profit or loss*).

Das durch die zweite Möglichkeit eingeräumte **Wahlrecht** kann einmalig bei Zugang der Verbindlichkeit ausgeübt werden. Dieses als *Fair Value* Option bezeichnete generelle Wahlrecht wird jedoch durch die im Juni 2005 verabschiedete diesbezüglich überarbeitete Regelung eingeschränkt. Die Anwendung der *Fair Value* Option ist nur noch in solchen Fällen zulässig, in denen dies zu relevanteren Informationen führt, da eine Ansatz- und Bewertungsinkonsistenz entweder beseitigt oder erheblich reduziert wird oder in denen eine Gruppe von finanziellen Vermögenswerten oder Verbindlichkeiten oder beide gemeinsam im Rahmen eines nachweislichen Risikomanagements oder einer nachweislichen Anlagestrategie gehandhabt werden.

C.III

Darüber hinaus gestattet es die überarbeitete *Fair Value* Option, dass ein gesamter kombinierter Kontrakt, der ein oder mehrere eingebettete Derivate enthält, als ein finanzieller Vermögenswert oder eine finanzielle Verbindlichkeit erfolgswirksam zum *Fair Value* bewertet werden kann. Dies scheidet jedoch aus, wenn das eingebettete Derivat bzw. die eingebetteten Derivate die ansonsten aus dem Vertrag anfallenden Zahlungsströme nur unerheblich verändern oder wenn es bei erstmaliger Beurteilung eines vergleichbaren Instruments leicht ersichtlich ist, dass eine Abspaltung des oder der eingebetteten Derivate unzulässig ist. IFRIC 9 widmet sich detailliert der Beurteilung von Kriterien zur Abspaltung eingebetteter Derivate im Zeitpunkt des jeweiligen Vertragsabschlusses sowie der Frage einer eventuellen Neubeurteilung während der Vertragslaufzeit des jeweiligen Finanzinstruments.

Zur Kategorie *trading* zählen auch **Derivate** mit Ausnahme jener, die Teil einer effektiven Sicherungsbeziehung sind.

Für eingehendere Erläuterungen zur Abgrenzung dieser Kategorien → C.II.4.1.3. Finanzielle Verbindlichkeiten dieser Kategorie sind **erfolgswirksam zum *fair value*** zu bewerten. Dies gilt indes nicht für solche derivativen Verbindlichkeiten, die sich auf nicht börsennotierte Eigenkapitalinstrumente beziehen, deren *fair value* nicht verlässlich bestimmbar ist, und durch diese beglichen werden müssen. Solche derivativen Verbindlichkeiten sind mit ihren Anschaffungskosten zu bewerten.

Die zweite Kategorie umfasst alle **sonstigen finanziellen Verbindlichkeiten**, die nicht der Kategorie *at fair value through profit or loss* zuzurechnen sind. In der Praxis wird der überwiegende Teil der finanziellen Verbindlichkeiten dieser Kategorie zuzurechnen sein. **IAS 39.47**

Diese sind grundsätzlich zu **fortgeführten Anschaffungskosten** unter Anwendung der Effektivzinsmethode zu bewerten. In folgenden Ausnahmefällen ist anders zu verfahren:

IAS 39.47 iVm IAS 39.29
- Eine finanzielle Verbindlichkeit, die entsteht, wenn die Übertragung eines finanziellen Vermögenswertes nicht die Kriterien für seine Ausbuchung erfüllt, ist in Höhe der für den finanziellen Vermögenswert erhaltenen Gegenleistung anzusetzen. In den Folgeperioden hat der Bilanzierende die Erträge aus dem übertragenen Vermögenswert und die Aufwendungen aus der finanziellen Verbindlichkeit zu erfassen.

IAS 39.47 iVm IAS 39.31
- Eine finanzielle Verbindlichkeit, die entsteht, wenn die Übertragung eines finanziellen Vermögenswertes nach dem *continuing involvement approach* abgebildet wird, ist
  - mit den fortgeführten Anschaffungskosten der vom Bilanzierenden zurückbehaltenen Rechte und Verpflichtungen zu bewerten, wenn der übertragene Vermögenswert zu fortgeführten Anschaffungskosten bewertet wird.
  - zum *fair value* der zurückbehaltenen Rechte und Verpflichtungen anzusetzen, wenn der übertragene Vermögenswert mit dem *fair value* bewertet wird.

4.3 Ansatz finanzieller Verbindlichkeiten

IAS 39.14 IAS 39.AG34f. Ebenso wie finanzielle Vermögenswerte (→ C.II.4.) sind auch finanzielle Verbindlichkeiten dann in der Bilanz anzusetzen, wenn das Unternehmen Vertragspartei entsprechend den vertraglichen Regelungen des Finanzinstruments wird. Dies ist regelmäßig der Fall, wenn eine der Vertragsparteien den Vertrag erfüllt hat. Demgegenüber sind finanzielle Verbindlichkeiten, die aus dem negativen *fair value* eines Derivats resultieren, das unter den Anwendungsbereich von IAS 39 fällt, bereits bei Vertragsabschluss bilanziell zu erfassen.

Anders als bei den finanziellen Vermögenswerten (→ C.II.4.) existieren keine Vorschriften zur Bilanzierung zum Handelstag oder zum Erfüllungstag. Es gelten die vorstehenden allgemeinen Ansatzkriterien.

4.4 Zugangsbewertung

IAS 39.43 Finanzielle Verbindlichkeiten sind ebenso wie finanzielle Vermögenswerte im Zeitpunkt der erstmaligen Erfassung mit ihrem ***fair value*** anzusetzen. Dieser entspricht üblicherweise dem **Transaktionspreis**.

IAS 39.AG13 IAS 39.IG E.1.1 Bei erfolgswirksam zum *fair value* bewerteten finanziellen Verbindlichkeiten sind **Transaktionskosten** wie Gebühren, Provisionen, Steuern und Courtage unmittelbar erfolgswirksam zu erfassen.

Bei den übrigen finanziellen Verbindlichkeiten erhöhen Transaktionskosten den Transaktionspreis.

IAS 39.AG79 Kurzfristige Verbindlichkeiten ohne festgelegten Zinssatz können mit ihrem ursprünglichen Rechnungsbetrag angesetzt werden, wenn der Abzinsungseffekt unwesentlich ist.

4.5 Folgebewertung

4.5.1 *Bewertung zu (planmäßig) fortgeführten Anschaffungskosten*

Die Bewertung zu fortgeführten Anschaffungskosten ist grundsätzlich auf alle finanziellen Verbindlichkeiten anzuwenden, die nicht als *at fair value through profit or loss* eingestuft wurden und wird damit in der Praxis auf die überwiegende Zahl finanzieller Verbindlichkeiten anzuwenden sein.

Die planmäßige Fortschreibung der Anschaffungskosten einer finanziellen Verbindlichkeit nach der Effektivzinsmethode berücksichtigt **IAS 39.9, .56**

- Kapitalzahlungen des Schuldners und
- die Amortisation eines etwaigen Unterschiedsbetrags zwischen den Anschaffungskosten und dem bei Fälligkeit zu zahlenden Betrag, berechnet nach der Effektivzinsmethode.

Ziel der Effektivzinsmethode ist es, für jede Periode eine konstante Verzinsung des geschuldeten Kapitals im Jahresabschluss abzubilden.

Der effektive Zinssatz ist jener Zinssatz, bei dem der Barwert der künftigen Zahlungen den Anschaffungskosten der finanziellen Verbindlichkeit entspricht. Hierbei sind neben dem sich aus der Nominalverzinsung ergebenden Zinsaufwand Transaktionskosten, etwaige Agien oder Disagien sowie alle sonstigen zwischen den Parteien vereinbarten Entgelte und Gebühren zu berücksichtigen, die Zinscharakter haben.

In Höhe der Differenz zwischen dem nominalen Zinsaufwand und dem effektiven Zinsaufwand sind die Anschaffungskosten der finanziellen Verbindlichkeit fortzuschreiben (siehe Beispiel zur Effektivzinsmethode in → C.II.4.1.6.3).

Fremdwährungsverbindlichkeiten sind zu jedem Bilanzstichtag mit dem aktuellen Stichtagskurs umzurechnen. Wertänderungen aufgrund von Wechselkursschwankungen sind bei Entstehung in voller Höhe erfolgswirksam zu erfassen. **IAS 21.21** **IAS 21.28**

4.5.2 *Erfolgswirksame fair value-Bewertung*

Finanzielle Verbindlichkeiten, die der Kategorie *fair value through profit or loss* zugeordnet wurden, sind erfolgswirksam zum *fair value* (→ C.II.4.1.6.2) zu bewerten. Zusätzlich kann auch bei der Bilanzierung nach dem *continuing involvement approach* eine *fair value*-Bewertung vorzunehmen sein. Hierdurch hat das eigene Kreditrisiko eines Unternehmens Einfluss auf den Wertansatz der finanziellen Verbindlichkeiten.

Änderungen des *fair value* sind als Aufwand oder Ertrag in der Gewinn- und Verlustrechnung zu erfassen. **IAS 39.55a**

Bei der Folgebewertung zum *fair value* bleiben Transaktionskosten, die bei einer zukünftigen Übertragung oder Veräußerung der finanziellen Verbindlichkeit anfallen, unberücksichtigt.

4.6 Ausbuchung von finanziellen Verbindlichkeiten

IAS 39.39 Eine finanzielle Verbindlichkeit ist auszubuchen, wenn die zugrunde liegende Verpflichtung erfüllt wurde oder auf andere Weise erlischt.

IAS 39.40 IAS 39.AG 62 Im Fall einer **Umschuldung** oder **Schuldumwandlung** ist wie folgt zu unterscheiden:

- Sind die Vertragsbedingungen der neuen Verbindlichkeit **substanziell verschieden** von den Bedingungen der bisherigen Verbindlichkeit, so stellt dies zwei getrennte Geschäftsvorfälle dar, die getrennt zu bilanzieren sind. D.h., es werden ein Abgang der alten Verbindlichkeit und ein Zugang der neuen Verbindlichkeit erfasst.
- Sind keine substanziell verschiedenen Bedingungen zu verzeichnen, dann ist die ursprüngliche Verbindlichkeit unverändert weiterzuführen. Kosten der Umschuldung mindern den Buchwert der Verbindlichkeit und sind über die Laufzeit der Verbindlichkeit zu amortisieren.

4.7 Ausweis finanzieller Verbindlichkeiten

IAS 1.68 Nach IAS 1 sind folgende Arten von finanziellen Verbindlichkeiten gesondert in der Bilanz auszuweisen:

- Verbindlichkeiten aus Lieferungen und Leistungen sowie
- sonstige finanzielle Verbindlichkeiten.

Die finanziellen Verbindlichkeiten sind hinsichtlich ihrer Fristigkeit in langfristig *(non-current)* und kurzfristig (*current*) zu untergliedern (zu den allgemeinen Abgrenzungskriterien → E.I.).

IAS 1.63 Finanzielle Verbindlichkeiten sind auch dann als kurzfristig auszuweisen, wenn nach dem Bilanzstichtag, aber vor Freigabe des Abschlusses zur Veröffentlichung (diese erfolgt i.d.R. durch Unterzeichnung des Jahresabschlusses durch den Vorstand bzw. die Geschäftsführung) eine Änderung der Vertragsbedingungen erfolgt ist, welche die Restlaufzeit der Verbindlichkeit verlängert.

4.8 Anhangangaben (*notes*)

→ CD-Anhangcheckliste 5.4

IV. Übergreifende Regelungen

Gliederung:

C.IV

1. Latente Steuern

1.1 Hintergrund der Abgrenzung latenter Steuern

IAS 12.16 iVm F.15 Zentrales Anliegen der Rechnungslegung nach den IFRS ist es, den Adressaten des Abschlusses entscheidungsrelevante Informationen zu vermitteln. Als entscheidungsrelevant gelten nach den Vorstellungen des IASB Informationen über die Höhe, den zeitlichen Anfall und die Unsicherheit künftiger Zahlungsmittelflüsse. Aus dieser Perspektive geben Aktiva Auskunft darüber, in welcher Höhe das Unternehmen aus der Remonetarisierung der Vermögenswerte Mittelzuflüsse erwartet. Umgekehrt sind Passiva Ausdruck für erwartete Mittelabflüsse zur Begleichung von Schulden.

Weicht der IFRS-Buchwert eines Vermögenswerts bzw. einer Schuld vom Steuerwert des Bilanzpostens ab, liefert die Bilanz ohne Berücksichtigung latenter

Steuern keine zutreffende Auskunft über die erwarteten Zahlungsmittelzu- und -abflüsse.

Beispiel:

Vorratsgut, dessen Wertansatz in der IFRS-Bilanz den Steuerwert übersteigt:

- Wertansatz des Vorratsguts nach IAS 2: 200,
- Wertansatz des Vorratsguts in der Steuerbilanz 150,
- Ertragsteuersatz des Unternehmens: 30 %.

Realisiert sich der Buchwert des Vorratsguts, fließen dem Unternehmen zunächst finanzielle Mittel in Höhe von 200 zu. Steuerlich führt der Verkauf des Vermögenswerts zu einem Gewinn von 50. Dieser führt bei einem Steuersatz von 30 % zu einem Abfluss finanzieller Mittel in Höhe von 15.

Die Grundidee der Abgrenzung latenter Steuern besteht darin, künftige Steuerwirkungen, die sich im Falle der Realisation der IFRS-Buchwerte ergeben, durch den Ansatz latenter Steuern zu antizipieren. Bezogen auf das Beispiel bedeutet dies, dass das Unternehmen eine latente Steuerschuld in Höhe von 15 anzusetzen hat.

1.2 Zu versteuernde und abzugsfähige temporäre Differenzen

Entsprechend dem erläuterten Grundprinzip verfolgt IAS 12 einen bilanzorientierten Ansatz zur Abgrenzung latenter Steuern. Er sieht – von wenigen Ausnahmen abgesehen – die Bildung latenter Steuern für so genannte temporäre Differenzen vor. Gemeint sind Unterschiedsbeträge zwischen dem Buchwert eines Vermögenswerts oder einer Schuld im IFRS-Abschluss und dem korrespondierenden Steuerwert. **IAS 12.5**

Als **Steuerwert** eines Vermögenswerts oder einer Schuld gilt jener Betrag, der diesen Posten für steuerliche Zwecke beizulegen ist. **IAS 12.7**

Bei den Unterschiedsbeträgen zwischen den IFRS-Wertansätzen und den korrespondierenden Steuerwerten kann es sich um

- zu versteuernde temporäre Differenzen (*taxable temporary differences*) – sie führen bei Realisation des IFRS-Buchwerts zu einem steuerpflichtigen Gewinn, der das zu versteuernde Einkommen erhöht – oder
- abzugsfähige temporäre Differenzen (*deductible temporary differences*) – sie führen bei Realisation des IFRS-Buchwerts zu einem steuerpflichtigen Verlust, der bei der Ermittlung des zu versteuernden Einkommens abzugsfähig ist –

handeln.

Zu versteuernde temporäre Differenzen entstehen beispielsweise, wenn **IAS 12.17f.**

- bei der planmäßigen Abschreibung von Anlagegütern unter IFRS eine längere Nutzungsdauer gewählt wird als in der Steuerbilanz,
- in der Steuerbilanz Mehrabschreibungen vorgenommen werden, die nach IFRS nicht zulässig sind,
- in der IFRS-Bilanz Entwicklungskosten aktiviert werden,

- unter IFRS nachträgliche Ausgaben für Vermögenswerte aktiviert, in der steuerlichen Gewinnermittlung dagegen als Erhaltungsaufwand behandelt werden,
- Vorräte in Zeiten steigender Preise in der Steuerbilanz nach der Lifo-Methode, in der IFRS-Bilanz dagegen nach der Fifo- oder Durchschnittsmethode bewertet werden,
- Vermögenswerte nach IAS 16 oder IAS 38 neu bewertet werden bzw. nach IAS 39 oder IAS 40 zum über den (fortgeführten) Anschaffungs- oder Herstellungskosten liegenden *fair value* angesetzt werden,
- in der Steuerbilanz Rückstellungen für unterlassene Aufwendungen für Instandhaltung gebildet werden.

IAS 12.26 Als mögliche Ursachen für **abzugsfähige temporäre Differenzen** sind zu nennen:

- Abwertungen auf einen unter den fortgeführten Anschaffungskosten liegenden *fair value*, ohne dass eine voraussichtlich dauernde Wertminderung vorliegt,
- der Ansatz der Herstellungskosten unter der steuerrechtlichen Wertobergrenze,
- der Ansatz von Drohverlustrückstellungen in der IFRS-Bilanz,
- höhere Wertansätze für Pensionsverpflichtungen nach IAS 19 im Vergleich zu § 6a EStG,
- die Erfassung von Wertminderungen nach IAS 36, die nicht mit einer steuerrechtlichen (Teilwert-)Abschreibung korrespondieren.

Die Abgrenzung latenter Steuern ist unabhängig davon vorzunehmen, ob sich die temporären Differenzen erfolgswirksam oder erfolgsneutral gebildet haben. Entscheidend ist allein, dass ihr Ausgleich zu einem steuerlichen Mehr- oder Minderaufwand führen kann.

IAS 12.19 Aus diesem Grund umfassen die temporären Differenzen auch solche Bewertungsunterschiede zwischen IFRS-(Konzern-)Abschluss und Steuerbilanz, die sich bei Unternehmenszusammenschlüssen aus der *fair value*-Bewertung der erworbenen Vermögenswerte und Schulden (*purchase price allocation*) ergeben.

SIC 21 Unbeachtlich ist ferner, wann sich der Bewertungsunterschied ausgleicht und ob es hierzu gegebenenfalls einer unternehmerischen Maßnahme (z.B. Verkauf eines Grundstücks) bedarf.

Keine temporären Differenzen liegen bei solchen Bewertungsunterschieden vor, die sich unter keinen Umständen in Folgeperioden erfolgswirksam ausgleichen können. Hierzu rechnen in erster Linie **steuerfreie Betriebseinnahmen** und nicht **abzugsfähige Betriebsausgaben**.

1.3 Ansatz latenter Steuern für temporäre Differenzen

1.3.1 Aktivische latente Steuern

1.3.1.1 Allgemeine Grundsätze

IAS 12.24, .27 IAS 12 sieht grundsätzlich die Bildung aktivischer latenter Steuern für alle **abzugsfähigen** temporären Differenzen vor. Da es sich bei dem Abgrenzungsposten nach dem Grundkonzept des IAS 12 um einen Vermögenswert handelt (genauer: um einen Anspruch gegen den Fiskus), ist sein Ansatz nur insoweit zulässig, als im Zeitpunkt der Umkehr der temporären Differenz wahrscheinlich ein zu versteuerndes Einkommen verfügbar sein wird, gegen das der steuerliche Verlust verrechnet werden kann. Wahrscheinlich bedeutet dabei, dass mehr Gründe für als gegen die Verwendbarkeit des steuerlichen Verlusts sprechen.

Hintergrund dieser zusätzlichen Ansatzvoraussetzung ist die Tatsache, dass sich der wirtschaftliche Vorteil aus der Umkehr abzugsfähiger temporärer Differenzen nur in Form verminderter Steuerzahlungen, nicht dagegen in Gestalt eines positiven Zahlungsanspruchs gegen den Fiskus durchsetzen lässt. Eine solche Aufrechnung setzt ein positives steuerliches Ergebnis voraus, gegen das die temporäre Differenz verwendet werden kann.

Von einer Werthaltigkeit des latenten Steueranspruchs ist dann auszugehen, wenn in der Periode der Umkehr der abzugsfähigen temporären Differenz ausreichende zu versteuernde temporäre Differenzen in Bezug auf das gleiche Steuersubjekt und die gleiche Steuerbehörde vorhanden sind, die sich voraussichtlich **IAS 12.28**

- in der gleichen Periode wie die abzugsfähige temporäre Differenz umkehren *oder*
- in Perioden umkehren, in die die steuerlichen Verluste aus der Umkehr der abzugsfähigen temporären Differenzen mittels Verlustvor- oder -rücktrag verlagert werden können.

Liegen keine ausreichenden zu versteuernden temporären Differenzen im vorstehenden Sinne vor, sind aktivische latente Steuern in dem Maße zu bilanzieren, in dem das Unternehmen für die Zukunft zu versteuernde Ergebnisse erwartet (mit Ausnahme solcher, die aus dem Entstehen abzugsfähiger temporärer Differenzen resultieren), gegen die die abzugsfähigen temporären Differenzen verwendet werden können. Bei dieser Beurteilung sind auch Gestaltungsstrategien (z.B. Realisierung stiller Reserven durch Verkauf von Finanzanlagen, *sale and lease back*-Transaktionen) zur Erzeugung eines zu versteuernden Ergebnisses zu berücksichtigen. **IAS 12.29**

C.IV

1.3.1.2 Ausnahmen und Sonderfälle

Eine Abgrenzung aktivischer latenter Steuern ist unzulässig für abzugsfähige temporäre Differenzen, die aus dem erstmaligen Ansatz eines Vermögenswerts oder einer Schuld resultieren, wobei der Geschäftsvorfall **IAS 12.24, .33**

- kein Unternehmenszusammenschluss ist *und*
- zum Zeitpunkt seines Auftretens weder das handelsrechtliche noch das zu versteuernde Ergebnis berührt.

Der **zweite Ausnahmefall** kommt beispielsweise bei der Gewährung steuerfreier Investitionszulagen vor. Unabhängig davon, ob diese nach IFRS von den Anschaffungskosten des begünstigten Vermögenswerts abgezogen oder als passivischer Abgrenzungsposten behandelt werden (→ C.IV.2.), führen diese zu einer abzugsfähigen temporären Differenz. Auf sie sind keine aktivischen latenten Steuern abzugrenzen. **IAS 12.33 iVm .22**

Eine Sonderregelung besteht für abzugsfähige temporäre Differenzen aus **Anteilen an Tochterunternehmen, Gemeinschaftsunternehmen und assoziierten Unternehmen**. Für sie sind latente Steuern nur anzusetzen, soweit es wahrscheinlich ist, dass **IAS 12.44**

- sich die temporäre Differenz in absehbarer Zeit umkehren wird *und*
- ein zu versteuerndes Ergebnis zur Verfügung stehen wird, gegen das die temporäre Differenz verwendet werden kann.

Nach deutschem Steuerrecht kommt dieser Regelung praktisch keine Bedeutung zu, da Verluste aus der Veräußerung von Beteiligungen steuerlich keine Anerkennung finden. Damit liegen insoweit nicht abgrenzungsfähige permanente Differenzen vor.

1.3.2 *Passivische latente Steuern*

1.3.2.1 Ansatzgebote und Ansatzverbote

IAS 12.15 Nach IAS 12 sind grundsätzlich für alle zu **versteuernden** temporären Differenzen passivische latente Steuern anzusetzen (zur Bewertung → B.IV.1.5). Ausgenommen hiervon sind Unterschiedsbeträge, die

- auf den Ansatz eines Goodwill zurückgehen, für den steuerlich keine Abschreibungen als Betriebsausgaben abzugsfähig sind *oder*
- aus dem erstmaligen Ansatz eines Vermögenswerts oder einer Schuld resultieren, wobei der betreffende Geschäftsvorfall
  - kein Unternehmenszusammenschluss ist *und*
  - zum Zeitpunkt seines Auftretens weder das handelsrechtliche noch das zu versteuernde Ergebnis berührt.

IAS 12.15a, .21 Der erste Ausnahmefall betrifft hauptsächlich den **Konsolidierungsgoodwill** aus einem *share deal* (→ D.III.1.). Da steuerlich die Anteile an dem betreffenden Unternehmen bilanziert werden, ist sein Steuerwert Null. Dennoch sieht IAS 12 eine Abgrenzung latenter Steuern für diese temporäre Differenz nicht vor. Die Begründung liegt darin, dass der Goodwill eine Residualgröße darstelle, die durch den Ansatz einer passivischen latenten Steuer selbst wieder beeinflusst würde.

Ein aus einem *asset deal* resultierender Goodwill ist dagegen im Rahmen der Steuerabgrenzung zu berücksichtigen.

Für den **zweiten Ausnahmefall** finden sich in Deutschland nur wenige Anwendungsfälle. Zu nennen ist etwa die steuerfreie Aufdeckung stiller Reserven bei öffentlichen Wohnungsunternehmen, die in die Privatwirtschaft überführt werden.

1.3.2.2 Sonderfall: Temporäre Differenzen bei bestimmten Anteilen

IAS 12.38–.43 Eine Sonderregelung besteht auch hier für zu versteuernde temporäre Differenzen in Verbindung mit **Anteilen an Tochterunternehmen, Gemeinschaftsunternehmen und assoziierten Unternehmen**. Dabei ist zwischen Einzel- und Konzernabschlusssicht zu unterscheiden.

Im **Einzelabschluss** treten bei diesen Anteilen Abweichungen zwischen IFRS-Wertansatz und Steuerwert dann auf, wenn

- die Anteile nach IAS 39 zum *fair value* bewertet werden, oder
- die Fortschreibung der Anschaffungskosten unter IFRS von jener nach Steuerrecht abweicht.

Aus Sicht des **Konzernabschlusses** geht es um Bewertungsunterschiede, die sich aus einem Vergleich des Beteiligungsansatzes in der Steuerbilanz und dem im Konzernabschluss erfassten, auf das Investment entfallenden Nettovermögen (bei Tochter- und Gemeinschaftsunternehmen) bzw. angesetzten Equity-Wertansatz (bei assoziierten Unternehmen) ergeben.

Diese so genannten *outside basis differences* können ihre Ursache in

- Gewinnthesaurierungen der Tochter-, Gemeinschafts- und assoziierten Unternehmen,
- Änderungen der Wechselkurse (bei abweichendem Sitz von Mutter- und Tochter- bzw. Gemeinschaftsunternehmen) *und*
- einer Reduzierung des Buchwerts von Anteilen an assoziierten Unternehmen aufgrund einer Wertminderung gemäß IAS 36 (→ C.I.1.3.3.2)

haben.

IAS 12 sieht eine Abgrenzung passivischer latenter Steuern für temporäre Differenzen in Verbindung mit den bezeichneten Anteilen vor, soweit nicht die beiden nachfolgenden Bedingungen kumulativ erfüllt sind: **IAS 12.39**

- das Mutterunternehmen bzw. der Gesellschafter ist in der Lage, den zeitlichen Verlauf der Umkehrung der temporären Differenzen zu steuern, *und*
- es ist wahrscheinlich, dass sich die temporäre Differenz in absehbarer Zeit nicht umkehren wird.

Unbeschadet dieses grundsätzlichen Abgrenzungsgebots kam nach den bis zum 31. Dezember 2003 geltenden steuerrechtlichen Regelungen ein Ansatz passivischer latenter Steuern ausschließlich für *outside basis differences* bei Beteiligungen an ausländischen Unternehmen wegen erfolgter Gewinnthesaurierungen in Betracht.

Mit der Einführung des Halbeinkünfteverfahrens hat der Gesetzgeber Erträge und Veräußerungsgewinne aus inländischen Beteiligungen im Betriebsvermögen einer Kapitalgesellschaft steuerfrei gestellt (§ 8b KStG a.F.). Insoweit waren aufgrund etwaiger Unterschiede zwischen der Bewertung der Anteile nach IFRS und ihrem Steuerwert keine steuerlichen Konsequenzen zu erwarten. Es lagen nicht abzugrenzende permanente Differenzen vor.

Bei Beteiligungen an ausländischen Unternehmen waren davon abweichend Dividendenerträge als Folge der Regelung in § 8b Abs. 5 KStG a.F. faktisch mit 5 % der Besteuerung zu unterwerfen. Die daraus resultierenden temporären Differenzen konnten Anlass für eine Steuerabgrenzung sein.

Im Zuge des Steuervergünstigungsabbaugesetzes hat der Gesetzgeber die Behandlung von Beteiligungserträgen und Veräußerungsgewinnen unabhängig vom Sitz der Beteiligungsgesellschaft einheitlich geregelt. Danach gelten generell 5 % des steuerfreien Veräußerungsgewinns aus Beteiligungen (§ 8b Abs. 3 KStG) und 5 % einer erhaltenen Dividende (§ 8b Abs. 5 KStG) als nicht abzugsfähige Betriebsausgabe, im Ergebnis als steuerpflichtig. An dieser steuerlichen Behandlung wird auch nach der Unternehmenssteuerreform 2008 festgehalten.

Aufgrund dieser Regelung sind passivische latente Steuern nicht nur bei Beteiligungen an Auslandsgesellschaften wegen erwarteter Gewinnausschüttungen zu bilden, sondern bei allen Beteiligungen und zwar sowohl im Hinblick auf die (zu erwartenden) Steuerwirkungen im Falle einer Gewinnausschüttung als auch einer Veräußerung der Anteile. Dabei sind beide Sachverhalte jeweils getrennt zu beurteilen, wobei sich im Einzel- und Konzernabschluss abweichende Ergebnisse ergeben können.

Beispiel:

Das Mutterunternehmen (MU) hat Ende 01 eine 100 %ige Beteiligung an einem ausländischen Tochterunternehmen (TU) zu Anschaffungskosten 100 erworben. Zum Zeitpunkt des Beteiligungserwerbs beträgt das umgerechnete Eigenkapital im Jahresabschluss von TU 60. Die Vermögenswerte von TU weisen stille Reserven von 20 auf. Der Ertragsteuersatz des Tochterunternehmens beläuft sich auf 30 %. In ihrem Einzelabschluss bewertet MU die Anteile zu fortgeführten Anschaffungskosten.

Problematik: Latente Steuern auf *inside basis differences* und *outside basis differences.*

Beurteilung:

Im Zuge der Konsolidierung von TU sind die stillen Reserven von 20 aufzudecken. Da das Vermögen von TU im Konzernabschluss somit um diesen Betrag höher ausgewiesen ist als in der Steuerbilanz, liegt eine zu versteuernde temporäre Differenz vor. Für sie sind passivische latente Steuern von 6 [30 % von 20] zu bilden (→ C.IV.1.6.3). Der für TU anzusetzende Goodwill beläuft sich damit auf 26 [100 – 60 – 20 + 6].

Aus Einzelabschlusssicht ergibt sich kein Unterschied zwischen dem Wertansatz nach IFRS und dem Steuerwert. Einer Abgrenzung latenter Steuern bedarf es daher nicht.

Im Konzernabschluss ist für TU ein Reinvermögen von 100 angesetzt. Da auch dieser Betrag dem Steuerwert der Beteiligung entspricht, besteht keine *outside basis difference.*

Folgebewertung:

Im Konzernabschluss für das Jahr 02 ist der Goodwill außerplanmäßig auf 24 abzuschreiben. Die aufgedeckten stillen Reserven vermindern sich abschreibungsbedingt um 5 auf 15, die passivischen latenten Steuern von 6 auf 4,5. TU hat in 02 einen Jahresüberschuss von 5 erwirtschaftet und vollständig thesauriert. Umrechnungsbedingt ist das Eigenkapital um 3 gestiegen.

Im Einzelabschluss bewertet MU die Anteile weiterhin mit ihren Anschaffungskosten von 100.

Problematik: Latente Steuern auf *inside basis differences* und *outside basis differences.*

Beurteilung:

Aus Einzelabschlusssicht ergibt sich keine vom Ausgangsfall abweichende Beurteilung.

Das im Konzernabschluss zum Ende von 02 auszuweisende Reinvermögen von TU beläuft sich unter Berücksichtigung der Abschreibung des Goodwill

[– 2] und der stillen Reserven [– 5], der Auflösung der passivischen latenten Steuern [+ 1,5], der Gewinnthesaurierung [+ 5] und der Eigenkapitalerhöhung aufgrund der Fremdwährungsumrechnung [+ 3] auf 102,5.

Für die Frage, ob vorliegend passivische latente Steuern auf eine *outside basis difference* abzugrenzen sind, ist nicht auf den saldierten Eigenkapitaleffekt abzustellen. Vielmehr sind die möglichen Ursachen für eine Steuerabgrenzung gesondert zu würdigen. Hierbei sind nur Erhöhungen des Eigenkapitals relevant, da sich eine Steuerwirkung nur ergibt, soweit bei MU ein Veräußerungsgewinn oder ein Beteiligungsertrag anfällt.

Zu prüfen ist danach zunächst die Bildung passivischer latenter Steuern für die aus der Gewinnthesaurierung resultierende temporäre Differenz von 5. Sie ist nur dann erforderlich, wenn MU die Ausschüttung der Gewinne steuern kann (was bei einer 100 %igen Beteiligung gegeben sein sollte) und in absehbarer Zeit deren Auskehrung plant (zur Bemessung der latenten Steuer → C.IV.1.5).

In Betracht kommt zudem die Abgrenzung latenter Steuern für einen etwaigen Veräußerungsgewinn aus dem Verkauf der Beteiligung. Diese Frage ist in Abhängigkeit vom Ausschüttungsverhalten von TU zu beantworten. Plant MU, TU nicht zur Ausschüttung der thesaurierten Gewinne zu veranlassen, ist für die temporäre Differenz von 2 [Höhe des im Konzernabschluss ausgewiesenen Reinvermögens von TU (102) – Steuerwert der Beteiligung (100)] eine passivische Steuerabgrenzung vorzunehmen, wenn MU den Verkauf der Beteiligung in absehbarer Zeit plant. Besteht dagegen keine Veräußerungsabsicht, liegt ein Ausnahmefall nach IAS 12.39 vor und der Ansatz latenter Steuern erübrigt sich.

Beabsichtigt MU dagegen, TU in absehbarer Zeit zur Ausschüttung ihrer thesaurierten Gewinne zu veranlassen, erübrigt sich die Frage nach einer Steuerabgrenzung für einen möglichen Veräußerungsgewinn, da das Reinvermögen von TU ohne Berücksichtigung der Gewinnthesaurierung unter dem Steuerwert der Beteiligung liegt. Eine Abgrenzung aktivischer latenter Steuern kommt nicht in Betracht, da Veräußerungsverluste auch unter der Regelung des § 8b KStG zu keinen steuerlichen Konsequenzen führen.

Nach dem Wortlaut von IAS 12.39 könnte man zudem daran denken, für die Differenz aus der Fremdwährungsumrechnung von 3 – losgelöst von den vorstehenden Erwägungen – eine Steuerabgrenzung mit der Begründung vorzusehen, dass die Umkehr dieser Differenz primär von der Währungskursentwicklung abhängt und in absehbarer Zeit möglich erscheint. Dem ist indes nicht zu folgen. Wie sich etwa aus IAS 12.27 ergibt, setzt der Begriff der Umkehr eine Beeinflussung des zu versteuernden Ergebnisses voraus. Dazu kommt es gerade nicht, wenn sich allein die Währungsparität ändert. Steuerliche Relevanz kann die Umrechnungsdifferenz nur im Fall der Veräußerung der Beteiligung erlangen. Insoweit findet die temporäre Differenz allerdings Berücksichtigung bei der zuvor angestellten Beurteilung, ob für etwaige Gewinne aus dem Verkauf der Beteiligung latente Steuern abzugrenzen sind.

1.4 Sonderfälle der Steuerabgrenzung

1.4.1 Verlustvorträge

IAS 12.34 Die Steuerrechtsordnungen zahlreicher Länder sehen die Möglichkeit vor, Verluste, die nicht mit anderweitigen im Wirtschaftsjahr erzielten positiven steuerlichen Ergebnissen verrechenbar oder in frühere Jahre rücktragbar sind, in künftige Wirtschaftsjahre vorzutragen. Indem ein solcher Verlustvortrag zukünftige zu versteuernde Ergebnisse reduziert, verkörpert er einen (möglichen) künftigen Steuervorteil und damit einen Vermögenswert im Sinne der IFRS.

IAS 12.35f. Nach IAS 12 ist der erwartete positive Steuereffekt aus einem steuerlichen Verlustvortrag als latenter Steueranspruch zu aktivieren. Ebenso wie bei aktivischen latenten Steuern auf temporäre Differenzen darf der Anspruch nur in der Höhe angesetzt werden, wie die Nutzung des steuerlichen Verlustvortrags wahrscheinlich ist. Ob dies der Fall ist, beurteilt sich im Wesentlichen nach den oben (→ C.IV.1.3.1.1) aufgezeigten Erwägungen.

Im Gegensatz zu temporären Differenzen begründet das Vorhandensein eines Verlustvortrags indes die Vermutung, dass (auch) in der Zukunft kein ausreichendes steuerliches Ergebnis zur Verfügung stehen wird, um den Steuervorteil realisieren zu können. Das gilt erst recht, wenn das Unternehmen in der jüngeren Vergangenheit eine Historie von Verlusten aufweist. Diese Vermutung ist insoweit widerlegt, als

- das Unternehmen über ausreichende zu versteuernde temporäre Differenzen in Bezug auf die gleiche Steuerbehörde verfügt, aus denen zu versteuernde Beträge erwachsen werden, gegen die der Verlustvortrag verwendet werden kann, *oder*
- substanzielle Hinweise vorliegen, nach denen das Unternehmen wahrscheinlich künftige zu versteuernde Ergebnisse erzielen wird; dabei sind auch Steuergestaltungsstrategien zu berücksichtigen.

IAS 12.36 An den Nachweis, dass die Erwartung künftiger positiver steuerlicher Ergebnisse gerechtfertigt ist, sind hohe Anforderungen zu stellen. Er ist regelmäßig nur zu führen, wenn die noch nicht genutzten steuerlichen Verluste identifizierbare Ursachen haben, die aller Wahrscheinlichkeit nach nicht wieder auftreten werden. Der Prognosezeitraum ist unternehmensindividuell nach den Umständen des Einzelfalls festzulegen, eine Begrenzung – wie in der Literatur diskutiert – ist nach unserer Auffassung abzulehnen. Auf die für diesen Fall geforderten Anhangangaben wird hingewiesen (→ E.III.).

1.4.2 Steuergutschriften

IAS 12.34 Gestützt auf die gleichen Überlegungen wie in Bezug auf Verlustvorträge fordert IAS 12 den Ansatz eines latenten Steueranspruchs für noch nicht genutzte Steuergutschriften.

IAS 12.52B iVm IAS 10.12f. Das deutsche Steuerrecht kennt eine derartige Steuergutschrift in Gestalt des unter der Ägide des körperschaftsteuerlichen Anrechnungsverfahrens erworbenen Körperschaftsteuerguthabens, das im Falle von bis zum 31. Dezember 2006 erfolgten Gewinnausschüttungen nach den Bestimmungen des § 37 KStG wieder vergütet wurde. Erstmalig zum 31. Dezember 2006 werden die verbleibenden Körperschaftsteuerguthaben mit dem Barwert aktiviert, als laufende Ertragsteueransprüche ausgewiesen, und ab 2008 über einen Zeitraum von 10 Jahren linear zurückbezahlt. Für alle vor dem 31. Dezember 2006 endende Geschäftsjahre durfte für dieses Guthaben nach IAS 12 keine aktivische latente Steuer gebildet werden. Vielmehr war der echte Steuererstattungsanspruch anzusetzen, wenn die Konsequenzen der Dividendenzahlung im Abschluss berücksichtigt wurde. Das war der Zeitpunkt des Ausschüttungsbeschlusses.

1.4.3 Latente Steuern bei Personengesellschaften (Exkurs)

1.4.3.1 Grundlagen

Um die Wirkungen latenter Steuern besser systematisieren zu können, unterscheiden wir im Folgenden zwischen sog. *inside basis differences* und *outside basis differences*. Auch wenn diese Begriffe aus dem Vokabular des SFAS 109 stammen und auf Kapitalgesellschaften abstellen, die durch ein explizites Trennungsprinzip zwischen der Besteuerung auf Gesellschafts- und Gesellschafterebene gekennzeichnet sind, helfen sie die verschiedenen Ebenen zu kennzeichnen, die bei der Bestimmung der Steuerabgrenzung relevant sind.

Inside basis differences erfassen Bewertungsunterschiede einzelner Vermögenswerte und (Eventual-) Schulden zwischen der IFRS-Bilanz und den steuerlich relevanten Wertansätzen. Bei den *inside basis differences* kann es sich

- zum einen um Differenzen zwischen steuerlichen und handelsrechtlichen Werten auf der Ebene der bilanzierenden Personengesellschaft handeln;
- zum anderen um Differenzen zwischen den steuerlichen Werten und den handelsrechtlichen Werten auf der Ebene eines Konzernabschlusses handeln, bei der handelsrechtlich durch die Neubewertung die stillen Reserven und Lasten aufzudecken sind.

Zum anderen wird in der Literatur auf sog. *outside differences* verwiesen, die ebenfalls auf der Ebene von Einzel- und Konzernabschluss entstehen können. *Outside basis differences* auf der **Ebene des Einzelabschlusses** entstehen bei Personengesellschaften durch den Vergleich des steuerlich ermittelten Nettoreinvermögens mit dem IFRS-Beteiligungsbuchwert im Einzelabschluss des Mutterunternehmens. *Outside basis differences* auf der **Ebene des Konzernabschlusses** entstehen bei Personengesellschaften durch den Vergleich des steuerlich ermittelten Nettoreinvermögens mit dem in der Konzernbilanz ermittelten Netto- oder Reinvermögen des Tochterunternehmens. Sie haben ihre Ursache in Gewinnthesaurierungen auf der Ebene des Tochterunternehmens, in der Währungsumrechnung sowie der Abschreibung der Anteile. IAS 12.38

1.4.3.2 Latente Steuern auf der Ebene der Personengesellschaft (inside basis differences)

1.4.3.2.1 Ermittlung des anzuwendenden Steuersatzes nach IAS 12

Temporäre Differenzen zwischen dem steuerlichen Buchwert und dem IFRS-Buchwert führen auf der Ebene der Personengesellschaft weder zu einer erhöhten noch verringerten künftigen Einkommen- bzw. Körperschaftsteuer, da diese auf der Ebene der Gesellschafter ermittelt wird. Für die Bildung latenter Steuern sind nur die Steuern einzubeziehen, die direkt dem Unternehmen geschuldet werden. Aus diesem Grund wird bei der Bildung latenter Steuern nur der Gewerbesteuer Beachtung geschenkt. Ihre Höhe ist abhängig vom Gewerbeertrag der Periode und dem Hebesatz.

IAS 12.47, 12.49 Um latente Steuern mit dem richtigen Steuersatz zu errechnen, müssen nicht nur Informationen über den Zeitpunkt und die Höhe der Auflösung bestehen, sondern es muss auch bekannt sein, wie hoch der Gewerbeertrag zum Zeitpunkt der Auflösung sein wird. IAS 12.49 erlaubt in diesem Fall die Verwendung eines Durchschnittssteuersatzes. Unter Beachtung des Wesentlichkeitsgrundsatzes kann in diesem Fall ein pauschaler Gewerbesteuersatz angewandt werden (vgl. Kirsch, DStZ 2003, S. 331). Gem. IAS 12.47 sind latente Steuern mit dem Steuersatz bzw. Hebesatz zu bilden, die zum Zeitpunkt ihrer Auslösung vorherrschen.

1.4.3.2.2 Bedeutung von Ergänzungs- und Sonderbilanzen bei der Ermittlung temporärer Differenzen

Die in diesem Abschnitt diskutierte Steuerabgrenzung bezieht sich auf *inside basis differences* zwischen der Steuerbilanz und der IFRS-Bilanz der Personengesellschaft. Der Ansatz latenter Steuern aufgrund temporärer Unterschiede zwischen der IFRS-Bilanz und der Steuerbilanz ist unstrittig, da die Gesamthandsbilanz als Basis für die Besteuerung mit der Gewerbesteuer erstellt wird. Strittig ist jedoch der Einbezug von Ergänzungs- und Sonderbilanzen.

In **Ergänzungsbilanzen** werden Wertkorrekturen erfasst, die insbesondere durch Veränderungen der Zusammensetzung der Gesellschafter hervorgerufen werden, wie bei einem Eintritt, Austritt oder Wechsel eines Gesellschafters. Dabei werden steuerlich bedingte stille Reserven und Lasten sowie eventuell ein Goodwill aufgedeckt; diese Unterschiede werden in der Ergänzungsbilanz des Gesellschafters erfasst. Auch wenn die Bildung latenter Steuern aufgrund von Differenzen zwischen der Ergänzungsbilanz und der IFRS-Bilanz fraglich ist, da die Ergänzungsbilanzen nicht auf die Gesellschaft, sondern auf die Gesellschafter bezogen sind, wird sie allgemein einbezogen.

In der Literatur wird u.a. von *Ernsting/Loitz*, und *Kirsch* der Ansatz von latenten Steuern aufgrund von Ergänzungsbilanzen bejaht. *Ernsting/Loitz* befürworten dies, da IAS 12 einen bilanzorientierten ganzheitlichen Ansatz vertritt und in der Ergänzungsbilanz nur solche Wirtschaftsgüter erscheinen, die auch in der Gesamthandsbilanz enthalten sind (vgl. Ernsting/Loitz, DB 2004, S. 1053). *Kirsch* geht in dieselbe Richtung, da sich der Steuerwert eines Wirtschaftsgutes aus der Summe der Gesamthand- und der Ergänzungsbilanz ergibt und IAS 12.5 somit auch die Ergänzungsbilanzen einbezieht (vgl. Kirsch, DStR 2002, S. 1876). *Fülbier* und *Mages* gehen in ihren Ausführungen davon aus, dass es für die Erfassung von latenten Steuern aus Ergänzungsbilanzen auch „pragmatische" Gründe geben kann, da Korrekturen der Ergänzungsbilanz häufig nicht von den Ansätzen in der Gesamthandsbilanz getrennt werden können.

All diese Argumente für die Einbeziehung der Ergänzungsbilanzen vernachlässigen jedoch das Problem, dass die Gesellschafter vermutlich zu unterschiedlichen Zeitpunkten entstandene Ergänzungsbilanzen aufstellen. Sollten die Ergänzungsbilanzen einbezogen werden, gäbe es keine einheitliche Basis für die Bewertung und die Aufdeckung stiller Reserven und des Geschäfts- oder Firmenwerts. Letztlich sollten die Ergänzungsbilanzen jedoch einbezogen werden.

In den **Sonderbilanzen** werden Wirtschaftsgüter, die im Eigentum des Gesellschafters stehen, sowie Verbindlichkeiten des Gesellschafters erfasst, die nicht in die Gesamthandsbilanz der Gesellschaft einzubeziehen sind. Sonderbilanzen sind für die Steuerabgrenzung irrelevant, da es sich nicht um das Vermögen der Personengesellschaft handelt (vgl. Schulz-Danso, in Beck IFRS-Komm., 2. Aufl., § 25, Rn. 71; Hoffmann, in Haufe IFRS-Komm., 6. Aufl., § 26, Rn. 87; Ring, FR 2003, S. 1054; A.A. Kirsch, in DStR 2002, S. 1877; Ernsting/Loitz, DB 2004, S. 1060).

1.4.3.2.3 Latente Steuern aufgrund von Fremdkapital gemäß IAS 32

Gemäß IAS 32 ist das steuerrechtliche Eigenkapital von Personengesellschaften (auch nach den Änderungen von Februar 2008) u.U. als Fremdkapital zu klassifizieren. An dieser Stelle stellt sich die Frage, wie mit den entstandenen Differenzen zwischen der IFRS-Bilanz und der steuerlichen Gewinnermittlung zu verfahren ist. Dabei ist zu beachten, dass das *framework* mit dem Grundsatz der *decision usefulness* (F.12) keine Änderungen bei der Bildung latenter Steuern für temporäre Differenzen erlauben würde, die auf die Umwandlung von Eigen- in Fremdkapital zurückzuführen sind (vgl. Meyer u.a., KoR 2005, S. 286).

Zusätzlich müssen jedoch die Vorschriften des IAS 12 berücksichtigt werden. Gem. IAS 12.5 sind Vermögenswerte und Schulden, bei denen sich der IFRS-Bilanz- und der Steuerbilanzwert unterscheiden, bei der Bildung latenter Steuern zu erfassen. Eigenkapital wird nicht genannt. Grundsätzlich sind die entstandenen Schulden also in die Betrachtung einzubeziehen. Nun stellt sich die Frage, ob die Differenz temporär ist und sich die entstandene Differenz umkehrt. Da die Umqualifizierung des Eigengkapitals die Eigentümerebene betrifft, sind diese als Einlage oder Entnahme aus dem Betriebsvermögensvergleich zu eliminieren. Diese Transaktion betrifft dann die Ergänzungsbilanzen, die wie schon beschrieben die Gewerbesteuerlast beeinflussen können (vgl. Fülbier/Mages, KoR 2007, S. 76.).

1.4.3.3 Besonderheiten der Steuerabgrenzung aufgrund einer Beteiligung an einer Personengesellschaft (outside basis differences)

Neben den oben vorgestellten *inside basis differences* könnte auch eine Steuerabgrenzung auf der Ebene des Gesellschafters an einer Personengesellschaft notwendig werden. Bei der hier eingenommenen Perspektive der *outside basis differences* ist zu beachten, dass steuerlich die Beteiligung an einer Personengesellschaft negiert wird und stattdessen auf die Kapitalkonten einschließlich Ergänzungs- und Sonderbilanzen abgestellt wird. Im Gegensatz zu den oben diskutierten *inside basis differences* ist es unstrittig, bei der Bestimmung von *outside basis differences* Ergänzungs- und sogar Sonderbilanzen einzubeziehen. Allerdings dürfte sich die durch das Sonderbetriebsvermögen ausgelöste Bestandsdifferenz ausgleichen, weil diese durch die Neubewertung auch in der IFRS-Bilanz erfasst ist und nur für steuerliche Zwecke gesondert bilanziert wird (vgl. Fülbier/Mages, KoR 2007, S. 75; Meyer et al., KoR 2005, S. 510 f.).

Da durch Anwendung der Spiegelbildmethode steuerlich auch thesaurierte Gewinne dem Gesellschafter zugerechnet werden, entstehen Unterschiede zum Beteiligungsbuchwert in der IFRS-Bilanz, die auf die Anschaffungskosten oder den *fair value* abstellen. Ist der Gesellschafter eine Kapitalgesellschaft, entstehen temporäre Differenzen, die bei der Steuerabgrenzung zu berücksichtigen sind. Bei der Bewertung der Steuerlatenzen auf der Ebene des Gesellschafters in der Rechtsform einer Kapitalgesellschaft ist auf die Körper- und Gewerbesteuer abzustellen.

Sollte es sich um ein Mutterunternehmen in der Rechtsform einer Personengesellschaften handeln, sind Steuerabgrenzungen nicht relevant, da Gewinne und Verluste gem. §§8 Nr. 8, 9 Nr. 2 GewStG steuerlich irrelevant sind (vgl. Schulz-Danso, in Beck IFRS-Komm., 2. Aufl., §25 Rn. 120).

1.4.3.4 Besonderheiten latenter Steuern im Konzernabschluss

1.4.3.4.1 Steuersatz für latente Steuern im Konzernabschluss

Für die Kapitalgesellschaft als Gesellschafter der Personengesellschaft ergeben sich noch andere Konsequenzen für die Steuerabgrenzung. Zunächst muss der Steuersatz angepasst werden, da die oben angesprochenen *inside basis differences* auf der Besteuerungsebene an die Muttergesellschaft durchgereicht werden. Dabei müsste auf der Ebene der Personengesellschaft die Gewerbesteuer berechnet werden und bei der Muttergesellschaft die Körperschaftsteuer einschließlich Solidaritätszuschlag.

1.4.3.4.2 Inside basis differences auf der Ebene des Konzernabschlusses

Betrachten wir *inside basis differences* auf der Ebene des Konzernabschlusses, entstehen diese primär infolge der Aufstellung der Ergänzungsbilanz. Vernachlässigen wir zunächst Bilanzierungsunterschiede kann festgehalten werden, dass bei einem Unternehmenszusammenschluss mit einer Personengesellschaft stille Reserven auch auf der Ebene der Ergänzungsbilanz und der IFRS-Bilanz aufgedeckt werden, so dass hier – im Gegensatz zu einem Unternehmenszusammenschluss mit einer Kapitalgesellschaft – keine systematischen Unterschiede bestehen.

IAS 12.21B Der Goodwill selbst wird als Residualgröße nicht mit latenten Steuern belegt. IAS 12.15(a) sieht ein Verbot für den Ansatz latenter Steuern beim erstmaligen Ansatz eines Geschäfts- oder Firmenwert vor. Jedoch sind in der Konzernbilanz latente Steuern anzugeben, wenn die Differenz erst in den Folgeperioden besteht. Vernachlässigen wir Unterschiede zwischen der Bewertung in der steuerlichen Ergänzungsbilanz einerseits und der Neubewertung in der Konzernbilanz andererseits, ergeben sich für die Folgeperioden zeitliche Differenzen, die sich über die Totalperiode – spätestens beim Verkauf – ausgleichen, weil der Geschäfts- oder Firmenwert steuerlich planmäßig abgeschrieben wird, für den Goodwill nach IFRS aber der Impairment-Only-Approach gilt.

Da die Ansatz- und Bewertungsregeln nach Steuerrecht jedoch von den Vorschriften zur Neubewertung im Rahmen der Kaufpreisallokation abweichen, kommt es zusätzlich zu temporären Differenzen, auf die an dieser Stelle nicht eingegangen wird.

1.4.3.4.3 Minderheitenanteile

Da aus Sicht des Konzerns Anteile ohne beherrschenden Einfluss an einer Personengesellschaft Fremdkapitalcharakter gemäß IAS 32.AG. 29A haben, besteht eine temporäre Differenz zwischen Abfindungsanspruch und Höhe des steuerlichen Kapitalkontos (vgl. Fülbier/Mages, KoR 2007, S. 78.). Eine tatsächliche Steuerzahlung erfolgt jedoch nur, wenn das Konzernunternehmen die Minderheitsgesellschafter abfindet. Für einen Ansatz muss der Konzern verlässlich dokumentieren, dass eine Abfindung der Minderheitsgesellschafter übernommen wird, ansonsten werden die körperschaftsteuerlichen Kompensationen nicht eintreten (vgl. Fülbier/Mages, KoR 2007, S. 78). **IAS 32 AG .29A**

Gewerbesteuereffekte würden sich ausgleichen, Einkommen- bzw. Körperschaftsteuereffekte hingegen nicht. Denn im Fall eines Veräußerungsgewinns berührt die Steuerbelastung des austretenden Minderheitsgesellschafters den Konzern nicht, während die in der Ergänzungsbilanz des Konzernunternehmens gespeicherte Steuerminderung sich auf die Steuerbelastung auswirkt. Aktive latente Steuern ergeben sich im Falle positiver Ergänzungsbilanzen, passive latente Steuern bei negativen Ergänzungsbilanzen.

IAS 12.39 verbietet den Ansatz latenter Steuern, falls die Mutter die Umkehrung der Bestandsdifferenzen steuern kann und gleichzeitig eine Umkehrung in naher Zukunft nicht zu erwarten ist. Davon ist bei einem herrschenden Einfluss auszugehen. **IAS 12.39**

1.4.3.4.4 Outside basis differences auf der Ebene des Konzernabschlusses

Da bei Personengesellschaften steuerlich nicht der Beteiligungsbuchwert, sondern das in der Gesamthands- und Ergänzungsbilanz erfasste Reinvermögen erfasst wird, ergeben sich im Konzernabschluss keine Verzerrungen aus Gewinnthesaurierungen. Die anderen Wertunterschiede sind bereits als *inside basis differences* erfasst. Durch die konzeptionell gleiche Erfassung von Beteiligungen an Personengesellschaften nach Steuerrecht und nach IFRS kommt es damit bei *outside basis differences* – im Gegensatz zu einer Beteiligung an einer Kapitalgesellschaft – nicht zum Ansatz latenter Steuern durch Gewinnthesaurierung (vgl. Pawelzik, KoR 2006, S. 17; Schulz-Danso, in Beck IFRS-Komm., 2. Aufl., § 25, Rn. 121).

Bei *outside basis differences* ist bei einer Vollkonsolidierung darauf zu achten, dass das ganze Nettovermögen, u.U. sogar mit dem Minderheitenanteil am Goodwill, in der IFRS-Bilanz ausgewiesen wird, wohingegen im Steuerrecht nur das anteilige Nettovermögen gezeigt wird. So bleiben Bestandsdifferenzen in Höhe des Minderheitenanteils bestehen.

1.5 Bewertung latenter Steuern

Latente Steuerschulden sind mit dem Betrag der bei Umkehr der temporären Differenz erwarteten (zusätzlichen) Steuerschuld, latente Steueransprüche mit dem Betrag des bei Umkehr der temporären Differenz erwarteten Steueranspruchs anzusetzen. **IAS 12.46**

Rechnerisch ermittelt sich der Wertansatz als Produkt aus der temporären Differenz und dem relevanten Steuersatz. Bei aktivischen latenten Steuern ist zusätzlich die Werthaltigkeit des Anspruchs zu prüfen und gegebenenfalls ein entsprechender Abschlag vorzusehen (→ C.IV.1.3.1.1).

IAS 12.46f. Die Höhe der anzusetzenden latenten Steuern ergibt sich durch Anwendung des relevanten Steuersatzes auf die jeweilige temporäre Differenz.

Maßgeblich ist der **Steuersatz**, der im Zeitpunkt der Umkehr der jeweiligen temporären Differenz voraussichtlich gelten wird. Aus Objektivierungsgründen sind künftige Steuersatzänderungen allerdings nur dann zu berücksichtigen, wenn sie am Bilanzstichtag gültig sind oder bis zu diesem Zeitpunkt wenigstens die materiellen Voraussetzungen für ihr Inkrafttreten geschaffen worden sind (*substantially enacted*). Hierzu bedarf es insbesondere einer Beschlussfassung der gesetzgebenden Organe (Bundestag, gegebenenfalls Bundesrat).

IAS 12.51f. Die Entscheidung über den anzuwendenden Steuersatz hat die am Bilanzstichtag bestehenden Erwartungen darüber zu berücksichtigen, auf welche Art und Weise das Unternehmen die Buchwerte der Vermögenswerte realisieren bzw. die Schulden voraussichtlich erfüllen wird. Daraus können sich Auswirkungen auf den anzuwendenden Steuersatz ergeben.

Beispiel:

Zum 31. Dezember 01 beträgt der IFRS-Buchwert eines abnutzbaren Anlageguts 100, der Steuerwert 80. Die Restnutzungsdauer beträgt nach IFRS fünf, nach Steuerrecht vier Jahre. Aufgrund einer beschlossenen Steuerreform beträgt der Steuersatz im Jahr 02 40 % und ab dem Jahr 03 30 %.

Beurteilung:

In Höhe der Differenz zwischen dem IFRS-Buchwert [100] und dem Steuerwert des Vermögenswerts liegt eine zu versteuernde temporäre Differenz vor. Plant das Unternehmen, den Vermögenswert zu Beginn des Jahres 02 zu (mindestens) 100 zu verkaufen, sind passivische latente Steuern in Höhe von 8 [40 % von 20] anzusetzen.

Soll der Vermögenswert weiterhin im Unternehmen genutzt werden, realisiert sich die temporäre Differenz erst mit der letzten Abschreibung nach IFRS. Aus diesem Grund beträgt die Steuerabgrenzung 6 [30 % von 20].

IAS 12.11 Entsprechend dem Grundsatz, dass temporäre Differenzen durch einen Vergleich der Wertansätze von Vermögenswerten und Schulden nach IFRS und den mit diesen korrespondierenden Steuerwerten zu ermitteln sind, ist im Konzernabschluss jeweils der lokale Steuersatz des Unternehmens heranzuziehen, dem der Vermögenswert bzw. die Schuld zuzurechnen ist.

Die Abgrenzung latenter Steuern auf temporäre Differenzen aus der Zwischenergebniseliminierung (→ D.III.4.) erfolgt mit dem **Steuersatz des empfangenden Unternehmens**.

Kann der **individuelle Steuersatz eines Unternehmens nicht identifiziert** werden, kommt ein **durchschnittlicher Konzernsteuersatz** zur Anwendung.

Variiert der **Steuersatz** – etwa bei ausländischen Unternehmen – mit der Höhe des zu versteuernden Ergebnisses, ist mit einem **Durchschnittssatz für die Periode** zu rechnen, in der sich die jeweilige temporäre Differenz voraussichtlich umkehren wird. **IAS 12.49**

Bei der Ableitung des Steuersatzes ist die ertragsteuerliche Gesamtbelastung zu berücksichtigen. Sie resultiert bei Kapitalgesellschaften aus der Körperschaftsteuer, der Gewerbeertragsteuer und dem Solidaritätszuschlag. Personenhandelsgesellschaften berücksichtigen lediglich die Gewerbeertragsteuerbelastung, da die Einkommensteuer und der Solidaritätszuschlag den Privatbereich des Eigners bzw. der Gesellschafter betreffen.

Bestehen bei der Gewerbeertragsteuer aufgrund unterschiedlicher Standorte des Unternehmens abweichende Hebesätze, ist auf der Grundlage des für das Unternehmen geltenden Zerlegungsmaßstabs ein durchschnittlicher Steuersatz zu ermitteln.

Einen Sonderfall stellen zu versteuernde temporäre Differenzen bei Anteilen an Tochterunternehmen, Gemeinschaftsunternehmen und assoziierten Unternehmen dar. Diese führen nach § 8b KStG – unter bestimmten Voraussetzungen (→ C.IV.1.3.2.2) – im Zeitpunkt ihrer Umkehr in Höhe von 5 % zu einer Steuerbelastung.

Latente Steueransprüche und latente Steuerschulden sind nicht abzuzinsen. **IAS 12.53**

Die Bewertung der latenten Steuern ist zu jedem Bilanzstichtag an die geltenden Steuervorschriften und Steuersätze anzupassen. Latente Steueransprüche sind zudem auf ihre Realisierbarkeit und im Hinblick auf die erwartete Art der Realisierung des Steuervorteils zu überprüfen. Im Falle einer veränderten Einschätzung ist der Buchwert zu vermindern oder eine Zuschreibung vorzunehmen. **IAS 12.46 f., .56, .60**

1.6 Erfolgsneutrale versus erfolgswirksame Bildung latenter Steuern

1.6.1 Regelfall

Die Bildung aktivischer und passivischer latenter Steuern ist im Regelfall erfolgswirksam, d.h. die Gegenbuchung erfolgt im Posten Steuern vom Einkommen und Ertrag. Die entsprechenden Buchungssätze lauten: **IAS 15.58 ff., SIC 25**

Aktivische latente Steuern an Steuern vom Einkommen und Ertrag
bzw.
Steuern vom Einkommen und Ertrag an Passivische latente Steuern

Wurden latente Steueransprüche oder latente Steuerschulden erfolgswirksam eingebucht, sind auch Buchwertanpassungen, die nicht auf eine Änderung der Höhe der temporären Differenz zurückgehen (z.B. Anpassungen wegen eines geänderten Steuersatzes oder einer Neubeurteilung der Realisierbarkeit von latenten Steueransprüchen), erfolgswirksam zu erfassen. Entsprechendes gilt für Erhöhungen oder Verminderungen dieser latenten Steuern als Folge einer Änderung im

Steuerstatus eines Unternehmens (z.B. durch Sitzverlegung, Rechtsformwechsel) oder seiner Anteilseigner.

1.6.2 Ausnahme 1: Erfolgsneutrale Entstehung temporärer Differenzen

IAS 12.58a, .61–.65A Vom Grundsatz der erfolgswirksamen Steuerabgrenzung bestehen zwei Ausnahmen. Die **erste Ausnahme** betrifft latente Steuern, die aus einem Geschäftsvorfall oder Ereignis herrühren, dessen bilanzielle Erfassung sich im Eigenkapital niedergeschlagen hat. Sie werden ebenfalls unmittelbar im Eigenkapital erfasst, und zwar in der gleichen Unterkategorie, auf die sich der für die Steuerabgrenzung verantwortliche Bilanzierungssachverhalt ausgewirkt hat. Entsprechendes gilt für Bewertungsanpassungen bei diesen Steueransprüchen und -schulden.

Eine erfolgsneutrale Einbuchung latenter Steuern ist bei temporären Differenzen geboten, die auf folgende Ursachen zurückgehen:

- Anpassung der Bilanzierung und Bewertung im Zuge der Überleitung der Rechnungslegung von HGB auf IFRS (→ B.2.),
- Neubewertung von Sachanlagen nach IAS 16 (→ C.II.2.),
- Neubewertung von immateriellen Anlagegütern gemäß IAS 38 (→ C.II.1.),
- *fair value*-Bewertung von *available for sale*-Investments (→ C.II.4.) und *cashflow-hedges*,
- Fehlerkorrekturen und Änderungen von Rechnungslegungsmethoden gemäß IAS 8 (→ C.I.4.),
- Währungsdifferenzen aus der Umrechnung von Abschlüssen in die Berichtswährung des Konzerns (→ D.I.5.5).

Beispiel:

Im Zuge der erstmaligen Neubewertung eines Grundstücks passt das Unternehmen den Buchwert (= Anschaffungskosten) zum 31. Dezember 01 an den um 500 höheren *fair value* an. Der Ertragsteuersatz beträgt 40 %.

Buchungssatz für die Neubewertung:

Grundstück	500
an	
Neubewertungsrücklage	500

Buchungssatz für die Steuerabgrenzung:

Neubewertungsrücklage	200
an	
Passivische latente Steuern	200

Zum 31. Dezember 02 sinkt der Ertragsteuersatz auf 30 %.

Buchungssatz für die Anpassung der Steuerabgrenzung:

Passivische latente Steuern	50
an	
Neubewertungsrücklage	50

Als Folge einer Bebauungsplanänderung erleidet das Grundstück im Geschäftsjahr 03 eine Wertminderung. Sie erfordert eine außerplanmäßige Abschreibung gemäß IAS 36 in Höhe von 800. In der Steuerbilanz schreibt das Unternehmen das Grundstück um 400 ab. Der steuerliche Wertansatz liegt somit zum 31. Dezember 03 um 100 unter dem nach IFRS.

Buchungssatz für die Erfassung der Wertminderung:

Neubewertungsrücklage	500
Abschreibungen auf Sachanlagen	300
an	
Grundstück	800

Buchungssatz für die Steuerabgrenzung:

Passivische latente Steuern	120
(latenter) Steueraufwand	30
an	
Neubewertungsrücklage	150

Die Steuerabgrenzung berücksichtigt, dass sich die ursprüngliche temporäre Differenz von 500 erfolgsneutral aufgelöst hat, sodass die erforderliche Auflösung der passivischen latenten Steuern von 150 erfolgsneutral erfolgen muss. Durch die unterschiedlich hohe Abschreibung des Grundstücks ist eine neue zu versteuernde temporäre Differenz von 100 entstanden, für die passivische latente Steuern in Höhe von 30 [30 % von 100] erfolgswirksam zu bilden sind.

C.IV

1.6.3 *Ausnahme 2: Latente Steuern in Verbindung mit Unternehmenserwerben*

Ein zweiter Anwendungsfall für die erfolgsneutrale Einbuchung latenter Steuern sind **Unternehmenszusammenschlüsse** in Form eines Unternehmenserwerbs. Temporäre Differenzen entstehen hier durch die *fair value*-Bewertung der erworbenen Vermögenswerte und Schulden im Zuge der Kaufpreisaufteilung (*purchase price allocation*). Die für diese Differenzen anzusetzenden latenten Steueransprüche und Schulden beeinflussen das Eigenkapital des Tochterunternehmens und wirken sich von hier aus auf die Höhe des Goodwill bzw. negativen Unterschiedsbetrags aus. **IAS 12.58b, .66–.68**

Entsprechendes gilt, wenn das Berichtsunternehmen in Folge eines Unternehmenszusammenschlusses erstmals einen latenten Steueranspruch aktiviert, den es zuvor mangels eines ausreichenden zukünftigen zu versteuernden Einkommens als nicht werthaltig erachtet hat. Die Einbuchung dieses Anspruchs erfolgt nicht erfolgswirksam, sondern ist bei der Ermittlung des Goodwill bzw. negativen Unterschiedsbetrags aus dem Unternehmenserwerb zu berücksichtigen. **IAS 12.67**

Beispiel:

Das Unternehmen erwirbt zum 31. Dezember 01 eine 100 %ige Beteiligung an einem Unternehmen zu Anschaffungskosten von 300. Das Eigenkapital des zukünftigen Tochterunternehmens beträgt im Erwerbszeitpunkt 150. Bewertungsunterschiede zur Steuerbilanz bestehen nicht. Die Vermögenswerte enthalten stille Reserven in Höhe von 80. Der Steuersatz im Konzern beträgt einheitlich 30 %.

Als Folge des Unternehmenserwerbs geht das Unternehmen davon aus, einen bestehenden Verlustvortrag von 100, für den bislang keine aktivischen latenten Steuern angesetzt worden sind, nutzen zu können.

Beurteilung:

Für Zwecke der Ermittlung der Konzernanschaffungskosten sind die Vermögenswerte und Schulden des Tochterunternehmens zu *fair values* anzusetzen (→ D.III.1.). Das führt zu einer Aufdeckung stiller Reserven in Höhe von 80. Die daraus resultierende temporäre Differenz erfordert einen Ansatz passivischer latenter Steuern in Höhe von 24 [30 % von 80]. Das in die Kapitalaufrechnung einzubeziehende neubewertete Eigenkapital beläuft sich somit auf 206 [150 + 80 – 24]. Die Aufrechnungsdifferenz von 94 [300–206] stellt einen Goodwill dar. Auf diesen sind keine passivischen latenten Steuern abzugrenzen (→ C.IV.1.3.2.1).

Aufgrund der nunmehr positiv beurteilten Werthaltigkeit des Verlustvortrags aktiviert das Unternehmen einen zusätzlichen latenten Steueranspruch von 30 [30 % von 100] (→ C.IV.1.4.1). Dieser ist zu Lasten des Goodwill aus dem Unternehmenserwerb einzubuchen, sodass dessen Anschaffungskosten im Konzernabschluss letztlich 94 [54–40] betragen.

IAS 12.68 Eine Sonderregelung besteht für den Fall, dass bei der Neubewertung des Vermögens eines erworbenen Unternehmens ein latenter Steueranspruch aufgrund der negativ beurteilten Aktivierungsfähigkeit (→ C.IV.1.3.1.1) zunächst nicht angesetzt worden ist, dieser jedoch zu einem späteren Stichtag aufgrund einer Neueinschätzung der Verhältnisse im Konzernabschluss bilanziert werden soll. Bei dieser Konstellation ist

- der latente Steueranspruch erfolgswirksam einzubuchen und gleichzeitig
- der Buchwert des Goodwill erfolgswirksam auf jenen Betrag herabzusetzen, der sich ergeben hätte, wenn der Steueranspruch von Anfang an bilanziert worden wäre.

Beispiel:

Das Berichtsunternehmen erwirbt zum 31. Dezember 01 eine 100 %ige Beteiligung an einem Tochterunternehmen zu Anschaffungskosten von 300. Das Eigenkapital des Tochterunternehmens beträgt im Erwerbszeitpunkt 150. Bewertungsunterschiede zur Steuerbilanz bestehen nicht. Die Vermögenswerte enthalten keine stillen Reserven. Der Steuersatz im Konzern beträgt einheitlich 30 %.

Das Tochterunternehmen verfügt über einen Verlustvortrag von 100, für den im Zuge der Kaufpreisaufteilung kein latenter Steueranspruch angesetzt worden ist.

Aufgrund einer deutlich verbesserten Ertragslage des Tochterunternehmens geht das Berichtsunternehmen per 31. Dezember 03 davon aus, den Verlustvortrag in voller Höhe nutzen zu können.

Beurteilung:

Zum 31. Dezember 03 ist der latente Steueranspruch im Konzernabschluss erfolgswirksam mit dem Buchungssatz

Aktivische latente Steuern	30
an	
(latenter) Steuerertrag	30

einzubuchen.

Zur Ermittlung der erforderlichen Goodwillanpassung ist dessen Buchwert zum 31. Dezember 03 mit dem Betrag zu vergleichen, der sich ergeben hätte, wenn der Steueranspruch bereits im Zuge der Erstkonsolidierung berücksichtigt worden wäre.

Die Anschaffungskosten des Goodwill betragen in der Ausgangssituation 150 [300–150]. Zum 31. Dezember 03 ergibt sich ein Buchwert von 130 aufgrund einer außerplanmäßigen Abschreibung in Höhe von 20.

Im Falle einer anfänglichen Berücksichtigung der latenten Steuerforderung von 30 hätte sich ein Zugangswert für den Goodwill von 120 [150–30] und damit ein Buchwert zum 31. Dezember 03 von 100 [120–20] ergeben. Die Abschreibung des Goodwill auf diesen Betrag führt zu einer Ergebnisbelastung von 30 [130–100]. Per Saldo beeinflusst folglich die nachträgliche Einbuchung des latenten Steueranspruchs das Konzernergebnis des Geschäftsjahrs 03 in Höhe von 0 [30–30].

1.7 Ausweis latenter Steuern

1.7.1 Bilanz

Latente Steueransprüche und latente Steuerschulden sind in der Bilanz getrennt von anderen Vermögenswerten und Schulden, zu denen auch die tatsächlichen Steuerforderungen und -verbindlichkeiten gehören, darzustellen. **IAS 12.69 iVm IAS 1.68**

Latente Steueransprüche und latente Steuerschulden sind grundsätzlich unsaldiert auszuweisen. Ein Verrechnungsgebot besteht lediglich dann, wenn **IAS 12.74**

- das Unternehmen ein einklagbares Recht zur Aufrechnung tatsächlicher Steuererstattungsansprüche gegen tatsächliche Steuerschulden hat *und*
- die latenten Steueransprüche und -schulden sich auf Ertragsteuern beziehen, die von der gleichen Steuerbehörde erhoben werden für
  - dasselbe Steuersubjekt *oder*
  - unterschiedliche Steuersubjekte, die beabsichtigen, den Ausgleich tatsächlicher Steuerschulden und Erstattungsansprüche auf Nettobasis herbeizuführen oder gleichzeitig mit der Realisierung der Ansprüche die Verpflichtungen abzulösen.

In der Praxis weist ein Unternehmen im Regelfall latente Steueransprüche und latente Steuerschulden jeweils als gesonderte Posten vor den Rechnungsabgrenzungsposten als Latente Steuern (Bilanzposten Aktiva) bzw. Latente Steuern (Bilanzposten Passiva) aus.

1.7.2 Gewinn- und Verlustrechnung

IAS 12.79f. In der Praxis weist ein Unternehmen im Regelfall latente Steueraufwendungen und -erträge in der Gewinn- und Verlustrechnung zusammen mit den tatsächlichen Steueraufwendungen und -erträgen in der Position „Steuern vom Einkommen und Ertrag" aus.

Die Hauptbestandteile des Steueraufwands sind im Anhang getrennt anzugeben (→ E.III.).

1.8 Anhangangaben *(notes)*

Zu den allgemeinen Angabepflichten im Anhang → CD-Anhangchecklisten 5.1.5

IAS 12.81c Wesentlicher Bestandteil der Erläuterungen zu den Ertragsteuern des Unternehmens ist eine Überleitungsrechnung, die das Verhältnis zwischen dem ausgewiesenen Steueraufwand bzw. Steuerertrag und dem Periodenergebnis vor Steuern laut Gewinn- und Verlustrechnung erläutert.

Anlass für die Überleitungsrechnung ist der Umstand, dass sich unbeschadet der gebotenen Abgrenzung latenter Steuern auf temporäre Differenzen der im Abschluss ausgewiesene Steueraufwand regelmäßig nicht als Produkt aus dem Vorsteuerergebnis nach IFRS und einem wie auch immer berechneten Steuersatz ergibt. Die Abweichung hat ihren Grund zum einen in den Ausnahmen vom bilanzorientierten Abgrenzungskonzept (z.B. Goodwill, negativer Unterschiedsbetrag), zum anderen in sonstigen Abweichungen zwischen der Gewinnermittlung nach IFRS und nach Steuerrecht (z.B. permanente Differenzen). Die Überleitungsrechnung soll diese Effekte erläutern und den erwarteten Steueraufwand in den ausgewiesenen Steueraufwand überführen. Sie kann auf nomineller oder prozentualer Basis erfolgen.

Das Unternehmen erstellt die Überleitungsrechnung auf **nomineller** Basis.

Alternative:

Das Unternehmen erstellt die Überleitungsrechnung auf **prozentualer** Basis.

Beispiel:

Das Unternehmen weist im Jahr 01 ein Ergebnis nach IFRS von 1.000 aus. Der Ertragsteuersatz des Unternehmens beläuft sich auf 30 %, der tatsächliche Ertragsteueraufwand beträgt –303.

Folgende Sachverhalte haben die Gewinnermittlung nach IFRS bzw. nach Steuerrecht im Geschäftsjahr 01 beeinflusst:

- Außerplanmäßige Goodwillabschreibung nach IFRS in Höhe von –200, die steuerlich nicht anerkannt wird.
- Es sind steuerfreie Erträge in Höhe von 90 und nicht abzugsfähige Aufwendungen von 50 angefallen.
- Ein Verlustvortrag, für den keine aktivischen latenten Steuern angesetzt waren, ist in Höhe von 300 mit einem zu versteuernden positiven Ergebnis verrechnet worden.
- Aktivische latente Steuern wurden aufgrund mangelnder Werthaltigkeit lediglich mit 900 anstatt mit 1.050 angesetzt.

Beurteilung (nominelle Basis):

Die Steuerbemessungsgrundlage und der daraus resultierende Steueraufwand ermitteln sich wie folgt:

	Ermittlung der Steuerbemessungsgrundlage	**01**
	Ergebnis nach IFRS	**1.000**
+	Nicht abzugsfähige Aufwendungen	50
–	Steuerfreie Erträge	– 90
+	Goodwillabschreibung	200
–	Anrechnung Verlustvortrag	– 300
+	Wertminderung aktivische latente Steuern	150
=	**Zu versteuerndes Ergebnis**	**1.010**
	Ertragsteueraufwand [30 %]	**– 303**

Die Abweichung zwischen dem tatsächlichen Steueraufwand von –303 und dem auf Basis des Ergebnisses nach IFRS erwarteten Steueraufwand von –300 [30 % von 1.000] erläutert die nachfolgende Überleitungsrechnung.

	Steuerüberleitung (nominell)	**01**
	Ergebnis vor Ertragsteuern	1.000
	Erwarteter Ertragsteueraufwand [Steuersatz 30 %]	**– 300**
–	Steuermehraufwand wegen nicht abzugsfähiger Aufwendungen [50]	– 15
+	Steuerminderaufwand wegen steuerfreier Erträge [90]	27
–	Steuermehraufwand wegen nicht abzugsfähiger Goodwillabschreibung [– 200]	– 60
+	Steuerminderaufwand wegen Verlustnutzung [300]	90
–	Steuerminderertrag wegen Wertminderung aktivischer latenter Steuern [– 150]	– 45
=	**Tatsächlicher Ertragsteueraufwand**	**– 303**

Alternative:

Beurteilung (prozentuale Basis):

Die Steuerbemessungsgrundlage und der daraus resultierende Steueraufwand ermitteln sich wie folgt:

Ermittlung der Steuerbemessungsgrundlage		01
	Ergebnis nach IFRS	**1.000**
+	Nicht abzugsfähige Aufwendungen	50
–	Steuerfreie Erträge	- 90
+	Goodwillabschreibung	200
–	Anrechnung Verlustvortrag	- 300
+	Wertminderung aktivische latente Steuern	150
=	**Zu versteuerndes Ergebnis**	**1.010**
	Ertragsteueraufwand [30 %]	**- 303**

Der effektive Steuersatz des Konzerns beläuft sich auf 30,3 %. Die Abweichung zum tatsächlichen Ertragsteuersatz von 30 % erläutert die nachfolgende Überleitungsrechnung.

Steuerüberleitung (prozentual)		01
	Ertragsteuersatz des Konzerns	30,0 %
–	Steuersatzeffekt nicht abzugsfähige Aufwendungen [50]	1,5 %
+	Steuerminderaufwand wegen steuerfreier Erträge [90]	- 2,7 %
–	Steuermehraufwand wegen nicht abzugsfähiger Goodwillabschreibung [- 200]	6,0 %
+	Steuerminderaufwand wegen Verlustnutzung [300]	- 9,0 %
–	Steuerminderertrag wegen Wertminderung aktivischer latenter Steuern [- 150]	4,5 %
=	**Tatsächlicher Ertragsteueraufwand**	**30,3 %**

Zur Ermittlung der Steuersatzeffekte sind die jeweiligen Abweichungsbeträge ins Verhältnis zum Ergebnis vor Ertragsteuern [1.000] zu setzen und mit dem Steuersatz des Konzerns [30 %] zu multiplizieren.

2. Rechnungsabgrenzungsposten

2.1 Grundlagen

Die IFRS unterscheiden nicht zwischen Vermögenswerten bzw. Schulden und Rechnungsabgrenzungsposten (RAP). Vielmehr schließen nach IFRS der Vermögenswertbegriff aktive RAP und der Schuldbegriff passive RAP im Sinne des § 250 HGB mit ein.

Die Berücksichtigung von Rechnungsabgrenzungen ergibt sich nach IFRS aus dem Grundsatz der sachlichen und zeitlichen Abgrenzung von Aufwendungen und Erträgen (*matching principle*) als Unterprinzip des Grundsatzes der periodengerechten Erfolgsermittlung (*accrual principle*).

2.2 Aktive Rechnungsabgrenzungsposten

2.2.1 Begriff

Die aktiven RAP umfassen Ausgaben vor dem Abschlussstichtag, die aufwandsmäßig einer späteren Berichtsperiode zuzuordnen sind.

2.2.2 Bilanzieller Ausweis

Der Ausweis der aktiven RAP hat unter dem **entsprechend bezeichneten, gesonderten Aktivposten** zu erfolgen. Die Beträge, die innerhalb eines Jahres als Aufwand zu verrechnen sind (kurzfristige aktive RAP), sind in den *notes* gesondert anzugeben. **IAS 1.51 iVm IAS 1.57**

Alternative:

Der Ausweis der aktiven RAP hat unter den **sonstigen Vermögenswerten** zu erfolgen, soweit die Beträge innerhalb eines Jahres als Aufwand zu verrechnen sind. Ausgaben, die erst später zu Aufwand werden, sind unter den **sonstigen Ausleihungen** im Anlagevermögen auszuweisen. Soweit es sich um wesentliche Beträge handelt, sind die RAP in den *notes* gesondert zu nennen. **IAS 1.51 iVm IAS 1.57**

2.2.3 Behandlung einzelner Sachverhalte

2.2.3.1 Disagio

Ein Disagio ist nicht als RAP zu aktivieren. Stattdessen wird die zugrundeliegende Verbindlichkeit mit dem niedrigeren Auszahlungsbetrag passiviert. Anschließend wird die Verbindlichkeit über ihre Laufzeit um den der betreffenden Berichtsperiode zuzuordnenden Disagioanteil sukzessive erfolgswirksam erhöht. **IAS 23.5 iVm 23.7**

2.2.3.2 Zölle und Verbrauchsteuern

Nicht erstattungsfähige Zölle und Verbrauchsteuern sind im Rahmen der Anschaffungs- oder Herstellungskosten des Vorratsvermögens zu berücksichtigen. Ein Ausweis als aktive RAP kommt nicht in Betracht.

2.2.3.3 Umsatzsteuer auf erhaltene Anzahlungen

Erhaltene Anzahlungen auf Vorräte werden **brutto**, d.h., einschließlich der darauf entfallenden Umsatzsteuer ausgewiesen. Die **abgeführte Umsatzsteuer** selbst **wird unter den RAP aktiviert**.

> **Alternative:**
>
> Erhaltene Anzahlungen auf Vorräte werden **netto**, d.h., ohne die darauf entfallende Umsatzsteuer ausgewiesen. Die Umsatzsteuer selbst wird bis zu ihrer Abführung unter den Verbindlichkeiten passiviert (Nettomethode). Eine **Aktivierung als RAP kommt nicht in Betracht.**

2.3 Passive Rechnungsabgrenzung

2.3.1 Begriff

Die passiven RAP umfassen Einnahmen vor dem Abschlussstichtag, die ertragsmäßig einer späteren Berichtsperiode zuzuordnen sind.

2.3.2 Bilanzieller Ausweis

IAS 1.51 iVm IAS 1.60 Der Ausweis der passiven RAP hat unter dem **entsprechend bezeichneten, gesonderten Passivposten** zu erfolgen. Die Beträge, die innerhalb eines Jahres als Ertrag zu verrechnen sind (kurzfristige passive RAP), sind in den *notes* gesondert anzugeben.

> **Alternative:**
>
> **IAS 1.51 iVm IAS 1.60** Der Ausweis der passiven RAP hat unter den **sonstigen kurzfristigen Verbindlichkeiten** zu erfolgen, soweit die Beträge innerhalb eines Jahres als Ertrag zu verrechnen sind. Einnahmen, die erst später zu Ertrag werden, sind unter den sonstigen langfristigen Verbindlichkeiten auszuweisen. Soweit es sich um wesentliche Beträge handelt, sind die RAP in den *notes* gesondert zu nennen.

3. Leasing

3.1 Begriff, Problematik und Systematisierung nach IFRS

IAS 17.4 Leasingverhältnisse sind dadurch gekennzeichnet, dass ein Leasinggeber einem Leasingnehmer für einen vereinbarten Zeitraum das Nutzungsrecht an einem Vermögenswert gegen eine einmalige Zahlung oder eine Reihe von Zahlungen einräumt.

Leasingverhältnisse können sowohl materielle als auch immaterielle Vermögenswerte zum Gegenstand haben. Hinsichtlich ihrer rechtlichen Ausgestaltung bietet sich den Parteien ein breites Spektrum. Das betrifft etwa

- die Mindestdauer des Nutzungsüberlassungsverhältnisses, während der eine (außerordentliche) Kündigung ausgeschlossen ist,
- die Höhe der vom Leasingnehmer während der Mindestleasingdauer zu zahlenden Leasingraten,

- etwaige Anschlussregelungen für die Zeit nach Ablauf der Mindestleasingdauer und
- die Verwendung des Erlöses aus der Verwertung des Leasingobjekts.

Als Folge dieser Gestaltungsmöglichkeiten können Leasingverhältnisse wirtschaftlich den Charakter von Mietverträgen, aber auch von Ratenkaufverträgen annehmen. Das führt aus bilanzieller Sicht zu der Frage nach der Zurechnung des Leasingguts. Sie wird in IAS 17 behandelt.

Ähnlich wie nach HGB richtet sich die Zurechnung des Leasingguts gemäß **IAS 17.4**
IAS 17 danach, welche Partei als wirtschaftlicher Eigentümer anzusehen ist. Geht das wirtschaftliche Eigentum als Folge der Übertragung wesentlicher mit dem Eigentum am Leasinggut verbundenen Chancen und Risiken auf den Leasingnehmer über, hat er den Vermögenswert zu bilanzieren. In diesem Fall spricht IAS 17 von einem **Finanzleasing** (*finance lease*).

Verbleibt das wirtschaftliche Eigentum hingegen beim Leasinggeber, liegt ein **Mietleasingverhältnis** (*operating lease*) vor. Bei diesen erfolgt die Zurechnung des Leasingguts zum Leasinggeber.

3.2 Anwendungsbereich und Regelungsgehalt von IAS 17

IAS 17 ist auf alle Leasingverhältnisse anzuwenden mit Ausnahme von **IAS 17.2**

- Leasingvereinbarungen in Bezug auf die Entdeckung und Verarbeitung nicht regenerativer Ressourcen und
- Lizenzvereinbarungen.

Für Erstere existiert derzeit noch kein Standard. Die bilanzielle Behandlung von Lizenzvereinbarungen bzw. der ihnen zugrunde liegenden immateriellen Vermögenswerte richtet sich nach IAS 18 (→ C.I.3.) und IAS 38 (→ C.II.1.).

IAS 17 regelt nicht nur die Zurechnung von Leasingobjekten zum Leasinggeber **IAS 17.2**
oder Leasingnehmer (→ C.IV.3.3). Der Standard äußert sich auch zu den sich aus der Zurechnung ergebenden bilanziellen Konsequenzen für die Vertragsparteien (→ C.IV.3.4). Die in ihm aufgestellten Bewertungsgrundsätze sind allerdings nicht anzuwenden auf:

- Immobilien, die zu Renditezwecken gehalten werden *(investment property)* (→ C.II.3.), die
  - von Leasingnehmern als Vertragsparteien eines Finanzleasing bilanziert werden bzw.
  - Leasinggeber auf der Grundlage eines Mietleasing Dritten zur Verfügung stellen
- biologische Vermögenswerte, die Leasingnehmer (Leasinggeber) im Rahmen eines Finanzleasing (Mietleasing) halten (→ IAS 41).

Ergänzend zu ‚normalen' Leasingverhältnissen finden sich in IAS 17 Bestimmungen zu *sale and lease back*-Geschäften, die vor allem die Frage der Gewinnrealisierung aus dem Verkaufsgeschäft thematisieren.

3.3 Zurechnung von Leasinggegenständen

3.3.1 *Überblick*

IAS 17.7f. Maßgeblich für die Klassifizierung von Leasingverhältnissen und damit für die Zurechnung von Leasinggegenständen ist nach IAS 17 – ähnlich wie nach HGB – nicht der formale Charakter des Vertrags, sondern dessen wirtschaftlicher Gehalt. Er ist durch eine Chancen-Risiko-Abwägung zu identifizieren.

IAS 17.13 Grundlage für die Klassifizierung eines Leasingverhältnisses sind die Bedingungen im Zeitpunkt seines Abschlusses. Eine Änderung des Vertrags während der Laufzeit, die – wäre das Leasinggeschäft von Anfang an vereinbart worden – zu einer abweichenden Klassifizierung des Leasingverhältnisses geführt hat, ist als eine neue Vereinbarung für die Restlaufzeit anzusehen und nach den allgemeinen Kriterien (neu) zu beurteilen.

3.3.2 *Kriterien für das Vorliegen eines Finanzleasing*

IAS 17.10 Zur Identifizierung des Charakters eines Leasingverhältnisses zählt IAS 17 fünf typische Merkmale auf, die normalerweise ein Finanzleasingverhältnis charakterisieren. Sie sind in Abbildung 30 zusammengestellt.

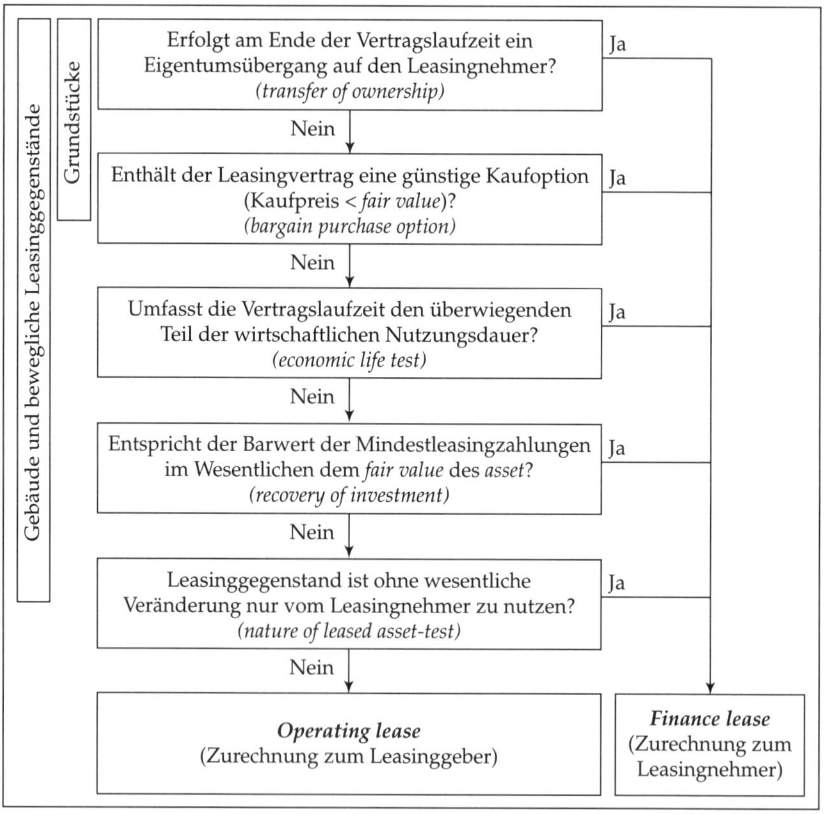

Abbildung 30: Klassifizierung von Leasingverhältnissen nach IAS 17.8

In Einzelfällen können die Indikatoren aus Sicht von Leasingnehmer und Leasinggeber zu einer abweichenden Klassifizierung des Leasingverhältnisses führen mit der Folge, dass keine Vertragspartei das Leasinggut bilanziert oder aber beide es in ihren Abschluss aufzunehmen haben. Das gilt insbesondere für den so genannten *recovery of investment*-Test. **IAS 17.9**

Nach diesem Katalog ist im Falle eines fest vereinbarten Eigentumsübergangs am Ende der Laufzeit des Leasingverhältnisses das Leasinggut dem Leasingnehmer zuzurechnen (***transfer of ownership*-Test** = **Merkmal 1**) **IAS 17.10 (a), (b)**

Gleiches gilt, wenn als Folge einer günstigen Kaufoption des Leasingnehmers der Eigentumsübergang wenigstens wahrscheinlich ist (***bargain purchase option*-Test** = **Merkmal 2**) **IAS 17.11**

Liegt weder die erste noch die zweite Bedingung vor, ist wie folgt zu differenzieren: **IAS 17.12f.**

- Leasingverhältnisse über Grundstücke gelten als Mietleasing *(operating lease)*;
- die Klassifizierung von Leasingverhältnissen über Gebäude oder bewegliche Sachen hängt davon ab, ob wenigstens eines der drei weiteren Merkmale erfüllt ist.

C.IV

Leasingverhältnisse über bebaute Grundstücke sind – soweit nicht aufgrund der Regelungen im Einzelfall das gesamte Rechtsverhältnis erkennbar als Finanz- oder Mietleasing zu klassifizieren ist – in zwei Geschäfte aufzuteilen, nämlich in **IAS 17.15f.**

- ein Leasinggeschäft über das Grundstück und
- ein Leasinggeschäft über das Gebäude.

Die Aufteilung der Leasingraten erfolgt im Verhältnis der *fair values* der Leistungen für die Mietrechte für das Grundstück und Gebäude bei Vertragsbeginn. Sind die beizulegenden Zeitwerte nicht verlässlich ermittelbar, ist das Geschäft insgesamt als Finanzleasing zu behandeln (→ Beispiel unter C.IV.3.5.2.4). **IAS 17.16**

Eine einheitliche Behandlung des Leasingverhältnisses nach den für Gebäude geltenden Grundsätzen ist ausnahmsweise zulässig, wenn der Wert des Grundstücks unwesentlich ist. Davon ist auszugehen, wenn der *fair value* des Grundstücks weniger als z.B. 25 % des gesamten *fair value* der Immobilie beträgt. **IAS 17.17**

Das **dritte Merkmal** stellt auf das Verhältnis von Leasingdauer und wirtschaftlicher Nutzungsdauer des Leasingguts ab (***economic life*-Test**). Die Leasingdauer umfasst dabei die unkündbare Grundmietzeit sowie den Zeitraum einer Verlängerungsoption, deren Ausübung zu erwarten ist. **IAS 17.10(c) iVm IAS 17.4**

Eine Mietverlängerungsoption ist bspw. zu berücksichtigen, wenn sie es dem Leasingnehmer erlaubt, den Vertrag zu deutlich unter den Marktkonditionen liegenden Leasingraten fortzusetzen.

Gleiches gilt, wenn durch die Wahrnehmung der Option eine ansonsten fällige Schlusszahlung entfällt und die Anschlussleasingraten nicht über den Marktkonditionen liegen.

Der *economic life*-Test ist als erfüllt anzusehen, wenn die Leasingdauer mindestens z.B. 75 % der wirtschaftlichen Nutzungsdauer beträgt.

Merkmal vier stellt auf das Verhältnis zwischen dem Barwert der Mindestleasingzahlungen und dem *fair value* des Leasingguts ab (***recovery of investment*-Test**). **IAS 17.10(d)**

IAS 17.4 Der Barwert der Mindestleasingraten ermittelt sich **aus Sicht des Leasingnehmers** wie folgt:

\+ Zahlungen, die der Leasingnehmer während der Laufzeit des Leasingverhältnisses zu leisten hat oder zu denen er herangezogen werden kann, ohne bedingte Mietzahlungen, Aufwand für Dienstleistungen und Steuern, die dem LG erstattet werden

\+ Zahlungen für eine Kaufoption, deren Ausübung wahrscheinlich ist

\+ alle vom LN oder von einer mit ihm verbundenen Partei garantierten Beträge

= **Mindestleasingzahlungen aus Sicht des LN**

– noch nicht realisierter Finanzertrag (Zinseffekt)

= **Barwert der Mindestleasingzahlungen aus Sicht des LN**

IAS 17.4 Um die Mindestleasingzahlungen **aus Sicht des Leasinggebers** zu ermitteln sind im vorstehenden Berechnungsschema zusätzlich etwaige von Dritten garantierte Restwerte auf Barwertbasis zu berücksichtigen.

Beispiel:

Ein Leasingvertrag enthält folgende Regelungen:

- Der Leasingnehmer zahlt über 4 Jahre nachschüssig monatliche Leasingraten von 1.000.
- Am Ende der Leasingdauer hat der Leasinggeber das Recht, dem Leasingnehmer das Leasinggut zu einem Preis von 5.000 anzudienen.
- Variante 1: Anstelle des Andienungsrechts garantiert ein Finanzierungsinstitut einen Restwert von 5.000.
- Variante 2: Der Leasinggeber wird das Leasinggut nach Ablauf der Leasingdauer veräußern; er erwartet einen Erlös von 5.000.

Wie hoch ist jeweils der Nominalwert der Mindestleasingraten aus Sicht des Leasingnehmers bzw. Leasinggebers?

Lösung:

- Grundfall: Das Andienungsrecht des Leasinggebers bedeutet, dass der Leasingnehmer einen Restwert garantiert. Der Nominalwert der Leasingraten beträgt danach sowohl aus Sicht des Leasingnehmers als auch des Leasinggebers 53.000 [48.000 + 5.000].
- Variante 1: Die Restwertgarantie des Finanzierungsinstituts ist nur aus Sicht des Leasinggebers zu berücksichtigen. Für ihn bleibt es damit bei nominellen Mindestleasingraten von 53.000. Aus Sicht des Leasingnehmers ergibt sich ein Betrag von 48.000.
- Variante 2: Der nicht garantierte Restwert geht allein in die Kalkulation des Leasinggebers ein. Die nominellen Mindestleasingraten betragen aus Sicht beider Parteien 48.000.

IAS 17.4 Die Barwertermittlung erfolgt beim Leasinggeber mit dem internen Zinssatz der dem Leasingverhältnis zugrunde liegt. Das ist jener Zinssatz, bei dem der Barwert der Mindestleasingzahlungen zuzüglich des Barwerts eines nicht garantierten

Restwerts dem *fair value* des Leasinggegenstands zuzüglich der anfänglichen direkten Kosten des Leasinggebers entspricht.

Kennt der Leasingnehmer den Kalkulationszinssatz des Leasinggebers, verwendet auch er ihn für die Barwertberechnung. Andernfalls greift er auf seinen Grenzfremdkapitalzinssatz zurück. Dieser wird z.B. approximiert durch den Zinssatz für ein Darlehen über die Laufzeit des Leasingverhältnisses.

Der *recovery of investment*-Test ist als erfüllt anzusehen, wenn der Barwert der Mindestleasingzahlungen aus Sicht der jeweiligen Vertragspartei mindestens z.B. 95 % des *fair value* des Leasingguts beträgt.

In Fortführung des obigen **Beispiels** sei angenommen, dass dem Leasingverhältnis ein Zinssatz von 6 % p.a. zugrunde liegt, der dem Leasingnehmer bekannt ist. Damit ergeben sich folgende Barwerte der Mindestleasingraten:

- Grundfall: Der Barwert der Mindestleasingzahlungen setzt sich zusammen aus dem Barwert der vom Leasingnehmer monatlich zu zahlenden Raten 42.580 [1.000 · RBF (0,5 %; 48 Monate)] und dem Barwert des garantierten Restwerts [5.000 · $1{,}005^{-48}$]. Er beträgt sowohl aus Sicht des Leasinggebers als auch aus Sicht des Leasingnehmers 46.515 und entspricht – soweit der Leasinggeber nicht mit einem zusätzlichen ungarantierten Restwert kalkuliert – dem *fair value* des Leasinggegenstands.
- Variante 1: Wird der Restwert von einem Finanzierungsinstitut garantiert, gehen in die Barwertberechnung des Leasingnehmers nur die monatlichen Leasingraten ein. Es ermittelt sich ein Barwert von 42.580 [1.000 · RBF (0,5 %; 48 Monate)]. Aus Sicht des Leasinggebers ergibt sich kein Unterschied zum Grundfall. In diesem Fall ist der *recovery of investment*-Test aus Sicht des Leasinggebers erfüllt (100 %), aus Sicht des Leasingnehmers dagegen nicht (91,5 %).
- Variante 2: Besteht von keiner Seite eine Garantie für den Restwert, beträgt der Barwert der Mindestleasingraten aus Sicht beider Parteien 42.580. Der *recovery of investment*-Test ist aus Sicht beider Parteien nicht erfüllt.

Sieht der Leasingvertrag eine günstige Kaufoption vor, ist der Barwert des bei Ausübung der Option zu zahlenden Preises in die Berechnung mit einzubeziehen. In diesem Fall scheidet ein garantierter Restwert aus.

Das **fünfte Merkmal**, der ***nature of leased asset*-Test**, entspricht dem aus den Leasingerlassen bekannten Merkmal des Spezialleasings. **IAS 17.10(e)**

Das folgende **Beispiel** verdeutlicht die Zurechnungskriterien nach IAS 17.8. Gegeben sind folgende Daten eines Leasingverhältnisses:

- Unkündbarer Leasingvertrag für eine Maschine über 4 Jahre;
- Jährliche Leasingrate: 100.000 nachschüssig;
- Marktpreis bei Abschluss des Leasingvertrages: 340.000;
- Keine Kaufoption, keine Mietverlängerungsoption;
- Zinssatz für vierjähriges Darlehen: 8 %;

- Wirtschaftliche Nutzungsdauer: 6 Jahre;
- Barwert der Leasingraten: 331.213 [= 100.000 · RBF (8 %; 4 Jahre)].

Frage: Handelt es sich um Finanzleasing oder um Mietleasing?

Lösung:

- Automatischer Eigentumsübergang am Ende der Vertragslaufzeit? Nein.
- Günstige Kaufoption? Nein.
- Grundmietzeit umfasst den überwiegenden Teil der Nutzungsdauer: Nein, aus dem Verhältnis von Laufzeit des Leasingvertrags (4 Jahre) zur Nutzungsdauer des Leasingguts (6 Jahre) ermittelt sich ein Anteil von rund 67 %.
- Barwert der Leasingraten entspricht im Wesentlichen (= 95 %) dem *fair value* des Leasingguts? Ja, es errechnet sich ein Verhältnis von rund 97 %.
- Spezialleasing? Nein.

Fazit: Es handelt sich um Finanzleasing.

3.3.3 *Ergänzende Beurteilungskriterien*

IAS 17.11f. Ist ein Leasingverhältnis nach den dargestellten Kriterien nicht als Finanzleasing zu klassifizieren, liegt nicht zwingend ein Mietleasing vor. Vielmehr kann der Leasinggegenstand aufgrund der Gesamtumstände gleichwohl dem Leasingnehmer zuzurechnen sein.

IAS 17 führt wiederum nur beispielhaft Indikatoren an, die für sich genommen oder in Kombination mit anderen Merkmalen auf ein Finanzleasing hindeuten können. Dazu gehören folgende Sachverhalte:

- Im Falle einer vorzeitigen Auflösung des Leasingverhältnisses trägt der Leasingnehmer die Verluste des Leasinggebers;
- Gewinne oder Verluste aus Schwankungen des Restwerts stehen dem Leasingnehmer zu bzw. werden von ihm getragen;
- Der Leasingnehmer hat das Recht, das Leasingverhältnis zu deutlich unter den marktüblichen Leasingraten zu verlängern.

Diese ergänzenden Beurteilungskriterien sind nur heranzuziehen, wenn im Einzelfall unklar ist, ob aufgrund der getroffenen Vereinbarungen im Wesentlichen alle Risiken und Chancen auf den Leasingnehmer übergegangen sind oder nicht. Sie führen daher nur in Ausnahmefällen zu einer von IAS 17.8 (→ C.IV.3.3.2) abweichenden Klassifizierung von Leasingverhältnissen. Ein solcher Fall ist mit der verantwortlichen Person im Unternehmen abzustimmen.

3.3.4 *Identifizierung von Leasingverhältnissen*

3.3.4.1 Grundlagen

In der Unternehmenspraxis werden zunehmend Vertragsgestaltungen gewählt, die möglicherweise ein Leasingverhältnis begründen. In der Vergangenheit gab es häufig Unklarheiten über die Zurechnung des Leasinggegenstands, so dass z.B. beide Vertragsparteien den Leasinggegenstand aktiviert haben. Um diesen Unschärfen in der Erfassung und Abbildung von Leasingverhältnissen Rechnung zu tragen, wird die Definition des Leasings in IFRIC 4 konkretisiert.

Eine vertragliche Abrede begründet ein Leasingverhältnis, wenn die nachfolgenden Kriterien erfüllt werden:

- Die vertragliche Vereinbarung kann nur durch Nutzung eines oder mehrerer eindeutig bestimmter Vermögenswerte erfüllt werden. IFRIC 4.5
  Ausnahme: Hat der Lieferant das Recht und die Möglichkeit, die Waren bzw. Dienstleistungen unter Nutzung anderer, nicht in der Vereinbarung bestimmte Vermögenswerte bereitzustellen, liegt kein Leasingverhältnis vor.
  Leasingverhältnisse werden jedoch nicht ausgeschlossen durch:
  - Gewährleistungsverpflichtungen, die den Ersatz durch gleiche oder ähnliche Vermögenswerte zulassen oder verlangen.
  - Vertragliche Bestimmungen, durch die der Lieferant an oder nach einem bestimmten Zeitpunkt die Vermögenswerte ersetzen kann oder muss.
- Durch die vertragliche Vereinbarung wird das Nutzungsrecht am Vermögenswert auf den Käufer (Leistungsempfänger) übertragen. Somit hat er das Recht die Verwendung des Vermögenswertes zu kontrollieren. Ein Käufer (Leistungsempfänger) hat die Möglichkeit zur Kontrolle, wenn eines der folgenden Kriterien erfüllt ist:
  - Der Käufer (Leistungsempfänger) hat die Möglichkeit oder das Recht, den Vermögenswert zu nutzen oder andere anzuweisen, den Vermögenswert entsprechend seinen Vorstellungen zu betreiben (nutzen), so dass der Käufer (Leistungsempfänger) einen nicht unwesentlichen [> 10 %] Nutzen aus dem Vermögenswert erzielt. Der Käufer (Leistungsempfänger) besitzt die wirtschaftliche Kontrolle über den Vermögenswert.
  - Der Käufer (Leistungsempfänger) hat die Möglichkeit zur Kontrolle des physischen Zugangs und sein Nutzungsanteil ist nicht unwesentlich [> 10 %].
  - Es ist unwahrscheinlich, dass fremde Dritte mehr als einen unwesentlichen [< 10 %] Nutzen aus dem Vermögenswert ziehen werden und es ist wahrscheinlich, dass der Erwerber (Leistungsempfänger) aufgrund der Vertragsgestaltung die wirtschaftlichen Chancen und Risiken aus der Nutzung des Vermögenswertes trägt. Dies ist der Fall, wenn der vom Erwerber (Leistungsempfänger) zu zahlende Preis pro Leistung oder Produktionseinheit weder vertraglich fixiert ist, noch dem Marktpreis zum Lieferzeitpunkt entspricht.

C.IV

3.3.4.2 Prüfungspflicht und Prüfungsumfang von bestehenden Verträgen

Die Prüfung, ob ein Vertrag ein Leasingverhältnis beinhaltet, hat stets zu Beginn des Vertragsverhältnisses zu erfolgen. Bereits bestehende Verträge müssen erneut beurteilt werden, wenn eine der folgenden Bedingungen erfüllt ist: IFRIC 4.10

- Der Vertrag wurde geändert und die Änderung hat sich nicht nur auf eine Erneuerung oder Verlängerung des Vertrags erstreckt.
- Die Vertragsparteien üben eine Erneuerungsoption aus oder vereinbaren eine Verlängerung, sofern die Erneuerungs- oder Verlängerungsbestimmungen nicht ursprünglich in der Laufzeit des Leasingverhältnisses enthalten waren. Eine Erneuerung oder Verlängerung der vertraglichen Vereinbarung, die keine Änderung einer der Bestimmungen des ursprünglichen Vertrages vor Ende der Laufzeit enthält, ist nur nach den obigen Kriterien hinsichtlich der Erneuerungs- oder Verlängerungsperiode zu bewerten.

- Die Verpflichtung muss nicht länger durch den vertraglich bestimmten Vermögenswert erfüllt werden.
- Der vertraglich bestimmte Vermögenswert wurde wesentlich verändert.

Schätzungsänderungen hingegen bedingen keine Pflicht zur Neubeurteilung von Vertragsverhältnissen hinsichtlich der Existenz eines Leasingverhältnisses.

Beinhaltet eine vertragliche Vereinbarung ein Leasingverhältnis, so sind die Leasingzahlungen von den übrigen vereinbarten vertraglichen Zahlungen zu separieren. In der Unternehmenspraxis ist dies vor allem bei Mehrkomponentenverträgen von Bedeutung.

IFRIC 4.14 Zur Abgrenzung der Leasingzahlungen können Schätzungen notwendig sein. So wird zum Beispiel in manchen Fällen vom Käufer die Anwendung eines Schätzverfahrens für die Trennung der Leasingzahlungen von den Zahlungen für andere Bestandteile der Vereinbarung verlangt. Ein Käufer kann beispielsweise die Leasingzahlungen schätzen, indem er sich auf eine Leasingvereinbarung für einen vergleichbaren Vermögenswert bezieht, die keine anderen Bestandteile enthält, oder indem er die Zahlungen für die anderen Bestandteile der Vereinbarung schätzt, wobei er sich auf vergleichbare Vereinbarungen bezieht und dann diese Zahlungen von der Gesamtsumme der gemäß der Vereinbarung zu leistenden Zahlungen abzieht.

Für den Fall, dass eine Separierung der Zahlungen auf das Leasinggeschäft nicht verlässlich möglich ist, richtet sich die weitere Vorgehensweise danach, ob ein Finanzierungsleasing oder ein Operating-Leasing vorliegt.

IFRIC 4.15 a) Im Fall eines Finanzierungsleasings wird der Vermögenswert durch den Leasingnehmer im Abschluss mit dem beizulegenden Wert angesetzt. (Zur Folgebewertung → C.IV.3.4.2.2.2).

IFRIC 4.15 b) Im Fall eines Operating-Leasings, bei dem eine Bestimmung des auf das Leasing entfallenden Bestandteils der vertraglichen Zahlungen nicht verlässlich möglich ist, ist die Gesamtsumme der vertraglichen Zahlungen als Leasingzahlungen zu behandeln und auszuweisen. Diese Mischposition, die sowohl Leasingzahlungen als auch Zahlungen, die nicht in Verbindung mit dem Leasinganteil stehen, enthält, ist getrennt von den „normalen" Leasingzahlungen auszuweisen, ferner ist darauf hinzuweisen, dass es sich um eine Mischposition handelt.

3.3.4.3 Besonderheiten bei der Erstanwendung von IFRIC 4

Grundsätzlich gelten für die sich im Rahmen der Erstanwendung ergebenden Änderungen die Vorschriften des IAS 8 (→ C.I.4.).

Alternative:

IFRIC 4.17 Bei der Erstanwendung der Regelungen des IFRIC 4 braucht das Unternehmen die Regelungen des IAS 8 nicht zu beachten. In diesem Fall sind die obigen Regelungen auf alle Verträge anzuwenden, die bereits zu Beginn der frühesten im Abschluss dargestellten Periode existierten. Die Abbildung hat auf dem damaligen Kenntnisstand zu basieren, so dass keine besseren Erkenntnisse zu berücksichtigen sind. Eine Anwendung auf eine frühere als die erste im Abschluss dargestellte Periode ist somit nicht zulässig.

3.4 Bilanzierung von Leasingverhältnissen

3.4.1 *Mietleasing*

3.4.1.1 Bilanzierung beim Leasinggeber

Das Leasinggut ist vom wirtschaftlichen Eigentümer (Leasinggeber) mit seinen Anschaffungs- oder Herstellungskosten (→ C.I.1.) zu aktivieren. **IAS 17.49**

Anfängliche direkte Kosten (z.B. Provisionen, Rechtsberatungskosten, interne Aufwendungen) sind als Teil der Anschaffungs- oder Herstellungskosten zu aktivieren. **IAS 17.52**

Die Folgebewertung richtet sich danach, ob es sich beim Leasinggut um *investment property* gemäß IAS 40 (→ C.II.3.), um ein Sachanlagegut gemäß IAS 16 (→ C.II.2.) oder um einen immateriellen Vermögenswert gemäß IAS 38 (→ C.II.1.) handelt. Für eine etwaige außerplanmäßige Abschreibung ist IAS 36 einschlägig (→ C.I.1.3.3.2). **IAS 17.53f.**

Die Leasingraten sind **linear** über die Laufzeit des Leasingverhältnisses als Ertrag in der GuV zu erfassen. **IAS 17.50**

Alternative: **IAS 17.50**

Die Leasingraten sind **leistungsabhängig** über die Laufzeit des Leasingverhältnisses als Ertrag in der GuV zu erfassen.

C.IV

Wurden dem Leasingnehmer Anreize für den Abschluss des Leasingvertrags gewährt (z.B. Zuschuss zu den Umzugskosten in das zu vermietende Gebäude), mindern diese die Leasingerträge. Sie sind nach der gleichen Methode über die Laufzeit des Leasingverhältnisses zu verteilen wie die Leasingerträge selbst. **SIC 15**

Beispiel:

Gegenstand eines Mietleasing ist ein Leasinggegenstand mit Anschaffungskosten von 3.000 und einer Nutzungsdauer von zehn Jahren. Die planmäßige Abschreibung erfolgt nach der linearen Methode.

Das Leasingverhältnis ist wie folgt ausgestaltet:

- Laufzeit: 4 Jahre
- Leasingraten
  - Jahr 1: keine
  - Jahre 2 bis 4: 500 p.a.

Frage: Wie ist das Leasingverhältnis im Abschluss abzubilden?

Lösung:

Das Leasinggut ist nach IAS 16 mit seinen fortgeführten Anschaffungskosten zu bewerten.

Aufgrund der linearen Abschreibung ist davon auszugehen, dass sich der vom Leasinggut verkörperte Nutzenvorteil konstant verringert. Deshalb sind die Leasingraten ebenfalls linear als Ertrag über die Dauer des Leasingverhältnisses zu verteilen. Das entspricht einem jährlichen Ertrag von 375.

Jahr	Leasinggut			Leasingraten				
	Buchwert 1.1.	Abschreibung	Buchwert 31.12.	Leasingrate	Ertrag	Abgrenzung 1.1.	Δ Abgrenzung	Abgrenzung 31.12.
	[1]	[2]	[3]	[4]	[5]	[6]	[7]	[8]
1	3.000	300	2.700	0	375	0	375	375
2	2.700	300	2.400	500	375	375	–125	250
3	2.400	300	2.100	500	375	250	–125	125
4	2.100	300	1.800	500	375	125	–125	0

Bilanzielle Konsequenzen des Mietleasing im Beispiel

Um diese Ertragsperiodisierung zu erreichen, ist im Jahr 1 ein aktivischer Abgrenzungsposten in Höhe von 375 zu bilden.

Buchungssatz:

Aktivischer Rechnungsabgrenzungsposten 375
an
Sonstiger betrieblicher Ertrag 375

In den Jahren 02 bis 04 wird der Abgrenzungsposten jährlich mit 125 zu Lasten der sonstigen betrieblichen Erträge aufgelöst.

Buchungssatz:

Sonstiger betrieblicher Ertrag 125
an
Aktivischer Rechnungsabgrenzungsposten 125

Auf diese Weise zeigt das Berichtsunternehmen über die gesamte Leasingdauer einen konstanten jährlichen Ertrag von 375.

3.4.1.2 Bilanzierung beim Leasingnehmer

IAS 17.33f. Als Leasingnehmer bilanziert das Unternehmen das Leasinggut nicht. Die Leasingraten sind in voller Höhe in der GuV als Aufwand zu buchen. Die Aufwanderfassung erfolgt linear über die Leasingdauer, soweit nicht in Ausnahmefällen eine abweichende Periodisierung dem Nutzenverlauf aus dem Leasingvertrag eher entspricht.

SIC 15 Erhaltene Anreize für den Abschluss des Leasingvertrags reduzieren die Leasingaufwendungen. Sie sind nach der gleichen Methode über die Laufzeit des Leasingverhältnisses zu verteilen wie die Leasingraten selbst.

IAS 37 Kann das Leasinggut nicht mehr genutzt werden, ist für die noch zu zahlenden Leasingraten eine Drohverlustrückstellung nach den allgemeinen Grundsätzen zu bilden (→ C.III.2.3.3).

3.4.2 Finanzleasing

3.4.2.1 Bilanzierung beim Leasinggeber

Die Richtlinie behandelt nur den Fall des Händler- bzw. Hersteller-Leasings. Diese Leasingform ist dadurch gekennzeichnet, dass der *fair value* des Leasinggegenstands vom Buchwert bzw. den Anschaffungs- oder Herstellungskosten des Leasingguts abweicht. Im Vordergrund steht damit das Umsatzgeschäft, mit dem ein Verkaufsgewinn erzielt werden soll, und nicht das Finanzierungsgeschäft.

3.4.2.1.1 *Erfassung zu Beginn des Leasingverhältnisses*

Das Leasinggeschäft ist im Wesentlichen nach den Grundsätzen für Veräußerungsgeschäfte auf Ratenbasis abzubilden. D.h., das Unternehmen **IAS 17.36–.38, .42–.46**

- bucht eine Forderung in Höhe des Nettoinvestitionswerts aus dem Leasingverhältnis ein,
- bucht Umsatzerlöse in Höhe des beizulegenden Zeitwerts des Leasingguts oder des niedrigeren Barwerts der Mindestleasingzahlungen,
- erfasst einen Aufwand aus dem Umsatzgeschäft in Höhe
  - der Anschaffungskosten oder des Buchwerts des Leasingguts
  - abzüglich eines etwaigen nicht garantierten Restwerts,
  - zuzüglich anfänglicher direkter Kosten für den Abschluss oder die Anbahnung des Geschäfts (z.B. Provisionen, Rechtsberatungskosten, interne Aufwendungen).

Als Differenz aus Umsatzerlös und Kosten des Umsatzes ergibt sich der Verkaufsgewinn.

Der als **Forderung** auszuweisende Nettoinvestitionswert aus dem Leasingverhältnis ermittelt sich als Summe aus **IAS 17.4 iVm IAS 17.36f.**

- Barwert der Mindestleasingzahlungen und
- Barwert eines nicht garantierten Restwerts.

Als Diskontierungsfaktor ist der dem Leasingverhältnis zugrunde liegende interne Zinssatz heranzuziehen. Kalkuliert das Unternehmen aus absatzpolitischen Gründen mit künstlich niedrigen Zinsen, ist auf einen marktüblichen Zinssatz zurückzugreifen.

3.4.2.1.2 *Folgebewertung*

Die Forderung gegen den Leasingnehmer ist zu jedem Bilanzstichtag nach den Grundsätzen des IAS 39 (→ C.II.4.) auf ihre Werthaltigkeit hin zu überprüfen. **IAS 39**

Die **Leasingraten** sind aufzuspalten in **IAS 17.39f.**

- einen Zinsanteil,
- einen Tilgungsanteil und
- ggf. in einen zusätzlichen Entgeltanteil.

Werden mit den Leasingraten zusätzliche Dienstleistungen des Berichtsunternehmens im Rahmen des Leasingverhältnisses (z.B. Wartungsleistungen) vergütet, ist dieser Anteil zu separieren und nach den allgemeinen Grundsätzen (→ C.I.3.) als Ertrag zu vereinnahmen.

Der verbleibende Restbetrag der Leasingrate ist in einer Weise in einen Zins- und Tilgungsanteil aufzuspalten, die eine konstante periodische Verzinsung der ausstehenden Nettoinvestition in das Leasingverhältnis gewährleistet.

Der Tilgungsanteil kürzt die angesetzte Forderung, der Zinsanteil ist als Finanzertrag in der Gewinn- und Verlustrechnung zu erfassen.

IAS 17.41 Ein **nicht garantierter Restwert** ist zu jedem Abschlussstichtag zu überprüfen. Erwartet das Unternehmen einen niedrigeren Restwert als ursprünglich geschätzt, ist der Nettoinvestitionswert – und mit ihm die Aufteilung der Leasingraten in einen Zins- und Tilgungsanteil – so anzupassen, als ob der aktuell geschätzte Restwert bereits von Anfang an bekannt gewesen wäre. Die kumulierte Änderung des Finanzertrags ist unmittelbar in der Gewinn- und Verlustrechnung zu erfassen.

3.4.2.1.3 Beispiel

Ein Unternehmen verleast eine Maschine an einen Leasingnehmer zu folgenden Konditionen:

- Beginn des Leasingverhältnisses: 1. Januar 01;
- Dauer des Leasingvertrags: 5 Jahre;
- Leasingraten: 5.000 p.a. (nachschüssig), keine Sonderzahlung.

Für die bilanzielle Abbildung des Leasingverhältnisses gelten ergänzend folgende Annahmen:

- Die Anschaffungskosten des Leasingguts betragen 16.000.
- Die Abschreibung erfolgt linear über die geschätzte Nutzungsdauer von fünf Jahren.
- Ein Restwert wird nicht erwartet.
- Beim Leasingnehmer fallen Vertragsabschlusskosten von 800 an.
- Dem Leasingverhältnis liegt ein Zinssatz von 10 % p.a. zugrunde.

Frage: Wie ist das Leasingverhältnis in der Bilanz des Leasinggebers abzubilden?

Lösung:

Es handelt sich um ein Finanzleasing. Das folgt bereits aus der Tatsache, dass sich Leasingdauer und Nutzungsdauer des Leasingguts entsprechen.

Dementsprechend aktiviert der Leasinggeber eine Forderung in Höhe des Nettoinvestitionswerts. Sie entspricht – da kein Restwert erwartet wird – dem Barwert der Mindestleasingraten [18.954 = 5.000 · RBF (10 %; 5 Jahre)] und – definitionsgemäß – dem um die direkten anfänglichen Kosten des Leasinggebers [800] erhöhten *fair value* des Leasingguts [18.154].

Als Umsatzerlös ist ebenfalls ein Betrag in Höhe des Barwerts der Mindestleasingzahlungen zu erfassen.

Die Kosten des Umsatzes belaufen sich auf 16.800. Sie setzen sich zusammen aus den Anschaffungskosten des Leasingguts [16.000] und den Vertragsabschlusskosten [800].

Als Differenz aus Umsatzerlös [18.954] und Kosten des Umsatzes [16.800] ergibt sich ein Rohertrag von 2.154.

Die bilanziellen Auswirkungen verdeutlicht Abbildung 54.

	Leasingrate			Leasingforderung		
	gesamt	Zins	Tilgung	nominell	Zinsanteil	Barwert
Termin	[1]	[2]	[3]	[4]	[5]	[6]
01.01.01	–	–	–	25.000	6.046	18.954
31.12.01	5.000	1.895	3.105	20.000	4.151	15.849
31.12.02	5.000	1.585	3.415	15.000	2.566	12.434
31.12.03	5.000	1.243	3.757	10.000	1.322	8.678
31.12.04	5.000	868	4.132	5.000	455	4.545
31.12.05	5.000	455	4.545	0	–	–
	25.000	6.046	18.954			

Bilanzielle Konsequenzen beim Leasinggeber im Beispiel

Der in den Leasingraten enthaltene Zinsanteil (Spalte 2) ist in der GuV als Finanzertrag auszuweisen. Der Tilgungsanteil (Spalte 3) führt die Leasingforderung (Spalte 6) sukzessive zurück.

Im Anhang hat der Leasinggeber unter anderem anzugeben

- den Bruttoinvestitionswert aus dem Leasingverhältnis zum jeweiligen Bilanzstichtag; das ist die undiskontierte Summe der noch ausstehenden Leasingraten einschließlich eines etwaigen nicht garantierten Restwerts (Spalte 4),
- den noch nicht realisierten Finanzertrag als Differenz zwischen dem Brutto- und dem Nettoinvestitionswert (Spalte 5 = Spalte 4 – Spalte 6).

Zu den sonstigen Anhangangaben → E.III.

Kalkuliert das Unternehmen mit einem Restwert, werden die Leasingraten unter ansonsten gleichen Bedingungen um so viel niedriger ausfallen, dass der Nettoinvestitionswert zum 1. Januar 01 konstant bleibt. Zeigt sich zu einem späteren Zeitpunkt, dass der ursprünglich geschätzte Restwert nicht zu erzielen sein wird, muss der Nettoinvestitionswert rückwirkend nach unten korrigiert werden. Bei dieser Neuberechnung ergibt sich für die zurückliegenden Geschäftsjahre ein geringerer Finanzertrag. Die Differenz zum tatsächlich erfassten Finanzertrag ist im Jahr der Schätzungskorrektur erfolgswirksam zu erfassen.

Es ergeben sich folgende Buchungen:

Bei Übergabe (1. Januar 01):

Forderungen	18.954	an	Umsatzerlöse	18.954
Wareneinsatz	16.000	an	Vorräte	16.000
sonstiger betrieblicher Aufwand	800	an	Bank	800

Am Ende des Jahres 01 (31. Dezember 01):

Forderungen	1.895	an	Zinsertrag	1.895
Bank	5.000	an	Forderungen	5.000

C.IV

3.4.2.2 Bilanzierung beim Leasingnehmer

3.4.2.2.1 Erfassung zu Beginn des Leasingverhältnisses

IAS 17.20 Im Falle eines Finanzleasings bucht das Unternehmen den **Leasinggegenstand** mit seinen Anschaffungskosten in Höhe des Minimums aus Barwert der Mindestleasingzahlungen und *fair value* zu Beginn des Leasingverhältnisses ein.

Die Abzinsung erfolgt mit dem internen Zinssatz des Leasinggebers, soweit dieser bekannt oder in praktikabler Weise ermittelbar ist. Andernfalls ist auf den Grenzfremdkapitalzinssatz des Leasingnehmers abzustellen. Dieser wird approximiert durch die Bestimmung eines Referenzzinssatzes [z.B. Zinssatz für ein Darlehen über die Laufzeit des Leasingverhältnisses].

In Höhe der Anschaffungskosten ist zugleich eine **Verbindlichkeit** gegenüber dem Leasinggeber einzubuchen.

IAS 17.20 Anfängliche Kosten des Leasingnehmers wie Rechtsberatungskosten, die dem Leasingverhältnis direkt zurechenbar sind, erhöhen die Anschaffungskosten des Leasingguts.

3.4.2.2.2 Folgebewertung

IAS 17.27 Das Leasinggut ist in der Folge nach den Vorschriften des IAS 16 für Sachanlagen (→ C.II.2.) bzw. des IAS 38 für immaterielle Vermögenswerte (→ C.II.1.) fortzuschreiben. Ergänzend sind die Bestimmungen des IAS 36 zur Erfassung von Wertminderungen zu beachten (→ C.I.1.3.3.2).

IAS 17.27 Die Abschreibungsdauer ist abhängig davon, ob der Eigentumsübergang am Ende der Leasingdauer so gut wie sicher ist oder nicht. Wenn ja, erfolgt die planmäßige Abschreibung über die wirtschaftliche Nutzungsdauer des Vermögenswerts. Wenn nein, ist auf den kürzeren Zeitraum aus Leasingdauer und wirtschaftlicher Nutzungsdauer abzustellen.

IAS 17.25 Die periodisch zu zahlenden **Leasingraten** sind in einen Tilgungs- und einen Zinsanteil aufzuspalten. Die Aufteilung erfolgt in einer **Weise, dass sich über die Laufzeit des Leasingverhältnisses eine konstante Verzinsung der jeweiligen Restschuld ergibt**.

IAS 17.26

Alternative:

Die periodisch zu zahlenden Leasingraten sind in einen Tilgungs- und einen Zinsanteil aufzuspalten. Die Aufteilung erfolgt in vereinfachter Form nach der **Zinsstaffelmethode**.

3.4.2.2.3 Beispiel

Es gelten die Ausgangsdaten des obigen Beispiels (→ C.IV.3.4.2.1.3) mit folgenden Ergänzungen bzw. Modifikationen:

- Der Kalkulationszinssatz des Leasinggebers ist dem Leasingnehmer nicht bekannt. Sein Grenzfremdkapitalzins liegt bei 11 % p.a.

- Der Leasingnehmer hat 500 als Beratungskosten für den Abschluss des Leasingvertrags aufgewendet, die noch im gleichen Geschäftsjahr auszahlungswirksam geworden sind.
- Der Leasingnehmer zieht einen gleichmäßigen Nutzen aus dem Leasinggut über die Laufzeit des Leasingverhältnisses.

Frage: Wie ist das Leasingverhältnis beim Leasingnehmer bilanziell zu erfassen?

Lösung:

Aufgrund der Übereinstimmung von Leasingdauer und Nutzungsdauer handelt es sich auch aus Sicht des Leasingnehmers um ein Finanzleasing.

Der Leasingnehmer aktiviert das Leasinggut mit seinen Anschaffungskosten. Dazu berechnet man zunächst den Barwert der Mindestleasingzahlungen [18.479 = 5.000 · RBF (11 %; 5 Jahre)]. Dieser liegt aufgrund des über dem Kalkulationszins des Leasinggebers liegenden Grenzfremdkapitalzinses des Leasingnehmers unter dem um die anfänglichen direkten Kosten des Leasinggebers erhöhten *fair value* des Leasingguts [18.954]. Zusätzlich zu berücksichtigen sind die anfänglichen direkten Kosten des Leasingnehmers [500]. Insgesamt belaufen sich die Anschaffungskosten damit auf 18.979.

Die Verbindlichkeit gegenüber dem Leasinggeber ist in Höhe der Mindestleasingzahlungen [18.479] zu passivieren.

Die Fortführung der Wertansätze zeigt folgende Tabelle.

	Leasinggegenstand		Leasingrate			Verbindlichkeit
	Buchwert	Abschreibung	gesamt	Tilgung	Zins	
Termin	[1]	[2]	[3]	[4]	[5]	[6]
01.01.01	18.979	–	–	–	–	18.479
31.12.01	15.184	3.796	5.000	2.967	2.033	15.512
31.12.02	11.388	3.796	5.000	3.294	1.706	12.219
31.12.03	7.592	3.796	5.000	3.656	1.344	8.563
31.12.04	3.796	3.796	5.000	4.058	942	4.505
31.12.05	0	3.796	5.000	4.505	495	0
		18.979	25.000	18.479	6.521	

Bilanzielle Konsequenzen beim Leasingnehmer im Beispiel

Entsprechend der Nutzenabgabe erfolgt die planmäßige Abschreibung linear mit 3.796 p.a. (Spalte 2).

Die Leasingrate von 5.000 p.a. (Spalte 3) ist aufzuteilen in einen auf Basis des Grenzfremdkapitalzinses ermittelten Zinsanteil (Spalte 5) und einen Tilgungsanteil (Spalte 4 = Spalte 3 – Spalte 5). Letzterer ist mit der Verbindlichkeit zu verrechnen.

Das Beispiel zeigt, dass die Verbindlichkeit des Leasingnehmers nicht mit der Forderung des Leasinggebers übereinstimmen muss. Die beiden Beträge werden dann abweichen, wenn

- die Parteien mit unterschiedlichen Zinssätzen rechnen,
- sich für Leasinggeber und Leasingnehmer unterschiedlich hohe Mindestleasingzahlungen ermitteln oder wenn
- der Leasinggeber mit einem nicht garantierten Restwert kalkuliert.

Ferner wird deutlich, dass die Anschaffungskosten des Leasingguts im Zugangszeitpunkt nicht der Verbindlichkeit entsprechen müssen. In der Folgezeit sind die beiden Bilanzposten ohnehin unabhängig voneinander fortzuschreiben.

Es ergeben sich folgende Buchungen:

Bilanzierung bei Vertragsabschluss:

Sachanlagevermögen	18.979	an	Verbindlichkeiten gegenüber LG	18.479
			Verbindlichkeiten gegenüber Beratungsunternehmen	500

Im Jahr 01:

Verbindlichkeiten gegenüber LG	2.967			
Zinsaufwand	2.033	an	Bank	5.000
Abschreibung auf Sachanlagevermögen	3.796	an	Sachanlagevermögen	3.796
Verbindlichkeiten gegenüber Beratungsunternehmen	500	an	Bank	500

3.5 Sale and lease back

3.5.1 *Begriff*

IAS 17.58 *Sale and lease back*-Transaktionen sind gekennzeichnet durch

- die Veräußerung eines Vermögenswerts und dessen gleichzeitiges Zurückleasen durch den Verkäufer sowie
- die gemeinsame Festlegung der Konditionen für beide Teilgeschäfte.

3.5.2 *Bilanzielle Behandlung*

3.5.2.1 Überblick

IAS 17.59–.64 Bei der bilanziellen Abbildung von *sale and lease back*-Transaktionen ist zwischen dem Veräußerungsvorgang und dem Leasinggeschäft zu unterscheiden.

Die bilanzielle Abbildung des Leasinggeschäfts folgt den vorstehend erläuterten allgemeinen Grundsätzen.

Die Darstellung des Veräußerungsgeschäfts im Abschluss, insbesondere die Frage, ob ein Veräußerungserfolg zu erfassen ist, richtet sich nach

- der Art des Leasingverhältnisses,
- dem Verhältnis von Kaufpreis und *fair value* des Kaufobjekts und
- dem Verhältnis von *fair value* und Buchwert des Kaufobjekts.

3.5.2.2 Finance lease back

Handelt es sich bei dem Leasingverhältnis um ein ***finance lease back*** ist ein etwaiger Gewinn aus der Veräußerung des Vermögenswerts abzugrenzen. Das geschieht durch den Buchungssatz: **IAS 17.59f., .64**

Sonstiger betrieblicher Ertrag
an
Passivischer Rechnungsabgrenzungsposten

In der Folgezeit ist der Rechnungsabgrenzungsposten linear über die Laufzeit des Leasingverhältnisses erfolgswirksam aufzulösen mit dem Buchungssatz:

Passivischer Rechnungsabgrenzungsposten
an
Sonstiger betrieblicher Ertrag

Veräußerungsverluste sind nur insoweit unmittelbar erfolgswirksam zu erfassen, als sie Ausdruck einer Wertminderung gemäß IAS 36 sind (→ C.I.1.3.3.2).

3.5.2.3 Operating lease back

Im Falle eines ***operating lease back*** ist der Veräußerungserfolg wie folgt zu behandeln: **IAS 17.61–.63**

- Entspricht der Verkaufspreis dem *fair value* des veräußerten Vermögenswerts, ist der Veräußerungserfolg unmittelbar erfolgswirksam zu erfassen.
- Ein den *fair value* des veräußerten Vermögenswerts übersteigender Veräußerungspreis ist abzugrenzen und über den voraussichtlichen Zeitraum der Nutzung des Vermögenswerts erfolgswirksam zu verteilen.
- Liegt der Verkaufspreis unter dem *fair value* des veräußerten Vermögenswerts, ist ein Gewinn oder Verlust aus der Veräußerung unmittelbar erfolgswirksam zu berücksichtigen; etwas anderes gilt lediglich für Veräußerungsverluste, die durch unter dem Marktpreis liegende Leasingraten kompensiert werden. Sie sind über den voraussichtlichen Nutzungszeitraum des Vermögenswerts zu verteilen.

3.5.2.4 Beispiel

Das Berichtsunternehmen hat ein bebautes Grundstück verkauft und im Gegenzug langfristig zurückgemietet. Zur Beurteilung des Geschäfts liegen folgende Daten vor:

Grundstück	–
Buchwert	1.000
Fair value	3.000
Gebäude	–
Buchwert	300
Fair value	500
Restnutzungsdauer [Jahre]	20
Verkaufspreis Grundstück und Gebäude	3.850
Jährliche Leasingrate	420
Laufzeit des Leasingvertrags [Jahre]	20

Aus dem Verkauf des bebauten Grundstücks hat das Berichtsunternehmen einen Gewinn von 2.550 erzielt (3.850 – 1.000 – 300). Fraglich ist, wie dieser Gewinn nach IAS 17 zu behandeln ist.

Lösung:

Die Behandlung des Gewinns richtet sich unter anderem nach der Art des Leasingverhältnisses.

Ein Leasingverhältnis über ein bebautes Grundstück ist in zwei Leasingverhältnisse aufzuspalten, nämlich ein Leasingverhältnis über das Grundstück und ein weiteres Leasingverhältnis über das Gebäude. Die Leasingraten sind diesen Nutzungsüberlassungen im Verhältnis der *fair values* der Leasinggegenstände zuzurechnen. Diese Verfahrensweise ergibt im Beispiel Leasingraten für das Grundstück von jährlich 360 (420 · 3.000/3.500) und für das Gebäude von 60 (420 · 500/3.500).

Da im Beispiel weder ein automatischer Eigentumsübergang noch eine günstige Kaufoption zu Gunsten des Leasingnehmers vereinbart ist, liegt in Bezug auf das Grundstück ein Mietleasingverhältnis vor. Das Leasingverhältnis über das Gebäude ist dagegen aufgrund der übereinstimmenden Restnutzungs- und Leasingdauer als Finanzleasing zu klassifizieren.

Für das Grundstück wurde ein anteiliger Preis von 3.300 erzielt (3.850 · 3.000/3.500), für das Gebäude ein Preis von 550 (3.850 · 500/3.500). In beiden Fällen liegt der Verkaufserlös sowohl über dem Buchwert als auch über dem *fair value* des betreffenden Vermögenswerts.

Bei Mietleasingverhältnissen ist in dieser Konstellation lediglich die Differenz zwischen dem *fair value* und dem erzielten Verkaufspreis über die voraussichtliche Nutzungsdauer des Vermögenswerts abzugrenzen (→ IAS 17.61). Danach ist für das Grundstück ein Betrag von 300 (3.300–3.000) passivisch abzugrenzen und über die Laufzeit des Vertrags von 20 Jahren ratierlich aufzulösen. Daraus resultiert im Ergebnis eine jährliche Minderung der Leasingraten von 15.

Bei Finanzleasingverhältnissen gilt dagegen die gesamte Differenz zwischen Buchwert und Veräußerungserlös als nicht realisiert. Dementsprechend ist in

Bezug auf das Gebäude ein Betrag von 250 (550–300) passivisch abzugrenzen und über die Laufzeit des Leasingvertrags zu verteilen (→ IAS 17.59). Das ergibt eine jährliche Kompensation der Leasingraten von 12,5.

3.6 Anhangangaben (*notes*)

→ CD-Anhangcheckliste 5.2.4

4. Zum Verkauf bestimmte langfristige Vermögenswerte und einzustellende Geschäftsbereiche

4.1 Abgrenzung

4.1.1 Zum Verkauf bestimmte langfristige Vermögenswerte

Einzelne oder eine Gruppe mehrerer langfristiger Vermögenswerte sind gesondert als zum Verkauf bestimmte langfristige Vermögenswerte zu klassifizieren, wenn ihr Buchwert eher durch einen Verkaufserlös realisiert werden kann als durch Erträge aus der weiteren Nutzung. Dabei muss deren Verkauf im gegenwärtigen Zustand zu üblichen Konditionen überwiegend wahrscheinlich sein. Davon ist auszugehen, wenn **IFRS 5.6–.9**

- die verantwortlichen Entscheidungsträger einen entsprechenden **Beschluss** zur Veräußerung gefasst haben, *und*
- der **Verkaufsprozess eingeleitet** wurde, *und*
- der Vermögenswert tatsächlich zu einem im Vergleich zum Verkehrswert **vernünftigen Wert** gehandelt wird, *und*
- erforderliche Maßnahmen zur Verwirklichung des Verkaufs **nicht** erkennen lassen, dass der **Plan wesentlich geändert** oder gar zurückgezogen wird, *und*
- der Verkauf **innerhalb eines Jahres** nach der erstmaligen Klassifizierung als solche zu erwarten ist.

Anlage B zu IFRS 5 nennt Beispiele, die ausnahmsweise die Verlängerung der Jahresfrist erlauben, vorausgesetzt, das Unternehmen hat die Verzögerung nicht zu vertreten und hält weiterhin an seinem Plan zur Veräußerung fest.

Erwirbt ein Unternehmen einzelne oder eine Gruppe mehrerer langfristiger Vermögenswerte zum Zwecke der anschließenden Wiederveräußerung, so ist eine Klassifizierung als zum Verkauf bestimmte langfristige Vermögenswerte nur zulässig, wenn binnen Jahresfrist mit der Veräußerung mit überwiegender Wahrscheinlichkeit zu rechnen ist und die übrigen oben genannten Voraussetzungen innerhalb einer Frist von 3 Monaten ebenfalls erfüllt werden. **IFRS 5.11**

Treten die erforderlichen Kriterien zur Klassifizierung als zum Verkauf bestimmter langfristiger Vermögenswert erst nach dem Bilanzstichtag ein, ist eine entsprechende Klassifizierung nicht zulässig. Sofern die Voraussetzungen vor der endgültigen Fertigstellung des Jahresabschlusses vorliegen, sind allerdings umfangreiche Anhangangaben erforderlich (→ E.III.). **IFRS 5.12**

Die Bewertungsvorschriften des IFRS 5 sind nicht anzuwenden auf

- latente Steueransprüche (IAS 12),
- Vermögenswerte, die aus Leistungen an Arbeitnehmer resultieren (IAS 19),
- finanzielle Vermögenswerte (IAS 39),
- Immobilien, die als Finanzinvestitionen gehalten werden (IAS 40) und
- Versicherungsrechte (IFRS 4).

4.1.2 Einzustellende Geschäftsbereiche

IFRS 5.32 Um einen einzustellenden Bereich (*discontinued operation*) handelt es sich, sofern Bestandteile eines Unternehmens entweder zum Verkauf bestimmt sind (→ C.IV.4.1.1) oder bereits verkauft bzw. eingestellt wurden *und*

- diese eine separate wichtige Sparte oder einen regional abgrenzbaren Bereich repräsentieren,
- innerhalb eines einzelnen einheitlichen Plans verkauft werden sollen oder
- eine Tochtergesellschaft zum Zwecke der sofortigen Wiederveräußerung erworben wurde.

IFRS 5.31 Bestandteile eines Unternehmens umfassen Geschäftsvorfälle und Zahlungsströme, die eindeutig von anderen Geschäftsbereichen abgrenzbar sind, sowohl operativ als auch im Rahmen der Finanzbuchhaltung.

4.2 Bewertung

4.2.1 Zum Verkauf bestimmte langfristige Vermögenswerte

IFRS 5.15 Die Bewertung erfolgt zum Buchwert, maximal jedoch zum Verkaufserlös abzüglich anfallender Veräußerungskosten. Bei einer Gruppe von langfristigen Vermögenswerten wird zunächst ein gegebenenfalls bestehender Goodwill und anschließend die langfristigen Vermögenswerte abgeschrieben, so weit noch Abschreibungen erforderlich sind (→ C.I.1.3.3.2.7).

IFRS 5.17 Wird der Verkauf nicht innerhalb eines Jahres erwartet, sind die Veräußerungskosten mit ihrem Barwert anzusetzen. Eine in zukünftigen Perioden anfallende Erhöhung des Barwertes ist im Finanzergebnis auszuweisen, sofern der Anstieg auf den zeitlichen Aspekt zurückzuführen ist.

IFRS 5.20 Eine gegebenenfalls erforderliche außerplanmäßige Abschreibung auf den Verkaufserlös abzüglich Veräußerungskosten ist erfolgswirksam in der Position „Abschreibungen" (alternativ z.B. „Umsatzkosten") auszuweisen. Zukünftige Zuschreibungen sind maximal bis zur Höhe der in den Vorperioden seit der erstmaligen Klassifizierung vorgenommenen außerplanmäßigen Abschreibungen zulässig.

IFRS 5.25 Langfristige Vermögenswerte, die zur Veräußerung bestimmt sind, unterliegen zukünftig keiner planmäßigen Abschreibung.

IFRS 5.26 Sind die Voraussetzungen zur Klassifizierung als zum Verkauf bestimmt nicht mehr erfüllt, z.B. aufgrund einer nunmehr anders lautenden unternehmerischen Entscheidung, so erfolgt die Bewertung mit dem ehemaligen Buchwert
IFRS 5.27 abzüglich zwischenzeitlicher planmäßiger Abschreibungen, maximal jedoch mit dem erzielbaren Betrag (*recoverable amount*). Der erzielbare Betrag ist definiert als der höhere der beiden Beträge aus Nettoveräußerungspreis und Nutzungswert. Letzterer wiederum ermittelt sich aus den abgezinsten zukünftigen Cashflows.

Beispiel:

Das Unternehmen beschließt Ende September 01, ein Grundstück mit Lagerhalle zu veräußern. Zum 1. Januar 01 betrug der Buchwert des Grund und Bodens 300, der Buchwert der Lagerhalle 500. Die jährliche Abschreibung auf die Lagerhalle beträgt 25. Noch in 01 wird ein Immobilienmakler beauftragt, einen Käufer zu finden. Der erwartete Verkaufserlös abzüglich Maklerkosten beträgt 400.

Unvorhergesehenerweise kann die Lagerhalle in 02 nicht veräußert werden. Es liegt jedoch Ende 02 ein konkretes Kaufangebot in Höhe von 450 vor (Maklerkosten bereits abgezogen).

In 03 kommt es zu einer Besserung der Auftragslage, sodass zusätzliche Lagerflächen benötigt werden. Die Geschäftsleitung entschließt sich daher Ende Juni 03, die Lagerhalle wieder selbst zu nutzen und nicht zu verkaufen. Der interne Nutzungswert des Grundstücks aus der Eigennutzung beträgt nach Berechnungen des Unternehmens 1.000.

Lösung:

Bis Ende September 01 ist die Lagerhalle planmäßig abzuschreiben. Mit Veräußerungsbeschluss ist auf den erwarteten Netto-Verkaufserlös abzuschreiben. Der Abschreibungsbetrag wird anteilig auf Grund und Boden und Gebäude verteilt. Planmäßige Abschreibungen werden nicht mehr vorgenommen.

Ende 02 ist eine Zuschreibung um 50 vorzunehmen, da sich aus dem Kaufangebot nachweislich ein höherer Netto-Veräußerungswert ergibt und die Zuschreibung den Betrag der in 01 vorgenommenen Abschreibung nicht übersteigt.

Ende Juni 03 entfällt die Veräußerungsabsicht. Damit ist das Grundstück nicht mehr nach IFRS 5 zu bewerten. Es ist eine Wertaufholung bis auf den Betrag vorzunehmen, der sich ohne eine Klassifizierung als *held for sale* zu diesem Zeitpunkt ergeben hätte. Dieser beträgt für den Grund und Boden 300 und für das Gebäude 438 (500 ./. 25 x 2,5). Anschließend sind wieder planmäßige Abschreibungen nach IAS 16 vorzunehmen.

Entwicklung der Bilanzansätze:

	Grund und Boden	Gebäude	Summe
Buchwert 1. Januar 01	**300**	**500**	**800**
planmäßige Abschreibung	–	–19	–19
Buchwert bei Umklassifizierung Ende September 01	**300**	**481**	**781**
Abwertung auf Nettoveräußerungswert	–146	–235	–381
Buchwert 31. Dezernber 01	**154**	**246**	**–400**
Zuschreibung in 02	19	31	50
Buchwert 31. Dezember 02	**173**	**277**	**450**
Zuschreibung bei Umklassifizierung Ende Juni 03	127	161	288
planmäßige Abschreibung 03	–	–13	–13
Buchwert 31. Dezember 03	**300**	**425**	**725**

4.2.2 *Einzustellende Geschäftsbereiche*

Besondere Vorschriften wurden für die Bewertung von Vermögenswerten und Verpflichtungen von einzustellenden Bereichen nicht getroffen. Maßgebend sind vielmehr die allgemeinen Vorschriften innerhalb der IFRS sowie die besonderen Vorschriften für Sachanlagewerte, die zum Verkauf bestimmt sind.

Die Bewertung von Sachanlagen innerhalb von zu veräußernden Geschäftsbereichen erfolgt entsprechend den Vorschriften des IFRS 5.15ff. (→ C.IV.4.2.1). Für kurzfristig gehaltene Vermögenswerte gelten die allgemeinen Vorschriften, wie z.B. für

- Forderungen (IAS 39),
- Vorräte (IAS 2).

Darüber hinaus sind folgende Vorschriften zu berücksichtigen, die im Zusammenhang mit einer Teilbetriebsaufgabe bzw. -veräußerung verstärkt relevant sind:

- Sozialplanverpflichtungen (IAS 19 → C.III.3.4);
- Abfindungen an freigestellte Mitarbeiter (IAS 19 → C.III.3.4);
- Restrukturierungsrückstellungen (IAS 37 → C.III.2.3.4.3).

4.3 Ausweis

4.3.1 *Zum Verkauf bestimmte langfristige Vermögenswerte*

4.3.1.1 Bilanz

IFRS 5.38 In der Bilanz ist ein gesonderter Ausweis der zum Verkauf bestimmten langfristigen Vermögenswerte innerhalb des kurzfristigen Vermögens vorzunehmen. Verbindlichkeiten, die einer zur Veräußerung bestimmten Gruppe von langfristigen Vermögenswerten zuzuordnen sind, werden gesondert unter den Verpflichtungen ausgewiesen. Ein saldierter Ausweis von Vermögenswerten und Verbindlichkeiten als einzelner Betrag ist unzulässig. Der gesonderte Ausweis ist in der **Bilanz** hinsichtlich seiner wesentlichen Klassen aufzuteilen, sodass eine Beurteilung der Beträge möglich ist.

> **Alternative:**
>
> Der gesonderte Ausweis ist im **Anhang** hinsichtlich seiner wesentlichen Klassen aufzuteilen, sodass eine Beurteilung der Beträge möglich ist.

IFRS 5.39 Handelt es sich um ein erst kürzlich erworbenes Tochterunternehmen, so ist die Aufteilung in wesentliche Klassen nicht vorgeschrieben.

IFRS 5.40 Eine Anpassung der Vorjahreszahlen für zwischenzeitlich umqualifizierte Vermögenswerte ist unzulässig, soweit es sich nicht um die Korrektur eines Fehlers i.S.v. IAS 8 handelt (→ C.I.4.).

4.3.1.2 Gewinn- und Verlustrechnung

IFRS 5.37 Erfolgswirksame Buchungen aufgrund einer Umklassifizierung bzw. infolge einer Änderung der Wertansätze sind innerhalb des laufenden Geschäftes *(continuing operations)* auszuweisen.

4.3.1.3 Kapitalflussrechnung

Es existieren zahlreiche Angabepflichten im Zusammmenhang mit dem Cashflow von zum Verkauf bestimmten langfristigen Vermögenswerten; diese können alternativ in der **Kapitalflussrechnung** oder im **Anhang** erfolgen. In der Praxis erfolgt der Ausweis zumeist im Anhang (→ E.III.). **IFRS 5.33**

4.3.2 Einzustellende Geschäftsbereiche

4.3.2.1 Bilanz

Bezüglich des Ausweises in der Bilanz gelten die unter C.IV.4.3.1.1 geschilderten Vorschriften zum Ausweis der zum Verkauf bestimmten langfristigen Vermögenswerte entsprechend. **IFRS 5.38**

Handelt es sich um eine erst kürzlich erworbene Einheit, die zum Wiederverkauf bestimmt ist, ist eine Aufschlüsselung in wesentliche Klassen nicht erforderlich. **IFRS 5.39**

Eine Anpassung von Vorjahreswerten ist nicht zulässig, soweit es sich nicht um die Korrektur eines Fehlers i.S.v. IAS 8 handelt (→ C.I.4.). **IFRS 5.40**

4.3.2.2 Gewinn- und Verlustrechnung

Die finanziellen Auswirkungen von Geschäftsbereichen, die zur Veräußerung bestimmt sind oder deren Aktivitäten eingestellt werden sollen, werden in der Gewinn- und Verlustrechnung getrennt von den laufenden Geschäften dargestellt. Dies soll den Adressaten des Jahresabschlusses die Beurteilung ermöglichen, welche nachhaltigen Auswirkungen solche Geschäftsvorfälle auf die finanzielle Situation der Gesellschaft haben. **IFRS 5.30**

Im Rahmen der Gewinn- und Verlustrechnung muss in **einem Gesamtbetrag** **IFRS 5.33**

- das Ergebnis nach Steuern des einzustellenden Bereichs und
- der Gewinn bzw. Verlust aus der Bewertung zum *fair value* abzüglich Veräußerungskosten

angegeben werden.

Ferner ist der zusammengefasste Betrag im Rahmen der **Gewinn- und Verlustrechnung** aufzuteilen in

- Umsatz, Aufwand und Gewinn bzw. Verlust vor Steuern sowie die korrespondierende Ertragsteuerbelastung,
- den Gewinn bzw. Verlust aus der Bewertung zum *fair value* abzüglich Veräußerungskosten sowie die korrespondierende Ertragsteuerbelastung.

Diese Aufschlüsselung hat innerhalb des gesonderten Abschnitts betreffend einzustellende Geschäftsbereiche (*discontinued operations*) zu erfolgen.

Alternative:

Ferner ist der zusammengefasste Betrag im **Anhang** aufzuteilen in

- Umsatz, Aufwand und Gewinn bzw. Verlust vor Steuern sowie die korrespondierende Ertragsteuerbelastung,
- den Gewinn bzw. Verlust aus der Bewertung zum *fair value* abzüglich Veräußerungskosten sowie die korrespondierende Ertragsteuerbelastung.

C.IV

Beispiel:	02	01 (angepasst)
Fortzuführende Bereiche		
Gewinn	40	60
Einzustellende Bereiche		
Umsatz	10	25
Herstellungskosten	6	14
Vertriebskosten	3	8
Verwaltungskosten	3	6
Sonstige betriebliche Aufwendungen	3	7
Operatives Ergebnis vor Ertragsteuern	– 5	– 10
Ertragsteuern (30 %)	1,5	3
Verlust	– 3,5	– 7
Jahresüberschuss (gesamt)	36,5	53

Handelt es sich um eine kürzlich erworbene Einheit, die zum Wiederverkauf bestimmt ist, ist die vorgenannte Aufschlüsselung nicht erforderlich.

IFRS 5.34 Die Vorjahreszahlen sind entsprechend umzugliedern, um die Vergleichbarkeit zu gewährleisten.

IFRS 5.36 Entfallen die Voraussetzungen für den gesonderten Ausweis als einzustellender Geschäftsbereich, so sind die Vorjahreszahlen ebenfalls in den laufenden Geschäftsbetrieb umzugliedern. Die Umgliederung der Vorjahresbeträge ist im Anhang zu beschreiben.

4.3.2.3 Kapitalflussrechnung

IFRS 5.33 Es existieren zahlreiche Angabepflichten im Zusammenhang mit dem Cashflow von einzustellenden Geschäftsbereichen; diese können alternativ in der **Kapitalflussrechnung** oder im **Anhang** erfolgen. In der Praxis erfolgt der Ausweis zumeist im Anhang (→ E.III.).

4.4 Anhangangaben *(notes)*

→ CD-Anhangcheckliste 9.5

5. Sicherungsbeziehungen (*Hedge Accounting*)

5.1 Begriffe und Grundlagen

5.1.1 Systematik des Hedging

Der Begriff des Hedging umfasst die Übertragung von Risiken aus dem ope- **IAS 39.9**
rativen Geschäft oder von Risiken aus Kapitalanlage- oder Finanzierungsmaß- **IAS 39.85**
nahmen an Dritte. Dabei wird einer vorhandenen oder erwarteten Position (Grundgeschäft, *Hegded Item*) ein Sicherungsinstrument (*Hedging Instrument*) so entgegengesetzt, dass sich Verluste und Gewinne bzw. die Cashflows aus beiden Geschäften (nahezu) ausgleichen. Entsprechend sind Ansprüche und Verpflichtungen aus beiden Geschäften stets einander entgegengesetzt. Im Rahmen des Hedge Accounting werden die ökonomischen Sicherungsbeziehungen zwischen Grundgeschäft und korrespondierendem Sicherungsinstrument bilanziell abgebildet. Dabei werden die kompensatorischen Aufwands- und Ertragseffekte aus Änderungen des beizulegenden Zeitwerts für Grundgeschäft und Sicherungsinstrument symmetrisch erfasst.

Hintergrund für mögliche Bewertungsunterschiede bei finanziellen Vermögenswerten und finanziellen Verbindlichkeiten ist das für Finanzinstrumente geltende *Mixed Model* nach IAS 39:

Behandlung nach der Kategorie von Finanzinstrumenten bzw. nach der Verpflichtung		
At Fair Value Through Profit or Loss, die auch die Handelsaktiva und -passiva sowie sämtliche Derivate umfassen, sind grundsätzlich alle Änderungen des beizulegenden Zeitwerts erfolgswirksam zu erfassen.	Alle übrigen Kategorien von Finanzinstrumenten *(Held to Maturity, Loans and Receivables, Available for Sale)* unterliegen keiner erfolgswirksamen Änderung des beizulegenden Zeitwerts.	Noch nicht erfüllte feste Verpflichtungen *(Firm Commitments),* die keine Derivate im Sinne von IAS 39 darstellen, sind grundsätzlich nicht bilanzwirksam. Gleiches gilt für alle mit hoher Wahrscheinlichkeit eintretenden künftigen Transaktionen *(Forecast Transactions).*

Abbildung 31: Mixed Model nach IAS 39

Die Regelungen zum Hedge Accounting zielen darauf ab, Inkongruenzen auf- **IAS 39.89**
grund von Ansatz- oder Bewertungsunterschieden zu vermeiden und Ergebniswirkungen bei der Sicherung von Finanzinstrumenten zu synchronisieren. So werden etwa in Sicherungsabsicht abgeschlossene derivative Geschäfte für eine Kreditrückzahlung (Grundgeschäft der Kategorie Kredite und Forderungen) aufgrund der Sondervorschriften zum Hedge Accounting nicht unabhängig voneinander erfasst. Vielmehr ist der Gewinn oder Verlust aus dem andernfalls zu fortgeführten Anschaffungskosten zu bewertenden Grundgeschäft erfolgswirksam im Periodenergebnis zu erfassen.

5.1.2 Sicherungsinstrumente

Voraussetzung für das Hedge Accounting ist das Vorliegen eines Sicherungsin- **IAS 39.72**
struments, das der Absicherung eines Grundgeschäfts dient. Als Sicherungsins- **IAS 39.75**

IAS 39.77 trumente kommen designierte Derivate, der Bruchteil des Nominalbetrags eines
IAS 39.72 Derivats oder ein Portfolio von Derivaten oder von deren Bruchteilen in Betracht,
IAS 39IG.F.3.9 sofern das Portfolio nicht insgesamt eine geschriebene Option darstellt. Ein nicht
IAS 39.75 derivativer Vermögenswert oder eine nicht derivative Verbindlichkeit kann nur dann als Sicherungsinstrument bestimmt werden, wenn es zur Absicherung eines Währungsrisikos dient. Die Designation als Sicherungsinstrument kann jederzeit während der Laufzeit prospektiv erfolgen. Das Sicherungsinstrument ist dabei stets bis zum Laufzeitende in die Sicherungsbeziehung einzubeziehen. Ein Sicherungsinstrument kann zur Sicherung mehrerer Risikopositionen bestimmt werden, falls

- die gesicherten Risiken klar identifiziert werden können,
- die Effektivität der Sicherungsbeziehung nachgewiesen werden kann und
- IAS 39.76 sichergestellt wird, dass eine exakte Zuordnung des Sicherungsinstruments zu den verschiedenen Risikopositionen vorliegt.

Beispiel:

IAS 39.IG. F.1.12 Ein Zins- oder Währungsswap, mit dem eine variabel verzinsliche Fremdwährungsposition in eine festverzinsliche Position in der funktionalen Währung umgewandelt wird, kann zugleich als Sicherungsinstrument im Rahmen des Fremdwährungsrisikos und als Sicherungsinstrument des Zinsänderungsrisikos designiert werden.

Beispiel:

Ein festverzinsliches Fremdkapitalinstrument mit fester Laufzeit von drei Jahren in USD kann nicht zur Absicherung gegen das gesamte Fair Value Risiko – bestehend aus Zins-, Währungs- und Bonitätsrisiko – einer gleichzeitig aktivierten festverzinslichen USD-Anleihe gleicher Laufzeit designiert werden. Nach IAS 39.72 darf ein nicht derivatives Instrument nur als Sicherungsinstrument zur Absicherung eines Währungsrisikos designiert werden.

Beispiel:

Ein festverzinsliches Fremdkapitalinstrument mit fester Laufzeit von drei Jahren in USD kann zur Absicherung gegen das gesamte währungsinduzierte Fair Value Risiko oder Cashflow Risiko einer gleichzeitig aktivierten festverzinslichen USD-Anleihe gleicher Laufzeit designiert werden.

Folgende Derivate können nicht als Sicherungsinstrumente bestimmt werden:

- IAS 39.AG 97 Derivate, die als Eigenkapitalinstrumente des Unternehmens zu klassifizieren sind; diese Derivate stellen keine finanziellen Vermögenswerte oder finanziellen Verbindlichkeiten dar.
- IAS 39.72, IAS 39.AG 94 Geschriebene Optionen; hier besteht die Gefahr, dass der Verlust aus einer derartigen Option signifikant höher ist als der mögliche Ertrag des Gegengeschäfts. Allerdings ist die Designation einer geschriebenen Option ausnahmsweise dann zulässig, wenn eine entgegengerichtete erworbene Option kompensiert werden soll.

- Derivate deren beizulegender Zeitwert nicht verlässlich ermittelbar ist. **IAS 39.AG 96**
- Interne Geschäfte; nur externe Derivate und andere Transaktionen mit Dritten **IAS 39.73** können als Sicherungsinstrument bestimmt werden. Interne Geschäfte, etwa innerhalb des Konsolidierungskreises dürfen nicht designiert werden, da sie **IAS 39.IG F.1.2** im Konzernabschluss zu konsolidieren sind.
- Derivate, die gleichzeitig mit einem korrespondierenden Gegengeschäft mit dem gleichen Kontrahenten abgeschlossen werden, soweit kein überzeugender Geschäftszweck für die separate Strukturierung beider Transaktionen nachgewiesen werden kann; somit wird eine Zeitwertbilanzierung für ein ansonsten zu Anschaffungskosten zu bilanzierendes Grundgeschäft ausgeschlossen.

Zudem können noch nicht erfüllte feste Verpflichtungen und mit hoher Wahrscheinlichkeit eintretende künftige Transaktionen nicht als Sicherungsinstrumente designiert werden.

5.1.3 Grundgeschäfte

Als Grundgeschäfte können – sofern sich aus den betreffenden Risiken Erfolgs- **IAS 39.78** wirkungen für das Unternehmen ergeben – designiert werden: **IAS 39.83**

- ein bilanzieller Vermögenswert oder eine bilanzielle Verbindlichkeit
- eine bilanzwirksame rechtlich bindende Verpflichtung
- eine mit hoher Wahrscheinlichkeit eintretende künftige Transaktion
- eine Nettoinvestition in einen ausländischen Geschäftsbetrieb
- Portfolios der vorgenannten Geschäfte, falls die einzelnen im Portfolio enthaltenen Geschäfte ein vergleichbares Risikoprofil aufweisen. Jedoch muss zu erwarten sein, dass die Änderung des beizulegenden Zeitwerts eines jeden individuellen Vermögenswertes und einer jeden individuellen Verbindlichkeit, die dem gesicherten Risiko zuzurechnen ist, annähernd proportional ist zur Veränderung des beizulegenden Zeitwerts des gesamten Portfolios, die dem gesicherten Risiko zuzurechnen ist.

Ferner können finanzielle Vermögenswerte oder finanzielle Verbindlichkeiten **IAS 39.81** auch in Bezug auf Risiken, die nur mit einem Teil des beizulegenden Zeitwerts **IAS 39.82,** bzw. nur mit einem Teil der Cashflows verbunden sind, als Grundgeschäfts desig- **IAS 39AG 100** niert werden, sofern die Effektivität verlässlich gemessen werden kann. Dagegen kann ein finanzieller Vermögenswert oder eine finanzielle Verbindlichkeit, bei denen es sich nicht um ein Finanzinstrument handelt, als Grundgeschäft nur entweder hinsichtlich des Fremdwährungsrisikos oder hinsichtlich der Gesamtheit aller Risiken designiert werden. Die Aufspaltung in einzelne Risikokomponenten scheidet hier aus, da die diesen Risiken entsprechenden Änderungen des beizulegenden Zeitwerts oder der Cashflows nicht oder erheblich schwieriger zu isolieren sind.

Für die Designation als Grundgeschäft gelten insbesondere die folgenden Beschränkungen:

- Allgemeine Geschäftsrisiken dürfen nicht als gesichertes Risiko designiert **IAS 39AG 110** werden. Gefordert ist ein spezifisch zu identifizierendes und nach IAS 39 bestimmbares Risiko, das den Unternehmenserfolg beeinflusst. Auch das Risiko aus einer Überalterung von Sachgütern oder das Risiko der staatlichen Enteignung von Gegenständen kann nicht als Sicherungsbeziehung bilanziert werden. Es können somit nur übliche Marktrisiken in die Sicherungsbeziehung mit einfließen.

- IAS 39.IG F.2.3 Nicht bilanzierte Vermögenswerte, insbesondere selbst erstellte immaterielle Vermögenswerte, können nicht als Grundgeschäft designiert werden.
- IAS 39.79 Bis zur Endfälligkeit gehaltene Finanzinvestitionen können nur gegen Bonitäts- und Fremdwährungsrisiken gesichert werden. Zeitwertänderungen aufgrund von Zinssatzänderungen können sich hingegen nicht auf den Rückzahlungsbetrag auswirken.
- IAS 39.IG F.2.7 Eigene Eigenkapitalinstrumente des Unternehmens und darauf gerichtete mit hoher Wahrscheinlichkeit eintretende künftige Transaktionen können mangels resultierender Erfolgswirkungen nicht als Grundgeschäfte designiert werden.
- IAS 39.86 b), IAS 39IG F.2.7 Geplante Dividendenausschüttungen des bilanzierenden Unternehmens dürfen nicht als gesicherte Grundgeschäfte im Rahmen eines *Cashflow Hedge* bestimmt werden, da eine für das Grundgeschäft geforderte Transaktion mit Auswirkungen auf das Periodenergebnis nicht vorliegt. Bereits beschlossene Dividenden, die als Verbindlichkeit bilanziert sind, können dagegen ein Grundgeschäft darstellen, wenn sie z.B. in fremder Währung zu zahlen sind.
- IAS 39.AG 98 Feste Verpflichtungen zum Kauf eines Unternehmens bei einem Unternehmenszusammenschluss erlauben nur eine Designation des Wechselkursrisikos als gesichertes Risiko. Die übrigen Risiken können nicht gesondert identifiziert werden.
- IAS 39.AG 94, IAS 39IG F.2.1 Derivate können grundsätzlich nicht als Grundgeschäfte bestimmt werden.
- IAS 39.88d) Geschäfte, deren beizulegender Zeitwert nicht verlässlich ermittelt werden kann, scheiden als Grundgeschäfte aus.
- IAS 39.80 Interne Geschäfte dürfen grundsätzlich nicht als Grundgeschäfte designiert werden. Als eine Ausnahme kann das Währungsrisiko aus einem konzerninternen monetären Posten die Voraussetzung eines Grundgeschäfts erfüllen. Die Bilanzierung von Sicherungsbeziehungen bei Transaktionen zwischen Unternehmen oder Segmenten innerhalb derselben Gruppe kann jedoch für Einzelabschlüsse dieser Unternehmen oder Segmente angewendet werden.

5.1.4 *Arten von Sicherungsbeziehungen*

In IAS 39 werden drei Arten von Sicherungsbeziehungen unterschieden		
Absicherung des beizulegenden Zeitwerts *(Fair Value Hedge):* Die Absicherung gegen das Risiko einer Änderung des beizulegenden Zeitwertes eines bilanzierten Vermögenswertes, einer bilanzierten Verbindlichkeit, einer bilanzunwirksamen rechtlich bindenden Verpflichtung oder eines genau bezeichneten Teils davon, das auf ein bestimmtes Risiko zurückzuführen ist und Auswirkungen auf das Periodenergebnis haben könnte.	Absicherung von Zahlungsströmen *(Cash Flow Hedge):* Die Absicherung gegen das Risiko schwankender Zahlungsströme, das auf ein bestimmtes mit dem bilanzierten Vermögenswert, der bilanziertenVerbindlichkeit oder auf ein mit einer hochwahrscheinlich eintretenden künftigen Transaktion verbundenes Risiko zurückzuführen ist und zudem Auswirkungen auf das Periodenergebnis haben könnte.	Absicherung einer Nettoinvestition in einen ausländischen Geschäftsbetrieb, wie in IAS 21 beschrieben *(Hedge of a Net Investment in a Foreign Operation).*

Abbildung 32: Arten von Sicherungsbeziehungen

Beispiele *Fair Value Hedge:*

- Sicherung eines gewährten festverzinslichen Kredits oder einer festverzinslichen Verbindlichkeit gegen Zeitwertänderungen aufgrund von Zinssatzänderungen. IAS 39.AG 102
- Sicherung einer variabel verzinslichen Anleihe gegen eine Zeitwertänderung der Anleihe aus der Änderung des Bonitätsrisikos oder aus einem geringen, für die Dauer der Zinsfestschreibungsperiode noch verbleibenden Zinsänderungsrisikos. IAS 39.IG F.3.5
- Sicherung des Wechselkursrisikos einer Fremdwährungsverbindlichkeit oder einer Forderung aus Lieferungen und Leistungen in Fremdwährung. Dies schließt auch konzerninterne Forderungen bzw. Verbindlichkeiten ein, deren Wechselkursänderungen im Wege der Konsolidierung nicht vollständig eliminiert werden. Alternativ kann die Transaktion als *Cashflow Hedge* abgebildet werden. IAS 39.80 IAS 39.IG F.3.3 und 3.4
- Sicherung eines Rohstoffbestands gegen Zeitwertänderungen aufgrund von Schwankungen des Rohstoffpreises. IAS 39.IG F.3.6
- Sicherung der Veränderungen des Energiepreises aus einem nicht bilanzierten Vertrag zur Energielieferung zu einem festgelegten Preis. IAS 39.AG 104

C.IV

Beispiele *Cashflow Hedge:*

- Sicherung des Währungsrisikos aus geplanten Fremdwährungsumsätzen durch Aufnahme einer Fremdwährungsverbindlichkeit, durch Abschluss eines Devisentermingeschäfts oder durch eine Devisenoption. IAS 39.IG F.2.4
- Abschluss eines Swaps zur Umwandlung einer variabel verzinslichen Verbindlichkeit in eine festverzinsliche Verbindlichkeit. Bei variablen Kapitalbeträgen liegt der Hedge einer mit hoher Wahrscheinlichkeit eintretenden künftigen Transaktion vor, da die künftigen Zinszahlungen der variabel verzinslichen Verbindlichkeit Gegenstand des Hedges sind. IAS 39.AG 103
- Sicherung des Wechselkursrisikos einer Fremdwährungsverbindlichkeit oder einer Forderung aus Lieferungen und Leistungen in Fremdwährung. Dies schließt auch konzerninterne Forderungen bzw. Verbindlichkeiten ein, deren Wechselkursänderungen im Wege der Konsolidierung nicht vollständig eliminiert werden. Alternativ kann die Transaktion als *Fair Value Hedge* abgebildet werden. IAS 39.80 IAS 39.IG F.3.3 und 3.4
- Variable Zinszahlungen, die einem Risiko der vorzeitigen Rückzahlung unterliegen, sofern die Zahlungen mit hoher Wahrscheinlichkeit zu erwarten sind. IAS 39.IG F.2.12

Beispiel Absicherung einer Nettoinvestition in einen ausländischen Geschäftsbetrieb:

Eine Foreign Operation im Sinne von IAS 21 ist ein Tochterunternehmen, ein assoziiertes Unternehmen ein Joint Venture oder eine Niederlassung des berichtenden Unternehmens, deren Geschäftstätigkeit in einem anderen Land angesiedelt ist oder in einer anderen Währung ausgeübt wird oder sich auf ein IAS 21.8 IAS 21.321f. IAS 21.39, IAS 21.48

anderes Land oder eine andere Währung erstreckt als die des berichtenden Unternehmens. Im Konzernabschluss werden alle Währungsdifferenzen aus der Umrechnung des Abschlusses einer solchen Einheit mit abweichender funktionaler Währung als Eigenkapital bilanziert bis die Nettoinvestition aufgegeben wird; gleiches gilt für Währungsdifferenzen aus einem monetären Posten, der als Teil der Nettoinvestition in einen ausländischen Geschäftsbetrieb anzusehen ist. Im Rahmen von IAS 39 können Sicherungsinstrumente designiert werden, um durch deren erfolgsneutrale Behandlung die aus einer Nettoinvestition bei der Währungsumrechnung resultierende Volatilität des Eigenkapitals zu reduzieren.

5.1.5 *Anforderungen an Sicherungsbeziehungen*

IAS 39.88 Eine Sicherungsbeziehung kann nur dann nach den Regelungen zum Hedge Accounting bilanziert werden, wenn die nachfolgenden Voraussetzungen kumulativ erfüllt sind.

- Zu Beginn der Sicherungsbeziehung liegt eine formale Designation und Dokumentation der Sicherungsbeziehung sowie der für das Hedge Accounting maßgeblichen Risikomanagementstrategie des Unternehmens vor. Die Dokumentation hat die Festlegung des Sicherungsinstruments, des Grundgeschäfts und die Art des gesicherten Risikos ebenso zu beinhalten wie eine Beschreibung, wie das Unternehmen die Effektivität des Sicherungsinstruments bei der Kompensation von Zeitwert- bzw. Cashflow-Änderungen des Grundgeschäfts bestimmen wird.
- **IAS 39.AG 105** Zu Beginn der Sicherungsbeziehung und in den folgenden Perioden wird die Absicherung als **in hohem Maße wirksam** hinsichtlich der Kompensation der Risiken aus Zeitwert- bzw. Cashflow-Änderungen in Bezug auf das abgesicherte Risiko eingeschätzt. Vgl. hierzu die nachstehenden Erörterungen zum sog. Effektivitätstest.
- **IAS 39.IG. F.3.7** Bei *Cashflow Hedges* muss die der Absicherung zugrunde liegende erwartete künftige Transaktion eine hohe Eintrittswahrscheinlichkeit haben und Risiken im Hinblick auf Schwankungen der Zahlungsströme ausgesetzt sein, die sich im Periodenergebnis niederschlagen können. Für die Transaktion ist dabei ein deutlich höherer Wahrscheinlichkeitsgrad als 50 % erforderlich.
- Die Effektivität der Sicherungsbeziehung ist verlässlich messbar, d.h. der beizulegende Zeitwert oder die Cashflows des Grundgeschäfts, die das gesicherte Risiko betreffen, und der beizulegende Zeitwert des Sicherungsinstruments müssen verlässlich bestimmbar sein.
- Die Sicherungsbeziehung wird fortlaufend beurteilt und als tatsächlich hochwirksam über die gesamte Berichtsperiode eingeschätzt, für die die Sicherungsbeziehung designiert wurde.

IAS 39.AG 105 Ein Hedge ist in hohem Maße wirksam, wenn die folgenden Bedingungen des Effektivitätstests erfüllt sind:

- **Prospektiver Effektivitätstest:** Das Unternehmen kann sowohl zu Beginn als auch während der Laufzeit der Sicherungsbeziehung erwarten, dass der Hedge hoch effektiv sein wird, indem die Änderungen des beizulegenden Zeitwerts oder des Cashflows des Grundgeschäfts durch korrespondierende Änderungen beim Sicherungsgeschäft kompensiert werden. Ein Nachweis dieser Erwartung kann z.B. durch den Vergleich früherer Änderungen von beizulegendem Zeitwert oder Cashflows für das Grundgeschäft und das Sicherungsgeschäft erfolgen. Eine andere Möglichkeit besteht im Nachweis einer hohen statistischen Korrelation zwischen dem beizulegendem Zeitwert oder den Cashflows des Grundgeschäfts und des Sicherungsinstruments. Die Sicherungsbeziehung gilt als hoch effektiv, wenn das Verhältnis von Zeitwert- bzw. Cashflow-Änderungen des Grundgeschäfts und der korrespondierenden Änderung beim Sicherungsinstrument in einer Spanne von 80 % bis 125 % liegt.

Beispiel:
Beträgt der Gewinn aus einem Sicherungsinstrument 120 und der korrespondierende Aufwand aus dem Grundgeschäft 100, kann die Effektivität anhand der Quotienten 120/100 = 120 % oder 100/120 = 83,33 % beurteilt werden. Es liegt ein hoch effektiver Hedge vor.

- **Retrospektiver Effektivitätstest** nach Ablauf jeder Sicherungsperiode: Bei der Dollar-Offset-Methode werden die tatsächlichen Zeitwert- bzw. Cashflow-Änderungen des Grundgeschäfts und des Sicherungsinstruments ermittelt und zueinander in Beziehung gesetzt. Wie beim prospektiven Effektivitätstest gilt die Sicherungsbeziehung als hoch effektiv, wenn das Verhältnis von Zeitwert- bzw. Cashflow-Änderungen des Grundgeschäfts und der korrespondierenden Änderung beim Sicherungsinstrument in einer Spanne von 80 % bis 125 % liegt. In der Praxis werden außerdem statistische Methoden verwandt, um die Effektivität einer Sicherungsbeziehung im Nachhinein beurteilen zu können. Hier sind vor alles die Variationsreduktionsmethode und die Regressionsanalayse zu nennen.

Die Effektivitätstests müssen zumindest zum Abschlussstichtag sowie zu den Stichtagen der Zwischenabschlüsse durchgeführt werden. Bei *Cashflow Hedges* ist zudem eine Messung der Effektivität am Ende der Sicherungsbeziehung erforderlich. Zu diesem Zeitpunkt erfolgt die Gegenüberstellung der geplanten Cash Flows des Grundgeschäfts mit den Cash Flows aus dem Sicherungsinstrument. Effektivitätstests können sowohl periodenbezogen als auch auf kumulierter Basis durchgeführt werden.

IAS 39 schreibt keine bestimmte Methode zur Beurteilung der Wirksamkeit der Sicherungsbeziehung vor. Die von einem Unternehmen gewählte Methode zur Beurteilung der Effektivität der Sicherungsbeziehung richtet sich nach seiner Risikomanagementstrategie. Ein einmal gewähltes Verfahren zur Durchführung der Effektivitätstests ist grundsätzlich während der gesamten Dauer der Sicherungsbeziehung beizubehalten. **IAS 39.AG 107**

Beispiel:
Die M AG erwartet zum 03.01.03 einen Zufluss von 100 Mio. US Dollar aus dem Verkauf von Immobilien in den USA an Konzernfremde. Um sich gegen das Risiko eines Rückgangs des Dollarkurses abzusichern, schließt sie am 31.12.01 ein betrags- und fristenkongruentes Devisentermingeschäft ab.

Der *cashflow hedge* besteht aus folgenden Bestandteilen:

- Grundgeschäft: geplanter Verkauf von Immobilien
- Sicherungsinstrument: Devisentermingeschäft auf Basis des Terminkurses
- Abgesichertes Risiko: Abnehmender Mittelzufluss in Euro wegen des Rückgangs des US Dollars

Die Kassa- und Terminkurse Euro zu US Dollar sowie der *fair value* des Derivats entwickeln sich im relelvanten Zeitraum wie folgt:

Datum	Kassakurs	Zinsen		Terminkurs US $ pro €	*fair value des forward* [€]
	US $ pro €	Deutschland	USA		
31.12.01	1,20	5 %	7 %	1,2229	0
30.06.02	1,35	5 %	7 %	1,3632	8.417.318
31.12.02	1,28	5 %	7 %	1,2800	3.650.701

Es ist die Effektivität der Sicherungsbeziehung nach der Dollar-Offset-Methode auf periodischer und kumulierter Basis zum 30.06.02 und zum 31.12.02 zu ermitteln.

Lösung:

- Ermittlung der Effektivität auf periodischer Basis:

Grundlage für die Ermittlung der Effektivität bilden die *fair value*-Änderungen des Grundgeschäfts und des Sicherungsgeschäfts zwischen den relevanten Stichtagen. Sie ermitteln sich bei periodischer Effektivitätsmessung als Differenz zwischen den *fair values* zum Betrachtungszeitpunkt und den *fair values* zum jeweils vorangegangenen Stichtag. Im Beispiel ergeben sich folgende Werte:

Datum	Kassakurs	Grundgeschäft		*forward*	
	US $ pro €	*fair value* [€]	Δ *fair value* [€]	*fair value* [€]	Δ *fair value* [€]
31.12.01	1,20	83.333.333	0	0	0
30.06.02	1,35	74.074.074	–9.259.259	8.417.318	8.417.318
31.12.02	1,28	78.125.000	4.050.926	3.650.701	–4.766.617

Nach der Dollar-Offset-Methode ist das Verhältnis zwischen der *fair value*-Änderung des Grundgeschäfts und des Sicherungsgeschäfts zu ermitteln. Zum 30.06.02 ergibt sich folgender Quotient:

Effektivität = 9.259.259/8.417.318 = 1,10

Da dieser Wert im Toleranzbereich liegt, ist Effektivität gewährleistet.

Zum 31.12.02 ergibt sich folgendes Bild:

Effektivität = 4.050.926/4.766.617 = 0,85

Da auch dieser Wert im Toleranzbereich der Dollar-Offset-Methode liegt, ist auch zu diesem Stichtag die Effektivität der Sicherungsbeziehung gegeben.

- Ermittlung der Effektivität auf kumulierter Basis:

Zum 30.06.02 ergibt sich auf kumulierter Basis derselbe Wert wie bei periodischem Vorgehen, da noch keine Kumulation stattfindet.

Effektivität = 9.259.259 / 8.417.318 = 1,10

Da dieser Wert im Toleranzbereich liegt, ist Effektivität gewährleistet.

Bei kumulativem Vorgehen errechnet sich zum 31.12.02 der folgende Wert:

Effektivität = 5.208.333 / 3.650.701 = 1,43

Dieser Wert liegt außerhalb des Toleranzbereichs. Effektivität liegt somit nicht vor.

Variante:

Gegeben ist das obige Beispiel eines *cashflow hedges* mit folgender Veränderung:

- Grundgeschäft: geplanter Verkauf von Immobilien
- Sicherungsinstrument: Devisentermingeschäft auf Basis des Kassakurses
- Abgesichertes Risiko: Abnehmender Mittelzufluss in Euro wegen des Rückgangs des US Dollars

Die Kassa- und Terminkurse Euro zu US Dollar sowie der *fair value* des Derivats entwickeln sich im relelvanten Zeitraum wie folgt:

Datum	Kassakurs	Zinsen		Kassakomponente d. *forward*	
	US $ pro €	Deutschland	USA	[€]	Δ [€]
31.12.01	1,20	5 %	7 %	1,2229	0
30.06.02	1,35	5 %	7 %	1,3632	9.259.259
31.12.02	1,28	5 %	7 %	1,2800	5.208.333

Es ist die Effektivität der Sicherungsbeziehung nach der Dollar-Offset-Methode auf periodischer und kumulierter Basis zum 30.06.02 und zum 31.12.02 zu ermitteln.

Lösung:

Nach IAS 39.74 muss ein Sicherungsinstrument in seiner Gesamtheit designiert werden, da in der Regel der beizulegende Zeitwert nur für die Gesamtheit des Sicherungsinstruments bestimmbar ist. Ausgenommen hiervon sind Optionen, die in die Komponenten innerer Wert und Zeitwert aufgeteilt werden können, sowie Terminkontrakte (*forwards* und *futures*), die in Zinskomponente und Kassakurs trennbar sind. In diesem Fall wird nur die Kassakomponente des Terminkontrakts als Sicherungsinstrument designiert.

- Ermittlung der Effektivität auf periodischer Basis:

Es sind die *fair values* und *fair value*-Änderungen für das Grundgeschäft zu den relevanten Stichtagen zu ermitteln (die *fair value*-Änderungen des Sicherungsgeschäfts sind vorgegeben). Sie stellen sich wie folgt dar *(Die Tabelle befindet sich auf der nächsten Seite)*.

Nach der Dollar-Offset-Methode ist das Verhältnis zwischen der *fair value*-Änderung des Grundgeschäfts und des Sicherungsgeschäfts zu ermitteln. Zum 30.06.02 ergibt sich folgender Quotient:

Effektivität = 9.259.259 / 9.259.259 = 1,0

Es liegt ein perfekter hedge vor.

C.IV

Datum	Kassakurs	Grundgeschäft		Kassakomponente d. *forward*	
	US $ pro €	*fair value* [€]	Δ *fair value* [€]	[€]	Δ [€]
31.12.01	1,20	83.333.333	0	0	0
30.06.02	1,35	74.074.074	–9.259.259	9.259.259	9.259.259
31.12.02	1,28	78.125.000	4.050.926	5.208.333	–4.050.926

Zum 31.12.02 ergibt sich folgendes Bild:

Effektivität = 4.050.926/4.050.926 = 1,0

Es liegt ein perfekter hedge vor.

- Ermittlung der Effektivität auf kumulierter Basis

Zum 30.06.02 ergibt sich auf kumulierter Basis derselbe Wert wie bei periodischem Vorgehen, da noch keine Kumulation stattfindet.

Effektivität = 9.259.259/9.259.259 = 1,0

Es liegt ein perfekter hedge vor.

Bei kumulativem Vorgehen errechnet sich zum 31.12.02 der folgende Wert:

Effektivität = 5.208.333/5.208.333 = 1,0

Es liegt ein perfekter hedge vor.

5.2 Ansatz und Bewertung

5.2.1 Fair Value Hedges

IAS 39.89 Erfüllt ein *Fair Value Hedge* die o.g. Voraussetzungen für das Vorliegen einer Sicherungsbeziehung, so ist wie folgt zu bilanzieren:

- Der Gewinn oder Verlust aus der erneuten Bewertung des Sicherungsinstruments zum beizulegenden Zeitwert für ein derivatives Sicherungsinstrument oder die Währungskomponente seines gemäß IAS 21 bewerteten Buchwerts für nicht derivative Sicherungsinstrumente ist im Periodenergebnis zu erfassen und
- Der Gewinn oder Verlust aus der Bewertung eines – andernfalls zu fortgeführten Anschaffungskosten bewerteten – Grundgeschäfts in Bezug auf das gesicherte Risiko ist als Anpassung des Buchwerts erfolgswirksam zu erfassen.
- Der Gewinn oder Verlust aus der Bewertung eines – andernfalls zwar zum beizulegenden Zeitwert bewerteten, jedoch mit erfolgsneutraler Korrektur von Wertänderungen erfassten – Grundgeschäfts der Kategorie „Zur Veräußerung verfügbare finanzielle Vermögenswerte" in Bezug auf das gesicherte Risiko ist erfolgswirksam zu erfassen.

IAS 39.92 Buchwertanpassungen von zinstragenden Grundgeschäften sind ergebniswirksam aufzulösen. Dies gilt auch für Buchwertanpassungen von zinstragenden und über einen Fälligkeitstermin verfügenden Vermögenswerten der Kategorie „Zur Veräußerung verfügbare finanzielle Vermögenswerte", die das gesicherte Risiko betreffen. Die Amortisation muss spätestens bei Beendigung des *Fair Value Hedges* beginnen.

Alternative:

Die Amortisation darf bereits beginnen, sobald die Buchwertanpassung vorgenommen wurde, so dass sich eine Verteilung der Buchwertanpassung auf den restlichen Zeitraum der Sicherungsbeziehung ergibt. Die Amortisation geschieht auf Basis der Effektivzinsmethode mit einer Neuberechnung des Effektivzinssatzes am Tag des Beginns der Amortisation. Die Buchwertanpassung muss am Ende der Laufzeit des Grundgeschäfts vollständig aufgelöst sein. **IAS 39.92**

Ist eine noch nicht erfüllte feste Verpflichtung als Grundgeschäft bestimmt, wird die Zeitwertänderung, die auf das gesicherte Risiko entfällt, als eigenständiger Vermögenswert oder als eigenständige Verbindlichkeit mit einem entsprechenden Gewinn oder Verlust im Periodenergebnis erfasst. Die Änderungen des beizulegenden Zeitwerts des Sicherungsinstruments werden gleichzeitig erfolgswirksam. Bei Erfüllung der rechtlich bindenden Verpflichtung zum Kauf eines Vermögenswerts oder zur Übernahme einer Verbindlichkeit sind derartige kumulierte Zeitwertänderungen, die bislang in Form eines eigenständigen Vermögenswerts oder als eigenständige Verbindlichkeit erfasst waren, als Korrektur der Anschaffungskosten zu erfassen. **IAS 39.93** **IAS 39.94**

Das *Fair Value Hedge Accounting* ist prospektiv zu beenden, wenn eine der nachfolgenden Bedingungen erfüllt ist: **IAS 39.91**

- Das Sicherungsinstrument läuft aus, wird veräußert, beendet oder ausgeübt; dabei gilt ein Ersatz oder Rollover eines Sicherungsinstruments in ein anderes Sicherungsinstrument nicht als Auslaufen oder Beendigung, falls der Ersatz Bestandteil der vom Unternehmen dokumentierten Sicherungsstrategie ist.
- Das Sicherungsgeschäft erfüllt nicht mehr die Kriterien von IAS 39.88.
- Das Unternehmen zieht die Designation zurück.

In diesen Fällen darf das *Fair Value Hedge Accounting* ab dem Zeitpunkt nicht mehr vorgenommen werden, zu dem letztmalig die Kriterien von IAS 39.88 nachgewiesen sind. **IAS 39 AG.113**

Beispiel:

Ein Unternehmen kauft am 30. Juni 01 eine Anlage auf Ziel in Höhe von 5 Mio. US-$ mit einer einjährigen Tilgungsfrist. Der Wert des Euro liegt zu diesem Zeitpunkt bei 1,2 US-$. Eine Absicherung des Währungsrisikos des Euro erfolgt durch einen zeitgleichen Erwerb eines Zerobonds in Höhe des Kaufpreises. Der risikofreie Kapitalmarktzinssatz beträgt ebenso wie der effektive Zerobondzins 3 %. Am 31. Dezember 01 fällt der Wert des Euro auf 1,1 US-$/€ und der effektive Zinssatz des Zerobonds steigt auf 5 %. Die Wertansätze beider Zeitpunkte ergeben sich wie folgt.

Erstansatz (inT€)	30.06.01	31.12.01
Verbindlichkeit	4.045	4.479
Zerobond	4.045	4.436

C.IV

Die Buchungssätze lauten:

30.06.01

RHB	an	Verbindlichkeit	4.045 T€
Wertpapier	an	Kasse	4.045 T€

Für den Zinseffekt und den Absicherungsaufwand gemäß IAS 21.23 und IAS 21.28 ergibt sich:

31.12.01

Zinsaufwand	an	Verbindlichkeit	61 T€
Absicherungsaufwand	an	Verbindlichkeit	372 T€

Der Zerobond und die Absicherung werden ergebniswirksam und die Bonitätsabwertung ergebnisneutral erfasst.

Wertpapier	an	Zinsertrag	61 T€
Rücklage Finanzinstrument	an	Wertpapier	39 T€
Wertpapier	an	Absicherungsertrag	369 T€

Im Jahr 02 fällt der Euro auf einen Kurs von 1,05 US-$/€.

Gebucht wird der Zinsaufwand auf Basis des alten Wechselkurses und die Änderungen der Verbindlichkeit durch den Wechselkurs.

30.06.02

Zinsaufwand	an	Verbindlichkeit	67 T€
Absicherungsaufwand	an	Verbindlichkeit	216 T€

Es erfolgt für den Zerobond eine Zuschreibung und die Auflösung der Rücklage für das Finanzinstrument (Rücklage FI). Die Wechselkursänderungen werden als Ertrag gebucht.

Wertpapier	an	Zinsertrag	67 T€
Wertpapier	an	Rücklage FI	39 T€
Wertpapier	an	Absicherungsertrag	220 T€
Bank	an	Wertpapier	4.762 T€
Verbindlichkeit	an	Bank	4.762 T€

Der Unterschied zwischen dem auf diese Weise abgebildeten Sicherungsgeschäft und einer Vorgehensweise ohne Sicherung liegt darin, die Erträge und Aufwendungen als gesichert auszuweisen.

5.2.2 Bilanzielle Abbildung von Cashflow Hedges

Erfüllt ein *Cashflow Hedge* während der Berichtsperiode die Voraussetzungen von IAS 39.88 für das Vorliegen einer Sicherungsbeziehung, so ist wie folgt zu bilanzieren:

- Der gesamte beizulegende Zeitwert des derivativen Sicherungsinstruments wird als finanzieller Vermögenswert oder finanzielle Verbindlichkeit erfasst.
- Der Teil des Gewinns oder Verlusts aus einem Sicherungsinstrument, der nachweislich eine effektive Absicherung darstellt, ist unmittelbar im Eigenkapital zu erfassen. Dies erfolgt mittels der Aufstellung über die Veränderungen des Eigenkapitals.

- Der ineffektive Teil des Gewinns oder Verlusts aus dem Sicherungsinstrument ist im Periodenergebnis zu erfassen.

Für die Behandlung des Gewinns oder Verlusts aus dem Sicherungsinstrument gelten darüber hinaus die folgenden Anforderungen: **IAS 39.96**

- Die eigenständige aus dem *Cashflow Hedge* resultierende Eigenkapitalkomponente – es handelt sich hier um eine aus IAS 39 resultierende Rücklage, die neben die bisherige Rücklage aus der bilanziellen Behandlung zu Veräußerungszwecken verfügbarer Finanzinstrumenete (AfS-Rücklage) tritt – ist mit dem geringeren Betrag anzusetzen von:
  - Kumuliertem Gewinn oder Verlust aus dem Sicherungsinstrument seit Beginn der Sicherungsbeziehung.
  - Kumulierter Änderung des beizulegenden Zeitwerts (Barwert) der erwarteten künftigen Cashflows aus dem Grundgeschäft seit Beginn der Sicherungsbeziehung.
- Ein verbleibender Gewinn oder Verlust aus dem Sicherungsinstrument, der eine nicht effektive Sicherung darstellt, wird im Periodenergebnis erfasst.
- Sofern die dokumentierte Risikomanagementstrategie für eine bestimmte Sicherungsbeziehung eine spezifische Komponente der Gewinne oder Verluste oder der damit verbundenen Cashflows aus einem Sicherungsinstrument aus der Einschätzung der Effektivität der Sicherungsbeziehung ausschließt, ist der ausgeschlossene Gewinn- oder Verlustanteil in Übereinstimmung mit IAS 39.55 zu bilanzieren.

C.IV

Steigt bei einer nicht als vollständig effektiv bestimmten Sicherungsbeziehung der beizulegende Zeitwert der gesicherten Cashflows stärker an als der beizulegende Zeitwert des Sicherungsinstruments sinkt, so ist lediglich die Zeitwertänderung des derivativen Sicherungsinstruments in die separate Komponente des Eigenkapitals einzustellen. Die darüber hinausgehende Wertänderung der Cashflows des Grundgeschäfts stellt keine erfolgswirksame Ineffektivität dar. Wenn jedoch umgekehrt der beizulegende Zeitwert der gesicherten Cashflows in geringerem Maße ansteigt als der beizulegende Zeitwert des Sicherungsinstruments sinkt, liegt in Höhe der Differenz eine erfolgswirksame Ineffektivität vor. **IAS 39.IG. F.5.2, IAS 39.IG. F.5.3,**

Falls eine gesicherte noch nicht erfüllte feste Verpflichtung später zum Ansatz eines finanziellen Vermögenswerts oder einer finanziellen Verbindlichkeit führt, verbleiben die mit der Absicherung der Transaktion verbundenen kumulierten Gewinne oder Verluste im Ansatzzeitpunkt dieses finanziellen Vermögenswerts oder dieser finanziellen Verbindlichkeit in der gesonderten Komponente des Eigenkapitals. Die erfolgswirksame Auflösung der gesonderten Eigenkapitalkomponente wird korrespondierend mit den Erfolgswirkungen aus dem aktivierten finanziellen Vermögenswert bzw. aus der passivierten finanziellen Verbindlichkeit vorgenommen. Erwartet das Unternehmen jedoch, dass der gesamte oder ein Teil des direkt im Eigenkapital erfassten Verlusts zukünftig nicht wieder hereingeholt wird, muss der betreffende Betrag unmittelbar erfolgswirksam gebucht werden. **IAS 39.97**

Falls eine gesicherte noch nicht erfüllte feste Verpflichtung später zum Ansatz eines nicht finanziellen Vermögenswerts oder einer nicht finanziellen Verbindlichkeit führt, ist folgende Vorgehensweise anzuwenden: Die mit der Absicherung der Transaktion verbundenen kumulierten Gewinne oder Verluste im **IAS 39.98**

Ansatzzeitpunkt dieses finanziellen Vermögenswerts oder dieser finanziellen Verbindlichkeit verbleiben in der gesonderten Komponente des Eigenkapitals. Die erfolgswirksame Auflösung der gesonderten Eigenkapitalkomponente wird korrespondierend mit den Erfolgswirkungen aus dem aktivierten nicht finanziellen Vermögenswert bzw. aus der passivierten nicht finanziellen Verbindlichkeit vorgenommen. Dies bedeutet z.B. die erfolgswirksame Auflösung des Postens in den Perioden, in denen Abschreibungsaufwendungen erfasst werden. Erwartet das Unternehmen jedoch, dass der gesamte oder ein Teil des direkt im Eigenkapital erfassten Verlusts zukünftig nicht wieder hereingeholt wird, muss der betreffende Betrag unmittelbar erfolgswirksam gebucht werden.

Alternative:

IAS 39.98 Die mit der Absicherung der Transaktion verbundenen kumulierten Gewinne oder Verluste, die in der gesonderten Komponente des Eigenkapitals erfasst wurden, werden bei Zugang des nicht finanziellen Vermögenswerts oder der nicht finanziellen Verbindlichkeit vollständig als Teil der Anschaffungskosten erfasst.

IAS 39.99 Ein Unternehmen hat eine der zuvor dargestellten Bilanzierungsmethoden zu wählen und stetig auf alle diesbezüglichen Sicherungsbeziehungen anzuwenden.

Das Cash Flow Hedge Accounting ist prospektiv zu beenden, wenn eine der nachfolgenden Bedingungen erfüllt ist

Das Sicherungsinstrument läuft aus, wird veräußert, beendet oder ausgeübt; dabei gilt ein Ersatz oder Rollover eines Sicherungsinstruments in ein anderes Sicherungsinstruments nicht als Auslaufen oder Beendigung, falls der Ersatz Bestandteil der vom Unternehmen dokumentierten Sicherungsstrategie ist. Gleichwohl sind in einem solchen Fall die kumulierten Gewinne oder Verluste aus dem Sicherungsinstrument, die – während der Hedge aktiv war – in der gesonderten Komponente des Eigenkapitals erfasst wurden, im Eigenkapital zu belassen. Bei Eintritt der Transaktion ist gemäß IAS 39.97, IAS 39.98 und IAS 39.100 zu verfahren.	Das Sicherungsgeschäft erfüllt nicht mehr die Kriterien von IAS 39.88. Die kumulierten Gewinne oder Verluste aus dem Sicherungsinstrument, die – während der Hedge aktiv war – in der gesonderten Komponente des Eigenkapitals erfasst wurden, sind im Eigenkapital zu belassen. Bei Eintritt der Transaktion ist gemäß IAS 39.97, IAS 39.98 und IAS 39.100 zu verfahren.	Mit dem Eintritt der Transaktion wird nicht länger gerechnet. Die kumulierten Gewinne oder Verluste aus dem Sicherungsinstrument, die – während der Hedge aktiv war – in der gesonderten Komponente des Eigenkapitals erfasst wurden, sind unmittelbar erfolgswirksam zu erfassen.	Das Unternehmen zieht die Designation zurück. Die kumulierten Gewinne oder Verluste aus dem Sicherungsinstrument, die – während der Hedge aktiv war – in der gesonderten Komponente des Eigenkapitals erfasst wurden, sind im Eigenkapital zu belassen. Bei Eintritt der Transaktion ist gemäß IAS 39.97, IAS 39.98 und IAS 39.100 zu verfahren.

Abbildung 33: Prospektive Beendigung des Cashflow Hedges

Bei allen *Cashflow Hedges*, die nicht zum Zugang eines Vermögenswertes oder einer Verbindlichkeit führen, werden die kumulierten Gewinne oder Verluste, die in der gesonderten Komponente des Eigenkapitals erfasst wurden, in den Berichtsperioden erfolgswirksam, in denen auch die gesicherte erwartete Transaktion in die Gewinn- und Verlustrechnung eingeht. **IAS 39.100**

Beispiel:

Im Eigenkapital erfasste Beträge eines Sicherungsinstruments zur Sicherung geplanter Umsätze werden erfolgswirksam behandelt, sobald der geplante Umsatz realisiert wird.

Für die prospektive Beendigung des *Cashflow Hedges* gelten die folgenden Grundsätze *(siehe Abbildung 33)*.

In diesen Fällen darf das *Cashflow Hedge Accounting* ab dem Zeitpunkt nicht mehr vorgenommen werden, zu dem letztmalig die Kriterien von IAS 39.88 nachgewiesen sind. **IAS 39.AG113**

C.IV

Beispiel:

Die M AG erwartet zum 03.01.03 einen Zufluss von 100 Mio. US Dollar aus dem Verkauf von Immobilien in den USA an Konzernfremde. Um sich gegen das Risiko eines Rückgangs des Dollarkurses abzusichern, schließt sie am 31.12.01 ein betrags- und fristenkongruentes Devisentermingeschäft ab.

Die Kassa- und Terminkurse Euro zu US Dollar sowie der *fair value* des Derivats entwickeln sich im relelvanten Zeitraum wie folgt:

Datum	Kassakurs	Zinsen		Terminkurs	Forward	
	US $ pro €	Deutschland	USA	US $ pro €	*fair value* [€]	Δ *fair value* [€]
31.12.01	1,20	5 %	7 %	1,2229	0	0
30.06.02	1,35	5 %	7 %	1,3632	8.417.318	8.417.318
31.12.02	1,28	5 %	7 %	1,2800	3.650.701	–4.766.617

Frage:

Wie ist die Sicherungsbeziehung zu den einzelnen Stichtagen abzubilden, wenn die M AG das Devisentermingeschäft auf Basis des Terminkurses als Sicherungsinstrument designiert (ohne Berücksichtigung latenter Steuern)? Es ist davon auszugehen, dass der *hedge* effektiv ist.

Lösung:

Es liegt ein *Cashflow Hedge* vor, der sich in die folgenden Komponenten aufteilen lässt:

- Grundgeschäft: geplanter Verkauf von Immobilien
- Sicherungsinstrument: Verkauf der zufließenden Devisen per Termin
- Abgesichertes Risiko: Abnehmender Mittelzufluss in Euro wegen des Rückgangs des US Dollars

31.12.01

Der erworbene Devisen-Forward ist mit seinen Anschaffungskosten von Null einzubuchen.

Termingeschäft 0 an Guthaben bei Kreditinstituten 0

30.06.02

Der Forward ist als *financial asset* mit seinem positiiven fair value von 8.417.318 € anzusetzen. Die Gegenbuchung erfolgt in einer IAS 39-Rücklage. Das Grundgeschäft ist weiterhin schwebend und nicht abzubilden. Es ergibt sich die folgende Buchung:

Devisentermingeschäft für *Cashflow Hedge* 8.417.318 an Gewinne aus *Cashflow Hedges*-IAS 39-Rücklage 8.417.318

31.12.02

Der *fair value* des Forward ist um 4.766.617 € gesunken. Der Wertansatz des asset ist entsprechend anzupassen. Die Gegenbuchung erfolgt in einer IAS 39-Rücklage.

Gewinne aus *Cashflow Hedges*-IAS 39-Rücklage 4.766.617 an Devisentermingeschäft für *Cashflow Hedge* 4.766.617

Frage:

Welche Buchungen sind vorzunehmen, wenn am 31.12.03 die Mittel aus dem Immobilienverkauf zufließen und sogleich in Euro umgetauscht werden? Es ist davon auszugehen, dass sich die Kursverhältnisse bis zum Zufluss der US Dollar nicht ändern. Der Buchwert der Immobilien beläuft sich auf 55 Mio. €.

Lösung:

Aus dem Verkauf der Immobilien fließen der M AG 78,125 Mio. € zu. (100 Mio. US $/1,28). In Höhe der Differenz zum Buchwert (55 Mio. €) hat die M AG einen Ertrag von 23,125 Mio. € aus dem Abgang langfristiger Vermögenswerte zu erfassen. Folgende Buchung ist vorzunehmen:

Guthaben bei Kreditinstituten	78.125.000
an Grundstücke, grundstücksgleiche Rechte …	55.000.000
Erträge aus dem Abgang langfristiger *assets*	23.125.000

Zugleich ist der im Eigenkapital erfasste unrealisierte Gewinn aus dem Forward zu realisieren.

Gewinne aus *Cashflow Hedges*-IAS 39-Rücklage	3.650.701
an Erträge aus dem Abgang langfristiger *assets*	3.650.701

Insgesamt erzielt die M AG einen Erlös von 81.775.701 €. Das entspricht jenem Betrag, der sich durch Umrechnung des US $-Erlöses mit dem Terminkurs (1,2229) ergibt.

Im letzten Schritt ist der Forward mit folgender Buchung glattzustellen:

Guthaben bei Kreditinstituten	3.650.701
an Devisentermingeschäft für *Cashflow Hedge*	3.650.701

Variante:

Wie ist die Sicherungsbeziehung zu den einzelnen Stichtagen abzubilden, wenn die M AG nur die Kassakomponente des Devisentermingeschäfts als Sicherungsinstrument designiert (ohne Berücksichtigung latenter Steuern)? Es ist davon auszugehen, dass der *hedge* effektiv ist. IAS 39AG. 113

Lösung:

Wird nur die Kassakomponente als Sicherungsinstrument designiert, ist die jeweilige fair value-Änderung des forwards aufzuteilen in

- die Änderung, die auf die Veränderung des Kassakurses zurückzuführen ist, und
- die Änderung, die auf Zinseffekte zurückzuführen ist.

Datum	Kassakurs	Zinsen		Terminkurs	Forward		
	US $ pro €	Deutschland	USA	US $ pro €	*fair value* [€]	Kassakomp.	Differenz
31.12.01	1,20	5 %	7 %	1,2229	0	0	0
30.06.02	1,35	5 %	7 %	1,3632	8.417.318	9.259.259	–841.941
31.12.02	1,28	5 %	7 %	1,2800	3.650.701	5.208.333	–1.557.632

Die auf die Änderung des Kassakurses zurückgehende Veränderung des *fair value* des Forwards lässt sich in der Weise ermitteln, dass die Zinsen in den USA gleich den Zinsen im Euroraum gesetzt werden. Im Beispiel beträgt dieser Teil der *fair value*-Änderung (jeweils im Vergleich zum Abschlusstag)

- zum 30.06.02: 9.259.259 €;
- zum 31.12.02: 5.208.333 €.

Die Beträge ermitteln sich als Barwert des Mehrerlöses imVergleich zum Neuabschluss eines Termingeschäfts zum aktuellen Stichtag.

Die Differenz zum *fair value* des Forwards insgesamt hat ihren Grund in den im Vergleich zum Euroraum höheren Zinsen auf den US Dollar. Sie sind der Grund dafür, dass für den US Dollar per Termin weniger gezahlt wird als zur Kasse. Der Betrag entspricht der Differenz zwischen den Euro-Gegenwerten zum Kassa-bzw. Terminkurs.

Bei der bilanziellen Abbildung der Sicherungsbeziehung ist jeweils nur die *fair value*-Änderung in Bezug auf die Kassakomponente in die IAS 39-Rücklage einzustellen. Die auf die Zinsdifferenz zwischen Euro und Dollar zrückzuführende *fair value*-Änderung geht in das Ergebnis ein. Insoweit gilt das Derivat aufgrund der Designationsentscheidung als Handelsbestand.

30.06.02

Abbildung der Sicherungsbeziehung (= *fair value*-Änderung der Kassakomponente)

Devisentermingeschäft für *Cashflow Hedge* 9.259.259
an Gewinne aus *Cashflow Hedge*-IAS 39-Rücklage 9.259.259

Abbildung der zum Handelsbestand gehörenden Komponente des Forward (= *fair value*-Änderung der Zinskomponente)

C.IV

Ergebnis Folgebewertung Derivate Handelsbestand	841.941
an Freistehendes Devisentermingeschäft	841.941

31.12.02

Abbildung der Sicherungsbeziehung (= *fair value*-Änderung der Kassakomponente)

Verluste aus *Cashflow Hedges*-IAS 39-Rücklage	4.050.926
an Devisentermingeschäft für *Cashflow Hedge*	4.050.926

Abbildung der zum Handelsbestand gehörenden Komponente des Forward (= *fair value*-Änderung der Zinskomponente)

Ergebnis Folgebewertung Derivate Handelsbestand	715.692
an Freistehendes Devisentermingeschäft	715.692

03.01.03

Die Buchung des Veräußerungsvorgangs wird durch die partielle Designation des Forwards nicht berührt

Guthaben bei Kreditinstituten	78.125.000
an Grundstücke, grundstücksgleiche Rechte …	55.000.000
Erträge aus dem Abgang langfristiger *assets*	23.125.000

Mit der Realisation des Veräußerungserfolgs ist wiederum der im Eigenkapital erfasste unrealisierte Gewinn aus dem Forward in die Gewinn- und Verlustrechnung zu übernehmen.

Gewinne aus *Cashflow Hedges*-IAS 39-Rücklage	5.208.333
an Erträge aus dem Abgang langfristiger *assets*	5.208.333

Insgesamt erzielt die M AG einen Erlös von 83.333.333 €. Das entspricht jenem Betrag, der sich durch Umrechnung des US $-Erlöses mit dem Kassakurs (1,2) ergibt. In Höhe der Differenz zum Ausgangsfall (1.557.632 €) zeigt die M AG ein negatives Ergebnis im Handelsbestand.

Das Glattstellen des Forward löst folgende Buchung aus:

Guthaben bei Kreditinstituten	5.208.333
an Devisentermingeschäft für *Cashflow Hedge*	5.208.333

5.2.3 Bilanzielle Abbildung des Hedges einer Nettoinvestition in einen ausländischen Geschäftsbetrieb

IAS 39.102 Die Bilanzielle Abbildung des Hedges einer Nettoinvestition in einen ausländischen Geschäftsbetrieb folgt der Bilanzierung von *Cashflow Hedges*. Für den Teil des Gewinns oder Verlusts aus einem Sicherungsinstrument, der als effektive Absicherung ermittelt wird, erfolgt die Erfassung unmittelbar im Eigenkapital mittels der Aufstellung über die Veränderungen des Eigenkapitals. Der ineffektive Teil des Gewinns oder Verlusts aus dem Sicherungsinstrument ist im Periodenergebnis zu erfassen.

IAS 21.48, IAS 39.102 Umrechnungsdifferenzen aus einer Währungsverbindlichkeit, die der Absicherung einer Nettoinvestition dient, werden ebenfalls erfolgsneutral erfasst. Der Gewinn oder Verlust aus einem Sicherungsinstrument, der dem effektiven Teil der Sicherungsbeziehung zuzurechnen ist und direkt im Eigenkapital erfasst wurde, ist im Zeitpunkt der Veräußerung des ausländischen Geschäftsbetriebs erfolgswirksam zu erfassen. IFRIC 16 behandelt verschiedene Zweifelsfragen im Zusammenhang mit der Absicherung von Nettoinvestitionen in einem ausländischen Geschäftsbetrieb.

Beispiel:

Die M AG hat ein Tochterunternehmen (TU) mit Sitz in den USA, an dem sie 100 % der Anteile hält. Die funktionale Währung des TU ist der US Dollar. Das Nettovermögen zum 31.12.01 beträgt 546 Mio. US Dollar. Es ist zum 31.12.02 als Folge eines erwirtschafteten Jahreserfolgs von 52 Mio. US Dollar auf 598 Mio. US Dollar angestiegen.

Um die Volatilität ihres Eigenkapitals zu reduzieren, hat die M AG eine auf US Dollar lautende Anleihe in Höhe von 390 Mio. US Dollar emittiert und als Sicherungsinstrument zu der Nettoinvestition in den ausländischen Geschäftsbetrieb designiert.

Zum Euro/Dollarkurs [€/US $] liegen folgende Informationen vor:

- 31.12.01/01.01.02: 1,20
- 31.12.02: 1,30
- Durchschnittskurs in X2: 1,25

Die Voraussetzungen für das Hedge-Accounting sind erfüllt. Die Sicherungsbeziehung sei zu 100 % effektiv.

Frage:

Welche Auswirkungen ergeben sich aus der Umrechnung des Fremdwährungsabschlusses des TU für den in Euro aufzustellenden IFRS-Abschluss der M AG, wenn von der Femdwährungsanleihe abgesehen wird?

Lösung:

Nach IAS 21.39 erfolgt die Umrechnung ausländischer Unternehmen mit einer von der Berichtswährung abweichenden funktionalen Währung nach der modifizierten Stichtagskursmethode. Es gelten folgende Regeln:

- Die Vermögenswerte und Schulden eines Unternehmens sind zum jeweiligen Stichtagskurs umzurechnen.
- Eträge und Aufwendungen sind mit dem Wechselkurs am Tag des betreffenden Geschäftsvorfalls umzurechnen.
- Sämtliche Umrechnungsdifferenzen sind nach IAS 39 (c) erfolgsneutral im Eigenkapital des Berichtsunternehmens zu erfassen.

Hiernach beträgt das Nettovermögen zum 01.01.02 455 Mio. € (= 546 Mio. US $/1,2).

Zum 31.12.02 ergibt sich aus der Umrechnung der Vermögenswerte und Schulden ein Nettovermögen in Höhe von 460 Mio € (= 598 Mio. US $/1,3).

Da das Eigenkapital zu Beginn des Geschäftsjahrs zu historischen Kursen (1,2 US $/€) und der Jahresüberschuss der Periode X2 (vereinfacht) zum Durchschnittskurs (1,25 US $/€) umzurechnen sind, ist im *other comprehensive income*

C.IV

des Konzernabschlusses der M AG eine Währungsumrechnungsdifferenz in Höhe von -36,6 Mio. € (= 460 Mio. € – 455 Mio. € – 41,6 Mio. €) zu zeigen. Die Währungsumrechnungsdifferenz (Währungsverlust) wird erfolgsneutral verbucht und erst bei (Teil-)Abgang des TU erfolgswirksam.

Frage:

Welche Auswirkungen ergeben sich aus der Umrechnung der Fremdwährungsanleihe in X2, wenn diese nicht als Sicherungsinstrument zur Nettoinvestition in das TU designiert wird?

Lösung:

Nach IAS 21.23 sind monetäre Posten in fremder Währung nach der Zeitbezugsmethode mit dem jeweiligen Stichtagskurs in die funktionale Währung umzurechnen.

Umrechnungsdifferenzen bei monetären Posten, die sich aus der Anwendung unterschiedlicher Fremdwährungskurse im Zeitablauf ergeben, sind nach IAS 21.28 erfolgswirksam zu erfassen.

Im vorliegenden Fall ermittelt sich danach im Geschäftsjahr X2 ein Umrechnungsgewinn von 25 Mio. €, der das Ergebnis der laufenden Periode erhöht (390 Mio. US $/1,2–390 Mio. US $/1,3 = 25 Mio. €)

Frage:

Wie wirkt sich der *net investment hedge* auf den IFRS-Abschluss der M AG zum 31.12.02 aus?

Lösung:

Wird die Anleihe als Sicherungsinstrument zur Nettoinvestition in das TU designiert, ist die Umrechnungsdifferenz nicht nach IAS 21.28 zu verbuchen, sondern nach IAS 39.102 zu behandeln.

Nach IAS 39.102 ist der effektive Teil des Erfolgs aus einem Sicherungsinstrument entsprechend der Abbildungsregeln für *Cashflow Hedges* unmittelbar im Eigenkapital zu erfassen.

Im Ergebnis bedeutet dies, dass der unrealisierte Verlust aus der Umrechnung des Abschlusses des TU in die funktionale Währung (36,6 Mio. €) durch den ebenfalls im Eigenkapital zu erfassenden Gewinn aus der Umrechnung der Fremdwährungsanleihe (25 Mio. €) auf 11,6 Mio. € reduziert wird.

Die im Eigenkapital erfassten Beträge sind wiederun aufzulösen, sobald das ausländische TU abgeht.

5.3 Anhangangaben *(notes)*

→ CD-Anhangcheckliste 5.4

6. Aktienbasierte Vergütungen

6.1 Anwendungsbereich

Aktienbasierte Vergütungen im Sinne des IFRS 2 sind alle Transaktionen, bei denen sich die hingegebene Gegenleistung für eine erhaltene Leistung am Eigenkapital des Unternehmens orientiert. Dies ist der Fall, wenn die Gegenleistung direkt durch Hingabe von Eigenkapitalinstrumenten erbracht wird oder sich indirekt am Wert des Eigenkapital des Unternehmens orientiert. **IFRS 2.2**

Eine Gewährung von Eigenkapitalinstrumenten durch die Anteilseigner des Unternehmens (statt durch das Unternehmen selbst) ist gleichermaßen eine aktienbasierte Vergütung im Sinne des IFRS 2, falls diese Gewährung für Leistungen erfolgt, die an das Unternehmen erbrachten werden. **IFRS 2.3**

Werden als Gegenleistung für erhaltene Leistungen Eigenkapitalinstrumente des Mutterunternehmens oder anderer Unternehmen innerhalb eines Konzerns gewährt, ist IFRS 2 ebenfalls anzuwenden. **IFRS 2.3**

Bei der erhaltenen Leistung kann es sich sowohl um Dienstleistungen als auch um Güter handeln. Als Leistende kommen sowohl Arbeitnehmer als auch dritte Personen oder Unternehmen in Betracht. **IFRS 2.5**

Nicht anzuwenden sind die Regelungen des IFRS 2 auf: **IFRS 2.4ff.**

- Transaktionen, die in den Bereich der Finanzinstrumente im Sinne des IAS 32 und IAS 39 fallen,
- den Erwerb von Vermögenswerten gegen Gewährung von Eigenkapitalinstrumenten im Rahmen eines Unternehmenszusammenschlusses. Diese werden nach den Vorschriften des IFRS 3 für Konzernabschlüsse bilanziert sowie
- Transaktionen mit Mitarbeitern oder anderen Parteien, wenn diese aus deren Eigenschaft als Inhaber von Eigenkapitalinstrumenten resultieren (z.B. Bezug von Anteilen aus einer Kapitalerhöhung aus Gesellschaftsmitteln für bereits beteiligte Mitarbeiter).

Die Abgrenzung, ob eine Transaktion mit Mitarbeitern oder anderen Parteien in deren Eigenschaft als Inhaber von Eigenkapitalinstrumenten oder als Gegenleistung für erhaltene Dienstleitstungen oder Güter erfolgt ist, kann im Einzelnen fragwürdig sein. Sofern nicht klare Anhaltspunkte für eine Transaktion als Inhaber von Eigenkapitalinstrumenten vorliegen, ist im Zweifelsfall von einer Vergütung für erhaltene Güter oder Dienstleistungen auszugehen und die Transaktion nach IFRS 2 abzubilden. **IFRS 2.3**

6.2 Kategorien aktienbasierter Vergütungen

Es werden **drei Kategorien** aktienbasierter Vergütungen unterschieden: **IFRS 2.2**

- **Vergütung durch die Gewährung von Eigenkapitalinstrumenten** *(equity-settled share-based payments)*: Es handelt sich hier um so genannte echte Eigenkapitalinstrumente. Typische Formen sind die Gewährung von Belegschaftsanteilen *(restricted shares)* oder die Ausgabe von Optionen auf Anteile *(share options)* (→ C.IV.6.3).

- **Barvergütungen, deren Höhe sich am Wert von Eigenkapitalinstrumenten orientiert** *(cash-settled share-based payments)*. Dies sind so genannte virtuelle Eigenkapitalinstrumente. Typische Formen sind virtuelle Unternehmensanteile *(phantom shares)* oder die Ausgabe von virtuellen Aktienoptionen (*share appreciation rights*, kurz SARs) (→ C.IV.6.4).
- Vergütungen, bei denen ein **Wahlrecht** zwischen der Gewährung von Eigenkapitaltiteln und einer eigenkapitalorientierten Barvergütung besteht *(share-based payment transactions with cash alternative)*. Auf diese in der Praxis seltenere Mischform wird im Folgenden nicht weiter eingegangen.

IFRIC 11.7 Die Kategorisierung als *equity-settled share-based payments* ist unabhängig von dem Weg, in welchen die eigenen Eigenkapitalinstrumente zur Erfüllung beschafft werden (Kapitalerhöhung, Erwerb eigener Anteile, Erfüllung durch einen Anteilseigner statt dem Unternehmen selbst).

Die Zuordnung einer gewährten aktienorientierten Vergütung zu einer dieser Kategorien ist maßgeblich für die weitere Bilanzierung und Bewertung.

6.3 Vergütung durch die Gewährung von Eigenkapitalinstrumenten

6.3.1 Ansatz

IFRS 2.8 Die **empfangenen** Leistungen oder Güter sind im Zeitpunkt ihres Zugangs als Vermögenswerte zu aktivieren, sofern die entsprechenden Ansatzvorschriften (→ C.I.1.2) erfüllt sind. Anderenfalls ist ein Aufwand zu erfassen.

IFRS 2.7 Die Erfassung der **hingegebenen Gegenleistung** erfolgt durch eine Buchung im Eigenkapital.

6.3.2 Zugangsbewertung

6.3.2.1 Grundsätze

IFRS 2.11 Die Zugangsbewertung hat zu dem **Zeitpunkt** zu erfolgen, an dem

IFRS 2.13
- im Fall von Leistungen externer Personen oder Unternehmen:
  die Leistung erhalten wurde oder

IFRS 2.A
- im Fall von Vereinbarungen mit Arbeitnehmern:
  eine Vereinbarung zur Ausgabe von Eigenkapitalinstrumenten getroffen wurde *(grant date)*.

IFRS 2.10
IFRS 2.12 Maßstab für die **Bewertung** der hingegebenen Eigenkapitalinstrumente ist grundsätzlich der Zeitwert *(fair value)* der erhaltenen Leistung, sofern dieser verlässlich bestimmbar ist. Dies wird in der Regel der Fall sein, wenn Leistungen oder Güter von einem Nicht-Arbeitnehmer bezogen werden.

> **Beispiel:**
>
> Ein externer Berater erhält vom Unternehmen 50 Aktien für erbrachte Beratungsleistungen. Der Berater hat 100 Stunden für die Beratungsleistungen aufgewendet. Aus bisher gestellten Rechnungen des Beraters geht hervor, dass dessen Stundensatz 200 beträgt.

In diesem Fall ist der Wert der erhaltenen Leistung hinreichend genau bestimmbar. Das Unternehmen erfasst 20.000 als Beratungsaufwand und erhöht das Eigenkapital um den gleichen Betrag. Bei einem unterstellten Nennwert der Aktien von 1,00 führt dies zu folgender Buchung:

Beratungsaufwand	20.000
an	
Stammkapital	50
Kapitalrücklage	19.950

Sollte der Wert der erhaltenen Leistung nicht bestimmbar sein, so ist auf den *fair value* der gewährten Eigenkapitalinstrumente abzustellen.

Dies gilt auch für den Fall, dass erhaltene Leistungen nicht identifizierbar sind oder die identifizierbaren erhaltenen Leistungen offensichtlich unter dem Wert der gewährten Eigenkapitalinstrumente liegen. Denkbare Gründe sind hier z.B. Aktiengewährungen aus politischen Erfordernissen oder an gemeinnützige Organisationen zur allgemeinen Imageförderung. In diesem Fall ist ebenfalls auf den *fair value* der gewährten Eigenkapitalinstrumente abzustellen. **IFRIC 8.7ff.**

Dies begründet jedoch keine Verpflichtung, für sämtliche Transaktionen den *fair value* der hingegebenen Eigenkapitalinstrumente zu bestimmen und mit dem Wert der erhaltenen Leistungen zu vergleichen. Eine solche Verpflichtung ist nur gegeben, wenn die erhaltene Leistung offensichtlich hinter dem Wert der gewährten Eigenkapitalinstrumente zurückbleibt. **IFRIC 8.BC7**

Für die Bemessung des Wertes von **Leistungen von Arbeitnehmern** ist immer der *fair value* der gewährten Eigenkapitalinstrumente zu verwenden. **IFRS 2.11**

Der ***fair value*** der gewährten Eigenkapitalinstrumente ist wie folgt zu ermitteln: **IFRS 2.16ff.**

- Sofern Marktpreise für die gewährten Eigenkapitalinstrumente verfügbar sind, sind diese als *fair value* anzusetzen.
- Falls keine Marktpreise verfügbar sind, ist der *fair value* anhand anerkannter Bewertungstechniken zu bestimmen.

Der Marktpreis von **Anteilen an nicht börsennotierten Unternehmen** kann z.B. anhand von Kapitaltransaktionen der jüngeren Vergangenheit abgeschätzt werden. **IFRS 2.B2**

Als anerkannte Bewertungstechniken zur Ermittlung des *fair value* von **Optionen** kommen insbesondere Optionspreismodelle aus der Finanzmathematik in Frage. Diese müssen die allgemeinen wertbestimmenden Parameter (Ausübungspreis, Laufzeit, Volatilität, Zinssatz usw.) zutreffend berücksichtigen. **IFRS 2.B6ff.**

Problematisch ist die Bestimmung eines *fair value* für Optionen auf Anteile eines nicht börsennotierten Unternehmens. In diesem Fall sind die erforderlichen Parameter ggf. unter Heranziehung der Daten von Vergleichsunternehmen o.ä. abzuschätzen. **IFRS 2.B27ff.**

Aktienbasierte Vergütungen können so gestaltet sein, dass die gewährten Eigenkapitalinstrumente in Tranchen zu verschiedenen Zeitpunkten unverfallbar **IFRS 2.IG11** werden (***graded vesting***). In diesem Fall sind die einzelnen Tranchen wie separate Gewährungen zu behandeln, deren *fair value* jeweils einzeln zu ermitteln ist.

6.3.2.2 Berücksichtigung von Bedingungen

6.3.2.2.1 Systematisierung

Die Gewährung von aktienbasierten Vergütungen ist meist an bestimmte Bedingungen geknüpft. Erst mit Erfüllung aller Bedingungen hat der Begünstigte einen unbedingten Anspruch auf den Bezug von Eigenkapitalinstrumenten. Die bilanzielle Abbildung ist abhängig von der Art der Bedingung. Dabei ist zu differenzieren zwischen Ausübungsbedingungen (*vesting conditions*) und sonstigen Bedingungen (*non-vesting conditions*).

IFRS 2.A **Ausübungsbedingungen** (*vesting conditions*) sind solche Bedingungen, die eine angemessene Gegenleistung für die aktienbasierte Vergütung sicherstellen sollen. Dies können entweder „mengenorientierte" Dienstbedingungen (*service conditions*) oder „qualitätsorientierte" Leistungsbedingungen (*performance conditions*) sein. Die Leistungsbedingungen werden weiter unterschieden in marktorientierte Leistungsbedingungen (*market performance conditions*) und nicht marktorientierte Leistungsbedingungen (*non-market performance conditions*).

IFRS 2.19
- **Dienstbedingungen** (*service conditions*) bestimmen einen Mindestzeitraum, in dem der Mitarbeiter für das Unternehmen tätig sein muss.

IFRS 2.19
- **Nicht marktorientierte Leistungsbedingungen** (*other conditions*) sind z.B. die Festlegung von Erfolgszielen, wie Umsatz- oder Gewinnwachstum oder die Bindung an ein bestimmtes Ereignis wie einen Börsengang

IFRS 2.21
- **Marktorientierte Leistungsbedingungen** (*market conditions*) knüpfen die Ausübung an den Wert des Eigenkapitalinstruments. Solche Bedingungen sind z.B. eine festgelegte Wertsteigerung im Aktienkurs oder eine Wertsteigerung im Aktienkurs relativ zu einem Index.

IFRS 2.21A Von den *vesting conditions* zu unterscheiden sind **andere Bedingungen** (*non-vesting conditions*), die keinen Bezug zur erhaltenen Leistung haben, z.B. eine Bedingung, dass die Mitarbeiter regelmäßig eigene Zuzahlungen erbringen (*contribution requirements*). Die Erfüllung dieser Bedingungen kann im Einflussbereich einer der beiden Parteien liegen (z.B. Zuzahlungsverpflichtungen des Arbeitnehmers oder Kündigungsmöglichkeit des Arbeitgebers) oder von den Parteien nicht beeinflusst werden (z.B. Koppelung an einen Index).

6.3.2.2.2 Berücksichtigung in der Zugangsbewertung

Dienstbedingungen (*service conditions*) und nicht **marktorientierte Leistungsbedingungen** (*non-market performance conditions*) werden bei der Abschätzung der Anzahl der Eigenkapitalinstrumente, die wahrscheinlich hinzugeben sind, berücksichtigt (**Mengengerüst**).

IFRS 2.21 IFRS 2.21A **Marktorientierte Leistungsbedingungen** (*market performance conditions*) und **andere Bedingungen** (*other conditions*) sind dagegen bei der Ermittlung des *fair value* der Eigenkapitalinstrumente zu berücksichtigen (**Wertgerüst**). Sofern die Erfüllung einer anderen Bedingung im Einflussbereich des Unternehmens liegt, ist bei der Ermittlung des *fair value* von einer planmäßigen Umsetzung des Programms auszugehen.

Beispiel:

Das Unternehmen gibt an leitende Angestellte 100 Optionen zum Erwerb von Aktien aus. Die Ausübung ist an zwei Bedingungen geknüpft:

1. Der Aktienkurs ist seit Gewährung der Option um mindestens 30 % gestiegen und
2. Der Mitarbeiter ist noch mindestens die nächsten drei Jahre für das Unternehmen tätig.

Lösung:

Die Bedingung der Steigerung des Aktienkurses beeinflusst den Wert der Optionen negativ und ist im gewählten Bewertungsverfahren zur Ermittlung des *fair value* der einzelnen Optionen zu berücksichtigen.

Die Bedingung des dreijährigen Verbleibs im Unternehmen ist einen Dienstbedingung und hat zur Folge, dass aufgrund der erwarteten Fluktuation wahrscheinlich nicht alle Optionen ausgeübt werden. Wenn z.B. das Unternehmen mit einer Fluktuation von 2 Mitarbeitern pro Jahr rechnet, dann ist für die Ermittlung des Gesamtwertes bei Ausgabe der Optionen von der Ausübung von 94 Optionen (100–2x3) auszugehen.

C.IV

Sollten die Eigenkapitalinstrumente **nach** ihrer **Ausgabe noch Restriktionen** unterworfen sein (z.B. Haltefristen nach dem Bezug von Aktien), so sind diese in der Ermittlung des *fair value* der Eigenkapitalinstrumente zu berücksichtigen. IFRS 2.B3

6.3.3 Folgebewertung

6.3.3.1 Zeitliche Verteilung des Aufwands

Ist die **Leistung im Zeitpunkt der Gewährung bereits erbracht**, ist der *fair value* der erhaltenen Leistung sofort in voller Höhe als Aufwand zu verbuchen bzw. zu aktivieren. Dies gilt insbesondere für Leistungen und Lieferungen fremder Dritter, die erst bei Erhalt mit ihrem *fair value* zu bewerten und damit **sofort** in voller Höhe als Aufwand oder Vermögenswert zu erfassen sind.

Wird die aktienbasierte Vergütung **mit Bedingungen** (*vesting conditions*) verbunden, ist davon auszugehen, dass die Vergütung für zukünftige Leistungen gewährt wird. In diesem Fall ist der im Zugangszeitpunkt ermittelte Gesamtwert der hinzugebenden Eigenkapitalinstrumente **pro rata temporis** über den Erdienungszeitraum (*vesting period*) als Aufwand mit entsprechender Gegenbuchung im Eigenkapital zu erfassen. IFRS 2.15

Die *vesting period* ist der Zeitraum von der Gewährung bis zu dem Zeitpunkt, in dem alle *vesting conditions* erfüllt sind. Dies ist oftmals gleichzeitig der Zeitpunkt der erstmaligen Ausübbarkeit. IFRS 2.A

Beispiel:

Das Unternehmen hat am Beginn des Jahres 01 an 500 Mitarbeiter jeweils 100 Aktienoptionen ausgegeben. Bedingung für die Ausübbarkeit ist der Verbleib im Unternehmen für die nächsten drei Jahre. Das Unternehmen schätzt, dass IFRS 2.IG11

20 % der Mitarbeiter das Unternehmen in diesen drei Jahren verlassen werden. Der *fair value* pro Option wurde mit 15 ermittelt.

Lösung:

Es ist davon auszugehen, dass 40.000 Optionen (500 Mitarbeiter x 100 Optionen x 80 % Fluktuation) am Ende des Jahres 03 ausübbar sein werden. Der Zeitraum bis zur erstmaligen Ausübbarkeit beträgt drei Jahre. Über diesen Zeitraum ist der Aufwand wie folgt zu erfassen:

Jahr	Berechnung	Aufwand der Periode	kumulierter Aufwand
01	40.000 x 15 x 1/3	200.000	200.000
02	40.000 x 15 x 2/3–200.000	200.000	400.000
03	40.000 x 15 x 3/3–400.000	200.000	600.000

IFRS 2.15 Falls die *vesting period* nicht fest bestimmbar ist (z.B. abhängig von der Erreichung von Leistungsbedingungen), dann ist eine bestmögliche Schätzung vorzunehmen. Diese ist in den Folgeperioden zu überprüfen.

Beispiel:

Das Unternehmen räumt zu Beginn des Jahres 01 seinen Mitarbeitern 1.000 Optionen zum Bezug von insgesamt 1.000 Aktien ein. Die Optionen werden ausübbar, sobald das Jahresergebnis um durchschnittlich 10 % p.a. im Vergleich zum Jahr 00 gestiegen ist. Sofern diese Steigerung nach 5 Jahren noch nicht erreicht wurde, verfällt die Zusage. Die Mitarbeiter müssen während dieser Zeit im Unternehmen verbleiben.

Der Wert einer Option des Unternehmens beträgt zum Zusagezeitpunkt 5. Fluktuation wird nicht erwartet und tritt auch nicht ein.

Zum Ende des Jahres 01 schätzt das Unternehmen, das Ende des Jahres 03 die erforderliche durchschnittliche Steigerung des Jahresergebnisses erreicht wird. Ende des Jahres 02 revidiert es diese Schätzung und erwartet nun die Zielerreichung für das Jahr 05. Ende 04 wird die durchschnittliche Steigerung tatsächlich erreicht.

Lösung:

Der insgesamt zu erfassende Aufwand beträgt 1.000 x 5 = 5.000. Dieser Betrag ist über den geschätzten Erdienungszeitraum ratierlich zu erfassen. Eine Änderung der Schätzung des Erdienungszeitraums führt zu einer zeitlichen Korrektur der Aufwandserfassung:

Jahr	Ermittlung Periodenaufwand	Periodenaufwand	kumulierter Aufwand
01	5.000 x 1/3	1.667	1.667
02	5.000 x 2/5–1.667	333	2.000
03	5.000 x 3/5–2.000	1.000	3.000
04	5.000 x 4/4–3.000	2.000	5.000

Werden Mitarbeitern Eigenkapitalinstrumente ohne *vesting conditions* gewährt, ist auch hier von einer Abgeltung bereits erbrachter Leistungen auszugehen und der ermittelte *fair value* der Eigenkapitalinstrumente bei Gewährung sofort in voller Höhe als Aufwand zu erfassen. **IFRS 2.14**

Für den Fall des ***graded vesting*** ist die *vesting period* getrennt für jede Tranche zu ermitteln (→ C.IV.6.3.2). **IFRS 2.IG11**

6.3.3.2 Berücksichtigung von Wertänderungen

Der *fair value* der gewährten Eigenkapitalinstrumente wird sich in der Regel im Verlauf der *vesting period* verändern. Hierbei ist zu unterscheiden, auf welchen Ursachen die Änderung beruht. **IFRS 2.21**

Ist die Änderung in einer veränderten Erwartung hinsichtlich der Erfüllung der **marktorientierten Leistungsbedingungen** (z.B. Steigerung des Aktienkurses) begründet, so ist diese Wertänderung **nicht** zu berücksichtigen. Der zum Zugangszeitpunkt einmal ermittelte *fair value* pro gewährten Eigenkapitalinstrument wird in den Folgeperioden nicht neu berechnet.

Ergeben sich im Zeitverlauf neue Erkenntnisse bezüglich der Erfüllung von **Dienstbedingungen** oder **nicht marktorientierten Leistungsbedingungen**, dann führt dies zu einer neuen Schätzung der Anzahl der wahrscheinlich zum Erfüllungszeitpunkt hinzugebenden Eigenkapitalinstrumente. Die Auswirkung der Schätzungsänderung ist in voller Höhe **ergebniswirksam** in der Periode der Änderung zu erfassen. Dabei kann es u.U. in einer Periode zur Erfassung eines Ertrags kommen. **IFRS 2.20**

Es wird also im übertragenen Sinn nur das Mengengerüst (die Anzahl der wahrscheinlich hinzugebenden Eigenkapitalinstrumente) angepasst. Das Wertgerüst (der *fair value* pro hinzugebendem Eigenkapitalinstrument) wird nicht verändert. Durch diese Behandlung entspricht der erfasste kumulierte Gesamtaufwand am Ende der *service period* immer die Anzahl der tatsächlich hinzugebenden Eigenkapitalinstrumente multipliziert mit dem *fair value* pro Eigenkapitalinstrument bei Gewährung. Werden letztlich aufgrund nicht erfüllter nicht marktorientierter Bedingungen keine Eigenkapitalinstrumente ausgegeben, wird in der Totalperiode kein Aufwand erfasst.

Kommt es trotz Erfüllung der nicht marktorientierten Bedingungen aufgrund einer parallel bestehenden, nicht erfüllten marktorientierten Bedingung nicht zur Ausgabe der Eigenkapitalinstrumente, wird die Kapitalrücklage und der erfasste Aufwand nicht korrigiert. Die Hürde der marktorientierten Bedingung ist bereits in der Ermittlung des *fair value* des Eigenkapitalinstruments zum Zusagezeitpunkt berücksichtigt. Eine Nichterfüllung der marktorientierten Bedingung hat daher keinen Einfluss auf die Aufwandserfassung.

Änderungen, die nach dem Ablauf der *vesting period* auftreten, werden nicht erfasst. Werden z.B. ausübbare Optionen nicht ausgeübt und verfallen nach Ende der Optionslaufzeit, so führt dies zu keiner neuerlichen ergebniswirksamen Buchung. Gegebenenfalls ist der in die Kapitalrücklage eingestellte Betrag innerhalb der Kapitalrücklage umzugliedern. **IFRS 2.23**

Beispiel:

Das Unternehmen hat am Beginn des Jahres 01 an 500 Mitarbeiter jeweils 100 Aktienoptionen ausgegeben, deren Ausübung an zwei Bedingungen geknüpft ist:

1. Aktienkurs steigt innerhalb von drei Jahren um 10 % im Vergleich zu einem Branchenindex und
2. Mitarbeiter ist noch mindestens die nächsten drei Jahre für das Unternehmen tätig.

Zum Zeitpunkt der Gewährung schätzt das Unternehmen, dass 20 % der Mitarbeiter das Unternehmen in diesen drei Jahren verlassen werden. Der *fair value* pro Option zum Zeitpunkt der Begebung wurde mit 15 ermittelt.

Im Jahr 02 entwickelt sich der Aktienkurs schlechter als erwartet. Zum Ende des Jahres 03 ist die erforderliche Steigerung des Aktienkurses aber erreicht. Zusätzlich revidiert das Unternehmen am Ende des Jahres 02 seine Schätzung der Fluktuation auf 12 %. Am Ende des Jahres 03 haben tatsächlich 15 % der Mitarbeiter das Unternehmen verlassen.

Lösung:

Die schlechtere Entwicklung des Aktienkurses verringert den *fair value* der einzelnen gewährten Optionen zum Ende des Jahres 02, da die Erfüllung der marktorientierten Bedingung zu diesem Zeitpunkt unwahrscheinlicher ist. Diese Änderung wird nicht berücksichtigt.

Die geänderten Schätzungen der Fluktuationsrate sind in der Schätzung der Anzahl der wahrscheinlich ausübbaren Optionen zu berücksichtigen und in der jeweiligen Periode zu erfassen:

Jahr	Berechnung	Aufwand der Periode	kumulierter Aufwand
01	50.000 x 80 % x 15 x 1/3	200.000	200.000
02	50.000 x 88 % x 15 x 2/3 – 200.000	240.000	440.000
03	50.000 x 85 % x 15 x 3/3 – 440.000	197.500	637.500

Die Gegenbuchung erfolgt im Eigenkapital in der Kapitalrücklage. Zum 31. Dezember 03 beträgt die „Kapitalrücklage – ausstehende Optionen" somit 637.500.

Werden die 42.500 Optionen ausgeübt und dafür neue Anteile ausgegeben, ist dies bei einem unterstellten Ausübungspreis von 5 sowie einem Nennwert pro Aktie von 1 wie folgt zu erfassen:

Bank	212.500
Kapitalrücklage – ausstehende Optionen	637.500
an	
Gezeichnetes Kapital	42.500
Kapitalrücklage – ausgeübte Optionen	807.500

Variante:

Am Ende des Jahres 03 ist die notwendige Steigerung des Aktienkurses nicht erreicht. Die Optionen verfallen.

Lösung:

Die Erfüllung oder Nichterfüllung von marktorientierten Bedingungen hat keinen Einfluss auf die Höhe des zu erfassenden Aufwandes. Die Erfassung des Aufwandes erfolgt unverändert nach dem oben stehenden Schema.

Nach dem Verfall der Optionen kann eine Umgliederung innerhalb der Kapitalrücklage von „ausstehende Optionen" zu „verfallene Optionen" vorgenommen werden. Weitere Buchungen erfolgen nicht.

Beruhen die Änderungen auf einer **sonstigen Bedingung** (*non-vesting condition*), ist wie folgt zu unterscheiden:

- liegt die Erfüllung der Bedingung **außerhalb des Einflussbereiches der Parteien** IFRS 2.21A (z.B. Koppelung an die Entwicklung eines Indexes), so ist eine Änderung in der Erfüllungswahrscheinlichkeit oder der endgültige Verfall der Optionen wie bei marktorientierten Leistungsbedingungen weder im Mengen- noch im Wertgerüst zu berücksichtigen.
- liegt die Erfüllung der Bedingungen **im Einflussbereich einer der beiden Parteien** IFRS 2.28A (z.B. Zuzahlungsverpflichtungen des Arbeitnehmers), so ist dies wie ein Widerruf zu behandeln (→ C.IV.6.5)

6.3.4 *Zusammenfassung zur Systematisierung und Berücksichtigung von Bedingungen*

Die Systematisierung von Bedingungen bei *equity-settled share-bases payments* und deren Berücksichtigung in der Zugangs- und Folgebewertung lässt sich folgendermaßen zusammenfassen (in Anlehnung an IFRS 2.IG24):

Systematisierung und Beispiele (→ C.IV.6.3.2.2.1)					
Ausübungsbedingungen			Sonstige Bedingungen		
	Leistungsbedingungen				
Dienstbedingungen	**Sonstige Leistungsbedingungen**	**Marktorientierte Leistungsbedingungen**	**Außerhalb des Einflussbereiches der Parteien**	**Im Einflussbereich der Gegenseite**	**Im Einflussbereich des Unternehmens**
Verbleib im Unternehmen für bestimmte Zeit	Mindestumsatzwachstum	Mindeststeigerung im Aktienkurs	Mindeststeigerung in einem Index	Zuzahlungsverpflichtung	Kündigungsmöglichkeit des Unternehmens
Berücksichtigung der Bedingung im Zusagezeitpunkt (Zugangsbewertung) (→ C.IV.6.3.2.2.2)					
in der Schätzung der Anzahl der wahrscheinlich ausübbaren Optionen (Mengengerüst)		in der Ermittlung des *fair value* der Optionen zum Zusagezeitpunkt unter Annahme der planmäßigen Umsetzung (Wertgerüst)			
Berücksichtigung von geänderten Erwartungen hinsichtlich der Erfüllung der Bedingungen bzw. der endgültigen Nichterfüllung von Bedingungen während der *vesting* period (Folgebewertung) (→ C.IV.6.3.3.2)					
Erfolgswirksame Anpassung der Schätzung der Anzahl der wahrscheinlich ausübbaren Optionen.		Keine Änderungen, Ursprünglich ermittelter *fair value* wird weiter pro rata temporis über die vesting period erfasst.		Behandlung als Widerruf (*cancellation*). Ausstehende Beträge werden sofort erfolgswirksam erfasst.	

Abbildung 34: Systematisierung und Berücksichtigung von Bedingungen bei aktienbasierten Vergütungen

6.3.5 Planänderungen und Widerruf

IFRS 2.B43 Werden die Konditionen oder Ausübungsbedingungen dergestalt **abgeändert**, dass sich der Gesamtwert der Eigenkapitalinstrumente **erhöht**, ist dies wie folgt zu berücksichtigen:

- Erhöht sich der *fair value* pro Eigenkapitalinstrument (z.B. durch Absenkung des Ausübungspreises einer Option oder die Änderung einer marktorientierten Ausübungsbedingung), dann ist die daraus resultierende Wertsteigerung als zusätzlicher Aufwand zu behandeln, der ab dem Zeitpunkt der Änderung ebenfalls über die *vesting period* zu verteilen ist.

Beispiel:

Das Unternehmen hat zu Beginn des Jahres 01 Aktienoptionen an die Mitarbeiter begeben, die nach vier Jahren erstmals ausübbar werden. Der *fair value* pro Option zum Zeitpunkt der Begebung wurde mit 24 ermittelt.

Ende des Jahres 02 beträgt der *fair value* pro Option aufgrund gesunkener Aktienkurse noch 5. Aufgrund dessen werden zu Beginn des Jahres 03 die Optionsbedingungen dahingehend geändert, dass der Bezugspreis bei Ausübung gesenkt wird. Durch diese Änderung steigt der *fair value* pro Option von 5 auf 15.

Lösung:

Die Wertsteigerung, die als zusätzlicher Aufwand aus der Planänderung zu berücksichtigen ist, beträgt 10 [15–5]. Dieser Betrag ist für jede am Ende des Jahres 03 ausübbare Option als zusätzlicher Personalaufwand zeitlich verteilt über die Jahre 03 und 04 zu berücksichtigen. Der jeweils zu erfassende Personalaufwand pro ausübbarer Option beträgt 11 [24/4 + 10/2].

- Das gleiche Vorgehen ist anzuwenden, wenn die Anzahl der auszugebenden Eigenkapitalinstrumente erhöht wird.
- Werden nicht marktorientierte Ausübungsbedingungen geändert, ist dies in der Schätzung der wahrscheinlich hinzugebenden Eigenkapitalinstrumente zu berücksichtigen (→ C.IV.6.3.4.2).

IFRS 2.B44 Werden die Konditionen oder Ausübungsbedingungen dagegen dergestalt **abgeändert**, dass sich der Gesamtwert der Eigenkapitalinstrumente **vermindert**, ist dies **nicht** zu berücksichtigen. Es sind unverändert die ursprünglichen Konditionen und Bedingungen zugrunde zu legen. Wird die Anzahl der auszugebenden Eigenkapitalinstrumente verringert, dann ist dies als ein Teil-Widerruf zu behandeln.

IFRS 2.28 Kommt es zu einem **(Teil-)Widerruf** von vereinbarten aktienbasierten Vergütungen, ist wie folgt vorzugehen:

- Der noch nicht erfasste, zeitanteilige Betrag des Gesamtwertes ist sofort in voller Höhe erfolgswirksam zu realisieren.
- Gegebenenfalls gezahlte Entschädigungen werden bis zur Höhe des *fair value* des Eigenkapitalinstrumentes als Kapitalrückzahlung behandelt. Darüber hinausgehende Beträge sind als Aufwand zu erfassen.

- Wenn im Rahmen des Widerrufes neue aktienbasierte Vergütungen gewährt werden, ist dies wie eine Planänderung zu behandeln.

6.4 Barvergütungen, deren Höhe sich am Wert von Eigenkapitalinstrumenten orientiert

6.4.1 *Ansatz und Zugangsbewertung*

Die Erfassung der **hingegebenen Gegenleistung** erfolgt – abweichend von der Behandlung bei Gewährung von Eigenkapitalinstrumenten – bei eigenkapitalorientierten Barvergütungen durch die Erfassung einer Schuld. Je nach Höhe der Unsicherheit des in der Totalperiode zu erfassenden Betrages ist eine Verbindlichkeit oder eine Rückstellung zu bilden. Bei an Mitarbeiter ausgegebenen Instrumenten, die über mehrere Jahre laufen, ist aufgrund der meist vorhandenen Unsicherheiten hinsichtlich Höhe und/oder zeitlicher Verteilung des zu erfassenden Aufwandes i.d.R. die Bildung einer Verbindlichkeitenrückstellung sachgerecht. **IFRS 2.30**

Die **empfangenen Leistungen oder Güter** sind im Zeitpunkt ihres Zugangs als Vermögenswerte zu aktivieren, sofern die entsprechenden Ansatzvorschriften (→ C.I.1.2) erfüllt sind. Anderenfalls ist ein Aufwand zu erfassen. **IFRS 2.8**

Die **Zugangsbewertung** erfolgt bei eigenkapitalorientierten Barvergütungen immer auf Basis des *fair value* der Schuld. Eine Bewertung auf Basis des Wertes der empfangenen Leistungen oder Güter ist nicht vorgesehen. **IFRS 2.30**

Der ***fair value*** der Schuld ist dabei – analog der Bewertung bei Gewährung von Eigenkapitalinstrumenten – gegebenenfalls unter Zuhilfenahme von anerkannten Bewertungsmethoden wie z.B. finanzmathematischen Optionspreismodelle zu ermitteln. **IFRS 2.33**

Die **Berücksichtigung von Bedingungen** erfolgt ebenfalls analog der Vorgehensweise bei der Gewährung von Eigenkapitalinstrumenten:

- Marktorientierte Leistungsbedingungen und sonstige Bedingungen beeinflussen den *fair value* der Schuld
- Dienstbedingungen nicht marktorientierter Leistungsbedingungen sind in der Schätzung der Anzahl der letztlich bezugsberechtigten Personen zu berücksichtigen.

6.4.2 *Folgebewertung*

Der im Zugangszeitpunkt ermittelte *fair value* der eigenkapitalorientierten Barvergütungen ist – analog der Vorgehensweise bei der Gewährung von Eigenkapitalinstrumenten – pro rata temporis über den Erdienungszeitraum der *(vesting period)* als Aufwand zu erfassen. **IFRS 2.7**

Anders als bei der Gewährung von Eigenkapitalinstrumenten ist jedoch **zu jedem Bilanzstichtag der fair value der Schuld neu zu ermitteln**. Dabei sind neuere Erkenntnisse bezüglich der Erfüllung der Bedingungen zu berücksichtigen. D.h., neben der neuen Abschätzung der Anzahl der wahrscheinlich bezugsberechtigten Personen ist auch der *fair value* pro Bezugsrecht neu zu ermitteln. **IFRS 2.30**

Es wird also im übertragenen Sinn sowohl das Mengen- (die Anzahl der wahrscheinlich hinzugebenden Eigenkapitalinstrumente) als auch das Wertgerüst (der *fair value* pro hinzugebendem Eigenkapitalinstrument) zu jedem Stichtag neu ermittelt. Als Folge entspricht die zum Stichtag ausgewiesene Schuld immer dem zeitanteilig erdienten Teil des *fair value* des zum Stichtag geschätzten Gesamtbetrages.

Nach Ablauf der *vesting period* ist der *fair value* der noch bestehenden Schuld zu jedem Bilanzstichtag neu zu ermitteln und die sich ergebende Wertänderung sofort in voller Höhe ergebniswirksam zu erfassen.

Die Bedienung von eigenkapitalorientierten Barvergütungen nach Ablauf der *vesting period* vermindert die bilanzierte Schuld. In der Totalperiode entspricht der erfasste kumulierte Aufwand dem Abfluss an Barvermögen.

Beispiel:

(in Anlehnung an IFRS 2.IG19 Beispiel 12)

Das Unternehmen hat Anfang des Jahres 01 an 500 Mitarbeiter jeweils 100 virtuelle Aktienoptionen (*share appreciation rights*, kurz SARs) ausgegeben. Bedingung für die Ausübbarkeit ist der Verbleib im Unternehmen für die nächsten drei Jahre, d.h., erstmaliger Ausübungszeitpunkt ist Ende 03. Die Laufzeit der Optionen beträgt fünf Jahre. Der Bezugspreis beträgt 10 und entspricht dem Aktienkurs bei Gewährung.

Die erwartete und die tatsächliche Fluktuation sowie die Ausübung der SARs entwickelt sich im Zeitverlauf wie folgt:

Jahr	tatsächliches Ausscheiden	geschätztes weiteres Ausscheiden	erwartete Gesamtfluktuation bis zu Ausübbarkeit	Ausübung
01	35	60	95	–
02	40	25	100	–
03	22	–	97	150
04	–	–	–	140
05	–	–	–	113
	97			403

Der Aktienkurs, der daraus resultierende innere Wert der SARs sowie der *fair value* der SARs entwickeln sich wie folgt:

Jahr	Aktienkurs	innerer Wert	*fair value*
01	15,00	5,00	14,40
02	20,00	10,00	15,50
03	25,00	15,00	18,20
04	30,00	20,00	21,40
05	35,00	25,00	–

Der innere Wert errechnet sich als Differenz zwischen Aktienkurs und Bezugspreis. Er entspricht dem Bargeldabfluss pro ausgeübter Option zum Ende der Jahre 03 bis 05.

Lösung:

Die Buchungen sind in den einzelnen Jahren wie folgt vorzunehmen:

Jahr	Berechnung	Aufwand		kumulierte Verbindlichkeit	Bank
01	(500–95) Mitarbeiter x 100 SARs x 14,40 x 1/3		194.400	194.400	
02	(500–100) Mitarbeiter x 100 SARs x 15,50 x 2/3 – 194.400		218.933	413.333	
03	(500–97–150) Mitarbeiter x 100 SARs x 18,20 x 3/3 – 413.333	47.127		460.460	
	+ 150 Mitarbeiter x 100 SARs x 15,00	225.000			– 225.000
			272.127		
04	(500–97–290) Mitarbeiter x 100 SARs x 21,40 x 3/3 – 460.460	– 218.640		241.820	
	+ 140 Mitarbeiter x 100 SARs x 20,00	280.000			– 280.000
			61.360		
05	0 – 241.820	– 241.820		0	
	+ 113 Mitarbeiter x 100 SARs x 25,00	282.500			– 282.500
			40.680		
			787.500		– 787.500

6.5 Aktienbasierte Vergütungen im Konzernverbund: Gewährung von Eigenkapitalinstrumenten der Muttergesellschaft

6.5.1 Muttergesellschaft gewährt eigene Eigenkapitalinstrumente für Leistungen an eine Tochtergesellschaft

Im Rahmen eines Konzernverbundes werden häufiger Eigenkapitalinstrumente der Konzernmutter für Leistungen gewährt, die eine Tochtergesellschaft erhalten hat. Typisches Beispiel ist die Begebung von Aktienoptionen einer börsennotierten Muttergesellschaft an Mitarbeiter einer nicht börsennotierten Tochtergesellschaft.

IFRIC 11.8ff. Wenn sich in einem solchen Fall

- die **Muttergesellschaft verpflichtet,**
- **eigene Eigenkapitalinstrumente**, d.h. Eigenkapitalinstrumente der Muttergesellschaft
- **für Leistungen an die Tochtergesellschaft** zu gewähren, und
- die Transaktion im Konzernabschluss der Muttergesellschaft als *equity-settled share-based payment* darzustellen ist,

IFRIC 11.8 dann ist die Transaktion auch **im Einzelabschluss** bzw. Teilkonzernabschluss **der Tochtergesellschaft wie eine aktienbasierte Vergütung mit Ausgleich durch Eigenkapitalinstrumente zu behandeln.**

Im **Einzelabschluss** bzw. Teilkonzernabschluss **der Tochtergesellschaft** ist ein Aufwand (ggf. ein Vermögenswert) für die erhaltene Leistung zu erfassen. Die **Gegenbuchung** erfolgt im **Eigenkapital** als Einlage der Muttergesellschaft. Die Höhe des zu erfassenden Betrages sowie die zeitliche Verteilung bestimmt sich nach den Regelungen für aktienbasierte Vergütungen durch Gewährung von Eigenkapitalinstrumenten (→ C.IV.6.3).

Im **Einzelabschluss der Muttergesellschaft** ist dem folgend korrespondierend eine Erhöhung des Beteiligungsansatzes um den bei der Tochtergesellschaft als Einlage erfassten Betrages zu buchen. Die Gegenbuchung erfolgt im Eigenkapital.

Im **Konzernabschluss der Muttergesellschaft** ist die Transaktion als *equity-settled share-based payment* darzustellen, d.h. es wird ein Aufwand (ggf. ein Vermögenswert) erfasst. Die Gegenbuchung erfolgt im Eigenkapital. Dazu wird die im Einzelabschluss der Tochtergesellschaft erfasste Eigenkapitalerhöhung und die spiegelbildliche Erhöhung des Beteiligungsansatzes bei der Muttergesellschaft im Rahmen der Kapitalkonsolidierung eliminiert, sodass im Konzernabschluss eine „normale" *equity-settled share-based payment*-Transaktion dargestellt wird.

Im Ergebnis wird die Darstellung im Konzernabschluss in den Einzelabschlüssen auf den Leistungsempfänger, d.h. die Tochtergesellschaft „durchgereicht".

Beispiel:

Das Mutterunternehmen gibt zu Beginn des Jahres 01 an leitende Angestellte des Tochterunternehmens insgesamt 100 Optionen zum Erwerb von Aktien des Mutterunternehmens aus. Jede Option berechtigt zum Bezug von einer Aktie zum Nennwert von 1. Der *fair value* beträgt bei Begebung pro Option 5, d.h. insgesamt 500. Die Ausübung ist an die Bedingung geknüpft, dass die

Mitarbeiter noch mindestens die nächsten zwei Jahre für das Unternehmen tätig sind. Die Aktien werden durch Kapitalerhöhung aus bedingtem Kapital bereitgestellt.

Fluktuation wird nicht erwartet und tritt auch nicht ein. Zu Beginn des Jahres 03 werden alle 100 Optionen ausgeübt.

Lösung:

Folgende Buchungen sind zu erfassen:

Jahr 01

im Einzelabschluss des Tochterunternehmens:

Personalaufwand [500/2]	250	an	Kapitalrücklage	250

im Einzelabschluss des Mutterunternehmens:

Beteiligung an TU	250	an	Kapitalrücklage (ausstehende Optionen)	250

im Konzernabschluss des Mutterunternehmens:
(im Rahmen der Kapitalkonsolidierung)

Kapitalrücklage TU	250	an	Beteiligung an TU	250

Jahr 02

im Einzelabschluss des Tochterunternehmens:

Personalaufwand [500–250]	250	an	Kapitalrücklage	250

im Einzelabschluss des Mutterunternehmens:

Beteiligung an TU	250	an	Kapitalrücklage (ausstehende Optionen)	250

im Konzernabschluss des Mutterunternehmens:
(im Rahmen der Kapitalkonsolidierung)

Kapitalrücklage TU	500	an	Beteiligung an TU	500

Jahr 03

im Einzelabschluss des Mutterunternehmens:

Bank	100	an	gezeichnetes Kapital	100
Kapitalrücklage (ausstehende Optionen)	500	an	Kapitalrücklage (ausgeübte Optionen)	500

im Konzernabschluss des Mutterunternehmens:
(im Rahmen der Kapitalkonsolidierung)

Kapitalrücklage TU	500	an	Beteiligung an TU	500

Jahr 04ff.

im Konzernabschluss des Mutterunternehmens:
(im Rahmen der Kapitalkonsolidierung)

Kapitalrücklage TU	500	an	Beteiligung an TU	500

C.IV

Sofern **Mitarbeiter zwischen Tochtergesellschaften des Konzerns wechseln,** die Zusage durch die Muttergesellschaft jedoch unverändert bleibt, hat jede betroffene Tochtergesellschaft im Einzelabschluss einen **zeitanteiligen Aufwand** für den **IFRIC 11.9**

Zeitraum zu erfassen, in dem der betreffende Mitarbeiter für die entsprechende Tochtergesellschaft tätig war.

IFRIC 11.10 Falls in einem solchen Fall die Zusage der Muttergesellschaft für einen Mitarbeiter, der zu einer anderen Konzerngesellschaft gewechselt ist, **letztlich verfällt**, weil nicht marktorientierten Bedingungen nicht erfüllt werden, so hat **jede Tochtergesellschaft**, den in ihrem Einzelabschluss erfassten Aufwand zu stornieren. Im Ergebnis wird damit in der Summe der Einzelabschlüsse kein Aufwand gezeigt, was der Behandlung im Konzernabschluss der Muttergesellschaft wiederum entspricht.

6.5.2 *Tochtergesellschaft gewährt Eigenkapitalinstrumente der Muttergesellschaft für Leistungen an die Tochtergesellschaft*

IFRIC 11.11 Falls sich abweichend vom oben beschriebenen Fall

- die **Tochtergesellschaft verpflichtet**,
- **Eigenkapitalinstrumente der Muttergesellschaft**
- **für Leistungen an die Tochtergesellschaft** zu gewähren, und
- die Transaktion im Konzernabschluss der Muttergesellschaft als *equity-settled share-based payment* darzustellen ist,

dann ist die Transaktion im **Einzelabschluss** bzw. Teilkonzernabschluss **der Tochtergesellschaft wie eine aktienbasierte Vergütung mit Barausgleich zu behandeln**.

IFRIC 11.11 Im **Einzelabschluss** bzw. Teilkonzernabschluss **der Tochtergesellschaft** ist ein Aufwand (ggf. ein Vermögenswert) für die erhaltene Leistung zu erfassen. Als **Gegenbuchung** erfolgt die Erfassung einer **Schuld**. Die Höhe des zu erfassenden Betrages sowie die zeitliche Verteilung bestimmt sich nach den Regelungen für aktienbasierte Vergütungen mit Barausgleich (→ C.IV.6.4).

Im **Einzelabschluss der Muttergesellschaft** sind keine Buchungen vorzunehmen, da die Muttergesellschaft selbst nicht betroffen ist.

Im **Konzernabschluss der Muttergesellschaft** ist die Transaktion als *equity-settled share-based payment* darzustellen, d.h. es wird ein Aufwand (ggf. ein Vermögenswert) erfasst. Die **Gegenbuchung** erfolgt im **Eigenkapital**. Die im Einzelabschluss der Tochtergesellschaft als Schuld erfassten Beträge müssen daher im Konzernabschluss wieder storniert und durch neue Buchungen ersetzt werden.

IFRIC 11.BC16 Im Vergleich zur Gewährung durch die Muttergesellschaft (→ C.IV.6.5.1) ergibt sich auf Konzernabschlussebene eine identische Behandlung, wogegen die Behandlung im Einzelabschluss der Tochtergesellschaft abweicht.

Beispiel:

Das Tochterunternehmen gibt zu Beginn des Jahres 01 an leitende Angestellte des Tochterunternehmens insgesamt 100 Optionen zum Erwerb von Aktien des Mutterunternehmens aus. Jede Option berechtigt zum Bezug von einer Aktie zum Ausübungspreis von 1. Der *fair value* beträgt bei Begebung pro Option 5, d.h. insgesamt 500. Die Ausübung ist an die Bedingung geknüpft, dass die Mitarbeiter noch mindestens die nächsten zwei Jahre für das Unternehmen tätig sind.

Fluktuation wird nicht erwartet und tritt auch nicht ein. Der Wert der Optionen entwickelt sich aufgrund steigender Aktienkurse wie folgt:

Ende Jahr	Wert pro Option	Wert insgesamt
01	8	800
02	11	1.100

Zu Beginn des Jahres 03 werden alle 100 Optionen ausgeübt. Das Tochterunternehmen kauft zur Bedienung der Optionen 100 Aktien des Mutterunternehmens an der Börse für 13 je Aktie, d.h. für insgesamt 1.300.

Lösung:
Folgende Buchungen sind zu erfassen:

Jahr 01
im Einzelabschluss des Tochterunternehmens:

Personalaufwand [800/2]	400	an	Rückstellung	400

im Konzernabschluss des Mutterunternehmens:

Rückstellung	400	an	Personalaufwand	400

Storno der Buchung im Einzelabschluss

Personalaufwand [500/2]	250	an	Kapitalrücklage (ausstehende Optionen)	250

Erfassung als equity-settled share-based payment im Konzernabschluss

Jahr 02
im Einzelabschluss des Tochterunternehmens:

Personalaufwand [1.100./. 400]	700	an	Rückstellung	700

im Konzernabschluss des Mutterunternehmens:

Rückstellung	1.100	an	Personalaufwand	700
			Ergebnisvortrag	400

Storno der Buchung im Einzelabschluss inkl. Vortragsbuchungen

Ergebnisvortrag	250	an	Kapitalrücklage	
Personalaufwand [500./. 250]	250		(ausstehende Optionen)	500

Erfassung als equity-settled share-based payment im Konzernabschluss inkl. Vortragsbuchungen

Jahr 03
im Einzelabschluss des Tochterunternehmens:

Personalaufwand [1.200./. 1.100]	100	an	Rückstellung	100

Anpassung Rückstellung auf Optionswert zu Ausübung

Rückstellung	1.200	an	Bank	1.300
Bank	100			

Kauf der Aktien des Mutterunternehmens (1.300) sowie Zufluss des Ausübungspreises (100) bei gleichzeitiger Inanspruchnahme der Rückstellung

C.IV

im Konzernabschluss des Mutterunternehmens:

Bank	1.200	an	Personalaufwand	100
			Ergebnisvortrag	1.100

Storno der Buchung im Einzelabschluss inkl. Vortragsbuchungen

Ergebnisvortrag	500	an	Kapitalrücklage (ausstehende Optionen)	500

Vortragsbuchungen

Bank	100	an	Kapitalrücklage (ausgeübte Optionen)	600
Kapitalrücklage (ausstehende Optionen)	500			

Erfassung der Optionsausübung

Eigenkapital (eigene Anteile)	1.300	an	Bank	1.300

Erfassung des Erwerbs eigener Anteile nach der cost method

Kapitalrücklage (ausgeübte Optionen)	600	an	Eigenkapital (eigene Anteile)	1.300
Kapitalrücklage (sonstige)	700			

Verrechnung zwischen Komponenten der Kapitalrücklage nach Abgabe der Anteile an die Mitarbeiter

Jahr 04ff.

im Konzernabschluss des Mutterunternehmens:

Kapitalrücklage (eigene Anteile)	700	an	Ergebnisvortrag	700

Vortragsbuchung

Im Ergebnis wird im Konzernabschluss des Mutterunternehmens der Mehrbetrag in Höhe von 700 aus Kosten des Erwerbs der eigenen Anteile (1.300) abzüglich dem „Erlös" aus der anschließenden Begebung an die Mitarbeiter (100 Ausübungspreis plus 500 „zugeflossene" Arbeitsleistung, in Summe also 600) gemäß IAS 32.33 ergebnisneutral innerhalb des Eigenkapitals abgezogen. Im Einzelabschluss des Tochterunternehmens ist der Betrag dagegen ergebniswirksam im Eigenkapital erfasst.

6.6 Latente Steuern

Auf temporäre Differenzen zu den steuerlichen Wertansätzen sind nach Maßgabe von IAS 12 latente Steuern zu bilden (→ C.IV.1.).

Die Ausgabe von neuen Eigenkapitalinstrumenten führt nach deutschem Steuerrecht in der Regel nicht zu Aufwendungen. Die nach IFRS 2 verbuchten Aufwendungen aus der Vergütung durch Gewährung von Eigenkapitalinstrumenten sind somit in der Regel permanente Differenzen, auf die keine latenten Steuern gebildet werden.

Die Bewertung von eigenkapitalorientierten Barvergütungen orientiert sich nach deutschem Steuerrecht in der Regel am inneren Wert. Die Unterschiede zur Bewertung mit dem *fair value* nach IFRS 2 stellen temporäre Differenzen dar, für welche latente Steuern anzusetzen sind.

6.7 Anhangangaben *(notes)*

→ CD-Anhangcheckliste 9.6

D.
Konsolidierung nach IFRS

I. Grundlagen der Erstellung des IFRS-Konzernabschlusses

Gliederung:

D.I

1. Vorbemerkung

Die folgenden Ausführungen zur Konzernrechnungslegung nach IFRS folgen dem Prozess der derivativen Konzernabschlusserstellung: Zunächst ist zu klären, wer einen Konzernabschluss zu erstellen hat und wann dieser nach IFRS erstellt werden muss oder erstellt werden darf. Hieran schließt sich der eigentliche Erstellungsvorgang an. Der Kreis der in den Konzernabschluss einzubeziehenden Unternehmen ist zu definieren (→ D.II.). Anschließend müssen bestimmte Vereinheitlichungen vorgenommen werden, um die Einzelabschlüsse der zum Konsolidierungskreis zählenden Unternehmen weiterverarbeiten zu können (→ D.I.5.). Erst dann können mit der Kapital- und Schuldenkonsolidierung, der Zwischenerfolgseliminierung sowie der Aufwands- und Ertragseliminierung die eigentlichen Konsolidierungsmaßnahmen zur Anwendung kommen (→ D.III.).

2. Rechtliche Rahmenbedingung der Konzernrechnungslegung nach IFRS

2.1 Aufstellungspflicht

Der deutsche Gesetzgeber hat mit dem BilReG die optionalen Inhalte der IAS-Verordnung der EU vom 19. Juli 2002 in nationales Recht transformiert. Hierdurch unverändert geblieben sind die Reglungen zur öffentlich-rechtlichen Verpflichtung zur Erstellung eines Konzernabschlusses.

Nach wie vor ergibt sich die Konzernrechnungslegungspflicht für Kapitalgesellschaften und ihnen nach §264a HGB gleichgestellten Personengesellschaften aus den §§290–293 HGB. Für Mutterunternehmen in der Rechtsform einer Nicht-Kapitalgesellschaft regelt §11 Abs. 1 PublG die Aufstellungspflicht. Die Regelungen in IAS 27.9ff. zur Aufstellung des Konzernabschlusses sind insofern gegenstandslos. Die gilt auch für die Frage, wann Teilkonzernabschlüsse zu erstellen sind.

2.2 IFRS als maßgebliche Abbildungsregeln

Besteht die Pflicht zur Erstellung eines Konzernabschlusses, verlangt der §315a HGB in Abs. 1 unter Verweis auf Art. 4 der IAS-Verordnung von Unternehmen, die mit Eigen- oder Fremdkapitaltiteln einen geregelten Markt i.S.d. Wertpapierdienstleistungsrichtlinie in einem beliebigen Mitgliedstaat der EU in Anspruch nehmen, ihren Konzernabschluss nach den IFRS zu erstellen (zur Übergangsregelung für bestimmte Unternehmensgruppen vgl. Art. 57 EGHGB).

In einem Punkt hat der deutsche Gesetzgeber den Verpflichtungsumfang der IAS-Verordnung erweitert. Nach §315a Abs. 2 HGB müssen auch solche Unternehmen, die bis zum Bilanzstichtag eine Zulassung für den Handel von Wertpapieren an einem organisierten Kapitalmarkt i.S.d. §2 Abs. 1 S. 1 WpHG beantragt haben, ihren Konzernabschluss nach den IFRS erstellen.

Der in der IAS Verordnung verwendete Begriff des geregelten Markts entspricht in Deutschland dem des organisierten Kapitalmarkts nach §2 Abs. 1 S. 1 WpHG. Die EU-Kommission hält unter der Internetadresse „http://ec.europa.eu/internal_market/securities/isd/index_de.htm" eine Liste aller geregelten Märkte in der EU bereit.

D.I

3. Bestandteile des IFRS-Konzernabschlusses

Ein IFRS-Konzernabschluss besteht aus folgenden Pflichtbestandteilen: **IAS 1.8**

- Bilanz
- Gewinn- und Verlustrechnung
- Eigenkapitalveränderungsrechnung
- Kapitalflussrechnung
- Anhang

Zudem müssen Unternehmen, für deren Aktien oder schuldrechtliche Wertpapiere eine Börsennotiz besteht, oder die eine solche beantragt haben, ihren Abschluss nach IFRS 8 um eine Segmentberichterstattung ergänzen. **IAS 14.3**

Für in Deutschland konzernrechnungslegungspflichtige Unternehmen zeichnet sich damit folgendes Bild: Sind sie als kapitalmarktorientiertes Unternehmen nach §315a HGB dazu verpflichtet ihren Konzernabschluss nach IFRS zu erstellen, umfasst ihr Konzernabschluss stets auch eine Segmentberichterstattung. Sind sie hingegen nicht kapitalmarktorientiert, besteht ihr Konzernabschluss, unabhängig davon, ob sie diesen nach HGB oder IFRS erstellen, aus den oben genannten Pflichtbestandteilen. §297 Abs. 1 S. 1 HGB definiert die gleichen Abschlusselemente wie IAS 1.8 und eröffnet in S. 2 ein Wahlrecht zur Erstellung einer Segmentberichterstattung.

Auch nach IFRS steht es nicht börsennotierten Unternehmen frei, ihren Abschluss um eine Segmentberichterstattung zu ergänzen. Diese darf nach IFRS 8.3 aber nur dann die Bezeichnung ‚Segmentberichterstattung' tragen, wenn sie im Einklang mit IFRS 8 erstellt wird.

4. Prozess der derivativen Konzernabschlusserstellung

Konzernabschlüsse können entweder originär oder derivativ erstellt werden. Die originäre Konzernabschlusserstellung baut auf einer eigenständigen Konzernbuchführung auf, die ausgehend von einer Konzerneröffnungsbilanz die Geschäftsvorfälle und Abschlussbuchungen aus Konzernsicht abbildet. Ihre praktische Umsetzung bedingt einen hohen organisatorischen und technischen Aufwand. In der Unternehmenspraxis ist diese Methode der Konzernabschlusserstellung deshalb bedeutungslos.

Durchgesetzt hat sich die derivative Konzernabschlusserstellung, die den Konzernabschluss aus den Einzelabschlüssen der einzubeziehenden Unternehmen ableitet und die aus konzerninternen Beziehungen resultierenden Auswirkungen auf die Abschlüsse im Rahmen der Konsolidierung eliminiert. Hat man den Kreis, der in den Konzernabschluss einzubeziehenden Unternehmen festgelegt (→ D.II.), müssen deren Einzelabschlüsse in konsolidierungsfähige Jahresabschlüsse überführt werden (→ D.I.5.). Die Addition dieser Abschlüsse liefert den sog. Summenabschluss, der mit Hilfe der eigentlichen Konsolidierungsmaßnahmen (→ D.III.) in den Konzernabschluss überführt wird.

5. Erstellung konsolidierungsfähiger Jahresabschlüsse

5.1 Vorbemerkung

Der Prozess der derivativen Konzernabschlusserstellung erfordert, dass die in den Konzernabschluss zu überführenden Einzelabschlüsse bestimmten Einheitlichkeitskriterien genügen. Neben der Vereinheitlichung des Abschlussstichtags der einzubeziehenden Abschlüsse betrifft dies vor allem Bilanzierungs- und Bewertungsfragen. Bei ausländischen Tochterunternehmen, die nicht in der europäischen Währungsunion beheimatet sind, stellt die Fremdwährungsumrechnung sicher, dass alle Konzernunternehmen in der identischen Wertdimension berichten.

5.2 Vereinheitlichung der Abschlussstichtage

5.2.1 *Konzernbilanzstichtag*

Der Konzernabschluss ist zum Geschäftsjahresende des Mutterunternehmens zu erstellen. **IAS 27.22**

5.2.2 *Abweichende Stichtage von Tochterunternehmen*

Weicht der Abschlussstichtag eines in den Konzernabschluss einbezogenen Tochterunternehmens vom Konzernabschlussstichtag ab, ist ein Zwischenabschluss zu erstellen, soweit dies praktikabel ist. Wird auf die Aufstellung eines Zwischenabschlusses verzichtet, muss der in den Konzernabschluss einbezogene Abschluss des Tochterunternehmens um bedeutende Geschäftsvorfälle, die zwischen dem Konzernbilanzstichtag und dem Stichtag des Abschlusses des Tochterunternehmens eingetreten sind, bereinigt werden. **IAS 27.22f.**

Ein Zwischenabschluss muss immer erstellt werden, wenn der Einzelbilanzstichtag eines Tochterunternehmens um mehr als drei Monate vom Konzernabschlussstichtag abweicht. **IAS 27.23**

5.2.3 *Abweichende Stichtage von Gemeinschaftsunternehmen*

Für quotal in einen Konzernabschluss einbezogene Gemeinschaftsunternehmen fordert IAS 31.33 die sinngemäße Anwendung der Vorschriften zur Konsolidierung von Tochterunternehmen.

Auch für quotal einbezogene Gemeinschaftsunternehmen ist deshalb bei einem um mehr als drei Monate abweichenden Einzelabschlussstichtag die Aufstellung eines Zwischenabschlusses verpflichtend. **IAS 31.33 iVm IAS 27.23**

Erfolgt die Einbeziehung des Gemeinschaftsunternehmens nach der Equity-Methode gelten die gleichen Grundsätze. Die Verpflichtung zur Aufstellung eines Zwischenabschlusses ist abhängig vom Grad der Einflussnahme und nicht von der Einbeziehungsmethode.

D.I

5.2.4 *Abweichende Stichtage von assoziierten Unternehmen*

Auch hinsichtlich abweichender Einzelabschlussstichtage von assoziierten Unternehmen fordert IAS 28 bei abweichenden Stichtagen von mehr als drei Monaten die Erstellung eines Zwischenabschlusses. Bei einer Abweichung von weniger als drei Monaten kann aus Praktikabilitätsgründen auf die Aufstellung eines solchen verzichtet werden. Wesentliche Geschäftsvorfälle, die sich in der Zwischenzeit ereignet haben, müssen berücksichtigt werden. **IAS 28.24f.**

Verwirrend ist in diesem Zusammenhang die einleitende Aussage in IAS28.24, dass der letzte verfügbare Abschluss des assoziierten Unternehmens zu verwenden sei. Im Zusammenhang mit den nachfolgenden Ausführungen hinsichtlich der Notwendigkeit der Erstellung eines Zwischenabschlusses kann diese Anweisung nur so verstanden werden, dass bei gleichen Bilanzstichtagen von assoziiertem Unternehmen und Konzern tatsächlich der auf den Konzernabschlussstichtag datierte Abschluss des assoziierten Unternehmens zu verwenden ist.

In der Praxis bereiten diese Anforderungen regelmäßig große Probleme. Zum Konzernabschlussstichtag liegt gerade im Zeitalter von *fast close*-Abschlüssen regelmäßig nur der Vorjahresabschluss bzw. ein Abschluss, der älter als drei Monate ist, vor. Sofern ein geeigneter Planabschluss vorhanden ist, sollte er der zum Konzernabschlussstichtag vorzunehmenden *Equity*-Fortschreibung zugrunde gelegt werden. Unter Wesentlichkeitsgesichtspunkten kann auch die Verwendung des Vorjahresabschlusses in Betracht gezogen werden. Er ist dann als bestmögliche Schätzung des noch nicht verfügbaren Abschlusses zum Konzernbilanzstichtag zu interpretieren. Sofern möglich, sind wesentliche Geschäftsvorfälle des abgelaufenen Geschäftsjahrs ergänzend zu berücksichtigen.

5.3 Vereinheitlichung von Bilanzierung und Bewertung

IAS 27.18 Der Konzernabschluss soll finanzielle Informationen so darstellen, als bilde er den Einzelabschluss einer einzelnen Wirtschaftseinheit ab.

Hieraus resultiert zum einen das Erfordernis alle Beziehungen zwischen den Konzernunternehmen zu eliminieren, zum anderen müssen die in den Konzernabschluss aufzunehmenden Vermögenswerte und Schulden, unabhängig von welchem Konzernunternehmen sie stammen, nach einheitlichen Bilanzierungs- und Bewertungsmethoden erfasst werden.

IAS 31.33 iVm IAS 27.24 Die diesbezüglichen Regelungen sind in den IFRS sehr knapp gehalten. So fordert IAS 27, dass ähnliche Geschäftsvorfälle unter vergleichbaren Rahmenbedingungen nach einheitlichen Bilanzierungs- und Bewertungsmethoden abgebildet werden.

Dies erfordert zum einen, dass echte Wahlrechte konzernweit gleich ausgeübt werden. Zum anderen ist dafür Sorge zu tragen, dass bestehende Verfahrens- und Ermessensspielräume (bspw. bei der Bestimmung von Nutzungsdauern) im Konzern nicht unterschiedlich gehandhabt werden.

IAS 28.26 Die Vereinheitlichung der Bilanzierung und Bewertung beschränkt sich nicht auf Tochter- und Gemeinschaftsunternehmen. Auch die Abschlüsse von assoziierten Unternehmen sollen nach IAS 28 an die konzerneinheitlichen Rechnungslegungsmethoden angepasst werden. Bildet das assoziierte Unternehmen Geschäftsvorfälle, die denen im Restkonzern vergleichbar sind, nach anderen Bilanzierungs- und Bewertungsmethoden ab, so sollen Anpassungen vorgenommen werden.

Der für die Vereinheitlichung der Bilanzierung und Bewertung geltende Wesentlichkeitsgrundsatz gilt hier in besonderem Maße: Anpassungen werden in der Praxis regelmäßig nur bei erheblichen Abweichungen vorgenommen. Denkbar ist der Fall, dass ein assoziiertes Unternehmen sein Sachanlagevermögen nach dem *revaluation model* bewertet, während im Konzern das *cost model* zur Anwendung kommt.

Sind für ein assoziiertes Unternehmen keine IFRS-Zahlen zu erlangen, so ist nur eine Einbeziehung *at equity* auf Basis von HGB-Werten möglich. In diesem Fall sind die HGB-Werte als bestmögliche Schätzung des eigentlich erforderlichen IFRS-Abschlusses des assoziierten Unternehmens zu interpretieren.

5.4 Vereinheitlichung des Ausweises

Durch einen konzerneinheitlichen Kontenplan ist sicherzustellen, dass die konsolidierungsfähigen Abschlüsse aller Tochterunternehmen und quotal einzubeziehender Gemeinschaftsunternehmen gleich gegliedert sind. Dies erfordert insbesondere eine exakte Definition der Inhalte der im Konzernkontenplan aufgeführten Bilanz- und GuV- Positionen.

5.5 Umrechnung von Fremdwährungsabschlüssen

5.5.1 Überblick

Die Umrechnung der einzubeziehenden Fremdwährungsabschlüsse in die Konzernberichtswährung erfolgt nach dem Konzept der funktionalen Währung. In einem ersten Schritt muss daher die funktionale Währung des in den Konzernabschluss einzubeziehenden Unternehmens bestimmt werden. Hat dieses Unternehmen Geschäfte getätigt, die von dessen funktionaler Währung abweichen, so sind in einem zweiten Schritt diese Geschäftsvorfälle mittels der Zeitbezugsmethode in die funktionale Währung umzurechnen. Der Abschluss des einzubeziehenden Unternehmens ist in einem dritten Schritt an die Berichtswährung des Konzern anzupassen, falls sich die Berichtswährung des Konzerns von der funktionalen Währung des bilanzierenden Unternehmens unterscheidet. Diese Umrechnung in die Berichtswährung des Konzerns erfolgt nach der modifizierten Stichtagskursmethode. Es gelten folgende Umrechnungsgrundsätze: **IAS 21.17 f. iVm IAS 21.20 ff.**

- Ist die Konzernberichtswährung als funktionale Währung des einzubeziehenden Unternehmens zu beurteilen, hat die Umrechnung der in Fremdwährung abgeschlossenen Geschäftsvorfällen nach der Zeitbezugsmethode zu erfolgen.
- Ist die Berichtswährung des einzubeziehenden Unternehmens zugleich auch dessen funktionale Währung, muss eine Umrechnung in die abweichende Konzernberichtswährung nach der (modifizierten) Stichtagskursmethode erfolgen.
- Ist eine Drittwährung als funktionale Währung des einzubeziehenden Unternehmens zu beurteilen, hat zunächst eine Umrechnung nach der Zeitbezugsmethode in die **funktionale Währung** zu erfolgen, bevor anschließend die (modifizierte) Stichtagskursmethode zur Umrechnung in die Konzernberichtswährung angewandt wird.

5.5.2 Bestimmung der funktionalen Währung

Die funktionale Währung bezeichnet die Währung des wirtschaftlichen Umfelds, in der das Unternehmen überwiegend tätig ist. Das ist in der Regel das ökonomische Umfeld, in der das Unternehmen überwiegend finanzielle Mittel erwirtschaftet und verwendet. **IAS 21.8**

Die Festlegung der funktionalen Währung eines Unternehmens ist im Einzelfall nach dem Gesamtbild der Verhältnisse vorzunehmen. IAS 21 hält primäre und sekundäre Beurteilungskriterien bereit, um die funktionale Währung bestimmen **IAS 21.9** zu können. Primäre Indizien für die funktionale Währung ergeben sich aus der Währung,

- in der die Verkaufspreise für Güter und Dienstleistungen des Unternehmens im Wesentlichen bestimmt werden,
- die für das Wirtschaftsgebiet gelten, dessen Marktverhältnisse und Bestimmungen die Preise der Güter und Dienstleistungen primär beeinflussen,
- in der Personal-, Material- und sonstige operative Aufwendungen im Wesentlichen anfallen (Dies ist in der Regel die Währung, in der diese Aufwendungen beglichen werden).

IAS 21.10 Sekundäre Indizien zur Bestimmung der funktionalen Währung eines einzubeziehenden Unternehmens ergeben sich aus der Währung,

- in der sich das Unternehmen hauptsächlich finanziert,
- in der die Zuflüsse aus der operativen Geschäftstätigkeit üblicherweise vereinnahmt werden.

IAS 21.11 Zur Beurteilung, ob die funktionale Währung des einzubeziehenden Unternehmens mit der funktionalen Währung des Mutterunternehmens übereinstimmt, ist darüber hinaus darauf abzustellen,

- ob die Geschäfte des einzubeziehenden Unternehmens in die Aktivitäten des Mutterunternehmens weitgehend integriert sind oder das Unternehmen weitgehend selbstständig agiert,
- ob konzerninterne Transaktionen mit dem Mutterunternehmen in Bezug auf das gesamte Geschäftsvolumen des einzubeziehenden Unternehmens einen großen oder eher geringen Anteil haben,
- ob die Cashflows des einzubeziehenden Unternehmens die des Mutterunternehmens unmittelbar beeinflussen und sie zur Weiterleitung an das Mutterunternehmen jederzeit bereitstehen und
- ob die Cashflows des einzubeziehenden Unternehmens nachhaltig nicht zur Abdeckung der bestehenden und bei normalem Geschäftsgang zu erwartenden Verpflichtungen ausreichen und das Mutterunternehmen zu deren Ausgleich daher finanzielle Mittel zur Verfügung stellen muss.

Eine zunehmende organisatorische, wirtschaftliche und finanzielle Integration in die Aktivitäten des Mutterunternehmens spricht dafür, dass die funktionale Währung des einzubeziehenden Unternehmens mit der des Mutterunternehmens übereinstimmt.

IAS 21.12 Wenn die genannten Indikatoren in Bezug auf ein Unternehmen kein eindeutiges Bild zur Festlegung seiner funktionalen Währung liefern, ist diese nach der subjektiven Einschätzung des Managements vorzunehmen. Dabei sind die primären Indizien vorrangig heranzuziehen, während die zusätzlichen Indizien lediglich der Entscheidungsunterstützung dienen.

IAS 21.13
IAS 21.35ff. Nach einmaliger Festlegung der funktionalen Währung darf diese nur dann geändert werden, wenn sich das Unternehmensumfeld grundlegend geändert hat. In einem solchen Fall sind die für die neue funktionale Währung geltenden Umrechnungsverfahren prospektiv ab dem Zeitpunkt des Wechsels anzuwenden.

Gegenwärtig ist die jeweilige Berichtswährung folgender Unternehmen des Konsolidierungskreises zugleich auch dessen funktionale Währung:

Konzernunternehmen	Sitz	Währung
Gesellschaft 1	*Sitz 1*	*Währung 1*
Gesellschaft 2	*Sitz 2*	*Währung 2*
Gesellschaft 3	*Sitz 3*	*Währung 3*
usw.	*usw.*	*usw.*

Abbildung 1: Aufstellung der Unternehmen des Konsolidierungskreises mit funktionaler Währung = Berichtswährung

Die Umrechnung der Abschlüsse dieser Unternehmen erfolgt einheitlich nach der modifizierten Stichtagskursmethode.

5.5.3 Umrechung von Fremdwährungsgeschäften in die funktionale Währung

Als Fremdwährungsgeschäfte gelten alle Transaktionen, die in einer von der funktionalen Währung abweichenden Währung vorgenommen werden. Die Umrechnung dieser Geschäftsvorfälle erfolgt mittels der Zeitbezugsmethode. **IAS 21.8**

5.5.3.1 Methodik

Die Zeitbezugsmethode bewertet jede Fremdwährungstransaktion im Zugangszeitpunkt mit dem am Tag des Geschäftsvorfalls gültigen Kassakurs. **IAS 21.21f.**

Alternative:

Die Zeitbezugsmethode bewertet jede Fremdwährungstransaktion im Zugangszeitpunkt mit dem Durchschnittskurs der jeweiligen Woche oder des jeweiligen Monats in der bzw. in dem die Transaktion stattgefunden hat.

D.I

Die Folgebewertung der Zeitbezugsmethode differenziert zwischen monetären und nicht monetären Posten der Bilanz. **IAS 21.23f.**

- Monetäre Posten sind grundsätzlich zum Stichtagskurs umzurechnen.
- Nicht-monetäre Posten, die *at cost* bewertet werden, sind mit ihrem historischen Transaktionskurs umzurechnen.
- Hingegen sind nicht-monetäre Posten, die zum *fair value* bilanziert werden, mit dem Kurs umzurechnen, der zum Zeitpunkt der *fair value*-Ermittlung Gültigkeit besaß.

Für nicht monetäre Posten ist außerdem ein Niederstwerttest durchzuführen. In der Bilanz ist der niedrigere Wert aus **IAS 21.25**

- bisherigem Buchwert, umgerechnet zu historischem Transaktionskurs und
- relevantem Vergleichswert, umgerechnet zum Stichtagskurs,

anzusetzen. Der Vergleichsmaßstab ist vom umzurechnenden nicht-monetären Posten abhängig. Es kommen Nettoveräußerungswert (z. B. bei Vorräten) und gegenbenenfalls erzielbarer Betrag (z. B. bei Sachanlagen) in Betracht.

5.5.3.2 Behandlung von Umrechnungsdifferenzen

IAS 21.27ff. IAS 21.48 Umrechnungsdifferenzen, die bei der Umrechnung von Fremdwährungsgeschäften in die funktionale Währung entstehen, sind grundsätzlich erfolgswirksam zu verbuchen. Abweichend von dieser Maßgabe sind zwei Ausnahmen zu nennen.

- Soweit Gewinne oder Verluste aus nicht monetären Posten direkt im Eigenkapital erfasst werden, ist auch die Umrechnungsdifferenz Bestandteil des Eigenkapitals (z. B. in die Kategorie *available for sale* eingestufte Finanzinstrumente).
- Umrechnungsdifferenzen aus monetären Posten, die Teil einer Nettoinvestition in einen ausländischen Geschäftsbetrieb sind, sind im Konzernabschluss erfolgsneutral zu verbuchen bis eine (Teil-)Veräußerung des Geschäftsbetriebs erfolgt. Die kumulativen Umrechnungsdifferenzen sind im Ergebnis der Periode zu erfassen, in der auch der Gewinn oder Verlust aus dem Abgang gebucht wird.

5.5.4 Umrechnung von Abschlüssen in die Berichtswährung

IAS 21.38 Die Berichtswährung eines Konzernabschlusses kann frei gewählt werden. Die Umrechnung eines in funktionaler Währung aufgestellten Abschlusses in die Berichtswährung des Konzerns erfolgt nach der modifizierten Stichtagskursmethode.

5.5.4.1 Umrechnung der Abschlüsse voll- und quotenkonsolidierter Unternehmen

5.5.4.1.1 Bilanzposten

IAS 21.39a iVm IAS 21.39c Mit Ausnahme des Eigenkapitals werden sämtliche Bilanzposten mit dem Stichtagskurs umgerechnet.

Das Eigenkapital des Vorjahres wird mit den historischen Kursen fortgeführt bzw. umgerechnet. Das Jahresergebnis der Berichtsperiode ergibt sich als Differenz der umgerechneten Aufwendungen und Erträge der Fremdwährungs-GuV.

5.5.4.1.2 GuV-Posten

IAS 21.39b Die Aufwands- und Ertragsposten der GuV werden zum **Kurs im Zeitpunkt des Anfalls der jeweiligen Transaktionen** umgerechnet.

IAS 21.44 iVm IAS 21.39b

Alternative:

Die Aufwands- und Ertragsposten der GuV werden aus Vereinfachungsgründen zu Durchschnittskursen umgerechnet.

5.5.4.1.3 Bestimmung der Umrechnungskurse

Bei der Umrechnung wird der Devisenkassakurs verwendet. Aus Vereinfachungsgründen wird bei allen Posten der Mittelkurs zugrunde gelegt.

Alternative:

Bei der Umrechnung wird der Devisenkassakurs verwendet. Dabei sind Aufwendungen und Schuldposten mit dem **Geldkurs,** Erträge und Vermögenswerte mit dem **Briefkurs** umzurechnen.

Bei stark schwankenden Wechselkursen werden im Einzelfall differenzierte Durchschnittskurse (Wochen-, Monats- oder Quartalsdurchschnittskurse) auf die Transaktionen des jeweiligen Zeitraums angewendet, so weit sich aus der Verwendung des einfachen Durchschnittskurses erhebliche Verzerrungen ergeben würden.

5.5.4.1.4 Behandlung von Umrechnungsdifferenzen

Differenzen aus der Umrechnung des Eigenkapitals des Vorjahrs zu historischen Kursen und der Umrechnung der GuV zu Durchschnittskursen werden mit dem Eigenkapital verrechnet. Sie werden innerhalb des Eigenkapitals unter einem gesonderten Posten unter der Bezeichnung „Währungsumrechnungsdifferenzen" ausgewiesen. **IAS 21.44 iVm IAS 21.39c**

Hält das Mutterunternehmen nicht alle Anteile an einem vollkonsolidierten Unternehmen, ist der Teil der Umrechnungsdifferenzen, der auf andere Gesellschafter entfällt, dem Bilanzposten der Anteile der Minderheitsgesellschafter am Eigenkapital zuzuweisen. **IAS 21.41**

5.5.4.1.5 Umrechnung aufgedeckter stiller Reserven und erworbener Geschäftswerte

Beim Erwerb von Anteilen an einem ausländischen Unternehmen zugehende Geschäfts- oder Firmenwerte und die aufgedeckten stillen Reserven und Lasten werden dem betreffenden Unternehmen zugeordnet. Sie werden in jeder Berichtsperiode mit dem jeweiligen Stichtagskurs neu umgerechnet. Die dabei entstehenden Umrechnungsdifferenzen sind erfolgsneutral zu verrechnen. **IAS 21.47**

Beispiel:

Ein Mutterunternehmen (MU) mit Sitz in in Deutschland hat zum 31.12.01 eine 100%ige Beteiligung an einem in den USA ansässigen Tochterunternehmen (TU) erworben. Die funktionale Währung des TU ist der US Dollar. Zum Erwerbsstichtag gelten folgende Daten:

- Anschaffungskosten der Beteiligung: 510 T€
- Reinvermögen des TU vor Neubewertung: 300 T€
- Nicht bilanzierte Vermögenswerte/stille Reserven 90 T€
- Wechselkurs per 31.12.01 [€/$]: 1,0
- Wechselkurs per 31.12.02 [€/$]: 1,2

Frage:

Wie wirkt sich die Erstkonsolidierung des TU auf den Konzernabschluss aus?

Lösung:

Der Abschluss ist nach der modifizierten Stichtagskursmethode umzurechnen.

Die Anschaffungskosten der Beteiligung sind gegen das anteilige, neubewertete Reinvermögen des TU aufzurechnen. Es ist ein Goodwill von 120 T€ auszuweisen (510 T€ – 390 T€ = 120 T€). Umgerechnet in die Fremdwährung ergibt sich ein Goodwill von 120 T$.

Frage:
Wie wirkt sich die Folgekonsolidierung des TU auf den Konzernabschluss aus, wenn das Reinvermögen des TU zum 31.12.02 in Fremdwährung konstant bleibt?

Lösung:
Nach IAS 21.47 gelten die aufgedeckten stillen Reserven und Lasten sowie der Goodwill als Vermögenswerte und Schulden des TU. Sie sind dementsprechend mit dem Stichtagskurs umzurechnen. Somit ist in der Berichtswährung nur noch ein Goodwill von 100 T€ zu zeigen (Goodwill in funktionaler Währung zum 31.12.01: 120 T$; Umrechnung zum 31.12.02, €/$ = 1,2: 100 T€). Es entsteht eine Umrechnungsdifferenz von –20 T€.
In die Kapitalaufrechnung geht nur das zu historischen Kursen umgerechnete Reinvermögen ein. Die Veränderung des Reinvermögens als Folge des Kursrückgangs des US Dollars ist als Fremdwährungsumrechnungsdifferenz zu erfassen. Konkret ergibt sich eine Umrechnungsdifferenz von –65 T€ (Reinvermögen in funktionaler Währung per 31.12.01: 390 T$; Umrechnung zum 31.12.02, €/$ = 1,2: 325 T€).

5.5.4.2 Umrechnung der Abschlüsse „at equity" bilanzierter Unternehmen

5.5.4.2.1 Methodik

Die Fremdwährungsabschlüsse ausländischer assoziierter Unternehmen, die nach der Equity-Methode bilanziert werden, werden nach den allgemeinen Umrechnungsregeln für voll- und quotenkonsolidierte Unternehmen (→ D.I.5.5.4.1) umgerechnet, soweit nachfolgend nichts anderes geregelt ist.

5.5.4.2.2 Behandlung von Umrechnungsdifferenzen

IAS 28.11 Differenzen aus der Umrechnung des Fremdwährungsabschlusses ausländischer assoziierter Unternehmen werden bei der Fortschreibung des Equity-Wertansatzes erfolgsneutral erfasst. Sie werden im Eigenkapitalposten „Währungsumrechnungsdifferenzen" berücksichtigt.

5.5.4.3 Alternative: Umrechnung des Eigenkapitals „at equity" bilanzierter Unternehmen

5.5.4.3.1 Methodik

Bei ausländischen assoziierten Unternehmen werden nur die Eigenkapitalposten des zugrunde gelegten Fremdwährungsabschlusses umgerechnet. Das Eigenkapital des Vorjahrs wird mit den historischen Kursen umgerechnet. Das Jahresergebnis der Berichtsperiode wird mit dem Durchschnittskurs der Berichtsperiode umgerechnet.

5.5.4.3.2 Behandlung von Umrechnungsdifferenzen

Die Veränderung des Eigenkapitals des assoziierten Unternehmens durch Währungseffekte ergibt sich aus der Gegenüberstellung von den zum Stichtagskurs umgerechneten Eigenkapitalposten des Vorjahres und den entsprechenden historischen Werten.

Diese Umrechnungsdifferenzen werden bei der Fortschreibung des *Equity*- Wertansatzes erfolgsneutral erfasst. Sie werden im Eigenkapitalposten „Währungsumrechnungsdifferenzen" berücksichtigt. **IAS 28.11**

5.5.5 Sonderfragen der Währungsumrechnung

5.5.5.1 Währungseffekte aus konzerninternen Transaktionen

Umrechnungsdifferenzen, die auf konzerninternen Währungsgeschäften beruhen, sind erfolgswirksam zu verbuchen, sofern es sich bei der konzerninternen Transaktion nicht um eine Nettoinvestition in einen ausländischen Geschäftsbetrieb handelt. **IAS 21.45**

Beispiel:

Ein Mutterunternehmen (MU) mit Sitz in Deutschland gewährt seinem in den USA ansässigen Tochterunternehmen (TU) zum 31.12.01 einen Kredit über 120 US Dollar. Der Wechselkurs €/$ zum 31.12.01 beträgt 1,0. In der Berichtswährung beläuft sich die Forderung somit auf 120 €.

Zum 31.12.02 ergibt sich ein Wechselkurs €/$ von 1,2. Auf Basis dieses Stichtagskurses beläuft sich die Forderung des MU gegen das TU nunmehr auf 100 €.

Frage:

Wie wirkt sich die Fremdwährungsforderung auf den Abschluss des TU aus, wenn der US Dollar die funktionale Währung des TU ist und der Konzernabschluss in Euro aufgestellt wird?

Lösung:

In den Büchern des TU beträgt die Höhe der Verbindlichkeit zum 31.12.01 und 31.12.02 jeweils 120 US Dollar.

Die Abschlüsse sind nach der modifizierten Stichtagskursmethode in die Berichtswährung zu transformieren.

- Zum 31.12.01 beträgt die Verbindlichkeit in Berichtswährung 120 €.
- Zum 31.12.02 ist der Wechselkurs €/$ auf 1,2 gestiegen, was eine Aufwertung des Euro und eine Abwertung des Dollar impliziert. Dementsprechend ist die Verbindlichkeit in Berichtswährung nur noch mit 100 € anzusetzen. Es ist einen Fremdwährungsumrechnungsdifferenz in Höhe von 20 € im Abschluss des TU zu passivieren. Diese Umrechnungsdifferenz ist auch im Konzernabschluss innerhalb des Eigenkapitals gesondert auszuweisen.

Frage:

Wie wirkt sich die Fremdwährungsforderung auf den Abschluss des MU aus, wenn davon auszugehen ist, dass die Forderung des MU nicht Teil der Nettoinvestition in das ausländische Unternehmen im Sinne des IAS 21.15 ist?

Lösung:

In den Abschlüssen des MU ist die Fremdwährungsforderung zum jeweiligen Stichtagskurs umzurechnen. Umrechnungsdifferenzen bei Forderungen, die nicht Teil einer Nettoinvestition in eine ausländische Einheit sind, gehen nach IAS 21.28 in das Ergebnis ein. Konkret beläuft sich die Forderung in den Büchern des MU zum 31.12.02 auf 100€, der Jahresüberschuss wird um 20€ gemindert.

Frage:

Wie wirkt sich die Schuldenkonsolidierung auf den Konzernabschluss aus?

Lösung:

Da sich Forderung des MU und Verbindlichkeiten des TU in gleicher Höhe gegenüberstehen, ist die Schuldenkonsolidierung als solche erfolgsneutral.

Der Verlust aus der Währungsumrechnung in Höhe von 20€ ist nach IAS 21.45 nicht mit einer gegebenenfalls im Eigenkapital erfassten Differenz aus der Umrechnung des Abschlusses der ausländischen Einheit in die Berichtswährung zu verrechnen, sondern wird als Aufwand in den Konzernabschluss übernommen.

5.5.5.2 Stichtagsabweichung

IAS 21.46 Unterbleibt die Aufstellung eines Zwischenabschlusses, weil der Abschlussstichtag des ausländischen Geschäftsbetriebs nicht mehr als drei Monate vom Abschlussstichtag des Mutterunternehmens abweicht, erfolgt die Umrechnung zum Stichtag der ausländischen Einheit. Treten bis zum Abschlussstichtag erhebliche Wechselkursänderungen ein, müssen gemäß IAS 27 Anpassungen vorgenommen werden.

5.5.5.3 Bildung latenter Steuern

IAS 21.50 Die Umrechnung von Abschlüssen in die Berichtswährung kann die Höhe des im Konzernabschluss erfassten Nettovermögens ausländischer Unternehmen beeinflussen. Weicht das erfasste Nettovermögen vom Steuerwert der Beteiligung des Mutterunternehmens ab, können latente Steuern für *outside basis differences* zu bilden sein (vgl. hierzu Kapitel C.IV.1.). Soweit diese auf Währungsumrechnungsdifferenzen zurückgehen, sind sie erfolgsneutral gegen das Eigenkapital einzubuchen.

5.5.5.4 Behandlung von Umrechnungsdifferenzen bei der Endkonsolidierung

IAS 21.48 Bei der Endkonsolidierung eines ausländischen einzubeziehenden Unternehmens ist die im Eigenkapitalposten „Währungsumrechnungsdifferenzen" für das jeweilige Unternehmen im Zeitpunkt der Endkonsolidierung erfasste Umrechnungsdifferenz erfolgswirksam als Aufwand oder Ertrag zu buchen.

Bei einer Verringerung der Beteiligungsquote ist die im Eigenkapital geparkte Umrechnungsdifferenz anteilig aufzulösen. **IAS 21.49**

5.5.6 *Umrechnung bei Hochinflation*

5.5.6.1 Allgemeines

Hat das Unternehmen, dessen Fremdwährungsabschluss umzurechnen ist, seinen Sitz in einem Hochinflationsland, muss der Abschluss vor der Umrechnung unter Verwendung eines angemessenen Preisindexes inflationsbedingt angepasst werden (*restate-translate-method*). **IAS 21.42f.**

5.5.6.2 Vorliegen hochinflationärer Verhältnisse

Die Beurteilung, ob ein Unternehmen seinen Abschluss in der Währung eines Hochinflationslands aufstellt, ist nach dem Gesamtbild der Verhältnisse im Einzelfall vorzunehmen. Insbesondere folgende Indikatoren lassen auf hochinflationäre Verhältnisse schließen: **IAS 29.3**

- Die kumulierte Inflationsrate der vergangenen drei Jahre nähert sich oder überschreitet 100 %.
- Zinssätze, Löhne und Preise sind an einen Preisindex gekoppelt.
- Die Bevölkerung des betreffenden Landes bevorzugt es, ihr Vermögen in nicht-monetären Vermögenswerten oder in einer relativ stabilen Fremdwährung zu halten. Beträge in Inlandswährung werden unverzüglich investiert, um die Kaufkraft zu erhalten.
- Die Bevölkerung des betreffenden Landes rechnet nicht in der Inlandswährung, sondern in einer relativ stabilen Fremdwährung. Preise können in dieser Währung angegeben werden.
- Verkäufe und Käufe auf Kredit werden zu Preisen getätigt, die den erwarteten Verlust der Kaufkraft in der Kreditperiode berücksichtigen, selbst wenn die Kreditperiode kurz ist.

D.I

5.5.6.3 Anpassung der Abschlussposten

Die nicht-monetären Bilanzposten, insbesondere Sachanlagen, immaterielles Anlagevermögen und Vorräte, sind durch Anwendung eines Preisindexes auf die Anschaffungs- oder Herstellungskosten sowie die kumulierten Abschreibungen auf das Ende der Berichtsperiode kaufkraftbezogen anzupassen bzw. zu indexieren. **IAS 29.16**

Die GuV-Posten sind in Kaufkrafteinheiten zum Ende der Berichtsperiode auszudrücken. So weit sich die Aufwendungen und Erträge und auch die Inflationsentwicklung relativ gleichmäßig über das Jahr verteilen, kann die Anpassung mit der halben Inflationsrate der Berichtsperiode erfolgen. **IAS 29.26**

Die Vorjahreszahlen sind bei der Umrechnung in eine Währung, die nicht als hochinflationär einzustufen ist, nicht mit dem aktuellen Preisindex neu zu berechnen. Vielmehr sind die im Vorjahresabschluss genannten Werte als Vergleichswerte der Vorperiode anzusetzen. **IAS 29.8 iVm IAS 21.42b**

5.5.6.4 Anzuwendender Preisindex

IAS 29.11 Für die Kaufkraftanpassung ist ein allgemeiner Preisindex zu verwenden. Existieren mehrere Preisindizes (z.B. Industriegüter, Konsumgüter usw.), ist ein sachgerechter Index für den konkreten Einzelfall auszuwählen.

5.5.6.5 Erstmalige Anwendung des *restatement*-Ansatzes nach IAS 29 – konkretisiert durch IFRIC 7

IFRIC 7 behandelt, wie vorzugehen ist, wenn die funktionale Währung eines Unternehmens erstmalig die Kriterien einer hyperinflationären Währung erfüllt.

IFRIC 7.3 In der Periode, in der die funktionale Währung einer Einheit erstmalig hyperinflationär wird, hat das Bericht erstattende Unternehmen IAS 29 so anzuwenden, als wäre die Volkswirtschaft schon immer hyperinflationär gewesen.

Konkret bedeutet dies, dass

- nicht-monetäre Posten, die *at cost* bewertet werden, so anzupassen sind, als wären sie schon immer indexiert ausgewiesen worden.
- für nicht-monetäre Posten, die zum *fair value* bewertet werden, ein *restatement* von dem Tag an durchzuführen ist, an dem die *fair value*-Ermittlung durchgeführt wurde.

IFRIC 7.4 Latente Steuern sind in der Eröffnungsbilanz wie folgt zu ermitteln:

In einem ersten Schritt sind die latenten Steuerposten in Übereinstimmung mit IAS 12 neu festzustellen, nachdem die nicht-monetären Posten nach dem oben beschriebenen Verfahren an die neue Maßeinheit angepasst wurden.

In einem zweiten Schritt werden die neu ermittelten latenten Steuern auf den Abschlussstichtag fortgeschrieben und um die Änderungen der Maßeinheit angepasst in der Schlussbilanz ausgewiesen.

II. Abgrenzung des Konsolidierungskreises

Gliederung:

D.II

1. Vorbemerkung

Gegenstand der Abgrenzung des Konsolidierungskreises ist die Bestimmung der Unternehmen, die in den nach IFRS zu erstellenden Konzernabschluss einzubeziehen sind, verbunden mit der Zuordnung der für das jeweilige Unternehmen maßgebenden Einbeziehungs- bzw. Abbildungsmethode. Ebenso wie die handelsrechtliche Konzernrechnungslegung folgen auch die IFRS einer Stufenkonzeption der Konzernrechnungslegung und differenzieren dabei die gleichen Unternehmenskategorien:

- Tochterunternehmen bilden zusammen mit dem Mutterunternehmen den Vollkonsolidierungskreis,

- assoziierte Unternehmen sind im Wege der *Equity*-Methode im Konzernabschluss abzubilden und
- Gemeinschaftsunternehmen entweder mittels der Quotenkonsolidierung oder nach der Equity-Methode, wobei das Wahlrecht einheitlich auszuüben ist.

2. Tochterunternehmen

2.1 *Control*-Tatbestand als Abgrenzungsmerkmal

IAS 27.12 Das den IFRS-Konzernabschluss erstellende Mutterunternehmen hat grundsätzlich alle in- und ausländischen Tochterunternehmen nach der Methode der Vollkonsolidierung in den Konzernabschluss einzubeziehen.

IAS 27.4 Ein Tochterunternehmen ist ein Unternehmen, das von einem anderen Unternehmen, einschließlich einer Nicht-Kapitalgesellschaft, wie etwa einer Personengesellschaft (dem Mutterunternehmen) beherrscht wird. Beherrschung (*Control*) ist allgemein definiert als die Möglichkeit, die Finanz- und Geschäftspolitik eines Unternehmens zu bestimmen, um aus dessen Tätigkeit Nutzen zu ziehen.

IAS 27.13 Der Tatbestand der Beherrschung erfährt in IAS 27.13 eine nähere Konkretisierung. Nach Satz 1 dieser Regelung besteht eine widerlegbare Beherrschungsvermutung dann, wenn ein Unternehmen über mehr als die Hälfte der Stimmrechte eines anderen Unternehmens verfügt. Diese Vermutung gilt nicht, wenn außergewöhnliche Umstände im Einzelfall objektiv nachweisbar dazu führen, dass ungeachtet der (formellen) Stimmrechtsmehrheit keine Beherrschung möglich ist.

Beispiel:

An dem Unternehmen A wird ein Stimmrechtsanteil von 65% gehalten. Der Gesellschaftsvertrag von A verlangt aber die Zustimmung der Gesellschafterversammlung zu den wesentlichen Fragen der Geschäfts- und Finanzpolitik von A, wobei für diese Beschlüsse eine qualifizierte Mehrheit von 75% gefordert wird.

Lösung:

Das Unternehmen A ist nicht als Tochterunternehmen zu beurteilen.

Beispiel:

Über das Vermögen von Unternehmen A, an dem alle Stimmrechte gehalten werden, ist das Insolvenzverfahren eröffnet worden.

Lösung:

Mit Eröffnung des Insolvenzverfahrens gehen die Verfügungs- und Verwaltungsrechte über das Vermögen von A auf den Insolvenzverwalter über (§80 Abs. 1 InsO). Damit kann A nicht mehr beherrscht werden und ist nicht (mehr) als Tochterunternehmen einzustufen.

Dass auch der umgekehrte Fall einer Beherrschung ohne oder mit einer nur geringen Beteiligung am Eigenkapital eines Unternehmens denkbar ist, ergibt sich aus der Interpretation SIC 12 zur Einbeziehung von Zweckgesellschaften. Sie mahnt bei der Beurteilung des Verhältnisses zwischen zwei Unternehmen unter dem Blickwinkel der Beherrschung eine wirtschaftliche Betrachtung an. Danach kann sich eine Beherrschung beispielsweise aus der satzungsmäßigen Vorherbestimmung der Geschäftstätigkeit der Zweckgesellschaft ergeben. Bei der Frage, ob *Control* gegeben ist oder nicht, orientiert sich das IASB vorrangig an der Möglichkeit, Nutzen aus der Geschäftstätigkeit der Zweckgesellschaft zu ziehen, und der mit dieser Nutzenziehung gegebenenfalls verbundenen Risikotragung (→ Abschnitt 2.2). **SIC 12** **SIC 12.9** **SIC 12.10**

In die gleiche Richtung wie SIC 12 zielt IAS 27.13 Satz 2. Darin sind vier Tatbestände aufgeführt, die eine Beherrschung begründen sollen, wenn das Mutterunternehmen die Hälfte oder weniger als die Hälfte der Stimmrechte an einem anderen Unternehmen hält. Im Einzelnen handelt es sich um Fälle, in denen ein Unternehmen die Möglichkeit innehat,

- über mehr als die Hälfte der Stimmrechte kraft einer mit anderen Anteilseignern abgeschlossenen Vereinbarung zu verfügen,
- die Finanz- und Geschäftspolitik eines Unternehmens gemäß Satzung oder einer Vereinbarung zu bestimmen,
- die Mehrheit der Mitglieder der Geschäftsführungs- und/oder Aufsichtsorgane zu ernennen oder abzuberufen oder
- die Mehrheit der Stimmen bei Sitzungen der Geschäftsführungs- und/oder Aufsichtsorgane oder eines gleichwertigen Leitungsgremiums zu bestimmen.

In den beiden letztgenannten Fällen ist *Control* nur gegeben, wenn die Verfügungsgewalt über das andere Unternehmen bei den betreffenden Organen liegt.

Für die Ermittlung des maßgeblichen Stimmrechtsanteils an einem Unternehmen ist die folgende Formel zu verwenden:

$$\frac{\text{Anzahl der dem Anteilseigner zustehenden Stimmrechte}}{\text{Gesamtzahl aller Stimmrechte des Unternehmens}}$$

IAS 27 enthält keine Vorschriften, wie der Stimmrechtsanteil zu berechnen ist. Der Standard fordert lediglich potenzielle Stimmrechte gegebenenfalls zu berücksichtigen. Bei dieser Prüfung sind nach IAS 27.15 alle Tatsachen und Umstände zu untersuchen (einschließlich der Ausübungsbedingungen potenzieller Stimmrechte und sonstiger vertraglicher Vereinbarungen, gleich ob in der Einzelfallbetrachtung oder im Zusammenhang), welche die potenziellen Stimmrechte beeinflussen. Irrelevant sind die Absichten des Managements und die finanziellen Möglichkeiten zur Ausübung oder Umwandlung. **IAS 27.13ff.**

Aufgrund der bei der Auslegung der IFRS im Allgemeinen und des Beherrschungstatbestands gemäß IAS 27 im Besonderen anzuwendenden wirtschaftlichen Betrachtung erscheint es gerechtfertigt, insoweit auf die Berechnungsmethodik gemäß Art. 1, 2 der Siebenten EG-Richtlinie zurückzugreifen. Sie entspricht im Wesentlichen der Regelung gemäß § 290 Abs. 3, 4 HGB.

Danach ist die Gesamtzahl aller Stimmrechte des Unternehmens um folgende Größen zu kürzen:

- Stimmrechte aus eigenen Anteilen des Unternehmens;
- Stimmrechte aus Anteilen, die einem Tochterunternehmen des Unternehmens gehören;
- Stimmrechte aus Anteilen, die einem anderen für Rechnung des Unternehmens oder eines seiner Tochterunternehmen gehören.

Die dem Anteilseigner zustehenden Stimmrechte umfassen nicht nur die ihm direkt, sondern auch die ihm indirekt gehörenden Stimmrechte. Die Gesamtzahl der dem Anteilseigner zustehenden Stimmrechte ermittelt sich im Einzelnen wie folgt, wobei die Hinzurechnungen und Kürzungen stets in voller Höhe und damit unabhängig vom Anteil des Mutterunternehmens an seinen Tochterunternehmen vorzunehmen sind (additive Verknüpfung):

	Unmittelbar gehaltene Stimmrechte
+	Stimmrechte, die einem Tochterunternehmen unmittelbar zustehen
+	Stimmrechte, die einer für Rechnung des Anteilseigners oder eines seiner Tochterunternehmen handelnden Person unmittelbar zustehen
+	Stimmrechte, über die der Anteilseigner oder eines seiner Tochterunternehmen durch eine Vereinbarung mit anderen Gesellschaftern verfügen kann (z.B. Stimmrechtsüberlassungsverträge)
+	Potenzielle Stimmrechte, die z.B. durch Ausübung von Options- oder Wandlungsrechten ohne weiteres in tatsächliche Stimmrechte umgewandelt werden können
=	Zwischensumme
–	Stimmrechte, derer sich der Anteilseigner oder eines seiner Tochterunternehmen durch eine Vereinbarung mit anderen Gesellschaftern begeben hat
–	Stimmrechte aus Anteilen, die vom Anteilseigner selbst oder einem seiner Tochterunternehmen für Rechnung einer anderen Person gehalten werden
–	Stimmrechte aus Anteilen, die als Sicherheit gehalten werden und die nach Weisung oder im Interesse des Sicherungsgebers ausgeübt werden
=	**dem Anteilseigner zustehende Stimmrechte**

Abbildung 2: Ermittlung der Gesamtzahl der dem Anteilseigner zustehenden Stimmrechte

2.2 Konsolidierung von Zweckgesellschaften (*special purpose entities* (SPE))

Für die Vollkonsolidierung von Zweckgesellschaften (SPE) ist nicht das (formale) *Control*-Prinzip des IAS 27 entscheidend, sondern vielmehr die wirtschaftliche Betrachtungsweise des Verhältnisses zwischen einem Unternehmen und der SPE. Hat ein Unternehmen die Möglichkeit, die Finanz- und Geschäftspolitik eines anderen Unternehmens zu bestimmen, um aus dessen Betriebstätigkeit Vorteile zu erlangen, so hat es die Kontrolle über dieses Unternehmen. Diese Kontrolle bedingt im Normalfall den Besitz der Mehrheit der Stimmrechte am kontrollierten Unternehmen.

Im Falle einer Zweckgesellschaft spiegelt dieser Umstand aber nicht die tatsächlichen wirtschaftlichen Verhältnisse wider. Im Regelfall liegt die Stimmrechtsmehrheit beim Investor und nicht beim Initiator einer SPE, obwohl Letzterer aufgrund der rechtlichen Gestaltung die wesentlichen Chancen und Risiken aus der SPE trägt.

Aus diesem Grund definiert SIC 12 vier Indikatoren, die für eine wirtschaftliche Kontrolle der SPE durch den Initiator sprechen und daher eine Konsolidierung der SPE durch ihn notwendig machen. Diese vier Indikatoren sind:

a) bei wirtschaftlicher Betrachtung wird die Geschäftstätigkeit der SPE zu Gunsten des Unternehmens entsprechend seiner besonderen Geschäftsbedürfnisse geführt, so dass das Unternehmen Nutzen aus der Geschäftstätigkeit der SPE zieht;
b) bei wirtschaftlicher Betrachtung verfügt das Unternehmen über die Entscheidungsmacht, den überwiegenden Nutzen aus der Geschäftstätigkeit der Zweckgesellschaft zu ziehen oder das Unternehmen hat durch die Einrichtung eines „Autopilot-Mechanismus" die Entscheidungsmacht delegiert;
c) bei wirtschaftlicher Betrachtung verfügt das Unternehmen über das Recht, den überwiegenden Nutzen aus der Zweckgesellschaft zu ziehen und ist deshalb u.U. Risiken ausgesetzt, die mit der Geschäftstätigkeit der Zweckgesellschaft verbunden sind;
d) bei wirtschaftlicher Betrachtung behält das Unternehmen die Mehrheit der mit der Zweckgesellschaft verbundenen Residual- oder Eigentums-Risiken oder Vermögenswerte, um Nutzen aus ihrer Geschäftstätigkeit zu ziehen.

Jeder dieser oben angeführten Indikatoren kann für sich genommen auf die wirtschaftliche Beherrschung einer Zweckgesellschaft hindeuten. Es ist aber unbedingt erforderlich, die Konstellation der gesamten Verhältnisse zu würdigen um beurteilen zu können, ob der Initiator der SPE die Zweckgesellschaft beherrscht. In der Praxis werden Zweckgesellschaften vor allem gegründet, um bestimmte Sachverhalte außerbilanziell durchführen zu können. Typische Anwendungsgebiete in der Praxis sind Leasing-Objekt-Gesellschaften, Spezialfonds sowie mit der Abwicklung von *Asset-Backed-Securities*-Transaktionen betraute Gesellschaften.

2.3 Ausschluss der Vollkonsolidierung

2.3.1 Vollkonsolidierungsverbote

Durch IFRS 5 wurde das vormals bestehende Konsolidierungsverbot für mit der Absicht der Weiterveräußerung erworbene Tochterunternehmen aufgehoben. Auch solche Tochterunternehmen sind nunmehr in einem ersten Schritt zu konsolidieren. Anschließend sind die in den Konzernabschluss übernommenen Vermögenswerte und Schulden nach den Regeln von IFRS 5 zu bewerten und auszuweisen (→ C.IV.4.). **IFRS 5 BC52**

Eine konzernuntypische Geschäftstätigkeit von Tochterunternehmen begründet kein Vollkonsolidierungsverbot. **IAS 27.17**

2.3.2 *Vollkonsolidierungswahlrechte*

Es bestehen keine expliziten Einbeziehungswahlrechte. Auch bei der Abgrenzung des Vollkonsolidierungskreises gelten indes die Grundsätze der Wesentlichkeit (*materiality*), der zeitnahen Berichterstattung (*timeliness*) und der Wirtschaftlichkeit (*balance between benefit and cost*).

Eine Vollkonsolidierung darf bei folgenden Tochterunternehmen unterbleiben:

F.29, F.30
- Tochterunternehmen, die für die Abbildung der wirtschaftlichen Lage im Konzernabschluss nur von untergeordneter Bedeutung sind. Die Festlegung unwesentlicher Tochterunternehmen ist nach den Verhältnissen des Einzelfalls zu treffen, wobei als Maßgrößen vor allem die Bilanzsumme, die Umsatzerlöse und die Mitarbeiterzahl zugrunde gelegt werden können. Es ist stets eine Gesamtbetrachtung anzustellen, d.h., Beurteilungsmaßstab für die Unwesentlichkeit ist nicht das einzelne Tochterunternehmen, sondern die Gesamtheit aller potenziell unwesentlichen Tochterunternehmen.

F.43
- Tochterunternehmen, deren Konsolidierungsinformationen infolge außergewöhnlicher Ereignisse (z.B. Zusammenbruch des EDV-Systems, Schwierigkeiten bei der Umstellung des Rechnungswesens neuerworbener Tochterunternehmen auf die Konzernanforderungen, Vernichtung von Unterlagen durch höhere Gewalt) nur mit unverhältnismäßigen zeitlichen Verzögerungen erlangt werden können. Eine unverhältnismäßige zeitliche Verzögerung liegt vor, wenn eine fristgerechte Berichterstattung bei Vollkonsolidierung des Tochterunternehmens nicht mehr gewährleistet wäre.

F.44
- Tochterunternehmen, deren Konsolidierungsinformationen nur mit unverhältnismäßigen Kosten im Hinblick auf den Informationsnutzen einer Vollkonsolidierung erlangt werden können. In der einzelfallbezogenen Beurteilung des Kosten-Nutzen-Verhältnisses ist vor allem auch auf die Größenordnung des Tochterunternehmens und damit auf Wesentlichkeitsaspekte abzustellen.

2.3.3 *Abbildung nicht vollkonsolidierter Tochterunternehmen*

Wird ein Tochterunternehmen nicht vollkonsolidiert, ist die an ihm gehaltene Beteiligung nach den für Finanzinstrumente geltenden Grundsätzen von IAS 39 im Konzernabschluss abzubilden (→ C.II.4.). Dabei wird regelmäßig eine Klassifizierung als *available for sale financial asset* erfolgen.

3. Gemeinschaftsunternehmen

3.1 Abgrenzung

IAS 31.24 Ein Gemeinschaftsunternehmen (*joint venture*) ist dadurch gekennzeichnet, dass
iVm es mit einem oder mehreren konzernfremden Partnerunternehmen gemeinsam
IAS 31.7 geführt werden kann. Anders als nach deutschem Konzernbilanzrecht genügt die Möglichkeit der gemeinsamen Führung zur Begründung eines Gemeinschaftsunternehmens. Die gemeinsame Führung muss allerdings eine vertragliche Grundlage (etwa den Gesellschaftsvertrag) haben; rein faktische Verhältnisse reichen hierfür nicht aus.

Es ist nicht zwingend erforderlich, dass alle Gesellschafterunternehmen an der gemeinsamen Führung beteiligt sind. So können z.B. die zwei Partnerunternehmen je 49 % der Stimmrechte halten, während ein drittes Gesellschafterunternehmen nur einen unwesentlichen Anteil von 2 % hält.

Ein Gemeinschaftsunternehmen setzt nicht unbedingt eine paritätische Verteilung der Stimmrechte zwischen den Partnerunternehmen voraus. Auch bei nichtparitätischer Verteilung der Stimmrechte und sogar bei Mehrheitsbeteiligung eines Gesellschafterunternehmens kann im Einzelfall eine gemeinsame Führung vorliegen, falls der Einfluss des Gesellschafterunternehmens mit dem größeren Stimmrechtsanteil durch entsprechende vertragliche Vereinbarungen begrenzt ist.

Beispiel:

Das Unternehmen A hat zwei Gesellschafterunternehmen, von denen ein Unternehmen 65 % und das andere 35 % der Stimmrechte innehat. Der Gesellschaftsvertrag von A verlangt die Zustimmung der Gesellschafterversammlung zu den wesentlichen Fragen der Geschäfts- und Finanzpolitik von A, wobei eine einstimmige Beschlussfassung gefordert wird.

Lösung:

Das Unternehmen A ist als Gemeinschaftsunternehmen anzusehen, da für die wesentlichen geschäfts- und finanzpolitischen Entscheidungen zwangsläufig eine einvernehmliche Willensbildung erzielt werden muss.

3.2 Abbildung im Konzernabschluss

Gemeinschaftsunternehmen sind **anteilsmäßig** in den Konzernabschluss einzubeziehen, soweit nicht ein Quotenkonsolidierungsverbot besteht oder ein Quotenkonsolidierungswahlrecht in Anspruch genommen wird. **IAS 31.30**

Alternative: **IAS 31.38**

Gemeinschaftsunternehmen sind nach der **Equity-Methode** zu bilanzieren, soweit dies nicht gemäß IAS 31 ausgeschlossen ist.

Das IASB plant eine grundlegende Überarbeitung der Abbildung von Gemeinschaftsunternehmen im Konzernabschluss. Der vorliegende Exposure Draft ED 9 sieht dazu folgende Änderungen vor:

1. Die Bilanzierung von Joint Ventures soll sich stärker an den vertraglichen Rechten und Pflichten der Parteien ausrichten als an der rechtlichen Ausgestaltung der zwischen ihnen getroffenen Vereinbarung;
2. Das gegenwärtige Wahlrecht zur Einbeziehung von Gemeinschaftsunternehmen nach der Quotenkonsolidierung oder der Equity-Methode soll entfallen. Stattdessen sollen die Partner die ihnen zustehenden Vermögenswerte und von ihnen zu tragenden Verbindlichkeiten bilanzieren, auch wenn diese von einem rechtlich selbständigen Unternehmen gehalten werden. Soweit den Partnern

jeweils nur ein Anteil am Ergebnis der gemeinschaftlichen Aktivitäten zusteht, haben sie ihren Anteil nach der Equity-Methode zu bilanzieren.

3.3 Ausschluss der Quotenkonsolidierung

3.3.1 *Quotenkonsolidierungsverbot*

IAS 31.2(a) iVm IAS 31.42 Fällt eine Beteiligung an einem Gemeinschaftsunternehmen in den Anwendungsbereich von IFRS 5 (→ C.IV.4.), so unterbleibt eine quotale Einbeziehung. Anders als bei Tochterunternehmen beziehen sich die Bewertungs- und Ausweisvorschriften von IFRS5 nicht auf (anteilig) in den Konzernabschluss übernommene Vermögenswerte und Schulden, sondern auf die Beteiligung am Gemeinschaftsunternehmen.

Ebenso wie bei Tochterunternehmen gilt auch für Gemeinschaftsunternehmen, dass eine konzernuntypische Geschäftstätigkeit kein Quotenkonsolidierungsverbot begründet.

3.3.2 *Quotenkonsolidierungswahlrechte*

Es bestehen keine expliziten Wahlrechte. Zu beachten sind bei der Abgrenzung des Kreises der quotal zu konsolidierenden Gemeinschaftsunternehmen die Grundsätze der Wesentlichkeit (*materiality*), der zeitnahen Berichterstattung (*timeliness*) und der Wirtschaftlichkeit (*balance between benefit and cost*).

Eine Quotenkonsolidierung darf bei folgenden Gemeinschaftsunternehmen unterbleiben:

- F.29, F.30 Gemeinschaftsunternehmen, die für die Abbildung der wirtschaftlichen Lage im Konzernabschluss unwesentlich sind;
- F.43 Gemeinschaftsunternehmen, deren Konsolidierungsinformationen infolge außergewöhnlicher Ereignisse nur mit unverhältnismäßigen zeitlichen Verzögerungen erlangt werden können;
- F.44 Gemeinschaftsunternehmen, deren Konsolidierungsinformationen nur mit unverhältnismäßigen Kosten im Hinblick auf den Informationsnutzen einer Vollkonsolidierung erlangt werden können.

3.4 Ausschluss der Equity-Methode

IAS 31.2 (a) iVm IAS 31.42 Fällt eine Beteiligung an einem Gemeinschaftsunternehmen in den Anwendungsbereich von IFRS 5 (→ C.IV.4.), so unterbleibt auch eine Einbeziehung *at equity*. Bilanzierungsobjekt der Bewertungs- und Ausweisvorschriften nach IFRS5 ist die Beteiligung.

Eine konzernuntypische Geschäftstätigkeit von Gemeinschaftsunternehmen begründet kein Verbot zur Anwendung der Equity-Methode.

3.5 Abbildung nicht quotalkonsolidierter oder at equity bewerteter Gemeinschaftsunternehmen

Beteiligungen an Gemeinschaftsunternehmen, die weder quotal noch *at equity* in den Konzernabschluss einbezogen werden, sind als finanzielle Vermögenswerte nach IAS 39 im Konzernabschluss abzubilden (→ C.II.4.).

4. Assoziierte Unternehmen

4.1 Abgrenzung

Assoziierte Unternehmen sind Unternehmen, die nicht die Kriterien eines Tochter- oder eines Gemeinschaftsunternehmens erfüllen und auf deren Geschäfts- und Finanzpolitik ein maßgeblicher Einfluss durch das Gesellschafterunternehmen ausgeübt werden kann. Anders als nach deutschem Konzernbilanzrecht genügt die Möglichkeit der Ausübung eines maßgeblichen Einflusses auf die Geschäfts- und Finanzpolitik, um ein assoziiertes Unternehmen zu begründen. **IAS 28.2**

Ein maßgeblicher Einfluss wird unterstellt, wenn ein direkter oder indirekter Stimmrechtsanteil von mindestens 20 % an einem anderen Unternehmen gehalten wird, es sei denn, besondere Umstände führen im Einzelfall objektiv nachweisbar dazu, dass trotz dieses Stimmrechtsanteils keine maßgebliche Einflussnahme möglich ist (zur Ermittlung des Stimmrechtsanteils und den zu beachtenden Hinzurechnungen und Kürzungen → D.II.2.1). **IAS 28.6**

In Abhängigkeit von den Verhältnissen des Einzelfalls kann ein maßgeblicher Einfluss auf die Geschäfts- und Finanzpolitik auch schon bei einem geringeren Stimmrechtsanteil vorliegen. Folgende Indikatoren können einzeln oder kumuliert das Bestehen eines maßgeblichen Einflusses signalisieren: **IAS 28.7**

1. die Zugehörigkeit zum Geschäftsführungs- und/oder Aufsichtsorgan oder zu einem gleichartigen Leitungsgremium des Beteiligungsunternehmens;
2. die Teilnahme an den Entscheidungsprozessen einschließlich der Teilnahme an Entscheidungen über Dividendenzahlungen und sonstige Ausschüttungen;
3. die Existenz wesentlicher Geschäftsaktivitäten zwischen dem Anteilseigner und dem Beteiligungsunternehmen;
4. den Austausch von Führungspersonal;
5. die Bereitstellung von bedeutenden technischen Informationen.

Eine Beteiligung i.S.v. § 271 Abs. 1 HGB ist kein Tatbestandsmerkmal eines assoziierten Unternehmens nach IAS/IFRS.

4.2 Abbildung im Konzernabschluss

Assoziierte Unternehmen sind nach der Equity-Methode im Konzernabschluss abzubilden, soweit nicht die Ausnahme in IAS 28.13(a) einschlägig ist. **IAS 28.13**

4.3 Anwendungsverbote

IAS 28.13a Erfüllt eine Beteiligung an einem assoziierten Unternehmen die Kriterien für eine Klassifizierung als *held for sale* im Sinne von IFRS 5 (→ C.IV.4.), so unterbleibt eine Einbeziehung at equity. Die Beteiligung ist das Bilanzierungsobjekt der Bewertungs- und Ausweisvorschriften nach IFRS 5.

4.4 Anwendungswahlrechte

F.29, F.30 Bei der Abgrenzung des Kreises der *at equity* zu bilanzierenden assoziierten Unternehmen ist der Grundsatz der Wesentlichkeit (*materiality*) zu beachten. Assoziierte Unternehmen, die für die Abbildung der wirtschaftlichen Lage im Konzernabschluss von untergeordneter Bedeutung sind, müssen nicht nach der Equity-Methode bilanziert werden.

4.5 Abbildung von nicht at equity bilanzierten assoziierten Unternehmen

Assoziierte Unternehmen, die nicht nach der Equity-Methode bilanziert werden, sind nach den für Finanzinstrumente geltenden Grundsätzen von IAS 39 im Konzernabschluss abzubilden (→ C.II.4.).

III. Konsolidierungsmaßnahmen

Gliederung:

D.III

1. Kapitalkonsolidierung

1.1 Vollkonsolidierung

1.1.1 Grundlagen

IFRS 3 und IAS 27 enthalten die Vorschriften zur Vollkonsolidierung für den IFRS-Konzernabschluss. Beide Standards sind vom IASB im Januar 2008 in einer überarbeiteten Fassung vorgelegt worden, die teilweise signifikante Änderungen im Vergleich zu den Vorgängerregelungen vorsehen. Die neuen Standards sind erstmalig auf Geschäftsjahre anzuwenden, die am oder nach dem 1. Juli 2009 beginnen. Eine frühere Anwendung ist erlaubt, jedoch nur für Geschäftsjahre, die am oder nach dem 30. Juni 2007 beginnen. Macht ein Unternehmen von dieser Möglichkeit Gebrauch, hat es die Bestimmungen beider neu gefassten Standards zu beachten.

Die Übernahme der Standards in europäisches Recht steht derzeit noch aus. Die EFRAG hat am 30. Juli 2008 in einem als Ergebnis einer vorläufigen Bewertung die Übernahme der neuen Rechnungslegungsstandards empfohlen und die interessierte Öffentlichkeit um Stellungnahmen zu ihrer Beurteilung gebeten. Die endgültige Endorsement-Empfehlung ist nach den derzeitigen Planungen Ende 2008 zu erwarten. Mit einer Entscheidung über die Anerkennung der neuen Standards ist im ersten Quartal 2009 zu rechnen.

Aufgrund der positiven Vorabentscheidung des EFRAG berücksichtigt die nachfolgende Darstellung bereits die Regelungen der geänderten Standards. Zur Abbildung von Unternehmenszusammenschlüssen nach den derzeit noch anzuwendenden Standards IFRS 3 (2004) und IAS 27 (2003) wird auf die Vorauflage verwiesen.

IFRS 3 behandelt in der Terminologie des HGB den Bereich der Kapitalkonsolidierung, also die Ermittlung des infolge eines Unternehmenszusammenschlusses zugehenden Nettovermögens und die Bestimmung des sich ergebenden Unterschiedsbetrags (Goodwill bzw. negativer Unterschiedsbetrag). IAS 27 enthält Regelungen zum Konsolidierungskreis, zum Abschlussstichtag, zu den konzerneinheitlichen Bilanzierungs- und Bewertungsmethoden sowie zur Schuldenkonsolidierung, Zwischenerfolgseliminierung und Aufwands- und Ertragskonsolidierung. Zudem regelt der im Jahr 2008 neu gefasste Standard die Abbildung von Transaktionen mit Minderheitsgesellschaftern, die nicht zu einem Verlust der Beherrschung führen.

Bei der Kapitalkonsolidierung werden die für einen Unternehmenszusammenschluss (*business combination*) aufgewendeten Anschaffungskosten dem erworbenen anteiligen Reinvermögen zu beizulegenden Zeitwerten gegenübergestellt. Dabei erfolgt die eigentliche Kapitalkonsolidierung zum Erwerbszeitpunkt und wird in den Folgeperioden auf der Grundlage der zum Zeitpunkt der erstmaligen Konsolidierung vorhandenen Daten wiederholt. Bei der Folgekonsolidierung sind jedoch z.B. Änderungen der Beteiligungshöhe oder des gezeichneten Kapitals des Tochterunternehmens zu berücksichtigen.

1.1.1.1 Begriff des Unternehmenszusammenschlusses (business combination)

IFRS 3 definiert einen Unternehmenszusammenschluss (*business combination*) als eine Transaktion oder ein Ereignis, durch das ein Erwerber die Beherrschung über einen oder mehrere Geschäftsbetriebe erlangt. **IFRS 3.3** **IFRS 3.B5–B12**

Geschäftsbetriebe zeichnen sich ganz allgemein aus durch

(1) Input-Faktoren (z.B. materielles und immaterielles Anlagevermögen, Mitarbeiter, Fertigungs-Know how),
(2) Prozesse (Systeme, Konventionen, Regeln, Standards, die auf die Input-Faktoren angewendet werden und in der Lage sind, Ergebnisse zu generieren) und
(3) Output (Ergebnisse aus der Kombination von Inputfaktoren und Prozessen).

Bei Unternehmenseinheiten, die sich noch im Aufbau befinden, müssen nicht alle Faktoren (z.B. Output) bereits heute vorliegen. Allerdings qualifizieren sie sich nur als Geschäftsbereiche, wenn alsbald mit der Aufnahme von Produktions- und Absatzaktivitäten zu rechnen ist.

IFRS 3 unterscheidet u.a. folgende Formen der Entstehung eines Unternehmenszusammenschlusses: **IFRS 3.B6**

- Ein Geschäftsbereich wird zu einem Tochterunternehmen eines Erwerbers oder das Nettovermögen eines oder mehrerer Geschäftsbereiche werden in ein anderes Unternehmen eingebracht;
- eines der sich zusammenschließenden Unternehmen überträgt sein Nettovermögen oder dessen Anteilseigner übertragen ihre Anteile auf das andere am Unternehmenszusammenschluss beteiligte Unternehmen;
- alle sich zusammenschließenden Unternehmen übertragen ihr Nettovermögen oder deren Anteilseigner übertragen ihre Anteile auf ein neu gegründetes Unternehmen;
- eine Gruppe früherer Gesellschafter eines der sich zusammenschließenden Unternehmen erlangt Beherrschung über das aus dem Zusammenschluss hervorgehende Gebilde.

Alle Formen von Unternehmenszusammenschlüssen sind nach der Erwerbsmethode abzubilden. Nicht in den Anwendungsbereich von IFRS 3 fallen **IFRS 3.2**

- die Errichtung eines Gemeinschaftsunternehmens,
- der Zusammenschluss von Geschäftsbereichen, die unter gemeinsamer Beherrschung stehen (*transactions under common control*) und
- der Erwerb von Vermögenswerten oder einer Gruppe von Vermögenswerten, die nicht die Merkmale eines Geschäftsbereichs erfüllen.

Im Vergleich zur bisherigen Regelung des IFRS 3 (2004) ist damit der Anwendungsbereich des Standards erweitert worden. Er umfasst nunmehr auch Zusammenschlüsse von Unternehmen auf Gegenseitigkeit (*mutual entities*) sowie von Unternehmen, die ohne Anteilserwerb nur für Berichtszwecke durch Vertrag zusammengefasst werden.

1.1.1.2 Systematik der konzernbilanziellen Abbildung von Unternehmenszusammenschlüssen

IFRS 3.14 Alle Unternehmenszusammenschlüsse sind zwingend nach der Erwerbsmethode *(purchase-Methode)* abzubilden.

IFRS 3.5 Die Anwendung der Erwerbsmethode verlangt folgende Vorgehensweise:

IFRS 3.6f. 1. Identifizierung des Erwerbers
IFRS 3.8f. 2. Bestimmung des Erwerbszeitpunkts
IFRS 3.10–.31 3. Erfassung und Bewertung aller erworbenen Vermögenswerte und übernommenen Schulden sowie etwaiger Minderheitsanteile (*non-controlling interests*)
IFRS 3.32–.40 4. Erfassung und Bewertung eines Goodwill oder eines Gewinns aus einem günstigen Kauf.

Die Vorgehensweise unterscheidet sich formal von jener des früheren IFRS 3. Dieser sah als dritten Schritt die Bestimmung der Anschaffungskosten des Unternehmenszusammenschlusses vor, die sodann auf die erworbenen Vermögenswerte und Schulden zu verteilen waren (Kaufpreisallokation). Von dieser Systematik weicht der überarbeitete Standard ab, indem er nunmehr vor der Ermittlung der Anschaffungskosten die Identifizierung und Bewertung des erworbenen Nettovermögens vorsieht. Der Grund liegt wohl darin, dass der Goodwill nach dem neuen IFRS 3 nicht mehr ohne weiteres als Differenz zwischen den Anschaffungskosten des Erwerbers und dem von ihm anteilig erworbenen Nettovermögen bestimmt werden kann. Das liegt an der neu geschaffenen Möglichkeit, den Minderheitenposten in Höhe des anteilig auf diese Gesellschaftergruppe entfallenden Betrags des Nettovermögens des Akquisitionsobjekts oder des beizulegenden Zeitwerts ihrer Beteiligung am *business* anzusetzen. Da die Höhe des auszuweisenden Goodwill künftig sowohl von dieser Entscheidung als auch vom Umfang des erworbenen Nettovermögens abhängen wird, hat das IASB beide Schritte der Ermittlung der Anschaffungskosten vorangestellt.

Nach dieser neuen Systematik umfasst die Abbildung eines Unternehmenszusammenschlusses künftig streng genommen keine Kaufpreisallokation mehr. An ihre Stelle tritt die Ermittlung des erworbenen Nettovermögens und die Bewertung des Minderheitenpostens. Dennoch soll die Erörterung der Regelungen des IFRS 3 der bisherigen Systematik folgen. Das erscheint deshalb zweckmäßig, weil sie dem Charakter der Erwerbsmethode stärker Rechnung trägt. Soweit der überarbeitete IFRS 3 inhaltliche Änderungen im Vergleich zur früheren Fassung mit sich bringt, werden diese selbstverständlich berücksichtigt.

1.1.2 Erwerbsmethode

1.1.2.1 Identifizierung des Erwerbers

Da für die Abbildung von Unternehmenszusammenschlüssen nach IFRS 3 alleine die *purchase*-Methode Anwendung findet, bedarf es zwingend der Bestimmung eines erwerbenden Unternehmens. Zu diesem Zweck verweist IFRS 3 wie bisher auf den Control Tatbestand (→ D.II.2.1) des IAS 27. **IFRS 3.6f. IFRS 3.B14–B18**

Erwerber im Sinne des IFRS 3 ist danach dasjenige Unternehmen, das die Beherrschung über andere Unternehmen oder Geschäftsbetriebe erlangt.

Die zusätzlichen Anhaltspunkte, die heranzuziehen sind, wenn die Identifizierung des Erwerbs mit Schwierigkeiten verbunden ist, sind indes grundlegend überarbeitet worden. Diese unterscheiden zwischen Unternehmenszusammenschlüssen, bei denen die Gegenleistung primär in Zahlungsmitteln und anderen Vermögenswerten sowie der Übernahme von Verbindlichkeiten bestehen, und solchen, bei denen Eigenkapitalinstrumente hingegeben werden. Im ersten Fall gilt üblicherweise das Unternehmen als Erwerber, das die nicht in Eigenkapitalinstrumenten bestehende Gegenleistung erbringt. Werden Eigenkapitalinstrumente im Zuge eins Unternehmenszusammenschlusses emittiert, spricht IFRS 3 ebenfalls eine Vermutung dafür aus, dass der Emittent der Erwerber ist, wenngleich bei bestimmten Unternehmenszusammenschlüssen das Anteile emittierende Unternehmen das Akquisitionsobjekt bildet (sog. *reverse aquisition* → D.III.1.1.2.9). Unabhängig davon sollen bei dieser Form der Gegenleistung weitere Aspekte zu berücksichtigen sein, darunter folgende:

- Als Erwerber ist regelmäßig jenes Unternehmen zu vermuten, das den relativ größten Stimmrechtsanteil an dem aus dem Zusammenschluss hervorgegangenen Gebilde innehat. Dabei sind besondere Stimmrechtsvereinbarungen ebenso zu berücksichtigen wie Optionen, Bezugsrechte oder Umtauschrechte. **IFRS 3.B15(a)**
- Steht keinem Anteilseigner bzw. keiner Anteilseignergruppe ein signifikanter Anteil der Stimmrechte zu, ist jener Eigner bzw. jene organisierte Gruppe von Eignern üblicherweise der Erwerber, der eine erheblich Minderheitsbeteiligung an dem Zusammenschluss hat. **IFRS 3.B15(b)**
- Kann das Management eines der sich zusammenschließenden Unternehmen die Zusammensetzung des Leitungsorgans nach dem Unternehmenszusammenschluss bestimmen, so ist das Unternehmen mit dem dominierenden Management wahrscheinlich der Erwerber. **IFRS 3.B15(c)**
- Stellt eines der sich zusammenschließenden Unternehmen die Mehrheit der Führungskräfte des neuen Gebildes, spricht das für die Erwerbereigenschaft. **IFRS 3.B15(d)**
- Erwerber in einem Zusammenschluss ist üblicherweise auch derjenige, der einen Aufschlag für Eigenkapitalinstrumente des anderen am Unternehmenszusammenschluss beteiligten Unternehmens zahlt. **IFRS 3.B15(e)**

Ergänzend erwähnt IFRS 3 folgende Beurteilungskriterien, die unabhängig von der Art der Gegenleistung zur Identifizierung des Erwerbers dienen können:

- Ist eines der sich zusammenschließenden Unternehmen signifikant größer als das andere, stellt dieses im Zweifel der Erwerber dar. **IFRS 3.B16**
- Bei einem Zusammenschluss von mehr als zwei Unternehmen soll unter anderem in das Urteil einfließen, von welchem Unternehmen die Initiative aus- **IFRS 3.B17**

gegangen ist und wie sich die Unternehmen größenmäßig zueinander verhalten.

IFRS 3.B18
- Schließlich heißt es, ein für Zwecke des Zusammenschlusses neu gegründetes Unternehmen, das Aktien emittiert, sei nicht der Erwerber; diese Funktion komme stattdessen einem der vor dem Zusammenschluss existierenden Unternehmen zu.

1.1.2.2 Bestimmung des Bewertungszeitpunkts

IFRS 3.10 Der Zeitpunkt der Erstkonsolidierung ist der Erwerbszeitpunkt. Ab diesem Tag sind die Vermögenswerte und Schulden – inkl. eines Goodwill – sowie die Erfolgsbeiträge des erworbenen Unternehmens im Konzernabschluss zu erfassen.

IFRS 3.8 Der Erwerbszeitpunkt ist der Tag, an dem die Möglichkeit zur Beherrschung der Finanz- und Geschäftspolitik des erworbenen Unternehmens tatsächlich auf das Mutterunternehmen übergeht. Das ist regelmäßig der Fall, wenn der Erwerber die Gegenleistung überträgt und diesem im Gegenzug die Vermögenswerte und Schulden des Geschäftsberiebs zugehen (Closing). In Ausnahmefällen kann die Beherrschungsmacht bereits vor oder auch nach dem Closing übergehen. Hierzu bedarf es eines klaren Nachweises.

Bei einem unterjährigen Erwerb hat das zu erwerbende Unternehmen einen Zwischenabschluss auf den Erwerbszeitpunkt zu erstellen.

Alternative:

Liegt der Erwerbszeitpunkt maximal drei Monate vor oder nach dem Bilanzstichtag (in sinngemäßer Anwendung von IAS 27.23), so wird auf die Erstellung eines Zwischenabschlusses verzichtet. Die Einbeziehung erfolgt auf Basis des Jahresabschlusses des erworbenen Unternehmens zum Bilanzstichtag. Wesentliche Geschäftsvorfälle oder Ereignisse innerhalb des Zeitraums zwischen Bilanzstichtag und Erwerbszeitpunkt sind durch Anpassungen zu berücksichtigen.

Beinhaltet der Unternehmenskaufvertrag aufschiebende Bedingungen (bspw. Gremienvorbehalte oder die Erteilung einer kartellrechtlichen Zustimmung), erfolgt die Erstkonsolidierung zum Zeitpunkt des Eintritts des bedingten Ereignisses.

1.1.2.3 Bestimmung der Anschaffungskosten für das erworbene Unternehmen

1.1.2.3.1 Anschaffungskosten und Anschaffungsnebenkosten

IFRS 3.37f. Die Anschaffungskosten, mit denen ein Unternehmenserwerb zu bilanzieren ist, sind auf den Erwerbszeitpunkt zu ermitteln (zum Fall des sukzessiven Anteilserwerbs → D.III.1.1.2.8).

Sie setzen sich zusammen aus den für den Erwerb hingegebenen Zahlungsmitteln und Zahlungsmitteläquivalenten sowie dem Zeitwert anderer Gegenleistungen. Wird der Kaufpreis zu einem späteren Zeitpunkt als dem Erwerbszeitpunkt geleistet, entsprechen die Anschaffungskosten dem Barwert der Gegenleistung.

Nach IFRS 3.53 sind sämtlich Nebenkosten des Anschaffungsvorgangs – abweichend von der früheren Regelung des IFRS 3.29 (2004) – unmittelbar als Aufwand der Periode zu berücksichtigen. Das gilt sowohl für dem Erwerb direkt zurechenbare Anschaffungsnebenkosten wie Honorare für Rechtsberater und Gutachter als auch für allgemeine Verwaltungskosten, die bspw. durch eine M&A- oder Rechtsabteilung verursacht werden.

Auch Kosten für die Aufnahme von Fremdkapital bzw. die Ausgabe von Eigenkapitaltiteln stellen keine Anschaffungsnebenkosten dar. Stattdessen sind sie nach den allgemeinen Regelungen des IAS 39 bzw. IAS 32 bei der Zugangsbewertung der Verbindlichkeit zu berücksichtigen bzw. vom Erlös der Kapitalerhöhung in Abzug zu bringen. **IFRS 3.53**

Erbringt das erwerbende Unternehmen seine Gegenleistung in Form von Eigenkapitalinstrumenten, sind diese mit ihrem Zeitwert anzusetzen. Sind die Anteile am Erwerber nicht börsennotiert oder stellt der Börsenkurs im Zeitpunkt des Erwerbs aufgrund eines nicht liquiden Marktes keinen verlässlichen Indikator für den *fair value* der hingegebenen Eigenkapitalinstrumente dar, kommt eine umgekehrte Wertermittlung in Betracht. Dazu ist der beizulegende Zeitwert der hingegebenen Anteile anhand des ggf. verlässlicher ermittelbaren beizulegenden Zeitwerts der erhaltenen Anteile am Akquisitionsobjekt zu bestimmen. Diese Verfahrensweise bietet sich insb. an, wenn das erworbene Unternehmen selbst börsennotiert ist. Den Fall einer nicht verlässlich möglichen *fair value*-Ermittlung der ausgegebenen Anteile sieht IFRS 3 nicht vor. Ihr Ansatz zum Nominalwert bzw. rechnerischen Wert scheidet damit aus. **IFRS 3.33**

Bei der Ermittlung der Anschaffungskosten bleiben zukünftige Verluste des erworbenen Unternehmens sowie zu tragende Sanierungsaufwendungen unberücksichtigt. **IFRS 3.28**

D.III

1.1.2.3.2 Bedingte Kaufpreiszahlungen

Häufig werden bei Unternehmenserwerben bedingte Kaufpreiszahlungen (*contingent considerations*) vereinbart. In Abhängigkeit von einem zukünftigen Ereignis (bspw. dem Überschreiten/Unterschreiten eines bestimmten Ergebnisses des erworbenen Unternehmens) wird der Kaufpreis angepasst (*contingencies based on earnings*). Nicht immer ist klar, ob die nachträglichen Zahlungen zu einer Anpassung des Kaufpreises führen oder aber für sonstige Leistungen des Veräußerers gewährt werden. Für diesen Fall enthält IFRS 3.51, 3.B50 ff. Entscheidungshilfen. Danach ist bei der Abgrenzung von Vergütungen für sonstige Leistungen und nachträglichen Kaufpreiszahlungen u.a. darauf abzustellen, ob die sonstige Leistung (z.B. die fortgesetzte Geschäftsführertätigkeit des Veräußerers) durch anderweitige Zahlungen bereits angemessen honoriert wird und ob der sich ohne die bedingte Zahlung ermittelte Kaufpreis für das Unternehmen an der oberen Schwelle der Bewertungsbandbreite bewegt. **IFRS 3.32ff.**

In der Behandlung derartiger Kaufpreisunsicherheiten unterscheiden sich IFRS 3 (2004) und die aktuelle Version des Standards. Nach der bisherigen Regelung, die für vor der Erstanwendung der neuen Vorschriften vollzogene Unternehmenszusammenschlüsse fortgilt, sind bedingte Kaufpreiszahlungen zu berücksichtigen, sobald ihr Eintritt wahrscheinlich ist und ihr Betrag zuverlässig geschätzt werden kann. Für den Zeitraum zwischen Berücksichtigung und frühestmöglichem Eintritt der Bedingung ist eine Abzinsung zu prüfen.

Erfolgt die Berücksichtigung bereits zum Erwerbszeitpunkt und tritt das die nachträgliche Kaufpreisanpassung auslösende Ereignis unerwartet nicht ein, ist der Kaufpreis nachträglich zu korrigieren.

Wird die bedingte Kaufpreiszahlung im Erwerbszeitpunkt nicht berücksichtigt, muss eine Kaufpreisanpassung erfolgen, sobald die Bedingungen ihres wahrscheinlichen Eintritts und ihrer zuverlässigen Bewertbarkeit erfüllt sind, spätesten bei ihrer Leistung.

Nachträgliche Kaufpreisänderungen haben Auswirkungen auf den Goodwill bzw. den negativen Unterschiedsbetrag aus der Erstkonsolidierung.

Beispiel:

Das Unternehmen A hat zum 01. Januar 01 80 % der Anteile an Unternehmen B zum Preis von 20 Mio. erworben. Die Einbeziehung von Unternehmen B in den Konzernabschluss von A führt zum Ausweis eines Goodwill von 8 Mio. Der Kaufvertrag sieht vor, dass der in Bar geleistete Kaufpreis unter folgenden Bedingungen anzupassen ist:

- Übersteigt das kumulierte Ergebnis von Unternehmen B zum 31. Dezember 03 den Wert von 2 Mio., hat Unternehmen A eine Kaufpreisnachzahlung in Höhe von 10 % der Differenz zwischen dem tatsächlichen kumulierten Ergebnis und dem Betrag von 2 Mio. zu leisten.
- Unterschreitet das kumulierte Ergebnis von Unternehmen B zum 31. Dezember 03 den Wert von 2 Mio., erhält Unternehmen A eine Kaufpreisrückerstattung in Höhe von 10 % der Differenz zwischen dem tatsächlichen kumulierten Ergebnis und dem Betrag von 2 Mio.

Am 31. Dezember 02 lag das kumulierte Ergebnis bei 1,4 Mio. Zum 31. Dezember 03 beträgt es 2,5 Mio.

Lösung:

Spätestens zum 31. Dezember 03 ist eine Kaufpreisnachzahlung in Höhe von 0,05 Mio. (10 % von 0,5 Mio.) zu berücksichtigen, die den Goodwill erhöht. Die Vorjahreszahlen sind entsprechend anzupassen.

Ob die Kaufpreisanpassung bereits zu einem früheren Zeitpunkt zu erfassen ist, hängt davon ab, ob das Entstehen der Verpflichtung zum betreffenden Stichtag wahrscheinlich und ihre Höhe verlässlich ermittelbar ist. Nach dem Sachverhalt ist davon nicht ohne weiteres auszugehen, da das kumulierte Ergebnis nach zwei Jahren Konzernzugehörigkeit rund zwei Drittel des zum Ende des dritten Jahres maßgeblichen Zielwertes erreicht hat.

IFRS 3.39
IFRS 3.54(d)
iVm IFRS 3.58

Demgegenüber sieht der neu gefasste IFRS 3 eine unmittelbare Berücksichtigung bedingter Kaufpreiszahlungen mit ihrem beizulegenden Zeitwert im Erwerbszeitpunkt vor. Eine spätere Anpassung des Kaufpreises (und damit des Goodwill) kommt nur noch aufgrund besserer Erkenntnisse zur Höhe der bedingten Kaufpreiszahlung innerhalb von zwölf Monaten nach dem Erwerbsstichtag in Betracht. Spätere Anpassungen des Kaufpreises, die zu einer zusätzlichen Verbindlichkeit des Erwerbers führen oder einen Rückerstattungsanspruch begründen, sind erfolgswirksam zu behandeln.

Angewendet auf das obige Beispiel bedeutet dies: A hat zum Erwerbszeitpunkt abzuschätzen, inwieweit die getroffene Regelung zur Anpassung des Kaufpreises voraussichtlich zum Tragen kommen wird. Der entsprechende Anpassungsbetrag ist in die Anschaffungskosten des Unternehmenszusammenschlusses einzubeziehen und wirkt sich auf die Höhe des Goodwill aus. Sieht das Unternehmen die Ersterfassung des Unternehmenszusammenschlusses als noch nicht abgeschlossen an (was eine entsprechende Angabe im Anhang nach sich zieht; vgl. IFRS 3. B67), ist der Kaufpreis innerhalb von zwölf Monaten nach dem Erwerbsstichtag anzupassen, sofern sich innerhalb dieses Zeitraums bessere Erkenntnisse über die Höhe des voraussichtlichen kumulierten Ergebnisses des Erwerbsobjekts im Referenzzeitraum ergeben.

Nicht zu einer nachträglichen Anpassung der Anschaffungskosten führen nach IFRS 3 (2004) Vereinbarungen im Unternehmenskaufvertrag, die einen Ausgleich für einen Rückgang des *fair value* der hingegebenen Vermögenswerte, ausgegebenen Eigenkapitalinstrumente oder übernommenen Verbindlichkeiten gewähren. Die Begründung hierfür lautet, es wird nur eine Form der Gegenleistung durch eine andere ersetzt. Die für das Akquisitionsobjekt getätigten Anschaffungskosten verändern sich mithin in Summe nicht. Zahlungen für derartige Kurs- oder Wertgarantien sind als Aufwand oder als Anpassungsbuchungen im Eigenkapital zu berücksichtigen: Besteht die Verpflichtung in der Ausgabe zusätzlicher Eigenkapitaltitel, erhöht sich das gezeichnete Kapital bei entsprechender Verringerung der Kapitalrücklage. Besteht eine Verpflichtung zum Barausgleich, ist zu Lasten der Kapitalrücklage eine Verbindlichkeit einzubuchen. Sollte die Barausgleichsverpflichtung größer sein als die ursprünglich erfasste Erhöhung der Kapitalrücklage, ist der übersteigende Betrag aufwandswirksam zu erfassen. Wurden als Gegenleistung für den Unternehmenserwerb Fremdkapitaltitel ausgegeben, verringern nachträgliche Zahlungen das ursprüngliche Aufgeld bzw. erhöhen ein Disagio mit entsprechenden Auswirkungen auf die Effektivverzinsung der Schuld.

Die Neufassung des IFRS 3 sieht auch in diesem Punkt für künftige Unternehmenszusammenschlüsse eine abweichende Behandlung vor. Nach IFRS 3.37 ist die gewährte Kurs- oder Wertgarantie mit ihrem beizulegenden Zeitwert in die Anschaffungskosten einzubeziehen. Ergeben sich innerhalb von zwölf Monaten nach dem Erwerbsstichtag bessere Erkenntnisse hinsichtlich des Werts der Kursgarantie im Zeitpunkt ihrer Gewährung, sind die Anschaffungskosten und damit der Goodwill anzupassen. Andernfalls ist die Wertänderung der aus der Garantie resultierenden Verbindlichkeit nach IFRS 3.58(b) erfolgswirksam zu berücksichtigen.

Beispiel:

Das Unternehmen A hat zum 1. Januar 01 80% der Anteile an Unternehmen B erworben. Die Gegenleistung erfolgt durch die Ausgabe von eigenen Aktien deren *fair value* sich zum Bewertungszeitpunkt auf 20 Mio. beläuft. Die Einbeziehung von Unternehmen B in den Konzernabschluss von A führt zum Ausweis eines Goodwill von 8 Mio. A hat den Verkäufer von Unternehmen B

D.III

einen Ausgleich in bar für den Fall zugesichert, dass der Wert des übertragenen Aktienpakets am 31. Dezember 03 unter 20 Mio. liegt. Zum Erwerbszeitpunkt geht A von einem stabilen bis leicht steigenden Kurs der eigenen Aktie aus. Diese Erwartung bestätigt sich bis Mitte 03. Danach gibt die Aktie infolge einer allgemeinen schlechten Börsenstimmung nach. Der Börsenpreis des Aktienpakets beträgt zum 31. Dezember 03 18 Mio.

Lösung nach IFRS 3 (2004):

Die getroffene Vereinbarung führt nicht zu einer Anpassung der Anschaffungskosten für den Unternehmenszusammenschluss. Stattdessen ist eine zusätzliche Verbindlichkeit einzubuchen, wenn der Eintritt des die Kaufpreisanpassung auslösenden Ereignisses wahrscheinlich und die Höhe der Anpassung verlässlich zu ermitteln ist. Spätestens zum 31. Dezember 03 ist daher eine nachträglich entstandene Ausgleichsverpflichtung in Höhe von 2 Mio. zu berücksichtigen. Die Gegenbuchung erfolgt in der Kapitalrücklage.

Lösung nach IFRS 3:

Nach der Neufassung des IFRS 3 erhöht der beizulegende Zeitwert der dem Veräußerer gewährten Kursgarantie die vom Erwerber gewährte Gegenleistung. Beträgt beispielsweise der *fair value* der Garantie im Erwerbszeitpunkt 50 T€, erhöht sich der Goodwill im Vergleich zur Abbildung nach IFRS 3 (2004) um diesen Betrag.

Die zum 31. Dezember 03 entstehende Ausgleichsverpflichtung berührt die Abbildung des Unternehmenszusammenschlusses nicht. Die sich aus dem Kursverfall der Aktien von A ergebende Zahlungsverpflichtung von 2 Mio. € ist erfolgswirksam einzubuchen.

Beispiel – Variante:

Abweichend vom Ausgangsfall sei angenommen, der Wert des von A hingegebenen Aktienpakets habe sich bereits zum 31.12.01 auf 18 Mio. € vermindert. Hinweise auf eine unmittelbar bevorstehende Kurserholung ergeben sich nicht.

Lösung nach IFRS 3 (2004):

Aufgrund des Kursrückgangs der A-Aktie ist bereits zum 31.12.01 der Eintritt des die Kaufpreisanpassung auslösenden Ereignisses wahrscheinlich und die Höhe der Anpassung verlässlich zu ermitteln. Dementsprechend ist zum Stichtag die Ausgleichsverpflichtung zu Lasten der Kapitalrücklage einzubuchen.

Lösung nach IFRS 3:

Da der Wert des Aktienpakets im Vergleich zum Erwerbsstichtag gesunken ist, weist die Kursgarantie zum 31.12.01 einen gestiegenen beizulegenden Zeitwert auf. Dennoch sind die Anschaffungskosten des Erwerbers (und damit der Goodwill) nicht anzupassen, da die Bewertung der Gegenleistung innerhalb der Zwölf-Monatsfrist nach dem Erwerbsstichtag nur anzupassen ist, wenn sich im Nachhinein bessere Informationen über Umstände einstellen, die am Erwerbsstichtag vorlagen (vgl. IFRS 3.58). Das ist im Beispiel nicht der Fall. Der beizulegende Zeitwert der Kursgarantie am Erwerbsstichtag wird durch den nachträglichen Kursrückgang nicht beeinflusst. Dieser führt vielmehr zu einer nachträglichen Änderung des *fair value* der ursprünglich für die Garantie erfassten Verbindlichkeit. Sie ist nach IFRS 3.58(b) erfolgswirksam zu erfassen.

1.1.2.4 Kaufpreisallokation

1.1.2.4.1 Überblick

Gegenstand einer Kaufpreisallokation ist eine bilanzielle Abbildung der Verteilung der Anschaffungskosten eines Unternehmenszusammenschlusses auf die identifizierbaren Vermögenswerte und Schulden des erworbenen Unternehmens zum Erwerbszeitpunkt. Im Einzelnen sind alle identifizierbaren Vermögenswerte und Schulden, welche die Ansatzkriterien des Rahmenkonzepts erfüllen, oder nach den diesen vorgehenden Regelungen des IFRS 3 zu berücksichtigen sind, in der Bilanz des Erwerbers mit ihrem beizulegenden Zeitwert anzusetzen. Damit wird die Buchwertbilanz des erworbenen Unternehmens in eine Zeitwertbilanz transformiert und die stillen Reserven und Lasten zum Erwerbszeitpunkt aufgedeckt. **IFRS 3.10ff. IFRS 3.28ff.**

Die Kaufpreisallokation erfolgt in zwei oder drei Teilschritten: In einer ersten Phase wird analysiert, welche Vermögenswerte, Schulden und Eventualschulden des erworbenen Unternehmens aus der Sicht des erwerbenden Unternehmens anzusetzen sind (Identifizierungsphase). Hier werden die Ansatzkriterien der IFRS für Vermögenswerte und Schulden aus Sicht des erwerbenden Unternehmens herangezogen. Gegenüber dem Einzelabschluss des erworbenen Unternehmens können dabei einzelne, bisher nicht aktivierungsfähige Vermögenswerte die Ansatzkriterien erfüllen. Insoweit ist es unerheblich, ob diese Vermögenswerte beim erworbenen Unternehmen bilanzielle Berücksichtigung gefunden haben. **IFRS 3.36ff.**

Bestimmte Vermögenswerte und Schulden erfordern vor ihrer Bewertung eine Klassifizierung. Das gilt bspw. für die Zuordnung finanzieller Vermögenswerte und Schulden zu den einzelnen Kategorien des IAS 39 oder für die Beurteilung, ob eingebettete Derivate vom *host contract* zu trennen sind. Diese Beurteilungen sind auf Basis jener Bedingungen vorzunehmen, die am Erwerbsstichtag gelten. Ausgenommen hievon ist die Klassifizierung von Leasingverhältnissen und die Identifizierung eines Vertrags als Versicherungsvertrag im Sinne des IFRS 4. Für ihre Behandlung sind die Bedingungen maßgeblich, die bei Abschluss des Vertrags gegolten haben. **IFRS 3.15**

Wurden alle anzusetzenden Vermögenswerte und Schulden identifiziert sowie ggf. klassifiziert, schließt sich ihre Bewertung an. Nach dem in IFRS 3.18 enthaltenen Grundprinzip sind die identifizierbaren erworbenen Vermögenswerte und Schulden zum Erwerbstichtag mit ihren jeweiligen beizulegenden Zeitwerten zu bewerten (Bewertungsphase). Eine abweichende Bewertung des auf die Gesellschafter des Mutterunternehmens und auf etwaige Minderheitsgesellschafter entfallenden rechnerischen Anteils der im Zuge des Unternehmenszusammenschlusses zugegangenen Vermögenswerte und Schulden ist unzulässig. Für die Bewertung des im Eigenkapital gesondert auszuweisenden Minderheitenpostens **IFRS 3.18ff.**

besteht ein Wahlrecht. Dieser ist entweder auf Basis des neubewerteten Reinvermögens des Tochterunternehmens oder in Höhe des *fair value* der von diesen Gesellschaftern gehaltenen Anteile am Erwerbsobjekt anzusetzen (→ D.III.1.1.2.7). Übersteigt die vom Erwerber für die Erlangung der Beherrschung erbrachte Gegenleistung zuzüglich des für die Minderheitsgesellschafter angesetzten Betrags den Wert des für das Erwerbsobjekt angesetzten Nettovermögens, ist ein Goodwill anzusetzen. Im umgekehrten Fall ist ein negativer Unterschiedsbetrag ergebniswirksam zu vereinnahmen (→ D.III.1.1.2.6).

Bei der Ermittlung des neubewerteten Reinvermögens des erworbenen Unternehmens sind die im folgenden Kapitel beschriebenen Leitlinien zu beachten.

1.1.2.4.2 Identifizierung von Vermögenswerten, Schulden und Eventualschulden

Bevor ein Ansatz zu beizulegenden Zeitwerten und damit eine Bewertung möglich ist, müssen zunächst sämtliche erworbenen Vermögenswerte, Schulden und Eventualschulden identifiziert werden. Grundsätzlich sind dabei die Ansatzkriterien des IFRS 3.10–14 und IFRS 3.22–.28 anzuwenden. Insoweit gilt Folgendes:

IFRS 3.37
- Vermögenswerte und Schulden sind als Teil des erworbenen Nettovermögens anzusetzen, sofern sie die allgemeinen Definitionsmerkmalen des Rahmenkonzepts erfüllen (→ C.I.1.2.2 für Vermögenswerte und → C.I.2.2.2 für Schulden). Zudem müssen sie in den Tauschvorgang zwischen Erwerber und Veräußerer einbezogen sein. Der Ansatz von Vermögenswerten und Schulden, die aus einer anderen Transaktion hervorgegangen sind, ist nach den für die Transaktion einschlägigen IFRS zu beurteilen. Immaterielle Vermögenswerte erfahren nach dem neu gefassten IFRS 3 keine besondere Behandlung mehr. Die an ihren Ansatz nach IFRS 3 (2004) geknüpfte Voraussetzung einer verlässlichen *fair value*-Ermittlung ist aufgegeben worden.

IFRS 3.22 f.
- Eventualschulden (vgl. zur Definition → C.I.2.2.4) sind zu passivieren, wenn sie Ausdruck einer gegenwärtigen Verpflichtung sind und ihr *fair value* verlässlich ermittelt werden kann. Abweichend von IAS 37 und dem Rahmenkonzept sind damit gegenwärtige Verpflichtungen, die als Teil eines Unternehmenszusammenschlusses übernommen wurden, auch dann zu passivieren, wenn ein Ressourcenabfluss nicht wahrscheinlich ist. Gegenwärtige Verpflichtungen, deren *fair value* nicht verlässlich ermittelbar ist, bleiben dagegen bei Unternehmenszusammenschlüssen ebenso unpassiviert wie nur mögliche Verpflichtungen. Berücksichtigungspflichtige Eventualschulden können sich bspw. aus Prozessrisiken, Bürgschaften sowie aus finanziellen und sonstigen Garantieverpflichtungen ergeben.
- Neben den Eventualschulden beurteilt sich der Ansatz folgender Vermögenswerte und Schulden nicht nach dem allgemeinen Ansatzkriterium in IFRS 3.10:
  - **IFRS 3.24** Latente Steuerforderungen und Steuerverbindlichkeiten sind nach den Vorschriften des IAS 12 zu berücksichtigen.
  - **IFRS 3.26** Der Ansatz von Vermögenswerten und Verbindlichkeiten aus Versorgungszusagen richtet sich nach IAS 19.
  - **IFRS 3.27** Freistellungsansprüche gegen den Veräußerer des erworbenen Unternehmens sind nach den gleichen Grundsätzen und auf Basis der gleichen An-

nahme zu erfassen wie die von der Freistellung betroffenen Posten. Betrifft die Freistellung des Erwerbers bspw. eine ungewisse Umweltlast, ist über die Bilanzierung (und Bewertung) der Verpflichtung und des Erstattungsanspruchs konsistent zu befinden.

Die solchermaßen identifizierten Vermögenswerte und Schulden des erworbenen Unternehmens sind der Fiktion des Einzelerwerbs folgend auf Basis der Wertansätze im Konzernabschluss zu berücksichtigen, die zum Erstkonsolidierungszeitpunkt angefallen wären, wenn die Vermögenswerte und Schulden einzeln erworben oder übernommen worden wären.

Bewertungsobjekt	***fair value*-Ermittlung**
Immaterielle Vermögenswerte	Preis auf einem aktiven Markt, hilfsweise mittels bester anderweitiger verfügbarer Informationen unter Berücksichtigung der Leitlinien des IAS 38 ermittelter Wert
Grundstücke und Gebäude	Aktueller Marktwert
Technische Anlagen/ Betriebs- und Geschäftsausstattung	Geschätzte Marktwerte; bei fehlenden Marktwerten hilfsweise fortgeführte Wiederbeschaffungskosten
Fertigerzeugnisse und Handelswaren	Verkaufspreis abzüglich Veräußerungskosten und angemessener Gewinnspanne
Unfertige Erzeugnisse	Wie Fertigerzeugnisse bei zusätzlicher Berücksichtigung noch anfallender Kosten bis zur Fertigstellung
Rohstoffe	Aktuelle Wiederbeschaffungskosten
Forderungen/Auftragsbestände	Barwert der erwarteten Zahlungseingänge nach etwaigen Abschlägen für Uneinbringlichkeit und Eintreibungskosten (ggf. Verzicht auf Abzinsung wegen Unwesentlichkeit)
Börsengängige Wertpapiere	Aktuelle Börsenkurse
Nicht borsengangige Wertpapiere	Geschatzter Wert unter Berucksichtigung von Merkmalen wie Kurs-Gewinn-Verhältnis, Dividendenrendite und Wachstumsraten von Wertpapieren vergleichbarer Unternehmen mit ähnlichen Merkmalen
Steueransprüche und Steuerschulden	Betrag des Steuervorteils, der sich aus steuerlichen Verlusten ergibt; Ansatz der zu zahlenden Steuern hinsichtlich der Gewinne und Verluste gemäß IAS 12; Maßgeblich ist die Konzernperspektive; kein Barwertansatz.
Pensionsverpflichtungen	Barwert der *defined benefit obligation* abzüglich *fair value* der *plan assets;* Ansatz eines (Netto-)Vermögenswertes bei wahrscheinlicher Rückerstattung aus dem Plan oder niedrigeren Beiträgen in der Zukunft.
Sonstige Schulden	Ansatz zum Barwert (soweit er wesentlich vom Nominalwert abweicht); der Diskontierung ist ein angemessener und aktueller Marktzins zugrunde zu legen.
Belastende Verträge	Barwert der Nettoverpflichtung
Eventualverbindlichkeiten	Betrag, zu dem ein Dritter die Eventualverbindlichkeit übernehmen würde; Berücksichtigung der denkbaren Szenarien

Abbildung 3: Fair value – Ermittlung bei der Kaufpreisallokation

Grundsätzlich sind somit in der Identifizierungsphase alle potenziell bilanzierungsfähigen Vermögenswerte, Schulden und Eventualschulden, die bei der erworbenen Einheit vorhanden sind, auf die Erfüllung der Ansatzkriterien zu prüfen. Dies erfordert gerade bei größeren Transaktionen häufig einen unverhältnismäßigen Aufwand. In der Praxis wird im Vorfeld der Identifizierungsphase eine Wesentlichkeitsgrenze festgelegt, ab der die potenziell bilanzierungsfähigen Vermögenswerte, Schulden und Eventualschulden in die Analyse einbezogen werden.

1.1.2.4.3 Bewertung von Vermögenswerten und Schulden

IFRS 3.18 Nach dem grundlegenden Bewertungsprinzip des IFRS 3.18 sind alle erworbenen Vermögenswerte und übernommenen Verbindlichkeiten mit ihrem jeweiligen *fair value* am Erwerbsstichtag anzusetzen. Von diesem Grundprinzip sieht der Standard erneut Ausnahmen vor. Drei dieser Ausnahmen betreffen jene Fälle, für die bereits das allgemeine Ansatzkriterium des IFRS 3 außer Kraft gesetzt ist, nämlich

- **IFRS 3.24 f.** latente Steuern,
- **IFRS 3.26** Verpflichtungen aus Versorgungszusagen an Arbeitnehmer und
- **IFRS 3.27f.** Freistellungsansprüche des Veräußerers gegenüber dem Erwerber.

Lediglich vom Bewertungsprinzip des IFRS 3.18 ausgenommen sind

- **IFRS 3.29** zurückerworbene Rechte, die als immaterielle Vermögenswerte erfasst werden; sie sind auf Basis der verbleibenden Laufzeit des Vertrags zu bewerten, wobei Erneuerungsmöglichkeiten unberücksichtigt bleiben müssen;
- **IFRS 3.30** Verbindlichkeiten oder Eigenkapitalinstrumente, die aus dem Ersatz der vom Erwerbsobjekt gewährten Vergütungselemente durch solche des Erwerbers resultieren; ihre Bewertung erfolgt nach IFRS 2;
- **IFRS 3.31** langfristige Vermögenswerte, die am Erwerbstag als zur Veräußerung gehalten klassifiziert werden; sie sind zum Nettoveräußerungspreis anzusetzen,

IFRS 3B.41ff., IDW RS HFA 16, Tz. 18ff. Die Grundlagen der Bewertung von Vermögenswerten und Schulden im Rahmen der Kaufpreisaufteilung sind in Anhang B zu IFRS 3 niedergelegt. Der frühere Standard IFRS 3 (2004) lieferte in IFRS 3.B16 f. (2004) Hinweise, wie der Wertansatz einzelner Vermögenswerte und Schulden bei der Kaufpreisallokation zu ermitteln ist (vgl. Abb. 3). Obwohl diese Erläuterungen im aktuellen Standard nicht mehr enthalten sind, können diese Leitlinien auch künftig für die Bewertung des Nettovermögens herangezogen werden. Änderungen sind ggf. durch das aktuelle Fair Value Measurement Projekt zu erwarten (→ F.III.2).

Aufbauend auf den Vorgaben der IFRS hat das IDW in seiner Stellungnahme zu Bewertungen bei der Abbildung von Unternehmenserwerben und bei Werthaltigkeitsprüfungen nach IFRS die Vorgehensweise zur *fair value*-Ermittlung erläutert. Danach kommen für die Bewertung einzelner Vermögenswerte und Schulden folgende drei Bewertungsverfahren in Betracht, die nach Bewertungsmethoden weiter unterteilt werden können:

- Marktpreisorientiertes Verfahren (*market approach*),
  - Feststellung der Marktpreise auf einem aktiven Markt
  - Analogiemethode (*multiples*)

- Kapitalwertorientierte Verfahren (*income approach*)
  - Methode der unmittelbaren Cashflow-Prognose
  - Methode der Lizenzpreisanalogie (*relief-from-royalty method*)
  - Residualwertmethode (*multi-period excess earnings method*)
  - Mehrgewinnmethode (*incremental cashflow method*)
- Kostenorientiertes Verfahren (*cost approach*).

Für die Zwecke der Kaufpreisallokation ist vorrangig das marktpreisorientierte Verfahren anzuwenden. In den Fällen, in denen eine Bewertung nach dem marktpreisorientierten Verfahren nicht möglich ist, kommt das kapitalwertorientierte Verfahren zur Anwendung. Nur wenn beide vorgenannten Verfahren nicht anwendbar sind, wird das kostenorientierte Verfahren herangezogen. **IFRS 3.B.16**

Beim **marktpreisorientierten Bewertungsverfahren** ist der auf einem **aktiven Markt** feststellbare Preis für den zu bewertenden Vermögenswert oder die Schuld zu verwenden. Sofern ein derartiger Preis nicht verfügbar ist, kommt die Analogiemethode zur Anwendung. Dabei wird der gesuchte Preis aus dem Vergleich mit dem beobachtbaren Preis eines Vergleichobjekts abgeleitet. Dabei werden zumeist Multiplikatoren oder ähnliche Kennziffern herangezogen. Voraussetzung für die Anwendung der **Analogiemethode** ist, dass der ersatzweise herangezogene Vermögens- bzw. Schuldposten in den wesentlichen wertrelevanten Eigenschaften weitestgehend identisch mit dem Bewertungsobjekt ist. Die grundlegende Aufgabe bei der Anwendung der Analogiemethode besteht folglich in der Auswahl geeigneter Vergleichstransaktionen bzw. deren Prüfung sowie ggf. in der Bereinigung um spezielle Marktgegebenheiten und käuferspezifische Motive. Dabei ist unter dem qualitativen Aspekt zu beachten, dass die erforderliche Vergleichbarkeit in der Praxis regelmäßig nur eingeschränkt gegeben und daher eine Begründung der Wahl der Vergleichstransaktionen und der daraus abgeleiteten Kennziffern erforderlich ist. Unter dem zeitlichen Aspekt gilt grundsätzlich die widerlegbare Vermutung, dass Transaktionen aus den zurückliegenden zwölf Monaten eine geeignete Vergleichsbasis bilden. Kürzere oder längere Beobachtungszeiträume sind jedoch unter Berücksichtigung der Gegebenheiten des Einzelfalls möglich. **IAS 36.6, IAS 38.8** **IDW RS HFA 16, Tz. 22**

D.III

Das **kapitalwertorientierte Verfahren** basiert auf der Annahme, dass der Wert des Bewertungsobjekts an dessen Fähigkeit gemessen wird, künftig Cashflows zu erwirtschaften. Demnach ergibt sich der Wert eines Vermögenswerts aus dem Barwert der künftigen Cashflows zum Bewertungsstichtag, die dem bilanzierenden Unternehmen während der prognostizierten wirtschaftlichen Nutzungsdauer zufließen. Der Wert eines Schuldpostens resultiert aus den zukünftigen Zahlungen, die der Schuldner an den Gläubiger zu entrichten hat. Bei der Wertermittlung sind Unternehmenssteuern einzubeziehen. Die prognostizierten Cashflows sind mit dem Kapitalisierungszinssatz auf den Bewertungsstichtag abzuzinsen. Dabei werden zumeist die Erwartungswerte der Cashflows mit einem risikoangepassten Kapitalisierungszinssatz diskontiert (Risikozuschlagsmethode). Die zentralen Elemente einer Bewertung mit dem kapitalwertorientierten Verfahren sind somit die Prognose der Cashflows sowie die Ableitung des Kapitalisierungszinssatzes. **IDW RS HFA 16, Tz. 24**

Das klassische kapitalwertorientierte Verfahren ist die Methode der **unmittelbaren Cashflow-Prognose**, bei der dem Vermögenswert direkt zurechenbare Cashflows mit dem vermögenswertspezifischen risikoadjustierten Kapitalisierungszinssatz **IDW RS HFA 16, Tz. 49** diskontiert werden. Dabei ist der Wert des abschreibungsbedingten Steuervorteils (*tax amortisation benefit* – TAB) hinzuzurechnen. Diese Methodik entspricht im Wesentlichen der aus der Unternehmensbewertung bekannten Vorgehensweise.

IDW RS HFA 16, Tz. 50ff. Bei Anwendung der Methode der **Lizenzpreisanalogie** wird der Wert eines Vermögenswerts als Barwert ersparter Lizenzzahlungen ermittelt. Hierzu ist zu fragen, welche Lizenzzahlungen fiktiv zu entrichten wären, wenn sich der betreffende Vermögenswert im Eigentum eines Dritten befände. Die fiktiven Lizenzzahlungen werden auf der Grundlage von marktüblichen Lizenzraten für vergleichbare Vermögenswerte bestimmt. Der Barwert der ersparten Lizenzzahlungen wird durch Abzinsung der fiktiven Nachsteuer-Lizenzzahlungen mit dem vermögenswertspezifischen gewichteten Kapitalkostensatz auf den Bewertungsstichtag ermittelt. Auch hier ist der abschreibungsbedingte Steuervorteil zu berücksichtigen.

IDW RS HFA 16, Tz. 53ff. Die **Residualwertmethode** wird grundsätzlich auf solche Vermögenswerte angewendet, bei denen die bewertungsrelevanten Cashflows nur für einen Verbund von materiellen bzw. immateriellen Vermögenswerten ermittelt werden können. Wie bei der Methode der unmittelbaren Cashflow-Prognose wird auf den Barwert der Cashflows abgestellt, die ausschließlich durch den zu bewertenden Vermögenswert erwirtschaftet werden. Zunächst werden jedoch die Cashflows für den Verbund von Vermögenswerten ermittelt und anschließend fiktive Nutzungsentgelte für die „unterstützenden" Vermögenswerte *(contributory asset charges)* berücksichtigt. Unterstellt wird dabei, dass die „unterstützenden" Vermögenswerte in dem Umfang, der für die Generierung der Cashflows erforderlich ist, von einem Dritten „gemietet" oder „geleast" werden. Für die Ableitung der Nutzungsentgelte ist der Wertverzehr *(return of asset)* – jeweils bezogen auf den beizulegenden Zeitwert der betreffenden „unterstützenden" Vermögenswerte – zu berücksichtigen. Einzubeziehen ist ferner eine angemessene Verzinsung auf das investierte Kapital *(return on asset)*. Für diese ist auf diejenigen Kapitalkosten abzustellen, die bei einer Bestimmung des beizulegenden Zeitwerts des „unterstützenden" Vermögenswerts heranzuziehen sind. Die ermittelten (Residual-) Cashflows sind mit dem vermögenswertspezifischen Kapitalisierungszinssatz auf den Bewertungsstichtag zu diskontieren. Zu dem so ermittelten Barwert ist der Wert des abschreibungsbedingten Steuervorteils zu addieren.

IDW RS HFA 16, Tz. 59ff. Bei der **Mehrgewinnmethode** werden die zukünftig erwarteten Cashflows aus dem Unternehmen einschließlich des zu bewertenden immateriellen Vermögenswerts den Cashflows aus einem fiktiven Vergleichsunternehmen gegenübergestellt, das nicht über den betreffenden Vermögenswert verfügt. Insoweit wird unterstellt, dass das Vergleichsunternehmen vollständig auf die Nutzung des Vermögenswerts verzichtet. Als Differenz ergibt sich je Periode der Cashflow *(incremental cashflow)*, der auf den zu bewertenden immateriellen Vermögenswert zurückzuführen ist. Zur Ermittlung des beizulegenden Zeitwerts des Vermögenswerts sind die *incremental cashflows* mit dem vermögenswertspezifischen gewichteten Kapitalkostensatz auf den Bewertungsstichtag zu diskontieren. Zu dem auf dieser Weise ermittelten Barwert ist der Wert des abschreibungsbedingten Steuervorteils hinzuzurechnen.

IDW RS HFA 16, Tz. 39ff. Beim **kostenorientierten Verfahren** kann entweder auf diejenigen Kosten abgestellt werden, die notwendig sind, um ein exaktes Duplikat des Vermögenswerts herzustellen (Reproduktionskostenmethode) oder es werden die Kosten ermittelt, die für die Herstellung eines nutzenäquivalenten Vermögenswerts (Wiederbeschaffungskostenmethode) erforderlich sind. Bei Anwendung des kostenorientierten Verfahrens ist zu prüfen, ob und inwieweit Abschläge zur Berücksichtigung technischer, physischer und/oder wirtschaftlicher Veralterung geboten sind. Im Einzelfall ist ferner zu prüfen, ob ein abschreibungsbedingter Steuervorteil aus einem fiktiven Einzelerwerb zu berücksichtigen ist.

1.1.2.4.4 Besonderheiten bei einzelnen Vermögenswerten und Schulden

1.1.2.4.4.1 Immaterielle Vermögenswerte – Identifizierung

Der Schwerpunkt der Identifizierungsphase liegt regelmäßig bei den immateriellen Vermögenswerten, die beim erworbenen Unternehmen bislang nicht aktiviert worden sind. Immaterielle Vermögenswerte sind im Rahmen der Kaufpreisallokation zu berücksichtigen, wenn die Definitionsmerkmale eines immateriellen Vermögenswertes nach IAS 38 vorliegen (abstrakte Aktivierungsfähigkeit → C.II.1.2.2). **IFRS 3.11**

Beim Zugang eines separierbaren oder rechtlich abgesicherten immateriellen Vermögenswerts im Rahmen eines Unternehmenszusammenschlusses nehmen die IFRS an, dass eine verlässliche Schätzung des *fair value* (= Anschaffungskosten aus Konzernsicht) möglich ist. Schätzungsunsicherheiten sind bei der Ermittlung des Zugangswertes zu berücksichtigen; sie stellen kein Indiz für die Unmöglichkeit der zuverlässigen Schätzung des *fair value* dar. **IAS 38.35**

Der Ansatz des IASB, einen aus unterschiedlichen Zukunftsszenarien abgeleiteten Erwartungswert als verlässliche *fair value*-Schätzung zu akzeptieren, unterstützt die Absicht, möglichst wenige vom erwerbenden Unternehmen bezahlte Ertragserwartungen im Goodwill aufgehen zu lassen. Dies soll der Entscheidungsnützlichkeit der Rechnungslegung dienen. Insbesondere identifizierbare Vermögensvorteile, die einen zeitlich begrenzten Nutzenzufluss generieren, sollen nicht als Teil des nur außerplanmäßig abzuschreibenden Goodwill erfasst werden. **IAS 38.BC23**

Ein Sonderfall liegt vor, wenn ein im Zuge eines Unternehmenszusammenschlusses erworbener immaterieller Vermögenswert wirtschaftlich so eng mit anderen materiellen oder immateriellen Vermögenswerten verbunden ist, dass sich sein *fair value* nicht isoliert, sondern nur für die Gruppe der zusammen gehörenden Vermögenswerte insgesamt verlässlich bestimmen lässt (Bsp.: Markenname eines Mineralwassers und Mineralwasserquelle). Auch in diesem Fall soll nach Ansicht des IASB der für den immateriellen Vermögenswert bezahlte Betrag regelmäßig nicht in die Anschaffungskosten des Goodwill eingehen. Stattdessen wird die Bildung einer Bewertungseinheit aus den komplementären Vermögenswerten gefordert, die sodann getrennt vom Goodwill als Bilanzierungsobjekt zu erfassen ist. Auch hierin wird die Absicht des IASB deutlich, möglichst alle identifizierbaren Vermögenswerte getrennt vom Goodwill zu erfassen. **IAS 38.36f. iVm IAS 36.BC25**

IFRS 3 nennt in seinen Beispielen *(illustrative examples)* immaterielle Vermögenswerte, die bei der Kaufpreisallokation getrennt vom Goodwill anzusetzen sind. Obwohl diese Beispiele kein Bestandteil des in europäisches Bilanzrecht zu überführenden Standards sind, stellen sie dennoch eine wertvolle Hilfestellung bei **IFRS 3.IE 16ff.**

der Identifizierung von erworbenen immateriellen Vermögenswerten im Rahmen eines Unternehmenszusammenschlusses dar. Folgende Gruppen von immateriellen Vermögenswerten werden differenziert:

- absatzmarkbezogene immaterielle Vermögenswerte (bspw. Markennamen, Markenzeichen, Zeitschriftentitel, Internet-Adressen, Vereinbarungen über Wettbewerbsunterlassung)
- kundenbezogene immaterielle Vermögenswerte (bspw. Kundenlisten, Auftragsbestände, vertraglich fixierte und nicht vertragliche Kundenbeziehungen)
- immaterielle Vermögenswerte des künstlerischen Bereichs (bspw.: Bühnenwerke, Printmedien, Kompositionen, Liedtexte, Werbemelodien, Bilder und Fotografien, Filme)
- vertraglich fixierte immaterielle Vermögenswerte (bspw.: Lizenzen, Dienstleistungsverträge, Leasingvereinbarungen, Franchiserechte, Baugenehmigungen, Betriebs- und Sendekonzessionen, Explorationsgenehmigungen, vorteilhafte Arbeitsverträge)
- technologiebasierende immaterielle Vermögenswerte (bspw. patentierte und nicht patentierte Technologien, Software, Datenbanken, vertrauliche Formeln, Prozesse und Rezepte)

Insgesamt setzt die ordnungsgemäße Identifizierung bislang nicht bilanzierter immaterieller Vermögenswerte das Verständnis des Geschäftsmodells, der Werttreiber sowie der Unternehmensplanung und des rechtlichen bzw. regulatorischen Umfelds des erworbenen Unternehmens voraus. Darauf aufbauend sind die wesentlichen Werttreiber für die künftige Entwicklung abzuleiten und es ist zu prüfen, ob und inwieweit diese ihren Ausdruck in der Unternehmensplanung des erworbenen Unternehmens gefunden haben. Im nächsten Schritt ist dann zu entscheiden, inwieweit die identifizierten Werttreiber durch separat zu bilanzierende immaterielle Vermögenswerte konkretisiert werden können.

1.1.2.4.4.2 Immaterielle Vermögenswerte – Bewertung mit marktpreisorientierten Verfahren

Für immaterielle Vermögenswerte gilt nach den allgemeinen Bewertungsgrundsätzen, dass vorrangig ein Marktpreis zur Bewertung heranzuziehen ist. Dies erfordert, dass sich die beobachteten Marktpreise auf hinreichend vergleichbare Vermögenswerte beziehen. Es muss sich zudem um einen aktiven Markt handeln. Ein solcher liegt nur vor, wenn:

- die auf dem Markt gehandelten Güter homogen sind,
- vertragswillige Käufer und Verkäufer in der Regel jederzeit gefunden werden können und
- die Preise öffentlich bekannt sind.

Beispiel: Bewertung von Software

Eine inländische Leasinggesellschaft übernimmt einen Wettbewerber, der über eine bereits abgeschriebene betriebliche Anwendersoftware eines führenden Softwareanbieters verfügt, die zwar im Rahmen eines Customizing auf die individuellen Bedürfnisse des Unternehmens zugeschnitten wurde, aber dennoch als weitgehend homogenes Gut anzusehen ist. Der Wert der Software ist aus der Preisliste des Softwareanbieters abzuleiten.

Der Handel von wesentlichen homogenen immateriellen Vermögenswerten auf aktiven Märkten stellt einen Ausnahmefall dar. Somit ist zu prüfen, ob eine Marktbewertung auf der Basis vergleichbarer Transaktionen möglich ist. Im Rahmen der Analogiemethode wird ein beobachteter Preis für ein Vergleichsobjekt herangezogen.

Beispiel: Bewertung von Software

Eine inländische Leasinggesellschaft übernimmt einen ausländischen Wettbewerber, der über eine bereits abgeschriebene betriebliche Anwendersoftware eines lokalen Softwareanbieters verfügt, die zudem im Rahmen eines Customizing umfassend auf die individuellen Bedürfnisse des Unternehmens zugeschnitten wurde. Der lokale Softwareanbieter hat sich aus dem Geschäft mit betrieblicher Anwendersoftware zurückgezogen. Der Wert der Software kann dennoch aus der Preisliste anderer Softwareanbieter abgeleitet werden. Dabei ist das Vorgehen im Einzelfall zu begründen.

Grundsätzlich ist festzustellen, dass die Verwendung marktpreisorientierter Verfahren für die Bewertung immaterieller Vermögenswerte einen Ausnahmefall darstellt. Die Anwendung dieser Verfahren scheitert in der Praxis in der Regel am nicht vorhandenen aktiven Markt oder an adäquaten Daten aus Vergleichstransaktionen.

1.1.2.4.4.3 Immaterielle Vermögenswerte – Bewertung mit der Methode der unmittelbaren Cashflow-Prognose

Bei der Methode der unmittelbaren Cashflow-Prognose werden dem Vermögenswert direkt zurechenbare Cashflows mit dem vermögenswertspezifischen risikoadjustierten Kapitalisierungszinssatz abgezinst. Wesentliche Voraussetzung hierbei ist, dass die den immateriellen Vermögenswerten direkt zurechenbaren Cashflows ermittelbar sind. Im Einzelnen ergibt sich der Wert eines Vermögenswerts aus der Summe der Barwerte der künftig erzielbaren Cashflows zum Bewertungsstichtag, die aus der Nutzung des immateriellen Vermögenswerts während der erwarteten wirtschaftlichen Nutzungsdauer und ggf. aus dem Abgang generiert werden. Als zentrale Aufgaben der Bewertung ergeben sich somit die Prognose der bewertungsrelevanten Cashflows sowie die Ableitung des das Risiko des betreffenden immateriellen Vermögenswerts widerspiegelnden Kapitalisierungszinssatzes.

Beim zugrunde zu legenden Planungszeitraum der Cashflows ist auf die wirtschaftliche Nutzungsdauer bzw. die verbleibende Restnutzungsdauer des immateriellen Vermögenswerts abzustellen. Dabei ist zu beachten, dass die Nutzungsdauer immaterieller Vermögenswerte zumeist zeitlich begrenzt ist, so dass die Berücksichtigung einer ewigen Rente im Bewertungskalkül ausscheidet. Nur ausnahmsweise kommt der Ansatz einer ewigen Rente in Betracht, wenn tatsächlich von einer so langen Nutzungsdauer ausgegangen werden kann, dass sich gegenüber dem Ansatz der begrenzten Zahlungsreihe kein wesentlicher Unterschied im Bewertungsergebnis einstellt.

Der Wert des immateriellen Vermögenswerts wird durch Diskontierung der ihm zugerechneten künftigen finanziellen Überschüsse auf den Bewertungsstichtag ermittelt. Bei der regelmäßig angewendeten Risikozuschlagsmethode müssen die Cashflows mit einem risikoangepassten Kapitalisierungszinssatz diskontiert werden. Als Ausgangsgröße können die gewogenen durchschnittlichen Kapitalkosten des Unternehmens (*Weighted Average Cost of Capital, WACC*) herangezogen werden, die an das Risikoprofil des immateriellen Vermögenswerts anzupassen sind. Für Bilanzierungszwecke sind die Kapitalkosten zur Objektivierung der Bewertung nach Möglichkeit aus den Gegebenheiten am Kapitalmarkt abzuleiten.

Sollen aus Kapitalmarktdaten abgeleitete gewogene durchschnittliche Kapitalkosten des Unternehmens als Ausgangsgröße herangezogen werden, müssen Eigenkapitalkosten, Fremdkapitalkosten (nach Steuern) und Kapitalstruktur ermittelt werden. Die einzelnen Parameter sind in Abhängigkeit vom zugrunde gelegten Wertkonzept (Nutzungswert oder *fair value*) festzulegen. Die Ermittlung eines Nutzungswerts erfordert eine Festlegung der Bewertungsparameter unter Berücksichtigung der individuellen Gegebenheiten des Unternehmens, während bei der rechnerischen Ableitung eines *fair value* grundsätzlich auf Kapitalmarktdaten zurückgegriffen wird, die durch eine Analyse einer Gruppe börsennotierter Vergleichsunternehmen (Peer Group) erhoben worden sind.

Die vermögenswertspezifischen Eigenkapitalkosten setzen sich in Anlehnung an das Capital Asset Pricing Model (CAPM) aus einem risikolosen Basiszinssatz und einem vermögenswertspezifischen Risikozuschlag zusammen. Diesem Risikozuschlag liegt die allgemeine Marktrisikoprämie zugrunde, die an das besondere Risikoprofil des entsprechenden Vermögenswerts angepasst wird.

Der Basiszinssatz sollte jeweils aus den periodenspezifischen Zerobondrenditen der aktuellen Zinsstrukturkurve abgeleitet werden. Die Deutsche Bundesbank veröffentlicht die für die Ermittlung der Zinsstrukturkurve benötigten Kapitalmarktdaten auf ihrer Homepage (www.bundesbank.de).

In der Berichterstattung über die 84. Sitzung des Arbeitskreises für Unternehmensbewertung „AKU" des IDW (heute Fachausschuss für Unternehmensbewertung und Betriebswirtschaft „FAUB") finden sich Empfehlungen zur Höhe der Marktrisikoprämie: Der AKU hält es auf der Basis neuerer empirischer Untersuchungen zur Marktrisikoprämie für sachgerecht, wenn Unternehmensbewertungen mit Bewertungsstichtagen ab dem 31. Dezember 2004 eine Marktrisikoprämie (vor persönlichen Ertragsteuern) in Höhe von 4,0 bis 5,0 % zugrunde gelegt wird, sofern dem nicht Besonderheiten im zu beurteilenden Einzelfall entgegenstehen. Nach Verabschiedung des Steuerreformgesetzes 2008 am 6. Juli 2007 ist damit zu rechnen, dass sich die am Markt geforderten Renditen der Kapitalmarktteilnehmer auf der Ebene vor persönlichen Steuern leicht erhöhen, so dass zukünftig eine Marktrisikoprämie an der oberen Grenze der vorgenannten Bandbreite zu erwarten ist.

Diese Marktrisikoprämie bildet die Ausgangsbasis für die Berechnung vermögenswertspezifischer Risikozuschläge. Regelmäßig prägt zudem das individuelle Risiko des Unternehmens, das den jeweiligen Vermögenswert hält, dessen Risikoprofil aus der Perspektive eines (potenziellen) Eigenkapitalgebers. Das

CAPM fasst diese beiden Perspektiven zusammen, indem Risikozuschläge eines Bewertungsobjekts durch Multiplikation der allgemeinen Marktrisikoprämie mit einem spezifischen Risikofaktor, dem sog. Betafaktor, kalkuliert werden. Der Betafaktor stellt ein statistisches Maß dar, das den Gleich- oder Gegenlauf zwischen dem Chance-/Risikoprofil des zu bewertenden Objekts und dem allgemeinen Profil risikobehafteter Anlagen abbildet. Diese Kennzahl kann für börsennotierte Unternehmen unmittelbar über ihre Kurs- bzw. Renditedaten ermittelt werden. Fehlt eine Börsennotierung, lässt sich die benötigte Größe im Wege eines Analogieschlusses ermitteln. So kann der unternehmensindividuelle Betafaktor eines nicht börsennotierten Unternehmens über die Betafaktoren börsennotierter Vergleichsunternehmen (Peer Group) geschätzt werden. Hierzu wird auf Kapitalmarktdaten abgestellt, die von Informationsdienstleistern (z.B. Bloomberg, Reuters) bereitgestellt werden.

Bei der Bestimmung einer adäquaten Peer Group sollte eine weitestgehende Übereinstimmung der operativen Geschäftstätigkeit sowie der Unternehmensgröße angestrebt werden. Neben diesen grundsätzlichen Anforderungen ist bei der Bewertung immaterieller Vermögenswerte auch darauf zu achten, dass nur solche Unternehmen in die Peer Group einbezogen werden, die bei ihrer Leistungserstellung sowie bei ihrer Positionierung auf dem relevanten Absatzmarkt gleichwertige Vermögenswerte wie das Bewertungsobjekt einsetzen. Gegebenenfalls können als Peer Group auch solche Unternehmen herangezogen werden, deren Geschäftszweck in unmittelbarem Zusammenhang mit dem zu bewertenden immateriellen Vermögenswert steht. Sind in diesem Sinne vergleichbare börsennotierte Unternehmen nicht verfügbar, kann der vermögenswertspezifische Risikozuschlag hilfsweise auf Basis von Unternehmen der vergleichbaren Branche abgeleitet werden. Sofern der Vermögenswert Risikostruktur aufweist, die wesentlich von den analysierten Größen der Peer Group abweicht, sind individuelle Zu- oder Abschläge vorzunehmen.

Auch bei der Ermittlung der Fremdkapitalkosten ist Laufzeitäquivalenz sowie Risikoäquivalenz mit dem zu bewertenden immateriellen Vermögenswert zu gewährleisten. Zur Abschätzung der Fremdkapitalkosten werden üblicherweise empirisch beobachtete effektive Zinsraten börsennotierter Vergleichsunternehmen verwendet. Diese ergeben sich aus den jährlichen Zinsaufwendungen, die auf die durchschnittlichen kurzfristigen und langfristigen Schulden bezogen werden.

Finanzielle Überschüsse aus der Nutzung immaterieller Vermögenswerte unterliegen der Besteuerung. Maßgeblich ist dabei das Steuersystem desjenigen Landes, in dem diese finanziellen Überschüsse versteuert werden. Als Bemessungsgrundlage werden in der Praxis die dem immateriellen Vermögenswert zurechenbaren Cashflows herangezogen. Wurden bei der Ableitung der Cashflows Steuern in Abzug gebracht, so ist der Kapitalisierungszinssatz ebenfalls nach diesen Steuern zu ermitteln.

Ferner ist zu prüfen, ob die Berücksichtigung eines abschreibungsbedingten Steuervorteils erforderlich ist. Dieser ergibt sich daraus, dass die steuerliche Bemessungsgrundlage aus den von dem Vermögenswert generierten Cashflows um Abschreibungen auf den Vermögenswert zu reduzieren ist. Bei der Bestimmung der Abschreibungen ist der jeweilige typisierte Wert zugrunde zu legen. Der typisierte Wert ergibt sich jedoch erst nach Berücksichtigung von Steuereffekten. Dieses Zirkularitätsproblem wird zumeist durch eine iterative Berechnung gelöst. Alternativ ist die separate Berechnung des abschreibungsbedingten Steuervorteils (*tax amortisation benefit, TAB*) durch Anwendung eines sog. Step-up-Faktors möglich. Dementsprechend wird zunächst eine Besteuerung ohne die Berücksichtigung von Abschreibungen unterstellt und ein Barwert der (Nachsteuer-) Cashflows ermittelt. Diesem Barwert wird dann der Wertbeitrag bzw. Barwert des abschreibungsbedingten Steuervorteils hinzugerechnet. Die Summe ergibt den jeweiligen typisierten Wert des Vermögenswerts. Bei der Bestimmung des anzuwendenden Steuersatzes sind die Gegebenheiten zu berücksichtigen, die auch für die Ableitung der Cashflows herangezogen worden sind.

Beispiel:

Eine inländische Gesellschaft übernimmt einen Wettbewerber, der das Eigentum an einer zeitlich begrenzten noch zehn Jahre laufenden Lizenz hat. Die Lizenz wird in der Weise genutzt, dass einem Dritten für die verbleibende Nutzungsdauer von zehn Jahren Unterlizenzen eingeräumt werden. Der Dritte entrichtet hierfür vertragsgemäß Cashflows nach Unternehmenssteuern in Höhe von 1.000 p.a. Eventuelle vertraglich fixierte Anpassungen, z.B. zur Berücksichtigung inflationsbedingter Effekte, sollen aus Vereinfachungsgründen nicht bestehen. Weitere Aufwendungen aus der Lizenz entstehen dem Lizenzeigentümer nicht. Ferner wird unterstellt, dass sowohl das erworbene Unternehmen als auch die Vergleichsunternehmen vollständig eigenfinanziert sind. Der durchschnittliche Steuersatz beträgt 35 %. Nach dem Steuerrecht ist die Lizenz über 10 Jahre abzuschreiben.

Für die Bewertung wird der über zehn Jahre laufende Zahlungsstrom der direkt zurechenbaren Cashflows von 1.000 p.a. zugrunde gelegt. Für die Barwertermittlung ist der risikoangepassten Kapitalisierungszinssatz heranzuziehen.

Der Basiszinssatz wird auf Basis von Zinsstrukturkurven mit 4,25 % ermittelt.

Die Marktrisikoprämie vor persönlichen Ertragsteuern ergibt sich mit 5,0 %.

Der unternehmensindividuelle Betafaktor von 1,2 wird aufgrund von Kapitalmarktdaten ermittelt. Die Ermittlung der jeweiligen Betafaktoren der Vergleichsunternehmen erfolgt auf monatlicher Basis über einen Zeitraum von fünf Jahren, jeweils zum Bewertungsstichtag. Die Charakteristika des Vermögenswertes rechtfertigen einen vermögenswertspezifischen Zuschlag zum Beta-Faktor von 0,1, so dass sich ein Beta-Faktor von 1,3 ergibt. Der Einfluss der Peer Group-Kapitalstruktur auf den Kapitalisierungszinssatz ist infolge der vollständigen Eigenfinanzierung von zu bewertendem Unternehmen und Peer Group nicht zu berücksichtigen.

Unmittelbare Cashflow-Prognose

Ermittlung des WACC

Basiszinssatz	4,25%	
Marktrisikoprämie	5,00%	
Beta-Faktor Unternehmen	1,20	
Beta-Faktor-Zuschlag	0,10	
Beta-Faktor Vermögenswert	1,30	
Eigenkapitalrendite	10,75%	
WACC	10,75%	Anmerkung: WACC = rEK, da FK-Quote = 0

Cashflows

Periode	1	2	3	4	5	6	7	8	9	10
Cashflow	1.000	1.000	1.000	1.000	1.000	1.000	1.000	1.000	1.000	1.000
Steuersatz 35,00%	–350	–350	–350	–350	–350	–350	–350	–350	–350	–350
Free Cashflow	650	650	650	650	650	650	650	650	650	650

Barwertermittlung

WACC	10,75%									
Periode	1	2	3	4	5	6	7	8	9	10
Barwertfaktoren	0,903	0,815	0,736	0,665	0,600	0,542	0,489	0,442	0,399	0,360
Barwerte der Perioden	587	530	479	432	390	352	318	287	259	234
fair value vor TAB	3.868									

TAB-Bestimmung

Abschreibungsdauer	10
Steuersatz	35,00%
WACC	10,75%
TAB-Faktor	0,2083*
TAB (tax amortisation benefit)	1,26311*
fair value nach TAB	4.886

* Berechnet sich als Barwert der jährlichen Steuerersparnis durch die Abschreibung des betrachteten Vermögenswerts. Im vorliegenden Fall beträgt der jährliche Abschreibungsbetrag ein Zehntel des Vermögenswerts. Der dadurch induzierte jährliche Steuerersparniseffekt kann durch Multiplikation mit dem relevanten Steuersatz von 35% ermittelt werden (Ergebnis: 0,035). Für die Barwertbildung ist der gewichtete Gesamtkapitalkostensatz relevant (10,75%). Über die unterstellte Abschreibungsdauer ergibt sich damit ein Rentenbarwertfaktor von rd. 5,9515. Dies führt zusammengenommen zu einem Barwert von 0,2083. Der Fair Value vor TAB kann nun auf dieser Basis in einen Fair Value nach TAB überführt werden, indem der TAB-Faktor in einen entsprechenden Step up umgerechnet wird (1/1-0,2083–1,26311 (gerundet)).

Der anzusetzende Wert der Lizenz ergibt sich mit 4.886.

Beispiel zu unmittelbarer Cashflow-Prognose (Kaufpreisallokation)

1.1.2.4.4.4 *Immaterielle Vermögenswerte – Bewertung mit der Methode der Lizenzpreisanalogie*

Die Methode der Lizenzpreisanalogie ermittelt den Wert eines Vermögenswerts auf der Grundlage von marktüblichen Lizenzraten für vergleichbare Vermögenswerte. Danach ergibt sich der Wert eines Vermögenswertes daraus, was ein Dritter (ohne diesen Vermögenswert) hätte zahlen müssen, um sein Produkt mit dem betreffenden Vermögenswert herzustellen.

Die Höhe dieser Lizenzrate wird aus am Markt tatsächlich erzielten Lizenzgebühren für Vermögenswerte ermittelt. Hierzu kann auf Informationsdienstleister zurückgegriffen werden, die z.B. Informationen über Lizenzraten für Patente in bestimmten industriellen Bereichen anbieten. Zu beachten ist, dass die zur Verfügung stehenden öffentlichen Datenquellen häufig erhebliche Schwankungsbreiten

Beispiel:

Eine inländische Gesellschaft übernimmt einen Wettbewerber, der über ein Patent verfügt, das voraussichtlich noch 15 Jahre genutzt werden kann. Die erworbene Gesellschaft legt eine Aufstellung der Umsatzerlöse der letzten fünf Jahre vor dem Bewertungsstichtag vor. Der Mittelwert der relevanten Umsatzerlöse für den gesamten Zeitraum beträgt 1.200 p.a.

Als Lizenzrate wurde ein Satz von 1,5 % ermittelt.

Für die Berücksichtigung der Steuer wurde ein durchschnittlicher Steuersatz von 35 % angenommen.

Unter Berücksichtigung eines vermögenswertspezifischen Zuschlags von 2,5 % wird dem erwarteten erhöhten Risiko immaterieller Vermögenswerte im Vergleich zum Gesamtunternehmen Rechnung getragen. Der Kapitalisierungssatz beträgt somit 13,25 %.

Methode der Lizenzpreisanalogie															
Cashflows															
Periode	1	2	3	4	5	6	7	8	9	10	11	12	13	14	15
Umsatz	1.200	1.200	1.200	1.200	1.200	1.200	1.200	1.200	1.200	1.200	1.200	1.200	1.200	1.200	1.200
Lizenzrate 1,5%	18	18	18	18	18	18	18	18	18	18	18	18	18	18	18
Steuersatz 35,00%	–6	–6	–6	–6	–6	–6	–6	–6	–6	–6	–6	–6	–6	–6	–6
Free Cashflow	12	12	12	12	12	12	12	12	12	12	12	12	12	12	12
Barwertermittlung															
WACC	13,25%														
Periode	1	2	3	4	5	6	7	8	9	10	11	12	13	14	15
Barwertfaktoren	0,883	0,780	0,688	0,608	0,537	0,474	0,419	0,370	0,326	0,288	0,254	0,225	0,198	0,175	0,155
Barwerte der Perioden	10	9	8	7	6	6	5	4	4	3	3	3	2	2	2
fair value vor TAB	63														
TAB-Bestimmung															
Abschreibungsdauer	15														
Steuersatz	35,00%														
WACC	13,25%														
TAB-Faktor	0,14886 *														
TAB	1,17490 *														
fair value nach TAB	74														

* vgl. Tabelle S. 425

Der anzusetzende Wert des Patents ergibt sich mit 74.

Beispiel zur Methode der Lizenzpreisanalogie (Kaufpreisallokation)

aufweisen, gleichzeitig jedoch nur wenig Hintergrundinformationen über die Umstände der Lizenzierung bieten. Damit wird eine Analyse im Hinblick auf die Vergleichbarkeit erschwert. Häufig bieten diese Datenquellen daher lediglich einen ersten Anhaltspunkt für die mögliche Bandbreite.

Bedeutsam ist auch, wer im Falle der vergleichbaren Lizenzierungen die zukünftigen Aufwendungen der Markenpflege trägt. Sofern der Lizenzgeber diese selbst trägt, wird er eine höhere Lizenzrate verlangen als in dem Fall, in dem der Lizenznehmer diesen Aufwand zu tragen hat. Weitere Anhaltspunkte können sich aus bestehenden Markenlizenzverträgen des Unternehmens ergeben, in welchen Dritten z.B. für bestimmte Gebiete die Nutzung der Marke eingeräumt wird.

Die Lizenzraten werden i.d.R auf die Umsätze mit dem betreffenden Vermögenswert bezogen. Für den Markeninhaber ist ferner ein Steuernachteil zu berücksichtigen, da er die fiktiv vereinnahmten Lizenzgebühren zu versteuern hat.

Durch Abzinsung der fiktiven Nachsteuer-Lizenzzahlungen mit dem vermögenswertspezifischen gewichteten Kapitalkostensatz wird der Barwert der ersparten Lizenzzahlungen ermittelt. Einbezogen wird zudem ggf. der Wert des abschreibungsbedingten Steuervorteils.

1.1.2.4.4.5 Immaterielle Vermögenswerte – Bewertung mit der Residualwertmethode

Zumeist generieren immaterielle Vermögenswerte Cashflows erst im Verbund mit anderen materiellen bzw. immateriellen Vermögenswerten. In der Praxis wird daher in der Regel häufig nur eine Gesamtplanung für das relevante Unternehmen im Sinne einer Gesamtheit von Vermögenswerten und Schulden vorliegen. Bei der Residualwertmethode werden bei der Ermittlung der relevanten Einzahlungsüberschüsse fiktive Auszahlungen für die „unterstützenden" Vermögenswerte als fiktive Nutzungsentgelte berücksichtigt. Dabei wird unterstellt, dass die unterstützenden Vermögenswerte in dem Umfang, der für die Generierung der Cashflows erforderlich ist, von einem Dritten fiktiv gemietet oder geleast werden.

Zur Ableitung dieser fiktiven Nutzungsentgelte sind, jeweils bezogen auf die unterstützenden Vermögenswerte, deren Werteverzehr zu berücksichtigen und eine angemessene Verzinsung auf das investierte Kapital zu erfassen. Ferner ist sicherzustellen, dass die Berücksichtigung fiktiver Nutzungsentgelte ausschließlich insoweit erfolgt, als diese im Rahmen der Planung noch nicht erfasst wurden. Bei der Bestimmung einer angemessenen Verzinsung auf das investierte Kapital für die unterstützenden Vermögenswerte sind risikoadäquate Kapitalkosten heranzuziehen. Fiktive Nutzungsentgelte sind auch für den Wert des erworbenen Mitarbeiterstamms (*assembled workforce*) anzusetzen, obwohl dieser nicht als eigenständiger Vermögenswert aktiviert werden darf.

Sowohl bei den Cashflows vor Abzug der fiktiven Nutzungsentgelte als auch bei den fiktiven Nutzungsentgelten selbst sind Unternehmensteuern in Abzug zu bringen. Die verbleibende Überschussgröße nach Unternehmensteuern ist mit dem vermögenswertspezifischen Kapitalisierungszinssatz auf den Bewertungsstichtag zu diskontieren. Zu diesem Barwert ist der Wert des abschreibungsbedingten Steuervorteils zu addieren.

Die Residualwertmethode ist grundsätzlich denjenigen immateriellen Vermögenswerten mit dem größten Einfluss auf die Cashflows des Unternehmens vorbehalten, so dass die Vermögenswerte, für die Nutzungsentgelte abzuziehen sind, tatsächlich nur unterstützend sind.

Beispiel:

Eine inländische Gesellschaft übernimmt einen Wettbewerber, der über Kundenlisten sowie vertraglich abgesicherte Kundenbeziehungen verfügt. Die erworbene Gesellschaft legt einen Business Plan für die kommenden fünf Geschäftsjahre vor.

Der Business Plan ist zu plausibilisieren. Dabei wird etwa die vom Management dargestellte erwartete Unternehmensentwicklung mit den Plandaten abgeglichen. Nach den vorliegenden Informationen ist davon auszugehen, dass die Kundenlisten sowie die vertraglichen Kundenbeziehungen noch fünf Jahre genutzt werden können. Allerdings wird der Teil der Umsätze, der auf Basis der heutigen Kundenlisten sowie der vertraglichen Kundenbeziehungen erzielt wird, in der Zukunft kontinuierlich abnehmen. Es wird eine Abschmelzung von jährlich 20 % auf den ursprünglichen Bestand unterstellt.

Auf die ermittelten jährlichen Umsatzerlöse in Höhe von 1.200 werden die im Business Plan verwendeten EBITDA-Margen angesetzt. Diese betragen im Durchschnitt 20 %. Von den auf diese Weise ermittelten Beträgen werden dann Wertbeiträge anderer Vermögenswerte (Grundstücke und Gebäude 2,5 %, Maschinen und technische Anlagen 3 %, Mitarbeiterstamm 1 %) und Steuern (35 %) abgezogen.

Die sich so ergebenden Beträge werden auf den Bewertungsstichtag diskontiert und um den Wert des abschreibungsbedingten Steuervorteils erhöht.

Unter Berücksichtigung eines vermögenswertspezifischen Zuschlags von 2,5 % wird dem erwarteten erhöhten Risiko immaterieller Vermögensgegenstände im Vergleich zum Gesamtunternehmen Rechnung getragen. Der Kapitalisierungssatz beträgt somit 13,25 %.

Residualwertmethode					
Cashflows					
Periode	1	2	3	4	5
Umsatz	1.200	1.200	1.200	1.200	1.200
EBITDA-Marge 20,00%	240	240	240	240	240
(Fiktive) Leasingraten					
Grundstücke + Gebäude 2,50%	–30	–30	–30	–30	–30
Maschinen + techn. Anlagen 3,00%	–36	–36	–36	–36	–36
Mitarbeiterstamm 1,00%	–12	–12	–12	–12	–12
"Rest" - EBITDA	162	162	162	162	162
Steuersatz 35,00%	–57	–57	–57	–57	–57
Cashflows					
Free Cashflow	105	105	105	105	105
zurechenbarer Anteil 01.01.	100%	80%	60%	40%	20%
zurechenbarer Anteil 31.12.	80%	60%	40%	20%	0%
durchschnittlicher Anteil	90%	70%	50%	30%	10%
zurechenbarer Free Cashflow	95	74	53	32	11
Barwertermittlung					
WACC 13,25%					
Periode	1	2	3	4	5
Barwertfaktoren	0,883	0,780	0,688	0,608	0,537
Barwerte der Perioden	84	57	36	19	6
fair value vor TAB	202				

TAB-Bestimmung

Abschreibungsdauer	5
Steuersatz	35,00%
WACC	13,25%
TAB-Faktor	0,24471 *
TAB	1,32400 *
fair value nach TAB	268

* vgl. Tabelle S. 425

Der anzusetzende Wert der Kundenlisten sowie der vertraglich abgesicherten Kundenbeziehungen ergibt sich mit 268.

Beispiel zur Residualwertmethode (Kaufpreisallokation)

1.1.2.4.4.6 Immaterielle Vermögenswerte – Bewertung mit der Mehrgewinnmethode

Im Rahmen der Mehrgewinnmethode werden die zukünftig erwarteten Cashflows aus dem Unternehmen einschließlich des zu bewertenden immateriellen Vermögenswerts mit den entsprechenden Cashflows aus einem fiktiven Vergleichsunternehmen ohne den entsprechenden Vermögenswert verglichen. Dabei wird unterstellt, dass das Vergleichsunternehmen diesen immateriellen Vermögenswert entweder nicht besitzt oder vollständig auf dessen Nutzung verzichtet.

Die zusätzlichen Cashflows können sich ergeben, falls durch den betreffenden immateriellen Vermögenswert zusätzliche Einzahlungen generiert oder Auszahlungen eingespart werden. Dabei jeweils entstehende zusätzliche Kosten sind zu berücksichtigen.

Die Differenz in den Cashflows pro Periode zwischen den beiden Unternehmen zeigt den zusätzlichen Cashflow, der auf den zu bewertenden immateriellen Vermögenswert zurückzuführen ist. Zur Wertermittlung sind diese zusätzlichen Cashflows mit dem vermögenswertspezifischen Kapitalkostensatz auf den Bewertungsstichtag zu diskontieren.

Die Anwendung der Mehrgewinnmethode setzt voraus, dass die zukünftigen Cashflows des fiktiven Vergleichsunternehmens ohne den zu bewertenden immateriellen Vermögenswert verlässlich geschätzt werden können.

Beispiel:

Eine inländische Gesellschaft übernimmt einen Wettbewerber mit einem patentierten Fertigungsverfahren. Das Verfahren erlaubt eine Reduktion der Fertigungskosten pro ausgebrachter Einheit des Endprodukts von 25. Das Unternehmen erwartet während der Restlaufzeit des Patents von 10 Jahren eine jährliche Ausbringungsmenge von 100.000 Stück. Der Steuersatz beträgt 35 %.

Der Betafaktor für das Unternehmen beträgt 1,2. Für den Vermögenswert muss aufgrund seiner Beschaffenheit ein Zuschlag von 0,2 einkalkuliert werden. Damit ergibt sich ein Betafaktor von 1,4. Demzufolge beträgt der Kapitalisierungszins 11,25 %.

D.III

Mehrgewinnmethode

Ermittlung des WACC

Basiszinssatz	4,25%	
Marktrisikoprämie	5,00%	
Beta-Faktor Unternehmen	1,20	
Beta-Faktor-Zuschlag	0,20	
Beta-Faktor Vermögenswert	1,40	
Eigenkapitalrendite	11,25%	
WACC	11,25%	Anmerkung: WACC = rEK, da FK-Quote = 0

Cashflows

Mehrgewinn pro Stück	25									
jährliches Output	100.000									
Periode	1	2	3	4	5	6	7	8	9	10
Mehrgewinn	2.500	2.500	2.500	2.500	2.500	2.500	2.500	2.500	2.500	2.500
Steuersatz 35,00%	–875	–875	–875	–875	–875	–875	–875	–875	–875	–875
Free Cashflow	1.625	1.625	1.625	1.625	1.625	1.625	1.625	1.625	1.625	1.625

Barwertermittlung

WACC	11,25%									
Periode	1	2	3	4	5	6	7	8	9	10
Barwertfaktoren	0,899	0,808	0,726	0,653	0,587	0,527	0,474	0,426	0,383	0,344
Barwerte der Perioden	1.461	1.313	1.180	1.061	954	857	770	693	623	560
fair value vor TAB	9.471									

TAB-Bestimmung

Abschreibungsdauer	10
Steuersatz	35,00%
WACC	11,25%
TAB-Faktor	0,20398 *
TAB	1,25625 *
fair value nach TAB	11.897

* vgl. Tabelle S. 425

Der anzusetzende Wert des Patents ergibt sich mit 11.897.

Beispiel zur Mehrgewinnmethode (Kaufpreisallokation)

1.1.2.4.4.7 *Immaterielle Vermögenswerte – Bewertung mit kostenorientierten Verfahren*

Das dritte Verfahren zur Bewertung immaterieller Vermögenswerte umfasst die Reproduktionskostenmethode und die Wiederbeschaffungskostenmethode. Dieses Verfahren hat allerdings eine wesentliche konzeptionelle Schwäche, da es nicht nutzenorientiert ist und sich die verwendeten Daten immer auf die Vergangenheit beziehen. Dies führt dazu, dass kostenorientierte Methoden zur Bewertung immaterieller Vermögenswerte i.d.R. nur für Plausibilitätsüberlegungen angewendet werden.

1.1.2.4.4.8 *Angearbeitete Forschungs- und Entwicklungsprojekte*

IFRS 38.34 Angearbeitete Forschungs- und Entwicklungsprojekte des erworbenen Unternehmens sind bei Vorliegen der Aktivierungsvoraussetzungen für immaterielle Vermögenswerte mit ihrem *fair value* anzusetzen. Anders als im konsolidierungsfähigen IFRS-Einzelabschluss des erworbenen Unternehmens erfolgt keine Trennung zwischen nicht aktivierbaren Forschungskosten und bei Vorliegen weiterer

Voraussetzungen aktivierungspflichtigen Entwicklungskosten (→ C.II.1.2.3.4). Diese greift erst wieder für die Folgebewertung der als immaterielle Vermögenswerte aktivierten Forschungs- und Entwicklungsprojekte.

1.1.2.4.4.9 Restrukturierungsrückstellungen

Im Zuge der Kaufpreisallokation hat der Erwerber alle übernommenen Schulden des erworbenen Unternehmens anzusetzen. Um eine passivierungsfähige Schuld annehmen zu können, bedarf es nach F.60 einer gegenwärtigen Verpflichtung, deren Erfüllung üblicherweise zu einem Abfluss wirtschaftlicher Ressourcen führen wird. Eine gegenwärtige Verpflichtung beruht auf einem vergangenen Ereignis oder ist das Ergebnis einer zurückliegenden Transaktion. Für Unternehmenszusammenschlüsse folgt daraus: Schulden als Teil des zugegangenen Nettovermögens sind nur anzusetzen, wenn diese im Zeitpunkt des Unternehmenszusammenschlusses bereits bestanden haben. Gelangt eine Schuld erst im Gefolge des Zusammenschlusses zur Entstehung, ist sie nicht als Teil des Nettovermögens des Erwerbsobjekts, sondern ggf. nach den allgemeinen IFRS beim Erwerber anzusetzen. **IFRS 3.10ff.**

In IFRS 3.41–43 (2004) hat das IASB erläutert, unter welchen Voraussetzungen Restrukturierungsrückstellungen in der Kaufpreisallokation zu berücksichtigen sind. Danach gilt:

- Es besteht ein Ansatzgebot für Restrukturierungsrückstellungen, die das erworbene Unternehmen in seinem Abschluss zum Erwerbsstichtag nach IAS 37 (→ C.III.2.3.4) ansetzen musste.
- Restrukturierungsausgaben, die in einem Plan des erworbenen Unternehmens für den Fall des Zustandekommens des Unternehmenszusammenschlusses enthalten sind, dürfen nicht passiviert werden. Dies wird damit begründet, dass unmittelbar vor dem Unternehmenszusammenschluss keine gegenwärtige Verpflichtung bestand.
- Demgegenüber besteht ein Passivierungsgebot für vertragliche Zahlungsverpflichtungen, die das erworbene Unternehmen gegenüber Arbeitnehmern oder sonstigen Personen eingegangen ist und die an das Zustandekommen des Unternehmenszusammenschlusses geknüpft sind.

Auch wenn sich eine vergleichbare Regelung im überarbeiteten Standard nicht mehr findet, dürften die vorstehenden Grundsätze weiterhin Gültigkeit haben. Sie erläutern lediglich, unter welchen Voraussetzungen am Erwerbsstichtag eine Verbindlichkeit besteht oder nicht besteht.

1.1.2.4.5 Zeitlicher Rahmen der Kaufpreisverteilung

Lassen die verfügbaren Informationen keine abschließende Ersterfassung des Unternehmenszusammenschlusses zu, sind die betroffenen Vermögenswerte und Schulden auf Basis vorläufiger Werte im Konzernabschluss abzubilden. Der Umstand ist im Anhang zu erläutern. **IFRS 3.45ff.**

Die vorläufigen Wertansätze sind innerhalb von zwölf Monaten nach dem Erwerbszeitpunkt rückwirkend auf den Erwerbszeitpunkt anzupassen, bspw. wenn das Ergebnis eines in Auftrag gegebenen Bewertungsgutachtens vorliegt. Dies hat regelmäßig Konsequenzen für den bilanzierten Goodwill und die latente Steuerabgrenzung.

In Ausnahmefällen kann sich die Notwendigkeit zur Anpassung der Wertansätze von Vermögenswerten und Schulden ohne Auswirkungen auf den Goodwill ergeben. Das ist etwa der Fall, wenn nachträglich bessere Informationen über die Höhe einer am Erwerbsstichtag bestehenden Schadenersatzverpflichtung des Akquisitionsobjekts zugehen und für diese Verpflichtung ein gleich hoher Rückgriffsanspruch zu berücksichtigen ist.

IFRS 3.46 Die Regelung des IFRS 3.45 erlaubt nur die Berücksichtigung ansatz- und werterhellender Umstände. Rückwirkende Anpassungen der erstmaligen Abbildung des Unternehmenszusammenschlusses sind daher nur zulässig, wenn nachträglich Informationen erlangt werden, die – hätten sie bereits am Erwerbsstichtag vorgelegen – zum Ansatz oder Nichtansatz von Vermögenswerten bzw. Schulden respektive zu einer abweichenden Bewertung einzelner Bilanzierungsobjekte geführt hätten.

Innerhalb der Jahresfrist können folgende vorläufigen Feststellungen zu korrigieren sein:

1. Ansatz und Bewertung der zugegangenen Vermögenswerte und übernommenen Verbindlichkeiten sowie des Minderheitenpostens (→ D.III.4.1.3.3),
2. die hingegebene Gegenleistung,
3. – bei sukzessiven Anteilserwerben – der Wert der vom Erwerber vor Übergang der Beherrschung gehaltenen Anteile,
4. der ermittelte Goodwill oder Gewinn aus der Auflösung eines negativen Unterschiedsbetrags.

Gehen dem Unternehmen die Informationen zur Finalisierung der Ersterfassung des Unternehmenszusammenschlusses zu oder lassen sich keine zusätzlichen beurteilungsrelevanten Fakten mehr beschaffen, endet der verlängerte Wertaufhellungszeitraum.

Ergeben sich nach Abschluss der erstmaligen Erfassung (inklusive der maximal zwölfmonatigen *measurement period*) neue Informationen über die Verhältnisse beim Erwerb, ist eine nachträgliche Korrektur der Zugangserfassung des Unternehmenszusammenschlusses nur noch zulässig, um einen Fehler bei der Ersterfassung des Unternehmenszusammenschlusses zu korrigieren. Die Behandlung erfolgt nach den allgemeinen Grundsätzen gemäß IAS 8 (→ C.I.4.1.2), die für die Fehlerkorrektur eine retrospektive Anpassung der Vergleichsinformationen bis zur Fehlerquelle vorsehen.

1.1.2.4.6 Abgrenzung latenter Steuern

IAS 12.19 Wenn sich die im Zuge der Kaufpreisallokation ermittelten Konzernanschaffungskosten von ihren steuerbilanziellen Wertansätzen unterscheiden und sich der hieraus resultierende Ergebniseffekt zukünftig ausgleichen wird, sind in der Konzernbilanz aktive und passive latente Steuern zu erfassen.

Die bereits im Einzelabschluss des erworbenen Unternehmens nach Anpassung an die konzerneinheitliche Bilanzierung und Bewertung abgegrenzten latenten Steuern werden in den Konzernabschluss übernommen.

Auf die bei der Kaufpreisallokation aufgedeckten stillen Reserven bzw. stillen Lasten sind weitere latente Steuern zu verrechnen. Sie werden im Zeitpunkt der Erstkonsolidierung erfolgsneutral erfasst und führen in Höhe des Konzernanteils zu einer Veränderung des Goodwill bzw. des negativen Unterschiedsbetrags. Auf einen steuerlich nicht abzugsfähigen Goodwill (wie dem aus der Kapitalkonsolidierung) sind keine latenten Steuern zu verrechnen. **IAS 12.15(a) iVm IAS 12.21**

1.1.2.5 Konzernbilanzielle Abbildung des Minderheitenanteils

1.1.2.5.1 Bewertung

Bei der nach IFRS 3 anzuwendenden Methode der vollständigen Neubewertung werden die aus Konzernsicht identifizierbaren Vermögenswerte und Schulden auch dann in Höhe ihrer vollen *fair values* in den Konzernabschluss übernommen, wenn Minderheitsgesellschafter am erworbenen Unternehmen beteiligt sind. Der Anteil der Minderheitsgesellschafter ist daher mindestens in Höhe ihres prozentualen Anteils am neubewerteten Reinvermögen des zugehenden Unternehmens anzusetzen. Die Minderheitsgesellschafter partizipieren mithin an den aufgedeckten stillen Reserven/Lasten sowie an den auf sie verrechneten Steuerlatenzen. Erfolgswirkungen aus der Fortführung dieser Beträge sind anteilig den Minderheitsgesellschaftern zuzurechnen. Für direkt am Unternehmen beteiligte Minderheitsgesellschafter wird kein Goodwill aufgedeckt. **IFRS 3.19 IFRS 3.B44f.**

Alternativ erlaubt IFRS 3.19, den Minderheitenposten zum *fair value* ihrer Beteiligung im Erwerbszeitpunkt zu erfassen. Werden die Anteile am Akquisitionsobjekt an der Börse notiert, kann der *fair value* durch Multiplikation der ausstehenden Anteile mit dem Kurs am Erwerbsstichtag ermittelt werden. Ein einfaches Hochrechnen des von Erwerber bezahlten Goodwill verbietet sich im Regelfall. Der Grund liegt in der Kontrollprämie, die ein Erwerber für die Erlangung der Beherrschung über ein anderes Unternehmen üblicherweise zahlt. Bei einem öffentlichen Übernahmeangebot kann das anders sein. Dazu das folgende Beispiel.

Sachverhalt:

Die M AG erwirbt zum 31. Dezember 01 durch ein öffentliches Übernahmeangebot eine 80 %ige Beteiligung an der T AG zum Preis von 1.920. An Beratungskosten sind 80 angefallen.

Nachfolgend sind die vereinfachten Bilanzen der M AG und der T AG zum 31. Dezember 01 dargestellt:

	M AG	T AG
Vermögen	3.500	1.500
Eigenkapital	1.500	700
Schulden	2.000	800

Für die Erstkonsolidierung der T AG nach der Erwerbsmethode sind folgende Prämissen zu beachten:

- Das Übernahmeangebot war hinsichtlich des Umfangs der zu übernehmenden Anteile nicht beschränkt. Es bestehen keine Kaufpreisunsicherheiten.
- Die M AG verfügt vor Unterbreitung des Übernahmeangebots über keine Anteile an der T AG.
- Das Vermögen der T AG weist zum Erwerbsstichtag stille Reserven in Höhe von 500 auf.
- Der Ertragsteuersatz der T AG beträgt 30 %.

Die Erstkonsolidierung der T AG zum 31. Dezemer 01 ist nach der Erwerbsmethode gemäß IFRS 3 in seiner Neufassung vorzunehmen.

Lösung:

Entsprechend dem in IFRS 3.5 festgelegten Ablauf der Erwerbsmethode sind in einem ersten Schritt der Erwerber zu identifizieren und der Erwerbsstichtag zu bestimmen. Beides ergibt sich aus den Sachverhaltsangaben.

Im nächsten Schritt ist die Höhe des Nettovermögens zu ermitteln. Es beträgt nach Neubewertung und Abgrenzung passiver latenter Steuern 1.050 (700 + 500 – 150).

Die Höhe des auszuweisenden Goodwill ist abhängig davon, ob der Minderheitenposten in Höhe des anteiligen Eigenkapitals von 210 (20% von 1.050) oder zum fair value angesetzt wird. Im ersten Fall, der – mit Ausnahme der erfolgswirksamen Behandlung der Beratungskosten – der bisherigen Verfahrensweise entspricht, ermittelt sich ein Goodwill von 1.080:

	Hingegebene Gegenleistung	1.920
+	Minderheitenposten	210
–	zugehendes Nettovermögen	1.050
=	Goodwill	1.080

Soll dagegen der Mindheitenposten zum *fair value* angesetzt werden, ist dieser in einem Zwischenschritt zu bestimmen. Da der Erwerb über ein öffentliches Übernahmeangebot vollzogen wurde, das hinsichtlich des Umfangs der zu übernehmenden Anteile nicht beschränkt war, kann der von der M AG bezahlte Preis je Aktie als deren Marktwert angesehen werden. Der *fair value* der Beteiligung der Minderheiten beläuft sich damit auf ein Viertel des von der M AG gezahteln Kaufpreises für 80% der Anteile. Das sind 480. Setzt man diesen Betrag in die obige Rechnung ein, ermittelt sich ein Goodwill von insgesamt 1.350. Davon entfallen 1.080 auf die M AG und 270 auf die Minderheitsgesellschafter:

	Hingegebene Gegenleistung	1.920
+	Minderheitenposten	480
–	zugehendes Nettovermögen	1.050
=	Goodwill	1.350

Der Konzernabschluss der M AG zum 31. Dezember 01 lässt sich somit wie folgt herleiten:

Buchung (1) deckt die stillen Reserven im Vermögen der T AG unter Abgrenzung latenter Steuern auf. Buchung (2) rechnet den Beteiligungsbuchwert der M AG ohne Anschaffungsnebenkosten von 80 in Höhe von 1.920 gegen das anteilige neubewertete Nettovermögen der T AG auf; es ergibt sich ein auf die M AG entfallender Goodwill von 1.080. Buchung (3) erfasst den Minderheitenposten in Höhe des *fair value* der nicht von der M AG gehaltenen Anteile. Das führt zum Ansatz des auf die konzernfremden Gesellschafter entfallenden Goodwill von 270. Mit Buchung (4) sind schließlich die gezahlten, in den Beteiligungsbuchwert bei der M AG einbezogenen Beratungskosten erfolgswirksam zu berücksichtigen.

	IFRS-Konzernabschluss zum 1.1.01					
	M AG	T AG	Summen-bilanz	Konsolidierung S	Konsolidierung H	Konzern-bilanz
Goodwill	0	0	0	(2) 1.080 (3) 280	0	1.350
Sonst. Vermögen	3.500	1.500	5.000	(1) 500	(2) 1.920 (4) 80	3.500
Summe Aktiva	*3.500*	*1.500*	*5.000*			*4.850*
Eigenkapital (ohne Jahres-ergebnis)	1.500	700	2.200	(2) 840 (3) 210	(1) 350	1.500
Jahresergebnis				(4) 80		–80
Fremdanteil					(3) 480	480
Schulden	2.000	800	2.800		(1) 150	2.950
Summe Passiva	*3.500*	*1.500*	*5.000*			*4.850*

Akquisitionsmethode – Ableitung des IFRS-Konzernabschlusses

D.III

Wird ein Goodwill für Minderheitsgesellschafter aufgedeckt, sind etwaige Wertminderungen in der Folgezeit auf die Gesellschaftergruppen aufzuteilen. Die Aufteilung hat nach dem gleichen Schlüssel zu erfolgen, nach dem die Ergebnisse des Tochterunternehmens den Gesellschaftergruppen zugerechnet werden. Zu Einzelheiten → C.I.1.3.3.2.8). **IAS 36.C6**

Die Minderheitsgesellschafter partizipieren an jedem Teilergebnis des Gesamteinkommens des Tochterunternehmens in Höhe ihrer Beteiligungsquote. Verluste sind den Minderheiten abweichend von der Verfahrensweise nach IAS 27 (2003) auch dann zuzurechnen, wenn dadurch der Minderheitenposten negativ wird. **IAS 27.28**

1.1.2.5.2 Ausweis

Der Minderheitenanteil ist als eigenständiger Posten innerhalb des Konzerneigenkapitals auszuweisen. Entsprechend ist der Minderheitenanteil am Periodenerfolg als Bestandteil der Gewinnverteilung und nicht als Bestandteil der Gewinnermittlung zu erfassen. **IAS 27.27 i.V.m. IAS 1.68(o), IAS 1.82(a)**

1.1.2.6 Ermittlung und Behandlung eines entstehenden Unterschiedsbetrags

1.1.2.6.1 Goodwill

IFRS 3.32 Übersteigen die Summe aus den Anschaffungskosten des Erwerbers für einen Geschäftsbetrieb und dem Betrag des angesetzten Minderheitenpostens das neu bewertete Reinvermögen des Akquisitionsobjekts im Zugangszeitpunkt, ist in Höhe der Differenz ein Goodwill zu aktivieren. Unter Berücksichtigung der Vorgaben von IFRS 3 zur Ermittlung der einzelnen Komponenten dieser Saldorechnung ergibt sich das in Abbildung 4 dargestellte Berechnungsschema für den Goodwill. Zum Sonderfall des sukzessiven Anteilserwerbs (→ D.III.1.1.2.7).

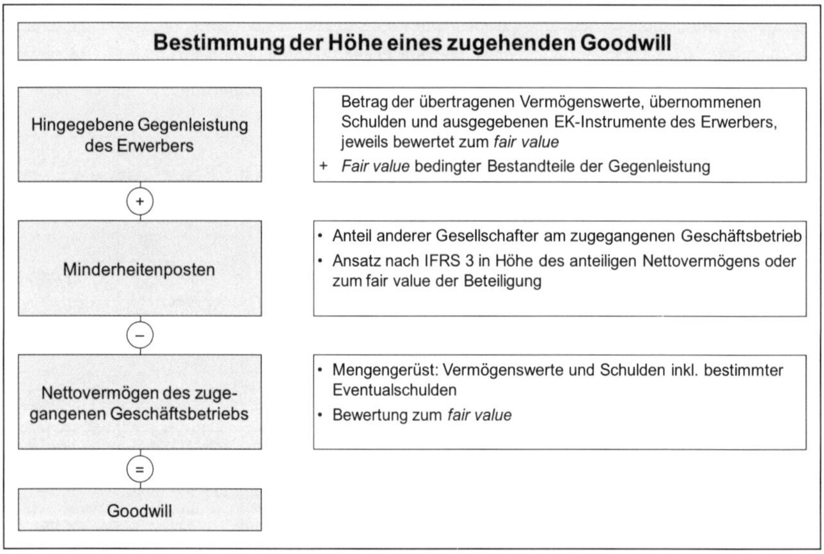

Abbildung 4: Goodwillermittlung

IFRS 3.A Ökonomisch verkörpert der Goodwill den künftigen Nutzen aus einem Unternehmenszusammenschluss, der seinen Niederschlag nicht in abgrenzbaren, bilanzierungsfähigen Vermögenswerten im Sinne der IFRS gefunden hat.

Die in der Praxis häufigste Form des Unternehmenszusammenschlusses, der Erwerb von Anteilen an einer anderen Gesellschaft, begründet ein Mutter-Tochter-Verhältnis und damit eine Verpflichtung zur konsolidierten Rechnungslegung des Erwerbers. In diesem Fall wird der Goodwill im Konzernabschluss des Mutterunternehmens angesetzt. Wie dargestellt, kann nach dem neu gefassten IFRS 3 der Goodwillausweis in diesem Fall – wie schon bisher – auf den Betrag beschränkt werden, den der Erwerber in Erwartung nicht identifizierbarer zukünftiger wirtschaftlicher Vorteile zahlt. Alternativ besteht die Möglichkeit, das auf die Minderheitsgesellschafter entfallende Ertragspotenzial zusätzlich offenzulegen. Da die Anschaffungskosten der Minderheiten für ihre Anteile regelmäßig nicht bekannt sind, lässt sich der von ihnen tatsächlich bezahlte Goodwill nicht ermitteln. IFRS 3 sieht daher den Ausweis jenes Goodwills für die Minderheiten vor, der im aktuellen beizulegenden Zeitwert der Anteile zum Ausdruck kommt. Das entspricht der Vorstellung einer gemeinsamen Errichtung des neuen Gebildes durch die

Gesellschafter des Mutterunternehmens und die Minderheitsgesellschafter, wobei letztere ihre bestehende Beteiligung an dem Akquisitionsobjekt in das zusammengeschlossene Unternehmen einbringen.

Erwirbt ein nicht zur Konzernrechnungslegung verpflichtetes Unternehmen im Zuge eines *asset deal* eine Sachgesamtheit, die ein *business* im Sinne des IFRS 3 darstellt (z.B. den Großhandel eines Handelsunternehmens oder eine mit einem eigenen Geschäftsbetrieb ausgestattete Niederlassung), ist der nach Abbildung 8 ermittelte Goodwill in dessen IFRS-Einzelabschluss anzusetzen. Mangels einer Beteiligung von Minderheiten ist in diesem Fall der Goodwill als Differenz zwischen dem Betrag des erworbenen Nettovermögens und dem *fair value* der hingegebenen Gegenleistung zu ermitteln.

Der aktivierte Goodwill wird in der Folgezeit nicht planmäßig abgeschrieben. **IFRS 3.54f.** Stattdessen ist er mindestens einmal jährlich dem Werthaltigkeitstest nach IAS 36 zu unterziehen *(impairment only approach)*. Das macht es in einem ersten Schritt erforderlich, den Goodwill jenen Zahlungsmittel generierenden Einheiten (ZGE) zuzurechnen, die von den Synergien des Zusammenschlusses voraussichtlich profitieren werden und einer besonderen Überwachung durch das Management unterliegen. Der eigentliche Werthaltigkeitstest erfolgt sodann auf Basis eines *discounted cashflow*-Ansatzes.

1.1.2.6.2 Negativer Unterschiedsbetrag

Übersteigt das neubewertete Reinvermögen des erworbenen Geschäftsbetriebs die **IFRS 3.34ff.** Anschaffungskosten des erwerbenden Unternehmens einschließlich des Minderheitenanteils, entsteht ein negativer Unterschiedsbetrag. Seine Behandlung folgt nach IFRS 3 einem zweistufigen Verfahren (→ Abbildung 5):

Behandlung eines negativen Unterschiedsbetrags gemäß IFRS 3	
Stufe 1	• Mögliche Erklärung: Fehlerhafte Bewertung der erworbenen identifizierbaren Vermögenswerte und Schulden oder der Anschaffungskosten der *business combination* • Bilanzielle Konsequenz: Überprüfung der Bewertung des erworbenen Nettovermögens
Stufe 2	• Erklärung: Der verbleibende negative Unterschiedsbetrag ist Ausdruck eines günstigen Kaufs (*bargain purchase*) • Bilanzielle Behandlung: Sofortige Erfassung als Ertrag

Abbildung 5: Behandlung eines negativen Unterschiedsbetrags

- In einem ersten Schritt ist zu überprüfen, ob die in die Berechnung des Unterschiedsbetrages einbezogenen Komponenten – vom Erwerber entrichteter Kaufpreis für das business, Wert des Minderheitenpostens und Wert des zugegangenen Nettovermögens – zutreffend identifiziert und bewertet worden sind. Dahinter steht die Annahme, dass ein Kaufmann grundsätzlich nichts verschenkt, mithin Leistung und Gegenleistung aus der Transaktion sich eigentlich entsprechen sollten. Dementsprechend muss die geforderte Überprüfung primär die Möglichkeit einer etwaigen Überbewertung des erworbenen Nettovermögens bzw. einer Unterbewertung der dafür gewährten Gegenleistung hinterfragen. Gründe für eine fehlerhafte Bewertung könnten etwa darin liegen, dass nicht alle Eventualschulden des erworbenen *business* berücksichtigt worden sind oder bedingte Kaufpreiselemente (z.B. als Folge einer *earn out*-Klausel) zu niedrig bewertet worden sind. Wurde zudem das Wahlrecht zur Bewertung der Minderheitenanteile zum *fair value* in Anspruch genommen, ist auch deren Wertansatz zu überprüfen.

- Verbleibt nach der Überprüfung des Werts der gegenseitigen Leistungen ein negativer Unterschiedsbetrag, ist dieser sofort erfolgswirksam zu vereinnahmen. Dahinter steht die Annahme, dass der nicht weiter auflösbare negative Unterschiedsbetrag im Regelfall Ausdruck eines günstigen Kaufs (*bargain purchase*) ist.

IFRS 3.BC371ff. Nach Ansicht des IASB führen vom Erwerber erwartete, im Kaufpreis berücksichtigte Aufwendungen oder Verluste regelmäßig nicht zu einem negativen Unterschiedsbetrag. Diese spiegelten sich vielmehr in entsprechend niedrigeren (höheren) *fair values* der erworbenen Vermögenswerte (Schulden) wider. Unter sachverständigen und verkaufsbereiten Parteien sei daher der Fall eines negativen Unterschiedsbetrags kaum vorstellbar. Hauptanwendungsfall des *bargain purchase*-Falls bilde daher der Verkauf von Unternehmen aus einer Notlage heraus oder aufgrund einer anderweitigen Zwangssituation. Derartige Umstände könnten den Veräußerer veranlassen, das Unternehmen zu einem unter seinem *fair value* liegenden Preis abzugeben. In dieser Konstellation, die im Wirtschaftsleben eher selten auftrete, sei die sofortige Erfassung der den Kaufpreis übersteigenden Gegenleistung die adäquate Form der bilanziellen Darstellung.

In Ausnahmefällen kann sich ein negativer Unterschiedsbetrag auch als Folge einer nach IFRS vorgeschriebenen Bewertung der erworbenen Vermögenswerte und Schulden mit einem vom *fair-value* abweichenden Betrag ergeben. Hauptanwendungsfall sind Steueransprüche, die nach IFRS 3.24f. i.V.m. IAS 12.53 nicht abzuzinsen, sondern in Höhe des sich voraussichtlich in Zukunft realisierenden nominellen Vorteils anzusetzen sind. Er tritt nach der Reform des steuerlichen Verlustabzugs durch im Zuge der Unternehmensteuerreform 2008 insbesondere beim Erwerb von ausländischen Unternehmen mit hohen nutzbaren Verlustvorträgen auf. In diesem Fall ist der negative Unterschiedsbetrag nicht Ausdruck eines günstigen Kaufpreises, sondern das Ergebnis einer erzwungenen Überbewertung (latenter) Steuerforderungen. Dessen ungeachtet ist auch er unmittelbar erfolgswirksam zu vereinnahmen. Das IASB plant, diese Inkonsistenz in einem späteren Projekt zu beseitigen.

Beispiel:

Die M AG erwarb zum 31. Dezember 05 eine 100 %-ige Beteiligung an der französischen T S.A. zu einem Kaufpreis von 1.000. Die T S.A. hat in den vergangenen Jahren erhebliche Verluste erzielt. Aufgrund der noch vom Veräußerer eingeleiteten Restrukturierungsmaßnahmen geht die M AG davon aus, dass die T S.A. nach einem ausgeglichenen Ergebnis in 06 und 07 ab dem Jahr 08 steigende Gewinne erwirtschaften wird.

Die im Vorfeld des Erwerbs der Beteiligung durchgeführte Unternehmensbewertung ergab zunächst einen Barwert der erwarteten Cashflows nach Steuern von 800. Erst die Berücksichtigung des Verlustvortrags der T S.A. von 350, dessen Nutzung in den Jahren 08 bis 12 mit jährlich 70 erwartet wird, hat den gezahlten Kaufpreis als subjektive Preisobergrenze gerechtfertigt.

Es gelten folgende Prämissen:

- Der Ertragsteuersatz der M AG beträgt 30 %.
- Der zutreffend ermittelte Zeitwert des Reinvermögens der T S.A. ohne aktive latente Steuern beläuft sich auf 920.
- Die M AG berücksichtigt bei der Kaufpreisallokation die rechnerischen latenten Steuern auf Verlustvortrag in voller Höhe.

Lösung:

Bei der Erstkonsolidierung ist der Wert der Anteile (= der Betrag der vom Erwerber erbrachten Gegenleistung) von 1.000 mit dem neu bewerteten Eigenkapital der T S.A. von 1.025 (= 920 + 105 [30% von 350]) aufzurechnen. Es ermittelt sich ein negativer Unterschiedsbetrag in Höhe von 25.

Der negative Unterschiedsbetrag erfordert eine Überprüfung, ob das Reinvermögen der T GmbH zutreffend ermittelt worden ist. Sie führt im vorliegenden Fall zu keiner Anpassung. Der Grund für den negativen Unterschiedsbetrag liegt nämlich in der erzwungenen ‚fehlerhaften' Bewertung der latenten Steuern zum Nominalwert, während der Steuervorteil im Zuge der Unternehmensbewertung lediglich in Höhe seines Barwerts Berücksichtigung gefunden hat. Damit führt die Erstkonsolidierung zum Ausweis eines Ertrags von 25. Dieses unbefriedigende Ergebnis lässt sich dadurch vermeiden, dass der hinter dem Verlustvortrag stehende Steuervorteil nur teilweise aktiviert wird. Die Begründung hierfür könnte etwa ein wegen der Unsicherheit der Nutzbarkeit des Verlustvortrags auf drei Jahre verkürzter Prognosehorizont liefern.

D.III

1.1.2.6.3 Sonderfälle

Besondere Regelungen gelten für die Ermittlung des Unterschiedsbetrags bei Zusammenschlüssen von Unternehmen auf Gegenseitigkeit (*mutual entities*) und für Unternehmenszusammenschlüsse auf vertraglicher Basis ohne Anteilserwerb.

IFRS 3.33 i.V.m. IFRS 3.B47ff.

Erfolgt der Zusammenschluss von Unternehmen auf Gegenseitigkeit durch einen reinen Anteilstausch oder Tausch mit Mitgliedsanteilen, ist die vom Erwerber gewährte Gegenleistung in Höhe des *fair value* der hingegebenen Anteile bzw. Mitgliedsrechte anzusetzen. Sind die Anteile oder Mitgliedsrechte am erworbenen Unternehmen verlässlicher zu ermitteln als jene am Erwerber, sieht IFRS 3.33 die indirekte Ermittlung der Gegenleistung über die Bewertung der zugehenden Anteils- oder Mitgliedsrechte vor. Bei der Bewertung dieser Anteils- oder Mitgliedsrechte sind im Übrigen besondere Vorteile zu berücksichtigen, die den Mitgliedern von Unternehmen auf Gegenseitigkeit gewährt werden. Dazu gehören beispielsweise Vergünstigungen beim Bezug von Waren und Dienstleistungen. Bei der anschließenden Abbildung des Unternehmenszusammenschlusses ist das zugehende Nettovermögen des Akquisitionsobjekts mit seinem Zeitwert in den Konzernabschluss zu übernehmen. In gleicher Höhe ist das Kapital (gezeichnetes Kapital und Kapitalrücklage) zu erhöhen.

IFRS 3.43 i.V.m. IFRS 3.B46ff. Bei Unternehmenszusammenschlüssen auf rein vertraglicher Grundlage, bei denen keine Gegenleistung gewährt wird, verlangt IFRS 3.33 zur Ermittlung des Goodwill die Bestimmung des *fair value* des Nettovermögens des Akquisitionsobjekts mittels eines Verfahrens der Unternehmensbewertung entsprechend den Vorgaben des Standards. Dieses Nettovermögen ist bei gleichzeitiger Bildung bzw. Aufstockung des Minderheitenpostens in den Konzernabschluss zu übernehmen.

1.1.2.7 Stufenweiser Unternehmenszusammenschluss

1.1.2.7.1 Begriff

IFRS 3.41ff. Ein stufenweiser Unternehmenszusammenschluss im Sinne von IFRS 3 ist gegeben, wenn sich die Erlangung der Beherrschung über ein Unternehmen in mehreren Teilschritten vollzieht. Das ist beispielsweise der Fall, wenn eine Minderheitsbeteiligung von 40% durch Zuerwerb weiterer Anteile auf 60% aufgestockt wird. Davon zu unterscheiden sind Anteilserwerbe, die zur Aufstockung einer bereits Beherrschung vermittelnden Beteiligung führen (z.B. Erhöhung der Beteiligungsquote von 70% auf 90%). Sie sind nicht Gegenstand von IFRS 3. Nach IAS 27 sind diese Anteilserwerbe als reine Eigenkapitaltransaktionen darzustellen (→ D.III.1.1.2.7.3).

1.1.2.7.2 Darstellung stufenweiser Unternehmenszusammenschlüsse

IFRS 3.58–.60 (2004) sah im Falle einer stufenweisen Akquisition eines Tochterunternehmens für jede Erwerbstransaktion bis zur Erlangung der Beherrschungsmöglichkeit eine gesonderte Kapitalaufrechnung nach den allgemeinen Grundsätzen vor. Dazu waren die historischen Anschaffungskosten jeder wesentlichen Tranche den anteiligen Zeitwerten der Vermögenswerte und Schulden des Akquisitionsobjekts zum jeweiligen Erwerbszeitpunkt gegenüberzustellen. Bei erstmaliger Vollkonsolidierung des Tochterunternehmens ermittelte sich der Goodwill als Summe der Goodwills jeder einzelnen Erwerbsstufe (zur konsolidierungstechnischen Darstellung stufenweiser Unternehmenszusammenschlüsse vgl. Vorauflage).

Mit der Neufassung des Standards hat das IASB diese stufenweise Ermittlung des Goodwill aufgegeben. Nach dem neuen Abbildungsmodell wird der Goodwill nur noch im Zeitpunkt der Erlangung der Beherrschung ermittelt. Zu diesem Zweck sind die bislang gehaltenen Anteile zum Erwerbsstichtag mit ihrem *fair value* anzusetzen. Die Anpassung des Buchwerts erfolgt erfolgswirksam. Wurden die Anteile bislang als *available for sale financial assets* erfolgsneutral zum *fair value* bewertet, sind etwaige im Eigenkapital erfasste unrealisierte Gewinne und Verluste in die Gewinn- und Verlustrechnung zu überführen.

Der *fair value* der Anteile ist sodann in die Berechnung des Goodwill einzubeziehen. Das obige Schema für die Goodwillermittlung (vgl. Abbildung 4) ist damit für stufenweise Unternehmenszusammenschlüsse wie folgt anzupassen:

  Hingegebene Gegenleistung des Erwerbers
\+ *Fair value* der bislang vom Erwerber gehaltenen Minderheitsanteile zum Erwerbsstichtag
\+ Anteil der Minderheiten am Erwerbsstichtag
– Nettovermögen des zugehenden Geschäftsbetriebs
= Goodwill

Beispiel:

Die M AG erwirbt zum 1. Januar 01 10% der Anteile an der T AG zu einem Kaufpreis von 1.300, die sie als zur Veräußerung verfügbare finanzielle Vermögenswerte *(available-for-sale financial asset)* erfolgsneutral zum *fair value* bewertet. Zum 31. Dezember 01 beträgt der *fair value* der Anteile 1.700. Nach Abzug der gemäß § 8b KStG gebildeten latenten Steuer (→ C.IV.1.3.2.2) in Höhe von 6 (= 30 % von 5 % von 400) beträgt das sonstige kumulierte Eigenkapital 394.

Am 31. Dezember 01 erhöht die M AG ihre Beteiligung auf 70%, so dass sie fortan die Möglichkeit besitzt, die Finanz- und Geschäftspolitik der T AG zu bestimmen. Für das 60%ige Anteilspaket zahlt die M AG einen Kaufpreis von 11.550.

Die nachfolgende Übersicht enthält mit den nach konzerneinheitlichen Grundsätzen zum 31. Dezember 01 aufgestellten IFRS-Abschlüssen der beiden Unternehmen sowie den Zeitwerten der bei der T AG bilanzierten Vermögenswerte die Ausgangsdaten des Beispiels.

	31.12.2001		
	M AG	T AG	
	Bilanz	Bilanz	Zeitwerte
Grundstücke	4.000	2.000	2.300
Maschinen	15.000	7.200	7.600
Anteile	13.250	0	
Sonstige Vermögen	11.500	17.500	
Summe Aktiva	*43.750*	*26.700*	
Gezeichnetes Kapital	15.000	4.000	
Kapitalrücklage	3.000	1.500	
Gewinnrücklage	10.000	3.500	
Neubewertungsrücklage	0	0	
Sonstiges kumuliertes EK	394	0	
Jahreserfolg	500	200	
Minderheiten	0	0	
Latente Steuern	6	0	
Sonstige Passiva	14.850	17.500	
Summe Passiva	*43.750*	*26.700*	

Bei der Ableitung des IFRS-Konzernabschlusses der M AG zum 31. Dezember 01 sind folgende Prämissen zu beachten:

- Die M AG setzt den Minderheitenanteil in Höhe des diesen Gesellschafter zustehenden anteiligen Nettovermögens an.
- Ein entstehender Goodwill ist nicht außerplanmäßig abzuschreiben.
- Der Ertragsteuersatz beträgt 30 %.

Lösung:

Die T AG ist zum Tag des Übergangs der Beherrschung (31. Dezember 01) erstmals in den Konzernabschluss der M AG einzubeziehen. Das erfordert eine Neubewertung ihres Abschlusses auf den Erwerbsstichtag.

Neubewertung zum 31.12.01						
	Bilanz T AG	**Anpassungs-buchungen**				**neube-wertete Bilanz T AG**
	31.12.01	**S**		**H**		**31.12.01**
Grundstücke	2.000	(1)	300			2.300
Maschinen	7.200	(2)	400			7.600
Anteile	0					0
Sonst. Vermögen	17.500					17.500
Summe Aktiva	*26.700*					*27.400*
Gezeichnetes Kapital	4.000					4.000
Kapitalrücklage	1.500					1.500
Gewinnrücklage	3.500					3.500
Neubewertungsrücklage	0	(3) (3)	90 120	(1) (2)	300 400	490
Sonstiges kumuliertes EK	0					0
Jahreserfolg	200					200
Minderheiten	0					0
Latente Steuern	0			(3)	210	210
Sonstige Passiva	17.500					17.500
Summe Passiva	*26.700*					*27.400*

Beispiel zum stufenweisen Unternehmenszusammenschluss – Neubewertungsbilanz der T AG

Mit den Buchungssätzen (1) und (2) werden die stillen Reserven in den Grundstücken und Maschinen aufgedeckt. Buchung (3) grenzt die latenten Steuern auf die aufgedeckten stillen Reserven ab. Die neu bewerteten Vermögenswerte und Schulden der T AG sind in den Konzernabschluss der M AG zu übernehmen.

Der Goodwill aus dem Unternehmenszusammenschluss ermittelt sich wie folgt:

	Hingegebenene Gegenleistung des Erwerbers für die zweite Anteilstranche (60 %)	11.550
+	*Fair value* der bislang vom Erwerber gehaltenen Minderheitsanteile zum Erwerbsstichtag	1.700
+	Anteil der Minderheiten am Erwerbsstichtag (30 % von 9.690)	2.907
–	Nettovermögen des zugehenden Geschäftsbetriebs	–9.690
=	Goodwill	6.467

Die konsolidierungstechnische Umsetzung des stufenweisen Unternehmenszusammenschlusses ist in der folgenden Abbildung dargestellt.

	Bilanz M AG	Bilanz T AG	Summenbilanz	Konsolidierung S		Konsolidierung H		Konzernbilanz
Goodwill	0	0	0	(2)	6.467			6.467
Grundstücke	4.000	2.300	6.300					6.300
Maschinen	15.000	7.600	22.600					22.600
Anteile	13.250	0	13.250			(2)	13.250	0
Sonstiges Vermögen	11.500	17.500	29.000					29.000
Summe Aktiva	43.750	27.400	71.150					64.367
Gezeichnetes Kapital	15.000	4.000	19.000	(2)	2.800			16.200
				(3)	1.200			–1.200
Kapitalrücklage	3.000	1.500	4.500	(2)	1.050			3.450
				(3)	450			–450
Gewinnrücklage	10.000	3.500	13.500	(2)	2.450			10.000
				(3)	1.050			
Neubewertungsrücklage	0	490	490	(2)	343			0
				(3)	147			
Sonstiges kumuliertes EK	394	0	394	(1)	394			0
Jahreserfolg	500	200	700	(2)	140	(1)	394	894
				(3)	60			
Minderheiten	0	0	0			(3)	2.907	2.907
Latente Steuern	6	210	216					216
Sonstige Passiva	14.850	17.500	32.350					32.350
Summe Passiva	43.750	27.400	71.150					64.367

Beispiel zum sukzessiven Anteilserwerb – Ableitung der Konzernbilanz

Mit Buchung (1) ist die in der Neubewertungsrücklage enthaltene unrealisierte Wertsteigerung der bisherigen 10%-Tranche zu realisieren. Mit Buchung (2) erfolgt die Aufrechnung der vom Erwerber gehaltenen Beteiligung in Höhe von 13.250 (10%-Tranche: 1.700; 60%-Tranche: 11.550) mit dem anteiligen neu bewerteten Eigenkapital der T AG. Das führt zum Ansatz eines Goodwill von 6.467. Buchungssatz 3 dotiert den Minderheitenposten mit 2.907. Die für die *fair value*-Bewertung der ehemals als *available for sale financial assets* klassifizierten

Anteile gebildete passive latente Steuer von 6 ist nicht aufzulösen, sondern fortzuführen. Sie ändert lediglich ihren Charakter. Nach der Erstkonsolidierung der T AG repräsentiert sie eine passive latente Steuer für eine *outside basis difference*, nämlich einen Bewertungsdifferenz zwischen dem Steuerwert der vom Erwerber gehaltenen Anteile (12.850) und dem auf ihn entfallenden Nettovermögen der T AG (13.250). Alternativ könnte man daran denken, einen Veräußerungsgewinn von 400 zu erfassen und die passive latente Steuer von 6 auszubuchen. Diese müsste allerdings nach Abbildung des Unternehmenszusammenschlusses aufgrund der unmittelbar entstehenden *outside basis difference* neu gebildet werden, und zwar erfolgswirksam. Gegen diese Lösung spricht nicht nur der Ausweis des kaum zu erklärenden latenten Steueraufwands. Sie ignoriert zudem den fiktiven Charakter der Anteilsveräußerung. Tatsächlich löst sich die zu versteuernde temporäre Differenz aus der *fair value*-Bewertung der 10%-Tranche nicht auf. Sie bleibt vielmehr auch nach dem Unternehmenszusammenschluss – wenn auch in anderer Form – bestehen.

Im Ergebnis wird der Erwerb der T AG nach dem neuen Abbildungsmodell des IASB so dargestellt, als habe die M AG neben dem Kaufpreis von 11.550 ihre Minderheitsbeteiligung hingegeben, um ein Anteilspaket von 70% zu erlangen. Da die (fiktive) Übertragung der Minderheitsbeteiligung einen Realisationsvorgang auslöst, sind die zum Erwerbsstichtag erfassten unrealisierten Erfolge in die Gewinn- und Verlustrechnung zu überführen.

1.1.2.7.3 *Erhöhung oder Verminderung der Beteiligungsquote an einem bereits vollkonsolidierten Tochterunternehmen*

Der Erwerb von zusätzlichen Anteilen an einem bereits vollkonsolidierten Tochterunternehmen fällt nicht in den Anwendungsbereich von IFRS 3. Er stellt eine Transaktion mit den Minderheitsgesellschaftern dar. Sie ist nach IAS 27.30 als reine Kapitalmaßnahme darzustellen. Zusätzliche Erwerbe von Anteilen berühren danach ebenso wie Anteilsveräußerungen ausschließlich die Passivseite der Konzernbilanz, solange keine Statusänderung in Bezug auf das Tochterunternehmen erfolgt. Das heißt, Beträge, die von der erwerbenden Gesellschaftergruppe über das von den transferierten Anteilen repräsentierte bilanzielle Nettovermögen hinaus vergütet werden, sind in die Rücklagen des Konzerns einzustellen bzw. mit diesen zu verrechnen.

Beispiel:

Die M AG stockt ihre Beteiligung an der T AG von 60 % auf 90 % auf. Zum Zeitpunkt des Erwerbs der weiteren Anteilstranche beträgt das im Konzernabschluss erfasste Reinvermögen der T AG 5.000. Für die 30 %-Tranche zahlt die M AG einen Kaufpreis von 2.100, den sie fremdfinanziert.

Lösung:

Die Fremdfinanzierung des Kaufpreises führt zu einem Anstieg der Finanzverbindlichkeiten im Konzernabschluss um 2.100. Der Minderheitenposten reduziert sich um 1.500 (30 % von 5.000). Der Differenzbetrag von 600, der

Ausdruck für einen über dem anteiligen Reinvermögen liegenden *fair value* der Anteile ist, kürzt die Kapitalrücklage im Konzernabschluss.

Entsprechend ist zu verfahren, wenn das Mutterunternehmen seine Beteiligung reduziert. Dazu das folgende Beispiel:

Beispiel:

Die M AG reduziert ihre Beteiligung an der T AG von 70% auf 60%. Zum Zeitpunkt der Anteilsveräußerung beträgt das im Konzernabschluss erfasste Reinvermögen der T AG 4.000. Für die 10%-Tranche erzielt die M AG einen Veräußerungserlös von 600, der die liquiden Mittel erhöht.

Lösung:

Als Folge der Anteilsveräußerung steigt der Minderheitenanteil auf 40%, der Minderheitenposten mithin von 1.200 (30% von 4.000) auf 1.600 (40% von 4.000). Der über die Reinvermögensverschiebung von 400 hinausgehende Teil des Veräußerungserlöses erhöht die Kapitalrücklage im Konzernabschluss.

1.1.2.8 Umgekehrter Unternehmenserwerb *(reverse acquisition)*

Erwirbt ein Unternehmen (*legal acquirer*) ein anderes Unternehmen (*legal acquiree*) und emittiert als Gegenleistung so viele Stimmrechtsaktien, dass die Beherrschung über den aus dem Zusammenschluss hervorgegangenen Konzern auf die Alteigentümer des Unternehmens übergeht, dessen Anteile erworben wurden, liegt ein umgekehrter Unternehmenserwerb (*reverse acquisition*) vor. **IFRS 3.21**

Eine *reverse acquisition* kann auftreten, wenn ein größeres, nicht börsennotiertes Unternehmen durch einen Unternehmenszusammenschluss mit einem kleineren, börsennotierten Unternehmen von einem kostengünstigen Börsengang profitieren möchte oder wenn ein Unternehmen ohne Umwege in den Besitz eines nicht übertragbaren Rechts eines anderen Unternehmens gelangen will.

In der deutschen Unternehmenspraxis sind *reverse acquisitions* bislang ein eher seltenes Phänomen (ein Beispiel ist die Einbringung der Teraport GmbH in die caatoosee AG im Zuge einer Sachkapitalerhöhung; vgl. Ad hoc-Mitteilung der caatoosee AG vom 10. November 2005).

Die bilanzielle Abbildung einer *reverse acquisition* veranschaulicht das folgende Beispiel:

Beispiel:

Am 1. Januar 01 erwirbt die M AG von den Altaktionären der T AG 90% der Anteile an der T AG gegen Ausgabe neuer Aktien.

Die folgende Übersicht enthält die vereinfachten IFRS-Bilanzen der M AG und T AG zum 1. Januar 01 vor Durchführung des Aktientauschs.

	M AG	T AG
Sonstige Aktiva	2.000	4.000
Summe Aktiva	2.000	4.000
Gezeichnetes Kapital	100	100
Kapitalrücklage	200	400
Gewinnrücklagen	700	1.200
Jahresüberschuss	0	0
Sonstige Passiva	1.000	2.300
Summe Passiva	2.000	4.000

Reverse Acquisition – Ausgangsdaten

In den Sonstigen Aktiva der M AG sind stille Reserven in Höhe von 200 enthalten. Aus Vereinfachungsgründen wird von der Berücksichtigung latenter Steuern abgesehen.

Der Wert einer Aktie der M AG und der T AG sowie das vereinbarte Austauschverhältnis sind der folgenden Tabelle zu entnehmen:

	M AG	T AG
Stückelung des gez. Kapitals vor der Kapitalerhöhung der M AG	100 in 100.000 Stck. à 1	100 in 100.000 Stck. à 1
Wert einer Aktie	*Börsenkurs*: 15	*fair value*: 40
Austauschverhältnis	2,59 Aktien der M AG = 1 Aktie der T AG	

Reverse Acquisition – Austauschverhältnis

Die folgende Übersicht soll die Konsequenzen für die Beteiligungsverhältnisse aus dem skizzierten Unternehmenszusammenschluss verdeutlichen.

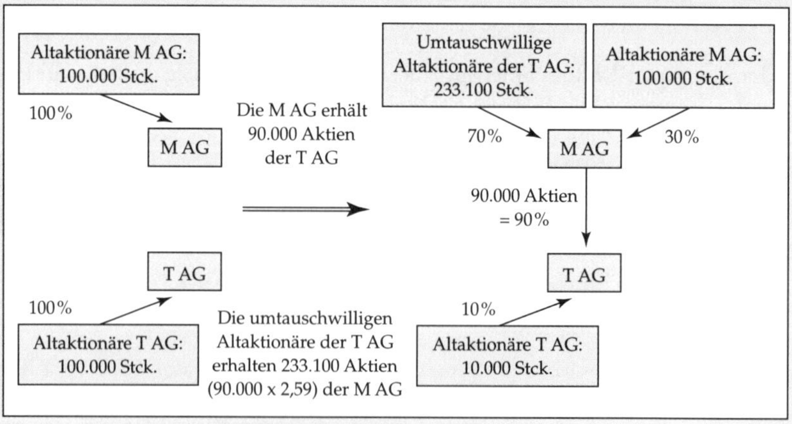

Reverse Acquisition – Verdeutlichung der Beteiligungsstruktur

Die umtauschwilligen Altaktionäre der T AG sind nach dem Unternehmenszusammenschluss mit 70% (=233.100/333.100) an der M AG (*legal acquirer*) beteiligt. Deshalb gilt die T AG für die konzernbilanzielle Abbildung als das erwerbende Unternehmen.

Aufgabe ist es, die Erstkonsolidierung zum 1. Januar 01 vorzunehmen.

Lösung:

Zunächst sind die Anschaffungskosten für den Unternehmenszusammenschluss zu ermitteln. Hierzu ist die Annahme zu treffen, der Unternehmenszusammenschluss käme zustande, indem die Altaktionäre der M AG ihre Anteile gegen Aktien der T AG eintauschen. Zu fragen ist, wie viele Aktien (A_T) die T AG emittieren und gegen Anteile an der M AG tauschen müsste, damit die umtauschwilligen Aktionäre der T AG (90.000 Aktien) mit 70% an der M AG beteiligt wären: **IFRS 3.B20 iVm mit IFRS 3.37ff.**

A_T = (90.000 : 0,7) – 90.000
= 38.571 [Aktien]

Die Kosten des Unternehmenszusammenschlusses (K) errechnen sich, indem die Anzahl der von der T AG zu emittierende Aktien mit ihrem *fair value* (FV_T) multipliziert wird (Anm.: aufgrund von Rundungsdifferenzen ergibt sich bei Multiplikation der 38.571 Aktien mit dem Umtauschverhältnis von 2,59 nicht genau der Aktienbesitz der Altaktionäre der M AG):

K = $A_T \cdot FV_T$
= 38.571 Aktien · 40 je Aktie
= 1.542,8

Zu beachten ist, dass die Existenz von Minderheitsgesellschaftern (die nicht umtauschwilligen Altaktionäre der T AG) keinen Einfluss auf die Ermittlung der Kosten des Unternehmenszusammenschlusses haben.

Der goodwill ergibt sich aus der Differenz zwischen den Kosten der *business combination* und dem neubewerteten Reinvermögen der M AG:

goodwill = 1.542,8–1.200 = 342,8

Im nächsten Schritt kann nun die Konzernbilanz nach IFRS zum 1. Januar 01 abgeleitet werden. Den Ausgangspunkt bilden die IFRS-Abschlüsse der M AG und T AG vor der Kapitalerhöhung der M AG. D.h. für den IFRS-Abschluss der M AG, dass im Rahmen der Erstellung des konsolidierungsfähigen Abschlusses die Kapitalerhöhungsbuchung einschließlich der Einbuchung der Beteiligung an der T AG zu stornieren ist.

Die nicht am Tausch teilnehmenden Altaktionäre der T AG werden im Konzernabschluss als Minderheitsgesellschafter ausgewiesen. Die Dotierung ihres Anteils erfolgt in Höhe ihrer prozentualen Beteiligung (10%) am buchmäßigen Reinvermögen der T AG im Zeitpunkt des Unternehmenszusammenschlusses. Diese Beteiligung am buchmäßigen Reinvermögen des *legal acquirer* unterscheidet sie von Minderheitsgesellschaften bei „normalen" Unternehmenszusammenschlüssen. Aus diesem Grund kommt für sie ein Ansatz zum *fair value* ihrer Anteile im Konzernabschluss nicht in Betracht. **IFRS 3.B23f.**

IFRS 3.B22 Das Eigenkapital im Konzernabschluss hat folgende Struktur aufzuweisen:

- Das gezeichnete Kapital im Konzernabschluss ist gleich dem gezeichneten Kapital der M AG (rechtlicher Erwerber) nach der Kapitalerhöhung.
- Die Gewinnrücklagen im Konzernabschluss sind gleich den Gewinnrücklagen der T AG (wirtschaftlicher Erwerber) abzüglich des Minderheitenanteils
- Die Summe aus gezeichnetem Kapital und Kapitalrücklage im Konzernabschluss ist gleich der Summe von gezeichnetem Kapital und Kapitalrücklage im Einzelabschluss der T AG (wirtschaftlicher Erwerber) abzüglich des Minderheitenanteils an diesen Posten und zuzüglich der Kosten des Unternehmenszusammenschlusses.

Dementsprechend laufen sämtliche Konsolidierungsbuchungen gegen die Kapitalrücklage.

In der nachfolgenden Übersicht wird die Konzerneröffnungsbilanz für den Unternehmenszusammenschluss abgeleitet.

	IFRS-Konzernabschluss zum 1.1.01					
	M AG	**T AG**	**Summen-bilanz**	**Konsolidierung S**	**Konsolidierung H**	**Konzern-bilanz**
Goodwill	0	0	0	(2) 342,8		342,80
Sonstige Aktiva	2.000	4.000	6.000	(1) 200		6.200
Summe Aktiva	*2.000*	*4.000*	*6.000*			*6.542,8*
Gez. Kapital	100	100	200	(3) 10 (6) 90	(4) 233,1	333,1
Kapitalrücklage	200	400	600	(3) 40 (4) 233,1	(1) 200 (2) 342,8 (5) 700 (6) 90	1.659,7
Gewinnrücklage	700	1.200	1.900	(3) 120 (5) 700		1.080
Jahresüberschuss	0	0	0			0
Minderheiten	0	0	0		(3) 170	170
Sonstige Passiva	1.000	2.300	3.300			3.300
Summe Passiva	*2.000*	*4.000*	*6.000*			*6.542,8*

Mit Buchung (1) werden die stillen Reserven in den sonstigen Aktiva aufgedeckt. Buchung (2) erfasst den errechneten Goodwill. Die Dotierung des Minderheitenanteils erfolgt mit Buchung (3). Durch Buchung (4) wird das gezeichnete Kapital um den Betrag der bei der M AG als dem rechtlichen Erwerber auszuweisenden Kapitalerhöhung erhöht. Buchung (5) eliminiert die in die Summenbilanz eingeflossenen Gewinnrücklagen der M AG, so dass der Konzernanteil an den Gewinnrücklagen der T AG (90 % von 1.200) stehen bleibt. Mit Buchung (6) wird schließlich der Konzernanteil am gezeichneten Kapital der T AG in die Kapitalrücklage umgebucht.

Der Konzernanteil des Eigenkapitals (3.072,8 = 333,1 + 1.659,7 + 1.080) entspricht im Ergebnis dem Konzernanteil am Eigenkapital der T AG (wirtschaftlicher Erwerber; 1.530 = 0,9 x 1.700) zuzüglich der Kosten des Unternehmenszusammenschlusses (1.542,8).

1.2 Quotenkonsolidierung

1.2.1 Grundlagen

Für die konzernbilanzielle Abbildung von Gemeinschaftsunternehmen (*joint ventures*) im Abschluss eines Partnerunternehmens ist die Methode der **Quotenkonsolidierung** anzuwenden. **IAS 31.38ff. iVm IAS 31.30**

Alternative:
Für die konzernbilanzielle Abbildung von Gemeinschaftsunternehmen (*joint ventures*) im Abschluss eines Partnerunternehmens ist die **Equity-Methode** anzuwenden.

Das IASB plant eine grundlegende Überarbeitung der Abbildung von Gemeinschaftsunternehmen im Konzernabschluss. Nach dem vorliegenden Exposure Draft ED 9 Gemeinsame Vereinbarungen soll das gegenwärtige Wahlrecht zwischen Einbeziehung vom Gemeinschaftsunternehmen nach der Quotenkonsolidierung oder der Equity-Methode entfallen. Stattdessen sieht der Standardentwurf vor, Vermögenswerte und Verbindlichkeiten aus einer gemeinsamen Vereinbarung, die einer Vertragspartei zuzurechnen sind, bei diesen zu bilanzieren. Soweit den Partnern jeweils nur ein Anteil am Ergebnis der gemeinschaftlichen Aktivitäten zusteht, haben sie ihren Anteil nach der Equity-Methode zu bilanzieren.

1.2.2 Konsolidierungstechnische Umsetzung

1.2.2.1 Anwendung der Regeln zur Vollkonsolidierung

Hinsichtlich des Erstkonsolidierungszeitpunktes, der Ermittlung der Anschaffungskosten, ihrer Allokation auf die identifizierbaren Vermögenswerte und Schulden des Gemeinschaftsunternehmens sowie der Behandlung eines ggf. abzubildenden Goodwill oder passivischen Unterschiedsbetrages kann auf die Ausführungen zur Erwerbsmethode im Rahmen der Vollkonsolidierung verwiesen werden (→ D.III.1.1).

Wird das Gemeinschaftsunternehmen durch Bar- oder Sacheinlage neu gegründet, unterscheiden sich Beteiligungsbuchwert und anteiliges Eigenkapital lediglich in Höhe der dem Anteilserwerb direkt zurechenbaren Nebenkosten (bspw. Gutachter- oder Beraterhonorare). Da diese in der Periode ihres Anfalls unmittelbar erfolgswirksam zu verrechnen sind, ist kein **Goodwill anzusetzen.**

Hat eine wirtschaftlich als Tauschvorgang zu klassifizierende Sacheinlage beim Partnerunternehmen zu einer Gewinnrealisierung geführt (Buchwert des eingelegten Vermögenswertes < Zeitwert), ist in Höhe des Anteils des Partnerunternehmens eine Zwischenergebniseliminierung vorzunehmen (→ D.III.4.).

Aufgrund der nur quotalen Übernahme der Vermögenswerte und Schulden des Gemeinschaftsunternehmens in den Konzernabschluss werden die Anteile der anderen Partnerunternehmen nicht als Minderheitenanteile gezeigt.

1.2.2.2 Maßgeblicher Anteil für die quotale Erfassung

Weicht der Kapitalanteil eines Partnerunternehmens von dessen Gewinnanteil ab, regelt IAS 31 nicht, auf Basis welcher Quote die Einbeziehung erfolgen soll.

Mehrheitlich spricht sich das Schrifttum dafür aus, auch im Fall voneinander abweichender Kapitalanteils- und Gewinnanteilsquoten für die Einbeziehung des Gemeinschaftsunternehmens die Höhe des Kapitalanteils heranzuziehen. Für diese Verfahrensweise spricht die Behandlung potenzieller Stimmrechte nach IAS 27. Sie sind ausschließlich bei der Prüpfung des Control-Tatbestands zu berücksichtigen. Auf die Goodwillermittlung wirken sie sich nicht aus.

1.2.3 Konzernbilanzielle Darstellung

IAS 31.34 IAS 31 eröffnet hinsichtlich der Darstellung eines quotal konsolidierten Gemeinschaftsunternehmens im Konzernabschluss ein Wahlrecht: Entweder sind

- die anteilig in den Konzernabschluss einfließenden Vermögenswerte, Schulden, Aufwendungen und Erträge des Gemeinschaftsunternehmens mit den entsprechenden Abschlusspositionen des Konzerns zusammenzufassen (*line by line*-Ausweis) oder
- die anteilig in den Konzernabschluss einfließenden Vermögenswerte, Schulden, Aufwendungen und Erträge des Gemeinschaftsunternehmens sind innerhalb der Konzernbilanz und der Konzern-Gewinn- und Verlustrechnung in gesonderten Posten (*separate line*-Ausweis) darzustellen.

Für die konzernbilanzielle Abbildung von Gemeinschaftsunternehmen wird im Einklang mit der gängigen Konsolidierungspraxis der ***line by line*-Ausweis** gewählt.

> **Alternative:**
>
> Für die konzernbilanzielle Abbildung von Gemeinschaftsunternehmen wird der ***separate line*-Ausweis** gewählt.

1.3 Equity-Konsolidierung

1.3.1 Grundlagen

IAS 28.1 Die Equity-Methode ist für die konzernbilanzielle Abbildung von assoziierten Unternehmen verbindlich anzuwenden.

Anders als bei der Vollkonsolidierung (→ D.III.1.1) oder der Quotenkonsolidierung (→ D.III.1.2) werden bei der Equity-Methode keine Vermögenswerte und Schulden bzw. Aufwendungen und Erträge des *at equity* einbezogenen Unternehmens (anteilig) in den Konzernabschluss übernommen. Stattdessen wird der **Beteiligungsbuchwert** entsprechend der Entwicklung des anteiligen Eigenkapitals des Beteiligungsunternehmens fortgeschrieben.

> **Alternative:**
>
> Die **Anteile** an sämtlichen Gemeinschaftsunternehmen werden nach der **Equity-Methode** im Konzernabschluss bewertet.

1.3.2 Maßgeblicher Abschluss

Für die Anwendung der Equity-Methode ist auf den letzten verfügbaren Abschluss des assoziierten Unternehmens (bzw. des Gemeinschaftsunternehmens) zurückzugreifen. Erstellt das Unternehmen einen Konzernabschluss, ist dieser zu verwenden. **IAS 28.21**

Der der Equity-Bilanzierung zugrunde liegende Einzel- oder Konzernabschluss eines assoziierten Unternehmens (bzw. eines Gemeinschaftsunternehmens) ist an konzerneinheitliche Bilanzierungs- und Bewertungsmethoden anzupassen, soweit die hierfür notwendigen Informationen zur Verfügung stehen. **IAS 28.26**

Weicht der Bilanzstichtag des assoziierten Unternehmens (bzw. des Gemeinschaftsunternehmens) von dem des den Konzernabschluss aufstellenden Unternehmens ab, sieht IAS 28.24 die Erstellung eines Zwischenabschlusses vor. Dem muss nicht entsprochen werden, wenn die Abweichung maximal drei Monate (Frist für abweichende Bilanzstichtage nach IAS 28.25) beträgt. Stattdessen genügt es, den Jahres- oder Konzernabschluss des Beteiligungsunternehmens in diesem Fall um wesentliche Geschäftsvorfälle anzupassen.

1.3.3 Zeitpunkt der erstmaligen Anwendung

Nach IAS 28.23 ist die Equity-Methode ab dem Zeitpunkt anzuwenden, zu dem das Beteiligungsunternehmen als assoziiertes Unternehmen (bzw. als Gemeinschaftsunternehmen) zu klassifizieren ist.

Vielfach wird dieser **Zeitpunkt nicht** auf einen **Bilanzstichtag** fallen, so dass für die erstmalige Ermittlung des Equity-Wertansatzes die **Erstellung eines Zwischenabschlusses notwendig** ist. **IAS 28.24**

> **Alternative:**
>
> Liegt der **Zeitpunkt**, ab dem das Beteiligungsunternehmen als assoziiertes Unternehmen (bzw. als Gemeinschaftsunternehmen) zu klassifizieren ist, **maximal drei Monate vor oder nach dessen Bilanzstichtag,** so wird auf die **Erstellung eines Zwischenabschlusses verzichtet** (Frist für abweichende Bilanzstichtage nach IAS 28.25). Die Einbeziehung erfolgt auf Basis des Jahresabschlusses des erworbenen Unternehmens zum Bilanzstichtag. Es ist zu überprüfen, ob innerhalb des Zeitraums zwischen Bilanzstichtag und Erwerbszeitpunkt wesentliche Geschäftsvorfälle oder Ereignisse stattgefunden haben, die Anpassungen erforderlich machen.

Erfolgt der Erwerb eines assoziierten Unternehmens (bzw. eines Gemeinschaftsunternehmens) nicht in einer einmaligen Transaktion, sondern sukzessive, regelt IAS 28 nicht, ob bei der erstmaligen Ermittlung des Equity-Wertansatzes in Analogie zu IFRS 3.58f. (2004) auf die **Erwerbszeitpunkte der einzelnen Tranchen** (soweit wesentlich) abzustellen ist, oder ob die Aufrechnung des Beteiligungsbuchwertes mit dem korrespondierenden Eigenkapital des *at equity* zu bewertenden Unternehmens allein auf Basis der Wertverhältnisse zum **Zeitpunkt seiner Klassifizierung als assoziiertes Unternehmen** (oder Gemeinschaftsunternehmen) vorgenommen wird.

Da IAS 28.23 zur erstmaligen Erfassung eines Investments in ein assoziiertes Unternehmen allgemein auf IFRS 3 verweist, könnte man im letzten Fall daran denken, die Verfahrensweise für die Abbildung eines stufenweisen Unternehmenszusammenschlusses sinngemäß anzuwenden. Danach wäre der Buchwert der bislang gehaltenen Anteile zunächst erfolgswirksam an ihren *fair value* anzupassen. Zusammen mit den Anschaffungskosten der den maßgeblichen Einfluss begründenden letzten Anteilstranche bildete dieser *fair value* sodann die Anschaffungskosten des Investments, die gegen das anteilige Eigenkapital des assoziierten Unternehmens aufzurechnen sind.

Für jede wesentliche Equity-Tranche ist eine **eigenständige Kapitalaufrechnung** vorzunehmen. Zur Ermittlung des auf in der Vergangenheit erworbene Tranchen entfallenden Eigenkapitals ist der der jeweiligen Tranche zeitlich am nächsten liegende Jahresabschluss des Beteiligungsunternehmens zu verwenden. Wesentliche Geschäftsvorteile oder Ereignisse sind durch Anpassungen zu berücksichtigen.

Alternative:

Die Ermittlung des erstmaligen Equity-Wertansatzes erfolgt im Falle eines sukzessiven Anteilserwerbs auf Basis der Wertverhältnisse im **Zeitpunkt der erstmaligen Klassifizierung** des Beteiligungsunternehmens **als assoziiertes Unternehmen** (oder Gemeinschaftsunternehmen).

1.3.4 Erstkonsolidierung

IAS 28.23 Zum Zeitpunkt der erstmaligen Klassifikation eines Beteiligungsunternehmens als assoziiertes Unternehmen (oder Gemeinschaftsunternehmen) sind die Anschaffungskosten für die erworbenen Anteile dem auf sie entfallenden Eigenkapital, das soweit wie möglich an konzerneinheitliche Bilanzierungs- und Bewertungsmethoden angepasst ist, gegenüberzustellen.

Ein etwaiger Unterschiedsbetrag ist entsprechend den Regeln zur Vollkonsolidierung auf die Existenz von stillen Reserven/stillen Lasten zu untersuchen, ein verbleibender Unterschiedsbetrag stellt einen vergüteten Goodwill dar. Die Zerlegung des Beteiligungsansatzes in seine Bestandteile anteiliges Eigenkapital, stille Rücklagen/stille Lasten und Goodwill wird in einer Nebenrechnung vollzogen.

IAS 28.23 Die Equity-Bewertung startet mit den Anschaffungskosten für die erworbene Beteiligung. Ein gesonderter Ausweis des Goodwill ist untersagt (*one line consolidation*).

1.3.5 Folgekonsolidierung

Ziel der Equity-Methode ist es, im Beteiligungsbuchwert die anteilige Eigenkapitalveränderung beim assoziierten Unternehmen (bzw. beim Gemeinschaftsunternehmen) zu erfassen.

Der Equity-Wertansatz zum Konzernbilanzstichtag ermittelt sich gemäß folgendem Schema (→ Abbildung 6). **IAS 28.11**

Die als erfolgswirksam gekennzeichneten Fortschreibungskomponenten sind in der Konzern-GuV als Ergebnis aus *at equity* bewerteten Beteiligungen zu erfassen. Die erfolgsneutralen Komponenten verändern unmittelbar das Konzerneigenkapital *(other comprehensive income)*.

Die Eliminierung von Zwischenerfolgen, sowohl aus *downstream-* als auch aus *upstream*-Geschäften, ist anteilig vorzunehmen. **IAS 28.22**

Bei *downstream*-Geschäften erfolgt die Eliminierung zu Lasten des Equity-Wertansatzes (→ Abbildung 6). Die notwendigen Informationen zur Ermittlung der Höhe des Zwischenerfolgs sind dem Konzern bekannt. Vom assoziierten Unternehmen sind die am Abschlussstichtag noch im Bestand befindlichen Vermögenswerte aus Konzernlieferungen zu **melden**.

Alternative:

Bei Vermögenswerten des Umlaufvermögens wird auf eine solche **Meldung** in Absprache mit dem Abschlussprüfer **verzichtet.** Es wird vereinfachend angenommen, dass sich die Zwischenerfolge in der auf ihre Entstehung folgenden Periode realisieren.

		Equity-Wertansatz zum Ende der Vorperiode
erfolgswirksam	+/–	anteiliger Jahreserfolg des assoziierten Unternehmens
	+/–	Ergebniseffekt aus der Fortschreibung von Anpassungen an die konzerneinheitliche Bilanzierung und Bewertung
	+/–	Ergebniseffekt aus der Fortschreibung aufgedeckter stiller Reserven/stiller Lasten
	–/+	Eliminierung von Zwischengewinnen/Zwischenverlusten aus *downstream*-Geschäften
	–/+	Wertminderungen/Zuschreibungen
erfolgsneutral	–	vereinnahmte Ausschüttungen des Mutterunternehmens
	+/–	anteiliger Betrag erfolgsneutraler Eigenkapitalveränderungen assoziierten Unternehmens
	+/–	Währungsumrechnungsdifferenzen
	+/–	Kapitaleinzahlungen/Kapitalrückzahlungen
	=	**Equity-Wertansatz zum Periodenende**

Abbildung 6: Ermittlung des Beteiligungsansatzes nach der Equity-Methode

D.III

Auf eine Zwischenerfolgseliminierung wird verzichtet, sofern die Zwischenerfolge unwesentlich sind. Bei *upstream*-Geschäften wird die anteilige Zwischenerfolgseliminierung zu Lasten des Wertansatzes des erworbenen Vermögenswertes vorgenommen. Zur Ermittlung des Zwischenerfolgs sind Kenntnisse über die Kalkulationsgrundlage des *at equity* bewerteten Unternehmens notwendig. Sind diese nicht zu beschaffen, ist auf branchenübliche Margen abzustellen.

IAS 28.30 Die Fortschreibung des Equity-Wertansatzes endet bei null. Weitere Verluste sind in einer Nebenrechnung zu vermerken. Zukünftige Gewinne werden erst dann wieder erfolgswirksam in der Equity-Fortschreibung berücksichtigt, wenn die Verluste in der Nebenrechnung ausgeglichen sind. Falls langfristige ungesicherte Ausleihungen gegenüber dem assoziierten Unternehmen vorhanden sind und der
IAS 28.29 Wertansatz des Equity-Unternehmens bereits auf null fortgeschrieben ist, sind weitere Verluste zu Lasten dieser Ausleihungen – ungeachtet der ggf. bestehenden Notwendigkeit ihrer außerplanmäßigen Abschreibung – zu verrechnen, bevor sie in der Nebenrechung gespeichert werden.

IAS 28.31ff. Bereits bevor der Equity-Wertansatz auf null reduziert ist, hat bei anhaltenden Verlusten des Beteiligungsunternehmens ein Wertminderungstest nach IAS 36 zu erfolgen (→ C.I.1.).

Der im Einzelabschluss des Mutterunternehmens realisierte Beteiligungsertrag ist im Konzernabschluss zu eliminieren, um eine Doppelerfassung zu vermeiden. Vereinnahmte Ausschüttungen stellen aus Konzernsicht einen erfolgsneutralen Aktivtausch zwischen den liquiden Mitteln und dem Equity-Wertansatz dar.

IAS 28.39 Beruht die Erhöhung des anteiligen Eigenkapitals des *at equity* bewerteten Unternehmens auf bei diesem erfolgsneutral gebuchten Eigenkapitalveränderungen (bspw. erfolgsneutrale *fair value*-Bewertung von *available-for-sale financial assets,* Währungsumrechnungsdifferenzen), so werden diese beim Mutterunternehmen im Rahmen der Fortschreibung des Equity-Wertansatzes erfolgsneutral im Konzerneigenkapital (*other comprehensive income*) erfasst.

2. Schuldenkonsolidierung

2.1 Vollkonsolidierung

2.1.1 Gegenstand der Schuldenkonsolidierung

IAS 27.20 IAS27 fordert für die in einem Konzernabschluss mittels der Vollkonsolidierung einbezogenen Unternehmen die vollständige Eliminierung von gegenseitigen Ansprüchen und Verpflichtungen. Die vollständige Eliminierungspflicht besteht unabhängig vom Vorliegen von Minderheitenanteilen und von der gewählten Methode der Kapitalkonsolidierung (→ D.III.1.).

Die Schuldenkonsolidierung beschränkt sich nicht auf Bilanzposten. Auch Anhangangaben sind auf eliminierungspflichtige Inhalte zu überprüfen.

Sind der zu eliminierende Anspruch und die korrespondierende Verpflichtung nicht betragsgleich, so entstehen bei der Schuldenkonsolidierung Aufrechnungsdifferenzen. Ihre Behandlung ist abhängig von der Ursache ihrer Entstehung.

2.1.2 *Konsolidierungspflichtige Schuldverhältnisse*

2.1.2.1 Allgemeines

IAS 27.24 fordert die vollständige Eliminierung aller konzerninternen Salden. Hierzu zählen insbesondere Ausleihungen sowie Forderungen und Verbindlichkeiten, sofern das Rechtsverhältnis mit einem anderen vollkonsolidierten Unternehmen besteht. Nachstehend wird auf die Eliminierungspflicht bei ausgewählten Bilanzposten und Anhangangaben eingegangen.

2.1.2.2 Ausstehende Einlagen

Ausstehende Einlagen sind zu eliminieren, wenn ihnen entsprechende Einzahlungsverpflichtungen bei anderen vollkonsolidierten Konzernunternehmen gegenüberstehen. Diese Voraussetzung ist dann erfüllt, wenn die ausstehenden Einlagen eingefordert sind. Im Rahmen der Schuldenkonsolidierung ist die eingeforderte ausstehende Einlage mit der korrespondierenden passivierten Einzahlungsverpflichtung aufzurechnen. Dies gilt unabhängig davon, ob es sich um ausstehende Einlagen des Mutter- oder eines vollkonsolidierten Tochterunternehmens handelt.

Einzahlungsforderungen, die gegenüber konzernfremden Dritten bestehen, werden unverändert in den Konzernabschluss übernommen.

2.1.2.3 Geleistete und erhaltene Anzahlungen

Geleistete und erhaltene Anzahlungen zwischen Mutter- und Tochterunternehmen unterliegen der vollständigen Eliminierungspflicht. Dies ist unabhängig von der Art des Ausweises und dem Umstand, dass sie nach IAS 32 AG 11 keine Finanzinstrumente darstellen, wenn sie auf den Austausch von Sachgütern oder Dienstleistungen ausgerichtet sind.

D.III

2.1.2.4 Rückstellungen und Eventualschulden

Alle Rückstellungen (→ C.III.2.), denen Außenverpflichtungen gegenüber anderen vollkonsolidierten Unternehmen zugrunde liegen, sind Gegenstand der Schuldenkonsolidierung. Eine nach HGB ggf. mögliche Umklassifizierung einer aus Einzelabschlusssicht gegebenen Rückstellung für Verpflichtungen gegenüber Dritten in eine Aufwandsrückstellung aus Konzernsicht kommt nach IFRS nicht in Betracht.

Eine angabepflichtige Eventualschuld ist eine ungewisse Schuld, die nicht die Voraussetzungen einer Rückstellung erfüllt, weil das Bestehen der Verpflichtung nicht wahrscheinlich (*probable*), sondern nur möglich (*possible*) ist, mit der Inanspruchnahme einer bestehenden Verpflichtung nur möglicherweise (*possible*), aber nicht wahrscheinlich (*probable*) zu rechnen ist oder weil die Verpflichtung nicht verlässlich bewertbar ist (→ C.III.2.3.1). Im Einzelabschluss angabepflichtige Eventualschulden sind im Rahmen der Schuldenkonsolidierung zu eliminieren, soweit sie auf Rechtsbeziehungen zwischen vollkonsolidierten Konzernunternehmen beruhen.

2.1.2.5 Eventualforderungen

IAS 37.10 Eventualforderungen bilden das positive Gegenstück zu den Eventualschulden. Eventualforderungen sind mögliche Vermögenswerte, die aus vergangenen Ereignissen resultieren, deren tatsächliche Existenz aber noch von künftigen Ereignissen abhängt, die nicht vollständig unter der Kontrolle des Unternehmens stehen. Ist
IAS 37.89ff. die Vollentstehung einer Eventualforderung wahrscheinlich, so ist über sie im Anhang zu berichten. Korrespondierend zur Behandlung von Eventualschulden sind auch Eventualforderungen im Rahmen der Schuldenkonsolidierung zu eliminieren, soweit sie auf Rechtsbeziehungen zwischen vollkonsolidierten Konzernunternehmen beruhen.

2.1.2.6 Anleiheverbindlichkeiten

Anleiheverbindlichkeiten eines vollkonsolidierten Konzernunternehmens sind Gegenstand der Schuldenkonsolidierung, soweit ein anderes vollkonsolidiertes Unternehmen entsprechende Anleihen in seinem Wertpapierbestand hält.

2.1.2.7 Drittschuldverhältnisse

Unter einem Drittschuldverhältnis wird die Forderung eines in den Konzernabschluss einbezogenen Unternehmens gegenüber einem konzernexternen Dritten verstanden, der seinerseits eine Forderung gegen ein anderes einbezogenes Unternehmen besitzt. Aus Sicht des Konzerns sind Schuldner und Gläubiger dieser beiden Schuldverhältnisse identisch.

Auf eine **Eliminierung** solcher Drittschuldverhältnisse wird **verzichtet**, da die Bestimmung, ob diese aus Konzernsicht aufrechnungsfähig sind, regelmäßig mit einem erheblichen Aufwand verbunden ist.

Alternative:

In **wesentlichen Einzelfällen** wird eine **Eliminierung** von Drittschuldverhältnissen vorgenommen, wenn die Voraussetzungen an eine Saldierungsmöglichkeit (Gleichartigkeit und Gleichfristigkeit der Forderungen und Verbindlichkeiten) vorliegen. Schuldverhältnisse werden als gleichfristig angesehen, wenn deren Fälligkeit nur um wenige Tage voneinander abweicht.

2.1.3 Aufrechnungsdifferenzen

2.1.3.1 Überblick

Stehen sich bei der Schuldenkonsolidierung Anspruch und Verpflichtung in gleicher Höhe gegenüber, führt dies zu einem erfolgsneutralen und konsolidierungstechnisch unproblematischen Aufrechnungsvorgang. Sind die Ansprüche und Verpflichtungen dagegen nicht betragsgleich, entstehen bei der Saldierung Aufrechnungsdifferenzen. Auch diese dürfen nicht in den Konzernabschluss eingehen.

In Abhängigkeit von der ihnen zugrunde liegenden Ursache werden sie in **echte**, **unechte** und **stichtagsbedingte Aufrechnungsdifferenzen** unterteilt.

> **Alternative:**
> In Abhängigkeit von der ihnen zugrunde liegenden Ursache werden sie in **echte** und **unechte Aufrechnungsdifferenzen** unterteilt.

2.1.3.2 Unechte Aufrechnungsdifferenzen

Als unecht werden Aufrechnungsdifferenzen bezeichnet, deren Ursachen rein buchungstechnischer Art sind. Unechte Aufrechnungsdifferenzen können auf fehlerhaften Buchungen und zeitlichen Buchungsunterschieden beruhen. Ein Beispiel für zeitliche Buchungsunterschiede bildet der Fall, dass eine konzerninterne Verbindlichkeit kurz vor dem Ende des Geschäftsjahres beglichen wird, das Gläubigerunternehmen den Zahlungseingang bzw. Forderungsabgang aber erst im neuen Geschäftsjahr erfasst.

Zur Vermeidung solcher unechter Aufrechnungsdifferenzen sollte als Zeitpunkt für den Buchungsschluss von konzerninternen Ansprüchen und Verpflichtungen ein konzerneinheitlicher Stichtag festgelegt werden.

Zudem ist eine Saldenabstimmung vorzunehmen, die von dem Unternehmen ausgeht, das in seinem Einzelabschluss den **Anspruch** zeigt.

> **Alternative:**
> Eine Saldenabstimmung für Gesellschaftspaare ist ausgehend von dem Unternehmen, das in seinem Einzelabschluss die **Schuld** zeigt, vorzunehmen.

D.III

Entstehen trotz dieser Maßnahmen unechte Aufrechnungsdifferenzen, so sind diese je nach Erfolgscharakter des Geschäftsvorfalls entweder **erfolgswirksam oder erfolgsneutral durch** eine **Nachbuchung** zu **korrigieren**.

Unwesentliche unechte Aufrechnungsdifferenzen können ohne Analyse ihres Erfolgscharakters systemseitig **unmittelbar** in die **Positionen Forderungen aus Lieferungen und Leistungen**, davon Sonstige, RLZ < 1 Jahr **bzw. betriebliche Verbindlichkeiten**, davon Sonstige, RLZ < 1 Jahr **umgebucht** werden.

2.1.3.3 Stichtagsbedingte Aufrechnungsdifferenzen

Stichtagsbedingte Aufrechnungsdifferenzen entstehen, wenn sich die Ansprüche und Verpflichtungen vollkonsolidierter Konzernunternehmen aufgrund abweichender Bilanzstichtage nicht in gleicher Höhe gegenüberstehen. Diese Problematik beruht auf IAS 27.26f., wonach der Bilanzstichtag eines Tochterunternehmens bis zu drei Monate von dem des Mutterunternehmens abweichen darf. **IAS 27.22f.**

Zur Vermeidung von stichtagsbedingten Aufrechnungsdifferenzen haben die vollkonsolidierten Tochterunternehmen, deren Bilanzstichtag von dem des Mutterunternehmens abweicht, einen **Zwischenabschluss auf einen vorher zu bestimmenden Stichtag zu erstellen**.

Alternative:

Auf eine **Erstellung von Zwischenabschlüssen** wird **verzichtet. Stichtagsbedingte Aufrechnungsdifferenzen** werden wie unechte Aufrechnungsdifferenzen **durch nachträgliche Korrekturbuchungen eliminiert.**

Unwesentliche stichtagsbedingte Aufrechnungsdifferenzen können systemseitig **unmittelbar** in die **Positionen Forderungen aus Lieferungen und Leistungen**, davon Sonstige, RLZ < 1 Jahr **bzw. betriebliche Verbindlichkeiten**, davon Sonstige, RLZ < 1 Jahr **umgebucht** werden.

2.1.3.4 Echte Aufrechnungsdifferenzen

2.1.3.4.1 Vorbemerkung

Stehen sich ein konzerninterner Anspruch und eine korrespondierende Verpflichtung aufgrund von Ansatz- und Bewertungsvorschriften nicht in gleicher Höhe gegenüber, so spricht man von einer echten Aufrechnungsdifferenz. Echte Aufrechnungsdifferenzen entstehen im Regelfall durch erfolgswirksame Buchungen in den Einzelabschlüssen der betreffenden vollkonsolidierten Tochterunternehmen (zum Sonderfall echter Aufrechnungsdifferenzen als Folge einer erfolgsneutralen *fair value*-Bewertung → D.III.2.1.3.4.3).

2.1.3.4.2 Verrechnung

Echte Aufrechnungsdifferenzen, die in voller Höhe im abgelaufenen Geschäftsjahr aus einer erfolgswirksamen Buchung im Einzelabschluss eines vollkonsolidierten Konzernunternehmens entstanden sind, werden im Rahmen der Schuldenkonsolidierung erfolgswirksam neutralisiert.

Dies geschieht **für jeden einzelnen Sachverhalt**, indem die die echten Aufrechnungsdifferenzen begründenden Buchungen der Einzelabschlüsse auf Konzernebene mit umgekehrten Vorzeichen korrigiert werden.

Alternative:

Auf eine Analyse jeder einzelnen Aufrechnungsdifferenz wird verzichtet. Für **jedes Gesellschaftspaar wird lediglich der Saldo der Aufrechnungsdifferenzen neutralisiert.** Dabei ist darauf zu achten, dass nur die jährliche Veränderung dieses Saldos erfolgswirksam verrechnet wird. Auszuweisen ist die erfolgswirksame Differenzenveränderung je nach Änderungsrichtung in den Posten sonstiger betrieblicher Aufwand bzw. sonstiger betrieblicher Ertrag.

Der **Stand** der Aufrechnungsdifferenz (**Alternative:** des **Saldos** der Aufrechnungsdifferenzen) am Ende der Vorperiode ist erfolgsneutral gegen die Sonstigen Gewinnrücklagen zu buchen.

Beispiel (ohne Berücksichtigung latenter Steuern):

Konzerninterner Anspruch	
Periode 01	650
Periode 02	550
Periode 03	600
Periode 04	650
Konzerninterne Verpflichtung	
Periode 01	650
Periode 02	650
Periode 03	720
Periode 04	740
Echte Aufrechnungsdifferenz	
Periode 01	0
Periode 02	– 100
Periode 03	– 120
Periode 04	–90
Erhöhung (+)/Minderung (–) des Konzernerfolgs	
Periode 01	–
Periode 02	+ 100
Periode 03	+ 20
Periode 04	– 30
Verrechnung mit den Gewinnrücklagen des Konzerns	
Periode 01	–
Periode 02	–
Periode 03	+ 100
Periode 04	+ 120

D.III

2.1.3.4.3 Sonderproblem der erfolgsneutralen fair value-Bewertung

Echte Aufrechnungsdifferenzen entstehen auf erfolgsneutrale Weise, wenn ein vollkonsolidiertes Konzernunternehmen eine Anleihe nach der erfolgsneutralen *fair value*-Methode bewertet (→ C.II.4.1.6.4), während die korrespondierende Anleiheverbindlichkeit beim anderen Konzernunternehmen zu fortgeführten Anschaffungskosten bewertet wird.

In solchen Fällen ist die Neubewertungsrücklage, die das die verbrieften Gläubigerrechte aktivierende Konzernunternehmen in seinem Einzelabschluss gebildet hat, auf Konzernebene aufzulösen, indem sie gegen die Aufrechnungsdifferenz gebucht wird.

2.1.3.4.4 Beteiligung von Minderheitsgesellschaftern

Die Schuldenkonsolidierung hat unmittelbaren Einfluss auf die Höhe des Minderheitenanteils am Konzerneigenkapital, da der **Effekt aus der Eliminierung einer Aufrechnungsdifferenz nach** den **Beteiligungsquoten des Konzerns** (Gesellschafter des Mutterunternehmens) **und der Minderheitsgesellschafter aufzuteilen** ist. Maßgeblich ist dabei der Anteil der Minderheitsgesellschafter an dem Konzernunternehmen, bei dem die Aufrechnungsdifferenz im Einzelabschluss begründet wurde.

Der auf die Minderheitsgesellschafter entfallende Teil der Aufrechnungsdifferenz nach dem Stand am Ende der Vorperiode ist **nicht gegen** die **Konzerngewinnrücklagen** zu buchen, **sondern gegen** den **Minderheitenanteil am Konzerneigenkapital**. Der auf die Minderheitsgesellschafter entfallende Teil einer neu entstandenen und erfolgswirksam zu eliminierenden Aufrechnungsdifferenz ist zu Lasten des **Minderheitenanteils am Konzernjahresüberschuss** zu verrechnen.

2.1.4 Latente Steuern

Die Schuldenkonsolidierung führt regelmäßig zum Ansatz latenter Steuern. Sie bewirkt, dass konzerninterne Ansprüche und Verpflichtungen keinen Eingang in die Konzernbilanz finden. Stehen sich diese nicht ausgeglichen gegenüber, ergeben sich temporäre Differenzen zwischen IFRS-Abschluss und Steuerbilanz. Da diese im Falle der Umkehr zu Steuerwirkungen führen, sind die Voraussetzungen für den Ansatz latenter Steuern gegeben. Zur Problematik latenter Steuern → C.IV.1.

2.2 Quotenkonsolidierung

Gemeinschaftsunternehmen können nach der Methode der Quotenkonsolidierung in den Konzernabschluss des Partnerunternehmens einbezogen werden (IAS 31.30; → D.III.1.2). Damit fließen in die Summenbilanz des Konzerns die Ansprüche und Verpflichtungen des gemeinschaftlich geführten Unternehmens nur quotal, also in Höhe des Kapitalanteils des Partnerunternehmens, ein. Die aus der Innenbeziehung zwischen dem Partnerunternehmen und dem Gemeinschaftsunternehmen stammenden Ansprüche und Verpflichtungen können nur in Höhe dieser Quote eliminiert werden. Hinsichtlich des zu eliminierenden Teils sind die Ausführungen zur Vollkonsolidierung entsprechend anzuwenden.

Der aus dem Einzelabschluss des Partnerunternehmens eingehende Teil eines Anspruchs bzw. einer Verpflichtung gegenüber einem Gemeinschaftsunternehmen, der im Rahmen der Schuldenkonsolidierung nicht eliminiert wird, ist in der Bilanz nicht gesondert zu zeigen. Ist der verbleibende Teil des Anspruchs bzw. der Verpflichtung wesentlich, so sind allerdings die Angabepflichten nach IAS 24 (*Related parties disclosures*) zu beachten.

2.3 Equity-Methode

Assoziierte Unternehmen und Gemeinschaftsunternehmen (wahlweise) sind nach der Equity-Methode in den Konzernabschluss einzubeziehen (→ D.III.1.3). Da die Vermögenswerte und Schulden des assoziierten Unternehmens keinen (anteiligen) Eingang in den Konzernabschluss finden, ist keine Schuldenkonsolidierung vorzunehmen.

3. Aufwands- und Ertragskonsolidierung

3.1 Vollkonsolidierung

IAS 27.24 f.

3.1.1 Gegenstand der Aufwands- und Ertragskonsolidierung

Die in IAS 27.24 f. enthaltene Verpflichtung zur Eliminierung sämtlicher konzerninterner Transaktionen umfasst explizit die Aufrechnung der in die Summen-GuV einfließenden Erlöse und Aufwendungen. Die zugrunde liegenden Geschäftsvorfälle sind so darzustellen, als ob sie von einem einheitlichen Unternehmen getätigt worden wären.

Auch die Aufwands- und Ertragseliminierung ist **bei unwesentlichem Umfang nicht durchzuführen**. Bei der Beurteilung der Wesentlichkeit muss ihre enge Verzahnung mit der Schulden- und Zwischenergebniseliminierung beachtet werden.

3.1.2 Potenzielle Konsolidierungsposten

Nach IAS 1 kann die Konzern-GuV sowohl nach dem Umsatzkostenverfahren als auch nach dem Gesamtkostenverfahren erstellt werden.

Die Konzern-GuV wird nach dem **Umsatzkostenverfahren** erstellt. Von der Aufwands- und Ertragskonsolidierung sind potenziell folgende Posten betroffen: IAS 1.88

- Umsatzerlöse;
- Herstellungskosten;
- Vertriebskosten;
- Verwaltungskosten;
- sonstige Erträge / Aufwendungen;
- Beteiligungserträge;
- Zinserträge / Zinsaufwendungen.

Alternative:

Die Konzern-GuV wird nach dem **Gesamtkostenverfahren** erstellt. Von der Aufwands- und Ertragskonsolidierung sind potenziell folgende Posten betroffen:

- Umsatzerlöse;
- Erhöhung / Verminderung des Bestands an fertigen und unfertigen Erzeugnissen;
- andere aktivierte Eigenleistungen;
- sonstige Erträge / Aufwendungen;
- Materialaufwand;
- Beteiligungserträge;
- Zinserträge / Zinsaufwendungen.

3.1.3 *Konsolidierungstechnik*

3.1.3.1 Innenumsatzerlöse

Bei Anwendung des **UKV** sind die Innenumsatzerlöse mit den auf sie entfallenden Aufwendungen des liefernden oder des die Lieferung empfangenden Konzernunternehmens zu verrechnen.

Eine Verrechnung mit den Aufwendungen des liefernden Konzernunternehmens ist vorzunehmen, wenn ein Konzernunternehmen selbst erstellte oder fremdbezogene Vermögenswerte in das Anlage- oder Umlaufvermögen eines anderen Konzernunternehmens liefert, in dem sich die Vermögenswerte am Bilanzstichtag noch befinden. Die Eliminierung der Innenumsatzerlöse hat gegen die Herstellungskosten des liefernden Konzernunternehmens sowie gegen etwaige bei ihm angefallene Vertriebs- und Verwaltungskosten zu erfolgen.

Haben die in das Anlage- oder Umlaufvermögen gelieferten Vermögenswerte das empfangende Konzernunternehmen am Bilanzstichtag bereits an Konzerndritte verlassen, so sind die Innenumsatzerlöse mit den Herstellungskosten des empfangenden Konzernunternehmens aufzurechnen.

Alternative:

Für die konsolidierungstechnische Behandlung von Umsätzen aus konzerninternen Lieferungen sind bei Anwendung des **GKV** vier Möglichkeiten denkbar:

- Aufrechnung der Innenumsatzerlöse mit den Aufwendungen des liefernden Konzernunternehmens bei
  - Lieferung fremdbezogener Vermögenswerte durch ein Konzernunternehmen in das Anlagevermögen eines anderen vollkonsolidierten Konzernunternehmens;
  - Lieferung fremdbezogener Roh-, Hilfs- und Betriebsstoffe oder Waren durch ein Konzernunternehmen, die am Bilanzstichtag unbearbeitet und unverbraucht beim empfangenden Konzernunternehmen lagern und zur Weiterverarbeitung oder Weiterveräußerung bestimmt sind.
- Aufrechnung der Innenumsatzerlöse mit den Aufwendungen des die Lieferung empfangenden Konzernunternehmens bei
  - Lieferung fremdbezogener Roh-, Hilfs- und Betriebsstoffe oder Waren durch ein Konzernunternehmen, die vom Empfängerunternehmen nach der Bearbeitung als unfertige oder fertige Erzeugnisse ausgewiesen werden oder noch in der gleichen Periode an Konzerndritte veräußert wurden;
  - Lieferung konzernintern hergestellter Vermögenswerte des Umlaufvermögens durch ein Konzernunternehmen, die vom Empfängerunternehmen nach der Bearbeitung als unfertige oder fertige Erzeugnisse ausgewiesen werden oder noch in der gleichen Periode an Konzerndritte veräußert wurden.
- Umgliederung der Innenumsatzerlöse in den Posten „Bestandserhöhungen/ Bestandsverminderungen" bei Lieferung konzernintern hergestellter Vermögenswerte des Umlaufvermögens durch ein Konzernunternehmen, die am Bilanzstichtag beim empfangenden Konzernunternehmen unbearbeitet auf Lager liegen.

- Umgliederung der Innenumsatzerlöse in den Posten „andere aktivierte Eigenleistungen" bei Lieferung selbsterstellter Vermögenswerte durch ein Konzernunternehmen, die im Sachanlagevermögen des empfangenden Konzernunternehmens aktiviert werden.

Für die Zuordnung einzelner innerkonzernlicher Transaktionen zu den vier konsolidierungstechnischen Behandlungsalternativen ist zu fragen, ob

- die gelieferten Vermögenswerte von Konzerndritten erworben oder vom Konzern selbst erstellt wurden,
- die Lieferung in das Anlage- oder Umlaufvermögen erfolgt ist,
- die gelieferten Vermögenswerte vom empfangenden Konzernunternehmen weiterverarbeitet wurden oder nicht und ob
- die Vermögenswerte vom empfangenden Konzernunternehmen bereits veräußert wurden oder am Bilanzstichtag noch auf Lager liegen.

3.1.3.2 Innerkonzernliche Ergebnisvereinnahmung

Bei der innerkonzernlichen Ergebnisvereinnahmung ist zwischen folgenden Fällen zu unterscheiden:

- **Periodenungleiche** Vereinnahmung von Beteiligungserträgen

  Der Gewinn des vollkonsolidierten Beteiligungsunternehmens darf nur im Jahr seiner Erwirtschaftung in der Konzern-GuV ausgewiesen werden. Um eine doppelte Erfassung der Beteiligungserträge in zwei aufeinander folgenden Perioden zu verhindern, ist der beim Mutterunternehmen vereinnahmte Betrag gegen die Eigenkapitalposition zu verrechnen, in der das Tochterunternehmen den Abgang der in der Vorperiode erwirtschafteten Reinvermögensmehrung zeigt.
- **Periodengleiche** Vereinnahmung von Beteiligungserträgen

  Es ist zu verhindern, dass der Gewinn im Jahr seiner Entstehung in der Konzern-GuV zweifach erfasst wird. Liegt eine periodengleiche Beteiligungsertragsrealisierung vor, bei der eine Vorabausschüttung erfolgte, ist der Beteiligungsertrag beim Mutterunternehmen gegen das Vorabausschüttungskonto des Tochterunternehmens aufzurechnen. Ist keine Zahlung erfolgt, ist der Beteiligungsertrag gegen die vom Mutterunternehmen eingebuchte Forderung zu eliminieren.
- Bestehen eines **Ergebnisabführungsvertrages**

  Besteht zwischen Mutter- und Tochterunternehmen ein Ergebnisabführungsvertrag, sind die in den GuV der Einzelunternehmen enthaltenen Aufwendungen und Erträge aus der Gewinnabführung bzw. Verlustübernahme, die sich in gleicher Höhe gegenüberstehen, miteinander zu verrechnen.

3.1.3.3 Andere Erträge und Aufwendungen

Andere Erträge und Aufwendungen zwischen vollkonsolidierten Konzernunternehmen entstehen bspw. beim Abgang von Vermögenswerten über oder unter dem Buchwert. Sie sind als Zwischenergebnisse (→ D.III.4.) zu eliminieren, so dass keine eigenständige Aufwands- und Ertragseliminierung notwendig ist.

Andere Erträge und Aufwendungen aus konzerninternen Leistungen wie Erträge aus Mieten, Pachten, Lizenzen und Zinsen bereiten keine konsolidierungstechnischen Probleme. Die in die Summen-GuV einfließenden Erträge und Aufwendungen stehen sich im Regelfall in gleicher Höhe gegenüber und sind gegeneinander aufzurechnen. Wurden sie als Teil der Herstellungskosten von Anlagegütern aktiviert, sind sie bei Anwendung des **UKV** mit den **entsprechenden Aufwendungen des leistenden Konzernunternehmens zu verrechnen**.

> **Alternative:**
> Wurden sie als Teil der Herstellungskosten von Anlagegütern aktiviert, sind sie bei Anwendung des **GKV** in den **Posten „andere aktivierte Eigenleistungen" umzugliedern.**

IAS 31.30

3.2 Quotenkonsolidierung

Gemeinschaftsunternehmen dürfen nach der Methode der Quotenkonsolidierung in den Konzernabschluss des Partnerunternehmens (= Mutterunternehmen) einbezogen werden (IAS 31.30; → D.III.1.2). Damit geht in den Summenabschluss des Konzerns die GuV des Gemeinschaftsunternehmens nur in Höhe der Anteilsquote des Mutterunternehmens ein. Für die anteilig in der Summen-GuV erscheinenden Erträge und Aufwendungen des Gemeinschaftsunternehmens gelten die Ausführungen zur Vollkonsolidierung entsprechend. Im Ergebnis wird im Konzernabschluss der Teil der mit den eliminierten Beträgen korrespondierenden Aufwendungen und Erträge der vollkonsolidierten Konzernunternehmen ausgewiesen, der auf die anderen Gesellschafter des Gemeinschaftsunternehmens entfällt.

IAS 31.38

3.3 Equity-Methode

Assoziierte Unternehmen (bzw. alternativ Gemeinschaftsunternehmen) sind nach der Equity-Methode in den Konzernabschluss einzubeziehen (→ D.III.1.3). Da die Aufwendungen und Erträge der *at equity* bewerteten Unternehmen nicht in den Konzernabschluss übernommen werden, ist keine Aufwands- und Ertragseliminierung vorzunehmen.

4. Zwischenergebniseliminierung

4.1 Vollkonsolidierung

4.1.1 Gegenstand der Zwischenergebniseliminierung

IAS 27.24 IAS 27 fordert eine vollständige Eliminierung von Gewinnen und Verlusten, die aus Lieferungs- und Leistungsbeziehungen zwischen vollkonsolidierten Tochterunternehmen resultieren und sich in deren Einzelabschlüssen niedergeschlagen haben. Die Zwischenergebniseliminierung ist auch vorzunehmen, wenn die zu einem Gewinn oder Verlust führende innerkonzernliche Transaktion zu marktüblichen Bedingungen erfolgte.

Wird ein zu eliminierender Zwischenverlust ermittelt, so kann dieser ein Indiz für eine aus Konzernsicht zu erfassende Wertminderung des transferierten Vermögenswertes sein (→ C.I.1.3.3.2). **IAS 27.25**

Die Zwischenergebniseliminierung kann unterbleiben, wenn die konzernintern entstandenen Gewinne oder Verluste unwesentlich sind. Die Beurteilung ist getrennt für langfristige und kurzfristige Vermögenswerte vorzunehmen.

Es wird **sowohl bei langfristigen als auch bei kurzfristigen Vermögenswerten** eine **Zwischenergebniseliminierung durchgeführt**.

Alternative:

Grundsätzlich **unterbleibt** eine **Zwischenerfolgseliminierung im langfristigen Vermögen** aus Gründen der Wesentlichkeit. Sollte im Einzelfall (bspw. aus der konzerninternen Veräußerung einer Beteiligung) ein **wesentlicher Zwischenerfolg** entstehen, so ist dieser **manuell** zu **eliminieren.**

4.1.2 Ermittlung des Zwischenergebnisses

4.1.2.1 Grundlagen

Der zu eliminierende Zwischengewinn oder Zwischenverlust ergibt sich als positive oder negative Differenz zwischen dem Wertansatz eines in den Summenabschluss übernommenen Vermögenswertes und dessen nach konzerneinheitlichen Bilanzierungs- und Bewertungsvorschriften ermittelten Konzernanschaffungs- oder Konzernherstellungskosten. Im Rahmen der Zwischenergebniseliminierung werden die aus den Einzelbilanzen der vollkonsolidierten Konzernunternehmen in die Summenbilanz eingehenden Vermögenswerte an die aus Konzernsicht zulässigen Beträge angepasst.

4.1.2.2 Ermittlung der Konzernbestände

Zur Durchführung der Zwischenergebniseliminierung sind alle im Summenabschluss ausgewiesenen Vermögenswerte, die ganz oder teilweise auf innerkonzernlichen Lieferungen oder Leistungen beruhen (sog. Konzernbestände), zu bestimmen. Die individuelle Ermittlung der Konzernbestände impliziert eindeutige Separierbarkeit von solchen Beständen, die auf Transaktionen mit Konzernfremden beruhen. Sofern die Möglichkeit der eindeutigen Abgrenzung nicht gegeben ist, muss die Identifizierung der Konzernbestände in Abstimmung mit dem Abschlussprüfer mittels einer pauschalierten Methode erfolgen.

4.1.2.3 Irrelevanz des Einzelabschlusswertes

Der in die Summenbilanz eingehende Wertansatz eines Vermögenswertes entspricht den (fortgeführten) Anschaffungskosten oder Herstellungskosten aus Sicht des einzelnen Unternehmens. Die Einzelabschlusssicht ist für die Bilanzierung und Bewertung im Konzernabschluss indes irrelevant. Es hat ein Perspektivenwechsel auf die Konzernsicht zu erfolgen.

4.1.2.4 Ermittlung der Konzernanschaffungskosten

F.100 Als Konzernanschaffungskosten sind die aus Konzernsicht für den Erwerb eines Vermögenswerts im Erwerbszeitpunkt entrichteten Zahlungsmittel oder Zahlungsmitteläquivalente bzw. als der beizulegende Zeitwert einer anderen Gegenleistung definiert (→ D.III.1.1.2.3). Spezifiziert wird der Anschaffungskostenbegriff insbesondere in IAS 2 (zum Vorratsvermögen → C.II.6.), IAS 16 (zum Sachanlagevermögen → C.II.2.), IAS 23 (zur bilanziellen Behandlung von Fremdkapitalkosten → C.I.1.3.2.3.2) und IAS 39 (zur Bewertung von Finanzinstrumenten → C.II.4.).

Die Ermittlung der Konzernanschaffungskosten erfolgt ausgehend von den Anschaffungskosten desjenigen vollkonsolidierten Konzernunternehmens, das den Vermögenswert von einem Konzernfremden erworben hat. Anschließend sind die sog. **Anschaffungskostenmehrungen** (Aufwendungen, die erst aus Konzernsicht zu Bestandteilen der Anschaffungskosten werden) **hinzuzurechnen** und **Anschaffungskostenminderungen** (Aufwendungen, die aus Konzernsicht keine Bestandteile der Anschaffungskosten mehr sind) **in Abzug zu bringen**.

Alternative:

Auf die Ermittlung und Berücksichtigung von Anschaffungskostenmehrungen bzw. Anschaffungskostenminderungen wird verzichtet, da deren Ermittlung regelmäßig mit einem unverhältnismäßig hohen Aufwand verbunden ist und zudem von einem unwesentlichen Einfluss auf den Vermögensausweis auszugehen ist. Lediglich in **offensichtlichen Fällen von besonderer Bedeutung** sind sie zu **berücksichtigen.**

Fallen beim konzerninternen Verkauf von Vermögenswerten Aufwendungen an, die in der rechtlichen Selbstständigkeit des vollkonsolidierten Unternehmens begründet sind (bspw. Aufwendungen einer Grundbucheintragung, notarielle Beurkundungen usw.), so stellen diese aus Konzernsicht **aktivierungspflichtige Anschaffungskostenbestandteile** dar.

Alternative:

In der rechtlichen Selbständigkeit des vollkonsolidierten Unternehmens begründete Aufwendungen werden **nur in wesentlichen Einzelfällen** in den Konzernanschaffungskosten **berücksichtigt; ansonsten** wird eine **aufwandswirksame Behandlung** zugelassen.

4.1.2.5 Ermittlung der Konzernherstellungskosten

Zu den Konzernherstellungskosten zählen die aus Konzernsicht entstandenen produktionsbezogenen Vollkosten. Detaillierte Regelungen zu den Konzernherstellungskosten finden sich in IAS 2 (zum Vorratsvermögen → C.II.6.) und IAS 16 (zum Sachanlagevermögen → C.II.2.).

Die Ermittlung der Konzernherstellungskosten erfolgt ausgehend von den Herstellungskosten des Konzernunternehmens, das den Vermögenswert produziert hat. Waren an der Herstellung mehrere einbezogene Unternehmen beteiligt, sind die jeweils angefallenen Herstellungskosten zu addieren. Anschließend sind die sog. **Herstellungskostenmehrungen** (Aufwendungen, die erst aus Konzernsicht zu Bestandteilen der Herstellungskosten werden) **hinzuzurechnen** und **Herstellungskostenminderungen** (Aufwendungen, die aus Konzernsicht keine Bestandteile der Herstellungskosten sind) **in Abzug zu bringen**.

Alternative:

Auf die Ermittlung und Berücksichtigung von Herstellungskostenmehrungen bzw. Herstellungskostenminderungen wird verzichtet, da deren Ermittlung regelmäßig mit einem unverhältnismäßig hohen Aufwand verbunden ist und zudem von einem unwesentlichen Einfluss auf den Vermögensausweis auszugehen ist. Lediglich in **offensichtlichen Fällen von besonderer Bedeutung** sind sie zu **berücksichtigen.**

4.1.2.6 Ableitung des zu eliminierenden Betrags

Durch einen Vergleich der Konzernanschaffungskosten bzw. Konzernherstellungskosten mit dem in den Summenabschluss eingeflossenen Wertansatz lässt sich für jeden konzernintern bezogenen Vermögenswert das zu eliminierende Zwischenergebnis bestimmen.

Eine solche Einzelfallbetrachtung ist aus Gründen der Wirtschaftlichkeit und Wesentlichkeit für Gegenstände des **kurzfristigen Vermögens, insbesondere des Vorratsvermögens,** nicht zweckmäßig.

Das liefernde bzw. leistende Konzernunternehmen meldet seine produktgruppenbezogenen Zwischenergebnissätze, die in seinen Verkaufspreisen enthalten sind. Erfolgt konzernintern eine wesentliche Preisdifferenzierung, hat eine zusätzliche Aufgliederung nach dem empfangenden Unternehmen zu erfolgen.

Das empfangende Unternehmen meldet für jede Produktgruppe den Wert der aus konzerninternen Lieferungen bzw. Leistungen stammenden Vermögenswerte, ggf. aufgegliedert nach Lieferanten.

Durch Multiplikation des vom empfangenden Unternehmen gelieferten Wertansatzes mit dem Prozentsatz des liefernden Unternehmens erhält man am Periodenende für jede Produktgruppe das insgesamt zu eliminierende Zwischenergebnis.

Im **langfristigen Vermögen** ist der einzelne Vermögenswert Betrachtungsobjekt der Zwischenergebniseliminierung. Es muss sichergestellt werden, dass im Konzernanlagespiegel nicht die im Einzelabschluss des Erwerbers angesetzten Anschaffungskosten, sondern die historischen Anschaffungs- oder Herstellungskosten des einbezogenen Unternehmens, das den Vermögenswert hergestellt oder von fremden Dritten gekauft hat, in ihrer zeitlichen Entwicklung dargestellt werden.

Hierzu sind vom liefernden Konzernunternehmen neben dem Zwischengewinn alle Daten zu melden, die in der Veräußerungsperiode für den betreffenden Vermögenswert letztmalig im Anlagespiegel des liefernden Unternehmens aufgenommen wurden. War der Vermögenswert beim liefernden Unternehmen dem kurzfristigen Vermögen zugeordnet, sind die Anschaffungs- bzw. Herstellungskosten zu melden.

Das empfangende Unternehmen liefert die Werte, die aufgrund des Bezugs des Vermögenswerts erstmals im Anlagespiegel berücksichtigt wurden. Auf Basis dieses Datenmaterials kann der Konzernanlagespiegel korrekt dargestellt werden.

Ist der konzernintern veräußerte Vermögenswert abnutzbar, muss der auf ihn verrechnete Abschreibungsaufwand korrigiert werden. Hierzu wird die Veränderung des Zwischenergebnisses im Vergleich zum Ende der Vorperiode bzw. im Vergleich zu seiner ursprünglichen Höhe gegen den Abschreibungsaufwand gebucht, soweit die wertmäßige Änderung nicht durch eine mengenmäßige Änderung hervorgerufen wurde.

4.1.3 Verrechnung eliminierungspflichtiger Zwischenergebnisse

4.1.3.1 Grundsätzliche Vorgehensweise

Der insgesamt zu eliminierende Zwischengewinn ist in einen erfolgswirksam und einen erfolgsneutral zu behandelnden Teil aufzuspalten. Erfolgswirksam wird nur die Veränderung des Zwischengewinns am Ende der Berichtsperiode gegenüber dem Stand am Ende der Vorperiode eliminiert. Erhöht (vermindert) sich der Zwischengewinn gegenüber der Vorperiode, so sinkt (steigt) der Konzernerfolg um den um latente Steuern (→ C.IV.1.) bereinigten Differenzbetrag. Erhöht (vermindert) sich ein Zwischenverlust, so steigt (sinkt) der Konzernerfolg um den um latente Steuern bereinigten Differenzbetrag.

In Höhe des erfolgswirksam zu eliminierenden Teils eines Zwischengewinns wird der Bilanzansatz des Vermögenswertes durch eine Haben-Buchung entsprechend verringert. Mit der Soll-Gegenbuchung wird eine GuV-Position angesprochen, wodurch entweder ein Aufwand erhöht oder ein Ertrag verringert wird. Als mögliche Posten kommen je nach Klassifikation der jeweiligen konzerninternen Lieferung und Leistung die Umsatzerlöse, die sonstigen betrieblichen Aufwendungen und Erträge sowie beim **Umsatzkostenverfahren** die Herstellungskosten der zur Erzielung der Umsatzerlöse erbrachten Leistungen, die Verwaltungs- und die Vertriebskosten bzw. beim **Gesamtkostenverfahren** die Erhöhung oder Verminderung des Bestands an fertigen und unfertigen Erzeugnissen und andere aktivierte Eigenleistungen in Betracht.

Als erfolgsneutraler Teil eines am Ende einer Berichtsperiode ermittelten Zwischenergebnisses ist der Stand des Zwischenergebnisses am Ende der Vorperiode zu buchen. Er wird erfolgsneutral gegen die „nicht verwendeten Ergebnisse" (*retained earnings*) verrechnet.

Beispiel (ohne Berücksichtigung latenter Steuern):

Wertmäßiger Endbestand der Produktgruppe X aus konzerninterner Lieferung	
31.12.01	1.000
31.12.02	1.200
31.12.03	800
Eliminierungspflichtiger Zwischengewinn (20 %)	
31.12.01	200
31.12.02	240
31.12.03	160
Erfolgswirksame Erhöhung (+)/Verminderung (–) des Konzernerfolgs	
31.12.01	– 200
31.12.02	– 40
31.12.03	+ 80
Erfolgsneutrale Verrechnung mit den retained earnings des Konzerns	
31.12.01	–
31.12.02	– 200
31.12.03	– 240

4.1.3.2 Sonderproblem der erfolgsneutralen *fair value*-Bewertung

Wird ein nach der erfolgsneutralen *fair value*-Bewertung anzusetzender Vermögenswert konzernintern veräußert, so ist sicherzustellen, dass die bislang vom liefernden Unternehmen in der Neubewertungsrücklage gespeicherten Wertzuwächse auch im Konzernabschluss in der Neubewertungsrücklage ausgewiesen werden.

D.III

4.1.3.3 Beteiligung von Minderheitsgesellschaftern

Die Zwischenergebniseliminierung hat unmittelbaren Einfluss auf die Höhe des Minderheitenanteils am Konzerneigenkapital, da der Effekt aus der Eliminierung des Zwischenergebnisses entsprechend den Beteiligungsquoten des Konzerns (Gesellschafter des Mutterunternehmens) und der Minderheitsgesellschafter aufzuteilen ist. Maßgeblich ist dabei der Anteil der Minderheitsgesellschafter an dem Konzernunternehmen, das den konzernintern veräußerten Vermögenswert **empfangen** hat. Es wird eine vermögensorientierte Zurechnung des eliminierten Zwischenergebnisses vorgenommen.

Demnach ist der auf die Minderheitsgesellschafter des **empfangenden** Konzernunternehmens entfallende Teil des Zwischenergebnisses nach dem Stand am Ende der Vorperiode **nicht gegen** die **Konzerngewinnrücklagen** zu buchen, **sondern gegen** den **Minderheitenanteil am Konzerneigenkapital**. Der auf die Minderheitsgesellschafter entfallende Teil eines neu entstandenen und erfolgswirksam zu eliminierenden Zwischenergebnisses ist **zu Lasten des Minderheitenanteils am Konzernjahreserfolg** zu verrechnen.

Alternative:

Die Zurechnung des eliminierten Zwischenergebnisses vollzieht sich erfolgsorientiert. Maßgeblich ist der Anteil der Minderheitsgesellschafter an dem Konzernunternehmen, das den konzernintern veräußerten Vermögenswert **geliefert** hat.

Demnach ist der auf die Minderheitsgesellschafter des **liefernden** Konzernunternehmens entfallende Teil des Zwischenergebnisses nach dem Stand am Ende der Vorperiode **nicht gegen** die **Konzerngewinnrücklagen** zu buchen, **sondern gegen** den **Minderheitenanteil am Konzerneigenkapital.** Der auf die Minderheitsgesellschafter entfallende Teil eines neu entstandenen und erfolgswirksam zu eliminierenden Zwischenergebnisses ist **zu Lasten des Minderheitenanteils am Konzernjahreserfolg** zu verrechnen.

4.1.4 Latente Steuern

Die Zwischenergebniseliminierung führt regelmäßig zum Ansatz latenter Steuern. Sie bewirkt, dass Vermögenswerte mit ihren Konzernanschaffungskosten bewertet werden, die sich von ihren aus der Perspektive des Einzelunternehmens abgeleiteten steuerbilanziellen Wertansätzen unterscheiden. Da sich diese Unterschiede zudem in späteren Perioden erfolgswirksam ausgleichen, sind die Voraussetzungen für den Ansatz latenter Steuern gegeben. Zur Problematik latenter Steuern → C.IV.1.

4.2 Quotenkonsolidierung

Gemeinschaftsunternehmen dürfen nach der Methode der Quotenkonsolidierung in den Konzernabschluss des Partnerunternehmens einbezogen werden (IAS 31.30; → D.III.1.2). Damit gehen in die Summenbilanz des Konzernabschlusses die an ein Gemeinschaftsunternehmen konzernintern gelieferten Vermögenswerte nur in Höhe der Beteiligungsquote des Konzerns ein, während der vom liefernden Unternehmen realisierte Erfolg vollständig Bestandteil der Summen-GuV ist. Bei entgegengesetzter Lieferrichtung wird hingegen der konzernintern gelieferte Vermögenswert in voller Höhe, der vom Gemeinschaftsunternehmen realisierte Gewinn indes nur in Höhe der Beteiligungsquote des Konzerns Bestandteil des Summenabschlusses.

IAS 31.48 Erfolgt die Lieferung von einem vollkonsolidierten Tochterunternehmen an ein Gemeinschaftsunternehmen, so gilt der Gewinn oder Verlust in Höhe der Beteiligungsquote der anderen Partner des Gemeinschaftsunternehmens als realisiert. Hinsichtlich des zu eliminierenden, auf den Konzern entfallenden Teils gelten die vorstehenden Ausführungen zur Vollkonsolidierung entsprechend. Zeigt der entstandene Zwischenverlust, dass der Nettoveräußerungswert eines Gegenstands des Vorratsvermögens gesunken ist bzw. für ein Anlagegut eine Wertminderung zu erfassen ist, so ist im Konzernabschluss der gesamte Zwischenverlust zu berücksichtigen.

IAS 31.49 Bei einer Lieferung des Gemeinschaftsunternehmens an das Partnerunternehmen ist das anteilig in den Summenabschluss einfließende Zwischenergebnis zu eliminieren. Es ist wiederum zu prüfen, ob der auf den Konzernanteil entfallende Zwischenverlust einen gesunkenen Nettoveräußerungswert (Vorratsgut) oder einen Wertminderungsverlust (Anlagegut) indiziert. Ist dies der Fall, so ist auch der auf die Beteiligungsquote der anderen Partner des Gemeinschaftsunternehmens entfallende Zwischenverlust zu berücksichtigen.

4.3 Equity-Methode

Assoziierte Unternehmen (bzw. alternativ Gemeinschaftsunternehmen) sind nach der Equity-Methode in den Konzernabschluss einzubeziehen (→ D.III.1.3). Sowohl bei einer *upstream*- als auch bei einer *downstream*-Lieferung ist zwischen einem assoziierten Unternehmen und einem vollkonsolidierten Konzernunternehmen eine **Zwischenergebniseliminierung** in Höhe der Beteiligungsquote des Konzerns **vorzunehmen**. **IAS 28.22**

Da bei einer *downstream*-Lieferung der umzubewertende Vermögenswert nicht in den Konzernabschluss eingeht, hat die entsprechende Eliminierungsbuchung den Posten „Anteile an assoziierten Unternehmen" anzusprechen.

Alternative:

Auf eine nach IAS 28.22 gebotene **Zwischenergebniseliminierung** bei Lieferungen und Leistungen zwischen assoziierten Unternehmen und vollkonsolidierten Konzernunternehmen **wird** aus Gründen der Wesentlichkeit **verzichtet.**

E.
Finanzberichterstattung nach IFRS

I. Bilanz

Gliederung:

1. Mindestbestandteile der Bilanz

Die IFRS verzichten im Unterschied zu den handelsrechtlichen Regelungen auf detaillierte Vorgaben bezüglich der Bestandteile und der Gliederung der Bilanz. **IAS 1.68**

In der Bilanz sind zumindest nachfolgende Posten darzustellen:

a) Sachanlagen,
b) als Finanzinvestitionen gehaltene Immobilien,
c) immaterielle Vermögenswerte,
d) finanzielle Vermögenswerte ausschließlich der Beträge, die unter (e), (h) und (i) ausgewiesen werden,
e) nach der Equity-Methode bilanzierte Finanzanlagen,
f) biologische Vermögenswerte,
g) Vorräte,
h) Forderungen aus Lieferungen und Leistungen und sonstige Forderungen,
i) Zahlungsmittel und Zahlungsmitteläquivalente,
j) Verbindlichkeiten aus Lieferungen und Leistungen und sonstige Verbindlichkeiten,
k) Rückstellungen,
l) finanzielle Verbindlichkeiten (andere als die o.g. Verbindlichkeiten aus Lieferungen und Leistungen und sonstige Verbindlichkeiten),
m) Steuerschulden und -erstattungsansprüche,
n) latente Steuern,
o) Minderheitenanteile,
p) gezeichnetes Kapital und Rücklagen,
q) die Summe der langfristigen Vermögenswerte, die zur Veräußerung bestimmt sind, und Vermögenswerte, die den Veräußerungsgruppen zugeordnet sind, die gemäß IFRS 5 als zur Veräußerung gehalten klassifiziert werden,
r) die Schulden, die den Veräußerungsgruppen zugeordnet sind, die gemäß IFRS 5 als zur Veräußerung gehalten klassifiziert werden.

IAS 1.69 Es sind zusätzliche Überschriften, Posten und Zwischensummen in der Bilanz anzugeben, sofern dies einer besseren Darstellung der Vermögens-, Finanz- und Ertragslage dient oder von anderen Standards gefordert wird (z.B. IAS 16).

2. Gliederung der Bilanz

IAS 1.51 Entsprechend den Regelungen des IAS 1 müssen Unternehmen grundsätzlich ihre Bilanz nach Fristigkeiten untergliedern. Eine Darstellung nach Liquiditätsnähe ist nur noch zulässig, wenn dadurch eine zutreffendere Abbildung der Vermögenslage erreicht wird. Diese Ausnahme gilt im Regelfall nur für Banken und andere Finanzinstitutionen.

Für eine Gliederung der Bilanz nach Fristigkeiten, ist eine Aufteilung der Vermögenswerte und Schulden in langfristige *(non-current)* und kurzfristige *(current)* Posten notwendig.

Ein Vermögenswert ist als kurzfristig anzusehen, wenn eines der folgenden Abgrenzungskriterien vorliegt:

- Es wird eine Realisation innerhalb der nächsten zwölf Monate erwartet.
- Es handelt sich um Zahlungsmittel und Zahlungsmitteläquivalente ohne Verwendungsbeschränkung.
- Der Vermögenswert wird vorwiegend für Handelszwecke oder einen kurzen Zeitraum gehalten.
- Verkauf, Verbrauch oder Realisation des Vermögenswerts erfolgt innerhalb des gewöhnlichen Geschäftszyklus.

Eine Schuld ist kurzfristig, wenn eine der folgenden Bedingungen vorliegt:

- Die Tilgung wird innerhalb des gewöhnlichen Geschäftszyklus erwartet.
- Die Schuld wurde vorwiegend zu Handelszwecken gehalten.
- Die Tilgung der Schuld erfolgt innerhalb von zwölf Monaten.
- Das Unternehmen kann kein Recht ableiten, die Tilgung der Schuld innerhalb eines Zeitraums, der mehr als zwölf Monate nach dem Bilanzstichtag liegt, vorzunehmen.

RIC 1.27 Bisher zusammengefasste Vermögens- oder Schuldposten, von denen sich ein Teil innerhalb von zwölf Monaten und ein anderer Teil nach Ablauf von zwölf Monaten realisiert oder erfüllt, müssen in der IFRS-Bilanz in jeweils zwei Posten aufgespalten werden. Für Immaterielle Vermögenswerte und Sachanlagen kommt solch eine Aufspaltung nicht in Betracht.

In der Praxis kann eine Bilanzgliederung unter den genannten Vorgaben wie folgt aussehen: **RIC 1.26**

IFRS 5

AKTIVA	PASSIVA
Langfristige Vermögenswerte (***non-current assets***)	**Eigenkapital** (***shareholder's equity***)
Immaterielle Vermögenswerte	Eingezahltes Kapital
Biologische Vermögenswerte	Rücklagen
Sachanlagen	Ergebnisvortrag
Finanzimmobilien	Eigene Anteile
at-equity Beteiligungen	Minderheitenanteile
Wertpapiere	
Sonstige Vermögenswerte	
Aktive latente Steuern	
Kurzfristige Vermögenswerte (***current assets***)	**Langfristige Schulden** (***non-current liabilities***)
Vorräte	Langfristige Rückstellungen
Forderungen aus Lieferungen und Leistungen – Forderungen an Kunden – künftige Forderungen aus Fertigungsaufträgen – Forderungen gegen assoziierte Unternehmen	Langfristige finanzielle Verbindlichkeiten Langfristige Verbindlichkeiten aus Lieferungen und Leistungen Abgegrenzte Zuwendungen der öffentlichen Hand
Wertpapiere	Sonstige langfristige Verbindlichkeiten
Steuerforderungen	Passive latente Steuern
Zahlungsmittel	
Sonstige finanzielle und nicht finanzielle Vermögenswerte	**Kurzfristige Schulden** (***current liabilities***)
Zwischensumme	Laufende Ertragsteuerverbindlichkeiten Kurzfristige Rückstellungen
Zur Veräußerung gehaltene langfristige Vermögenswerte	Übrige kurzfristige finanzielle Verbindlichkeiten
Zwischensumme	Kurzfristige Verbindlichkeiten aus Lieferungen und Leistungen – Verbindlichkeiten an Kunden Verbindlichkeiten aus Fertigungsaufträgen – Verbindlichkeiten gegen assoziierte Unternehmen
	Sonstige Verbindlichkeiten
Summe Vermögenswerte	**Summe Eigenkapital und Schulden**

Abbildung 1: Mögliches Gliederungsschema einer IFRS-Bilanz

Die Kategorien Anlagevermögen und Umlaufvermögen entsprechen nicht den in den IFRS-Standards verwendeten Begriffen. Sie sind deshalb nicht zu verwenden.

3. Praxisorientierte IFRS-Bilanzgliederung

3.1 Hinweise zum Ausweis der Aktiva

IAS 1.63–66 Nach den Vorschriften des EG-Rechts und des Handelsrechts ist die Zweckbestimmung entscheidend für die Zuordnung eines Vermögenswertes. Für die Einteilung in langfristige oder kurzfristige Vermögenswerte kommt es deswegen auf die geplante Verwendung im Zeitpunkt des erstmaligen Ansatzes an. Später sind ausschließlich die jeweiligen Verhältnisse zum Bilanzstichtag maßgebend.

Diese Bestimmungen können eine Umgliederung von Vermögenswerten notwendig machen.

IFRS 5 Bei **immateriellen Vermögenswerten** und **Sachanlagen** besteht generell kein Zwang zur Umgliederung. Sie sind grundsätzlich langfristig. Nur bei einer beabsichtigten Veräußerung eines Anlagegegenstandes muss dieser zwingend in die Kategorie „Zur Veräußerung gehaltene langfristige Vermögenswerte" umgegliedert werden. Das gilt auch, wenn immaterielle Vermögenswerte oder Sachanlagen Bestandteil eines betrieblichen Teilbereiches sind, dessen Einstellung oder Veräußerung geplant ist. (→ C.IV.4.)

IAS 1.59 Kurzfristige Vermögenswerte umfassen Vorräte und Forderungen aus Lieferungen und Leistungen, die als Teil des gewöhnlichen Geschäftszyklus verkauft, verbraucht und realisiert werden, selbst wenn deren Realisation nicht innerhalb von zwölf Monaten nach dem Bilanzstichtag erwartet wird.

Eine Pflicht zur Umgliederung bei einer Änderung der Halteabsicht besteht generell für alle **finanziellen Vermögenswerte** des Anlagevermögens, die als **bis zur Endfälligkeit zu halten** klassifiziert sind, sobald sich die beabsichtigte Haltedauer verringert. Daraus folgt aber nicht zwingend eine Umgliederung in kurzfristige Vermögenswerte.

RIC 1.19 **Zur Veräußerung gehaltene langfristige Vermögenswerte** und Vermögensgruppen
IG IFRS 5 sind als getrennter Posten nach den kurzfristigen Vermögenswerten auszuweisen. Sie sind durch eine Zwischensumme von diesen zu trennen.

RIC 1.70 **Latente Steuern** sind stets langfristige Vermögenswerte.

Bei **Langfristfertigung** erfolgt die Erlösrealisation durch Anwendung der *percentage-of-completion*-Methode. Die Erlösrealisation nach handelsrechtlichen Bestimmungen (*completed-contract*-Methode) ist nicht zulässig. (→ C.II.5.)

IAS 11 Die im Rahmen einer solchen Gewinnrealisation entstandenen Vermögenswerte
IDW RS HFA sind keine unfertigen Erzeugnisse und daher nicht unter der Bilanzposition Vor-
2 Tz. 38 räte auszuweisen. Der Ausweis hat unter der Position „Forderungen aus Lieferungen und Leistungen" und hier unter der Unterposition **„künftige Forderungen aus Fertigungsaufträgen"** zu erfolgen. Bei der retrospektiven Umstellung auf IFRS ist der schon als anteilig realisiert zu sehende Gewinn gegen die Gewinnrücklagen in die Eröffnungsbilanz einzubuchen.

IAS 11.43f. **Erhaltene Anzahlungen** *(advances recieved)* können, bereits abgerechnete Anzahlungen *(progress billings)* müssen davon abgezogen werden.

IAS 1.75b Für **geleistete** Anzahlungen schlagen die IFRS den Ausweis bei den Forderungen vor.

Steueransprüche und -schulden sind getrennt von den anderen Vermögenswerten und Schulden in der Bilanz darzustellen. Bei einer Saldierung von tatsächlichen Steuerforderungen mit den sonstigen Forderungen und Vermögenswerten ist eine Offenlegung im Anhang notwendig.

Wertpapiere, deren Realisations- bzw. Veräußerungszeitpunkt innerhalb von drei Monaten ab dem Erwerbszeitpunkt liegt, gelten als zahlungsmittelnahe Vermögenswerte (*cash equivalents*) und sind unter den flüssigen Mitteln auszuweisen.

3.2 Hinweise zum Ausweis der Passiva

Zu den Besonderheiten des Ausweises und der Gliederung des Eigenkapitals (→ C.III.1).

Direkt im Eigenkapital erfasste Erträge oder Aufwendungen im Zusammenhang mit zur Veräußerung gehaltenen langfristigen Vermögenswerten und Veräußerungsgruppen sowie aufgegebenen Geschäftsbereichen werden getrennt im Eigenkapital ausgewiesen (bzw. als Davon-Vermerk). **IFRS 5.38**

Der kurzfristige Teil einer Rückstellung (z.B. einer Garantierückstellung) wird nicht getrennt ausgewiesen. Er ist ebenfalls unter den sonstigen Rückstellungen zu erfassen. Pensionsrückstellungen müssen generell nicht aufgeteilt werden. **RIC 1.31, 32**

Bei fondsgedeckten Pensionsplänen kommt eine Aufteilung in einen kurzfristigen und einen langfristigen Teil in Frage. Diese Aufteilung ist im Anhang zu erläutern. **RIC 1.33**

Verbindlichkeiten bzw. Forderungen aus Finanzierungs-Leasingverhältnissen sind in einen kurzfristigen und einen langfristigen Teil aufzuspalten. **RIC 1.34** **IAS 17.23**

Die Verbindlichkeiten für noch nicht gezahlte Auftragskosten bzw. erhaltene Anzahlungen (ohne Abrechnung, die nicht mit den künftigen Forderungen saldiert wurden) aus langfristigen Fertigungsaufträgen, denen noch keine Leistung gegenübersteht sind unter der Position **„Verbindlichkeiten aus Fertigungsaufträgen"** zu erfassen. Besteht eine hohe Wahrscheinlichkeit, dass bei einer Langfristfertigung die gesamten Auftragskosten die gesamten Auftragserlöse übersteigen, so sind die erwarteten Verluste sofort als Aufwand zu buchen. Es erfolgt eine entsprechende Erfassung des negativen Differenzbetrages als Rückstellung oder eine Erläuterung von Eventualverbindlichkeiten im Anhang. **IDW RS HFA 2 Tz. 38** **IAS 11.36** **IAS 11.45** **IAS 37**

Einen weiteren Unterschied bilden die abgegrenzten Schulden *(accruals)* – dies sind Verbindlichkeiten, die dem Grunde nach eindeutig bestimmt sind, hinsichtlich deren Höhe und deren Fälligkeitszeitpunkt noch unwesentliche Restunsicherheiten existieren (z.B. Beiträge zur Berufsgenossenschaft). Sie sind im Unterschied zu den handelsrechtlichen Vorschriften nicht unter den Rückstellungen, sondern unter den Verbindlichkeiten auszuweisen. Nach HGB ist somit der Umfang der Rückstellungen in der Regel deutlich größer.

Abgrenzungsposten zur periodengerechten Vereinnahmung von Erträgen *(deferred revenue)* sind ebenfalls unter den Verbindlichkeiten auszuweisen.

II. Gewinn- und Verlustrechnung/ Gesamtergebnisrechnung

Gliederung:

1. Grundlagen

1.1 Zielsetzung und Aufbau

IAS 1.8 Die Gewinn- und Verlustrechnung zählt nach IAS 1.8 neben der Bilanz, der Eigenkapitalveränderungsrechnung, der Kapitalflussrechnung und dem Anhang zu den Pflichtbestandteilen eines IFRS-Abschlusses. Ihre Aufgabe ist es, der eindimensionalen Gewinngröße hinsichtlich ihrer Entstehungsquellen Transparenz zu verleihen. Damit sollen den Bilanzadressaten Informationen bereitgestellt werden, um die zukünftigen Cashflows des Unternehmens schätzen zu können.

F.17 IAS 1 beinhaltet kein detailliertes Gliederungsschema für die Gewinn- und Verlustrechnung. Es werden lediglich Mindestbestandteile definiert (→ E.II.2.1), die um wesentliche Aufwendungen und Erträge zu ergänzen sind (→ E.II.2.2).

Die in die Gewinn- und Verlustrechnung aufzunehmenden Aufwendungen sind nach dem **Umsatzkostenverfahren** (*function of expense method)* darzustellen (→ E.II.2.3).

Alternative:

Die in die Gewinn- und Verlustrechnung aufzunehmenden Aufwendungen sind nach dem **Gesamtkostenverfahren** (*nature of expense method*) darzustellen.

Diese Methoden entsprechen weitestgehend dem aus dem Handelsrecht bekannten Umsatzkostenverfahren bzw. Gesamtkostenverfahren.

1.2 Vollständigkeitsgebot

Sofern die Detailregelungen der IFRS oder SIC/IFRIC nichts anderes verlangen, sind alle Aufwendungen und Erträge einer Periode in die Gewinn- und Verlustrechnung aufzunehmen. **IAS 1.78ff.**

Beispielsweise sind Auswirkungen aus Schätzungsänderungen in der Gewinn- und Verlustrechnung und damit im Periodenergebnis zu berücksichtigen (→ IAS 8.36 ff.; → C.I.4.), während Auswirkungen aus Fehlerkorrekturen (→ IAS 8.42 ff.; → C.I.4.) und Methodenänderung (→ IAS 8.22; → C.I.4.) in dem Umfang, in dem sie vergangenen Perioden zurechenbar sind, das Ergebnis der laufenden Periode nicht tangieren (retrospektive Korrektur). **IAS 1.79**

1.3 Saldierungsverbot

Aufwendungen und Erträge sind in der Gewinn- und Verlustrechnung in unsaldierter Form auszuweisen, es sei denn, ein anderer IFRS oder SIC/IFRIC erlaubt oder fordert eine Saldierung. **IAS 1.32**

So ist beim Verkauf von Vermögenswerten des Anlagevermögens nur der Nettoertrag oder Nettoaufwand (= Bruttoertrag – Buchwert des veräußerten Vermögenswerts – Veräußerungskosten) in die Gewinn- und Verlustrechnung aufzunehmen. Soweit jedoch der Verkauf von Anlagevermögen zur normalen Geschäftstätigkeit gehört (z.B. Leasinggesellschaften, Autovermietungsgesellschaften) sind die Vermögenswerte vor dem Verkauf in das Vorratsvermögen umzubuchen, so dass Verkaufserlös und Buchwertabgang brutto (unsaldiert) ausgewiesen werden. **IAS 1.34** **IAS 16.71**

2. Bestandteile der Gewinn- und Verlustrechnung

2.1 Mindestbestandteile der Gewinn- und Verlustrechnung

IAS 1.81 enthält eine Aufzählung jener Posten, die in der Gewinn- und Verlustrechnung mindestens enthalten sein müssen. Hierzu zählen **IAS 1.81**

- Umsatzerlöse *(revenues)*,
- Finanzierungsaufwendungen *(finance costs)*,
- Gewinn- und Verlustanteile an assoziierten Unternehmen und Gemeinschaftsunternehmen, die nach der Equity-Methode bilanziert werden *(share of the profit or loss of associates and joint ventures accounted for using the equity method)*,
- Ergebnis nach Steuern aus dem Abgang von Vermögenswerten oder der Begleichung von Verbindlichkeiten betreffend *discontinuing operations (post-tax gain or loss recognised on the disposal of assets or settlement of liabilities attributable to discontinuing operations)*
- Steueraufwendungen (*tax expenses*)
- Jahresüberschuss/-fehlbetrag (*profit or loss*)

IAS 1.82 In der Konzern-Gewinn- und Verlustrechnung ist anzugeben, welcher Teil des Jahresüberschusses auf die Gesellschafter des Mutterunternehmens und welcher auf die Minderheitsgesellschafter entfällt.

IAS 1.83 Der genannte Mindestinhalt ist um zusätzliche Posten, Überschriften und Zwischensummen zu ergänzen, wenn dies für das Verständnis der Ertragslage des Unternehmens erforderlich ist.

IAS 1.85 Der Ausweis eines außerordentlichen Ergebnisses ist nicht zulässig.

2.2 Ergänzende Angaben von Aufwendungen und Erträgen

IAS 1.86 Der Bilanzierende hat die Wahl entweder die Gewinn- und Verlustrechnung um wesentliche Posten zu erweitern oder die wesentlichen Aufwendungen und Erträge im Anhang zu nennen.

IAS 1.87 Als Beispiele für Geschäftsvorfälle, die zur separaten Angabe von Aufwendungen oder Erträgen führen können, nennt IAS 1

- außerplanmäßige Abschreibungen und Zuschreibungen auf Vorräte und Sachanlagen,
- Restrukturierungsaufwendungen und Auflösungen von Rückstellungen für Restrukturierungsmaßnahmen,
- Aufwendungen/Erträge aus dem Abgang von Vermögenswerten des Sachanlagevermögens,
- Aufwendungen/Erträge aus dem Abgang von Vermögenswerten des Finanzanlagevermögens,
- Aufwendungen/Erträge aus der Aufgabe von Geschäftsfeldern (*discontinuing operations*),
- Aufwendungen/Erträge aus der Beendigung von Rechtsstreitigkeiten sowie
- Erträge aus der Auflösung sonstiger Rückstellungen.

Bei der Frage, ob einzelne Aufwendungen und Erträge gesondert anzugeben sind, sind die Detailregelungen der einschlägigen *Standards* und *Interpretation*s zu beachten. Häufig ergibt sich bereits aus ihnen die Verpflichtung zur separaten Angabe.

IAS 1.95 Angabepflichtig ist auch die Höhe der in der Berichtsperiode für Ausschüttungszwecke an die Anteilseigner berücksichtigten Gewinnanteile einschließlich des Betrags pro Aktie. Die Angabe erfolgt in der Gewinn- und Verlustrechnung (→ E.IV.7.).

Alternative 1:

Die Angabe erfolgt in der **Eigenkapitalveränderungsrechnung**. (→ E.V.).

Alternative 2:

Die Angabe erfolgt im **Anhang**.

2.3 Analyse der Aufwendungen

IAS 1.88 Der Bilanzierende ist verpflichtet eine Analyse der in der Berichtsperiode angefallenen Aufwendungen zu erstellen. Er hat die Wahl, dies nach der *function of expense method* (auch: *cost of sales method*) oder der *nature of expense method* (auch: *total cost method)* zu tun.

Die Darstellung dieser Analyse erfolgt in der **Gewinn- und Verlustrechnung** selbst, wobei ihre Integration in die Gewinn- und Verlustrechnung empfohlen wird. **IAS 1.89**

Alternative:

Die Darstellung dieser Analyse erfolgt im **Anhang**.

Die Analyse der Aufwandsstruktur umfasst je nach gewählter Methode folgende Posten:

	Alternative 1
	Umsatzkostenverfahren *(function of expense method)*
	Umsatzerlöse *(revenue)*
–	Umsatzkosten *(cost of sales)*
=	Bruttoergebnis *(gross profit)*
+	Sonstige Erträge *(other income)*
–	Vertriebskosten *(distribution costs)*
–	Verwaltungskosten *(administrative expense)*
–	Sonstige Aufwendungen *(other expense)*
–	Finanzierungskosten *(finance costs)*
+	Finanzerträge *(finance income)*
+	Anteil am Gewinn assoziierter Unternehmen *(share of profit of associates)*
=	Gewinn vor Steuern *(profit before tax)*
–	Steuern vom Einkommen und Ertrag *(income tax expense)*
=	Jahresergebnis *(profit for the period)*

Zurechenbar:
Anteilseignern der Muttergesellschaft *(equity holders of the parent)*
Minderheitenanteilen *(minority interests)*

	Alternative 2
	Gesamtkostenverfahren *(nature of expense method)*
	Umsatzerlöse *(revenue)*
+	Sonstige Erträge *(other income)*
+/–	Bestandsveränderungen an fertigen und unfertigen Erzeugnissen *(changes in inventories of finished goods and work in progress)*
+	Aktivierte Eigenleistungen *(work performed by the entity and capitalised)*
–	Aufwendungen für Roh-, Hilfs- und Betriebsstoffe *(raw material and consumables used)*
–	Personalaufwand *(employee benefits expense)*
–	Planmäßige Abschreibungen *(depreciation and amortisation expense)*
–	(außerplanmäßige) Wertminderung der Sachanlagen *(impairment of property, plant and equipment)*
–	Sonstige Aufwendungen *(other expenses)*
–	Finanzierungskosten (finance costs)
+	Finanzerträge *(finance income)*
+	Anteil am Gewinn assoziierter Unternehmen *(share of profit of associates)*
=	Gewinn vor Steuern *(profit before tax)*
–	Steuern vom Einkommen und Ertrag *(income tax expense)*
=	Jahresergebnis *(profit for the period)*

Zurechenbar:
Anteilseignern der Muttergesellschaft *(equity holders of the parent)*
Minderheitenanteilen *(minority interests)*

Abbildung 2: Darstellungsalternativen für die Gewinn- und Verlustrechnung

E.II

IAS 1.94 Die Wahl der Methode hat sich an historischen Gewohnheiten, Branchengepflogenheiten und der Berichtsstruktur des jeweiligen Unternehmens zu orientieren.

Die IAS enthalten letztlich keine Empfehlung für eine der beiden Darstellungsformen. IAS 1.92 merkt zwar an, dass die *function of expense method* (Umsatzkostenverfahren) mehr entscheidungsrelevante Informationen vermitteln kann als die *nature of expense method* (Gesamtkostenverfahren), sieht allerdings auch das Problem, dass diesem Vorteil der Nachteil von gegebenenfalls umfangreichen subjektiven Ermessensentscheidungen bei der Zuordnung von Aufwendungen zu Funktionsbereichen entgegensteht. Der Bilanzierende soll sich für diejenige Darstellungsform entscheiden, die dem Bilanzadressaten relevantere und verlässlichere Informationen zur Verfügung stellt.

IAS 1.93

Alternative 1:

Umsatzkostenverfahren *(function of expense method)*

Findet die *function of expense method* Anwendung, sind zusätzlich z.B. die planmäßigen Abschreibungen (*depreciation and amortisation expense*) und die Personalaufwendungen (*employee benefits expense*) im Anhang anzugeben. Zu den Angabepflichten → E.III.

Im Unternehmen ist die Analyse der in einer Periode angefallenen Aufwendungen nach der *function of expense method* vorzunehmen. Durch die Wahl dieser Methode wird die anzustrebende Vereinheitlichung von externem und internem Rechnungswesen vorangetrieben. Der bei der *function of expense method* vorzunehmende getrennte Ausweis der Aufwendungen nach den Funktionsbereichen Herstellung, Vertrieb und Verwaltung findet seine Entsprechung in den Kalkulationsschemata, die für die interne Erfolgsrechnung benötigt werden.

Für Zwecke der Planung, Steuerung und Kontrolle ist es unerlässlich eine belastbare Kostenstellen- und Kostenträgerrechnung aufzubauen, u.a. zur Feststellung der Herstellungskosten der eigenen Produkte und Dienstleistungen. Auf Grundlage dieser Daten lässt sich die für Zwecke der Erstellung der Gewinn- und Verlustrechnung benötigte Analyse der Aufwendungen nach der *function of expense method* (Umsatzkostenverfahren) relativ einfach herleiten.

IAS 2.37; IAS 2.39

Alternative 2:

Gesamtkostenverfahren *(nature of expense method)*

Findet die *nature of expense method* Anwendung sind zusätzlich z.B. die den Erträgen zuzurechnenden betrieblichen Aufwendungen, die in der Periode als Aufwand erfasst wurden (zusammen mit dem Betrag der Bestandsveränderungen im Vorratsvermögen in der Periode), nach Kostenarten unterteilt anzugeben. Zu den Angabepflichten → E.III.

3. Gesamtergebnisrechnung gemäß der Neufassung von IAS 1

3.1 Überblick

IAS 1.81 n.F.

Im neuen IAS 1 (verabschiedet am 6. September 2007; erstmals anzuwenden für Geschäftsjahre, die am oder nach dem 1. Januar 2009 beginnen; vorzeitige Anwendung zulässig) wird eine deutlichere Abgrenzung von Veränderungen des Eigenkapitals aufgrund von Kapitaltransfers zwischen Unternehmen und Unternehmenseignern in ihrer Rolle als Eigentümer von den übrigen Eigenkapitalveränderungen herausgestellt. Folge dieser konzeptionellen Änderung ist eine Erweiterung der Gewinn- und Verlustrechnung zu einer Darstellung, die, ausgehend vom Periodenergebnis, den Gesamterfolg (*total recognised income and expense*) der Periode zeigt.

IAS 1.81 n.F. eröffnet das Wahlrecht, die in der Berichtsperiode angefallenen (erfolgswirksamen und erfolgsneutralen) Aufwendungen und Erträge in einem einstufigen *statement of comprehensive income* darzustellen oder zwei gesonderte Aufstellungen dem Abschluss beizufügen, nämlich eine ‚traditionelle' Gewinn- und Verlustrechnung, die mit dem Jahresergebnis (*profit or loss*) endet, und ein verkürztes *statement of comprehensive income*, das das Jahresergebnis unter Berücksichtigung der erfolgsneutral erfassten Aufwendungen und Erträge der Periode in das Gesamtergebnis überführt.

3.2 Zweiteiliger Aufbau der Gesamtergebnisrechnung

Entscheidet sich das Unternehmen für das zweiteilige Format der Gesamtergebnisrechnung, sind in der Gewinn- und Verlustrechnung als dem ersten Bestandteil sämtliche erfolgswirksam behandelten Aufwendungen und Erträge der Periode auszuweisen.

IAS 1.83 n.F.
IAS 33

Nach IAS 1.83 n.F. ist das Ergebnis der Periode im Konzernabschluss auf die Gesellschaftergruppen aufzuteilen. Hierzu bietet sich ein Davon-Vermerk im Anschluss an das Periodenergebnis an, der erkennen lässt, welcher Teil des Ergebnisses auf die Gesellschafter des Mutterunternehmens und welcher Teil auf andere Gesellschafter entfällt. Unternehmen, die den organisierten Kapitalmarkt in Anspruch nehmen oder einen Zulassungsantrag zum Handel von Wertpapieren gestellt haben, sind zudem nach IAS 33.66 i.V.m. IAS 33.4A verpflichtet, ein Ergebnis je Aktie anzugeben. Bei der Wahl des zweistufigen Aufbaus der Gesamtergebnisrechnung ist die Angabe in der Gewinn- und Verlustrechnung zu machen.

IAS 1.IG6 n.F.

Bei Wahl des Umsatzkostenverfahrens ergibt sich in Anlehnung an IAS 1.IG6 n.F. der folgende beispielhafte Aufbau der Gewinn- und Verlustrechnung:

in Mio.	02	01
Umsatzerlöse	580	495
Umsatzaufwendungen	–331	–331
Bruttoergebnis vom Umsatz	249	164
Andere Erträge	26	25
Vertriebsaufwendungen	–65	–55
Verwaltungsaufwendungen	–24	–23
Andere Aufwendungen	–48	–43

in Mio.	02	01
Betriebliches Ergebnis fortgeführter Aktivitäten (EBIT)	138	68
Ergebnis aus assozierten Unternehmen (nach Steuern)	33	31
Übriges Beteiligungsergebnis	5	4
Finanzertrag	3	4
Finanzaufwendungen	–18	–25
Finanzergebnis	23	14
Ergebnis fortgeführter Aktivitäten (vor Steuern (EBT)	161	82
Steuern vom Einkommen und vom Ertrag	–49	–40
Ergebnis fortgeführter Aktivitäten	112	42
Ergebnis aus aufgegebenen Geschäftsbereichen (nach Steuern)	6	3
Jahresüberschuss	118	45
Anteil anderer Gesellschafter am Jahreserfolg	–11	–8
Anteil der Gesellschafter des Mutterunternehmens am Jahreserfolg	129	53
Ergebnis je Aktie	0,34	0,20

IAS 1.82 n.F. Im zweiten Bestandteil der Gesamtergebnisrechnung sind – ausgehend vom Jahreserfolg – die erfolgsneutral erfassten Aufwendungen und Erträge der Periode darzustellen. In der Aufstellung sind die Erfolge für alle Komponenten des *other comprehensive income* gesondert aufzuführen. Gesondert zu berichten sind erfolgsneutrale Aufwendungen und Erträge, die auf Anteile an assoziierten Unternehmen oder Gemeinschaftsunternehmen entfallen, die nach der Equity-Methode in den Abschluss einbezogen werden. Als Saldo aus Jahreserfolg und den einzelnen erfolgsneutral berücksichtigten Aufwendungen und Erträgen ermittelt das verkürzte *statement of comprehensive income* das Gesamtergebnis der Periode. Dieses ist – ebenso wie der Jahreserfolg – den am Berichtsunternehmen beteiligten Gesellschaftergruppen zuzuweisen.

IAS 1.IG6 n.F. Anknüpfend an die vorstehende Darstellung der Gewinn- und Verlustrechnung stellt sich der Aufbau des verkürzten *statement of comprehensive income* beispielhaft wie folgt dar:

in Mio.	02	01
Jahresüberschuss	118	45
Differenzen aus der Fremdwährungsumrechnung	84	–288
Zur Veräußerung verfügbare Finanzinstrumente	–121	207
Cashflow-Hedges	3	25
Neubewertung von Sachanlagen	12	–55
Versicherungsmathematische Erfolge aus leistungsorientierten Pensionszulagen	–88	–23
Anteil am Gesamteinkommen assoziierter Unternehmen	4	–43
Ertragsteuern auf andere erfasste Erträge und Aufwendungen	25	18
Übriges kumuliertes Einkommen der Periode	–81	–159
Gesamteinkommen der Periode	37	–114
Anteil anderer Gesellschafter am Gesamteinkommen	3	4
Anteil der Gesellschafter des Mutterunternehmens am Gesamteinkommen	34	–118

3.3 Einteiliger Aufbau der Gesamtergebnisrechnung

Entscheidet sich das Unternehmen für die Darstellung der Gesamtergebnisrechnung in einem einstufigen *statement of comprehensive income*, ergibt sich auf der Grundlage der gleichen Ausgangsdaten wie in der zweistufigen Darstellung im vorstehenden Gliederungspunkt der folgende beispielhafte Aufbau: **IAS 1.IG6 n.F.**

in Mio.	02	01
Umatzerlöse	580	495
Umsatzaufwendungen	–311	–331
Bruttoergebnis vom Umsatz	249	164
…	…	…
Betriebliches Ergebnis fortgeführter Aktivitäten (EBIT)	138	68
…	…	…
Finanzergebnis	23	14
Ergebnis fortgeführter Aktivitäten vor Steuern (EBT)	161	82
Steuern vom Einkommen und vom Ertrag	–49	–40
Ergebnis fortgeführter Aktivitäten	112	42
Ergebnis aus aufgegebenen Geschäftsbereichen (nach Steuern)	6	3
Jahresüberschuss	118	45
Differenzen aus der Fremdwährungsumrechnung	84	–288
…	…	…
Übriges kumuliertes Einkommen der Periode nach Steuern	–81	–159
Gesamteinkommen der Periode	37	–114
Anteil anderer Gesellschafter am Jahreserfolg	–11	–8
Anteil der Gesellschafter des Mutterunternehmens am Jahreserfolg	129	53
Anteil anderer Gesellschafter am Gesamteinkommen	3	4
Anteil der Gesellschafter des Mutterunternehmens am Gesamteinkommen	34	–118
Ergebnis je Aktie	0,34	0,20

Das Ergebnis je Aktie ist nach IAS 33.2 nur von Unternehmen anzugeben, die den organisierten Kapitalmarkt in Anspruch nehmen oder einen Zulassungsantrag zum Handel von Wertpapieren gestellt haben.

3.4 Zusätzliche Angabepflichten für das other comprehensive income

Nach IAS 1.90 n.F. sind für jede Komponente des *other comprehensive income* die darauf entfallenden Steuereffekte anzugeben. Macht das Unternehmen diese Informationen im Anhang, bietet sich die folgende Darstellung an, die sich an IAS 1.IG6 n.F. anlehnt. Sie basiert auf den Daten der Gesamtergebnisrechnungen, wie sie in den vorstehenden Gliederungspunkten erläutert worden sind. Die berichteten Steuerbeträge sind fiktiv. **IAS 1.90 n.F.** **IAS 1.IG6 n.F.**

	02			01		
in Mio.	Brutto	Steuern	Netto	Brutto	Steuern	Netto
Differenzen aus der Fremdwährungsumrechnung	84	−2	82	−288	0	−288
Zur Veräußerung verfügbare Finanzinstrumente	−121	0	−121	207	−4	203
Cashflow-Hedges	3	−1	2	25	−10	15
Neubewertung von Sachanlagen	12	−5	7	−55	22	−33

in Mio.	02			01		
	Brutto	Steuern	Netto	Brutto	Steuern	Netto
Versicherungsmathematische Erfolge aus leitstungsorientierten Pensionszusagen	−88	33	−55	−23	9	−14
Anteil am Gesamteinkommen assoziierter Unternehmen	4	0	4	−43	1	−42
Übriges kumuliertes Einkommen der Periode nach Steuern	−106	25	−81	−177	18	−159

IAS 1.91(b) n.F. In der Gesamtergebnisrechnung sind die unmittelbar im Eigenkapital erfassten Aufwendungen und Erträge **vor Steuern** anzugeben. Zur Ermittlung des *other comprehensive income* nach Steuern ist der auf die Aufwendungen und Erträge **in Summe** entfallende Steueraufwand oder -ertrag in Abzug zu bringen bzw. zu addieren.

IAS 1.91(a) n.F.

> **Alternative:**
>
> In der Gesamtergebnisrechnung sind die unmittelbar im Eigenkapital erfassten Aufwendungen und Erträge **nach Steuern** anzugeben. Die Steuereffekte sind dann im Anhang anzugeben.

IAS 1.90 n.F.

> **Alternative:**
>
> Das Unternehmen berichtet die auf das *other comprehensive income* entfallenden Steueraufwendungen und -erträge innerhalb des *statement of comprehensive income*. Zu diesem Zweck gibt es die Aufwendungen und Erträge vor Steuern, die darauf jeweils entfallenden Steueranteile sowie die Aufwendungen und Erträge nach Steuern gesondert an.

IAS 1.92 n.F. Eine weitere Berichtspflicht betrifft Reklassifikationen von Bestandteilen des *other comprehensive income*. Eine Reklassifikation ist erforderlich, wenn sich bislang erfolgsneutral im Eigenkapital erfasste Aufwendungen und Erträge realisieren und in das Jahresergebnis einfließen. Das ist etwa der Fall, wenn ein als *available for sale financial asset* eingestuftes Finanzinstrument veräußert wird. Sind zum Veräußerungszeitpunkt unrealisierte Gewinne oder Verluste in einer gesonderten Rücklage erfasst, ist diese aufzulösen. Die realisierte Vermögensmehrung oder -minderung geht in das Periodenergebnis ein. Da die Wertveränderungen des Finanzinstruments nur einmal das Gesamteinkommen beeinflussen dürfen, muss der Teil der realisierten Erfolge, der zuvor bereits im *other comprehensive income* erfasst worden ist, korrigiert werden. Dazu das folgende Beispiel.

> Ausgangssituation:
>
> Ein Unternehmen erwirbt zum 1.01.01 Gläubigerpapiere mit einem Zugangswert von 6.000, die es der Kategorie *available for sale financial assets* zuweist. Zum 31.12.01 steigt der *fair value* der Finanzinstrumente um 250 auf 6.250 an. Im Jahr 02 ergeben sich weitere *fair value*-Steigerungen von 350. Durch den Verkauf von 2/3 des Bestands zum Marktpreis von 4.400 realisiert das Unternehmen einen Kursgewinn von 400. Zum 31.12.02 beträgt der Buchwert der zurückbehaltenen Wertpapiere 2.200. Darin sind 200 unrealisierte Gewinne enthalten.

Die Entwicklung der nach IAS 39 gebildeten Neubewertungsrücklage ist nachfolgend dargestellt. Der Ertragsteuersatz des Unternehmens beträgt 30%.

Fair value Bewertung AfS-Wertpapiere (in Mio.)	Brutto	Steuern	Netto
Stand 1.01.01	0	0	0
Fair value-Änderungen in 01	250	–75	175
Stand 31.12.01	250	–75	175
Fair value-Änderungen in 02	350	–105	245
Veräußerung	–400	120	–280
Stand 31.12.02	200	–60	140

Frage: Wie stellt sich der Vorgang im *statemtent of comprehensive income* für die Geschäftsjahre 01 und 02 dar, wenn das Unternehmen erfolgsneutral erfasste Aufwendungen und Erträge im *other comprehensive income* nach Steuern berücksichtigt?

Lösung:

Im Geschäftsjahr 01 ergeben sich keine Auswirkungen auf die Gewinn- und Verlustrechnung. Die eingetretene *fair value*-Steigerung um 175 nach Steuern schlägt sich im *other comprehensive income* und damit im Gesamteinkommen des Geschäftsjahrs nieder.

Im Geschäftsjahr 02 erfasst das Unternehmen den neuerlichen *fair value*-Anstieg seines Investments in Höhe von 245 nach Steuern (70% von 350) im *other comprehensive income.* Der aus der Veräußerung des Teilbestands erzielte Veräußerungsgewinn von 400 geht in die Gewinn- und Verlustrechnung ein. Nach Abzug des darauf entfallenden Steueraufwands von 120 (30% von 400) verbleibt ein Ergebnis nach Steuern von 280. Da dieser Erfolg bereits in den Jahren 01 und 02 als erfolgsneutrale Eigenkapitalzunahme im *other comprehensive income* berücksichtigt worden ist, muss der Betrag nunmehr reklassifiziert werden. Dazu ist das *other comprehensive income* um den realisierten Erfolg zu vermindern. Zum 31.12.02 weist es einen Stand von 140 auf. Das entspricht dem Betrag der unrealsierten Wertsteigerung der zurückbehaltenen Gläubigerpapiere nach Steuern.

Auswirkungen auf die GuV (in Mio.)	02	01
Gewinn aus dem Verkauf von AfS-Wertpapieren	400	0
Ertragsteuern	–120	0
Nettoerfolg	280	0

Auswirkungen auf das OCI (in Mio.)	02	01
Stand OCI 1.01.	175	0
Fair value-Änderungen, nach Steuern	245	175
Reklassifizierung, nach Steuern	–280	0
Nettoerfolg	140	175

E.II

Die Auswirkungen von Reklassifizierungen sind im **Anhang** darzustellen. IAS 1.94 n.F.

Alternative: IAS 1.94 n.F.

Die Auswirkungen von Reklassifizierungen sind innerhalb des ***statement of comprehensive income*** darzustellen.

III. Anhang *(notes)*

Gliederung:

1. Grundlagen

IAS. 1.8e Der Jahresabschluss nach IFRS beinhaltet einen Anhang, der eine Zusammenfassung der Bilanzierungs- und Bewertungsmethoden und erläuternde Angaben enthält. Der Anhang hat den gleichen Stellenwert wie die übrigen Bestandteile des Jahresabschlusses.

Die Aufstellung eines Anhangs ist für den Einzel- und Konzernabschluss verpflichtend, unabhängig von Rechtsform und Branche des Unternehmens. Größenabhängige Erleichterungen und Schutzklauseln, die ein Unterlassen von bestimmten Angaben ermöglichen, existieren nicht.

Die Bedeutung des Anhangs ist im Vergleich zu den Vorschriften des HGB aufgrund umfangreicherer Pflichtangaben und Informationen deutlich höher. Der Jahresabschluss soll ein den tatsächlichen Verhältnissen entsprechendes Bild der Vermögens-, Finanz- und Ertragslage vermitteln, durch IAS 1.15

- die Anwendung von Bilanzierungs- und Bewertungsmethoden entsprechend den Regelungen des IAS 8,
- die Darstellung von Informationen, einschließlich der Bilanzierungs- und Bewertungsmethoden, welche unter Beachtung der Kriterien Relevanz, Verlässlichkeit und Vergleichbarkeit dargestellt werden, und
- Angabe weiterer Informationen. Diese sind erforderlich, wenn die Anforderungen der einzelnen IFRS unzureichend sind, um einem Adressaten die Auswirkungen einzelner Geschäftsvorfälle auf die Vermögens-, Finanz- und Ertragslage verständlich zu machen.

Die zur Erfüllung dieses Anspruchs erforderlichen Anhangangaben sind in Form einer Checkliste auf der CD aufgeführt.

2. Struktur und Darstellungsform

Die Angaben sind systematisch darzustellen. Jeder Posten der Bilanz, GuV, Eigenkapitalveränderungsrechnung und Kapitalflussrechnung ist mit einem Querverweis zum Anhang zu versehen. Aus Gründen der Transparenz und Vergleichbarkeit ist der Anhang wie folgt zu gliedern: IAS 1.104f

a) Aussage zur Übereinstimmung des Jahresabschlusses mit IFRS
b) Darstellung der wesentlichen Bilanzierungs- und Bewertungsmethoden
c) Ergänzende Informationen zu den in den übrigen Abschlussbestandteilen enthaltenen Posten. Die Angaben erfolgen in der Reihenfolge, in der jeder Posten bzw. Abschlussbestandteil dargestellt wird.
d) Sonstige Angaben (z.B. Eventualverbindlichkeiten, unberücksichtigte vertragliche Vereinbarungen, sonstige nicht finanzielle Angaben)

Unter bestimmten Umständen kann es sinnvoll sein, die genannte Reihenfolge zu ändern, wenn Informationen beispielsweise sowohl eine Position der GuV als auch der Bilanz betreffen. In jedem Fall ist eine systematische Darstellung sicher zu stellen. IAS 1.106

Generell gilt der Grundsatz der Darstellungsstetigkeit. Unter Beachtung der individuellen Regelungen kommen sowohl zahlenmäßige als auch verbale Erläuterungen in Betracht. Quantitative Angaben sind grundsätzlich mit den entsprechenden Vorjahreszahlen darzustellen. Verbale Erläuterungen sind in der Regel nur für das laufende Jahr erforderlich. IAS 1.36

3. Anlagespiegel

3.1. Aufbau des Anlagespiegels

Die Entwicklung aller Gruppen des Anlagevermögens (immaterielles Anlagevermögen, Sach- und Finanzanlagen) wird in einer **einheitlichen** Tabelle dargestellt.

> **Alternative:**
>
> Die Entwicklung jeder Gruppe des Anlagevermögens (immaterielles Anlagevermögen, Sach- und Finanzanlagen) wird in einer separaten Tabelle dargestellt.

Die Gruppen bzw. Bilanzposten des Anlagevermögens werden in den Zeilen, die Bestands- und Bewegungskomponenten der jeweiligen Berichtsperiode in den Spalten der Tabelle abgebildet (**horizontale** Darstellung).

> **Alternative:**
>
> Die Gruppen bzw. Bilanzposten des Anlagevermögens werden in den Spalten, die Bestands- und Bewegungskomponenten der jeweiligen Berichtsperiode in den Zeilen der Tabelle abgebildet (vertikale Darstellung).

Der Anlagespiegel ist als **eigene Berichtskomponente im Anhang** abzubilden.

> **Alternative:**
>
> Der Anlagespiegel ist als integraler **Bestandteil der Bilanz** abzubilden.

3.1.1 Vergleichsangaben der Vorperiode

IAS 1.36 Der Anlagespiegel hat als Vergleichsangaben den Stand zu Beginn und die Entwicklung der einzelnen Posten während der Vorperiode zu enthalten.

3.1.2 Vermögensgruppen und -posten

IAS 16.73, IAS 38.118 Im Anlagespiegel ist die Entwicklung jedes gesondert auszuweisenden Bilanzpostens des immateriellen Anlagevermögens, des Sachanlagevermögens und auch des Finanzanlagevermögens darzustellen.

3.1.3 Bestands- und Bewegungskomponenten

IAS 16.73, IAS 38.118 Für jeden betroffenen Bilanzposten des Anlagevermögens sind die folgenden Bestands- und Bewegungsdaten anzugeben:

A. Bruttowerte	
Bruttowerte Ende vorhergehende Berichtsperiode	
+/–	Währungsdifferenzen
+/–	Veränderungen des Konsolidierungskreises
+	Zugänge
+/–	Veränderungen durch Neubewertung
–	Abgänge
+/–	Umbuchungen
=	Bruttowerte Ende Berichtsperiode
B. Kumulierte Abschreibungen	
Kumulierte Abschreibungen Ende vorhergehende Berichtsperiode	
+/–	Währungsdifferenzen
+/–	Veränderungen des Konsolidierungskreises
+	Abschreibungen der Berichtsperiode *davon: außerplanmäßige Abschreibungen*
–	Zuschreibungen
–	Abschreibungsabgänge
+/–	Umbuchungen
=	Kumulierte Abschreibungen Ende Berichtsperiode
C. Buchwerte Ende Berichtsperiode	
D. Buchwerte Ende vorhergehende Berichtsperiode	

Abbildung 3: Anlagespiegel

Entwicklungskomponenten, die für die Berichtsperiode und die Vorperiode keine Wertangaben aufweisen, sind wegzulassen.

E.III

3.2. Besonderheiten im Konzernabschluss

Der Konzernanlagespiegel zeigt die Veränderung des Konzernanlagevermögens zwischen zwei Berichtszeitpunkten und deren Ursachen. Er ergibt sich aus der Addition der Anlagespiegel der einzelnen in den Konzernabschluss einbezogenen Unternehmen und der Bereinigung der summierten Anlagebewegungen um die Auswirkungen konzerninterner Vorgänge. Vorbehaltlich etwaiger Konsolidierungsmaßnahmen ist das Anlagevermögen vollkonsolidierter Unternehmen voll und das Anlagevermögen quotenkonsolidierter Unternehmen anteilsmäßig in den Konzernanlagespiegel aufzunehmen.

3.2.1 Berücksichtigung von Anlagespiegeln in Fremdwährung

Gemäß den Grundsätzen der Umrechnung von Fremdwährungsabschlüssen für die Konzernrechnungslegung (→ D.I.5.5) werden alle ausländischen Unternehmen des Konsolidierungskreises z.B. nach der modifizierten Stichtagskursmethode umgerechnet.

Bestände und Veränderungen aus in Fremdwährung aufgestellten Anlagespiegeln sind damit zum Stichtagskurs umzurechnen. Durch Änderungen des Umrechnungskurses im Zeitablauf treten zwischen den zum Stichtagskurs der Berichtsperiode umgerechneten Bruttowerten und kumulierten Abschreibungen der vorangegangenen Berichtsperiode einerseits und den zum Stichtagskurs der Vorperiode umgerechneten Endbestandswerten der Vorperiode andererseits Differenzen auf. Diese werden im Rahmen der Darstellung der Entwicklung der Bruttowerte und der kumulierten Abschreibungen unter der Position „Währungsdifferenzen" jeweils gesondert im Konzernanlagespiegel ausgewiesen.

3.2.2 Konsolidierung des Summen-Anlagespiegels

3.2.2.1 Korrekturen aus der Kapitalkonsolidierung

3.2.2.1.1 Beteiligungseliminierung

Im Zuge der Kapitalkonsolidierung ist die Beteiligung an dem konsolidierten Unternehmen aus der entsprechenden Bestands- bzw. Bewegungsrubrik des summierten Anlagenpiegels der einbezogenen Unternehmen zu eliminieren.

3.2.2.1.2 Übernahme der Vermögensposten bei Erstkonsolidierung

Die hinzukommenden Gegenstände des Anlagevermögens sind grundsätzlich mit ihren *fair values* als Zugänge unter den „Veränderungen des Konsolidierungskreises" auszuweisen. Soweit Wesentlichkeitsaspekte dies zulassen, werden die Zugänge statt zu *fair values* mit ihren Bruttoanschaffungskosten nach Maßgabe der Einzelabschlüsse erfasst; in diesem Fall sind auch die kumulierten Abschreibungen der hinzukommenden Anlagegegenstände aus den Einzelabschlüssen in den Konzernanlagespiegel zu übernehmen.

Der Geschäftswert aus der Kapitalkonsolidierung ist im Konzernanlagespiegel als Zugang unter den „Veränderungen des Konsolidierungskreises" auszuweisen.

3.2.2.1.3 Übernahme der Vermögensposten bei Folgekonsolidierung

Die bei der Folgekonsolidierung vorgenommenen Wertkorrekturen der im Rahmen der Erstkonsolidierung zugeordneten stillen Reserven und eines aktivierten Geschäftswerts sind je nach Art der Wertkorrektur unter den Abschreibungen des betreffenden Vermögenspostens (***Abschreibungen/Wertminderungen der Berichtsperiode*** **bzw. in den folgenden Berichtsperioden** ***kumulierte Abschreibungen/Wertminderungen***) oder unter den Zuschreibungen auszuweisen. In Fällen des Abgangs von Vermögenswerten sind die bis dahin angefallenen Abschreibungen als Abschreibungsabgänge mit zu erfassen.

3.2.2.1.4 Abgang der Vermögensposten bei Endkonsolidierung

Im Rahmen der Endkonsolidierung sind die bis dahin im Konzernanlagespiegel ausgewiesenen Vermögenswerte nebst den ihnen bei Erstkonsolidierung zugeordneten Unterschiedsbeträgen aus der Kapitalkonsolidierung und der daraus resultierenden aktivierten Geschäftswerte als Abgänge unter den „Veränderungen des Konsolidierungskreises" auszuweisen.

3.2.2.2 Korrekturen aus der Schuldenkonsolidierung

Die Bewegungen von Finanzanlagen aus konzerninternen Vorgängen, die im Zuge der Konsolidierung eliminiert werden, sind auch im Konzernanlagespiegel entsprechend zu bereinigen.

3.2.2.3 Korrekturen aus der Zwischenergebniseliminierung

Bei konzerninternen Lieferungen und Leistungen ist der Konzernanlagespiegel so darzustellen, als ob das zugrunde liegende Rechtsgeschäft nicht erfolgt wäre.

Werden Gegenstände des Anlagevermögens von einem einbezogenen Unternehmen auf ein anderes einbezogenes Unternehmen übertragen, sind die Zugänge und Abgänge einschließlich der Zwischenerfolge aus einem den abgehenden Buchwert übersteigenden Zugangswert aus dem Summen-Anlagespiegel zu eliminieren. In den nachfolgenden Berichtsperioden sind die Bruttowerte und ggf. die Abschreibungen entsprechend anzupassen.

Hat ein konzerninterner Transfer von Anlagegegenständen zu einer Zuordnung zu einem anderen Bilanzposten geführt (z.B. von Anlagen im Bau zu Anlagen), sind die Zugänge und Abgänge des Summen-Anlagespiegels insoweit unter die Umbuchungen umzugliedern.

Soweit aus Wesentlichkeitsaspekten die Eliminierung von Zwischenergebnissen im Anlagevermögen unterbleibt (→ D.III.4.), ist trotzdem grundsätzlich eine Aufrechnung von Zu- und Abgängen im Konzernanlagespiegel vorzunehmen. Dabei sind nicht eliminierte Zwischengewinne unter den Zuschreibungen und nicht eliminierte Zwischenverluste unter den Abschreibungen zu erfassen. Zusätzlich sind etwaige Änderungen des Abschreibungsplans nach dem Vermögenstransfer zu korrigieren. Soweit die Zu- und Abgänge jedoch von untergeordneter Bedeutung sind, werden mit Blick auf Wesentlichkeitsaspekte deren Eliminierung und etwaige Abschreibungskorrekturen ebenfalls unterlassen.

3.2.2.4 Auswirkungen der Anwendung der Equity-Methode

Nach der Equity-Methode bilanzierte Anteile (→ D.III.1.3) sind in der Berichtsperiode des Erwerbs wie im Einzelabschluss unter den Zugängen auszuweisen. Der Zugangswert ist in der Folgeperiode in die Position „Bruttowerte Ende vorhergehende Berichtsperiode" zu übernehmen.

Abgehende Equity-Beteiligungen sind wie im Einzelabschluss unter den Abgängen abzubilden. Im Konzernanlagespiegel ist allerdings der Wert zu zeigen, mit dem die Beteiligung zum Zeitpunkt ihres Abgangs im Konzernabschluss abgebildet war.

Fortschreibungen des Equity-Wertes können sich vor allem aus Abschreibungen anteiliger stiller Reserven sowie aus anteiligen Jahresergebnissen und ausgezahlten Gewinnen ergeben. Die Fortschreibungen sind in der **Bewegungsposition „Equity-Anpassungen"** zusammenzufassen, die zusätzlich zu den in Gliederungspunkt E.III.3.1.3 bezeichneten Rubriken zwischen den Gruppen „Bruttowerte" und „Kumulierte Abschreibungen" in den Konzernanlagespiegel aufzunehmen ist. In diese Bewegungsrubrik gehen alle werterhöhenden und -vermindernden Vorgänge ein.

In den Folgeperioden sind die **vorgetragenen Bruttowerte** entsprechend zu korrigieren.

Alternative:

Fortschreibungen des Equity-Wertes können sich vor allem aus Abschreibungen anteiliger stiller Reserven sowie aus anteiligen Jahresergebnissen und ausgezahlten Gewinnen ergeben. Die Fortschreibungen werden als **Zugänge oder Abgänge** im Konzernanlagespiegel dargestellt.

In den Folgeperioden sind die **vorgetragenen Bruttowerte** entsprechend zu korrigieren.

Alternative:

Fortschreibungen des Equity-Wertes können sich vor allem aus Abschreibungen anteiliger stiller Reserven sowie aus anteiligen Jahresergebnissen und ausgezahlten Gewinnen ergeben. Die Fortschreibungen werden als **Zuschreibungen oder Abschreibungen** im Konzernanlagespiegel dargestellt, wobei **ergänzend erläuternde Hinweise** zu machen sind, dass diese Ausweisalternative gewählt wurde.

In den Folgeperioden sind die **vorgetragenen kumulierten Abschreibungen** entsprechend zu korrigieren.

4. Rückstellungsspiegel

IAS 37.84 Der Rückstellungsspiegel zeigt die Veränderung der Rückstellungen zwischen zwei Berichtszeitpunkten und deren Ursache. Im Unterschied zum Anlagespiegel und zur Eigenkapitalveränderungsrechnung sind keine Angaben zur Vergleichperiode vorgeschrieben.

IAS 37.84 Sowohl hinsichtlich der betragsmäßigen Darstellung als auch hinsichtlich der verbalen Erläuterung sind die einzelnen Rückstellungen zu Gruppen zusammenzufassen. Die Gruppenbildung hat sich dabei insbesondere nach der Art, der Fälligkeit und dem Grad der Unsicherheit der jeweiligen Rückstellungen zu richten. Diese Art der Darstellung entspricht derjenigen nach dem HGB. Für jede Gruppe sind folgende Angaben vorgeschrieben, die üblicherweise in Form eines Rückstellungsspiegels gemacht werden:

- Buchwert zu Beginn und zum Ende der Berichtsperiode
- Zuführungen
- Inanspruchnahmen
- Auflösungen
- Aufzinsungsbeträge
- Effekte aus der Änderung von Zinssätzen

Rückstellungen mit einer erwarteten Erfüllung von mehr als 12 Monaten nach dem Bilanzstichtag sind in der Bilanz oder im Anhang gesondert anzugeben. Unter Einbeziehung von Konsolidierungssachverhalten bietet sich folgende Darstellungsform an: **IAS 1.52**

Rückstellungsart	**Buchwert 1.1**	**Änderungen im Konsolidierungskreis**	**Währungsumrechnung**	**Zuführung**	**Aufzinsung**	**Effekte aus Zinssatzänderungen**	**Inanspruchnahme**	**Auflösung**	**Buchwert 31.12.**
	EUR	EUR	EUR	EUR	EUR	EUR	EUR	EUR	EUR
langfristig									
kurzfristig									

Neben dieser betragsmäßigen Darstellung sind für jede Rückstellungsgruppe folgende Erläuterungen zu machen: **IAS 37.85**

- Eine kurze Beschreibung der Art und des Erfüllungszeitpunkts der Verpflichtung.
- Unsicherheiten hinsichtlich des Betrags und des Zeitpunkts des Abflusses von Ressourcen.
- Die Höhe aller erwarteten Erstattungen unter Angabe bereits aktivierter Beträge.

IV. Kapitalflussrechnung

Gliederung:

1. Grundlagen

1.1 Aufstellungsverpflichtung

IAS 1.8 Die Verpflichtung zur Rechnungslegung nach IFRS umfasst die Pflicht zur Aufstellung einer Kapitalflussrechnung als einem integralen Bestandteil des Abschlusses.

1.2 Aufstellungstechnik

Die Kapitalflussrechnung wird **aus** der **Bilanz und** der **Gewinn- und Verlustrechnung** abgeleitet.

1.3 Vergleichsangaben der Vorperiode

Die Kapitalflussrechnung der Berichtsperiode ist um die Vergleichswerte der Vorperiode zu ergänzen. **IAS 1.36**

2. Abgrenzung des Finanzmittelfonds

2.1 Zahlungsmittel und Zahlungsmitteläquivalente

In den Finanzmittelfonds sind Zahlungsmittel und Zahlungsmitteläquivalente aufzunehmen. Als Zahlungsmittel gelten Kassenbestände und täglich fällige Sichtguthaben; im Gliederungsschema des §266 Abs. 2 HGB sind diese im Posten B.IV. „Kassenbestand, Bundesbankguthaben, Guthaben bei Kreditinstituten und Schecks" ausgewiesen. **IAS 7.6**

Zahlungsmitteläquivalente liegen bei Geldanlagen (z.B. Anlagen in Wertpapieren) insoweit vor, als diese keine Finanzinvestitionen darstellen, sondern dem Zweck der Begleichung kurzfristiger Zahlungsverpflichtungen und somit als Liquiditätsreserve dienen. Dazu müssen die Geldanlagen **IAS 7.7**

- jederzeit ohne wesentliche Wertabschläge in Zahlungsmittel umgewandelt werden konnen und
- eine so kurze Restlaufzeit bei ihrem Zugang besitzen, dass sie nur unerheblichen Wertänderungsrisiken, wie z.B. Kurs- oder Ausfallrisiken, unterliegen.

Im Regelfall ist eine Geldanlage nur dann zu den Zahlungsmitteläquivalenten zu rechnen, wenn ihre Restlaufzeit bei Zugang des Postens nicht mehr als drei Monate beträgt.

Zum Finanzmittelfonds werden auch jederzeit fällige Bankverbindlichkeiten, insbesondere solche aus Kontokorrentverhältnissen, gerechnet und mit negativem Vorzeichen berücksichtigt, **soweit** diese **Bestandteil der Zahlungsmitteldisposition** bzw. des *cash management* sind. **IAS 7.8**

2.2 Finanzmittelbestände in Fremdwährung

Zum Finanzmittelfonds gehören auch Bestände in Fremdwährung. Hierzu zählen sowohl Bestände in fremder Währung, die von Unternehmen gehalten werden, die in Berichtswährung bilanzieren, als auch Finanzmittelbestände bei ausländischen Unternehmen des Konsolidierungskreises in ihrer lokalen Währung. **IAS 7.28**

Fremdwährungsbestände werden mit dem Stichtagskurs in die Berichtswährung umgerechnet und in den Finanzmittelfonds einbezogen. Aus Kursschwankungen resultierende Wertänderungen des Finanzmittelfonds des Konzerns sind in einer eigenen Zeile der Kapitalflussrechnung zu zeigen, sofern nicht aus Wesentlichkeitsgründen eine Zusammenfassung mit anderen zahlungsunwirksamen Wertänderungen (z.B. bonitäts-, zinsbedingte Wertänderungen) erfolgt.

3. Darstellung der Finanzmittelbewegungen

3.1 Aktivitätsbereiche

IAS 7.10 Die Ein- und Auszahlungen in der Berichtsperiode sind nach den folgenden drei Aktivitätsbereichen zu gliedern:

- Laufende Geschäftstätigkeit bzw. betriebliche Tätigkeit (*operating activities*);
- Investitionstätigkeit (*investing activities*);
- Finanzierungstätigkeit (*financing activities*).

3.2 Bruttoprinzip

IAS 7.21 Alle Finanzmittelbewegungen der Aktivitätsbereiche sind grundsätzlich unsaldiert nach dem Bruttoprinzip auszuweisen (→ für ausnahmsweise zulässige Saldierungen siehe IAS 7.22, 7.23).

3.3 Darstellungsstruktur

IAS 7.18 iVm IAS 7.21 Zur Darstellung der Finanzmittelbewegungen des Aktivitätsbereichs **laufende Geschäftstätigkeit** wird die **indirekte Methode** angewendet, die vom **Saldo aller Aufwendungen und Erträge des Bereichs ausgeht und diesen anschließend um seine nicht zahlungswirksamen Komponenten bereinigt**. Im Unterschied dazu werden die Finanzmittelbewegungen der **Investitions-** und der **Finanzierungstätigkeit** direkt ausgewiesen, indem die Einzahlungen des jeweiligen Bereichs den korrespondierenden Auszahlungen gegenübergestellt werden.

Es ist das folgende Mindestgliederungsschema zugrunde zu legen **(indirekte Methode)**:

	Periodenergebnis (einschließlich Ergebnisanteilen von Minderheitsgesellschaftern)
+/−	Abschreibungen/Zuschreibungen auf Vermögenswerte des Anlagevermögens
+/−	Zunahme/Abnahme der Rückstellungen
+/−	Sonstige zahlungsunwirksame Aufwendungen/Erträge (z.B. Abschreibungen auf kurzfristige Wertpapiere
−/+	Gewinn/Verlust aus Anlagenabgängen

−/+	Zunahme/Abnahme der Vorräte, der Forderungen aus Lieferungen und Leistungen und anderer Aktiva, die nicht der Investitions- oder Finanzierungstätigkeit zuzuordnen sind (z.B. sonstige Vermögenswerte, Abgrenzungsposten)
+/−	Zunahme/Abnahme der Verbindlichkeiten aus Lieferungen und Leistungen sowie anderer Passiva, die nicht der Investitions- oder Finanzierungstätigkeit zuzuordnen sind (z.B. sonstige Verbindlichkeiten, passive Abgrenzungsposten)
=	**Cashflow aus laufender Geschäftstätigkeit**
	Einzahlungen aus Abgängen von Vermögenswerten des Sachanlagevermögens
−	Auszahlungen für Investitionen in das Sachanlagevermögen
+	Einzahlungen aus Abgängen von Vermögenswerten des immateriellen Anlagevermögens
−	Auszahlungen für Investitionen in das immaterielle Anlagevermögen
+	Einzahlungen aus Abgängen von Vermögenswerten des Finanzanlagevermögens
−	Auszahlungen für Investitionen in das Finanzanlagevermögen
+	Einzahlungen aus dem Verkauf von konsolidierten Unternehmen und sonstigen Geschäftseinheiten
−	Auszahlungen für den Erwerb von konsolidierten Unternehmen und sonstigen Geschäftseinheiten
+	Einzahlungen aufgrund von Finanzmittelanlagen im Rahmen der kurzfristigen Finanzdisposition
−	Auszahlungen aufgrund von Finanzmittelanlagen im Rahmen der kurzfristigen Finanzdisposition
=	**Cashflow aus der Investitionstätigkeit**
	Einzahlungen aus Eigenkapitalzuführungen (Kapitalerhöhungen, Verkauf eigener Anteile, etc.)
−	Auszahlungen an Unternehmenseigner und Minderheitsgesellschafter (Dividenden, Erwerb eigener Anteile, Eigenkapitalrückzahlungen, andere Ausschüttungen)
+	Einzahlungen aus der Begebung von Anleihen und der Aufnahme von (Finanz-)Krediten
−	Auszahlungen aus der Tilgung von Anleihen und (Finanz-)Krediten
=	**Cashflow aus der Finanzierungstätigkeit**

	Zahlungswirksame Veränderungen des Finanzmittelfonds (Summe der einzelnen Cashflows).
+/–	Wechselkurs-, konsolidierungskreis- und bewertungsbedingte Änderungen des Finanzmittelfonds
+	Finanzmittelfonds am Anfang der Periode
=	**Finanzmittelfonds am Ende der Periode**

Abbildung 4: Kapitalflussrechnung (indirekte Methode)

Alternative:

IAS 7.18 iVm IAS 7.21 Zur Darstellung der Finanzmittelbewegungen aller drei Aktivitätsbereiche wird die **direkte Methode** herangezogen, die die **Einzahlungen** des jeweiligen Bereichs **den korrespondierenden Auszahlungen gegenüberstellt.**

Es ist das folgende Mindestgliederungsschema zugrunde zu legen **(direkte Methode):**

	Einzahlungen von Kunden aus dem Verkauf von Erzeugnissen, Waren und Dienstleistungen
–	Auszahlungen an Lieferanten und Beschäftigte
+	Sonstige Einzahlungen, die nicht der Investitions- oder Finanzierungstätigkeit zuzuordnen sind
–	Sonstige Auszahlungen, die nicht der Investitions- oder Finanzierungstätigkeit zuzuordnen sind
	Steueraus-/-einzahlungen sollte man ggf. gesondert erwähnen
=	**Cashflow aus laufender Geschäftstätigkeit**
	Einzahlungen aus Abgängen von Vermögenswerten des Sachanlagevermögens
–	Auszahlungen für Investitionen in das Sachanlagevermögen
+	Einzahlungen aus Abgängen von Vermögenswerten des immateriellen Anlagevermögens
–	Auszahlungen für Investitionen in das immaterielle Anlagevermögen
+	Einzahlungen aus Abgängen von Vermögenswerten des Finanzanlagevermögens
–	Auszahlungen für Investitionen in das Finanzanlagevermögen
+	Einzahlungen aus dem Verkauf von konsolidierten Unternehmen und sonstigen Geschäftseinheiten
–	Auszahlungen für den Erwerb von konsolidierten Unternehmen und sonstigen Geschäftseinheiten
+	Einzahlungen aufgrund von Finanzmittelanlagen im Rahmen der kurzfristigen Finanzdisposition

–	Auszahlungen aufgrund von Finanzmittelanlagen im Rahmen der kurzfristigen Finanzdisposition
=	**Cashflow aus der Investitionstätigkeit**
	Einzahlungen aus Eigenkapitalzuführungen (Kapitalerhöhungen, Verkauf eigener Anteile, etc.)
–	Auszahlungen an Unternehmenseigner und Minderheitsgesellschafter (Dividenden, Erwerb eigener Anteile, Eigenkapitalrückzahlungen, andere Ausschüttungen)
+	Einzahlungen aus der Begebung von Anleihen und der Aufnahme von (Finanz-)Krediten
–	Auszahlungen aus der Tilgung von Anleihen und (Finanz-)Krediten
=	**Cashflow aus der Finanzierungstätigkeit**
	Zahlungswirksame Veränderungen des Finanzmittelfonds (Summe der einzelnen Cashflows)
+/–	Wechselkurs-, konsolidierungskreis- und bewertungsbedingte Änderungen des Finanzmittelfonds
+	Finanzmittelfonds am Anfang der Periode
=	**Finanzmittelfonds am Ende der Periode**

Abbildung 5: Kapitalflussrechnung (direkte Methode)

3.4 Zuordnung und Ausweis bestimmter Veränderungen des Finanzmittelfonds

3.4.1 Ertragsteuerzahlungen

3.4.1.1 Zuordnung

Ertragsteuerzahlungen sind grundsätzlich in voller Höhe dem Bereich der **laufenden Geschäftstätigkeit** zuzuordnen. Soweit in Ausnahmefällen eine Zuordnung zu bestimmten Finanzierungs- und Investitionsaktivitäten möglich ist, sind auch die entsprechenden Ertragsteuerzahlungen in diesen Aktivitätsbereichen auszuweisen. **IAS 7.35f.**

E.IV

3.4.1.2 Ausweis

Ertragsteuerzahlungen werden **in** der **Kapitalflussrechnung nicht gesondert** ausgewiesen, **sondern in** den **Erläuterungen zur Kapitalflussrechnung im Anhang** angegeben.

> **Alternative:**
>
> Ertragsteuerzahlungen werden in der **Kapitalflussrechnung gesondert** ausgewiesen.

3.4.2 Zinszahlungen

3.4.2.1 Zuordnung

IAS 7.33 Erhaltene und gezahlte Zinsen werden im Bereich der **laufenden Geschäftstätigkeit** ausgewiesen.

> **Alternative:**
>
> IAS 7.33 Gezahlte Zinsen werden im Bereich der **Finanzierungstätigkeit** und erhaltene Zinsen im Bereich der **Investitionstätigkeit** ausgewiesen.

3.4.2.2 Ausweis

IAS 7.31 Die erhaltenen und die gezahlten Zinsen werden **in** der **Kapitalflussrechnung nicht gesondert** ausgewiesen, **sondern in** den **Erläuterungen zur Kapitalflussrechnung im Anhang** angegeben.

> **Alternative:**
>
> IAS 7.31 Die erhaltenen und die gezahlten Zinsen werden in der **Kapitalflussrechnung jeweils gesondert** ausgewiesen.

3.4.3 Dividenden

3.4.3.1 Zuordnung erhaltener Dividenden

IAS 7.33 Erhaltene Dividenden werden dem Bereich der **laufenden Geschäftstätigkeit** zugeordnet.

> **Alternative:**
>
> IAS 7.33 Erhaltene Dividenden werden dem Bereich der **Investitionstätigkeit** zugeordnet.

3.4.3.2 Zuordnung gezahlter Dividenden

IAS 7.34 Gezahlte Dividenden werden im Bereich der **laufenden Geschäftstätigkeit** ausgewiesen.

> **Alternative:**
>
> IAS 7.34 Gezahlte Dividenden werden im Bereich der **Finanzierungstätigkeit** ausgewiesen.

3.4.3.3 Ausweis

Die erhaltenen und die gezahlten Dividenden werden **in der Kapitalflussrechnung nicht gesondert** ausgewiesen, **sondern in den Erläuterungen zur Kapitalflussrechnung im Anhang** angegeben. IAS 7.31

> **Alternative:**
>
> Die erhaltenen und die gezahlten Dividenden werden **in der Kapitalflussrechnung jeweils gesondert** ausgewiesen. IAS 7.31

3.4.4 Zahlungen bei derivativen Finanzinstrumenten

Ein- und Auszahlungen aus Termin-, Devisentermin-, Options- und Swap-Kontrakten, die nicht zu Handelszwecken gehalten oder dem Bereich der Finanzierungstätigkeit zugeordnet werden, gehören zur **Investitionstätigkeit**. Sicherungsgeschäfte sind entsprechend ihrer Grundgeschäfte zu behandeln. IAS 7.16

3.5 Wechselkurs- und Bewertungseffekte in der Kapitalflussrechnung

Cashflows in Fremdwährung sind in der funktionalen Währung des betreffenden Unternehmens zu erfassen; zu diesem Zweck wird der Fremdwährungsbetrag mit dem zum Zahlungszeitpunkt gültigen Transaktionskurs umgerechnet. Die in einer Fremdwährung erfassten Cashflows ausländischer Tochterunternehmen sind mit dem Wechselkurs im Zeitpunkt des Anfalls der Zahlungen in die Berichtswährung umzurechnen. IAS 7.25f.

Bei unwesentlichen Effekten ist eine Näherungslösung in Form eines gewogenen Durchschnittskurses zulässig. IAS 7.27

Wechselkursänderungen dürfen sich in der Kapitalflussrechnung lediglich dann auswirken, wenn hieraus ebenfalls veränderte Zahlungsströme resultieren. Mit anderen Worten, unrealisierte Gewinne bzw. Verluste aus Wechselkursänderungen sind nicht als Cashflows zu erachten. In die Kapitalflussrechnung gehen sie als gesonderter Posten – getrennt von den Cashflows aus laufender Geschäftstätigkeit, Investitions- und Finanzierungstätigkeit – ein und ermöglichen die Überleitung der Finanzmittel vom Beginn zum Ende der Periode. IAS 7.28

Bewertungseinflüsse spiegeln sich in der Kapitalflussrechnung wie folgt wider: Enthält der Finanzmittelfonds kurzfristig fällige Zahlungsmitteläquivalente, kann sich seine Höhe aufgrund von Bewertungseffekten ändern. Diese Bewertungseinflüsse sind gesondert bei der Überleitung der zahlungswirksamen Gesamtveränderung des Finanzmittelbestandes zum Bestand des Fonds am Periodenende zu erfassen.

4. Änderungen des Konsolidierungskreises

IAS 7.39 In Fällen des Erwerbs oder der Veräußerung von Anteilen an anderen Unternehmen ist der zahlungswirksame Betrag, d.h. der Kaufpreis abzüglich der mit dem Anteil erworbenen bzw. veräußerten Finanzmittel, als Mittelzufluss bzw. Mittelabfluss gesondert auszuweisen. Solche Vorgänge sind als Investitionsauszahlungen bzw. Desinvestitionseinzahlungen zu klassifizieren und dem Bereich der **Investitionstätigkeit** zuzuordnen.

5. Besonderheiten im Konzernabschluss

In der konsolidierten Kapitalflussrechnung sind die Ein- und Auszahlungen aller konsolidierten Unternehmen mit konzernfremden Dritten darzustellen. Die Abgrenzung des Konsolidierungskreises (→ D.II.) ist dabei auch für die Kapitalflussrechnung maßgebend. Die Finanzmittelbestände und -bewegungen vollkonsolidierter Unternehmen sind deshalb in voller Höhe abzubilden, soweit es sich nicht um innerkonzernliche Zahlungsmittelbewegungen handelt.

Die Zahlungsmittelbestände und -ströme quotenkonsolidierter Unternehmen sind anteilig zu berücksichtigen, soweit sie nicht zu eliminieren sind.

Die Zahlungsmittelströme von Unternehmen, die nach der Equity-Methode bilanziert werden, gehen (implizit) nur insoweit in die Konzernkapitalflussrechnung ein, als sie gegenüber konsolidierten Unternehmen angefallen sind; nicht abzubilden sind dagegen Zahlungen der Equity-Unternehmen aus dem Geschäftsverkehr mit Dritten. In Einklang mit der Methodik der Equity-Bilanzierung, die keine Übernahme der Vermögens- und Schuldposten der danach abgebildeten Unternehmen in die Konzernbilanz beinhaltet, sind auch die Finanzmittelbestände dieser Unternehmen nicht im Finanzmittelfonds des Konzerns zu erfassen.

V. Eigenkapitalveränderungsrechnung

Gliederung:

1. Grundstruktur der Darstellung

1.1 Ursachen der Eigenkapitalveränderungen

Die Entwicklung des Eigenkapitals in einer Berichtsperiode kann sich aus verschiedenen Komponenten zusammensetzen. So verändert zunächst das Periodenergebnis (*net profit or loss*) das Eigenkapital. Des Weiteren wirken sich erfolgsneutrale Transaktionen mit den Anteilseignern, die aus dem Gesellschaftsverhältnis resultieren (Einlagen, Gewinnausschüttungen, Kapitalherabsetzungen usw.), auf das Eigenkapital aus. Schließlich können Eigenkapitalveränderungen außerhalb der GuV erfolgsneutral (z.B. Neubewertungsrücklage) gebucht werden. Das Periodenergebnis und das erfolgsneutral erfasste übrige Ergebnis ergeben das Gesamtergebnis.

1.2 Darstellungsformat

Die Eigenkapitalveränderungen der Berichtsperiode werden umfassend in Form eines **Eigenkapitalspiegels** dargestellt. Dabei werden in den Spalten die einzelnen Eigenkapitalkategorien und in den Zeilen die Eröffnungs-, Veränderungs- und Schlussbeträge abgebildet. **IAS 1.96**

Alternative:

IAS 1.96 Die Eigenkapitalveränderungen der Berichtsperiode werden in Form des sog. ***two-statement-approach*** dargestellt. Dabei werden als Ergänzung der GuV in einer Gesamtergebnisrechnung folgende Veränderungskomponenten dargestellt:

- die realisierten Gewinne der Berichtsperiode (Periodenergebnis);
- die nicht in der GuV berücksichtigten Erfolge (z.B. Währungsumrechnungsdifferenzen, Erfolge aus der Neubewertung von Anlagevermögen usw.);
- die Gesamtauswirkungen der Änderungen der Bilanzierungs- und Bewertungsmethoden und der Berichtigung grundlegender Fehler der Vergangenheit, die gemäß IAS 8 retrospektiv erfasst werden (→ C.I.4.).

Alle sonstigen Angaben zur Eigenkapitalentwicklung werden im Anhang erläutert (→ CD-Anhangcheckliste 8.)

2. Gliederung des Eigenkapitalspiegels

2.1 Eigenkapitalkategorien

Im Eigenkapitalspiegel ist die Entwicklung der Berichtsperiode folgender Posten des Eigenkapitals darzustellen:

	Gezeichnetes Kapital des Mutterunternehmens
–	Nicht eingeforderte ausstehende Einlagen des Mutterunternehmens
+	Kapitalrücklage
+	Erwirtschaftetes Konzerneigenkapital
–	Eigene Anteile, die zur Einziehung bestimmt sind
+	Kumuliertes übriges Konzernergebnis, soweit es auf die Gesellschafter des Mutterunternehmens entfällt davon: • Ausgleichsposten aus der Fremdwährungsumrechnung • Andere erfolgsneutrale Transaktionen
=	**Eigenkapital des Mutterunternehmens gemäß Konzernbilanz**
–	Eigene Anteile, die nicht zur Einziehung bestimmt sind
=	**Eigenkapital des Mutterunternehmens**
+	Eigenkapital der Minderheitsgesellschafter davon: • Minderheitenkapital • Kumuliertes übriges Konzernergebnis, soweit es auf Minderheitsgesellschafter entfällt davon: – Ausgleichsposten aus der Fremdwährungsumrechnung – Andere erfolgsneutrale Transaktionen
=	**Konzerneigenkapital**

Abbildung 6: Konzerneigenkapitalkategorien

Das erwirtschaftete Eigenkapital umfasst die aus dem Periodenergebnis der jeweiligen Berichtsperiode und früherer Geschäftsjahre gebildeten Teile des Eigenkapitals, soweit sie nicht auf die Minderheitsgesellschafter entfallen. Dazu zählen die Gewinnrücklagen und der Ergebnisvortrag und der im laufenden Geschäftsjahr erwirtschaftete Jahreserfolg, soweit er dem Mutterunternehmen zuzurechnen ist.

Das kumulierte übrige Konzernergebnis enthält den Saldo der übrigen Konzernergebnisse der vorhergehenden Berichtsperiode und der laufenden Berichtsperiode. Zum übrigen Konzernergebnis gehören alle erfolgsneutralen Veränderungen des Konzerneigenkapitals, soweit sie nicht auf Ein- und Auszahlungen auf Gesellschafterebene beruhen.

Soweit die Beträge bestimmter anderer erfolgsneutraler Transaktionen, die im kumulierten übrigen Konzernergebnis enthalten sind, ihrer Höhe nach wesentlich sind, hat eine weitere Aufgliederung unter entsprechender Bezeichnung der jeweiligen Eigenkapitalkomponente zu erfolgen.

2.2 Bestands- und Bewegungskomponenten

Für jeden betroffenen Posten des Konzerneigenkapitals sind die folgenden Bestands- und Bewegungsangaben zu machen:

	Stand Ende vorhergehende Berichtsperiode
+/–	Änderung von Bilanzierungs- und Bewertungsmethoden und Berichtigung grundlegender Fehler, soweit erfolgsneutral erfasst
=	Angepasster Stand Ende vorhergehende Berichtsperiode
+	Ausgabe von Anteilen
+/–	Erwerb/Einziehung eigener Anteile
–	Gezahlte Dividenden
+/–	Änderungen des Konsolidierungskreises
+/–	Übrige Veränderungen
+/–	Konzerngesamtergebnis davon: • Konzernjahresüberschuss/-fehlbetrag • Übriges Konzernergebnis
=	**Stand Ende Berichtsperiode**

Abbildung 7: Konzerneigenkapitalentwicklung

Die übrigen Veränderungen der einzelnen Eigenkapitalposten und die Bestandteile des übrigen Konzernergebnisses sind gesondert auszuweisen, soweit es sich um wesentliche Beträge handelt (z.B. aus der Neubewertung von Anlagevermögen).

3. Darstellung als Aufstellung der erfassten Erträge und Aufwendungen

3.1 Gliederung

IAS 1.96 Die Aufstellung der erfassten Erträge und Aufwendungen ist wie folgt strukturiert:

	Periodenergebnis
+	Übriges Ergebnis
	davon: • Differenzen aus der Fremdwährungsumrechnung • Andere erfolgsneutrale Transaktionen
=	Gesamtergebnis der Periode
+/–	Auswirkungen der Änderungen von Bilanzierungs- und Bewertungsmethoden und der Berichtigung grundlegender Fehler, soweit erfolgsneutral erfasst
=	**Änderungen des Eigenkapitals, die nicht auf Transaktionen mit den Anteilseignern zurückgehen**

Abbildung 8: Aufstellung der erfassten Erträge und Aufwendungen

Zum übrigen Ergebnis gehören alle erfolgsneutralen Veränderungen des Eigenkapitals, soweit sie nicht auf Ein- und Auszahlungen auf Gesellschafterebene und auf den Auswirkungen erfolgsneutral erfasster Änderungen von Bilanzierungs- und Bewertungsmethoden und Fehlerberichtigungen beruhen.

3.2 Weitere Angaben zur Entwicklung des Eigenkapitals

Alle sonstigen Angaben zur Eigenkapitalentwicklung werden im Anhang gemacht. Die Berichterstattung im Anhang umfasst dabei folgende Angaben:

- Kapitaltransaktionen mit den Anteilseignern und Ausschüttungen an die Anteilseigner;
- Betrag des erwirtschafteten Eigenkapitals zu Beginn der Berichtsperiode und Bewegungen im Verlauf der Berichtsperiode;
- Überleitung der Buchwerte jeder Kategorie des gezeichneten Kapitals, des Agios und sämtlicher Rücklagen zu Beginn der Berichtsperiode und Bewegungen im Verlauf der Berichtsperiode.

4. Änderungen der Eigenkapitalveränderungsrechnung ab 2009 durch die Neufassung von IAS 1

4.1 Inhalt der Eigenkapitalveränderungsrechnung

Mit der Neufassung des IAS 1, der erstmals für Geschäftsjahre verpflichtend wird, die am oder nach dem 1. Januar 2009 beginnen, wird die Zielsetzung der Eigenkapitalveränderungsrechnung dahingehend verschoben, dass die Entwicklung des Eigenkapitals in die Wertschöpfung des Unternehmens einerseits und in Kapitaltransfers zwischen Unternehmen und Eigentümern (Einlagen und Entnahmen) andererseits aufzuspalten ist. Eine vorherige Anwendung von IAS 1 n.F. ist zulässig.

Der Standard ist bislang noch nicht in europäisches Recht übernommen worden. Nach dem positiven Übernahmeempfehlung des EFRAG vom 17. April 2008 hat sich auch der ARC am 11. Juli 2008 für das Endorsement ausgesprochen. Die endgültige Übernahme wird zum Ende des Jahrs 2008 erwartet.

In der ab 2009 zu zeigenden Gesamterfolgsrechnung (→ E.II.3.) wird zwischen dem Jahresergebnis und den erfolgsneutralen Erträgen und Aufwendungen unterschieden. In Summe bilden beide den Periodengesamterfolg, der die Wertschöpfung des Unternehmens widerspiegelt.

Nach IAS 1.106 n.F. sind folgende Einflüsse auf das Eigenkapital in der Veränderungsrechnung aufzuführen: **IAS 1.106 n.F.**

- das Gesamteinkommen, aufgeteilt auf die Gesellschafter des Mutterunternehmens und die Minderheitsgesellschafter;
- für jede Komponente des Eigenkapitals die Auswirkungen einer retrospektiven Anpassung der Rechnungslegungsmethoden sowie einer Fehlerkorrektur gemäß IAS 8 (→ C.I.4);
- die aus Transaktionen mit Anteilseignern in ihrer Funktion als Anteilseigner resultierenden Eigenkapitalveränderungen, wobei Beiträge der Gesellschafter und Zahlungen an die Gesellschafter gesondert darzustellen sind;
- für jede Komponente des Eigenkapitals eine Überleitung des Betrags zu Beginn der Periode auf den Stand am Ende der Periode mit gesonderter Angabe einer jeden Änderung;

Die Auswirkungen von Änderungen der Rechnungslegungsmethoden und von Fehlerkorrekturen sind jeweils gesondert anzugeben. Sie führen im Regelfall nicht zu einer Veränderung des Eigenkapitals innerhalb der Berichtsperiode, sondern dienen der Korrektur der *retained earnings* zu Beginn der jeweils dargestellten Periode. Etwas anderes gilt dann, wenn sich die Methodenänderung oder Fehlerkorrektur unmittelbar auf eine andere Kategorie des Eigenkapitals auswirkt. **IAS 1.110 n.F.**

Zusätzlich zu den in IAS 1.106 n.F. geforderten Angaben ist über die in der Periode erfolgten Gewinnausschüttungen an Anteilseigner gesondert zu berichten.

Alternative: **IAS 1.107 n.F.**

Gewinnausschüttungen der Periode an die Anteilseigner sind im Anhang anzugeben.

4.2 Darstellungsformat

Der Standard schreibt nicht vor, welche Komponenten des Eigenkapitals im Einzelnen in der Eigenkapitalveränderungsrechnung aufzuführen sind. Beispielhaft erwähnt er die Posten, die das von außen zugeführte Eigenkapital aufnehmen, **IAS 1.108 n.F.** **IAS 1.IG6 n.F.**

der kumulierte Betrag einer jeden Klasse des *other comprehensive income* sowie die *retained earnings*. In Anlehnung an IAS 1.IG6 bietet sich folgender Aufbau an, der entsprechend den Umständen im Einzelfall anzupassen ist. Hat das Unternehmen beispielsweise eigene Anteile zurückerworbenen, bietet sich in Abhängigkeit von der Art der Darstellung die Einfügung einer oder zweier zusätzlichen Spalte(n) an, um – wie in IAS 32.34 gefordert – den Betrag der eigenen Anteile separat darzustellen. Zusätzliche Spalten für die Komponenten des *other comprehensive income* sind dann einzufügen, wenn das Unternehmen die Neubewertungsmethode im Anlagevermögen oder die dritte Option zur Behandlung versicherungsmathematischer Gewinne und Verluste anwendet.

	Auf die Gesellschafter des Mutterunternehmen entfallendes Eigenkapital								
	Gezeichnetes Kapital	**Kapitalrücklage**	**Unverteilte Gewinne**	**Umrechnungsdifferenz**	**AfS-Wertpapiere**	**Cashflow-Hedges**	**Zwischensumme**	**Minderheiten**	**Summe**
Bilanz zum 1.1.01	2.000	14.560	135.230	–780	590	22	151.622	1.140	152.762
Änderung der Rechnungslegung			–135				–135	–11	–146
Korrigierte Bilanz zum 1.1.01	2.000	14.560	135.095	–780	590	22	151.487	1.129	152.616
EK-Veränderungen in 01									
Kapitalerhöhung	500	2.700					3.200		3.200
Gezahlte Dividenden			–3.000				–3.000	–460	–3.460
Insgesamt erfasstes Einkommen des Jahres			14.292	–495	1.117	–56	14.858	810	15.668
Bilanz zum 31.12.01	2.500	17.260	146.387	–1.275	1.707	–34	166.545	1.479	168.024

Abbildung 9: Eigenkapitalveränderungsrechnung

VI. Segmentberichterstattung

Gliederung:

1. Vorbemerkung

Am 30. November 2006 hat das IASB mit IFRS 8 einen neuen Standard für die Segmentberichterstattung veröffentlicht. Mit dem neuen Standard wird der bisherige überwiegend an der Chancen- und Risikenverteilung im Unternehmen orientierte Segmentierungsansatz (*risks and rewards approach*) gemäß IAS 14 durch den in SFAS 131 verwirklichten Managementansatz (*management approach*) abgelöst. Grundlage der Segmentberichterstattung bildet danach künftig die interne Organisations- und Berichtsstruktur des Unternehmens. Mit dieser Neuausrichtung der Segmentberichterstattung vollzieht der Standardsetter einen weiteren Schritt hin zur Konvergenz zwischen IFRS und US-GAAP. Der Standard ist mit der Verordnung (EG) Nr. 1358 vom 21. November 2007 in europäisches Recht übernommen worden.

E. VI

IFRS 8 ist erstmals für Geschäftsjahre anzuwenden, die nach dem 31. Dezember 2008 beginnen. Eine frühere freiwillige Anwendung ist zulässig, allerdings ist auf diesen Umstand hinzuweisen. **IFRS 8.35**

Die Umstellung auf IFRS 8 löst eine Anpassungspflicht für die darzustellenden Vergleichsinformationen aus. Auf eine Anpassung der Vorjahreswerte darf nur insoweit verzichtet werden, als die erforderlichen Informationen nicht verfügbar sind und nur mit unverhältnismäßig hohem Aufwand beschafft werden können. **IFRS 8.36**

2. Allgemeine Grundsätze der Berichterstattung

2.1 Anwendungsbereich

IAS 8.2–.4 Der Pflicht zur (Konzern-)Segmentberichterstattung unterliegen Unternehmen, deren Wertpapiere (Eigenkapital- oder Gläubigertitel) gehandelt werden oder die einen solchen Handel vorbereiten. Diese Vorbereitung beginnt mit der Erstellung eines Börsenprospekts und der Entscheidung des Managements, einen Antrag auf Zulassung von Wertpapieren zum Börsenhandel zu stellen. Die betreffenden Wertpapiere müssen vom berichtenden Unternehmen selbst herausgegeben werden; von Tochterunternehmen ausgegebene Wertpapiere lösen keine Segmentberichterstattungspflicht des Mutterunternehmens aus.

IFRS 8.3 Unternehmen, die nicht zur Segmentberichterstattung verpflichtet sind, steht es frei, ihren Abschluss um eine freiwillige Segmentberichterstattung zu ergänzen. Um diese Bezeichnung zu tragen, muss das Unternehmen alle Anforderungen des IFRS 8 erfüllen.

2.2 Berichterstattungsebene

IFRS 8.4 Enthält die Veröffentlichung sowohl den Konzern- als auch den Einzelabschluss, werden die Segmentinformationen **nur auf Basis des konsolidierten Abschlusses** dargestellt.

Alternative:

IFRS 8.4 Enthält die Veröffentlichung sowohl den Konzern- als auch den Einzelabschluss, werden die Segmentinformationen **sowohl auf Basis des konsolidierten Abschlusses als auch des Einzelabschlusses** dargestellt.

3. Bestimmung der berichtspflichtigen Segmente

3.1 Überblick

Mit IFRS 8 hat das IASB die bisher am Chancen- und Risikoprofil orientierte Definition eines Geschäftssegments zugunsten einer auf dem *management approach* basierenden Defintion aufgegeben. Zur Identifizierung eines berichtspflichtigen Segments bedarf es einer zweistufigen Prüfung (vgl. Abbildung 10). In einem ersten Schritt sind die operativen Segmente des Unternehmens zu identifizieren. Grundlage hierfür bildet das interne Berichts- und Steuerungssystem. Die operativen Segmente sind in einem zweiten Schritt daraufhin zu überprüfen, ob über sie isoliert oder nach einer Zusammenfassung mit anderen operativen Segmenten zu berichten ist. Diese Entscheidung ist nach dem in IFRS 8.1 formulierten Grundprinzip zu treffen, das durch qualitative und quantitative Beurteilungskriterien konkretisiert wird.

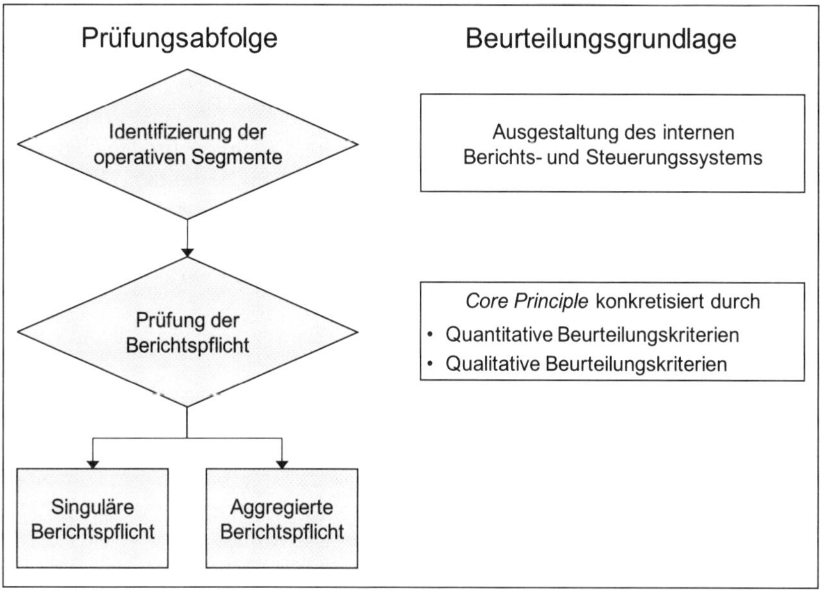

Abbildung 10: Identifizierung der berichtspflichtigen Segmente

3.2 Identifizierung operativer Segmente

Ein operatives Segment eines Unternehmens wird als eine Komponente definiert, **IFRS 8.5**

- deren Aktivitäten tatsächlich oder potenziell zu Aufwendungen und Erträgen führen,
- deren operatives Ergebnis regelmäßig von der Unternehmensleitung überwacht und zur Beurteilung des Erfolgs sowie zur Ressourcenallokation herangezogen wird und
- für die gesonderte rechnungslegungsbezogene Daten verfügbar sind.

Aufgrund der im ersten Merkmal lediglich geforderten potenziellen Erzielung von Aufwendungen und Erträgen kommen als operative Segmente auch im Aufbau befindliche Teileinheiten in Betracht. Unverzichtbar ist allerdings die nicht nur beiläufige Ertragserzielungs**absicht**. Die nicht operativ tätige Hauptverwaltung scheidet damit als operatives Segment ebenso aus wie Forschungseinrichtungen.

E.VI

Nach dem zweiten Merkmal können nur solche Einheiten des Unternehmens operative Segmente sein, die durch die Unternehmensleitung (*chief operating decision maker*) überwacht und gesteuert werden. Diese Anforderung ist ausschließlich in funktionaler Hinsicht zu interpretieren. Das heißt, entscheidend ist allein, dass die betrachtete Einheit in die Performancemessung und Ressourcenallokation einbezogen ist. Wer diese Funktionen wahrnimmt (Mitglied der Unternehmensleitung, Segmentmanager oder eine Gruppe von Entscheidungsträgern), ist irrelevant. In Abhängigkeit davon, wie das Reporting und das Management der Unternehmenseinheiten organisiert ist, können beispielsweise produktorientierte Segmente oder regionale Segmente zu identifizieren sein. Anders als IAS 14 enthält IFRS 8 allerdings keine Beschränkung auf sektorale und regionale Segmente.

Berichtet eine Einheit an unterschiedliche Entscheidungsträger und sind die Verantwortlichkeiten unter diesen aufgeteilt, wie das beispielsweise in einer Matrixorganisation der Fall ist, muss das Unternehmen weitere Kriterien festlegen, um die operativen Segmente im Sinne von IFRS 8.5 zu bestimmen. Dabei soll es sich vom Grundprinzip der Segmentberichterstattung leiten lassen, nämlich die Abschlussadressaten in die Lage zu versetzen, die Art und die finanziellen Auswirkungen der Unternehmensaktivitäten und das wirtschaftliche Umfeld des Unternehmens zu beurteilen.

3.3 Identifizierung berichtspflichtiger Segmente

IFRS 8.11–.13 Die gemäß IFRS 8.5-.10 abgegrenzten operativen Segmente bilden die Gruppe, aus denen die offen zu legenden Segmente (*reportable segments*) zu ermitteln sind. Ausgelöst wird eine Berichtspflicht über operative Segmente – wie nach IAS 14 – primär durch segmentbezogene Wesentlichkeitsschwellen. Eine Berichtspflicht besteht demnach, wenn bereits eines der folgenden Kriterien vorliegt:

- die Erlöse eines Segments aus Verkäufen an externe Kunden und intersegmentären Transaktionen machen mindestens 10% der Umsätze aller Segmente aus;
- das Segmentergebnis beträgt mindestens 10% des höheren Betrags aus summierten positiven bzw. negativen Segmentergebnissen;
- das Segmentvermögen repräsentiert mindestens 10% des gesamten Segmentvermögens.

Anders als nach IAS 14 ist es nach IFRS 8 nicht mehr erforderlich, dass ein Segment den überwiegenden Teil seiner Erträge aus Geschäften mit fremden Dritten erzielt.

Vor einer Prüfung der Berichtspflicht anhand der erwähnten Schwellenwerte steht es dem Unternehmen frei, identifizierte operative Segmente zusammenzufassen. Dazu müssen diese vergleichbare wirtschaftliche Merkmale aufweisen und bezüglich aller Homogenitätskriterien gemäß IFRS 8.12 übereinstimmen. Vergleichbare wirtschaftliche Merkmale sind für zwei Segmente beispielsweise dann anzunehmen, wenn sie eine vergleichbare Entwicklung in der Zukunft erwarten lassen oder im längerfristigen Durchschnitt ähnliche Gewinnmargen aufweisen. Die zu erfüllenden Homogenitätskriterien betreffen folgende Punkte:

IFRS 8.12
- die Art der Produkte und Dienstleistungen,
- die Art der Produktions- und Dienstleistungsprozesse,
- die Kundengruppen,
- die Vertriebsmethoden und
- die Art des gewöhnlichen Regelungsumfelds (soweit anwendbar, z.B. bei Banken, Versicherungen oder öffentlicher Versorgungsbetriebe).

Die nach den Wesentlichkeitskriterien identifizierten Berichtssegmente müssen mindestens 75% der gesamten externen Umsatzerlöse abdecken. Ist das nicht der Fall, hat das Unternehmen weitere berichtspflichtige Segmente zu identifizieren.

Segmente, über die in der Vorperiode berichtet wurde, die allerdings im laufenden Geschäftsjahr keinen der in IFRS 8.13 genannten Schwellenwerte mehr überschreiten, sind weiter zu berichten, wenn ihnen eine fortwährende Bedeutung zukommt. Das kann der Fall sein, wenn die Unwesentlichkeit auf nicht wiederkehrenden Sondereinflüssen beruht oder der Unternehmenseinheit aus anderen Gründen eine strategische Bedeutung zukommt. **IFRS 8.17**

Operative Segmente dürfen auch dann berichtet werden, wenn sie keines der genannten Größenmerkmale erfüllen, aber den Informationen ein besonderer Nutzen für die Adressaten zukommt.

IFRS 8.12 schließt eine weiteregehende Berichterstattung über Segmente, die nach den Kriterien des IFRS 8.12 als unwesentlich gelten, nicht aus. Zu diesem Zweck dürfen die isoliert nicht berichtspflichtigen operativen Segmente zusammengefasst werden, wenn sie die Mehrzahl der in IFRS 8.12 genannten Homogenitätskriterien erfüllen. Allerdings wird empfohlen, die Anzahl der zu berichtenden Segmente auf maximal zehn zu beschränken, um einen zu hohen Detaillierungsgrad der Segmentinformationen zu vermeiden. **IFRS 8.12, .14, 19**

Die finanziellen Informationen zu Geschäftsaktivitäten und operativen Segmenten, die keine Berichtssegmente darstellen, sind zusammengefasst unter der Rubrik ‚alle übrigen Segmente' getrennt von der Überleitung zu den Zahlen des Jahres- bzw. Konzernabschlusses zu berichten. Für das Auffangsegment ist zusätzlich anzugeben, woraus die Umsatzerlöse resultieren. **IFRS 8.16**

Beispiel 1:

Ein Unternehmen hat seine Unternehmen in vier Produktgruppen zusammengefasst. Die Produktgruppen 1 und 2 werden ausschließlich in Europa, die Produktgruppen 3 und 4 ausschließlich in Asien angeboten. Das Management steuert die einzelnen Teilbereiche über die regelmäßig erhobenen EBIT-Beiträge. Für Europa lässt es die EBIT-Beiträge der beiden Produktgruppen für Zwecke der Ressourcenverteilung gesondert erheben. Über die Fortsetzung der Geschäftstätigkeit in Asien entscheidet das Management anhand der kumulierten EBIT-Beiträge der Produktgruppen 3 und 4.

Beurteilung:

Das Unternehmen verfügt über operative Segmente, von denen zwei sektoral abgegrenzt sind (Produktgruppe 1 und Produktgruppe 2) und ein Segment eine regionale Ausprägung (Asien) aufweist. Die darin enthaltenen Produktgruppen 3 und 4 stellen in sich keine operativen Segmente dar. Ob über die einzelnen Segmente zu berichten ist, richtet sich primär danach, ob diese ein Größenmerkmal gemäß IFRS 8.13 und insgesamt die 75%-Schwelle im Hinblick auf die Umsätze mit Dritten erfüllen.

Beispiel 2:

Die Z AG ist ein Produzent von mobilen Navigationsgeräten. Sie stellt ein Basismodell und ein Komfortmodell her. Letzteres unterscheidet sich von dem Basismodell lediglich durch bestimmte Zusatzfunktionen. Die Ressourcenallokation richtet der Vorstand primär an den Umsätzen und Margen aus

E. VI

dem Verkauf der Navigationsgeräte aus, wobei er nicht zwischen den beiden Modellen differenziert. Allerdings unterscheidet er mit den Privatkunden und den OEM-Kunden zwei Abnehmergruppen.

Beurteilung:

Die Z AG ist ein Einproduktunternehmen. Eine sektorale Segmentierung scheidet damit aus. Auch eine regionale Segmentierung ist nicht implementiert. Da der Vorstand die Geschäftsaktivitäten getrennt für zwei Kundengruppen überwacht, liegen dennoch zwei operative Segmente vor.

4. Segmentinformationen

4.1 Überblick

Nach dem in IFRS 8.20 enthaltenen Grundprinzip sollen die berichteten Informationen die Abschlussadressaten in die Lage versetzen, die Art der geschäftlichen Aktivitäten eines Unternehmens, deren finanzielle Auswirkungen sowie die für das Unternehmen relevanten wirtschaftlichen Rahmenbedingungen zu beurteilen. Damit die Segmentberichterstattung dies leisten kann, ist ihre Grundlage zu erläutern. Dazu ist der *management approach* zu konkretisieren. IFRS 8.22(a) verlangt dementsprechend Angaben, nach welchen Kriterien die Berichtssegmente identifiziert und ob unterschiedliche Segmente zu größeren Einheiten zusammengefasst worden sind. Diese schließen Informationen zur Organisation des Unternehmens, mithin zur Struktur der Berichtssysteme und zur Art der Steuerung (z.B. nach Produkten, Dienstleistungen, regionalen Gesichtspunkten, regulatorischen Bedingungen oder anderen Faktoren) ein. Ferner hat das Unternehmen darzulegen, mit welcher Art von Produkten oder Leistungen die einzelnen Berichtssegmente Umsätze erwirtschaften.

Über diese allgemeinen Informationen hinaus fordert IFRS 8.23 ff. in Abhängigkeit von der Ausgestaltung des internen Berichts- und Steuerungssystems mehr oder weniger detaillierte finanzielle Angaben zu den einzelnen Segmenten. Im Einzelnen sind Informationen über Segmentergebnisse und über das Vermögen der Segmente offen zu legen. Über Segmentschulden ist nur zu berichten, wenn diese Information vom zentralen Entscheidungsträger regelmäßig erhoben wird. Damit die Abschlussleser die nach den unternehmensinternen Vorgaben ermittelten Daten richtig einordnen können, sind schließlich die Ermittlungsgrundlagen zu erläutern.

4.2 Angaben zu Berichtssegmenten

IFRS 8.23 f., .28 Abbildung 11 gibt einen Überblick über jene Informationen, die zum Segmentergebnis, zum Segmentvermögen und zu den Segmentschulden zu berichten sind. Die aufgeführten Aufwendungen und Erträge sind nur dann angabepflichtig, wenn sie in die Ermittlung des der Steuerung und Ressourcenallokation dienen-

Segmentdaten	IFRS 8	IAS 7
Segmentergebnis	X	
Segmenterträge bzw. Umsatzerlöse mit Dritten	X[1]	
Intersegmentäre Erträge bzw. Umsatzerlöse	X[1]	
Zinserträge	X[1]	
Zinsaufwendungen (i.d.R. getrennt von Zinserträgen)	X[1]	
Segmentabschreibungen und -wertminderungen	X[1]	
Wesentliche Aufwendungen und Erträge gem. IAS 1.86	X[1]	
Ergebnisbeiträge von at equity bewerteten Beteiligungen	X[1]	
Ertragsteuern	X[1]	
Wesentliche zahlungsunwirksame Posten (außer Abschreibungen)	X[1]	
Segmentvermögen	X	
Buchwerte von at equity bewerteten Anteilen	X[2]	
Segmentinvestitionen in langfristige Vermögenswerte	X[2]	
Segmentschulden	X[1]	
Segment-Cashflow im Aktivitätsformat		X[3]
Überleitungsrechnungen	X	

[1] Soweit Bestandteil des Segmentergebnisses oder anderweitig regelmäßig gesondert intern berichtet
[2] Soweit Bestandteil des Segmentvermögens oder anderweitig regelmäßig gesondert intern berichtet
[3] Empfehlung

Abbildung 11: Segmentdaten

den Segmentergebnisses einfließen oder anderweitig regelmäßig für den zentralen Entscheidungsträger erhoben werden.

Während nach IAS 14 die Bilanzierungs- und Bewertungsmethoden des Jahres- bzw. Konzernabschlusses die Grundlage für die Segmentdaten bilden, kommt nach IFRS 8 ein *full management approach* zur Anwendung. Das heißt, nicht nur die Segmentabgrenzung richtet sich nach dem internen Berichts- und Steuerungssystem, sondern im Wesentlichen auch der Umfang und die Art der vermittelnden Segmentinformationen. **IFRS 8.25 f.**

Nach IFRS 8.25 muss die Ermittlung der offen zu legenden Segmentdaten im Einklang mit der Berichterstattung an den Hauptentscheidungsträger für Zwecke der Ressourcenallokation stehen. Die finanziellen Informationen sind dementsprechend nach den im internen Berichtswesen angewendeten Methoden zu erheben. Anpassungen und Eliminierungen bei der Ableitung der Segmentergebnisse und des Segmentvermögens sind nur zulässig, soweit diese auch für Steuerungszwecke vorgenommen werden. Kommen für Steuerungszwecke unterschiedliche Bilanzierungs- und Bewertungsmethoden zur Anwendung, sind zur Erhebung der Segmentdaten jene Ermittlungsgrundsätze zu verwenden, die den im Abschluss verwendeten Methoden am nächsten kommen.

4.3 Ergänzende Erläuterungen und Überleitungsrechnungen

Um die Nachvollziehbarkeit der dargestellten Informationen zu gewährleisten, sind die Bewertungsgrundlagen für die Ermittlung des Segmentergebnisses sowie für die Vermögenswerte und Schulden eines jeden Segments zu erläutern. Als Mindestanforderung sind folgende Informationen zu geben:

- Behandlung von Transaktionen zwischen berichtspflichtigen Segmenten; **IFRS 8.27**
- die Unterschiede zwischen den intern verwendeten Rechnungslegungsmethoden und jenen Methoden, die im Abschluss Anwendung finden,

- Informationen zur Ermittlung des Segmentergebnisses vor Steuern und des Ergebnisses aus aufgegebenen Geschäftsbereichen (z.B. Angaben zur Verteilung den Segmenten nicht direkt zurechenbarer Aufwendungen);
- Informationen zur Ermittlung der Vermögenswerte der berichtspflichtigen Segmente (z.B. Angaben zur Zurechnung von Vermögenswerten, die von mehreren Segmenten gemeinsam genutzt werden);
- Informationen zur Ermittlung der Schulden der berichtspflichtigen Segmente (z.B. Angaben zur Zurechnung von Verbindlichkeiten, die von mehreren Segmenten gemeinsam aufgenommen wurden);
- die Auswirkungen von Änderungen der Rechnungslegungsmethoden auf das Segmentergebnis;
- die Auswirkungen asymmetrischer Zurechnungen von Unternehmensdaten auf berichtspflichtige Segmente (z.B. die Zurechnung von Wertminderungsaufwand zu einem Segment, ohne dass diesem der aufwandsverursachende Vermögenswert zugeordnet wurde).

Die ersten drei Angaben können unterbleiben, wenn sich diese aus einer gesonderten Überleitungsrechung ergeben.

Ergänzend zu diesen verbalen Informationen fordert IFRS 8.28 folgende Überleitungsrechnungen für die folgenden Segmentdaten auf die Daten des Jahres- bzw. Konzernabschlusss:

- Gesamterlöse aller Segmente;
- Gesamtergebnis aller Segmente vor Steuern oder – soweit eine Zurechnung von Steueraufwendungen erfolgt – nach Steuern;
- Gesamtvermögen aller Segmente;
- gesamte Schulden aller Segmente;
- Gesamtbetrag eines jeden anderen wesentlichen Postens, der gesondert berichtet wird.

4.4 Segmentübergreifende Informationen

IFRS 8.20–.22 Ergänzend zu diesen Segmentdaten sind nach IFRS 8.31 bestimmte segmentübergreifende Angaben für das Unternehmen insgesamt zu machen. Es handelt sich um Informationen zu den Produkten und Dienstleistungen, zu den räumlichen Aktivitäten und zu den wesentlichen Kunden des Unternehmens. Die zusätzlichen Informationspflichten tragen der Tatsache Rechnung, dass sich die Segmentierung nach dem *management approach* nicht notwendigerweise an sektoralen oder regionalen Kriterien orientiert. Sie sind allerdings nur zu machen, soweit diese nicht als Teil der Segmentinformationen berichtet werden. Informationen über Produkte und Dienstleistungen sowie über die regionale Verteilung von Umsätzen und Vermögen sind zudem verzichtbar, wenn diese nicht verfügbar sind oder ihre Aufbereitung mit einem unverhältnismäßigen Aufwand verbunden wäre. Auf die Inanspruchnahme dieser Ausnahmeregelung ist im Anhang hinzuweisen. Für ihre Ermittlung ist im Übrigen auf die im Abschluss angewandten Bilanzierungs- und Bewertungsvorschriften zurückzugreifen.

Die nachfolgende Abbildung fasst die segmentübergreifenden Angabepflichten überblicksartig zusammen.

Unternehmensbezogene Daten	IFRS 8
Umsatzerlöse mit Dritten nach Produkten / Dienstleistungen bzw. Gruppen ähnlicher Produkte / Dienstleistungen	X
Aufteilung der Umsatzerlöse mit Dritten nach dem Land des Unternehmenssitzes und allen anderen Ländern in Summe	X
Wesentliche Umsatzerlöse mit Dritten in einzelnen Ländern	X
Langfristige Vermögenswerte (mit bestimmten Ausnahmen) nach dem Land des Unternehmenssitzes und allen anderen Ländern in Summe	X
Wesentliche langfristige Vermögenswerte in einzelnen Ländern	X
Angabe wesentlicher Kunden (Umsatz ≥ 10% der Umsatzerlöse mit Dritten)	X

Abbildung 12: Segmentübergreifende Angabepflichten

4.5 Änderung der Berichtsstruktur

Ändert das Unternehmen sein internes Berichts- und Steuerungssystem, können sich Auswirkungen auf die Zusammensetzung und Abgrenzung der berichteten Segmente ergeben. Für diesen Fall sieht der Standard eine Anpassung der für frühere Perioden (einschließlich der Berichtsperioden in unterjährigen Abschlüssen) berichteten Informationen an die neue Berichtsstruktur vor. Das gilt nicht, soweit die betreffenden Informationen nicht verfügbar sind oder nur mit unverhältnismäßigem Aufwand beschafft werden können. Diese Beurteilung ist für jeden Einzelposten gesondert vorzunehmen. **IFRS 8.29 f.**

Macht ein Unternehmen das Vorliegen dieses Ausnahmefalls geltend, hat es für die laufende Berichtsperiode eine Segmentberichterstattung sowohl auf Basis der alten Struktur als auch nach der neuen Segmentierung vorzunehmen. Auch diese Verpflichtung steht unter dem Vorbehalt der Verfügbarkeit der Informationen bzw. eines vertretbaren Aufwands.

VII. Ergebnis je Aktie

Gliederung:

1. Überblick und Abgrenzung

IAS 33.2 Alle Unternehmen, deren Aktien öffentlich gehandelt werden oder die den Handel an einer Wertpapierbörse beantragt haben, sind verpflichtet, den Gewinn pro Aktie (*basic earnings per share*) anzugeben. Hat das Unternehmen Finanzinstrumente ausgegeben, die potenziell zur Ausgabe von neuen Stammaktien führen können (z.B. Aktienoptionen, Wandelschuldverschreibungen oder wandelbare Vorzugsaktien), so hat es zusätzlich das verwässerte Ergebnis je Aktie (*diluted earnings per share*) anzugeben.

IAS 33.5
IAS 33.10 Für das Ergebnis je Aktie sind **nur Stammaktien** (*ordinary shares*) zu berücksichtigen. Unter den Begriff *„ordinary shares"* fallen die Eigenkapitalinstrumente, die allen anderen Arten von Eigenkapitalinstrumenten nachrangig sind.

IDW RS HFA 2
Tz. 26 **Vorzugsaktien** nach den §§12, 139 AktG sind **regelmäßig keine *ordinary shares*,** da sie i.d.R. mit einer Vorzugsdividende ausgestattet sind, die vorrangig vor den

Dividendenansprüchen von Stammaktionären zu bedienen ist. Ist dagegen die Vorzugsdividende an die Dividende der Stammaktien in der Form gekoppelt, dass die Vorzugsaktien einen Dividendenzuschlag (Mehrdividende) erhalten, ohne einen vorrangigen Anspruch zu erlangen, so sind die Vorzugsaktien als *ordinary shares* einzustufen. Sie bilden dann eine separate Klasse innerhalb der Stammaktien.

Gibt es mehrere Klassen von Stammaktien, so ist das Ergebnis je Aktie für jede Klasse getrennt zu ermitteln. Stammaktien einer Klasse haben immer identische Dividendenbezugsrechte. **IAS 33.66**

2. Unverwässertes Ergebnis je Aktie

2.1 Definition

Das unverwässerte Ergebnis je Aktie ist zu ermitteln als: **IAS 33.10**

$$\frac{\text{Periodenergebnis, dass den Stammaktionären zusteht}}{\text{gewichtete durchschnittliche Anzahl der im Umlauf befindlichen Stammaktien}}$$

2.2 Periodenergebnis (Zähler)

Für die Berechnung des Ergebnisses pro Aktie ist der in der Gewinn- und Verlustrechnung ausgewiesene **Jahresüberschuss bzw. -fehlbetrag** nach Berücksichtigung von Gewinn- oder Verlustanteilen von Minderheitsgesellschaftern zugrunde zu legen. Bereinigungen um außerordentliche Posten, Steuern, Zinsen o.ä. ist nicht zulässig. **IAS 33.13**

Enthält das Jahresergebnis gesondert auszuweisende Erfolgsbeiträge aus **aufgegebenen Geschäftsbereichen** (→ C.IV.4.), so ist das Ergebnis je Aktie jeweils auf Basis des Ergebnisses aus fortgeführten Geschäftsbereichen und des Gesamtergebnisses zu ermitteln und anzugeben. **IAS 33.13**

Dividendenzahlungen auf Stammaktien haben keinen Einfluss auf die Ermittlung des Ergebnisses pro Aktie.

Dividenden auf Vorzugsaktien sind **vom Jahresergebnis abzusetzen**. Dadurch kann u.U. ein negatives Jahresergebnis entstehen oder sich erhöhen.

Hinsichtlich des Zeitpunkts der Berücksichtigung von Vorzugsdividenden ist wie folgt zu unterscheiden:

- Ist für die Dividendenzahlungen ein **Beschluss der Gesellschafter notwendig**, dann ist der Abzug vom Jahresergebnis **in der Periode der Beschlussfassung** vorzunehmen. Auszahlungen aufgrund des Beschlusses in späteren Perioden bleiben unberücksichtigt.
- Entsteht der Dividendenanspruch (z.B. aufgrund der Regelungen in der Satzung) **unabhängig von einer Beschlussfassung**, z.B. bei kumulierenden Vorzugsdividenden, dann ist der Anspruch **periodengleich** vom Jahresergebnis abzuziehen. Spätere Beschlüsse oder Zahlungen bleiben unberücksichtigt. Besteht

auch in Verlustjahren ein Anspruch auf eine (gewinnunabhängige) Dividende, dann ist der Jahresfehlbetrag lt. GuV um diesen Betrag zu erhöhen.

Beispiel:

Das Unternehmen hat 10.000.000 Stück Stammaktien mit einem Nennwert von EUR 1,00 ausgegeben. Darüber hinaus wurden 1.000.000 Stück Vorzugsaktien im Nennwert von EUR 1,00 ausgegeben. Die Vorzugsaktien haben einen Dividendenanspruch von 5 % des Nennwertes p.a., der auch in Verlustjahren anfällt. Die Auszahlung erfolgt erst, wenn ausschüttungsfähige Gewinne erwirtschaftet wurden.

Das Unternehmen erwirtschaftet folgende Jahresergebnisse:

01:	TEUR – 30
02:	TEUR 300
03:	TEUR 400

In 03 wird in der Hauptversammlung beschlossen, den kumulierten Dividendenanspruch der Vorzugsaktien für 01 und 02 in Höhe von TEUR 100 (1.000.000 Stück x EUR 1,00 Nennwert x 5 % p.a. x 2 Jahre) auszuzahlen. Darüber hinaus wird eine Sonderausschüttung an die Vorzugsaktionäre in Höhe von TEUR 50 beschlossen. Der verbleibende Bilanzgewinn in Höhe von TEUR 120 (kumuliertes Ergebnis 01 und 02 TEUR 270 ./. Vorzugsdividenden TEUR 150) wird an die Stammaktionäre ausgeschüttet. Die Auszahlungen erfolgen in 03.

Lösung:

Das Jahresergebnis für die Berechnung des Ergebnisses je Aktie ergibt sich für die einzelnen Jahre wie folgt:

01:

	Jahresfehlbetrag	TEUR –30
./.	kumulierende Vorzugsdividende	TEUR –50
=	Zähler für EPS	TEUR –80

02:

	Jahresüberschuss	TEUR 300
./.	kumulierende Vorzugsdividende	TEUR 50
=	Zähler für EPS	TEUR 250

03:

	Jahresüberschuss	TEUR 400
./.	Sonderausschüttung auf Vorzugsaktien	TEUR 50
./.	kumulierende Vorzugsdividende	TEUR 50
=	Zähler für EPS	TEUR 300

2.3 Gewichteter Durchschnitt der ausstehenden Aktien (Nenner)

Maßgeblich für die Berechnung des Ergebnisses je Aktie ist das gewogene Mittel der im Handel befindlichen Stammaktien (*free float*) im Lauf des Geschäftsjahres. Selbstgehaltene **eigene Anteile** sind bei der Berechnung nicht einzubeziehen. IAS 33.19

Hierbei sind alle in der Periode erfolgten **Veränderungen** der Anzahl der ausstehenden Aktien, z.B. infolge von Emission, Aktienrück- und Aktienverkauf, zu berücksichtigen. Die Berechnung erfolgt gemäß folgendem Beispiel:

Datum 01:		Veränderung der Aktienzahl	umlaufende Aktien	Tage	gew. Durchschnitt
01.01.:		–	2.000.000	151/365	827.397
01.06.:	Emission	150.000	2.150.000	122/365	718.630
30.09.:	Aktienrückkauf	– 230.000	1.920.000	31/365	163.068
31.10.:	Aktienverkauf	120.000	2.040.000	61/365	340.932
			2.040.000		2.050.027

Beispiel zur Ermittlung des gewogenen Mittels ausstehender Stammaktien

Neu ausgegebene Aktien sind in der Berechnung zu berücksichtigen, sobald die Gegenleistung fällig ist. Dieser **Zeitpunkt** ist abhängig von der zugrunde liegenden Transaktion. Folgende Fälle kommen in Betracht: IAS 33.21ff.

- Aktien aus einer **Barkapitalerhöhung** sind ab Fälligkeit der Zahlung zu berücksichtigen.
- Aktien, die gegen die freiwillige Wiederanlage von Dividenden ausgegeben werden (**Schütt-aus-hol-zurück**), sind ab Wiederanlage der Dividenden zu berücksichtigen.
- Aktien, die für die **Umwandlung von Fremdkapital in Eigenkapital** ausgegeben werden, sind ab dem Wegfall der Verzinsung des Fremdkapitals zu berücksichtigen.
- Aktien, die **zur Begleichung von Zinsen oder Nominalbeträgen von Finanzinstrumenten** ausgegeben werden, sind ab dem Wegfall der Verzinsung des Finanzinstruments zu berücksichtigen.
- Aktien, die zur **Begleichung einer Schuld** ausgegeben werden, sind ab dem Zeitpunkt der Begleichung der Schuld zu berücksichtigen.
- Aktien, die für den **Erwerb eines Vermögenswertes** ausgegeben werden, sind ab den Zeitpunkt der bilanziellen Erfassung des Vermögenswertes zu berücksichtigen.
- Aktien, die für den **Erwerb von Unternehmen** ausgegeben werden, sind ab dem Zeitpunkt der Erstkonsolidierung dieses Unternehmens zu berücksichtigen.
- Aktien, die für die **Erbringung von Dienstleistungen** ausgegeben werden, sind ab dem Zeitpunkt der Ausführung der Dienstleistung zu berücksichtigen.
- Aktien, die bei Erfüllung bestimmter **Bedingungen** auszugeben werden, sind ab dem Zeitpunkt der Erfüllung dieser Bedingungen zu berücksichtigen. Hierunter fallen z.B. Aktien, die im Rahmen eines Unternehmenskaufs bei Nichterreichung bestimmter Ergebnisziele zusätzlich ausgegeben werden.

- Aktien, die durch die zwingende Wandelung von Anleihen in Stammaktien (**Zwangswandelanleihen**) zu einem zukünftigen Zeitpunkt ausgegeben werden, sind ab Ausgabe der Anleihe zu berücksichtigen.

In jedem Fall ist für die einzelnen Transaktionen zu prüfen, ob sich aus dem wirtschaftlichen Gehalt der Transaktion ein abweichender Zeitpunkt ergibt.

IAS 33.25 Aktien, die sich im Umlauf befinden, aber unter bestimmten Bedingungen zurückgegeben werden können (d.h. unter **Vorbehalt des Rückrufes** stehen), gelten als nicht im Umlauf befindlich. Sie sind erst dann in die Berechnung des Ergebnisses je Aktie einzubeziehen, wenn der Vorbehalt des Rückrufes nicht mehr besteht.

IAS 33.26
IAS 33.64 Jede Form der Änderung in der Anzahl der Aktien, die **ohne Gegenleistung** (d.h. ohne eine Änderung der Ressourcen des Unternehmens) stattfindet, ist durch eine rückwirkende Anpassung der Anzahl ausstehender Aktien zu berücksichtigen. Aus Gründen der Vergleichbarkeit sind die **Vorjahreswerte** ebenfalls anzupassen.

In Betracht kommen hierbei insbesondere folgende Fälle:

- Ausgabe von Gratisaktien (Kapitalerhöhung aus Gesellschaftsmitteln)
- Aktiensplits
- Kapitalherabsetzung mit der Zusammenlegung von Aktien

Beispiel:

Datum 01:		**umlaufende Aktien**	**rückwirkende Anpassung aus Aktiensplit**	**Tage**	**gew. Durchschnitt**
01.01.:		2.000.000	8.000.000	151/365	3.309.589
01.06.:	Emission 150.000 Aktien	2.150.000	8.600.000	153/365	3.604.932
30.09.:	Aktiensplit 1:4	8.600.000	8.600.000	–	–
31.10.:	Emission 300.000 Aktien	8.900.000	8.900.000	61/365	1.487.397
		8.900.000			8.401.918

IAS 33.64 Eine rückwirkende Anpassung ist auch vorzunehmen, wenn die Änderung der Aktienzahl nach **Ende der Berichtsperiode**, jedoch **vor Veröffentlichung** des Abschlusses erfolgt.

IAS 33.A2 Im Fall der **Ausgabe von Bezugsrechten** ergibt sich eine Sondersituation, wenn die Bezugsrechte einen Ausgabekurs unterhalb des Marktwertes enthalten. In diesem Fall liegt eine Mischung aus einer Barkapitalerhöhung und einer Aktienausgabe ohne Gegenleistung vor.

In diesem Fall ist die Anzahl der Aktien rückwirkend um folgenden Faktor zu korrigieren:

$$\frac{\text{Marktwert pro Aktie vor Ausübung der Bezugsrechte}}{\text{Marktwert pro Aktie nach Ausübung der Bezugsrechte}}$$

Werden die Bezugsrechte nicht separat gehandelt, ist ein theoretischer Marktwert pro Aktie nach Ausübung der Bezugsrechte wie folgt zu ermitteln:

$$\frac{\text{Marktwert aller Aktien im Umlauf vor Ausübung + empfangener Betrag aus Ausübung}}{\text{Aktienzahl vor Ausübung + ausgegebene Aktien aus Ausübung}}$$

Beispiel:

Das Unternehmen hat in den Jahren 01 und 02 konstant 800.000 Stück Stammaktien im Umlauf. Die erwirtschafteten Jahresüberschüsse betragen:

01: TEUR 500
02: TEUR 600

Das in 01 ausgewiesene Ergebnis je Aktie betrug dementsprechend EUR 0,63 pro Aktie (TEUR 500/800.000 Aktien).

In 02 gibt das Unternehmen Bezugsrechte im Verhältnis 4:1 heraus. Folglich werden 200.000 neue Aktien ausgegeben. Der Ausübungskurs beträgt EUR 7,00. Die Bezugsrechte waren bis zum 31. August 02 auszuüben. Der Marktwert je Aktie (Börsenkurs) am letzten Tag vor Ausübung der Bezugsrechte betrug EUR 11,00. Die Bezugsrechte wurden nicht separat gehandelt.

Lösung:

Theoretischer Marktwert pro Aktie nach Ausübung der Bezugsrechte:

$$= \frac{\text{Marktwert aller Aktien vor Ausübung + empfangener Betrag aus Ausübung}}{\text{Aktienzahl vor Ausübung + ausgegebene Aktien aus Ausübung}}$$

$$= \frac{(11{,}00 \text{ EUR x } 800.000 \text{ Aktien}) + (7{,}00 \text{ EUR x } 200.000 \text{ Aktien})}{(800.000 \text{ Aktien} + 200.000 \text{ Aktien})}$$

$$= \frac{8.800.000 \text{ EUR} + 1.400.000 \text{ EUR}}{1.000.000 \text{ Aktien}} = \mathbf{10{,}20}$$

Faktor zur Anpassung der Aktienzahl:

$$= \frac{\text{Marktwert pro Aktie vor Ausübung der Bezugsrechte}}{\text{Marktwert pro Aktie nach Ausübung der Bezugsrechte}}$$

$$= \frac{11{,}00 \text{ EUR}}{10{,}20} = \mathbf{1{,}08}$$

Daraus ergegen sich folgende Ergebnisse je Aktie:

01 (korrigiert):

$$\frac{\text{TEUR } 500}{800.000 \text{ Aktien x } 1{,}08} = \mathbf{0{,}58 \text{ EUR/Aktie}}$$

02:

$$\frac{\text{TEUR } 600}{800.000 \text{ Aktien x } 1{,}08 \text{ x } 8/12 + 1.000.000 \text{ Aktie x } 4/12} = \mathbf{0{,}66 \text{ EUR/Aktie}}$$

E.VII

3. Verwässertes Ergebnis je Aktie

3.1 Definition

IAS 33.31 Hat das Unternehmen Finanzinstrumente ausgegeben oder Vereinbarungen geschlossen, die zur Ausgabe neuer Stammaktien führen können (**potenzielle Stammaktien**), so ist das verwässerte Ergebnis je Aktie zu ermitteln und anzugeben. Typische Beispiele für potenzielle Stammaktien sind Wandelschuldverschreibungen und Aktienoptionen, die durch die Ausgabe neuer Stammaktien bedient werden können.

IAS 33.5 Eine **Verwässerung** liegt vor, wenn durch die Schaffung zusätzlicher Stammaktien durch die Ausübung der Finanzinstrumente oder Vereinbarungen eine Reduzierung des Ergebnisses je Aktie eintritt.

Wie bei der Ermittlung des unverwässerten Ergebnisses je Aktie ergibt sich das verwässerte Ergebnis je Aktie durch Division von Periodenergebnis durch Anzahl der Aktien. Für die Ermittlung des verwässerten Ergebnisses je Aktie wird unterstellt, dass alle potenziellen Stammaktien in tatsächliche Stammaktien umgewandelt wurden. Als Folge sind für die Berechnung des verwässerten Ergebnisses je Aktie im Unterschied zum unverwässerten Ergebnis je Aktie Zähler (Periodenergebnis) und Nenner (Anzahl der Aktien) so **anzupassen**, dass die Effekte aus der (hypothetischen) Umwandlung berücksichtigt werden.

3.2 Anpassung des Periodenergebnisses

IAS 33.33 Analog zur Berechnung des unverwässerten Ergebnisses je Aktie bildet das **Periodenergebnis** nach Steuern und Anteilen von Minderheitsgesellschaftern die **Ausgangsgröße** bei der Ermittlung des verwässerten Ergebnisses je Aktie.

Das Periodenergebnis ist um Ergebniseffekte zu **korrigieren**, die sich aus der hypothetischen Umwandlung potenzieller Aktien in Stammaktien ergeben (z.B. wegfallender Zinsaufwand einer Wandelschuldverschreibung); dies schließt auch vom Unternehmen zu tragende Steuereffekte mit ein.

IAS 33.35 Dabei sind auch **indirekte Ergebniseffekte** zu berücksichtigen.

Beispiel:

Das Unternehmen hat in den Vorjahren insgesamt 20.000 Stück Wandelanleihen ausgegeben. Der Nominalwert beträgt EUR 100,00 pro Anleihe. Die Anleihen sind mit 6 % p.a. verzinst.

In 02 erwirtschaftet das Unternehmen einen Jahresüberschuss in Höhe von TEUR 324. Darin enthalten ist der Zinsaufwand für die Wandelanleihen in Höhe von TEUR 120 (20.000 Stück x EUR 100,00 x 6 %). Der Steuersatz des Unternehmens beträgt 30 %.

Lösung:

Das verwässerte Periodenergebnis ergibt sich wie folgt:

Jahresüberschuss lt. GuV		EUR 324.000
Zinsersparnis bei Umwandelung der Wandelanleihen	EUR 120.000	
Steuerbelastung auf Zinsersparnis	EUR –36.000	
Nettoeffekt bei Wandelung		EUR 84.000
verwässertes Jahresergebnis		EUR 408.000

Variante:

Neben den Wandelanleihen besteht auch noch eine typisch stille Beteiligung an dem Unternehmen, aus der 10 % des Vorsteuergewinns an den stillen Gesellschafter abzuführen sind. Im Jahresergebnis lt. GuV sind TEUR 60 als Aufwand aus Gewinnabführung an stille Gesellschafter berücksichtigt.

Lösung:

Aus der stillen Beteiligung ergibt sich ein indirekter Ergebniseffekt. Bei unterstellter Umwandlung der Wandelanleihen ergibt sich neben der Zinsersparnis eine daraus resultierende Mehr-Gewinnabführung an den stillen Gesellschafter.

Das verwässerte Periodenergebnis ergibt sich dann wie folgt:

Jahresüberschuss lt. GuV		EUR 324.000
Zinsersparnis bei Umwandelung der Wandelanleihen	EUR 120.000	
Steuerbelastung auf Zinsersparnis	EUR –36.000	
Direkter Ergebniseffekt aus Wandelung		EUR 84.000
Mehr-Gewinnabführung an stillen Gesellschafter (EUR 120.000 x 10 %)	EUR –12.000	
Steuerentlastung aus Mehr-Gewinnabführung	EUR 3.600	
Indirekter Ergebniseffekt aus stiller Beteiligung		EUR –8.400
verwässertes Jahresergebnis		EUR 399.600

3.3 Ermittlung der Anzahl der Aktien

3.3.1 Grundsätze

Grundlage der Berechnung der gewichteten Anzahl der ausstehenden Aktien ist **IAS 33.36** die Anzahl der Aktien, die bei der Berechnung des unverwässerten Ergebnisses berücksichtigt wurde. Darauf aufbauend sind die Auswirkungen aus der hypothetischen Umwandelung potenzieller Stammaktien in umlaufende Stammaktien auf die Aktienzahl zu berücksichtigen.

Waren die Instrumente, aus denen die potenziellen Stammaktien resultieren, be- **IAS 33.38** reits zu Jahresbeginn ausstehend, dann ist die entsprechende Anzahl von zusätzlichen Aktien für das ganze Jahr zu berücksichtigen. Wurden solche Instrumente unterjährig neu ausgegeben, hat eine zeitanteilig gewichtete Hinzurechnung der zusätzlichen Stammaktien zu erfolgen. Sind im Verlauf des Jahres potenzielle Stammaktien verfallen, dann sind sie zeitanteilig gewichtet bis zum Verfallszeitpunkt zu berücksichtigen. Sind im Verlauf des Jahres potenzielle Stammkaktien tatsächlich in Stammaktien gewandelt worden, dann hat eine zeitanteilig gewichtete Hinzurechnung bis zum Wandelungszeitpunkt zu erfolgen. Ab der Wandelung werden die neuen Stammaktien bereits im unverwässerten Ergebnis je Aktie berücksichtigt.

Nicht zu einer Anpassung der Anzahl der umlaufenden Aktien führt eine Zustimmung der Hauptversammlung zu einer **bedingten oder genehmigten Kapitalerhöhung**, da keine Verpflichtung gegenüber Dritten vorliegt. Selbiges gilt für die **Ermächtigung** zum Erwerb eigener Aktien.

Die Ermittlung der **Anzahl** der zu berücksichtigenden potenziellen Stammaktien ist abhängig von der Art des Instruments, aus der die potenziellen Stammaktien entstehen.

3.3.2 Nicht ausgeübte Optionen

IAS 33.45ff. IAS 33.A4f. Für den Fall, dass potenzielle Aktien in Form von ausstehenden, noch nicht ausgeübten Optionsrechten bestehen, wird die **Ausübung aller Optionen** unterstellt. Ein Verwässerungseffekt tritt dann ein, wenn der Ausübungspreis unter dem Marktwert der Aktien liegt. Als Marktwert kann i.d.R. der Jahresdurchschnitt der Börsen-Schlusskurse der Aktien angesehen werden, sofern keine größern Marktpreisschwankungen zu verzeichnen sind. Im Fall von Mitarbeiteraktienoptionen gehört neben dem festgelegten Bar-Ausübungspreis auch der nach IFRS 2 bestimmte Wert der noch zu erbringenden Arbeitsleistung zum Ausübungspreis. Der Verwässerungseffekt wird durch die Einbeziehung zusätzlicher Aktien berücksichtigt. Die Anzahl bestimmt sich nach der Formel:

$$\frac{\text{Jahresdurchschnittskurs der Aktie} - \text{Ausübungskurs der Optionen}}{\text{Jahresdurchschnittskurs der Aktie}} \times \text{Anzahl der Optionen}$$

Beispiel:

Das Unternehmen hat im Jahr 01 konstant 200.000 Stück Stammaktien ausstehend. Darüber hinaus hat das Unternehmen in den Vorjahren insgesamt 8.000 Optionen auf den Erwerb je einer Aktie ausgegeben. Der Ausübungspreis der Optionen beträgt EUR 9,00. Der durchschnittliche Börsenkurs der Aktie im Jahr 01 betrug EUR 12,00. Der Jahresüberschuss für das Jahr 01 beläuft sich auf TEUR 400.

Lösung:

Das unverwässerte Ergebnis je Aktie beträgt:
TEUR 400/200.000 Stück = 2,00 EUR/Aktie

Da der Ausübungspreis der Optionen unter dem Marktpreis der Aktien liegt, hat die potenzielle Ausübung der Optionen eine verwässernde Wirkung. Dieser

Verwässerungseffekt ist durch die Einbeziehung zusätzlicher Aktien im Nenner zu berücksichtigen.

Die Anzahl der zu berücksichtigenden Aktien beträgt
(EUR 12,00 – EUR 9,00) / EUR 12,00 x 8.000 Stück = 2.000 Stück

Das verwässerte Ergebnis je Aktie beträgt somit:
TEUR 400 / (200.000 Stück + 2.000 Stück) = 1,98 EUR/Aktie

In Vorjahren angegebene Ergebnisse je Aktie werden nicht rückwirkend bereinigt, um **Kursveränderungen** in den ausgegebenen Stammaktien zu berücksichtigen. **IAS 33.47**

Mitarbeiteraktienoptionen sind ab dem Bewilligungsdatum zu berücksichtigen, auch wenn sie noch nicht unverfallbar sind, sofern alle Leistungsbedingungen erfüllt sind. Leistungsabhängige Mitarbeiteroptionen sind – analog bedingter Aktien – zu berücksichtigen, wenn die Bedingungen erfüllt sind. **IAS 33.48**

3.3.3 Wandelbare Instrumente

Für wandelbare Instrumente wie Wandelanleihen und wandelbare Vorzugsaktien ist das **vertraglich festgelegte Umtauschverhältnis** zugrunde zu legen. Die bei Wandelung des Instruments zusätzlich auszugebenden Aktien sind, ggf. zeitanteilig gewichtet – als zusätzliche Aktien zu berücksichtigen. Parallel dazu ist das Periodenergebnis (Zähler) um die Zinsaufwendungen zu korrigieren (vgl. oben). **IAS 33.49ff.**

Zwingend umzuwandelnde Instrumente (z.B. Zwangswandelanleihen) sind bereits im unverwässerten Ergebnis je Aktie zu berücksichtigen. **IAS 33.23**

Beispiel:

Das Unternehmen hat im Jahr 01 konstant 200.000 Stück Stammaktien im Umlauf. Darüber hinaus wurden in den Vorjahren insgesamt 20.000 Stück Wandelanleihen ausgegeben. Bei Wandelung sind drei Stammaktien pro Anleihe auszugeben. Der Nominalwert beträgt EUR 100,00 pro Anleihe. Die Anleihen sind mit 6 % p.a. verzinst.

In 01 erwirtschaftet das Unternehmen einen Jahresüberschuss in Höhe von TEUR 400. Darin enthalten ist der Zinsaufwand für die Wandelanleihen in Höhe von TEUR 120 (20.000 Stück x EUR 100,00 x 6 %). Der Steuersatz des Unternehmens beträgt 30 %.

Lösung:

Das unverwässerte Ergebnis je Aktie beträgt:
TEUR 400 / 200.000 Stück = 2,00 EUR/Aktie

Für die Berechnung des verwässerten Ergebnisses je Aktie ist die Wandelung der Anleihen zu unterstellen. Demzufolge sind 60.000 Stück (20.000 Stück x 3) zusätzliche Aktien im Nenner zu berücksichtigen.

Darüber hinaus ist das Periodenergebnis (Zähler) um die bei Wandlung entfallenden Zinsaufwendungen zu korrigieren:

Jahresüberschuss lt. GuV	TEUR 400
Zinsersparnis bei Umwandelung der Wandelanleihen	TEUR 120
Steuerbelastung aus Zinsersparnis	TEUR –36
verwässertes Jahresergebnis	TEUR 484

Das verwässerte Ergebnis je Aktie beträgt somit:
TEUR 484/(200.000 Stück + 60.000 Stück) = 1,86 EUR/Aktie

3.3.4 Bedingte Aktienausgaben

IAS 33.52ff. Aktien, die bei Erfüllung bestimmter Bedingungen auszugeben sind, sind zu berücksichtigen, wenn die **Bedingungen** zum Bilanzstichtag **erfüllt** sind. Liegt der für die Erfüllung der Bedingung maßgebliche Zeitpunkt in der Zukunft, ist auf die Verhältnisse zum Bilanzstichtag abzustellen. Dies gilt z.B. auch bei Aktien, die abhängig von einem zukünftigen Jahresergebnis oder einem zukünftigen Aktienkurs auszugeben sind. Möglich sind aber auch nicht monetäre Kriterien wie die Kundenzahl oder die Anzahl von Niederlassungen. Wird die Bedingung in den Folgeperioden nicht erfüllt, so ist keine rückwirkende Anpassung vorzunehmen.

Beispiel:

Das Unternehmen hat in den Jahren 01 und 02 konstant 200.000 Stück Stammaktien im Umlauf.

Aus einem Unternehmenszusammenschluss in 00 hat das Unternehmen die Verpflichtung, Ende des Jahres 04 50.000 Stück zusätzliche Stammaktien auszugeben, falls der durchschnittliche Jahresüberschuss der Jahre 00 bis 04 TEUR 500 unterschreitet.

Folgende Jahresüberschüsse wurden erwirtschaftet:

00:	TEUR 450
01:	TEUR 520
02:	TEUR 590

Lösung:

<u>unverwässertes Ergebnis je Aktie</u>

Es handelt sich um bedingt emissionsfähige Aktien. Da die Jahresüberschüsse der Jahre 03 und 04 noch nicht feststehen, ist noch nicht klar, ob die Bedingung Ende 04 erfüllt sein wird.

Folglich sind die bedingt emissionsfähigen Aktien bei der Berechnung des unverwässerten Ergebnisses je Aktie nicht zu berücksichtigen.

Das unverwässerte Ergebnis je Aktie beträgt:

in 01:	TEUR 520/200.000 Stück = 2,60 EUR/Aktie
in 02:	TEUR 590/200.000 Stück = 2,95 EUR/Aktie

<u>verwässertes Ergebnis je Aktie</u>

Die bedingt emissionsfähigen Aktien sind in das verwässerte Ergebnis je Aktie einzubeziehen, wenn die Bedingung aus Sicht des Bilanzstichtages erfüllt ist. Bei der Durchschnittsberechnung der Jahresergebnisse ist dabei auf den bisher abgelaufenen Teil des Bemessungszeitraums abzustellen. Es ergibt sich folgendes Bild:

Für 01:

Der durchschnittliche Jahresüberschuss beträgt für den bisher abgelaufenen Teil des Bemessungszeitraums TEUR 485 ((TEUR 450 + TEUR 520)/2). Aus Sicht des Bilanzstichtages 31. Dezember 01 ist die Bedingung zur Ausgabe zusätzlicher Aktien erfüllt. Die zusätzlichen Aktien sind in die Berechnung des verwässerten Ergebnisses je Aktie einzubeziehen.

Das verwässerte Ergebnis je Aktie beträgt für 01:

TEUR 520/(200.000 Stück + 50.000 Stück) = 2,08 EUR/Aktie

Für 02:

Der durchschnittliche Jahresüberschuss beträgt für den bisher abgelaufenen Teil des Bemessungszeitraums TEUR 520 ((TEUR 450 + TEUR 520 + TEUR 590)/3). Aus Sicht des Bilanzstichtages 31. Dezember 02 ist die Bedingung zur Ausgabe zusätzlicher Aktien nicht erfüllt. Die zusätzlichen Aktien sind in die Berechnung des verwässerten Ergebnisses je Aktie nicht einzubeziehen. Eine Anpassung des Ergebnisses je Aktie für 01 erfolgt nicht.

Das verwässerte Ergebnis je Aktie ist in 02 identisch mit dem unverwässerten Ergebnis je Aktie und beträgt:

TEUR 590/200.000 Stück = 2,95 EUR/Aktie

3.3.5 Geschriebene Verkaufsoptionen

Verträge, die vorsehen, dass das Unternehmen eigene Aktien zurückkaufen muss (z.B. geschriebene Verkaufsoptionen auf eigene Anteile oder Terminkäufe) sind zu berücksichtigen, wenn sie verwässende Wirkung haben. Dies ist der Fall, wenn der Ausübungspreis der Option den Marktwert der Aktie (i.d.R. durchschnittlicher Börsenkurs) übersteigt. Die Anzahl der in diesem Fall zusätzlich zu berücksichtigenden Aktien ergibt sich aus der Formel: **IAS 33.63**

$$\frac{\text{Gesamt-Ausübungspreis der Optionen}}{\text{Jahresdurchschnittskurs der Aktie}} - \text{Anzahl der zurückzukaufenden Aktien}$$

Diese Formel folgt dem Gedanken, dass (hypothetisch) in einem ersten Schritt so viele Aktien zum Durchschnittskurs emmitiert werden, dass ausreichende Mittel zur Bedienung der Option vorhanden sind. Anschließend werden die Mittel zur Bedienung der Option, d.h. zum Rückkauf der eigenen Aktien zum höheren Preis, verwendet. Der Verwässerungseffekt ergibt sich aus der Differenz von emmitierten Aktien zu zurückgekauften Aktien.

Beispiel:

Das Unternehmen hat im Jahr 01 konstant 200.000 Stück Stammaktien im Umlauf. Der Jahresüberschuss für das Jahr 01 beläuft sich auf TEUR 400.

Darüber hinaus hat das Unternehmen 30.000 Put-Optionen auf eigene Anteile ausgegeben. Je eine Option berechtigt zum Verkauf einer Aktie. Der Ausübungspreis der Optionen beträgt 15,00. Der durchschnittliche Börsenkurs der Aktie im Jahr 01 betrug EUR 12,00.

Lösung:

Das unverwässerte Ergebnis je Aktie beträgt:

TEUR 400/200.000 Stück = 2,00 EUR/Aktie

Zur Ermittlung des verwässerten Ergebnisses je Aktie sind die Put-Optionen zu berücksichtigen, da diese „im Geld" sind, d.h. der Ausübungspreis über dem Marktwert der Aktien liegt. Damit haben die Optionen eine verwässernde Wirkung. Die Anzahl der zusätzlich zu berücksichtigenden Aktien ergibt sich wie folgt:

$$\text{Anzahl zusätzlicher Aktien} = \frac{\text{Gesamt-Ausübungspreis der Optionen}}{\text{Jahresdurchschnittskurs der Aktie}} - \text{Anzahl der zurückzukaufenden Aktien}$$

$$= \frac{\text{30.000 Stück x EUR 15,00}}{\text{EUR 12,00}} - \text{30.000 Stück}$$

$$= \text{7.500 Stück}$$

Das verwässerte Ergebnis je Aktie beträgt somit:
TEUR 400/(200.000 Stück + 7.500 Stück) = 1,93 EUR/Aktie

3.4 Einbeziehung bei Ausübungswahlrechten

IAS 33.38 Bei den Berechnungen ist immer von den gültigen Bedingungen für das Instrument auszugehen. Bestehen mehrere **Alternativen**, ist immer von der für den Inhaber des Instruments vorteilhaftesten Variante, d.h. vom maximal möglichen Verwässerungseffekt, auszugehen.

IAS 33.58 Hat das **Unternehmen** die Wahl, ein Instrument durch Barzahlung oder durch Ausgabe von Stammaktien zu erfüllen, dann ist von einer Begleichung in Stammaktien auszugehen, wenn sich daraus ein Verwässerungseffekt ergibt.

IAS 33.60 Hat der **Inhaber** die Wahl einer Erfüllung in Bar oder in Stammaktien, dann ist von der Variante mit dem größten Verwässerungseffekt auszugehen.

3.5 Verbot der Einbeziehung bei Verwässerungsschutz

IAS 33.41 Potenzielle Stammaktien sind nur dann in die Berechnung des verwässerten Ergebnisses je Aktie einzubeziehen, wenn sich aus der (hypothetischen) Umwandlung in Stammaktien ein Verwässerungseffekt ergibt, d.h. wenn durch die Einbeziehung das Ergebnis je Aktie **sinkt**. Maßgeblich ist dabei das Ergebnis je Aktie aus dem fortzuführenden Geschäft.

Ergibt sich aus der (hypothetischen) Umwandlung eines Instruments in Stammaktien eine **Erhöhung** des Ergebnisses je Aktie (sog. **Verwässerungsschutz**, *„anti-dilution"*), dann ist das betreffende Instrument nicht in die Berechnung des verwässerten Ergebnisses je Aktie einzubeziehen. Hierbei ist jedes Instrument einzeln zu betrachten.

Beispiel:

Das Unternehmen hat im Jahr 01 konstant 200.000 Stück Stammaktien im Umlauf. Darüber hinaus wurden in den Vorjahren insgesamt 20.000 Stück Wandelanleihen ausgegeben. Bei Wandelung sind zwei Stammaktien pro Anleihe auszugeben. Der Nominalwert beträgt EUR 100,00 pro Anleihe. Die Anleihen sind mit 15 % p.a. verzinst.

In 01 erwirtschaftet das Unternehmen einen Jahresüberschuss in Höhe von TEUR 800. Darin enthalten ist der Zinsaufwand für die Wandelanleihen in Höhe von TEUR 300 (20.000 Stück x EUR 100,00 x 15 %). Der Steuersatz des Unternehmens beträgt 30 %.

Lösung:

Das unverwässerte Ergebnis je Aktie beträgt:

TEUR 800 / 200.000 Stück = 4,00 EUR / Aktie

Bei einer angenommenen Wandelung der Anleihen ergeben sich folgende Effekte:

Im Nenner sind 40.000 Stück (20.000 Stück x 2) zusätzliche Aktien zu berücksichtigen.

Darüber hinaus ist das Periodenergebnis (Zähler) um die bei Wandlung entfallenden Zinsaufwendungen zu korrigieren:

Jahresüberschuss lt. GuV	TEUR 800
Zinsersparnis bei Umwandelung der Wandelanleihen	TEUR 300
Steuerbelastung aus Zinsersparnis	TEUR –90
verwässertes Jahresergebnis	TEUR 1010

Das Ergebnis je Aktie bei angenommener Wandelung beträgt somit:

TEUR 1010 / (200.000 Stück + 40.000 Stück) = 4,21 EUR / Aktie

Das Ergebnis je Aktie bei angenommener Wandelung ist höher als das unverwässerte Ergebnis je Aktie. Die Wandelanleihen bieten somit einen Verwässerungsschutz und sind nicht in die Ermittlung des verwässerten Ergebnisses je Aktie einzubeziehen.

Optionen auf eigene Stammaktien, die das Unternehmen hält, sind ebenfalls nicht in die Berechnung einzubeziehen. Das Unternehmen würde diese Optionen nur ausüben, wenn dies vorteilhaft wäre. Dies kommt einem Verwässerungsschutz gleich.

3.6 Reihenfolge bei mehreren verwässernden Instrumenten

Sind verwässernde potenzielle Stammaktien aus verschiedenen Instrumenten vorhanden, kann die **Reihenfolge** der Einbeziehung in das verwässerte Ergebnis je Aktie die Höhe des Gesamt-Verwässerungseffekts beeinflussen, da einzelne Instrumente u.U. gegenläufige Wirkungen haben.

Für die Berechnung des verwässerten Ergebnisses je Aktie ist immer der **maximale Verwässerungseffekt** darzustellen. Dazu sind die einzelnen Instrumente in absteigender Reihenfolge ihres Verwässerungseffekts in die Berechnung einzubeziehen.

Der Verwässerungseffekt eines Instruments ist umso größer, je geringer das **Mehrergebnis pro zusätzlich einbezogener Aktie** bei einer Wandelung des Instruments ist. Folglich sind Optionen i.d.R. zuerst zu berücksichtigen, da aus ihrer Wandelung in Stammaktien kein Mehrergebnis resultiert, d.h. das Mehrergebnis pro Aktie beträgt Null.

Beispiel:

(in Anlehnung an IAS 33.IE Beispiel 9)

Das Unternehmen hat in 01 konstant 2.000.000 Stück Stammaktien im Umlauf. Der erwirtschaftete Jahresüberschuss 01 beträgt TEUR 16.400. Der Steuersatz beträgt 30 %. Der durchschnittliche Börsenkurs der Aktie in 01 beträgt EUR 75,00.

Folgende Instrumente wurden in Vorjahren ausgegeben:

- 100.000 Stück Optionen zum Bezug von jeweils einer Stammaktie. Der Ausübungspreis der Optionen beträgt EUR 60,00
- 100.000 Stück Wandelanleihen im Nominalwert von jeweils EUR 1.000. Die Anleihen werden mit 5 % p.a. auf den Nominalwert verzinst. Jede Anleihe ist in 20 Stück Stammaktien wandelbar. Der Zinsaufwand für die Anleihen in Höhe von TEUR 5.000 ist im Jahresergebnis enthalten.
- 800.000 Stück wandelbare, kumulierende Vorzugsaktien mit einem Nominalwert von je EUR 100,00. Die Vorzugsaktien erhalten eine kumulierende Dividende in Höhe von 8 % p.a. auf den Nominalwert. Jede Vorzugsaktie kann in zwei Stammaktien gewandelt werden. In 01 wurden Dividenden an Vorzugsaktionäre in Höhe von TEUR 6.400 ausgezahlt.

Lösung:

Das unverwässerte Ergebnis je Aktie beträgt:
(TEUR 16.400 – TEUR 6.400)/2.000.000 Stück = 5,00 EUR/Aktie

Für die Ermittlung des verwässerten Ergebnisses je Aktie ist zuerst die Reihenfolge zu bestimmen, in der die einzelnen Instrumente einzubeziehen sind. Dies geschied anhand des Mehrergebnisses je Aktie bei Wandelung der einzelnen Instrumente:

Optionen:

Die Ausübung der Optionen führt zu keiner Änderung des Periodenergebnisses (Zähler). Im Nenner sind zur Abbildung des Verwässerungseffektes 20.000 Stück (100.000 Stück x (EUR 75,00 – EUR 60,00)/EUR 75,00) zusätzliche Aktien zu berücksichtigen.

Wandelanleihen:

Bei einer Wandlung der Anleihen ergibt sich eine Erhöhung des Periodenergebnisses (Zähler) um TEUR 3.500 (Zinsersparnis TEUR 5.000 abzgl. Mehrsteuern 30 % TEUR 1.500). Im Nenner sind entsprechend 2.000.000 Stück zusätzliche Aktien (100.000 Stück Anleihen x 20) zu berücksichtigen. Es ergibt sich ein Mehrergebnis je Aktie in Höhe von:

TEUR 3.500/2.000.000 Stück 1,75 EUR/Aktie

Vorzugsaktien:

Bei einer Wandelung der Vorzugsaktien in Stammaktien würde die Vorzugsdividende entfallen. Entprechend wäre keine Kürzung des Jahresergebnisses um die Vorzugsdividende im Zähler vorzunehmen. Der Zähler würde um TEUR 6.400 steigen. Im Gegenzug sind dann 1.600.000 Stück zusätzliche Aktien (800.000 Stück Vorzugsaktien x 2) im Nenner zu berücksichtigen. Es ergibt sich ein Mehrergebnis je Aktie in Höhe von:

TEUR 6.400/1.600.000 Stück = 4,00 EUR/Aktie

Ergebnis:

Der Verwässerungseffekt ist umso größer, je kleiner das Mehrergebnis je zusätzlicher Aktie ist und somit bei den Optionen am stärksten, bei den Wandelanleihen am zweitstärksten und bei den Vorzugsaktien am geringsten. In dieser Reihenfolge sind die Instrumente in das verwässerte Ergebnis je Aktie einzubeziehen.

Berechnung des verwässerten Ergebnisses je Aktie:

(1) Einbeziehung der Optionen

Das verwässerte Ergebnis je Aktie beträgt:
(TEUR 10.000 + TEUR 0)/(2.000.000 Stück + 20.000 Stück)
= 4,95 EUR/Aktie

Dieser Wert liegt unter dem unverwässerten Ergebnis je Aktie. Die Optionen sind einzubeziehen.

(2) Einbeziehung der Wandelanleihen

Das verwässerte Ergebnis je Aktie beträgt:
(TEUR 10.000 + TEUR 3.500)/(2.020.000 + 2.000.000 Stück)
= 3,36 EUR/Aktie

Dieser Wert liegt unter dem Ergebnis je Aktie nach Berücksichtigung der Optionen. Die Wandelanleihen sind einzubeziehen.

(3) Einbeziehung der Vorzugsaktien

Das verwässerte Ergebnis je Aktie beträgt:
(TEUR 13.500 + TEUR 6.400)/(4.020.000 + 1.600.000 Stück)
= 3,54 EUR/Aktie

Dieser Wert liegt über dem Ergebnis je Aktie nach Berücksichtigung der Optionen und der Wandelanleihen. Die Vorzugsaktien wirken verwässerungsschützend. Die Vorzugsaktien sind nicht einzubeziehen.
Das verwässerte Ergebnis je Aktie beträgt 3,36 EUR Aktie.

3.7 Tochterunternehmen, Joint Ventures und assoziierte Unternehmen

IAS 33.A11(a) Hat ein Tochterunternehmen, Joint Venture oder assoziiertes Unternehmen Instrumente ausgegeben, die **durch Stammaktien des Tochterunternehmens, Joint Ventures oder assoziierten Unternehmens beglichen** werden können, ist das verwässerte Ergebnis je Aktie für dieses Unternehmen zu berechnen. Dieses ist dann anteilig entsprechend der Beteiligungsquote im Zähler bei der Berechnung des verwässerten Ergebnisses je Aktie des Mutterunternehmens zu berücksichtigen.

IAS 33.A11(b) Hat ein Tochterunternehmen, Joint Venture oder assoziiertes Unternehmen Instrumente ausgegeben, die **durch Stammaktien des Mutterunternehmens beglichen** werden können, sind diese direkt bei der Berechnung des verwässerten Ergebnisses je Aktie des Mutterunternehmens einzubeziehen.

IAS 33.A12 Hat das Mutterunternehmen Instrumente ausgegeben, die durch Stammaktien eines Tochterunternehmens, Joint Ventures oder assoziierten Unternehmens beglichen werden können, ist von der Umwandlung dieser Instrumente auszugehen. Der Zähler (den Stammaktionären des Mutterunternehmens zurechenbares Ergebnis) ist entsprechend zu berichtigen (z.B. um Zinsaufwendungen aus diesen Instrumenten). Darüber hinaus sind im Zähler Folgewirkungen wie z.B. Änderungen in den Dividendenerträgen zu berücksichtigen. Der Nenner bleibt unverändert, da die Anzahl der ausstehenden Aktien des Mutterunternehmens nicht berührt wird.

4. Ausweis

IAS 33.66ff. Das unverwässerte und das verwässerte Ergebnis je Aktie sind für das Ergebnis aus dem fortzuführenden Geschäft und für das Gesamt-Periodenergebnis anzugeben. Die Angaben haben getrennt für jede Klasse von Aktien in der Gewinn- und Verlustrechnung zu erfolgen. Dies gilt sowohl bei einem positiven wie auch bei einem negativen Periodenergebnis.

Wenn ein Geschäftsbereich gemäß den Vorschriften des IFRS 5 eingestellt oder aufgegeben werden soll, sind zusätzlich in der Gewinn- und Verlustrechnung das unverwässerte und das verwässerte Ergebnis je Aktie aus den aufzugebenden Geschäftsbereichen anzugeben. Die Angabe kann alternativ im Anhang erfolgen.

5. Anhangangaben (*notes*)

→ CD-Anhangcheckliste 9.2

VIII. Angaben über Beziehungen zu nahe stehenden Unternehmen und Personen

Gliederung:

1. Zielsetzung des Standards

IAS 24.1 Die Regelungen in IAS 24 zielen darauf ab, die Adressaten der Finanzberichterstattung darüber zu informieren, dass Geschäftsbeziehungen des rechnungslegenden Unternehmens mit verbundenen Unternehmen und anderen nahe stehenden Personen bestehen bzw. im Berichtsjahr bestanden haben, deren Wirkung auf Bilanz und/oder GuV von derjenigen abweichen kann, die eingetreten wäre, wenn die Geschäftsbeziehungen mit fremden Dritten eingegangen worden wären.

IAS 24.4 Geschäftsbeziehungen, die im Rahmen der Erstellung von konsolidierten Abschlüssen eliminiert werden, scheiden folgrichtig auch aus dem Anwendungsbereich des IAS 24 aus. Somit entfaltet IAS 24 in Einzelabschlüssen eine erhebliche größere Wirkung als in Konzernabschlüssen.

IAS 24.2 Der Standard ist anzuwenden auf die Erfassung von Beziehungen, von Geschäftsvorfällen sowie zur Darstellung der offenen Positionen aus dem Geschäftsverkehr mit nahe stehenden Unternehmen und Personen. Dabei ist das Ausmaß der Anwendung wie folgt zu begrenzen:

IAS 24.12 **IAS 24.17** Reine Beziehungen (unabhängig von Geschäftsvorfälle) sind nur bei Mutter-Tochter-Verhältnissen anzugeben. Somit ist nicht jede denkbare nahe stehende Person aufzuführen, wenn gar kein Geschäftsvorfall vorliegt. Falls jedoch Geschäftsvorfälle stattgefunden haben, sind die zugrunde liegenden Sachverhalte anzugeben. Es sind jedoch keine Angaben erforderlich im Hinblick auf die Angemessenheit solcher Transaktionen. Somit brauchen keine pro-forma Angaben zu Bilanz und/oder GuV gemacht werden, die sich eingestellt hätten, wenn die Transaktionen mit fremden dritten zustande gekommen wären.

2. Begriff der nahe stehende Unternehmen und Personen

Nahe stehende Unternehmen im Sinne des Standards sind solche, die das berichtende Unternehmen kontrollieren oder von diesem kontrolliert oder maßgeblich beeinflusst werden können. Kontrolle und Einfluss können dabei auch gemeinsam mit anderen ausgeübt werden. Ebenso sind mittelbare Kontroll- und Einflussmöglichkeiten zu beachten. **IAS 24.9**

Natürliche Personen gelangen im Wesentlichen in ihrer Eigenschaft als Eigentümer und/oder Organmitglieder in den Anwendungsbereich des Standards. Darüber hinaus werden auch nahe Familienangehörige solcher Personen vom Standard erfasst.

Sofern nicht weitere Umstände hinzutreten, werden bestimmte Beziehungsarten als solche jedoch ausdrücklich aus dem Anwendungsbereich ausgegrenzt. Hierzu zählen z.B. Fälle der Personalunion einer Geschäftsführerstellung oder Beziehungen zu Banken. **IAS 24.11**

3. Offenzulegende Sachverhalte

Unabhängig vom Anfall von Geschäftsbeziehungen sind die Beteiligungsverhältnisse zu den nahe stehenden Unternehmen anzugeben. Der Name des Mutterunternehmens bzw. des obersten Konzernunternehmens sind dabei ausdrücklich aufzuführen. **IASA 24.12**

Anzugeben sind für Geschäftsvorfälle bzw. Gruppen von Geschäftsvorfällen der Betrag der Transaktion, der ausstehende Saldo sowie weitere Umstände (Besicherungen, Garantien, Bedingungen und Konditionen, zweifelhafte Forderungen aus diesen Geschäftsvorfällen, Aufwand aus Wertberichtigungen auf solche Forderungen). Diese Angaben sind für jede Kategorie nahe stehender Personen (Mutterunternehmen, assoziierte Unternehmen, Joint Ventures, Organmitglieder, andere nahe stehende Personen) gesondert zu machen. Einzelheiten zu den Angabepflichten sind in der Checkliste zum Anhang aufgeführt (siehe CD-Anhangcheckliste 9.4). Als Darstellungsformat bietet sich folgende Übersicht an. Einzelheiten zu Garantien (z.B. Laufzeit) und zu ausstehenden Posten (z.B. Verzinsung) sind zu ergänzen. **IAS 24.17**

Hinsichtlich der Vergütung für Organmitglieder enthält die Checkliste zum Anhang (siehe CD-Anhangcheckliste 9.4) die Angabepflichten.

Personengruppe/ Geschäftsbeziehung	Tochter-gesell-schaften	Assoziierte Unter-nehmen	Joint Ventures	Organmit-glieder	Andere nahe stehende Personen
Lieferungen und Leistungen					
Offene Posten					
davon zweifelhaft					
Erhaltene Garantien					
Gegebene Garantien					
Wertberichtigungen auf Forderungen					

4. Weiterentwicklung und Ausblick

ED IAS 24rev. Ende 2008 wird mit der Verabschiedung einer überarbeiteten Fassung des Standards gerechnet. Inhaltliche Änderungen werden voraussichtlich Unternehmen der öffentlichen Hand betreffen, denen einige Erleichterungen eingeräumt werden sollen. Zudem sind einige Klarstellungen hinsichtlich der Einbeziehung von assoziierten Unternehmen in den Anwendungsbereich des Standards vorgesehen. Schließlich wird es eine Klarstellung geben, dass es sich bei den angabepflichtigen Transaktionen um diejenigen zwischen dem berichtenden Unternehmen und einer nahe stehenden Person handelt, um der Fehlinterpretation vorzubeugen, dass es sich um die Transaktionen zwischen zwei weiteren nahe stehenden Personen handeln könnte.

5. Anhangangaben *(notes)*

→ CD-Anhangcheckliste 9.4

IX. Lagebericht

Gliederung:

1. Rechtliche Grundlagen

Die **IFRS erlauben** die Veröffentlichung eines Berichtes über die Unternehmenslage, welche die wesentlichen Punkte der Vermögens-, Finanz- und Ertragslage erklärt bzw. beschreibt. Das deutsche Handelsrecht dagegen **fordert** in jedem Fall die Erstellung eines sog. Lageberichts auch für Abschlüsse, die nach den Vorschriften der IFRS erstellt werden.

IAS. 1.9

§ 315a HGB

2. Inhalt

Entsprechend der handelsrechtlichen Vorschiften soll der konsolidierte Lagebericht zumindest den Geschäftsverlauf, das Geschäftsergebnis und die Lage der Gesamtheit der in die Konsolidierung einbezogenen Unternehmen so darstellen, dass ein den tatsächlichen Verhältnissen entsprechendes Bild entsteht, und die wesentlichen Chancen und Risiken beschrieben werden.

§§ 289, 315 HGB

Der Lagebericht besteht aus einer ausgewogenen und umfassenden Analyse des Geschäftsverlaufs, des Geschäftsergebnisses und der Lage der Gesamtheit der in die Konsolidierung einbezogenen Unternehmen, die dem Umfang und der Komplexität der Geschäftstätigkeit angemessen ist. So weit dies für das Verständnis des Geschäftsverlaufs, des Geschäftsergebnisses oder der Lage der Unternehmen erforderlich ist, umfasst die Analyse die wichtigsten finanziellen und – so weit angebracht – nichtfinanziellen Leistungsindikatoren, die für die betreffende Geschäftstätigkeit von Bedeutung sind, einschließlich Informationen in Bezug auf Umwelt- und Arbeitnehmerbelange.

Im Rahmen der Analyse enthält der konsolidierte Lagebericht – so weit angebracht – auch Hinweise auf im konsolidierten Abschluss ausgewiesene Beträge und zusätzliche Erläuterungen dazu.

Der konsolidierte Lagebericht soll auch eingehen auf:

a) Ereignisse von besonderer Bedeutung, die nach Abschluss des Geschäftsjahres eingetreten sind;
b) die voraussichtliche Entwicklung der Gesamtheit dieser Unternehmen;
c) den Bereich Forschung und Entwicklung der Gesamtheit dieser Unternehmen;
d) bestehende Zweigniederlassungen der Gesellschaft (nur bei Einzelabschluss);
e) die Risikomanagementziele und -methoden der Unternehmen, einschließlich ihrer Methoden zur Absicherung aller wichtigen Arten geplanter Transaktionen, die im Rahmen der Bilanzierung von Sicherungsgeschäften verbucht werden, sowie bestehende Preisänderungs-, Ausfall-, Liquiditäts- und Cashflow-Risiken in Bezug auf die Verwendung von Finanzinstrumenten durch die Unternehmen, sofern dies für die Beurteilung der Vermögens-, Finanz- und Ertragslage von Belang ist;
f) die Grundzüge des Vergütungssystems (bei Börsennotierung).

§ 315 Abs. 3 iVm § 289 Abs. 3 HGB Wird neben einem Lagebericht auch ein konsolidierter Lagebericht aufgestellt, so können diese beiden Berichte in Form eines einheitlichen Berichts vorgelegt werden. Bei der Erstellung dieses einheitlichen Berichts ist auf Umstände, die für die Gesamtheit der in die Konsolidierung einbezogenen Unternehmen von Bedeutung sind, gegebenenfalls in besonderer Weise aufmerksam zu machen.

DRS 15 DRS 5 DRS 15a

3. Darstellungsgrundsätze

3.1 Vollständigkeit

Im Lagebericht sind sämtliche Informationen zu nennen, die eine Beurteilung des Geschäftsverlaufs im abgelaufenen Jahr, der Lage des Konzerns und der voraussichtlichen Entwicklung unter Einfluss von Chancen und Risiken erfordern. Dabei vermittelt der Lagebericht dem Adressaten die Sicht der Unternehmensleitung.

Dabei müssen Darstellung und Analyse des Geschäftsverlaufs und wirtschaftliche Lage ohne die Angaben des Konzernabschlusses verständlich sein. Zu beachten ist weiterhin, dass Chancen und Risiken nicht miteinander verrechnet werden dürfen. Wurde im Konzernabschluss eine Segmentberichterstattung erstellt, so sind auch im Lagebericht die Informationen segmentbezogen darzustellen, wobei die Segmentabgrenzung des Konzernabschlusses zu berücksichtigen ist.

3.2 Verlässlichkeit

Der Grundsatz der Verlässlichkeit setzt voraus, dass die Informationen zutreffend und nachvollziehbar sind. Angaben zu Tatsachen und Meinungen sind zu trennen. Dabei sollte eine ausgewogene Berichterstattung über Chancen und Risiken stattfinden.

Gegenüber dem Konzernabschluss müssen die Angaben plausibel, konsistent und frei von Widersprüchen sein. Die aus dem Lagebericht gezogenen Folgerungen müssen auch im Bezug auf allgemein bekannte Wirtschaftsdaten schlüssig sein.

Es sollte eine klare Unterscheidung von stichtags- und vergangenheitsbezogenen Informationen erfolgen. Zukunftsbezogene Annahmen sind offen darzulegen und müssen plausibel, widerspruchsfrei und vollständig sein. Angewandte Prognoseverfahren müssen für die jeweilige Problemstellung sachgerecht sein. Erforderliche Schätzverfahren sind zu beschreiben und ggf. die Bandbreiten der Schätzungen anzugeben.

Die Informationen des Konzernabschlusses sind für den Adressaten nachvollziehbar darzustellen.

3.3 Klarheit und Übersichtlichkeit

Der Konzernlagebericht ist eindeutig getrennt von Konzernabschluss und anderen veröffentlichten Informationen unter der Überschrift „Konzernlagebericht" aufzustellen und offen zu legen.

Innerhalb des Konzernlageberichts muss die Gliederung durch Überschriften deutlich werden. Die empfohlene Gliederung des Standards findet sich auf der CD. Damit soll die Vergleichbarkeit zwischen Konzernen erleichtert werden.

Die Informationen müssen sachlich, zeitlich und formal vergleichbar sein. Änderungen sind zu erläutern und zu begründen. Angaben zu Vorperioden sind rückwirkend anzupassen, wenn dies unter vertretbarem Aufwand möglich ist.

Quantifizierte Informationen sind mindestens für die im Abschluss ausgewiesenen Vergleichsperioden darzustellen. Die Auswirkungen wesentlicher Veränderungen gegenüber dem Vorjahr sind zu quantifizieren und zu erläutern.

3.4 Vermittlung der Sicht der Unternehmensleitung

Der Lagebericht soll den Adressaten die Sicht der Unternehmensleitung vermitteln. Dazu dient eine ausgewogene und umfassende Analyse des Geschäftsverlaufs und der wirtschaftlichen Lage des Konzerns entsprechend dem Umfang und der Komplexität der Geschäftstätigkeit. Die Beurteilung und Einschätzung der Unternehmensleitung zu den einzelnen Punkten steht dabei im Vordergrund.

3.5 Konzentration auf die nachhaltige Wertschaffung

Alle aus Sicht der Unternehmensleitung wesentlichen Ereignisse, Entscheidungen und Faktoren sind anzugeben und zu erläutern, so weit sie Einfluss auf die Wertentwicklung des Unternehmens haben könnten und zum Berichtszeitpunkt bekannt sind. Als Grundlage für Prognosen sind vergangenheitsorientierte und gegenwartsbezogene Informationen entsprechend aufzubereiten.

Auch nichtfinanzielle Leistungsindikatoren sind Bestandteil des Lageberichts, wenn sie wesentlichen Einfluss auf den Geschäftsverlauf oder die wirtschaftliche Lage genommen haben. Diese sind auch einzubeziehen, wenn die Unternehmensleitung davon einen wesentlichen Einfluss auf die voraussichtliche Entwicklung des Konzerns erwartet.

Über einmalige Effekte des vergangenen Geschäftsjahres ist zu berichten. Abweichungen der wirtschaftlichen Lage zum Berichtszeitpunkt gegenüber dem vorangegangenen Konzernlagebericht sind darzustellen und zu erläutern, wenn sie wesentlich sind.

Hinsichtlich der nächsten zwei Geschäftsjahre sind über bestehende Planungen und Erwartungen der Unternehmensleitung zu berichten. Dabei sind mindestens qualitative Informationen im Zusammenhang mit den wesentlichen Rahmenbedingungen der Geschäftstätigkeit zu erläutern.

Kurzfristige und langfristige Zukunftsaussichten sind im Lagebericht zu verbinden. Der Geschäftsverlauf und die wirtschaftliche Lage sind im Zusammenhang mit den wesentlichen Chancen und Risiken zu erläutern.

Die in der Checkliste Lagebericht (→ CD) aufgeführten Angaben stellen einen Katalog von möglichen Angaben zur Erstellung eines den oben genannten Anforderungen entsprechenden Lageberichtes dar. Es handelt sich nicht um einen Katalog von Pflichtangaben.

X. Zwischenberichterstattung

Gliederung:

1. Berichterstattungspflicht

Zwischenberichte sollen den Anlegern entscheidungsrelevante unterjährige Informationen über das Ergebnis und den Geschäftsverlauf des Unternehmens vermitteln. Mit IAS 34 liegt ein Standard des IASB vor, der den Inhalt der Zwischenberichterstattung zum Gegenstand hat, allerdings keine ausdrückliche Verpflichtung zur Aufstellung eines Zwischenberichts enthält. Die Verpflichtung zur Zwischenberichterstattung als solche, die Häufigkeit der Berichterstattung, die Länge der Berichtsperiode und die Aufstellungs- bzw. Veröffentlichungsfristen ergeben sich vielmehr aus dem jeweils maßgebenden nationalen Kapitalmarktrecht. Darüber hinaus besteht die Möglichkeit einer freiwilligen Anwendung von IAS 34. **IAS 34.1**

Seit Inkrafttreten des Transparenzrichtlinie-Umsetzungsgesetz (TUG) (vgl. BGBl. I 2007, S. 10) ergibt sich in Deutschland die Pflicht zur Zwischenberichterstattung aus den §§ 37x, 37w WpHG. Diese verpflichten Inlandsemittenten bestimmter Wertpapiere, für die ersten sechs Monate eines Geschäftsjahres einen Halbjahresfinanzbericht und für jedes Halbjahr eine Zwischenmitteilung zu veröffentlichen. Während sich die Halbjahresberichterstattung an Emittenten von Aktien oder Schuldtitel im Sinne des § 2 Abs. 1 Satz 1 WpHG wendet (§ 37x Abs. 1 WpHG), unterliegen der Mitteilungspflicht des § 37w WpHG lediglich Unternehmen, die im Inland Aktien begeben haben. Im Ergebnis führen die gesetzlichen Vorschriften zur Zwischenberichterstattung dazu, dass ein Großteil der kapitalmarktorientierten Unternehmen quartalsweise Informationen zu den wirtschaftlichen Verhältnissen offenzulegen hat. **§§ 37x, 37w WpHG**

Ein Halbjahresfinanzbericht hat nach § 37x Abs. 2 WpHG einen verkürzten Abschluss, einen Zwischenlagebericht und die Versicherung der gesetzlichern Vertreter des aufstellenden Organs zu enthalten, dass der Jahres- bzw. Konzernabschluss ein den tatsächlichen Verhältnissen entsprechendes Bild der Vermögens-, Finanz- und Ertragslage vermittelt (sog. Bilanzeid). Konkretisierende Anforderungen finden sich in § 37x Abs. 3, 4 WpHG. Die aufgestellten Halbjahresfinanzberichte sind nach § 37w Abs. 1 Satz 1 WpHG spätestens zwei Monate nach Ende des Berichtszeitraums zu veröffentlichen.

Die Anforderungen an eine Zwischenmitteilung sind demgegenüber weniger anspruchsvoll. Nach § 37w Abs. 2 müssen die darin vermittelten Informationen eine „Beurteilung [...] ermöglichen, wie sich die Geschäftstätigkeit des Emittenten in den drei Monaten vor Ablauf des Mitteilungszeitraums entwickelt hat". Dazu sind „die wesentlichen Ereignisse und Geschäfte des Mitteilungszeitraums im Unternehmen des Emittenten und ihre Auswirkungen auf die Finanzlage des Emittenten zu erläutern sowie die Finanzlage und das Geschäftsergebnis des Emittenten im Mitteilungszeitraum zu beschreiben". Die Zwischenmitteilung ist nach § 37w Abs. 1 Satz 1 WpHG frühestens zehn Wochen nach Beginn und spätestens sechs Wochen vor Ende der ersten und zweiten Hälfte des Geschäftsjahrs der Öffentlichkeit zugänglich zu machen. Veröffentlicht ein Emittent Quartalsfinanzberichte, die den Vorgaben des § 37w Abs. 2 Nr. 1 und 2, Abs. 3 und 4 WpHG entsprechen, entfällt die Verpflichtung zur Abgabe einer Zwischenmitteilung.

Neben der gesetzlichen Verpflichtung bestehen privatrechtliche Vorgaben der Deutschen Börse AG, die an die Segment- und Indexzugehörigkeit gekoppelt sind. Nach § 66 der Börsenordnung der Frankfurter Wertpapierbörse (Stand 15. August 2008) sind Unternehmen des *Prime Standard* zur Quartalsberichterstattung verpflichtet. Diese Unternehmen haben ohnehin nach internationalen Rechnungslegungsstandards zu bilanzieren, so dass die jeweiligen Regelsysteme auch in der Zwischenberichterstattung anzuwenden sind. IAS 34 ist so für die IFRS-Bilanzierer des *Prime Standard* unmittelbar maßgeblich. Infolge der Ausdehnung der Verpflichtung zur Konzernrechnungslegung nach IFRS auf alle kapitalmarktorientierten Unternehmen mit Sitz innerhalb der EU müssen auch alle Unternehmen des *General Standard* Zwischenberichte gemäß den Vorschriften des IAS 34 erstellen.

2. Bestandteile des Zwischenberichts

IAS 34.8 Der Zwischenbericht enthält folgende Bestandteile für die jeweilige Zwischenberichtsperiode:

- **verkürzte** Bilanz;
- **verkürztes** *statement of comprehensive income;*
- **verkürzte** Darstellung der Entwicklung des Eigenkapitals;
- **verkürzte** Kapitalflussrechnung;
- **ausgewählte erläuternde** Angaben des Anhangs.

IAS 34.10 Der verkürzte Abschluss muss mindestens jede der Überschriften und Zwischensummen enthalten, die im letzten Abschluss eines Geschäftsjahres vorhanden waren. Es empfiehlt sich daher, in der verkürzten Bilanz und im verkürzten *statement of comprehensive income* zumindest die im Mindestgliederungsschema gemäß IAS 1.54 bzw. IAS 1.82 f. aufgeführten Posten auszuweisen. Für die verkürzte Kapitalflussrechnung empfiehlt sich eine Mindestgliederung, die den gesonderten Ausweis der Zahlungsmittelzuflüsse und Zahlungsmittelabflüsse der laufenden Geschäftstätigkeit, der Investitionstätigkeit und der Finanzierungstätigkeit beinhaltet.

Der verkürzte Eigenkapitalspiegel hat die Veränderungen des Eigenkapitals, die aus Kapitaltransaktionen mit Eigentümern in ihrer Funktion als Eigentümer resultieren, zu enthalten. Für die Zwischenberichterstattung wird allgemein auf die Anwendungsleitlinien in IAS 1 sowie dessen Anhang hingewiesen. **IAS 34.12** **IAS 34.13**

Beispiele der Mindestgliederungsschemata sind nachfolgend für die verkürzte Bilanz, das verkürzte *statement of comprehensive income* sowie die verkürzte Kapitalflussrechnung dargestellt.

Verkürzte Bilanz:

- Sachanlagen
- Als Finanzanlagen gehaltene Immobilien
- Immaterielle Vermögenswerte
- Sonstige finanzielle Vermögenswerte
- Equity-Beteiligungen
- Biologische Vermögenswerte
- Vorräte
- Forderungen aus Lieferungen und Leistungen und sonstige Forderungen
- Flüssige Mittel
- Verbindlichkeiten aus Lieferungen und Leistungen und sonstige Verbindlichkeiten
- Rückstellungen
- Sonstige finanzielle Schulden
- Steuerschulden und Steuererstattungsansprüche; Ertragssteuern
- Latente Steueransprüche und Steuerschulden
- Minderheitenanteile
- Gezeichnetes Kapital und Rücklagen

Verkürztes *statement of comprehensive income*

- Umsatzerlöse
- Finanzierungsaufwendungen
- Gewinn- und Verlustbeiträge an assoziierten Unternehmen und *joint ventures*, die nach der Equity- Methode bilanziert werden
- Steueraufwendungen
- Einem aufgegebenen Geschäftsbereich zuzuordnendes Ergebnis
- Minderheitsanteile (am Ergebnis)
- Periodengewinn oder -verlust
- Ergebnis je Aktie

Verkürzte Kapitalflussrechnung

- Cashflow aus der laufenden Geschäftstätigkeit
- Cashflow aus der Investitionstätigkeit
- Cashflow aus der Finanzierungstätigkeit
- Veränderung der liquiden Mittel in der Berichtsperiode
- Stand der liquiden Mittel zu Beginn der Berichtsperiode
- Stand der liquiden Mittel am Ende der Berichtsperiode

Alternative:

IAS 34.9 Der Zwischenbericht enthält folgende **vollständige** Bestandteile für die jeweilige Zwischenberichtsperiode:

- Bilanz;
- *statement of comprehensive income;*
- Darstellung der Entwicklung des Eigenkapitals;
- Kapitalflussrechnung;
- Anhang.

IAS 34.11 **Zusätzlich** ist nach Maßgabe von IAS 33 für die Zwischenberichtsperiode das **unverwässerte** und das **verwässerte Ergebnis je Aktie** im verkürzten oder vollständigen *statement of comprehensive income* anzugeben.

3. Anforderungen an die Zwischenberichterstattung

3.1 Grundsätze der Berichterstattung

3.1.1 Form der Darstellung

IAS 34.10 Die verkürzten Rechenwerke des Zwischenberichts enthalten mindestens jeden der Hauptgliederungspunkte und jede Zwischensumme wie der letzte Abschluss eines Geschäftsjahres sowie die nachfolgend genannten erläuternden Anhangangaben (→ E.X.3.3).

3.1.2 Inhaltliche Gestaltung

IAS 34.14 Der Konzernzwischenbericht wird auf konsolidierter Basis aufgestellt.

IAS 34.28 Bei der Aufstellung von Zwischenberichten sind dieselben Bilanzierungs- und Bewertungsmethoden wie im Jahres- oder Konzernabschluss anzuwenden. Hierbei können Konflikte zwischen IAS 34 einerseits und IAS 36 sowie IAS 39 andererseits auftreten. So soll nach IAS 34.28 die Häufigkeit der Berichterstattung eines Unternehmens die Höhe des Jahresergebnisses nicht beeinflussen. Andererseits verbieten IAS 36 und IAS 39 eine Rückgängigmachung von Wertminderungen beim Geschäfts- oder Firmenwert (vgl. IAS 36.124) bzw. bei Eigenkapitalinstrumenten, die *at cost* oder erfolgsneutral zum *fair value* bewertet werden (vgl. IAS 39.66 und IAS 39.69). Das führt zu der Frage, wie zu verfahren ist, wenn Wertminderungen
IFRIC 10.1 nach IAS 36 bzw. IAS 39 im Zwischenabschluss vorgenommen wurden und die
IFRIC 10.2 Gründe für diese Wertminderungen bis zum Ende des Geschäftsjahres ganz oder teilweise wieder entfallen sind. IFRIC 10 stellt klar, wie der Konflikt zwischen den Vorschriften zur Zwischenberichterstattung und den Regelungen zur Erfassung bzw. Rückgängigmachung von Wertminderungen beim Goodwill und bestimmten finanziellen Vermögenswerten aufzulösen ist.

IFRIC 10.8 In der unterjährigen Berichterstattung vorgenommene Wertberichtigungen auf
IFRIC 10.9 den Goodwill oder auf Eigenkapitalinstrumente bzw. (andere) *at cost* bewertete finanzielle Vermögenswerte dürfen im Jahres- oder Konzernabschluss nicht rück-

gängig gemacht werden. Eine analoge Anwendung dieses konfliktauflösenden Grundsatzes auf andere potenzielle Konkurrenzbeziehungen zwischen IAS 34 und anderen Standards ist indes nicht zulässig.

Beispiel zur Interaktion von einerseits IAS 34, andererseits IAS 36 und IAS 39: IAS 34.43a

Ein vierteljährlich berichtendes Unternehmen mit einem Ertragsteuersatz von 30 % hält 50.000 Aktien der X AG. Die Anschaffungskosten nach IFRS und für steuerliche Zwecke belaufen sich auf insgesamt 1 Mio. Zum Ende des vorangegangenen Geschäftsjahres notiert die Aktie weiterhin mit 20. Nachdem Meldungen über Ermittlungen der BaFin wegen möglicherweise fehlerhafter Umsatzzahlen bekannt werden, bricht der Aktienkurs im ersten Quartal ein und erreicht Ende März seinen Tiefstkurs mit 12 pro Aktie. Anfang Mai gibt die X AG bekannt, dass die Überprüfung der Rechnungslegung zu keinen nennenswerten Beanstandungen geführt habe, und der Kurs erholt sich wieder. Zum Geschäftsjahresende notiert die Aktie bei 22.

Der vorstehende Sachverhalt löst folgende bilanzielle Konsequenzen im Zwischen- und im Jahresabschluss aus: Der 40 %ige Rückgang des Aktienkurses liefert nach IAS 39.61 ein Indiz für eine Wertminderung. Im Quartalsabschluss zum 31.03. sind die Aktien zum *fair value* in Höhe von 600.000 anzusetzen, und der *fair-value*-Rückgang (400.000) geht erfolgswirksam in die Gewinn- und Verlustrechnung ein. Da eine Veräußerung der Aktien zum niedrigeren *fair value* keine steuerlichen Konsequenzen auslöst, bedarf es keiner Abgrenzung latenter Steuern. Im Abschluss für das Geschäftsjahr sind die Aktien zum *fair value* am 31.12., ergo in Höhe von 22 pro Aktie, anzusetzen. In der Gewinn- und Verlustrechnung ist ein Wertminderungsaufwand von 400.000 zu zeigen. Gleichzeitig ist die IAS 39-Rücklage mit einem Betrag von 498.500 zu dotieren. Dieser ermittelt sich als Saldo aus dem *fair-value*-Anstieg von 500.000 im Vergleich zum 31.03. und der antizipierten Steuerbelastung auf 5 % des sich auf Basis des *fair value* ergebenden Veräußerungsgewinns, der nach § 8b KStG nicht als Betriebsausgabe abzugsfähig ist (30 % von 5 % von 100.000).

Ausgenommen vom Grundsatz der Fortführung der im letzten Jahes- oder Konzernabschluss angewandten Rechnungslegungsmethoden sind Methodenänderungen, die nach dem Stichtag der letzten jährlichen Berichtsperiode vorgenommen wurden und für den nächsten Geschäftsjahresabschluss maßgebend sind. Diese Änderungen sind bereits im Rahmen der Zwischenberichterstattung zu berücksichtigen.

Methodenänderungen erfordern eine Anpassung der Abschlüsse früherer Zwischenberichtsperioden des aktuellen Geschäftsjahres und vergleichbarer Zwischenberichtsperioden früherer Geschäftsjahre, die im Abschluss nach IAS 8 zu berücksichtigen sind. Eine Änderung der Bilanzierungs- und Bewertungsmethoden wird nach IAS 8 durch eine rückwirkende Anwendung berücksichtigt. Die Informationen werden weitest möglich vergangenheitsbezogen angepasst. In Einklang mit der Vorgehensweise im Jahres- oder Konzernabschluss werden Methodenänderungen retrospektiv vorgenommen und so durchgeführt, als ob schon immer nach dieser Methode bilanziert worden wäre. Die erforderlichen Vergleichsangaben der Zwischenberichte früherer Berichtsperioden sind entsprechend anzupassen.

Zur Berücksichtigung von Methodenänderungen im jährlichen Abschluss → C.I.4.

Alternative:

IAS 34.43b Wenn die Ermittlung der kumulierten Auswirkung der Anwendung einer neuen Bilanzierungs- und Bewertungsmethode auf alle früheren Perioden am Anfang des Geschäftsjahres sowie vergleichbarer Zwischenberichtsperioden früherer Geschäftsjahre undurchführbar ist, ist die neue Methode prospektiv ab dem frühest möglichen Zeitpunkt anzuwenden.

Für die Periodisierung in der Zwischenberichterstattung gelten folgende Grundsätze:

- Es erfolgt grundsätzlich keine Glättung von Gewinn- und Verlustpositionen. Die Zwischenberichtsperiode wird als eine unabhängige Periode verstanden, zu deren Ende eine Erfolgsermittlung anhand der im Abschluss angewandten Abgrenzungskriterien erfolgt.
- IAS 34.37 IAS 34.38 Erträge, die innerhalb eines Geschäftsjahres saisonal bedingt, konjunkturell bedingt oder gelegentlich erzielt werden, dürfen nicht vorgezogen oder abgegrenzt werden, sofern das Vorziehen oder Abgrenzen am Ende des Geschäftsjahres nicht angemessen wäre. Beispiele hierfür sind: Dividendenerträge, Nutzungsentgelte und Zuwendungen der öffentlichen Hand.
- IAS 34.39 Aufwendungen, die unregelmäßig während des Geschäftsjahres anfallen, sind für Zwecke der Zwischenberichterstattung nur dann vorzuziehen oder abzugrenzen, wenn es auch am Ende des Geschäftsjahres angemessen wäre, diese Aufwendungen vorzuziehen oder abzugrenzen.
- Zur Steuerabgrenzung im Rahmen der Zwischenberichterstattung ist der voraussichtliche Ertragsteuersatz, der für das gesamte Geschäftsjahr erwartet wird, heranzuziehen.

3.2 Alternative: Form und Inhalt der Darstellung

IAS 34.9 Bezüglich Form und Inhalt der Darstellung sind **alle Anforderungen der IFRS an eine vollständige Rechnungslegung zu erfüllen**. Soweit IAS 34 weitergehende Erläuterungen (→ E.X.3.3) fordert, sind diese Angaben ergänzend in die Zwischenberichterstattung aufzunehmen.

IAS 34.19 Die Übereinstimmung des Zwischenberichts mit den IFRS ist in den erläuternden Anhangangaben mit anzugeben.

3.3 Erläuternde Anhangangaben

IAS 34.15 Der Zwischenbericht hat sämtliche Informationen zu enthalten, die für das Verständnis der Entwicklung der Vermögens-, Finanz- und Ertragslage in der Zwischenberichtsperiode wesentlich sind.

IAS 34.16 Im Einzelnen sind folgende Anhangangaben (→ CD-Anhangcheckliste 12) zu machen, soweit es sich dabei um wesentliche Aspekte handelt, mittels derer über bedeutende Ereignisse und Geschäftsvorfälle des Unternehmens informiert werden soll, die sich seit der Aufstellung des letzten Abschlusses ereignet haben:

- Beschreibung der Art und Auswirkungen von Änderungen der Bilanzierungs-, Bewertungs- und Berechnungsmethoden im Zwischenbericht im Vergleich zum letzten jährlichen Jahres- oder Konzernabschluss bzw. – sofern keine Änderungen erfolgt sind – eine Erklärung, dass die gleichen Methoden befolgt wurden;
- Angaben über saisonale und konjunkturelle Einflüsse auf die Geschäftstätigkeit innerhalb der Zwischenberichtsperiode;
- Informationen über Art und Umfang von Ereignissen, die in ihrer Art, ihrem Ausmaß oder ihrer Häufigkeit ungewöhnlich sind und das Ergebnis, die Vermögenswerte und Schulden, das Eigenkapital oder den Cashflow beeinflusst haben (z.B. Wertminderungen und Wertaufholungen, Berichtigung wesentlicher Fehler nach IAS 8);
- Angaben über Art und Umfang von Anpassungen der Schätzgrößen, falls diese Anpassungen den Zwischenbericht wesentlich beeinflussen;
- Angaben über Emissionen, Rückkäufe und Rückzahlungen von Schuldverschreibungen oder Eigenkapital;
- Angaben über gezahlte Dividenden (entweder als Gesamtsumme oder je Aktie) gesondert für Stammaktien und sonstige Aktien;
- Segmentinformationen, soweit IFRS 8 diese für den Jahres- bzw. Konzernabschluss fordert, über
  - Umsätze mit Dritten, soweit diese in das Segmentergebnis eingehen, das vom zentralen Entscheidungsträger überwacht wird;
  - Intersegmentäre Umsätze, soweit diese in das Segmentergebnis eingehen, das vom zentralen Entscheidungsträger überwacht wird;
  - ein Segmentergebnis;
  - Gesamtbetrag der Vermögenswerte, deren Buchwert sich im Vergleich zum letzten Jahres- bzw. Konzernabschluss deutlich verändert hat;
  - eine Beschreibung von Abweichungen, die sich im Vergleich zum letzten Jahres- oder Konzernabschluss in der Segmentierung und bei der Ermittlung des Segmentergebnisses ergeben haben;
  - eine Überleitung des Gesamtbetrags der Ergebnisse aller berichtspflichtigen Segmente auf das Ergebnis des Unternehmens vor Steuern bzw. wahlweise nach Steuern, soweit Steueraufwendungen und Erträge den Segmenten zugerechnet werden; wesentliche Überleitungsposten in der Überleitungsrechnung sind zu beschreiben. (→ E.VI.3.);
- wesentliche Ereignisse nach Ende der Zwischenberichtsperiode, die nicht als Geschäftsvorfall in den Zwischenabschluss eingegangen sind;
- Angaben über die Auswirkungen von Änderungen im Konsolidierungskreis (→ D.II.) und anderen Änderungen der Unternehmensstruktur (z.B. Aufgabe von Geschäftsbereichen, Restrukturierungen);
- Angaben über Änderungen der Eventualforderungen und -verbindlichkeiten seit dem letzten Abschlussstichtag.

Die Angabepflichten anderer IFRS als IAS 34, die sich lediglich auf vollständige Abschlüsse beziehen, sind grundsätzlich nicht zu beachten. In den verkürzten **IAS 34.18**

Zwischenabschlüssen können jedoch fakultativ mehr Informationen veröffentlicht werden als zuvor dargestellt.

3.4 Umfang der Angaben

IAS 34.20 Die im Zwischenbericht darzustellende **Bilanz** hat die Werte zum Ende der jeweils aktuellen Zwischenberichtsperiode anzugeben und diesen die Werte der Bilanz zum Ende des unmittelbar vorangegangenen Geschäftsjahres gegenüberzustellen.

In Bezug auf das *statement of comprehensive income* sind die kumulierten Werte seit Beginn des aktuellen Geschäftsjahres und die Werte der jeweiligen Zwischenberichtsperiode anzugeben, jeweils ergänzt um die entsprechenden Vergleichsangaben des unmittelbar vorangegangenen Geschäftsjahres.

Der **Eigenkapitalspiegel** (→ E.V.) hat die Werte vom Beginn des aktuellen Geschäftsjahres bis zum Ende der Zwischenberichtsperiode zu enthalten, ergänzt um die entsprechenden Vergleichsangaben für den gleichen Zeitraum des unmittelbar vorangegangenen Geschäftsjahres.

In der **Kapitalflussrechnung** (→ E.IV.) sind die Werte vom Beginn des aktuellen Geschäftsjahres bis zum Ende der Zwischenberichtsperiode darzustellen, ergänzt um die entsprechenden Vergleichsangaben für den gleichen Zeitraum des unmittelbar vorangegangenen Geschäftsjahres.

Beispiel:

Das (Konzern-)Geschäftsjahr entspricht dem Kalenderjahr; es ist der Zwischenbericht für das 3. Quartal des Geschäftsjahres 02 (1. Januar bis 30. September 02) aufzustellen.

Die einzelnen Rechenwerke des Zwischenberichts haben folgende Wertangaben zu enthalten:

Bilanz		Wertangaben
	30.09.2002	
	31.12.2001	
statement of comprehensive income		
	9 Monate 02	
	9 Monate 01	
	3. Quartal 02	
	3. Quartal 01	
Eigenkapitalspiegel		
	01.01.02–30.09.02	
	01.01.01–30.09.01	

IAS 34.16 Die erläuternden Angaben des **Anhangs** sind kumuliert ab Beginn des aktuellen Geschäftsjahres darzustellen. Soweit es sich um quantitative Angaben handelt

und ein sinnvoller Vergleich möglich ist, **sind Vergleichsangaben** für den gleichen Zeitraum des unmittelbar vorangegangenen Geschäftsjahres zu machen.

Alternative: IAS 34.1

Die erläuternden Angaben des Anhangs sind kumuliert ab Beginn des aktuellen Geschäftsjahres darzustellen. Es sind keine Vergleichsangaben in Bezug auf Vorperioden zu machen.

F.
Aktuelle Entwicklungen

I. IFRS für private Unternehmen („IFRS for Private Entities")

Gliederung:

1. Leitgedanke und Ansatz des IASB

Am 15. Februar 2007 hatte der IASB einen Standardentwurf für kleine und mittlere Unternehmen (Exposure Draft IFRS for Small and Medium-sized Entities, kurz: „ED IFRS SME") veröffentlicht. Im Rahmen des IFRS Standardsetzungsprozesses waren dem Exposure Draft im Juni 2004 ein Diskussionspapier und im August 2006 ein Arbeitsentwurf vorausgegangen. Zielsetzung des Standards sollte die Schaffung einer Bilanzierungsalternative zu den vollwertigen IFRS sein. Die öffentliche Kommentierungsfrist lief bis zum 30. November 2007. Mittlerweile ist das Projekt in „Standard for Private Entities" umbenannt worden, da eine Orientierung an der Unternehmensgröße (ohne nähere Quantifizierung) nicht zu handhaben war. Der Standard soll Ende 2008 verabschiedet werden.

Leitgedanke des IASB beim Entwurf des IFRS SME ist es, kleineren und mittleren F.1–.12
Unternehmen die Anwendung der IFRS zu erleichtern. Zwar sollen nach dem Anspruch des IASB die IFRS grundsätzlich ein Rechnungslegungsnormensystem darstellen, das entscheidungsnützliche Informationen über die Vermögens-, Finanz- und Ertragslage aller Arten von Unternehmen hervorbringt. Jedoch erkennt der IASB im Vorwort zum ED IFRS SME sowie in der Begründung zum Standardentwurf an, dass kleinere und mittlere Unternehmen Bedürfnisse im Zusammenhang mit der Rechnungslegung haben, die nicht im Einklang mit der Komplexität der vollwertigen IFRS stehen. Ein besonderer Standard für kleine und mittlere Unternehmen lässt sich insoweit mit dem im Framework verankerten Prinzip der Abwägung von Nutzen und Kosten der Rechnungslegung rechtfertigen. F.44

Für die Umsetzung des SME-Projekts boten sich dem IASB grundsätzlich drei Darstellungsmöglichkeiten:

- Ein eigenständig anwendbarer, in sich geschlossener, neben die vollwertigen IFRS tretender Standard, der es dem Anwender erlaubte, einen Abschluss ohne Kenntnis der vollwertigen IFRS zu erstellen („stand-alone document");
- ein in die bestehenden IFRS eingereihter Standard, der zunächst definierte, welche Unternehmen ihn anwenden dürfen, und dann die von den anderen

Standards abweichenden Erleichterungen bei der Bilanzierung und Berichterstattung aufführte;
- die Anpassung der bestehenden einzelnen Standards dahin, dass jeweils an den betreffenden Stellen zusätzliche, von den normalen Regelungen abweichende Absätze für SME einzubauen gewesen wären.

Der IASB hat sich bei der Umsetzung des SME-Projekts für ein „stand-alone document" entschieden, die Idee eines in sich geschlossenen Standards jedoch nicht konsequent umgesetzt. Der Anwender muss die vollwertigen IFRS kennen, um den ED IFRS SME vollständig verstehen und anwenden zu können, da der ED IFRS SME zugunsten eines geringeren Umfangs an einigen Stellen Verweise auf die Regelungen in den vollwertigen IFRS enthält.

Der Entwurf umfasst 254 Seiten. Hinzu kommen 48 Seiten Begründungen zum Standard („Basis for Conclusions") und weitere 80 Seiten mit Anwendungsbeispielen und einer Checkliste für Anhangangaben.

1.1–1.3 Nach der Definition im ED IFRS SME fallen in den Anwendungsbereich dieses Standards Unternehmen, die

- nicht zur öffentlichen Rechnungslegung verpflichtet sind, aber dennoch
- **BC.33–.44** Jahresabschlüsse für Informationsempfänger erstellen, die nicht zugleich auch ins Management des Unternehmens eingebunden sind.

Nach der Definition des Standards sind kapitalmarktorientierte Unternehmen sowie Banken, Versicherungen und andere Unternehmen, die fremdes Vermögen treuhänderisch verwalten, zur öffentlichen Rechnungslegung verpflichtet. Somit bleibt diesen Unternehmen die Anwendung des IFRS SME versperrt.

BC.45 Der IASB hat sich seiner Standardbegründung gemäß bei der Erstellung des Entwurfs von den Bedürfnissen von Unternehmen mit etwa 50 Mitarbeitern leiten lassen. Da das Kriterium der Kapitalmarktorientierung das entscheidende Definitionsmerkmal darstellt, fallen jedoch weitaus größere Unternehmen, insbesondere weite Teile des deutschen „Mittelstands", in den Anwendungsbereich des Standards.

BC.56 Bei der Entwicklung des Entwurfs des IFRS SME ist der IASB von den bestehenden
BC.108 Standards und dem Framework ausgegangen („Top-down Ansatz"). Geleitet von den unterstellten Anforderungen der Rechnungslegungsadressaten von SME und damit einhergehend von Kosten-Nutzen-Abwägungen wurden einzelne Passagen zum Teil wortgleich, zum Teil in verkürzter Form übernommen.

Themenbereiche, denen der IASB für SME keine, oder nur eine geringe Relevanz beimisst, sind nicht oder nur eingeschränkt im Standardentwurf geregelt. Dort, wo nach Ansicht des IASB Erleichterungen für SME notwendig sind, werden von den vollwertigen IFRS abweichende Regelungen und zusätzliche Wahlrechte eingeführt. Verweise auf die vollwertigen IFRS eröffnen darüber hinaus grundsätzlich die Ausübung der dort geregelten Wahlrechte. Bezüglich einzelner Sachverhalte sind weniger komplizierte Ansatz- und Bewertungsvorschriften vorgesehen. Es sind weniger Anhangangaben zu beachten.

3.15 Der ED IFRS SME ist nach Sachgebieten gegliedert. Dem Vorwort, das die Leitgedanken des IASB bei der Erstellung des Standards zusammenfasst, folgen 38 Abschnitte mit grundlegenden und speziellen Regelungen zur Abschlusserstellung von SME. Der Standardentwurf endet mit einem Glossar und einer Herleitungstabelle, die für die einzelnen Abschnitte die Grundlagen der sachlich zugehörigen, vollwertigen IFRS aufführt:

Abschnitt		**Grundlagen**
Vorwort		Vorwort IFRS
1	Anwendungsbereich	–
2	Konzept und Grundlagen („Concepts and Pervasive Principles")	Framework, IAS 1
3	Darstellung des Abschlusses	IAS 1
4	Bilanz	IAS 1
5	Gewinn- und Verlustrechnung	IAS 1
6	Eigenkapitalspiegel	IAS 1
7	Kapitalflussrechnung	IAS 7
8	Anhang	IAS 1
9	Konzern- und separate Einzelabschlüsse	IAS 27
10	Bilanzierungs- und Bewertungsmethoden, Änderungen von Schätzungen und Fehler	IAS 8
11	Finanzielle Vermögenswerte und Schulden	IAS 32, IAS 39, IFRS 7
12	Vorräte	IAS 2
13	Anteile an assoziierten Unternehmen	IAS 28
14	Anteile an Joint Ventures	IAS 31
15	Als Finanzinvestitionen gehaltene Immobilien	IAS 40
16	Sachanlagen	AS 16
17	Immaterielle Vermögenswerte (außer Goodwill)	IAS 38
18	Unternehmenszusammenschlüsse und Goodwill	IFRS 3
19	Leasingverhältnisse	IAS 17
20	Rückstellungen und Eventualschulden	IAS 37
21	Eigenkapital	IAS 1, IAS 32
22	Erträge	IAS 11, IAS 18
23	Zuwendungen der öffentlichen Hand	IAS 20
24	Fremdkapitalkosten	IAS 23
25	Aktienbasierte Vergütung	IFRS 2
26	Wertminderung von nicht-finanziellen Vermögensgegenständen	IAS 2, IAS 36
27	Leistungen an Arbeitnehmer	IAS 19
28	Ertragsteuern	IAS 12
29	Rechnungslegung in Hochinflationsländern	IAS 29
30	Währungsumrechnung	IAS 21
31	Segmentberichterstattung	IFRS 8
32	Ereignisse nach dem Bilanzstichtag	IAS 10
33	Angaben über die Beziehungen zu nahe stehenden Unternehmen und Personen	IAS 24

Abschnitt		Grundlagen
Vorwort		Vorwort IFRS
34	Ergebnis je Aktie	IAS 33
35 6,	Besondere Wirtschaftszweige	IAS 41, IFRS 4, IFRS
36	Aufgegebene Geschäftsbereiche und zur Veräußerung gehaltene Vermögenswerte	IFRS 5
37	Zwischenberichterstattung	IAS 34
38	Überleitung auf die IFRS für SME	IFRS 1

2.32; 10.3–10.4 Ein während des bisherigen Projektverlaufs diskutiertes Problemfeld bei der Anwendung des IFRS SME besteht in seinem Verhältnis zu den vollwertigen IFRS im Hinblick auf Regelungslücken, also Sachverhalten, die zwar in den vollwertigen IFRS, nicht jedoch im IFRS SME, auch nicht in Form eines Verweises, geregelt sind. Der IASB bietet als Lösung für dieses Problemfeld folgende Rangordnung der von SME anzuwendenden Regelungen:

1. Regelungen innerhalb des IFRS SME, inklusive Regelungen der vollwertigen IFRS, wenn der IFRS SME auf diese verweist.
2. Das Grundkonzept nach Abschnitt 2.
3. Regelungen der vollwertigen IFRS inklusive IFRIC und SIC.

Diese dreistufige Rangordnung folgt der Leitidee des IASB, einen eigenständigen Standard für SME zu schaffen, der weitestgehend ohne die vollwertigen IFRS auskommen sollte, und somit insbesondere keinen Generalverweis auf die vollwertigen IFRS im Falle von Regelungslücken zu enthalten hatte. Bei der praktischen Anwendung des IFRS SME wird nach herrschender Meinung in der Fachliteratur im Fall von Regelungslücken ein Rückgriff auf die vollwertigen IFRS jedoch unumgänglich sein: Wenn ein SME einen Sachverhalt verwirklicht, dessen Bilanzierung in den vollwertigen IFRS geregelt ist, der IFRS SME jedoch dazu weder selber Aussagen trifft noch einen Verweis auf eben diese Regelung enthält, könne das Management eines SME durch Rückgriff auf das Grundkonzept in Abschnitt 2 des IFRS SME keine Bilanzierung des Sachverhalts vornehmen, die von der Regelung in den vollwertigen IFRS abweiche, da der IFRS SME und die vollwertigen IFRS denselben Grundkonzepten („*pervasive principles*") folgen. Ansonsten wäre ein Widerspruch zwischen Grundkonzept und Einzelstandards festzustellen.

2. Die Besonderheiten für private Unternehmen im Einzelnen

Im Folgenden werden die Besonderheiten, die der ED IFRS SME gegenüber den vollwertigen IFRS vorsieht, anhand der Gliederung dieses Handbuchs dargestellt.

38.4 In Anlehnung an **IFRS 1** schreibt Abschnitt 38 grundsätzlich die retrospektive
38.7–.8 Anwendung der Regeln des Standards auf die Positionen der Eröffnungsbilanz

vor (Beginn der ersten dargestellten Vergleichsperiode). Genau wie IFRS 1 enthält jedoch auch der Überleitungsabschnitt im ED IFRS SME Ausnahmen von diesem Grundsatz (→ B.IV.2.). Als Globalerleichterung kann von der retrospektiven Anwendung des Standards abgesehen werden, wenn die Anwendung nicht praktikabel wäre. **38.9; BC.93**

Die Abschnitte 2 und 3 enthalten die **konzeptionellen Grundlagen**, qualitative Charakteristika und Bestandteile der Finanzberichterstattung für SME, die in verkürzter Form das IFRS Framework und IAS 1 wiedergeben. In den Abschnitten 4 bis 8 werden dann die einzelnen Bestandteile Bilanz, Gewinn- und Verlustrechnung, Eigenkapitalspiegel, Kapitalflussrechnung und Anhang näher beschrieben.

Erleichterungen für SME sind nur bezüglich des Eigenkapitalspiegels vorgesehen: **3.16, 6.4–6.5** Lässt sich die Veränderung des Eigenkapitals ausschließlich mit dem Jahresergebnis gemäß Gewinn- und Verlustrechnung, Ausschüttungen, Korrekturen von Fehlern und/oder der Änderung von Bilanzierungsmethoden erklären, so kann anstelle eines Eigenkapitalspiegels die Gewinn- und Verlustrechnung um eine Gewinnrücklagenveränderungsrechnung erweitert werden, die die entsprechenden Veränderungen der Gewinnrücklagen aufzeigt.

Bei der bilanziellen Behandlung von **Investitionszuschüssen** gibt Abschnitt 23 **23.4** die Regelungen in IAS 41.34–.38 für Investitionszuschüsse in der Landwirtschaft wieder. Danach sind unbedingte Zuwendungen der öffentlichen Hand als Ertrag zu erfassen, sobald die Zuwendungen einforderbar sind. Bedingte Zuwendungen sind nur insoweit als Ertrag zu vereinnahmen, wie die Bedingungen eingetreten sind.

Alternativ stellt der Standardentwurf dem SME frei, diese aus IAS 41 übernommenen **23.3** Regelungen nur für solche Zuwendungen anzuwenden, die mit Vermögensgegenständen im Zusammenhang stehen, die ergebniswirksam zum *fair value* zu bewerten sind, und für die übrigen Zuwendungen IAS 20 anzuwenden.

SME sollen **Fremdkapitalkosten** im Zeitpunkt ihres Anfalls als Aufwand erfassen. **24.3–.4**
Als Alternative wird die Aktivierung gemäß den Vorgaben in IAS 23 eröffnet.

Die **Wertminderung von allen nicht-finanziellen Vermögenswerten** (immaterielle Vermögenswerte, Sachanlagen, Vorräte) ist in Abschnitt 26 geregelt. Wesentliche Unterschiede zu IAS 36 und IAS 2 bestehen nicht. Als Niederstwerttest beim **26.2** Vorratsvermögen ist vorgesehen, den Buchwert mit dem Verkaufspreis abzüglich der Fertigstellungs- und Verkaufskosten zu vergleichen. Beim Sachanlagever- **26.5** mögen ist für den Niederstwerttest lediglich der Zeitwert abzüglich anfallender Verkaufskosten heranzuziehen. Eine zusätzliche Ermittlung des Nutzungswerts, wie in IAS 36.30–.32 vorgeschrieben, ist nicht vorgesehen. Das Konzept der zah- **26.9** lungsmittelgenerierenden Einheit gemäß IAS 36.66 übernehmend, sollen SME kleinstmögliche identifizierbare Gruppen von Vermögensgegenständen bilden, um einen Wertminderungsbedarf feststellen zu können, der für einen einzelnen Vermögensgegenstand nicht ermittelbar wäre. Ein quantitativer Werthaltigkeits- **26.22** test beim Goodwill muss nicht jährlich, sondern nur durchgeführt werden, wenn Anhaltspunkte für eine Wertminderung vorliegen.

Abschnitt 22 regelt die **Erlösrealisation**. Der Abschnitt umfasst inhaltlich alle wesentlichen Vorgaben von IAS 18 (Erträge) und IAS 11 (Fertigungsaufträge). Der **BC.99**

IASB hält es somit nicht für sachgerecht, SME Erleichterungen bei der Bilanzierung von Fertigungsaufträgen einzuräumen.

Abschnitt 10 gibt die wesentlichen Regelungen des IAS 8 zur Behandlung von Methodenänderungen, Änderungen von Schätzungen sowie von Fehlern wieder.

Hinsichtlich der Definitionsmerkmale von **immateriellen Vermögenswerten** un-
17.15 terscheiden sich Abschnitt 17 grundsätzlich nicht von IAS 38. SME haben jedoch die Wahl, Entwicklungskosten abweichend von IAS 38.57 sofort als Aufwand zu erfassen.

16.14 Bei **Sachanlagen** und **Vorräten** sind keine Erleichterungen gegenüber der Bilanzierung nach den vollwertigen IFRS gegeben. So gilt auch für SME der Komponentenansatz bei Sachanlagen.

15.5 Bezüglich der **als Finanzinvestitionen gehaltenen Immobilien** haben SME entsprechend IAS 40.33 das Bewertungswahlrecht zwischen fortgeführten Anschaffungs-
15.6 und Herstellungskosten und dem *fair value*. Dieses Wahlrecht kann nur einheitlich für alle als Finanzinvestitionen gehaltenen Immobilien ausgeübt werden.

Bei der in Abschnitt 11 geregelten Bilanzierung von **finanziellen Vermögenswerten** sind einige Erleichterungen gegenüber IAS 39 und den Anhangangaben nach IFRS 7 zu verzeichnen.

11.1 Zu Beginn des Abschnitts wird eine punktuelle Anwendung von einzelnen abweichenden Regelungen in IAS 39 und IFRS 7 ausgeschlossen: Ein SME muss sich zwischen der Anwendung von Abschnitt 11 oder der vollständigen Anwendung von IAS 39 und IFRS 7 entscheiden.

11.8 In Abweichung von IAS 39.9 werden statt vier nur zwei Kategorien von finanziellen Vermögenswerten (Finanzinstrumente) im Hinblick auf die Folgebewertung unterschieden:

- Bewertung zu fortgeführten Anschaffungskosten
- Ergebniswirksame Bewertung zum *fair value*.

11.9 Der Standardentwurf führt Tatbestandsmerkmale für Finanzinstrumente auf, die kumulativ erfüllt sein müssen, um sie zu fortgeführten Anschaffungskosten bewerten zu können:

a) Bestimmter Fälligkeitstermin oder auf Sicht fällig; spätestens am vereinbarten Fälligkeitstermin ist die bei Ausgabe des Finanzinstruments erhaltene oder gezahlte Gegenleistung im Wesentlichen in voller Höhe zurückzuzahlen.
b) Die Rückflüsse an den Inhaber des Finanzinstruments bestehen aus: (i) einem festen Betrag oder (ii) einem über die Laufzeit des Instruments festen Zinssatzes oder (iii) einem variablen Zinssatz, der einem beobachtbaren Referenzzinssatz folgt oder (iv) einer Kombination aus einem festen und variablen Zinnsatz.
c) Es gibt keine vertragliche Regelung, die dazu führen könnte, dass der Inhaber des Finanzinstruments den Nennbetrag sowie die darauf entfallenden Zinsansprüche der laufenden und früheren Perioden verliert.
d) Vertragliche Regelungen, die dem Emittenten die vorzeitige Rückzahlung oder dem Inhaber die vorzeitige Rückgabe des Finanzinstruments erlauben, hängen nicht vom Eintritt eines zukünftigen Ereignisses ab. Das Finanzinstrument kann eine Vorfälligkeitsentschädigung vorsehen, sofern es sich um einen

festen Betrag handelt oder diese in einem bestimmten Prozentsatz des zum Zeitpunkt der vorzeitigen Rückzahlung angelegten Betrags oder ausstehenden Nennbetrags besteht oder es sich um einen Betrag handelt, der aus einer Zinsänderung resultiert, die den Vorteil mindert, den dieser Vertragspartner ansonsten hätte.

e) Es besteht keine an bestimmte Bedingungen geknüpften Verzinsung oder Rückzahlungsklausel mit Ausnahme des unter lit. b) aufgeführten variablen Zinssatzes und der unter lit. d) aufgeführten Regelungen zur Vorfälligkeitsentschädigung.

Wenn danach eine Bewertung zu fortgeführten Anschaffungskosten nicht möglich ist, erfolgt eine ergebniswirksame Bewertung zum *fair value*.

Zur Erhellung der abstrakten Tatbestandsmerkmale führt der Standardentwurf die für die meisten SME bedeutsamsten Beispiele von Finanzinstrumenten auf: **11.11**

Bewertung zu fortgeführten Anschaffungskosten (u.a.):

- Forderungen und Verbindlichkeiten aus Lieferungen und Leistungen
- Ausgereichte und erhaltene Darlehen

Bewertung zum *fair value* (u.a.):

- Am öffentlichen Kapitalmarkt gehandelte Finanzinstrumente
- Schulden ohne Laufzeitende

Die Ausbuchung von Finanzinstrumenten werden im Vergleich zu IAS 39.17–.42 insoweit erleichtert, als dass die Ausbuchung eines Vermögenswertes nur dann erfolgt, wenn im Wesentlichen alle damit verbundenen Chancen und Risiken übertragen wurden. Ein „anhaltendes Engagement" mit der Folge nur teilweiser Ausbuchung gemäß IAS 39.30–.34 ist im Standardentwurf nicht vorgesehen. Auch auf „Durchleitungsvereinbarungen" gemäß IAS 39.20 wird im Standardentwurf nicht eingegangen. **11.24–.26**

Abschnitt 21 enthält konkrete Regelungen für die Bilanzierung von Eigenkapitalanteilen. Danach ist **Eigenkapital** bilanziell zu erfassen, wenn bei Ausgabe von Anteilen für den Erwerber eine Verpflichtung zur Gegenleistung an das ausgebende Unternehmen besteht. Die Bewertung des Eigenkapitals hat zum Barwert der Gegenleistung abzüglich direkter Emissionskosten zu erfolgen. Ausstehende Einlagen sind mit dem Eigenkapital zu saldieren, also nicht auf der Aktivseite auszuweisen. Gezeichnete, aber noch nicht ausgegebene Anteile, für die auch die Gegenleistung aussteht, werden nicht bilanziert. **21.2–.3**

Der Ausweis des Eigenkapitals soll im Übrigen den jeweiligen nationalen Vorschriften folgen. Diese Regelung ist jedoch nicht dahingehend misszuverstehen, dass bezüglich der Abgrenzung von Eigen- zu Fremdkapital Abweichungen zu IAS 32 vorgesehen wären. Die Problematik der Qualifikation der Kapitalanteile von Personengesellschaftern als Fremdkapital stellt sich somit auch für SME. **21.4**

Die Bilanzierung von **Rückstellungen** nach Abschnitt 20 entspricht den Regelungen in IAS 37. Leistungsverpflichtungen gegenüber Arbeitnehmern ist wie in den vollwertigen IFRS (IAS 19) ein eigener Abschnitt gewidmet.

Im Unterschied zu den komplizierten Bilanzierungsalternativen in IAS 19 bezüglich der Erfassung versicherungsmathematischer Gewinne und Verluste, sieht der Standardentwurf nur die sofortige Erfassung in der Gewinn- und Verlustrech- **27.21** nung, wie nach IAS 19.92, vor. Damit ist eine Ausnahme vom Grundsatz gegeben, alle Wahlrechte der vollwertigen IFRS an die SME weiterzugeben.

Die Regelungen zu laufenden und latenten **Ertragsteuern** in Abschnitt 28 geben in verkürzter Form das Konzept der temporären Differenzen und die übrigen wesentlichen Inhalte von IAS 12 wieder.

28.18 Der Standardentwurf sieht hinsichtlich der Bildung latenter Steuern auf *outside basis differences* (→ C.IV.1.3.2.2) für SME insoweit eine Erleichterung vor, als dass die Inanspruchnahme der Ausnahme zur Bildung latenter Steuern nur auf die voraussichtliche zeitliche Umkehr abstellt und nicht zusätzlich auf die Möglichkeit der Einflussnahme auf die Gewinnverwendung wie in IAS 12.39.

Die Bilanzierung von **Leasingverhältnissen** erfolgt entsprechend IAS 17. Da der IASB die Rolle eines SME als Finanzierungsleasinggeber für unwahrscheinlich hält, ist für diesen Fall nur ein Verweis auf die betreffenden Absätze im IAS 17 enthalten.

Als einzige Erleichterung für SME entfällt im Unterschied zu IAS 17.20 die Ermitt-
19.8 lung eines im Vergleich zum *fair value* möglicherweise niedrigeren Barwerts der Mindesleasingzahlungen bei der Zugangsbewertung des Leasinggegenstandes.

Abschnitt 36 gibt in verkürzter Form die wesentlichen Regelungen des IFRS 5 zur Bilanzierung von **aufgegebenen Geschäftsbereichen** und **zur Veräußerung gehaltener Vermögenswerte** wieder.

Die Regelungen zu **anteilsbasierten Vergütungen** in Abschnitt 25 stimmen mit dem vollwertigen IFRS 2 überein oder verweisen auf die dortigen betreffenden Passagen.

34.1 Angaben zum **Ergebnis je Aktie** sind für SME eigentlich nicht vorgesehen. Will ein SME dennoch Angaben dazu machen, hat es die Regelungen in IAS 33 zu befolgen.

11.31 Die Bilanzierung von **Sicherungsbeziehungen** ist im Vergleich zu IAS 39 auf die folgenden vier Sicherungsgeschäftskonstellationen beschränkt:

a) Zinsrisiken aus Schuldinstrumenten, die zu fortgeführten Anschaffungskosten bewertet werden,
b) Währungs- oder Zinsänderungsrisiken, die sich aus einer festen Verpflichtung oder einer mit hoher Wahrscheinlichkeit eintretenden künftigen Transaktion ergeben,
c) Preisrisiken für „Commodities“ (standardisierte Handelswaren), die das SME hält, oder für die feste Verpflichtungen zum Kauf oder Verkauf bestehen (oder eine künftige Transaktion hoch wahrscheinlich ist) und
d) Währungsrisiken, die sich aus einer Nettoinvestition in einen ausländischen Geschäftsbetrieb ergeben.

11.32 Die Bilanzierung von Sicherungsbeziehungen ist nur dann zulässig, wenn das Sicherungsinstrument die folgenden Voraussetzungen kumulativ erfüllt:

a) Es ist ein Zinsswap, ein Währungsswap, ein Devisentermingeschäft oder ein Warentermingeschäft, der bzw. das als hoch wirksam eingeschätzt wird im Hinblick auf die Kompensation eines der unter ED IFRS SME 11.31 genannten Risiken, das als zu sicherndes Risiko bezeichnet wurde.
b) Es wurde mit einem gegenüber dem SME fremden Dritten abgeschlossen.

c) Sein Nominalwert entspricht dem Nominalwert des zu sichernden Grundgeschäfts.
d) Es wurde ein bestimmter Fälligkeitstermin vereinbart, der nicht später liegen darf als: (i) der Fälligkeitstermin für das gesicherte Finanzinstrument oder (ii) der erwartete Zeitpunkt der Erfüllung des Commodity-Kaufvertrags oder (iii) der Eintrittszeitpunkt der mit hoher Wahrscheinlichkeit eintretenden künftigen, zu sichernden Devisen- oder Warentransaktion.
e) Das Sicherungsinstrument kann weder vorzeitig zurückgezahlt, vorzeitig beendet noch verlängert werden.

Abweichend von IAS 39 kommen gemäß der Begründung zu Abschnitt 11 Kassa- **BC.76**
instrumente für das Hedge-Accounting nicht in Betracht. Optionsgeschäfte dürfen ebenfalls nicht als Sicherungsinstrumente im Rahmen des Hedge-Accounting bezeichnet werde. Zudem sind Absicherungen ganzer Portfolios nicht erlaubt.

Auch von SME wird die Messung und Dokumentation der Wirksamkeit der **11.30; BC.74**
Sicherungsbeziehungen verlangt, um Hedge-Accounting anwenden zu können. Allerdings soll die Überprüfung der Wirksamkeit nicht laufend, sondern nur einmal, am jeweiligen Ende der Berichtsperiode vorgenommen werden. Folgende, gegenüber IAS 39 vereinfachte Voraussetzungen müssen kumulativ erfüllt sein:

a) Das SME bezeichnet und dokumentiert die Sicherungsbeziehung, so dass das zu sichernde Risiko, das Grundgeschäft und das Sicherungsinstrument eindeutig bestimmt sind, und das mit dem Grundgeschäft verbundene Risiko dem Risiko entspricht, das durch das Sicherungsinstrument zu sichern ist,
b) das zu sichernde Risiko ist eines der unter ED IFRS SME 11.31 aufgeführten,
c) das Sicherungsinstrument erfüllt die unter ED IFRS SME 11.32 aufgeführten Voraussetzungen,
d) das SME schätzt das Sicherungsinstrument hinsichtlich der Kompensation des bezeichneten zu sichernden Risikos als hoch wirksam ein (→ C.IV.5.1.5).

Zwischenabschlüsse sind für SME eigentlich nicht vorgesehen. Will ein SME **37.2**
dennoch Zwischenabschlüsse erstellen, hat es entweder die Regelungen in IAS 34 oder alternativ den vollständigen ED IFRS SME zu befolgen.

Eine **Segmentberichterstattung** ist für SME eigentlich nicht vorgesehen. Will ein **31.1**
SME dennoch Segmentinformationen darstellen und als solche bezeichnen, hat es die Regelungen in IFRS 8 zu befolgen.

Der ED IFRS SME enthält in Abschnitt 9 Regelungen zur Erstellung von **Konzern-** **BC.104**
abschlüssen. Der IASB begründet die Notwendigkeit, konsolidierte Abschlüsse zu erstellen, mit dem Hinweis, dass SME oftmals insbesondere aus steuerlichen Gründen ihre Geschäftstätigkeit in gesellschaftsrechtlich getrennten Teileinheiten betreiben, und somit nur konsolidierte Abschlüsse entscheidungsnützliche Informationen über die Vermögens-, Finanz- und Ertragslage des einheitlichen Geschäftsbetriebs liefern können.

Zweckgesellschaften sind in den Konzernabschluss einzubeziehen, wenn sie **9.3**
wirtschaftlich vom SME beherrscht werden.

Im Unterschied zu IAS 27 sieht ED IFRS SME die Möglichkeit von „kombinierten" **9.21–.22**
Abschlüssen anstelle von mehreren Einzelabschlüssen vor, wenn (ein) Anteilseigner an mehreren gleichgeordneten Unternehmen beteiligt (ist) sind.

Die bilanzielle Darstellung von Unternehmenszusammenschlüssen ist in Abschnitt 18 geregelt und gibt die wesentlichen Inhalte von IFRS 3 wieder.

13.3; 14.8 Der Standardentwurf räumt SME die Alternative ein, Anteile an Joint Ventures und assoziierten Unternehmen sowohl im Einzel- als auch im Konzernabschluss zu Anschaffungskosten abzüglich etwaiger Wertminderungen zu bewerten. In den vollwertigen IFRS ist diese Erleichterung nur für den Einzelabschluss vorgesehen.

3. Kritik und weitere Entwicklung

Insbesondere in Deutschland ist der Entwurf ganz überwiegend abgelehnt worden (vgl. die Stellungnahmen vom DRSC, BDI und IDW). Die zentralen Kritikpunkte aus deutscher Sicht lassen sich wie folgt zusammenfassen:

- Die Komplexität des Entwurfs geht an den Bilanzierungsbedürfnissen von nicht kapitalmarktorientierten Unternehmen vorbei.
- Unzureichende Prinzipienorientierung führen zu einer umfangreichen Kasuistik.
- Der Standard ist kein eigenständig anwendbares Regelwerk, sondern sieht den Rückgriff auf die bestehenden, „vollwertigen" IFRS vor.

Aus den veröffentlichten Ergebnissen der IASB-Sitzungen nach Auswertung der eingegangenen Stellungnahmen lassen sich folgende Entwicklungen bei der Weiterverfolgung des Projekts erkennen:

- Verweisungen auf die bestehenden, „vollwertigen" IFRS sollen unterbleiben. Ziel ist somit ein eigenständig anwendbares Regelwerk. Der Umfang des Standrads wird dadurch zunehmen.
- Dem entgegen soll jedoch die geplante Streichung von Kapiteln wirken, die für nicht kapitalmarktorientierte Unternehmen in aller Regel keine Rolle spielen, z. B. Zwischenberichterstattung.
- Verminderung der Komplexität bei der Bilanzierung von Finanzinstrumenten durch Konkretisierung der Bewertungsregeln.
- Zurverfügungstellung sämtlicher in den „vollwertigen" IFRS enthaltenen Wahlrechten, wobei diejenigen, die nicht bereits in den Hauptteil des Standards Eingang finden, in einen Anhang zum Standard aufgenommen werden sollen.

Die weitere Entwicklung des ED IFRS SME bzw. jetzt ED Private Entities und sein zukünftiger Verbreitungsgrad sind zur Zeit in vielerlei Hinsicht fraglich. Zunächst bleibt abzuwarten, inwieweit der Entwurf bis zur endgültigen Verabschiedung noch modifiziert wird.

Nach Verabschiedung fiele der Standard nicht automatisch in den Regelungsbereich der EU IAS-Verordnung (→ A.II.1.). Vielmehr hätte der europäische Gesetzgeber zunächst über den Verpflichtungsgrad des Standards zu entscheiden. Dann wären Handlungsspielräume der nationalen Gesetzgeber auszufüllen, soweit den Mitgliedstaaten dazu vom europäischen Gesetzgeber Wahlrechte eingeräumt werden.

II. Bedeutung der geplanten Neuregelungen durch das BilMoG im Kontext der zunehmenden Anwendung der IFRS

Gliederung:

1. Grundlagen

Mit dem Gesetz zur Modernisierung des Bilanzrechts (BilMoG) verfolgt der deutsche Gesetzgeber insbesondere das Ziel, den Unternehmen in Deutschland eine gleichwertige Alternative zur Anwendung der IFRS zu ermöglichen, die allerdings im Vergleich zu den internationalen Rechnungslegungsnormen einfacher und kostengünstiger sein soll. Diese Entwicklung ist in den Kontext einer stark gestiegenen Bedeutung der IFRS in der jüngeren Vergangenheit zu rücken, die nicht zuletzt auf die durch die IAS-Verordnung aus dem Jahr 2002 eingeführte Verpflichtung kapitalmarktorientierter Unternehmen zur Bilanzierung nach IFRS zurückzuführen ist. Insgesamt betrachtet bestehen auf europäischer Ebene bereits seit längerem Tendenzen zu einer Harmonisierung der Rechnungslegungsnormen. Dies resultiert u.a. daraus, dass international agierende Unternehmen – auch unabhängig von einer Kapitalmarktorientierung – zur Aufrechterhaltung ihrer Wettbewerbsfähigkeit faktisch dazu gezwungen werden, nach internationalen Rechnungslegungsnormen zu bilanzieren.

Gleichzeitig ist es aber kleinen und mittleren Unternehmen nicht zuzumuten, zu einer Anwendung der IFRS zu wechseln. Neben dem unverhältnismäßig hohen organisatorischen Aufwand zeichnen hierfür auch Kostengründe verantwortlich, da sich die nationalen Normen konzeptionell deutlich von den internationalen Vorschriften unterscheiden. So sind die IFRS wesentlich stärker vom Gedanken der Informationsvermittlung geprägt – dies äußert sich bspw. in den vergleichsweise umfangreichen Anhangangabepflichten –, während in der handelsrechtlichen Rechnungslegung das Vorsichtsprinzip und damit einhergehend der Gläubigerschutz im Mittelpunkt stehen. Vor diesem Hintergrund erklärt sich der bislang noch bestehende Widerstand des deutschen Mittelstands, zu einer Anwendung der IFRS überzugehen.

Basierend auf der dargestellten Situation sieht sich die Bundesregierung in der Pflicht, eine Modernisierung des deutschen Bilanzrechts vorzunehmen, mit der möglichst vielen der unterschiedlichen Interessenlagen (faktische Verpflichtung zur Anwendung internationaler Normen einerseits versus Ablehnung der IFRS im Mittelstand andererseits) Rechnung getragen werden kann, um somit insbesondere für den Mittelstand eine „echte" Alternative zur internationalen Bilanzierung zu schaffen. Nach Ansicht des Gesetzgebers erfordert dies eine maßvolle Annäherung der nationalen Rechnungslegungsnormen an die IFRS. Für das deutsche Bilanzrecht geht damit insbesondere auch eine Abschaffung von Wahlrechten bei der Bilanzierung und Bewertung sowie hinsichtlich des Ausweises einher. Damit soll das Informationsniveau eines HGB-Abschlusses maßvoll und realistisch angehoben werden, um so den Unternehmen bessere Voraussetzungen im Wettbewerb um eine kostengünstige Eigen- oder Fremdkapitalfinanzierung am Kapitalmarkt zu schaffen. Gleichzeitig kann auf diese Weise die Ausschüttungsbemessungsfunktion sowie die Maßgeblichkeit des handelsrechtlichen Jahresabschlusses für Zwecke der steuerlichen Rechnungslegung gewahrt bleiben.

Im Rahmen der Modernisierung des deutschen Bilanzrechts ist eine deutliche Orientierung an den IFRS-Normen erkennbar. Dies betrifft viele Bereiche sowohl der einzelgesellschaftlichen als auch der konsolidierten Rechnungslegung. Im Folgenden werden ausgewählte Neuerungen der handelsrechtlichen Rechnungslegung auf Grundlage des Regierungsentwurfs zum BilMoG vom 21.05.2008 aufgezeigt und gewürdigt. Deutlich ist hierbei eine Anlehnung der modernisierten deutschen Normen an die bereits international üblichen Standards zu erkennen. Je nach Ausprägung des IFRS-Bezugs bei den geplanten handelsrechtlichen Neuregelungen wird das deutsche Handelsrecht zukünftig mehr oder weniger ‚IFRS-like' ausgestaltet sein.

Nachstehende Zusammenstellung vergleicht ausgewählte Neuerungen aus dem Bereich der einzelgesellschaftlichen sowie der konsolidierten Rechnungslegung und ergänzt das vorliegende Werk um eine praktische Orientierungshilfe im Bereich der HGB-Normen. Nicht zuletzt eine den IFRS vergleichbare Auslegung und Interpretation einzelner Neuregelungen wird für die Rechnungslegung nach HGB auf Grundlage des BilMoG notwendig werden.

Nach aktuellem Stand des Gesetzgebungsverfahrens war die Anwendung der Neuregelungen zunächst für das Jahr 2009 vorgesehen. Auch wenn sich diese zwischenzeitlich auf das Jahr 2010 verschoben hat oder einige, noch im Gesetzentwurf der Bundesregierung enthaltene Neuerungen wieder wegfallen werden, bleibt die Notwendigkeit bestehen, sich frühzeitig mit den angedachten Neuerungen auseinanderzusetzen und die Regelungen der IFRS mit Blick auf eine vergleichbare Anwendung für handelsrechtliche Zwecke zu vertiefen.

2. Ausgewählte Bereiche der deutlichen Annäherung von HGB und IFRS

2.1 Einzelgesellschaftliche Rechnungslegung

2.1.1 Wirtschaftliche Zurechnung

Mit § 246 Abs. 1 Satz 2 HGB-E soll der Grundsatz der wirtschaftlichen Zurechnung, der immer dann von Bedeutung ist, wenn das rechtliche und das wirtschaftliche Eigentum auseinander fallen, im HGB verankert werden. Die Zurechnung bestimmter Sachverhalte zu ihrem wirtschaftlichen Eigentümer richtet sich dabei nach der Beurteilung der entsprechenden Chancen und Risiken. Als wirtschaftlicher Eigentümer eines Vermögensgegenstands gilt das Unternehmen, dem die zugehörigen wesentlichen Chancen und Risiken zuzuordnen sind. Abweichend hiervon gestaltet sich die bilanzielle Vorgehensweise bei Schulden: Diese sind weiterhin in der Bilanz des (rechtlichen) Schuldners aufzunehmen. Fokus der Neuregelung des § 246 Abs. 1 HGB-E ist der richtige Ausweis des Schuldendeckungspotenzials des Unternehmens.

Ziel dieser Änderung ist eine Annäherung der handelsrechtlichen Rechnungslegung an die wirtschaftliche Betrachtungsweise der IFRS (*substance over form*), **F.35**
nach der Geschäftsvorfälle und andere wirtschaftliche Ereignisse entsprechend ihres tatsächlichen wirtschaftlichen Gehalts und nicht alleine nach der rechtlichen Sichtweise zu bilanzieren sind. Allerdings ist diese Betrachtung im Bereich der internationalen Normen nicht alleine auf Vermögensgegenstände anzuwenden, sondern sie bezieht sich auch auf Rechnungsabgrenzungsposten, latente Steuern, Aufwendungen und Erträge.

2.1.2 Aktivierung selbst erstellter immaterieller Vermögenswerte sowie Behandlung der Forschungs- und Entwicklungskosten

Die Vorschrift des § 248 Abs. 2 HGB, die bislang einen Ansatz selbst erstellter immaterieller Vermögenswerte des Anlagevermögens untersagt hat, soll in ihrer bisherigen Form durch das BilMoG gestrichen werden; § 248 HGB-E wird insgesamt neu gegliedert. Das derzeit noch geltende grundsätzliche Aktivierungsverbot für selbst erstellte immaterielle Vermögensgegenstände des Anlagevermögens wird damit faktisch aufgehoben, wobei allerdings Ausnahmen bestehen bleiben sollen. Nach dem Willen des Gesetzgebers besteht künftig auch eine Aktivierungspflicht für die auf die Entwicklungsphase immaterieller Werte des Anlagevermögens entfallenden Herstellungskosten. Deutlich zeigt sich an dieser Stelle die Annäherung der handelsrechtlichen Regelungen an die IFRS, die ein Aktivierungsgebot für **IAS 38.57** Entwicklungskosten beinhalten. Wie die internationalen Normen verlangt § 255 Abs. 2a Satz 1 HGB-E ebenfalls eine hinreichende Konkretisierung der Vermögenswerteigenschaft als Aktivierungsvoraussetzung. Gemäß § 248 Nr. 4 HGB-E **IAS 38.63** soll – wie auch nach IFRS – die Bilanzierung von nicht entgeltlich erworbenen Marken, Drucktiteln, Verlagsrechten, Kundenlisten oder vergleichbaren immateriellen Vermögensgegenständen des Anlagevermögens weiterhin verboten bleiben. Zur Sicherstellung eines hinreichenden Gläubigerschutzes beinhaltet § 268 Abs. 8 HGB-E eine an die Aktivierung selbst erstellter immaterieller Vermögensgegenstände des Anlagevermögens gekoppelte Ausschüttungssperre.

Gleichklang zwischen nationalen und internationalen Normen besteht künftig zudem bei dem Verbot der Aktivierung von auf die Forschungsphase entfallen- **IAS 38.54** den Aufwendungen nach § 255 Abs. 2 Satz 4 HGB-E respektive IAS 38.54 sowie bei der Vorschrift, dass im Fall einer fehlenden eindeutigen Trennung zwischen **IAS 38.53** Forschungs- und Entwicklungsphase eine Aktivierung nicht möglich ist.

Allerdings können sich in der Praxis Abweichungen zwischen dem Ansatz der **IAS 38.57** Entwicklungskosten nach IFRS und nach HGB ergeben. So sieht das BilMoG **§ 255 Abs. 2a Satz 1 HGB-E** vor, dass die bei der Entwicklung eines selbst geschaffenen immateriellen Vermögensgegenstands des Anlagevermögens anfallenden Herstellungskosten zu aktivieren sind. Der Wortlaut macht deutlich, dass eine Aktivierung nicht erst bei Vorliegen eines immateriellen Vermögenswerts des Anlagevermögens erfolgt, sondern bereits in der Entwicklungsphase vorzunehmen ist. Dies setzt zum einen eine Zukunftsprognose voraus. Zum anderen muss laut Regierungsbegründung mit hoher Wahrscheinlichkeit davon ausgegangen werden können, dass ein einzeln verwertbarer immaterieller Vermögensgegenstand zur Entstehung gelangt. Im Mittelpunkt der Aktivierungspflicht von Entwicklungskosten steht mithin die Definition des Vermögensgegenstands nach HGB, der sich nach herrschender Literaturmeinung sowie gemäß der Begründung des Regierungsentwurfs durch die Einzelverwertbarkeit auszeichnet. Dies kann in der praktischen Umsetzung dazu führen, dass nach HGB ggf. bereits sehr viel früher eine Aktivierung von Entwicklungskosten vorgenommen werden kann, als dies nach IAS 38 der Fall ist. **IAS 38.57** Dies deshalb, da IAS 38 eine Aktivierung von der kumulativen Erfüllung der dort genannten Kriterien abhängig macht, während im BilMoG auf die wahrscheinliche Entstehung eines Vermögensgegenstands abgestellt wird. Wann genau bzw. ab welchem Zeitpunkt eine hohe Wahrscheinlichkeit für die Entstehung eines Vermögensgegenstands vorliegt, wird in der Begründung zum Regierungsentwurf nicht erläutert und eröffnet bei der künftigen praktischen Umsetzung erhebliche Interpretations- und damit Ermessensspielräume.

2.1.3 Wegfall von Aufwandsrückstellungen

Derzeit sieht das Handelsrecht in § 249 HGB die Möglichkeit zur Bildung bestimmter Rückstellungen vor, die der Kategorie ‚Aufwandsrückstellungen' zuzuordnen sind. Dabei handelt es sich um die Wahlrechte nach § 249 Abs. 1 Satz 3 HGB (unterlassene Aufwendungen für Instandhaltung, die mehr als drei Monate nach Geschäftsjahresende, aber im folgenden Geschäftsjahr nachgeholt werden) und nach § 249 Abs. 2 HGB (Rückstellungen für ihrer Eigenart nach genau umschriebene, dem Geschäftsjahr oder einem früheren Geschäftsjahr zuzuordnende Aufwendungen, die am Abschlussstichtag wahrscheinlich oder sicher, aber hinsichtlich ihrer Höhe oder des Zeitpunkts des Eintritts unbestimmt sind). Die Bildung solcher Aufwandsrückstellungen, die keine Verpflichtung nach außen hin repräsentieren, ist im Normengefüge der IFRS gänzlich unbekannt und wurde in der Vergangenheit vielfach als verfälschend für die Darstellung der Vermögens-, Finanz- und Ertragslage kritisiert. Aus diesen Gründen – und vor dem Hintergrund des Ziels der Reduzierung von Wahlrechten – plant der Gesetzgeber mit dem BilMoG die ersatzlose Streichung der Möglichkeit zur Bildung von Aufwandsrückstellungen, worin sich eine deutliche Annäherung von HGB und IFRS offenbart.

IAS 37.20

Vom Passivierungsverbot explizit ausgenommen werden allerdings Instandhaltungsrückstellungen, die innerhalb von drei Monaten nach Geschäftsjahresende nachgeholt werden. Für diese Rückstellung gilt weiterhin das Passivierungsgebot, das über den Maßgeblichkeitsgrundsatz auch in der Steuerbilanz eine Passivierungspflicht auslöst. Insoweit wurde von einer einheitlichen Vorgehensweise zwischen BilMoG und den internationalen Rechnungslegungsgrundsätzen Abstand genommen.

2.1.4 *Bewertung von Verbindlichkeiten*

Während nach § 253 Abs. 1 HGB Verbindlichkeiten in der Vergangenheit zu ihrem Rückzahlungsbetrag anzusetzen waren, sehen die Neuregelungen den Ansatz zum Erfüllungsbetrag vor. Damit einhergehend ist auch eine zukunftsgerichtete Verbindlichkeitenbilanzierung, indem künftige Preis- und Kostensteigerungen Berücksichtigung finden müssen. Obwohl hiermit nach Ansicht des Gesetzgebers allein klarstellende Bedeutung verbunden ist, ergibt sich dennoch – zumindest terminologisch – eine Annäherung an die internationalen Bilanzierungsnormen, die mit Blick auf die Bewertung von Schulden ebenfalls den zur Erfüllung der Verpflichtung notwendigen Betrag vorsehen.

IAS 37.36

2.1.5 *Ansatz und Bewertung von (Pensions-) Rückstellungen*

Während im Referentenentwurf des BilMoG Art. 28 Abs. 1 Satz 2 EGHGB aufgehoben werden sollte, ist dies seit der Vorlage des Regierungsentwurfs nicht mehr vorgesehen. Dies bedeutet, dass für vor dem 01.01.1987 erteilte Versorgungszusagen – sog. Altzusagen – weiterhin ein Passivierungswahlrecht besteht. Gleiches gilt auch für mittelbare Pensionsverpflichtungen. Die Beibehaltung des Passivierungswahlrechts für mittelbare Pensionsverpflichtungen ist sicherlich auf die Vielfältigkeit der mittelbaren Pensionsverpflichtungen in Deutschland zurückzuführen sowie das hieraus resultierende Problem, diese zu vereinheitlichen. Da die Altzusagen ohnehin innerhalb der nächsten 15 Jahre abgebaut werden, sah der Gesetzgeber für die Einführung einer Passivierungspflicht keine Veranlassung.

Analog zu den Änderungen im Bereich der Bewertung von Verbindlichkeiten sieht § 253 Abs. 1 HGB-E vor, dass Rückstellungen künftig in Höhe des nach vernünftiger kaufmännischer Beurteilung notwendigen Erfüllungsbetrags anzusetzen

IAS 37.36 sind. Dies findet sich ebenso in den Normen der IFRS. Unter Beachtung des Stichtagsprinzips sind folglich auch gemäß den handelsrechtlichen Normen künftige Preis- und Kostensteigerungen im Rahmen der Bewertung von Rückstellungen zu berücksichtigen. Auf diese Weise folgt die Rückstellungsbewertung einer zukunftsgerichteten Bewertung. Gleichzeitig trägt dies zu einer Einschränkung der Problematik einer Über- und Unterdotierung von Rückstellungen bei. An dieser Stelle soll durch BilMoG einer ohnehin bereits gängigen Praxis im Zusammenhang mit der Rückstellungsbewertung entsprochen werden.

§ 253 Abs. 2 HGB-E führt die Abzinsung von Rückstellungen mit einer (Rest-) Laufzeit von mehr als einem Jahr – unabhängig von der bisher noch maßgeblichen Verzinslichkeit der zugrunde liegenden Verpflichtung – mit dem ihrer Laufzeit entsprechenden durchschnittlichen Marktzinssatz der vergangenen sieben Geschäftsjahre ein. Umgekehrt lässt sich daraus ableiten, dass Rückstellungen mit einer Restlaufzeit von weniger als einem Jahr nicht abzuzinsen sind. Eine Abzinsungsverpflichtung von Rückstellungen ergibt sich im Bereich der internationalen
IAS 37.45 Normen unter der Voraussetzung eines wesentlichen Zinseffekts, so dass sich einmal mehr eine Orientierung der handelsrechtlichen Neuregelungen an den IFRS erkennen lässt. Die auf einen HGB-Abschluss anzuwendenden Abzinsungssätze werden von der Deutschen Bundesbank ermittelt und monatlich bekannt gegeben.
IAS 37.47 In der IFRS-Rechnungslegung ist ebenfalls die Verwendung eines marktgerechten und risikoadäquaten Zinssatzes vor Steuern vorgesehen.

Die dargestellten Änderungen der Rückstellungsbewertung nehmen unmittelbar Einfluss auf die Behandlung von Pensionsrückstellungen. Abweichend von der grundsätzlichen Abzinsung der Rückstellungen sollen nach den Vorstellungen des Gesetzgebers Rückstellungen für laufende Pensionen oder Anwartschaften auf Pensionen gemäß § 253 Abs. 2 Satz 2 HGB-E pauschal mit dem bei einer angenommenen Laufzeit von 15 Jahren geltenden durchschnittlichen Marktzinssatz abgezinst werden, sofern diese Vereinfachung nicht der Vermittlung eines den tatsächlichen Verhältnissen entsprechenden Bilds der Vermögens-, Finanz- und Ertragslage entgegensteht. Aufgrund der Einführung einer Abzinsung auf Basis eines Marktzinssatzes ist eine Annäherung der Bewertung von Pensionsrückstel-
IAS 19.78 ff. lungen nach HGB an die Vorgehensweise nach IFRS zu konstatieren, die einen Marktzinssatz, der sich am langfristigen Zinssatz für erstklassige festverzinsliche Industrieanleihen orientiert, vorsehen. Gleichzeitig ist vor dem Hintergrund der veränderten Bewertungsvorschriften mit Blick auf Pensionsrückstellungen künftig im Einzelfall von einem deutlich höheren Ansatz der Pensionsrückstellungen im handelsrechtlichen Jahresabschluss auszugehen, da der gegenwärtige Marktzinssatz in der Regel geringer sein dürfte als der bisher in Anlehnung an die steuerlichen Vorschriften des § 6a EStG häufig verwendete Zinssatz von 6 %. Eine solche Tendenz zeigte sich in der Vergangenheit immer wieder auch im Rahmen der Umstellung der Rechnungslegung von HGB auf die Normen der IFRS.

2.1.6 Ansatz von zu Handelszwecken erworbenen Finanzinstrumenten zum beizulegenden Zeitwert

Die im Bereich der internationalen Rechnungslegungsnormen bereits übliche Bewertung zu Zeitwerten findet nun mit § 253 Abs. 1 HGB-E teilweise auch Eingang in die handelsrechtlichen Normen, und zwar bei den zu Handelszwecken erworbenen Finanzinstrumenten. Damit sind bei diesen bestimmten Finanzinstrumenten zukünftig auch realisierbare Gewinne erfolgswirksam zu erfassen. Die Erfassung ‚nur' realisierbarer, aber noch nicht realisierter Gewinne zeigt den Einfluss internationaler Bilanzierungsweisen auf die handelsrechtliche Rechnungslegung. Um trotzdem dem Realisationsprinzip Rechnung zu tragen, beinhaltet § 268 Abs. 8 HGB-E eine Ausschüttungssperre für Erträge aus der Bewertung von zu Handelszwecken erworbenen Finanzinstrumenten.

IAS 39.43
IAS 39.AG14ff.

Die Bewertung zu Zeitwerten setzt voraus, dass die Finanzinstrumente bereits mit der Absicht zur Weiterveräußerung erworben wurden, d.h., die Handelsabsicht muss im Zugangszeitpunkt bestehen, denn eine Umwidmung im Zeitablauf ist nicht vorgesehen. Der Gesetzgeber stellt außerdem klar, dass es für den Begriff ‚Finanzinstrument' keine Legaldefinition gibt. Die Abgrenzung einzelner Sachverhalte und die Einordnung einzelner Geschäftsvorfälle bzw. Posten als Finanzinstrument müssen damit stets individuell erfolgen. Stehen Finanzinstrumente im Zusammenhang mit Altersversorgungsverpflichtungen oder vergleichbaren langfristigen Verpflichtungen, ist gemäß § 253 Abs. 1 Satz 4 HGB-E eine Begrenzung der Zeitwertbewertung auf den Erfüllungsbetrag der Schulden vorgesehen, so dass kein die Schulden übersteigender Ausweis von Vermögensgegenständen auf der Aktivseite zu erfolgen hat.

In Anlehnung an die umfangreichen Erläuterungspflichten der IFRS sollen nach BilMoG mit den Neuregelungen zur Bewertung bestimmter Finanzinstrumente zum beizulegenden Zeitwert umfassende Angabepflichten nach § 285 Satz 1 Nr. 18 bis 20 HGB-E einhergehen. Demzufolge soll fortan bei der Berichterstattung im Anhang zwischen einer Bewertung von Finanzinstrumenten des Anlagevermögens über ihrem Zeitwert (vgl. § 285 Satz 1 Nr. 18 HGB-E), dem Ansatz derivativer Finanzinstrumente nicht zum beizulegenden Zeitwert (vgl. § 285 Satz 1 Nr. 19 HGB-E) sowie zum beizulegenden Zeitwert bewerteten Finanzinstrumenten (vgl. § 285 Satz 1 Nr. 20 HGB-E) unterschieden werden.

2.1.7 Abschreibungen und Zuschreibungen

Mit dem BilMoG schränkt der Gesetzgeber die Möglichkeit zur Vornahme von Abschreibungen deutlich ein, indem bisher noch mögliche Abschreibungsgründe, die im Bereich der internationalen Normen ohnehin unbekannt sind, zukünftig abgeschafft werden sollen. Zunächst ist in diesem Zusammenhang auf die Streichung des bisher in § 253 Abs. 3 Satz 3 HGB kodifizierten Abschreibungswahlrechts für Vermögenswerte des Umlaufvermögens auf Grundlage von erwarteten Wertschwankungen Bezug zu nehmen. Gleiches gilt für die Vornahme von Abschreibungen im Rahmen vernünftiger kaufmännischer Beurteilung, die derzeit noch von § 253 Abs. 4 HGB erlaubt werden. Auch sie sollen im Zuge der Bilanzrechtsmodernisierung abgeschafft werden. Nach Ansicht des Gesetzgebers ist trotz der beiden genannten vorgesehenen Neuerungen dem Vorsichtsprinzip noch ausreichend Rechnung getragen. Neben der zu konstatierenden Annäherung des HGB an die Normen der IFRS dient die Streichung dieser beiden Abschreibungskategorien darüber hinaus dem mit BilMoG verfolgten Ziel der Verringerung der Zahl handelsrechtlicher Wahlrechte und leistet so einen erheblichen Beitrag zur Schaffung vereinfachter und zukunftsfähiger nationaler Bilanzierungsnormen.

Als zweiter großer Komplex ist die Neufassung der Zuschreibungsregelungen zu betrachten. Mit § 253 Abs. 5 Satz 1 HGB-E soll ein umfassendes, rechtsformunabhängiges Wertaufholungsgebot hinsichtlich aller Formen von außerplanmäßigen Abschreibungen im Handelsrecht verankert werden. Niedrigere Wertansätze aufgrund außerplanmäßiger Abschreibungen sind künftig nicht mehr beizubehalten. Vielmehr beinhaltet § 253 Abs. 5 HGB-E eine Zuschreibungspflicht, wenn die Gründe, die zur Vornahme einer außerplanmäßigen Abschreibung geführt haben, nicht mehr bestehen. Lediglich beim Geschäfts- oder Firmenwert ist ein aufgrund einer außerplanmäßigen Abschreibung niedrigerer Wertansatz nach § 253 Abs. 5 Satz 2 HGB-E beizubehalten. Indem das frühere, für Personenhandelsgesellschaften und Einzelkaufleute geltende, Wertaufholungswahlrecht entfällt, schafft der deutsche Gesetzgeber hiermit für alle Bilanzierenden eine einheitliche Regelung. Eine solche rechtsformunabhängige Zuschreibungspflicht – mit Ausnahme für
IAS 36.114 den Geschäfts- oder Firmenwert – ist auch Bestandteil der IFRS und stellt damit ein weiteres Indiz für die Annäherung des HGB an die internationalen Bilanzierungsstandards dar.

2.1.8 Herstellungskosten

Die in § 255 HGB geregelte Herstellungskostenuntergrenze wird durch BilMoG einerseits an die steuerrechtlichen Regelungen angepasst. Andererseits erfolgt gleichzeitig eine deutliche Annäherung an die international übliche produktionsbezogene Vollkostenabgrenzung. Gemäß § 255 Abs. 2 HGB-E zählen künftig zu den aktivierungspflichtigen Herstellungskosten „die Materialkosten, die Fertigungskosten und die Sonderkosten der Fertigung sowie angemessene Teile der Materialgemeinkosten, der Fertigungsgemeinkosten und des Werteverzehrs des Anlagevermögens, soweit dieser durch die Fertigung veranlasst ist". Es verbleibt dem Bilanzierenden ein Wahlrecht, über die vorgenannte Herstellungskostenuntergrenze hinaus angemessene Teile der Kosten der allgemeinen Verwaltung, angemessene Aufwendungen für soziale Einrichtungen des Betriebs, Aufwendungen für freiwillige soziale Leistungen und für die betriebliche Altersversorgung anzusetzen, soweit diese auf den Zeitraum der Herstellung entfallen. Weiterhin sind Vertriebskosten nicht zu aktivieren. Die auf die Forschungsphase entfallenden Kosten sind ebenso nicht aktivierungsfähig. Damit werden die zwingend als Herstellungskosten zu aktivierenden Komponenten durch BilMoG deutlich an
IAS 2.10ff. die nach IFRS erforderlichen Bestandteile angenähert.

2.1.9 Eigene Anteile

Die Vorschriften zur bilanziellen Abgrenzung und Darstellung des Eigenkapitals nach § 272 HGB werden durch das BilMoG in verschiedenen Bereichen geändert. Mit der Neueinfügung von § 272 Abs. 1a HGB-E ist künftig eine rechtsformunabhängige Vorschrift zur handelsbilanziellen Erfassung eigener Anteile vorgesehen. Die Differenzierung zwischen eigenen Aktien und eigenen Anteilen wird aufgegeben und damit dem wirtschaftlichen Gehalt des Rückkaufs bzw. der Wiederveräußerung eigener Anteile als Kapitalherabsetzung Rechnung getragen. Hier zeigt sich wiederum eine Orientierung an der den IFRS-Regelungen zugrunde
F.35 liegenden wirtschaftlichen Betrachtungsweise.

Den vorgesehenen Neuregelungen zufolge ist der Nennbetrag bzw. der rechnerische Wert von erworbenen eigenen Anteilen in der Vorspalte offen vom Posten ‚Gezeichnetes Kapital' abzusetzen. Der Unterschiedsbetrag zwischen dem Nennbetrag bzw. dem rechnerischen Wert der Anteile und den Anschaffungskosten der eigenen Anteile ist mit den frei verfügbaren Rücklagen zu verrechnen. Anschaffungsnebenkosten sind als Aufwand des Geschäftsjahrs auszuweisen. Künftig entfällt damit die Aktivierung eigener Anteile, stattdessen hat ein verpflichtender Ausweis auf der Passivseite zu erfolgen. Diese Form der Abbildung stellt nach Ansicht des Gesetzgebers die tatsächlichen wirtschaftlichen Verhältnisse des Bilanzierenden dar und trägt zudem zu einer Annäherung an die IFRS, nach denen die Abbildung solcher Sachverhalte grundsätzlich erfolgsneutral im Eigenkapital zu erfolgen hat, bei. **IAS 32.33**

§ 272 Abs. 1b HGB-E regelt die Veräußerung eigener Anteile und stellt dabei ebenfalls auf den wirtschaftlichen Gehalt eines solchen Geschäfts ab. In einem solchen Fall ist der Vorspaltenausweis nach § 272 Abs. 1a Satz 1 HGB-E rückgängig zu machen. Ein den Nennbetrag bzw. den rechnerischen Wert übersteigender Veräußerungserlös ist bis zur Höhe der ursprünglichen Anschaffungskosten mit den frei verfügbaren Rücklagen zu verrechnen. Ein darüber hinausgehender Veräußerungserlös muss in die Kapitalrücklage eingestellt werden. Auch nach IFRS hat die Veräußerung eigener Anteile eine erfolgsneutrale Abbildung im Eigenkapital zu erfahren. **IAS 32.33**

2.1.10 Abgrenzung latenter Steuern

Als wesentliche und mit einem deutlich erhöhten Bilanzierungsaufwand verbundene vorgesehene Neuregelung des BilMoG gilt die Neufassung des § 274 HGB-E. Diese stellt zugleich auch eine deutliche Hinwendung zu international üblichen Bilanzierungsweisen dar. Künftig hat nämlich die Abgrenzung latenter Steuern nach dem international gebräuchlichen bilanzorientierten Konzept zu erfolgen. **IAS 12** Damit soll das bisher für den handelsrechtlichen Jahresabschluss maßgebliche *timing*-Konzept durch das *temporary*-Konzept abgelöst werden.

Differenzen aufgrund bestehender Unterschiede zwischen handelsrechtlichen Wertansätzen von Vermögensgegenständen bzw. Schulden sowie den korrespondierenden steuerlichen Wertansätzen muss zukünftig, sofern es sich nicht um permanente Differenzen handelt, durch die Bildung von passiven latenten Steuern (für künftige Steuerbelastungen) bzw. aktiven latenten Steuern (für künftige Steuerentlastungen) Rechnung getragen werden. Die Abgrenzung der latenten Steuern bezieht sich dabei nicht nur auf Abweichungen zwischen Handels- und Steuerbilanz, die sich auf die Gewinn- und Verlustrechnung auswirken, sondern es ist darüber hinaus auch eine erfolgsneutrale Abgrenzung auf die weiteren bestehenden Unterschiede vorzunehmen.

Die nach IFRS vorzunehmende Abgrenzung von aktiven latenten Steuern auf **IAS 12.34ff.** steuerliche Verlustvorträge, sofern diese Verlustvorträge in der Zukunft voraussichtlich genutzt werden können, wird dem nach handelsrechtlichen Normen Bilanzierenden mit § 274 Abs. 1 Satz 2 HGB-E durch das BilMoG auch ermöglicht, wenn eine Verlustverrechnung innerhalb der auf den Bilanzstichtag folgenden fünf Jahre wahrscheinlich ist. Mit dieser Begrenzung auf einen Fünfjahreszeitraum soll sichergestellt werden, dass die der Steuerabgrenzung zugrunde liegenden Wahrscheinlichkeitserwägungen auch von Dritten nachvollzogen werden können. Die IFRS kennen keine verbindliche zeitliche Begrenzung des Abgrenzungszeitraums, wenngleich ein Zeitraum von fünf Jahren in der Unternehmenspraxis als üblich anzusehen ist.

§ 274 Abs. 1 HGB-E sieht vor, dass aktive latente Steuern künftig als eigenständige Bilanzposition auf der Aktivseite und passive latente Steuern in einer eigenständigen Bilanzposition auf der Passivseite auszuweisen sind. Eine Saldierung der beiden Posten ist fortan unzulässig, um so eine bessere Information der Abschluss-
IAS 12.74 adressaten zu erreichen. Dies entspricht auch der nach IFRS für den Regelfall
IAS 12.71 geltenden Vorgehensweise; allerdings sieht IAS 12.71 für bestimmte Fälle eine Saldierung der Steuerposten verpflichtend vor.

Der Betrag der künftigen Steuerbe- bzw. -entlastung – also die Bewertung der zu bildenden passiven bzw. aktiven latenten Steuern in der Bilanz – ist nach § 274 Abs. 2 HGB-E mit dem unternehmensindividuellen Steuersatz im Zeitpunkt der Umkehrung der Differenz zu ermitteln. Er ist nicht abzuzinsen. Auch hier finden
IAS 12.46 f. die international gebräuchlichen Regelungen durch BilMoG Eingang in das deutsche Handelsgesetzbuch.

2.2 Konsolidierte Rechnungslegung

2.2.1 *Änderung des Konzepts der einheitlichen Leitung und Einbeziehungspflicht von Zweckgesellschaften*

Die Klärung der Frage, ob eine Verpflichtung zur Aufstellung eines Konzernabschlusses nach Maßgabe der handelsrechtlichen Vorschriften erfolgt, richtet sich gemäß § 290 HGB nach zwei unterschiedlichen Konzepten: dem Konzept der einheitlichen Leitung respektive dem Control-Konzept. Während Letzteres, in § 290 Abs. 2 HGB normiert, unverändert bleibt, soll durch BilMoG bei der alternativen Konzeption der einheitlichen Leitung gemäß § 290 Abs. 1 HGB-E das Beteiligungserfordernis im Sinne des § 271 HGB zur Beurteilung des Vorliegens eines Mutter-Tochter-Verhältnisses abgeschafft werden, um eine Annäherung an die wirtschaftliche Betrachtung der Beherrschung nach IFRS zu bewirken. Neben den eher formalen Kriterien der Rechtsform und des Sitzstaats des Mutterunternehmens wird damit zukünftig die tatsächliche Ausübung der einheitlichen Leitung – unabhängig vom Anteilsbesitz – das zentrale Beurteilungsmerkmal des Konzepts der einheitlichen Leitung.

Mit dem Wegfall des Beteiligungserfordernisses nach § 271 HGB werden formaljuristische Gestaltungen, die in der Vergangenheit dazu gedient haben, Vermögensgegenstände und Schulden nicht in den Konzernabschluss aufnehmen zu müssen, erschwert. Von besonderer Bedeutung ist diese Neuerung damit für die Einbeziehungspflicht von Zweckgesellschaften (*special purpose entities*) in den Konzernabschluss. Gestaltungen, die eine Konsolidierungspflicht der Zweckgesellschaft durch das Fehlen einer Beteiligung im Sinne des § 271 Abs. 2 HGB zu umgehen versuchen, sollen durch die Streichung dieses Erfordernisses künftig vermieden werden. Als Folge der Neuregelung weitet sich der Konsolidierungskreis nach HGB aus, außerdem wird seine Abgrenzung in der Praxis schwieriger.

Im Bereich der internationalen Normen finden sich vier Indikatoren, die für eine wirtschaftliche Kontrolle der *special purpose entity* durch ihren Initiator sprechen und damit zu einer Konsolidierung der *special purpose entity* durch diesen führen. **SIC 12**
Damit nähert sich also die zukünftig in vielen Fällen erforderliche Einbeziehung von Zweckgesellschaften in einen HGB-Konzernabschluss den nach IFRS geltenden Gepflogenheiten an.

2.2.2 *Abschaffung der Buchwertmethode*

Das derzeit noch für die Kapitalkonsolidierung von Tochterunternehmen im Rahmen der Vollkonsolidierung gemäß § 301 HGB bestehende Wahlrecht zwischen der Anwendung der Buchwert- und der Neubewertungsmethode soll durch BilMoG aufgehoben werden. Zur Erhöhung des Informationsgehalts des Konzernabschlusses und zur Vereinfachung der Kapitalkonsolidierung plant der Gesetzgeber mit § 301 Abs. 1 HGB-E – und in Übereinstimmung mit den IFRS – **IFRS 3.14**
die ausschließliche Zulässigkeit der Neubewertungsmethode. Beide Methoden der Kapitalkonsolidierung unterscheiden sich in der Höhe der aufzudeckenden stillen Reserven und Lasten. Bei der Neubewertungsmethode werden nicht nur den Gesellschaftern des Mutterunternehmens, sondern darüber hinaus auch den an den Tochterunternehmen beteiligten Minderheitsgesellschaftern relevante Informationen über das auf sie entfallende Reinvermögen vermittelt. Vor diesem Hintergrund ist die Entscheidung für die ausschließliche Anwendung der Neubewertungsmethode und damit für die nach internationalen Rechnungslegungsnormen übliche Vorgehensweise wiederum ein Indiz für den Willen des deutschen Gesetzgebers, nach dem internationalen Vorbild auch die nationalen Normen und damit den handelsrechtlichen Konzernabschluss mit einem Mehr an Informationsvermittlung auszustatten. Ein der Neufassung des IFRS 3 vergleichbares Wahlrecht zur Aufdeckung des Geschäfts- oder Firmenwerts auf die Minderheiten (*full goodwill method*) hat der Gesetzgeber allerdings nicht vorgesehen. **IFRS 3.32 (rev. 2008) und IFRS 3.19 (rev. 2008)**

2.2.3 *Einheitlicher Aufrechnungszeitpunkt*

Bislang gewährt § 301 HGB hinsichtlich des für die Kapitalaufrechnung maßgeblichen Zeitpunkts ein Wahlrecht. Zur Anpassung an die IFRS schafft der Gesetzgeber mit BilMoG dieses Wahlrecht ab, so dass die Kapitalaufrechnung nach § 301 Abs. 2 HGB-E zukünftig zwingend zu dem Zeitpunkt, an dem das Unternehmen Tochterunternehmen geworden ist, vorzunehmen ist; die Regelung entspricht der nach IFRS einzig zulässigen Vorgehensweise. Um eine hinreichend **IFRS 3.36**
sichere Ermittlung der Wertansätze zu ermöglichen, sieht das Gesetz folgende Erleichterung vor: Können die relevanten Wertansätze zu diesem Zeitpunkt noch nicht endgültig bestimmt werden, darf im darauf folgenden Jahr eine (erfolgsneutrale) Anpassung vorgenommen werden. Liegt bei einem Unternehmen erstmals eine Konzernrechnungslegungspflicht vor, sind für die Kapitalaufrechnung die Wertansätze zum Zeitpunkt der Einbeziehung des Tochterunternehmens in den Konzernabschluss maßgebend, falls das Unternehmen nicht ohnehin erst in dem betreffenden Jahr zum Tochterunternehmen geworden ist bzw. aufgrund der Geltung von § 296 HGB in der Vergangenheit nun erstmalig konsolidiert werden soll. Neben der erwähnten Angleichung der handelsrechtlichen Normen an die IFRS gehen mit dieser Neuregelung zudem eine Vereinfachung sowie eine verbesserte

Vergleichbarkeit der Konzernrechnungslegungsdaten einher. Außerdem wird dem Wunsch nach der Abschaffung von Wahlrechten Rechnung getragen und so ein weiterer Gestaltungsspielraum beseitigt.

2.2.4 *Wegfall der Saldierungsmöglichkeit von Unterschiedsbeträgen*

Mit BilMoG schafft der Gesetzgeber die Möglichkeit der Saldierung positiver und negativer Unterschiedsbeträge aus der Kapitalkonsolidierung nach § 301 Abs. 3 Satz 3 HGB ab, um auch in diesem Bereich eine verbesserte Vergleichbarkeit der handelsrechtlichen Konzernrechnungslegung zu ermöglichen. Gleichsam soll es zukünftig nur einen passivischen Unterschiedsbetrag geben, d.h., der bilanzielle Charakter eines passivischen Unterschiedsbetrags ist für seinen bilanziellen Ausweis nicht mehr von Bedeutung. Den geplanten gesetzlichen Neuregelungen folgend werden nach der Kapitalaufrechnung verbleibende Unterschiedsbeträge entweder als Geschäfts- oder Firmenwert auf der Aktivseite der Bilanz oder auf der Passivseite der Bilanz als eigene Position nach dem Eigenkapital unter der Bezeichnung ‚Unterschiedsbetrag aus der Kapitalkonsolidierung' ausgewiesen.

Wie in den Normen der IFRS soll also nach dem Willen des Gesetzgebers auch in einem HGB-Abschluss künftig nur eine Art positiver bzw. negativer Unterschiedsbetrag existieren, darüber hinaus ist eine Saldierung beider Größen fortan nicht mehr zulässig. Insofern resultiert aus der nunmehr einheitlichen Behandlung aller sich aus der Kapitalkonsolidierung ergebenden Unterschiedsbeträge nach § 301 Abs. 3 HGB-E einerseits eine deutlich bessere Vergleichbarkeit der nach nationalen Normen erstellten Abschlüsse untereinander sowie darüber hinaus auch eine Angleichung an die internationale Vorgehensweise, denn dort ist eine Saldierung positiver und negativer Unterschiedsbeträge nicht zulässig.

IFRS 3.51ff. und IFRS 3.56f.

2.2.5 *Ausweitung der Abgrenzung latenter Steuern*

Wie bereits für die einzelgesellschaftliche Rechnungslegung ausgeführt, wird die veränderte Abgrenzungskonzeption für latente Steuern, die mit BilMoG auch im Bereich der konsolidierten Rechnungslegung verankert werden soll, das Bilanzbild der deutschen Konzerne erheblich beeinflussen. Auch für Zwecke der Konzernrechnungslegung basiert die Abgrenzung latenter Steuern zukünftig nicht mehr auf dem *timing*-Konzept, sondern erfolgt nach § 306 HGB-E in Anwendung des international üblichen *temporary*-Konzepts.

Für die Bilanzierung bedeutet dies, dass zukünftig alle sich ausgleichenden erfolgsneutralen Differenzen ebenso wie bestehende steuerliche Verlustvorträge und Steuergutschriften bei der Steuerabgrenzung zu berücksichtigen sind. Außerdem ist eine bilanzorientierte Abgrenzung latenter Steuern vorzunehmen. Die geplante Neuregelung stellt damit – wie auch § 274 HGB-E – nicht mehr nur auf erfolgswirksame, sondern auf alle aus Konsolidierungsmaßnahmen resultierenden sich ausgleichenden Differenzen zwischen handelsrechtlichen und steuerrechtlichen Wertansätzen ab.

Explizit nimmt § 306 Satz 2 HGB-E allerdings Differenzen aus dem erstmaligen Ansatz eines Geschäfts- oder Firmenwerts respektive eines passivischen Unterschiedsbetrags von der Steuerabgrenzung aus, wie dies auch nach IFRS gegeben ist. Latente Steuern auf Einzelabschlussebene dürfen weiterhin mit auf Konzern-

IAS 12.15

abschlussebene abgegrenzten Werten zusammengefasst werden. Aufgrund eines Verweises auf § 274 Abs. 2 HGB-E sollen für den Konzernabschluss auch die für die einzelgesellschaftliche Rechnungslegung vorgesehenen Ausweisregelungen, d.h. eine Bilanzierung unsaldiert unter den eigenständigen Bilanzposten (vgl. § 266 HGB-E), gelten.

Ebenso nimmt die Berechnung der latenten Steuern für Zwecke der Konzernrechnungslegung auf § 274 Abs. 2 HGB-E Bezug, d.h., grundsätzlich sind unternehmensindividuelle Steuersätze der einbezogenen Unternehmen anzuwenden. Die Verwendung eines Konzerndurchschnittssteuersatzes ist unter Wesentlichkeits- und Wirtschaftlichkeitsüberlegungen in Ausnahmefällen zulässig. Eine Abzinsung der Beträge ist nicht vorgesehen. Nach Eintritt der Steuerbe- bzw. -entlastung **IAS 12.53**
– oder wenn damit nicht mehr zu rechnen ist – werden die Beträge aufgelöst.

Wie für den Bereich des Einzelabschlusses ist auch mit Blick auf die konsolidierte Rechnungslegung zu konstatieren, dass die vorgesehene gesetzliche Normierung des international üblichen *temporary*-Konzepts eine sehr deutliche Hinwendung zu den internationalen Rechnungslegungsnormen, speziell den IFRS, darstellt. Die damit einhergehende Abgrenzung latenter Steuern auf voraussichtlich zukünftig nutzbare steuerliche Verlustvorträge repräsentiert dabei eine deutliche und der internationalen Vorgehensweise entsprechende Ausweitung des bisherigen Anwendungsbereichs latenter Steuern in Deutschland. **IAS 12.34 ff.**

3. Zusammenfassung

Die Zusammenstellung der ausgewählten Bilanzierungsfelder, bei denen eine deutliche Annäherung der handelsrechtlichen Normen an die Vorschriften der IFRS zu erkennen ist, zeigt, dass der deutsche Gesetzgeber in der Tat darum bemüht ist, die im Zusammenhang mit der Modernisierung des Bilanzrechts gesteckten Ziele zu erreichen. Zu nennen sind hierbei insbesondere die Abschaffung von Wahlrechten und eine damit einhergehende Orientierung an den IFRS, um den nicht kapitalmarktorientierten Unternehmen eine gleichwertige Alternative zur Anwendung internationaler Rechnungslegungsnormen zu ermöglichen. Die geplante Streichung zahlreicher Wahlrechte soll dabei zu einer besseren Vergleichbarkeit einzelner HGB- (Konzern-) Abschlüsse untereinander ebenso beitragen wie zu einer erleichterten Gegenüberstellung von HGB- und IFRS- (Konzern-) Abschlüssen. Auch wenn zukünftig – der Informationsfunktion internationaler Bilanzierungsnormen als deren primäre Zielsetzung Rechnung tragend – der Informationsgedanke verstärkt Eingang in die nationalen Normen finden soll, verliert das HGB nach dem Willen des Gesetzgebers nicht seine Betonung des Vorsichtsgedankens und des Gläubigerschutzprinzips.

In seiner Stellungnahme vom Juli 2008 hat der Bundesrat hinsichtlich ausgewählter Inhalte des Regierungsentwurfs zum BilMoG Empfehlungen zu deren Modifikation gegeben. Dabei hat sich der Rat unter anderem dafür ausgesprochen, von der Abschaffung einiger Wahlrechte – z.B. bezüglich der Aktivierung von Entwicklungskosten oder von latenten Steuern – abzusehen. Die Bundesregierung hat sich in ihrer Gegenäußerung allerdings deutlich dagegen ausgesprochen, diesen

Empfehlungen des Bundesrats zu folgen, da sie gerade in der Abschaffung von Wahlrechten eine starke Aufwertung der handelsrechtlichen Bilanzierungsnormen sieht. Vor diesem Hintergrund ist davon auszugehen, dass es auch im weiteren Verlauf des Gesetzgebungsverfahrens nicht zu einer Aufgabe dieser Zielsetzung kommen wird.

Die Diskussion um die endgültige Fassung des BilMoG wird noch bis in das erste Quartal 2009 anhalten. Inwieweit zusätzlich die Auswirkungen der Finanzmarktkrise einen weiteren Diskussions- und Anpassungsbedarf des Gesetzes erfordern, bleibt abzuwarten.

Auch wenn somit die letztendliche Fassung des BilMoG und der damit einhergehenden HGB-Reform zum Redaktionsstand dieses Buches noch nicht vorlag, ist die Beachtung der Parallelen der IFRS mit den reformierten HGB-Regelungen für die Interpretation und Anwendung Letzterer künftig unerlässlich; unabhängig davon, ob der Bilanzierende sich bereits ab 2009 freiwillig oder erst ab 2010 mit den Neuregelungen auseinandersetzt.

III. Aktuelle Projekte von IASB und IFRIC

Gliederung:

1. Übersicht

Das bestehende Regelwerk der IFRS ist einem fortwährenden Änderungsprozess unterworfen. Hinzu kommen weitere – neu verabschiedete – Standards und Interpretationen. Eine Vielzahl dieser Neuerungen ist auf folgende Tendenzen zurückzuführen:

- Konvergenzbestrebungen zwischen IASB und US-amerikanischem FASB
- Reduktion von Komplexität
- Entwicklung von übergreifenden Prinzipien

Daneben können auch Veränderungen des wirtschaftlichen Umfelds Anlass für Neuerungen geben. Dies zeigt sich bspw. an den Reaktionen auf die weltweite Finanzmarktkrise (→ F.III.15).

Die Änderung bestehender sowie die Entwicklung neuer Standards erfolgt im Rahmen von Projekten. Dabei werden typischerweise folgende Phasen durchlaufen:

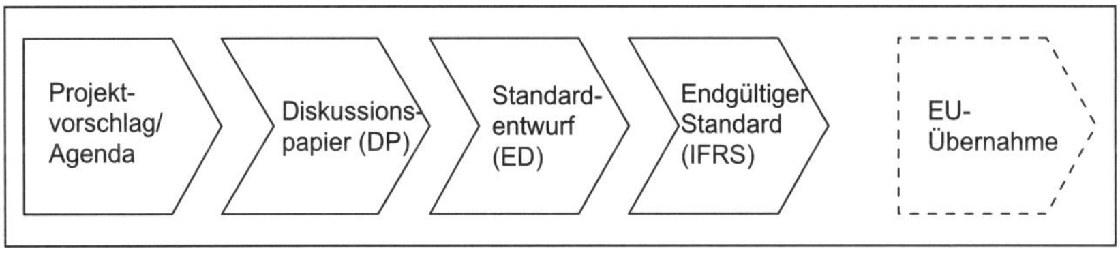

Abbildung 1: Phasen im Standardsetzungsprozess (due process)

Eine Übersicht der derzeitigen IASB-/IFRIC-Projekte zeigt folgende Tabelle (Stand Oktober 2008):

			Nächste Schritte (erwartet)			Erwartete Veröffentlichung finales Dokument
Projekt	**Bezug zu Standard**	**Aktueller Stand**	**2008**	**2009**	**2010**	
Neue Standards und zentrale Projekte						
Common Control Transactions						TBD
Consolidation	IAS 27, SIC 12		ED	IFRS		
Derecognition	div.			ED	IFRS	
Emission Trading Schemes	IAS 20, IAS 38, IAS 39			ED	IFRS	
Fair Value Measurement (→ F.III.2.)	div.	DP		ED	IFRS	
Financial Statement Presentation	IAS 1, IAS 7	DP			ED	2011
Government Grants	IAS 20					TBD
IFRS for Private Entities (→ F.I.)	neu	ED		IFRS		
Income Taxes (→ F.III.3.)	IAS 12		ED		IFRS	
Insurance Contracts	IFRS 4	DP		ED		2011
Leases	IAS 17		DP		ED	2011
Liabilities (→ F.III.4.)	IAS 37, IAS 19	ED			IFRS	
Financial Instruments with Characteristics of Equity (→ F.III.5.)	IAS 32	DP		ED		2011
Management Commentary	Rahmenkonzept	DP	ED	CG		
Post-employment Benefits (including Pensions) (→ F.III.6.)	IAS 19	DP		ED		2011
Revenue Recognition	IAS 11, IAS 18		DP	ED		2011
Änderungen von Standards						
Annual Improvements (→ F.III.7.)	div.	ED		IFRS		
Earnings per Share (→ F.III.8.)	IAS 33	ED		IFRS		
First-time Adoption of IFRSs: Additional Exemptions (→ F.III.9.)	IFRS 1	ED		IFRS		
Joint Ventures (→ F.III.10.)	IAS 31	ED		IFRS		

Projekt	Bezug zu Standard	Aktueller Stand	Nächste Schritte (erwartet) 2008	2009	2010	Erwartete Veröffentlichung finales Dokument
Non-current Assets Held for Sale and Discontinued Operations (→ F.III.11.)	IFRS 5	ED		IFRS		
Related Party Disclosures	IAS 24	ED	IFRS			
Share based payment: Group Cash-settled Share-based Payment Transactions (→ F.III.12.)	IFRS 2, IFRIC 11	ED		IFRS		
Rahmenkonzept (→ F.III.13.)						
Phase A: Objectives and qualitative Characteristics	Rahmenkonzept	ED		final		
Phase B: Elements and Recognition	Rahmenkonzept			DP	ED	TBD
Phase C: Measurement	Rahmenkonzept			DP	ED	TBD
Phase D: Reporting Entity	Rahmenkonzept	DP		ED		TBD
Phase E: Presentation and Disclosure	Rahmenkonzept					
Phase F: Purpose and Status	Rahmenkonzept					
Phase G: Application to not-for-profit Entities	Rahmenkonzept					
Phase H: Remaining Issues	Rahmenkonzept					
„Research"-Projekte						
Extractive Activities	IFRS 6		DP			TBD
Financial Instruments (→ F.III.14.)	IAS 39, IFRS 7	DP	AD			TBD
Intangible Assets	IAS 38					TBD
IFRIC-Projekte						
D24 – Customer Contributions (→ C.I.1.3.2.3.1).	div.	Entwurf				
D23 – Distributions of Non-cash Assets to Owners (→ C.I.1.3.2.3.3)	div.	Entwurf				

F.III

AD = Agenda Decision (Aufnahmeentscheidung als aktives Projekt)
CG = Completed Guidance (Anleitung)
DP = Discussion Paper (Diskussionspapier)
ED = Exposure Draft (Standardentwurf)
TBD = To be determined (Bestimmung noch ausstehend)

Quelle: www.iasb.org

Ausgewählte Projekte werden im Folgenden kurz dargestellt.

2. Fair Value Measurement

Dieses in 2005 initiierte Projekt hat zum Ziel, die von zahlreichen Standards verwendete *fair value*-Ermittlung einheitlich – in einem Standard – zu regeln und somit eine Konsistenz in der Bewertung zu schaffen. Zu dem im November 2006 veröffentlichten Diskussionspapier gingen zahlreiche Stellungnahmen beim IASB ein, so dass die Thematik zunächst noch Gegenstand der dortigen Besprechungen bleibt. Mit einem Standardentwurf ist frühestens in 2009 zu rechnen.

3. Income Taxes

Die Eliminierung bestehender Unterschiede zwischen IAS 12 und FAS 109 (US-GAAP) ist Ziel dieses im Rahmen der Konvergenzbestrebungen ins Leben gerufenen Projekts. Beide Standards basieren auf dem Konzept temporärer Differenzen. Jedoch bestehen sowohl unterschiedliche Ausnahmen vom Grundsatz der Bildung latenter Steuern, die gestrichen, als auch sonstige Ansatz-, Bewertungs- und Ausweisfragen, die vereinheitlicht werden sollen. Von den bisherigen Überlegungen sind insbesondere zu nennen:

IAS 12.15, .24
- Streichung der Ausnahme für die Bildung latenter Steuern auf ergebnisunwirksame temporäre Differenzen beim erstmaligen Ansatz eines Vermögenswertes oder einer Schuld.

IAS 12.39
- Beschränkung der Ausnahme für die Bildung passiver latenter Steuern auf Differenzen aus Anteilen an Tochterunternehmen und Joint Ventures auf bestimmte Auslandsbeteiligungen (→ C.IV.1.3.2.2).

IAS 12.61
- Steuereffekte auf Posten, die direkt im Eigenkapital erfasst werden, sind grundsätzlich ebenfalls im Eigenkapital zu buchen. Zukünftig sollen Veränderungen dieser Beträge, z.B. aufgrund von Steuersatzänderungen, geänderten Einschätzungen der Nutzbarkeit oder anderen Bewertungsparametern, im Periodenergebnis zu zeigen sein.
- Weichen Thesaurierungs- und Ausschüttungssteuersatz voneinander ab, soll der unter Berücksichtigung des vergangenen und des zukünftigen Ausschüttungsverhaltens erwartete Steuersatz zugrunde gelegt werden.

IAS 1.70
- Latente Steueransprüche und -schulden sollen künftig in kurz- und langfristig unterteilt werden (in Abhängigkeit vom Ausweis des zugrunde liegenden Bilanzpostens).

4. Liabilities

Im Juni 2005 veröffentlichte der IASB einen Entwurf von Änderungen der IAS 37 und IAS 19. Zukünftig sollen Verpflichtungen (auch Rückstellungen) als *liabilities* anzusetzen sein, wenn sie gegenwärtige Verpflichtungen aufgrund eines Ereignisses in der Vergangenheit darstellen, die zu einem Ressourcenabfluss wirtschaftlichen Nutzens führen und verlässlich bewertbar sind. Das bisher erforderliche Wahrscheinlichkeitskriterium entfällt für die Frage des Ansatzes und ist nach dem Entwurf erst im Rahmen der Bewertung zu berücksichtigen. Auch Eventualschulden (*contingent liabilities*), für die bisher Anhangangaben zu machen sind, enthalten oftmals eine unbedingte Verpflichtung (*unconditional obligation*) und erfüllen so nach dem neuen Konzept die Ansatzkriterien einer Verbindlichkeit, d.h. sie sind in der Bilanz zu erfassen. Die Eintrittswahrscheinlichkeit hat wiederum nur Auswirkung auf die Bewertung. Als typisches Beispiel für eine unbedingte Verpflichtung nennt der Entwurf Produktgarantien. Die Bewertung erfolgt mit dem Betrag, der vernünftigerweise zur Begleichung der Verbindlichkeit oder Übertragung auf einen Dritten zu zahlen wäre; da oft Schätzungen erforderlich sein werden, sollen diese unter Anwendung der Erwartungswertmethode (*expected cashflows*) erfolgen.

ED IAS 37.11

ED IAS 37.31

Der erste Entwurf wurde heftig kritisiert. Neben einzelnen Änderungen im Anwendungsbereich und bei den Definitionen hält der IASB bei Ansatz und Bewertung aber grundsätzlich an den vorgesehenen Änderungen fest.

5. Financial Instruments with Characteristics of Equity

Dieses Projekt wird gemeinsam mit dem FASB betrieben und hat die grundlegende Überarbeitung der Abgrenzung von Eigen- und Fremdkapital zum Gegenstand. Im Februar 2008 veröffentlichte der IASB dazu ein gleich lautendes Diskussionspapier, in dem verschiedene mögliche Ansätze zur Abgrenzung von Eigen- und Fremdkapital aufgezeigt werden (*basic ownership, ownership-settlement, reassessed expected outcomes, loss absorption*).

6. Post-employment Benefits (including Pensions)

Der IASB hat im März 2008 ein Diskussionspapier veröffentlicht, in dem Überlegungen zu Änderungen des IAS 19 dargelegt werden. Die wesentlichen Vorschläge – als Ergebnis der ersten Phase im Rahmen des Konvergenzprojekts mit dem FASB – betreffen dabei

- die Abschaffung der sog. Korridormethode (→ C.III.3.3.2.3.4.4);
- die sofortige Erfassung nachzuverrechnenden Dienstzeitaufwandes (→ C.III.3.3.2.3.4.5);
- verschiedene Darstellungsmöglichkeiten von Wertänderungen und Leistungsanpassungen in der Gewinn- und Verlustrechnung bzw. im Eigenkapital bei leistungsorientierten Zusagen;

- die Ersetzung des Abgrenzungsmerkmals „beitragsorientierter Plan“ durch „beitragsbasierte Zusage“;
- die Bilanzierung von Zusagen mit Günstiger-Klauseln.

Die Abschaffung der Möglichkeit, versicherungsmathematische Gewinne und Verluste ergebnisglättend zu berücksichtigen – was bisher i.d.R. mit einem Bilanzansatz der Pensionsverpflichtung in einer Höhe verbunden ist, der nicht der tatsächlichen Verpflichtung entspricht – folgt der vorgebrachten Kritik mangelnder Transparenz und Vergleichbarkeit der Abschlüsse. Auch wird die wahlweise erfolgsneutrale Erfassung der versicherungsmathematischen Gewinne und Verluste in der „Aufstellung der erfassten Erträge und Aufwendungen“ (→ C.III.3.3.2.3.4.4) entfallen.

Das Diskussionspapier hält dafür drei denkbare Möglichkeiten der Darstellung der Komponenten leistungsorientierter Zusagen in der Gewinn- und Verlustrechnung bzw. im Eigenkapital parat:

- Alle Wertänderungen der Pensionsverpflichtung und des Planvermögens sind in der Periode im Ergebnis zu erfassen, in der sie entstehen.
- Der laufende und der nachzuverrechnende Dienstzeitaufwand sowie die Wertänderungen des Dienstzeitaufwandes aufgrund geänderter versicherungsmathematischer Annahmen (mit Ausnahme des Rechnungszinssatzes) sind im Periodenergebnis zu erfassen; alle anderen Aufwendungen im Eigenkapital (*other comprehensive income*).
- Wertänderungen als Folge geänderter finanzieller Annahmen sind im Eigenkapital (*other comprehensive income*), alle anderen Wertänderungen (Dienstzeitaufwand, Zinsaufwand, Zinsertrag aus Planvermögen) sind im Periodenergebnis zu erfassen.

Welche dieser Alternativen letztendlich Eingang in den Standard findet, ist derzeit nicht absehbar.

Die Schaffung des Merkmals „beitragsbasierte Zusage“ trägt der Tatsache Rechnung, dass Pensionszusagen in der Praxis zunehmend – abweichend von der „klassischen“ Endgehaltszusage – als Mischformen erscheinen (z.B. sog. Cash-Balance-Pläne). Solche sind derzeit noch als leistungsorientierte Pläne zu erfassen.

Eine beitragsbasierte Zusage wird dabei definiert als Zusage einer Leistung nach Beendigung des Arbeitsverhältnisses, bei der die Leistung während der Ansammlungsphase als

- Ansammlung tatsächlicher oder fiktiver Beiträge ausgedrückt werden kann, die hinsichtlich jeder Berichtsperiode zum Ende der Periode bekannt sein werden (mit Ausnahme der Effekte aus Ausübungs- oder demographischem Risiko) und
- die zugesagte Rendite auf die tatsächlichen oder fiktiven Beiträge an die Rendite eines Vermögenswertes, einer Gruppe von Vermögenswerten oder eines Index gekoppelt ist. Eine beitragsbasierte Zusage muss keine Zusage einer Rendite enthalten.

Die Bewertung der Verpflichtungen aus beitragsbasierten Zusagen soll – unter der Annahme, dass die Zusage unverändert bleibt – zum *fair value* erfolgen.

Leistungszusagen, die als Zusagealternative mit Günstiger-Klausel ausgestaltet sind („*Higher of*"-Option), müssen – so sieht es das Diskussionspapier vor – nicht mehr einheitlich als leistungsorientierter Plan eingestuft werden. Vorgeschlagen wird die Aufspaltung in eine Basiszusage sowie in eine „*Higher of*"-Option, die getrennt, je nach Einstufung als leistungsorientiert oder als beitragsbasiert, mittels Anwartschaftsbarwertverfahren oder zum *fair value* bewertet werden.

Derzeit sieht die zeitliche Planung die Veröffentlichung der Standardänderung für 2011 sowie die erstmalige Anwendung für 2013 vor.

7. Annual Improvements

Das in 2006 initiierte Projekt dient der Rationalisierung des Standardsetzungsprozesses, indem kleinere, nicht dringende aber notwendige Änderungen an bestehenden Standards gesammelt und einmal jährlich im Rahmen eines Dokuments veröffentlicht werden. Für den Projektzyklus 2006–2008 wurden die finalen Änderungen (*Improvements to IFRSs*) im Mai 2008 veröffentlicht. Die Änderungen bezogen sich auf 20 Standards. Für den Projektzyklus 2007–2009 hat der IASB im August 2008 einen Entwurf mit Änderungsvorschlägen an acht IFRS veröffentlicht:

Standard	Gegenstand der Änderung
IFRS 2	Anwendungsbereich von IFRS 2 und des IFRS 3 (rev. 2008)
IFRS 5	Angaben zu langfristigen Vermögenswerten (oder Veräußerungsgruppen), die als zur Veräußerung gehalten oder als aufgegebene Geschäftsbereiche klassifiziert werden
IFRS 8	Angabe von Informationen zum Segmentvermögen
IAS 7	Klassifizierung von Ausgaben im Zusammenhang mit nicht aktivierten Vermögenswerten
IAS 18	Bestimmung, ob ein Unternehmen als Auftraggeber oder als Vermittler agiert
IAS 36	Rechnungseinheit für den Goodwill-Wertminderungstest
IAS 38	Ergänzende Folgeänderungen aus IFRS 3 (rev. 2008); Bestimmung des *fair value* eines bei einem Unternehmenszusammenschluss erworbenen immateriellen Vermögenswertes
IAS 39	Ausnahme vom Anwendungsbereich für Verträge über Unternehmenszusammenschlüsse; Anwendung der *fair value*-Option; Bilanzierung der Sicherungsbeziehungen von Zahlungsströmen; Aufspaltung eines eingebetteten Fremdwährungsderivats

Die Änderungen sollen erstmals auf Berichtsperioden anzuwenden sein, die am oder nach dem 1. Januar 2010 beginnen, die aus IFRS 3 (rev. 2008) resultierenden Änderungen bereits ab dem 1. Juli 2009.

8. Earnings per Share (EPS)

Im August 2008 hat der IASB Vorschläge zur Änderung von IAS 33 unter dem Titel *Simplifying Earnings per Share* veröffentlicht. Der Entwurf, Ausfluss des Konvergenzprojektes mit dem FASB, enthält insbesondere folgende Vorschläge:

- Bereitstellung eines eindeutigen Prinzips zur Bestimmung, welche Aktien und anderen Instrumente in die Berechnung des Ergebnisses je Aktie einzubeziehen sind. Dabei sollen nur noch die Instrumente einbezogen werden, die ihrem Inhaber gegenwärtig das Recht einräumen, am Periodenergebnis teilzuhaben.
- Klarstellung der Berechnung des EPS für bestimmte Instrumente, z.B. für Verträge über den Verkauf oder den Rückkauf eigener Aktien sowie partizipierender Instrumente. Diese Verträge sollen so behandelt werden, als ob der Aktienrückkauf bereits erfolgt sei mit der Folge, dass die Aktien nicht in die Berechnung (Anzahl der Aktien) einzubeziehen sind.
- Vereinfachung der Berechnung des Ergebnisses je Aktie für Instrumente, die erfolgswirksam zum beizulegenden Zeitwert bilanziert werden. Sind solche Instrumente vorhanden, sollen diese zukünftig bei der Ermittlung des verwässerten EPS unberücksichtigt bleiben (keine Anpassung von Zähler und Nenner).

Im Entwurf ist vorgesehen, dass die finale Fassung den derzeitigen IAS 33 ersetzt. Eine vorzeitige Anwendung soll nicht zulässig sein.

9. Additional Exemptions for First-time Adopters

Mit den im September 2008 veröffentlichten Vorschlägen zur Änderung des IFRS 1 beabsichtigt der IASB eine Vereinfachung und eine Vermeidung von zusätzlichen Kosten durch die retrospektive Anwendung von Standards in bestimmten Bereichen bei der erstmaligen Anwendung der IFRS. Die Vorschläge im Einzelnen:

- Unternehmen werden von der retrospektiven Anwendung der IFRS für Öl- und Gasvermögenswerte bei Anwendung der Vollkostenmethode und für entgeltregulierte Geschäfte befreit.
- Unternehmen werden von der Neubeurteilung bestehender Leasingverträge befreit, wenn diese in Übereinstimmung mit IFRIC 4 (→ C.IV.3.3.4) bilanziert werden und die entsprechende Klassifizierung auch in den zuvor angewendeten Rechnungslegungsnormen erfolgte.

10. Joint Ventures

Der bestehende IAS 31 soll nach den Vorstellungen des IASB durch einen neuen Standard ersetzt werden. Der IASB hat seine Vorschläge – im Rahmen des Konvergenzprojekts mit dem FASB – im September 2007 mit dem Entwurf ED 9 *Joint Arrangements* vorgelegt. Folgende Neuerungen sind insbesondere hervorzuheben:

- Die Abgrenzung der Arten gemeinschaftlicher Aktivitäten wird neu gefasst (*joint operations, joint assets, joint ventures*).

- Die (Rechts-)Form eines *joint arrangements* ist für die Bilanzierung nicht mehr ausschlaggebend.
- Vertragliche Rechte und Pflichten aus dem *joint arrangement* an einzelnen Vermögenswerten und Schulden sind nach den einschlägigen Standards zu bilanzieren.
- Das Wahlrecht zur Anwendung der Quotenkonsolidierung oder der Equity-Methode bei gemeinschaftlich geführten Unternehmen soll entfallen. Anteile an einem *joint venture* (d.h. es bestehen keine Rechte und Pflichten an bzw. aus den einzelnen Vermögenswerten und Schulden, sondern Ansprüche oder Verpflichtungen auf bzw. aus Anteilen am Ergebnis) sind künftig nach der Equity-Methode zu bilanzieren.

11. Discontinued Operations

Der im September 2008 veröffentlichte Entwurf zur Änderung des IFRS 5 definiert den Begriff des aufgegebenen Geschäftsbereichs neu und erweitert in diesem Zusammenhang entsprechende Anhangangaben. Ein aufgegebener Geschäftsbereich wird danach definiert als ein Unternehmensbereich, der **ED IFRS 5 App. A**

- ein Geschäftssegment im Sinne von IFRS 8 darstellt und bereits veräußert wurde oder als zur Veräußerung gehalten klassifiziert wird, oder
- einen Geschäftsbetrieb im Sinne von IFRS 3 darstellt, der die Kriterien der Klassifizierung als zur Veräußerung gehalten erfüllt.

12. Group Cash-settled Share-based Payment Transactions

Der IASB hat im Dezember 2007 einen Standardentwurf veröffentlicht, demzufolge IFRS 2 auch in Fällen anwendbar sein soll, in denen ein Konzernunternehmen Güter und Dienstleistungen von Lieferanten (einschließlich der eigenen Mitarbeiter) erhält, die Verpflichtung zur aktienbasierten Barvergütung an den Lieferanten aber beim Mutterunternehmen liegt. Dabei ist es unerheblich, ob die Barvergütung vom Preis der Anteile des Konzernunternehmens oder des Mutterunternehmens abhängig ist. Auch wenn dem Konzernunternehmen selbst keine Zahlungsverpflichtung obliegt, soll es die erhaltenen Güter und Dienstleistungen nach den Vorschriften für Barvergütungen, deren Höhe sich am Wert von Eigenkapitalinstrumenten orientiert (→ C.IV.6.4), bewerten.

13. Conceptual Framework

Hierbei handelt es sich um ein Gemeinschaftsprojekt mit dem US-amerikanischen FASB, basierend auf einem *Memorandum of Understanding* aus dem Jahr 2006, in dem ein verbessertes und gemeinsames Rahmenkonzept entwickelt werden soll. Ziel ist die Schaffung einer Grundlage für zukünftige Rechnungslegungsstandards, die „Prinzipien-basiert", „in sich konsistent" und „international angenähert" sind.

Das Projekt ist in acht Phasen (A bis H) aufgeteilt, von denen vier derzeit aktiv sind. Im Mai 2008 hat der IASB dazu zwei erste Dokumente veröffentlicht.

In dem Standardentwurf zu Phase A (*Objectives and qualitative Characteristics*) werden in Kapitel 1 die Zielsetzung der Finanzberichterstattung, deren primäre Empfänger, die Arten von Entscheidungen dieser (Empfänger-)Gruppe sowie die für diese Entscheidungen nützlichen Finanzinformationen beschrieben. Kapitel 2 des Entwurfs beschäftigt sich mit den qualitativen Merkmalen, die Finanzinformationen nützlich machen, sowie auch mit den Nebenbedingungen Wesentlichkeit und Kosten der Finanzberichterstattung.

Das Diskussionspapier zu Phase D (*Reporting Entity*) betrachtet insbesondere die Abgrenzung des Begriffs der Berichtseinheit, die Zusammensetzung einer Konzernberichtseinheit sowie den Begriff Beherrschung (*control*).

14. Financial Instruments

Gerade der Bereich Finanzinstrumente weist mit den bestehenden Regelungen einen Umfang und eine Komplexität auf, die bei vielen Nutzern zu Schwierigkeiten in der Anwendung führen (können). Vor diesem Hintergrund ist der IASB bestrebt, eine Deregulierung – hin zu einem „Prinzipien-basierten" Regelwerk – zu erreichen.

Eine erste Veröffentlichung im Rahmen dieses Projektes, das den bisherigen IAS 39 langfristig ersetzen soll, ist das im März 2008 vorgelegte Diskussionspapier *Reducing Complexity in Reporting Financial Instruments*. Darin werden zunächst die Ursachen für die derzeitige Komplexität analysiert und anschließend mittelfristige (Zwischen-)Lösungen vorgeschlagen, die zu einer Komplexitätsreduktion der Bewertung und des Hedge Accounting führen sollen. Erreicht werden soll dies durch Änderungen der bestehenden Regelungen. Darüber hinaus werden pro und contra einer langfristigen Neuregelung diskutiert, nach der nur noch eine Bewertungsmethode für alle Finanzinstrumente, nämlich die Bewertung zum *fair value*, vorgesehen ist.

15. Reaktionen auf die Finanzmarktkrise

Um der in 2008 eingetretenen weltweiten Finanzmarktkrise zu begegnen, hat der IASB – als eine von mehreren Maßnahmen – Änderungen der für Finanzinstrumente einschlägigen Standards (IAS 39, IFRS 7) vorgeschlagen bzw. beschlossen. Der im Oktober 2008 veröffentlichte Entwurf *Improving Disclosures about Financial Instruments* enthält Vorschläge zur Änderung von IFRS 7, die auf eine Verbesserung der Angaben zur *fair value*-Bewertung und der Angaben zum Liquiditätsrisiko zielen.

Verzeichnis der Herausgeber und Autoren

Herausgeber

Karl Petersen
WP/StB
Geschäftsführer
Dr. Kleeberg & Partner
GmbH

Dr. Eike Dornbach
WP/StB/RA
Geschäftsführender
Gesellschafter
Dr. Dornbach & Partner
GmbH

Florian Bansbach
Dipl.-Betriebswirt (FH)
Bansbach Schübel
Brösztl & Partner
GmbH

Autoren

Dr. Kleeberg & Partner GmbH, München

Ago Reinholdt
WP/StB
Prokurist

Jürgen Schmidt
WP/StB
Prokurist

Dr. Christian Zwirner
Prokurist

Bansbach Schübel Brösztl & Partner GmbH, Stuttgart

Joerg Schuster
WP/StB/CPA
Gesellschafter

Ulrich Frizlen
WP/StB
Gesellschafter

Achim Dörner
WP/StB
Gesellschafter

Dr. Dornbach & Partner GmbH, Koblenz

Wolfgang Küster
WP/StB
Geschäftsführender
Gesellschafter

Dr. Udo Bork
WP/StB/CPA
Prokurist

Klaus Schmidt
WP/StB
Geschäftsführender
Gesellschafter

Weitere Autoren

Dr. Harald Kessler
Lehrbeauftragter an der
Universität des Saarlandes
Partner der KLS PartG

Stichwortverzeichnis